中国科学院与中国农业

"中国科学院与中国农业"丛书为"中国科学院农业史编纂与研究"项目成果。
该项目为2013~2016年中国科学院农业项目办公室安排的中国科学院重点部署项目

中国科学院
农业工作编年史

樊洪业　主编

科学出版社

北　京

内 容 简 介

　　本书是"中国科学院农业史编纂与研究"项目的系列丛书之一，是中国科学院农业工作史的资料长编。全书以大量档案史料和历史文献为基础，以时间为主轴（1949～2014 年），呈现中国科学院农业工作大事，记述在不同历史阶段中国科学院涉农工作的情况，概括介绍中国科学院涉农领域获奖成果，以编年史体例展示中国科学院农业工作的历程。

　　本书可供从事中国科学院涉农工作研究和管理的科技工作者及对中国当代科技史有兴趣的读者阅读参考。

图书在版编目(CIP)数据

　中国科学院农业工作编年史／樊洪业主编.—北京：科学出版社，
2018.7

　　（中国科学院与中国农业）

　ISBN 978-7-03-055238-9

　Ⅰ.①中⋯　Ⅱ.①樊⋯　Ⅲ.①中国科学院–农业–工作–编年史　Ⅳ.①G322.21

　中国版本图书馆 CIP 数据核字（2017）第 274271 号

丛书策划：侯俊琳

责任编辑：朱萍萍　乔艳茹／责任校对：贾娜娜　贾伟娟　严　娜
责任印制：张克忠／封面设计：有道文化

编辑部电话：010-64035853
E-mail：houjunlin@mail.sciencep.com

科学出版社 出版
北京东黄城根北街 16 号
邮政编码：100717
http://www.sciencep.com
中国科学院印刷厂 印刷
科学出版社发行　各地新华书店经销
*

2018 年 7 月第 一 版　开本：720×1000　1/16
2018 年 7 月第一次印刷　印张：52 1/2
字数：780 000
定价：268.00 元
（如有印装质量问题，我社负责调换）

撰史書，傳後世，

貴在真實。

丙申年歲末

李娥声

丛　书　序

1949 年中华人民共和国成立之后一个月就组建成立了中国科学院。中国科学院始终把为人民服务、为国家经济建设服务放在重要位置。农业是中国科学院最重要的服务领域之一。

建院初始，中国科学院就充分利用和发挥各涉农研究机构与专家学者的作用，开展了涉及农业诸方面的研究，在农业资源考察、区域治理、水土保持、土壤肥料、作物栽培及育种、植物保护、水产养殖、农业发展战略研究等方面，积极推动和引领中国农业发展和农业科研体系建设。

中国科学院有上百个研究机构，其中与农业关系较紧密的有数十个，其他一些研究机构也都结合自身的学科优势及特点，开展与农业相关的基础理论研究和应用研究。为了组织中国科学院相关科技力量更好地支援农业，在20 世纪 60 年代初成立了"中国科学院支援农业办公室"；20 世纪 70 年代末，为了探索中国农业现代化建设的理论和方法，分别在河北、湖南和黑龙江成立了三个农业现代化研究所；1980 年，在原"中国科学院支援农业办公室"的基础上成立了"中国科学院农业现代化研究委员会"，充分发挥多学科综合优势，为农业现代化发展服务。1982 年该委员会更名为"中国科学院农业研究委员会"，1985 年从管理机构转变为学术咨询和评议组织，1990 年之后又做了数次调整和充实。

建院 60 多年来，中国科学院先后组织并参与了农业资源调查与农业区划、国情分析、农业科技"黄淮海战役"、黄土高原综合治理、南方红壤综合治理、科技扶贫、渤海粮仓科技示范工程等直接与国家农业发展相关的重大任务和活动，在农业基础理论研究、农业发展战略、农业技术革新等领域取得了诸多重大科技成就，其中在东亚飞蝗防治、橡胶北移、"四大家鱼"人工繁殖、海产品种引种与培育、作物育种、水稻基因组测序和图谱绘制、分子模块设计育种等工作中取得了具有重大影响的原创性成果，为农业科技工作造就和培养了一大批杰出人才，为国家农业发展做出了重要贡献。

建院 60 多年来，中国科学院的历届领导集体和广大科学家持续关注中国的农业发展进程。竺可桢、李昌、叶笃正、孙鸿烈等院领导为推动中国科学院在农业领域长期开展工作发挥了重要领导和组织作用；熊毅、黄秉维、侯学煜、马世骏、周立三等著名科学家为中国农业发展倾注了毕生心血。我在 1987～1993 年调任中国科学院副院长期间，在周光召院长的领导下，分管生物科学与技术局与农业科技方面的工作，在推动中国科学院农业科技"黄淮海战役"实施过程中发挥了一定的作用。

中国科学院作为国家最高自然科学综合研究机构，在致力于基础理论研究的同时，如何有针对性地开展农业这种应用性较强的科学研究、以往 60 多年中国科学院在农业领域做了哪些重要工作、为什么要做、如何去做、结果如何、对中国农业发展的贡献是如何体现的、在实践中获得了什么经验教训，这些问题值得我们深思。中国科学院在农业领域的工作有哪些鲜明的特点、中国科学院的涉农工作在哪些方面不同于其他专门的农业科研院所，这些问题都值得我们总结。

为了更好地梳理和总结中国科学院在农业领域开展工作的历史经验，展示其所取得的成就，更加自主、自觉、自愿、自信地从事农业科学相关研究，2013 年中国科学院启动了"中国科学院农业史编纂与研究"项目，旨在对中国科学院农业工作的历史脉络进行梳理，在展示农业领域科研成果的同时总结经验教训，在发挥存史功能的同时为中国科学院在中国农业发展中寻找新的历史定位，为农业研究在中国科学院的发展探究新的路径。

这项工作由中国科学院自然科学史研究所牵头负责，并约请院内外专家及一线研究人员和组织管理者组成研究团队共同承担。中国科学院自然科学史研究所建于 1957 年，是科学史专业的专门研究机构，早期主要从事中国古代科技史研究，进入 21 世纪以来逐渐拓展了中国近现代科技史和西方科技史研究。

中国科学院农业工作史是中国当代科技史的重要组成部分。这项工作由三部分组成：第一部分为农业工作编年史，以时间为主轴记述和呈现中国科学院农业大事；第二部分为中国科学院农业工作专题史，以重要事件和学科门类为中心，对院史中农业工作的来龙去脉、前因后果开展专题研究；第三部分为中国科学院农业工作史通论，在前两者基础上，以史论结合的方式对中国科学院农业史进行综合研究，将中国科学院的农业研究放在中国农业历史和世界科技发展的大视野下进行审视，分析中国科学院涉农研究的基本特征和特色，总结中国科学院涉农研究的经验和教训，回答为什么中国科学院要研究农业及中国农业发展需要中国科学院积极参与的问题。

呈献在读者面前的这部系列著作，是"中国科学院农业史编纂与研究"项目成果的直接体现。相信这一系列著作的出版，必将为中国科学院院史、中国近现代科学技术史、中国现代农业史提供新的材料和新的视角，同时为中国科学院今后的农业研究提供历史借鉴。受研究团队盛邀，兹为之序。

中国科学院院士、中国科学院原副院长

第三世界科学院院士

李 振 声

2017 年 5 月 20 日

前　言

中国科学院自 1949 年 11 月 1 日成立以来，始终坚持发展科学事业的目标及服务于工农业生产和国防建设的目标，在我国科技进步、经济社会发展和国家安全方面发挥了不可替代的作用，这一作用充分体现在科技服务于农业发展等方面。

2011 年 5 月 17 日，白春礼院长在"渤海粮仓与资源节约型高效农业发展"高峰论坛主旨发言中指出：20 世纪建院之初，我院就提出研究任务首先要全力支援国家建设。建院以来，我们一直秉持这一原则，始终将关系到国民经济和社会发展全局的农业研究列为院工作的重点之一，并抓住我国农业不同发展阶段的战略性、前瞻性问题，组织全院最强有力的研究阵容，开展攻关研究，取得一系列突破，为我国农业的发展做出了重大贡献。

2014 年 5 月 23 日，国务院副总理汪洋视察"渤海粮仓"科技示范工程山东省无棣县①示范区，在听取中国科学院农业科技及山东省农业工作汇报后指出：长期以来，中国科学院高度重视农业科技工作，为我国农业发展做出了重要贡献。

为了全面收集和系统总结中国科学院涉农工作的史料、经验和成就，中国科学院农业项目办公室于 2013 年将"中国科学院农业史编纂与研究"列为重点部署项目，确定中国科学院自然科学史研究所作为项目牵头单位，下设编年史、专题史、通史三个课题，拟编研出版一套丛书，即《中国科学院农业工作编年史》《中国科学院农业工作专题史》《中国科学院农业工作史通论》。

一、关于编研工作

中国科学院自然科学史研究所约请有关研究人员和科技管理者组成团队共同承担《中国科学院农业工作编年史》的编研工作。自 2013 年 12 月启动，

---

① 位于山东省滨州市——编者注。

编研团队首先确立了"尊重历史、言之有据"的基本原则及"分工合作、凝聚共识"的工作方针；明确了充分发挥科技史专家指导和把关作用的工作方向；在多方支持下建立了共享资料库，并提出条目和大事记均需标明参考文献出处和做好存档工作的要求。在编研工作过程中，共召开近20次编研团队会议，讨论并确定体例结构和阶段划分原则，统一选择标准，研究共性问题等。

编研工作选择以中国科学院为主组织的重要科研活动和项目为主要题材，以八个历史阶段为"经"，以重要工作领域为"纬"，展示涉农工作成效的整个"面"；条目选择是在大事记的基础上实现的；出于对重要性和影响力的考虑，事件的选择为起始年、结束年或成果获奖年；对特别重要的同一类工作，根据其组织实施情况，在不同阶段或有多种表述，如黄淮海科技攻关等。

二、关于基本框架

《中国科学院农业工作编年史》按时间主轴记述中国科学院农业大事，以1949～2014年为记述时间段。全书由编年史条目和四个附录组成（中国科学院院部涉农工作机构设置及沿革、中国科学院农业科研工作重要文件和报告、中国科学院农业科研工作重要获奖成果、中国科学院有关研究机构沿革简介。原为附录之一的大事记已经成稿，但因篇幅所限计划汇入《中国科学院农业工作史通论》）。

1. 编年史条目——正文部分

以国家不同时期建设发展对科技事业的战略需求为时代背景，遵循涉及全院性和全局性影响事件、重要人物活动及重点研究机构事件与成果等原则，将编年史记述划分为八个阶段（共计253条）。

第一阶段（1949～1954年），协同产业部门组织指导并服务国家农业发展。1949年11月至1954年9月，中国科学院作为国家科学事业行政事业的政府职能部门，不但要领导中国科学院自身的工作，还要计划和领导全国科学事业工作。这一阶段反映在农业领域的主要工作特点是：①面向全国召开一系列专题学术会议或工作会议，就某一科学领域和生产建设中亟待解决的科学技术问题展开讨论，明确方向或制订具体的工作计划，促进中国科学院、高等院校与产业部门间的交流与分工合作等。②结合三年经济恢复时期和国家建设需要，组织开展自然资源和国土考察。③在既有工作基础上，推动和促进单项技术为农业生产服务。

第二阶段（1955～1959 年），联合多方力量落实远景规划与国家需求相适应。中国科学院先后参与组织制定《1956年到1967年全国农业发展纲要（草案）》和《1956～1967年科学技术发展远景规划纲要（修正草案）》；在学习苏联、合作化、"大跃进"等背景下，中国科学院联合各方面力量，加强了各项综合考察任务的组织落实；受"大跃进"等影响，突出强调结合生产实际，取得一些有分量和较大影响力的农业科研成果。

第三阶段（1960～1965 年），动员全院力量联合农业科研机构合力支援农业发展。1960 年 8 月中共中央发出《关于全党动员，大办农业，大办粮食的指示》，中国科学院积极响应并迅速成立支援农业办公室，开始进入管理建制化阶段；多次召开支援农业会议，采取多项措施，把农业过关放在重要位置；调动全院生物科学、地学和其他学科的有关力量支援农业科研；在粮食代用品、总结农民丰产经验、办样板田、开展黄淮海平原地区综合治理试点工作等方面取得成就。

第四阶段（1966～1976 年），在"动乱"岁月中艰难开展分散性的农业科技工作。1966 年 5 月"文化大革命"开始，中国科学院的科研工作秩序和环境遭到严重干扰和破坏，科研管理活动基本瘫痪，涉农科研工作也受到极大影响，1966～1968 年重要科研成果产出较少，1969～1976 年部分零散的科研工作取得一些成果。

第五阶段（1977～1986 年），在恢复发展中积极探索农业现代化的方向和道路。以全国科学大会（"科学的春天"）为标志，中国科学院在这一时期的涉农工作集中体现在重新确定自身定位、新设研究和咨议机构、调整研究基地布局、探索新的方向和道路，涉农科研工作步入恢复性发展阶段。

第六阶段（1987～1992 年），充分发挥综合优势为区域农业发展再做突出贡献。以"黄淮海平原中低产田综合治理与开发"为标志，中国科学院以建立多年的基地为依托，充分发挥多学科综合优势，组织动员相关力量开展大规模作战的农业科技"黄淮海战役"，为农业发展和综合治理与开发提供了一大批重要成果和技术储备，提供了可供借鉴的治理策略、示范模式和成功经验。

第七阶段（1993～1997 年），在整合区域布局中力促资源节约型农业可持续发展。这一时期，以全院结构性调整为背景，中国科学院的涉农工作在酝酿深化改革中再蓄内力，进一步发挥引领方向的重要作用。

第八阶段（1998～2014 年），组织动员科技力量为我国农业跨世纪发展服务。在"知识创新工程"驱动下，这一时期中国科学院的涉农工作体现出新的特征。在继续巩固区域农业发展的基础上，通过院、地合作和院、省共建等渠道进一步拓展和深化农业科技工作，进一步强化生物技术、遥感技术、数字技术等高新技术领域在农业中的应用，进一步强化农业生物学基础研究和前沿研究。

2. 附录——涉农工作史料汇集

附录 1 记述了中国科学院院部涉农工作机构设置及沿革；附录 2 选录了40 篇中国科学院具有代表性的涉农工作重要文件和报告；附录 3 汇编了中国科学院涉农领域获奖成果，包括 92 项国家成果奖和 260 项中国科学院成果奖；附录 4 简要介绍了本书所提及中国科学院有关研究机构的沿革。

三、关于编研团队

本书编研团队由若干不同背景的人员组成，包括从事中国近现代科技史、中国科学院院史研究的著名专家，曾经在中国科学院相关部门工作过的涉农科技管理者，从事档案管理工作的专业人员等。编研团队成员既有分工又有合作，既充分发挥各自的知识和经验专长，又集中体现团队合作的力量。

1. 主编：樊洪业

樊洪业，中国科学院原科技政策与管理科学研究所研究员、中国科学院院史研究室原主任以及《中国科学院编年史》（1949～1999）主编，负责全书的结构设计、专业指导及编年史条目和大事记统核。

2. 编写人员：袁萍、洪亮、朱有光

袁萍（中国科学院自然科学史研究所），本书编研团队负责人。曾先后供职于中国科学院农业研究委员会、科技合同局、生物科学与技术局、生

命科学与生物技术局、遗传与发育生物学研究所等。负责编撰编年史条目（1949～1976年）、大事记（1949～1976年），负责编撰中国科学院院部涉农工作机构设置及沿革、汇集中国科学院有关研究机构沿革简介，负责召集和主持编研团队集体讨论。

洪亮（中国科学院植物研究所），本书编研团队骨干。曾先后供职于中国科学院自然资源综合考察委员会、植物研究所、生物科学与技术局、农业项目管理办公室、资源环境科学与技术局等。负责编撰编年史条目（1977～2014年）、大事记（1977～2014年），负责统核审校大事记（1949～2014年）。

朱有光（中国科学院前沿科学与教育局），本书编研团队骨干。曾先后供职于中国科学院遗传研究所、生命科学与生物技术局、农业项目办公室等。负责统筹汇编涉农领域获奖成果，负责审校涉农重要文件和报告，协助收集涉农重要文件和报告、涉农工作机构设置及沿革等文件资料。

3. 文献资料负责人：潘亚男

潘亚男（中国科学院文献情报中心），本书编研团队骨干。曾先后供职于中国科学院办公厅档案处、中国科学院档案馆。主要负责组织中国科学院档案馆有关人员检录收集和汇编整理涉农领域获奖成果，协助检索涉农重要报告和文件。

4. 特约专家：王贵海

王贵海，本书特约专家，曾任中国科学院生命科学与生物技术局局长。主要负责审阅编年史条目、大事记及涉农获奖成果，对涉农机构设置和沿革记述提供重要指导意见。

在樊洪业先生的带领和指导下，编研团队在全书结构设计、发展阶段确定、条目和大事记事项选择等方面，广泛收集史料，重视学习研究，力求工作效果；同时，借鉴他人有益经验和方法，努力将几代中国科学院人不畏艰苦、竭力创新、献身科研、为国家农业发展贡献力量的涉农工作历史，真实、系统、完整地展现给读者。正如李振声院士为"中国科学院农业史编纂与研究"项目系列出版物所作序中指出的："中国科学院作为国家最高自然科学综合研究机构，在致力于基础理论研究的同时，如何有针对性地开展农业这种应用性较强的科学研究、以往60多年中国科学院在农业领域做了哪些重要工作、为什么要做、如何去做、结果如何、对中国农业发展的贡献是如何体现的、在实践中获得了什么经验教训，这些问题值得我们深思。中国科学院在农业领域的工作有哪些鲜明的特点、中国科学院的涉农工作在哪些方面不同于其他专门的农业科研院所，这些问题都值得我们总结。"我们真切期望《中国科学院农业工作编年史》这部著作的出版能为解答上述问题贡献一点绵薄之力。

由于编研团队中大部分成员未受过科技史研究的专业化训练，相对缺乏相关专业知识和经验，且均是利用业余时间开展工作，整部书稿在编研深度、选择广度、文字表述及检录资料的全面性等方面，或有不足之处，恳望读者不吝赐教。

编　者

2018 年 3 月

目　录

一、协同产业部门组织指导并服务国家农业发展（1949~1954）

1949 年

为农业建设服务被列为中国科学院基本任务之一

1949 年 9 月 27 日，中国人民政治协商会议第一次全体会议通过的《中华人民共和国中央人民政府组织法》（以下简称《组织法》）规定，中国科学院为 30 个政府部门之一，受政务院领导，并接受政务院文化教育委员会指导。《组织法》还规定政府部门的职责为"主持各该部门的国家行政事宜"。当时的中国科学院既是国家最高科学研究机关，又是国家政府机构，不仅要指导其所属各研究所的科学研究工作，还要组织及领导全国的科学研究工作。

1950 年 6 月 14 日，政务院文化教育委员会下达关于中国科学院基本任务的指示，即"按人民政协共同纲领规定的文教政策，改革过去的科研机构，以期培育科学建设人才，使科学研究真正能够服务于国家的工业、农业、保健和国防事业的建设"。1954 年 9 月，第一届全国人民代表大会第一次全体会议通过《中华人民共和国宪法》和《中华人民共和国国务院组织法》，中国科学院不再是国务院的政府组成部门，而成为从事科学研究的事业单位。

中国科学院作为政务院政府职能部门期间，在国家恢复工农业生产建设的背景下，开展了若干面向全国的工作，包括召开一系列专题学术会议和工作会议，就某一科学领域和生产建设中亟待解决的科学技术问题展开讨论，明确方向和制订具体的工作计划，促进了中国科学院、高等院校与产业部门间的交流与分工合作等，在协同产业部门组织指导并服务国家农业发展方面做了大量工作。

建院初期首批涉农科研机构的建立与发展

中国科学院从 1949 年 11 月 1 日成立至 1957 年，以多种方式将科研机构发展到 67 个，为中国科学院成为全国自然科学综合研究中心打下基础，也从生物学、地学等学科基础和应用方向上为涉农工作集聚了主要科研力量。

（一）接收和调整原有科研机构

1950 年 5～8 月，在接收原北平研究院动物学研究所（1949 年 11 月）和原中央研究院动物研究所（1950 年 3 月）的基础上，在上海成立中国科学院水生生物研究所；在接收原北平研究院植物学研究所（1949 年 11 月）、原静生生物调查所（1949 年 12 月）及原中央研究院植物研究所（1950 年 3 月）的基础上，在北京成立植物分类（学）研究所（1952 年 11 月改名为植物研究所）；在接收原北平研究院生理学研究所、原中央研究院植物研究所、原中央研究院动物研究所、原北平研究院动物学研究所有关部门的基础上，在上海成立实验生物研究所；在接收原中央研究院气象研究所和地质研究所（1950 年 4 月）的基础上，在南京成立地球物理研究所、中国科学院地理研究所筹备处（1951 年 12 月成立研究所）及地质研究所。

（二）在东北和西北建立科研机构

①以竺可桢副院长为团长的东北考察团在总结报告中提出调整研究机构以配合东北建设的意见，中国科学院根据国家建设的迫切需求，及时做出在东北建立新的科研基地的决策。至 1954 年，在东北长春、沈阳、大连、哈尔滨共设立 8 个研究机构，中国科学院林业土壤研究所（沈阳）名列其中。②我国西部地区的工农业生产水平比较落后，科学遗产很少，大部分地区属于空白区，连最基本的科学资料也没有，因而给国家建设带来不少困难。1953 年 12 月 12 日，中国科学院院务常务会议决定将筹建西北分院的初步意见草案修订后报政务院文化教育委员会批准。草案指出：西北分院的主要任

务是密切配合国家开发西北的计划，首先进行自然资源的调查，积累科学资料；然后逐步开展科学研究工作，解决国家建设中的实际问题。根据西北区域自然状况，西北分院科学研究工作目前应以水土保持工作为重点，围绕这个重点进行地质、地理、水利（特别是地下水）、农林（特别是土壤、植物生态、棉花、防风林）、畜牧、气象等自然条件的调查研究，并在这些工作的基础上逐步建立有关黄土、地震、石油、畜牧等专科的研究机构。1954年7月，根据水土保持考察和试验需要，开始筹建西北农业生物研究所（1957年6月改名为西北生物土壤研究所），1955年10月又成立兰州兽医研究室，后划归农业部。

（三）与高等院校合作建立科研机构

最早采用此方式的是1952年7月在北京与北京大学合作建立动物研究室。1955~1956年，又建立了11个研究机构，其中包括：与武汉大学和华中农学院合作建立的武汉微生物研究室筹备委员会；与北京大学和北京农业大学合作建立的北京植物生理研究室；与西南农学院合作建立的重庆土壤研究室等。

（四）建立新的自然科学研究机构

①将原有机构中一些较有基础的部门分出后单独建立研究所或一分为二设立两个研究所。例如，1951年12月，在上海将植物生理研究室从实验生物研究所中分出，建立植物生理研究所；在北京将实验生物研究所昆虫研究室独立为昆虫研究所。1952年1月，在南京将中央地质调查所土壤研究室独立为中国科学院土壤研究所筹备处（当年12月建立研究所）。1954年1月，在青岛将水生生物研究所海洋生物研究室独立为海洋生物研究室（1957年5月扩建为研究所）。1956年10月，在北京将植物研究所真菌植物病理研究室独立为应用真菌研究所；将实验生物研究所北京工作组独立为北京实验生物研究所等。②接收院外单位为基础成立研究机构。例如，1952年12月，接收黄海化学工业社发酵化学室，成立北京微生物研究室并隶属菌种保藏委员会（1957年5月独立成室）；1953年12月，接收中山大学植物研究所和广西大

学经济植物研究所,成立华南植物研究所(含广西分所)。③填补重要薄弱和空白部门而建立研究机构。1953~1957年建立了7个此类研究机构,其中包括《中国科学院关于院部增设机构的通知》(〔56〕院秘字2073号)公告于1957年1月1日起启用新章的综合考察工作委员会。

1950 年

座谈研究机构改组问题

从1949年12月开始,中国科学院接收原中央研究院、原北平研究院、原静生生物调查所和中国地质研究所。1949年12月、1950年1月和2月,先后宣布完成对静生生物调查所及对原中央研究院、北平研究院、中国地质研究所的接收,随后以此为基础开展科研机构改组工作。为广泛听取科学家意见,中国科学院研究计划局围绕已接管的各研究所的调整、发展的方向、新所的建立等问题,相继召开8个座谈会,即近代物理座谈会、地球物理座谈会、动植物学座谈会、地理学座谈会、应用物理座谈会、物理化学座谈会、心理学座谈会、数学座谈会。此后,中国科学院最初确定的8个研究所和3个筹备处成立,各研究所所长于同年5月由政务院准予任命。

地球物理座谈会、动植物学座谈会、地理学座谈会不仅讨论了机构改组事宜,还拟订了新的研究计划,明确了研究方向,其中的一些方面与涉农科研有关。座谈会上有关专家的意见以《新中国自然科学研究的前奏》发表在《科学通报》第1卷第1期。

1月26日的地球物理座谈会讨论原中央研究院气象研究所改组事宜,建议成立地球物理研究所。有关专家的意见包括:"气象方面工作的目标应该是用天气预测来帮助航空建设;是用长期预告,配合农田水利事业,来解决水旱的预防问题;或是用农业气候资料,配合土壤研究,来解决土地利用和增加食粮生产等问题。"

2月3日的动植物学座谈会讨论中国科学院接收有关研究机构的改组事宜,建议调整成立4个研究所。有关专家的意见包括:"动物学和植物学的研究，他们希望今后要集中力量来解决一些问题。植物分类学是农业、林业、经济作物、药用植物的基础科学，专门学习这一学科的人也不少，这一部分已经有独立发展的必要和可能；水生生物的研究，亦将为生物学研究的重点之一。我国海岸线很长，水产生物的调查和研究工作，至少需要有五个工作站，分设在青岛、舟山、厦门、海南和台湾。今年首先应把青岛的站建立起来，同时和山东大学联系、合作。第一个淡水生物研究站最好设在太湖旁边，最先被提出的研究问题是池鱼（鳙鱼、鲢鱼、青鱼、鲩鱼）的人工增殖问题，这个问题不但在生理学上极富研究价值，而且试验成功以后，对渔民也有极大贡献，可使淡水渔业提高一步。因为实验生物学已发展到新的阶段，可以更多地利用新的方法来研究，大家都深深感觉到要多学习苏联生物学发展的方向，认为生物学的研究，必须要和农业或医学结合起来。"

2月4日的地理学座谈会讨论有关机构改组事宜，建议中国科学院成立地理研究所，并拟订新的地理研究计划等。有关专家的意见包括："地理学工作者为了迎接快要到来的经济建设的高潮，把一些最实际的问题提到最前面：资源的调查和综合研究、工业区位的选择、水力区域的勘测、经济地图的编制、水土保持等问题。从自然区域来看，黄泛区的土地利用、西北黄土区的水利、江苏沿海的盐垦都是值得研究的问题。地图的编制在实用上、教育上、学术上都有迫切的需要，从前地理学工作者忽略了这方面的研究，今后必须把研究和技术结合起来，使我们的地图内容和绘制的精确性都赶上国际的水平。"

5月20日，中国科学院第33次政务会议通过批准任命竺可桢等32人为中国科学院正副局长、正副所长、台长、正副馆长等。1949年11月5日至1950年4月6日，中国科学院完成接收和调整原有科研机构工作。至1950年年末，共设立20个研究机构，其中包括水生生物研究所、实验生物研究所、植物分类研究所、地理研究所筹备处、地质研究所、有机化学研究所等涉农机构。

发布农业虫害虫情预报

新华社4月4日报道：中国科学院发表农业虫害预报，指出危害棉花的蚜虫和危害小麦的麦叶蜂已在繁殖，各地应即捕杀。

中国科学院实验生物研究所昆虫学研究室昆虫学家朱弘复及其助手张广

学等在河北省晋县广大棉区开展实地调查，发现棉蚜寄生在野草上尤其是苦荬菜的根上。一株苦荬菜的根上有成千只棉蚜，棉蚜于3月初开始孵化，至月初已繁殖两三代；天气渐暖后它们从根部移到叶部，5月下旬至6月的为最严重，这时的棉株幼小最经不起虫害。朱弘复、张广学等提出的预防办是趁早挖掉苦荬菜的根并用水浇棉地，以防止棉蚜繁殖迅速而造成棉田减（普遍降低4～6成）、籽棉品质变劣和放弃植棉。农业部有关部门委托朱弘复、张广学等撰写《棉蚜预防浅说》，并在全国各地推广。

麦叶蜂蚕食叶片导致小麦减产受害。朱弘复、张广学等调查发现19年的麦叶蜂才出现几天就比1949年多几倍，这是由于麦叶蜂正处于产卵期4月初由卵孵化为幼虫，下旬成群吃麦叶，从而断定此时正是采取捕捉、胃剂等杀死幼虫防治措施的关键时期。

中国科学院于1951年9月4日和12月4日两次召开棉蚜防治问题座谈会邀请政务院文化教育委员会、政务院财政经济委员会计划局农业处、华北事务部、农业部、河北省农林厅及本院、北京市有关大学的专家和代表参加会议。朱弘复报告了1949～1951年在河北省晋县广大棉区开展的实地调查和除草防蚜试验结果：蚜虫晚上株10～14天，成灾程度减轻；棉花收成后到原地调查，一般试验地每亩[①]收籽棉200～300斤[②]，而对照地只有60～70斤，最多只有100斤；除草防蚜后打农药次数减少到18～19次，不除草防蚜的通常打农药达29次，农民希望明年继续除草防蚜。

中国科学院委派办公厅调研室宋振能赴河北省晋县调查除草防蚜功效宋振能在《科学通报》1951年第2卷第11期发表文章，介绍县、区、乡干部和农民的反映：他们对于除草防蚜和增进棉花产量的功效估计很高，认为除草是防蚜的基本的好办法，晋县县政府农业建设科科长甚至认为是根本的好办法。1951年8月31日，中国科学院郭沫若院长在《人民日报》上发表《防治棉蚜歌》，号召各地农民展开除草运动。1953年5月23日，竺可桢副院长在中国科学院第14次院务常务会会议上报告在北京检查工作情况时指出，5月9日在昆虫研究所听取朱弘复副所长做棉蚜研究工作专题汇报后，农业部

① 1亩≈666.7平方米。
② 1斤＝0.5千克。

参会代表认为除草防蚜的方法是完全成功的。

提出促进东北农业生产发展的建议

5月9日，中国科学院派出竺可桢为团长，严济慈、恽子强为副团长，包括14位科学家在内的东北考察团，赴东北地区了解经济建设需要，为制订计划提供参考。考察团分冶金、化学、药物和农林四组，生物科学工作者吴征镒、朱弘复为农林组成员。农林组主要考察沈阳农学院、旅大农事试验场、熊岳农事试验场、辽阳棉作试验场、哈尔滨农学院、哈尔滨林务总局、伊春林务分局及乌敏河林务所第二作业所，在完成近一个月的观察及访问后，考察团提出了东北经济建设中必须解决的4个问题：①技术人员缺乏。②工厂的生产在确保数量的情况下要同时注意质量。③提高农业生产技术从而促进农业生产发展。④调整机构以配合建设，应努力做到人尽其才、物尽其用。

农林组就东北农林业概况、东北农林业事业机构、东北农林业的技术干部、农作物病虫害提出的问题及观察到的问题形成概略报告。报告指出：①农业技术问题应引起充分重视，利用日本人研究成果发展技术不容忽视。在中华人民共和国成立前一个时期内由于对施肥、选种、防治虫害不加注意而导致每亩收获量大大降低。1949年平均每垧产量为1900斤，农业产量明显偏低，增产问题突出。②农业机械化和集体化环境条件甚佳，但发展欠成熟。③土地利用问题明显，亟待农林牧密切配合。问题包括牧地未能适当利用、农田有时甚至侵入林区、盐碱地的利用和防风林等急需系统地研究，为数不少的生熟荒地需详细调查研究。④各农林机构俱感技术干部不足，干部培养和合理使用亟待解决。⑤图书设备补充与恢复问题明显。考察组还针对小麦锈病、棉苗立枯病和苹果腐烂病等严重病害、采伐流放而忽视护林育林、集中管理药材和有计划猎采兽皮、在辽东省和旅大区大力恢复和发展柞蚕业等提出了建议和具体解决办法。

第一次扩大院务会议深化了办院方针

6月20～30日，中国科学院召开建院后的第一次扩大院务会议。会议涉及有关中国科学院的大政方针、制度、与院外的各种联系，以及院属各研究所的研究方向、具体任务等。院领导、院专门委员[①]、各研究所所长、在京的高级和中级研究人员，以及有关部委领导参加会议。这次会议不仅是中国科学院的会议，而且是一次全国性会议，因此受到国家领导人重视。6月24日，周恩来、朱德、陆定一等在会上发表讲话。会前，按中国科学院办公厅5月份通知要求，各研究所、台[②]、馆[③]就"研究方针、具体任务、工作计划"形成讨论意见，由此汇成会议文件之一。6月20日，副院长李四光、陶孟和、竺可桢讲话；会议期间组织分组讨论；会议闭幕前，院长郭沫若做总结报告。

国家领导人对中国科学院的办院方针提出了希望。

朱德在6月24日的报告中强调：我们不可忘记，由于我们的民族一切物质条件都十分落后，目前尚有美蒋联合在台湾做最后的挣扎，国家的财政经济还只有初步的稳定，因此一切建设还不可能百废俱举，科学工作更不是一朝一夕就可以希望其达到完满目的的。目前，我们的任务是应当不分畛域，通力合作，有重点、有计划地配合国家经济建设的需要，进行各种专门研究。同时把过去那种不为人民利益着想的观念彻底改变过来，使科学成为服务于人民而不是危害人民的知识。

周恩来总理重点强调通力合作和团结问题并提出要求：中国科学院今年才是一个新的开始。目前工作是把全国的科学人才组织起来，在岗位上安心工作。至于全面地发展科学还需要等待几年。明年的经济情形可能好转，后年的情形可能更好，我们要建立发展的基础，一步一步发展。最后他特别提到东北，东北经济的发展是全国工业建设的基础，愿科学院以东北为出发点，有步骤地发挥力量，团结全国科学家，走向新时代、新科学的发展道路。

陆定一[④]副主任就科学研究与实际建设问题发表意见：科学研究工作应联系实际，与实际密切结合起来。中国科学院的各研究所都加以调整了。对于各所的中心工作，要加以规定。最主要的就是要打破国民党时代的关门主义，各部门要取得联系，成为新的气象。《共同纲领》第四十三条提到："努力发

[①] 中国科学院成立后（1950~1953年）选聘了院内外有代表性的知名专家200余人担任中国科学院的专门委员——编者注。

[②] 台，如中国科学院紫金山天文台等——编者注。

[③] 馆，如工学实验坊等——编者注。

[④] 时任政务院文化教育委员会副主任。

展自然科学，以服务于工业、农业和国防的建设。奖励科学的发明和发现，普及科学知识。"中国科学院关于方针的指示，有一个很好的开头。陆定一还说：科学建设要与实际问题结合起来。我们的国家面积很大，应恢复的工作很多。至于恢复的力量，首先从科学研究方面去做。例如，对于全国矿产有多少我们没有资料，我们的工作要从头做起。关于这一点我有两个要求：一是目前的要求，即以现有基础目前就能解决的问题；二是实际建设问题，如原子能应用的问题即为长远的要求。将来要应用的科学研究与建设结合问题若发生了矛盾，这是好的现象，因为有了矛盾才能有改进，科学才能成为国家的应用科学。例如，中国人口死亡率很高，我们要解决这个问题；由于太行山区的冰雹灾，许多麦子被毁了，因此我们要用科学的方法去解决它；棉花的蚜虫问题，也是必须要解决的问题。解决了这些问题，科学才能有高度地发展，国家经济才能走向好转。

郭沫若院长在会议总结中进一步明确了会议的任务是确定方针、建立制度和加强联系。

在确定方针方面，他指出：要根据共同纲领文教政策的规定，来完成思想斗争，建立道德标准，结合实际进行研究和培养人才的任务。同时对政务院文化教育委员会通过的三项基本任务，经过大会分组讨论以后，大家也得到了明确的认识，确定了科学研究为人民服务的观点。方针确定以后，经过大会和分组讨论，得到更进一步的收获是，各位专家一致同意政务院文化教育委员会给我们的基本任务，在研究方向的确立、人员的分配与培养、研究机构的调整与充实上，都得到了一致的意见，这个收获也是很大的。今后我们可以按照基本任务中所指示的方向，逐渐展开工作，稳步前进。

在加强联系方面，他强调：科学院必须把对各方面的关系很好地联系起来。在对外关系上，如与高等学校、各种科学研究机构、生产部门和其他部门都要建立联系。对此问题，各方代表在小组讨论会上都踊跃发言，提出了许多宝贵的意见。在院内，院与所、所与所、人与人之间要保持融洽的态度和团结的精神来推动今后的工作。这种态度和精神在会场上、在讨论中，已经充分表现出来了。他还指出：经过这次会议，院内、院外之间初步建立了良好的关系，在理论与实际配合这一点上，也得到了很好的收获。关于如何配合和配合程度的问题，在分组讨论上，专家和产业部门的代表们都提出了很好的建议：农业部门希望我们有重点地编出几种植物志，植物分类学研究所本来有此计划，得到这样的鼓励一定可以更好地工作。食品工业部门提出捷克向我国定购 1 万吨鱼粉，此项交易如能成功，所得利润可以办 10 所大学；但因资料调查和研究不够，在制造技术上也没有准备，不能接受订货。不过这可以为我们指出一个方向，我们要设法充实条件，今天虽不能接受，但以后是可能接受的。今年小麦的黄疸病 [①] 很厉害，有人建议对黄疸病进行研究，希望明年与农业部合作解决此问题，以消减黄疸病。这次会议的结果，使科学院了解实际上存在着一些什么问题需要解决，同时又使实际工作的人员了解科学院在解决问题上有些什么准备，这对双方工作的进行上是有很大帮助的。

1951 年

涉农研究工作受到重视

2 月 2 日，郭沫若院长在政务院第 70 次政务会议上做《中国科学院 1950 年工作总结和 1951 年工作计划要点》的报告。

郭沫若院长在总结中首先指出：旧中国的科学事业长期陷于无生气的状态，使富有智慧与能力的优秀科学家不能适当地发挥其职能，为自己的国家和人民服务；科学研究事业一向受英美资本主义国家科学的影响，缺乏明确的研究方向，理论与实际不能联系，科学工作者之间缺乏团结合作的精神，因而更容易形成科学与人民生活脱节的现象。根据这一情况及共同纲领中关于文化教育的政策，中国科学院成立之初即以"确定科学研究方向、团结和培养科学研究人才、调整和充实现有科学研究机构"作为 1950 年工作的基本任务。他从"关于研究机构的调整与充实""关于研究工作""关于科学工作者的团结与教育工作"三方面报告了一年来的执行情况。

郭沫若院长在报告研究工作时指出，为了纠正过去科学研究脱离实际的

---

① 小麦锈病——编者注。

弊病，在研究工作上特别强调联系实际的方针，尤其注重发展与国防、工业、农业有关的科学研究工作，其中若干部门已经获得一定的成绩。他所报告的研究工作和成绩中不乏涉农内容，如在国家自然条件的研究调查方面，地理研究所筹备处大地测量组为黄河水利委员会测定了潼关和托克托两地精密经纬度，以便实施三角测量；并组织了黄泛区考察队，在安徽寿县八公山以南发现淮河故道，建议将来在治淮工程中于寿阳、凤台间开辟运河，截直河流，以利宣泄。地球物理研究所气象组与人民革命军事委员会气象局合作，对该局的工作裨益不少，现已与该局订立合同，成立天气预告分析中心和全国气候资料室。实验生物研究所昆虫研究室阐明了棉蚜虫的生活过程，提供了一种防除棉蚜的方法，已为农业部门所采用，预计推广后对棉花增产将起重大作用。水生生物研究所在浙江吴兴县菱湖区对湖鱼的鱼瘟做调查研究，拟出了防治方法，已经指导当地渔民试验而获得良好的结果。该所还为菱湖区提出了 1951 年预防鱼瘟的计划。植物分类研究所参加了永定河上游水土保持勘察团，根据实际调查，提出了造林及水土保持办法，又在渤海区、东北及内蒙古盐碱地带研究各地区指示植物，得出了若干有关有经济价值植物（包括牧草）的初步结论。

在联系实际需要的其他方面，实验生物研究所对苏联的春化法、橡胶草栽培试验及人工授粉法的试验，是与农业有关的。水生生物研究所对于胶州湾水性变迁的调查、大连海藻的采集等，是与水产业有关的。地理研究所筹备处除上述黄泛区考察队工作之外，还组织了滇黔线、隆筑线经济地理调查队，并准备绘制百万分之一的全国地图。

郭沫若院长在报告 1951 年工作计划要点时强调：为了实践理论与实际一致的方针，应根据下列三个条件重点发展：一是国家工业、农业与国防建设的需要；二是科学本身发展的需要；三是主观的力量和可能。也就是说，应该使主观力量与客观要求、理论科学与应用科学、国家目前需要与长远需要均取得适当的配合，来进行我们的工作。关于研究工作，他明确指出，1951年的研究工作除一般发展外，特别以下列各项研究工作作为科学院本身发展的重点：①地质研究，着重于地层结构与矿藏分布的关系，大量派员探勘矿藏，以配合国家开发资源的需要。②近代物理研究，充实各种设备，准备研究原子核的构造及原子能原理的基本条件。③应用物理的研究，继续光谱研究并适应工业、农业、卫生、水利各部关于光学方面的需要并建立光学实验工厂，制造显微镜、经纬仪、水平仪等光学仪器。④实验生物的研究，适应农业建设的需要，研究病虫害的防治，主要是棉蚜及粮食害虫的防治。⑤地球物理的研究，适应国防需要，地球物理研究所气象组与军事系统方面开展合作，加强气象方面的观测与研究。⑥语言研究，着重于中国少数民族语言和现代汉语语法的研究。

从郭沫若院长的报告中可以看出，中国科学院在建院初期就十分重视涉农工作，相关研究工作亦取得一定成绩。

组织西藏地区首次多学科联合考察

受政务院文化教育委员会委托，中国科学院组织西藏工作队开展西藏地区首次多学科联合考察。1951 年 6 月 7 日，由地质学家李璞任队长、地球物理学家方俊任副队长的第一批 48 名工作队员离京入藏。工作队分地质地理、农业气象、语言文艺、社会科学、医药 5 个组。1952 年 6 月 25 日，土壤学家李连捷率第二批西藏工作队的农业科学工作者 11 人离京进藏。来自中国科学院有关研究所、北京大学、清华大学、燕京大学、重庆大学、北京农业大学、西南地质调查所、中央人民政府有关部门和医疗卫生机构的考察队员在考察金沙江以西、日喀则以东、雅鲁藏布江流域及唐古拉山以南地区后，于 1953 年 9 月 19 日返回北京。

工作队通过两年的考察，对康藏高原的自然和社会情况有了初步认识。除地质地理、语言文艺、社会历史等方面以外，农业科学组调查了高原上主要农区和高原东部主要牧区的气候、土壤、植物等自然情况和农林牧的生产情况及其存在的主要问题；采集了数百种土壤、植物、农作物、畜产标本及作物、蔬菜种子；绘制了森林、牧场与耕地分布地形图及平面图数百幅；参加了拉萨农业试验场的栽培育种试验，试种作物和蔬菜新品种取得初步结果。工作队还对西藏农、林、牧业与手工业生产及医药卫生工作提出了建议。

1953 年 9 月 29 日，李璞在中国科学院召开的西藏工作队工作汇报会上报告工作；李璞、萧前椿等在《科学通报》发表《康藏高原自然情况和资源的介绍》《西藏高原的自然环境与农林牧业》等工作报告，认为西藏高原的自然环境对农、林、牧生产和发展提供了一般高原少有的有利条件，其农、林、牧业的前途是无限宽广的。

第二次扩大院务会议强调科学要为国家建设服务

9月13～24日，中国科学院召开第二次扩大院务会议，约300人参会，其中院部、各所、室、台、馆负责人到会，中央各部委代表、各大学代表应邀出席。会议的主要任务是要在中国科学界做深入的思想动员，加强理论与实际的联系，加强科学工作的组织性和计划性，以便使科学研究工作更好地为国家建设服务。胡乔木、李富春莅临会议并做报告。

9月13日，郭沫若院长首先做题为"本院一年来工作概况和当前任务"的报告，总结了中国科学院第一次院务会议以来在国家自然条件与资源调查研究、自然科学实际应用、自然科学基本理论等方面取得的成就；指出中国科学院工作尚比较缺乏组织性、计划性，在理论联系实际、密切结合群众方面做得不够，存在与国家建设需要尚有一段距离的问题；列举了中国科学院当前在工农业方面的一系列任务。

郭沫若指出：在科学工作方针上，这一年来是比过去更明确了。今年3月政务院发布《为加强科学院对工业、农业、卫生、教育、国防各部门的联系给各部门的指示》，使中国科学院原本规定的科学研究工作与实际配合的方针，获得更具体的内容，从而增进了中国科学院工作与各业务部门之间较密切的关系。今年来，中国科学院与各政府部门、其他研究机构在研究工作上的合作较之前已有所增强。在最近9个月中，中国科学院各研究单位接受的院外委托的研究工作共48起，补助了院外研究工作32件；中国科学院的研究人员经常参加有关部门召开的专业会议和技术问题会议，并在会议上提出我们的建议。在中国科学院方面，先后召开了各种科学专题研究会议共11次，如关于红蜘蛛防治问题、球墨铸铁制造问题、菌种保藏问题、种子杀菌剂问题、化学试剂制造问题的研究会等。此外，为了配合农业方面的需要，组织了广东、广西、福建3省的植物学者分工进行华南植物的调查工作；配合民族工作方面的需要，组织了西藏工作队，随军入藏开展关于西藏的地质、气象、农业、语文、历史各方面的调查研究工作。最近又和东北人民政府商洽，拟在东北成立分院，并将东北铁道研究所的金属材料试验部门的工作划归中国科学院领导，以期配合鞍山钢铁厂和其他各工业部门，加强冶金方面的研究。

郭沫若从"关于国家自然条件与资源的调查研究""关于自然科学的实际应用""关于自然科学的基本理论研究""社会科学方面"等方面择要分述了一年来中国科学院各研究所工作的收获，其中与农业有关的有：①土壤研究方面人员分别参加了五个土壤调查队，调查了东北、绥远、西北、湖南、江西及淮河流域一带的土壤，并研究其改造办法。②地理研究所筹备处结束了黄泛区的考察和西南隆筑、湘黔铁路沿线的野外调查工作，现已开始进行黄河中游的地理调查及天成、集白两新铁路线的经济地理调查。③植物分类研究所编出《华北经济植物志要》和《黔南经济植物的地理分布及其与自然的关系》专著两本，并开始进行关于橡胶草的栽培试验。④水生生物研究所除进行太湖的淡水生物与胶州湾、渤海湾一带海洋生物的调查研究和养殖试验外，还从事鱼类寄生虫与鱼病的研究，最近发现一种妨害鱼类生长的水藻并已得出解决的办法。⑤实验生物研究所昆虫研究室研究小麦吸浆虫、棉蚜虫、红蜘蛛、螟虫，并解答了宁夏骆驼蝇为害问题。⑥地理研究所筹备处关于中国百万分之一地图的绘制，植物分类研究所关于《河北省植物志》的编纂。⑦物理化学与有机化学研究所，曾接受华东农林部的要求，开展种子杀菌剂西力生制备的合作研究。所得产品经各农业部机构试用后，被认为效力优良。

郭沫若最后从工业、农业两方面列举了中国科学院当前的任务。其中在农业方面：①土壤的改造和使用。中国目前熟地有 14 亿亩，而荒地却有 11 亿～12 亿亩。如何改造荒地、使用荒地是农业增产的一个基本问题。在华北和沿海地带有很多地区的土壤多属碱土或盐土，一般农作物不能生长。关于如何消除碱土的毒性、清除土中过量的盐质，以及抗盐作物的研究，过去有人做过很多工作，今后需要大规模动员各方面的人力有计划、有系统地加以推进。②造林问题。木材是工业上的主要原料，就造纸业和建筑业两方面来讲，都需要大量的木材。国内木料缺乏已成为当前严重的现象。多少年来只知砍伐不知种植的结果使森林的面积日渐缩小，中华人民共和国成立以来由于各级人民政府组织广大群众进行护林工作，使森林的破坏大为减少。1950年全国遭受损失的木材已减少为200万立方公尺[①]。1950年全国造林完成了163万亩，此外零星植树3亿零3400余株。在护林和造林方面，一方面由于政府的领导，对广大群众的动员是有显著成绩的；另一方面有的地区不懂技术，往往使工作遭受很大损失。例如，马尾松本来适宜植于弱酸性与中性的土壤，苏北把它种在盐碱地上，结果全部死亡。所以，何种树木适宜种植于何种土壤，哪些地区适宜种植哪些树木，特别是在寒冷地带、干旱地带应如何造林，都需要这方面的科学专家来研究。此外，对于森林如何采伐、如何防火的问题也需要解决。③农业种植区的划分。为了有计划地发展国家农业生产，需要根据自然条件划分各种农作物的种植地区，目前我国还没有实施此种办法。有很多地区不根据自然条件种植作物，这对于部分农民来说虽然可以增加一些收入，但从全国范围看，却降低了农作物的产量。我们现在对于这方面的情况了解还不够，特别是对中国西南地区的情况知道得更少。如何根据科学的知识和理论，研究各地区的自然条件，从而科学明确地划分种植区域，是农业生产上的主要问题之一。④畜牧事业的发展。在我国土地上，如果从大兴安岭到川西划一条直线，在这条线以西的地区，大体说是畜牧地区，目前我国牲畜缺乏的情况相当严重，毛纺工业因此不能发展。如何在上述地区进行调查研究并对牲畜繁殖提出办法非常重要。⑤农作物病虫害的防治。病虫害对于农作物生产威胁很大，今年蝗害蔓延的面积就达280余万亩。河北全省有30%的棉田发生蚜虫，察哈尔省有1万5000亩谷苗毁于钻心虫。在病害方面，据专家估计，只就黑穗病的为害来说，在1920～1948年，单小麦一项每年平均损失约达1261万市担[②]。因此要保证农业生产的提高，必须和病虫害做彻底的斗争。一方面要动员广大群众及时进行防治，另一方面必须动员国内专家组织起来，提出针对几种主要病害和虫害的有效防治方法，有系统、有计划地研究能基本上消除病虫害。

为了使我们能有步骤地进行工作，郭沫若建议在这次院务会议后，动员

---

①　旧制单位，1公尺＝1米。

②　1市担＝50千克。

有关部门，组织国内各方面的科学技术专家和产业部门的研究人员和行政人员，召集一系列的专门问题会议，就上述各项问题的性质、关系和具体进行的步骤进行充分的讨论，拟出一定的计划。并可考虑由院内外某些方面的专家和产业部门的同志组织一个经常性的机构，从事科学研究的计划性工作。

9月14日，吴有训、陶孟和、竺可桢副院长做报告，介绍各研究所的工作情况。18～21日，会议安排分组讨论。其中，18日分9组讨论"关于组织与开展当前工业、农业上的重要问题"。第一组讨论"钢铁质量的改进与有色金属问题"；第二组讨论"炭黑的制造及橡胶、牛皮和造纸木材等代用品问题"；第三组讨论"度量衡问题"；第四组讨论"土壤改良与利用问题"；第五组讨论"造林问题"；第六组讨论"农作物种植区域的划分问题"；第七组讨论"农作物病虫害问题"（甲组：虫害部分；乙组：植病部分）；第八组讨论"社会科学今后的发展、工作、人才培养以及其他有关问题"；第九组讨论"基础自然科学研究问题"（甲组：数理化部分；乙组：生物部分）。

1952 年

成立华北昆虫工作委员会

1951年12月31日，实验生物研究所昆虫研究室在北京召开昆虫工作座谈会，农业部、华北农业科学研究所（中国农业科学院的前身）、北京农业大学、政务院文化教育委员会、政务院财政经济委员会计划局、北京大学、北京大学医学院、燕京大学等单位代表出席，中国科学院竺可桢、朱弘复、赵善欢、钦俊德、熊尧、刘友樵、简焯坡、张广学参加。会议讨论如何组织北京地区昆虫学工作者开展病虫害防治工作问题。鉴于农业生产上存在许多严重的虫害问题亟待解决，初步决定先将北京及华北昆虫工作者组织起来，待取得经验后再推进全国性的组织工作，还初步拟定了组织方案及人选。

1952年2月18日，中国科学院与农业部病虫害防治司联合召开昆虫会议，讨论当年华北可能发生重要害虫及其防治的准备工作。竺可桢讲话；马世骏报告昆虫工作委员会筹备经过；吴宏吉介绍 1951 年华北害虫情况时说，最严重的是蝗虫和棉蚜虫。受影响的总面积计 1.2 亿亩（占全部种植面积的 8%）。单蝗虫就动员 5000 万人，全国共动员 8 亿劳动力，用药剂 1300 多万斤（6500 多吨），喷雾器 1950 年 7 万架、1951 年 15 万架、1952 年将到 40 万架。在蝗虫影响 160 个县的 1380 万亩上，杀死蝗虫 2300 吨，挽救粮食 169 亿斤。棉蚜虫影响 4500 万亩，占全部棉田的 80%。华北棉田 2800 万亩中有 95% 受影响，全国损失 180 万～200 万担。

会议决定在中国科学院领导下，正式成立"北京昆虫工作委员会"，推选中国科学院陈世骧和朱弘复、农业部李世俊、北京农业大学刘崇乐、华北农业科学研究所陈宗宪为委员，下设蝗虫、棉虫、麦作杂粮害虫及果树害虫、药剂 5 个工作组；该委员会于 2 月 20 日函请中国科学院准予备案；3 月 1 日的第 21 次中国科学院院长会议形成决议，即"为能更好地迅速做好今年的防虫工作，有将各部门的昆虫工作者即刻组织起来的必要，决定核准成立'华北昆虫工作委员会'，由中国科学院领导，在业务上与各有关部门，如农业部、卫生部门取得密切联系"；4 月 9 日，中国科学院就此事向政务院文化教育委员会报告："因该会业务与广大华北地区有极大关系，故决定将名称改为'华北昆虫工作委员会'"；政务院文化教育委员会于 4 月 26 日批复准予备案；5 月 7 日，中国科学院向该委员会颁发了图章。

约请农业部会商华北地下水状况和利用问题

2 月 23 日，第 20 次中国科学院院长会议根据李四光副院长建议，决定由郭沫若院长约请农业部李书城部长和中国地质工作计划指导委员会（地委会）李捷等会商凿井防旱工作。同日下午，郭沫若主持防旱座谈会，与李书城及李捷等 14 人就华北地下水状况和利用问题交换意见。李四光报告华北地下水供给问题和关于大量凿井计划并指出：现在已制成华北区一大部分浅水（包括泉水、浅水井）和深水分配略图各一幅，并且草拟了利用地下水防旱抗旱计划两份。根据我们的力量，目前很难顾及全国地下水计划。就现时我们所掌握的资料判断，唯有就人烟稠密、农产物丰富、对地下水有把握的华北平原，着手制订地下水供给计划，会比较轻而易举。他提出了利用地下水的两项办法：一是浅水，包括泉水及浅水（深度在 3～4 丈[①]），大力发动群众开凿浅井，疏浚泉水，简便易行，可以救急；二是深井，深度在 90 米以下，推行的办法分两步，即择定适宜凿井地点作为典型示范，取得经验；用各种方法测定地下水分布情况，并广泛地制订大量凿井计划。李书城赞同这个计划，强调"应该赶快帮助农民，发动抗旱工作。至于打深井，那就要看有没有打井的条件，如果把人力物力动员起来，先就华北一区来做是合理的"。会议同意由农业部召集中国科学院、农业部及其他有关单位合作组织一两次座谈会，商订凿井计划。

吴征镒等参加中央农业技术考察团工作

4 月下旬至 8 月上旬，农业部会同中国科学院、华北农业科学研究所、北京农业大学联合组成的"中央农业技术考察团"，以苏联专家伊万诺夫为顾问，先后到河南、武汉、广东、江西、浙江、上海、南京、山东、山西、河北、绥远、沈阳、公主岭、黑龙江、辽东等地，考察包括中国科学院有关研究所在内的农业科学技术工作情况。植物分类研究所副所长吴征镒和实验生物研究所植物生理研究室金成忠参加考察团工作。7 月 8 日，吴征镒在中国科学院召开的全国各地农学院院长座谈会上做"参加中央农业技术考察团的初步总结报告"时指出：农业科学和有关的基础科学赶不上生产实际的需要，今后首先要求科学家走群众路线，在调查研究中找问题，制订出好的研究计划。科学院应该考虑基础科学研究如何结合实际，以及科学院的工作与农业研究所的区别。10 月，《科学通报》发表了《中央农业技术考察团报告》。该报告认为我国农业技术工作在充分运用农业技术方法克服自然灾害、改良土壤增进地力、改进耕作栽培技术、选种和良种繁育等方面存在问题，必须扭转过去只片面重视育种工作而不注意改进耕作栽培技术的错误倾向；密切结合当前的生产实践改进农业技术工作；打破目前孤立分散各搞一套的非科学的做法，加强各有关部门、业务单位以及与每个工作人员的配合联系，在统筹计划和合理分工下，综合解决主要问题，以提高农业技术试验研究的工作效率。

[①]　1 丈≈3.33 米。

与东北人民政府农业部订立推广大豆根瘤菌合作协议

中国科学院长春综合研究所开展大豆根瘤菌的分离与选择研究。1950 年 4 月至 1951 年，已初步选出固氮能力较强菌种 14 种。用 15 号、203 号、214 号、285 号菌种对五种不同品种的大豆做大地圃场接种试验，其中 203 号菌种对"满地金"豆种作用较大，平均增产 14%；1952 年，又在各地国营农场做圃场试验。1952 年 9 月 20 日，长春综合研究所与东北人民政府农业部农产科订立合作推广协议书，由该研究所负责制造 100 万垧土地所需用的接种剂 100 万包，每包含泥炭土 20 克、菌种 12 亿个；东北人民政府农业部负责分配种剂，宣传推广及协助长春综合研究所了解合作情况等。

1952 年的《科学通报》以"科学研究机关与生产部门订立合同的两个例子"为题，介绍了订立推广大豆根瘤菌合作协议的有关情况。

1953 年

联合农业部召开全国植物病理会议

为解决生产上已存在或将可能蔓延的植物病害问题，中国科学院动员并组织植物病理学工作者有计划、有重点地开展实验研究和调查工作。中国科学院与农业部、中国植物病理学会于 1953 年 2 月 27 日至 3 月 4 日在北京召开全国植物病理会议及中国植物病理学会全国代表大会联合会议，研讨有重点地进行全国植物病害调查、确定需要集中力量加以研究的最严重病害、建立植物病害检疫制度办法及统一的全国植物病害工作委员会问题。中国科学院及农业部、林业部、高等学校、中华全国自然科学专门学会联合会等单位共 80 人参加会议。

开幕式上，竺可桢副院长强调组织起来研究解决植物病害问题的重要性；农业部副部长吴觉农报告三年来全国植物病害防治工作情况和存在的问题。会议确定了重点病害，把主要植物病害分为防治重点（小麦腥黑穗病和线虫病、棉苗病等）、研究重点（小麦锈病和赤霉病、稻热病、棉枯萎和黄萎病等）及检疫重点（甘薯的黑斑病和线虫病、棉枯萎病和黄萎病、苹果锈果病、洋麻炭疽病、蔬菜肿根病及调运的种苗检疫等）三种类型，明确了植病研究工作方向：①开展植物抗病性及病菌致病性与环境的关系研究，创造和提高作物抗病性，确定有效的综合防治法。②有计划地进行科学的抗病选种工作，以改良现有品种，创造更适合国家经济要求的抗病新品种。③进行检疫调查研究，以在近期建立检疫制度、防止新病菌输入及病害蔓延区的扩大。④根据我国工业生产及原料供应情况，开展新药剂制造、使用和对植物生长发育情况影响的研究。

会议决定建立全国统一的领导机构，成立全国植物病理工作委员会。在讨论组织简则基础上，明确该委员会的性质和任务。也就是说，作为中国科学院和农业部的一个委员会，接受中国科学院和农业部双重领导，其本身不是直接对外的执行机构，而是通过中国科学院和农业部来发挥参谋和技术指导作用的组织。其任务是确定植物病理工作方向，组织和领导全国植物病理工作，有重点地审查全国各有关单位关于植物病理工作的研究计划，制订主要工作计划，通过有关行政部门分配任务，检查与总结工作等。会后制定了《全国植物病理工作委员会组织简则》，戴芳澜任该委员会主任委员。

建立中国第一个鱼病工作站

1950 年，水生生物研究所在江苏、浙江和广东的重要养鱼地区开展鱼病调查。5～8 月，应浙江省吴兴县人民政府和农民的请求，派出 5 人调查团到菱湖地区进行鱼瘟病防治研究。调查团研究出的办法经当地渔民试验，获得良好结果。水生生物研究所将研究结果写成报告，供各地推广采用。

1953 年 4～12 月，水生生物研究所倪达书等进一步在江浙养鱼地区调查，并在浙江省吴兴县菱湖镇建立了中国第一个鱼病工作站，开展了多项鱼病调查和防治研究。了解到池塘饲养的草鱼、青鱼、鲢鱼、鳙鱼中，草鱼和青鱼患病最多，死亡最严重。在研究草鱼、青鱼的食性和生活习性后，发现鲢鱼、鳙鱼以浮游生物为食料，很少患细菌性肠炎；而草鱼、青鱼专靠人工投喂食料则常常生病，从而明确了病因的关键在于投喂食料的质量（新鲜或陈腐）、数量（多或少）及时间（早或晚，持续或间断）等不均匀。研究还发现，有些鱼病，如草鱼的鳃瓣病、草鱼和青鱼的赤皮病等，是由放养带病的鱼种或原来鱼池中潜伏的致病病原体所致。倪达书等因此提出"三消"（鱼池、鱼种和食料消毒）和"三定"（食料定质、定量和定时）预防措施，并在浙江水产公司菱湖鱼种养殖场和种鱼试验场的鱼池中进行试验，获得良好效果。

在"三消"和"三定"基础上，水生生物研究所于1954～1955年设计使用散撒漂白粉或挂篓法消毒食场（台），以防止细菌性烂鳃病、赤皮病和肠炎的发生；用硫酸铜挂袋法代替手续复杂的硫酸铜全池遍洒法，以防止寄生虫幼虫繁生；提出用生石灰带水清塘法比干塘清塘的效果好而且省事和经济的意见。水生生物研究所以短训班、现场会等形式培训各省水产干部，有关鱼病预防措施因此被全国渔农普遍采用。

1955年，中国科学院通知水生生物研究所将菱湖鱼病工作站的主要力量移至武汉。浙江省农林厅水产局于3月31日和6月21日两次报告农业部水产总局并抄送中国科学院，希望延缓撤移工作站的时间；7月8日又致函中国科学院称，自1953年水生生物研究所在浙江省菱湖设立鱼病工作站以来，对内塘青鱼、草鱼等鱼病的防治已有相当成效，群众也很满意，再次提出希望延迟撤销。7月30日，中国科学院根据与水产总局等各方面协商的结果，致函浙江省农林厅水产局并做出说明：菱湖站过去的工作已为浙江省的鱼病防治工作打下一些基础，但目前广东省鱼病严重，湖北省正大力开展淡水养鱼工作。为照顾各地的预报防治工作，并从长远利益打算，使中国科学院鱼病工作能集中主要力量研究重大问题，中国科学院决定将水生生物研究所鱼病组的主要力量移至武汉。同时仍留小部分工作人员在该站继续工作，协助解决当地的鱼病问题，并为今后产业部门设立鱼病防治站创造条件。7月28日，中国科学院已先行去函水产总局表达了类似意见，并提出在浙江省设立鱼病防治试验站等建议。

参加西北地区早期考察

由于西北地区的科学技术落后、科学力量薄弱，90%以上地区未经过系统勘察，连最基本的科学资料也没有，给国家建设带来很大困难。为迅速改变这一状况，中国科学院配合其他部门，曾开展过几次重要的考察工作，参加西北地区早期考察是其中的一次。

1952 年 12 月，政务院发布发动群众继续开展防旱、抗旱运动并大力推行水土保持工作的指示，要求"在 1953 年除去已经开始进行水土保持的地区仍应继续进行外，应以黄河的支流，无定河、延水及泾河、渭河、洛河诸河流域为全国的重点"。因此，由水利部和黄河水利委员会出面组织，中国科学院、农业部、林业部和部分高等学校参加组成的西北水土保持考察团和 10 个黄河流域水土保持查勘队约 400 人，分两批于 1953 年 5 月 3 日和 5 月 5 日赴西北，以山西、甘肃水土流失严重地区，以无定河、泾河、渭河流域的榆林、绥德、广阳、平凉、兰州、天水等地为重点开展考察研究，计划通过查勘提出农业、林业、畜牧业、水利等方面的综合性水土保持试验研究方案，进而形成黄河水土保持区综合性开发的设计资料。主要任务是以普遍查勘和重点深入相结合的方法，查勘区域内地形、地貌、地质、土壤、水文、气象、地面被覆、河道沟道情况，以及人口、土地、房屋分布、土地利用情况；了解数十年来的雨量和洪水、旱灾、风灾、雹灾、病虫害及当地农民关于水土保持工作的经验；总结沟壑分布和类型、冲刷及其原因等。中国科学院土壤研究所、植物研究所、地理研究所的研究人员参加考察。考察团在陕西、甘肃工作两个多月后于 7 月 17 日返抵北京。7 月 23 日的中国科学院院长办公会听取了熊毅、黄秉维的考察情况汇报。黄秉维和熊毅分别在 1953 年第九期《科学通报》上发表《陕甘黄土区域土壤侵蚀的因素和方式》和《如何改良西北的土壤》的论文报告。黄秉维研究分析了黄河中游黄土区域土壤侵蚀对水利、农业危害的严重性，自然和人为两类引起土壤侵蚀的主要因素等，认为坡地开垦及不完善的耕作方法、罗掘俱穷的燃料采集、过度放牧和开辟道路等人类活动对天然植被的破坏导致了如此严重的土壤侵蚀。熊毅阐述了西北土壤的本质、优缺点和整体状况，指出西北土壤存在易受冲刷、抗旱能力弱和肥力低落等问题，肯定了采用增加土壤有机质、培养团粒构造、合理施肥等方法实现改良的可能性。在 1953 年调查研究基础上，中国科学院与西北黄河工程局合作，在水土流失严重地区，选择绥德、西峰两处进行综合性试验研究，进一步了解水土流失规律，寻找水土保持的有效方法，取得的部分成果在绥德试验站得到推广。

召开气象学座谈会

6月24日上午，中国科学院访苏代表团向政务院文化教育委员会报告访问苏联的情况。同日下午，第18次院务常务会议通过中国科学院访苏代表团专科报告会次序表草案，并决定在专科报告会后邀请各科专家举行小型座谈会。为深入学习苏联经验，中国科学院自7月2日开始，在京陆续邀请科学家举行化学、动物生理学与生物化学、土木工程学、物理学、土壤学、地质学、植物学、机械及动力工程学、历史学、动物学、医学、气象学等学科座谈会，讨论各门科学在中国发展的途径和步骤。

7月3日，中国科学院召开气象学座谈会，水利部、气象局、华北农业科学研究所、北京大学、北京农业大学、中国科学院地球物理研究所及地理研究所等单位代表参加，竺可桢副院长主持座谈会并在开幕词中指出："解放以前，中国气象学发展是极不全面的，农业气象以往竟无人过问，30年来气象界所发表的400多篇论文中，涉及农业的不过四五篇，这充分说明过去科学研究脱离实际的情况。"华北农业科学研究所戴松恩副所长在发言中着重说明农业气象工作在发展农业上的重要性："中国科学院与华北农业科学研究所合作，虽然开始时间只有半年，但是对于一系列的农业问题，如棉花落蕾、落花、落铃、保苗，小麦丰收与水温及土壤温度的关系等，都已得到了初步的了解。"

会议重点讨论了气象学发展方向问题。在与农业有关的意见方面，地球物理研究所叶笃正认为气候学的研究应该与流域水文气候学、水文学、植物学、土壤学等方面的工作配合起来；小气候的研究与农业气候工作结合起来之后，可以在农业生产上起很大的作用。

会议还就如何培养本门科学干部及高等学校与中国科学院如何合作的问题展开集中讨论。气象局局长涂长望强调，目前干部培养是一个很迫切的问题，从事研究工作，改善业务，也是一个很迫切的问题。我们必须研究出一个办法，使这两个问题能够同时得到合理的解决。

召开土壤学座谈会

7月5日，中国科学院邀请农业部、林业部、北京农业大学、华北农业科学研究所等单位的有关专家 20 人，结合目前情况，学习苏联先进经验，讨论我国的土壤科学发展的方向。

与会专家一致认为土壤科学应该研究土壤的改良、提高土壤肥力，为增加农业产量服务。土壤的合理利用是提高单位面积产量的重要环节，现在农民群众中存在的不合理耕作制度和施肥方法，是造成土壤肥力降低和结构破坏的原因，亟须改进。

关于我国土壤方面诸如红壤的利用、盐碱土的改良、水土保持和防治风沙的几个主要问题，专家们认为这是需要集中各方面力量加以解决的综合性工作，需要土壤、植被、作物栽培、水利、林业等方面工作配合进行。土壤研究的方向，应与各门科学密切配合进行综合研究。以前各搞一套，是不可能有成绩的。农业部水土利用局参事陈方济说：泾惠灌溉区的水利工作，就是因为未与农业、土壤工作等配合，以致造成棉花减产，土壤工作者应该吸取这个教训。如果土壤学不与肥料学、植物栽培学等配合，就不能正确地指导施肥技术和植物栽培。林业部何康说：西北的水土保持和根治黄河方面，造林是一个主要问题。因此，土壤工作者与林业工作者的配合是极其重要的。

关于进行土壤调查、土壤分类和编制中华土壤图，土壤研究所宋达泉和林业部何康认为土壤调查和编制全国土壤图目前是需要进行的工作，只有弄清了土壤分布和分类后，才能做出计划，这是大规模经济建设的必备资料。土壤研究所所长马溶之认为目前这方面的工作需要做，但关于全国土壤图不是大规模地搞，而是把原来的资料加以修正和补充，土壤普查工作要重点配合国家经济建设地区进行。

土壤科学中的干部问题是一个严重的问题。目前土壤科学的干部非常缺乏，而我国土壤科学工作又需要迅速发展。与会专家认为，一方面应该举办短期训练班，以满足一般的土壤调查和分析工作的需要；另一方面，要长期培养干部，以满足研究工作和高级技术工作的需要。由于土壤科学干部的缺乏，必须把现有的土壤科学工作者组织起来，发挥其最大的力量。目前高等学校、科学研究机构和产业部门三者联系很差，各搞一套，这种情况应迅速加以纠正。希望在中国科学院的统一领导下，把高等学校、科学研究机构、产业部门的土壤工作者组织起来，进行综合性的研究工作，提高理论水平，解决生产实际问题，以完成国家经济建设中的重大任务。

召开植物学座谈会

7月10日，中国科学院邀请农业部、林业部、高等教育部、北京农业大学、北京大学、北京林学院、华北农业科学研究所、林业研究所及中国科学院有关植物方面研究单位的28名代表，座谈如何根据苏联植物学先进经验，研究我国植物学的发展方向和有关问题。

根据苏联先进经验，与会代表认为植物学应更好地为农业和林业建设及其他有关国民经济发展事业服务。应重点发展地植物学、植物生理学、林学等部门。为了提高科学水平，应注意有系统地研究工作。在如今我国人力、物力不够的情况下，应将研究力量放在今天能解决的问题上，并有计划地着手为今天不能解决的根本理论问题做准备。

关于植物资源调查问题，与会代表认为在国家大规模经济建设中，植物资源的调查占有重要地位，必须有系统地大力开展。应搜集全国粮食作物、牧草、果树品种和野生品种；此外，尤其要注意工业原料、植物资源调查和粮食作物的调查。工业原料方面应以木材、油料作物、药用植物、纤维作物为重点，并应把各项调查研究结果写成各类手册和植物志，为国家经济建设提供资料。还应有步骤地开展经济植物的驯化、杂交、育种等工作。

关于组织起来研究解决农业生产存在的问题，与会代表认为植物学工作者应开展如棉花落花落铃、小麦冻害、洋麻病害、牧草、西北水土保持和防沙造林、合理和长期利用木材及林木更新等方面的研究。

关于综合性工作问题，大家认为植物学的研究应与其他学科密切配合，以有利于完成国家的重大任务。例如，西北水土保持工作，为了保持水土，植物学需研究植被、造林、牧草等工作，这些工作必须与土壤、林业、水利等学科相配合；牧草研究需要植物学、土壤学、栽培学、畜牧学等学科共同进行；应将各方面的科学家组织起来开展综合性的专题研究。

会议还讨论了植物生理学研究方向、加强研究和教学及产业部门的联系、培养干部等问题。植物生理学应注意研究植物的个体发育，结合新陈代谢类型和其他方面的工作，并要注意灌溉生理、肥料生理等；要着重研究光合作用；应加强研究、教学和产业部门的联系，成立工作委员会或经常召开工作会议加以改善，根据各个专门研究题目订立整个研究计划，由中国科学院估计各方面的力量和条件予以分工合作。研究机构、学校和产业部门应有计划地通力合作，解决植物学干部培养问题；业务部门要提出培养方向和要求；有关部门应经常到学校做报告以启发学生的学习；教师应多参加研究工作及其他调查和勘察等工作以提高教学质量；希望中国科学院能与学校合作设法逐步填补目前生物科学中存在的空白部分。

确定东北土壤工作方针和任务

自1950年起，在东北农林部领导下，由中国科学院土壤研究室[①]、东北农业科学研究所等单位组成东北土壤调查团，联合东北区域的土壤工作者，共同对东北土壤分布和利用情况做普查，为以后的土壤工作开辟道路。但临时性的工作方法在东北区域内不能生根，很难满足农业生产需要。1953年4月，中国科学院成立土壤研究所东北分所，在普查的基础上开展了国营农场的详测、砂土试验及黑土、砂土、盐碱土理化性质研究。工作虽深入了一步，但研究力量薄弱，与有关部门的联系较差，未能搞好土壤工作。国家经济建设迫切需要搞好农业生产，提高单位面积产量，土壤工作是重要方面，必须改进以进一步达到为农业服务的要求。为此，10月9～11日，东北行政委员会农业局和中国科学院东北分院联合召开东北土壤工作会议，检查四年来东北土壤工作的成绩和缺点，拟定方针任务。东北各省农林厅、国营农场、农业试验场的土壤工作者和东北水利局、林业局、东北农学院等部门代表共30余人出席。

会议检查了四年来东北的土壤工作，总结五方面的成绩：①对东北已耕作土地大部分进行了普查。初步了解了黑龙江、松江、吉林西部、辽西一部分，以及内蒙古呼纳盟、兴安盟、哲里木一带的黑土、灰钙土、盐碱土和森林土的分布与发展规律及土壤的理化性质，为土壤改良和土地利用工作准备了条件。②进行了部分国营农场的详测和土地规划。在松江省集贤三道岗国营农场进行详测，并应用苏联方格测量方法进行了规划。沈阳拖拉机站、国

---

① 系1950年中国科学院接收的原中央地质调查所土壤研究室——编者注。

营九三农场、二龙山农场约 7 万垧的土地详测和规划工作为将来试行草田轮作打下初步基础。③开展防砂保土、碱土改良试验。在辽西研究固沙优良植物，改良吉林郭前旗农场碱土的试验等，为保护农田和提高生产力创造了条件。④结合增产调查，对土壤与农业技术关系的调查研究为提高土地肥力提供了参考。⑤在实际工作中提高了干部的业务水平，同时培养了一些土壤工作干部。会议还分析了存在的缺点：①结合实践开展调查研究不够，没有很好地研究各种不同土壤最适宜种植何种作物，以及各种不同土壤的耕作方法。②与有关部门和广大群众没有很好地结合起来。③农业生产部门对土壤工作在农业上的重要性认识不足、重视不够，对生产单位的具体指导和帮助比较薄弱。

会议确定了东北土壤工作的方针和任务。方针是调查研究与生产实践相结合、科学理论与群众经验相结合；任务是通过调查研究提出正确的土地利用和改良土壤的办法，总结推广群众土地利用和改良土壤的经验，以增进地力，提高农作物收获量；具体项目是研究土壤情况，帮助群众解决合理施肥问题，与其他部门配合开展水土保持和盐碱土改良工作，帮助国营农场进行土地测量和土地规划工作，结合当地情况有重点、有步骤地开展土壤普查工作。

会议要求统一步调，分工合作，依靠群众，大力贯彻，把当前需要与长远建设结合起来，根据业务性质和不同情况进行分工。组织和发动群众改进农业技术的工作由省农林厅担任；基本建设性的工作由东北农业局和中国科学院东北分院担任；中国科学院必须在指导土壤工作方面提供意见。

建议筹设农业科学院

1953 年 11 月 19 日，为适应形势要求，进一步改善和加强中国科学院工作，院党组向中央呈送《关于目前中国科学院工作的基本情况和今后工作任务的报告》，提出当前的重点工作任务和需改进的工作，包括建议采取一系列措施以改善领导机构和领导方法，如"建议农业部加强对农业科学研究所的领导，并在适当时候筹设农业科学院，以全面担负一个农业研究方面的任务。建议卫生部加强对中央卫生研究院的领导，建议高等教育部有重点地在有条件的高等学校中开展科学研究工作"。

中央于 1954 年 3 月 8 日在中国科学院党组报告上批示,并将报告转发全国有关单位。这是中华人民共和国成立以来,党中央在发展科学技术和对科学家政策方面的第一个重要文件。它不仅对中国科学院而且对全国的科学技术工作都产生了历史性的重大影响。

中国农业科学院、中国医学科学院于 1957 年相继成立。

开展农业气象学与气候区划研究

气象与农业的关系非常密切,中国农民的"靠天吃饭"说的就是这个道理。气候区划是农业自然资源调查和农业区划研究的重要组成部分,对因地制宜规划和指导农业生产具有重要意义。20 世纪五六十年代,在竺可桢副院长倡导和推动下,中国科学院非常重视农业气象学和气候区划工作。

(一)开展农业气象学研究

1950 年 4 月,中国科学院地球物理研究所在原中央研究院气象研究所基础上组建并宣告成立,设立四个研究室(气象、地磁、地震、地球物理探矿)。气象研究室(亦有人称之为"天气气候室")的有关科研人员自 1952 年起,赴海南和广西、云南等地进行橡胶农业气象考察,围绕冻害这一移植的关键气象问题,提出避免冻害移植方案,对当时橡胶林宜林地的建设发挥了重要作用。

1953 年,竺可桢的建议开创了中国农业气象事业,有三个标志性事件可以说明。第一,中央在竺可桢和涂长望的联名建议下,决定委托军委华东气象处在江苏丹阳举办全国首届农业气象训练班,聘请地球物理研究所著名气象学家吕炯开设农业气象学课程,这是中国首次举办农业气象学课程。参加培训班的 40 多位学员几十年后均成为我国农业气象教学、科研和领导岗位的骨干力量,其中不乏新中国第一代农业气象学家;第二,中国科学院与华北农业科学研究所联合建立农业气象研究组[①],吕炯任农业气象研究组主任,地球物理研究所农业气象组的有关人员进入华北农业科学研究所;第三,在北

---

① 1957 年 3 月,该研究组扩建为独立的农业气象研究室——编者注。

京农业大学建立了我国第一个农业气象专业（后改为农业气象系）。

竺可桢公开发表过近 300 篇科学著述，主要贡献涉及台风、季风、中国区域气候、农业气象、物候学、气候变迁、自然区划、自然资源综合考察、自然科学史研究等。早在 20 世纪 30 年代，他就十分关注农业气象和农业灾害研究。1934 年，竺可桢发表《东南季风与中国之雨量》，连同他更早期的关于季风研究成果，引领了此后数十年中国旱涝等农业灾害研究，为我国有效防御旱涝灾害提供了科学依据。中华人民共和国成立后，竺可桢担任中国科学院副院长的同时仍坚持科研工作，在中国季风、中国气候区划、气候变迁、物候学、气象与农业关系研究等方面发表数篇论文，为中国农业气象学事业做出重要贡献。如：1958 年，他在发表的《中国的亚热带》文章中提出中国亚热带区划标准，对新中国的农业建设具有极其重要的指导意义。在他所确定的亚热带范围内，中国成功地发展了各种亚热带作物，如茶树、蚕桑、柑橘等，同时又避免了亚热带作物盲目向北扩张的失误；1964 年，他发表《物候学与农业生产》[①]，举例说明物候学研究对农业合理布局是很有帮助的；1963 年，他发表《论我国气候的几个特点及其与粮食作物生产的关系》，受到毛泽东的赞许。

（二）开展气候区划研究

20 世纪 50 年代，地球物理研究所在中国科学院主持的中国自然区划工作中负责气候区划部分的研究。1959 年，中国科学院自然区划工作委员会提出中国气候区划草案，后完成《中国气候区划（初稿）》。60 年代，此项研究由中国科学院地理研究所负责。1961 年 12 月，地理研究所丘宝剑等在《地理学报》发表《我国热带—南亚热带的农业气候区划》，对我国热带和南亚热带区划的重要原则问题提出意见。丘宝剑等于 1980 年 6 月、1983 年 6 月和 1986 年 9 月在《地理学报》先后发表《中国农业气候区划试论》《中国农业气候区划再论》《中国农业气候区划新论》，将农业气候区划研究引向深入，在为农业合理布局和农业现代化规划提供科学依据方面发挥了作用。

---

① 发表在《新建设》第 8 卷第 9 期。

1954 年

涉农科研工作被列入重点任务

1月3日，中国科学院务常务会议讨论修改并通过1954年工作计划。会议认为，1954年的工作计划较1953年有显著进步，这是由于在制订计划前召开所长会议，会上明确了国家过渡时期的总路线和总任务，并对各学科的发展方向和如何配合国家建设、如何学习苏联经验等问题做了详细讨论。

在总结1953年计划执行情况基础上，根据国家过渡时期总路线和国家第一个五年计划的基本任务，1954年的工作计划明确了工作方针和六项任务：①组织院内外力量，配合国家工业建设，首先是重工业建设，着重解决冶金、燃料与化学工业方面的科学问题。②配合国家工业发展与工业基地的建立，有重点地进行资源与自然条件的调查研究，首先是围绕黄河开发与华南橡胶林营造两个中心问题进行综合性的考察，包括地质、土壤、植物、地震、地形、气候等方面；在考察工作的基础上逐步开展地方性的科学研究工作。③适当地对配合农业增产及粮食的储藏与保管进行研究工作，与农业科学研究机构、国营农场取得联系，总结农民群众经验，改进耕作方法，并对农业生产合作社进行科学上的帮助。④相应地发展基础科学，使其逐渐成为不断支援国家建设与不断提高科学水平的有力保证；加强社会科学方面的研究力量，扩大现有社会科学研究工作的基础。⑤协助高等学校设置专业、开展研究工作，并积极准备条件，设法充实与建立在生产上或学术上迫切需要而今天依然薄弱的学科。⑥切实团结现有科学家，大力培养科学干部，建立科学干部培养制度和学术奖励制度。在研究人员中间，组织对苏联先进科学的学习，鼓励对马克思、列宁主义的学习及开展学术活动。

各研究所拟在1954年开展594个研究题目，其中重要的有100多个。与1953年相比，研究题目总数要少，但重点较突出，力量较集中，开始围绕几个重大问题进行综合性研究。1954年的大量研究工作放在配合工业建设、资源与自然条件的调查研究两个方面，共包括333个问题，占全部研究题目的56%；加上配合农业、林业、水产业方面共有399个题目，占全部研究题目的67%。自然条件的调查和农业、林业、水产业方面的研究题目的比重较大，达到研究题目总数的31%。

（一）资源与自然条件的调查研究

包括42个中心问题，共121个研究题目，占全部题目的20%。准备派遣调查队27个，院内参加调查队约320人，并组织产业部门、高等学校人员参加。在这方面，以黄河及华南橡胶林问题为重点，组织两个大规模的综合考察队开展工作。其次是地质、矿产的调查研究、短期与中期天气预报的改进、水产调查、地震调查与中华地理志的编纂等工作。

1. 关于黄河问题

①配合黄河开发的规划与设计，进行调查研究并提供材料，包括地质构造与矿产、黄土性质、植被与土壤的分布、水文气候的变化规律、地形及地震等方面。②为了防止西北黄土高原水土流失，解决黄河泥沙问题，使黄河丰富的水力资源能很好地被利用，对陕北、陇东地区进行水土保持调查试验，包括水土流失规律的研究，水土保持方法的试验，提高当地农业产量的试验，并总结现有群众的经验，结合过去和目前调查勘察的结果，与当地农业生产合作社合作，进行典型示范工作。

2. 关于华南橡胶林问题

橡胶林营造目前存在着一系列的问题，如提高树苗成活率，扩大种植面积，防治病虫害，提高含胶量和改进胶的品质等，牵涉到土壤、气候、植物等许多方面的研究。1954年将围绕上述问题分三队进行调查及试验。一队在雷州半岛徐闻，以试验为主；一队在海南岛那大地区，调查与试验并重；一队在海南岛东路，进行一般性的调查。调查工作的目的主要是了解橡胶生长习性及其各个发育时期对生活条件的要求，考察当地大气候与小气候种植环境、土壤类型及发育规律、植物群落组合类型及发展规律，并总结群众经验。试验工作与华南垦殖局及华南热带植物研究所合作进行，包括施肥、温度与胶量胶质的关系及防护林营造等。此外，还进行橡胶微量分析与生物合成、土壤肥力变化规律等研究。

3. 关于水产调查

①进行华东湖泊、水库的调查，了解安徽、江苏的湖泊和淮河流域水库

的水产养殖问题，提出放养方案。②继续对黄海、渤海渔场进行调查、深入了解烟台和威海卫的鲐鱼、鲅鱼及黄花鱼的分布、生活习性、鱼群组成、洄游与海洋环境条件的关系。此外，开展我国沿海（主要是广东沿海）的鱼类、无脊椎动物、藻类等方面的调查研究。

4. 关于中华地理志的编纂

继续进行中华地理志的编纂。自然地理方面，完成地形、气候、水文、土壤、植物、动物区域地理部分初稿；经济地理方面，完成华北区、华东区初稿。

5. 其他工作

总结西藏工作队在康藏地区调查考察的结果，提出考察报告14项；进行东北兽类、河北鸟类、中南区植被与经济植物、内蒙古热河古脊椎动物化石等方面的调查及青岛沿海的海浪观测分析工作。

（二）配合农、林、水产事业的研究

包括23个中心问题，共66个研究题目，占全部研究题目的11%。这方面的工作需要加强与农林部门及其所属试验机构的配合与联系，并注意总结农民群众经验。

1. 施肥、灌溉与光照等

对于植物生长发育变化的关系，围绕两个中心问题进行：①防止棉花落花、落蕾。②小麦、棉花在不同发育阶段对肥料中氮、磷成分需要的情况。

2. 农林病害、虫害的防治

虫害防治以蝗虫及林业害虫松毛虫、白蚂蚁为重点，从生活史与发生规律方面进行调查研究，其次是黏虫防治问题；病害方面研究以小麦条锈病防治为重点，调查它的流行规律并布置区域实验。

3. 鱼病防治

在浙江菱湖及珠江三角洲进行鱼病防治试验，主要以为害青鱼、草鱼、鲢鱼、鳙鱼的寄生虫和细菌为对象进行研究，求得防治办法。

4. 土壤肥力的研究

在东北与国营农场合作，进行草田轮作试验，研究东北黑土肥力的保持和提高问题。在江西甘家山红壤试验场进行中南红壤肥力恢复与利用的研究。

5. 防止虫害、鼠害与霉烂等

为配合国家粮食的储藏和保管，组织力量开展防止虫害、鼠害与霉烂等问题的研究。在南京建立植物园，逐步开展驯化杂交的研究工作；在东北进行矿地造林、森林抚育更新等方面有关问题的研究。

6. 发展动物遗传学研究

"在家蚕混精杂交工作基础上逐步发展动物遗传学的研究"被列入生物学基础科学中心研究问题。

（三）在计划执行措施方面

为推进研究工作，准备召开专业会议 31 个，其中冶金方面 1 个、电信电力方面 1 个、石油方面 7 个、化学工业方面 3 个、化学理论方面 1 个、地理方面 1 个、植物文献 1 个、土壤方面 2 个、水产养殖方面 1 个、虫害防治方面 7 个。与农业科研有关的专业会议约占 1/3。

计划推广研究工作成果 53 项。其中，蚕桑方面 1 项，水产养殖方面 2 项，植物病虫害防治方面 3 项，农林方面 2 项。

根据国家建设与科学研究发展需要，准备调整和发展研究机构，其中包括：①将现有各研究所在西南的工作站合并成立西南综合研究所筹备处，对当地资源与自然条件进行调查考察和配合当地冶金工业发展需要进行研究，筹备处设在昆明。②水生生物研究所青岛海洋生物研究室改为独立研究室，由中国科学院直接领导。③土壤研究所东北分所筹备处改为中国科学院东北分院土壤研究所筹备处，林业研究所筹备处改为中国科学院东北分院林业研究所筹备处。准备建立研究机构，其中包括：①中国科学院西北分院筹备处。结合黄河考察工作在西安成立中国科学院西北分院筹备处，积极筹备建立西北分院。②华南科学工作站。结合橡胶林综合考察工作，建立华南科学工作站，站址设在广州。计划接收的研究机构为：中山大学植物研究所、广西大学经济植物研究所且合并为华南植物研究所。该所目前以配合橡胶林问题和进行中南植被植物调查为主要任务，所址设在广州。

召开粮食储藏问题座谈会

1月3日，中国科学院第一次院务常务会议讨论通过1954年工作计划，所提出的六项主要任务之一为：适当地配合农业增产及粮食的储藏与保管进行研究工作，与农业科学研究机构、国营农场取得联系，总结农民群众经验，改进耕作方法，并对农业生产合作社进行科学上的帮助。

中国科学院于6月24日在北京召开粮食储藏问题座谈会。植物生理研究所、昆虫研究所、动物研究室、中央卫生研究院、中国人民大学等单位的专家和粮食部各有关局的技术方面负责人共21人参加会议，植物生理研究所副所长殷宏章主持会议。粮食部技术负责人介绍粮食储藏、加工、仓库建设等方面情况和存在的问题，与会专家汇报各自单位的研究计划。植物生理研究所拟开展"主要粮食在不同温度下的安全水分、小麦热进仓对品质的影响、暴晒烘干对大豆含油量的影响、新粮入仓发热问题"研究；昆虫研究所拟开展"仓虫种类与分布调查、'666'消毒浓度测定、麦蛾习性与防治、保管器材的消毒方法、储粮中的螨类为害问题"研究；动物研究室拟研究"为害粮食的鼠类种类、分布及在仓库内外的为害和防治"；中央卫生研究院拟着重研究"与粮食储藏有关的毒性和营养问题"；中国人民大学拟主要研究"红外线处理问题"。殷宏章在最后发言中希望各单位之间通过工作逐步加强联系与合作。

土壤肥料技术会议在北京召开

7月16~28日，农业部和中国科学院及中华全国自然科学专门学会联合会在北京联合主持召开土壤肥料技术会议及中国土壤学会第一次会员代表大会。高等院校、科研机构和生产部门的专家、干部以及土壤学会各分会选派的280余名代表参加会议。会议正式成立了中国土壤学会，着重讨论了农业部关于"提高土壤肥力、增加单位面积产量、开垦荒地、扩大耕地面积"和中国科学院土壤研究室提出的"土壤分类、调查与制图"问题。

开幕式上，农业部、中国科学院、中华全国自然科学专门学会联合会等单位的领导讲话。农业部部长李书城说明了国家对土壤肥料工作的要求，希望有关科学工作者为提高土壤肥力和扩大耕地面积贡献力量；中国科学院副院长张稼夫要求我国土壤科学工作者认真学习苏联先进的土壤学理论和经验，努力为国家的农业生产服务，重视总结我国农民群众的生产经验，把我国丰富的科学遗产提高到近代科学理论的水平上来。

会议期间，苏联专家巴列金和布尼亚克分别作"关于苏联农业科学研究机构的组织及苏联共产党第十九次代表大会后苏联进一步发展农业的措施"和"关于提高土壤肥力、合理利用当地肥料及矿物质肥料问题"的报告。中央农村工作部部长邓子恢就农业社会主义改造、农业科学研究和技术改进等问题作报告。会议分为土壤分类制图与荒地调查、肥料、绿肥牧草、盐碱土、红壤、土壤速测、教育七个小组，就土壤肥料工作各方面的中心任务、重点工作、专业问题等展开讨论，提出了需要着重注意的问题和具体建议，明确了今后的工作方向。

闭幕式上，中国土壤学会会长、中国科学院土壤研究室主任马溶之介绍学会成立情况；中国科学院副院长竺可桢讲话。中国土壤学会于1945年在四川北碚成立。此次会议恢复成立了中国土壤学会，通过了该学会章程，选出了理事和常务理事。

土壤肥料技术会议体现了国家对土壤肥料工作提出的新要求和实施计划，明确了土壤调查及研究、荒地合理利用、水土保持、肥料四方面的具体任务。根据会议精神和任务，土壤研究室于1950年5月至1951年4月先后组织东北调查队、湘赣红壤调查队、淮河土壤调查队、橡胶草土壤调查队、西北土壤调查队奔赴各地开展野外调查，为后来开展多项区域综合治理等重点工作奠定了基础。

召开华南热带林座谈会

8月6～12日，中国科学院在北京召开华南热带林座谈会，总结几年来华南热带林调查研究工作，商定今后的方针任务和组织领导问题。植物研究所、土壤研究所、植物生理研究所、地球物理研究所、昆虫研究所和林业部、四川工业试验所的领导和专家30余人参加会议。竺可桢主持座谈会并致词，何康介绍几年来我国华南热带林的发展情况和国家提出的任务要求。闭幕会上，竺可桢、四川工业试验所所长彭光钦发表讲话，吴征镒报告《关于华南热带林科学研究工作的总结及对今后工作的意见》。此前，由吴征镒任队长的华南热带林工作队（院内外 15 个单位、90 余人组成）于 3 月出发赴广东、海南、湛江等地考察，历时 3 个半月。

10 月 9 日，院务常务会议讨论关于华南热带林科学研究工作的报告。会议听取了吴征镒副所长关于华南热带林科学研究工作报告后，认为华南热带林工作是垦殖事业的重点工作，科学院生物、地学等部门应将该项工作列入计划并作为研究工作重点之一。会议同意科学院与林业部及有关部门联合组织华南热带林科学研究工作委员会。1958 年 1 月 2 日，中国科学院负责人在向新华社记者概述本院在第一个五年计划期间成就的谈话中提及，华南热带林资源的考察为改进橡胶施肥提供了建议，为种植橡胶宜林地提供了标准，对橡胶植林事业有指导作用，为国家节约了大量资金。

提出根治蝗害建议方案

东亚飞蝗是东亚和东南亚的农业重要害虫之一。自古以来，由其引发的蝗灾与水灾、旱灾并称为我国三大自然灾害。蝗害灾情在我国历史上平均每隔 2～3 年有一次地区性大发生，每隔 5～7 年有一次大范围发生，主要受灾地区为东部黄淮大平原农业区。中华人民共和国成立后，飞蝗为害仍相当严重，发生范围波及 8 个省（自治区、市），面积达 6000 多万亩，因此引起国家对蝗害治理工作的高度重视。

中国科学院昆虫研究所马世骏、钦俊德等 1952 年就开始在洪泽湖、微山湖、黄海、河北大名四个蝗区开展蝗虫全面调查研究。1952～1954 年，昆虫研究所组织昆虫生态学、昆虫生理学研究室有关生态学、生理学、形态学、组织学等多学科力量，在洪泽湖地区和微山湖地区的东亚飞蝗发生地设立工作站，并与当地蝗虫防治站协作，采取蝗区生境调查、蝗区定位研究与实验室研究相结合的方法，开展"飞蝗的发生环境、发生期和数量变动、卵期发育与环境因素关系"等方面问题的研究。在掌握东亚飞蝗的生物学特性、划分我国东亚飞蝗蝗区类型、研究东亚飞蝗数量大发生因素的基础上，以改变蝗虫赖以生存栖息环境等新思路，开展蝗虫综合治理，取得显著效果。

1954 年 8 月和 11 月，昆虫研究所先后提出《根治洪泽湖区蝗害建议（草案)》《根治微山湖区蝗害建议（草案)》。同年 12 月，马世骏在中国科学院召开的有苏联昆虫学专家贝·比恩科教授和中国农业科学院邱式邦研究员等参加的论证会上介绍蝗虫研究结果和关于"改治结合、根治蝗害"的建议草案。经进一步总结整理，中国科学院将建议草案上报农业部和水利部。

建议草案根据洪泽湖区、微山湖区飞蝗发生地形成原因，明确指出改造和治理的关键在于治水。即通过拦洪蓄水、疏浚河道、防止泛滥，以控制湖区季节性的水位变化，使沿湖一定等高线下的飞蝗发生地长时间淹水，不再适合产卵和发生。同时在不妨碍拦洪蓄水原则下，开垦荒地，改造低洼农田，种植水稻，推行轮作种豆、棉、芝麻等，结合深耕细作和化学防治，抑制飞蝗生长和繁殖，压低飞蝗种群数量，使其不足以为害农业生产。草案建议从改造蝗区、根治蝗害出发，根据当前与长远兼顾、可能与现实性相结合原则，主张采用"改治并举"的综合措施：着重于蝗虫发生及数量预测和防治技术的提高；在有条件的地区，结合长远规划，因地制宜地改造蝗区自然面貌，彻底消灭蝗虫滋生条件。

1957 年 5 月 29 日，农业部向国务院第七办公室报告，中国科学院所提治水兼顾治蝗的根治微山湖和洪泽湖地区蝗害的建议草案，是消灭蝗害的治本办法。建议水利部责成治淮委员会和江苏、山东等省考虑。1958～1959 年，昆虫研究所与山东省合作在金乡县建立根除蝗害实验性样板，提出了根除蝗害方案。1959 年 4 月，农业部在山东济宁召开河北、山东、河南、安徽、江苏五省治蝗会议。由于在建议草案实施和样板建立方面取得成效，昆虫研究所在会上做全面介绍，推动了全国近 1/3 的蝗区面积（约 1100 万亩）实现根除蝗害的措施；农业部将治蝗方针从以药剂防治为主调整为"改治并举"，即"猛攻巧打，积极改造蝗区自然环境，采用各种方法迅速根除蝗害"，治蝗工作从此进入改治并举阶段。

随着研究工作长期系统深入和实践的检验，此项工作取得重要成果。1965 年，《中国东亚飞蝗蝗区的研究》一书由科学出版社出版。1978 年，"改治结合，根除蝗害"的理论、方案与措施研究获中国科学院和全国科学大会重大成果奖。1982 年，马世骏等的《东亚飞蝗生态、生理学等的理论研究及其在根治蝗害中的意义》获国家自然科学奖二等奖。

紫菜生活史研究取得突破性成就

紫菜是常见的食用藻类之一。以往由于尚未完全解决其生活史问题，对秋季大量出现的孢子来源不了解，养殖紫菜所需的"种子"全靠自然，导致生产上具有很大盲目性。

20世纪50年代初，紫菜的有性生殖和果孢子的产生是世界藻类学界早已了解的事实，但果孢子如何转回到紫菜叶状体则是一个被争论的问题。1952～1954年，海洋生物研究室曾呈奎等研究了甘紫菜的生殖和生活史问题，对其生活史中各阶段间的关系及其与环境的关系有了比较完整的认识。经实验与海面潮间带观察相结合的研究，发现紫菜果孢子萌发后可钻进贝壳里成长为丝状体；丝状体成熟后，可再钻出贝壳在一定条件下散放出另一种孢子；这种孢子附着在基质上后，可长成紫菜叶状体，被曾呈奎等命名为壳孢子。壳孢子的发现把紫菜生活史中空白的一段连接起来，同时解决了紫菜人工养殖上最关键的孢子来源问题。曾呈奎等在1954年9月《植物学报》第3卷第3期发表《甘紫菜的生活史》研究论文，在紫菜生活史研究上取得突破性成就。

紫菜生活史研究为中国紫菜养殖业奠定了理论基础并做出重大贡献。1952～1961年，曾呈奎等根据紫菜生活史研究成果，与地方海产养殖场合作，开展紫菜半人工采苗和全人工采苗养殖方法研究。实验结果证实这两种方法分别提高产量三倍左右和四倍以上，使紫菜养殖不再受自然界孢子数量多少的限制，为扩大养殖面积和养殖地区、提高单位面积产量开辟了途径。20世纪60年代以来全人工采苗技术在中国得到发展和广泛应用，福建、浙江、江苏、辽宁等已成为紫菜的主要养殖基地，中国紫菜年产量居世界第二位。

甘紫菜生活史的研究获1956年度国家自然科学奖三等奖。评审意见认为，该研究在学术上有重要贡献，在经济上有重要价值，在研究方法上有新的设计。不仅在甘紫菜中弄清了长期以来紫菜生活史中不清楚的几个环节，而且独立地证明了壳斑藻的孢子发育成紫菜，因而解决了紫菜养殖业中最关键的孢子来源问题。这是理论研究服务于生产的一个好例子，同时也说明实际问题的根本解决要依赖于理论的研究。

开展湖北省湖泊调查

国民经济发展第一个五年计划制订后，湖泊放养成为发展淡水渔业的主要措施之一。1953 年，水生生物研究所成立湖泊调查队，著名藻类学家饶钦止和黎尚豪分别担任总队长和副总队长，除水生生物研究所科研人员 26 人外，还有湖北、湖南、江西、河南四省的水产干部及上海水产学院学生 41 人，在长江中下游及淮河流域开展湖泊调查，为湖泊放养奠定了科学基础；1956 年出版了我国第一本湖泊调查的综合性参考书《湖泊调查基本知识》。

湖北省湖泊调查是湖泊调查队较早开展的一项工作。1954 年，饶钦止撰文发表在《科学通报》10 月号，介绍此项研究工作的成果。

鉴于"湖泊放养是今后发展淡水渔业的主要途径，湖泊调查是搞好湖泊放养的基本工作"，1952 年底水生生物研究所根据中央确定的水产方针，依照今后淡水渔业发展方向，配合国家大规模经济建设，拟订了调查全国湖泊的五年计划，提出"根据各种类型湖泊在发展生产上的可能性，从水产资源、天然放养条件及与繁殖保护有关问题的调查研究，确立今后逐步全面展开湖泊放养和繁殖保护科学基础"的工作目标。

1953 年计划的任务是基本完成湖北省主要中小型湖泊的调查，并以研究湖泊的放养条件为工作的重点。湖泊调查队用了 7 个多月的时间，除了调查湖北省中小型湖泊主要分布区（黄冈、孝感、荆州、武汉、黄石）的 591 个湖泊外，还调查了少数河道、水库和塘堰，完成了原定任务的 118.8%。围绕湖北省湖泊的类型和通性、湖泊放养标准及湖北省湖泊的天然放养条件，调查了与放养有关的主要事项：湖的位置、面积、深度、一年中的水位差、水源的出口、周围情况、主要水产（青鱼、草鱼、鲢鱼、鳙鱼、鲤鱼等）的种类和数量、水生维管束植物的种类和产状及主要的湖底动物。最后根据天然饵料的情况，参照其他放养条件，拟定各个湖泊的单位放养量（一亩水面中放养家鱼的总尾数）、放养成色（一亩水面中放养各类家鱼的种类和每一种鱼的尾数）及应当如何处理的意见。

在调查湖泊和了解情况基础上，饶钦止对湖北省湖泊放养提出了可供产业部门参考的意见：①湖泊中放养家鱼，必须根据鱼类的食性，适当配合湖中天然饵料的种类和数量去决定放养成色和单位放养量。②在目前有不少

"荒湖"可以利用的时候，应优先考虑利用湖泊中天然饵料，逐年扩大放养面积，总结放养经验，再求单位放养量的提高。③湖北省的湖泊目前多为荒湖，水草生长茂密，应放养适量草鱼去开荒，水才可以变肥，鳙鱼、鲢鱼的放养量才可以增加，生产量才容易提高。湖北省的草鱼种以往感到不足，可集中将草鱼种放入一些湖中，等到这些湖的水草除去后，再集中处理其他湖泊。④水深在1米以下湖泊，不宜放养，只好用以植莲；1.5米上下的湖泊，宜以放养鲤鱼为主；1.5～5米的湖泊则可依天然饵料适当配合各种家鱼去放养。⑤养鱼不要同时植莲。湖中生长的野莲、野菱、蒿草、芡实应大力去除。⑥放养的鱼种不宜太小，至少也要体长5寸[①]左右的，最好放1斤到12两[②]重的。⑦湖泊放养一定要选择湖中的适当港湾，建立暂养池。暂养池宜用竹箔与本湖泊隔开，不完全筑堤隔断，使它成为"内塘"。⑧湖北省以往所用的"竹簾"是不符合需要规格的，应采用浙江省所用的"竹箔"。⑨一般中小型湖泊，应组织渔民去搞。国营的示范放养湖泊，不应只重视收益，单纯地争取一个湖泊的丰产；也要重视总结经验和研究问题，逐步正确地掌握适宜于本省的一套放养技术，用来指导群众生产。⑩区和县水产机构应作为行政机构，要把它充实起来，使它有一定编制，改变"自给自足"办法。这样，水产机构才便于推行政策，干部才能专心为发展群众性的水产事业而努力。饶钦止还针对很多省份的湖泊存在具有良好放养条件而未被加以利用问题，提出"大力展开湖泊放养，消灭荒湖，提高渔产，应该是目前发展淡水渔业当务之急"的建议。

为中华人民共和国建设初期的农业科研工作做出贡献

1954年10月，为纪念中华人民共和国成立5周年，郭沫若院长撰文"新中国的科学研究工作"发表在《苏联科学院通报》，总结中华人民共和国成立后的科研成就；中国科学院作为主管国家科学行政事业的政府职能部门，所属研究所作为国家重要科研力量，为中华人民共和国科学事业建立和发展做出了重要贡献。

郭沫若院长从宏观上表述了中华人民共和国成立后的科研工作：随着中

---

① 1寸≈0.03米。
② 1两＝0.05千克。

华人民共和国的成立与成长，中国的科学事业也进入了一个新的历史时期。科学事业已成为人民事业不可缺少的一部分。它以服务于人民、服务于国家建设作为自己的行动指针与发展方向，它以辩证唯物主义与历史唯物主义作为自己的指导思想，它以苏联先进科学作为自己的科学榜样。因而，五年以来中国科学事业获得了空前的发展。中华人民共和国成立后的科学工作已在广泛的基础上逐渐与国家建设联系起来了。1953 年及 1954 年的科学研究题目中约有 60% 是由政府各部门和生产部门提出来的。科学与生活结合、理论与实践联系、科学机构与生产部门的创造性合作，已逐步成为推动我国科学前进无穷无尽的力量。

郭沫若院长具体陈述了中国科学工作者在工业、基础设施建设、农业、医药卫生、基础科学（物理和数学）、历史学、经济学等方面取得的重大科研成就，其中以较多文字篇幅对全国农业科研和中国科学院的涉农工作予以肯定。

（一）农林科研机构得以发展

中国共产党和中央人民政府对科学事业经常的关怀与重视，为科学工作的顺利开展创造了优越的条件。在原中央研究院与北平研究院的基础上建立起来的全国科学中心——中国科学院，经过 5 年的发展，已拥有 40 多个专业的研究机构。研究人员较中华人民共和国成立前增加 7 倍。国家的大量拨款保证了研究工作的物质条件。在政府其他部门中，科学研究机构也得到迅速的发展。全国已有 7 个区域性的农业科学研究所，并在各省、县分别建立了大量的农业试验场与推广站，逐步形成了全国农业科学的研究试验网，现正在筹建全国性的农业科学院，以统一领导全国的农业科学研究工作；在林业部领导下有两个林业科学研究所；在卫生部领导下已建立了中央卫生研究院和两个研究所。各工业部门也都先后建立了许多综合性或专业性的研究所。除上述研究机构外，各高等学校的科学研究工作也正在逐步地展开中。

（二）科研工作取得成绩

1951 年组织了西藏工作队，经过了三年的工作，发现了铁、煤、有色金属、石膏、硼砂等矿藏与丰富的水力资源，成功地移植了许多作物，给西藏人民带来了新的农业品种，并进行了当地畜牧业生产的改良工作。1954年组织了黄河考察队，开始了对黄河的综合调查工作。

生物与土壤的调查研究，对农业增产及林业建设起着重大的作用。在陕西省选育的"碧玛一号"小麦品种具有抗锈与不倒伏的优点，收获量超过当地原有品种的20%～30%，已在630万亩土地上推广。大豆根瘤菌的研究结果已在东北2000万亩土地上推广，可增产10%左右。花生根瘤菌的研究结果已在华北200万亩土地上推广，可增产20%左右。在土壤的改良与利用方面，如对江西大面积荒弃的红壤合理施肥的试验，得到良好的结果，指出了扩大耕地面积的途径。在大量土地调查的基础上编纂了600万分之一的全国土壤图。土壤与植物的调查与研究为防护林的营造、天然林采伐迹地的更新、宜林地与树种的选择提供了参考资料。

昆虫的研究以农业害虫为主要对象。对棉花蚜虫的研究，提供了防治的办法，已在10万亩棉田上采用，可使籽棉平均产量比1952年提高50%。对蝗虫的灾害正在寻求控制的办法，并将进一步根据蝗虫生活史与习性，研究消灭蝗虫的根本办法。作物病害的研究，对苹果腐烂病及小麦黑穗病等亦获得了初步的结果。中国历史性的牛瘟已能控制，猪瘟及炭疽病的防治血清与疫苗也已大量使用。为了大量养殖淡水鱼，已在湖北调查了800万亩的湖泊区域，并提出了放养建议。对几种主要的鱼病防治也有了有效的方法。在海洋生物方面研究了黄海、渤海的鲐鱼的生活习性，鱼群洄游路线与渔场变化，为合理设置渔场提供了参考资料。沿海水产的普查也已经开始。

关于四年来中国科学院在自然条件调查和配合农业生产方面的具体成绩，郭沫若院长在1954年1月28日政务院第224次政务会议的报告中有所提及。在国家自然条件调查与资源勘察方面：与气象局合作改进了短期天气预报、提高了准确度，并开始中期天气预报，对国防、农田水利起了相当大的作用；又会同农、林等部门进行了植物、土壤与鱼类的调查。在配合农业生产方面，除草防蚜的办法，已在华北主要植棉区推广；大豆根瘤菌的分离与选择，鱼病的防治，对提高农业与水产量方面都有所贡献。此外，1951年随着西藏的和平解放，组织了西藏工作队进藏工作，两年来对西藏地区自然条件与资源有了初步认识，并发现了铁、有色金属、石油、石膏等矿藏，在协助当地军民改进农业生产上也有所贡献。

棉虫发生的预测预报和综合防治

棉花是我国重要经济作物之一。中华人民共和国成立初期，多种棉虫为害严重，影响农业生产。中国科学院昆虫研究室（所）根据农业部要求，成立棉麦害虫工作队，先后在河北、河南、山西、陕西、湖北、云南等省棉区蹲点十余年，开展棉花害虫预测预报和防治研究。在多年研究发生规律基础上，抓住数量变动的重要环节，提出棉花害虫发生预测预报方法和综合防治措施。

1954年初，棉麦害虫工作队依据连续几年对棉蚜生活习性的调查研究结果，做出预测预报；同年在河南省农业厅和昆虫研究所举办的棉虫训练班上，在国内首先尝试提出棉蚜预测预报办法。经过以后几年的实践和修订，根据棉蚜越冬基本数量、有翅蚜发生数量和迁飞时期、物候征状的利用、气候因素的分析及天敌调查等，确定了黄河流域棉区棉蚜发生预测预报的途径和方式，实现了一年之初预报本年棉蚜为害程度和发生时期的长期预报，从5月10日左右预报后40天虫情的中期预报（棉蚜由少到多、棉田为害由点到面，为防治棉蚜措施实施阶段），以及6月20日左右预报后10～20天的短期预报。除棉蚜外，还提出棉蓟马预测预报办法；与全国棉虫工作者共同制定其他8种棉花害虫预测预报方法。农业部植保司曾召集多次会议，汇总各地研究资料，总结经验，改进方法。至1960年，已建立十大棉虫的预测预报办法，测报站遍布全国。由于能做到预测预报害虫发生的空间、时间、发生数量、为害程度等，在实时开展棉虫防治上发挥了重要的指导作用，受到棉业工作者的欢迎和称赞："预测预报就是好，病虫发生早知道，抓住关键打巧仗，省工省钱效果高。"

防治害虫的目的在于消灭害虫的为害或减轻其为害程度至一定可能的水平，从而使农业生产不致遭受损失或挽救损失至最低可能的程度；综合防治即综合利用化学防治、生物防治、农业防治、物理防治等。1957年，朱弘复、张广学、孟祥玲等出于对"研究发生规律是防治害虫技术的基础，发生规律研究得愈精湛，防治技术也就越高"的思考，根据长期研究棉蚜、三种棉盲蝽、棉铃虫等棉虫发生规律的结果，制定了以"时期和植株发育阶段、害虫发生的种类、防治措施的具体安排"等为主要内容的《棉虫综合防治方案》，提出主要棉虫综合防治措施。综合防治措施的概念是本着防重于治的方针，主张防治棉虫的策略应是把棉虫消灭在棉田之外、为害棉株前（越冬阶段内，越冬寄主上，蛹、成虫、卵、初孵化幼虫期），采用农业防治与化学防治相结合和棉田内外防治相结合的方法，同时把防治划分为越冬、早春灭虫、保苗、保蕾铃四个阶段，按时采用适当措施进行防治。1958年在河南安阳80万亩棉田实施综合防治方案，控制了棉虫为害，后又分送全国各地试用。1961～1962年在云南潞江棉区大面积实行改种一季棉，实行粮棉轮作、改种抗虫品种并铲除野生寄主植物等措施，棉金刚钻发生为害显著减轻，棉花受害晚，1961年该地区几个公社的单位面积籽棉产量比1960年增加了30%。

朱弘复在20世纪50年代提出的"预防为主，综合防治"成为中国农业上防治害虫的方针；20世纪60年代初提出的追究"害虫自然发轫地"，明确了当时的研究工作方向，他还提出"最好有一个专门的组织来统筹全国农业害虫预测预报站"的建设性意见。应农业部要求，棉麦害虫工作队多次举办训练班，推广技术，培养棉虫防治队伍，总结棉虫研究结果，撰写《棉花害虫》《棉虫学》资料，出版《蚜虫概论》。

20世纪80年代，中国科学院动物研究所马世骏、盛承发等在中国科学院上海昆虫研究所、中国科学院武汉病毒研究所、中国科学院上海有机化学研究所有关科研人员的协同下，开展"棉虫种群动态及其综合防治研究"，研究棉花－害虫－天敌各组成部分的自身规律与环境和农业措施因素之间的相互制约关系，在组建棉花生长发育模拟模型和主要害虫种群动态模拟模型、合理的人工摘蕾、放宽棉蚜经济阈值、棉蚜抗性、合理使用化学农药增效磷和昆虫病毒以及菌制剂、七星瓢虫人工饲养和赤眼蜂人工寄生卵培养、棉铃虫信息素用于测报及技术推广的经济社会生态效益等方面取得重要成果，1988年获得国家科学技术进步奖三等奖。

二、联合多方力量落实远景规划与国家需求相适应（1955～1959）

1955 年

中、苏科学家开展紫胶虫调查合作研究

紫胶系紫胶虫分泌的产物，作为重要的战略物资，在航空等工业建设中有重要用途。我国过去只在云南个别地区有少量生产，产量远不能满足需要，之前主要靠从印度进口。然而，我国的这一战略物资当时不仅受到美国的封锁禁运，而且还面临印度不再向我国出口的困境。

1955 年，中国科学院与苏联科学院签订了中、苏两国科学院合作计划会谈纪要，双方商定在云南联合进行紫胶虫与紫胶生产的调查考察和定点研究。3 月 10 日，中国科学院第 10 次院务常务会议举行仪式，欢迎苏联科学院紫胶虫调查队来华合作，开展云南紫胶虫和紫胶研究。苏方调查队波波夫（通讯院士、教授、生物学博士）、植物学家费得罗夫（博士）、高级研究员林切夫斯基、植物学家克雷然诺夫斯基（候补博士）、初级研究员布士克等参加仪式。郭沫若院长在致辞中表示，此次苏联科学院派遣优秀的科学工作者来华与中国科学工作者共同组织调查队进行紫胶虫研究，是中、苏两国科学院第一次科学合作，希望这是一个良好开端。会议决定由竺可桢副院长、柯夫达顾问、波波夫通讯院士、陈世骧所长、刘崇乐教授负责拟订中、苏两国科学院紫胶虫和紫胶合作研究工作计划。3 月 17 日，中、苏两国科学院紫胶工作队赴云南开展紫胶合作考察，工作队在短促的时间内完成了大量工作，为扩大紫胶研究和发展紫胶生产及研究开发中国热带动植物资源提供了宝贵资料。

1956 年 5 月，苏联专家组继续来华参加中、苏考察队工作。这次考察在

45

云南紫胶虫的种类与分布状况、紫胶虫寄主植物种类调查等方面有了新发现。比较 1955 年调查的结果，云南的胶蚧科从 3 种增加到 5 种；紫胶虫寄主植物从 43 种增加到 117 种；紫胶虫地区分布记录补充至总 33 个县。1956 年紫胶工作队改名云南生物考察队，1957 年在与苏联紫胶工作队合作的基础上，又扩大组成为包括热带亚热带动植物资源调查和研究在内的云南热带生物资源综合考察队。

1957 年，中、苏两国科学院在合作调查云南紫胶基础上，选择云南景东开展紫胶定位研究；在西双版纳进行自然条件与特种生物资源的野外调查工作。1961 年紫胶等生物资源考察和研究结束，紫胶调查和试验扩大了紫胶的生产。在农业部门的主持下，在除云南省外的福建、广东、广西、四川、贵州等省区试验性推广放养紫胶虫。1962 年 4 月 21 日，中国科学院和林业部联合发出《关于中国科学院云南紫胶研究站扩建为中国林业科学研究院紫胶研究所的问题》的通知，决定将中国科学院昆明动物研究所景东紫胶研究站改为中国林业科学研究院紫胶研究所。该研究所由林业部和科学院共同领导，以林业部为主。

组织大规模黄河中游水土保持综合考察

黄土高原自然面貌独特、自然资源丰富，具有发展农业、林业、牧业的条件。但长期以来生态环境恶化、经济落后、水土流失严重，导致黄河下游泥沙淤积、水患严重，危及华北平原安全。中华人民共和国成立不久，国家就十分重视黄土高原的治理，提出至 1967 年减少黄河干流泥沙 1/3 左右的水土保持任务。中国科学院认识到黄河中游水土保持是根治黄河水害和开发黄河水利的重点工作，曾组织两次大规模考察研究。第一次是将其列为第一个五年计划主要科学研究工作之一，1955～1958 年组织黄河中游水土保持综合考察；第二次是在实施国家"七五"重点攻关科研项目中，牵头组织"黄土高原地区综合治理开发的考察系列研究"。

1953 年，中国科学院受中央人民政府委托，会同水利部黄河水利委员会等单位，在黄河中游的一些地区开展水土保持调查研究，提出了农业、林业、牧业、水利等方面综合性的水土保持试验研究方案。1954 年，中国科学院组织西北水土保持工作队，在陕北开展自然情况和水土流失观察及水土保持方法试验研究。

1955 年年初，中国科学院正式成立黄河中游水土保持综合考察队。在马溶之、林镕主持下，地球物理研究所、地质研究所、地理研究所、植物研究所、土壤研究所、西北农业生物研究所、经济研究所、林业部林业研究所、水利部黄河水利委员会、山西省有关部门、北京大学、南京大学、北京农业大学、河北农学院、东北地质学院的科学工作者组成考察队，以"通过自然、社会、经济条件调查，总结劳动人民的水土保持经验，进行重点地区水土保持土地利用规划；提出不同类型区的水土保持措施及其合理配置方案，对控制黄土高原水土流失、提高农业生产和减少三门峡水库淤积等有所帮助"为主要任务。3 月，中国科学院与农业部、林业部、水利部联合召开"全国水土保持工作会议"。会议分析了全国水土流失情况并进行区划，提出水土保持的原则意见，加强了与水利、农、林部门和地方有关机构的联系合作，使黄河中游水土保持科学研究工作成为治理与开发黄河的一个组成部分，得到各有关单位支持。5 月，考察队到山西西部和北部考察；9 月，竺可桢副院长率检查队赴山西进行现场视察。1956 年 5 月，考察队再次赴陕甘地区调查。1957 年 5 月，中、苏两国科学院共同组织的黄河中游水土保持综合考察队中苏联合队前往山西、陕西、甘肃及内蒙古开展水土保持调查研究。

多年来，中国科学院、黄河水利委员会等 30 多个单位的 200 多名科学工作者及 9 名苏联科学家参加考察工作，取得若干重要研究成果：①提出"在合理利用土地的原则下，采取农业、林业、畜牧业、水利和田间工程等各种措施，因地制宜，自上而下，沟坡兼治，生物措施与工程措施相结合的综合治理"的水土保持工作基本方针。②以完成自然规划、农业规划和经济规划为基础，提出水土保持、土地利用区划，把全区分成 3 个大区和 15 个区，对每个区的水土保持措施提出方向性意见。③完成山西王家沟、曲峪道黄沟等 8 个小流域水土保持规划和 3 个农业合作社的土地利用规划，由此取得的成功经验被以后 20 多年的实践证明。例如，山西河曲县曲峪大队根据规划，基本实现"治住水、保住土、全面发展农林牧"的目标，取得显著的生态效益和经济效益。④编制的《水土保持手册》为各地开展水土保持工作提供了参考。

上述成就中很值得一提的是制定和实施《黄河中游黄土高原水土保持土地合理利用区划》工作。在提出黄河中游地区自然背景、社会经济情况、水土流失状况等多种报告基础上，划定 28 万平方千米的重点治理区域，选择其中不同类型的 11 个小流域进行土地利用规划，有些地区实施规划后成为全国水土保持的样板。

20 世纪 50 年代的大规模黄河中游水土保持综合考察，为中国科学院在 1984 年实施国家"七五"重点攻关科研项目、牵头组织"黄土高原地区综合治理开发的考察系列研究"奠定了坚实工作基础。

基础学科为农学发展提供重要支撑

5 月 31 日，国务院全体会议第 10 次会议批准了中华人民共和国成立后第一批学部委员名单；周恩来总理于 6 月 3 日签发国务院令，同意公布被批准的 233 位学部委员名单，其中物理学数学化学部 48 人，生物学地学部 84 人，技术科学部 40 人，哲学社会科学部 61 人；6 月 4 日的《人民日报》上公布了名单。

6 月 1～10 日，中国科学院学部成立大会在北京举行，郭沫若院长致开幕词，并做关于中国科学院工作的报告。郭沫若指出：经过一年多的反复讨论和磋商，推选出了 4 个学部的学部委员 233 人，基本上包括了我国各主要科学部门有代表性的科学家。这些学部委员分布在经济、文化的各个部门和全国各个地区，他们在学术研究上和科学组织工作上为我国科学事业曾做出不少贡献。

在生物学地学部的 84 名学部委员中，不乏中国生物学地学基础学科的开拓者和奠基人，他们卓著的学术贡献对应用基础学科也产生了重大影响。以在中国科学院有关研究所工作的学部委员秉志、钱崇澍、陈焕镛、戴芳澜，以及原中央研究院第一批院士胡先骕的农学基础研究贡献为例。

2011 年，以钱伟长为总主编的"十一五"国家重点图书出版规划项目《20 世纪中国知名科学家学术成就概览》正式出版，中国农业大学农业科技史研究员、北京农业大学图书馆原馆长和农业史研究室主任杨直民在其中的

《农学卷》（石元春为本卷主编，共四分册）中撰文《20世纪的中国农学》。他在分析"中国近现代农业科技之发祥"之缘由中认为，中国采用外国科学新法谋改良农业者，初由学校教育入手；而学校教育方面呈现"农学领域留学回国的人士在学科建设方面开始发挥作用""农学提高需求基础学科研究的支撑"等特点。他在论述"农学提高需求基础学科研究的支撑"中指出："近现代农业科研发展时期，较为简单的经验式试验也可取得显著的成果。随着学术的广泛探索和技术手段的提高，一般的应用研究和实验已不能适应需求，而要更多依靠基础科学研究的开展。中国农学基础学科的开拓，是从农科教学改革和专业学者研究的深化入手的。"关于专业学者研究的深化，他指出："农业基础学科研究富有成绩的有：秉志（1886—1965）等的动物学，钱崇澍（1883—1965）、胡先骕（1894—1968）、陈焕镛（1890—1971）等的植物分类，戴芳澜（1893—1973）等的作物病害研究，以及过探先（1886—1929）等的棉花育种与栽培方法，原颂周（1886—1975）等的改良水稻、小麦品种，葛敬中（1892—1980）等的蚕桑改良，罗清生（1898—1974）等的牛瘟、猪瘟研究。"

中华人民共和国成立后，秉志、钱崇澍、胡先骕、陈焕镛、戴芳澜都曾在中国科学院有关生物学研究机构继续从事生物学和农学基础学科有关的研究，例如：

秉志[①]是我国近代生物学的主要奠基人之一。他在脊椎动物形态学、神经生理学、动物区系分类学、古动物学等领域进行了大量开拓性研究。中华人民共和国成立后，他全面系统地研究了鲤鱼实验形态学，充实和提高了鱼类生物学的理论基础。

钱崇澍[②]是我国现代植物学奠基人之一。他在植物分类学、植物生态学、地植物学及植物生理学等方面的很多工作是开创性的。中华人民共和国成立后，他参加植被与植物区划研究工作，与他人合作编写《中国植被区划草案》《中国植被类型》《黄河流域植物分布概况》《中国森林植物志》等重要论著，其中的《黄河流域植物分布概况》为黄河流域人工造林和如何做好水土保持工作提供了科学依据。1956年，钱崇澍等五位科学家向全国人民代表

---

① 1950～1955年任中国科学院水生生物研究所研究员；1955～1965年任中国科学院动物研究所研究员。
② 1950～1965年任中国科学院植物分类研究所、植物研究所研究员兼所长。

大会提交的关于需要在全国各省份划定若干个森林禁伐区（自然保护区）的 92 号提案得以通过。林业部于当年 10 月随即提交了《林业部关于天然森林禁伐区（自然保护区）划定草案》，并于当年率先在广东鼎湖山建立了中国第一个自然保护区。他在 70 岁时主持《中国植物志》编撰工作，任主编并承担荨麻科部分的编写工作。《中国植物志》是发展我国农业、林业、牧业、渔业、医药、环境保护等事业及进行植物学研究的基本资料，在他担任主编期间（1959～1965 年）共出版 3 卷。

戴芳澜[①]是中国菌物学的创始人和中国植物病理学的主要奠基人之一。他在菌物分类学、菌物形态学、菌物遗传学及植物病理学等方面做出了出色贡献。他建立起以遗传为中心的真菌分类体系，确立了中国植物病理学科研系统，将注意力较多地集中在寄生真菌方面，以解决植物病害问题。中华人民共和国成立后，他主持中国科学院真菌植物病理研究室工作，资助和鼓励小麦锈病抗病育种及北京大白菜三大病害研究工作。1950 年，他参加北京农业大学的筹建，恢复和组建了中国植物病理学会并任理事长。1962 年，他出于对有利于农业生产的植物保护工作的考虑，同意将昆虫学会和植物病理学会联合组成"中国植物保护学会"的建议，并担任第一届中国植物保护学会理事长。他在晚年完成的巨著《中国真菌总汇》（1979 年）不仅是研究中国菌物分类不可或缺的重要参考书，而且对我国菌物学发展、菌物开发和利用具有很大的促进作用。

提出与农业合作化有关的科学研究项目建议

11 月 26 日，中国科学院致函国务院第二办公室林枫主任，汇报对于我国农业合作化过程中应进行的科学研究问题的建议和意见。

关于农业区划的研究，应结合自然区划与经济区划的研究，根据我国自然条件和国民经济发展的要求，研究农业生产力的合理配置、分区等全面规划。建议由国家计划委员会、农业部门、中央人民政府高等教育部及中国科学院组织一个委员会共同进行这一工作。

---

① 1950～1957 年任北京农业大学教授，1953～1956 年兼任中国科学院应用真菌研究所首任所长；1959～1973 任中国科学院微生物研究所所长——编者注。

关于农业机械化及动力问题的研究，除了研究适合于我国不同地区如水稻区、旱作区、山区的机械农具的设计和使用技术外，在目前我国石油工业落后的情况下，应研究利用煤或其他经济燃料作拖拉机的燃料，以解决农村动力的来源。为此，需加强煤的汽化和燃气轮机等的研究，同时还应开展小型水电站设备的定型、设计和自动化等的研究。

关于扩大肥料来源及合理施肥的研究，要加强磷肥和钾肥的地质普查，开始盐类相平衡的研究。高效率混合肥料和细菌肥料的研究也应着手进行，并应开始应用同位素的方法进行植物矿物质营养生理、微量元素等的研究。

关于自然资源开发利用的调查研究，应继续配合产业部门，以东北、新疆、华南为重点进行荒地的勘察和规划、华南热带资源开发利用问题的研究，并研究盐碱土、红壤的特性及改良利用问题。结合河流的治理和利用进行黄泛区等地灌溉问题的研究。结合发展山区农业、林业、牧业等生产深入开展水土流失规律、水土保持措施的原则、黄土性质和径流等带有关键性的理论问题的研究。水产资源的调查研究，如渔场变化情况及预报、湖泊放养、鱼病、海涂利用等的研究也应加强。

关于以提高农作物单位面积产量为目的，进行耕作技术的改良及病虫害防治的研究，应研究适合不同地区不同作物的耕作制度、合理密植、复种指数等问题，并结合育种进行遗传及作物阶段发育的研究，有重点地培育适于大面积机械耕种及丰产的新品种工作。病虫害方面，研究主要病虫的发生规律、分布、生态和防治方法，在新杀虫剂的试制工作中，进行有机磷化合物的研究。对鸟害的研究也应加强。

关于农业气象研究，应进行农业天气预告、农业气候区划、农业小气候及防护林的结构和效能等的研究。同时还应进行几种主要作物品种的农业气象检定（适宜播种的温度、生长的极限温度等）和物候观测以掌握农时，指导播种、收割、灌溉、合理用水等工作。

关于发展农村副业生产的研究，我国农村副业种类繁多，有巨大的生产潜力。为此，在畜牧业方面应研究家畜和家禽的生殖、品种、改良及饲养等问题；兽医方面应加强研究主要疾病的防治方法。蓖麻蚕的研究成果，1955年已在安徽省推广，明年拟在江苏、陕西、山西三省大力推广，并继续研究推广中的科学问题。对于各种经济作物（工业原料、药用植物等）必须加以深入研究。农产品的贮藏、加工、利用等的研究也亟待开展。

关于社会科学方面的研究，应研究我国农业合作化运动的历史和发展规律；社会主义工业化与农业合作化的密切关系和巩固工农联盟问题；充分发挥农业生产合作社的优越性与逐步提高劳动生产率问题；农业生产合作社内部集体与个人的关系问题；合作化与农业技术改革的结合问题；供销、信用、运输、手工业等各种合作社与农业生产合作社相应发展及国营经济各个部门对合作社的支援等政策问题。

在有关农业科学研究工作的全面规划和力量的组织、研究的分工等问题上，中国科学院表示将结合长远计划的制订，会同农业部及其他有关部门进行详细讨论。

成立综合考察工作委员会

中华人民共和国成立后，综合考察成为服务于国家经济建设的一项重要科研活动，其缘由和作用正如竺可桢所说："国家为了使这些优越的条件和富饶的资源能够适应国家经济建设的要求，得到充分利用和合理的开发，就必须对需要开发的地区进行一系列专业的和综合的调查研究工作，以便在充分掌握自然条件的变化规律、自然资源的分布情况和社会经济的历史演变过程等资料的基础上，提出利用和开发的方向、国民经济的发展远景，以及工农业合理配置的方案，作为编制国民经济计划的科学依据。"

中国科学院在建院初期就联合工业部、农业部、林业部、水利部、铁道部、交通部、地质部、国家测绘总局、中央气象局及地方有关机构的单位，组织地学、生物学、经济学及工业、农业、交通等多学科力量，共同对一定地区开展自然资源及其开发条件的科学考察和综合研究。

1955 年 4 月，为了更好地组织领导我国综合科学考察工作，中国科学院成立"综合调查工作委员会"；郭沫若院长在 6 月 2 日中国科学院学部成立大会上的报告中正式提出中国科学院要设置一个综合考察工作委员会来专门负责综合性的考察工作；11 月 15 日，中国科学院在报送陈毅副总理的《关于调整和改善科学院院部直属机构的请示报告》中提及"目前全国性的或地方性的野外科学调查工作日益增多，今后任务将更加繁重，亦急需有专门机构管理，拟成立综合考察工作委员会，协助院长、院务会议统一领导此项工作"；12月28日，经国务院批准，中国科学院发出通知，拟于1956年1月1日成立综合考察工作委员会，主任由竺可桢副院长兼任，委员会下设办公室，办理日常事务；1957年1月1日，中国科学院通知在筹备中的综合考察委员会（以下简称"综考会"）启用新章。

1957年制定的综合考察委员会的工作任务是通过国家计划委员会接受国家的任务，由国家计划委员会与中国科学院双重领导；主要工作是从国家远景计划出发，进行科学的综合科学考察，收集自然条件、自然资源、社会经济情况等资料，综合成自然区划、经济区划，农（林牧）业区划，并提出合理配置生产力的方案。在积累各地区资料的基础上配合有关方面进行全国性的各种区划工作和全面的综合工作。这一时期综考会发挥了重要的组织协调作用，即应有关方面要求接受具体的考察任务，与院内各研究单位和有关高校联系，邀请科研人员和教师参加考察；对外负责与各部门在综合考察、资料汇总、综合研究方面开展合作，对内领导和协调各考察队和学科的工作。

从综考会1956年筹备成立至1966年"文化大革命"前，中国科学院组织了二三十个综合考察队，按竺可桢领导组织有关科学家编制的"综合考察十二年科学规划"确定的地区和任务，开展了大量的调查研究工作。从1960年开始，综考会为了加强考察结果的综合研究，有重点地逐步成立了农林牧资源研究室、水资源研究室、矿产资源研究室、综合经济研究室、动能资源研究室及情报资料室、中心分析室等。这一时期综合考察工作得以蓬勃发展，到1962年，"十二年科学技术发展远景规划"（以下简称"十二年科学规划"）中的四项综合考察任务，除青藏高原和横断山区综合考察及开发方案的任务仍在继续外，其他三项均已提前完成。

1970年1月，综考会被撤销。根据形势发展，中国科学院于1975年成立自然资源综合考察组。这一时期的考察工作包括：祁连山天然草场资源与牧业发展的考察、云贵川三省紫胶资源开发利用的考察、青海省海南荒地及玉树草场畜牧业的考察、青藏高原综合科学考察、黑龙江省荒地资源的考察、内蒙古乌审旗毛乌素沙区自然资源合理开发利用的考察、贵州省不同类型山地资源合理开发利用的考察，以及珠穆朗玛峰登山科学考察、陕南陕北铁路沿线建厂选址的考察等。

1978年，自然资源综合考察委员会经国务院批准得以恢复。1999年9月，经中国科学院批准，自然资源综合考察委员会与地理研究所整合为中国科学院地理科学与资源研究所。

全面开展中国自然区划研究工作

自然区划是指按照地表自然综合体的相似性和差异性对自然区域的划分，中国自然区划方案是第一次针对农林牧水等事业需要、根据我国自然环境特征对国土进行分区的方案。1954年，地理研究所罗开富组织所内外科研人员研究发表《中国自然区划草案》。1955年12月29日，中国科学院院务常务会议讨论并原则通过了生物学地学部提出的《中国自然区划研究工作进行方案（草案）》，将中国自然区划列为中国科学院第一个五年计划期间11项主要科学研究工作之一，以向国家提供合理规划生产力分布的科学根据；决定组建中国科学院自然区划委员会，竺可桢为主任委员，涂长望、黄秉维为副主任委员，委员由地理、地质、气象、土壤、动物、植物等学科领域的专家及国家计划委员会、农业部、林业部、水利部、地质部的代表组成。

1956年，"中国自然区划和经济区划"被列为十二年科学技术发展远景规划第一项科学技术研究重点任务。1957年4月1日，国家计划委员会和中国科学院共同主持十二年科学技术发展远景规划第一、第三、第四、第五、第六等项研究任务的协调小组会议，会议讨论了1957年的研究计划。在自然区划方面，鉴于中国科学院已组成中国自然区划委员会，决定仍由该委员会进行自然区划工作。"中国自然区划和经济区划"项目启动后，委员会组织有关学科人员开展中国地貌、气候、水文、潜水、土壤、植被、动物、昆虫的区划及综合自然区划的工作，各区划间保持一定的联系和协调，明确规定服务的对象是农业、林业、牧业、水利等。

综合自然区划是自然区划的主要部分，研究工作在各部门自然区划基础上，以整个自然环境为对象，根据气候对土壤和植被的影响，将全国分为三大自然区、6个热量带、18个自然地区和亚地区、28个自然地带和亚地带；

又根据地带以内大气候及地势的差异划分为 90 个自然省。以 1957～1958 年所收集的新资料为依据，中国科学院自然区划工作委员会组织完成的《中国综合自然区划（初稿）》，说明了各地区、地带与各省区的热量、水分、土壤、植被等自然条件的特点及其相互关系，分析了对生产带来的有利和不利因素，指出了一些改造利用的问题和原则，为制订生产规划和计划及建设规划、因地制宜地选择技术措施和经验、规划农林牧水试验机构等提供了参考依据。《中国综合自然区划（初稿）》全套书于 1959 年出版，共 8 册 259 万字，从事生产和建设的科技人员引用的最多。后来各省区和地区曾进行各种自然区划，其体系多是在借鉴于此的基础上各有发展和变通的。1962 年 12 月，由地理研究所主持、各有关单位合作编撰完成《中国自然区划》。

1956 年

为全国十二年科学技术发展远景规划提供基本框架

1955 年 6 月 1 日，中国科学院学部成立。6 月 10 日全体会议通过的《中国科学院学部成立大会总决议》指出，中国科学院应迅速制订十五年发展远景计划，并在一年内提出草案；全国科学事业的规划，亦应协同政府有关部门特别是国家计划委员会、高等教育部从速制订。全体学部委员应积极参加这些工作。1955 年 9 月 15 日，中国科学院院务常务会议通过《关于制订中国科学院 15 年发展远景计划的指示》。各研究所自 1955 年 10 月开始，从本单位所包括的各门学科出发研究提出远景计划草案，各学部在此基础上编出本学部的远景计划草案。在院学术秘书组组织的综合组进行综合平衡并邀请科学家讨论后，于 1956 年 3 月 16 日，由竺可桢、贝时璋向院务常务会议提出“中国科学院远景规划第一阶段工作的简要报告（自然科学和技术科学部分）”，报告包括 53 个重大科研项目。院务常务会议责成规划综合小组修改报告并经院长审核后呈报国务院科学规划委员会。

1956 年 1 月，中共中央决定推动制订全国十二年科学技术发展远景规划（简称“全国十二年科学规划”）。1 月 14 日，周恩来总理在中共中央召开的知识分子问题会议上做《关于知识分子问题的报告》，"要求国家计划委员会负责，会同有关部门，在三个月内，制定从一九五六至一九六七年科学发展远景规划"。1月31日，国务院召开中国科学院、国务院各有关部门、高等学校领导人和科技人员参加的制定全国十二年科学规划的动员大会。会上宣布了以范长江为组长的十人科学规划小组。3月14日，国务院科学规划委员会正式成立。科学规划委员会以中国科学院各自然科学学部为基础，集中了全国400多名科学家，对各部门的规划进行综合平衡。8月下旬，陈毅主持国务院科学规划委员会扩大会议，讨论《科学规划纲要（草案）》，通过《关于科学规划工作向中央的报告》，完成了规划编制任务。

当时制定全国性的科学发展远景规划，在国内外均无先例可以借鉴。中国科学院提出的一系列建议及先行一步编制远景计划积累的经验，发挥了一定作用。正如美国汉密尔顿学院国际关系教授萨特米尔曾在其学术著作《科研与革命》中所说，中国科学院的科技发展规划草案，对后来的"十二年科学规划"提供了基本框架。"全国十二年科学规划"根据国民经济发展的需要和赶上世界先进水平的要求，按照"重点发展，迎头赶上"方针，采取"以任务为经，以学科为纬，以任务带学科"原则，从13个领域提出了57项重要科学技术任务。57项任务分为6类，与"中国科学院远景规划第一阶段工作的简要报告（自然科学和技术科学部分）"的分类基本相同：①发展新兴技术领域为国家工业化、国防现代化的迫切需要服务。②调查研究中国自然条件和资源情况，保证重要区域的综合开发和工业、农业生产建设的需要。所包括的重大项目有"中国自然区划和经济区划""青海、甘肃、新疆、内蒙古经济区综合开发的调查和研究""长江、黄河、黑龙江、珠江流域综合开发的调查和研究""海洋的综合调查和研究"等。③配合国家重工业建设的若干项目。④为提高中国农业收获量和发展林业所进行的重大科研项目有："土地资源和荒地开发的研究""施肥、灌溉的理论和方法的研究""适合于中国自然条件的农业机械的研究"等。⑤为人民的保健事业进行的重大科研项目。⑥基本理论问题。

中国科学院对制订十五年发展远景计划的安排，为国家制定十二年科学规划做了很好的准备，所提出的大部分任务都被纳入全国十二年科学规划之中。"中国科学院远景规划第一阶段工作的简要报告（自然科学和技术科学部分）"共有四个附件。附件一是"中国科学院自然科学和技术科学部分重大研究项目内容说明"；另外 3 个附件是 3 个学部远景规划的综合说明。附件一所列的 53 项重大科学研究项目中与涉农研究工作有不同程度关系的有：①"原子核物理、原子核工程及同位素的应用"。②"化学肥料及农业药剂"。③"抗生素的研究"。④"中国自然区划和经济的区划"。⑤"青海、甘肃、新疆、内蒙古经济区综合开发的调查和研究"。⑥"中国热带地区自然条件及生物资源的调查和研究"。⑦"长江、黄河、黑龙江、珠江流域综合开发的调查和研究"。⑧"西藏高原区的综合调查和研究"。⑨"海洋的综合调查和研究"。⑩"土地资源和荒地开发的研究"。⑪"施肥、灌溉的理论和方法的研究"。⑫"育种、驯化的理论及方法的研究"。⑬"农作物主要病虫害消长规律及防治的研究"。⑭"绿化建设与森林问题"。⑮"放射线对有机体的影响及防护和医疗与农业上利用问题"等共 19 项。其中，关于对调查研究中国自然条件和资源情况方面重大科学研究项目的建议，为国家经济建设提供了重要的科学依据，使地方科学事业得以迅速发展。

中国科学院还是全国规划重大任务的主要承担者。在列入十二年科学规划的 57 项重大任务中，以中国科学院作为"主要负责单位"的有 8 项，以中国科学院作为"联合负责单位"的有 15 项，两项合并占总项数的 40.4%；另以中国科学院作为"主要协作单位"的有 27 项，3 项合并占总项数的 87.7%。

中、苏科学院共同组织黑龙江综合考察

8 月 18 日，中、苏两国政府《关于中华人民共和国和苏维埃社会主义共和国联盟共同进行调查黑龙江流域自然资源和生产力发展远景的科学研究工作及编制额尔古纳河和黑龙江上游综合利用规划的勘探设计工作的协定》在北京签订，竺可桢代表中国政府签字，苏联驻华经济代表处副代表恩·阿·克里洛夫代表苏联政府签字。协定主要包括"黑龙江流域的综合考察工作"和"额尔古纳河的勘探设计工作"两项任务，规定由中、苏双方各自吸收本国有关部门专家建立黑龙江综合考察队和黑龙江上游勘探队，各自在本国境内进行工作。例如，在两国间的边境地区可由中、苏双方共同商量进行。为了保

证双方综合考察队在工作方法上的统一及在学术上进行交流，另由中、苏双方以同等名额的代表组成研究黑龙江流域生产力问题的联合学术委员会。经商定，"该委员会的中方负责人是中国科学院综合考察工作委员会主任委员竺可桢，苏方的负责人是苏联科学院生产力研究委员会主席涅姆奇诺夫院士。考察工作自1956年开始，到1960年全部结束。委员会每年轮流在北京或莫斯科举行一次会议"。

根据中、苏合作协议，黑龙江流域综合考察队的主要任务是研究黑龙江流域的自然条件及与矿产资源密切相关的地质构造，为建立粮食基地和工业原料基地提供科学依据；此外还包括研究流域内主要河流的水能资源，调查河流的运输状况和流域的国民经济状况，为制定利用和开发规划提出初步意见。为此，中、苏双方连续两年组织考察活动。1956年6～10月，中国科学院组织了地质部、水利部、电力工业部、交通部、农业部、林业部、北京大学、南京大学、北京地质学院、黑龙江省计划委员会及中国科学院有关单位参加的黑龙江流域综合考察队。考察队下设水利水能、交通运输、农业（自然条件）、地质地理、经济五个组和一个勘测设计大队，分别在黑龙江及其主要支流上进行全面的科学考察。野外工作结束后，中、苏科学家于1956年10月在北京联合举行科学报告会。1957年1月，我国黑龙江流域综合研究委员会在北京举行扩大会议，总结初步考察结果。中、苏科学家认为在自然资源方面，黑龙江流域在很大程度上还保持着原始状态，是一个开发历史较短的地区，地上和地下资源都未得到充分利用，可开发利用的潜力很大。该流域地上资源有丰富的原始森林、大面积的肥沃可垦的生荒地和熟荒地及大片的草地等，在农业、林业、牧业的发展方面都有广阔的前景。

1957年7月6日，根据中、苏黑龙江流域考察联合学术委员会的决定，竺可桢偕同中方科学家、工程师及工作人员18人，与苏联科学院生产力研究委员会主席涅姆奇诺夫院士为首的苏联科学家、工程师及工作人员25人，在黑龙江的中、苏两国共同河段，苏联境内的海兰泡、伯力、海参崴[①]地区，以及中国境内的佳木斯、鹤岗、哈尔滨地区，进行了为期三周的考察。8月31日，竺可桢在中国科学院院务常务会议上做"关于参加中苏综合队考察黑龙江左右

---

① 现名为符拉迪沃斯托克——编者注。

岸中苏地区的报告"，交流了考察所及我国的主要问题。

1960 年中、苏合作考察结束，1962 年 4 月双方在北京举行第四次学术会议。双方在会上交换了总结资料、附图及地图集，汇报了考察成果。会后，周恩来在人民大会堂接见了中、苏代表团成员，苏联大使和中国科学院院长都设宴招待了两国代表团成员。

黑龙江综合考察队的成果十分丰富。1956～1960 年中国学者共编写 160 多份考察报告。1959 年结束野外考察工作后，考察队编制完成了约 100 万字的《黑龙江流域及其毗邻地区生产力发展远景设想》等 9 卷总结报告和《黑龙江流域自然条件与自然资源地图集》等生产性成果。在学术研究上，也发表了若干地质、地貌、土壤等专题性学术论著。

启动新疆综合考察工作

新疆维吾尔自治区是我国面积最大的省级行政区域，约占全国总面积的 1/6，自然资源极为丰富，具有发展农牧业的优越条件和发展工业必需的矿产、动力等巨大潜力。新疆综合考察工作被列入 1956 年全国十二年科学技术发展远景规划，也是中、苏两国科学院科学合作协定的项目之一。

1956 年，中国科学院启动新疆综合考察工作。4 月 3 日，第 12 次院务常务会议讨论新疆调查工作，决定派遣工作队赴新疆，以农业为主开展调查。综合考察工作委员会组织院内有关研究所、各高等院校及新疆维吾尔自治区若干产业部门人员成立新疆综合考察队，先后参加考察工作的人员达 250 余人，涉及自然地理、地貌、气候、水文、水文地质、土壤、植物（包括森林与草原）、动物、昆虫、农业、畜牧、经济地理 12 个专业及相应的辅助部门。1957～1960 年，苏联科学院先后派遣十余位科学家参加考察工作。

考察队根据国家十二年科学技术发展远景规划第四项"新疆农林牧生物资源的考察计划"，拟在 1956～1960 年完成主要任务，查明新疆地区有关发展农业、林业、牧业、水利建设方面的自然资源与自然条件及其分布规律，结合国民经济的现状和生产配置特征，综合研究其充分开发利用的途径与方向，对新疆农业发展远景及合理布局提出科学论证与轮廓性方案等。

1956 年考察队首先在阿勒泰与玛纳斯地区进行考察；1957 年开始和苏联

专家一起，继续以国营农场集中开垦的玛纳河流域为重点，扩大到北疆西部伊犁和塔城地区，部分专业还在天山东段北麓地带进行调查，初步完成了北疆地区的考察；1958年转至南疆，东起哈密西至伽师，对天山南坡及塔里木平原进行了广泛而有重点的研究，尤其重视吐鲁番盆地水利资源开发、开都河改道、塔里木河流域的水土资源及盐土改良问题；1959年继续移向西南，完成了南疆昆仑山北麓地带野外调查，还着重对北疆的额尔齐斯河和乌伦古河两河流域进行了综合开发的考察工作；1960年进入全面总结。

1962年1月27日，中国科学院第一次院务常务会议讨论《新疆综合考察队1956～1960年工作总结报告》。四年的野外实地考察取得重要成果：①初步摸清了全疆有关发展农业的自然条件和自然资源，对可垦荒地、可利用天然草场、远景载畜量、森林蓄积量、天然河流的有效流量和动能蕴藏量、地下水资源等做出了数量估算和质量评价。②提出了"新疆农业自然资源开发利用及农业合理布局远景设想"方案。一是指出了有关农业、林业、牧业远景发展中存在的主要问题及其解决途径，并对自治区建成粮食、棉花、畜牧、甜菜、果品生产基地的合理布局问题及今后十年左右的发展规划问题做了较为深入和细致的科学论证；二是将新疆分为八个开发地区，提出了农业发展方向与布局、开展程序及相应的关键性措施；三是重点论证了新疆资源（水、土、草场资源）的评价、水土资源平衡、地下水利用、调水工程、盐碱土改良、草田轮作及兰新铁路新疆境内沿线地区农业合理布局等问题。③积累了大量科学资料。提出《新疆农业自然资源开发利用及农业合理布局远景设想》总报告和《新疆水力资源及其评价》《新疆土地资源的估算和评价》《新疆天然草场资源及其开发利用》等14篇专题研究报告，为新疆制定农业发展规划和计划提供了科学依据，对促进新疆经济发展发挥了重要作用。直到20世纪90年代，新疆维吾尔自治区的领导还多次说：20世纪50年代的综合考察工作，一直是新疆这些年来发展农业的重要参考依据。

遗传学座谈会有益于农学基础理论学科发展

在李森科《论生物学现状》一书观点的传播和影响下，苏联遗传学界关于"米丘林学说"和"摩尔根学说"之争从20世纪30年代前后延续到1948

年。当时在苏共中央干预下，米丘林学派取得"胜利"，摩尔根学派受到压制。中华人民共和国成立至 1956 年，由于学习苏联经验，摩尔根学说方面的遗传学研究停顿，生物学、农学有关的遗传学基础理论学科发展受阻；在高等学校，学习苏联教育大纲，开设米丘林遗传学课程，对摩尔根学说光有批判而无介绍，其中农业院校成为重点受影响的区域之一。1952 年 4～6 月，政务院文化教育委员会计划局会同中国科学院计划局先后召开生物科学工作座谈会，涉及生物科学的状况及其中若干问题。会议讨论结果以"为坚持生物科学的米丘林方向而斗争"为题发表在《人民日报》。该文章强调"必须认真系统地学习米丘林生物科学，彻底批判摩尔根在生物科学上的影响"，并提出"发动一个广泛深入的学习运动，来学习米丘林生物科学，彻底改造生态学、细胞学、胚胎学、微生物学等生物科学的各个部门"。之后，高等教育部召开全国农学院院长会议，决定在农业院校取缔遗传学和育种学两门课程，规定设立重点课程"达尔文主义"和"米丘林遗传育种与良种繁育学"，这对全国农学及相关生物学科的发展产生了较大的负面影响。

1952 年底，自苏联《植物学杂志》开始刊登文章批评李森科 1950 年发表的《科学中关于生物种的新见解》开始，苏联生物学界、农学界对李森科的工作和学术观点展开了广泛和激烈的争论。1956 年 4 月，全苏列宁农业科学院院长李森科被迫辞职并得到批准的消息，在我国科学界引起很大震动。中国科学院于 1956 年初就开始酝酿召开一次遗传学会议。2 月 7 日，第 6 次院务常务会议通过的"中国科学院 1956 年工作安排"明确于 5 月召开遗传工作会议，由生物学地学部负责筹备。就全国大背景而言，4 月 28 日，毛泽东在讨论《论十大关系》的政治局扩大会议上，提出"百花齐放、百家争鸣"方针；5 月 26 日，中共中央宣传部部长陆定一在怀仁堂发表"百花齐放、百家争鸣"的演讲。在演讲前后的这段时间里，陆定一提出要在遗传学这个领域开展学术讨论，为贯彻党的"百家争鸣"方针提供一个榜样。

8 月 10～25 日，中国科学院和高等教育部在青岛共同主持召开全国遗传学座谈会。11 月 20 日，中国科学院第 30 次院务常务会议听取并讨论了生物学地学部提出的关于遗传学座谈会的报告，内容包括基本情况、学术问题、遗传学研究工作、遗传学教育工作以及几点意见。会议认为遗传学座谈会是中共中央提出百家争鸣方针后第一次全国性的学术讨论会。通过这次学术讨论会批判了中华人民共和国成立后在遗传学研究和教育工作中的教条主义，从而消除米丘林学派和摩尔根学派的隔阂，加强了团结。会议还详细讨论了米丘林学派和摩尔根学派研究工作的缺点，认为遗传学的研究方向应该是融合米丘林学说和摩尔根学说，全面地揭示遗传学说的规律，以推动遗传学的发展。为了有领导地发展遗传学，会议决定在生物学地学部设立遗传学学术委员会；同时为了加强遗传学的研究工作，会议决定以植物研究所遗传研究室为基础扩建遗传学研究所；关于遗传学教育问题，建议由高等教育部、教育部根据遗传学座谈会的意见进一步研究后做出决定；会议同意将《遗传学座谈会的发言记录》作为内部文件刊印分发有关部门做参考。

10月7日，《人民日报》发表中共中央宣传部黄青禾、黄舜娥的文章，对召开青岛遗传学座谈会的背景、会上情况、争论的主要问题和建议等做了概括性介绍。作者认为，"这次会议是在'百家争鸣'的方针提出以后的自然科学中第一次较大规模的学术论争。这次遗传学问题的论争，充分发挥了到会科学家的积极性，加强了大家对12年内赶上遗传学国际水平的信心"。1985年，李佩珊等在《百家争鸣——发展科学的必由之路》一书中叙述了遗传学座谈会的积极作用和影响："青岛遗传学座谈会后，在生物学界、农学界等反应都是积极的。多数人认为这个座谈会对遗传学在我国的发展具有历史意义。两派学者都公开发表文章，畅谈了参加座谈会的感想。西方国家出版的遗传学著作重新开始在我国翻译出版。在教育、科研和出版等部门，都分别做出具体规定，要求坚决改变过去支持一派、压制一派的做法，做到对两派一视同仁，两派学者都积极准备开好各自的课程，被停止的摩尔根学派的科学研究工作也积极恢复和开展起来。"

遗传学座谈会后，植物研究所遗传研究室于1956年年底前调整了原有的组织，新的组织分为5个研究组（个体发育、定向培育、杂交研究、受精研究、人工引变）；1957年4月，遗传学座谈会会务小组编写的《遗传学座谈会发言记录》由科学出版社出版（内部发行）。在全国范围内，中国科学院、高等教育部恢复了一度被取消的普通遗传学、细胞学、生物统计学等课程的教学和摩尔根遗传学方向的研究工作，使摩尔根遗传学说被批判的错误决定得到纠正，以及农学基础理论相关学科得以顺畅发展。1959 年 9 月 25 日，中国科学院遗传研究所成立。

组建中国科学院土壤队

10 月 9 日，第 26 次中国科学院院务常务会议讨论综合考察工作委员会提出的成立土壤队的报告。报告称："原中国科学院黄灌区土壤调查队即黄河下游灌溉土壤勘察队，由土壤研究所 16 位科研人员组成。为了完成长江黄河等广大地区长期的土壤调查任务，决定将黄灌区土壤队改建为'中国科学院土壤队'，以便更有计划地与有关部门合作，完成土壤调查研究工作任务。为此，原黄灌区土壤调查队正副队长熊毅和席承藩，拟定了'中国科学院综合考察工作委员会土壤队 1956 年下半年度工作计划草案'和长江土壤工作协议书，并召开了水利部、农业部、长江规划办公室等有关单位参加的讨论会，对上述问题取得了基本一致的意见。"会议决定成立土壤队，以适应目前国家对土壤调查工作的需要。

土壤队的任务根据国家经济建设急迫要求而制定，主要工作是黄河、长江流域的土壤勘察研究。一方面为黄河、长江流域规划提供土壤科学资料；另一方面在中国重要农业地区进行系统的土壤研究，为提高农业生产水平服务。1956 年下半年计划参加长江中下游土壤调查工作，开展华北平原土壤资料整理工作，以及山东打渔张定位试验研究。

1957 年 12 月，土壤队对 1954~1957 年在黄河和长江流域所开展的土壤勘察研究工作进行了总结。该队成立前，1955 年春为水利部举办了 100 人的土壤训练班，并在实际工作中培养了一批干部，同时协助水利部成立了土壤总队和化验室；完成了黄河流域包括华北平原、山西大同、内蒙古后套地区在内的 13 余万平方千米的土壤调查；1956 年 5~8 月在河北省沧县开始盐渍化定位试验。土壤队成立后，与水利部合作，完成华北平原、内蒙古、山西的 17.66 平方千米（含 1956 年 9 月前的 13 余万平方千米）土壤概测；与长江规划办公室合作，完成长江流域的 1.5 万平方千米土壤概测；绘制 150 万分之一的华北平原土壤图集 14 幅，20 万分之一的土壤图 12 幅，5 万分之一土壤图 10 幅；编印了《华北平原土壤概况及改良途径》《华北平原第四纪沉积物的性质及其演变》《内蒙平地泉区大黑河及旧民生后区土壤的生长发育及分布》等，这些资料均应用于生产部门。

在土壤勘察研究的同时发展了土壤科学。首先，了解了黄河沉积的复杂性及其对地貌、土壤和地下水的影响；应用土壤发生学理论，划分土类和变种并研究土壤发生及演变，不但在土壤发生研究上取得进展，而且因在平原地区开展了农业土壤的研究工作，为后来土壤工作为农业服务做了准备。其次，对黄河区域盐土的种类、形成和演变有了基本了解，对各地盐碱土改良有了认识，对长江流域的水和土壤也有了新认识。经过综合开展野外勘察、理化研究和定位试验研究，明确提出春旱、秋涝和土壤盐渍化是限制华北平原农业生产的重要因素，而排水是改良土壤的重要因素。

土壤队在黄河流域平原地区进行的大规模土壤勘察和研究，不仅有效地配合了中国科学院在完成黄河流域考察后实施的黄河改造任务，还为中国科学院和产业部门及各省培养了一批干部，为进一步研究土壤科学储备了力量。

1957 年

蓖麻蚕试验研究获得国家奖

蓖麻蚕原产印度，是一种食蓖麻叶的野蚕，一年四季可连代繁殖。1940年后蓖麻蚕曾被引入华东、华南、东北等地饲养，但因不能越冬和无法传种而未获成功。中国科学院上海实验生物研究所 1951 年从国外引进蓖麻蚕，开展饲养和驯化试验。朱洗及其研究组经过对蓖麻蚕生活习性、保种繁殖、远缘杂交和纯系培育的研究，基本解决了饲养条件、夏季保蛹保卵、防病及越冬留种等问题。1956 年 9 月科学出版社出版《蓖麻蚕文集》《蓖麻蚕种选育》及通俗著作《人人能养蓖麻蚕》《怎样推广蓖麻蚕》等。1957 年 1 月 24 日中国科学院以郭沫若院长的名义，公布 1956 年度中国科学院科学奖金（自然科学部分，后被称为"1956 年国家自然科学奖"）评定结果。得奖的 34 项研究成果中，一等奖 3 项，二等奖 5 项，三等奖 26 项。朱洗主持的"关于蓖麻蚕的试验研究"获三等奖。

1953～1956年，研究组在提高蚕种质量、改进饲养技术方面取得成绩。1953年进行区域试验；1954年开展农家饲养试验；1955年在安徽阜阳专区扩大推广，收茧13万余斤，并在12个省20多个点试养，获得良好结果，群众积极要求饲养。农业部于1955年底召开会议，专门讨论蓖麻蚕推广计划，到1956年全国已有22个省市试养。1956年4月16日至6月12日，受农业部委托，实验生物研究所在上海举办第一期蓖麻蚕技术干部培训班，"要求各地区派来学习的同志都能掌握蓖麻蚕整个饲养过程必要的知识和技术，使他们回到各地后，能切实负起推广责任"。共有17个省（市）的46位同志参加培训。在加工制造方面，1954年纺织科学院上海分院、上海绢纺厂等进行蓖麻蚕蚕丝品质、梳理和纺织试验，成功试制了绢纺和毛绢织品。其后继续加工试验，到1964年上海绢纺厂已大批正常生产，一斤茧皮可纺成9.2尺绢纺。成品质量水平分析表明，蓖麻蚕是优良的绢纺原料。

1964年12月17日，过兴先代表生物学部在中国科学院第9次院务常务会议上汇报蓖麻蚕推广工作情况。推广工作分为1955～1961年、1962～1964年在广东和广西大发展的两个阶段。第一阶段的推广，由于1957年发生严重的微粒子病且未很好的控制，加上蚕种生产、收购、加工、技术指导等工作配合不上，1958年之后的几年，蓖麻蚕生产急剧下降。第二阶段的推广，广东、广西两省1956年开始试养蓖麻蚕，数量很少，发展很慢，直到1962年在国家科学技术委员会的重视和支持下，实验生物研究所派了一个工作组去广东湛江协助当地推广蓖麻蚕，当年推广蚕种25 169盒，收获茧皮77 200斤，激发了广大群众养蚕积极性。1963年饲养270 357盒，是1962年的10倍多，产茧皮90万～100万斤。1964年湛江全年饲养约48万盒，占广东全省约饲养80万盒的60%。1962～1964年，广西、广东两省从饲养几万盒蚕种迅速发展到190万盒，生产的茧皮也已接近全国桑蚕茧总产量。

过兴先在汇报中总结了广东和广西大发展的成功因素和经验。一是十年来实验生物研究所坚持主动协助各省组织推广并进行技术指导工作，改进并提高了养蚕技术，充实了防治蚕病方法；二是为扑灭微粒子病以解决发展蓖麻蚕生产关键性问题，建立了良种繁育体系，严格执行三级制种制（原原种、原种、普通种）；三是统一规划。建立健全的推广机构，加强技术指导，制定收购和奖售办法；四是各级领导的重视，将其作为一项重要工作来抓。过兴先还总结了"充分运用实验生物学和朱洗本人的理论研究成果，研究解决各种困难和问题，并丰富了学科"等蓖麻蚕研究工作体会。

联合农垦部召开华南热带资源开发科学讨论会

1957年3月11～16日，中国科学院与农垦部在广州联合召开华南热带资源开发科学讨论会。出席会议的有来自中国科学院有关研究所、农业科学院所属华南各省农业科学研究所、高等院校、华南农垦总局、农业厅及气象局、水利设计院、橡胶工厂等单位的科学工作者300余人；以苏联科学院 B.H. 苏卡切夫院士为首的苏联专家代表团也出席了会议。

会议讨论了有关热带亚热带资源开发的各项问题。竺可桢副院长致开幕词，苏联科学院森林研究所所长 B.H. 苏卡切夫院士、苏联科学院植物研究所费德洛夫教授、华南亚热带作物科学研究所苏联专家伊尔玛柯夫副博士向大会致贺词。竺可桢指出：我国云南、广西、广东、福建等省的热带亚热带地区具有优越的自然条件及繁多的生物种类，是发展我国热带经济物产的宝库。同时，它又与别的热带气候区域有所不同，在这一地区进行深入的科学研究工作，对于揭示自然规律有着重要关系。1952年以来，科学家进行了多次的综合考察及试验研究工作，在对新问题的摸索中积累了宝贵的经验，在与自然进行斗争的过程中，也提出了一系列需要解决的问题。中国科学院华南植物研究所过去在植物分类方面有着很多的成就，华南亚热带作物科学研究所是以橡胶为中心的热带特种经济作物综合研究所，过去在橡胶及热带特种作物的研究上做了不少工作。现在两所学术委员会都已成立，这将更能发挥集体领导的作用，团结各方面的力量来进行工作。

专题讨论分自然条件及生物资源、橡胶栽培、橡胶工艺三个组进行。围绕华南自然条件及生物资源开发问题，中山大学地理系徐俊鸣教授综合介绍了华南的自然地理、中国科学院地球物理研究所吕炯研究员做《华南气候概况及其分区》、土壤研究所李庆逵研究员做《华南热带地区主要土壤的性质、分布及利用问题》、植物研究所副所长吴征镒研究员做《我国热带地区植被的特点及其利用改进问题》、华南亚热带作物科学研究所何康所长做《我国热带作物发展对象、发展地区及存在问题》报告。就橡胶栽培和工艺，华南亚热带作物科学研究所副所长彭光钦教授做《提高产量的因素》、刘松泉做《用选种方法提高橡胶产量的途径》、复旦大学焦启源教授做《从生理观点看提高橡胶产量的问题》、华南亚热带作物科学研究所曾友梅教授做《橡胶北移问题》、华南农垦局罗耘夫做《橡胶栽培农业技术措施及目前生产上存在的问题》、钱人元教授做《橡胶分子量测定》、橡胶工业研究所周国樋工程师和中国科学院应用化学研究所李斌才副研究员做生胶性质方面的专题报告。苏联专家做《自然保护与禁区问题及其科学工作》《海南岛和雷州半岛土壤发育及植被情况观察的结果》《对海南岛森林的一些观感》《海南岛热带植物区划的植物学基础》的报告。

会议就热带地区的划分、热带资源的综合调查、学校中设立有关资源开发的专业、各种经济植物的引种、防护林的设置、橡胶的各种栽培技术与育种等展开热烈的讨论。

与会者表示收获是巨大的，正如植物学家、中国科学院华南植物研究所所长陈焕镛所说：这样的会议在华南还是第一次，各方面经验的交流打破了过去孤立的局面，使大家联合起来了。我们有信心来完成国家交给我们的任务。

竺可桢报告综合考察工作

6月18日，竺可桢副院长在第13次院务常务会议上报告"综合考察工作的现状与亟待解决的问题"时指出：中国科学院的综合考察工作自1951年以来，结合国民经济发展需要开展了多项工作：① 1951年开始到1954年暂告结束的西藏考察，内容涉及地质、地理、水利、农业科学、社会、历史、语言、文艺、医药等。② 1953年为帮助华南地区推广橡胶及其他热带作物的种植，组成热带生物资源考察队，在海南岛及雷州半岛等地进行考察；1955年应苏联方面要求组织云南紫胶虫考察队，1956年扩大为云南生物资源考察，1957年组成为包括热带亚热带动植物资料调查和研究在内的云南热带生物资源综合考察。③ 1953年为配合黄河流域的综合开发，组织黄河中游水土保持考察，1954年结束普查后转为定位试验。1956年组成土壤队，进行黄河流域各灌区的土壤测量,1957年开始进行长江流域灌区的土壤测量。④应苏方要求,1956～1957年组织黑龙江流域综合开发科学考察,内容涉及水利水能、地质、自然条件、交通运输及经济等。⑤结合国家粮棉生产需要,1956年开始了新疆综合考察和河西走廊(甘肃)考察。⑥1957年9月拟开始柴达木地区盐湖考察,以探明当地硼盐、钾盐的天然蕴藏情况。以上各项考察工作的目的是为了解决发展国民经济中特殊的科学技术问题,同时丰富了各门类科学研究的内容;除黑龙江流域综合考察涉及矿藏资源、交通运输等调查外,其他各项均偏重于农林牧资源考察;参加考察工作的国内科学工作人员都是由中国科学院、业务部门的科学技术机构及高等院校结合组成,大部分考察工作由中、苏两国科学家联合进行。

在研究规模和力量方面,以1956年为例:为适应国家建设需要,中国科学院全面启动自然资源综合考察工作,联合院外研究机构、高等学校和当地有关业务部门,加大了研究规模和力量。例如,黄河中游水土保持综合考察260人、长江流域土壤勘察100人、黄河流域土壤勘察200人、云南生物资源与自然条件考察196人、新疆北疆南部的综合考察132人、黑龙江流域综合考察174人、广西红水河流域综合考察63人、海洋综合考察40人等。

根据十二年科学技术发展远景规划及过去各考察队工作情形,竺可桢在报告中提出了第二个五年计划期间中国科学院关于考察工作的考虑,其内容大部分仍以农林牧资源考察和综合利用为重点:①西藏及康滇横断山区的综合考察。②新疆的综合考察。③甘肃河西走廊的综合考察。④柴达木地区盐湖及农牧资源的考察。⑤黑龙江的综合调查。⑥黄河中游水土保持综合研究。⑦云南西南地区的热带生物资源考察。⑧广西贵州、闽南粤东以热带生物资源考察为重点的华南综合考察等。

为加强对综合科学考察工作的领导和协调,竺可桢在报告中向国务院提出成立国务院直属的生产力研究委员会等建议方案,还就明确规定各业务部门在综合考察、资料汇总综合研究方面应充分地与综合考察委员会进行合作提出建议。从1960年开始,为加强对考察结果的综合研究,综合考察委员会有重点地逐步成立了农林牧资源、水资源、矿产资源、综合经济、动能资源等研究室。

海带增养殖技术与海带南移取得成功

海带是中国人民喜爱的食品，但在中华人民共和国成立前缺乏科学的人工养殖，需要大量依靠进口。中华人民共和国成立后，经海洋生物学和水产科研和技术人员的努力，我国海带养殖业有了很大发展，海带产量从1952年的134.1吨鲜品提高到1958年的6253吨，6年间增长45倍。至2000年，海带年产量发展到约400万吨鲜品，这在世界上是空前的。中国科学院海洋生物研究所在曾呈奎领导下，通过海带栽培的夏苗低温培育、陶罐施肥、南移栽培、切梢增产、新品种培育等多方面卓有成效的研究和试验，推进了中国海带栽培事业的发展。

（一）夏苗低温培育法

海带幼苗的培育一般在秋季海面进行，到次年2月左右幼苗达到一定大小才能分散养育。此期间的杂藻正值附着繁殖并遮挡阳光，严重影响海带配子体和幼孢子体的发育和生长，延缓了分苗期，缩短了大孢子体的生长时间，造成一定程度减产。海洋生物研究所于1952～1957年对海带配子体、幼孢子体的生长发育以及与温度、光线、营养条件的关系进行了系列研究。1955年创造了室内控制低温条件培育幼苗的夏苗低温培育法，摆脱了对秋苗的依赖，使商品海带增产30%～50%；分苗时间从最冷的1～2月提前到11～12月，改善了劳动条件。夏苗低温培育法经生产单位对光源和水流控制系统的改进后，在全国范围内推广。

（二）海带养殖施肥法

海带的人工养殖最初仅局限于少数有大量污水流入的海湾及其附近海区，而在"外海"地区却不能开展商品海带养殖，因而大大限制了海带养殖面积的扩大。海洋生物研究所1953～1959年开展了一系列试验，寻求解决养殖施肥问题，1954年研究成功陶罐施肥法。该施肥法是将氮肥盛在特制的陶罐内并悬挂在海带附近，首次解决了贫瘠海区栽培海带和生产商品海带问题。为了提高肥效和缩短施肥期，在研究海带生长温度与氮素需要量、与叶片光合作用强度变化关系基础上，又经间歇施肥法和后期不施肥法实验，提出了多种施肥方法。在肥料溶液中的浸泡间歇施肥法被部分养殖区域推广并应用于幼苗培育；陶罐施肥结合后期不施肥的综合施肥法在部分养殖区域推广；而陶罐施肥法则为辽宁、河北和山东等省采用。

（三）海带南移

单位面积的海带产量虽有很大提高，但海带是高纬度海洋产品，习惯于在寒冷海域生长。中国的海带生产区只局限在大连、烟台、青岛等中国北方海域，且北方海区海水缺乏氮肥，限制了海带养殖的发展。江南沿海各省海水水质肥沃，但温度较高。为了使海带也能在我国南方海区养殖，海洋生物研究所在研究分析海带生长与温度的关系及浙江、福建北部地区的水文资料基础上，于1956年以夏苗为苗源，同黄海水产研究所、浙江省海洋水产试验所合作，在浙江省枸杞岛进行南移试验，曾呈奎等于1957年7月13日以"海带在浙江近海生产试验初报"为题在《科学通报》发表试验结果；同年，福建省水产局用从海洋生物研究所运去的夏苗在连江县进行南移试验。两地试验于1957年8月获得成功后，广东省也试验成功。浙江省和福建省后来成为中国海带养殖的主要基地。

（四）切梢增产法

在实际生产中，海带达到一定大小后由于阻力加大，大大减缓了海水流动速度，导致叶片下垂，相互遮光，降低了光合作用强度；叶片梢部的衰老组织在海中不断脱落，进一步降低了产量。1956～1960年，海洋生物研究所用叶片切割、叶片不同部位光合作用强度测定、叶片不同部位主要化学成分分析、对叶片中营养物质累积和P32同位素示踪等方法开展实验，研究海带叶片中运转营养物质的主要输导组织。根据叶片中上部位光和强度较高、叶片中部制造的营养物质大量向生长部附近运转及椭部的喇叭丝是主要输导组织等实验结果，海洋生物研究所提出切去叶片梢部衰老组织使其不至于脱落而损失于海中，由此来减小海带的阻力、改善叶片的漂浮程度、进而增产的推测。海面的切梢增产实验证实了这一推测，增产幅度为15%左右。

（五）海带新品种的培育

海带从我国北方南移养殖成功，但原产在寒带的日本北海道的品种不能完全适应我国各海区，特别是南方水温较高海区的养殖需要。海洋生物研究所从 1958 年起开始采用连续自交和定向选择的方法，1961 年培育出新品种"海青一号"。其藻体较长、较宽，柄较长，日生长较快，夏季生成孢子囊较迟较少而生长期较长，幼体和成体能够耐较高的水温，藻体脱落较轻，产量较高。1962 年经继续培育，品种特性趋于稳定，产量比对照组高约 20%。后在青岛、烟台、江苏、浙江、广东等地试验推广。

太平洋西部渔业研究委员会会议在莫斯科召开

苏联、中国、朝鲜和越南是太平洋西部沿岸的邻国，都拥有广阔的海洋和数量不同的内河与湖泊，渔业生产在国民经济中占有相当大的比重。1956 年苏联的渔捞量为世界第二，中国接近第三。为了发展各国的渔业，加强各国渔业科学研究合作，四国政府代表团于 1956 年在北京签订《太平洋西部渔业、海洋学和湖泊学研究的合作协定》，成立了太平洋西部渔业研究委员会，在北京常设秘书处。委员会主席由中国水产部部长许德珩担任，秘书由中国科学院生物学家童第周担任。委员会的任务主要是促进缔约国在海洋和淡水渔业研究方面开展各种合作，下设海洋渔业、海洋学、淡水渔业、渔业资源保护四个专业组。

1957 年 8 月 15～21 日，委员会第二次全体会议在莫斯科召开。出席会议的有四国代表 27 人、蒙古国观察员 1 人及各国科学家等来宾 70 多人。中国代表团成员有委员会主席许德珩，秘书童第周，委员伍献文、赫崇本、朱树屏、曾呈奎、冯乐进、郑恩绶以及其他工作人员，共 11 人。许德珩致开幕词，童第周做关于委员会及秘书处一年来的工作总结报告；委员会副主席、苏联全苏海洋渔业及海洋研究所副所长莫伊谢耶夫教授作《论太平洋西部渔业的生物学基础》报告；会议除宣读论文、通过委员会会章等文件外，还讨论并通过了各国在渔业科学研究方面进行合作的建议，希望在海洋渔业调查、水库渔业利用问题、黑龙江渔业的生物学基础的研究等方面进行合作；还提出各国交换科学家及图书资料的建议。

童第周总结了一年来委员会及秘书处的工作和成就：顺利完成了委员会原订的各专家组工作计划；共同组织和完成了黑龙江流域和朝鲜沿岸有关渔

业的初步考察；拟订了对鲐鱼和比目鱼的共同研究计划；交流了青鱼、草鱼、鲢鱼、鳙鱼、七色鱼和罗非鱼等主要经济鱼类的养殖经验；交换和研究了各国的渔捞法规；汇报了各自的科学研究情报，彼此赠送了3000余册渔业科学书刊。这些工作不仅推动了各缔约国渔业科学的发展，还增进了各国科学家间的友谊，为今后渔业科学研究的进一步发展和合作奠定了基础。

提出修改农业发展纲要的具体建议（麻雀的"解脱"）

11月11日，生物学部邀请在京的学部委员和科学家18人，座谈《1956年到1967年全国农业发展纲要（草案）》，对其中许多条文提出具体修改意见和建议，对第27条"把麻雀作为'四害'之一予以消灭"提出异议。11月14日，生物学部将座谈会意见报中国科学院并抄送农业部。

从"四害"名单中删除麻雀的建议经历了艰难的过程。1955年11月，除"四害"（老鼠、麻雀、苍蝇、蚊子）被写入《农业十七条》（《1956年到1967年全国农业发展纲要（草案）》的前身）。农业部门就该不该消灭麻雀听取了中国科学院动物研究室研究员、鸟类专家郑作新的意见。郑作新表示：麻雀在农作物收成季节吃谷物是有害的，但在生殖育雏期间吃害虫，是有相当益处的。对付麻雀的为害，不应该是消灭麻雀本身，而是消除雀害。但他的意见当时并没有被采纳。1956年1月，《农业十七条》被扩展成《农业四十条》，即《1956年到1967年全国农业发展纲要（草案）》（以下简称《纲要草案》）。《纲要草案》的第二十七条要求："从1956年开始，分别在五年、七年或者十二年内，在一切可能的地方，基本消灭老鼠、麻雀、苍蝇、蚊子。"事实上，在1955年冬，消灭麻雀运动就已在全国各地展开，甘肃省就有"百万青少年齐出动，七天消灭麻雀23.4万只"的报道。

在全国上下众口一声要消灭麻雀的时候，部分生物学家呼吁为麻雀"缓刑"。1956年秋，在青岛举行的中国动物学会第二届全国会员代表大会期间，召开了一次麻雀问题讨论会。实验胚胎学家、细胞学家、中国科学院上海实验生物研究所研究员兼副所长朱洗、郑作新、华东师范大学教授薛德焴、复旦大学教授张孟闻、西北农业大学校长辛树帜、福建师范大学丁汉波等专家认为定麻雀为害鸟的根据不足。1957年5月7日，来访的苏联科学院自然保护委员会委员、生物学家米赫罗夫和在东北师范大学讲学的莫斯科大学教授、生态学家库加金对将麻雀列入"四害"也提出不同看法。1957年10月26日，《人民日报》公布的《1956年到1967年全国农业发展纲要（修正草案）》（简称《纲要修正草案》）里的"除四害"条文被改为"从1956年起，在十二年内，在一切可能的地方，基本消灭老鼠、麻雀、苍蝇、蚊子。打麻雀是为了保护庄稼，在城市和林区的麻雀，可以不要消灭"。

然而，1958年的"大跃进""浮夸风"否定了1957年《纲要修正草案》中有关麻雀问题的条文。自1958年3月底起，全民灭雀运动的高潮在全国范围内形成。据不完全统计，截至1958年11月上旬，全国各地共捕杀麻雀19.6亿只。这一情况进一步引起国内生物学家的担忧，朱洗以及中国科学院上海生理研究所研究员兼所长的神经生物学家冯德培、上海生理研究所的脑研究专家张香桐，批评上海不执行《纲要修正草案》中关于城市不要消灭麻雀的规定。

1959年11月27日，中国科学院以党组书记张劲夫的名义，向中央有关领导报送关于麻雀益害问题的报告，并附送《有关麻雀益害问题的一些资料》，含外国关于麻雀问题的几个历史事例、目前国外科学家以及我国科学家的一些看法；扼要介绍了朱洗、冯德培、张香桐和郑作新四位科学家反对消灭麻雀的意见。按院党组的部署，生物学部于1959年12月29日和1960年1月9日召开麻雀问题座谈会，酝酿成立"麻雀研究工作协调小组"，以尽快制订计划组织力量分工协作，开展麻雀益害问题研究。1960年3月4日，由国家机关和多名科研单位人员组成，生物学部主任童第周任负责人的协调小组成立。在协调小组开展工作的同时，中央有关领导在1960年3月18日起草的《中共中央关于卫生工作的指示》中提出："再有一事，麻雀不要打了，代之以臭虫。口号是'除掉老鼠、臭虫、苍蝇、蚊子'。"至此，消灭麻雀运动结束。

完成华北平原土壤调查和图件编制

为配合黄河流域规划、在华北平原及后套等地发展大面积灌溉土地，1954~1957年土壤研究所在水电部北京勘测设计院、河北和山东等省农业厅、水利厅协作下，先后在华北平原的河北省、山东省、河南省、北京市等地区开展土壤勘测工作，完成1:20万的土壤图、土壤盐渍图、地下水埋藏深度图、地下水矿化及水质图、土壤改良分区及措施图；编制了1:150万的华北平原土壤图集，包括华北平原土壤图、土壤盐渍图、地下水埋藏深度图、地下水矿化图、地下水水质图、积水情况图及植被图、第四纪沉积类型图、土地利用现状图、土壤改良分区及措施图集。1961年出版《华北平原土壤》，该专著阐明了华北平原土壤和地下水的各种变异规律，为根治华北平原的旱、涝、盐、碱、沙及其综合开发利用提供了依据。

1958年，熊毅在《科学通报》发表《怎样研究和改良华北平原的土壤》论文，在分析限制农业生产主要因素和盐土成因的基础上，提出以水为中心的防治思路和措施。华北平原农业生产产量不高不稳、粮食不能自给，主要受春旱、秋涝和土壤盐渍化的限制。其三大区除山麓阶地冲积扇区外，冲积平原区的北部和滨海平原区盐渍化不是较严重就是很严重。盐渍严重地区多被荒废，较轻的地区因未彻底改善导致生产力低落。最有效的盐土治理办法是灌溉冲洗，同时须采用排水沟排水，还要对地下水水位加以控制，以防止土壤次生盐渍化发生。这一防治思路为1965年中国科学院在河南封丘、山东禹城开展井灌井排和农业措施相结合的综合防治旱涝盐碱试验研究，提供指导并得到验证。

1958 年

研究解决国家工农业和文化发展提出的科学问题

1月2日，中国科学院负责人应邀向新华社记者发布《中国科学院在第一个五年计划期间的成就》。五年来，中国科学院研究解决了国家工农业和文化发展所提出的一些重大的关键性科学问题，大力开展了祖国自然资源和自然条件的调查研究等，相应地发展了自然科学基本理论和哲学社会科学的研究。同时，积极建立或加强了我国过去所欠缺的或十分薄弱的最新科学技术部门和重要基础学科，为实现十二年科学技术发展远景规划打下了初步基础。

该负责人在谈话中强调了科学院的许多工作是为国家社会主义建设服务的，并已做出初步成绩。其中如：

（一）在农业方面

通过对蝗区的形成原因和地理分布的研究，提出了根治微山湖及洪泽湖蝗灾的建议，并已开始研究根治滨海蝗区的办法。根据研究掌握的棉蚜发生的规律，通过在山西、陕西、河北等地的试验，提出了一套预测预报棉蚜发生方法，对各棉区防治棉蚜有指导作用。蓖麻蚕已在安徽、江苏、河南等地重点推广，为不适宜发展桑蚕和柞蚕的地区，开辟了一项有利的副业。对紫菜生活史的研究，证实了紫菜由壳斑藻的孢子发育而成，解决了紫菜养殖业中的关键问题。有关海带的研究，证明了浙江沿岸也可以进行商品生产，使海带养殖地区，向南扩展到华东广大海区。此外，有关植物病害、船蛆的防治和细菌肥料的研究成果等，也都有实际意义。

（二）在自然资源和自然条件的调查研究方面

完成了对黄河中游 35 万平方千米的水土流失严重地区的考察，做出了水土保持、土地合理利用的远景规划和分期规划，完成了黄河下游灌溉区 18 万平方千米和长江流域 1 万 5000 平方千米的土壤勘察，完成了 5 万分之一土壤及地下水等图件 250 余幅，为制定流域规划和农业规划提供了必要的资料；中国科学院参加的中、苏黑龙江综合考察队，对这个地区的水能、地质矿产、自然条件、森林、交通进行了考察研究，将为这个地区的国民经济发展远景规划提供科学根据；北疆的考察基本上完成，对北疆农牧业的发展提供了建议；华南热带资源的考察提供了改进橡胶施肥的建议和种植橡胶宜林地的标准，对橡胶植林事业有指导作用，为国家节约了大量资金。考察了云南南部和广西西北部丰富多样的生物资源，并且对发展紫胶资源做了有价值的研究；对湖北省 585 个湖泊的调查和南海、黄海、渤海、黑龙江、长江的鱼类调查，为发展水产事业提供了科学根据；协助气象部门建立了中期（36 小时到 8 天）天气预告，对寒潮和梅雨的研究成果有助于改进灾害性天气的预告；制定我国自然区划的工作也正在进行，1958 年基本上可以完成全部自然区划地图和说明书初稿,这对国家制定长远建设规划有重要参考价值。

与中国农业科学院协调支援农业科研合作问题

3月24~26日,中国科学院生物学部与中国农业科学院在北京召开联席会议,根据支援农业生产大跃进精神,讨论两院科学研究工作的协调与合作问题。5月20日,中国农业科学院按双方协商意见,就科学院同意配合的研究项目和可以参加的工作队以及各自提请对方配合研究的工作,向各地区研究所、专业研究所、室①及生物学部,函发双方协商合作研究工作记录摘要。

中国科学院同意配合的研究项目有20项:①双方共同成立水稻研究工作委员会,推举丁颖、罗宗洛、汤佩松、戴松恩等为筹备委员。3月28日召开第一次筹备会,决定在同年夏秋之际召开稻作会议同时筹建委员会。②植物研究所可负责野生经济植物(包括油料、纤维)、绿肥、牧草等品种和类型的调查研究,发现优良类型后交给中国农业科学院作物所研究其可利用部分。③西北分院已决定开展罗布麻调查研究,生物学部可将中国农业科学院要求转告西北分院。④关于各种农作物近缘植物的调查研究利用,目前要求在禾本科、豆科方面开展工作,植物研究所就此进一步深入研究后开始进行。⑤由土壤研究所绘制全国性的土壤图。⑥关于盐碱土改良和水稻土研究,科学院有关单位已在进行。⑦关于农田杂草防除工作,科学院可进行杂草的种类、习性和繁殖方法的调查研究;由北京植物生理研究室研究水稻田除莠剂问题。⑧土壤研究所可配合全国肥料试验网工作,办一个土壤分析训练班。⑨关于调查草原并制定提高其生产效能的措施,植物研究所可参加内蒙古西部、河西走廊、柴达木盆地的调查。新疆地区的植物研究所可参加南疆地区工作。通过综合考察,注意有关草原问题。⑩关于发展毛皮兽养殖事业研究,研究目标及内容均已具体商定。动物研究所可对中国农业科学院畜牧所的毛皮兽饲养工作加以协助。⑪关于提高繁殖驴骡受胎率防止胚胎萎缩和流产的研究,科学院可由童第周参加并召开胚胎学家小型座谈会,中国农业科学院畜牧所郑丕留、严炎、王孝鑫参加。⑫关于内蒙古牲畜内寄生虫的种类及生

---

① 室,如农业气象研究室等——编者注。

活习性调查研究，动物研究所计划与中国农业科学院中监所马闻天直接联系，研究具体合作问题。⑬中国农业科学院东北所提出的果树合作、草原调查植物标本的鉴定，可请林业土壤研究所协助，植物研究所亦可协助。⑭西北农业生物研究所可参加黄河中游水土保持工作。⑮华东、华中、华南水稻工作，由植物生理研究所与中国农业科学院当地的地区所联系，根据问题性质派人参加。⑯中国农业科学院华东所提出在浙江设点调查中药材，植物研究所南京中山植物园可接受。⑰中国农业科学院华东所提出的茶树分类研究，植物研究所胡先骕可协助进行。⑱中国农业科学院华中所提出请协助湖北果树资源调查工作，生物学部可转请武汉植物园考虑。⑲中国农业科学院西南所提出的水稻田杂草调查，植物研究所可代通知其昆明工作站。⑳中国农业科学院热带研究所对华南植物研究所提出的要求，由生物学部转告。

中国科学院可参加的工作队有天津专区水稻组、孝感水稻组、安阳或麻城棉花组、桂西山区组。植物生理研究所参加中国农业科学院华东所的水稻丰产总结调查及水稻试验田工作；稻螟工作由昆虫研究所全部担任；河南棉虫工作由昆虫研究所朱弘复、张广学、钟铁森参加；东北高粱虫害工作由昆虫研究所张广学参加并担任指导；麦病工作（淮北小麦秆锈病防治）由真菌研究所陆师义等参加；马铃薯晚疫病工作（山西雁北点）由真菌研究所参加；两院合作开展虫害基本调查。

在各自提请对方配合研究的工作方面，中国农业科学院提请中国科学院配合研究的工作有：植物生理研究所配合调查高额丰产经验，进行主要作物生理研究，并进行农作物原始材料生理生化特性鉴定；植物研究所负责农作物原始材料研究和保存工作，中国农业科学院作物所协助进行，并请真菌研究所进行其抗病性鉴定（同年开始小麦抗锈性鉴定），遗传研究室进行其阶段特性鉴定。中国科学院提请中国农业科学院配合研究的工作有：开展生长素研究，加强农业产品储藏研究工作，合作开展全国主要农作物病害调查研究。

1960 年 12 月 20 日，中国科学院支援农业办公室发出通知，由于竺可桢副院长曾与中国农业科学院联系，询问对科学院研究工作的意见或要求，中国农业科学院为此提出 11 项需要科学院支援的研究问题。中国科学院支援农业办公室将这些研究问题发送给治沙研究所、西北生物土壤研究所、土壤研究所、昆虫研究所、微生物研究所、植物生理研究所、植物研究所、地理研究所、地球物理研究所、冰川积雪冻土研究所筹备委员会、遗传研究所等单位，以便各单位在制订研究计划时予以考虑：①西北地区水土保持的研究。②华北五省份和东北地区的土壤次生盐渍化的研究。③西北和东北防治风沙的研究。④西北和内蒙古垦荒的调查研究。⑤渤海湾盐碱土改良。⑥协助解决棉花红铃虫、金刚钻、棉铃虫的生活规律研究及防治方法的探讨。⑦白菜三大病害、油菜毒素病、柑橘黄龙病和溃疡病的研究。⑧水稻、小麦、玉米、甘薯、谷子、高粱、大豆、棉花的生态生理和营养生理的研究。⑨主要的粮食及园艺作物的光能利用和营养价值的分析研究。⑩人工降雨、人工降雪、用化学方法防止霜冻和防治杂草的研究。根据长期气象观测资料，进行各省区及各县市的农业生产季节中的旱涝和低温的变动规律和农业生产关系的研究。⑪农作物和家畜远缘杂交的胚胎发育过程和遗传性研究。中国农业科学院还表示，上述其中的②、⑤、⑦项农业科学部门可配合进行。

中国农业科学院成立后，两院还在共同召开专业会议、机构建设等方面开展合作。例如，1957 年 7 月 19 日经国务院科学规划委员会同意，中国科学院将设在兰州的兽医研究室划归中国农业科学院西北畜牧兽医研究所筹备处；西北畜牧兽医研究所于同年 10 月 28 日正式成立。

成立青海、甘肃地区综合考察队

青海、甘肃是我国西北两个地大物博且亟待开发的省份，特别是柴达木盆地、祁连山区和河西走廊区拥有丰富的矿产资源；青甘地区有四亿亩以上草原和 3000 万亩左右的可垦荒地。全面系统地开展科学考察工作，对合理开发资源、发展该地区尚比较落后的经济具有十分重要的意义。

中国科学院于 2 月 6 日召开第一次院务常务会议，讨论通过了综合考察委员会提出的建立青海、甘肃综合考察队方案；3 月 12 日，又向国务院科学规划委员会呈送成立青甘地区综合考察队的请示，陈述了成立考察队的必要性和目的，即青甘地区综合考察是十二年科学技术远景规划中第四项任务之一，也是中、苏科学技术合作项目之一。考察的目的是综合研究祁连山、河西走廊、柴达木盆地及内蒙古贺兰山以西地区自然条件和自然资源，结合社会经济情况，为国民经济发展提供科学依据。3 月 29 日，科学规划委员会批复同意。中国科学院于 4 月 1 日下发通知，新成立的青海、甘肃地区综合考察队由国家计划委员会和中国科学院共同领导。

1958～1960 年，考察队分为总队及土壤、农牧、水利水源、生物资源、引洮工程地质、固沙六个分队，对占青海、甘肃两省总面积 45% 的柴达木、祁连山和河西走廊总共 54 万平方千米的区域进行考察，提出了《青甘地区生产力发展远景设想》总报告。其主要内容涉及青甘地区自然经济基本情况和远景生产发展方向，工业发展远景方向和工业基地布局，农业发展远景设想和水资源供需平衡及水利发展远景，交通运输业远景发展方向、分区综合运输网配置，劳动力问题及其解决途径，青甘地区生产力远景发展中的几个重大问题，对青甘地区今后自然资源与生产力配置调查研究工作的意见等。

在农业方面，提出与发展生产力有关的具体意见，如全区有相当于现有耕地四倍的宜农荒地，其中不需要从区外调水即可开垦的有 1100 多万亩；通过充分合理利用区内水资源、改良盐碱土等措施，垦荒和提高农作物单产的潜力很大，尤其是河西走廊地区，有条件建成与重点工业建设相适应的农业基地；未来的主要商品畜产品基地是海北地区的祁连山和海晏、河西走廊的天祝和肃南、柴达木的天峻等。

总报告关于青海和甘肃两省条件的分析、资源开发利用评价、工农业发展方向论证及生产布局的远景等考察结果，受到当地领导机关高度评价，被认为是他们急需的且已作为制订计划和长远规划的主要参考依据。

绒毛膜促性腺激素催产家鱼取得成功

催产激素在成功实现青鱼、草鱼、鲢鱼、鳙鱼"四大家鱼"人工繁殖中发挥了重要作用。常用的催产激素包括鲤鱼（鲫鱼）脑垂体（PG）、绒毛膜促性腺激素（HCG）、促黄体素释放激素类似物（LRH-A）、地欧酮（DOM）及利舍平（RES）等。

我国淡水养殖的青鱼、草鱼、鲢鱼、鳙鱼等家鱼，过去被认为在池塘养殖因生殖腺不得发育而不能产卵传种，养殖所需的鱼苗往往靠从长江、西江捕捞天然鱼苗予以解决，养殖业的进一步扩大因此受到限制。1958 年春季，南海水产研究所首先将鲤鱼脑垂体提取液注射至鲢鱼，催产成功获得了人工孵化的鱼苗，为就地繁殖和供应鱼苗、促进淡水养鱼业开辟了途径。

中国科学院实验生物研究所自 1958 年起在上海、浙江一带调查，发现有卵巢成熟的鲢鱼；当年 9 月与浙江省水产厅等合作，利用从孕妇尿液中提取的绒毛膜促性腺激素注射鲢鱼、鳙鱼，催产后获得 3 万尾鱼苗；1959 年又利用人工环道进行生理和生态相结合的催产试验并获得成功，孵化率和鱼苗成活率均有所提高。1960～1962 年，实验生物研究所与上海有关单位合作，研究解决了鲢鱼、鳙鱼人工繁殖中的就地饲养和培育亲鱼、催产技术和人工孵化等关键问题。还研究了鱼类卵球成熟与受精、胚胎正常发育和畸形、生态条件对鱼类产卵和受精的影响、家鱼年龄测定等基本理论问题，出版了《家鱼人工生殖的研究》论文集，对家鱼人工繁殖工作有一定指导作用。自 1959 年起，各地采用了绒毛膜促性腺激素催产法。实践证明该方法简便、经济和有效，避免了用鲤鱼脑垂体而大量消耗鲤鱼的问题（注射 1 条亲鱼一般要消耗约 10 条鲤鱼的脑垂体）。1962 年上海青浦淡水养殖场用绒毛膜促性腺激素催产，生产 8000 万尾鱼苗，基本满足了上海地区的需要。

参加小麦高产竞赛[①]

1958 年夏，全国各地农村的小麦、早稻、花生等作物的高产"卫星"竞相"上天"。在"人有多大胆，地有多大产"口号影响下，有些科研机构、高等院校被动卷入这场竞赛。7 月 1 日的中国科学院第二届党代会上，中华全国自然科学专门学会联合会和中华全国自然科学专门学会联合会北京分会（以下简称"北京科联"）[②]的代表递上纸条称：湖北、河南、河北等地小麦高产能手，准备向北京的中国农业科学院、北京农业大学和其他有关单位挑战。因此，中国科学院组织各方面专家，连夜开会提出办试验田的研究计划，应战农民生产能手。

7 月 5～9 日，全国科联和北京科联组织首都科学家与湖北、河南、浙江、江苏、河北、安徽、陕西等省及京郊的 30 多名小麦、水稻、棉花高产能手，

---

① 由薛攀皋《科苑前尘往事》第 190～194 页缩编而成——编者注。
② 中华全国自然科学专门学会联合会下设分会，如北京分会，简称北京科联——编者注。

在北京东城区南河沿文化俱乐部召开丰产座谈会。中国科学院生物学部和中国农业科学院、北京农业大学的有关负责人和科学家应邀参加。7月5～6日，会议安排丰产能手介绍丰产经验、大胆创造的事迹及今后计划。座谈会前的7月2日晚，生物学部召开了北京地区生物学研究单位负责人和科学家参加的准备会。会议决定由土壤队、北京植物生理研究室、北京微生物研究室、动物研究所、昆虫研究所、应用真菌研究所、植物研究所和遗传研究室等8个单位开展办试验田大协作，还商定了向农民丰产能手应战的1959年丰产试验田单季亩产指标。7月5日和6日，在听取农民丰产能手报告后，发现7月2日晚商定的应战指标远远落后了。休会期间，生物学部召开会议调高了指标。在7月8日的分组座谈会上，指标大战替代了经验交流。竞争首先在农民丰产能手间展开，小麦亩产被抬到4.2万斤。在首轮竞争中，生物学部由于原定的指标明显偏低，不敢向农民能手应战；中国农业科学院犹豫后以小麦亩产4.5万斤指标应战。到7月9日开会时，河南、陕西两个农业生产合作社提出小麦亩产10万斤；江苏一个农业生产合作社的水稻亩产指标达7万斤。

座谈会后，生物学部组织了一个由京区生物学研究单位负责人、科学家、青年科技人员、农场工人组成的丰产实验委员会，下设小麦、水稻、甘薯、棉花四个小组，着手开展丰产试验田的准备工作。经采购肥料和深耕整地，1958年9月26日播种小麦，有的试验小区播种量竟高达460斤。1959年春，小麦越冬返青后，增加二氧化碳鼓风、夜间人工光照等增产措施。7月11日，丰产实验委员会宣布收获小麦的产量，7个实验地块折合亩产在541～902斤。

生物学部还派出约200名研究技术人员，到国内十多个省市和自治区设立基点，向农民学习并系统总结农民种植水稻、小麦、玉米、油菜、棉花的大面积丰产及"放卫星"经验。自1961年起，他们陆续撤回研究所，没有发现一颗"卫星"是真的，也没有找到大面积高产丰产田。

研究粮食综合利用问题

1958年8月6日晚，中国科学院党组召开扩大会议，传达并讨论中央领导关于粮食多了怎么办的指示；8月中旬，胡乔木通知谭震林、廖鲁言、张劲夫、杜润生等开会，研究粮食多了怎么办问题。在此背景下，院党组将粮食综合利用的研究任务下达给化学和生物学有关研究所（长春应用化学研究所、大连的石油研究所即现在的大连化学物理研究所、化学研究所、上海有机化学研究所；上海生物化学研究所、上海植物生理研究所）。

接受任务后，有关研究所停止了部分研究课题，抽调了一批研究技术人员，围绕扩大粮食用途、利用粮食解决有机化学工业原料来源两个方向，于8月下旬同时启动了粮食综合利用研究工作：①研究粮食在转化为酒精后，以酒精提取合成产物的重要原料——乙烯。有的还另辟蹊径，用酒精制取丁二烯或再由丁二烯制乙苯。②从丁二烯合成聚丁二烯橡胶、丁苯橡胶、聚苯乙烯塑料及一系列含苯环的化合物。③从大米中分离出淀粉，再以大米淀粉制造应用于林产工业且抗水性和抗拉性能强的胶合三夹板和木屑板的胶合剂；应用于纺织工业且起泡力和乳化扩散力好的洗涤剂；应用于造纸工业且能使纸张拉力和抗水性能增强的涂料、淀粉塑料。④从粮食中分离出蛋白质，再用蛋白质生产塑料和人造羊毛。⑤用发酵法利用甘薯生产食用油和甘油。

花了一年多时间，用了很多人力，做了很多工作，取得了成果，但这一切均不实用。1959年我国粮食实际产量已大大下降，1960年初全国各地农村缺粮情况十分严重，粮食综合利用的研究无法继续下去而只能收场。当然，尽管这项工作是在当时对我国粮食产量错误估计情况下进行的，但有些研究对后来的粮食深加工和工业生物技术研究具有借鉴作用。

在全国土壤普查中发挥技术依托作用

我国国土辽阔，土壤资源丰富且种类繁多，开展土壤普查是合理利用和保护土壤资源、加速农业发展的一项重大任务。1958年我国开展全国第一次土壤普查，1979年又进行全国第二次土壤普查。土壤研究所作为两次土壤普查的技术依托单位，先后多人参与区域和全国土壤普查工作并担任技术指导。

在全国第一次土壤普查中，土壤研究所发挥了重要作用：①首任所长马溶之担任全国土壤普查办公室副主任。②协助完成全国1:250万和1:400万农业土壤图、1:400万农业土壤肥力图及《中国农业土壤志》。③在省一级协助有关省（区）完成土壤志编写和相应的土壤图、土壤分布图的编制。④在丰富我国耕作土壤学、土壤改良学和土宜学的同时，为土壤分类命名做出贡献。例如，华北平原的浅色草甸土，通过普查改名为潮土；广泛总结了农民群众土壤分类命名的经验，将质地分为胶、泥、粉、砂四组，为以后中国土壤系统分类奠定基础。⑤通过土壤普查鉴定工作，进一步研究耕种土壤尤其是水稻土的分类，提出了南方土壤的发生分类。⑥在《水稻丰产土壤环境》（1961）及后来的《中国水稻土》（1993）中，发表了与土壤普查有关的研究成果。

1979年初，国务院提出在全国开展第二次土壤普查工作方案，由农业部负责，会同中国科学院、林业部、国家测绘局、农垦局、水利部等中央部门成立全国土壤普查办公室，具体组织领导和部署普查工作。第二次土壤普查历时16年，完成了查清土壤资源数量、质量（包括养分状况）、分布和利用状况的任务，为国土整治、合理用地、科学施肥、区域治理、农林牧业持续发展提供了科学依据。

土壤研究所参与全国土壤普查办公室组织领导及统领业务技术指导工作。席承藩担任全国土壤普查办公室副主任及全国科技顾问组副组长兼华东区组长。熊毅、李庆逵受聘为全国科技顾问组副组长。主要工作有以下几点：①在土壤普查前期，土壤研究所派人员参与编写和制定全国第二次土壤普查暂行技术规划和暂行土壤工作分类方案。技术上主持北京通县、浙江富阳和江西泰和的县级全过程普查试点，培训全国技术骨干，统一野外普查技术操作和化验分析方法（以土壤研究所地理室编著的《土壤理化分析法》为标准法）。以点带面逐步推动全国各地普查有序开展。随后又及时制订了土壤普查技术补充规程。普查过程中多次组织专家会议或征询其意见，讨论修订土壤分类方案，1992年最终形成《中国土壤分类系统》，供各省（市、自治区）和全国成果汇总应用。②在省（市、自治区）级成果汇总的同时，为完成全国性系列成果的汇总，全国土壤普查办公室成立了全国第二次土壤普查汇总编辑委员会，席承藩任第一副主任，全面主持全国成果汇总和省级成果验收工作，周明枞和杜国华受聘为编委会和验收组成员。席承藩受委托任《中国土壤》和《中国土壤分类系统》两部专著的主编，周明枞、杜国华任第二、第三副主编，杜国华兼任《中国土种志》（1～6卷）第一副主编。在席承藩主持下，经过全体编委及60余位编写人员的协作努力，历时三年完成了全国普查各项成果汇总任务。1992年土壤研究所被农业部评为土壤普查有功先进单位，6名同志获"先进工作者"表彰。③土壤研究所是全国土壤普查最终成果汇总的主要单位。由席承藩主持完成的《中国土壤分类系统》《中国土壤》（1993年、1998年，中国农业出版社）及朱克贵、杜国华等主编的《中国土种志》（1~6卷），从宏观上集中反映了我国土壤类型和地理分布、土壤资源质量和数量及其开发利用与治理保护的现状，是我国土壤科学发展史上具有十分重要意义的科学专著。

土壤分类是体现土壤普查成果的核心问题。第二次土壤普查制定的《中国土壤分类系统》，已在有关生产、科研和教学部门广泛应用。国家技术监督局1988年也将此分类系统推荐为中华人民共和国国家标准（GB），并已编制各级分类单元（从土纲至土种）的标准化代码（送审稿），供正式应用。土壤研究所主持的拉萨市土壤普查工作并主编的《拉萨土壤》，获西藏自治区科学技术进步奖特等奖。"土壤基层分类""泰和县土壤普查""桃源县农业现代化基地县土壤普查"分别获得中国科学院科学技术成果奖二等奖和三等奖。

运用生态学理论防治森林鼠害

红松是在东北地区分布最广和经济价值最大的主要树种之一，大规模的国家经济建设需要大量发展红松种植。红松直播是较简便而经济的造林方法，但历来均因鼠害而未能成功。因此，研究和解决红松直播中的鼠害问题，对加速扩大我国森林资源、加速绿化均具有重要意义。1954~1956年，中国科学院动物研究室与中国科学院林业土壤研究所合作，在黑龙江带岭林区开展红松直播鼠害调查及防治研究，使红松在鼠峰到达前出苗，成为国内首次运用生态学理论进行森林鼠害防治并获得成功的实例。

1958年，科学出版社出版《红松直播防鼠害之研究工作报告》，对为害红松直播的鼠类及其危害规律、防治鼠害的有效方法等研究结果进行系统总结。第一，发现鼠害与时间、立地条件、播种方法、种子处理等林业技术均有密切关系，从而明确了防治鼠害正确的研究方向；第二，通过对鼠类进行数量调查、为害状况、食性检胃、笼下试饲等研究，确定林姬鼠、红背䶄、棕背䶄为主要害鼠，在对红松直播危害性中林姬鼠最大，红背䶄次之，棕背䶄最次；第三，由于立地条件与鼠类数量有直接关系，因而与鼠类的危害程度有密切关系。至少在红松播种的部分季节（5月、6月），清理较干净场地上的害鼠数量会较少。第四，研究鼠类数量的季节波动。春季数量最低，7～9月最高。鼠类繁殖5～6月最盛，6月内鼠类的数量增加很多，此时严重危害红松直播；第五，研究提出8项红松直播防治鼠害的综合办法。研究人员认为，选择清理干净的迹地为播种地，利用促芽良好的种子，早期播种争取鼠类数量大增加前出苗，同时配合一些药剂，红松直播避免鼠害是可能的。上述条件因子的综合播种试验取得成功，出苗率为85.9%；地势较好的地区，出苗率达95%以上。对吉林省安图县和临江县一些森林经营所的红松直播试验的调查结果与该项研究的结果相符。

除红松直播鼠害防治外，动物研究所在草原、农田（北方旱作区、南方稻作区）、农牧区鼠害等方面，牵头完成多项重大成果。呼伦贝尔草原布氏田鼠种群生态学的研究获1982年中国科学院科技成果奖二等奖；布氏田鼠鼠害综合治理新技术及应用研究获1991年中国科学院科学技术进步奖二等奖；华北旱作区大仓鼠黑线仓鼠种群生态学及综合防治研究获1991年中国科学院科学技术进步奖二等奖；农牧区鼠害综合治理技术研究获1994年中国科学院科学技术进步奖二等奖；农田重大害鼠成灾规律及综合防治技术研究获2002年国家科学技术进步奖二等奖。

提出农作物产量上限的光合作用理论依据

光合作用是植物将太阳能转化为化学能、将无机物（如水和各类元素）转化为有机物，叶片吸收二氧化碳并释放出氧气的过程；作为自然界有机物（如食物、燃料等）生产的最主要过程，在农业生产上具有十分重要的意义。

中国科学院植物生理研究所20世纪50年代成立光合作用研究室，在光合能量转换、碳代谢、生理和群体光能利用等领域开展研究，其中很多方面都结合农作物育种和栽培等有关光合作用的问题。尤其是自1958年开始，在殷宏章院士倡导下，针对当时总结农业生产经验中出现的模糊问题，较系统地研究了群体光能利用与产量形成的关系。20世纪70年代及以后，王天铎等逐步将电子计算机用于多种生理过程、群体光能利用和产量形成的数学模拟，如对水稻群体产量形成及对植物群体上下叶层间氮分配的模拟，对牧草优化割刈方式及对黄淮海地区产量潜力的计算；邱国雄等设计和改进了田间测定技术设备，对农业生产均有较广泛的影响。

1958年，植物生理研究所组织研究人员到农村蹲点，总结稻麦等作物丰产经验。同年8月，殷宏章参加上海市组织的赴安徽考察活动并担任团长。考察团见到所谓亩产万斤的水稻田，协助收割双季早稻，监打监收高额丰产田。回所后计算水稻植株样品的粒数、粒重和收获时的密度，结果是单株叶面积、株高、每穗粒数等都与一般田的植株无重大差别，造成之前所说产量十倍于一般田的主要因素似乎只有它的株数、穗数、叶面积指数高出十倍。因此，殷宏章发表文章认为，农民的丰产经验可以支持净同化率不变的规律，而叶面积指数大大超过过去只有5左右的最高限度。后来他了解到当时这类田块的高密度是快收获时堆积而成的，按这种密度计算出来的叶面积指数并不是生长期内起作用的叶面积指数的数值，因而不能据此判断过去的叶面积指数上限已被打破。为此，一方面，他就所发表文章根据田块密度未必是生长过程中的密度在原刊物上发表更正声明；另一方面从光和气两个因素就有效叶面积指数值上限做了分析，对二氧化碳的供应也做了多方面计算，并在植物生理研究所水稻问题讨论会上做报告。光合作用研究室为此结合国外学者提出的"冠层内光强随经过的叶面积指数而成指数递减的规律"，加强了验证与研究。

1959年，植物生理研究所稻麦工作组在上海市松江县、江苏省常熟市和河南省的几处小麦田进行实测，结果证实了冠层内光强随经过的叶面积指数增加而呈指数递减规律的关系。同年还在上海市松江县设计不同密度的水稻种植实验，经过切片、光强减弱过程与叶面积分布关系的测量实验，得出最适叶面积指数分别为4.7和4.3。

殷宏章、王天铎等1959年12月在《实验生物学报》发表题为"水稻田的群体结构与光能利用"的文章并明确指出："在增加密植程度时，单位土地面积上的植物株数和叶面积都增加，产量也随着增加，但并不是无限制成比例地增加，在过度密植时甚至反而下降。"他们的实验研究从群体结构、光能分布、蘖数变化、经济系数等方面给出产量上限的理论依据，澄清了过去农业生产中"增产没有顶"的思想。

1959 年

召开海洋工作会议

1 月 5～8 日，中国科学院在青岛召开海洋工作会议。国家科学技术委员会、全国海洋普查办公室、中央气象局、黄海水产研究所、塘沽新港港务局等产业部门，山东海洋学院[①]、厦门大学等高等学校，中国科学院有关分院和研究所的代表 300 余人参加会议。竺可桢副院长、裴丽生秘书长出席并讲话，苏联科学院海洋研究所会柯维契教授应邀做关于开展海洋地貌研究报告。会议总结了海洋生物研究所成立后的工作，交流了研究工作情况，明确了海洋科学研究工作的方针和任务，促进了部门间的协作。

海洋生物研究所于 1950 年成立，8 年来的科研工作取得诸多成绩：①资源调查方面，开展大量工作并积累了丰富资料。共收集海洋无脊椎动物标本 6 万多号，鱼类标本 1.8 万多号，海洋植物标本 2.1 万多号，基本摸清了这些生物资源的主要种类及其分布和可能利用的情况，整理出版《中国北部的经济虾类》《中国北部海产经济软体动物》《广东的海胆类》《黄渤海鱼类调查报告》等专著。其中，鲐鱼的调查为生产部门开展合理经营和繁殖保护提供了资料；大黄鱼的调查证明舟山海区春汛和秋汛的生殖鱼群系属于具有各自不同生殖季节的两个生态群。②海产生物的养殖和利用方面，关于海带养殖的研究，解决了北方贫瘠海区的海带养殖问题；解决了海带育苗困难问题，延长了海带生长期；海带南移试验获得成功。关于紫菜生活史的研究，发现壳孢子就是紫菜的"种子"，试验成功用人工采集壳孢子养殖紫菜的方法。成功地用赤参人工授精办法，培育出第一批"参苗"。已找到防除船蛆、贻贝等有害生物的有效方法和药品。从马尾藻、海带中提取多种有价值的化工原料，其中马尾藻初步药理试验可治疗糖尿病。③基本理论和海洋物理、海洋地质和地貌等学科也都取得一些重要成果和进展。

会议确定了今后海洋科学研究工作的方针和任务，还研究了各部门进一步合作的问题。

---

① 2002 年更名为中国海洋大学——编者注。

地学研究为农业服务

早在 1953 年 1 月 26 日，竺可桢副院长就在中国地理学会第一届全国代表大会开幕词"中国地理学工作者当前的任务"中强调，地理学不但要精确地叙述地面环境，还要指出如何去改造环境来为人类创造幸福生活。多年来，中国科学院的地学研究一直秉承认识和改造环境的宗旨，在院内与生物学研究相辅相成，成为支援农业的两大科研方面，为国家农业发展做出重要贡献。

1959 年 4 月 7～13 日，中国科学院召开自然科学研究所所长会议。4 月 9 日，地学部主任尹赞勋在"为一个更大更好更全面的'大跃进'而奋斗"的发言中指出：1958 年我们基本解决了地学方面研究工作的目的性和方向方法问题，大家认识到地质学、地球物理学、地理学、古生物学和测量制图学与人民的实际需要和生产实践有密切的关系，都是解决人民实际问题所必需的科学。他在介绍 1958 年科研成果中多次提到地学服务农业的成果：①关于农业所需的磷肥原料，总结了磷矿矿床理论，并发展了磷矿成因的理论，带动了沉积岩和沉积学的研究，做出了预制图，并在磷矿非常缺乏的华北地区找到几处有价值的磷矿，用事实纠正了华北无磷的论点；②在 1958 年国庆前夕，提前 8 年就已做到了 10～12 月一个季度的长期天气预报，比较详细地指出环流变化和天气演变，比十二年科学技术发展远景规划只预报水旱的规定，范围扩大许多；③完成了中国自然区划图说，为社会主义建设，特别是农业生产的长远规划提出了科学依据。这是一个工作量很大而需要许多单位大协作的产品；④在祁连山初步考察清楚冰川雪山的分布，估计了冰雪储量，并进行了人工加速冰雪融化试验工作。在纵横几百千米的一群大山中，用一个夏天的工夫，初步摸清冰雪基本情况，为开发利用、解决西北干旱问题，提供了有用的数据。

1965 年，中国科学院先后召开了第三次农田样板地图会议和地理工作会议，进一步明确了地学研究为农业服务的方向和重点工作。

（一）关于第三次农田样板地图会议

2 月 23～26 日，中国科学院地学部召开第三次农田样板地图会议。中国科学院7个有关研究所、4个有关高等院校地理系的代表参加会议。会议认为，编制农田样板地图是为了配合建设旱涝保收、稳产高产农田需要。一年来在全国各地不同地区、不同类型共编制出17片农田样板地图，为全国农业区划面的工作做了准备。具体的工作成绩如：①在农田样板地图反映出农田样板地区的自然与经济基本情况和生产关键问题方面，浙江宁绍平原突出旱涝问题，主要根据早期农田用水、早期地面有效供水量和作物需要水量之比值，作为各灌区保证率与涝期现有水利工程的拦蓄和排电能力，以及编制旱涝保收图的依据；吉林饮马河片编制了稳产高产农田类型图，为农业选片服务；海南岛根据热作样板应用航空相片、地形图分析等新方法，结合野外考察所编制的样板地图，内容丰富、图版结构细致，对热作规划很有实用意义。②在农田样板地图为农业区划工作服务方面，广东省农业区划在东莞县试点，编制了土地类型图及稳产高产样板地图。河北邯郸在农业区划工作基础上提出更高要求，在已编成的48幅地图上拟综合成8幅地图，进一步推广区划成果；江苏省农田样板图与农业区划更是两者紧密配合的例子。

鉴于农田样板地图的编制任务既能与地方农业区划任务相结合，又能为国家农业地图集做准备，是完成科学技术发展规划的一项课题，会议希望各省科委给予大力支持，争取列入各单位科研计划。

（二）关于地理工作会议

11月29日至12月8日，中国科学院地理工作会议在北京召开。中国科学院地理研究所、南京地理研究所、广州地理研究所、广州地理研究所河南分所、东北地理研究所、华北地理研究所、地理研究所西南地理室、新疆地质地理研究所、冰川冻土沙漠研究所9个地理研究单位的所长、计划工作人员共24人参加会议；东北分院、西北分院、测量与地球物理研究所、地理学会也派员参加会议。国家科学技术委员会范长江和于光远副主任、中国科学院张劲夫副院长、秦力生副秘书长在会上讲话，竺可桢副院长做《中国科学院地理研究工作方向和任务的初步设想》报告，各研究所汇报近两年工作情况。会议明确了地理学研究工作的方向和任务，研究和确定了国家第三个五年计划期间地理学的主要工作任务，提出在第三个五年计划期间，中国科学院地理研究工作，应当集中力量抓好农业区划和三线建设中若干重大地理问题的研究任务，如工交建设中的有关地理问题、山区的开发利用等，切实解决一些生产上的关键问题；其他研究工作应根据生产需要和各地情况适当开展。

会议领导小组在总结报告中归纳了近两年的工作进展和成绩。①明确生产观点、群众观点、综合观点。例如，有些省、县农业区划工作，在当地党委统一领导下，与地方密切结合，针对生产问题进行研究，不但提出了当地农业生产的战略措施，而且有重点地解决了当地生产上一些急需解决的问题，工作方法也注重因地制宜，摆脱了一些条条框框束缚。有的成果已被有关省、县领导采用，作为"三五"规划和布置样板田的科学依据，受到地方领导、干部和群众的欢迎。②依靠当地党委领导，贯彻领导、专家、群众三结合方针，发挥大协作精神，多兵种联合作战，使工作做得既快又好。例如，广东省东莞县农业区划，一方面争取当地党的领导直接抓区划工作，同时大走群众路线；另一方面组织县、社、队干部和农民、知识青年约 700 多人参加调查工作，审定研究成果，使农业区划工作在群众中生了根，有了强大的生命力；德州旱涝碱综合治理区划、山地利用与水土保持、湖泊、芦苇沼泽、橡胶等研究，都是在地方领导下，受到重视和大力支持，有关部门干部和群众一起，针对当地需要，有什么问题就解决什么问题，效果很好。

总结报告还提出完成农业区划研究任务和措施，并且指出：地理学服务于生产的面较广，当前的主要任务是为农业服务。因此应当注意农业知识的学习及有关的生产知识和数理化的学习，加强国内外先进经验的学习。

成立中国科学院治沙队

中国沙漠 16 亿多亩，占全国面积的 11%，其中 99% 分布在内蒙古、新疆、甘肃、青海、陕西、宁夏六省（区）。1958 年 10 月 27 日至 11 月 2 日，国务院召开上述西北六省（区）治沙会议，提出治沙规划，要求彻底改造利用沙漠，进一步发展西北畜牧业基地，建立林业基地，充分发挥西部地区的工业、农业、林业、牧业的生产潜力。

为落实国务院治沙会议精神，中国科学院于 1959 年 1 月成立治沙队。同年 1 月 16～23 日召开治沙队工作计划会议，拟开展考察，提出综合改造利用方案，协助国家进一步制订治沙规划具体实施方案；同时进行定位和半定位综合治理试验研究，观察实际效果，取得治理经验，并加以推广；结合考察和试验，开展 13 项重大科学技术专题研究。

1959～1963 年，治沙队组织院内有关研究所以及中央各部门、地方和高等院校 40 多个单位的 800 余人，组成 32 个小分队，分别对北方地区各大沙漠和戈壁进行综合考察，取得多项成果。在塔克拉玛干沙漠开展 3 万多千米区域的考察，基本弄清了复杂的沙丘类型分布情况以及制约不同类型沙丘发生发展的地面组成物质、气候、水分、植被等因素；大体掌握了沙丘移动规律；探讨了绿洲附近新垦荒地和道路的沙害及其防治问题；在西北六省（区）建立了 6 个综合试验站和 20 个中心站，从事有关沙漠治理利用、流沙固定及定位观测试验工作，初步形成我国沙区试验网络。1961 年这些试验站和中心站划归地方管辖，后来有些站发展成为该地区的地方治沙研究机构，在防沙治沙工作中发挥了重要作用。

1966～1976 年，随着大规模沙漠普查告一段落，治沙队的工作转入结合国家重大建设任务进行以治理沙害为主的专题研究。其中，开展了沙区如塔里木河流域水土资源开发利用和开发后环境变化趋势的研究，沙漠边缘绿洲如新疆吐鲁番、甘肃临泽的农田防护林体系及流沙治理和开发利用研究等。

1977 年，朱震达院士[①]针对沙漠化问题，根据多年来中国沙漠研究情况，提出沙漠化在中国干旱及半干旱地区同样存在并直接威胁草场和农田。1978 年，中国科学院在治沙队的基础上建立了兰州沙漠研究所。时任该研究所所长的朱震达，1959 年后组织全所主要力量开展沙漠化调查研究，并与有关生产部门合作进行治理模式试验。经过十年研究和试验，完成《中国北方地区沙漠过程及其治理区划》专著，编制各地区沙漠化地图，基本搞清了中国北方沙漠化（含潜在沙漠化）地区和典型地区沙漠化问题：在降水稀少和风力强烈条件下，沙质土地因过度农垦、放牧和樵采而引起的风沙面积达 17.6 万平方千米，潜在产生风沙威胁的有 15.8 万平方千米；合理利用土地是防止沙漠化的根本途径；半干旱农牧交错地区是沙漠化最危险的地区，成为整治的重点。朱震达等还通过在不同类型地域建立沙漠化治理示范区，取得了生态、

---

① 三世界科学院院士——编者注。

经济和社会效益。

红壤改良定位试验与综合开发治理

红壤分布在我国长江以南热带、亚热带地区的 14 个省（区），总面积 203 万平方千米，占全国土地面积的 21%。该区域已开垦利用水田和旱地的农作物产量一般比较低，存在大面积荒地，主要原因是土地利用不当和肥力低下，但气候条件相当优越。扩大耕作面积、提高单位产量、发展热带和亚热带经济作物是该区域农业生产发展潜力所在。

（一）红壤改良定位试验

1950 年的全国土壤肥料会议后，土壤室（土壤研究所的前身）先后组织 5 支调查队奔赴各地开展土壤调查，其中湘赣红壤调查队由李庆逵等负责。1950 年 5 月至 1951 年 4 月，湘赣红壤调查队与江西地质调查所共同筹建江西甘家山红壤改良试验站，开展定位研究。1959 年起又在江西进贤驻点开展试验，将野外调查、室内研究和总结结合起来，编写《红壤荒地的利用》《华中地区水稻增产中的土壤肥料问题》等报告，为农垦部门改良利用红壤提供依据：①明确了红壤的类型和肥料特征，荒地一般肥力低，氮、磷、钾、钙都很缺乏。定位试验结果表明，氮肥增产且为各种作物所需要；对磷肥的需要，开垦当年突出而后渐减；钾肥效果不明显；石灰可纠正酸度和促进钙的供给。②有机质和氮素不足是主要问题，选育和发展绿肥成为关键。通过多年栽培作物和绿肥牧草定位试验，找到了开垦和利用红壤的先锋作物。③证明开垦荒地时施用磷肥的必要性，种植先锋作物为磷肥施用和磷矿粉利用的有效途径。④提出绿肥和石灰相结合改造低产水稻田措施。其中，先锋植物的选择在江西各垦殖场普遍推广，磷矿粉的施用在华南地区重点应用，低产田改造等措施在红壤地区推广使用。

（二）红壤综合开发治理

土壤研究所在 1953 年建所后，面向不同时期国民经济建设需要，先后有四代 100 余人承担各类红壤开发治理的国家科技攻关或重大任务，取得近 20 项获奖成果，对发掘红壤潜力、促进农业持续发展和生态环境建设发挥了重要作用。

第一，考察橡胶宜林地，突破橡胶种植北界，在种植橡胶树的酸性土壤上直接施用磷矿粉取得成功。50年代初，国家发展橡胶的任务紧迫。土壤研究所作为中国科学院主要承担单位之一，成立华南工作队，在李庆逵带领下积极参加林业部组织的华南橡胶宜林地考察。1957年，综合考察委员会成立华南热带生物资源综合考察队，土壤研究所相应成立以赵其国为首的云南队和石华带领的华南队共20余人，在海南、广东、广西、福建南部、贵州南部，分别参与或组织历时六年以橡胶为主的热带经济林及宜林地考察。早期种植橡胶实践表明，北纬18°至北纬24°环境好的地区橡胶生长依然正常，突破了当时公认的北纬15°以北不能种植橡胶的论断。橡胶种植面积扩大，需要大量施用磷肥，而当时国内磷肥供不应求又无法进口。李庆逵提出在此类酸性土壤上为橡胶树直接施用磷矿粉并在实践中取得成功。当时主持中国橡胶生产工作的何康说，由于采用了李庆逵的方法，花在橡胶施肥上的钱，从每年1200万元减少至200万元，而且更有效还省工。

第二，长期开展红壤资源考察，优化开发治理模式，主持编写《中国红壤》专著。南方红黄壤区生态较脆弱，近1/4山丘坡地出现进行性水土流失，迫切需要保护和持续开发红壤资源。土壤研究所承担了一系列不同类型和目标的综合考察：60年代，以赵其国为队长的云南综合考察队，对云南热带亚热带土壤资源开发利用及全省土壤普查开展全面调查研究，完成《云南综合考察》《云南土壤普查》报告；中国科学院成立以席承藩为首的南方山地利用水土保持考察队，组织土壤、地理、植物等学科对江西、福建山地丘陵红壤进行南方水土保持和山地利用调查。70年代，以邹国础为队长的贵州土壤队开展贵州省土壤调查和平坝黄壤利用定位研究，探索土壤资源评价原则与方法，编写《贵州土壤》专著；龚子同等与长沙农业现代化研究所合作，对红壤性水稻土次生潜育化开展系统研究，调查以湖南为主的亚热带土壤，编写《华中亚热带土壤》专著。70年代末80年代初，李庆逵主持编写的《中国红壤》专著，系统总结了半个世纪以来在红壤地区的研究成果，引起世界同行关注，获1986年中国科学院科学技术进步奖一等奖和1987年国家自然科学奖三等奖。80年代，席承藩任队长参加自然资源综合考察委员会组织的中国科学院南方山区综合科学考察,在亚热带9省的114万平方千米区域,进行山区开发策略研究和综合治理经验总结,提出南方红壤丘陵的出路在于"沟谷型"农业转型,以及立体开发红壤、寓治理于开发的新模式。

第三,主持红黄壤区划任务,提供利用改良依据,完成"中国红黄壤地区土壤利用改良区划"等。1980年,国家科学技术委员会、国家农业委员会、农业部下达红黄壤地区土壤利用改良区划任务。由土壤研究所与江西省红壤研究所负责,联合南方十一省(区)有关单位组成红黄壤区划协作组,编制中国红黄壤地区土壤利用改良区划图,分工撰写《中国红黄壤地区土壤利用改良区划》,1985年出版后获1986年农业部科学技术进步奖三等奖。1980年3~6月,赵其国等还承担广东省博罗县(国家重点农业区划试点县之一)的"农业自然资源调查和农业区划"的研究。1981年,土壤研究所组织所内人员与湖北省农业科学院土肥所合作,考察神农架地区红黄壤过渡地带。1982年,土壤研究所资源考察队与江西省红壤研究所合作,对红壤集中分布的江西开展近80个县的土壤调查,撰写《江西红壤》,强调红壤利用要注重农林牧副渔的协调发展和山水田林路的整体布局,结合国土整治与区域开发开展生态农业体系与生态农业模式研究。此专著获1989年中国科学院自然科学奖二等奖、江西省科学技术进步奖二等奖。

第四,建站入网开放攻关,形成红壤综合治理技术体系。1985年年底,土壤研究所决定在江西鹰潭建立一个长期综合的生态定位实验站,简称为"鹰潭站"。1989年,经过三年规划和筹建,鹰潭站进入中国生态系统研究网络(CERN),成为重点农业站;1990年,正式对国内外开放,成为中国科学院南方第一个开放实验站;1991年,开始承担国家"八五""九五"科技攻关"红黄壤地区综合治理和农业持续发展研究"任务。土壤研究所张桃林等组织中国农业科学院资源区划研究所、土肥研究所、农业气象研究所、农田灌溉研究所以及浙江省农业科学院、四川省农业科学院、南京农业大学等30多名科研人员联合攻关,涉及江西鹰潭、南昌、抚州,浙江金华,湖南祁阳,川中资阳等地,系统深入研究红壤退化机制及其防治技术,提出红壤退化评价指标体系,该项目获2002年国家科学技术进步奖二等奖。中国科学院红壤生态实验站开放后,与荷兰国际土壤信息参比中心(ISRIC)合作开展红壤土链研究，参与生态网络和国家攻关项目，建设"江西省红壤生态研究重点实验室"，相继总结出版《红壤生态系统研究》论文集 6 部，发表期刊论文 200 多篇，多次获得中国科学院和省级奖励。

第五，总结 50 年红壤研究成果，物质循环、生态环境和退化调控研究取得新进展，提出物质循环与综合调控途径。1998 年，赵其国、张桃林、鲁如坤等承担国家重点基金项目"我国东部红壤地区土壤退化的时空变化、机理及调控对策研究"，提出红壤退化的防治模式和调控对策，2001 年主编完成《我国东部红壤地区土壤退化的时空变化、机理及调控对策研究》专著。随后，赵其国引入红壤圈概念，提出调控不利于人类和生态环境的物质循环过程的措施，以及整个红壤区域综合区划与治理方案，2002 年主编撰写《红壤物质循环与调控》专著。"十五"期间，土壤研究所与江西省农业科学院、南京农业大学共同承担国家区域治理攻关项目"东南丘陵区优质高效种植业结构模式与技术研究"；2000 年，与德国波鸿鲁尔大学合作开展"鹰潭小流域物质循环监测和模拟研究"；2002 年，主持国家 863 项目节水专项"南方季节性缺水灌区（江西鹰潭）节水农业综合技术体系集成与示范"课题。2003年 9 月，国家"土壤质量演变规律与持续利用"973 项目在鹰潭红壤站召开"热带亚热带地区土壤质量、环境与持续农业国际学术会议"，进一步提高了我国红壤研究的国际影响力。2004 年，张桃林、赵其国等完成的"中国红壤退化机制与防治"获国家科学技术进步奖二等奖。

三、动员全院力量联合农业科研机构合力支援农业发展（1960～1965）

1960 年

总结农业丰产经验

1月3～10日，中国科学院在北京召开总结农业丰产经验工作会议，交流全院生物科学工作者深入实践，与农业生产相结合所创造和总结的农业丰产经验。这是中国科学院继 1958 年 9 月 11～14 日之后召开的第二次总结农业丰产经验工作会议。

1958 年，在"大跃进"背景下生物科学工作者到农村驻点，对农业丰产经验进行深入研究和总结。至 1959 年，中国科学院在人民公社中设立的驻点从 20 个发展到 36 个。通过对农业增产"八字宪法"（土、肥、水、种、密、保、管、工）的研究，科研人员初步提出不同地区、不同土壤、不同条件下的合理密植幅度、适宜深耕深度及改良土壤的措施；总结了农民积肥、造肥、经济施肥及合理施肥的经验；探究了水稻的不同灌溉方式和烤田的作用；创造和使用了水稻改良陆床育苗法；进行了污水灌溉和钢铁炉渣施肥试验；编绘了大量的土壤志和土壤图等，形成的技术和方法均在生产中发挥了作用。同时，科学工作者还发现很多重要且值得进一步深入研究的问题，如植物营养生长和生殖生长的关系、植物群体生理与个体生理的矛盾与统一、主茎与分蘖的物质运转、植物根部直接同化甲烷、耕作土壤的发生分类系统、水稻土的质地分类、肥力指标、有机肥料的营养原理等。

1960 年 6 月 15～18 日，生物学部还在北京召开水稻丰产经验工作会议，以总结陈永康丰产经验为中心，着重研究和讨论单产千斤以上水稻高产的综合技术和系统理论。

1964 年，植物研究所、植物生理研究所、土壤研究所将研究总结的农民丰产经验和有关研究成果试验推广到田间。植物研究所在北京郊区红星公社结合当地生产条件，试种了 20 多亩水稻稳产高产田。通过选用良种，采用湿润育秧和塑料薄膜保温的方法培育壮秧，采取插壮秧、少插基本苗（比当地秧苗用量少 2/3 以上），以及合理施肥、合理灌溉等栽培管理措施，在多雨多病害情况下，平均亩产 963 斤，比当地高产田增产 17%。植物生理研究所在上海郊区马桥公社办棉花高产样板田，把研究和总结出来的一套棉花栽培管理原则（前期控制、中期促进）和技术措施（点播、宽窄行、看苗施肥、盛花期施重肥等），应用到生产实践中去检验。在前茬为蔬菜的 10 亩地上，平均亩产皮棉 178 斤（籽棉 518 斤），比所在生产队产量高 27%。土壤研究所在总结陈永康看土施肥的经验基础上，提出了不同土壤、水稻不同生育期有机肥和化肥的施用原则。在江苏丹阳的练湖农场进行大田试验，获得每亩 931 斤的产量。相邻的生产队田块，由于施肥措施有很大不同，亩产仅 750 斤。植物生理研究所、植物研究所的"稻麦棉丰产经验的总结研究"被评选为中国科学院 1964 年优秀奖项目。

推广应用运筹学

运筹学是一门新的应用学科，主要运用数学方法，解决生产、商业等领域的安排、筹划、控制、管理等有关问题，帮助管理者科学地决策和行动。1956 年，运筹学被列为十二年科学技术发展远景规划研究项目后，中国科学院在力学研究所、数学研究所、应用数学研究所和系统科学研究所，先后成立了运筹学研究组和研究室。与农业科研和生产有关的工作在 20 世纪 50 年代后期主要体现在线性规划应用上，20 世纪 80 年代以后主要体现在全国粮食产量预测、水库调度、三江平原和黄淮海平原规划以及抽样验收、可靠性研究等方面。

早在 20 世纪 50 年代后期，中国科学院就对粮食调运工作中总结得出且简洁明确的图上作业法给出严格的数学证明。1959 年前后，线性规划在全国多地推广应用，包括在山东省的全面推广应用，对工农业生产和交通运输业的发展起到一定的促进作用。1960年6月21日，中国科学院党组转发山东省科学技术委员会和中国科学院山东分院党组关于线性规划推广情况和今后工作意见的报告，决定在7月召开一次全国性的线性规划现场会议，进一步促进其在交通运输、物资调拨和工农业生产等方面的应用推广。

山东省科学技术委员会和中国科学院山东分院党组在报告中介绍了线性规划。在交通运输和物资调拨安排及工业生产上的应用中取得的良好效果以及在农业和水利工程方面取得的成效。关于线性规划用于农业劳力调配、土地合理使用、作物播种合理布局、场地和水渠合理规划、肥料运输合理安排等方面，经29个公社推广试行，效果显著。如曲阜县陈庄公社在曲阜师范学院帮助下，对作物进行合理布局后，粮食产量可提高5%，估计全年可增产粮食200万斤。该公社蔡庄大队1050亩小麦，原计划9天收完，运用线性规划合理安排劳力和场地后，5天即可收完；济南东园公社合理布局水渠，灌溉面积较之前扩大300亩。在大型水利工程上，运用线性规划进行土方运输、电力布局、劳力安排等合理规划，仅洛口、旺王庄两项水利工程就节约68 400多个劳动日，节约电杆30%、电线12.5%及电力26%。

中国科学院于7月22日至8月1日在山东济南召开全国运筹学现场会议。8月13日，院党组向中央呈送关于运筹学现场会议的报告。

召开支援农业会议

1960年8月中共中央制定《全党动手，大办农业，大办粮食的指示》后，中国科学院把支援农业摆上更加重要的位置，曾几次召开与农业研究有关的会议。5月中旬召开总结水稻丰产经验工作会议；6月底召开扩大粮食代用品范围、开辟粮食和饲料新来源的会议；9月22～24日召开由有关研究所主管领导和科学家参加的支援农业会议，总结以往支援农业的工作，有计划地安排好下一阶段支援农业的工作，以期在1～2年内做出更多更好的成绩，为加速发展农业和增产粮食做出贡献。

秦力生副秘书长在支援农业会议上做关于支援农业问题的报告。报告总结了近几个月来生物学部门和其他科学部门的研究所及分院在安排支援农业研究任务方面的工作和进展；介绍了"大跃进"以来取得的成果，特别是可以推广和已经推广的项目；提出要动员到几乎所有的科学技术部门，把农业技术改造工作抓紧做好；强调了支援农业是科学技术工作长期的中心任务，也是中国科学院长期的中心任务。经过分组酝酿和讨论，编写了支援农业重大科学技术研究项目计划。建议以保粮为中心，围绕"大力开辟肥源，合理施用肥料""扩展水源，抗御干旱""土壤改良""农业劳动力""作物栽培和耕作方法""寻找粮食和饲料代用品"六大问题的 23 个方面安排研究项目，同时要求各有关单位在病虫害防治、猪的多生快长及无病、水产养殖及利用、新品种的培育等方面，根据自身特点和专长积极开展工作。项目建议充分体现了生物学与其他领域多学科联合研究的特点，如农业劳动力问题中涉及的方面有：水田万能底盘（机械研究所）；轻便简易拖拉机（机械研究所）；农村用简易电机（电工研究所）；运筹学在农业上的运用，包括劳动力安排、场地设置、作物布局、合理运输等（数学研究所、力学研究所、综合运输研究所）。

中国科学院于会议前后做了大量的实际工作，包括安排和加强了为农业服务的研究工作，组织协作，在增加经费、提供仪器设备方面采取有效措施等。中国科学院院内不仅原来就有支农工作的生物学、地学、化学部门的研究所在这方面的研究项目增多了，而且不少本来没有农业研究课题的研究所，如力学研究所、数学研究所、石油研究所、药物研究所等，也新设了支援农业的研究项目。这些研究所都从多年工作积累基础出发选择课题，陆续取得了一大批研究成果，其中一部分为促进中国农业发展做出了重要贡献。

向中央提出推广粮食代用品建议 [①]

1959～1961 年，农业歉收、城乡居民粮食和副食品严重短缺。1960 年 8 月，中共中央要求全党动员、大办农业、大办粮食，中国科学院动员了 30 多个研究所的数百名科研技术人员承担研究和推广的紧急任务。

院党组提出工作方针和要求。6 月 26～30 日，院党组在北京召开"扩大粮食代用品，开辟粮食和饲料新来源"会议，生物学部所属的 17 个研究所和

---

① 部分内容摘编自薛攀皋《科苑前尘往事》第 211～213 页——编者注。

数学物理学化学部、地学部、技术科学部6个研究所的党员副所长、科学家60余人参加会议。张劲夫在讲话中要求有关研究所要为农业增产做些事，开辟农业资源，增加粮食和饲料新来源。今年一定要早动手，为度荒提出一些办法。会议明确了该项研究工作的方针：①不与工业争原料，不与农业争肥料。②以土为主。③经济合算，成本不高，方法简便，设备简单。④原料就地取材，以产区大、原料丰富、群众面广的资源为主。⑤远近结合，以近为主，近期的研究要在今年年底见效。为了粮食产量彻底过关，可以酌量进行一些探索性较强的研究工作。会议因此讨论提出五大类18个重要研究项目和76个研究题目，要求在野生植物和农副产品的扩大利用，将海洋和淡水的浮游生物作为粮食或饲料代用品，研究粮食作物、家畜、鱼、虾的增产措施，氮肥研制，用物理、化学的成就研究化学合成糖及人工光合作用五大方面开展研究。

粮食代用品试验研究取得结果。9月30日，院党组向各分院和研究所批转生物化学研究所等6个单位报送的试验研究报告。这些报告涉及叶蛋白、人造肉精、玉米秆面、小麦根粉、玉米根粉等代食品。10月25~29日，中国科学院在北京召开"粮食与饲料代用品会议"，参加会议的有30个研究所（其中属于生物学部的23个）和23个分院的代表。经交流和评议，肯定了可推广的10项成果：野生植物、树叶、野草、水草的利用；叶蛋白；野生植物淀粉；野生植物油料；农作物叶秆粉；农作物根粉；农作物副产品经微生物发酵做食品或饲料；食用和饲用酵母；小球藻、栅藻和扁藻的培养利用；红虫（水溞）的培养利用。

向中央提出推广粮食代用品的建议。11月9日，中国科学院党组向中央和主席呈送《关于大办粮食代用品的建议》的报告，声称科学院的研究工作进展是比较快的，目前已有几种代用品（橡子面粉、玉米根粉、小麦根粉、叶蛋白、人造肉精、小球藻、栅藻、扁藻、红虫）试验成功，建议中央考虑大规模地推广。11月14日，中共中央即批转全国，发出《中共中央关于立即开展大规模采集和制造代食品运动的紧急指示》，并附发中国科学院党组的报告，供各地参考。

成立支援农业办公室

1960年8月，中共中央关于"大办农业，大办粮食"的指示，要求坚决从各方面挤出一切可能的劳动力充实农业战线，首先是粮食生产战线。强调民以食为天。当年国务院成立了中央代食品五人小组办公室，中国科学院成立了支援农业办公室（简称"支农办"）。该办公室的成立标志着中国科学院对农业工作的管理从非建制化走向建制化。

为了更好地支援农业、进一步充实和加强中国科学院原有支援农业办公室的工作，1962年12月，中国科学院决定以生物学部、计划局为主，由自然科学各学部、综合考察委员会、计划局联合组成新的支援农业办公室。1980年9月，支援农业办公室改为农业现代化研究委员会的办事机构。之后，农业研究委员会（上述两个委员会均简称"农研委"）、中国科学院院部的有关业务局的专业处行使农业科研管理工作职能。至1988年4月，中国科学院先后成立农业项目管理办公室、农业项目办公室、农业科技办公室（上述三个机构均简称"农办"）。50多年来，从"支农办"到"农研委"再到"农办"，中国科学院的农业工作管理机构持续坚守为农业发展服务使命，在组织重大科研项目、联合全国农业科研力量、发挥专家委员会战略咨询作用、完成国家交办的重要科研任务等方面发挥了重要作用。

1960～1966年，支农办在总结农业丰产经验，就研究解决粮食代用品问题向中央提出支援农业报告；组织围绕农业的重大课题研究、加强与中国农业科学院的联系与合作、组织讨论综合治理黄淮海平原旱涝盐灾害问题向国务院提出有关建议；组织各有关单位承担黄淮海平原旱涝盐碱的综合治理研究任务，对样板田科学实验工作情况的调查和总结，完成《中国科学院支援农业研究成果汇编（1949—1962）》等方面做了大量组织工作，取得明显成效。

1961 年

开发高山冰雪水源

1961年，施雅风以"开发高山冰雪水源，支援西北农业增产"为题撰文《科学通报》1月号，介绍甘肃河西与新疆哈密地区初步利用高山冰雪水源的技术和经验，建议"全面规划，综合开发，实现山区水利化，大量增加出山迳流，解决大面积开荒的缺水问题"。

中华人民共和国成立后，甘肃、新疆、青海三省（区）根据以农业为基础、工业为主导的方针进行大面积开荒，努力提高单位面积产量，以适应新建工业和人口增长需要。然而，当时的水利资源利用远不能满足用水急速增长的需求；如何找出更多水源成为西北地区大办农业的关键所在。

1958年，中国科学院成立高山冰雪利用研究队。同年6月，根据甘肃省发展河西经济对摸清祁连山冰川资源的要求，施雅风带领高山冰雪利用研究队，组织由中国科学院地理研究所、地球物理研究所、地质研究所，兰州大学、西北大学、北京大学、南京大学、西北师范学院等院校地理系，甘肃省水利厅、气象局、农业厅及国家体育运动委员会登山队等18个单位、120人参加的考察队（下设6个考察分队。第1~第5分队包括地貌、气候、水文、测量等专业人员，第6分队为融冰化雪实验队），于同年7月开赴祁连山，较全面地考察冰川、地貌及有关自然与经济现象等。至11月考察结束，取得一批珍贵资料。1959年，又开展天山冰川大规模考察。编辑出版我国第一本区域性冰川著作《祁连山现代冰川考察报告》，汇编《天山冰川积雪考察报告》。

在系统考察冰川的同时，考察队总结群众融冰化雪经验和各冰川区的利用价值，在冰川（河）上进行人工加速融雪试验。主要采取"黑化挂帅，挖、爆、打、清结合进行"的技术措施。即以撒黑色物质污化冰雪、增加冰雪吸收太阳辐射能力、人工黑化促进消融冰雪的技术为主，结合雪面开沟、爆破冰体结构、人工打冰、清理阻碍消融的表碛等辅助措施增进冰面受光面；利用温度较高的水流进行热力和机械消融等。在综合开发利用高山冰雪水利资源方面，考察队采取挖沟掘泉、疏干沼泽、防止渗漏等一整套综合性利用高山冰雪资源、增加迳流量的方法，并在利用湖泊、沼泽、天然河水、阴湿地区潜水及较系统地摸清祁连山区天气规律等方面取得工作进展。

1959~1960年，考察队和群众1000多人上山，用黑化法融水1亿多立方米，灌溉农田约60万亩。在山下采用疏通冰碛湖办法，收到解决春旱的显著效果。1959年，甘肃张掖专区根据高山冰雪利用队的倡议和实际需要，在武威、永昌、张掖、高台、酒泉、敦煌六个县（市）动员1700人，于五六月远征冰川、融冰化雪，增加水量1900余万立方米。1960年，甘肃张掖专区和新疆哈密专区均将融冰化雪增加旱灌水源作为抗旱生产重要内容。河西地区 8 个县市以 187 000 个劳动日，在 4 个月（4～7 月）内增加 1 亿立方米左右的水量，以利用率 40% 计算，可供至少 40 万亩耕地浇灌一次。

出版《中国淡水鱼类养殖学》

中国的淡水养殖历史悠久，技术经验及产量均居世界首位。1961 年，国家科学技术委员会在 1959 年领导组织、委托中国科学院水生生物研究所负责总编的《中国淡水鱼类养殖学》由科学出版社出版。1973 年经国家水产总局提议，水生生物研究所主持重点修改并出版了《中国淡水鱼类养殖学》（第二版）。淡水养殖有关的科学技术、生产规模和产量在 1978 年后有了较快发展，1985 年农业部水产局（司）与科学出版社联合发函委托水生生物研究所负责该书第三版的主编工作，《中国淡水鱼类养殖学》（第三版）于 1992 年出版。全书从生产实践和科学理论上，对我国渔业生产发展的新历史阶段、新的技术发展现状做了深入、系统、全面的分析研究和总结，共十五章 111 万余字，包括绪论、我国淡水渔业的历史、我国的淡水鱼类资源、饲养鱼类的繁殖、鱼类育种和引种驯化、饵料与施肥、鱼苗的张捕和运输及苗种饲养与渔场建造、池塘养鱼、湖泊河道养鱼、水库养鱼、网箱养鱼及其他养鱼方法、稻田养鱼、鱼病防治、商品鱼捕捞、淡水鱼类的加工利用等内容。

40 多年来，水生生物研究所在淡水鱼类的基础理论研究，特别是在发展渔业生产的多个方面，取得了很多重要成就，为完成和修订《中国淡水鱼类养殖学》提供了工作基础。

（1）江河、湖泊、水库鱼类资源、渔业生物学基础和鱼类生态调查：① 1957 年进行的黑龙江流域渔业综合调查，提出黑龙江中上游径流调节后渔业利用意见及提高东北地区水体渔业产量的途径，出版《黑龙江流域的鱼类资源》《水力资源综合利用和渔业发展》等专题报告 17 篇。1959～1961 年，调查四川西部甘孜阿坝地区及邻近的甘、陕南部及滇西北部鱼类资源，探讨了中亚高原地区鱼类动物地理区划、鱼类资源评价和开发利用规划要点、河流改造后对鱼类资源可能形成的影响及发展渔业的途径。1961～1964 年在江西湖口设站进行连续四年的长江中游经济鱼类的生物学和渔业资源调查工作。

103

② 1953 年成立水生生物研究所湖泊调查队，在长江中下游及淮河流域开展湖泊调查，为湖泊放养奠定了科学基础；1956 年出版我国第一本湖泊调查的综合性参考书《湖泊调查基本知识》。1951 年和 1956 年先后对江苏无锡的五里湖和青海省的青海湖进行调查，指出或存在鱼类区系结构方面凶猛鱼类占优势和捕捞过度，或存在种类较少问题。1955～1957 年在湖北省梁子湖对 11 种经济鱼类鲤鱼、鲫鱼、团头鲂、三角鲂、蒙古红鲌、戴氏红鲌、密鲴、沙鲤、乌鱼、鳜鱼和鳡鱼的生物学进行调查，形成种内形状变异、食性、繁殖、胚胎发育、年龄和生长及生活习性等基本资料，对养殖、捕捞和资源保护有参考价值；就青鱼、草鱼、鳙鱼、鲢鱼在湖中自然繁殖与否及江湖间鱼类交流现象提出论证，关于水闸建设断绝鱼源的意见被推行"灌江"措施所证实。

③ 1958 年开展长江鱼类生态调查，分别在长江上游的重庆木洞、中游的湖北宜昌、下游的上海崇明设立工作点。

（2）培育鱼类新品种。将团头鲂驯化为人工养殖品种，在全国 21 个省（自治区、市）安家落户，日本和墨西哥也前来引种；将细鳞斜颌鲴经驯化培育成家鱼，以散鳞镜鲤与兴国红鲤杂交获得杂交鲤养殖新品种，在 19 个省、市推广。20 世纪 70 年代，运用生物技术育种途径，建立杂种优势利用、细胞核移植、细胞融合、染色体组倍性操作、雌核发育、基因转移等育种技术，培育出"异育银鲫""丰鲤""全雌鲤""高体型异育银鲫"等具有重要经济价值的鱼类养殖品种，推动了鲤鱼和鲫鱼养殖产业的发展。

（3）20 世纪 50～60 年代，在鱼病预防试验、家鱼食性和饵料研究、池塘养鱼、稻田养鱼等方面，有多项研究成果在渔业生产中推广应用。

1962 年

向中央报送《中国科学院党组关于支援农业的报告》

9 月 5 日，中国科学院党组向中共中央报送《中国科学院党组关于支援农业的报告》。报告指出，在接到中央关于进一步巩固人民公社集体经济、发展农业生产的决定（草案）后，于7月下旬召开了包括各研究所党内领导干部参加的党组扩大会议，组织学习和讨论；8月间，又邀请有关专家就支援农业问题进行磋商。专家表示，支援农业，保证吃、穿、用过关，保证尖端过关，关系国家命运，是我们义不容辞的责任。中国科学院的研究工作带有综合性，包括数学、物理、化学、生物学、地学、技术科学和社会科学的各个方面，与农业有直接关系的比重虽然不大，但可做的事情是很多的。今后应当根据中央指示精神，把支援农业的科学研究放在最重要的位置来加以具体安排。

报告认为，根据国内各部门科学研究机构间的分工，农业科学院从农业科学角度，更加密切结合当前生产的需要进行工作。中国科学院有关机构则从基础科学的角度，侧重长远一点的、基础性的工作。在全国一盘棋的部署下，相互配合，为加速农业的技术改造、巩固集体经济、发展农业生产做出应有的贡献。

根据中央对各部门均必须制订支援农业计划的要求，中国科学院拟定了可以开展的四方面工作：①过去有一定基础，可指望近年内做出结果的工作应当抓紧进行。包括：土壤改良和土壤肥力的提高；扩大肥料来源和合理施肥；农作物主要病虫害的防治；激素和菌类在农业上的作用；土地资源合理利用。②一些长期性的工作，虽不能一时见效，但为将来做准备意义很大，要配备适当力量，坚持做下去。包括：人工影响局部天气；中长期天气预告；干旱和沙漠地区自然条件的改造；作物生长发育的机制；遗传选种；农民丰产经验的总结；寻找新的有用野生植物和代用品。③新技术在农业生产上的应用。包括：研究射线、超声波、红外线等在农业上的应用；应用物理原理和电子技术，为测量作物生理过程和作物生长环境提供简易的仪器和测量办法。④其他方面。包括：工业方面，支援农业的科学技术问题的研究，主要是降低农产品在纺织工业、化学工业上的消耗；森林方面，研究红松的生长规律和天然更新、杉木生长的环境条件和速生的经营措施；水产方面，继续调查研究长江鱼类资源及其生态习性，进一步研究家鱼催产有关的生理生态问题，研究重要鱼病的防治方法；围绕农业四化，与其他部门配合，研究电工、机械、自动化、水利等方面的一些科学技术问题。

为了做好中国科学院院内支援农业的研究工作，拟加强三方面的措施：

①加强在支援农业方面做研究工作的人力、物力。②适当解决实验场地问题。③加强对外国农业方面试验研究工作和农业措施的调查研究，注意吸收外国在农业技术方面的长处。

在五年设想中安排农业重大项目

10月22日，中国科学院拟定第三个五年（1963～1967年）事业发展计划工作设想。在自然科学方面，设想进行三方面研究工作：①有关国防尖端科学的研究工作。②有关国民经济建设的重大关键科学技术问题的研究工作。③基本理论的研究工作。

建院后的科研工作经验为工作设想的制定提供了基础。1957年以前，中国科学院国防尖端科学技术的研究基础，一般还在草创阶段，这方面的工作做得不多；为经济建设服务和基本理论研究方面，做了一定的工作。但总的说来，科学研究工作和国家建设任务的结合还不够密切。1958年"大跃进"以来，中国科学院的工作进入一个新的阶段，绝大部分研究课题都是围绕国防尖端技术的发展和工农业生产建设的要求提出的。并且结合国家任务，在世界科学新发展的一些重要领域开展了工作。但在这个时期，对于从学科出发的理论研究方面，缺乏适当的安排，有一些探索性的理论课题，未能正常进行工作。1961年，总结了过去两个阶段的经验，贯彻《关于自然科学研究机构当前工作的十四条意见》，尽量做到科学研究更能切合国家建设的需要，首先是农业过关和尖端技术过关的需要，同时又能照顾到学科的发展。

中国科学院在《第三个五年事业发展计划（草案）的说明》中分析了所属单位在自然科学方面主要承担的国民经济建设中重大科学技术问题和基础理论方面研究工作。在全国科学技术十年发展规划中负责主持和负责研究的中心问题共约900个，约占全国3205个中心问题的1/4。其中负责主持的中心问题约有300个，约占全国3205个中心问题的1/10。在农业规划中，由中国科学院负责主持的中心问题有27个，负责研究的中心问题有46个，约占全部227个中心问题的1/3。中国科学院重点进行的有关农业方面研究工作有：①农业区划。②黄淮海地区涝旱盐的综合治理。③黄河中游黄土高原水土保持和农林牧综合发展的研究（国家32项重点）。④农作物主要病虫害防治（农业规划重点）。⑤植物资源的调查利用和引种驯化（热作规划及基础规划重点）。⑥现有森林合理经营的研究（国家 32 项重点）。⑦长江口、舟山海区及其附近渔场的综合调查（海洋规划重点）。⑧长江鱼类资源调查和生态学及鱼病防治的研究（水产规划重点）。⑨西藏高原综合考察（综合考察规划）。⑩沙漠改造利用的研究（沙漠改造利用规划重点）。

中国科学院在承担国家、部门规划任务的同时拟定了今后五年为经济建设服务的任务，初步确定了三个方面 27 个重大研究课题。第一方面，在围绕农业过关方面共有 11 个课题：①土壤改良和土壤肥力的恢复提高。在原有工作的基础上，进一步研究盐渍土、红壤和西北黄土不同类型的耕作性质和改良措施。②扩大肥料来源和合理施肥。研究磷灰石、固氮蓝藻和盐湖钾肥的利用；有机肥和无机肥混合施用的最有效途径和机理等。③农作物主要病虫害的防治。虫害方面，在原有棉虫预测预报方法的基础上继续研究，以提高其准确性，同时还探求黏虫预测预报的方法；研究以射线照射方法、生物防治方法（包括以虫治虫、利用细菌或其他微生物治虫等）控制害虫的滋长和繁殖。病害方面，深入研究小麦锈病、马铃薯晚疫病等重大病害的病原菌与寄主植物的关系等。农药方面，研究试制新的高效农药。④选育良种。对于小麦、棉花、高粱、玉米等几种主要作物选育出几个新品种，同时探索远缘杂交的机理和取得优良性状杂种的途径。⑤新技术在农业上的应用。研究射线、超声波、红外线等在农业上的运用。⑥农作物生长发育的控制。⑦总结农民丰产经验。⑧寻找新的有用野生植物和代食品。⑨水产资源的调查和扩大利用。⑩土地资源的合理利用。⑪人工影响局部天气和中长期天气预告。第二方面，在自然条件的改造和自然资源利用方面有 4 个课题：①西南、西北和西藏高原地区的综合考察。②干旱和沙漠地区自然条件的改造。③扩大国家急需矿产资源的地质理论问题。④中国浅海及邻近大洋的综合调查研究。第三方面，在有关工业发展方面有 12 个课题。

完成三叶橡胶宜林地综合考察研究

三叶橡胶宜林地考察于 1962 年全部完成。考察队提出了从自然资源到开发方案的一系列研究报告、论文和专著，编写了《我国南方六省（区）热带亚热带地区以橡胶为主的植物资源综合开发方案》，为国家和地方有关部门开发这一地区橡胶等植物资源提供了科学依据。考察工作取得重要成果：①中国能够发展橡胶，可以大面积种植生产高产优质橡胶。80年代后，橡胶种植面积曾居世界第四位，橡胶产量居世界第六位。其中，1984年的种植面积达48.4万公顷。②北纬18°至北纬24°种植橡胶北移的纬度，突破了当时世界公认的北纬15°以北不能植胶的论断。③中国培育的高产橡胶新品种已有一部分推广到东南亚地区，世界其他国家也来引种。

我国热带生物资源考察始于1952年，包括以选择三叶橡胶宜林地为主的热带、亚热带生物资源及紫胶资源两项考察任务。当时由于西方国家对中国的封锁和禁运，使得国内生产尚不能满足需求的橡胶和紫胶等战备物资受到严重威胁，因此开发和利用热带生物资源倍受重视。1952年，中央政府做出一定要建立我国自己的橡胶生产基地的战略决策，并为此投入大量人力物力。

1952年，中国科学院应林业部要求，派遣土壤研究所、植物研究所、地理研究所、植物生理研究所、地球物理研究所等单位森林、植物生态和分类、土壤方面的科研人员，参加林业部和华南农垦总局组织的选择引种三叶橡胶宜林地综合科学考察。1953年，根据中、苏合作协议，中国科学院组建以橡胶资源考察为主要内容的南方热带生物资源综合考察队。通过对海南岛、雷州半岛及广东、广西沿海等地区的考察，收集了大量与三叶橡胶生长有关的土壤、生物、气候等资料。通过综合分析，初步选择了宜林地，为我国发展以橡胶树为主的热带经济作物积累了第一手资料。自1953年起，考察队还启动了云南南部橡胶树、金鸡纳树和咖啡种植的考察。李庆逵作为中方考察组的首席科学家担任考察队队长。

1956年1月中国科学院综合考察工作委员会成立后，"热带地区特种生物资源的研究与开发"被列为十二年科学技术发展远景规划中四大综合考察任务之一。在过去参加橡胶宜林地考察和紫胶考察基础上，中国科学院分别成立了华南热带生物资源综合考察队和云南热带生物资源综合考察队。两支考察队成为我国从事三叶橡胶宜林地选择的姊妹科学考察队伍，共同承担考察任务。经过5年对我国热带、亚热带气候植被、土壤的综合研究，确定了我国热带与亚热带的划分界线，并绘制出可发展橡胶的地形与土壤。通过实际引种，解决了适生橡胶树品种、栽培技术、防护林体系、地被物的种植及施肥问题，使位于热带北缘的我国热带地区（海南岛、雷州半岛及云南南部）生产出年产 7 万吨生胶及其他热带经济作物咖啡、可可、油棕等。共选出橡胶宜林地 2067 万亩，其中一等地和二等地分别占 27.4% 和 38.2%。一等地以无寒害、高温、静风、高肥型为主，综合自然条件有利于橡胶树生长发育，具有较高的速生丰产潜力，全年可能割胶期在 240 天以上。橡胶宜林地植胶和与国外比较的成本分析表明，综合自然条件较好的橡胶农场，天然橡胶的成本一般比人造橡胶低 10%～30%；中国的橡胶树宜林地只有当亩产超过 60 千克以上时，才有开垦植胶的经济价值，只有一等地和部分二等地能够达到此类水平。据此，考察队提出了中国天然橡胶的生产布局建议，即重点建设以一等地为主的海南岛、西双版纳和红河等三个生产基地；慎重建设广东湛江和云南临沧地区二等地为主的橡胶农场；十分必要时才能适当垦殖云南德宏、广西玉林、广东汕头、福建龙溪等地区的二等地；三等地的植胶经济价值太低，用来发展其他热带亚热带经济植物更为有利。

1963 年

落实支农部署，编汇科研成果

4 月 18 日，第四次院务常务会议（扩大）讨论通过了《中国科学院关于一九六三年主要工作安排的意见（草稿）》[以下简称《意见》]。

《意见》强调："中共中央和国务院决定，一九六三年在全国范围内开展增产节约运动。院务常务会议认为：在科学研究机构中，增产节约的最重要的方面就是多快好省地完成研究工作任务。其他各个方面的工作最终也将反映和表现在这个方面。我们全体科学工作者应当积极响应中央关于开展增产节约运动的号召，充分发掘各个方面的潜力，充分利用现有条件和工作基础，充分利用时间，全心全力投入研究工作，务必在各个领域内做出一批研究成果，特别是要争取在国防尖端过关和支援农业这两个方面做出切实的贡献。"

《意见》还对落实支援农业工作提出要求："农业是国民经济的基础，各行各业都要把支援农业的任务放在首要的地位。我院各研究机构也应当根据国家对农业技术改革的要求，充分发挥自己的力量，尽一切可能支援农业。特别是与农业密切有关的研究机构应当发挥更大的作用。我们应当看到，在我们这样一个自然条件和农事经验极其丰富多彩的国家里，现代科学技术一旦和我国的农业生产实践密切结合，不仅能大大提高农业劳动的生产率，而且也必将促进一切有关的科学技术的飞跃发展。支援农业的科学技术工作绝不是轻而易举的工作。恰恰相反，由于涉及农业的研究工作，条件因素比较复杂，实验周期也比较长，更加需要长期坚持不懈地进行工作才能获得结果。因此，制订计划，应当力求准确可行；计划制订下来了，就应当持之以恒，逐年累月地贯彻到底。对于我院各单位与农业关系密切的研究工作所需的人力、物力，院务常务会议决定，大力予以配备，保证逐项逐题落实。"

5月9日，中国科学院支援农业办公室召开会议，讨论和决定支援农业办公室要安排的工作：①进一步了解京区各有关单位和京外若干支援农业研究任务较多的单位，在全国农业科学技术会议后对支援农业研究项目的安排落实情况；交流经验和讨论存在的问题，包括组织人力、协作等，定于6月初举行有关研究所的业务秘书会议，京外请土壤研究所、林业土壤研究所、西北生物土壤研究所、有机化学研究所、药物研究所、植物生理研究所等单位参加。为了开好这次会议，事先在京区选择任务多的植物研究所、动物研究所、地理研究所进行调查了解。②以中国科学院的名义给各研究所发一个通知，要求抓一下全国农业科学技术会议上制定的有关研究项目，并要求为6月初开业务秘书会议做准备。③确定了支援农业办公室的联系人，将会同有关研究所重点地抓"农业区划、农药（包括杀虫剂、杀菌剂、除莠剂、抗生素）、草原、水土保持、盐碱土、钢渣磷肥生产"项目，有些项目要求到室内外和现场了解、发现问题，总结经验并及时处理。④支援农业研究成果的清理。⑤各研究所支援农业研究工作所需的设备条件，1963年的器材、基建等计划基本已定，另有个别的要求酌情给予支持。1964年的计划，计划局将在5月底向各所布置。为避免重复，支援农业办公室不再向各所布置这方面的工作。⑥支援农业情况简报，暂时不单独编印，将有关情况在《科学报》等内部印刷品中反映。⑦支援农业办公室会议，除不定期地开部分人员会议外，全体会议暂定每季度开一次。⑧为了加强办公室工作，部分办公室成员要集中力量进行这方面的活动。生物学部、地学部、计划局的任务最重，更要安排专人负责，请有关部门研究确定下来。

8月20日，计划局在《中国科学院1963年研究计划安排简况（计划局归口部分）》（以下简称《安排简况》）中将支援农业工作纳入研究计划的重点，农业区划、土壤改良、肥料、植保及农药、遗传育种、综合考察及沙漠治理、作物高产生理、橡胶热作被列为计划的主要内容。《安排简况》分析介绍了1963年的研究计划的特点：①着重安排了支援农业项目。在1429个题目中，支农项目有325项，占22.7%，人力占26.7%。支农项目占与国民经济建设有关的项目的比例为62%，人力占72%，在与农业关系比较密切的8个研究所和3个队，支农项目有289项，占41.3%，人力占41.7%，其中土壤研究所、地理研究所、遗传研究所的支援农业项目和所投人力均各占一半以上。②由于贯彻了1962年9月第六次院务扩大会议的决议，1963年的计划开始扭转了部分研究所在"三定"初期片面强调理论而忽视结合生产任务研究，以及片面强调室内研究而忽视野外及田间试验研究的倾向。例如，海洋生物研究所将海流理论研究和"三定"初期不搞的水文预报方法结合了起来。③1963年计划反映了工作更为深入、稳定，是结合"三定"制订的，每个题目都有五年指标，有长远考虑。

7月，支援农业办公室按计划完成了《中国科学院支援农业研究成果汇编（1949—1962）》（以下简称《汇编》）。《汇编》全面反映了中华人民共和国成立以来中国科学院各有关研究所在支援农业方面取得的科研成绩和贡献，收录了14个方面（气象、水文和水利、土壤及土壤改良、肥料来源和施肥、作物育种、农民丰产栽培经验的研究、病虫害防治、药剂与抗生素、农村动力农业机械、森林、海洋水产、淡水水产、动植物的调查和利用、自然区划）134项科研成果。成果研究单位为（以《汇编》中出现的先后为序）：地球物理研究所、地理研究所、水利水电研究院、高山冰雪利用考察队、地质研究所、原土壤及水土保持研究所、土壤研究所、西北生物土壤研究所、林业土壤研究所、化工冶金研究所、水生生物研究所、武汉微生物研究所、煤炭化学研究所、遗传研究所、植物研究所北京植物园、植物生理研究所、植物研究所（包括原北京植物生理室）、华南植物研究所、动物研究所（原昆虫研究所）、微生物研究所、有机化学研究所、原物理化学研究所（已并入应用化学研究所）、药物研究所、金属研究所、海洋研究所、实验生物研究所、植物研究所昆明分所、华南植物研究所武汉植物园、南京植物研究所、生物物理研究所、生物化学研究所、生理研究所等。协作单位涉及产业部门和院内外的科研院所和大学。

竺可桢论我国气候与粮食作物生产的关系

1963 年 2 月，中国地理学会理事会决定本年举行以支援农业为主题的学术年会。竺可桢在 1963 年 11 月 12 日召开的中国地理学会第三届全国代表大会及支援农业综合学术年会上宣读论文《论我国气候的几个特点及其与粮食作物生产的关系》；1964 年第三期《科学通报》刊出此篇同名论文。

竺可桢观察到"1958 年以后粮食生产的速度除少数国家以外骤然低落，使若干地区又发生粮食供不应求的现象。粮食生产率低落之原因，除由于未能广泛应用近代科学技术于农业上外，气候不正常也是原因之一"，认为气候仍为目前粮食生产增减的一个重要因素，急于深入研究。竺可桢在论文中分别讨论气候影响粮食生产的三个最基本因素（太阳辐射总量、温度、雨量）如何影响我国粮食的生产量，重点论述了光能在作物产量形成中的作用，分析了温度、降水对我国粮食生产量的影响。通过综合分析我国这三大气候资源的分布状况，并与国外事实相比较，深入研究了它们影响我国稻麦两大作物生产的有利因素和不利因素。并根据因地制宜、因时制宜原则，提出九方面的意见，指出生产潜力所在及发掘潜力应采取的措施。

1964 年 1 月 9 日，竺可桢看到自己的这篇文章被节选编入国家科学技术委员会《科学技术研究动态》第 274 期。毛泽东从这份提供给高层领导阅读的内部简报上看到此篇文章，很快就召见了竺可桢。2 月 6 日下午，毛泽东在中南海召见竺可桢、李四光和钱学森三位科学家。据竺可桢回忆，毛泽东说看了他的那篇论文后，感觉到日光和气候的重要性，所以认为农业八字宪法应增"光、气"二字，而成为"十字宪法"。

1964 年

完成内蒙古、宁夏综合考察

1961 年 3 月 28 日，中国科学院第四次院务会议决定将青海、甘肃综合考察队改名为内蒙古、宁夏综合考察队。同年，中国科学院组织 50 多个单位 200 余人参加内蒙古、宁夏综合考察队，对两个自治区的自然资源及其开发利用及经济发展状况进行全面考察研究。

1964 年，考察队完成了内蒙古和宁夏地区有关自然资源及其开发利用和工农业发展布局总体报告、专题研究报告以及草场、水资源、畜牧等科学专著等几十项成果。其中在农业方面，提出农林牧业分区发展方向、布局和措施，开发程序和潜力分析；提出建立河套地区、银川平原、西辽河平原及大兴安岭东麓若干片粮食基地的建议；查明内蒙古草原天然草场资源 6 亿亩，对东部、西部大牲畜同等比例布局的不合理状况提出了调整意见。综合考察报告在内蒙古和甘肃后来的农业区划、国民经济长远规划、生产布局和调整农林牧业结构工作中发挥了主要参考依据作用，有些得以实施。如农林牧业生产发展方向的设想已基本实现；在银川平原排水改良盐碱土和在后套地区建立井灌井排试点的意见，均被两个自治区采纳。

为解决京津地区粮食问题，国家有关部门计划在内蒙古东南部开垦 1000 万亩土地，中国科学院接受该项任务并组织考察队开展考察研究。结果查明该地区较好的宜农荒地仅有 630 万亩，且应以牧业为主。所提出的将新粮食基地改在三江平原和大兴安岭山前平原的建议被中央采纳，农业部门后来将三江平原作为开荒重点并予以实施。

为发展我国高粱杂种优势利用做贡献

1956 年，徐冠仁院士将美国新育成的不育系和保持系 Tx3197A、B 引到国内，我国开始了高粱杂种优势研究和利用。1958 年，中国科学院遗传研究所利用 Tx3197A 与中国普通高粱品种（恢复系）薄地租、大花娥、曲沃 C、抗蚜 2 号、大粒 2 号、大八权等组配了遗杂号杂交高粱；中国农业科学院原子能研究所利用 Tx3197A 与矮子抗组配了原杂 2 号杂交种，这些就是我国第一代高粱杂交种。

1964 年，在农垦部和农业部支持下，遗传研究所选配且经过多年试种鉴定的 7 个杂种高粱遗字 2 号、3 号、5 号、6 号、7 号、10 号、11 号，在新疆、辽宁、河北、河南、山西、陕西、山东、安徽、江苏、内蒙古、宁夏、北京等 12 个省（自治区、市）的 47 个点扩大试种，并在北京、河北、河南的 9 个农场进行较大面积生产示范，普遍比当地推广良种高粱增产 2～5 成，最高的达两三倍（遗字 7 号）。杂种高粱在试验中表现出强大的"杂种优势"，植株苗壮，对不良环境适应性强，抗旱、抗涝、抗盐碱，引起有关部门和地方的高度重视。农垦部、农业部和有关生产单位计划在 1965 年进一步扩大试种以尽快推广；河北省农垦局计划到 1967 年将全省国营农场 27 万亩高粱全部换种杂种高粱。

遗传研究所推广所选配的高产高粱杂交组合总面积 2000 余万亩；还在全国普及和推广杂种优势利用技术和基础知识。为促进高粱杂种优势利用的发展，遗传研究所、中山大学等开展有关理论研究。初步搞清了高粱"三系"①在细胞化学、细胞形态学上的一些差异，为揭示"三系"内部机理和产生"三系"的规律奠定了基础。

20 世纪 70 年代初，我国开始中矮秆高粱杂交种的选育，使我国高粱杂交种生产步入一个新台阶。到 1975 年，全国高粱杂交种种植面积 4000 万亩，占全国高粱种植面积的 50%，单位面积产量提高 15%～20%。

1965 年

启动大规模黄淮海平原地区综合治理工作

黄淮海平原是华北平原的主体，包括河北、山东、河南、安徽、江苏五省大部分和北京、天津二市；耕地面积 3 亿 2000 万亩，占全国耕地 1/5 左右。该平原是我国最重要的农业产区，但旱涝盐碱灾害频繁，盐碱土、沙土、

---

① 指不育系、保持系、恢复系——编者注。

砂姜黑土大量存在，粮棉油等产量低而不稳，粮食曾一度不能自给。20世纪50～60年代，中央各部门和有关省市在黄淮海平原组织大量勘测、调查和试验研究，中国科学院的组织和参与集中体现在前期工作和第一次大规模综合治理方面；20世纪80年代和20世纪90年代的第二、第三次大规模综合开发和治理工作亦取得重要成就。

（一）前期工作奠定基础

1954～1957年，中国科学院和水电部在华北平原进行大规模土壤调查，其中研究了土壤形成过程与环境的关系、土壤盐碱化形成条件和性质及改良措施、水盐运动规律、地下水临界深度、次生盐渍化预报预防、灌溉和排水工程技术措施、河流水文和规划、种稻改良盐碱土等，进一步证实黄淮海平原生态系统中的主要矛盾是旱、涝、盐、碱、咸的综合危害。熊毅等认为，不综合解决旱、涝、盐、碱、咸问题，孤立地施用有机肥料或灌水并不能解决问题，也不可能提高这个地区的农业生产水平。1962年，国家科学技术委员会成立全国土壤盐碱化防治专业组，熊毅任副队长，率队赴冀鲁豫等省考察，发现土壤次生盐渍化主因，特别强调排水的重要性。他所提出的"因地制宜、综合治理、水利工程和农业生物措施相结合"治理原则受到国务院领导重视，1963年引黄灌溉被暂停，灾情得到控制。

（二）组织参与第一次大规模综合治理工作

1963年全国农业科学技术工作会议后，黄淮海平原旱、涝、碱综合治理的科学研究工作迅速展开，在豫北的人民胜利渠灌区、山东聊城、河北深县、江苏滨海等地区开展了旱、涝、盐、碱综合治理区划及土壤改良区划。

1964年2月24日至3月10日，生物学部在南京召开会议讨论黄淮海平原地区综合治理工作。熊毅等13位科学家根据会议讨论意见，向中国科学院党组提交建议书。院党组于4月4日向聂荣臻、谭震林、李富春三位国务院副总理提出综合治理黄淮海平原地区的建议。1965年3月29日至4月3日，中国科学院召开黄淮海平原科研工作会议，确定1965年的工作主要集中在河南省封丘县，开展综合治理调查区划工作和蹲点搞样板田。6月30日，中国科学院发出的《关于成立'黄淮海平原旱涝盐综合治理'项目领导小组、工作组的通知》（｛65｝院计研字第353号）称"黄淮海平原旱涝盐综合治理"已被列为中国科学院1965年集中力量打歼灭战的重点项目。为切实抓好此项工作，决定成立领导小组和工作组，组长分别由竺可桢和熊毅担任。

1965年4月，中国科学院采取"点、片、面，多兵种长期干"方针，选择以河南封丘为重点开展综合治理试点工作。中国科学院先后派出土壤研究所、地质研究所、植物研究所、地理研究所、植物生理研究所、动物研究所、南京植物研究所、遗传研究所、广州地理研究所河南分所9个单位的70多名研究技术人员，与水利水电科学院，河南省水文地质大队、河南省水利科学研究所、新乡专区农业科学研究所、新乡师范学院等单位合作，深入现场调查研究，对封丘县的气候、地貌、土壤、水文、地质等自然条件进行较详细的研究和分析，初步查清了全县自然资源和旱涝盐碱等灾害的成因，制订了"除灾增产"区划，针对不同情况因地制宜地开展试验研究。在盛水源、西大村、黄陵、大沙四个大队，分别开展以井灌井排措施为主的盐碱地治理、以绿肥深翻和化学改良措施为主的瓦碱治理、以植树和林粮间作为主的防风固沙措施研究及淤地改良研究。其中，1965年熊毅等在河南封丘县用大锅锥土办法打了五口"梅花井"，进行抽水灌排试验，既降低了地下水位又可灌溉压盐，既抗旱又治理了盐碱，充分发挥了井灌井排的作用。以后在国家科学技术委员会支持下，封丘搞了十万亩井灌井排试验区，山东禹城又开辟另一个井灌井排试验区。

封丘综合治理试点工作取得实效。例如，盛水源本是一个盐碱地面积大、产量很低的缺粮大队，治理后粮食总产量从1965年的6.1万斤提高到22万斤，增产2.6倍；封丘县井灌井排试验的面积1966年为10万亩，1981年发展到51.8万亩，在抗旱保丰收中发挥很大作用。1981年降雨量只有正常年份的一半，但农业仍然获得丰收，粮食总产量3亿斤，比1965年增长5.8倍，粮食实现自给有余。

1966年，地理研究所、地质研究所、遗传研究所、植物研究所及山东省有关单位的107名科技人员和干部，在山东禹城设立试验区，通过井灌井排和其他水利、农林措施，综合治理旱涝盐碱，为黄淮海平原大面积低产田改造提供科学依据和技术途径。治理前的试验区总面积130平方千米，有耕地13.9万亩，是一片涝洼盐碱地。年年春旱夏涝，不同程度的盐碱地占耕地面积的80%，粮食亩产仅180斤。到1981年，试验区的旱涝灾害基本消除，盐碱地面积由1966年的11万亩降至1981年的2.17万亩；土壤含盐量明显下降；粮食亩产从180斤提高到658斤，粮田面积虽减少到6.8万亩，但粮食总产量仍不断上升。过去每年由国家安排供应300多万斤返销粮，而在1981年前的几年每年向国家贡献300多万斤，1981年粮棉统算共向国家贡献折合粮食1890万斤。

1968年1月13日，中国科学院革命委员会将《关于开展"综合治理黄淮海平原"工作初步意见的请示报告》呈报聂荣臻副总理并报总理。提出选择具有代表性的典型地区、建立各种类型综合点和专业点的初步打算以及四点建议，拟在中央没有统一组织和安排以前先走一步。组织中国科学院生物学、地学等有关力量分期分批上马。当年有一些科研人员重返黄淮海平原，开展了部分中断的试验工作。直到1983年，国家才再次把黄淮海平原的综合治理和综合发展研究列入重点。

进一步加强支援农业的研究工作

1965年，一个新的农业生产高潮和以样板田为中心的农业科学实验运动在全国形成和发展。3月19～26日，中国科学院在北京召开有关土壤学和植物生理学两个学科的支援农业工作会议，总结交流1958年以来中国科学院一些单位的科学工作者下农村蹲点和参加样板田工作的经验，进一步落实计划，适当调整了研究课题。在传达全国农业科学实验工作会议精神后，生物学部副主任过兴先做题为"认真总结经验，进一步加强支援农业的研究工作"的报告，在总结农村蹲点工作经验的同时，对如何更好地支援农业提出具体要求。

1958年冬，中国科学院在无锡召开土壤工作会议。会后大批土壤学、植物生理学及其他学科的工作者到农村建立基点，总结丰产经验，改良低产土壤，参加群众性土壤普查鉴定等工作。1961年，基点工作停顿，直到1963年后，又有很多科学工作者参加各地样板田工作。他们运用前一段积累的经验和研究成果，对推动当地农业生产起到一定作用。过兴先总结了农村蹲点、参加样板田工作和在农村开展定位试验研究取得的成绩：①研究人员下乡后，从不懂农业生产到比较熟悉农业生产，开始扭转脱离生产的缺陷。1964年搞出水稻、小麦、棉花样板田，初步掌握与丰产经验有关的本领，对当地农业增产起到一定促进作用。②学术观点、研究方法发生深刻改变。植物生理学方面，过去都是研究单株或单个器官，而农民关心的是整个大田产量。单株作物的生理规律往往不能直接用到大田作物群体，这样便开始有了群体概念，摸索了一些群体研究方法。营养生长与生殖生长的研究，过去只是在控制光线和温度条件下做单因子试验，把对象当作自然植物开展研究。下乡后从农民的栽培技术中学到用水肥等措施控制生长和发育，更加深刻地了解了生长发育关系，大大丰富了调节农作物生长发育的技能。土壤学方面，通过土壤普查加强了耕作土壤研究，从而丰富了土壤发生、分类的内容。在基层土壤的分类和命名上，吸收和运用来自群众的形象生动的名称，学习了农民群众对土壤肥力特性的鉴别和调节方法，如阳光水稻土研究，将有关各种土壤性质联系到土壤肥力，并提出要运用耕作和施肥等技术调节土壤环境和提高土壤肥力。通过对陈永康水稻丰产经验的总结，提出土壤氮素供应强度、容量、持续时间等新的概念。③找到一批密切结合生产实践的研究课题，在水稻、小麦、棉花、大豆和油菜等作物的高产生理（如水稻烂秧的生理原因及壮苗的培育技术），稻麦壮秆、大穗、粒饱的生理规律及其调节，棉花蕾铃脱落的生理原因及丰产栽培措施，群体光能利用等方面都产出了有生产指导意义的成果。其中在有些领域也有一定的理论意义，如在土壤学领域，通过土壤普查鉴定，协同地方编写地方土壤图、土壤志，在东北黑土、广东珠江三角洲的泥肉田、关东旱塬地区壤土的肥力特征及其有效利用、丰产水稻田的肥力特征及其调节、某些地区土壤的改良等方面也都做出成果，有的已开始推广，在生产中发挥了作用。过兴先还分析了1961年后几点未坚持下来的教训，认为除客观原因和政治思想工作外，思想认识是主要原因之一：①过分强调中国科学院与农业部门分工，有人甚至片面理解中国科学院是搞基础理论的。束缚了自己手脚，不能勇于承担任务。②片面认为总结农业丰产经验和下乡蹲点，对提高学科水平没有帮助。③认为生物学的任务是认识自然，不是改造自然。提高产量是农民和农业科学工作者的事。④不了解向农民学习要通过同劳动同生活的过程，认为从旁看看问问，就能把农民经验学到手。⑤怕下乡不容易写出论文，怕写不出高水平论文，怕在集体大协作工作中显不出个人的名声等。过兴先还就1965年工作安排提出要求：①研究工作要有重点，抓成果，打歼灭战。②积极参加样板田工作和下乡蹲点。③室内室外结合，运用新技术和新方法。

会后全院土壤学、植物学研究机构在许多地区设点办样板田。11月9日，生物学部完成"关于土壤研究所、植物生理研究所样板田科学实验工作的情况调查"，对金华、丹阳、无锡、砀山、嘉定、松江六个点样板田科学实验工作进行总结。1966年1月7～15日，中国科学院在广州召开样板田科学试验工作会议。

四、在"动乱"岁月中艰难开展分散性的农业科技工作（1966～1976）

1968 年

"科系号大豆种质创新及其应用研究"获国家奖

大豆原产于中国，是重要的经济作物之一。我国的大豆产量和出口量曾居世界首位，但到 20 世纪 60 年代末和 70 年代初，我国大豆产量严重下滑。生产中存在的主要问题是单产低、病害严重、品质下降、适应地区狭窄。当时全国大豆平均亩产徘徊在 50～75 千克，不仅不能满足出口需要，连国内需求也很难满足。因此，培育新一代的高产、优质、抗病大豆新品种是从根本上解决我国大豆生产面临问题的重要途径，而缺乏优质种质材料是当时我国大豆育种研究面临的主要限制性因素。

遗传研究所从 1968 年起开展大豆种质创新研究，先后得到国家"六五"至"九五"科技攻关项目和中国科学院"六五"至"九五"重大项目、重点项目和特别支持费项目的支持。到 2000 年，共创造出 16 个具有优异性状的大豆新种质，其中抗病优质新种质 9 个，高光效高产种质和广适应性种质 7 个。利用这些种质共育成大豆新品种 38 个，对解决我国黄淮海大豆主产区存在的单产低、病害重和品质差等问题发挥了重要作用。

本项研究从抗病优质大豆新种质创新入手，通过有性杂交，结合诱变育种技术和抗性鉴定，创造出 9 个抗病优质新种质，其中科系 75-16、75-30、科系 8 号为大豆花叶病和灰斑病的双抗种质，高抗三种类型的 8 个生理小种，抗性指标达到国际同类研究先进水平。本项研究还通过常规育种与生理生态育种相结合，利用科系 76-16 和 75-30 等抗病优质种质，创造出 7 个光合效率高、花荚脱落率低、适用性广（对光不敏感）的大豆种质，其中多粒荚种质 8210、早 5 粒荚（平均每荚 3.67 粒）及科丰 1 号（花荚脱落率仅为 25%）等种质为新的发现。

以本项研究选育的科系 75-30、76-16 和科系 8 号等种质及其衍生系为亲本，育成的 38 个新品种（遗传研究所 13 个，中国农业科学院等单位 25 个）主要在黄淮海地区推广，累计推广面积 7968.26 万亩。据农业部 2001 年以前几年的统计，上述品种占黄淮海地区大豆推广品种数的 25%，年推广面积占 26%。

1988 年"诱变 30 号大豆新品种及选育方法"获国家技术发明奖三等奖，2002 年"科系号大豆种质创新及其应用研究"获国家科学技术进步奖二等奖。

1969 年

援助古巴并为其建立土壤研究所

1969 年底，随着援助古巴国际项目的结束，中国科学院土壤研究所援助古巴土壤专家组回国。

1963 年，毛泽东接见卡斯特罗后，决定从中国派遣土壤、渔业、文化等专家组赴古巴执行国际援助项目，土壤研究所马溶之所长负责援助古巴专家组工作。同年 7 月，马溶之带队专程到哈瓦那与古巴科学院商谈援助计划。1964 年 9 月，土壤研究所组织 5 名地理、农化、物理、温室等专业人员组成的专家组，由李庆逵任组长，带队赴古巴执行国际援助计划。专家组的主要任务是在 3~4 年内，援助古巴科学院建立古巴土壤研究所；结合开展古巴土壤考察研究，为古巴培养土壤研究人才。1965 年 2 月 13 日，中国科学院派出土壤工作组分两批赴古，参加古巴土壤研究所成立大会，并赠送开展一般土壤和植物营养分析的全套设备仪器 174 箱。

历时 5 年多，专家组完成了援助古巴国际项目的主要任务。在建设古巴土壤研究所方面，通过选址、规划、建设，筹建实验室（地理研究室、化学分析研究室、生物研究室)、修建温室等，利用中国政府提供的建设经费，建立了古巴土壤研究所。在开展综合考察方面，办公和实验条件具备后，专家组立即组织古巴土壤研究所人员进行野外调查。考察组成员几乎走遍了古巴全国，采集了数以千计的土壤样品。完成了古巴地理调查、资源考察、环境调查及气象调查工作，并对其土地资源和土壤环境的未来趋势以及对农业的影响等进行系统总结，完成了古巴土壤图和《古巴土壤》专著等。在培养古巴土壤专业人才方面，专家组在开展土壤考察的同时，根据古巴土壤研究所的建设需要，选择并培养古巴本地的土壤科学工作者。通过对古巴年轻学者采取"学、教、干"的培养方式，使他们经受实际工作锻炼，真正掌握土壤调查的系统方法，从而具备独立开展土壤考察和研究的能力。

1970 年

葛洲坝水利枢纽不设鱼道的建议被采纳

12 月 30 日，水生生物研究所在葛洲坝水利枢纽工程对长江鱼类资源影响评价和救鱼措施研究中提出不建过鱼设施的意见被采纳，当时仅基本建设投资就节约人民币 5300 万元。

建设宜昌葛洲坝水利枢纽工程可能影响长江中的四大经济鱼类青鱼、草鱼、鲢鱼、鳙鱼产卵场，还可能阻隔鲥鱼、中华鲟洄游至葛洲坝以上江段产卵场的繁殖。因此，采取补救措施受到关注。水生生物研究所在上海水产学院、山东海洋学院、南京大学等协作下，早在 1959～1961 年就完成了兴建葛洲坝水利枢纽工程后长江鱼类资源变化的预测研究：①对长江青鱼、草鱼、鲢鱼、鳙鱼四大经济鱼类不会产生明显影响。②鲥鱼将会在坝下江段形成新的产卵场。③受枢纽阻隔而滞留于坝下江段的中华鲟性腺能发育成熟并可自然产卵。因此，提出无须建设过鱼设施的建议。

调查研究的结果和科学资料的积累为不设鱼道提供了依据。例如，关于四大经济鱼类：①调查了长江中下游及主要支流的产卵场，发现产卵场分布很广泛，宜昌产卵场的产卵规模仅占长江中下游流域总产量的 20%；根据产卵场的自然条件和四大经济鱼类产卵对外界的要求，产卵场是可以变动的。去宜昌产卵场被阻的鱼群将会转移至坝下其他产卵场产卵，资源不致受到损害。②从家鱼胚胎发育的生物学特点来看，即使亲鱼通过鱼道进入原来的产卵场产卵，所产鱼卵也会被大坝阻隔，最后因不能顺水漂流正常发育而死亡。③国外水利枢纽建设中还未见用有效的鱼道设备来解决亲鱼通过大坝问题的例子。④三斗坪大坝和葛洲坝间目前的产卵场江段在建坝后由于水位要提高23公尺左右，当地的水文情况将有很大改变，亲鱼产卵所需水流的流速、方向、温度等将相应发生变化，不能刺激亲鱼产卵。

1981年初大江截流后，曹文宣等于1983年底又进行了大规模调查，证实实际情况与预测基本一致。例如，对坝下江段中华鲟繁殖生物学的详细研究取得新的研究成果：①发现被阻隔于坝下江段的中华鲟性腺发育成熟，连续三年都采集到性腺成熟的亲鱼。②连续两年发现性腺成熟的中华鲟在宜昌江段进行自然繁殖，并确定了产卵场的具体位置。③采集到刚孵化不久的中华鲟鱼苗，证实自然产出的鲟鱼卵可在新形成的产卵场正常发育。

1972 年

垂体促性腺激素应用于家畜繁殖和生产

1972～1973年，中国科学院北京动物研究所内分泌研究室先后派出科技人员分别到内蒙古、甘肃、青海、广东等地的军马场及广州、沈阳、北京等地的农场、奶牛场和配种站，将自制的两种促性腺激素（LH、FSH）应用于家畜的促排卵、同步发情及防止马匹早期流产，取得显著疗效。发情期妊娠率平均达到85.9%，治愈率达到85%～100%。

1972～1975年，该研究室科技人员连续五次到新疆地区进行激素促进名贵羔皮羊（三北羊）同步发情和多胎的实验研究。实验表明羊同步发情率可达92.8%，多胎率提高到54%。两种促性腺激素的应用，为治疗军马、民马和山羊流产、提高受胎率及促进我国畜牧业发展提供新的药物和治疗途径。

该项研究于1978年获全国科学大会奖和中国科学院重大科学技术成果奖。

召开遗传育种学术讨论会

为交流遗传育种工作经验，发展遗传学理论，推动农业生产发展，1972年3月16~25日，中国科学院在海南岛崖县（三亚）召开"全国遗传育种学术讨论会"。这次会议是继1956年青岛遗传学座谈会后在遗传学方面召开的又一次重要会议。会议讨论了高粱、玉米、小麦和水稻等作物杂种优势的本质，交流了南繁北育经验，讨论了突变育种，交流了接枝技术及花粉培养诱导工作经验，开展了遗传学问题的学术讨论，共同研究我国遗传学今后的发展。来自24个省（市、自治区）71个单位的227名代表参加会议。

20多年以来，我国的植物、动物、微生物遗传育种工作取得明显成绩。例如：①自1956年开始北种南育后，除台湾和西藏以外的28个省（市、自治区）的100多个单位来海南岛开展科学实验，加速了农作物优良品种的世代繁殖，促进了遗传育种科学研究。据不完全统计，南育试验材料达5万多份。②近几年来，我国的杂种优势研究有了很大发展。选育出一批优良的杂交高粱、杂交玉米新组合。"两杂"的种植面积达1亿亩，增产效果一般在30%~40%，高则成倍增长。水稻、小麦等农作物雄性不育系的培育也取得一定进展。③我国的突变育种历史较短，但发展较快。近十年培育出近百个水稻、小麦、大豆等作物新品种。④近两年一些单位利用花药培养诱导单倍体和纯合二倍体植株，培育出水稻、小麦、烟草植株，对缩短育种年限，开展高等植物的分子水平遗传学研究开辟了新途径。⑤无性杂交在果树上的应用较为普遍，已培育出一些粮、棉、油新品种。

会议讨论了如何发展我国遗传学问题并达成共识：①积极开展学术讨论。②坚持在实践中提高，加强遗传学理论研究。③加强新技术、新方法在遗传育种工作中的应用。④对一些问题要引起注意，即研究工作既不要因循守旧，又不要赶时髦，而要扎扎实实，防止"一哄而起，一哄而散"；对当前的水稻、小麦等作物雄性不育的研究要加强领导，互通情报，及时交流经验。找出关键问题，集中力量突破，走自己的路；育种工作要有长远打算，多种安排，不要单打一，要多种途径培育良种。不能搞了雄性不育研究，扔了常规育种研究。要有主有从，采取多种手段、多种途径，确保后继有种；既要培育高水肥条件下的良种，又要根据我国实际情况，培育适合低水肥或瘠薄地要求的良种，做到良种配套，合理搭配。

1973 年

开展黑龙江荒地资源考察

20 世纪 50～70 年代，中国科学院先后组织新疆综合考察队（1956～1960 年），内蒙古、宁夏综合考察队（1963～1965 年）、西部资源南水北调综合考察队（1959～1962 年）、甘肃省河西走廊黑河流域荒地资源综合考察队（1963～1966 年）、青海省海南地区荒地资源综合考察队（1970 年），并参加黑龙江省组织的黑龙江荒地资源考察队（1973～1977 年），有关研究单位在宜农荒地考察方面做了大量工作。原自然资源综合考察委员会石玉林等在长期从事自然资源与荒地资源综合考察研究基础上，综合已有成果并加以系统总结，于 1985 年出版《中国宜农荒地资源》一书，全面论述了我国宜农荒地资源数量、质量、种类、地理分布、评价与分类，提出了对我国宜农荒地资源的合理开发利用措施，为我国国土资源整治工作提供一定的科学依据，获得 1986 年中国科学院科学技术进步奖三等奖。

黑龙江荒地资源考察是其中的代表性工作。20 世纪 50 年代和 60 年代前期，中国科学院综合考察队就将宜农荒地作为主要研究对象之一，积累了大量调查资料。20 世纪 70 年代又组织黑龙江荒地考察队，进行以分类与评价为主要内容的调查工作。地理研究所、自然资源综合考察组、土壤研究所和吉林省地理研究所、内蒙古大学、黑龙江省土地勘测队等单位共 400 多名科技人员，组成黑龙江荒地资源考察队。自 1973 年以来的五年间，开展黑龙江省荒地资源综合评价与合理开发利用研究，查明了全省可垦荒地 1.2 亿亩，相当于全省现有耕地面积的总和；查明可供利用的草原 1 亿多亩；对全省荒地资源的数量、质量、特点、开垦利用条件、地区分布等的大量调查研究，取得多项成果：①论证了很多地区荒地开发利用的有利条件，提出即使处于严寒地带的大兴安岭地区，由于地势高中有低、气候寒中有暖，仍有大片可开垦利用的荒地的论点；不少地区具有耕地面积翻一番和翻两番的巨大潜力。②提出了不同类型地区开发利用方案和农林牧合理布局的意见。③编制了数十个县、市、旗荒地资源分布图，编写了大量合理开发利用荒地资源考察报告和专题研究报告。为这些地区制定开发利用规划、开荒建点及农田基本建设规划等，提供了基础资料和科学依据。④在当地政府领导下，做到边考察，边规划，边开发，边建设。据初步统计，仅大兴安岭、黑河、牡丹江三个地区，几年来共开发荒地近 200 万亩，新建开荒点、队 250 个，为国家生产商品粮近 10 亿斤。考察队还对有代表性的荒地资源进行重点考察。例如，组织了大兴安岭南部地区甸子地的成因、类型、物质组成、分布规律及其形成和演化的多学科综合分析；与有关部门配合，开展井灌井排开渠排涝试验，提出了开发利用途径和措施。近年来仅呼伦贝尔盟岭南三个旗就开发甸子地 20 多万亩。⑤通过大量草场资源的考察，进一步摸清了资源的数量、质量、类型、特点、分布及利用现状、发展潜力，为建设稳产高产的畜牧业基地提供了科学资料和依据。

1974 年

率先开展花药培养育种实践

花药培养和单倍体育种研究是从植物组织培养和细胞培养领域萌发出来的一个新的领域，成为植物细胞工程的重要组成部分。1971 年 4 月，遗传研究所欧阳俊闻等在国际上首次诱导出小麦花粉植株，此后我国在这方面的研究开始快速发展，在首先将花药培养技术应用于育种实践方面做出独特贡献。

在花药培养技术应用于育种实践的研究中，科研人员首先选用了主要粮食作物和经济作物作为实验材料，采用杂种第 1 代（F_1）花药进行培养。当水稻、烟草、小麦花药培养成功后，中国科学院北京植物研究所、遗传研究所就与有关单位协作，开展单倍体育种工作。1974 年，北京植物研究所与中国农业科学院山东烟草所合作，首先培育出"单育 1 号"烟草新品系。1975～1976 年，北京植物研究所又与黑龙江农业科学实验研究所等单位合作，培育出"早丰 1 号"水稻和"龙花 1 号"小麦新品系；遗传研究所也分别同天津市农业科学院水稻研究所、昆明市农业科学研究所合作，培育成功"花育 1 号"水稻和"花培 1 号"小麦新品系。这些新品系都在一定面积土地上示范种植，并取得增产效果。

后来，北京市农林科学院作物研究所胡道芬等育成"京花 1 号""京花 3 号"小麦新品种和一系列优良小麦新品系；中国农业科学院作物研究所李梅芳等育成"中花 9 号"和"中花 10 号"等一系列水稻新品系。到 1987 年，据不完全统计，我国各地通过花药培养获得的新品系、新品种中有水稻约 60 个、小麦 20 多个，还有一批烟草、玉米、橡胶、果树和蔬菜等。

我国在花药单倍体育种上的成就，赢得国际同行科学家的普遍赞誉。有些著名科学家说，植物单倍体研究虽然始于印度，但单倍体育种却在中国广泛应用。

土面增温剂的生产与应用

1974 年 10 月 15～21 日，中国科学院地理研究所和商丘地区革命委员会共同主持召开土面增温剂经验交流会，总结交流五年来土面增温剂工作的成绩和经验，燃化部、中国科学院、中央气象局及 22 个省（市、自治区）的干部、科技人员、教师等 195 人参加会议。

土面增温剂是一种覆盖型土壤水分蒸发抑制剂，膏状物，加适量水稀释喷洒地表，能在几小时内形成一层均匀连续的薄膜，有效地抑制土壤水分的蒸发，提高地温且不妨碍幼苗出土。它兼有增温、保墒、压碱、抗御风吹水蚀多种作用，能在一定程度上克服农业生产上如低温、寒害、无霜期短、风蚀、干旱、盐碱等不利因素。1970 年，中国科学院地理研究所从事"地表热量、水分收支"研究的科研人员与大连油脂化学厂协作，以该厂的合成脂肪酸残渣为主要原料，利用简易设备制成土面增温剂。五年来各地还以其他工业废渣废料研制成不同品种的土面增温剂。

与会人员总结交流了土面增温剂应用于水稻、棉花、蔬菜和林业生产上所取得的明显效果：①用于水稻湿润育秧方面，如在北京地区，可以相当于 4 月初进行的第一期塑料薄膜育秧，在沈阳地区可取代第二期塑料薄膜覆盖，其成本约为塑料薄膜的1/8。②用于棉花营养钵育苗方面，如在河南商丘地区，可壮苗早发，增加伏前桃，减少霜后花，较大幅度地提高总产量，开创一条促进棉花高产新途径。其成本仅为塑料薄膜营养钵育苗的十几分之一。③用于隆冬和早春蔬菜栽培方面，如在北京地区，产量可增加20%以上，可以提前上市并调节淡季供应。④用于树木播种育苗方面，如在东北一些林业单位，已引起树木育苗技术的革新。⑤无论在产品制造上（包括原料来源、配方、工艺等），还是在田间应用上包括适用地区、适用作物、适用时期、施用方法、施用后的田间管理等，各地都积累了资料，取得较多经验，为大面积推广应用土面增温剂奠定了基础。

会议还讨论了土面增温剂工作中存在的问题。各地仍应继续努力寻找其他原料来源，以保证对原料日益增长的需要；应进一步加强土面增温剂成分、作用、制造工艺及对农作物和土壤的影响等方面的科学研究。

建立棉属种间杂交育种新体系

长期以来棉花育种的主要手段一直采用品种间杂交和系统选择方法，存在因栽培品种大都起源于少数共同原始类型，亲缘关系过近，遗传基础贫乏，致使育成品种的增产幅度小、退化快、经济性状也难以提高，特别是纤维强力不够、抗病虫及抗逆性差等问题。因此，从众多野生棉种中转育生产上急需的有益特性成为重要和理想的育种途径，但由于技术上存在种种壁垒而难以实现。

遗传研究所从1959年开始用远缘花粉蒙导法创造棉花新类型的研究，以期为创造变异开辟新途径。1974～1984年，创立了对杂交铃喷激素、离体培养杂种胚、试管内染色体加倍三者结合的种间杂交新方案，显著提高了结铃率和有效胚数及F_1的可育性。国内已将该方案广泛应用于200多个组合的不同栽培种种间及10个野生种与栽培种种间的杂交，均获得杂种，并在高代材料中选育出几十个抗病优质株系。

20世纪80～90年代，遗传研究所与石家庄市农业科学院、山西省农业科学院作物遗传研究所、陕西省棉花研究所、河南省农业科学院经济作物研究所合作，揭示了棉属种间隔离的机制，克服了种间杂交不结实的难题，创建了种间杂交育种的操作规程，建成了棉花种间杂交育种新体系。除创立了种间杂交新方案外，还阐明了杂交不孕性的机理、野生种对栽培种不同品种间具有选择性等遗传育种重要规律，奠定了棉花种间杂交遗传育种的理论基础；已育成各种类型具有特优性状的新型种质资源，供育种单位广泛采用。这些材料除具有中上水平的综合农艺性状外，还各具 1～2 项突出的优良特性，被专家鉴定为优异的育种材料；育成 6 个丰产优质多抗新品种、10 个新品系，其中 4 个新品种被列入国家科学技术委员会、农业部重点推广计划。新品种中有 3 个为陆地棉×中棉、3 个为陆地棉×三种野生棉的杂种。这些品种结合了双亲特性，除丰产优质外还具有多抗性和广泛的适应性。1999 年，"棉属种间杂交育种体系的建立"获国家技术发明奖三等奖。

昆虫性诱剂用于防治农业害虫

昆虫性信息素是由一种昆虫自身产生和释放出来且能引诱或激起同种异性昆虫交尾的化学物质；确定昆虫性信息素的化学结构并加以人工合成，为将其应用于农业害虫的预测预报、诱杀和降低交配率创造了条件。20 世纪 70 年代后，中国科学院多个研究所开展了昆虫性信息素结构和化学合成研究，在生产中的应用也取得明显效果，以棉红铃虫性诱剂和梨小食心虫性外激素为例。

中国科学院上海有机化学研究所合成了棉红铃虫性诱剂的两个异构体产品，总得率分别为 27.9% 和 22.9%。产品纯度高，对红铃虫雄蛾引诱活性强，是国内外合成路线中较佳的方法之一。我国棉红铃虫性诱剂原来的成本接近 100 元 / 克，生产单位采用该合成路线及方法，成本降低到 2.5 元 / 克，低于美国 Zoecon 公司 1979 年报道的每克 0.7 美元。4% 棉红铃虫性诱剂聚乙烯管成为国内外一种新的较好的剂型，被作为全国测报用的统一剂型。1974～1978 年，合作单位上海昆虫研究所将合成的棉红铃虫性诱剂作为虫情测报工具，在我国南方棉区七省一市（江苏、浙江、湖北、湖南、江西、安徽、四川、上海）228 个县的 3236 个测报点，测报棉红铃虫发生情况，试验面积接近 20 万亩，取得良好效果。为验证县测报站的常规测报工作和公社、大队、生产队的群众性测报提供了适宜方法，可达到合理使用农药、减少环境污染和提高防治效果的目的。"棉红铃虫性诱剂的合成及其用于测报的剂型"研究，获得 1980 年国家技术发明奖三等奖。

中国科学院动物研究所先后研究成功三条梨小食心虫性外激素合成路线，并通过试验测定了最佳活性配方，选定了两种诱蛾活性好、持效期长的诱芯和两种捕诱器，在我国首次合成并应用性外激素防治果树害虫。全国有 14 个省（市、自治区）的几千个果园用雌性外激素做虫情测报，减少了打药次数，提高了防治效果，在生产上发挥了重要作用；用诱杀法和迷向法直接防治虫害也取得初步成效。利用性外激素测报和防治梨小食心虫有利于减少农药对环境和果品的污染以及保护天敌，提高综合防治效果。"梨小食心虫性外激素的合成与应用"研究获中国科学院 1980 年重大科学技术成果奖一等奖和 1982 年国家科技发明奖四等奖。

1975 年

利用定向爆破技术为农田基本建设服务

1 月下旬至 2 月初，中国科学院在山西昔阳县召开定向爆破搬山造田现场经验交流会，来自北京、河北、山西、陕西、甘肃、吉林、湖北、湖南、广西、福建、江西、云南、贵州等省（市、自治区）的 120 多名代表出席。

中国科学院北京力学研究所爆破组长期参加国防、工交等方面的爆破工程设计和科研观测，在"以农业为基础、工业为主导"发展国民经济总方针影响下，用定向爆破技术为农田基本建设服务。1974 年 5 月，大寨大队在用"小炮加平车"大搞人造小平原基础上，要求采用新的爆破技术加速农田基本建设。在北京力学研究所爆破组协助下，进行了第一次用定向爆破法搬山填沟造平原的试验。仅用很少的劳力和一个月时间就造田 10 亩，夏种前种上庄稼后当年受益，为我国山区、丘陵地区加速农田基本建设提供了经验。这一经验很快在昔阳县推广，当年冬季仅大寨公社的六个大队就进行了 9 次爆破，平整后造田 200 亩。昔阳县很多公社、大队都成功地进行试验，有效地扩大了耕地面积，改变了农业生产条件，提高了工效，节省了劳动力，加快了农田基本建设进程。会议组织到昔阳县城关公社、东冶头公社参观两次定向爆破实验现场,搬山填沟造田和劈山改河造地均取得较好效果。

1975年,北京力学研究所爆破组在湖南、福建、云南、甘肃、河北、山东、北京等省市的一些地区进行定向爆破技术试点和推广。云南省江川县白河水库工程,用定向爆破技术筑坝。7月份一次爆破(炸药149吨)炸土石16万立方,抛掷上坝9万立方,平均堆积坝高22米。用常规方法筑坝,估计需30万个工和几年完成,用定向爆破技术只需7万个工,年内可基本完工。

北京力学研究所爆破组编写出版《定向爆破——在农田基本建设中的应用》一书,协助一些地区举办培训班,为农村培养技术人员。兰州化学物理研究所针对炸药成本较高问题,开展改进配方试验,使其成本下降15%左右。

鱼类第三代催产剂试验获得成功

1975年11月10～14日,中国科学院一局和农林部水产局在湖南省衡阳市联合召开应用促黄体素释放激素催产经济鱼类试验总结推广会议,全国27个省(市、自治区)的130余名代表参加会议。会议总结交流了两年来应用促黄体素释放激素及其类似物催产经济鱼类的经验,部署了1976年重点推广计划和激素生产任务,制订了试验研究计划。

促黄体素释放激素(LRH)能刺激哺乳类动物垂体分泌促黄体素(LH)和促滤泡素(FSH)并引起排卵。1973年底,上海生物化学研究所合成了促黄体生成素释放激素(LRH,10肽)。1974年,在福建、广东、江苏、上海等水产养殖场用于培养青鱼、草鱼、鲢鱼、鳙鱼等淡水鱼大规模生产试验获得成功。1975年初,为了提高催产效果,上海生物化学研究所又合成了高活性类似物LRH-A,先后在云南、四川、广东、福建、江苏、上海、湖北、北京、河北等地开展家鱼催熟、催产的试验并取得成果。这种类似物不仅活性比原来的释放素要高几十倍到上百倍,而且成本低、药源丰富、使用方便、剂量低、分子小、副作用少,在家鱼催熟和催产中的效果显著,1977年在全国推广应用,深受广大渔民欢迎。

1976年12月17～21日,江苏省应用LRH-A催情繁殖家鱼经验交流会在无锡县召开,上海生物化学研究所的有关科研人员应邀出席会议并做关于

LRH-A 生理机制问题报告。会议认为，LRH-A 的应用和推广将使我国家鱼人工繁殖进入一个新的阶段。江苏省经过两年试用，应用 LRH-A 催情繁殖的鱼苗数量增长极快。根据报道，1975 年全国应用 LRH-A 催情的"四大家鱼"共 515 组，获产 397 组，产卵率 77.1%，孵出鱼苗 1 亿多尾。1976 年，仅据江苏省 18 个单位统计，共催情 1092 组，获产 862 组，产卵率 79%，孵出鱼苗 3 亿多尾；应用的种类也从"四大家鱼"发展到团头鲂、细鳞斜颌鲴、鳜鱼、黑鱼、鲌鱼等近十种。

中国科学院北京动物研究所内分泌室多肽激素组亦于 1974 年 5 月在长江水产研究所试验场，用丘脑下部促黄体素释放激素（LRH），以背肌及体腔注射法催产家鱼获得成功。

LRH 及其类似物在国内被认为是"第三代高效催产剂"；将其应用于淡水经济鱼类催产，在国际上是创造性的，受到国际学术界高度评价。该项研究曾在 1978 年获全国科学大会奖和中国科学院重大科学技术成果奖。

五、在恢复发展中积极探索农业现代化的方向和道路（1977～1986）

1977 年

向中央汇报支援农业科研工作部署

2月2～8日，中国科学院召开全院支援农业科研工作会议。2月28日，中国科学院党的核心小组向中共中央呈送《关于加强我院支援农业科研工作，为普及大寨县服务》报告，汇报了全院支援农业科研工作会议有关情况和支援农业科研工作部署的意见及1977年中国科学院为普及大寨县运动做贡献的方案。

报告总结了几年来的支农科研工作：①为农业增产和畜牧业、水产业发展提供了一批科研成果。例如，遗传研究所和植物研究所用单倍体育种方法在世界上第一次育成水稻、小麦、烟草新品种，大大缩短了育种周期。这种方法现已开始被广大群众所掌握，在全国形成了大搞单倍体育种的群众运动。此外，在碳铵肥料造粒深施，微量元素应用，土壤和植株营养诊断，果树蔬菜储藏保鲜，培育马铃薯无病毒原种防止退化，农药"辛硫磷""春雷霉素""灭瘟素"，家鱼催产性腺激素，水产养殖，移植受精卵加速羊繁殖等方面取得的科研成果也都已在生产上推广应用。②开辟了数学、物理学、化学和技术科学在农业上应用的新途径，特别是把一些国防尖端技术用于农业生产，使其发挥了很大作用。北京力学研究所和大寨贫下中农相结合，把在国防上应用的定向爆破技术用于搬山造田，为山区和丘陵地的农田基本建设、农业机械化和园田化提供了新方法，已在全国不少地区推广。北京力学研究所还将这种技术应用于筑坝，在云南楚雄胡家山采用定向爆破技术建了一座高达 45 米、库容 640 万方的水库,比常规筑坝省工 190 多万个,节省资金 50 多万元,并提前 6 年受益。此外,研究成功定向爆破用廉价炸药、新型农用喷雾器、远红外粮食烘干机、苦水淡化装置、土面增温剂等。③在农业和土地资源考察和开发利用方面开展工作。关于黑龙江荒地考察,南京土壤研究所、地理研究所、自然资源综合考察组、动物研究所与中国科学院院外单位协作,查明黑龙江省可供开垦荒地 1 亿 2000 万亩,其中部分已由地方开垦种植。此外,在新疆荒地考察、贵州山地资源开发利用、河西走廊沙漠治理及冰雪水利用、海洋水产资源调查等方面也取得了一定的成绩。④在农村设立了近 40 个工作基点,其中多数取得了很好的成绩,为当地普及大寨县运动做出了贡献。例如,南京土壤研究所在江苏无锡东亭大队的基点,围绕土壤"发僵"(通透性差)问题研究提出了提高土壤肥力的措施,促进了高产再高产;在苏北响水的基点,解决了盐碱地种水稻问题,为改变当地的低产面貌贡献了力量;植物研究所和所属植物园在北京通县师姑庄大队的基点,帮助提高小麦产量,增产 1～2 成;利用沙荒地种植穿心莲、薄荷、油莎豆等经济作物,增加了农村集体的收入。此外,在宁夏南部山区综合发展农林牧的基点、微生物研究所在大寨县的基点、植物研究所在陕西绥德的基点、动物研究所在北京平谷的基点、兰州冰川冻土沙漠研究所在甘肃和内蒙古的基点等,也都受到当地领导和群众的赞扬。⑤为农业服务的探索性和理论性研究取得新进展。例如,组织中国科学院院内外 30 多个化学和生物学单位协作,开展的化学模拟生物固氮研究进展很快,有些方面已经达到国际先进水平,有希望再经过一段时间进行中间试验。

报告提出了中国科学院支援农业科研工作的部署。着重从三个方面开展工作:①研究农业综合性重大问题。根据农业生产实践需要,选择其中若干重要课题,与中国科学院院外有关单位协作攻坚。主要项目有:宁夏南部山区农林牧综合发展,红壤和盐碱土改良,长效肥料、颗粒肥料和腐殖酸肥料,黑龙江、新疆、内蒙古荒地考察,河西走廊等地沙漠治理和冰雪水利用,人工防雹、暴雨预测预报和中长期天气预报等。②研究发展农业新技术、新方法、新途径。注意引用国外已有的农业科学技术新成就,结合我国实际情况进行试验,加以推广、改进和提高。同时,更要努力创造和开辟我国自己发展农业的新技术、新方法、新途径。主要项目有：用于农作物以及畜牧和水产的单倍体，细胞杂交，光呼吸，组织培养无病毒原种，细胞核移植和核酸诱导等育种的新方法；防治病虫害的生物防治、性引诱剂、高效低毒新农药和病毒病的诊断与防治；为发展畜牧业和经济动物养殖，研究发酵饲料、用石油和天然气培养酵母作蛋白质饲料、受精卵移植、动物激素等；数学、物理、化学和技术科学在农业上的应用大有可为，主要研究优选法和正交法应用，快中子、激光、红外、遥感应用，人工合成食用油、苦水淡化、农用胶黏剂、射流喷灌、廉价炸药等。③开展理论性和探索性研究。在用大部分力量研究当前农业上急需解决问题的同时，安排适当力量开展有关农业的理论性和探索性研究。一方面，结合基点试验和野外考察，认真总结群众的丰富经验和创造，在广泛深入实践的基础上把科学研究往高里提，发展理论，更好地指导农业实践。例如，研究腐殖酸作用机理，远缘杂交机制，冰雹形成和消长规律及编纂地理、气候、土壤、植物、动物等图集。另一方面，研究化学模拟生物固氮、固氮遗传工程等问题，探索发展农业的新途径。

报告拟订了 1977 年为普及大寨县运动做贡献的方案：①大力推广已有支农科研成果，把已有的成果推广出去，扩大应用范围，是为普及大寨县运动做贡献的一项重要措施。例如，南京土壤研究所和江苏省有关单位协作，试验成功碳铵造粒深施的方法，施用一斤粒肥比一斤粉肥可增产稻谷 1.5 斤。1976 年全国碳铵产量约 1000 万吨，如能将其中 1/3 制成粒肥，可为国家增产水稻 100 亿斤。近期，已初步选定 16 项已有成果，拟采用召开现场会、举办训练班、加强与有关生产部门联系和扩大宣传报道等多种形式，促进成果的推广应用。②狠抓当年能出成果的支农科研项目。初步统计，1977 年有希望研究成功的新支农成果约 45 项。决定把这些项目和其他一些重大支农研究项目作为重点，要求有关研究所加强领导，努力保证完成和超额完成。选择其中若干项目，由中国科学院组织协作，集中力量打歼灭战，并召开一些大型会议加以促进。当年取得的新成果，成功一项就推广一项，使其尽快发挥作用。同时，对近期不能在生产上见效的科研项目，也要求完成当年计划规定的任务。③认真办好农村基点。在农村基点的科技人员，要认真学习和总结群众经验；同时，要当好当地党组织的技术参谋，帮助普及科技知识，培训科技人才，推广科技成果，并搞好试验研究工作，为普及大寨县运动积极贡献力量。对基点试验成功的科技成果和经验，要及时在面上推广。④进一步加强农业科技宣传工作。中国科学院所属科学出版社、科技情报研究所、图书馆和相关研究所主办的有关刊物，要积极普及科学种田知识，宣传支农科技成果，介绍国外有关农业研究的动态和成就，为推动广大农村的群众性科学实验活动，要继续组织编写出版科学种田知识丛书并增加发行数量。另外，科技人员要充分利用报纸、刊物、广播、电影、电视等，加强支援农业的科技宣传工作。

向国务院呈送"关于推广碳酸氢铵造粒深施的建议"

3月23日，中国科学院、石化部、农林部向国务院呈送"关于推广碳酸氢铵造粒深施的建议"，对推广碳酸氢铵（以下简称"碳铵"）造粒深施提出建议。

碳铵是我国主要的化学氮肥品种，1975年产量占氮肥总产量的54.2%。但其性质不稳定，极易分解成二氧化碳和氨气，在储存、运输和施用过程中挥发损失比较严重；作物对碳铵利用率一般不超过30%；碳铵易结块，施用时易烧苗。自1972年起，南京土壤研究所与南京化工公司、南京化工公司研究院、金坛第二农具厂和化肥厂协作，就碳铵造粒深施和提高肥效问题开展试验研究，到1978年8月取得多方面研究成果：①将粉状碳铵（水分含有率6.5%以下）用机械压制成颗粒状肥料并深施。粒肥深施和粉肥撒施相比，一般每斤碳铵可多收稻谷1.5斤，小麦1.2斤，水田氮素利用率可提高到70%，即粒肥可提高肥效一倍。②金坛第二农具厂试制成功每小时产量2吨的25型碳铵造粒机和6吨的45型碳铵造粒机，机器性能基本良好，在金坛县化肥厂投入生产。由于粒肥容积较小，可节省包装费用，其生产成本相当于或略高于粉肥，能够被农民接受。为了便于粒肥深施，金坛县等地社队农具厂还试制成功几种典型水田用碳铵粒肥深施器具。

1976年8月，由中国科学院、石化部、农林部在金坛县联合召开"碳酸氢铵粒肥生产、施用经验交流会"，来自28个省（市、自治区）的到会代表肯定了此项成果，并建议在全国推广。

我国每年生产碳铵约1000万吨，如果其中1/3能制成粒肥深施，以每斤粒肥多收稻谷1.5斤计算，可多收稻谷100亿斤。碳铵造粒深施属于科学用肥，对节约用肥、提高碳铵利用率、促进农业增产有很大意义。中国科学院、石化部、农林部对碳铵造粒深施提出建议：①由国家安排生产造粒机。重点扶持、充实金坛第二农机厂，使其能批量生产造粒机。同时，由石化部统筹安排，指定若干省的工厂生产造粒机，以扩大推广。生产造粒机所需钢材，建议在国家计划中安排落实。②大力宣传推广碳铵深施。在新开展的工作地区要搞示范试验，搞好样板田，继续研究改进造粒机、深施器，使之更加完善。

召开马铃薯无病毒原种生产科研工作会议

马铃薯生育期短、适应性强、产量高、用途广、营养丰富，是深受人们喜爱的粮菜兼用作物，我国常年栽培面积5500万亩左右；但我国马铃薯单产较低，平均亩产仅1000斤左右，与一些国家平均亩产5000斤左右的生产水平相比差距明显；此外，种性退化也是影响我国马铃薯栽培面积发展和产量提高的主要制约因素。例如，调查内蒙古自治区主要产薯区乌兰察布盟，马铃薯退化率一般达52%，重时可达80%，有的品种几乎全部退化，完全丧失了优良种性。

8月24～29日，中国科学院和农林部在内蒙古自治区察右后旗召开马铃薯无病毒原种生产科研工作会议，来自北京、天津、内蒙古、河北、山西、陕西、宁夏、甘肃、青海、新疆、黑龙江、辽宁、吉林、云南、四川、贵州、湖北、江西、安徽、河南20个省（市、自治区）149名农业、科研和高等院校代表出席。10月24日，农林部、中国科学院联合印发了此次会议纪要。

30多年来，我国在研究马铃薯种性退化成因及解决办法方面取得很多成绩，包括揭示了在高温条件下病毒侵染和危害是退化的主要原因等。马铃薯属于茄科植物，通常以无性繁殖方式（块茎）种植，易被多种病毒感染，病毒通过块茎逐年累积和传播，生产因此受到严重威胁。各地摸索了多种防治退化的途径，如西南地区采用实生苗、中原地区采用二季留种、东北地区采用夏播留种以及各地的抗退化育种，均取得一定效果。近几年采取茎尖培养获得无毒种苗，在防治种性退化方面取得可喜成果，正在进一步扩大试验和示范。内蒙古自治区乌兰察布盟、宁夏、甘肃、黑龙江、辽宁等地区的科研单位和农业院校在会上介绍了有关实验成果和经验。

1975 年，当时的中国科学院北京植物研究所、北京动物研究所、上海生物化学研究所、微生物研究所与内蒙古有关单位，在乌兰察布盟开展了马铃薯无病毒原种科研协作试验。1976 年，组成内蒙古马铃薯无病毒生产试验领导小组和 16 个科研、生产、行政单位参加的协作组，在乌兰察布盟察哈尔右翼后旗石窑沟公社苏计不浪大队建立了我国第一个无病毒马铃薯原种场。大田成功种植了 20 多亩茎尖培养无病毒小苗，当年收获种薯 21 000 斤，适宜移栽的田块亩产达 3600 多斤。通过血清学和指示植物检测鉴定，病毒感染率低于 1%。1977 年扩种 193 亩，检测病毒感染率为 2%，未发现坏腐病和黑茎病，未受灾的 100 多亩地估产亩产 3000 多斤。

内蒙古、宁夏、甘肃设立的原种场及黑龙江省农业科学院马铃薯专业研究所（现黑龙江省农业科学院克山分院）的对比试验结果表明，采用茎尖培养获得无病毒薯块作原种，通过减少再感染的繁育体系扩大种源，为大面积生产提供高质量种薯，是防止马铃薯病、烂、退化的有效途径。乌兰察布盟盟委计划 1978 年在各旗（县）普遍建立三级原种场，拟于 1981 年在乌兰察布盟建成马铃薯无病毒原种繁育体系。宁夏、甘肃也制定了发展规划，其他主产区准备开展无病毒原种生产的试验和示范，使无病毒马铃薯原种能尽早应用于生产。

此次会议提出了"争取在 1985 年主要推广品种用上无病毒原种，使全国马铃薯平均亩产翻一番"的目标，并呼吁建立适合我国具体情况的无病毒原种繁育体系，即根据全国马铃薯分布、自然条件和行政区域，划分若干个种薯供应区，每个供应区设置一个一级无病毒原种场和相应的几级繁殖场，构成马铃薯原种繁育体系。一般以地区为单位，自成四级繁育体系，即在地区建立一级原种场，县建立二级原种场，公社建立三级场，大队建立四级场，种薯逐级供应，大队每年统一繁种、统一保种、统一供应生产队大田用种。有条件的马铃薯集中产区，如内蒙古、西南等一些省份，可以一个县自成体系；在一些面积分散的产薯区也可以几个地区或由各省份建立一级原种场，还可跨省份建立，以供应当地高质量的种薯。

此次会议在当时条件下，对在全国马铃薯主产区逐级建立无病毒原种繁育体系和全面推广无病毒原种生产方面起到了重要的积极促进作用，也为此后大规模推广实用农业科技成果提供了可供借鉴的成功经验。

1978 年

响应号召，为解决农业问题做贡献

中华人民共和国成立后，尽管中国农业发展取得了一定的成就，但由于人口快速增长，到 1975 年，粮食的供给落后于人口的增长，人民的温饱问题还没有彻底解决。1978 年邓小平指出："我们现在的生产技术水平是什么状况？几亿人口搞饭吃，粮食问题还没有真正过关。"[1]农业是我国国民经济的基础，没有农业的现代化，就不会有中国的现代化，就不可能建成社会主义。怎样实现农业现代化呢？邓小平指出，"农业现代化不单单是机械化，还包括应用和发展科学技术"[2]，"将来农业问题的出路，最终要由生物工程来解决，要靠尖端技术""最终可能是科学解决问题"[3]。

中国科学院积极响应邓小平号召，始终把为农业服务放在重要位置上，将其看作是与经济结合的一个极其重要的方面。在中共十一届三中全会和全国科学大会精神指导下，在改革开放过程中，中国科学院更加注意发挥自身综合优势，组织各学科和各研究所的力量，帮助国家和重点地区制定农业规划和农业区划；根据邓小平提出的"要切实组织农业科学重点项目的攻关"[4]的指示，进一步做好农业科研攻关项目组织工作；办好几个农业现代化试验基地，将科学技术与科技成果配套应用于这些基地；加强在生物科学特别是生物工程方面支持农业的科学研究工作。

启动建立农业现代化综合科学实验基地

2 月 5 日，中国科学院向国务院呈报《关于建立农业现代化综合科学实

---

[1] 引自《邓小平文选》（第二卷）第 90 页。
[2] 引自《邓小平文选》（第二卷）第 28 页。
[3] 引自《邓小平文选》（第三卷）第 275 页。
[4] 引自《邓小平文选》（第三卷）第 23 页。

验基地的请示报告》（〔78〕科发一字0155号）。报告提出：以研究农业增产和实现农业现代化过程中涉及的科学技术问题为主要任务，拟选择农业学大寨运动开展较好的县，建立农业综合科学实验基地，摸索在一个县的范围内，全面应用现代科学技术，发展农业生产和加快农业现代化的经验。

报告简要回顾了中国科学院有关研究所以往为发展农业所做的工作，同时指出，以往的研究工作一般以单项科研项目为主，没有进行全面发展农业生产的综合研究，也没有将各项研究成果集中应用于一个较大范围。报告指出，发展农业生产和实现农业现代化是一项综合性的工作，涉及农学、生物、土壤、气象、农机、化工、水电等直接为农业服务的部门，以及农业经济和其他学科，必须统筹安排；农业科研成果及新技术、新设备的采用和推广，需要有较大范围的中间试验基地；要使现代化科学技术在农业方面更好地应用，应及时总结提高群众的生产经验，解决生产中提出的重大科学技术问题，需要有一个适当的组织形式；农业有很强的地区性，农业科研必须与地方合作，并且主要依靠地方的力量进行，才能因地制宜地长期坚持下去。鉴于这些认识和体会，中国科学院提出，在当前条件下，协助地方建立以县为单位的农业现代化综合科学实验基地，是应用现代科学技术促进农业发展的较好办法。

报告提出，近期全国科学技术发展规划会议将农业现代化综合科学实验基地列为国家重点项目之一，考虑到中国科学院目前的力量和承担的科研任务，拟集中力量在黑龙江的海伦县、河北的栾城县和湖南的桃源县，建立具有不同特点的农业现代化综合科学实验基地。报告对未选择大寨所在的昔阳县建立基地做了解释和说明。

报告明确提出了拟初步部署的重要研究项目，主要包括：①开展县域范围的资源综合考察，制定农田基本建设和综合发展农林牧副渔各业的规划，研究资源的合理利用和综合利用。②研究本地区发展农业中带有关键性的科技问题。③试验和推广国内外先进的农业科学技术。④研究实现农业机械化中需要解决的问题，如适合当地情况的农业机械、农业机械的配套以及农业机械与栽培技术的配合等。⑤研究解决农业能源问题的途径（如小电站、沼气、风能、太阳能等）。⑥研究县社工业发展中的科技问题。⑦研究农业现代化过程中的农业经济问题。

报告提出，农业综合实验基地的试验、研究和推广工作，主要是在地方党委统一领导下，依靠当地科研机构和技术力量进行，中国科学院根据自己的业务方向、任务和学科专长，给予必要的科学技术帮助，并且帮助建立、健全科研机构。农业综合实验基地工作和相应的科研机构，实行省和中国科学院双重领导，以省为主的体制。对于实验基地的科研长远规划与年度计划的确定，科研机构的人员分配和组织领导等工作，以地方为主；基地的科研机构和商定的科学试验项目所需的设备及经费的解决，以中国科学院为主。

报告提出，中国科学院拟在京组建一个农业现代化调查研究室，主要任务是，研究国内和国外的有关情况和经验；与中国科学院内外有关单位联系和协作，帮助解决基地提出的科技问题；编印简报，交流农业增产和农业现代化的经验。在中国科学院沈阳林业土壤研究所内建立农业现代化研究室，研究解决综合科学实验基地提出的科技问题。

该报告经中共中央、国务院批准实施，为此后建立中国科学院黑龙江农业现代化研究所、石家庄农业现代化研究所和长沙农业现代化研究所奠定了基础。

4月20日，中国科学院印发《关于组建农业现代化调研室的通知》（〔78〕科发农字0562号），明确调研室为中国科学院属独立机构，由支援农业办公室管理，人员编制暂定43人，下设办公室、国内调研处、国外调研处、农业经济处等机构。

4月28日至5月7日，中国科学院在湖南省桃源县召开农业现代化综合科学实验基地县会议。湖南、河北、黑龙江三省及有关部门代表280多人出席会议，会上三个基地县的负责人报告了农业现代化综合科学实验基地的规划和措施，李昌副院长到会并作重要讲话。

6月19日，中国科学院印发《关于建立湖南、河北、黑龙江等三省农业现代化研究所的通知》（〔78〕科发计字880号），决定组建中国科学院桃源农业现代化研究所①、中国科学院栾城农业现代化研究所②、中国科学院海伦农业

---

① 1979年更名为中国科学院长沙农业现代化研究所并迁至湖南长沙；2003年更名为中国科学院亚热带农业生态研究所。
② 1979年更名为中国科学院石家庄农业现代化研究所；2002年与中国科学院遗传与发育生物学研究所异地整合，并成立了中国科学院遗传与发育生物学研究所农业资源研究中心，该中心保留独立事业法人资格。

现代化研究所 [①]。每个研究所编制为 200 人，由中国科学院和所在省实行双重领导，党政工作主要由省委、省革命委员会负责，业务工作主要由中国科学院负责。

7 月 20 日，中国科学院向国务院呈送《关于农业现代化综合科学实验基地县会议的报告》（〔78〕科发农字 892 号），全面汇报了 1978 年 4 月 28 日至 5 月 7 日在湖南省桃源县召开农业现代化综合科学实验基地县会议的情况。

报告指出了湖南省桃源县、河北省栾城县和黑龙江省海伦县农业生产方面出现的新问题，归纳起来涉及五方面的问题：一是耕作制度的改革与当地具体条件结合不够，引起生物因素与环境因素之间的突出矛盾；二是农、林、牧业比例很不协调，没有形成三者有机结合、相互促进的农业结构；三是县办工业和社队企业没有得到相应的发展，农业与工业相结合的公社工业化的农村经济远未形成；四是农业机械化面临两大困难，一方面，耕作制度、劳动组织、资金积累不适应机械化的要求，另一方面，农机具本身质量不过关、不配套，价格昂贵，零配件奇缺，维修困难，经济效果差，这些不利因素严重影响农民对机械化的积极性；五是现有的管理水平和科学技术水平与我们正在发展着的规模巨大、内容复杂的社会主义大农业极不适应。

报告提出，基于我们对农业现代化综合实验工作先进性、综合性和复杂性的新认识，进一步明确了农业现代化的规模和速度必须建立在可靠的物质基础上，按经济发展客观规律办事。下一步拟开展三个方面工作，即综合运用现代科学发展农业，在农业生产中实现机械化、电气化、水利化和采用各项新技术，大大提高农业生产力；实行农林牧业相结合，工农业相结合，农业生产的专业化与社会化，科研、生产和农业教育相结合等，逐步改进现有的农业生产组织形式；贯彻按劳分配的原则和逐步实现所有制的过渡。总之，要在基地县进行综合性的科学实验，逐步建成社会主义大农业的生产体系。这一体系应具备的特征表现是，生物因素和环境因素相适应的耕作制度；农林牧业有机结合的农业结构；公社工业化、农业与工业相结合的农村经济；农林牧副渔各业一切可以使用机器操作的地方都实行机械化；与社会主义现代化大农业相适应的生产和科学技术管理水平。为此，三个基地县已着手制

---

① 1979 年更名为中国科学院黑龙江农业现代化研究所；2002 年与原中国科学院长春地理研究所整合成立了中国科学院东北地理与农业生态研究所。

定长远和当前结合统筹安排的全面发展规划，并且切实组织力量有步骤地加以实施。报告提出，先在桃源两个公社、栾城和海伦各一个公社进行综合试验，取得经验后逐步推广，力争提前实现基地县的八年规划。此外，三个基地县还同时在全县开展一些单项试验，如对全县自然资源进行综合考察，制订合理利用方案；土壤普查和加速提高土壤肥力途径研究；培育优良品种，逐步实现良种化；高产、优质、低消耗、高效率及与机械化相适应的耕作制度试验研究；农林牧副渔各业主要生产环节使用的各种机械的性能、配套和经济效果的研究；对农村能源如沼气、石煤、太阳能等的利用研究。

为了落实综合科学实验任务，在桃源、栾城、海伦三个基地县分别组建隶属中国科学院的三个农业现代化研究所。研究所的主要任务是：研究基地县实现农业现代化过程中的科学技术、中间试验和新技术运用；搜集、推广国内外有关先进技术，总结、交流基地县的经验，与国内外有关科研单位进行学术交流；根据条件和可能，帮助基地县培训一些能够从事现代化农业的科技工作和管理工作的人才；协助省、地、县科委做好基地县科研活动的组织协调工作等。研究所大致分设研究室：新技术应用研究室、农业生态研究室、农业经济研究室、资源综合利用研究室、分析实验室。运用中国科学院和中国农业科学院的研究成果，而不重复它们的研究工作。三个研究所的研究内容可根据条件有所区别、有所侧重。目前，三省已给研究所调配了领导力量和科技骨干，中国科学院也委派了专家兼任所长[①]，现已开始工作，边组建边工作，在工作过程中逐步充实机构，开展科研活动。报告还就三个基地县所需科研三项费用及三个研究所的费用等问题做了请示。

恢复设立自然资源综合考察委员会

4月14日，中国科学院向国务院提交《关于恢复我院自然资源综合考察委员会的请示报告》（〔78〕科发计字448号）。

中华人民共和国成立后，国家最早组织的科学考察始于1951年，即西藏工作队对西藏的自然条件、自然资源及社会人文等进行了考察研究。1955年4月，为了更好地组织领导综合科学考察工作，中国科学院成立综合调查工作委

[①] 首任所长：桃源李庆逵、栾城郭敬辉、海伦曾昭顺——编者注。

员会。1955年7月，成立综合调查委员会，领导综合性的资源调查研究工作。1955年11月，中国科学院报送国务院陈毅副总理《关于调整和改善科学院院部直属机构的请示报告》，提出"拟成立综合科学考察工作委员会，协助院长、院务会议统一领导此项综合科学考察工作"，同年12月，经国务院批准，中国科学院成立综合科学考察工作委员会，竺可桢兼任主任。"文化大革命"期间，科学考察工作基本停顿，经国务院批准，1970年自然资源综合考察委员会撤销，除部分人员分散到院内各研究所及省市单位外，大部分人员对口合并到中国科学院地理研究所。1974年12月，中国科学院决定恢复自然资源综合考察委员会，机构名称暂为"中国科学院综合科学考察组"（简称"综考组"，设在地理研究所）。

1978年4月，中国科学院向国务院呈报《关于恢复我院自然资源综合考察委员会的请示报告》。报告指出，根据全国科学技术发展规划，中国科学院承担全国重点地区气候、水、土地、生物资源的调查研究，南水北调对自然环境的影响，农业现代化综合试验研究基地，青藏高原的形成、演变、资源综合开发利用及其对自然条件的影响，能源合理利用等多项重大科研任务，涉及的学科面广，承担单位多，组织协调与综合考察工作量大，目前的综合考察组已远远不能适应新的形势和任务发展的需要。报告提出，在目前中国科学院地理研究所自然资源综合考察组的基础上，恢复设立自然资源综合考察委员会，其主要任务是组织协调我国自然资源（主要是农业资源）的综合考察，对考察结果进行综合研究分析，提出开发利用和保护的意见。自然资源综合考察委员会为院直属司局级单位，人员编制为360人，拟聘请院内外有关单位业务负责人和专家为委员会委员。

恢复设立自然资源综合考察委员会，将全面推动自然资源综合考察工作，为国家有关部门和省（区）开发利用自然资源、制订国民经济计划和地区开发方案，提供大量科学依据，同时促进地学、生物学有关科学研究工作的开展，为农业现代化发展提供重要的基础数据和区划依据。该报告得到国务院批复同意，自然资源综合考察委员会的建制得以恢复。

1982年11月，中国科学院、国家计划委员会发出《关于对中国科学院自然资源综合考察委员会实行双重领导的通知》。1998年1月1日起，自然资源综合考察委员会不再由中国科学院和国家计划委员会双重领导，完全由中国科学院领导。

恢复涉农科研领域的国际学术交流

5月25～30日，中国科学院和澳大利亚科学院根据协议在北京联合召开中澳植物组织培养学术讨论会，39位中国科学家和5位澳方代表出席，来自朝鲜、罗马尼亚、英国、法国、联邦德国、加拿大、日本、荷兰的11名科学家应邀参加。会议宣读了47篇论文，组织了三次专题讨论会。组织培养技术在中国得以广泛应用，已培养出一批花卉、经济作物、蔬菜、海藻等植物，在甘蔗种苗、无病毒马铃薯植株培养、花药培养和单倍体育种技术方面取得进展，在国际上有一定影响，但在涉及生物化学、细胞学、遗传学等基础理论方面我国的技术还比较薄弱。这次学术讨论会的召开，标志着"文化大革命"后涉农领域的国际学术交流活动开始逐步恢复，为中国科学院涉农领域的科研工作向世界先进水平迈进重新开启了大门。

1979 年

农业现代化综合科学实验基地建设取得初步进展

1月6日，农业现代化基地县和研究所工作会议在北京召开，会议交流了工作情况和经验，讨论了1979年应着重抓的几项工作，形成并印发了《关于农业现代化基地县和研究所工作会议的情况报告》。

11月5～14日，国家农委、河北省革命委员会和中国科学院在河北省栾城县联合召开农业现代化综合科学实验基地工作会议，秦力生副秘书长主持会议，李昌副院长到会讲话。参加会议人员共700多人，包括全国16个农业现代化综合科学实验基地和各省（市、自治区）区划办领导同志，有关单位科研人员，河北省、地、县领导同志。桃源、栾城、海伦三个基地县汇报了自然资源考察成果和农业区划工作经验，通过大规模自然资源综合考察，从各方面摸清了自然条件和自然资源，提出了各业的发展方向，一些综合考察成果运用于生产，已起到明显作用，粮棉油和畜产品及农民人均收入都有了明显增长。

确定近期农业科学技术关键课题

4月9日，中国科学院院务会议审定通过中国科学院1979年科研计划安排意见及主要科研项目计划，将农业、能源、材料、电子计算机、激光、空间、遗传工程和分子生物学、海洋、高能物理、国防尖端科学技术十个方面的关键课题作为重点。农业科学技术的关键课题：一是农业科学技术的综合试验研究。主要抓好湖南桃源、河北栾城、黑龙江海伦三个基地县的农业现代化综合试验的科研工作，1979年要完成当地水土生物资源的综合考察，搞好农业区划。抓紧南水北调及其对自然环境影响的研究，要在水量平衡、沿线土壤次生盐渍化等方面进行典型调查和小规模试验，拿出若干阶段性结果。二是对农业生产近期内能起较大作用的单项科学技术，着重抓农业育种新方法、新技术，包括水稻花粉培养技术推广，玉米花粉培养要尽快育出新品种。同时，研究大幅度提高植株诱导率、植物体细胞杂交法，在培养水稻原生质体的愈伤组织方面开展具有先进水平的工作。三是可能引起农业生产重大变革的一些探索性研究。主要抓光合作用研究、化学模拟生物固氮研究及灾害性天气（台风、暴雨等）预报研究。

1980 年

成功研制昆虫性信息素

3月28日，中国科学院动物研究所研制成功果树害虫性外激素。科研人员于1975年和1978年先后研制成功对果树危害很大的梨小食心虫和桃小食心虫两种果树害虫性外激素，经1979年年底的成果鉴定，理化性质和生物活性均达到了国外同类产品的水平，并同有关单位签订了技术转让合同，使其在水果生产和减少农药污染方面发挥更大作用。

4月11日，中国科学院成都有机化学研究所与四川省农业科学研究院、植保植检站等单位协作成功研制水稻二化螟性诱素，对二化螟性诱素合成及其田间测报应用进行了研究和试验。通过大量试验，改进了合成路线，不仅得到了预期产物，而且工艺简便易行、各步产率高、产物纯、生物活性良好、药物性能稳定、持效期长。在田间应用方面，总结出一套较成熟的测报方法，用于田间第一代蛾虫测报能更真实地反映田间蛾群消长规律，较黑光灯初见期早、高峰期明显，同时它还具有使用方法简便、成本低廉、不受电源限制、不污染环境等优点，为群众性测报开辟了新途径。

黄土高原水土流失综合治理被列入重要工作内容

3月29日至4月6日，国家科学技术委员会、国家农委、中国科学院在西安联合召开了黄土高原水土流失综合治理科学讨论会，国务院有关部委、科研单位和高等院校，陕西、甘肃、宁夏、山西、青海、内蒙古、河南七省（区）代表，部分水土流失重点县县委书记共230多人参加会议。会议提出了大量科研成果和学术报告，并针对把黄土高原建设成为牧业基地和林果基地提出了综合治理方案。

中国科学院汇总整理上述会议的主要内容和重要成果，于1980年8月28日向中共中央、国务院呈送《关于加速黄土高原水土流失综合治理尽快建成牧业基地和林果基地的报告》，围绕将黄土高原建设成为牧业基地和林果基地的综合治理方案提出了五项建议。

（1）加速治理黄土高原的迫切性。黄土高原位于黄河中游，西起日月山，东至太行山，北起长城，南抵秦岭，跨青海、甘肃、宁夏、内蒙古、陕西、山西、河南七省（区），面积53万平方千米，包括277个县（全部或部分）。其中，水土流失面积43万平方千米，水土流失重点县138个。这里曾是林草茂密的千里沃野，是我国古代文明的发祥地，也是现代革命的根据地之一。由于历次战争的破坏，特别是历代统治阶级违背自然规律，推行以农为主的生产方针，到中华人民共和国成立前夕，森林复被率由50%多降到3%，变成了千沟万壑的光山秃岭，并使黄河成为世界著名的"害河"。

中华人民共和国成立后，党和政府十分重视黄土高原地区的水土保持工作，投入了大量人力、物力和财力，取得了一定成绩，但由于在生产方针上片面强调以粮为纲，违背了当地的客观规律，治理方针上没有坚持工程措施与生物措施相结合并以生物措施为主的原则，加上林彪、"四人帮"的干扰破坏，人口膨胀的压力，治理赶不上破坏，使水土流失日益严重，"越穷越垦、越垦越穷"的恶性循环有所发展。由于每年下泻泥沙达 16 亿吨之多，下游河床年淤高 10 厘米，又造成大堤"越加越险、越险越加"的恶性循环。目前下游河床已高出地面 3～8 米，有的地方高达 12 米，早已高过开封城墙，严重威胁着两岸 200 个市、县的工农业生产和 1 亿人口生命财产的安全。总之，治理黄土高原已成为刻不容缓的重大问题。

（2）出路在于按照客观规律办事，扬长避短，把黄土高原建成牧业基地和林果基地。这一地区光能资源丰富，昼夜温差较大，但降水量小，年际变化率大，年内分布也不匀，百分之六七十降在仲夏初秋季节，且多为暴雨，发展灌溉的条件极差，粮食生产低而不稳。林草由于耐性和抗性较大，产量比较稳定，还能充分利用早春、晚秋的光热资源，把生产季节延长两三个月，生物生产量比农作物要大几倍。发展牧业可以进行第二性生产（把光合产物转化为畜产品），使光能产物的利用率提高一倍以上。更重要的是，林草能有效地控制水土流失，逐步改变自然环境，为农业生产创造较有利的条件，从而从根本上解决粮食问题。黄土高原是我国落叶果树的发源中心之一，自然条件最适合果树生长，早产、丰产、品质好、着色浓、耐贮藏、树龄长，是我国理想的果树生产基地之一。因此，把黄土高原建成牧业和林果基地，正是扬长避短、充分发挥这一地区自然优势的战略选择。这样做，就有可能使这一地区较快富裕起来，尽早跨入现代农业的行列。

（3）综合治理，分区指导，因地制宜，各有侧重。黄土高原面积很大，自然条件复杂，大致可分五大类型区。一是丘陵沟壑区。丘陵沟壑区占总面积的 64%，应重点发展畜牧业和果树生产，逐步建成牧业基地和果品基地，有些川谷平地可建成小块粮食基地，坡地则应造林种草。二是河谷平原，如关中平原、汾河盆地等。三是塬地，如甘肃东部的董志塬、甘肃中部的白草塬、陕西的渭北塬、宁夏南部的孟塬等。塬地占总面积的 20% 以上，应以农业为主，建成商品粮基地，但也要农牧业结合，以农养牧，兴牧促农，并大力营造农田防护林体系。四是土石山区，主要包括太行山、五台山、吕梁山、六盘山和秦岭等，占总面积的 10% 左右。它是黄河各支流的源头、黄土高原的生命线，应大力营造水源林，建成林业基地，山脚缓坡可建小片果园。五是风沙草原区。风沙草原区约占总面积的 5%，历史上以牧业为主，应建成牧业基地，同时要营造防风固沙林。总之，紧紧围绕两个基地的建设，生产建设方针应该是因地制宜，农林牧业并举，在经营好粮食基地并争取粮食基本自给的同时，大力种草植树和经营果园，积极发展畜牧业和林果业。

黄土高原地区共有土地约 8 亿亩，土地利用的粗略规划是：造林（包括薪炭林、灌木林）2 亿 5000 万亩，建成林业基地，使森林覆被率达到 30% 以上；种草 2 亿亩，占总面积的 25%，建成畜牧业生产基地；营造果园 5000 万亩，占总面积的 6%，建成果品外销基地；耕地控制在 1 亿 5000 万亩，占总面积的 20%，建设基本农田，力争粮食自给；非生产用地控制在 1 亿 5000 万亩，占总面积的 20%。人口由目前的 6000 万人，力争在 7000 万人的水平上稳定下来，其中农业人口 5000 万人左右。

初步估算的建设投资：①种草 2 亿亩，每亩投资 5 元，计 10 亿元，加上种畜场、冷冻精液站、人工饲料基地、牧业机械、饲料工业、畜产品加工工业等建设，共需 15 亿元。播种多年生优良豆科牧草，普遍施用化肥，变天然草原为人工牧场，建成现代化的畜牧业生产基地。②造林 2 亿 5000 万亩，每亩投资 10 元，共 25 亿元。以水源林、水土保持林、农牧防护林和薪炭林为主，乔、灌、草结合，草、灌先行。除发挥水源涵养、水土保持、农牧地防护的功能外，还能获得许多林副产品、部分民用建材，解决生活用燃料问题。③营造果园 5000 万亩，每亩平均投资按低标准 20 元计算（包括果品贮藏加工等），共计 10 亿元。除发展部分水果外，大量发展干果，采用先进科学技术，提高产品质量，主要用于外销。④耕地控制在 1 亿 5000 万亩，按人口平均每人 2 亩，按农业人口平均每人 3 亩。其中，在水土流失严重的 138 个县，新建旱地基本农田 3000 万亩，每亩投资 5 元，计 1 亿 5000 万元；新建水、坝地 1000 万亩，每亩投资 200 元，计 20 亿元；新建小流域综合治理骨干工程 9000 项，平均每项投资 10 万元，计 9 亿元，共计投资 30 亿元。加上原有的梯田和水、坝地，人均可达一亩七分旱地基本农田，八分高产稳产田，力争粮食自给，有余不购，用于发展畜牧业。初步估算共需投资约 80 亿元（粮食生产基地的农业机械化投资未包含在内），按照 20 年建设周期计算，平均每年 4 亿元左右，与目前每年实际投资接近。建成后，据专家估算，每年收入 200 亿元左右，按农业人口计，人均收入约 400 元。上述计划完成后，可基本控制水土流失，使下泻泥沙大幅度减少，下游河床逐年下切，从而免除河患，并节省大批劳动力和大堤岁修、加高费用。黄河每年 400 多亿方水，可用于发电、灌溉和养鱼，经济效益显著。同时，还能北拒沙漠南侵，进而改造毛乌素沙漠，使沙漠变成绿洲。

上述任务何时完成，两个基地何时建成，须由有关省区和地县讨论决定，并制订具体实施计划。

（4）两个基地的建设现在就可以进行。一是飞播林草。先在雨量比较丰富、50 人/千米² 以下地广人稀的地区进行。初步规划约 1 亿亩，其中 3000万亩油松，7000 万亩沙打旺等多年生豆科优良牧草。在人口密度较大的地区，荒地零星，不适飞播，可人工播种。二是实行粮草轮作。轮歇地在撩荒前种草，既不影响粮食产量，又能解决饲料问题，更有利于水土保持。三是营造防护林。可先种柠条等灌木林，使其既是水土保持林，又是薪炭林。四是残存老林区的保护、抚育、恢复和发展。一方面采取措施停止继续破坏，另一方面在迹地飞播造林。五是现在就着手进行果园建设。

以上各条与基本农田建设完全可以同时进行。除此之外，对于 138 个水土流失重点县，设想以县为单元，按小流域分期分批进行综合治理。目前确认陕西米脂、延安、淳化，山西离石、中阳、方山、柳林，甘肃定西、秦安、宁县，宁夏盐池、固原、西吉，内蒙古准格尔旗 14 个试点县（旗）拟作为第一批，严格实行合同制，凡接受国家重点支援的县（旗）需具备三个条件：一是有一个过硬的、有雄心壮志的、能按客观规律办事的县委领导班子；二是有一个科学的治理方案和建设规划；三是有一批技术干部，能从科学技术上保证治理方案和建设规划的执行。凡具备上述条件的就可以签订合同，保证规划的实施，限期改变面貌，国家按合同给予财力、物力和技术力量的支援。目前缺粮的，按过去几年的平均供应水平，继续供应 5 年左右，给予一个打基础时间。每期可以支持多少个县，取决于具备条件的县数和国家能集中投入的财力、物力条件。

（5）几项建议。一是政策上要采取更灵活的措施。为集中精力从事两个基地建设，除河谷平原和广大塬区的粮食生产基地县外，在集体经济力量薄弱、群众生活困难的地区，政策上可以更放宽一些，除分给每户烧柴山外，农业生产责任制可以到人、到户，有些果园也可由个人经营，国家组织收购，以充分调动群众的积极性，使社队能集中更多力量从事基地建设，发展商品生产和加工工业，进行牧（林、果）工商综合经营。关于缺粮问题，据123个水土流失重点县1977年和1978年粮食情况分析，以农村人口自给为标准，87个县自给有余，36个县自给不足，相抵后余7亿斤。以除农村人口自给外，还要满足本县、市非农业人口商品粮为标准，51个县自给有余，72个县自给不足，相抵后缺5亿斤。建议除粮食基地县外，免去粮食征购任务，改为收购畜产品和林果产品，缺粮数由国家供应，5～10年为期，逐步自给，少数条件实在困难的县另行规定。这些粮食，原本国家每年都供应，与其"一年一定"地被动供应，不如主动供应，"一定几年"，以促其早日实现自给。二是科学技术上支援。建议组织全国有关科技力量，对黄土高原进行第二次综合考察，把综合治理方案建立在科学基础上。国务院有关部门和有关省份要积极搞好第一批试点县，并取得经验。建议恢复各级水土保持科研机构，改善水土保持干部待遇，与石油、地质部门野外考察人员的补助等同，有关高等院校增设水土保持专业，地县改一批中学为水土保持、林业、果树、畜牧专科学校，举办各种类型的训练班，大力培养水土保持、林业、草场管理、畜牧、果树、农业、水利等科技干部。三是集中使用投资。目前国家每年用于黄土高原治理的资金并不少，除支援穷队专款和老、少、边专款外，还有水利经费、造林经费、水土保持经费等，但其由于分散使用而不能发挥应有作用。建议从中抽出一部分，责成中央主管部门管理，集中用于分期分批治理的县市。如果平均每县一年900万元左右，5年扶植费用4500万元，5年为期，初步改变面貌。以138个水土流失重点县计算，约需投资62亿元，占80亿元投资总数的77.5%，以20年为期，每年3亿元左右。从上述投资中集中使用这些钱是可能的，国家不用再增加多少，当然能增加一些更好，以便加快发展速度。此项投资应作为专款列入国家计划。四是发展交通运输事业。两个基地建设和发展，将打破自给自足的自然经济，转向专业化的商品生产，交通运输事业需要有较大的发展，建议铁路、交通部门对这一地区的交通运输事业发展及早进行安排。五是严格控制人口增加。人口盲目高速增长，已超过黄土高原地区目前生产能力负担的可能，变成了破坏性压力。因此，要一手抓好综合治理，一手抓好计划生育，力争到 1985 年人口自然增长率控制在 5‰，1990 年控制在零增长，维持相对稳定的人口数量。六是加强领导。建议恢复国务院水土保持委员会，由国家农委代管，各省份设立相应机构，统一组织有关部门力量，重点解决黄土高原水土流失的综合治理和两个基地建设问题。

黄土高原水土流失的综合治理，需要长期不懈地努力，特别是必须按照科学规律办事，必须尊重社、队的自主权。不能急于求成，没有科学的方案，就可能一哄而上。更不能搞强迫命令和一平二调，这是有过沉痛历史教训的，必须引以为戒。

这份报告提出的问题和建议得到中央领导的高度重视，为国家在黄土高原综合治理宏观决策方面提供了重要科学依据，也为此后国家科技计划自"六五"起连续将黄土高原综合治理列入重大项目计划奠定了重要基础。

《中国综合农业区划》完成 [①]

5 月，中国科学院南京地理研究所周立三（1910—1998）等与有关单位合作完成《中国综合农业区划》。

农业区划是按农业地域分异规律，在农业资源调查基础上，根据各地不同自然条件与社会经济条件、农业资源和农业生产特点，按照区内相似性与区间差异性和保持一定行政区界完整性的原则，将全国或一定地域范围科学地划分为若干不同类型和等级的农业区域，并分析研究各农业区的农业生产条件、特点、布局现状和存在的问题，指明各农业区的生产发展方向及其建设途径，是研究农业地理布局的一种重要科学分类方法。农业区划既是对农业空间分布的科学分类方法，又是实现农业合理布局和制定农业发展规划的科学手段和依据，是科学指导农业生产、实现农业现代化的重要基础性工作。

中国农业区划工作在 20 世纪有三个重要发展阶段（1953～1955 年、1963～1966 年、1978 年以后），对国家农业生产发展产生了重大影响。中国

---

① 此条目部分内容摘自中国科学院南京分院原院长余之祥撰写的《周立三与农业区划研究》一文及中国科学院南京地理与湖泊研究所网站——编者注。

农业区划理论与实践的开拓者之一周立三以农业区划作为地理学服务于国民经济的切入点，在这三个时期的农业区划研究中都发挥了开创性的作用。20世纪50年代中期，正值国家开展大规模经济建设时期，作为农业大国应如何规划与发展农业生产是国家十分关注的大事。周立三较早就对我国历史上有关农业地域特点和分异的历史文献有所钻研，对20世纪30年代以来有关农业区域的重要著作做了研究，深知中国自然环境复杂，农业生产的发展规划必须重视自然条件的影响和地域差异。他在这一时期发表了《中国农业区划的初步意见》，提出了全国农业区划分的初步方案，并组织了对西北干旱区、青藏高原区和黄土高原区三大农牧区交错地带的实地考察，编写出版了《甘青农牧业交错地区农业区划初步研究》一书，书中探讨了一级农业区的划分原则。此后，他领导长达4年的新疆综合考察，完成了新疆农业区划的重要成果。20世纪60年代初，我国农业受挫，粮食和其他农产品供应全面紧张，其原因很大程度上是违背了自然与经济规律，用"一刀切"的指挥方式下达农业生产计划。周立三针对当时的情况，在1963年全国农业科技工作会议上与其他科学家联名向国家建议开展综合农业区划研究，受到周恩来总理的关注，农业区划被列为全国农业科技规划的第一项任务。他随即在江苏省积极倡议开展省级农业区划研究并担任江苏省农业区划委员会副主任委员，经过两年努力完成了江苏省农业区划研究报告，对江苏省农业发展提出了全面系统的科学建议，受到江苏省委、省政府的高度重视，在农业生产布局调整中发挥了重要作用，当时所划分的六大农业区至今仍是江苏省指导农业生产的基本单元。1964年2月在全国农业工作会议期间，周立三在北京就江苏省级农业区划应用情况向李富春、谭震林等中央领导及有关代表汇报，农业区划的作用得到充分肯定。国家科学技术委员会于1964年5月专门在江苏无锡召开会议，推广和交流江苏省农业区划的经验。竺可桢、丁颖等著名科学家和各省份有关农业方面的领导参加了会议，《人民日报》就此发表了社论，大大推动了全国各省份的农业区划工作并将其研究成果用于指导农业生产。1978年以来，应国家农委要求，周立三参加并主持了中国综合农业区划的工作，他率领研究团队，以江苏为试点，系统开展了中国综合农业区划研究。作为一项涉及国民经济的重大研究，周立三始终坚持实事求是的作风，他与合作者一道研究得出结论，经过深思熟虑，大胆尖锐地指出我国农业生产中存在着掠夺式经营和严重破坏自然资源与生态环境的问题，同时积极提出了改进的意见。周立三作为中国农业区划研究的主要开创者，不仅注重理论和方法的探索，更加注重服务于生产实践，他主张通过研究总结出的理论与方法要尽可能地为生产计划部门的实际工作者所掌握，从而发挥更大的作用。周立三在农业区划领域的研究工作，从理论上和实践上均具有开创性、示范性和重要作用，为我国农业区划工作奠定了理论和实践基础。

《中国综合农业区划》是我国首部全面、系统论述我国农业资源与农业区划的专著，为分区规划、分类指导和调整农业生产结构与布局发挥了重要作用。《中国综合农业区划》根据地域分异规律和分级系统，从农业发展的角度将全国划分为 10 个一级区和 34 个二级区，同时分别阐明和论述了 10 个一级区和 34 个二级区的基本特点、农业生产发展方向和建设途径，并分别就土地资源、农业生产布局、农业技术改造等重大问题进行了专门分析，对水土资源的合理开发利用和潜力、农业生产布局和结构调整、商品基地选建、因地制宜实行农业技术改造等，提出了新的论点、建议和战略措施。

随后，在国家自然科学基金的支持下，周立三主持编撰完成了研究专著《中国农业区划的理论与实践》（1993 年），系统总结了我国农业生产特点和地域分异规律，并对农业区划理论、方法做了全面探讨。在农业区划的研究中，周立三坚持以实践为基础，从理论上对农业区划进行阐述，在多篇论著中指出农业生产具有明显的地域性、严格的节律性、较长的周期性和生产上的不稳定性，阐明现代化农业必须实行区域化、专业化生产而又必须结合我国国情因地制宜地逐步实现，指出农业生产的地域差异是现实的存在，也是研究农业区划的客观基础；强调自然条件始终作用于农业生产，而且在不同程度上影响劳动地域分工。根据上述理论，研究农业区划的过去、现状及将来的发展趋向，对于调整不合理的农业生产配置具有十分重要的指导意义。在农业区域的划分上，周立三认为应反映现状、预示远景，在不同的经济发展阶段农业区会有相应的变化；与此同时还要看到农业生产配置与自然条件的密切关系，通过分析农业区域的特殊性、复杂性确定农业区的划分方法与分级单位系统，明确指出农业区的划分必须打破行政区划界线，特别是认定较大的行政单位，如省、地区乃至大部分县的组合对农业区不具有任何实际意义，提出了农业区划分级单位系统的完整设想。

1987年下半年，国务院农村发展中心委托中国科学院对中国农村长期发展战略进行研究，中国科学院成立了以周立三为组长的国情分析研究项目领导小组（李松华为副组长，石玉林、陈锡康、胡鞍钢等为小组成员），并将国情分析研究列为中国科学院重大项目。周立三怀着高度责任感接受重任，亲自动手拟写了2万多字的《中国农村国情简要分析》，提出了"生存中求发展，发展中求生存"、现代化只能打"持久战"和非传统模式的基调和思路，这也是之后中国科学院于1989年推出国情研究第一号报告《生存与发展——中国长期发展问题研究》的雏形。

《中国综合农业区划》研究成果获得1985年国家科学技术进步奖一等奖，其他相关研究成果获得1990年国家科学技术进步奖二等奖。中国农业区划的研究成果对我国农业发展的许多重大问题都提出了十分有分量的论述和建议，得到中央有关部门的高度重视和科技界的高度评价，并为国家所采纳。进入20世纪90年代以后，我国国民经济向市场经济转轨，农业资源的开发利用方式也出现了很大变化，但周立三在农业区划领域所建立的基本原理及对中国农业区域所做的深刻分析，至今依然具有理论与实践的重要价值。

中国科学院农业现代化研究委员会成立

为加强农业现代化的研究工作，经9月5日中国科学院院长办公会议讨论通过，决定成立中国科学院农业现代化研究委员会。9月15日，中国科学院印发《关于成立中国科学院农业现代化研究委员会的通知》（〔80〕科发农字1427号），农业现代化研究委员会由委员42人组成，设主任委员1人、副主任委员5人，由正、副主任组成常委，处理日常事务。中国科学院党组副书记、副秘书长秦力生兼任首任主任委员，石山、黄秉维、王耕今、方悴农、侯学煜为副主任委员。中国科学院支援农业办公室改为农业现代化研究委员会办事机构，下设办公室和调研室，负责组织落实农业现代化研究委员会确定的工作事项。

农业现代化研究委员会是中国科学院负责组织研究和试验农业现代化的

专门委员会。其任务是：组织院内外有关科技力量，发挥中国科学院优势，探讨我国农业现代化的理论和方法，做好中国科学院与有关省份合办的农业现代化基地县的科学实验工作，为我国农业现代化贡献力量。其具体工作职责是：①研究国内外农业现代化的经验，探讨我国实现农业现代化的理论和途径。②研究基地县综合科学实验中出现的新情况、新问题，推动基地县的科学实验活动不断深入，总结农业现代化的具体经验。③审查有关研究所长远科研规划和年度计划，评定重点课题和所需的物资条件。④组织有关学术交流和综合的或单项的考察或调查，组织中国科学院有关研究所支援农业方面的科研成果到基地县的中间试验。⑤审定有关重大科研成果。⑥其他工作。

1982 年 9 月 1 日，根据《关于中国科学院院部机构设置及启用新印章的通知》（〔82〕科发办字 0850 号），农业现代化研究委员会更名为农业研究委员会。

进一步拓展涉农科研领域国际学术交流

9 月 16 日，中国科学院在北京召开"土地评价与利用"学术会议，日本、波兰、澳大利亚、泰国、芬兰、奥地利等国 17 名科学家应邀参加；10 月 19 日，中国科学院水稻土讨论会在南京召开，美国、澳大利亚、日本、英国、荷兰、联邦德国等国 53 名科学家应邀参加；11 月，日本东京大学名誉教授田村三郎到湖南省桃源县参加中日合作水稻试验项目总结会。这些会议和项目活动为中国科学院进一步拓展涉农科研领域的国际学术交流起到了重要的推动作用，在向世界开放的同时也更多、更深入地了解国际发展趋势和前沿动态。

《中国农业地理总论》正式出版

由中国科学院地理研究所吴传钧主持编写的《中国农业地理总论》于 1980 年由科学出版社出版，中国科学院自然资源综合考察委员会、华北农业大学、甘肃师范大学、农林部大兴安岭森林勘察队和成都地理研究所等单位参与了合作。

我国农业历史悠久，在种植制度、土地利用、作物结构、生产水平、景观形态等方面，大至全国、小至省区的空间分布和地域差异均极为明显。中华人民共和国成立后，通过多次农村体制变革和大规模经济建设，不同地区商品性生产的发展很不平衡。因此，农业地理的调查研究范围更广泛，"农业地理学与乡村发展"已经成为地理学与资源科学具有显示度的重要研究领域。中国现代地理学的奠基人竺可桢强调，地理学要为国民经济建设服务，特别是要为农业生产服务。

农业地理研究的课题十分广泛，既要对农业生产的各种地域性条件（自然、技术和经济因素）、农业生产的各个部门和各个环节开展专题研究，也要综合地研究不同地区的农业地域结构、类型、区域和农业发展问题。凡存在着明显地域差异的农业生产各方面问题，均可以作为农业地理学的研究课题。

20世纪70年代初，由中国科学院地理研究所倡议，组织编写一套"中国农业地理丛书"，丛书根据中国经济和文化建设的需要，全面反映中国农业地理情况和特征，推动地理科学更好地为农业生产服务。这套丛书是我国最早的区域性农业地理系列论著。1973～1978年，在编写"中国农业地理丛书"过程中，中国科学院继续开展农业资源调查和农业区划工作，同时在较大范围内开展了土地资源、土地利用、作物布局等方面的研究，开展了农业发展战略及其他相关专题的研究，陆续完成了江苏、上海、宁夏、四川、云南、湖南、陕西、湖北、江西、新疆、青海、西藏、内蒙古等省（市、自治区）的农业地理著作。汇集十余年农业区域地理的论著，在综合研究和整体论述的基础上，最终完成了《中国农业地理总论》一书。自1981年开始，中国科学院地理研究所又组织编写了《世界农业地理丛书》，已陆续出版非洲、苏联等地区的农业地理专著。

《中国农业地理总论》是"中国农业地理丛书"的全国总论部分。这部专著以"因地制宜、合理布局"为中心思想，综合论述了我国农业生产发展的条件、特点、存在问题、发展方向和发展途径。农业与各种地域性条件，特别是与自然条件有紧密的联系，各种自然条件（如气候、地形、土壤、水文、植被等），与社会经济条件（如人口密度、居民生产生活习惯、经济发展水平、工业分布、交通运输、市场条件等）在地域上千差万别，强烈影响着农业生产，使农业生产的各个方面和各个环节，如农业自然资源开发利用的方式，农林牧渔业各部门和各种农作物的地域结构和分布、生产方式和生产水平，各种农业技术措施的选用和推广等，无不存在强烈的地域差异。通过研究农业生产及其各个部门、各个环节客观存在的地域差异特征及表现形式，研究农业生产形成的自然、技术和社会经济的原因，探索其形成过程及变化发展趋向，研究由于农业生产地域分异而形成的各种农业地域类型和农业区的形成、结构和发展，使人们认识和掌握了千差万别的农业生产地域特征，因地制宜地规划农业生产，为实现农业自然资源的合理利用和农业生产合理布局提供了依据。

《中国太湖地区水稻土》正式出版

由中国科学院南京土壤研究所徐琪主编的《中国太湖地区水稻土》于1980年由上海科学技术出版社出版（次年出版发行了第二版）。

水稻土是在渍水耕作条件下形成的一类农田土壤，除周期性耕作外，还受到水这个敏感因素的活跃影响，水稻土的形成过程与发生性质均具有与众不同的特点。同时，水稻土又是自然因素与人为因素共同作用下的产物，就其条件、过程与属性而言，我国的水稻土不仅具有共性，而且有明显的地区分异。

《中国太湖地区水稻土》是国内首部系统论述太湖地区水稻土的专著。太湖地区是古老的农业区，地跨北亚热带与中亚热带过渡地区，气候温暖湿润，光照条件较好，适于亚热带经济林木生长，农作物以稻、麦为主，豆、棉次之，据考已有数千年种稻历史，一向被誉为"鱼米之乡"。在长期生产活动中，通过兴修水利、平整土地、劈山造田、筑圩围垦，形成大面积水稻土。随着农田基本建设的发展，已建成大面积的高产稳产农田。以往对该区水稻土发生与肥力的研究（20世纪40~60年代），由于缺乏系统和完整的水稻土分类系统，同名异土、同土异名的现象普遍存在，有碍于水稻土方面科研成果的交流与推广。为了加速农业现代化建设、实行科学种田，非常需要科学的土壤分类作为参考。因此，研究水稻土的发生与分类不仅有积极的生产意义，而且有重要的科学意义。

《中国太湖地区水稻土》系统论述了太湖地区水稻土的研究历史和认知观点，主要包括：水稻土的主要形成过程（氧化还原交替作用、鳝血形成、白土形成），地形、母质与水稻土发生的关系，耕作制度演变与水稻土发生发展的关系，水稻土发生分类（水稻土分类观点、水稻土概念、水稻土分类原则与系统、水稻土类型主要发生特征）等。这部专著为此后中国水稻土的深入研究奠定了重要基础。

1981 年

总结交流农业现代化综合科学实验基地建设经验

1月6～9日，中国科学院在北京召开农业现代化综合科学实验基地县和农业现代化研究所领导干部会议，李昌副院长、秦力生副秘书长兼农业现代化研究委员会主任委员到会讲话，提出要从科技方面入手加快基地县建设步伐。秦力生在1月7日的发言中就搞好农业现代化综合科学实验基地县和研究所工作提出了十个方面的意见：①基地县、研究所的工作要适应目前农业发展的新形势。②要彻底肃清"左"的影响，改革各级管理体制。③要很好地应用农业自然资源综合考察、农村经济和农工商调查与试验的成果。④尽快建立完整的科学技术体系，大力培养科技人才。⑤要调整农业生产结构，促进农林牧副渔业的全面发展。⑥要充分发挥当地优势，积极发展农工商联合企业。⑦希望省（区）党委进一步加强对基地县和研究所的领导，扩大基地县的实验权。⑧搞好研究所的工作，研究所和基地县要相互支持、紧密配合。⑨中国科学院农业现代化研究委员会要组织院内有关学部和研究所，积极支援基地县和农业现代化研究所的工作。⑩加强学术活动，促进学术交流。

5月23～28日，中国科学院农业现代化研究委员会与生物学部、化学部及有关研究所在河北省栾城县召开农业科学研究工作协调会议，有关单位介绍了一批适于石家庄、长沙、黑龙江三个农业现代化研究所推广或中试的农业科研成果，签订了48项协议书，其中推广项目27项，中试或协作试验项目21项。

8月21～30日，中国科学院，黑龙江、宁夏、河北、湖南农业现代化综合科学实验基地会议在黑龙江省海伦县召开，会议总结了基地县建设经验，李昌副院长到会并作重要讲话。会后，根据李昌讲话的要点于10月12日印发了会议纪要，就进一步解放和发展生产力、加快基地县建设步伐提出了十点意见：①加快基地县建设速度问题。提出农林牧渔业单产、人均收入、农业生产总值递增速度、改善生态条件四个具体指标，不搞"一刀切"。②进一步挖掘责任制的潜力。多种形式、适合队情、符合民意、增产增收，不搞"一刀切"。③积极进行体制改革试验。采取积极慎重的方针，体制不变，党政企分开，各司其职，干部轮训，试点先行，摸索经验，不搞"一刀切"。④大力发展多种经营和家庭副业。采取集体生产和个体生产两条腿走路的方针，充分发挥自然资源和劳力资源丰富两大优势，认真实行产供销合同制，扶持农民新的经济联合体，保护竞争，发展多渠道流通。⑤建立和健全农业科学技术体系，包括科普和教育培训系统，生产指挥、参谋系统，技术推广服务系统，科技成果商品化供应系统，情报和研究系统。⑥学会利用农贷加快建设速度。利用农贷可行有效，学会经营管理，精打细算。⑦整顿社队企业、改造县办工业（折股联营，吸收新股，独立核算，按股分红，逐步实行企业化经营）。⑧解决农村生活能源问题。改建节柴灶，种植薪炭林，发展沼气，利用风能、太阳能和煤炭等，因地制宜，多途径解决。⑨严格控制人口增长速度。人口递增速度应与生产发展速度相适应，防止在包产到户和联产承包责任制下出现人口增长失控的趋向。⑩认真总结基地县建设经验和开展综合科学实验的经验。省委加强领导，县委把各方面工作全部纳入基地县建设轨道，生产与综合科学实验相结合，摸索基地县农业现代化建设的路子，探索出一套开展综合科学实验的研究方法。

侯学煜提出"大农业""大粮食"观点 [①]

中国科学院学部委员、中国科学院植物研究所研究员、著名植物生态学家侯学煜通过研究农业生态，提出发展大农业的观点，得到国家的重视和采纳。

1963年，中共中央召开全国农业工作会议。分工领导科学院的聂荣臻副

---

① 摘编自樊洪业主编《中国科学院编年史》(1949～1999)第267、268页（上海科技教育出版社，1999年），略有文字增删。

总理，通过科学院副秘书长谢鑫鹤请侯学煜就农业工作提出意见。侯学煜与姜恕、陈昌笃、胡式之合写的《以发展农林牧副渔为目的的中国自然区划概要》一文，毛泽东、周恩来等看后，指示加印4000册分发各省领导参考学习。这是侯学煜提倡"大农业"思想的开始，其主要内容是呼吁国家要充分利用15亿亩耕地以外的农业自然资源。1979年年初，侯学煜受中国科学院学部邀请做报告，他用在全国各地拍摄的彩色幻灯片说明中国农业自然条件的复杂性，并指出中国山多虽有不利的一面，但可以发展立体大农业，搞多种经营，按生态规律合理利用南方的丘陵和有计划地营造西北防护林体系。这篇报告以"对我国农业发展的意见"为题，发表在7月24日的《光明报》及7月25日《人民日报》的头版头条。这是粉碎"四人帮"后《人民日报》开展农业思想讨论的第一篇论文。

针对片面强调"以粮为纲"产生的问题，侯学煜又向中共中央呈送《怎样解决十亿人口的吃饭问题》一文，提出"大粮食"观点，即凡食物都应该称作粮食，花生、豆类、水果、蔬菜、蛋、奶、鱼、肉、虾等都是食物。根据这一观点，他认为农业经营不能限于种植业的禾本科粮食作物，而应包括农林牧副渔业，即"大农业"。因此，有些地方毁林开荒、滥垦草原、围湖围海造田、填塘造田的行为应当禁止。中央书记处讨论后，指示将他的文章发表在1981年3月6日的《人民日报》上，题为"如何看待粮食增产问题"。4月6日，中共中央和国务院发出"一手抓粮，一手抓多种经营"的指示，纠正在发展农业政策上的错误观念。

1984年，侯学煜出版专著《生态学与大农业发展》，全面阐述了"大农业""大粮食"观点，为国家发展经济和农业决策提供了参考意见。

支持农业发展被放在重要位置

10月9日，中共中国科学院党组向中共中央报送《关于加强中国科学院在促进国民经济发展中的作用的报告》，就科研工作如何进一步促进国民经济发展问题做了报告。报告在谈及今后工作设想时，把支持农业的发展放在首要地位。

报告指出，中国科学院在生态平衡、自然资源综合考察和农业区划等方面已进行了大量工作。今后，要继续研究黄土高原的治理（拟选择一个小流域作试点）；对太湖地区的生态环境和农业发展作综合性研究；南方山地发展农牧业的研究；黄淮海盐碱地的改良和发展农业的研究；对今年①严重水灾的原因综合调查和分析。

要继续研究遗传育种新技术、新方法。运用生物、化学、物理等各种技术和方法，对严重危害主要粮棉作物和林木的病虫害，提供防治的新方法。现有的已经受生产考验的成果，如马铃薯茎尖培养、固氮蓝藻、稻田养鱼鱼种、土面增温剂、性引诱剂、多波束渔用声呐等，要加速推广。研究对农村危害较大的暴雨、台风、冰雹、东北低温等的中长期预报，以及泥石流、滑坡的防治。

在三个农业现代化试验基地县（栾城、桃源、海伦）及固原、盐池两县，根据各地具体情况，在党的农业政策发挥重大威力、农民生产积极性空前高涨的情况下，拟实行因地制宜、集约种植、多种经营、发展工副、加强流通、统筹能源、训练干部、计划生育、生态平衡的综合措施，以大力发展农业生产。在这几个县继续推广中国科学院的48项科研成果及农林部门的有关成果，力争在三五年内产值和人均收入能达到同类地区的较好水平。

这份报告在农业工作方面的表述，符合邓小平同志关于解决农业问题"一靠政策、二靠科学"的思想。

1982 年

黄淮海平原综合治理与开发工作形成新布局

7月，中国科学院生物学部和地学部组织黄淮海平原综合治理与开发攻关项目考察组，历时20天完成了对河北、山东、河南三省十二县的实地考察工作。

9月24日，中国科学院黄淮海平原科技攻关工作会议在北京召开，生物学部、地学部、数理化学部、技术科学部及有关研究所，河北、山东、河南三省的省地县代表，中央和国务院有关部门代表100余人出席会议。会后，

---

① 指1981年—编者注。

中国科学院向国务院提出承担"黄淮海平原合理开发与综合治理"国家科技攻关任务的请战报告。

中国科学院有关研究所过去在黄淮海地区有一定的研究基础，将"黄淮海平原综合治理和合理开发研究"列为重点攻关项目后，组织院内土壤、地理、农业、气象、植物、遗传、微生物、水生生物、化学、遥感、系统科学、计算机技术等有关学科 19 个研究所的 300 多名科技人员，在院外兄弟单位及当地政府的大力支持和密切协助下，进行了多学科、多部门、多层次的联合攻关。经过努力，共完成课题 24 项，撰写论文、报告 150 篇，编著、专著 13 部，收集各类科学数据 700 万个。所取得的成果集中表现出"面、片、点"的特点：①从面上着眼。初步查清了黄淮海平原的自然条件及自然资源，建立了区域农村经济综合开发和资源配置的数学模型，从宏观上研究农业发展战略，为"七五"期间黄淮海平原的进一步综合治理和开发提供了科学依据。②从片上起步。开拓和探索了豫北天然文岩渠流域的总体开发和综合治理途径，对流域内涝问题提出了四种可行性比较方案。③从点上落实。在面、片总体设计指导下，把点选在三个不同类型的示范区上，开展深入研究和推广已有成果，形成了成套适用的技术体系，从而提出了长远的综合治理方案。

11 月 12 日，万里副总理主持召开改革和建立农村教育、科研和技术推广体系座谈会。为落实会议精神，11 月 25 日中国科学院向国务院呈送《关于我院组织有关农业科技力量，为开创农村发展新局面做贡献的报告》，12 月 7 日，万里对报告做出批示："同意，希即抓紧落实。在实践中还会遇到新的问题，不断总结。当前农业要科学的急迫性是群众性的，这是我们发展推广农业科技、为农业发展最好时机和有利条件，并希与科委、农业部门加强协作。"

1983 年

回应中央领导对"水体农业"研究的重要批示

中共中央总书记胡耀邦、中央书记处书记胡启立在新华通讯社第 2501 期

《国内动态清样》上对中国科学院南京地理研究所"水体农业"研究做了重要批示。12月15日，中国科学院为此向中共中央书记处呈送了《关于水体农业研究情况的报告》（〔83〕科发党字464号）。

报告汇报了中国科学院南京地理研究所自1980年开始在东太湖岸边距苏州市东山镇南1000米远的水面开展"水体农业"试验的情况与成效，通过水上种植业和养殖业的结合，探索把我国大型淡水浅水湖泊建设成为现代化综合性的水体农业生产基地可能性。

报告指出，我国淡水湖泊主要分布在长江中下游，有4000多个，但利用率很低，单位鱼产量也一直上不去，如太湖平均亩产仅八斤。究其原因，主要是受到自然因素的牵制。据有关资料估算，目前湖泊光能利用率仅为万分之六七，而一般农田的光能利用率可达百分之一二。提高光能利用率的有效方法是大规模地发展能吸收光能的水生植物。由于湖面宽、风浪大，湖流、水位变动强烈，不利于水生植物的生长，控制风浪成为发展水生植物的关键。

南京地理研究所开展"水体农业"研究和试验的基本技术路线是：利用漂浮水生植物（水花生）建立起能控制风浪的消浪带，并把消浪带内水面园田化或框格化。在此基础上培育水生高等植物，发展种植业和围网养殖业，建立起良性的生态系统，以达到充分利用湖泊水、土及光能等自然资源，多目标开发利用的目的。经过四年工作，"水体农业"试验研究已初见成效。其一，漂浮植物（水花生）消浪带效果显著。1981年9月第12号台风过境，湖面最大波高达56厘米，而消浪带湖面波高仅4.6厘米，消浪系数达90%以上。1982年夏季，消浪带经受住了26米/秒强风的考验。实践证明，漂浮植物（水花生）消浪带结构及性能良好，该项阶段性成果1983年11月8日已通过专家鉴定。其二，水面种植和围网养殖出现很好苗头。自1980年以来，尽管气候、水文条件对于水生植物的生长很不利，但1980年沿岸试验区栽种苏芡亩产果实（种子）仍获得413.7斤的较好收成，1982年栽种的南湖菱最高亩产达1040斤，接近内塘生产水平；试验区内水质新鲜，氧气充足，光能利用率有明显提高。1982年秋进行围网养殖试验，经初步检验，围网结构安全，现已扩大至40亩，投放的鱼苗长势良好。

报告同时提出，试验虽然取得一些初步成绩，但"水体农业"研究和试验涉及的自然和社会因素很多，几年来产量很不稳定，在水生植物栽培、围网养殖等方面还有大量科研工作有待深入进行。为此，中国科学院准备将这项工作列为重点攻关项目，近期的主攻目标是：完善消浪技术，取得围网高产养殖经验，引进优良植物品种，获得较高的收成。与此同时，还要总结提出保护湖泊良好环境的经验。除努力搞好现有 100 亩水面的试验外，拟开展 500 亩水面的扩大试验，争取在围网养鱼方面获得新的经验。目前，在国内外尚未发现类似试验，虽然面临许多问题和困难，但前景是乐观的，有可能探索出一条综合利用大型浅水湖泊资源的新途径。

1984 年

首次在县域农业规划中运用系统工程综合研究方法

2 月 29 日，中国科学院向国务院呈送《关于运用系统工程综合研究海伦县长远规划的情况报告》（〔84〕科发农字 0186 号）。

报告指出，遵照赵紫阳总理关于"农业也要用系统工程"的指示，中国科学院农业研究委员会自 1983 年 10 月至 1984 年 2 月，组织中国科学院黑龙江农业现代化研究所、系统科学研究所等单位，与国防科技大学、东北农学院等单位协作，初步完成了海伦县社会、经济、生态、技术系统总体设计及模型系列研究，这是全面运用农业系统工程的理论、方法和工具（微型计算机）制定县级总体长远规划的第一次尝试，可供全国各县制定农业发展规划参考。

县是个独立的行政单元，其发展涉及社会、经济、生态和技术等方面，是一个复杂的大系统。面对这样一个综合问题，单凭任何一个专业都是无能为力的，必须实行多学科、多专业的协同，同时还需要在不同专业之间有"共同语言"，这就是农业系统工程这门"横断科学"。为此，首先在海伦县举办了全国农业系统工程第四期高、中、初三个培训班（200 人），为当地培养了一支"永久牌"的农业系统工程队伍，这支队伍今后可以负责总体设计的实施、运行和调控，逐步把规划变成现实。通过共同攻关，完成了

100 多个模型，并形成《2000 年的海伦》综合报告。这是运用系统工程综合研究方法开展县域总体长远规划的有益尝试，并且取得了实际成效和成功经验。

报告对《2000 年的海伦》主要内容做了说明，如下。

（1）提出了适合我国国情的"飞鸟型"农村经济发展模式。海伦县作为中共中央和国务院批准的全国农业现代化综合科学实验基地县之一，通过几年实践，提出了"飞鸟型"农村经济发展模式，这是一个生动形象的比喻。农村经济的发展犹如一只飞鸟，必须主体健壮，两翼展开，才能起飞。主体是指种植业，是农村经济发展的基础；第一个翅膀是农林牧副渔业全面发展，走大农业（广义农业）发展道路，目的是建设生态农业；第二个翅膀是农工商综合经营，即实现农村工业化（主要指农副产品加工业，如食品工业、饲料工业、建材工业等），目的是发展商品生产；鸟头是指社会主义精神文明，包括思想建设和文化建设，以共产主义思想教育为核心的思想建设，保证农业现代化沿着社会主义道路前进，以科、教、文、卫、体为内容的文化建设是实现农业现代化的关键。对此模式，黑龙江省决定在全省推广，每地一县，每县一社，学习海伦，进行综合试验。全国其他省（市、自治区），也有很多县正在按"飞鸟型"模式发展农村经济。

（2）找出了单产不高的限制因子（缺肥）。海伦县的粮食单产，1949 年只有 162 斤，近几年也只有 300 斤左右。过去认为这里土壤肥沃，单产不高主要是光、温不足，降水不够。通过系统分析，结果恰恰相反：光能资源丰富，光合生产潜力单产可达 1843 斤，光、温生产潜力为 1026 斤，只靠天然降水的旱地气候（光、温、水）生产潜力也可达 888 斤（其中小麦 1071 斤、玉米 1096 斤、大豆 425 斤），单产上不去的限制因子是缺肥。过去施肥较少，主要靠掠夺地力。土壤腐殖质含量虽高，但每年每亩只能分解 72 斤，所释放的养分是有限的。在亩产 300 斤情况下，农田养分支出大于收入，亏损的氮磷钾数量恰恰是土壤释放的养分数量。因此，要想把单产搞上去，必须增施肥料，这已被生产实践所证明。1982 年大旱，但施肥较多的地方玉米亩产高达 1041 斤，接近气候生产潜力（1096 斤）。在目前有机肥不足的情况下，需要增施化肥，"以无机促有机"（伴随着粮食单产的提高，秸秆、根茬等也相应增加），才能走向生态的良性循环。现实情况是，当地群众既不认化肥，也不会用化肥。这种情况不仅在海伦县存在，整个黑龙江省也普遍存在。只要抓住了这个限制因子，黑龙江省粮食增产的潜力还是很大的。

（3）把能源生产和粮食生产放在同等地位。维持人最基本的生活需要，每人每天所需食物能平均 2400 千卡[①] 即可满足，而所需燃料能却要高一倍。在商品能源不足的情况下，农村生活能源必须靠农村自身解决。因此，农业生产肩负双重任务，既要生产粮食，又要生产能源。过去，由于忽视了统筹安排能源生产，把粮食和能源的生产都压在了耕地上，烧掉了秸秆，挤占了饲料和肥料，使养分难以归还给土壤，从而成为造成农田生态恶性循环的病根。

海伦县的人口从 1949 年的 38 万人增加到 81 万人，人均耕地由 10 亩下降到 4.7 亩，目前粮食仍吃不完，每年可上交几亿斤，但农村生活能源却十分紧张。过去农村生活能源以薪柴为主，秸秆为辅，燃料丰富而有余；后来以秸秆为主，薪柴次之，基本够用；现在，缺柴现象日益加剧，不仅秸秆烧了，有的还烧掉牛粪，且尚缺 1/3。农村生活能源短缺，秸秆不能还田，限制了畜牧业进一步发展，使地力逐年下降，并且破坏了植被，加速了水土流失。每年流失和烧掉的养分，相当于施用化肥总量的八九倍。解决的办法是，充分利用国土资源，大造薪炭林，把能源生产从耕地上转移到其他土地上，以固定更多太阳能，并改为木质气灶，使热效率从 10% 提高到 30%。这样，一斤薪柴能顶三斤用，从而使秸秆用作饲料，过腹还田。当人畜粪尿每亩施用量超过 1200 斤，土壤有机质就会逐步增加，土地就会越种越肥。畜牧业构成合理时（以草食动物为主），每消耗一斤饲料粮，其粪便第二年可增产两斤粮食，就会出现良性循环的放大效应。

（4）大力发展农副产品加工业。农民要想富裕起来，必须大力发展商品生产，重点是发展养殖业和农副产品加工业，两者相互促进，前者为后者提供原料，后者为前者提供饲料。

目前农村工业之所以亏损，从宏观上看是由于结构不合理，从微观上看是由于企业素质太低。

[①] 1 千卡 ≈ 4185.9 焦耳。

从宏观上解决农村工业结构不合理问题。农村工业应立足当地资源，以农副产品加工业为主。应尽量做到"拿走碳氢氧，留下氮磷钾"。例如，糖、油、纤维作为商品出售的是原料、空气和水，肥分全部留在农村。如果出卖甜菜、大豆、亚麻等就带走了大量氮磷钾，出卖未加工的农产品等于同时出卖地力。因此，从工业布局上，糖厂、油厂、亚麻纺织厂等应放在农村，甜菜渣、豆粕等就地做饲料，来发展畜牧业，提供畜产品。

从微观上解决企业素质太低问题。提高企业素质涉及两个方面，其一是智力开发，即提高科技、教育、文化水平，海伦县为此建立了培训、推广、信息三个中心。其二是进行一系列改革，包括改革干部制度、劳动制度和工资制度。打破干部终身制、任命制，实行干部招贤制、选举制和任期制；打破工作岗位"铁饭碗"，实行合同工制；打破工资制度的"大锅饭"，实行浮动工资制度。改革虽会有阻力，但维持现状会使经济难以起飞。

（5）提出了总体优化方案。这次攻关研究的一大突破是，利用"苹果二型"微型计算机，进行农业种、养、加系统的动态仿真，即在计算机上做实验，变动可控变量的参数后，预演整个系统长期的变化结果。现已总体优化形成了七个类型的方案，分别为"农牧型""粮主型""牧主型""缓飞型""商品粮型""突飞型""速富型"。这七个方案实际上是长期发展的七个台阶，从社会、经济、生态三个方面进行综合评价，总体效益最好的是"速富型"，但其投资较大，可行性相对较差，建议和推荐总体效益次好的"突飞型"方案，预期1984～2000年的实施效果是，饲料粮占粮食总产量比例从19%逐步增加到36%，化肥亩施用量从50斤逐步增加到178斤。到2000年，粮食亩产达1059斤，粮食总产26亿斤，上交商品粮12亿斤，畜禽折役畜108.8万头，畜粪尿100亿斤，可增产粮食10亿斤，种养加系统总产值可达9.12亿元，人均1020元。

省、地、县各级领导决定实施"突飞型"方案，力争今年实现粮食单产400斤，总产12亿斤，上交商品粮5亿斤，上交商品猪15万头，人均收入400元；工业扭亏为盈，实现利润200万元；人口增长控制在7‰以内。

7月10日，中国科学院农业研究委员会在北京召开农业现代化研究所工作讨论会，孙鸿烈和叶笃正副院长、胡永畅副秘书长，以及农业研究委员会副主任王世之、李松华等出席，杨纪柯、过兴先、黄秉维、李庆逵、曾昭顺、王天铎、席承藩、牛文元等专家应邀参加会议。王世之做《关于三个农业现代化研究所的任务和工作的意见》报告，进一步阐述了系统工程综合研究在农业规划中的作用，叶笃正在总结会议上讲话。

运用系统工程综合研究方法开展县域总体长远规划的成功尝试，为制定县域发展规划提供了新方法、新途径和现代化的技术手段，为此后全国多地开展类似工作提供了可供借鉴的样板和经验，也为系统工程综合研究服务于农业和农村发展开辟了广阔前景。1986年7月，国家科学技术委员会在全国山区科技工作会议上提出，山区脱贫致富，首先要用系统工程搞好全面发展的总体规划；1987年，据不完全统计，全国有近2000个县不同程度地应用农业系统工程方法来开展总体规划和发展模式的探索。

1985 年

"六五"农业科技攻关项目取得重要进展

在中国科学院的精心组织和指导下，经过科技人员的艰苦努力，中国科学院承担的"六五"农业科技攻关项目（课题）取得重要进展。

1月，中国科学院农业研究委员会组织中国科学院院内有关"六五"农业科技攻关成果参加了在北京展览馆举办的"中国科学院'六五'科技攻关成果展览"。4月，中国科学院农业研究委员会组织有关专家对禹城、封丘和南皮试验区进行"六五"科技攻关项目现场验收。7月，由中国科学院植物研究所、中国科学院微生物研究所、中国科学院动物研究所和内蒙古大学等单位合作研究的"马铃薯无病毒种薯生产及良种繁育体系"通过院级成果鉴定，已有25个省（市、自治区）推广这一成果。9月18～29日，由中国科学院19个研究所、280多人参加的"黄淮海平原综合研究和治理"，封丘、禹城和南皮三个试验区通过项目主管部门组织的现场验收，科技攻关项目成效显著。

11月，由中国科学院云南热带植物研究所与海南农垦局合作开展的"胶茶人工群落的研究与推广"通过院级成果鉴定。此课题研究历时 20 年，经济效益显著。同月，受国家科学技术委员会委托，中国科学院在吉林省长春市组织召开成果鉴定会，对三江平原农业自然资源复查所取得的成果进行了国家级成果鉴定和验收，该项目由中国科学院长春分院组织院内外 30 个研究机构、400 多名科技人员共同完成。12 月，中国科学院在北京召开国家"六五"科技攻关项目黄淮海综合治理总结会，表彰了 5 个先进集体和 52 名先进个人。这一科技攻关项目，三年来共取得 56 项科研成果，收集科学数据 700 多万个，采集和分析各种样品 3000 多个，绘制各种专业图件 30 余幅，发表论文 150 余篇。

调整充实中国科学院农业研究委员会

9 月 2 日，中国科学院印发《关于充实调整"中国科学院农业研究委员会"的通知》（〔85〕科发合字 0935 号）。通知指出，为了适应当前我国科技体制改革和农村经济发展的形势，充分发挥科学家在组织国家重大科技项目中的学术咨询和评议作用，切实加强中国科学院为农业服务的科研项目的学术领导，经 8 月 23 日院长、院党组成员联席会议讨论通过，决定对中国科学院农业研究委员会进行充实调整。

调整后，农业研究委员会的性质是：中国科学院有关农业科学研究的学术咨询和评议机构。农业研究委员会的任务是：①根据国家对农业生产和农业科学技术发展的要求，为中国科学院农业科学的长远规划、年度计划及对全国农业科学的发展和某些农业生产科学技术问题提出咨询意见和建议。②协助院领导组织中国科学院进行农业重大科研项目的可行性论证评审、检查验收和成果鉴定等工作。③调研、分析国内外农业科学动态、发展趋势和市场信息，组织学术交流等。④有关农业科学技术研究的其他工作。

农业研究委员会由 24 名成员组成，设主任 1 人、副主任 3 人、委员 20 人；委员会不设办事机构，日常工作由科技合同局农业处负责。主任委员由中国科学院学部委员、南京土壤研究所研究员李庆逵担任，副主任委员由中国科学院生物学部研究员过兴先、中国科学院林业土壤研究所研究员曾昭顺和中

国科学院科技合同局学术秘书李松华担任，20 名委员来自中国科学院的 17 个
单位。

1986 年

"六五"农业科技攻关项目获得表彰和奖励

1 月 24 日，中国科学院印发《关于对"六五"科技攻关项目进行表彰和
奖励的通知》（〔86〕科发合字 0069 号），决定对 79 个攻关项目给予奖励（其
中 28 个重大奖励），对 83 个攻关项目给予表彰。"棉虫种群动态及综合防
治""黄淮海平原综合治理和合理开发"等 6 个涉农项目获得重大奖励，13 个
涉农项目获得奖励，18 个涉农项目获得表彰。1 月 25 日，卢嘉锡院长在 1986
年中国科学院全院工作会议上的报告中指出，"六五"期间，根据国家建设需
要，开展了黄土高原、黄淮海平原、三江平原等综合治理与开发研究工作并
取得重要成果。

5 月 12～17 日，中国科学院科学技术进步奖评审委员会在北京召开会议，
首次进行科学技术进步奖评审。经评审，授奖项目 687 项，其中，特等奖 3
项、一等奖 63 项、二等奖 206 项、三等奖 450 项。11 月 8 日，中国科学院印
发《关于发送 1986 年度院科技进步奖评审结果的通知》（〔86〕科发计字 1231
号）。据统计，在全部获奖项目中涉农获奖项目为 166 项。

六、充分发挥综合优势为区域农业发展再做突出贡献（1987～1992）

1987 年

科技扶贫走开发治本之路

科技扶贫始终是中国科学院义不容辞的责任和义务。3 月 30 日，中国科学院印发《关于加强"科技扶贫工作组织领导"的通知》（〔87〕科发合字 0352 号）。通知指出，根据国务院贫困地区经济开发领导小组的要求，为加强中国科学院对科技扶贫工作的领导，进一步把全院的科技力量组织起来，充分发挥多学科的综合优势，集中力量为 1 亿贫困地区人民走上富裕道路做出贡献，经院党组扩大会议讨论决定，成立科技扶贫领导小组，由孙鸿烈副院长任组长，领导小组下设办公室，设在资源环境科学局。通知附件二全文印发了 3 月 13 日向国务院呈报的《中国科学院关于脱贫致富和振兴农村经济的情况汇报》。

情况汇报全面介绍了中国科学院科技扶贫工作，如下：

中国科学院作为多学科、多专业的综合研究机构，多年来，在有关农业方面，围绕认识自然，改造自然，促进农业生产发展，做了大量科学研究工作，取得了不少成果。这支研究农业的队伍，包括生物学、地学、化学、物理数学、技术科学和三个专门研究农业的研究所共 64 个，占全院 123 个研究所的 52%，与农业相关的研究人员 6000 余人，其中近 1000 人长期或短期工作在贫困山区、牧区、林区和低产农区（分布在全国贫困山区 15 个片和 3 个边疆民族省区），如秦岭、大巴山、武陵山、横断山、井冈山、沂蒙山，西海固、延安等地区 62 个县，开展了大量科技工作。以 1986 年为例，涉农科研成果达 166 项，这些成果各有特色，对促进脱贫致富和我国农村经济振兴、农业生产水平提高起到了明显的作用。

（1）摸清资源家底。在边远贫困地区，对自然资源（水、土、气、生物）的数量和质量组合、分布及人口、经济、技术等状况进行综合考察和系统分析研究，为中央及有关部门进行国土整治、农业区划，全国山区分区、宜农荒地资源开发、牧业和草场区划及水土资源的合理利用与保护，以及进一步开发自然资源，因地制宜发展农业生产，提供基础材料和基本图件，为宏观决策和战略布局提供科学依据。

（2）开拓和推广农业系统工程。选择全国不同类型地区（南方山区、北方旱作区、东北林区和药区、淮北农牧区等），进行农业资源、社会、经济、技术等系统分析，从整体上研究农业的发展战略，制订综合发展规划和年度计划。从 1981 年开始，培养了 800 多名农村骨干人员，这些"种子选手"又在全国各地分别举办了 200 多期培训班，培训了 1 万多人。现在已有 2000 多个县广泛应用了农业系统工程方法，有的县已改变了贫困面貌。例如，吉林省靖宇县确定了"林、参、药人工生态系统的发展模式"，取得了较好的经济、社会、生态效益。吉林省委决定在全省推广靖宇经验，分批进行，三年完成。1986 年 7 月，国家科学技术委员会在靖宇县召开了山区科技工作会议，提出山区脱贫致富，首先要用系统工程搞好全面发展的总体规划。

（3）区域综合治理和开发。针对华北地区旱涝盐碱风沙、黄土高原水土流失、三江平原沼泽及冷害等低产因素，组织多学科、多部门进行综合研究，采取生物措施和工程措施相结合，进行多途径治理，多方法开发利用，形成不同类型的适用技术配套体系，在同类地区推广应用。例如，黄淮海平原的科技攻关项目，组织了中国科学院院内生物、地学、遥感、系统科学等 19 个研究所 300 多名科技人员与 30 多个兄弟单位协作，三年共取得成果 56 项。初步摸清了资源，建立了四个层次的农村经济、农业资源开发模型，三个典型试区（河南封丘、山东禹城、河北南皮）提高了抗灾能力，粮棉和人均收入在两三年内都提高了 1～3 倍，这一成果正在大面积推广应用。又如，黄土高原水土保持研究，选择宁夏固原等地应用农业科学技术，种树种草，建立了"农林牧镶嵌式的生产结构"模型。仅三年，人均粮食提高了 1.25 倍，收入从 47.5 元提高到 355 元,增长 7.4 倍,增加产值 1.7 亿元,纯收入 3.2 亿元,这一经验已经大面积推广。1986 年 8 月,中国农经学会专门在这里举行了全国贫困地区现场会。

(4)推广单项技术。中国科学院有关研究所从学科特点在遗传育种、病虫害防治、土壤改良、施肥技术、果蔬保鲜、农药、水产养殖、农村能源及农副产品加工利用等方面进行了广泛和深入的研究,每年有大量科技成果推广应用,直接转化为生产力。以两薯(甘薯、马铃薯)为例,我国甘薯、马铃薯种植面积分别占世界首位和第 2 位,但单位面积产量分别排在第 59 位和101 位。多年研究结果表明:甘薯"高、健、优"增产技术,使产量从每亩2000 斤增加到 6000 斤,个别地区达 1 万斤,这种增产技术已在安徽、河南低产区召开现场推广会,并向全国推广,同时还成功研究出用甘薯制作糖果、果脯、全粉等食品,总经济效益达 1.92 亿元;采用茎尖组织培养马铃薯控制病毒病危害,现全国每年种植无病试管苗 100 万株以上,脱毒种薯面积近 100万亩,增产幅度在 50% 以上,以每亩增产 500 斤计,全国可增 5 亿斤鲜薯,增收 2500 万元。现已在全国 25 个省(市、区)推广,大部分是贫困地区,不仅解决了温饱问题,还可以致富。据遗传研究所计算,1983~1986 年,在生产上推广应用粮、棉、油新品种 22 个,全国推广累计面积达 1.37 亿亩,总增产粮、棉达 210.8 亿斤,总效益 22.96 亿元。

(5)立足山区资源、发展外贸创汇产品。湘西地区植物资源丰富,有八角茴香、山苍子、蜡梅等香料植物 250 多种,目前这些资源尚未开发利用。从 1986 年开始,中国科学院与湘西香料所协作,选定 30 种天然香料植物品种,每种提供 50~100 克精油样品,提出香味评价和使用意见方案;组织天然精油开发,以植物根、茎、叶为原料,蒸馏制取。每千克价值几十美元到一二百美元;组织了天然色素开发,魔芋和薯芋综合加工利用等,争取产品外销创汇。在沂蒙山区山东临朐县花岗岩等系列产品开发和水果蔬菜贮藏保鲜、加工、运销、包装等系列配套技术的推广应用。1984 年起,协助临朐县进行苹果、山楂、梨和蒜苗等产品贮藏保鲜,经济效益增加 70 多万元,为贫困山区果品资源增值探索了一条新路。

(6)大力培养农村技术人才。目前,影响农村经济发展、山区贫困的根本原因是人才问题。科技人员数量少，农民文化水平低、科学素质差。因此，尽快培养农村技术骨干，提高农村青年的文化、科技水平和干部管理水平是当务之急的大事。中国科学院采取多种形式培训农村技术骨干。例如，在黄淮海平原中低产地区结合科技攻关，举办技术讲座 65 次，培训农民 4.6 万人次，其中农业技术骨干 118 人；在湘西永顺县连洞乡，培训农民 1000 多人次，包括农业技术员、干部、科技示范户等。遗传研究所研究薯类栽培和加工果品，近两年共办培训班 40 多期，培训来自全国 20 多个省份的农民、乡镇企业员工和干部等 350 多人次，解答来信 1000 余封；在快速养猪技术方面，与中国青年报社等联合办函授班，现有 26 个省的农民、知青、战士等学员 4200 多人，函信 2000 多封，发放函授班教材近 2 万册，发售猪饲料添加剂 3.2 万斤，多数学员来信反映"学到了技术、取得了效果、增加了收益"。选派科技人员到贫困地区兼职是中国科学院科技扶贫工作的一大特色，以沈阳分院为例，1986 年决定派 25 名有一定科技水平和管理工作经验的科技人员到辽西、辽东和辽北等贫困县任副县长，任期两年，首批 11 名科技人员已分赴清源等 11 个县上任。这种方式对加强县级科技领导工作，更好地组织科技力量下乡，帮助经济落后地区脱贫致富起到了积极作用。

中国科学院今后将继续积极开展科技扶贫工作：一是加强扶贫工作领导（现已成立科技扶贫领导小组），统筹计划，组织有关专家制订中国科学院扶贫工作计划和相应的措施，有领导、有组织、有步骤地开展扶贫工作，切实为贫困地区干几件实事，干出效益；二是发挥中国科学院多学科的综合优势，组织全院有关专家和管理人员、技术人员，在原有工作的基础上，集中在全国四五片重点贫困地区（如努鲁儿虎山、武陵山、井冈山、西海固、陕北等）进行全面考察和系统分析，针对当地资源特点和优势，找出贫困原因，制定脱贫致富的科技规划与年度计划，与当地政府和有关部门密切协作，认真落实扶贫项目；三是采取多形式、多途径、多层次为贫困地区培养人才，举办多种培训班、函授班、科技咨询、成果推广现场会等，帮助广大农民和干部提高文化和技术水平，重点培养一批农业技术骨干，逐步形成贫困地区的科技网络。

在《科技扶贫，走开发治本之路——中国科学院 1987 年科技扶贫工作总结报告》中，遵照田纪云副总理关于"扶贫要走开发治本道路，增强贫困地区的自身造血功能和内在活力"的指示，中国科学院全面总结了科技扶贫的工作经验。主要的经验体会是："方向清楚、目的明确"，依靠科技进步，用较少的投入，争取获得较大的经济效益，同时兼顾社会效益与生态效益，以求做到经济、社会、生态三个效益的协调与统一；"建立科技扶贫工作系统网络"，从中国科学院到分院、研究所层面建立领导小组，组织科技扶贫队（组）开展工作，从上到下、从指挥到作战形成完整的扶贫系统，选择重点省份、重点县（乡、村）形成扶贫网络，基本做到组织、人员、任务、经费落实；"上下一心、群策群力"，主要院领导多次分别实地到贫困地区指导和检查工作，众多老年退休科学家、中青年科技骨干克服多种困难，纷纷投身于科技扶贫工作中。"总结报告"也如实反映了科技扶贫工作中存在的问题，比较突出的问题是科技扶贫经费。科技扶贫工作在全院经费紧张的情况下已投入几百万元，仅能保证重点科技扶贫地区，仍需请国家增拨必要的科技扶贫经费。此外，中国科学院科技扶贫下一步的工作重点是：集中有限资金和骨干力量投入重点科技扶贫地区（辽宁朝阳、宁夏西海固），推动重点地区尽早通过科技投入和科技开发实现脱贫致富，从而创造和总结典型经验并向全院其他科技扶贫地区推广；制定相关优惠政策，吸引更多科技力量投入到科技扶贫工作中；及时总结交流科技扶贫工作经验，表彰和奖励科技扶贫先进集体和个人。

向中共中央呈送发展生态农业建议报告

3月31日至4月7日，中国科学院农业研究委员会、中国生态学会、人与生物圈中国国家委员会在广东省鹤山县、中山市召开全国生态农业学术讨论会，人与生物圈中国国家委员会主席、中国科学院副院长孙鸿烈，中国生态学会理事长、学部委员马世骏，中国科学院农业研究委员会副主任曾昭顺等出席会议，全国59个单位85位专家参会。

与会专家就生态农业的概念及边界，我国生态农业的基本经验，生态农业类型、研究方法及网络布局原则，生态农业如何为国民经济服务等问题展开了热烈讨论，他们一致认为，生态农业是当前我国农业发展的必然趋势，是未来农业和农业现代化的发展方向，科研和实际部门应密切配合，总结各地不同类型的典型和模式，因地制宜进行推广。

孙鸿烈指出，生态研究从 20 世纪 50 年代开始，那时竺可桢先生就提出要把生态作为一个完整的系统来研究；20 世纪 60 年代开始进行定位观测试验研究；现在全国有 80 多个定位点（台、站），其中综合点 40 多个，这些综合点应成为深入研究的生态系统综合点，从中筛选出一些开放性试验点，吸收全社会的科研单位和科技人员参加研究。生态农业应该达到经济、生态、社会三个效益统一，既要强调自然保护，又要合理开发利用，建立新的人工生态系统，探索出不同类型区的生态农业路子；强调生态农业研究要注意重视农村能源问题；根据我国人多耕地少的实际，解决中国的粮食问题。

会议起草通过了"发展我国生态农业"的建议，报告会后呈送中央。

农业研究学术评议咨询机构调整挂靠部门

7 月 3 日，中国科学院印发《关于院部机构调整的通知》（〔87〕科发办字 0830 号），撤销数理学部、化学部、生物学部、地学部、技术科学部的办事机构和科学基金局、科技合同局、新技术开发局，在原有以上 8 个部门的基础上，组建数理化学局、生物科学与技术局、资源环境科学局、技术科学与开发局。农业研究委员会、能源研究委员会、环境科学委员会、资源研究委员会作为学术咨询评议组织保留不动，各委员会有一名副主任由资源环境科学局的学术秘书兼任，资源环境科学局的有关处同时作为相应委员会的办事机构。

《黄河流域农业资源开发配置》获国际运筹学会大会奖

8 月 10～14 日，中国科学院系统科学研究所研究员王毓云应邀参加在阿根廷布宜诺斯艾利斯召开的国际运筹学会第十一届大会，并在大会上做了《黄河流域农业资源开发配置》的学术报告，引起与会学者的高度关注和积极评价。以运筹学会国际联盟副主席 B. Kavanagh 为首的评奖委员会经过认真评选，在来自世界各地的 581 名代表提交的许多高水平学术报告中，最终评选出四位专家为大会获奖者，王毓云是获奖者之一。这是我国学者自从 20 世纪 70 年代起参加国际运筹学大会以来首次获奖。

王毓云（1928—1996），系统科学与数理经济学家、资源环境科学专家，是中国数理经济学的重要开拓者之一。他长期致力于系统科学和数理经济研究，开创性地把系统科学、数理经济理论研究与资源环境科学研究结合起来，在地学、生态学、数学、经济学的交叉领域中进行开拓性探索，特别是在黄淮海平原农业资源总体模型等研究领域，取得了一系列重要创新研究成果和经济效益，为中国系统科学和数理经济研究做出了重要贡献。

王毓云的主要学术贡献是，利用系统科学的分析方法，有机、全面系统地综合了生物生产的资源环境与社会经济时空动态复杂性与不确定性，在数理经济的经济均衡 AGE 模型框架领域有所创新。一般经济均衡模型通过满足生产与消费的均衡，从而实现资源最优配置。王毓云建立的黄淮海平原农业资源时空配置数学模型，创造性地以"资源—生产—消费"结构代替单纯的"生产—消费"结构，这样不仅在模型中保证"生产—消费"结构的经济均衡以实现资源最优配置，同时也保证"资源—生产"结构的生态平衡，满足"资源—生产—消费"结构一致，在达到经济均衡时满足生态平衡，从而实现自然资源持续性利用与最优配置的目标。

王毓云的创新性研究是资源环境科学领域中一个崭新的成果，也是系统科学数理经济理论的重要创新与突破。他建立的模型不仅是理论的，同时是可操作计算和应用的，在国内外产生了重要反响。国际学术界对其研究成果予以高度评价：美国总统科学奖得主、美国科学院院士 Hurwitz 教授评价王毓云的"资源配置理论的研究是开创性的和高度重要的"；美国运筹学杂志主编、国际系统分析研究所发起人之一 Miser 教授认为此模型包括了经济生态与环境几个侧面，能说明各种复杂变因与动因。

王毓云的模型研究存在着理论和实际应用上的难度。模型研究的理论难点是因为这是一个区域农业生产的资源环境生态经济巨系统，其中包含数量巨大的小规模农业生产者的小系统，每个小农业生产者在各自不同的小规模特定生产集上，按照各自不同的不规则的生产函数进行最优生产决策，因而难以证明巨系统的经济均衡与生产平衡的存在性。王毓云巧妙地运用了"无原子测度空间的测度值域为凸集"的深奥的数学理论——利雅诺夫定理，证明了巨量小系统集总的系统生产集是凸集及巨量小规模效益农业生产者总农业生产函数是凹函数，从而克服了理论困难；然后运用经济均衡理论，证明了模型经济均衡与生态平衡并存巨系统的系统平衡存在性。国内外众多数学家均认为这是数学的一个极不平凡的应用。模型研究同时存在理论与实际结合的困难，要以严格的数学表达式表达农田生态平衡、林牧渔业平衡、水土平衡、能源平衡、田水平衡、污染废弃制约平衡，这就需要就各种情况的机理进行子模型的研究，并进行微观定量分析，方能做出宏观大范围数量集总。王毓云在模型研究中，全面吸收国内外资源环境科学研究中农业生态、资源环境、水土肥、能源、气象等专业研究成果，进行综合分析应用。同时对广泛调查收集的数据资料进行了变换核算与实证分析。

在实际应用中，按照王毓云建立的模型计算黄淮海平原五省二市十四个自然区点片面的四层次资源配置规划，从体制、策略、战略和实施等从上而下提出响应方案，通过实践取得显著的社会、经济、生态效益。"面"：黄淮海平原自 1980 年起发生巨大变化，粮食生产 5.95% 的年增长率超过全国 3.3% 的平均值，成为全国最重要的小麦产区，模型对这个结果和发展趋势有准确的预期。"片"：河南天然文岩渠流域通过两个五年计划实施检验，其资源配置规划符合预期。"点"：王毓云本人长期工作的河南原阳县实施资源规划，农村经济、农业生产与生态环境均发生了根本性的改变。

王毓云在长期科研工作中始终秉持创新理念，研究思想活跃，不断提出新的研究方向和重要课题。在黄淮海资源战略总体模型中率先提出了资源层次配置效率的概念（同一地区范围的资源最优配置效率因地区层次不同而异）；参加国家重大项目专题"长江上游生态与社会经济条件"研究，建立了水土流失动力方程约束应用经济均衡 AGE 模型（1990 年），并据此制定四川及乌江流域水土流失中长期退耕还林规划；通过对黄淮海农业资源时空配置模型和长江上游水源林水土流失动力约束 AGE 模型的研究，率先提出 3E 理论（1994 年），即经济（Economy）、生态（Ecology）和环境（Environment）的机理关系，建立了数学表示理论，形成了理论框架（经济方面要求经济均衡实现资源最优配置，生态方面要求生态平衡实现持续性资源供给，环境方面要求环境平衡保持环境可恢复性）；参加"国有资产自然资源定价"研究课题，在资源环境生态经济持续理论的基础上，结合数理经济金融市场非完全市场理论，提出矿产森林土地等可竭资源和再生资源在开发不完全市场与国际资源市场变化的适时合理开发最优资源配置理论（1993年），为自然资源定价与合理开掘开发提供了理论指导。

王毓云作为主要贡献者，分别获得1986年"四委一部"① 国家重大攻关奖、1986年中国科学院重大攻关项目奖、1987年中国科学院科学技术进步奖特等奖、1988年国家科学技术进步奖二等奖等。

向国家科学技术委员会报送《全国产粮万亿斤的潜力简析》报告

11月5日，国务委员兼国家科学技术委员会主任宋健对中国科学院农业研究委员会组织编写的《全国产粮万亿斤的潜力简析》报告做出批示："科学院李振声同志参阅。我拜读了你写的整治黄淮海和东北平原的思想，似顿开茅塞，觉得很有道理。"

1987年7～8月，宋健主持召开部委领导座谈会，分析了农业生产形势。当时全国粮食生产处于三年徘徊局面，三年间人口增长将近5000万人，单纯依靠生产关系的调整（以家庭联产承包责任制为代表）很难解决粮食产量徘徊的问题，必须同时提高生产力，没有生产力的改变和技术的提高，粮食产量难以提高。9月，中国科学院农业研究委员会组织专家在北京召开全国粮食生产潜力分析研讨会，主要参与人为李振声、曾昭顺（沈阳林业土壤研究所）、左大康（地理研究所）、罗焕炎（国家地震局地质研究所）、许越先和程维新（地理研究所）、赵其国和朱兆良（南京土壤研究所）、李松华（农业研究委员会）等十余人，经过认真分析和研讨，完成了《全国产粮万亿斤的潜力简析》一文并上报国家科学技术委员会。这份报告的形成，标志着以黄淮海平原中低产田综合治理与开发为核心的中国科学院农业科技"黄淮海战役"打响了前哨战。

《全国产粮万亿斤的潜力简析》一文，通过对全国人均耕地、林地、草地面积和人均地表径流量与世界平均水平的对比分析，针对全国粮食总产量连续几年徘徊的局面，提出合理和节约利用现有资源，合理调整农林牧渔业

---

① "四委一部"指当时的国家计委、国家经委、国家科委、国家自然科学基金委员会和财政部——编者注。

宏观布局，充分应用科学技术，是发展农业生产、达到供需平衡的根本出路。文章指出，从我国主要资源和科学技术应用分析，粮食增产还是有潜力的。

在土地资源潜力分析中，从水热条件、土地质量、自然灾害、生物产量、单产水平、人口密度等因素综合考虑，提出东北平原和华北平原是粮食增产潜力较大的地区，分析了这两个地区农业生产的基本特征，并列举了近些年综合治理取得成效和经验的实例，明确提出这两个地区可以建设成为我国的大粮仓和肉奶基地，为实现粮食万亿斤做出较大贡献。

在水资源潜力分析中，重点分析了华北地区（包括黄淮海平原）的水资源现状及合理调配水资源对提高农业生产水平的作用和影响，认为如何用好和管好汛期水是挖掘水资源潜力的关键，提出了"引黄和治黄相结合""提高灌溉效益、发展节水农业"的具体措施和建议，同时通过具体实例对挖掘水资源潜力做了粗略测算。文章认为通过逐步增加投入挖掘水资源潜力对于实现粮食万亿斤是完全值得的。

在生物资源潜力分析中，文章分别从生物技术在作物良种培育、家畜良种繁育、无毒种苗快繁、生物激素应用等方面的基本原理和实际应用出发，通过实例阐明生物技术在农业生产中的广阔应用前景；同时，通过实例分析指出，传统技术方面也有很大潜力可挖。文章认为，生物资源潜力的挖掘和充分利用，对于实现粮食万亿斤的目标同样具有重要作用。

《全国产粮万亿斤的潜力简析》一文最后指出，以上几个方面潜力的分析，是根据中国科学院多年来为农业生产服务工作中的认识，以科学地利用农业资源和科学技术为后盾的。我国农业的发展涉及水价、农产品价格政策，农业生产责任制和农业科研体制改革等问题，我们在这方面没有经验。作者就工作中的体会，提出三点建议：①加强综合的宏观指导。建议国家组织跨部门、跨地区的农业发展科学管理体系，使行政区划与区域治理相结合，即可减少上下游的矛盾，又可使经济、生态和社会效益一体化，建立以自然单元为主体的优化方案，包括水、土、气、生物等农业资源的开发模型，农林牧副渔业和农工商合理配置模型，以及三大效益的平衡模型的农业结构。②在科学技术投入方面，有侧重，有分工。小流域综合试验区的科研工作，以国家投入为主；为了示范提供依据的应用研究，以省、地投入为主；生产应用推广的规划实施，由农民集资经营，政府可组织和提供技术指导。③稳定农业科技人员。科技人员是试验研究、示范和培训农民掌握、运用科学技术的骨干，应提高他们的社会地位，解决他们的困难，调动他们的积极性，以保证我国农业稳定、持续地发展。

完成并报送这篇分析报告后，1987年10～12月，李振声副院长数次带队赴河南封丘、河北栾城和南皮、山东禹城及安徽蒙城、江西千烟洲等地就农业发展和中低产田综合治理开展调研，其中还专门就综合治理资金投入的滚动使用开展了专题调研，为尽快全面启动中国科学院农业科技"黄淮海战役"进行了实地考察。其间，周光召、孙鸿烈、李振声、胡启恒还专门向田纪云副总理汇报了中国科学院农业工作情况，得到田纪云的肯定和支持。

1988年1月22日，《科学报》头版以"全国产粮万亿斤潜力在哪里？"为题刊登了《全国产粮万亿斤的潜力简析》一文。这篇文章的分析和预期在此后的实践中均得到了充分的体现和验证。

1988 年

黄淮海平原中低产田综合治理与开发工作全面启动

1月15～18日，中国科学院召开黄淮海平原中低产地区综合治理开发讨论会，中共中央农村政策研究室主任杜润生、国家计划委员会副主任张寿到会并作重要讲话；周光召院长，孙鸿烈、李振声副院长等出席会议；李振声传达了田纪云副总理的指示，周光召发表讲话。

杜润生在讲话中说，中国科学院把国民经济作为主战场，服务于农业与地方结合进行大片的综合开发，找到了一个把科技力量和党的全套政策投入密切结合的办法，找到了这样结合的一种形式，这就是一大突破。科学院这次面向国家最大的难题——农业，组织力量进行攻关，是非常有意义的一件事情。一是搞整个宏观研究。科学院要走在其他单位前头。二是微观机制研究。把微观研究与宏观研究结合起来，把各种物理化学手段都用上，综合学科优势发挥出来，在科学的基础上，做出其他单位做不到的贡献。张寿同志表示，这次中国科学院下了很大决心，用更大的规模投入到农业发展这样一个主战场上来。中国科学院科技方面的储备、能量积累得相当多，在这个战场上应该释放出来，并能够付诸实施，国家计划委员会将全力支持这项工作。周光召在讲话中，肯定了中国科学院的改革方向，并指出中国科学院有一支有水平、有觉悟、勇于拼搏的优秀队伍，把他们组织起来，明确奋斗目标，通过共同努力，就有能力为国家做出贡献。国家有需要，我们就有力量，提出的初步设想得到中央和各方面的支持，这是可以大显身手的很好的战场，既能为国民经济服务，又能在这个广阔试验场地做出有水平的科学研究成果。

地理研究所、南京土壤研究所、石家庄农业现代化研究所、南京地理与湖泊研究所分别代表四个基点汇报了与地方共同承包山东、河南、河北、淮北部分中低产地区治理与开发的初步设想，另有 20 个单位的代表或个人作专题发言。会议形成了中国科学院黄淮海工作的宏观战略和指导思想，全面部署了黄淮海平原中低产田综合治理与开发工作，研究落实组织机构、任务目标和人员安排，发挥多学科综合优势，组织动员中国科学院 25 个研究所 400 多名科技人员投入黄淮海平原中低产田综合治理与开发主战场，并将这项任务列为全院重中之重项目，在资金投入、专业技术职务聘任和奖励等方面制定了相应政策，拟定了《关于对参加黄淮海工作的科技人员实行承包津贴的规定》和《关于参加黄淮海工作的科技人员专业职务聘任的几点规定》，形成了总体工作方案。会议决定李振声为中国科学院黄淮海工作的总指挥，当时还任命了"三军司令"（负责人），生物科学与技术局局长钱迎倩为河南片"司令"，资源环境科学局局长孙枢为河北片"司令"，地理研究所副所长许越先为山东片"司令"。此后，根据工作需要，调整推出南京土壤研究所所长赵其国、地理研究所副所长许越先分别为南北两大片区的"司令"。1988 年 1 月 21 日，中国科学院印发了《中国科学院黄淮海平原中低产地区综合开发治理讨论会会议纪要》。

1 月 29 日，中国科学院向中共中央、国务院领导呈送《关于参加黄淮海平原部分中低产田治理开发工作的报告》。报告提出，为促进国家农业发展，实现 2000 年产粮万亿斤的目标，中国科学院通过近 3 个月的调查、准备，并与山东省、河北省、河南省和安徽省协商，决定联合承包黄淮海平原德州、聊城、惠民、菏泽、沧州5个专区，新乡、濮阳、东营3市和皖北涡阳、怀远、亳州、蒙城4县，总计8000万亩中低产地区的综合治理开发任务。预计在5~8年内，年粮食总产量增加50亿千克。承包期间，中国科学院主要负责丰产、高产科学技术试验和成果的推广。30多年来，中国科学院的科技人员在黄淮海平原开展了大规模自然资源调查和科技攻关，在山东禹城、河南封丘、河北南皮等地建立了旱、涝、盐碱、风沙、土地贫瘠地区的综合治理基地，取得了一批重要成果，积累了在不同类型中低产地区进行综合治理的开发经验，建立了几十万亩的推广示范区，为进行大范围的综合治理开发提供了较充分的技术储备。

2月22日，《人民日报》头版头条发表了题为"中科院决定投入精兵强将打翻身仗——农业科技'黄淮海战役'将揭序幕"（记者朱羽、孟祥杰）的报道，这篇报道称"今年起用五到八年时间与地方联合承包综合治理低产田，生产水平将有大幅度提高，粮食总产量可增加50亿公斤"。这篇报道在当时产生了引导和带动作用，大大鼓舞了中国科学院参加黄淮海平原中低产田综合治理与开发工作科技人员的士气。这篇报道也是媒体首次出现农业科技"黄淮海战役"的提法，此后大家逐渐将自1987年下半年由中国科学院联合地方政府共同酝酿、组织和启动的黄淮海平原农业综合开发工作称为"黄淮海战役"。

至1993年，经过6年中低产田综合治理，据中国科学院地理研究所对黄淮海地区339个县的调查，得知中低产田较多的县都获得大幅度增产，表明中低产田治理对粮食增产发挥了重要作用。据1993年统计资料，我国粮食从8000亿斤增长到9000亿斤，黄淮海地区增产了504.8亿斤，占全国粮食总增产量的一半，这与1987年下半年调研分析后预测黄淮海地区的粮食增产潜力（500亿斤）非常吻合。

1996年4月25日，中国科学院黄淮海平原中低产田综合治理与开发项目通过验收。

联合地方政府向国务院呈送请战报告

2月11日，河南省人民政府和中国科学院向国务院及田纪云呈送《关于加快河南省黄淮海平原中低产地区综合开发治理的报告》（豫政文〔1987〕18号），根据河南省黄淮海平原的自然地理和生态条件，划分豫北、豫中和豫南三大片，中国科学院对豫北地区实行承包。同日，河北省人民政府和中国科学院共同向国务院及田纪云副总理呈送《关于在沧州地、市开展中低产田开发治理工作的请示》（冀政〔1988〕27号），提出全面推广南皮、龙王河试验区中低产田和盐荒地综合开发治理科技成果。

7月14日，李振声副院长出席由国家土地开发建设基金管理领导小组、冀鲁豫皖苏五省人民政府组织的关于黄淮海平原农业综合开发建设项目协议书签字仪式。

向中央政府请示和汇报农业综合开发工作

2月27日，周光召院长、李振声副院长出席国务院领导同志主持召开的会议，研究黄淮海平原农业开发问题。4月16日，李振声副院长向国务院秘书长陈俊生汇报中国科学院黄淮海平原农业开发工作情况。4月22日，中国科学院向国务院秘书长陈俊生呈送《关于申请黄淮海平原农业开发项目贷款的请示》（〔88〕科发生字0484号）。该请示中指出，为了快速而有效地把科技成果转化为生产力，中国科学院对科技成果的推广采取了较大的改革步骤，即采取科技人员携带贷款下乡，与地方政府及农民结合，签订合同，共担风险的方式。这将有利于加强合作各方的责任心，使各项工作落到实处。由于在安排农业开发贷款的具体落实中遇到一些实际困难，急需申请低息贷款3500万元。为减少层次，便于资金投放，建议以统贷统还的方式直接贷给中国科学院，还款期限五年。5月23~25日，国务院秘书长陈俊生视察山东省禹城农业试验区，并与中国科学院科技人员座谈，李振声副院长陪同。6月17~18日，国务院总理李鹏等中央领导实地考察山东省禹城农业试验区，周光召院长、李振声副院长、胡启恒秘书长等陪同。李鹏在中国科学院沙河洼试验基地题词"沙漠变绿洲，科技夺丰收"，并为中国科学院禹城综合试验站题词"治碱、治沙、治涝，为发展农业生产做出新贡献"。此前，李振声副院长于6月14日还陪同李鹏参观考察了山东省其他试点台（站）。7月1日，李振声副院长出席国家土地开发建设基金管理领导小组第三次会议，参与研究黄淮海平原农业开发以及奖励在黄淮海地区工作科技人员等有关问题。

11月1日，中国科学院向李鹏、田纪云、陈俊生呈送《关于开展黄淮海平原节水农业综合研究的报告》（〔88〕科发生字1295号）。该报告指出，黄淮海平原现有耕地2.7亿亩，其中增产潜力较大的中低产田2亿亩，到2000年实现年增粮食250亿千克的开发目标，水是最主要的限制因素。由于水源有限，节水成为发展该地区农业生产的战略措施。在具体分析黄淮海平原水资源特点和缺水现状的基础上进一步指出，今后农业用水应以节水为中心，以提高区域性水的利用率和增产效益为目标，以合理调控水源、推广节水技术和提倡适水种植制度为主攻方向。农业节水的主要对策包括：减少灌水损失，扩大灌溉面积；提高土壤蓄水保墒能力，抑制土壤无效蒸发；调整作物布局，提倡适水丰产种植；制定节水调度管理政策；制定缓解缺水的总体节水战略；开发优质实用节水材料。针对黄淮海平原节水农业中的主要问题，中国科学院拟充分利用南皮、禹城、封丘三个试验区已有条件，按照点上试验、片上示范和面上推广相结合，科技人员、地方政府和群众相结合，节水管理政策研究和节水技术开发相结合的原则，尽快提出适宜在面上推广的配套节水技术和总体节水战略，申请五年研究经费300万元。节水农业研究是中国科学院"黄淮海战役"深入发展的重要内容，中国科学院将加强组织和领导，为我国北方地区节水型农业的形成和发展贡献力量。

与地方政府共同推动农业科技成果示范与推广

2月26日，中国科学院与山东省德州地区行署联合召开科技与生产见面会，马忠臣副省长和李振声副院长到会并作重要讲话，会议形成了250多项农业科技成果合作意向，与会人员集体考察了禹城县以"一片三洼"[①]为典型代表的中低产田综合治理与开发工作。3月5日，中国科学院与河南省人民政府联合召开河南豫北中低产地区综合治理开发会议，宋照肃副省长和李振声副院长到会并作重要讲话，会议形成了170多项农业科技成果合作意向，与

---

① "一片三洼"指中国科学院地理研究所在禹城开展中低产田综合治理的四个典型试验示范基地，"一片"指综合试验区——高产田，"三洼"分别指沙河洼——沙地治理、辛店洼——洼地治理和北丘洼——盐碱地治理——编者注。

会人员集体考察了新乡县、封丘县的中低产田综合治理与开发工作。3月7日，李振声副院长在河北省石家庄市会见张润身副省长商讨黑龙港地区农业开发工作，并考察了栾城县农业综合开发工作。5月20日，李振声副院长在北京会见安徽省汪涉云副省长，商讨淮北地区农业开发工作。5月25～27日，中国科学院黄淮海平原农业开发豫北片工作会议在河南省封丘县举行，李振声副院长到会作重要讲话，并考察了封丘县盐碱地改良试验区。5月27～30日，中国科学院农业项目管理办公室与河北省南皮县人民政府联合召开科技与生产见面会，会议形成了70余项农业科技成果合作意向。

建立统筹协调农业工作的领导小组和管理机构

4月2日，中国科学院印发《关于成立院农业项目管理办公室的通知》（〔88〕科发计字0385号），决定成立农业项目管理办公室，作为院农业重中之重项目领导小组的办事机构，负责全院农业重中之重项目的组织管理、计划协调及全院的科技扶贫工作。院农业重中之重项目包括：黄淮海平原中低产地区综合开发治理；红壤改良千烟洲、刘家站、桃源示范推广试验区；黄土高原固原、长武、安塞水土保持示范推广试验区；黑龙江海伦示范推广试验区等。农业项目管理办公室设在生物科学与技术局，时任计划局副局长刘安国任办公室主任。农业项目管理办公室由计划局、生物科学与技术局、资源环境科学局等部门选调人员组成。

5月27日，中国科学院印发《关于成立院农业重中之重项目领导小组的通知》（〔88〕科发干字0629号），成立院农业重中之重项目领导小组，负责全院农业重中之重项目的组织领导、工作协调和重大问题的决策。李振声副院长任组长，生物科学与技术局局长钱迎倩、农业研究委员会副主任李松华任副组长，领导小组成员共17人，领导小组成员刘安国兼农业项目领导小组办公室主任。

《从禹城经验看黄淮海平原开发的路子》为宏观决策提供重要依据

5月23～25日，国务院秘书长陈俊生视察山东省禹城农业试验区，考察了禹城"一片三洼"综合治理试验区，并同中国科学院科技人员座谈，李振声副院长全程陪同。陈俊生在考察时指出："你们创造了科研与生产相结合的典范，为黄淮海平原中低产田改造和荒洼地开发治理提供了科技与生产相结合的宝贵经验。"循此思路，陈俊生秘书长在考察后留下一个工作小组继续在禹城开展深入调研，并在此后不久组织起草一份题为"从禹城经验看黄淮海平原开发的路子"的报告报送李鹏总理和田纪云副总理。报告总结了禹城的四点成功经验，其中首先就是科技投入是关键。报告中有一段感人肺腑的描述："几十年来，中科院、农科院及省内外的科研单位、高等院校的数百名科研人员，一直深入生产第一线，风里来，雨里去，离家别亲，蹲点试验，付出了巨大的劳动，为科学技术转化为生产力做出了重要贡献。大家看到，来自兰州、南京、北京的中国科学院治理沙荒、涝洼、盐碱的科研人员[①]，在荒郊野外的沙滩上、鱼池旁、盐碱窝建房为家，辛苦工作，无不令人感叹敬佩。"这份报告对中央在黄淮海平原农业综合开发和全国农业综合开发中的宏观决策起到了重要作用。

全面部署农业科技开发工作

6月，中国科学院印发《关于我院农业科技开发工作的设想》，这是一份全面部署农业科技开发工作的指导性和纲领性文件。

文件明确指出，党的十一届三中全会以后，农村经济体制改革和相应的一系列农业政策，极大地调动了8亿农民的积极性，使得我国农村发生了巨大的变化，粮、棉、油等农产品大幅度增长，城乡人民绝大多数过上了温饱生活，部分地区开始向小康生活迈进，广大农村呈现出一派欣欣向荣的可喜景象。但是，我们现在仍处在社会主义的初级阶段，我国人口众多，人均农业资源不足，农业生产力水平很低，农业科学技术也较落后，商品经济很不发达，农产品的供应将在较长时期处于紧缺状态。近几年来，我国粮食生产处于年产8000亿斤上下徘徊的局面，伴随而来的是城市肉食供应紧张的情况。农业和粮食面临的形势是严峻的，问题的严重性还在于我国人口数量还在不断增加，人民的生活需求日益增长，这就使得农产品供需矛盾更为突出，它

---

① 分别指来自兰州沙漠研究所、南京地理与湖泊研究所、地理研究所的科技人员——编者注。

直接关系到我国十多亿人口的吃饭问题，制约着整个国民经济的发展。中共中央、国务院非常重视农业问题，并且指出，离开科技进步和科学管理，就不可能在有限的耕地上生产出足够的粮食和其他农产品，不可能在人口不断增加的情况下保持目前的温饱水平，更谈不上向小康以至更高生活水平前进。中央很关注农业问题，又很重视科学技术在发展我国农业当中的作用，作为我国自然科学综合研究中心的中国科学院，更应该重视农业科技工作。经过调研和专家论证，院领导提出了组织中国科学院科技人员投入农业主战场的意见，并多次向中央领导进行了汇报，得到中央和部门领导的赞许和支持，同意把科学院农业科研工作列入国家计划。根据中央的指示要求，院领导决心组织好中国科学院的力量投入到农业方面这个国民经济的主战场上，为实现 20 世纪末年产万亿斤粮食的目标做出贡献。

文件提出，在农业科研、开发、推广上，中国科学院有一定的基础和优势。中国科学院对农业科研工作一直是比较重视的，曾做过大量的工作和较多的贡献。对华北、东北、西北、南方山地、西南四省区（四川、云南、贵州、广西）、新疆、西藏、青海等几大区域曾多次组织多学科资源综合调查。近几年开展新疆水土资源调查和农业生产布局研究，为新疆经济发展战略规划的制定，提供了可靠的依据；在黄淮海平原，从 20 世纪 50 年代开始就进行了多次的资源调查、农业区划和农业战略研究工作。针对该区的旱涝、盐碱、风沙等灾害情况，早在 20 世纪 60 年代初就分别在河南封丘、山东禹城建立了综合治理开发试验区，并取得了很好的效果；对我国水土流失严重、农业生产条件较差的黄土高原地区，在进行全面系统的综合考察规划的同时，分别选定陕西的安塞、长武，宁夏的固原，进行综合治理开发试验，固原上黄村的经验得到中央的充分肯定并被建议大力推广；在东北三江平原地区，开展了农业自然资源的遥感复查并进行了商品粮生产潜力分析与农业发展战略研究，以及多项增产技术体系的试验，在宝清县、富锦县、八五三农场建立了开发试验区。在松嫩平原的海伦县、松辽平原的昌图县及朝阳地区也都做了不少工作；针对南方山地和红壤丘陵地的开发利用，参加建立了江西千烟洲综合开发治理试验区，已经取得显著的经济效益，总结出较为系统的经验，准备在吉安地区进行推广。在主要农作物良种选育和推广方面，中国科学院一些研究所采用生物技术与常规技术相结合的办法，先后选育出小麦、大豆、玉米、油菜、薯类等多种优质、高产新品种，并在农业生产中推广，发挥着重大作用；为大面积提高单产，还应用农业系统工程理论和方法，研究和推广了作物栽培技术规范化，使单产量平均增产100多斤，降低了10%的成本；为促进畜牧业和水产业的发展，开展大牲畜胚胎移植、淡水鱼类的新品种培育及虾、鱼、贝、藻等的大面积养殖，都取得了很好的成绩；在病虫害防治方面，进行了蝗虫大规模防治，蝗灾基本得到控制；棉虫种群动态及综合防治技术，主要农作物和果树病虫害防治技术，农田鼠害和草原鼠害的防治技术，生物防治技术，昆虫性信息素的研究和应用，长效化肥和光解地膜等都取得了很好的效果。中国科学院还通过各种途径和形式开展了科技扶贫工作，取得了较好的成绩。与此同时，在为农业服务的长期过程中，还培养了一大批优秀人才。截至目前，中国科学院在地学、生物学、环境科学和化学等学科领域中，直接、间接从事农业科研的科技人员约有5000人，这是一支相当可观的力量。长期以来，中国科学院在农业科研上积累了不少的应用科研成果，在基础理论和新技术方面，有一定的科研储备和应用手段，同时具有学科较多、兵种较全的综合优势，把微观研究和宏观研究结合起来，把各种手段都用上，并加以很好地综合组织，相信中国科学院这支力量在我国农业由"传统农业"向"现代化农业"转变、由"资源依存型"向"技术依存型"转变的过程中，将会发挥更大的作用。

文件在回顾以往工作的基础上，进一步提出了"深化改革、加强农业科研工作，投入农业主战场的初步设想"。

（1）农业主战场的选择。以往农业科研力量主要部署在黄淮海平原盐碱地、沙荒地及砂姜黑土地，西北黄土高原水土流失贫瘠地，南方红壤丘陵地，东北北部和南部低产、中产地等，这些地区恰恰是今后发展农业潜力大的地区，即将变为农业生产的新战场。考虑到过去的工作基础，把黄淮海平原地区、东北松辽平原、黄土高原及南方红壤丘陵地区作为中国科学院今后相当长时期的农业主战场，这种选择是符合国家需要和中国科学院实际的，这一想法得到了中央的支持。

（2）当前的主要任务是搞好区域性开发。从到各地调查的情况看，最能引起地方政府兴趣的，就是要把我们基点、试区上的成功经验和单项农业技术成果尽快推广到面上，使科研成果变成巨大的生产力。要因势利导，把基点上的经验大规模地推广到面上作为当前的主要任务，同时开展一些需要深入研究的课题。河南、山东、河北、安徽等省都已与中国科学院就联合进行区域性开发治理商定了方案并在落实之中。

（3）预期目标。在参加开发治理的地区，希望通过地方、当地农民和科技人员的共同努力，能较快地实现"农民富起来，社会财富和地方财政收入多起来，研究所和科技人员活起来"的目标。在承包地区，用现代科学技术建设新型农村，把农村发展成因地制宜、资源合理利用、各业充分发展、商品经济发达、环境保持良性生态平衡的新农村典型和农产品基地，并逐步开展大田和设施农业的计划化和最优化研究，在有限耕地上提高农业产出问题研究，加强分子生物学、生物工程学在农业上的应用研究。既能为国民经济发展做出重大贡献，又能做出国内外有水平的科学研究成果。

（4）组织形式与工作方式。区域开发治理工作涉及的范围相当广，包括治理区的自然、经济、社会的方方面面，需要在全面规划的基础上，有计划、有组织、有步骤、有领导地进行，要动员本地区的广大农民积极参加，要筹集大量的资金，要制定一系列的政策、规定。因此，这项工作必须在地方政府的统一领导下进行，把地方政府、科技人员（包括地方科技人员）和农民群众三者积极、紧密地结合起来，才能顺利完成各项任务。中国科学院主要是从科技方面加以支持，在技术规划上加以指导，并做好开发治理工作。

（5）开发项目实行有偿合同制。作为中国科学院重中之重的农业项目，明确由一位副院长总负责，每个具体工作地区和每个单项技术都要有明确负责单位和负责人，进行课题分解，实行层层落实，做到职责清楚，奖罚分明，要制定"责、权、利"配套的规定。

（6）在开发治理上强调综合性、科学性和生产性。综合性就是在对本地区资源综合调查分析的基础上，实行综合开发利用，既要取得经济效益，又要取得生态效益和社会效益；科学性就是强调因地制宜全面规划，首先要提出一个总体开发方案，以成功的科学试验为依据，把实践证明是好的东西推广到面上去，要一点带多点，多点带一片，要试验一个成功一个，推广一个，不能急躁冒进；生产性就是强调科研、生产紧密结合，但力求科研成果要推广到一定规模，要在生产中发挥实际效益，要让农民群众看得见，摸得着，学得起，用得上。

（7）投资与经费使用办法。一个地区的全面开发治理需要很大的投资，面上的大面积治理投资将主要靠中央拨贷款（包括世界银行贷款）、地方投资和农民自筹贷款共同解决。中国科学院将主要采取低息贷款的方式，支持参加农业科研成果推广和局部地区的治理开发工作，这就要求推广开发的项目，必须选择是确有经济效益且能兼顾生态、社会效益的项目，贷款要在3~5年内还清本息。为了支持后续研究工作的开展，实现持续不断有新的科研成果的补充，保持农业稳定增长的后劲，中国科学院已建议按贷款额10%的比例提供拨款，采取贷加拨的办法，供承担任务的科研单位使用。

（8）制定配套政策，奖励和支持中国科学院科技人员投入农业主战场。为了改变晋升职称只重论文、不重实际贡献的倾向，适当解决深入艰苦农村人员的生活待遇问题，中国科学院现在已经初步拟定了《关于对参加黄淮海工作的科技人员实行承包津贴的规定》《专业职务聘任的几点规定》，今后还将进一步完善。

文件明确了对农业开发治理区与单项技术推广项目分工负责的初步安排。作为院重中之重项目，成立领导小组，李振声副院长兼任组长，钱迎倩、李松华任副组长，下设办公室，由刘安国任办公室主任，吴长惠、韩存志（兼）、王燕任副主任。

黄淮海平原中低产地区：

（1）将山东禹城试区的经验和成果推广到德州地区。由地理研究所副所长许越先负责。组织13个研究所150人左右参加，其中盐碱地治理由地理研究所负责，沙地改造由兰州沙漠研究所负责，洼地改造台基鱼塘由南京地理与湖泊研究所负责。在德州地区取得一定经验后再推广到聊城、菏泽、惠民等专区，东营市由沈阳应用生态研究所负责。

（2）将河南封丘试验区的经验和成果推广到新乡市，由南京土壤研究所所长赵其国负责。组织13个单位约190人参加，在取得成功经验后向濮阳地区推广。新乡市西四县由生态环境研究中心负责。

（3）将河北南皮常庄试验区的经验成果向南皮全县推广，并参加沧州专区的综合开发治理工作。由石家庄农业现代化研究所负责。已组织 10 个单位 100 人左右参加。

（4）安徽淮北四县（即涡阳、蒙城、怀远、亳县），由南京土壤研究所、南京地理与湖泊研究所负责组织对该区农业生产提出发展战略规划，并选择涡阳、怀远等县进行治水改土的试验研究。

东北、黄土、红壤地区：

（1）东北松辽平原。首先，主要抓好两个县的开发治理工作。黑龙江省海伦县由黑龙江农业现代化研究所负责；辽宁省昌图县由沈阳应用生态研究所负责。东北三江平原的工作如何开展，还需要中国科学院联系和争取。

（2）黄土高原地区。主要由西北水土保持研究所负责，将宁夏固原上黄村的经验推广到 19 个贫困山区；陕西长武县的开发由西北水土保持研究所与西北植物研究所负责；陕西安塞县由西北水土保持研究所负责。

（3）红壤丘陵地区。由自然资源综合考察委员会负责将泰和县千烟洲的经验推广到整个吉泰盆地；由南京土壤研究所负责搞好刘家站红壤试验区和余江县的农业开发。

农业单项技术的应用推广：

（1）长效肥料的扩大生产和试验推广。长效尿素的生产推广由沈阳应用生态研究所负责；长效化肥和复合专用肥的开发由南京土壤研究所负责；棉花科学施肥由上海植物生理研究所负责。

（2）农作物良种培育与推广由遗传研究所、西北高原生物研究所、西北植物研究所分别承担。

（3）光解地膜的生产推广应用由长春应用化学研究所负责。

（4）病虫害防治。建立三氯杀虫酯农药厂和蚊香厂，由动物研究所负责；昆虫性信息素测报和防治体系的建立由上海昆虫研究所、动物研究所负责。

（5）养殖和饲料开发。以综合饲养为主的农业生态工程实验及低价饵料养殖虹鳟鱼的综合利用技术由动物研究所负责；蛋、肉用鸡良种繁育体系的建立和开发及瘦肉型猪的引种繁育、快速养猪法的推广等由遗传研究所负责。

（6）果蔬保鲜。水果蔬菜保鲜及优良品种引进栽培加工由植物研究所和上海植物生理研究所负责；薄膜、气调果蔬保鲜材料的技术开发由兰州化学物理研究所负责。

（7）综合技术。安徽怀远石榴的果粮间作及种苗基地建设由植物研究所负责；农业专家系统的开发由合肥智能机械研究所负责；废旧地膜回收与新型地膜的再生开发由兰州化学物理研究所负责；表油菜素内酯的应用由上海植物生理研究所负责。

（8）农副产品乡镇企业加工。成都生物研究所负责利用微生物技术提高浓香型酒质量、低度酒生产技术及纤维素酶曲在酱油生产上的应用，提高苦干酒质技术；遗传研究所负责薯类综合利用和开发；植物研究所负责畜禽副产品综合利用；武汉植物研究所负责葡萄酒下脚料综合利用；兰州化学物理研究所负责农机用节油剂开发。

这份文件在此后一段时间内，始终是中国科学院开展农业科研、技术开发、成果推广工作的指导性和纲领性文件。

国家及地方表彰奖励参加黄淮海平原农业开发科技人员

7月27日，国务院发布《关于表彰奖励参加黄淮海平原农业开发实验的科技人员的决定》（《中华人民共和国国务院公报》，1988年17期），中国科学院王遵亲（南京土壤研究所）、程维新（地理研究所）、林建兴（遗传研究所）、傅积平（南京土壤研究所）4人获一级奖，俞仁培（南京土壤研究所）等16人获二级奖，南京土壤研究所已故学部委员熊毅教授获荣誉级奖。国务院邀请获一级奖的科技人员到北戴河休假，李鹏总理等中央领导接见了获奖人员并与他们进行了座谈，周光召院长、李振声副院长出席座谈会。

熊毅（1910—1985），贵州省贵阳市人。著名土壤学家，中国科学院院士（学部委员），中国土壤胶体化学和土壤矿物学奠基人，在土壤物理化学、土壤矿物学、盐渍土改良、土壤发生学、土壤肥力和土壤生态学研究领域有深厚造诣，为黄淮海平原综合治理做出了开创性的重大贡献。1932年毕业于国立北平大学农学院（现中国农业大学），获学士学位；1949年获美国密苏里大学硕士学位；1951获美国威斯康星大学博士学位。曾任中国科学院南京土壤研究所研究员、所长。对土壤化学、土壤物理、土壤矿物、土壤改良、土壤发生分类、土壤肥力及土壤生态环境等进行了研究；他对土壤胶体的研究，对阐明土壤的性质、土壤肥力实质和土壤发生特性有重要意义；在研究中国土壤中黏土矿物方面，根据其演变的顺序，寻找出中国主要土类中黏土矿物的分布规律；他还对华北平原等广大地区土壤作系统调查，提出了统一规划，因地制宜，综合治理旱、涝、盐、碱的原则及"井灌井排"等治理措施；另外，他拓展了水稻土氧化还原的形成学说，并为国内外所公认。1980年他当选为中国科学院院士（学部委员）。从事土壤科学研究超过半个世纪，发表和出版有重要学术价值和影响力的研究论文和学术专著超过百篇（部），为推动中国土壤科学发展做出了重要贡献。

熊毅是20世纪50年代最早开展黄淮海平原科学研究的科学家之一，为黄淮海平原的开发治理做出了创造性的重大贡献。为此，1956年国务院授予熊毅"全国先进生产者"称号，1988年国务院追授熊毅"黄淮海平原农业开发优秀科技人员"荣誉奖。

王遵亲（1923—　），山东省泰安市人。中国科学院南京土壤研究所研究员，土壤学家，中国土壤盐渍地球化学的先驱者和倡议者。长期致力于盐渍土发生、演变、分类及改良利用研究。率先在国内开展水盐运动规律和土壤次生盐碱化的发生及其预测预报研究；在黄淮海平原综合治理中他率先提出水利措施和农业生物措施相结合"因地制宜、综合治理"的指导思想，最先成功地应用机井群开采地下水灌溉压盐，降低地下水位，从而形成了各种形式的井、沟、渠相结合的灌排工程，在防治土壤盐碱化方面取得了突破性成就，在生产上取得了显著成效和巨大经济效益。

程维新（1937—　），中国科学院地理研究所（现地理科学与资源研究所）研究员。曾任山东省禹城市科技副市长（禹城县科技副县长），中国科学院农业项目办公室禹城工作站站长，中国科学院禹城实验区项目主持人。长期从事于农田蒸发与作物需水、区域农业综合治理与开发的研究。1986～1995年，连续主持禹城试验区国家科技攻关项目和中国科学院农业开发项目，总结提出了浅层淡水盐碱洼地、浅层咸水重盐碱荒洼地、季节性积水洼地、季节性风沙化古河床洼地的4种治理模式，首次提出了科技农业园的设想，为黄淮海平原农业开发提供了重要治理模式和有益经验。

林建兴（1927—2017），福建省漳州人。中国科学院遗传研究所（现遗传与发育生物学研究所）研究员，作物遗传育种学家。1960 年获得苏联季米里亚捷夫农学院副博士学位。先后育成 16 个高产、抗病、优质和广适应性的大豆新种质，利用它们为亲本育成 45 个优良品种，其中尤以"诱变 30"和"科丰 6 号"最为著名（累计推广 66.7 万公顷）。这些新种质从根本上解决了大豆病毒病对黄淮海地区大豆生产的危害。他在黄淮海地区享有"林大豆"的美誉；发现光能利用率高、花荚脱落率低的高产大豆基因型，开创了大豆超高产育种新技术和新体系；开展玉米族远缘杂交与玉米种质的创新和拓宽研究，育成高油、高蛋白、高赖氨酸和高光效高产玉米新自交系 50 多个。

傅积平（1934—　），中国科学院南京土壤研究所研究员，土壤学家，曾任中国科学院封丘试验站站长。长期从事土壤改良培肥和区域农业综合治理研究。自 20 世纪 50 年代开始，先后参加了熊毅和席承藩先生领导的为长江和黄河流域规划所开展的大规模土壤野外调查，主持北京市土壤普查工作；参加中国科学院组织的河南封丘试验区旱涝盐碱综合治理试点工作；与中国农业科学院科学家合作主持河南省沁阳县柏香基点农业高产试点工作；主持安徽城西湖机械化农场土壤改良培肥工作；主持封丘试区"六五""七五"国家科技攻关项目；主持建成封丘农业生态开放试验站和潘店万亩示范区。

11 月 25 日，山东省人民政府发布《关于表彰奖励黄淮海平原农业科技开发先进单位和个人的决定》，授予禹城县"黄淮海平原农业科技开发先进县"荣誉称号，中国科学院地理研究所、遗传研究所、兰州沙漠研究所、南京地理与湖泊研究所等单位共 42 名科技人员获奖（一等奖 18 名，二等奖 24 名）。

广泛宣传黄淮海平原农业开发科技成果和科技人员奉献精神

1988 年 10 月 5～26 日，中国科学院邀请新华社、人民日报社、中国日报社、光明日报社等七家新闻单位的记者赴黄淮海平原农业开发现场采访。通过组织采访活动，在不到一年的时间内，七家新闻单位的记者先后在各大主流媒体发表了数十篇纪实报道和评论，对于广泛宣传中国科学院农业开发科技成果和科技人员的奉献精神起到了积极的导向作用，引起了很大的社会反响。

1989 年

向国务院和中央领导呈报华北缺水问题战略研究报告

3 月 10 日，中国科学院向国务院呈送《关于呈送地学部"关于解决华北地区缺水问题的建议"的报告》（〔89〕科发资字 0268 号）。当年 1 月，中国科学院地学部在北京召开了部分院士（学部委员）和国内水资源专家参加的水资源合理开发利用（以华北地区为主）研讨会，与会学者就解决我国华北地区缺水问题进行了广泛和深入的讨论，根据与会代表的意见，将《关于解决华北地区缺水问题的建议》作为报告附件上报。

该建议指出，华北地区是我国重要的粮棉生产基地和能源基地，工业发达，人口密集，该区人口和耕地分别占全国总量的 11% 和 15%，但水资源总量仅 510 亿立方米，只占全国的 1.8%，人均、亩均水资源量不及全国平均数量的 1/6 和 1/10。全区总用水量已达 400 多亿立方米，河川径流和地下水的开发程度均居全国之首，但仍不能满足日益增长的需求。很多地区工业生产和居民生活受到影响，农业灌溉面积萎缩，河川断流，地下水位大幅度下降，水域污染，水资源供需矛盾日益尖锐，形势严峻，已严重影响并制约国民经济发展和人民生活安定。目前，工业和城市水资源的供需矛盾主要集中在京津唐地区和山西能源基地的太原与大同盆地，农业的用水矛盾主要集中在河北黑龙港地区。春旱现象在华北地区普遍，枯水年份供需矛盾更为突出。造成水资源供需矛盾的原因，一方面是水资源承载能力弱，连续多年的枯水期给供水造成更大困难；另一方面是人为因素导致的供需失调，使矛盾尖锐化，有些决策者往往不把水资源作为发展经济的基本条件，只顾产值翻番，不重视水源建设。在统筹规划基础上，着力解决好重点地区和重点时段的缺水问题，是当前缓解华北地区水资源供需矛盾的关键。

该建议还就缓解华北地区水资源的供需矛盾提出若干建议：①加强节水工作。农业上衬砌渠道、管带输水、平整土地、农田覆盖、耕作措施、灌溉技术、培育耐旱品种、调整作物结构与布局，以及科学地调整水、土、作物之间相互关系，减少灌溉用水量等综合措施，如在全区一半左右耕地上普遍推广实现，每年可节水大约 50 亿立方米。工业方面通过企业内部加强管理、改进工艺梳理和技术改造，提高水的重复利用次数，在现状用水 58 亿立方米的基础土可减少工业取水量约 20 亿立方米。②加强水资源管理。根据《中华人民共和国水法》，尽快制定具体细则，这是当前确保合理开发利用水资源的关键。在区域水资源规划的基础上，流域或地区间的水资源调配，要通过各自水主管部门签订协议进行补偿。部门间的用水调节，如工业城市占用农业用水也应进行有偿转让。在各种水事纠纷中，要做到有法可依，把水管理工作纳入法制轨道。水资源管理机构应有计划、有步骤地对地表水与地下水，供水与用水，排污与污水处理进行统一规划与管理。③加强水资源保护。全区污水排放量 37 亿立方米，其中有 80% 未经处理，污染了地表水和地下水，减少了可利用水量，危害了人民群众的身体健康。严格控制污水排放标准和排放总量，采取氧化塘生物土壤处理系统，以及污水处理厂等多种措施，把净化后的污水用于工业或农业灌溉，既可在一定程度上缓解用水的供求矛盾，又可减少污染，保护生态环境，因此，此方法应积极安排实施。④适当开源，搞好水资源调配。要充分发挥现有工程效益，进行科学的调度运用，正确处理防洪与兴利的关系，提高供水能力。同时要积极创造条件，兴建一批新的水资源工程，进行水资源合理调配，以丰补缺。华北地下储水构造富水性好、调蓄能力大，应充分利用地下库容，建立地表水与地下水联合调控系统，扩大水资源可利用量和治理因超采引起的环境恶化问题。黄河目前仍有一定水量可引，增加一定引水量补给华北地区是可能的。但从长远看，随着黄河中上游能源重化工基地的建立和经济发展，中上游的用水量必将大量增加，下游的可用水量势将减少。有专家认为，从 20 世纪 60 年代中期开始至 1988 年，华北地区降水量连续多年出现负距平现象，今后可望有所回升，但随着全球性的增暖，蒸发力的增强，干旱化仍有继续发展的可能。因此要从长计议，认真考虑区外调水问题。关于南水北调工程，要给予应有的重视，对不同方案的调水规模、投资规模、经济效益、环境影响及调度管理等方面论证工作要积极进行，做好前期准备工作，对东线引水的实验性、小规模、应急的调水，可相继进行，以取得远距离调水经验。

该建议提出，"八五"期间，建议开展"华北地区水资源合理开发利用决策系统的优化模型及典型区试验示范"的研究。这一研究将结合国家社会经济发展的阶段与水平，把水资源合理开发利用的各个支持系统综合起来，统筹考虑，提出近期、中期与远景因地因时制宜的水资源合理配置方案，并建立若干典型试验示范区。这一大型系统问题，涉及自然科学技术、社会经济与生态环境多部门跨学科的研究，希望能列入国家重点攻关项目。此外，对旱涝灾害的长期预报和气候变化预测研究，对应用不同新技术手段探寻和利用新水源（包括充分利用土壤水、微咸水、海水等工作）的研究试验，也应积极进行。

4月6日，中国科学院向李鹏总理、田纪云副总理、陈俊生秘书长呈送《关于对山东西北、沿海及临沂地区考察的报告》（〔89〕科发办字0447号），根据3月6～19日周光召院长、李振声副院长在山东省德州、聊城、惠民、东营、烟台、临沂和青岛7个地（市）20个县（市）及烟台、黄岛2个新技术开发区考察和调研的情况，汇报了中国科学院黄淮海平原农业科技开发工作及讲师团在山东的工作，反映了莱州市海水倒灌迅速扩大的严峻问题。

关于黄淮海平原农业科技开发工作，该报告提出了三点印象与建议：①鲁西北地区相对地多人少，发展农牧业生产确有很大潜力。从山东禹城的经验看，只要有适当的政策、资金与科技指导，进行开发治理后，这种潜力就可以变成为现实的生产力。②黄淮海地区的开发急需科学技术指导。在整体规划指导下通过农业新技术的试验和示范，使地方政府和群众主动地看到了科学技术的作用，产生了对科学技术的迫切需求。③要使科技人员在农村长期坚持下去，需要政府的支持与建立新的机制。当前科技开发有两类不同性质的工作，一类是属于社会效益显著，但结合实际进行科研的费用缺乏，而且科研人员也很难从中得到收益的工作，如治沙；另一类工作是具有经济效益的，如公司化经营，应鼓励科技人员继续探索有偿服务的路子。

关于莱州市海水倒灌迅速扩大的问题，该报告对此做了简要汇报。由于近十年来降雨量减少，农田与工业用水增加，莱州市（原掖县）有251平方千米的地下水位低于渤海海平面，最大负值达14.6米，1988年海水向内陆浸染速度达到404.5米，即每天前进1米多，海水浸染面积已达201.96平方千米。

去年用海水浸染过的井水浇灌后导致小麦死亡，加之去年秋天播种时无雨，据该市估计已有 8 万亩地没有种上庄稼，导致荒草满地，减产粮食 1.5 亿斤。著名大气物理学家叶笃正等专家认为，海水倒灌问题在北方沿海可能不止一处发生，必须引起高度重视并尽快组织考察与研究防治措施，山东省人民政府对此十分重视，拟与中国科学院联合组织调查，并建议中央政府将此问题列入"八五"科技攻关计划，可先从山东做起。此后，在国家"八五"科技攻关计划中"海水倒灌"被列为重大项目。

首次明确提出"资源节约型高产农业研究"命题

3 月 24～28 日，中国科学院农业研究委员会在北京召开座谈会，李振声副院长和 13 名委员参加会议。经过讨论，形成了中国科学院"八五"农业项目规划意见，首次从战略高度明确提出了以"资源节约型高产农业研究"指导中国科学院"八五"农业科技规划编制。

对于"资源节约型高产农业技术体系"初步提出在三个方面开展研究工作：其一是完善中低产田综合治理配套技术，改善不利的农业生产条件；其二是加强农作物良种和高抗逆性品种的选育、推广与提纯复壮；其三是积极推广应用水、肥、药、膜等农业新技术，提高综合效益。节水农业的主攻方向和目标是减少渠道输水渗透、抑制地面无效蒸发和改善用水管理制度，提高 20% 的水的利用率；肥料以有机、无机并重，发展长效化肥和微肥，减少肥料损失，使化肥肥效提高 20%；开发新型农药，根据昆虫群体抗药性的变化有效利用现有农药，使农作物病虫害造成的损失减少 20%；深入研究长寿和降解农膜，开发各种功能膜，提高农膜利用效率。中国科学院已从三个方面初步安排了一定的研究工作，把各有关研究所的潜在优势组织起来，形成一支能作战的队伍，为"八五"期间科技攻关做好准备。此后，"水、肥、药、膜、种"成为"八五"农业重大项目的核心研究内容。

及时总结经验，明确研究方向，调整充实队伍

12 月 15 日，在 1990 年度中国科学院工作会议上，周光召院长、孙鸿烈副院长的报告分别对黄淮海平原中低产田综合治理开发工作提出了重要意见。

报告指出，今后一个时期，农业对我国的稳定和发展依然具有特殊的紧迫性，除继续加强对中低产地区的综合开发和治理、作物品种改良等工作以外，要加强资源节约型高产农业的研究，为发展农业科学和进一步提高农业产量做出新贡献；在黄淮海地区，仍以中低产田治理和荒地开发为主攻方向，把封丘、禹城、南皮单个点上的成果和经验扩大到面上；新开辟了18个万亩试验示范区，工作面已由原来的三个县扩大到五个省的44个县（市）。

12月17日，中国科学院农业项目管理办公室提出了《中国科学院农业科研及技术推广工作情况报告》。该报告从四个方面总结了黄淮海平原农业科技开发工作的情况，分别是问题与希望、成绩与效益、责任与奉献、挑战与对策。该报告回顾了自1988年初国务院决定将黄淮海平原列入国家农业重点开发地区后中国科学院黄淮海平原农业科技开发工作的情况，此时已有30多个研究所的600名科技人员（其中高级研究人员近200名）活跃在农业科技开发工作第一线，主要集中在冀中、鲁西北、豫北、苏北、皖北地区。在国家计划委员会、财政部、国家科学技术委员会、国家农业综合开发办公室的指导和大力支持下，经过科技人员与当地政府通力合作，取得了突出的成绩。农业项目管理办公室制定了一系列管理办法和配套措施，强化项目管理。该报告同时提出了"海水倒灌""科技农业园"等新问题和新概念，为其后陆续开展相关研究工作提出了新的命题。

12月27日，国务院在北京召开全国农业综合开发经验交流会，李振声副院长出席并作大会发言。

《中华人民共和国国家农业地图集》正式出版

由国家地图集编纂委员会主持，中国科学院南京地理与湖泊研究所和中国科学院地理研究所主编的《中华人民共和国国家农业地图集》由中国地图出版社公开出版发行。这部图集是我国第一部国家大地图集暨大型综合性农业科学参考地图集，系统反映了我国农业生产条件特征、分布规律及中华人民共和国成立以来农业生产成就和最新研究成果，为国家农业生产结构和布局的宏观决策提供了重要科学依据，推动了中国农业地理学的发展。

这部地图集形象、直观、系统、综合地反映了中国农业生产特点、分布规律及区域差异，为因地制宜开发、利用和保护自然资源，合理安排农业布局，制定生产规划提供了重要参考和科学依据。图集共分为五个图组：第一图组为序图，反映了中国地理位置与疆域、行政区划、人口、民族、农业历史发展与成就以及全国农业分区；第二图组是农业自然条件与自然资源，主要反映与农业密切相关的地貌、气候、水文、土壤、生物资源、农耕能源等分布状况及其质量特征；第三图组是农业社会经济条件和技术设施状况；第四图组是农业各部门、各作物的分布特征和生产水平；第五图组是农业土地利用，除全国农业土地利用图外，以较大比例尺选择了有代表性的各地区典型图幅。

"中国国家农业地图集及其编制研究"先后获得 1989 年中国科学院科学技术进步奖一等奖和 1990 年国家科学技术进步奖二等奖。

1990 年

中国科学院"科技兴农"工作的特点、格局、优势和基本思路

3 月 2 日，国家科学技术委员会在北京召开全国科技工作会议，主要内容是"科技兴农"，孙鸿烈副院长出席会议并代表中国科学院做了题为"大力加强农业科学技术，为农业的持续、稳定、协调发展贡献力量"的大会发言。

孙鸿烈在此次会议的发言和之后 6 月召开的中国科学院农业研究委员会工作会议的发言中，深刻分析了科学技术在农业工作中的地位、影响和作用，全面论述了中国科学院农业科研工作的特点、格局和具有的优势，以及农业研究与开发工作的基本思路。

我国的农业生产，自中央十一届三中全会以来取得了巨大成绩，农村经济迅速发展，农民生活水平普遍提高，这充分说明发展农业"一靠政策、二靠科技、三靠投入"指导方针的正确性。中央十三届五中全会进一步提出："要迅速在全党全国造成一个重视农业、支援农业和发展农业的热潮，齐心合力把农业搞上去，确保粮食、棉花等主要农产品稳定增长。"邓小平同志指

出：农业问题最终可能是科技解决问题。这是从客观实际中总结出来的正确论断。要使我国农业持续稳定地增长，不断地满足人民生活和工业消费的需求，依靠科技兴农，是一条必然抉择的道路，也是摆在科技工作者面前艰巨而光荣的任务。

我国的农业科技发展及农业科技成果应用推广，在经历了"小范围、长周期、低水平和封闭式"的阶段之后，正逐步过渡到以"全面普及，综合配套，提高区域整体生产力水平"为标志的新时期。国家组织的重点区域农业综合开发、一系列农业科技攻关项目、"星火计划"、科技扶贫工作等，在这种过渡和转变中，起到了重要的导向作用和极大的促进作用。农业科技发展及农业科技成果应用推广不仅是结束目前农业徘徊、走出困境的当务之急，也是从根本上促进农业持续、稳定、均衡和协调发展的必由之路，具有重大的现实意义和战略意义。

一个国家农业生产水平的高低，除了取决于政策保证与不断增加投入以外，在相当程度上取决于科学技术发展水平及它在生产力转化中的数量、质量和速率。20 世纪 60 年代以来，世界各国的农业科研与科技成果应用推广，可以概括为三个基本目标：其一，在基础研究、实用技术、生产力转化三个层次上促进农业科技同步发展；其二，在投入水平有限的条件下，力争获得高效、持续、稳定和大面积均衡的最优产出；其三，促进农业科研不断深化与农业技术更新周期缩短。我国农业要实现从传统生产方式向现代化生产方式的转变，也必须在合理利用资源、保护生态环境、优化投入产出的前提下，努力促使上述目标的实现。

根据中国科学院 40 年来围绕农业发展科研工作的体会充分认识到，要实现上述目标，必须特别注意处理好以下几个基本关系。

（1）基础研究与应用推广的关系。为了保持农业持续、稳定、协调发展，必须有相应的基础研究作后盾，才能使农业科技发展有强大的后劲。为了使科技成果的转化取得直接的经济效益，还必须有相应的试验、示范和推广作为基础研究向应用、开发的延伸。例如，在 20 世纪 70 年代，中国科学院率先开展了烟草花药培育植株的基础研究并取得成果，在此基础上又将这一成果转移到其他作物、苗木和花卉育种方而，取得了相当显著的经济效益。这类例子有力地说明了基础研究与应用推广的关系。

（2）综合配套体系研究与单项技术研究的关系。农业科技成果的应用推广工作，既要注意单项农业技术的开发，更要强调综合性配套技术的开发。配套技术由单项技术合理匹配而构成，只有精心组成适合于特定地区的配套技术才能使其更好地发挥作用，促进农业生产的全面发展，真正实现持续、稳定、协调和提高总体生产力的目标。中国科学院在黄淮海平原中低产田综合治理与开发工作中，既开展灌溉、施肥、育种、植物保护等方面单项技术的研究与成果推广工作，又因地制宜地提出治碱、治涝、治沙等方面的综合治理配套技术，在生产中显示了巨大的作用。

（3）区域宏观决策研究与具体开发治理项目的关系。中国科学院在工作中认识到：一方面，必须加强宏观战略研究，确定区域农业发展的战略目标，提出区域治理的战略措施，并且在注重结构与功能优化的同时，注重动态与过程风险分析，加强趋势预测与预警，从整体上把握农业的发展动态。另一方面，要在确定农业布局、结构调整、风险决策及把握总体目标的前提下，针对不同区域提出不同的农业发展模式。逐步建立包括农田、森林、草原、水面、滩涂、浅海等各种类型的试验示范网络体系，以长期和连续的试验站、示范区作为探索客观规律和发展模式的基地，由点到面，不断扩大，实现区域农业科研水平与农业生产水平的整体提高。宏观决策和开发治理措施这两个基本方面，是挖掘潜力、提高区域农业生产力的关键。从区域调查、农业区划到典型地区的开发治理试验示范，把软科学的宏观考虑与现实可行密切结合起来，是取得农业生产实际效果的有效途径。

（4）近期效益与持续发展的关系。区域农业的整体开发，既应表现出近期效益和明显的经济价值，还必须从长远考虑，实现资源平衡和持续的发展，谋求生态平衡和稳定的良性循环。只有把眼前利益和长远利益、局部利益和全局利益结合起来，才能建立起真正持续、稳定、协调发展的农业开发体系。

上述这些关系，体现出农业发展的科技投入是一个复杂的、涉及各个方面的综合体系，因此农业科学技术发展与农业科技成果应用推广，必须适应这种复杂性和综合性特征，统筹兼顾，全面规划。

中国科学院在长期开展"科技兴农"的工作中，逐步形成了自身在农业科研工作领域的特点、格局和优势，以及农业研究与开发工作的基本思路。

农业科研工作的三个特点：①农业与资源环境相结合。②应用研究与基础研究相结合。③种植业与林、牧、渔业相结合。

农业科研工作的格局分三个层次：①全国农业发展方向、战略和布局。②不同区域农业发展模式。③实验站的研究、试验、示范和推广工作。由全国、区域、试验区三个层次构成了农业科研工作的总格局，这三个层次的工作都值得大力发展，而且在发展上会大有可为。

农业科研工作具有的优势或传统：①农业资源调查与评价。②农业资源合理利用与开发。③农业战略布局。④农业适用新技术。⑤新技术在农业上的应用。⑥农业基础研究。

农业研究与开发工作的基本思路：使中国科学院的长期科学积累，优先在国家农业重点投资地区产生效益，集中力量发挥多学科综合优势，稳定队伍长期干，实行点、片、面相结合，宏观与微观相结合，当前与长远相结合，抓住有苗头的项目带动全局。农业工作是中国科学院的一个重要方面，一定要形成自己的特色，为国家做出贡献。

中国科学院充分认识到，为了实现我国农业持续、稳定、协调、均衡发展，根据我国国情，必须建立具有中国特色的资源节约型高产农业体系。我国人口、资源、环境之间的突出矛盾，预计在相当长时期内不会有明显的缓和。相对于十多亿人口的需求而言，我国是一个水土资源紧缺的国家，按人口平均，耕地面积不足 2 亩，水资源 2580 立方米，草地面积 4.1 亩，木材蓄积量 8.8 立方米，分别是世界平均数的 30%、25%、40% 和 13%。要以十分紧缺的土地资源和水资源养活十多亿人口，这是摆在我们面前的一项长期的、艰巨的任务。

根据中国科学院国情分析研究小组的报告，预计到 20 世纪末，我国人口将达到 13 亿，耕地面积将由现在的 20.8 亿亩减少到 19 亿亩，人均耕地面积将减少到 1.5 亩。我国耕地不仅数量有限，质量也较差，优质良田仅占 22 %，中低产田占 78 %；总耕地中有 59% 缺磷，23% 缺钾，14% 磷钾俱缺；耕层较浅的土地占 26%，土壤板结的占 12%。第二次全国土壤普查表明，我国相当大部分地区的土壤肥力正在下降，1/3 的耕地遭受水土流失危害。我国水资源不仅人均占有量低，而且地区、季节分布极不平衡，变率很大，水土资源的匹配欠佳，长江以北地区耕地占全国耕地面积的 46%，而水资源仅占 18%。全国粮食增产潜力最大的黄淮海地区，耕地面积占全国耕地的 19%，而水资源却不足 5.7%。

随着人口的增长和人民物质文化生活需求的提高，资源紧缺的矛盾势必日益尖锐。显然，我们只能走资源节约型高产农业的发展道路。资源节约型高产农业的研究，就是在我国有限资源条件下，研究如何充分利用资源潜力，考虑各类资源的平衡，提高资源综合生产效率，增加单位资源的农业产出，减少资源的破坏和浪费，以促进农业的持续、稳定、协调增长。围绕这样一个中心和目标，开展资源节约型高产农业发展战略和发展模式的研究，探讨各类地区土地合理利用结构与农林牧副渔各业综合发展的最优化模式；开展高效率光热利用、水分利用、肥料利用研究和高抗逆性作物品种的育种研究，以及病虫害综合防治等方面的研究；针对"水、肥、药、膜"等资源紧缺，浪费严重的现状，研究新理论、新方法、新技术、新产品，提出节水、节肥、节药、节膜等综合适用的农业生产配套技术，促进生态良性循环，以达到农业资源永续利用的目的。

科学技术进步是资源节约型高产农业体系建立和发展的基础和保证，并为之开辟了广阔的发展前景。以节约水资源为例，通过在黄淮海平原、三江平原和松辽平原上的大规模试验证实，由目前每毫米大气降水生产粮食 0.46千克，可以提高到 0.7 千克，水分利用率提高近 50%，这对于处在干旱威胁下的大面积农田来说，其前景是极为诱人的。华北地区连续多年的试验表明，在总产量不减的前提下，每季小麦可以比目前的灌溉次数平均减少 1.5～2 次，整个华北地区 1 亿多亩小麦即使以减少一次计算，每年就可以节省水近 70 亿立方米。由于减少了灌溉次数和水量，同时又节省了资源，使得每年可节省石油 10 万～15 万吨。

遗传研究所育成的抗旱小麦品种"科红 1 号"，根系发达、叶片抗脱水能力强、灌浆速度快、抗干热风，目前已累计推广 4000 多万亩，增产粮食 7.5亿千克以上，特别适宜于在华北地区无灌溉条件下推广。沈阳应用生态研究所研制的长效尿素，氮素利用率由 40% 提高到 52%，肥效期由 50 天延长到

110天，深受广大农民欢迎。动物研究所青年科学家盛承发提出了棉铃虫生态防治新措施，根据生态学原理，采用"少打药、摘早蕾"的方法，利用棉花的超越补偿作用，使农药节省50%，皮棉增产10%～30%。这些事例充分说明了资源节约型高产农业的巨大潜力。

在资源节约型高产农业综合开发工作中，一方面要十分重视"硬件"的配套，重视生物工程技术、化学合成技术、新材料新工艺等方面的创新和突破；另一方面要十分重视信息开发型农业科技成果的应用推广，在区域农业整体优化、持续发展和宏观决策等方面，采用对资源、环境及农作物的监测、预测、预警等方式，进行综合调控与技术导向。通过这些工作，把资源节约型高产农业科技成果的应用推广提高到一个新的水平。

上述工作，既是资源节约型高产农业科技体系的基本内涵，又是创造持续、均衡、稳定发展的"自然—社会—经济"农业复合体系所必需的。资源节约型高产农业研究的深入与完善，将为资源、环境、生态、人口和经济之间和谐、高效的发展奠定可靠的基础，同时也为农业的良性循环提供现实可能性。

为了加强科技进步对农业发展的推动作用，广泛开展资源节约型高产农业研究与农业科技成果应用推广工作，中国科学院将继续组织有关研究所，统一认识，加强协作，制定规划，积极实施；在基础研究、试验研究、典型示范、应用推广等方面，形成一个比较完整的体系；加强试点工作和区域工作的有机联系，进一步完善有关政策，疏通渠道；把科学研究、技术服务、信息咨询等方面的工作充分体现于农业生产过程中，在农业科技成果的应用推广上走出一条新路，为"科技兴农"和农业的持续、稳定、协调发展做出应有的贡献。

科技兴农与科技扶贫工作持续发展

1月22日，中国科学院在河北省南皮县召开节水农业工作会议，李振声副院长到会作重要讲话并部署相关工作。5月8日，中国科学院在河南省封丘县召开黄淮海平原农业开发豫北片工作会议，李振声副院长到会并视察试点工作。6月12日，中国科学院印发《关于调整、充实中国科学院农业研究委员会的通知》（〔90〕科发资字0664号），南京土壤研究所所长赵其国接替李庆邃出任农业研究委员会主任。13日，印发《关于统一我院农业综合开发和科技扶贫工作领导的通知》（〔90〕科发人字0669号），为理顺关系，加强对农业综合开发和科技扶贫工作的统一领导，决定将院农业重中之重项目领导小组更名为院农业综合开发领导小组，同时进行人员调整，与院科技扶贫领导小组一套班子，两块牌子，其职责不变，院农业项目管理办公室为其日常办事机构。中国科学院农业综合开发领导小组和科技扶贫领导小组组成：李振声副院长为组长，钱迎倩（生物科学与技术局局长）、李松华（农业研究委员会副主任）、刘安国（农业项目管理办公室主任）为副组长，另有院机关相关部门负责人和专门委员会委员12人为领导小组成员。

6月15～18日，中国科学院农业研究委员会工作会议在北京举行，孙鸿烈、李振声到会讲话。会议主要内容如下。

（1）通过农业研究委员会人员调整决定。

（2）回顾1985年以来的工作、成绩和经验。根据农业研究委员会的性质和任务，其主要工作包括：①国家科技攻关项目、院农业重大科研项目及科技扶贫项目评议、检查和成果鉴定。②提出《全国产粮万亿斤的潜力简析》《发展我国生态农业的若干建议》等重要咨询报告。③评议长沙农业现代化研究所、石家庄农业现代化研究所。

（3）评议"黄淮海平原资源节约型高产农业综合研究与示范""水、肥、药、膜农业新技术综合运用及效益研究"项目建议书，一致同意立项并提出了具体修改意见。

（4）召开《农业现代化研究》杂志编委会，对该杂志的方向、任务、组织机构等进行了讨论，形成了会议纪要。会议还就农业研究委员会的工作安排等事项进行了讨论和部署。

1991 年

明确"八五"农业科技规划编制指导思想并组织落实

1月15日，周光召院长在中国科学院1991年度工作会议上指出，"基于我们的国情，今后相当长时间内，农业都将是国家决策考虑的重点，中国科学院必须继续对此做出新贡献。我们在这方面的工作重心是，积极参加国家农业综合开发，利用我们多学科的综合优势，看得更远一些、广一些，把农业问题与人类生存环境及现代化经济发展模式结合起来，在攻关、开发、扶贫工作中，进行深入的研究，探索出一条适合我国国情的资源节约型农业发展的道路，为中国农业现代化起到示范作用"。国务委员宋健在工作会议开幕式讲话中指出：中国科学院"在黄淮海地区组织的农业综合开发大会战，为我国的农业发展做出了榜样"。

3月11～15日，中国科学院黄淮海平原农业综合开发工作会议在山东省禹城县召开，李振声副院长到会并作重要讲话，农业项目管理办公室主持起草形成了"八五"计划项目建议书（院重大应用项目——黄淮海平原农业综合开发）、重大项目研究课题指南和项目管理办法三个重要文件，为组织实施农业领域"八五"重大项目奠定了重要基础。

8月12～16日，中国科学院农业研究委员会在山东青岛召开"九十年代中国农业科学技术发展研讨会"，李振声副院长出席并作重要讲话。会议形成了《九十年代农业科技发展趋势及对我院农业科研工作的几点建议》和《对太湖和江淮等地区特大洪涝灾害的认识及综合治理的建议》两份文件。会后印发了《九十年代农业科技发展趋势及对我院农业科研工作的几点建议》（〔91〕科发生字1377号），详见另一条目。

12月25日，中国科学院"八五"重大应用项目"黄淮海平原农业综合开发"通过专家论证并正式启动实施。该项目针对农业生产基本要素和中低产田综合治理与开发关键技术，集中开展"水、肥、药、膜、种"等方面的应用基础研究与技术研发工作。

首次表彰科技扶贫先进集体和先进个人

1月15日，中国科学院印发《关于表彰科技扶贫先进集体和先进个人的决定》（〔91〕科发生字0042号）。该决定指出，长期以来，中国科学院广大科技人员坚持面向农业经济，在全国"老少边穷"地区开展了大量科研工作。自1987年起接受国家任务，重点组织了河北、辽宁和内蒙古交界的努鲁儿虎山贫困地区的科技扶贫工作，参加了宁夏南部山区、大别山区、沂蒙山区的部分科技扶贫工作，各分院还承担了所在省份的科技扶贫工作任务，工作范围遍及全国16个省份85个县（市）。目前全院有数百名科技人员深入贫困地区，在自然资源考察、农业区划，制订科技、经济、社会、生态发展规划，开展区域综合治理，推广农业科技成果，以及培养农村科技人才等方面做了大量工作，为发展当地的农业生产、实现温饱、加快脱贫步伐、促进贫困地区经济发展做出了积极贡献，赢得了群众的欢迎，受到所在省份政府的肯定和国务院的表彰。为了表扬科技扶贫工作中的优秀人物和宣传科技扶贫工作中的先进事迹，进一步调动广大科技人员面向经济建设、参加科技兴农的积极性，经院科技扶贫领导小组评选，并报院领导批准，决定在1991年度院工作会议上表彰在科技扶贫工作中做出突出成绩的先进集体和先进个人。该决定强调，扶贫工作是一项长期任务，中国科学院将继续作为一项重要工作，进一步抓紧抓好，希望各单位和广大科技人员再接再厉，团结奋斗，在贫困地区经济开发工作中做出更大成绩。

中国科学院沈阳应用生态研究所朝阳科技扶贫队、中国科学院成都分院土壤研究室农业生态组获得先进集体称号，长春地理研究所等9个单位的11人获得先进个人奖一等奖，遗传研究所等14个单位的20人获得先进个人奖二等奖。

首部反映黄淮海平原农业综合治理的电视系列片摄制完成

4月，三集电视系列片《为了这片希望的土地》摄制完成。系列片第一集为"奋斗之路"，第二集为"科技之光"，第三集为"星火燎原"。该片集中反映了自20世纪50年代开始，作为全国自然科学综合研究中心的中国科学院，以密切服务于社会主义经济建设和发展科学事业为宗旨，在黄淮海平原农业综合治理中经过艰辛工作取得巨大成就的情景，生动展示了几代科技人员的奋斗历程和奉献精神。

该片聚焦于中国科学院在河南封丘、山东禹城、河北南皮三个实验示范区的农业科研和综合治理工作。该片追忆了熊毅、黄秉维、马世骏等老一代科学家在黄淮海平原治土、治水、治蝗方面的开创性和先导性工作；记录了席承藩、左大康、赵其国等科学家亲口讲述他们的工作经历；反映了竺可桢、范长江等领导深入一线的工作场景；采访了当前在第一线辛勤工作的王遵亲、程维新、林建兴、傅积平等中生代科学家；也讲述了以盛承发等为代表的新一代科学家投身黄淮海平原农业综合开发工作的生动实例。从"梅花井""井灌井排"到"风沙水盐动态监测""台田鱼塘"；从"沙荒地"到"背河洼"；从"诱变30"大豆到甘薯"优健高"；从"少打药、早摘蕾"到"专家施肥系统"；从鲁西北的"一片三洼"到冀东黑龙港的"近滨海"；从豫北黄河岸边封丘的"重盐碱"到淮北成片的"砂姜黑土"；从50年代的艰难起步，到80年代的再战黄淮海。通过这些鲜活、生动的画面，回顾了历史，展现了今天，昭示了未来。这些内容都在告诉人们，科学技术是推动我国农业发展的第一生产力，科技兴农的使命任重而道远，中国科学院的科技工作者和黄淮海人民对这片充满希望的土地饱含深情，对黄淮海的未来满怀信心。

周光召、孙鸿烈、李振声担任该片科学顾问；李昭栋为艺术顾问；王鹤山、郑若霭为撰稿人和编导；孙建华（兼编辑和配乐者）、陈杰修（兼编辑）、张永利担任摄像工作；解说者为虹云；资料收集者为刘文政、王燕、洪亮、肖广汉、张广禄；吴长惠、孙永溪担任制片人；刘安国担任总监制。由中国科学院农业项目管理办公室组织地理研究所、南京土壤研究所、石家庄农业现代化研究所等单位联合摄制，中央电视台、北京科教电影制片厂、山东电视台、山东农业电影社、南京电视台、河北省科委情报所、中国科学院声像中心等单位提供协助。全片于1991年在中央电视台多次播出。

《九十年代农业科技发展趋势及对我院农业科研工作的几点建议》

8月，中国科学院印发《九十年代农业科技发展趋势及对我院农业科研工作的几点建议》（〔91〕科发生字1377号）。

该建议指出，中国是世界农业大国，近十年来，随着科学技术的进步，中国土地产出率比1950年提高了三倍，农业劳动生产率提高一倍以上。但鉴于我国人口多、土地少、底子薄，人均资源相对不足，因此国家"八五"纲要提出：今后十年，我国粮食要先后登上4.5亿吨和5亿吨两个台阶，棉、油、糖要同时增产。今后我们必须进一步依靠科学技术，通过实现农业现代化，不断挖掘农业科技潜力，促进农业的发展。

1. 世界农业科技发展趋势

21世纪农业和农业科技发展的总趋势是农业的高科技化和工程化，具体体现在四个方面：①改造传统农业，探索农业发展的新途径。为使传统农业向现代农业方向转变，各国均将对传统农业进行技术改造，并将在农业生产方式上出现变革。例如，针对提高抗自然灾害与病虫害能力，对农作物进行遗传基因改造；针对提高土壤养分吸收与利用率，对土壤营养元素循环转化进行调节；农作物品种多样化；家禽家畜免疫率提高；农田病虫害的综合防治及传统耕制与管理制度改革等。近期，国际上提出"持续农业"的发展方向，即在现代农业中，在强调产品数量、质量与效率的同时，必须重视资源环境保护与农业的持续发展，这种强调农业与环境协调发展的持续农业的新概念将对今后世界农业的发展产生重要影响。②重视科技投入，加强多学科的联合。据统计，发达国家农业投资占总投资的3%～4%，其投资与产值比为1：1；1987年发达国家人均农业产值为720美元，每个农业人口农业产值为1万～1.5万美元，而发展中国家相应为95美元及114～200美元。显然，农业投入（包括农业科技、物质及资金的投入）是农业发展的重要保证。此外，未来农业问题将与全球范围的重大问题，如人口、资源、能源、环境、粮食相联系，并与生命科学、分子生物学等密切结合。因此，今后农业问题的解决，只有依靠多学科的综合，并通过宏观与微观两方面的发展，才会出现突破性的进展。③科技目标明确，发展重点具体。世界农业科技发展的主要目标是增加产量，改进品质，合理利用资源，保护生态及环境。在此目标下，发展重点是充分利用生物的遗传潜力，保持与提高土壤肥力，合理和有效地利用水资源，提高科学种植与养殖水平，改进农产品加工与储运技术等方面。④突出生物工程技术，开创农业发展新领域。20世纪90年代生物工程技术将在农业领域中广泛运用。据估计，20世纪末，世界农产品增加将有5/6来自生物工程技术及增产措施。这方面的研究内容包括，利用生物技术培育作物与畜禽新品种，大力开发生物固氮技术，提高作物光合作用效率，提高作物抗性，快速繁殖和脱病毒复壮，提高作物蛋白质含量，生物农药研制等。所有这些研究，将为农业发展开创出新的领域。总之，在面临人口、资源、环境、粮食的严峻形势下，各国都在不断调整自己的农业科技发展战略，探索农业发展新途径，其中最根本的就是要依靠科技进步，促进农业发展。

2. 我国农业发展趋势与任务

20 世纪 90 年代我国农业科技发展的战略目标是，以现代化科学技术和工业为强大支柱，大力抓好科技兴农、教育兴农，逐步把农业生产体系转移到先进技术基础上来，把传统农业改造为以现代科学技术为基础的现代持续农业。目前，世界农业增产依靠科技作用的比例达 60%～80%，而我国仅为 30%～40%，这说明我国依靠科技发展农业方面尚有很大的潜力。从总的发展趋势看，我国依靠科技促进农业发展的任务有以下五个方面。

（1）充分挖掘农业潜力。首先，我国尚有可垦荒地 5 亿亩，在耕地中有 2/3 的中低产田。今后十年，通过提高农业抗灾能力，消除土壤障碍因素等，对中低产田进行综合治理，可望增产粮食产量 500 亿千克。其次，从单产潜力看，1989 年，我国水稻平均亩产 365 千克，日本已达 428.6 千克；我国小麦平均亩产为 201.3 千克，法国已达 422.5 千克；我国玉米平均亩产 253.4 千克，美国高达 478.8 千克。一般而言，玉米的理论亩产可达 1486.7 千克，说明我国依靠科技进步发展农业方面尚有很大增产潜力。通过农作物新品种培育、耕制改革、科学施肥、节水灌溉、植物保护及病虫防治等，可进一步提高作物产量。

（2）加强农业现代化建设。现代化农业是采用现代化科学技术武装，现代工业装备和现代科学管理而建立的农业生产新体系，包括农业机械化、水利化、化学化、区域化和良种化等。从我国国情出发，今后我国农业应逐步向现代化、知识密集化和高产、优质、低耗的集约化转化，从而提高农业综合生产能力，使农业环境保护与资源利用密切结合，走具有中国特色的现代化农业发展道路。

（3）将科技成果转化为现实生产力。继续选择一批投资少、见效快、效益高且与现有技术水平相适应的科技成果和先进适用技术，认真组织推广。"七五"期间，在黄淮海农业综合开发中，通过综合试验区进行科技成果示范推广，累计增产粮食 20 亿千克，棉花 10 亿千克，增产效益达 34 亿元，有力地促进了科技与生产的密切结合。

（4）建立资源节约型持续农业体系。科学技术进步是资源节约型持续农业建立与发展的基础。研究表明，在黄淮海平原和东北平原，通过节水农业研究，由目前每毫米降水生产粮食 0.46 千克可提高到 0.70 千克，水分利用率可提高 50%。华北地区 1.7 亿亩井灌面积，在总产量不减的前提下，每季小麦可较目前少灌 1.5～2 次，即使减少 1 次，华北地区每年也可节水 70 亿立方米。这些事例充分说明了资源节约型持续农业存在着巨大的生产潜力。除节水外，还必须注意节肥、节药、节能、保护耕地及高产农业综合技术的开发。

（5）加强科技体制改革，建立和完善农业社会化服务体系。逐步建立引进、应用、推广、创新相结合的新机制，形成多渠道的科技投入，加强和完善农业开发机制，促进农业科技投入与产出之间的良性循环，保证农业的不断增长。此外，应建立和完善以公办为主体、公办与民办相结合的服务体系，加强乡镇农业技术服务站建设，增加投入，综合办站，加强管理，增强推广服务站的功能，促进农村科技与农业的稳步发展。

3. 对中国科学院农业科技工作的建议

中华人民共和国成立 40 多年来，中国科学院开展了多次全国农业区域综合考察和区划及对不同农业区域的综合治理开发，农业增产技术特别是生物新技术的研究、应用与推广，以及有关农业发展战略研究等工作。此外，还建成了一批农业研究基地和台站。上述工作的特点是，较好地把应用研究与基础研究结合起来，注意新技术在农业中的应用和超前性研究，组织开展多学科的综合研究。

根据政府工作报告中对"八五"及 20 世纪 90 年代全国农业发展提出的主要任务，考虑我国农业面临以下情况：①对灾害的预见性不高，农业抗灾能力不强。②农业生产环境污染日益严重。③农业资源的利用不合理等。

为建立我国资源节约型高效持续农业而奋斗，是我国 20 世纪 90 年代农业研究的根本任务。为此，必须达到：①初步建立资源节约型农业的理论和技术体系。②建立主要农业区域资源节约型农业生产模式，并提出相关的理论、方案和实施方法。③使一部分高新技术进入试验示范和应用中。

根据以上目标，中国科学院 20 世纪 90 年代的农业研究任务如下。

（1）农业发展战略研究。研究全国若干重大农业发展战略问题和不同区域的农业发展战略目标和战略措施，具体包括：①农业自然资源，特别是水资源的合理调配与利用。②中长期大面积农业自然灾害（洪涝、干旱等）预测预报及对策。③黄淮海平原、红壤丘陵、黄土高原等地区的农业发展战略。

（2）探索资源节约型持续农业发展体系的新内容和新途径。主要内容：①研究节水、节肥、节能、节药和提高土地生产能力的新技术。②建立资源节约型持续农业技术体系和提高农业废弃物利用率。③建立不同区域资源节约型持续农业的典型模式。④建立不同区域农业生态工程和农林牧副渔各业全面协调发展模式。

（3）加速农业科技成果向现实生产力转化，进行农业区域综合开发的深层次研究。主要内容：①提高土地资源利用率。②水资源的节约与合理利用。③提高化肥肥效和利用率。④发展高效低毒农药和生物防治技术。⑤优良畜禽饲养与饲料开发。⑥品种培育与扩大试种技术。⑦海水入侵机理及综合防治措施。⑧草地资源退化原因与合理利用。⑨农业生态网络系统建设。

（4）积极推动高新技术在农业生产中的应用。在已有的基础上，努力推动基因工程、分子育种、遥感技术、电子计算机技术和农业专家系统等在农业中的应用。

农业项目管理办公室等获得表彰奖励

12 月 26 日，中国科学院印发《关于对完成"七五"重大科研任务成绩显著的集体和科技人员进行表彰奖励的决定》（〔91〕科发计字 1649 号），对 319 个按计划全面完成任务并取得重大科技成果或组织管理工作成绩显著的科研、管理集体和 396 位做出重要贡献的科技与管理人员进行表彰和奖励，分别授予中国科学院"'七五'重大科研任务先进工作集体"和"'七五'重大科研任务先进工作者"光荣称号，并颁发荣誉证书和奖金。动物研究所"农业害虫抗药性监测技术——华北棉区棉花害虫综合防治体系研究课题组”、院农业项目管理办公室等66个涉农科研集体和管理部门获得中国科学院“‘七五’重大科研任务先进工作集体”称号，西北水土保持研究所李玉山、沈阳应用生态研究所高拯民等82名涉农科技和管理人员获得中国科学院“‘七五’重大科研任务先进工作者”称号。

1992 年

《科技农业园》专著正式出版

5月，农业项目管理办公室组织中国科学院科技农业园研究组编写的《科技农业园——中国农业持续发展理论与实践探索》由农业出版社正式出版，这部专著在国内首次提出科技农业园概念并系统论述以科技农业园建设为目标的理论和模式及可行性研究。

农业最终要靠科学解决问题。科技农业园是受科学工业园的启发并加以引申后形成的新构想，它试图寻求一种有利于科学技术转化为生产力的模式，并诱导或催化农村经济的全面振兴。建设科技农业园是一项探索性的工作。

1988年5月，山东省禹城县科技副县长程维新（中国科学院地理研究所研究员）首次提出了建立科技农业园的想法，在农业项目管理办公室组织下，南京土壤研究所、地理研究所分别提出了在河南封丘和山东禹城建立科技农业园的初步设想；农业项目管理办公室主任刘安国邀请地理研究所赵千钧、汪亦兵、原林、彭清和农业项目管理办公室卢震等进一步研讨并形成了《黄淮海平原科技农业园区建设与开发》（轮廓设想和项目建议书），同时开展建园可行性研究；农业项目管理办公室委托中国科学院生态环境研究中心、科技政策与管理科学研究所开展了科技农业园模式研究；1989年8月，农业项目管理办公室在山东禹城主持召开了科技农业园研讨会；1990年6月，完成《科技农业园——中国农业持续发展理论与实践探索》全书编写。

科技农业园的提出，得到了中国科学院周光召院长和孙鸿烈、李振声副院长的关心和鼓励，得到张云岗、竺玄、张厚英和何尧熙的热情支持，崔泰山、马雪征、王晓明等为全书的编写付出很大心血；马世骏、左大康、赵其国、张麟玉先生审稿，王恢鹏、陶国清、曹效业等提出宝贵意见，《地理新论》编辑部参与部分稿件文字加工和增补。全书由葛全胜、彭清、李欣、赵千钧、卢震、洪亮编辑，戴旭、唐万龙参与编辑，葛全胜、洪亮负责统稿。

这部专著主要内容包括：科技农业园理论构想；农业科学技术转化机制及国际经验借鉴；科技农业园的土地建设制度、企业化与适度规模经营、生态农业建设、园区建设与区域农村经济发展、基础服务设施建设、农民行为动力机制、劳动力转移问题、区域导向与地域类型；禹城科技农业园规划设想与可行性分析、封丘科技农业园设计雏形、聊城科技农业园建设。

这部专著的出版具有重要的开创性意义，为此后全国各种形式的科技农业园区建设及可行性研究提供了重要的理论引导和模式借鉴。

着力推进区域农业可持续发展

6月20日，中国科学院印发《关于中国科学院进行综合配套改革的汇报提纲》（〔92〕科发计字0597号）。汇报提纲明确提出，中国科学院在20世纪90年代，要促进我国经济建设向主要依靠科学技术和提高劳动者素质的战略转移，适应当代科学技术发展异常迅速、知识产权竞争日益激烈的国际环境，在农业科技领域的主要目标是，在全国不同生态类型的地区建立和完善长期试验观测网络系统，为我国资源综合利用、生态环境保护和农业持续发展，提供宏观决策的科学依据和优化发展模式，近期将对节水农业和南方红壤丘陵地区的综合开发治理提出发展战略和成套技术。这是在黄淮海平原中低产田综合治理开发工作全面展开的背景下，进一步拓展和深化农业科技体制机制改革的重要举措，同时明确了推进区域农业可持续发展的任务。

汇报提纲提出了作为社会公益型研究的涉农科技工作基本思路。40多年来，中国科学院持续组织开展了自然资源综合科学考察，在全国不同生态地区建立了50多个野外观测试验台站，在人与自然关系研究方面形成了多学科的积累和综合优势。要根据国民经济和社会发展的需要，保持一支精干队伍（资源环境、生态等涉农领域的研究队伍占全院现有科研人员的 15%，约 6000 人），继续从事资源环境、生态方面的数据积累和综合分析，建立布局合理的网络体系，加强宏观综合性、整体性的研究。

中国科学院的实践表明，以建立多年的基地为依托，充分发挥多学科综合优势，组织动员相关力量开展大规模作战的"黄淮海战役"，为农业发展和综合治理与开发提供了一大批重要成果和技术储备，同时也提供了可供借鉴的治理策略、示范模式和成功经验。

七、在整合区域布局中力促资源节约型农业可持续发展（1993～1997）

1993 年

整合农业工作的区域布局

1 月 25 日，周光召院长在中国科学院 1993 年度工作会议开幕式上的报告《抓住机遇，深化改革，迎接中科院历史性的新发展》中提出，认真选择、精心组织，发挥综合优势，在国民经济发展的战略方向上，打几个大战役。"南方红壤丘陵区域治理与经济协调发展"成为继黄淮海平原农业综合开发之后的又一重大部署，要从农村产业结构调整、资源综合利用、保护生态环境、发展生态农业方面进行宏观规划、综合治理、试验示范、成果推广，这将大大促进该地区综合生产力的提高，对缩小贫富差距，发展我国农村经济，具有重大意义。

6 月 1～5 日，中国科学院在北京召开区域农业持续发展座谈会，周光召院长、许智宏副院长到会并做重要讲话，李振声参加会议并发表重要意见，广西壮族自治区人民政府主席科技助理孙惠南应邀出席会议并介绍了广西红壤开发利用情况，农业研究委员会主任赵其国主持会议，农业研究委员 11 位委员及相关专家参加会议。与会代表围绕我国区域农业持续发展问题与对策这一中心议题展开讨论，与会人员中 15 人就我国主要区域农业发展现状、南方热带和亚热带农业发展战略及区域农业持续发展特点三个问题做了大会发言。与会代表高度评价了改革开放以来我国农业所取得的巨大成就，认真地分析了我国农业所面临的新形势及出现的新问题。大家一致认为：农业问题不容忽视，更不能盲目乐观，在由计划经济向社会主义市场经济转轨的过程中，农业将面临新的挑战；如何根据我国各区域的特点，因地制宜地发展"高产、优质、高效"（简称"两高一优"）农业，降低生产成本，改善生态环境等，都是关系到区域农业持续发展的重大问题，要解决这些问题，必须依靠科学技术，未来我国农业发展的任务光荣而艰巨。

在全面回顾中国科学院南方红壤地区科研与开发工作，认真分析其农业资源优势与生产潜力的基础上，与会代表充分肯定了该区域的战略地位，剖析了当前和近期农村经济发展中的问题，同时就该区沿海、沿江和中部腹地的区间经济发展互补性、资源利用合理性及变资源优势为商品优势等一些影响全局的问题提出了建设性见解。由于南方红壤区域科技攻关起步晚，为加速这一区域的开发与保护工作，建议将其列为中国科学院农业主战场之一并予以经费支持。

与会代表交流了黄淮海平原、松嫩-三江平原、黄土高原等区域综合治理科技攻关的进展情况，讨论了今后区域农业科技工作的重点。黄淮海平原农业持续发展研究的重点是：面向市场，大力发展"两高一优"农业，开拓农产品系列化深加工创汇农业新领域；黄土高原区域要继续在恢复植被、水土保持、农牧业结合及商品化等方面进行科技攻关；松嫩-三江平原除继续研究土壤退化外，应加强对农业生态环境、沼泽湿地开发的深入研究；北方旱地农业科技攻关的重点，应放在提高土壤水分利用率和生态环境保护与建设方面。

周光召院长在会上指出，农业是我国经济发展的重要问题，中国科学院在黄淮海平原、三江平原、黄土高原等地区做了大量工作，今后还要继续为我国农业发展做出贡献。我国南方有很大的发展潜力，我们要发挥科学院的综合优势，把红壤地区的工作搞好。对全国和南方都要做认真的战略分析，要注意结合地区优势，发展名特优产品，建立商品生产基地。要注意农产品的品质问题，既要在国内市场上参加竞争，也要在国际市场上参加竞争。在科研工作中，要注意降低能耗、降低农业生产成本、因地制宜地抓好"高产、优质、高效"农业的发展。周光召明确表示同意农业研究委员会委员和专家的建议，并决定给予院长基金支持。根据院领导指示，经过委员和专家们的充分讨论，会议明确指出，首先要立即组织队伍，落实院长基金支持的"我国农业发展战略分析""我国南方红壤丘陵地区（'九五'）科技攻关预研究"课题，并要求在年底提交书面报告、图件和录像。自"六五"农业科技攻关以来，中国科学院相关研究所已取得了一大批科研成果，其中有不少见效快、有明显开发前景的农业项目。若予以经费支持，不仅可以加速其转化速度，而且将会取得较大的直接或间接效益。建议成熟一项，支持一项。鉴于"八五"时间过半，区域农业科技攻关面临任务重、经费严重不足的困难，为完成"八五"任务争取"九五"任务，迫切希望主管部门及早下拨科技攻关匹配经费。会议经过认真讨论和反复修改，形成了《关于我国区域农业持续发展研究的几点建议》。

8月23日，中国科学院印发《区域农业持续发展座谈会纪要》（〔93〕科发协调字0653号）和附件三《关于我国区域农业持续发展研究的几点建议》。

《关于我国区域农业持续发展研究的几点建议》

在6月上旬召开的区域农业持续发展座谈会上，通过与会者的认真讨论，形成了这份对"九五"农业科技工作具有重要指导作用的文件。

该建议指出，人类将很快跨入21世纪，新的世纪将是一个突飞猛进、技术革命日新月异的时代，也是一个充满竞争和挑战的时代。研究"九五"乃至21世纪农业发展的重大战略与决策、区域农业持续发展和关键技术及其应用，对于我国农业持续发展，建立"高产、优质、高效"的新型农业生产体系，势必产生巨大的影响。

（一）我国农业发展现状与问题

众所周知，我国农业已取得举世公认的成就，基本解决了占世界1/4人口的温饱问题。但是，随着社会主义市场经济的发展，农业的发展既存在着良好的机遇，也面临着严峻的挑战。总体而言，当前农业形势不容乐观。

（1）耕地面积逐年减少，粮食生产有滑坡的危险。有关资料显示，1991年全国耕地面积减少1700万亩，1992年减少2400万亩，预计今年可能减少3000万亩。另据专家分析，今年全国粮食产量可能减少150亿千克。

（2）农业资源超前利用，生态环境不断恶化。有关资料显示，我国木材消耗量超过生长量 2000 万立方米，北方草地产草量比 20 世纪 50 年代下降了 1/3～1/2，载畜量超过一倍；全国有 5900 万亩农田、7000 万亩草场和 2000 千米铁路受到不同程度风沙化、水土流失和退化的威胁；全国水土流失量为 50 亿吨，年损失氮、磷、钾量 4000 万吨。

（3）农业生产效益逐年下降。1985 年比 1965 年化肥用量增加了 12.3 倍，但粮食总产量只增加了 1.3 倍，单产增加 1.4 倍。

（4）由于市场经济的发展，某些农业行政管理部门和农民农业生产的短期行为有所发展，从而引起某些地区农业基础设施被削弱，水利设施失修，地力下降，生态平衡失调。

（5）我国农业人口科学素质较低，将严重制约现代化农业的发展。

基于上述分析，中国科学院有责任正确地运用自然与社会协调发展的规律，除从市场经济、技术革新和政策法令诸方面加以引导外，更要适时抓紧开展我国新时期农业发展战略、区域农业持续发展和关键技术及其应用三方面的研究工作。

（二）研究内容概要

1. 我国新时期农业和农村经济发展战略研究

我国新时期农业和农村经济发展战略研究主要内容：①我国农业自然资源的持续利用及其保护研究。②不同类型区的"高产、优质、高效"农业生产模式研究。③我国农村工业化道路及其模式研究。④我国农村社会化服务结构与功能研究。⑤市场经济条件下若干农村政策问题研究。⑥重大农业自然灾害预测及其预防措施研究。⑦半农半牧区畜牧业持续发展研究。

2. 我国区域农业持续发展研究

自 20 世纪 60 年代起，中国科学院先后在黄淮海平原、黄土高原、松嫩－三江平原、北方旱地和南方红壤地区开展了区域农业综合治理与开发研究，取得了许多重大研究成果，积累了丰富的经验，为"九五"区域农业持续发展研究奠定了坚实的基础。"九五"期间，根据计划经济向市场经济变化的新形势，本着突出重点、注重效益的原则，继续深入开展区域农业持续发展研究。

（1）红壤区域农业持续发展研究。红壤丘陵地区是农业生产潜力大的地区，"八五"计划已将其列入国家科技攻关计划，针对该地区水利条件和农业自然资源优势、经济基础优越和生产潜力大的特点，抓住农业生产中的主要障碍因素开展研究。"九五"期间，研究重点应侧重"高产、优质、高效"农业，注意沿海沿江和中部腹地的区间互补性，自然资源的合理利用和变资源优势为商品优势，同时积极开展科技推广工作，抓好广西石灰岩地区的科技开发与科技扶贫工作。

（2）黄淮海平原农业持续发展研究。黄淮海平原是我国重点农业开发区，经过十多年的综合治理和科技攻关，中低产田的产量有了大幅度提高，农村面貌发生了明显的变化，该区已成为我国重要农业商品生产基地。今后科技攻关和科技开发的重点是，面对市场经济，大力发展"高产、优质、高效"农业，开拓农畜产品深加工，发展创汇农业，为实现农村小康做出新样板、新贡献。

（3）黄土高原综合治理与农业持续发展研究。黄土高原是我国农业和主要能源生产基地。在"七五"和"八五"期间，中国科学院是科技攻关项目的第一主持部门。历时八年，在宏观战略研究及实现攻关试验区的粮食自给、治理水土流失和果林基地建设等方面取得重要突破，但在植被恢复、水土流失、农牧业结合和畜产品商品化等方面，问题仍未能得到根本解决。为此，以上问题在"九五"期间仍应列入国家攻关计划。中国科学院应配备相应的学科以形成综合优势，取得更大的效益和更高水平的科研成果。

（4）松嫩－三江平原农业持续发展研究。松嫩－三江平原是我国粮食和大豆主要商品生产基地。从"六五"开始就被列入国家区域农业科技攻关计划中，"七五"和"八五"期间，又在不同类型区建立了五个农业高产示范区。"九五"期间，除继续研究解决黑土退化问题外，还应在综合治理土地沙化、碱化、草场退化、改善农业生态环境和全面开发利用湿地等方面开展深入的研究，为农业资源优势向商品优势转化建设样板，探索新技术、新理论，提供新经验，取得新效益。

（5）北方旱地农业持续发展研究。在"七五"和"八五"期间，通过增施化肥、改进耕地制度和良种良法等措施，在改善农田生态环境的同时，大大提高了旱地农业生产潜力。"九五"期间，应在增强农田抗灾能力、提高水分利用率、高产和稳产方面开展研究。

3. 大力推广农业高新技术

几年来，中国科学院科技人员研制出一大批适用于"高产、优质、高效"农业的新技术、新材料、新品种和新工艺，如"科丰 6 号"大豆、双低油菜、优质稻麦良种，新型农药和长效碳酸氢铵、专用肥料，饲料及其添加剂，新型大棚膜，优质苗木等，经初步示范，农业有明显的增产、增收和增值效果。建议选择并扶持一批趋于成熟，且可形成十万亩或百万亩推广规模的品种、技术、材料，以便在短期内，将其转化为生产力，创造更大的直接或间接经济效益和社会效益。

1994 年

明确"九五"农业科技工作重点

8 月 29 日，中国科学院印发《中国科学院"九五"及 2010 年科技发展规划纲要》。纲要指出，发展农业和农村经济，增加农民收入，是 20 世纪末到 21 世纪初我国经济发展的首要任务。中国科学院将进一步发挥在区域综合治理、生态农业、生物技术及相关技术方面的综合优势和试验示范区与生态系统观测研究网络的系统积累，围绕重点领域组织攻关，为农业现代化与持续发展提供高效、实用的科学技术，为中低产田改造、区域农业持续能力建设和相对发达地区的集约化农业发展做出新的贡献。纲要提出了"九五"农业科技工作的重点。

1. 区域综合治理与生态农业

工作的重点：①加强黄淮海平原、黄土高原、南方红黄壤丘陵区、北方旱区、松嫩–三江平原中低产田及沿海滩涂的区域综合治理研究，建立区域性生态功能优化模式及其配套技术体系，通过试验示范区加速推广，同时积极开展城郊"两高一优"农业和生态农业示范村建设研究。②维护陆地和水域生态系统，恢复与重建退化生态系统，如西南岩溶山区农林复合生态系统、西北荒漠–绿洲生态系统、水土流失严重区及工矿区退化生态系统等。③建立以节地、节水、节肥技术为重点的资源节约型高效农业技术体系。④研究我国农业持续发展战略与对策，以及主要类型区生态农业理论、方法与模式。

2. 水体养殖、增殖技术

工作的重点：①开展沿海海域、滩涂、内陆水体的"蓝色革命"，采用生物技术与常规育种手段，培育鱼虾贝藻类的优质、高产、抗逆新品种，为我国海水、淡水增养殖不断提供新品种、新技术、新方法。②开展海洋和淡水养殖动物病害的预测预报及综合防治，为水产品的稳产、高产提供科学依据。③研究与开发海洋农牧化、滩涂湖泊高效养殖技术和水产品加工与增值技术。

3. 作物育种、病虫害防治技术

工作的重点：①应用生物技术、化学诱变、物理诱变和其他育种方法与常规育种技术相结合，培育高产、稳产、优质、抗逆性强的粮食与经济作物新品种。②通过无性繁殖，发展人工种子研制技术，加速试管苗快速繁殖技术的产业化。③开展农林草场病虫鼠害的发生机理及预测预报和综合防治技术研究，利用我国丰富的生物资源开发生物新农药。④利用生物技术防治病虫害。

4. 农业新技术与新材料

工作的重点：①建立新的作物营养综合体系，一方面，研制推广新型作物生长调节剂、微肥、复合肥和长效化肥；另一方面，充分利用固氮微生物与固氮藻类，筛选出新的高效固氮菌，提高固氮效率。②发展农膜覆盖高产技术体系，研究开发功能性系列化农膜及相关工艺和地膜的生物降解技术。③发展试管植物技术、温室蔬菜、花卉无土栽培技术，实现技术高度密集、连续作业的高效栽培体系。④利用微生物技术开发单细胞蛋白和其他蛋白资源，生产高蛋白饲料与食品，提高作物秸秆的综合利用效率。⑤开发农村可再生能源的综合利用技术，发展利用速生植物及作物秸秆生产乙醇和沼气的实用技术。⑥开发农产品保鲜、贮藏技术。

中国科学院系统首获"TWNSO 农业奖"

8月18日，第三世界科学组织网络秘书长穆哈迈德·哈桑电告胡启恒副院长，中国科学院地理研究所等单位获得第三世界科学组织网络执行委员会授予的 1993 年度 "TWNSO 农业奖"，奖励 1 万美元并颁发奖牌，以表彰他们在黄淮海平原农业综合开发领域的重要贡献。这是自第三世界科学院奖项设立以来中国第一次获得应用科学奖，也是中国第一次以科研机构（集体）为获奖单位，此前已有 8 名中国科学家分别获得基础科学奖。

第三世界科学院设有 9 个奖项，其中 5 项为基础科学奖，2 项为应用科学奖，2 项为演讲奖，每年评选一次；"TWNSO 农业奖"为应用科学奖项之一。

1995 年

为我国粮食产量达到 1 万亿斤做出贡献

1 月 12 日，路甬祥副院长在中国科学院 1995 年度工作会议上的报告《调整结构，落实规划，迎接新的挑战》中指出，"九五"期间，面向国民经济建设主战场，重点组织实施辐射力强、对产业技术进步有明显促进作用、对社会有重大意义和中国科学院又有优势的 14 个重大项目（其中第 11 项为 "区域农业持续发展"）。要加强单项技术的突破和技术的系统集成，与地方政府合作，加强区域治理和中低产田的改造；要加强中长期气候和重大灾害的预测预报，为顺应天时地利、合理制定种植结构提供科学依据；要重视我国广阔的淡水水面和海域，为 "蓝色革命" 提供技术支撑。中国科学院要为我国粮食产量达到 1 万亿斤做出贡献。

继续组织科技力量投入农业综合开发主战场

2 月 24 日，中国科学院印发《关于组织科技力量投入农业综合开发主战场的建议》（科发协调字〔1995〕0073 号）。这份建议的形成是为了配合财政部提出的农业综合开发工作任务和在 20 世纪末实现全国产粮万亿斤的目标。

该建议指出，1988 年开始的农业综合开发已取得重大成效，为改变中低产田的生产条件，增加粮、棉、油、肉等主要农产品的社会供给总量，提高农村经济发展的综合能力，开拓了新途径。根据我国社会经济发展的需要，中共中央和国务院要求 20 世纪末新增 1000 亿斤粮食，财政部提出通过农业综合开发承担增产 500 亿斤粮食的任务。这个任务虽十分艰巨，但通过努力可以完成。其中一个重要环节是增强农业综合开发的科技投入，普遍提高农业开发区的科技含量。为此，中国科学院将组织科技力量和适用技术，投入到农业开发主战场，配合财政部实现农业开发的增产目标。中国科学院现有 123 个研究所，与农业相关的研究工作涉及 50 多个研究所的 5000 多名科技人员，他们对中低产田治理和农业区域开发有长期工作基础和科技积累，另外，他们中有一批水平较高的科技带头人和业务骨干。

该建议提出，按照全国及重点农业开发区的任务，可从四个方面投入。

（一）农业单项适用技术投入

农业单项适用技术和方法，包括新品种（博优水稻、科多号玉米、科丰号大豆等）、新型长效肥料系列（长效碳酸氢铵、涂层尿素、专用复合肥等）、新型生物农药系列、作物生长调节剂系列（小麦生化营养素等）、新型地膜系列（超薄型光解聚乙烯地膜、光转换膜、生物降解膜等）、测土配方施肥方法、作物病虫害防治方法（棉铃虫性诱剂等）、畜牧业和养殖业新方法畜产技术（对虾、全雌鲤等）等。

这些技术和方法都经过一定面积的试验示范和初步应用推广，属实用新型，用以武装一批开发区和龙头项目，有直接增产增效的作用，其覆盖面积每年可达几万亩甚至几十万亩和几百万亩。

（二）土地资源、水资源合理开发配套技术和模式化栽培技术投入

土地资源开发配套技术包括风沙地、盐碱地、低湿涝洼地、沼泽地、砂姜黑土地、岗坡旱地及荒地治理开发配套技术；模式化栽培技术包括节水灌溉、立体种植、资源节约型高产高效农业、农区牧业等发展模式。

这些配套技术一般由若干技术要素组装而成，大都通过中国科学院科技攻关试验区和农业开发试验区示范形成，可在同类型地区移植应用，也可在开发新区设立示范区，再向外围辐射推广，对大面积中低产田改造和高产高效农业建设具有实际意义。

（三）农业综合开发宏观决策咨询服务和重点区域开发规划

这些工作多属软科学研究，能为国家和省、市级农业开发的宏观决策和重大问题较快地提供专家咨询意见、系统资料及分析成果，也可承担重点开发区可行性研究和开发规划研究。中国科学院开展这些工作起步较早，在全国有较强优势，已在黄淮海平原及深圳、厦门等沿海开发区应用，且均取得满意成果。在今后的农业综合开发工作服务中，可增强宏观决策的科学性、宏观管理工作的高效率和现代化水平。

这些研究包括，原有开发区深化方向研究、新设开发区可行性研究（开发潜力、开发条件、项目重点、效益分析等）、重点开发区总体规划、农业综合开发成效评估和前景预测。全国、省市、不同类型区域的农业开发，管理软件开发，数据库、决策支持系统和信息系统设计应用及相应的技术培训，以及农业综合开发办公室提出的其他重大问题的研究。

（四）农业后续技术开发

从各地农业开发中提出来的带有普遍性、关键性的技术难题，在中国科学院做定向安排研究开发。这些后续技术将不断注入开发区，将使农业生产保持后劲。

该建议还就具体实施和操作提出一些原则性建议，如下。

（1）成立联合协调领导小组，由财政部和中国科学院对等派出3～5人组成，负责领导科技投入的全面实施，协调双方行动和工作，审批项目计划，制订实施方案和配套政策，协商解决合作中的重大问题。有关省市可设立相应的领导小组。

（2）采取立项实施的办法。国家和省市等各层次农业综合开发办公室提出科技项目的需求指南，中国科学院及有关研究所根据需求提出可应用的项目清单及立项申请报告，专家论证初选后编制项目计划书，经联合协调领导小组审批后立项实施，并分别纳入双方的年度计划中。科技成果双方共享。

（3）设立农业综合开发科技投入专项资金。建议从每年农业综合开发资金中央投入总额中提取3‰～4‰作为该项科技投入专项资金，根据批准的项目（预计每年 50～60 项，投入科技人员 1000 人左右）经费总数拨给中国科学院管理使用。预计每年 1200 万～1500 万元，6 年总计约 7000 万～8000万元。

（4）为了争取时间，从今年就起步，建议尽快①进行实质性协商，达成共识后再拟定实施细则。

建议强调指出，中国科学院早在 20 世纪 60 年代就开始进行农业区域治理开发的试验研究，在河南省封丘县和山东省禹城县创建了两个 10 万亩旱涝盐碱综合治理试验区，提出了"井、沟、平、肥、林、改"等治理模式，在华北地区被广泛采用，使科技成果转化为区域宏观效益，为扭转南粮北调、发展华北商品粮基地做出了应有的贡献。20 世纪 80 年代中期，我国农业生产出现新的徘徊，1988 年中国科学院同山东、河南、河北、安徽等省分别向中央呈报了关于在这些省内推广中国科学院农业技术成果的报告，当年就组织了 26 个研究所的 600 多名科技人员，集中投入到这几个省的农业开发主战场中，新建 20 多个试验区，选派了 30 多位科技副县长，试验推广 30 多项农业新技术，成为当地农业开发的引路样板和农村经济发展的新因素，使这些地区农业增产的科技含量迅速提高，地方干部和农民群众科技意识普遍增强，粮、油、肉等产品增长率大都比其他地区和全国平均水平高 2～3 倍。现在国家提出粮食总产量登上万亿斤大台阶的目标，中国科学院将围绕经济建设这个大课题，组织全院的精兵强将，重点投入到农业开发主战场中，密切配合财政部及国家农业综合开发办公室，实现农业综合开发增产 500 亿斤粮食的目标。中国科学院有科技和人才的优势，有参与农业开发的经验和合作的基础，今后在这一领域的全面合作，将有利于科技成果的转化，有利于提高开发区的科技含量，有利于促进农业现代化进程，有利于国民经济和科学技术之间"依靠"和"面向"关系新机制的探索，从而为国家改革和发展的大业做出新贡献。

农业工作组织和管理机构调整

4 月 22 日，中国科学院印发《关于成立院农业项目办公室的通知》（科发

---

① 与财政部——编者注。

计字〔1995〕0247号）。为组织中国科学院科技力量投入到农业主战场，促进我国农业持续发展，决定成立院农业项目办公室，其职责是：负责农业区域综合开发项目（含科技扶贫项目）的管理，协调和组织实施工作。与院科技扶贫办公室一套班子，两块牌子。院农业项目办公室挂靠在院自然与社会协调发展局，由主管院长直接领导，聘请李振声院士为科学顾问，其业务工作相对独立。

8月8日，中国科学院印发《关于调整中国科学院农业项目领导小组和中国科学院农业专家组的通知》（科发协调字〔1995〕0372号）。为加强对中国科学院农业工作的领导与指导，促进农业科研为国民经济服务，加速农业科研成果转化，鉴于原中国科学院农业项目领导小组有部分人员变动，决定调整院农业项目领导小组和中国科学院农业专家组，调整后的领导小组和专家组同时领导和指导院的扶贫工作。调整后，农业项目领导小组成员：顾问李振声，组长陈宜瑜，副组长刘安国，成员王声孚、张永庆、程尔晋、钱文藻、秦大河、顾文琪、石庭俊、蒋崇德、王大生；农业专家组成员：组长李振声，副组长赵其国、石玉林、唐登银、盛承发，成员刘兴土、高子勤、李玉山、刘照光、陈朝明、赵昌盛、胡湘韩、曹志洪、虞孝感、陈佐忠、刘永定、相建海、王恢鹏、夏训诚、姜承德、李继云、胡鞍钢、牛文元。

延津沙漠试验站荣获"求是"奖

9月16日，由香港实业家查济民先生捐资设立的"香港求是科技基金会"在北京举行1995年度"求是"杰出奖颁奖大会。中国科学院兰州沙漠研究所河南延津沙漠试验站荣获求是科技基金会"集体成就奖"，并获100万元奖励，以表彰该站在艰苦条件下奋战多年，为黄淮海平原沙地综合治理与开发做出的巨大贡献。

"北望沙门路，无风亦起尘。蓬头经布妇，赤脚煮盐人。迎送兼昼夜，差役并旧新。细评诸郡县，最苦数延津"，这是曾任县令的韩贯留下的诗句。进入20世纪80年代，地处豫北的延津县，沙地仍是这个著名穷县挥之不去的心头之痛。1988年9月，中国科学院兰州沙漠研究所周玉麟带领14人组成的治沙小分队开赴延津。初到延津时，全县共有5000多亩流动沙丘，3.5万亩固定沙岗，3.3 万亩伏沙地。在 59 万亩平沙地中，还有 11 万亩处女沙荒地。

治沙小分队在黄河故道的荒原上建起了延津沙漠试验站。充分依靠兰州沙漠研究所在治理沙漠方面的长期科学研究积累和经验，结合延津实际情况，在沙地综合防护体系、沙地优良种苗引进和选择、沙垄生态型改造利用、沙地培肥技术、沙地草食畜牧业生产潜力及开发途径、沙地高效利用的合理结构与模式等方面成功地开展了试验和示范工作。在 1650 亩的试验示范区内，建立桃园、梨园、苹果园、葡萄园 600 亩和优质果树苗木繁育基地近百亩；开展了 52 个农作物品种的引种试验和 300 亩沙丘、沙垄生态经济改造试验。试验站将试验、示范、推广辐射同步进行，使科学技术在治理沙荒地的工程中显示出巨大威力。试验站先后向社会推广新技术 8 项，推广辐射面积达 12 万亩，累计增加粮食产量 1.1 亿千克，新增农业产值 3 亿元；试验站赠送、销售苗木百万余株，遍及辽宁、甘肃、宁夏、陕西、山东、北京等地；试验站开展的沙荒地开发试验使当地农民收入由开发初期的 300 元增加到 1600 元，林木覆盖率达到 22%，春作物一次出苗率达到 95%，风沙地有机质全氮、全磷含量分别提高 3.17 倍和 2.15 倍。

1988 年以来，在地方政府的大力支持下，兰州沙漠研究所的科技人员，发扬艰苦奋斗、勇于创新的精神，与当地干部群众一起把延津县的贫瘠沙荒地建为林茂粮丰、瓜果飘香的绿洲，他们用智慧、心血和劳动的汗水，精心绘制出了一幅科学治沙、科学致富的发展蓝图，为延津县的农业综合开发做出了突出贡献。为此，河南省农业综合开发领导小组于 1994 年 12 月 14 日做出了向中国科学院兰州沙漠研究所延津试验站学习的决定，号召全省在农业综合开发第一线的干部、群众向其学习。

延津沙漠试验站的沙地治理开发模式，得到中国科学院领导的高度重视。李振声副院长指出，农业开发和台站建设一定要走出一条新路，延津试验站是中国科学院继黄淮海地区三个原有试验区（山东禹城、河南封丘、河北南皮）之后成长起来的农业综合开发新样板，要将延津沙漠试验站最终建成河南省沙区农工商科教文综合发展、使沙区农民率先进入小康的示范区，使规模型、集约型农业的优势效益得到集中展示，为科技引导沙区社会进步提供具体经验和模式，在国民经济建设和社会发展中充分显示邓小平关于"科学技术是第一生产力"理论的巨大威力。通过他们的工作，可以看出，在党和政府需要的时候，中国科学院的科研队伍是能够为社会和经济发展做出贡献的。

1996 年 4 月 25 日，国务院副总理姜春云视察了延津沙漠试验站。

1996 年

部署农业科技与科技扶贫的新任务

2 月 5 日，路甬祥副院长在中国科学院 1996 年度工作会议上的报告《调整结构，建设"三大基地"再创辉煌；加快发展，推动"科教兴国"多做贡献》中指出，在农业方面，中国科学院进一步发挥综合优势，组装成套技术在典型农业生态区域示范推广，圆满完成了"黄淮海平原农业综合开发"等国家攻关项目和院重大项目，为该区域农业和社会发展做出了贡献。延津开发基地的科技人员，走出了一条适应我国农业发展的新路，受到当地政府的嘉奖，并获 1995 年度求是科技基金会"集体成就奖"；利用辐照育种、重大病虫害综合防治、农业专家系统等高新技术推动了农业发展；《我国农业生产问题、潜力、对策研究》《全国粮食产量预测》等报告，得到中央有关领导的好评，在国内引起较大的反响。在论及中国科学院"九五"奋斗目标时，报告首先提到农业并指出，为了实现国家在 2000 年粮食产量增加 1000 亿斤和"八七扶贫攻坚"的目标，中国科学院将联合地方和有关部门，为我国农业的发展和区域发展做出新的贡献。要进一步明确农业科技工作重点，根据国家宏观规划、中国科学院优势和特色，相对集中力量，调整布局，组建农业科技工程中心和按照市场机制运行的农业科技服务实体，组织成组配套技术推广，加强与地方合作，将科技优势与农业技术、农村政策相结合，科技人员与地方领导、农民相结合，使中国科学院为农业服务的区域到 2000 年粮食单产提高 15%，科技进步对农业增长的贡献率达到 50% 以上，为增产 1000 亿斤粮食做出一份应有的贡献。在科技扶贫方面，重点抓好几个对口扶贫县的脱贫致富，并在面上进一步展开，充分发挥科技副职的作用，建立科技扶贫责任制和科技扶贫项目库，加大示范推广力度，在"八五"科技扶贫工作取得较好成绩的基础上，与地方政府、社会各界共同帮助 47 个贫困县基本脱贫。

同日，陈宜瑜副院长在工作会议上的讲话《突出区域与学科特色，发挥综合优势，为实现持续发展贡献力量》中指出，在继续深化改革的"九五"期间，中国科学院的相关单位必须适时地调整方向与任务，把主要力量动员和组织到解决社会发展所面临的关键性、战略性和综合性的资源、环境、生态和农业问题与技术难关上来，同时集中精干力量于国际科学前沿，组织新的突破，并将"开展区域发展、综合治理与农业持续发展及其相应技术（如良种选育、重大病虫鼠害防治及单项技术）研究"列为优先领域之一。对于"九五"期间的重点工作，讲话提出，要充分利用中国科学院在区域治理研究中的科学积累和一批有特色的生态农业台站，开展农业技术的集成、示范和推广，促进我国农业向高产、优质、低耗、高效的方向发展；要将粮食生产放在首位，同时开展种植业、养殖业和加工业的综合配套开发；在继续巩固和发展黄淮海平原综合开发研究的同时，要按照国家的统一布局，进一步开展三江–松嫩平原、河西走廊和黄土高原、长江流域及红壤丘陵等区域的综合开发研究；示范区要上规模，推广和辐射区的科技进步对农业增产的贡献率要超过 50%，主要作物单产提高 15% 以上，农民的收入也要有明显提高；要将科技优势与农业投入、农业政策相结合，科技人员与地方领导、农民相结合，发挥中国科学院的农业科研优势，为国家粮食增产做贡献；要进一步抓好农业扶贫工作，在巩固努鲁儿虎山区等扶贫成绩的同时，将扶贫重点转向西南石山地区，抓好广西环江、贵州水城、云南思茅等科技扶贫示范点，通过推广示范，带动一片。此外，要努力促进农业科技产业化，在种子、肥料、饲料、生物农药和养殖业等具有高科技含量和高附加值的研究领域，引入市场经济和企业文化，鼓励科技人员创办或联办科技企业，学习"正大企业集团"的模式，走出有中国特色的道路。

进一步强化农业科技攻关与院地合作工作的有机结合

3 月 5 日，中国科学院和吉林省人民政府签署《吉林省政府与中国科学院在区域农业综合开发科技攻关方面的合作协议》，双方将密切合作开展广泛深入的农业研究工作，不断开拓新的合作领域。该协议表明，中国科学院区域农业工作的战略重点有所调整。4月，中国科学院农业专家组到吉林省对农业综合开发工作进行项目考察，由此拉开了"九五"期间科技兴农重点移向东北三省攻关战场的序幕。院农业项目办公室组织中国科学院在东北地区的三个研究所（黑龙江农业现代化研究所、长春地理研究所、沈阳应用生态研究所）及相关单位，在专家论证的基础上启动中国科学院重大项目"东北地区农业综合开发试验示范研究"，实现中国科学院区域农业综合开发工作在东北的战略布局，确定大安、柳河、德惠、昌图、海伦5个代表不同农业生态类型区的综合开发基地，形成"十"字形构架，推动落实"中科院抓吉林带黑龙江与辽宁"的战略部署。

以签署协议和部署重大项目为契机，1999年启动了中国科学院创新项目"建设东北地区稳定商品粮基地的农业技术集成与高新技术研究"；2002年启动了中国科学院知识创新工程重大项目"东北地区农业水土资源优化调控机制与技术体系研究"。

农业专家组为农业科技工作建言献策

4月11～12日，中国科学院农业专家组第一次会议在北京召开。专家组23名成员中的19人出席会议，院农业项目办公室全体人员参加了会议。陈宜瑜副院长就中国科学院"九五"农业科技工作面临的形势和任务等做了重要讲话，农业专家组组长李振声院士从中国科学院农业科技开发工作的经验阐述了"九五"工作的思路。5月7日，中国科学院印发《关于转发〈中国科学院农业专家组会议纪要〉的通知》（科发协调字〔1996〕0210号）。

《中国科学院农业专家组会议纪要》从农业科技工作的任务与布局、开发试验区合同初审意见、农业项目管理办法、存在的问题与解决思路四个方面反映了专家们的意见和建议。

1. 农业科技工作的任务与布局

中国科学院在国家农业发展的重要阶段都起了不可替代的作用。20世纪50～60年代的农业资源考察，华北、西北等地区研究基地的建立，1987年为打破粮食生产的徘徊局面，提出《全国产粮万亿斤的潜力简析》，1995 年提出《我国农业生产问题、潜力与对策》，这些工作都具有明显的推动作用，得到了中央的重视和地方及科技界的认可。1988 年以来，中国科学院在黄淮海平原农业综合开发主战场取得显著效益，积累了丰富的经验。在宏观研究方面，中国科学院具有明显优势，在农业综合开发方面有局部优势，在新技术、新材料、新品种方面有一定优势。随着我国农业集约化、产业化的发展，科技在未来农业中将占有更大比重。中国科学院 40 多个研究所的 5000 名相关人员和 600 名直接参加人员必将发挥更大作用。院领导加强"九五"农业科技工作是正确的。中国科学院"九五"农业科技工作的基本任务，是保证重点和扩大成果显示度，加强新技术的超前研究。一些项目应力求在国家级水平上或全国范围内产生影响，另一些项目应扩大在省级范围的影响，由研究所与地方联合进行。"九五"农业科技工作的基本对策是找准位置、突出重点、发挥优势，不撒"胡椒面"，避免与其他部门撞车。整个工作分三个层次：一是宏观决策战略研究；二是区域技术集成；三是新技术开发。时间上相应分为三个阶段：一是近期的，即"九五"期间；二是中期的，即 21 世纪初；三是远期的，即为 21 世纪农业持续发展提供储备。区域开发要巩固提高黄淮海平原，加强东北，适当扩大外延。专家一致认为，新技术十分重要，新技术、新材料、新品种研制工作要突出重点，示范、推广要注意成熟实用技术及其集成，发挥技术体系的整体优势。

2. 开发试验区合同初审意见

按照回避原则，对黄淮海平原、外延及东北三大块预选开发试验区合同进行了评审。专家组指出，共同的问题是：特色不明显；技术及材料叙述过于笼统；配套技术不具体；考核指标不明确；人员结构欠合理，年龄偏大，初级和辅助人员不足。各开发试验区的主要问题：①黄淮海平原 6 个点，禹城、封丘的合同仍需高标准要求，更上一层楼；建议聊城开发试验区的合同书重写后再评。另外三个（南皮、怀远、延津）的合同书应修改补充。②外延地区 5 个合同，元氏的较好，建议江苏海涂重写后再评；另三个（北京郊区、江汉平原、内蒙古多伦）的合同应修改补充；北京开发基地参加单位人员多，应考虑如何协调管理及后续单位如何加入。③东北地区 3 个合同，以大安的为好，柳河、德惠的课题设置需进一步讨论。农办应尽快组织专家实地考察。为不误农时，对较好开发的试验区应及时拨款，有的应现场考察后再商定。专项技术，包括长效碳铵，涂层尿素，棉花、油菜、大豆、甘薯、玉米新品种，新型农药，专用农膜和昆虫性引诱剂等也应抓紧立项，尽快启动。

3. 农业项目管理办法

多数专家对农办直属项目的管理办法提出一些意见：①试验区设置一定要十分慎重。鉴于以往经验和现实情况，项目一旦上了就很难下来，给资金使用和管理工作带来很大困难。因此新设开发试验区绝对不能匆忙，条件不够或不便管理时可以先上单项，选择成熟技术或技术群开展工作以打下基础。②项目必须实行专家负责制，非本行专家不能作为项目主持人。③实行资金滚动支持。立项要根据工作基础、"八五"任务完成情况或新的需求而定。④资金使用分拨款和有偿使用两种形式。根据现实情况，努力扩大有偿部分，特别是在新材料、新品种、新技术和试验区产品开发方面，以便推动产业化发展，为"走正大集团之路"打好基础。⑤开发试验区与专项（包括单项技术和宏观决策研究）之间在资金额度上应掌握适当的比例。

4. 存在的问题与解决思路

与会专家对中国科学院目前农业工作中的问题及解决思路取得了一致认识：①科技人才问题。据统计，1991 年中国科学院参加黄淮海平原农业科技工作骨干的平均年龄为 53.6 岁，这些人现平均年龄已近 60 岁，"九五"期间将陆续退休。目前虽注意选拔了一些年轻同志，但数量不够，有的还不稳定。这个问题比较突出，需尽快研究解决。具体建议：一是制定优惠政策以便吸引更多年轻人参与；二是加强教育与培养，发扬优良传统；三是发挥老同志的余热，对身体健康能坚持工作的同志续聘或返聘。②开发技术含量问题。目前农业开发试验区普遍存在技术含量较低的问题，即使像禹城、封丘这些得到公认的基点，在新的形势下也存在技术含量需大幅度提高的问题。关于专项技术，像长效碳铵这样过硬的不多。解决途径是，试验区要有自己独立研制的、有特色和水平的一至几项技术，不能全靠简单地推广，同时必须注意技术集成和整体效益（农业和环境）；现有的单项技术必须面向市场，尽快扩大产业化的成分；技术储备不能忽视，否则将成无源之水。③管理机构问题。目前中国科学院农业科技工作分管的部门有好几个，应统一部署，加强协调，以减少内耗，同时便于向国家有关部门对口负责；农办任务重、责任大，需加强力量；有些研究所对农业工作特别是示范推广工作的领导与支持不力。

"全国粮食产量预测"受到中央领导和有关部门高度重视

5月20日，李鹏总理对周光召院长5月8日报送的中国科学院系统科学研究所《关于96年粮食、棉花、油料产量预测报告》做出批示："科学院95年预测报告很准。"

粮食产量预测对于国民经济发展、人民生活改善和社会稳定极为重要，具有辅助政府宏观决策的重要作用。中国科学院系统科学研究所陈锡康研究员及其研究组长期从事全国粮食预测的方法研究和实际应用。

1979年11月，原中共中央农村政策研究室和原国务院农村发展研究中心委托中国科学院利用数学与系统科学方法开展"全国粮食产量预测研究"，并对此项研究工作提出两项要求：①为便于及早安排粮食消费、存储和进出口，要求预测提前期为半年左右，如果迟至每年八九月才能确认当年粮食可能歉收，此时在国际市场大量购买粮食，很可能粮价已大幅度上调，对于人口数量庞大的中国而言，国际粮价的影响力是可想而知的。②要求预测精度高，误差一般在3%以下。

国际上预测谷物产量的方法大致有三种，即气象产量预测法、遥感技术预测法、统计动力学模拟法。由于目前国际上气象科学仍很难对半个月以后的气象状况进行高精度预测，地表作物未生长到一定程度时应用遥感技术，很难对作物产量做出可靠的判断和预测，所以气象与遥感方法的预测提前期一般为两个月以内，部分发达国家利用这两种方法进行作物产量预测的误差通常在实际产量的5%左右。这些方法在预测时间和预测精度上均不能满足国家的需求。

陈锡康研究组采用新的途径，利用系统科学的方法和数学模型开展作物产量预测，提出和建立了新的以投入占用产出技术为核心的系统综合因素预测法，其核心主要体现在三个方面，即投入占用产出技术、考虑若干技术因子（如化肥等）边际报酬递减的非线性预测方程、最小绝对和方法。系统综合因素预测法的主要原理是把粮食生产看作一个具有多层次结构的典型复杂系统，其主要特征之一是各子系统之间及系统与环境之间存在复杂的交互作用，必须综合考虑社会经济技术因子（如政策、价格、良种、化肥、灌溉、机械、农业生产组织等）和自然因子（如土壤、气象等）的作用，并且认为社会经济技术因子在我国粮食生产中起主要作用。这一多层次结构复杂系统的另一个重要特点是具有很强的非线性、随机性和动态特征。针对这一系统的主要特征，陈锡康等研究和建立了非线性粮食产量预测方程。

陈锡康等在方法研究和实际应用中涉及的主要预测因素包括：农业政策及政策变量，农产品和农业生产资料价格，种植单位面积粮食农民纯收入，单位面积净产值，耕地面积与复种指数，粮食种植面积，受灾面积与受灾程度，化肥与农家肥施用量，良种推广程度，有效灌溉面积，农用薄膜与农药使用量，农用柴油使用量，农业机械总动力及机耕面积，农业劳动力与役畜数量，时间趋势，国际市场粮食供求状况与粮食及其他农产品价格，国际市场化肥供求状况与价格等。

自 1980 年开始，陈锡康研究组于每年四月下旬完成当年度预测报告，经中国科学院院长审阅和签发，通常在四月底或五月初向中央及有关部门提交当年全国粮食产量预测报告（每次提交 35 份）。1980～2014 年的 35 年间预测的总体情况是：预测提前期均在半年以上，中央政府和有关部门有充足时间安排粮食收购、运输、储存、消费和进出口等；预测各年份粮食丰、平、歉方向正确，正确提前预报了 2004～2013 年连续 10 年粮食增产和 2000 年、2001 年、2003 年及 1985 年粮食歉收及其他年份的粮食平产；预测产量与国家统计局根据抽样实割实测调查获得的实际粮食产量相比，平均误差为 1.9%。在预测时间和预测精度上全面达到了中央提出的要求。

陈锡康研究组开展的全国粮食产量预测研究及按年度提交的预测报告，为政府宏观决策和部门工作安排提供了重要参考依据。其一，为中央政府判断年度农业和主要农作物生产形势、研究全国粮食供求平衡、保障粮食安全的高层决策服务；其二，为相关部门提前安排粮食、棉花、油料进出口及储存，农业生产计划和调度，制订相关产业（如食品、纺织、化肥等）发展计划等提供重要参考；其三，为相关部门在粮食及其他农产品的国际市场和国际贸易活动中掌握主动权提供了重要依据，并从中获得巨大的经济效益。

继1996年5月20日李鹏等中央领导对中国科学院报送的预测报告做出批示之后，1997年3月2日，李鹏在全国政协八届五次会议科技组讨论会的讲话中用很长篇幅高度评价了此项工作。李鹏指出："最近这几年中国科学院所做的粮食产量预报，应该说还是比较准确的。""不要以为这是小事，这是一件很大的事情。产量的估计影响政策的决定。粮食产量如果估计得不合适，估少了，得出缺粮的结论，就得出去购买粮食。估得过高，没有那么多，粮食真的短缺，临时去买粮就难了。"2003年5月11日，回良玉副总理对中国科学院报送的预测报告做出批示："贵院数学与系统科学研究院陈锡康等的'预测报告'已阅，这对我们农业生产和农村经济发展的工作指导和政策制定是很有益处的。"中国科学院开始向中央和相关部门报送测产报告以来，先后有八个部委分别致函中国科学院对该项工作给予很高评价，2010年7月2日，农业部韩长赋部长致信中国科学院路甬祥院长："中科院长期坚持开展我国主要农产品产量预测，取得了高水平的预测成果，对农业农村经济工作提供了重要支持。我们将认真研究今年的预测数据，借鉴科学的预测方法，吸收有关政策建议，更有针对性地开展对农业发展的指导。"陈锡康等提出和建立的投入占用产出技术及相关计算方法获得国际上一些知名科学家的很高评价，如美国科学院院士W. Isard、诺贝尔经济学奖获得者W. Leontief、澳大利亚昆士兰大学教授R. C. Jensen和A. G. Kenwood等。这些学者指出，陈锡康等所采用的方法是"非常有价值的发现"和"先驱性研究"，"投入占用产出及完全消耗系数的计算方法是我们领域的一项重要的发明与创新"。

陈锡康及其研究组先后七次获得奖励。陈锡康本人2004年获得中国科学院首届杰出科学技术成就奖一等奖，2006年获得首届复旦管理学杰出贡献奖一等奖；此外，他和团队成员于1992年获得中国科学院科学技术进步奖一等奖，1999年获得国际运筹学进展奖一等奖，1987年和1996年两次获得国家科学技术进步奖三等奖，1982年获得中国科学院科学技术成果奖二等奖。

表彰科技扶贫工作先进集体和先进个人

7月10日，中国科学院印发《关于表彰奖励"八五"科技扶贫先进集体和先进个人的决定》（科发协调字〔1996〕0316号）。该决定指出，"八五"期间，在国务院扶贫开发领导小组的指导和支持下，中国科学院精心组织队伍，在重点扶贫联系地区努鲁儿虎山区开展科技扶贫，同时各分院和相关研究所积极参与了所在省份的科技扶贫工作。通过广大科技人员的共同努力，中国科学院的科技扶贫工作为加速贫困地区脱贫致富做出了重要贡献，多次受到国务院的通报表彰。经过认真评选，决定表彰奖励3个先进集体、37名先进个人。"朝阳地区科技扶贫项目组"（沈阳分院牵头）、"承德、赤峰地区科技扶贫项目组"（自然资源综合考察委员会牵头）、"思茅地区科技扶贫工作队"（昆明分院牵头）获得科技扶贫先进集体表彰，自然资源综合考察委员会王旭等来自8个单位的12人获得科技扶贫先进个人奖一等奖，长春地理研究所王本琳等来自14个单位的25人获得科技扶贫先进个人奖二等奖。

7月17～18日，中国科学院在沈阳召开科技扶贫工作会议，11个分院、20个研究所的代表出席会议，与会人员交流了"八五"科技扶贫经验，对"九五"科技扶贫任务和目标进行了认真研究和讨论。陈宜瑜副院长到会对科技扶贫工作做重要指示，并向参加"八五"科技扶贫工作的3个先进集体和37名先进个人颁发奖状和荣誉证书。会后转发的《中国科学院科技扶贫工作会议纪要》（科发协调字〔1996〕0439号）全面总结和肯定了"八五"科技扶贫工作的主要成绩和经验，明确了"九五"科技扶贫的任务和目标，并制订了"九五"科技扶贫计划。

首次构建水稻基因组物理图 [①]

11月20日，《关于我国水稻基因组物理图在世界上首次构建成功的报告》（科发基字〔1996〕0510号）正式上报国家科学技术委员会和国务院。

该报告指出，根据中国的国情、未来农业发展的需要和当今国际基因组计划研究的趋势，国家科学技术委员会于1992年8月正式启动实施水稻基因

---

① 摘自樊洪业主编的《中国科学院编年史》（1949～1999）第378、379页，文字略有增删。

组计划，并在上海建立了中国科学院国家基因研究中心。中国科学院国家基因研究中心洪国藩研究员负责的研究团队，于 1996 年 6 月在世界上首次成功构建了高分辨率水稻基因组物理图。

水稻基因组计划是一项最终在分子水平上解开水稻全部遗传信息的研究计划。水稻基因组由 12 条染色体组成，总长度为 4.3 亿核苷酸。水稻基因组计划包括三大核心内容，即水稻基因组遗传图、物理图的构建和 DNA 全顺序的测定。世界上很多国家开展水稻基因研究，其中日本已于 1994 年构建成功了水稻基因组遗传图，从而使构建水稻基因组物理图成为集中的研究内容和竞争的焦点。根据物理图，能够解开水稻的全部遗传信息之谜，而且通过定位克隆等技术，可以高效而系统地为农业遗传育种提供所需的重要基因及有关信息。

洪国藩等人构建的水稻基因组物理图的特点是：①分辨率 2 万核苷酸，这么高的分辨率可使 DNA 顺序测定能够直接进行，同时简化了获得所需基因的步骤。②有 565 个遗传分子标记，许多标记间的物理距离已经测出，这将加快获得所需基因的速度。③有近 100 个通用的遗传分子标记。已知这些遗传分子标记在大麦、小麦、燕麦、玉米、高粱、甘蔗六种主要作物的基因组中是通用的，可以根据上述作物的遗传信息，在已建成的水稻基因组物理图上帮助获得相应的基因，也可以根据水稻的遗传基因来帮助获得以上六种作物的相应基因。洪国藩因首次构建高分辨率水稻基因组物理全图，获得第三世界科学组织网络执行委员会授予的 1996 年度 "TWNSO 农业奖"。

首次成功构建高分辨率水稻基因组物理图，标志着我国在农业生物学基础研究领域取得了突破性的进展。

1997 年

加速农业科技工作的结构调整，强化区域农业基地建设

4 月 5 日，路甬祥副院长、陈宜瑜副院长在中国科学院 1997 年年度工作报告中强调，中国科学院将一如既往地坚持农业可持续发展的基本方针。

路甬祥指出，农业是国民经济的基础，要在"八五"的基础上，抓好与农业相关的研究、开发和转化工作；要在巩固黄淮海平原综合开发的基础上，重点抓好国家主要商品粮基地——东北地区的农业综合开发和配套技术的推广应用；在新疆开展以棉花生产为主的综合技术应用；开展中国中西部地区节水农业的试验示范；加强高品质、高抗逆性、高产的小麦、棉花、油菜、大豆等新品种的培育和推广；继续抓好新型肥料研制和推广应用；要进一步强化支持水稻基因组研究，开展 DNA 全序列分析，结合寻找、定位有经济价值的基因继续精化物理图谱，寻找水稻重要基因用于水稻遗传育种，探索建立更加快速、经济的 DNA 测序新技术、新方法。力争在"九五"末期，中国科学院研制的部分作物品种和农药、化学生长控制剂等技术形成产业化，农业科技示范点的农业增产科技贡献率大于 60%。同时，继续抓好中国科学院承担的定点挂钩的国家级贫困县的科技扶贫工作。

陈宜瑜强调，农业是国民经济的命脉，农业的持续发展毫无疑问也是可持续发展战略的重要组成部分。由于农业科学不仅涉及资源、生态问题，而且还涉及生物技术育种、新肥料、新农药、耕作技术、农业机械和水利建设等更广泛的科学领域，尽管农业领域中有些科研活动的规律与资源、生态和环境研究不尽相同，但中国科学院将一如既往地支持农业持续发展研究的基本方针。资源、生态和环境科学是可持续发展研究的核心，可持续发展战略的实施主要是政府行为。在具体的资源探查、生态建设、环境保护和农业开发等项目实施时，各部委和地方政府及其所属的科研院所都必然要投入很大的力量。中国科学院的资源、生态、环境和农业科学研究工作必须在原来具有优势的基础上有进一步的发展，在基地建设中突出区域特色并提倡学科交叉，一方面要抓住具有前瞻性的学科前沿，努力去探索基础性、规律性的问题，着眼于技术创新，努力避免低水平的重复工作；另一方面要密切注意国民经济发展的需要，积极承担全国性和区域性的资源、生态、环境和农业的重大任务。

生物学部呈送化肥问题咨询报告

5 月 5 日，中国科学院生物学部向国务院呈送了《我国化肥面临的突出问题及建议》咨询报告。

咨询报告指出，化肥和有机肥配合施用是农业生产中最有效的增产措施之一。我国大量科学试验和生产实践表明，施用 1 千克化肥可增产粮食 5～10 千克，联合国粮农组织对全世界化肥肥效试验的统计结果与我国的统计结果一致。化肥是农民生产投资中最大的物质投资，化肥支出约占其全部生产性支出的 50%。1995 年，全国施用化肥约合人民币 1300 亿元，其中包括进口化肥所需的 37.6 亿美元外汇。由于化肥在农业生产及国家和农民的经济活动中所占的重要地位，如何充分发挥化肥的作用，是我国农业持续发展中面临的最突出的问题之一。

咨询报告全面分析了我国化肥面临的现状和问题。

1. 化肥数量不足

近年来我国化肥生产和进口增加较快，用量逐年增长，由 1980 年的 1269 万吨增加到 1995 年的 3594 万吨，平均每年增加 155 万吨，增长率为 12%，是中华人民共和国成立以来我国化肥用量增加最快的时期。

化肥的增长促进了农业生产的不断发展，但按农业持续发展的需要，化肥的数量依然不足。按 20 亿亩耕地计算，1995 年，我国每亩耕地平均施用化肥 16.6 千克；按播种面积 31.2 亿亩计算，每季作物每亩化肥施用量仅为 11.5 千克，在世界上属中等水平，低于日本等国的施用水平。此外，还有 1.2 亿亩果园、1700 万亩茶园和 1200 万亩桑园等面积未计入耕地内。加上我国大部分耕地开垦年代久远，利用强度高，土壤肥力一般偏低，因此从全国看，化肥数量不足的问题依然突出。

化肥的分配不当加深了数量不足引起的矛盾。在沿海各地和城市周边经济发达地区，化肥主要是氮肥施用超量（如江苏太湖地区每季作物上仅氮肥平均每亩施用量达 20 千克左右），而在欠发达地区则施用量甚低（如黑龙江和甘肃等地区每季作物上每亩化肥施用量尚不足 10 千克）。这是近年来化肥未能充分发挥其应有作用的重要原因之一。

按照《中华人民共和国国民经济和社会发展"九五"计划和 2010 年远景目标纲要》，到 2000 年，粮食总产量要达到 4.9 亿～5 亿吨；到 2010 年，农业现代化建设要登上一个新台阶，对化肥的需求必将有进一步的增加。

2. 氮、磷、钾比例和品种结构不合理

近年国产氮、磷肥养分的比例为1:0.30，钾肥生产滞后。进口化肥中磷的比例有所提高，使所施化肥中的氮、磷比已调整到1:0.40~1:0.45，比例渐趋合理。但是氮、钾比例仅为1:0.16，钾依然偏低。

从农田中养分收支平衡状况看，在现有耕作和产量条件下，氮、磷由亏缺趋于平衡，钾因投入不足严重亏缺，每年亏缺量达450万吨，耕地缺钾面积有逐年扩大的趋势。

国产化肥以单一营养元素和低浓度品种居多，平均养分含量为27%，与国外平均养分含量40%左右相差甚远。复合肥仅占总量的10%。1995年，尿素占氮肥的43%，而低浓度碳铵仍占氮肥的48%；磷肥中，低浓度过磷酸钙和钙镁磷肥占85%，而磷铵等高浓度品种比例甚低。目前，复混肥料的养分含量低，以含量25%为主，品种少，生产工艺和配方有待标准化。

我国部分耕地缺乏硫及锌、硼、锰、钼等中量和微量元素。微量元素肥料目前多为副产品和下脚料，常含有某些污染物质，加之盲目地施用，因此这种状况急需改进。

3. 化肥利用率低

目前我国化肥的当季利用率，氮为30%~35%，磷为10%~20%，钾为35%~50%。其中氮的损失特别严重，水田损失又高于旱地。目前每年施用氮肥约2000万吨，以平均损失45%计，则损失的肥料氮量达900万吨，相当于1900多万吨尿素，折合人民币380多亿元。

此外，部分地区施肥不当已引起环境污染，出现了地表水富营养化、地下水和蔬菜中硝态氮含量超标、氧化亚氮排放量增加等问题。

另外，咨询报告提出了一些针对性建议。

4. 增加化肥供应量

目前每亩每季施肥量低于10千克的耕地约占一半；经济作物施肥量有所增加；林、牧、渔业也开始施用化肥。因此，今后15年内，仍应继续增加化肥供应量。据计算，到2000年和2010年，化肥的年供应量应分别达到4200万吨左右和5000万吨以上。按20亿亩耕地和160%复种指数计，每季作物施肥水平可分别达到每亩13.1千克和15.6千克，在世界上仍处于中等水平。

5. 调整养分比例和品种结构

根据上述问题和今后我国农业持续发展的需要，建议到 2000 年我国化肥总需求量中氮、磷、钾的比例为 1∶0.40～0.45∶0.25，即氮 2470 万～2550 万吨，磷 1020 万～1110 万吨，钾 620 万～640 万吨。到 2010 年，氮、磷、钾的比例应达到 1∶0.40～0.45∶0.30，以化肥总需求量 5000 万吨计算，则需氮 2860 万～2940 万吨，磷 1180 万～1280 万吨，钾 860 万～880 万吨。

为实现上述目标，在今后 15 年内，需要解决磷钾肥问题，特别是钾肥的供应。建议：①进口化肥中逐年增加钾肥的比重，相应降低氮、磷化肥比重。至 20 世纪末，进口化肥中钾的比重不低于 60%。②加大开发钾肥资源的投资力度。除大力开发国产钾肥外，可考虑在周边国家开矿办厂，生产钾肥，返销国内。

在化肥品种方面，今后 15 年内应主要发展高浓度品种。氮肥中尿素所占的比例应由目前的 43% 增加到 60% 左右，并将碳铵的比例降到 25% 左右；适当发展硝铵；开发适宜的氮肥新品种。磷肥中主要发展磷铵等高浓度品种。将钙镁磷肥和过磷酸钙保持在 50% 左右较符合国情，并可借以补充中量营养元素。复混肥应大力发展养分含量高于 40% 的品种。开发适合我国生产条件的散装粒状掺合肥料。规范各种专用复混肥的生产。另外，微量元素化肥应定点生产标准化产品。

6. 改进化肥分配和供应状况

近年来地区之间施肥水平的差距进一步扩大。实践证明，在中低肥力水平的土壤上施肥，肥效比高产土壤高出 50%～100%。在保证高产区有足够化肥供应的条件下，应制定政策，逐步提高中低产地区的施肥水平。

7. 推广科学施肥技术

化肥的效应随作物种类、土壤类型、气候条件、耕作栽培、化肥品种和施用技术等因素而异。应加大农业技术推广力度，提高基层农业技术人员的业务素质，普及土壤肥料知识，推广行之有效的合理施肥技术。

8. 加强肥料科研和肥效监控

针对我国土壤类型复杂、作物种类繁多和化肥利用率低的情况，急需加强高效施肥特别是提高化肥利用率问题的研究。

为了向国家定期报告不同类型耕地肥料效应和土壤肥力的现状及演变趋势，当前迫切需要建立全国性的、长期稳定的试验和监控网络，为宏观调控肥料生产、分配和施用提供依据。

　　为使肥料科研和肥效监控获得稳定的经费支持，建议参照国外经验，由商业部门按年度肥料销售额的万分之五提取专项经费上缴财政，由主管部门下达给有关科研单位专款专用。

　　为了使肥料的生产、进出口、供销、使用和服务各个环节纳入法制轨道，国家应尽快制定"中国肥料法"。

黄土高原农业可持续发展研究取得重要进展

　　9月3日，中国科学院西北水土保持研究所承担的国家"八五"农业科技攻关项目"安塞丘陵沟壑区提高水土保持型生态农业系统总体功能研究"通过验收。12月6日，受中国科学院委托，由西安分院等单位联合举办的"黄土高原生态环境和农业可持续发展战略研讨会"在陕西省西安市召开，陈宜瑜、孙鸿烈等参加会议。

八、组织动员科技力量为我国农业跨世纪发展服务（1998～2014）

1998 年

在知识创新工程试点工作中部署农业科技创新重点

6月1日，中国科学院向中央上报《关于呈报"关于中国科学院开展〈知识创新工程〉试点的汇报提纲"的报告》（科发计字〔1998〕0228号），汇报提纲再次强调了农业科技创新工作的重要性并做出了相应的战略部署。汇报提纲提出，近期重点包括：战略性基础研究，如主要粮食作物超高产育种的理论与方法研究（第二次农业绿色革命的生物学基础）；可持续发展相关科技创新研究，如生态和设施农业研究。

此前，1月15日中国科学院在1998年度工作会议上印发文件《中国科学院1997年工作回顾和1998年工作要点》中明确提出：中国科学院要继续为农业发展做出贡献，在"八五"攻关基础上建成的我国重点产粮区主要农作物遥感长势动态监测与估产运行试验系统，对黄淮海地区小麦和吉林省玉米的播种面积、长势进行了监测和估产，对指导国家的粮食生产和调配计划具有重大意义。

11月5日，中共中国科学院党组印发《关于学习贯彻党的十五届三中全会精神的通知》（科发党字〔1998〕085号），印发《中共中国科学院党组关于学习贯彻〈中共中央关于农业和农村工作若干重大问题的决定〉的若干意见》，要求全院认真学习、领会贯彻；全面认识农业发展的新形势、新特点和新需求；动员组织科技力量为我国农业跨世纪发展服务。

长江三角洲经济与社会可持续发展若干问题咨询报告

4月1日，中国科学院上报《关于呈送"长江三角洲经济与社会可持续发展若干问题咨询报告"的报告》（科发学部字〔1998〕0131号），该报告提出了"加强农业生产的物质基础，加速实现农业现代化"的五项措施建议：一是加快农业产业化进程，重点开发一批起点高、技术含量大、高附加值的农产品，重点建设一批以农产品产、加、销为主的企业；二是适度扩大农业经营规模，可采取大户承包，村、站办农场，股份合作制等方式，通过经济杠杆作用，把分散的农户联系起来；三是加大对农业的投入；四是调整农业生产结构，除保障粮食和重要经济作物的生产外，还要重视饲料生产及其加工业，适度发展创汇农业和观光农业，尝试建立农产品期货市场；五是重视对耕地和农业自然资源的保护及加强农业基础设施建设，促进农业现代化的发展，起到农业现代化的试验、示范作用。

"新疆棉花可持续优质高产综合技术集成示范工程"启动

4月6日，中国科学院启动"新疆棉花可持续优质高产综合技术集成示范工程"；8月，中国科学院生物学部组织"西北五省区干旱半干旱区可持续发展的农业问题"咨询项目组到新疆考察，就与农业有关的水资源问题、绿洲农业的结构问题、农业环境变化与灾害问题向自治区领导提出重要建议。

新型广谱氮肥长效增效剂——"肥隆"研制成功

9月9日，中国科学院沈阳应用生态研究所研制的新型广谱氮肥长效增效剂——"肥隆"通过成果鉴定。

针对我国农业生产中使用量最多的氮素化肥普遍存在的利用率低（25%～45%）、肥效期短（30～50天）两大弊端，沈阳应用生态研究所科研人员，经过近十年的工作，发明和研制了新型广谱氮肥长效增效剂——"肥隆"。"肥隆"是多种天然物质与无毒害、无污染有机化合物及多种元素综合配方组成的氮肥添加剂，它集脲酶抑制、氨稳定、硝化抑制、植物生长刺激作用于一体，作用机制互相补充，氮肥长效增效功能稳定，促进作物增产作用显著，解决了肥料领域氮肥长效增效和提高氮素利用率的两大难题，使我国氮肥研究达到世界水平。

"肥隆"与尿素按 6% 的比例，碳酸氢铵按 3% 的比例，硫酸铵、氮化铵按 4% 的比例，在使用前混拌均匀，可依次作基肥施用，作物整个生育期不再追肥；也可早期依次追肥时使用。"肥隆"可适用于任何使用氮肥的粮食作物、蔬菜、果树，以及各种土壤类型。研究和试验结果表明，氮肥肥效期由 35～50 天延长到 90～110 天；提高氮素利用率 8%～12%，作物平均增产 10% 以上。"肥隆"已获国家授权发明专利，列入了国家科学技术委员会"九五"国家级科技成果重点推广项目。近年来，已在东北三省、河北、内蒙古等地推广应用 50 余万亩，取得了良好的社会及经济效益。

智能化专家系统走进农户和田间

9 月 17 日，中国科学院合肥智能机械研究所承担的国家 863 计划重点课题"安徽省国家智能化农业信息技术应用示范工程"通过了成果鉴定。

1996 年，"智能化农业信息技术示范工程——安徽示范区"被列入国家 863 计划项目重点课题，合肥智能机械研究所熊范纶研究员为主持人。项目区主地点为庐江县，辐射点包括蒙城、利辛、肥东等县。以智能化专家系统为载体，汇集品种选育、土壤特性、施肥建议、灌溉措施、病虫防治等栽培技术信息，汇集专家群体的智慧走遍农村、深入农家、面向农民，因地制宜地给出科学合理的优化方案和准确直观的科学种植建议，并采用多媒体设备以图文、声像的形式让广大农民乐得看、听得懂、学得会，促进基层农业科技人员不断提高知识和业务水平，形成示范、培训、应用、推广的网络。经过两年的实施，农业信息技术应用取得重要进展，大大提高了农业科技贡献率，为推动我国优质、高产、高效农业和精准农业的发展做出重要贡献。1996～1998 年，示范区推广面积 242.5 万亩，农民增收节支 1.76 亿元。

再获"TWNSO 农业奖"

12 月 10 日，中国科学院沈阳应用生态研究所姜凤岐研究员领导的农田防护研究小组，获得第三世界科学组织网络执行委员会授予的 1998 年度

"TWNSO 农业奖",表彰他们在农田防护研究领域的杰出贡献。这是继 1994 年（中国科学院地理研究所）、1996 年（中国科学院国家基因研究中心洪国藩）之后中国科学院系统第三次获得 "TWNSO 农业奖"。

1999 年

农业科技工作在开拓创新中迈向新世纪

1 月 25 日，路甬祥院长在中国科学院 1999 年度工作会议上的工作报告《认清形势，抓住机遇，迎接新挑战；解放思想，开拓创新，迈向新世纪》中对农业科技创新工作提出了新的要求。该报告进一步明确了中国科学院的科技工作导向：发挥中国科学院的综合优势，为国家基础产业和支柱产业提供强有力的科学技术支撑，如农业高新技术、传统支柱产业改造的关键技术和工艺等；发展迅速并具有重要带动作用的科学技术，特别是可能在中长期对我国农业、人口与健康产生重要影响的科学技术；报告提出了一批科技创新的重点领域，其中包括农业高新技术领域；在重大科技任务方面，报告提出了"水稻基因组测序及其重要功能基因的分离应用""国家资源环境、农情、灾害遥感信息系统""建设东北稳定商品粮基地农业技术开发与应用""高性能新型绿色材料及节水农业新材料与器件"等内容。同时，报告还提出了 1999 年的工作重点：切实加强与地方在农业综合开发、科技成果转化与产业化、区域可持续发展等方面的合作，加快高新技术实现产业化进程，为地方经济建设与社会发展服务。

《中国科学院农业科技发展规划实施方案》正式发布

7 月 22 日，中国科学院印发《关于成立中国科学院农业科技发展规划组织机构的通知》（科发资字〔1999〕0375 号）。

该通知指出，为积极推进《国家农业科技发展纲要》的制定和中国科学知识创新工程领域规划工作，中国科学院党组决定制订"十五"农业科技发展计划和 2015 年远景目标规划。规划将形成中国科学院农业科技工作的总体框架，重点研究中国科学院在《国家农业科技发展纲要》中的地位和作用，有针对性地确定中国科学院农业科技近期支持重点和长远发展战略，探索农业类研究所知识创新的机制和体制，使中国科学院农业科技在国家的定位更加明确。为此，中国科学院决定成立农业科技发展规划领导小组、专家指导委员会、工作小组和联络员小组。陈宜瑜副院长任领导小组组长，秦大河、顾文琪任领导小组副组长，桂文庄、康乐、陈泮勤、王大生为领导小组成员；李振声任专家指导委员会主任，石玉林、赵其国任专家指导委员会副主任，童庆禧、刘昌明、山仑、戴汝为、刘瑞玉、朱作言、徐端夫、洪国藩、沈允钢、朱至清、李典谟、熊范伦为专家指导委员会委员；陈同斌为工作小组组长，李家洋为工作小组副组长，朱祯、董丽松、谷树忠、甘国辉、刘孟雨、李荣生、戈峰、张佳宝、武志杰为工作小组成员；刘健、邓心安、苏荣辉、王玉兰、孙永溪为联络员小组成员。

通知以附件形式同时印发了《中国科学院农业科技发展规划实施方案》。实施方案从规划工作的组织形式和管理、目标与总体要求、主要内容、工作程序和时间安排四个方面对编制规划做出了整体部署。实施方案要求：在对院内外、国内外农业科学发展现状进行调研的基础上，制定中国科学院农业科技领域的"十五"规划和2015年发展战略；借鉴国内外项目管理经验，探索并提出知识创新工程中重大农业科技任务的项目管理办法；建立中国科学院农业科技管理决策支持系统。实施方案提出，规划工作分四部分开展，即总体规划、专题规划、项目管理办法和管理决策支持系统，其中专题规划包括：农业资源与农业生态，农业基础研究与高新技术，种植业和养殖业关键技术，设施农业与支农工业相关技术，区域农业技术集成、应用与示范，农业发展宏观战略研究，农业科技机制和体制的创新试点。实施方案对编制规划工作程序和时间节点提出了具体安排。

积极发挥学部在高层战略咨询中的作用

7～11月，中国科学院学部积极发挥在高层战略咨询中的作用，为国家在农业发展方面的宏观决策提交了若干重要咨询报告。

1. 关于"新疆农业与生态环境可持续发展的几个问题"咨询报告

7月21日，中国科学院向新疆维吾尔自治区人民政府发出《关于报送"新疆农业与生态环境可持续发展的几个问题"咨询报告的函》（科发学部字〔1999〕0370号）。咨询报告指出，加快新疆生态环境建设，促进农业可持续发展，不仅对新疆维吾尔自治区经济与社会的发展与稳定至关重要，而且对整个西北地区的可持续发展都将起着举足轻重的作用。针对新疆农业与生态环境可持续发展的问题，通过大量翔实调查数据的系统分析，专家咨询组经过反复讨论提出五条重要建议：①调整棉花种植比例，稳定棉花基地规模。②突出畜牧业在农业中的地位，建设西部国家无公害（绿色）畜产品基地。③严格控制荒地开发，确保绿洲生态系统的可持续发展。④水资源开源潜力不大，节流大有可为，生产与生态用水必须兼顾。⑤尽快制定生态环境建设总体规划，加大政府对生态环境整治的投资力度。咨询报告对上述五条建议分别做了非常详尽的分析和说明。

这份咨询报告，是1998年8月28日至9月14日中国科学院生物学部组织的"西北五省区干旱半干旱区可持续发展的农业问题"新疆考察咨询组在新疆考察之后整理完成的，新疆考察咨询组组长为中国科学院植物研究所张新时院士，副组长为中国科学院自然资源综合考察委员会石玉林院士，咨询组由来自中国科学院有关研究所和院外相关单位的19人组成。

2. "关于建立我国钾肥资源稳定供应体系的建议"咨询报告

9月22日，中国科学院向国务院上报《关于呈送"关于建立我国钾肥资源稳定供应体系的建议"的报告》（科发学部字〔1999〕0465号）。该报告首先对钾肥资源问题的背景做了简要说明。我国钾盐资源短缺，这是影响我国农业发展的一个重要问题。为寻求建立我国钾肥资源稳定供应体系的途径，中国科学院学部于1997年设立了"中国钾肥资源的出路"咨询项目并组成课题组。课题组围绕我国农业生产对钾肥的需求，我国钾肥资源的现状和前景，我国利用周边国家钾肥资源的可能性，以及我国西北地区盐湖资源的开发和利用中存在的问题等进行深入研究。同时，对泰国、老挝、约旦、俄罗斯等周边国家的钾肥资源进行调研，并于1998年专门组织考察团赴俄罗斯伊尔库茨克对涅普钾矿的情况进行考察研究，以确定在周边国家建立我国钾肥稳定供应基地的可行性。在这些基础上，经课题组成员多次讨论和反复修改，形成了"关于建立我国钾肥资源稳定供应体系的建议"咨询报告。该报告指出，要实现 21 世纪我国现代农业的健康、持续发展，钾肥等肥料的供应将是一个关键的制约因素。目前我国钾肥供应主要依靠进口，国内生产能力低，这种局面不利于保障我国农业对钾肥资源的大量需求。因此，从国家战略层次考虑，有必要建立具有较强控制和调节能力的钾肥资源稳定供应体系，以保证我国 21 世纪农业持续、稳定地发展。报告建议的钾肥资源稳定供应体系由国内钾肥生产基地、国际钾肥市场和境外钾肥生产基地三大支柱构成，并逐步形成 1:2:1 的供应格局，即国际钾肥市场仍是我国钾肥资源供应主体。在题为"关于建立我国钾肥资源稳定供应体系的建议"的咨询报告中，具体分析了我国钾肥资源存量、钾肥资源需求、钾肥资源供给及国际钾肥市场现状和发展趋势，重点研究和分析了三大支柱的具体问题：①加快建设我国国内钾肥生产基地的可能性和应采用的途径。②我国在境外迅速建立钾肥生产基地的可能性和主要途径。③保障我国钾肥资源可持续利用的主要措施。

3. "关于加快西北地区发展的若干建议"咨询报告

9 月 22 日，中国科学院向国务院上报《关于呈送"关于 21 世纪初期加快西北地区发展的若干建议"的报告》（科发学部字〔1999〕0466 号）。该报告指出，为了响应江泽民提出的"要把加快大西北开发作为一个重大的战略问题来实施"的号召，中国科学院地学部于 1999 年 4 月组成西北地区可持续发展研究组，组织十余位院士、专家在有关部门历年大量工作的基础上，综合分析已有的资料，对西北地区发展的相关问题进行了深入研讨，形成了"关于 21 世纪初期加快西北地区发展的若干建议"咨询报告。

咨询报告对西北地区的农业发展提出了建设性的意见，主要包括：①可持续发展的节水政策。必须改变大水漫灌的传统农业用水方式，积极引入市场机制，同时加大国家对节水灌溉投资的补助金；必须确保生态用水，禁止各地区和单位占用和使用生态用水；基本稳定现有绿洲规模和耕地面积，大力发展节水灌溉农业，积极建设山区水利枢纽工程；强化流域的水资源统一管理，实行水资源的适应性策略。②发展以绿洲为中心的生态环境建设。进一步加大对绿洲农业投资强度；绿洲内各类建设和开发项目必须在统一规划下有序地进行，应先进行环境评价；尽快制定环境资源补偿制度。③西北地区资源开发的战略性调整。西北干旱区应实行粮食基本自给、区内平衡的目标；加强牧区天然草地改良和人工草场、饲料基地建设，大力发展畜牧业、肉食加工业；稳定棉花播种面积，提高品质和附加价值，吸引私人投资，大力发展下游加工工业；大力发展附加值高、具有比较优势的特色农业；大力发展乡镇企业。加快农业与农村经济发展仍是实现"富民"政策的主要途径，要将西北地区建成我国较大的农副产品加工基地，包括肉类和毛皮加工、蔬菜和果品加工、棉纺品加工。此外，咨询报告建议，进一步改善贫困村、贫困户的基本生产条件，积极发展种养业；促进农业剩余劳动力向非农产业转移，鼓励农村劳动力区域间流动。

参加咨询报告编写的人员包括：中国科学院自然资源综合考察委员会孙鸿烈，国土资源部工程地质水文地质研究所张宗祜，中国科学院地理研究所刘昌明、陆大道，中国科学院兰州冰川冻土研究所程国栋，中国科学院生态环境研究中心胡鞍钢，中国科学院新疆生态与地理研究所宋郁东、夏训诚、胡文康、樊立自、樊胜岳等。

4. 关于"黄土高原农业可持续发展"咨询报告

11月30日，中国科学院上报《关于呈送"黄土高原农业可持续发展咨询报告"的报告》（科发学部字〔1999〕0578号）。报告指出，为贯彻落实江泽民"再造一个山川秀美的西北地区"的指示精神和朱镕基视察陕西时提出的"退田还林（草）、封山绿化、个体承包、以粮代赈"的黄河流域治理方针，由中国科学院生物学部组织的"西北五省区干旱半干旱区可持续发展的农业问题"黄土高原咨询考察组，于1999年9月3～17日对甘肃、宁夏、陕西三省（区）的黄土高原地区及其毗邻相关区域的农业可持续发展问题进行了深入调查研究。咨询考察组途经甘肃兰州、定西、平凉、庆阳，宁夏固原、吴忠、银川，陕西榆林、延安、铜川、西安等12个地市的37个县市，参观考察了30个示范区，与当地干部群众进行了广泛的座谈与交流。咨询考察组经认真讨论、研究，对该地区的生态环境建设与农业可持续发展提出了建设性的意见，最后形成了《黄土高原农业可持续发展咨询报告》。

咨询报告对黄土高原农业可持续发展提出了六项建议：①黄土高原农业

可持续发展的战略定位。②黄土高原治理的四项基本措施。③黄土高原治理的三个关键问题。④黄土高原农业可持续发展的生态模式。⑤黄土高原的畜牧业发展问题。⑥黄土高原农业可持续发展的政策建议。

黄土高原农业可持续发展的战略定位：①黄土高原应以水土保持、防治荒漠化、改善生态环境为 21 世纪的主要战略任务。通过科学治理，为黄土高原的可持续发展打下基础，为黄河中下游的治理创造有利条件。②在生态环境明显改善的基础上实现粮食自给，区内调剂；西北部实行农牧业结合，重点发展畜牧业；东南部实行农果、特产相结合，重点发展干鲜果及特产。③黄土高原内部自然与经济差异较大，须因地制宜、分区划片、分类指导，形成具有市场开拓能力的拳头项目（包括各类畜产品、种植业中的小杂粮、干鲜果、林特产品），相应发展与产前产后密切结合的第二、第三产业。黄土高原的治理分区主要包括：覆沙黄土丘陵沟壑区、黄土丘陵沟壑区、黄土塬区、黄河峡谷区。

黄土高原治理的四项基本措施：①集雨节水系统。②坡沟治理。③可持续农业。④舍饲养畜。

黄土高原治理的三个关键问题：①粮食自给与退耕还林。②耕地的水土平衡。③治理速度与投资力度。

黄土高原农业可持续发展的生态模式：①景观结构与生态功能构成的四类基本生态经济带（水土保持带、山腰水土保持—经济带、基本农田带、川坝地高效经济带）。②基本景观元素组合与生态经济带搭配构成的高原景观—经济系统优化生态模式（梁峁—川坝复合系统、梁峁—冲沟系统、土石丘陵系统、高台塬地系统、川地系统）。

黄土高原的畜牧业发展问题。在黄土高原基本农田建设大体完成与实行可持续农业体制的基础上，粮食生产基本上达到稳定与自给的条件下，重要的战略性部署是发展畜牧业。草食畜牧业，尤其是舍饲畜牧业是黄土高原可持续农业的重要的与较高层次的组成部分（或阶段）。实行与发展舍饲畜牧业的根本措施是改良畜种、发展种草业、饲料深加工与产业化。

黄土高原农业可持续发展政策建议：①治理水土流失，改善生态环境，必须有切实的措施保证农民收入增加。②发挥移民工作在恢复生态平衡中的积极作用。③建立有利于农民个人和社会力量参与生态建设的激励机制。④进一步严格控制人口，缓解人口对水土资源的压力。

"西北五省区干旱半干旱区可持续发展的农业问题"黄土高原咨询考察组组长为中国科学院植物研究所张新时院士，副组长为中国科学院自然资源综合考察委员会石玉林院士，咨询组由来自中国科学院有关研究所和院外相关单位的 10 人组成。

2000 年

建成国内第一条具有世界先进水平的长效尿素生产线

1 月 22 日，中国科学院沈阳应用生态研究所和甘肃张掖地区化肥厂共同建成国内第一条具有世界先进水平的长效尿素生产线。

尿素是最常用的重要化肥，在我国农业生产中，尿素利用率平均为30%～40%，远远低于发达国家的 60%～70%。尿素利用率不高与尿素施用到土壤后的行为和归宿密切相关。尿素施用后，首先在土壤中脲酶的作用下水解成氨，氨在土壤中被作物利用一部分，通过挥发损失掉一部分，还有一部分通过硝化作用变成硝态氮。硝态氮不能被土壤吸附，其中一部分被作物吸收，一部分经反硝化作用，生成氧化亚氮和氮气挥发，另一部分变成硝酸盐淋溶到水体中。尿素水解过程非常迅速，尿素水解速度在 10℃时需要 7～10天，20℃时需 4～5 天，30℃时仅需 2～3 天。通常普通尿素的肥效期只有 60天左右。

如何提高尿素利用率一直是人们关注的热点。沈阳应用生态研究所从20 世纪 70 年代开始相关研究，20 世纪 80 年代初研制出第一代长效尿素，20世纪 90 年代初开始研制新一代尿素品种——复方长效尿素并取得重要成果。复方长效尿素针对尿素施入到土壤后行为和归宿的特点，利用脲酶抑制剂（HQ）、氨稳定剂和硝化抑制剂（DCD）的协同作用，减缓尿素的水解速度，控制硝化作用的进行，从而有效抑制氨的挥发、氧化亚氮的排放和硝酸盐的淋溶损失，使尿素肥效期延长 30～50 天，尿素利用率提高 10～20 个百分点，达到 50%～70%，相当于发达国家的尿素利用率水平。

复合长效尿素是在普通尿素生产过程中，通过特别生产工艺，添加脲酶抑制剂、氨稳定剂和硝化抑制剂形成共结晶的尿素新品种，外观为棕褐色球形，粒径 0.8～2.5 毫米。与普通尿素相比，复合长效尿素肥效期由 45～60 天延长到 100～120 天，氮素利用率从 34% 提高到 42%，在等氮量施肥条件下可增产 10% 以上，在相同产量条件下可节约用肥 20%～30%。复合长效尿素可作基肥一次性施入，免去追肥工序，氮素的释放量与农作物需肥量基本同步。复合长效尿素施入土壤后硝化抑制剂可以延缓亚硝态氮的形成，有利于环境保护。

为了让成熟的研究成果转入工业化生产，沈阳应用生态研究所与甘肃张掖地区化肥厂合作，共同研究确定生产设备布局的最佳方案和添加剂加入系统的最佳位置，通过反复试验，确定了添加剂加入蒸发系统后控制二段蒸发的结晶温度在 128℃时产品性能稳定，缩二脲和水分含量达标，无任何副反应发生，质量合格，为生产线的工程设计提供了可靠的技术依据。1999 年 12 月 1 日投料试车成功。

沈阳应用生态研究所、张掖地区化肥厂委托甘肃农业大学与张掖地区农科所在甘肃张掖、武威、平凉、白银 4 个气候条件及土壤结构不同的地区进行了复合长效尿素的肥效试验，试验作物为小麦、玉米、水稻、洋芋和甜菜。田间试验表明，复合长效尿素有明显的增产效果，平均增产幅度达 16.9%。

辐射诱变育成棉花高衣分品系

2 月 9 日，中国科学院上海植物生理生态研究所承担的棉花育种项目在新疆完成区试，亩产皮棉 250 千克，处于国际领先水平。

棉花采用辐射诱变技术，可育成大铃、多铃、高产、优质、抗病虫、无棉毒素的品种（系）。研究人员用陆地棉"辽棉 9 号"，在胚性愈伤组织再生出植株时，通过辐射诱变育成棉花高衣分耐旱品系。用 $^{60}Co\gamma$ 射线外照射棉花干种子，诱变第一代（M_1）在人工气候室种植，分单株采收种子；从 M_2 代起进行田间试验，并逐代按系谱法进行单株选择与鉴定。选用 HVI900 测试系统进行测试，并按常规方法由新疆农业科学院经济作物研究所进行异地鉴定。从 1998 年起，将育成品系拿去参加由新疆维吾尔自治区种子管理总站主持和组织的西北内陆棉区陆地棉品种区域试验。

区域试验结果显示，育成品系衣分增高而不损其纤维长度和强度。M_1 代收获的正常可育株占被辐照总数的 35.8%，占出苗数的 71.6%，单株收种；M_2 代 1991 年种成株行，从中选出农艺性状较好的单株（L935—4），它的衣分为 42.8%，比其起始品种"辽棉 9 号"衣分增高 9 个百分点，而绒长（29.0 毫米）不减；M_3 代种植成株系，此后逐代定向淘汰，选留性状较好株行，从中选优良单株；M_4 代合并两姊妹系优株，并开始测试纤维品质；至 M_5 代 1994 年参加品种比较试验，衣分（43.9%）仍比"辽棉 9 号"有显著增高，而纤维长度和强度均不减损，并决选出高衣分的突变系"PI935"。

"PI935"不仅具有原品种"辽棉 9 号"的良好性状（生育期、棉絮色泽、耐旱）和相似的纤维物理性能，且衣分比"辽棉 9 号"增高 6 个百分点（44%），而绒长（29.5 毫米）不减短，纤维强度（20 厘牛 / 分特）不降低，皮棉产量较高。1996 年从 M_7 代起，"PI935"连续 4 年参加新疆南部麦盖提、库车、尉犁等 9 个试验点次的异地鉴定、区域预试和区域试验。"PI935"的衣分为 44.5%～50.0%，平均为 47.25%，比对照品种（"军棉 1 号"或"新陆中 5 号"）衣分增高 10 个百分点，皮棉亩产量可达 187 千克。

新疆农业科学院经济作物研究所鉴定了"PI935"的农艺性状，其若干性状记载于"国家棉花种质资源数据库"。根据入库种质命名要求，"PI935"以"中沪植 PI935"命名，种子收入国家作物种质资源长期库（统一编号 ZM 114274）。

从 1991 年 M_2 代选出到 1999 年 M_{10} 代，"中沪植 PI935"衣分显著增高而绒长不减短和纤维比强度不降低，表现出这三个数量性状变异可稳定遗传。"中沪植 PI935"与源于其他品种的突变系（"PI3911""PI3913"）相比，衣分高得多而不减损其纤维长度。用 ${}^{60}Co\gamma$ 射线诱变其他陆地棉品种，突变谱出现衣分、纤维强度及对除草剂草甘膦耐受性与耐黄萎病（"PI3910""PI3337"）等有益突变，结果表明辐射诱变可以改变棉花多基因相关性，可育成性状优异品种资源。

2001 年

第十二届世界肥料大会在北京举行

8 月 4~9 日，中国科学院和国际肥料科学中心主办的"第十二届世界肥料大会"在北京举行，会议主题是"21 世纪的肥料科学——施肥、食物安全和环境保护"。近 50 个国家和地区肥料科学和企业界的 800 多位代表参加会议。这是第一次在亚洲召开的世界肥料大会。

水稻生物学基础研究（基因组"工作框架图"）达到国际领先水平

10 月 12 日，中国科学院、国家计划委员会、科技部联合召开"中国科学院完成水稻（籼稻）基因组'工作框架图'"新闻发布会，宣布中国科学院基因组生物信息学中心暨北京华大基因研究中心及其南方基地——杭州华大基因研究发展中心完成了具有国际领先水平的中国水稻（籼稻）基因组"工作框架图"和数据库，并将公布数据，供全球免费共享。这是我国科学家为人类做出的一项重大贡献，也是一项在生命科学领域具有世界领先水平的重大科技成果。中国科学院院长路甬祥宣读了温家宝代表国务院发出的贺信。

中国水稻基因组"工作框架图"是以袁隆平院士培育的超级杂交水稻典型籼稻品种（父本"籼稻 9311"）为材料进行研究的。基因组是指构成生命遗传物质的全部 DNA 组分，"工作框架图"是指通过 DNA 测序和计算机排序的方式，获得覆盖率超过全部 DNA 序列 90% 的基因组"草图"。根据组装和数据分析结果，中国水稻基因组"工作框架图"和数据库，在诸多方面居于国际领先地位：①基因组测序覆盖率和基因覆盖率均在 95% 以上，覆盖了水稻基因组的全部 12 个染色体，90% 的区域准确率达到 99%，完全符合"工作框架图"的要求。②成功建立了具有独特算法的"重复序列处理"数学模型，克服了用"霰弹法"全基因组测序进行组装的最大困难，为发挥大型计算机处理海量数据的优势，排除了理论计算障碍。新的技术体系与国外同类工作相比，减少了 80% 以上的数据计算量。③成功开发出具有独立知识产权的一系列生物信息分析处理软件，使"工作框架图"的组装和分析既能在高性能的 SUN 大型计算机上运行，也可在国产的曙光 3000 计算机上顺利运行。

这项水稻生物学基础研究领域的原创性、突破性重大成果由我国科学家独立完成，其意义非比寻常。首先，它标志着我国已经成为继美国之后世界上第二个具有独立完成大规模全基因组测序和组装分析能力的国家，尤其在水稻基因组的研究方面，已达到国际同类工作的领先水平。其次，在农业生产上的意义完全可以与人类基因组计划在人类健康中的意义相媲美。水稻基因组是迄今进行的植物基因组测序中最大的，约为人类基因组的 1/7（约 4.3 亿对碱基）。通过对水稻全基因组序列分析，可以获得大量水稻遗传信息和功能基因，全面了解其遗传机理。水稻作为学界公认的"模式植物"，研究水稻基因组有助于了解小麦、玉米等其他禾本科农作物基因组，从而带动整个粮食作物的基础与应用研究。"工作框架图"的绘制和公布，将为世界粮食作物的基础和应用研究提供宝贵的数据化信息，全面促进我国生物技术的产权化、产业化进程，也必将促进我国在这一领域的快速发展和新的突破，对国民经济持续发展和国家粮食安全战略具有重要意义。再次，独立承担并高质量完成具有重要经济价值的高等植物全基因组"工作框架图"，表明我国在基因组学和生物信息学领域不仅掌握了世界一流的技术，而且具备了组织和实施大规模科研项目的能力，已经处于世界强国地位。朱镕基在 2001 年政府工作报告中提出，应用基础研究领域要在基因组学上有所突破。这一战略任务已经获得重大成果。最后，生物信息的计算理论和软件开发将继续拓展，为与生物信息配套的高性能大型计算机设计和生产及海量数据处理系统的建立，奠定了重要的基础。

中国科学院基因组生物信息学中心及杭州华大基因研究发展中心取得的这一重大成果，得到中国科学院、国家计划委员会、科技部、国家自然科学基金委员会、北京市政府、浙江省政府和杭州市政府等部委和地方政府的全力支持。担纲完成这一世界级课题的主要合作单位有中国科学院遗传与发育生物学研究所和国家杂交水稻工程技术研究中心，参与工作的单位还有中国科学院计算技术研究所、理论物理研究所、生物物理研究所、北京大学、浙江大学、神州数码等，这一工作还得到了国内外同行和许多知名科学家、水稻育种学家的关心和支持。

以中国杂交水稻父本"籼稻9311"为研究对象获得的水稻基因组"工作框架图"和数据库，是2000年5月启动的中国杂交水稻基因组研究和开发计划的第一部分，其"精细图"将在2002年完成。与此同时，还将进行超级杂交水稻母本"培矮64s"的比较基因组研究。在此基础上，我国科学家将全面开展杂交稻杂种优势机理研究和基因预测分析；解析和发现与水稻育性、丰产、优质、抗病、耐逆、成熟期等有关的遗传信息和功能基因；促进水稻的品种改良，培育更好的新品种；开展中国优良水稻资源的单核苷酸多态性（SNP）和插入缺失多态性（InDel）的研究，发现控制优良性状（如稻米品质、香味、抗性）的分子标记，为我国水稻应用研究和育种提供全面的生物信息服务。

2002年4月5日，"水稻（籼稻）基因组工作框架图和数据库"在 *Science* 上发表。

一批实用农业科技成果转化取得新成绩

一批农作物新品种得到推广：石家庄农业现代化研究所"高优503"小麦推广3000万亩；华南植物研究所"中优223"水稻推广30万亩；成都生物研究所"川育14"小麦推广300万亩；遗传与发育生物学研究所"小偃54号"小麦推广300万亩，"科丰6号"大豆推广150万亩，"科丰34号"大豆推广120万亩。

高效抗虫转基因水稻新品种完成中试（遗传与发育生物学研究所863计划项目）；重组棉铃虫病毒杀虫剂完成中试（武汉病毒研究所863计划项目）；湖泊规模化养殖技术在鱼类生产力动态估算方法、生物能量学模型及增养殖技术模式和示范基地建设中取得重要进展（水生生物研究所）。

2002 年

中国稻–麦轮作FACE研究取得阶段性重要进展

以大气二氧化碳浓度升高为主要特征的全球气候变化对生态环境的

影响引起了各国科学家、政府及公众的极大关注。FACE（Free Air CO_2 Enrichment）实验是一种通过改变植物和生态系统微气候环境条件来模拟未来气候变化的技术手段。通过这种技术，人们可以了解未来大气二氧化碳浓度增加后陆地生物圈系统的可能变化过程和趋势。FACE系统是除大气二氧化碳浓度增加以外，系统内部通风、光照、温度、湿度等条件接近自然生态环境的一种模拟试验平台，由于这是一个开放系统，其试验尺度相对较大，获得的数据更接近于真实情况。

FACE系统作为试验平台，是研究生态系统对大气组成与气候变化响应的最佳模拟手段，涉及的研究领域主要包括：植物对开放式二氧化碳浓度增高的响应与适应；二氧化碳浓度对植物光合作用及其生理、生化过程的影响，为开展适应全球气候变化的优良品种选育和新的农业技术措施制定提供理论依据；陆地生态系统对大气二氧化碳浓度增加的响应与适应，为从生态系统水平了解和掌握宏观变化趋势提供重要数据和信息。

自2000年开始，中国科学院南京土壤研究所采用FCAE实验方法，开展了农田生态系统对大气组成及温度变化的响应与适应研究，该研究涉及植物生理、作物栽培、土壤、生物地球化学、生态系统结构与功能演变、微气象、系统控制等学科领域。通过国际合作，于2001年在江苏无锡和扬州建成我国第一个稻–麦轮作FACE系统实验平台，在田间开放体系中陆续建立了模拟未来大气二氧化碳浓度的3个FACE圈（面积各约200平方米）和相应的对照体系。FACE系统运行的重要前提条件是二氧化碳浓度控制精度、数据采集控制、原始数据存储备份和分析处理。目前，我国已经较好地解决了这些问题。

通过计算机网络系统对实验平台二氧化碳浓度进行监测和控制，并根据大气中二氧化碳浓度、作物冠层高度二氧化碳浓度及风向、风速、昼夜等因素的变化，来调节二氧化碳气体的释放速度及方向，由实时控制系统实现FACE系统中二氧化碳浓度高于大气环境二氧化碳浓度 200×10^{-6}（体积分数）的实验条件，同时在控制条件下开展一系列试验，如有机质还田及氮肥施用对农田甲烷（CH_4）、一氧化二氮（N_2O）、二氧化碳排放的影响，水稻、小麦不同生育期 $0 \sim 10$ 厘米土层中土壤脲酶、磷酸酶、芳基硫酸酯酶、脱氢酶活性的变化等。通过这些试验，初步估算大气二氧化碳浓度升高对稻田生态系统碳交换的影响，摸清稻-麦轮作条件下土壤中多种酶活性变化的规律。

中国科学院南京土壤研究所、上海植物生理生态研究所、沈阳应用生态研究所、大气物理研究所，中国科学院研究生院（现中国科学院大学），南京农业大学、扬州大学，日本农业环境技术研究所、日本东北农业研究中心等众多研究机构，通过 FACE 系统实验平台开展了多项研究工作，充分体现了实验平台的开放性，最大限度地发挥了实验平台的服务功能。

南京土壤研究所此后又建成了臭氧 FACE 系统，作为研究近地层臭氧浓度升高对生态系统影响的实验平台，同时设计温度 FACE 方案，将单因子研究（分别模拟大气二氧化碳、臭氧浓度升高）扩展到多因子研究（同时模拟大气二氧化碳、臭氧浓度、温度升高），今后将有更多的研究工作通过实验平台来实现研究目标。

在贻贝增养殖体系与海湾扇贝引种工程方面做出贡献

海水养殖业是我国大农业的重要组成部分。20 世纪 50 年代以来，我国海水养殖业有了长足发展。1998 年，我国海水养殖产量达到 860 万吨，海水养殖产量占全国养殖总产量的 39%，占全球海水养殖总产量的 80% 以上。这些成就得益于有关关键理论和技术的突破：20 世纪 50 年代海带育苗和浮筏式养殖技术的开发，促成海带养殖业迅速发展；20 世纪 60 年代解决了紫菜育苗、养殖技术及牡蛎育苗、养殖技术；20 世纪 70 年代解决了贻贝和栉孔扇贝育苗、养殖技术；20 世纪 80 年代开发了对虾工厂化育苗和养殖技术，引种海湾扇贝取得成功。

2002 年 10 月 21 日，在第三世界科学院第十三届院士大会暨第三世界科学院第八届学术会议和第三世界科学组织网络第七届大会上，中国工程院院士、张福绥因在贝类养殖领域的杰出贡献而被授予 2001 年度第三世界科学组织网络 TWNSO（农业）奖。2003 年 6 月 25 日，青岛市人民政府授予张福绥2003 年度青岛市科学技术功勋奖，这是青岛市首次设立科学技术功勋奖。贻贝增养殖体系的建立和海湾扇贝引种工程的成功是张福绥在贝类养殖领域的主要杰出贡献。

20世纪70年代初期，我国开始发展贻贝生产性养殖，但因苗种供应严重不足，攻克人工培育贻贝苗种技术成为解决缺苗问题的关键。中国科学院海洋研究所张福绥院士领导的贝类实验生态组，于1972～1973年与烟台地区海水养殖场等单位以人工培育的贻贝春苗和秋苗为材料，研究烟台沿岸贻贝的生长规律；1973～1975年，以外地移来的自然苗为材料，研究胶州湾贻贝生长规律；1976年，在总结1974～1975年生产方法的基础上进行检验性试验，建立了贻贝增养殖技术体系。主要成果有：①首次系统研究了黄海贻贝生长与繁殖及幼体生态学规律，发现该海区的贻贝一年有春秋两个繁殖期；研究了胶州湾贻贝繁殖期与水温的关系，首次发现并阐明了春秋繁殖期内春季早期和秋季晚期产的卵在海中不可能变态成稚贝等。率先指出山东沿岸贻贝苗源发展的制约因素主要是附着基数量和生殖群体数量不足，提出适时补充附着基及生殖群体是形成自然苗场的技术关键。②根据所在海区贻贝生物学规律及生态学特点，经试验于1972～1973年成功创建"废旧草绠采苗法"和"贻贝自然采苗场建立技术"，解决了苗源供应问题；研究改进饵料结构、采苗器材、细菌控制和苗种中间培育等一系列关键技术。③建立完整的人工育苗理论和技术体系，首次将贻贝育苗工程化。一年可育苗三茬，育苗单产水平1000万粒/米^{3}以上，创世界最高纪录，促进了我国贻贝养殖业迅速发展。1977年仅山东贻贝产量就5万吨，使贻贝成为当时全国海水养殖业支柱产业，为其他贝类人工繁育和增养殖奠定基础。可以说，20世纪70年代贻贝养殖的规模化标志着我国浅海贝类养殖业的崛起。

海湾扇贝是产于美国大西洋沿岸的一种野生贝类，以生长快速而著称。1981～1982年，张福绥先后4次从美国大西洋沿岸引进海湾扇贝亲贝，并研究解决了亲贝促熟、饵料、采卵、孵化、幼虫培养、苗种中间培育、养成等关键技术问题，建立一套工厂化育苗工艺及全人工养成技术，为大规模发展海湾扇贝养殖业解决了苗种供应问题。海湾扇贝育苗单产量达400万粒/米^3，生产用苗全部实现工厂化生产。1985年，海湾扇贝育苗和养成技术得以广泛推广，在我国形成世界上第一个海湾扇贝养殖产业，获得了巨大经济效益和社会效益，使我国 20 世纪 80 年代末贝类养殖产量跃居世界第一位。20 世纪 90 年代以来，张福绥等为解决海湾扇贝长期人工育苗所导致的遗传衰退，开展"引种复壮"研究，取得良好效果，并在 1994～1995 年对养殖群体全部进行了种质资源更新，保证了养殖业健康发展。到 2000 年，全国海水养殖产量 330 万吨，产值 160 亿元，其中海湾扇贝 64 万吨，约占全国扇贝的 3/4，产品多销往美国和西欧等。由中国科学院海洋研究所、山东省水产局、辽宁省水产局、河北省水产局共同完成的"海湾扇贝工厂化育苗及养成技术"获 1990 年国家科学技术进步奖一等奖。

海水养殖生物病害防治研究取得重要进展

中国科学院海洋研究所承担的国家 973 计划项目"海水重要养殖生物病害发生和抗病力的基础研究"（首席科学家相建海）取得重要进展。

在海水养殖生物病害发生机理研究方面，确认了扇贝大规模死亡的病原；在对虾白斑综合征病毒（white spot syndrome virus，WSSV）与对虾细胞相互作用关系研究方面取得了重要突破；查明了海水鱼类病原菌的几种关键致病因子；在宿主抗感染反应方面，探索和建立了海带抗感染过程的机制和综合防御体系；建立了多项判断扇贝和对虾抗病力的免疫学指标；成功制备了鱼类疾病防治的 W-1 疫苗；对虾新品种选育获得突破性进展，并在国际上首次获得转基因次成虾。

通过基础性和原创性的研究工作，着力解决海水养殖面临的病害和健康问题，就宿主、病原和环境三者相互作用开展跨学科研究，阐明了重要海水养殖生物病害的发生机理和分子机制，为病害免疫防治奠定了理论基础，取得了一系列具有国际前沿水平的成果，对我国海水养殖业起到重要的理论指导作用，并成功解决了许多海水养殖生物病害防治的实际问题。2004 年 9 月，"海水重要养殖生物病害发生和抗病力的基础研究"项目的 9 个课题在青岛通过了科技部组织的专家验收。2005 年，这一重要成果获得山东省科学技术进步奖一等奖。

在上述 973 计划项目的工作基础上，中国科学院海洋研究所建立了我国首个海洋经济动物的分子信息数据库及分析平台，促进海洋生物信息学的研究和发展，为进一步深化功能基因的研究及其产业化应用奠定了坚实的基础。在关键技术上取得的重大突破，使我国海洋生物功能基因研究实现了跨越式发展，整体研究达到国际先进水平，特别是在虾贝类 EST 序列测定及利用、遗传图谱构建等方面获得前瞻性和创新性成果，居国际同行前列。

我国遥感估产技术跻身于世界领先行列

遥感估产是根据生物学原理，在收集、分析各种作物不同光谱特征的基础上，通过卫星或航空传感器记录地表信息、辨别作物类型、监测作物长势，并在作物收获前预测作物的产量。遥感估产最重要的两项内容是作物识别与播种面积信息提取、作物长势监测与产量预报。相比于基于农学模式和气象模式的传统估产，遥感估产具有宏观、快速、准确、动态的突出优点。

中国科学院遥感应用研究所等研究机构从"六五"期间就开始探索利用遥感估产技术预测农作物产量；"七五"期间，利用气象卫星数据对我国北方 11 个省（市）冬小麦的长势进行监测，并对总产值进行估算，成为掌握全国小麦产量并安排夏粮收购的重要依据；"八五"期间，将占我国粮食作物 85% 以上的小麦、玉米、水稻三个品种作为主要对象，建立了农作物遥感动态监测与估产信息系统。目前，已实现全国范围农作物长势监测和遥感估产的运行服务，根据需要可以做到每半个月向政府主管部门提供一次全国估产数据。

虽然我国利用遥感技术进行全国粮食估产面临着更加复杂的作物耕作情况，但图像和数据处理的精确度仍然可达到美国和欧洲国家的同等水平，我国的遥感估产技术已跃入世界领先行列，并广泛应用于全国粮食估产，遥感技术在农田占用、灾害预报和资源监测等领域也发挥出重要的作用。下一步，将利用卫星数据开展全球估产工作。通过全球估产，可以根据世界范围内各种农作物的产量预测对我国的农业生产做出相应的调整。这不仅符合全球经济一体化的发展趋势，而且是我国加入世界贸易组织之后加强自身农业发展的重要研究方向之一。

2003 年

部分涉农研究机构整合

1 月 27 日，黑龙江农业现代化研究所、石家庄农业现代化研究所分别与长春地理研究所、遗传与发育生物学研究所进行整合。通过机构整合，在保持各自原有农业领域特色研发工作的基础上，进一步优化科技队伍，进一步优化资源配置，进一步强化农业生物学基础研究和应用研究。

首次克隆控制水稻分蘖基因

4 月 10 日，中国科学院遗传与发育生物学研究所李家洋研究团队在世界上首次克隆出控制水稻分蘖基因的研究成果在 *Nature* 杂志上发表，这是我国分子遗传学基础研究领域第一篇源自国内的 *Nature* 文章，标志着我国植物功能基因研究取得了重大突破。5 月 23 日，国家自然科学基金委员会宣布，我国科学家成功分离和克隆了水稻分蘖的主控基因 *MOC1*。

分蘖是水稻等禾本科作物发育过程中的重要分枝现象，也是一个重要的农艺性状，分蘖直接确定作物穗数进而影响产量。中国科学院遗传与发育生物学研究所虽然以往对水稻分蘖的形态学、组织学及突变体都有过很多研究，但是对控制分蘖的分子机制一直没有弄清。自 1996 年起，在科技部、国家自然科学基金委员会和中国科学院的共同资助下，中国科学院遗传与发育生物学研究所李家洋研究团队，与中国农业科学院中国水稻研究所钱前博士等合作研究。经过不懈努力，研究团队鉴定了一株分蘖极端突变体——单杆突变体 *MOC1*；通过遗传图谱定位克隆技术，分离鉴定了在水稻分蘖调控中起重要作用的基因 *MOC1*，它的缺失可造成分蘖停止；进一步的功能分析表明，该基因可编码一个属于 GRAS 家族的转录因子，该转录因子主要在腋芽中表达，功能是促进分蘖和促进腋芽的生长。对这一重要基因的深入研究，将有望解释禾本科作物分蘖调控的分子机制，对于水稻高产品种的培育有重要的理论和应用价值。

猕猴桃新品种影响国际市场格局

中国科学院武汉植物园黄宏文研究团队培育的猕猴桃新品种"金桃"影

响国际市场格局。

10月下旬，黄宏文应意大利金色猕猴桃集团公司邀请赴意大利洽谈"金桃"品种专利在欧洲产业化期限和拓展南美市场的专利转让合同。双方经过谈判最终确定，中国科学院武汉植物园拥有的"金桃"猕猴桃品种，继2000年限定欧盟国家以17.2万美元转让10年品种繁殖权后，继续以每年13 600欧元专利费在欧盟国家延长至2028年；南美市场首期3万欧元，以后按500欧元/公顷收取转让费，并意向性以竞争性专利转让价格拓展北美和亚洲市场。

1997～2000年，猕猴桃新品种"金桃"在意大利、法国和希腊三国区试成功，在欧洲市场打败了新西兰花巨资培育的第二代猕猴桃新品种"园艺-16A"；2000年，"金桃"被意大利公司买断欧洲市场10年繁殖权并成功拍卖，意大利金色猕猴桃集团公司在购买"金桃"品种繁殖权后，在欧洲推出了"来自中国的金桃——第三千年的猕猴桃"的主打广告词；2002年，意大利以"金桃"作为新品种实施猕猴桃产业更新换代策略，并确定其商业运营的核心是通过"金桃"占领国际市场。近年来，世界上最大的两个猕猴桃生产和出口国意大利和新西兰一直在关注武汉植物园猕猴桃新品种的研发工作，以"金桃"在欧洲的专利转让和国际市场开拓为标志，"金桃"正在改变国际市场的格局，对世界猕猴桃产业产生深刻影响。

猕猴桃新品种"金桃"是我国首例以自主知识产权专利方式向国外转让品种繁殖权的作物新品种。武汉植物园立足于本土植物资源研究和开发利用，通过多年不懈的努力，成功选育出国际公认的猕猴桃新品种"金桃"，以敢为人先的勇气探索出中国自主知识产权作物品种走向世界的新途径，为我国农业作物品种与国际市场接轨提供了可供借鉴的成功案例。

经过几年的市场运行，"金桃"在欧洲市场前景良好。2005年，为了实现全球繁殖和经营权，意大利金色猕猴桃集团公司再次向武汉植物园提出请求，要求扩大"金桃"种植范围。经双方洽谈后，正式签订了"金桃"猕猴桃专利品种在中国及世界其他地区的专利转让合同，该公司在中国境内繁殖经营转让费15万欧元，在世界其他地区繁殖经营转让首付35万欧元，之后（2006～2028年），每扩大栽培1公顷支付给武汉植物园650欧元。2008年，武汉植物园培育的中华猕猴桃雄性品种"磨山4号"与意大利一家公司签订了全球新品种权转让合同，这是继"金桃"实现全球专利转让之后，又一次实现具有自主知识产权的猕猴桃新品种全球专利转让。

背景介绍

目前已知猕猴桃属植物有66个物种，除4个物种分布在中国周边国家外，62个物种在中国均有分布，特别是具有重要商业经济价值的美味猕猴桃、中华猕猴桃、毛花猕猴桃及软枣猕猴桃均为中国所特有。1978年，农业部在河南召开猕猴桃专题会议，拉开了我国猕猴桃资源调查和资源开发利用的序幕，当时的武汉植物研究所随即开展了相关工作。经过20多年的资源调查、物种收集和科学研究，中国科学院武汉植物园已成为目前世界上保存猕猴桃资源最丰富的资源圃，建成了世界上猕猴桃属植物种质资源涵盖量最大的基因库，保存了世界上绝大多数的猕猴桃资源，并成为世界猕猴桃研究的中心。武汉植物园在开展猕猴桃科研工作的同时，特别关注国际上农作物品种专利保护的规范和方法，关注本土植物资源育种成果走向国际市场的机遇，关注和思考我国猕猴桃品种的发展策略。在推进实现猕猴桃产业化方面，中国人用20年的时间走完西方人60年实现猕猴桃产业化的道路。

2004 年

"中国杂交水稻基因组计划"研究集体获首届中国科学院杰出科技成就奖

3月19日，首届中国科学院杰出科技成就奖颁奖大会在北京举行，"中国杂交水稻基因组计划"等8个研究集体和个人获奖。

以中国科学院北京基因组研究所为主的"中国杂交水稻基因组计划"研究集体的主要科技贡献：水稻（籼稻）基因组测序是目前完成的最大植物基因组测序，也是在世界上首次利用"霰弹法"对大型植物进行全基因组测序。它标志着我国成为继美国之后第二个具有独立进行大规模全基因组测序和组装分析能力的国家，并建立了具有自主知识产权的数据分析体系和水稻综合数据库。通过水稻两个亚种基因组间的比较和分析，发现了高密度的多态性位点，为水稻遗传育种实践提供了基本工具。同时，还开发了基因表达分析系统，通过对水稻全基因组基因表达的分析，发现了一大批新的转录单元，从而在世界上率先研发出高密度水稻全基因组生物芯片。基于全基因组序列的比较，在基础科学研究上，提出单–双子叶植物进化新观点，发现了单子叶植物基因转录方向上 GC 含量的梯度效应。这项工作对于水稻遗传育种具有十分重要的引导作用，是农业生物学基础研究领域的重要突破。

研究集体突出贡献者为中国科学院北京基因组研究所杨焕明、于军、汪建；研究集体主要完成者为中国科学院北京基因组研究所胡松年、王俊、李松岗、刘斌、林伟、张秀清、倪培相、张建国、王敬强、王立顺，杭州华大基因研究发展中心周雁、徐昊、陶林、余迎朴、蒋琰。

此外，中国科学院数学与系统科学研究院陈锡康获得首届中国科学院杰出科技成就奖个人奖 [1]。

背景介绍

为了适应 21 世纪科技发展的需要，深入贯彻落实新时期的办院方针，进一步激励科技工作者的创新精神，并鼓励其矢志为人类科技事业做出重大贡献的信念，中国科学院秉承国家科技奖励制度的变革，结合国立科研机构的特点，于 2002 年设立了中国科学院杰出科技成就奖，2003 年首次颁奖。中国科学院杰出科技成就奖授予院属单位在近五年内完成或显示影响的重大成果的个人或集体，每两年评选一次，每次授奖总数不超过 10 个，其中每个获奖集体的突出贡献者不超过 3 人。获奖者由中国科学院院长签署奖励证书并颁发奖章或奖杯。

转基因作物研究和产业化发展策略

7 月 16 日，中国科学院学部向国务院呈报《对我国转基因作物研究和产业化发展策略的建议》。

---

① 详见本书 1996 年"全国粮食产量预测受到中央领导和有关部门高度重视"条目——编者注。

由于国际经济、贸易、政治等诸多方面的原因，转基因农作物产业化的推进在国际上受到较大影响，我国也是受影响较大的国家之一。这种状况与我国生物技术研发水平和科技经济总体实力很不相称，与我国农业和农民对新技术的需求也很不协调。为积极促进我国转基因研发与产业化健康发展，中国科学院生物学部组织咨询组调研分析了国内外转基因植物研究的现状与发展趋势，结合我国国情提出了《对我国转基因作物研究和产业化发展策略的建议》咨询报告。

咨询报告主要内容如下。

（一）转基因作物对我国作物增产、农民增收和农业可持续发展意义重大

作物增产、农民增收和粮食安全是我国经济和社会发展的重要基础。改革开放以来，我国农业生产取得了巨大成就，成功地解决了我国人民的温饱问题，但随着人口的增长、投入的增加和环境资源的短缺，我国农业生产中的一些限制性因素进一步加剧，农业的发展又面临新的严峻挑战。咨询报告从作物病虫危害、农药对环境和人类健康的影响、施肥导致土壤退化及水体富营养化、农业耗水及缺水与旱灾、北方及沿海地区盐碱地和南方热带亚热带酸性土壤环境、作物品种与品质、作物单产等方面分析了限制性因素的影响。

近年来，国内外转基因研究取得了大量新成果，包括：①应用转基因技术培育出抗虫性强的棉花、玉米、水稻等。抗虫棉花在国内外已大面积种植，抗虫玉米在国外也已有很大种植面积，它们的推广大幅度降低了农药用量。抗虫水稻为我国所独有，已完成了生产性试验，具备产业化的条件。②培育出氮肥高效利用的转基因小麦，磷肥利用效率明显提高的转基因烟草和水稻，鉴定分离出一些与氮、磷肥利用效率有关的基因，并将这些基因应用于作物改良，将有效提高各种作物的肥料利用效率，降低肥料用量。③获得了不少调节植物水分状态使植物耐旱的基因，并利用这些基因培育出耐旱农作物品种。④耐盐碱、耐铝毒分子生物学研究取得良好进展，分别培育出耐盐碱、耐铝毒的转基因植物。⑤应用转基因技术培育的耐储藏保鲜番茄，在国内外

都率先获准进行商品化生产。⑥培育出直链淀粉含量明显降低、蒸煮和食味品质明显改善的水稻；应用转基因技术培育出富含维生素 A 的"金米"，由于其科学意义和政治意义，近年来"金米"在国际上更是引起了轰动。⑦通过转基因技术培育的延缓叶片衰老的水稻，单株生产力显著提高，表明应用转基因技术修饰植物的生理生化代谢途径，可以大幅度地提高作物的生产力，提升产量潜力。这些成果表明，转基因技术的发展和应用正在领导一场新的农业科技革命。

转基因作物在我国的种植已经产生很大的社会经济效益。据中国科学院农业政策研究中心调研分析，1999～2001 年，我国种植抗虫棉面积约 270 万公顷，少用农药 12.3 万吨，棉花增产 9.6%，每公顷效益达 2000 元；抗虫水稻在湖北、福建等地试种表明，在整个种植季节基本不打农药的情况下，抗虫稻可增产 12%，不仅创造每公顷 900～1200 元的经济效益，而且可大大地缓解由于外出打工，农时青壮年劳动力不足的状况，深受农民的欢迎。

实践表明，转基因作物的培育和应用，对作物持续增产，解决我国农业生产中的重大问题（如水资源短缺、环境污染、投入过高等），保障我国农业可持续发展，以及农民脱贫致富均能起到其他技术所无法替代的作用。积极推进转基因作物研发与产业化应迅速成为政府、科技工作者和广大农民的共同行动。

（二）转基因农作物研究与产业化发展迅猛，其势不可逆转

1983 年，世界首例转基因植物培育成功，标志着人类利用转基因技术改良农作物的开始；1986 年，转基因农作物在美国获得批准进入田间试验；1994 年，美国 Calgene 公司培育的延熟保鲜转基因番茄商品化生产获得批准。近十年来，转基因作物研发与产业化发展迅猛，种植面积快速增长。1996 年全球种植转基因作物 170 万公顷，2003 年增加到 6770 万公顷，其中转基因大豆、玉米、棉花和油菜的种植面积已达 4 种作物全球总面积的 25%；种植转基因作物的国家从 1996 年的 6 个，增加到 2002 年的 18 个，发展中国家转基因作物种植面积也呈逐年快速增加的趋势。这一增长态势反映了工业化国家和发展中国家的农民正在逐步接受转基因作物。

我国的转基因作物研发在国家政策扶植下，尤其是在国家863计划和"国家转基因植物研究与产业化专项"的直接支持下，已取得很大成绩。目前，我国农业生物技术的整体水平在发展中国家处于领先地位，一些领域已经进入国际先进行列。我国是世界上继美国之后，第二个拥有自主研制抗虫棉技术的国家，我国转基因水稻的研制处于世界先进水平。到2003年8月，我国共受理转基因生物安全评价申请1044项，批准777项。2003年全国转基因作物种植面积达280万公顷。目前，我国涉及农业生物技术的各类研究机构已超过200家，初步形成了从基础研究、应用技术研究到产品开发相互衔接、相互促进的创新体系。

值得重视的是，在转基因植物研究和产业化迅猛发展的同时，很多国家对转基因作物的态度和政策也发生了调整和转变。例如，印度、巴西、南非、菲律宾等过去多年拒绝转基因作物的国家，近年也批准了转基因作物的商品化生产。尤其是巴西后来居上，2003年转基因作物种植面积达300万公顷，取代了我国多年所处世界第四的位置，而我国种植面积则降至第五位。此外，欧盟委员会于2003年通过了关于转基因作物种植的原则性建议，明确规定不允许其成员国设立"无转基因作物区"。英国、德国也于近期同意转基因作物的商品化生产。预计这些政策上的调整将会进一步促进转基因作物的发展。

（三）影响我国转基因作物研发与产业化的几个主要问题

根据多方调研，下列问题正在严重影响我国转基因作物研发与产业化进程。

1. 国家政策取向不明确

近年来，我国在转基因作物研发与产业化方面的政策和策略取向不明确。一方面，我国政府保持并加大对转基因作物研发及植物基因组研究的投入，有力地推动了相关领域研究工作进入国际先进水平的进程；另一方面，我国近年来对转基因作物的商品化生产实行十分严格的限制，自1999年以来，已连续5年基本上没有批准新的转基因作物的商品化生产，在已批准商品化生产的转基因植物中，没有一例是粮食（饲料）作物，其结果导致我国自行研制的多种转基因作物未能得到及时应用。由于农作物品种时限性的特点，新培育出的有些转基因作物已经错过其最佳应用时期，导致了研究成果的浪费。这种状况不仅影响了转基因技术作为生产力对经济建设可能的贡献，同时有违于广大农民对新技术的强烈需求。

为改变这种状况，农业部、科技部、中国科学院、中国工程院近年组织有关专家进行多次座谈，专家在对我国转基因技术发展表示出非常积极和乐观态度的同时，也对我国政府对转基因作物产业化的政策取向表示忧虑，并提出很多积极的建议。由于种种原因，这些意见未能被很好地集中起来提供给国家用于决策参考。

2. 管理办法有待改进

1993 年，国家科学技术委员会颁布了《基因工程安全管理办法》，为我国转基因生物安全管理提供了基本框架。根据这一基本框架，农业部于 1996 年颁布《农业生物基因工程安全管理实施办法》（简称《办法》），1997 年又发布了《关于贯彻执行〈农业生物基因工程安全管理实施办法〉的通知》，并于同年成立了"农业生物基因工程安全委员会"和"农业生物基因工程安全管理办公室"，使我国转基因作物研发和产业化进入了法制化管理的轨道。《办法》的起草过程历时 6 年，先后有 120 多位科学家参与了讨论或发表了意见，较充分地吸收了当时各国管理条例中的优点，较好地体现了以风险为基础的科学管理原则。实践表明，《办法》较好地适应了我国现行行政管理体制，对我国转基因作物的研发和产业化的健康发展起到了促进作用。

作为我国应对加入世界贸易组织的策略，国务院于 2001 年颁布了《农业转基因生物安全管理条例》，2002 年农业部又相继颁布与该条例配套的《农业转基因生物标识管理办法》等 3 个文件。现在看来，这些规章存在管理时段太长、管制面偏宽、尺度过严等问题，加之近年审批操作不够规范，管理成本较高，限制了我国转基因作物研发与产业化的发展；此外，转基因作物的产业化进程涉及农业部、科技部、卫生部、商务部、环境保护总局、国家知识产权局等众多管理部门，而国家又缺乏有效的管理机制对各部门进行协调，这种局面也大大影响了管理效率。

3. 自主知识产权基因较少，转基因作物研发后劲不足

从整体水平看，我国在转基因作物研究和技术方面的进展与国际上基本同步，在发展中国家中居领先地位，但与国际先进水平相比，我们的差距仍然很大，主要表现在拥有自主知识产权的基因较少，因此转基因作物研发缺乏后劲。究其原因，主要是因为我国在植物分子生物学和农业生物技术方面的基础研究比较薄弱，投入少，人才队伍较小，创新能力不足。此外，转基因作物商品化生产在管理上的限制，也影响了科研人员的研发积极性及企业参与和投入的积极性。

（四）对我国转基因研究和应用的几点建议

1. 理顺管理体制，实行统一领导

从一定意义讲，目前影响我国农业生物技术发展的一个主要障碍是现行管理体制上的不统一和不协调，因此急需建立能够统一协调、迅速决策的管理体制。由于这个问题牵涉到国务院多个部门、众多研究机构、大量消费者和广大农民，建议在国家层面上成立一个农业生物技术研发与产业化的具有权威性的领导班子，以推动该产业的发展和保证各方面衔接。除担负管理责任外，这个领导班子还应进行转基因作物研发与产业化策略的研究，制定我国农业生物技术整体发展的中长期规划，重点突出今后 10～15 年内我国农业生物技术研究与产业发展需要解决的核心问题及对策、优先发展领域、产业化及运行管理机制等重大问题。

2. 选准突破口，积极而策略地推进转基因技术的产业化

建议根据技术成熟程度和国际竞争的形势，在权衡利弊得失的基础上推进转基因作物的产业化。建议在继续扩大抗虫棉种植的同时，重点推进转基因抗虫水稻的产业化。原因在于：①我国的转基因抗虫水稻在国际上有明显优势，转基因抗虫稻的商品化生产可抓住占领我国市场的先机，并可在国际上产生较大影响。②我国水稻种植面积约 4.5 亿亩，水稻螟虫危害可导致平均每亩损失达 30 元以上。转基因抗虫稻在全国的推广，将会对农民增收和生态环境改善产生明显的效益。③我国水稻出口量极少，种植转基因水稻不会对外贸带来不良影响；相反，生产成本的降低还有可能增加稻米及其产品在国

际市场上的竞争力，给外贸带来积极的影响。④水稻是我国最主要的农作物，转基因作物产业化将会有力地促进农业生物技术企业的形成。⑤转基因抗虫水稻所用的为苏云金芽孢杆菌（Bt）类基因，用此类基因培育的转基因玉米、马铃薯、棉花等在国内外已商品化应用多年，作为食品和饲料均对人畜安全。我国科学家对转基因抗虫稻的食品和环境安全性做了大量研究，结果表明转基因抗虫稻不仅作为食物是安全的，还因为少打或基本不打农药，有利于害虫天敌的生存繁殖，对生态环境有益。到目前为止，没有任何证据表明转基因水稻存在安全性风险。⑥按我国现行安全管理办法，转基因抗虫稻 1999 年以来已在湖北、福建等省完成了中试、环境释放、生产性试验等安全评价程序和实验环节，为实验地区农民所迅速接受，具备了区域性商品化生产的条件。因此，建议尽快批准转基因抗虫稻在上述地区的商品化生产，在商品化生产的过程中加强安全性监测与研究，稳步推进，争取在 4～5 年内形成规模。

3. 以科学分析为依据，修订转基因生物的安全评价与管理条例

建议在管理中将科学问题和行政策略区别开来。总结 1997 年以来我国实施安全性评价与管理的经验，建议对我国转基因作物安全性的评价与审批实行分类管理：①对于没有可预见风险和低风险的转基因作物，实行安全性评价与管理的简化程序，将目前的 5 个阶段减少为 3～4 个阶段，并根据国内外的实践和可供借鉴的实验数据，简化审批程序中对有关生物学背景和安全性资料的要求。②将现行按"一个品种一个省"申报安全性审批的做法调整为按"转化事件"申报审批；对于已审批的转化事件，其衍生系不必再申请安全性评审。③借鉴我国医药审批制度中"新药证书"和"药品生产文号"的做法，对转基因作物实行"安全证书"和"商品化生产许可证书"相分离的两证制。

作为行政策略的"技术壁垒"，可以考虑：凡是我国已颁发了安全证书的转基因作物（指特定基因与作物的组合），可以对国外研制的同类转基因作物在完成了相同实验和评价程序后也颁发安全证书；对于我国尚未颁发安全证书的转基因作物，国外研制的转基因作物则需在我国境内完成各种安全性实验和评价过程方可颁发安全证书。简言之，国内研制转基因作物可以借用国外的技术资料申请安全证书，而国外研制转基因作物则只能根据国内的资料申请安全证书。这样至少可以保证我国研制的转基因作物在商品化生产的国内市场中占有先机。

4. 继续增加科研投入，保障转基因作物和农业生物技术的持续发展

近年来政府的科研投入较过去有显著增加，为我国农业生物技术的迅速发展提供了有力保证，但与发达国家相比仍有很大差距，目前我国用于农业生物技术的研究经费甚至不及发达国家的一家跨国公司。因此，应从多方面入手，继续加大投入。

建议设立"国家植物功能基因组研究重大科技专项"，支持水稻、小麦、玉米、棉花、大豆、油菜等作物的功能基因组研究。我国在植物分子生物学领域的研究基础整体上比较薄弱，在功能基因分离方面与国际上差距较大，拥有独立自主知识产权的基因很少。根据序列分析结果预测，农作物基因组中有 4 万～6 万个基因。在今后 8～10 年内，这些基因都将逐渐被分离克隆，并注册为知识产权。未来 10 年将是国际上关于基因产权争夺的关键时期。我国近年启动了水稻功能基因组研究计划，并建立了相应的研究中心，水稻功能基因组的研究在国际上已形成了较大优势，应重点支持。在小麦、玉米、棉花、大豆、油菜基因组研究方面，我国也已有较好的工作基础，应加强支持，形成特色。设立植物功能基因组研究重大科技专项，将能保证我国成批量地获得功能基因的知识产权，使我国在植物功能基因组研究方面取得与农业大国相称的国际地位。

建议继续设立"国家转基因农作物研究和产业化专项"，支持转基因作物研发和产业化。1998 年国务院批准设立这个专项，它对推进我国转基因农作物研发和产业化起到积极的作用，转基因棉花已形成规模，水稻、玉米、油菜、番茄作物等转基因研究取得了重大进展，应继续加强支持。建议以新的发展观来支持农业生命科学研发。目前以五年计划为期的模式不太适合农业生命科学研究，弊端很多。建议将上述两个专项形成中央财政支持下长期稳定的重大科技专项，并在实施过程中对项目实行定期评估，目标和内容适时更新，以保证我国农业生物科学的长期稳定发展。

《中国植物志》全部出版完成

10月25日，中国科学院中国植物志编辑委员会主持编撰的《中国植物志》全部出版完成。这是迄今关于中国维管束植物的最为完整的志书，是目前世界上记载维管束植物种类最丰富的一部巨著，全书80卷126册，5000多万字，记载了中国3万多种植物，共301科3408属31142种。《中国植物志》编研，是在实地考察和深入研究的基础上，详细和准确地记述所有已知植物的科学名称、形态特征、地理分布、系统位置、物种生境、物候期、经济用途及相关历史文献记载等内容，它既是记载植物"身份"的"户口簿"，又是记录和研究植物特征特性的重要"信息库"，是中国植物资源的"国情报告"，是植物科学研究最基础的科学著作和最重要的信息载体。

《中国植物志》的全部正式出版，不仅摸清了中国的植物资源，对植物学基础研究、植物资源利用和农业发展具有重要意义，还可为中国的经济和社会发展提供广泛服务，如在商贸、检疫、公安和国防等方面，为国际贸易纠纷和侦探破案等提供科学依据，植物分布为地层鉴别、环境变迁和寻找矿藏提供重要信息。此外，在宣传和普及植物科学知识、加强公众对生物多样性的认识等方面也发挥了巨大作用。《中国植物志》的出版为全世界植物学家所瞩目，自1989年开始中国科学院与美国密苏里植物园合作编写英文版《中国植物志》（已于2013年全部完成）。这是《中国植物志》走向国际的里程碑，也反映了世界对《中国植物志》的关注与重视。《中国植物志》的全部完成，实现了中国四代植物学家的夙愿，为合理开发利用植物资源提供了极为重要的基础信息和科学依据，对陆地生态系统研究将起到重大促进作用，对国家和全球的可持续发展将做出重大贡献并产生深远影响，同时也标志着中国植物学基础理论研究的水平达到了世界先进水平。

2005年9月，中国科学院、科技部、国家自然科学基金委员会在北京联合召开新闻发布会，正式宣布《中国植物志》全部出版完成。"《中国植物志》全部出版"入选中国科学院、中国工程院570名两院院士评选的"2005年中国十大科技进展"。

《中国植物志》编研项目立项于1956年，1959年正式成立中国科学院中国植物志编辑委员会，基于全国 80 余家科研教学单位的 312 位作者和 164 位绘图人员 80 年的工作积累，历经近半个世纪的艰辛编撰才得以最终完成。2010 年 1 月，《中国植物志》获得 2009 年度国家自然科学奖一等奖。主要完成单位：中国科学院植物研究所、华南植物园、昆明植物研究所，中山大学等。主要获奖人员：中国科学院植物研究所钱崇澍、王文采、陈艺林、陈心启、崔鸿宾；中国科学院华南植物园陈焕镛、胡启明；中国科学院昆明植物研究所吴征镒、李锡文；中山大学张宏达等。此外，2008 年 2 月 21 日国家新闻出版总署宣布，《中国植物志》获得"首届中国出版政府奖图书奖"。

2005 年

发展人工速生丰产林和高产优质人工饲草基地建议

3 月 2 日，中国科学院学部向国务院呈报《关于我国发展四亿亩速生丰产人工林的咨询报告》和《关于我国天然草地全面保育与建立六亿亩高产优质人工饲草基地的咨询报告》。

这两份咨询报告源于 2004 年 3 月中国科学院植物研究所张新时院士、匡廷云院士联名提出的"优先发展高效光合生产力——建立 4 亿亩速生林与 6 亿亩高产人工草地（4+6）绿色工程"的建议，对于我国今后加强生态环境建设、农业结构调整、可持续发展等方面都提出了现实可操作的建议和战略性的思考，该建议得到国务院领导的高度重视。中国科学院学部为此召开专门会议，具体研究项目组织、方案制订和报告起草等有关工作。中国科学院植物研究所、北京师范大学、北京林业大学、中国农业科学院、中国科学院遥感应用研究所、中国社会科学院等单位专家参加了会议。与会专家认为，"4 亿亩丰产人工速生林和 6 亿亩高效优质人工草地"的建议，吸收了国际先进经验，又符合我国国情。该项目能够得以实施，必将有利于延长农业产业链，增强农业经济实力，增加农民收入，有利于改善大气环境，增强可持续发展能力。因此，无论从经济、社会还是生态上，都具有很高的效益，符合我国当前实际和未来发展要求。鉴于项目涉及的领域广泛，投资金额巨大，牵涉较多的群体利益，决策的风险也比较大，要做深做透这份报告，必须切实履行好科技咨询的职能，为中央宏观决策做好服务。为此，咨询项目的成果报告要体现战略性、科学性和可操作性，也就是战略思想要更清晰，论证结果要更有把握，组织实施要更有可能性。会议确定了课题组的专家人员，并将邀请农业部、国家林业局和有关方面的农业农村经济政策研究专家参加咨询工作。

张新时院士是国际著名生态学家，长期从事我国高山、高原、荒漠与草原植被地理研究，他致力于信息生态学、全球生态学研究与发展，是我国数量植被生态学和国际信息生态学研究的创始人。张新时院士一直是速生丰产林的积极倡导者和实践者，他长期进行优良树种引进与本土化种植培育研究工作，经他引进的杂交杨新品系达 30 种，并在许多地方得到试种和推广。匡廷云院士是植物光合作用研究领域的著名学者，在光合作用、光合膜、叶绿素蛋白复合体结构与功能研究方面都取得了系统的、创造性的成果，她也是首批 973 计划项目——"光合作用高效光能转化的机理及其在农业中的应用"的首席科学家。

咨询报告对发展速生丰产人工林和高产优质人工饲草基地［（4+6）绿色固碳工程］的规划、措施和进程进行了详尽和客观的分析。

咨询报告指出，我国森林资源匮乏，仅占世界林木资源的 3%，而人口却占 22%。目前，世界人均年木材消耗量为 0.58 立方米，发达国家为 1 立方米左右，我国人均年木材消耗量只有 0.29 立方米，木材供需矛盾十分严重。资料显示，我国每年木材需求量为 3.7 亿立方米，2002 年国内的木材供应量只有 1 亿立方米。尽管国家出台了许多林业鼓励和优惠政策，缩小木材需求缺口，但由于林业周期长、见效慢，森林资源面临着巨大的压力。随着经济发展、人口增长，森林资源面临的这种压力将进一步加大。经过中华人民共和国成立以来半个多世纪的林业发展，我国确定了以生态建设、生态安全和生态文明作为林业现阶段的重要任务，"三生态"成为林业在可持续发展中的基本定位。林业既是生态环境建设的公益事业，也是生产木材和其他林产品的产业。为了缓解木材供需矛盾，我国实施了速生丰产林基地建设工程，但进展缓慢。截至 2002 年年底，我国已经将速生丰产林种植地发展到浙江、河北、云南、山西、山东、新疆等 21 个省（区），累计种植面近 600 万公顷。然而，速生丰产林建设中存在着建设速度较慢和生产力低下的突出问题。以 2002 年为例，全国营造速生丰产林面积为 11.4221 万公顷，其中新造林 11.001 万公顷，改培面积 4211 公顷，而这已经是历年来建设速度最快的，但速生丰产人工林的建设现状与缓解木材供需矛盾之间仍有很大距离。加强速生丰产林建设对于保障天然林资源保护工程顺利实施，促进林业生态体系和林业产业体系建设协调发展，促进农村产业结构调整、增加农民收入是非常有必要的。

第二次世界大战以后，世界各国开始重视发展人工用材林，很多国家取得了显著成绩，如新西兰、智利、巴西、印度尼西亚等。国外经验说明，发展速生丰产林，用少量相对优质的土地种植优良品种，采取集约经营措施，是在短期内有效解决木材供需矛盾的唯一切实可行的措施。

咨询报告指出，在看到速生丰产林负面因素的同时不能忽视其积极因素。比如，速生丰产林具有固碳作用，是很大的碳汇，而且还具有调节气候、防风等生态功能，关键是速生丰产林生产效率高，综合价值高。在适宜的立地条件下，通过优良种苗和集约化经营措施，速生丰产林可定向为制浆、造纸、人造板和原木板材等林产工业和建筑、家具、装修等行业提供原料的用材林，它具有单位面积投入高、木材培育周期短、单位面积产量高、比较效益高的特点。速生丰产林速生优势明显，材质好，树干通直少节，在抗病虫能力、无性繁殖能力等方面也有优势，具有明显的经济、社会、生态三大效益。发展速生丰产林要尊重规律，进行合理规划，在保证农业区基本农田的基础上，兼顾农林牧畜果的协调发展。同时，发展速生丰产林不可忽视生物多样性原则，森林生物多样性问题在速生丰产林上反映更为突出。因我国适宜发展速生丰产林的地区条件各异，速生丰产林的树种选择应多样化，适当混交多种树种，树种单一不利于控制病虫害和对自然资源的充分利用，因而难以产生可持续的生态效益。在速生丰产林建设中，必须重视林木优良品种的引进和遗传改良试验，不断丰富速生丰产林的品种资源，逐步推进我国速生丰产林的良种化水平，选择适宜当地气候条件的树种，加上科学管理，这样速生丰产林才能真正成为利国利民的事业。

咨询报告指出，草原保育和草地畜牧业发展是关系到建设共同富裕的全面小康社会的关键事业之一。天然草地是我国最大的陆地生态系统，约占国土总面积的 42%，面积近 4 亿公顷，仅次于澳大利亚，居世界第二位。长期以来，由于我国草地畜牧业生产基本上处在原始自由放牧状态，草地生态系统结构和功能严重退化，至 2000 年草地不同程度退化面积已达 90% 以上。由于人工草地生产力远远大于天然草地，建设 6 亿亩高产优质人工饲草基地，将在很大程度上取代天然草地的生产功能，是实现天然草地生态系统功能属性转移的重大战略工程。通过项目的全面实施，天然草地将从人类沉重的物质需求中解脱出来，回归自然，休养生息，实现其生产、承载、调控和人文信息等功能。以欧洲为例，19 世纪后期，人们在阿尔卑斯山为了扩大耕地而滥伐森林，从而丧失了水源，滥牧山羊而引起山地严重水土流失，当时阿尔卑斯山地植被的破坏与山地环境的退化情景，是自然界对人类"报复"的惨重教训（恩格斯在 1876 年《劳动在从猿到人转变过程中的作用》的著名论著中指出，草原的出现和发布揭开了人类历史篇章的第一页，但是人类在改造和"征服"自然的斗争中往往不顾后果放肆地摧毁自己所需要的食物资源）。100 余年后，阿尔卑斯山由于 19 世纪末期的欧洲造林行动而恢复了大部分山地森林，由于 20 世纪中期的绿色革命——平原农田大量种草而放弃了山地牧场，不仅发展了现代化高产畜牧业，而且使阿尔卑斯山因退牧而恢复"青春"。如今的阿尔卑斯山林草丰茂，生机盎然，环境优美，已经完全脱离了 19 世纪时的颓废情景，成为人类与自然和谐共处，通过发展高产优质人工草地和草地畜牧业，使天然草地和森林发挥其生态功能而获得生态与经济双赢的经典范例。

咨询报告指出，根据国外的经验，当人均 GDP 突破 1000 美元后，对畜产品需求将大幅度增加，人均粮食直接消费量将会下降。就我国国情而言，目前人均蛋白质摄入量尚未达到小康标准，远低于世界和亚洲的平均水平。未来 20 年，在全面建设小康社会的过程中，对肉蛋奶产品将有巨大的需求，客观上要求畜牧业的超常发展，饲草料生产将有巨大的发展空间。许多发达国家草地畜牧业产值占农业总产值的 60% 以上，而我国只有 9% 左右。显然，我国畜牧业未来必须要有大幅度和跨越式的发展。建立 6 亿亩高产优质人工饲草基地，对种植业结构进行调整，扩大饲料（饲草）种植面积，大力实行草田轮作，多年生豆科与禾本科牧草及饲料作物的种植面积应保持在

20%～30%，在此基础上大力发展肉牛业、奶牛业和养羊业，不仅能拉动和改善种植业，还可促进畜产品加工业、饲料工业、服务业市场的发展，形成优化合理的农业内部及外部结构，形成在国际农产品市场中具有强劲竞争力的大产业，创造出今后 20 年我国农业经济与生态的双赢局面。这将极大地推动我国建立先进畜牧业产业链的进程，是提高畜牧业总产值、发展农村经济、增加农民收入的重要战略性举措。

咨询报告指出，"4+6"绿色工程建议的核心是，经过科学规划，在未来20～30 年内，在我国结合退耕还林与荒地造林，因地制宜地建立 4 亿亩速生丰产人工林基地，将形成我国最大的木材产业基地和最有效固定二氧化碳的巨大碳库；结合农业草田轮作制的实施和农副产品的饲料化，建立 6 亿亩高产优质的人工饲草基地，将形成我国现代化畜牧业的第一生产力基础，并使占国土面积 1/3 以上的天然草地得以退牧还草，发挥巨大的生态保育功能。

世界首篇在农田生产上论证转基因水稻影响的研究报告发表

4 月 29 日，中国科学院地理科学与资源研究所黄季焜、胡瑞法研究员，与美国加利福尼亚大学戴维斯分校 Scott Rozelle 教授、美国拉特格斯大学 Carl Pray 教授合作在 *Science* 杂志上发表关于转基因水稻研究的重要论文——《转基因抗虫水稻对中国水稻生产和农民健康的影响》，这是世界首篇在农田生产上论证转基因水稻影响的研究报告。

中国的生物技术发展计划已成功研发出一些转基因水稻新品种。自 20 世纪 90 年代中期以来，许多转基因水稻品种已进入和通过了中间试验和环境释放试验，其中四个品种在 2002 年进入生产性试验。然而，目前仍没有任何转基因水稻品种获得商业化批准。许多因素影响转基因粮食作物商业化，其中重要原因之一是缺乏转基因粮食作物是否能增加农民收入和提高生产力的证据。为了探讨这一问题，中美科学家合作，对中国 2002 年和 2003 年进行转基因抗虫水稻生产试验的 8 个村进行了调查，以分析转基因水稻对农药施用、水稻产量及与农药施用相关的农民健康问题的影响。

这项研究深入分析了正处于生产性试验的转基因抗虫水稻品种——转基

因"汕优 63"和"Ⅱ优明 86",这两个品种分别转入了苏云金芽孢杆菌抗虫基因（Bt）和豇豆抗虫基因（CpTI），用以抗钻茎虫和鳞翅目螟虫等害虫；随机样本来自三类农户：完全采纳户（仅种转基因水稻）、部分采纳户（既种转基因水稻又种非转基因水稻）和未采纳户（仅种非转基因水稻）。

通过试验对比，发现转基因水稻同非转基因水稻的一个显著差别是农药施用量的差别。研究结果表明，种植转基因抗虫水稻的农户每季施用农药少于一次（0.5 次），种植非转基因水稻的农户每季施用农药 3.7 次。在种植转基因水稻的地块上，有 62% 没有施用农药，近 90% 的转基因水稻田上没有施用治螟虫的农药。与种植非转基因水稻相比，转基因抗虫水稻的采用使农户每公顷农田减少 16.77 千克的农药，相当于减少了 80% 的农药施用量。两种水稻在产量上也有显著差异。转基因水稻的平均产量比对应的非转基因水稻产量高 6%～9%。科学家发现，这主要是由于转基因抗虫水稻在生产过程中更有效地防治了螟虫的危害。

转基因抗虫水稻减少了稻农因施用农药而过敏以致中毒的现象。以 2002 年和 2003 年为例，完全采纳户没有一例报告因打农药而中毒；部分采纳户两年分别有 7.7% 和 10.9% 的农户报告在施用农药时中过毒；未采纳户两年分别有 8.3% 和 3% 的农户因打农药而中毒。

在中国生产性试验田里，转基因抗虫水稻的表现令人鼓舞，农民大幅度减少农药施用量、提高水稻产量并有效地减少了因施用农药而中毒现象。这为转基因粮食作物增加农民收入和提高生产力提供了证据。

研究结果表明，种植转基因抗虫水稻对于水稻生产和农民健康有着积极影响，农业生物技术能够促进中国农业发展、增进食品安全、增加农民收入和改善农民健康状况。如此高的潜在效益显示，中国转基因作物产品可能是增强国际竞争力和增加农民收入的有效方式。如果考虑对健康的影响，收益还将扩大。转基因水稻商业化的实施给中国带来的影响可能远远超过对生产者自身的生产力和健康影响。

研究报告作者认为，植物生物技术将显著提高中国的农业生产力，中国如果决定考虑批准转基因水稻的商业种植，将可能影响世界转基因作物的商业化进程。同时，中国转基因水稻发展也将为其他发展中国家提供借鉴。

2006 年

小麦新品种"科农 199"通过国家品种审定并大面积示范推广

小麦是我国重要粮食作物之一，近 30 多年来小麦生产取得了巨大成就。但是，受人口持续增加、耕地面积逐年减少的影响，目前小麦产量的年增长率已经低于消费的增长。在促进粮食增产的诸多因素中，挖掘和利用农作物本身遗传潜力，选育和推广高产、稳产、优质和资源高效利用的作物新品种成为最经济有效的措施。

"科农 199"属半冬性中早熟小麦品种，是由中国科学院遗传与发育生物学研究所农业资源研究中心李俊明研究团队利用细胞工程技术选育的小麦新品种，具有高产、广适、节水、抗逆、节肥等优良特性。通过组合选配、单株选择、品系鉴定等品种选育环节，2003 年提供国家冬小麦黄淮北片水地组区域试验，2004 年通过预备试验，2005 年在小区试验中产量居于首位，2006 年 9 月通过生产试验和国家农作物品种审定委员会审定（品种审定号：国审麦 2006017），并定名为"科农 199"。

"科农 199"聚合多个骨干亲本、骨干品种的有益基因，具有丰富的遗传基础。它继承了小偃系列品种的抗病、养分高效利用特性与太谷核不育小麦轮回群体选择品种的高产和广适性特征，在国家区域试验中连续两年产量居所有参试品种第一位，平均亩产 544.2 千克，比对照品种增产 7.36%。

"科农 199"抗寒、抗倒伏，综合抗病性好，水分养分利用效率突出。经河北省粮油作物研究所和中国农业大学田间试验鉴定，千斤麦田水分利用系数达 1.8 千克/米³，最佳施氮量时的氮肥（纯 N）偏生产力（PFP）达 43 千克/千克。在国家区域试验中，"科农 199"适应性广，产量稳定性好，在河北、河南、山东、山西四省均位居第一。

2006 年，研究团队与河北省石家庄市万丰种业、河南大河种业、山东潍坊大地种业有限公司合作，在河北栾城、定州、肥乡，河南荥阳、新郑，山东青州、济南等县市建设原种生产田 1.6 万亩，开展良种繁殖和高产试验示范。2007 年 5 月和 2008 年 5 月，分别在河北栾城、山东青州、河南新乡举行"科农 199"小麦生产示范现场观摩会，其中栾城聂家庄村 1100 亩示范田，平均亩产 564 千克。"科农 199"小麦新品种的试验示范，得到农业部、中国农业科学院、中国农业大学及河北省、河南省、山东省有关专家的高度评价，受到农民的热烈欢迎。2007 年秋播，"科农 199"小麦列入河北、河南两省重点推广品种，并在河北 73 个县、河南 27 个县、山东 18 个县、山西运城 3 个县进行大面积示范推广，累计建设百亩试验田 480 多个，千亩示范方 17 个，万亩示范区 1 个，示范推广面积超过 50 万亩。此外，"科农 199"小麦在安徽、陕西两省和北部冬麦区也开展了引种试验或区域生产试验。2009 年，继续深化与种业企业的合作，吸纳更多的种业企业，并建立了产业创新联盟，共同在河北、山东、河南、山西四省进行"科农 199"小麦开发推广，在河北保定、沧州、衡水、石家庄、邢台、邯郸，河南郑州、新乡、安阳、濮阳，山东潍坊、德州、菏泽、聊城，山西运城、临汾，建立"科农 199"小麦万亩规模良种繁育基地 161 个，10 万亩规模大型生产示范基地 6 个。2007～2010 年，种业公司在河北、河南、山东三省合计经营种子 9.2 万吨，实现销售收入 2.7 亿元，获得直接经济效益 1687 万元；小麦种植户通过增产增收和种子加价，获得社会经济效益 3.3 亿元。"科农 199"的示范推广促进了农业的产业化发展和农民增产增收，社会、经济、生态效益显著。

长江中下游地区湖泊富营养化的发生机制与控制对策研究

长江中下游地区是我国淡水湖泊集中分布的地区，全国约 2/3 的淡水湖泊位于此区域且均为浅水湖泊。20 世纪 80 年代以来，随着经济的发展，大量氮、磷等营养物质随着工农业废水和生活污水被排入江湖，人类活动影响加剧，极大地改变了自然湖泊生源要素的循环规律，生态系统结构和功能退化，蓝藻水华频繁暴发，水质性缺水日趋严重，并造成巨大经济损失。日趋严重的湖泊水环境恶化与富营养化问题严重制约着社会和经济的可持续发展，已引起各级政府高度重视。国家在"十五"期间计划治理的三个湖泊中，有两个湖泊（太湖、巢湖）位于长江中下游地区。然而，过去几年中，围绕湖泊富营养化治理，各级政府投入了大量的人力与物力，但迄今收效甚微。国际上富营养化治理的成功经验多限于深水湖泊，对于长江中下游平原地区浅水湖泊富营养化的治理，尚无可借鉴的经验。

中国科学院知识创新工程重大项目"长江中下游湖泊富营养化发生机制与控制对策"，以长江中下游地区浅水湖泊群为对象，在基于古湖沼学对湖泊地貌环境和营养演化及其驱动机制进行研究的基础上，深入和系统地研究浅水湖泊营养盐的生物地球化学循环机制，湖泊生态系统结构变化对富营养化灾变过程的驱动与反馈，富营养化与蓝藻水华综合调控措施及以水生高等植物群落设计、恢复、扩增和稳定技术为主的健康湖泊生态系统修复理论与技术集成。项目主要目的是在国家或区域层面，为解决长江中下游地区浅水湖泊群日趋严重的湖泊富营养化及由此导致的水质性缺水问题提供科学的决策指导和控制技术方案。项目主管为中国科学院南京地理与湖泊研究所秦伯强研究员，首席科学家为中国科学院水生生物研究所谢平研究员，中国科学院生态环境研究中心、武汉植物园、地球化学研究所、测量与地球物理研究所、微生物研究所等单位参与项目工作。通过艰苦努力，这一重大项目取得了重要研究成果。

（1）首次从理论上阐明了长江中下游地区浅水湖泊沉积物的内源污染机制与释放量的估算和控制治理途径，弄清了我国湖泊富营养化治理困难的根本原因。内源污染指湖泊底泥中污染物质向湖水释放形成的污染。目前许多湖泊的污染治理，已经采用或计划采用底泥疏浚的方法来控制内源污染，但实施效果并不理想。针对于此，研究人员通过对长江中下游地区湖泊底泥的系统调查，初步弄清了湖泊沉积物的污染物质主要赋存形态和数量；澄清了长期以来有关湖泊沉积物污染程度的问题；提出了浅水湖泊内源污染释放模式和数量的估算方法。研究还发现，疏浚只能在短时间内减少沉积物的内源释放，但随着时间的延迟，随着外部污染物的不断沉积，水土界面上污染物会逐步增加，并使内源释放数量增加。因此，控制内源污染，必须在外源污染控制的前提下来实施。

（2）在湖泊水生植被恢复和生态系统修复的基础理论与关键技术上取得突破，对我国湖泊富营养化治理和生态恢复将产生深远的影响。通过对不同水生植物的生理、生态学特征的比较与围隔试验，发现影响水生植物恢复的主要问题是光照透明度、风浪、底泥环境、鱼饵食、氨氮浓度等因素。研究发现营养盐浓度通过影响水生植物上的附着生物的生物量而影响水生植物的光合作用，附着生物的生物量随着营养盐浓度升高（富营养化）而增加，导致水生植物光合作用受到遏制，遏制的幅度可达到60%～90%，这是富营养化湖泊草型生态系统崩溃并最终被藻型生态系统取代的根本原因。研究发现，通过消浪、控藻等措施将有助于改善光照透明度，从而恢复水生植物；通过恢复沉水植物，将极大地遏制底泥内源污染释放，而水柱氨氮浓度对沉水植物有非常大的遏制作用。在上述研究基础上，研究人员创造性地提出通过改善湖泊生境条件恢复水生植物和草型湖泊生态系统的新思路，并在太湖梅梁湾水源地水质改善技术中得到了应用；进而从理论上进一步明确了水生植物恢复有赖于基础环境的改善，对于漂浮植物和浮叶植物，其环境条件改善就是消除风浪，对于沉水植物而言，其环境条件改善就是光照条件，特别是悬浮物浓度和营养盐浓度；从而为不同类型水域恢复水生植物、实施生态修复提供了坚实的理论基础，特别是有关水生植物恢复对于环境条件的要求，从根本上改变了以往片面强调水生植物种植技术本身，而忽视环境条件改善的倾向。

（3）初步揭示了湖泊富营养化生态系统响应机制与蓝藻水华暴发的竞争优势。研究显示，污染相对较重的水域水体中营养盐含量高，微生物的生物量及生产力也高，碱性磷酸酶活性也高，水体营养盐的循环也就更快，这反过来又促使微生物生产力提高，营养盐循环更快，从而加剧富营养化的危害。研究发现，蓝藻水华暴发期间蓝藻的暴发性生长能通过改变水体pH值而引发沉积物中磷释放量大幅度增加，大量释放的营养盐反过来又使蓝藻大量生长，从而加剧蓝藻水华暴发。研究阐明了在浅水湖泊内源磷负荷季节变动模式驱动因子中，pH值可能比溶氧更为重要；基于藻类水华对沉积物中磷的泵吸作用，首次提出了浅水湖泊中内源磷负荷季节波动与营养水平密切相关，主要是由于藻类光合作用驱动的新观点。上述研究所揭示的蓝藻水华对沉积物中磷的选择性泵吸作用，解决了目前国际上流行的N/P比学说所不能解释的某些富营养水体中蓝藻水华的暴发机制现象。试验研究进一步证实了浮游植物和细菌作用所导致的沉积物磷释放及氮的减少是导致夏季 TN/TP 比降低的重要原因。实验研究表明，活性磷是蓝藻水华暴发的关键性因子，控制蓝藻水华必须从控制活性磷着手。研究发现，蓝藻可以通过产生蓝藻毒素抑制其他藻类，蓝藻毒素还抑制水生高等植物的生长发育和种子萌发；水华蓝藻具有比其他藻类更高的二氧化碳和无机碳浓缩能力，使自己在低碳环境中能有效地利用碳源。这些特殊的生物学机制使得水华蓝藻具备竞争优势。

（4）定量描述长江中下游湖泊的营养本底与演化模式。通过典型湖泊连续沉积岩心提取，分析了长江中下游典型湖泊沉积物中有效营养代用指标，在精确定量的基础上，建立现代生物种群组合、有机化指标与主要营养盐（氮、磷等）的函数关系，定量恢复了过去湖泊营养本底及水平，建立了营养演化模式和长江中下游典型湖泊营养水平演化序列；分析不同类型湖泊营养水平的演化过程与营养本底的区域分异及形成原因；研究评估了在湖泊营养变率剧增时段人类活动方式和强度对湖泊富营养化的影响；揭示了湖泊营养水平演化规律及驱动机制。特别是通过若干典型湖泊营养演化历史，证实了长江中下游地区湖泊在历史时期就具有较高的营养盐浓度，有的湖泊甚至在历史上有过显著的富营养化过程。这也解释了为什么长江中下游湖泊富营养化问题如此严重。综合分析表明，发育在长江三角洲和洪泛平原上的浅水湖泊具有较高的营养背景，说明这些湖泊很容易富营养化，人类活动加快了其富营养化的进程。

研究项目取得的重要成果为湖泊内源污染控制提供了理论指导，也提供了可供借鉴的治理思路和方法，从根本上改变了以往重水生植物种植本身、轻环境条件改善的认知误区，对于我国湖泊治理与生态修复将产生重大而深远的影响。

东北地区农业水土资源优化调控机制与技术体系研究

"东北地区农业水土资源优化调控机制与技术体系研究"作为中国科学院知识创新工程重大项目于 2002 年 12 月正式启动，中国科学院东北地理与农业生态研究所为项目承担单位。

研究项目利用多学科优势和先进技术手段，揭示农田水分优化调控机制，研究提出退化土壤生态修复理论与技术，筛选利用植物抗逆（旱、盐碱）基因资源，建立典型农田系统环境安全评价与预警系统及无公害生产关键技术体系，促进区域农业可持续发展。通过项目实施，取得了一系列重要成果。

研究项目通过对东北地区粮食主产区农业水土资源状况和演变趋势的分析，构建了东北粮食主产区典型县农业土地资源数据库系统，提出了东北地区农业土地资源潜力综合评价应用模型和农业水资源可持续利用评价指标体系，形成东北地区商品粮基地建设布局和农业水土资源优化配置的初步方案。

研究项目初步阐明了典型黑土退化过程、退化机理及驱动因子，构建了全区域黑土肥力评价指标和黑土肥力参比数据库，分析和揭示了黑土养分空间变化特性，通过耕作措施、施肥措施、秸秆还田等组合模式，综合集成农田黑土肥力调控技术体系，并在典型区域进行试验示范，为黑土培肥提供技术支撑。此外，提出苏打盐渍土水盐调控方向和开发利用模式，建立了松嫩平原西部盐碱地生态恢复与重建关键技术。

研究项目分析了东北黑土区主要农田生态系统中土壤 Cd（镉）、Pb（铅）、As（砷）含量状况及其空间分异规律，比较研究了东北主要作物对重金属积累的品种差异，为东北地区粮食安全生产提供重要科学依据。

研究项目集成了保护性耕作、秸秆还田、豆科作物轮作技术等退化农田生态系统修复技术体系，建立了苏打盐渍土生物改良技术体系、无公害粮豆生产技术体系、农业节水技术体系，并在东北地区进行了示范推广，取得了显著的经济、社会和生态效益。

背景介绍

中国科学院东北地理与农业生态研究所长期从事东北区域农业发展研究，针对可再生资源的保护与合理利用、区域农业综合发展、环境保护与生态建设等重大问题和国际科学前沿问题进行了多层次、全方位的研究和探索，取得了一批创新成果。从 20 世纪 50 年代开始，该所对黑土、盐渍土、棕壤、褐土地区农业开发中的重大问题开展系统研究，其中盐渍土改良、污水资源化利用、工农业活动对农业生产环境的影响及其评价、重金属和硝酸盐等污染物在土壤–植物系统中迁移转化归宿与积累、农田土壤水分循环与养分循环等研究起步较早，历史悠久。从"六五"开始，该所陆续开展对东北农业资源、环境等领域的研究与试验示范，积极承担国家组织的区域农业攻关与开发任务，连续 20 年主持松嫩–三江平原区域农业科技攻关项目，取得大量研究成果。与此同时，该所承担有关松嫩、松辽、三江平原中低产田改造、旱地农业等研究项目。"七五"至"九五"期间，该所在农业综合开发、农业生态和水土环境方面开展了大量工作，取得了一批研究成果。"九五"期间，该所针对东北农业发展中的重大问题展开攻关，在生态脆弱区综合治理与生态建设模式、地下水运动三维模拟与优化管理模型、玉米大面积高产综合配套技术、优质大豆高产综合配套技术等方面取得了许多具有创新意义的研究进展，在农业水资源优化管理与盐渍化治理、松嫩平原黑土区农业持续发展研究、松嫩平原地下水—土壤—植被系统水盐动态过程与调控等方面取得显著的成果，为东北农业发展做出了积极贡献。

水稻体内砷的代谢机制研究

中国科学院生态环境研究中心与山东农业大学合作开展"水稻砷污染健康风险与砷代谢机制研究"，取得重要进展。

水稻是人类主要粮食作物之一。目前稻米主要生产区（东南亚地区）土壤和灌溉水砷污染严重，导致稻米中砷的积累，并通过食物链传递对人体健康构成严重威胁。稻米砷污染已成为东南亚地区突出且急需解决的环境问题之一。降低水稻对砷的吸收、控制水稻体内砷向籽粒的转移、降低籽粒中砷的生物有效性是解决这一问题的关键途径。因此，深入理解水稻对砷的吸收、体内转运和转化等代谢机制非常有必要。

研究表明，水稻根系通过磷吸收通道吸收五价砷，通过水通道吸收三价砷。进入水稻体内的砷，一部分由地下部转运到地上部，其中一部分进一步被转运到水稻籽粒中。实验表明，根表铁膜能抑制水稻对五价砷的吸收和向地上部的转运。在水稻地下部和（或）地上部也存在着五价砷还原、三价砷甲基化等砷形态的转化过程。

稻米中砷的总量不能完全说明其对人体的毒性，砷的存在形态是评价其健康风险更为重要的指标。因此，水稻体内砷的甲基化过程对于人类健康和环境治理意义重大。研究证实，亚砷酸甲基转移酶（*ArsM*）能提高生物体对三价砷的抗性，如果能增强水稻体内 *ArsM* 基因的表达或功能，就能提高水稻对砷的耐性，降低稻米健康风险（无机砷比有机砷毒性强）；治理稻田砷污染（通过水稻吸收、转化稻田里的砷，最后以低毒或无毒的砷形态挥发到大气中，从而降低稻田土壤中砷的浓度）。同样，三价砷甲基化转移酶的底物是砷酸盐还原酶的产物，还原酶的活性将直接影响甲基化进程，所以砷酸盐还原酶与甲基转移酶同样重要。通过深入研究水稻体内砷的代谢机制，尤其是有关酶基因和蛋白质水平的研究，将为砷污染严重地区生产低砷稻米提供重要解决方案。

近期，另一相关研究"水稻砷代谢关键基因的表达调控和磷砷交互作用机制"（中国科学院生态环境研究中心）取得重要进展。水稻砷酸盐还原酶基因已经被克隆和表征，通过基因转导手段，将控制砷代谢过程的关键基因砷酸盐还原酶基因（*OsACR2.1*）和亚砷酸甲基转移酶基因（*ArsM*）超量表达到水稻体内，调控砷的代谢，改变水稻籽粒砷含量和形态配比，最终，通过水稻籽粒砷含量和形态配比的改变降低大米食用产生的人体健康风险。

经济贝类品种培育与健康养殖

我国海水贝类养殖已成为对经济和社会发展有重要影响的产业，但不恰当的养殖方式会给环境造成很大损害，同时也严重制约和危及产业自身的发展。解决这一问题，要以产业可持续发展为出发点，通过理论和技术系统集成，突破大规模苗种培育、高效中间育成和安全海区养成关键技术，构建环境友好的贝类健康养殖体系。健康养殖模式的核心是种质种苗健康、养殖环境健康和消费者健康。

我国有近2亿亩近海滩涂，发展滩涂贝类养殖空间广阔，而且滩涂贝类种类多、适应能力强，大多可鲜活销售，为海鲜市场的主打品种。滩涂贝类大多潜居于潮间带或潮下带滩涂泥沙底质中，以浮游植物、有机碎屑为食，食物链短、生态效率高，可谓海洋"食草动物"，是环境的清洁者；其在底质中的运动和摄食活动，有利于底质环境有机物逐渐降解和释放，可减缓突发性危害，还可降低赤潮发生频率和危害程度。滩涂贝类养殖一般不会对环境造成严重危害，管理得当，对海区环境的改善有一定的促进作用，实现养殖和环保双赢。

中国科学院海洋研究所长期开展经济贝类品种培育与健康养殖研究，取得了大量研究成果。根据我国海水养殖产业可持续发展与区域经济发展的迫切需要，2001年，海洋研究所与大连海日水产食品有限公司合作，在辽宁庄河建立了滩涂贝类健康养殖示范基地，随后其被列为中国科学院知识创新工程重大项目。

项目实施充分发挥了中国科学院多学科的综合优势，通过技术优势集成，构建了以菲律宾蛤仔为代表，适用于多种滩涂贝类的大规模苗种培育、高效中间育成和安全海区养成的健康养殖模式，使菲律宾蛤仔的生产从过去的捕捞型转入人工养殖型，实现了贝类资源由自然化向人工化的转变。通过项目的推广，可促进海水养殖产业结构的整体优化，提高产业技术含量，推动产业升级换代，引导海水养殖产业逐渐发展成为环境友好、安全高效、可持续发展的新型绿色产业，实现我国海水养殖业一次质的飞跃。

项目实施取得了一系列创新性成果与技术集成：①现代化专用设施建设。建成国内规模最大（7万平方米）、适用于滩涂贝类苗种大规模培育等多用途的现代化专用设施，为蛤仔健康苗种大规模培育、高效中间育成技术的突破提供了物质条件，强化苗种供应稳定性和生产过程的控制，从而改变传统的滩涂贝类生产方式。②种质种苗优化。通过人工选育和杂交技术，对养殖群体的经济数量性状进行遗传改良，保证健康养殖的种质基础。同时，利用菲律宾蛤仔生态幅宽、病原感染与发病间具有迟滞效应、异地移养可能产生应激抗性或对某些新的病原体不敏感等生物学特点，进行南蛤北繁或北养。③健康苗种大规模培育。首次对菲律宾蛤仔生殖过程进行了生产性人工调控，通过控制积温使其繁殖按预计时间程序进行，使菲律宾蛤仔有效生长时间增加2～3个月。通过优化种质基础和培育环境，提高培育苗种的健康水平。④高效中间育成技术。建立并比较了上升流法、多层平面淋水、海区网袋法和沙盘法中间育成技术；建立了科学高效的越冬中间育成技术体系，使北方海区菲律宾蛤仔苗种大规模培育取得关键性技术突破。⑤安全高效海区养成。通过人工控制手段，使实际养殖生物量低于理论养殖环境容量，增强生产体系的有序化，提高群体成活率和个体生长速率，最终提高整个系统的生产效率；坚持清洁生产理念，首次提出并实施海区养殖园田化管理理论与方法。养殖观念的重大转变和海区养殖管理水平的提高产生了很好的效果，海区养成成活率提高 1.5～2.0 倍，平均产量 2.15 吨/亩，经济效益达 1.5 万元/亩。⑥养殖水质环境优化。采用砂滤、紫外线照射等物理学方法控制育苗水体悬浮颗粒及细菌、病毒等病原生物；通过海洋酵母等微生物稳定水化学环境，使环境始终处于有利于养殖生物健康的状态；采用在线检测手段，及时发现养殖环境变化并采取优化措施。⑦疾病防控。在优化种质和环境的基础上，采用中医药疾病防控原理，在无抗生素条件下进行苗种培育。首次采用大蒜素预防和控制疾病，既降低了生产成本，又实现了无公害养殖，基本解决了对水产品质量危害严重的抗生素过量使用问题。⑧"三段法"健康养殖模式。通过常规技术和关键技术的优势集成，创立了人工育苗、中间育成、海区高效养成的"三段法"健康养殖模式和操作规程，提高了产业安全性和生产效率。⑨研发与产业化无缝衔接。采用边研究边推广的方法，使研究成果尽早与产业相结合，促进经济社会的发展，并在应用中改进和完善。

项目实施产生的经济、社会、生态效益显著。"三段法"养殖模式已在辽宁及毗邻省份推广，取得了较好的经济和社会效益，实现产值 17 亿元；解决了数千人就业问题；养殖海区赤潮发生显著减弱或基本没有成害，海区环境得到改善，夏季滩涂养殖贝类大规模死亡现象也不再发生，产业发展平稳。

项目开发前景与对策。目前我国海水养殖业 80% 的产量来自贝类，贝类养殖已发展成对国民经济有重要影响的海水养殖产业。继续扩大该项目示范效应和应用推广的建议：①系统总结贝类养殖的成功经验，指导贝类养殖产业发展。②增强环境保护意识，实现养殖和环保双赢。养殖内源污染已成为海水养殖发展的主要障碍，必须予以足够重视并采取必要措施，通过提高个体增长率和群体成活率提高产业效率，而非通过提高养殖强度（密度）来提高经济效益。滩涂贝类养殖对环境危害小，在一定条件下对环境改善有一定促进作用，应根据养殖对象的生物学特性及产业发展规律，在合适的海区因地制宜地发展。③研发土著品种，加强大宗养殖品种的遗传改良。我国本土滩涂贝类可养种类很多，仅北方海区就达十余种，这些种类大多适于潮间带养殖环境。同时，开发土著品种可在一定程度上避免外来物种的生态风险。④抓住产业可持续发展的关键——安全高效健康养成体系的构建。近20年来我国海水养殖研发的重点是苗种，大多数海水养殖贝类苗种繁育技术已得到普及，为海水养殖业快速发展提供了条件。目前养成率低是我国贝类养殖业经济效益低的主要原因，并成为可持续发展的主要障碍。贝类养殖的经济效益主要发生在养成阶段，占总效益的70%～80%，养成阶段的技术水平将直接影响到整体的经济效益与可持续发展。在继续加强苗种培育技术稳定性和安全性的基础上，应重点研究种质改良技术和安全高效的养成技术。构建安全、高效、健康的养成体系，包括：优化种质和养殖环境，加强苗种质量控制，控制养殖强度和自身污染，增加养殖品种多样性，精养细管，实施轮养、套养和休养，以及工程化养殖等综合措施。

通过项目实施，在贝类选择育种理论与方法、贝类养殖理论与技术体系等领域取得了丰硕的成果。

2007 年

李振声荣获国家最高科学技术奖

2月27日，中国科学院院士、中国科学院遗传与发育生物学研究所研究员、小麦育种专家李振声荣获2006年度国家最高科学技术奖（当年唯一获奖人）。

李振声，1931年生于山东淄博，中国科学院院士（1991年当选），第三世界科学院院士（1990年入选），著名小麦遗传育种学家，中国小麦远缘杂交育种奠基人，有"当代后稷"和"中国小麦远缘杂交之父"之称。现任中国科学院遗传与发育生物学研究所研究员、植物细胞与染色体工程国家重点实验室学术委员会名誉主任，山东农业大学教授；曾任中国科学院西北植物研究所所长、中国科学院西安分院与陕西省科学院院长、中国科学院副院长、中国科学技术协会副主席、全国政协第八届和第九届常委；曾获全国科学大会奖（1978年）、国家科技发明奖一等奖（1985年）、陈嘉庚农业科技奖（1989年）、何梁何利基金科学与技术进步奖（1995 年）、中华农业英才奖（2005 年）。

李振声 1951 年毕业于山东农学院（现山东农业大学）农学系。他长期从事小麦远缘杂交与染色体工程研究，育成小偃麦 8 倍体、异附加系、异代换系和异位系等杂种新类型，将偃麦草的耐旱、耐干热风、抗多种小麦病害的优良基因转移到小麦中，育成小偃麦新品种小偃四号、五号、六号，以小偃六号最为突出，在西北、华北地区累计推广达 1.5 亿亩。小偃六号已经成为我国小麦育种的重要骨干亲本，其衍生品种有 50 余个，累计推广 3 亿多亩。通过多年科研实践，建立了小麦染色体工程育种新体系，利用偃麦草蓝色胚乳基因作为遗传标记性状，首次创制蓝粒单体小麦系统，解决了小麦利用过程中长期存在的"单价染色体漂移"和"染色体数目鉴定量过大"两大难题；育成自花结实的缺体小麦，并利用其开创了快速选育小麦异代换系的新方法——缺体回交法，为小麦染色体工程育种开辟了新的途径。

20 世纪 90 年代初，李振声从我国人多地少、资源不足的国情出发，提出了提高氮、磷吸收和利用效率的小麦育种新方向（培育氮、磷高效小麦新品种，提高小麦个体和群体光合效率）和资源节约型农业发展观。他培育出的可高效利用土壤氮磷营养的优质小麦新品种小偃 54，累计推广 700 余万亩。他提出的以"少投入、多产出、保护环境、持续发展"为目标的育种新方向，已成为业界共识和农业 973 计划项目研究的重要指导原则之一。

李振声在担任中国科学院副院长期间（1987～1992 年），是 20 世纪 80 年代后期至 20 世纪 90 年代中期中国科学院黄淮海平原中低产田综合治理与开发工作（1987 年启动的农业科技"黄淮海战役"）最重要的发起者、领导者和组织者，从组织起草《全国产粮万亿斤的潜力简析》报告到向中央领导汇报、请战，从组织动员全院科技力量的会议室到基层试验基地，数十次带队实地考察调研，与黄淮海地区相关省、地（市）、县各级领导和科技人员座谈讨论，他始终是谋划全局、指挥作战的第一线领导者和指挥员，为农业科技"黄淮海战役"做出了极为突出的贡献。1995 年，为打破我国粮食生产四年徘徊的局面，李振声向中央农村工作会议提出《我国农业生产的问题、潜力与对策》的报告，提出了实现粮食产量增加 1000 亿斤的对策；2003 年，他针对我国粮食生产连续五年减产的情况，提出了争取三年实现粮食恢复性增长的建议。李振声也是之后由中国科学院倡导的"渤海粮仓"科技示范工程（2013 年 4 月正式启动）最主要的倡议者和策划人之一。

水稻粒重的数量性状基因克隆及其生物学功能和作用机理研究

4 月 8 日，水稻粒重数量性状基因克隆及其生物学功能和作用机理研究成果在 *Nature Genetics* 杂志上发表。中国科学院上海生命科学院植物生理生态研究所植物分子遗传国家重点实验室林鸿宣研究团队，在水稻产量相关功能基因研究上取得突破性进展，成功克隆了控制水稻粒重的数量性状基因 *GW2*，并深入阐明该基因的生物学功能和作用机理，显示该基因在高产分子育种中具有应用前景。这是该研究团队继克隆水稻耐盐功能基因 *SKC1* 后，两年内第二次在 *Nature Genetics* 杂志上发表重要研究论文。

水稻粒重是由来源于自然变异的数量基因座位（*QTL*）所控制的复杂性状，是粮食产量的重要组成部分。研究团队发现，*GW2* 作为一个新的 E3 泛素连接酶可能参与降解促进细胞分裂的蛋白，从而调控水稻颖壳大小、控制粒重及产量；当 *GW2* 功能缺失或降低时，该基因降解可能与细胞分裂相关蛋白的能力下降，从而加快细胞分裂，增加谷粒颖壳的细胞数目，进而显著增加水稻谷粒宽度、加快籽粒灌浆速度、增加粒重及产量。通过分子标记选择方法，将大粒品种的 *GW2* 基因导入小粒品种中培育成新株系。与小粒品种相比，该新株系虽然每穗粒数有所减少，但由于粒重明显增加，单株产量依然显著增加。此外，研究团队发现在玉米和小麦中有 *GW2* 同源基因，显示 *GW2* 基因在高产育种中具有重要利用价值，*GW2* 基因的发现将促进农作物高产分子育种研究。

这项研究为作物高产育种提供了具有自主知识产权和重要应用前景的新基因。*Nature Genetics* 杂志三位评审人对这项研究一致给予高度评价："我们现在可以通过控制 *GW2* 的功能得到合适大小的水稻谷粒，在这一点上我相信这是一项在水稻产量育种史上有重要意义的工作""有关该基因定位克隆、序列分析和转基因表型鉴定及 E3 泛素连接酶的功能实验是令人信服的"；"这是一篇将引起遗传工作者极大兴趣的力作，该论文通过大量而深入的实验包括基因定位克隆、基因结构分析、功能和表型鉴定等证明该基因控制水稻谷粒大小，为作物种子的遗传调控机理研究提出了有价值的见解"。

长效缓释复合肥研发与产业化

8月12日，中国科学院沈阳应用生态研究所与施可丰化工股份有限公司合作研发的"施可丰"长效缓释复合肥在山东临沂通过山东省省级新产品鉴定。

高效、缓释控释和环境友好是国际肥料产业发展的趋势。随着农业发展对新技术的要求，无论是农作环节还是环境影响，市场对省工省时的长效缓释肥料要求越来越高。

长效缓释复合肥是一种稳定性的长效肥料，其核心技术是长效复合添加剂（NAM）。"施可丰"长效缓释复合肥采用沈阳应用生态研究所专利技术"长效复合添加剂（NAM）"，利用硝化抑制剂、脲酶抑制剂的协同增效作用，对肥料进行改性：①调控氮的转化过程和形态，使氮释放时间得到延长，并以适合保存的状态存在于土壤中（提高土壤铵浓度），减少氮的挥发与流失，提高氮素利用率，减轻施肥造成的环境污染；利用磷素添加剂的双向作用，防止复合肥中磷素的退化和固定，活化释放土壤中的磷素，克服了普通复合肥存在的磷素进入土壤后快速固定问题，使磷素保持较长的有效期。②采用双烘双冷转鼓造粒流程，生产工艺先进，成本低廉。目前已建成年产70万吨（首期）长效缓释复合肥生产线，开发出小麦、水稻、棉花、大蒜、桃、玉米、大豆和蔬菜8种作物长效复合肥（根据作物需求缓慢释放养分），已在全国14个省份推广应用266万亩。③施用长效缓释复合肥，养分利用率提高42%～45%，其中氮素利用率为40%～50%，磷素利用率25%～30%，比普通复合肥利用率提高12%～15%；肥效期长且具有一定可控性，养分有效期达110～120天，一次施肥即可满足大部分作物全生育期对养分的需求；增产幅度显著，玉米增产6%～19.9%，水稻增产8.35%～21.0%，春小麦增产6.7%～15.3%，冬小麦增产3%～5%。④降低环境污染，减少氮素流失及硝酸根、亚硝酸根、氧化亚氮等对水体和大气的污染。⑤简化栽培过程，节省施肥用工，对我国目前农村的生产水平，具有十分明显的经济效益和生态效益。

沈阳应用生态研究所是以土壤肥料、微生物、林业、植物与环境科学为基础的综合性研究机构，是我国最早开展肥料技术研究的科研单位之一，在肥料关键技术研发方面具有良好的基础，先后承担和完成了 863 计划、科技支撑、成果转化项目数十项，取得了以"长效碳铵""缓释尿素""肥隆"为代表的技术成果数十项，在肥料领域的国家发明专利申请量和授权量约占国内肥料专利总量的 1/3，在新型肥料研发领域和产业化方面一直走在全国的前列，与全国 30 多家大中型肥料企业保持密切的合作关系。

沈阳应用生态研究所与施可丰化工股份有限公司结成战略联盟，致力于缓释控释肥料合作研发与示范推广，成功建立了沈阳应用生态研究所缓（控）释复合肥中试基地和产业化基地，并合作打造百万吨长效缓释肥生产基地。"施可丰"长效缓释复合肥通过省级新产品鉴定并顺利投产，标志着继"缓释尿素"实现产业化后，我国新型肥料产业化发展又迈出了新的步伐，将加速推进肥料领域高技术产业化的进程，更好地为"三农"服务。

在 2007 年全国土壤肥力保育与缓控释肥料学术研讨会上，长效缓释复合肥以其"长效缓释、增产增效、节能环保"的特点获得好评，与会专家认为，"施可丰"长效缓释复合肥系列产品的开发利用总体上居国内领先水平，在综合运用抑制剂协同效应及磷素活化等技术方面达到国际先进水平，具备了在全国范围大规模推广应用的条件。2009 年 1 月，长效缓释复合肥获得 2008 年度国家科学技术进步奖二等奖，这也是迄今我国肥料行业获得的最高奖项。

"控失化肥"——从概念创新到技术与产品

农作物生产离不开施肥，化肥可谓"粮食的粮食"。研究表明，我国化肥当季利用率较低，农田当季未被吸收的氮素中 50%～60% 进入水体和大气，产生严重的面源污染。新型缓控释肥料是提高肥料利用率、减少流失的有效途径，这在国际上已达成共识。

中国科学院合肥物质科学研究院等离子体物理研究所通过分析国内外化肥研究现状，从化肥氮素流失（挥发、淋洗、径流）的角度，创新性地提出化肥控失的新概念。研究人员在离子注入线虫的实验中发现了化肥团聚现象，一种天然材料（凹凸棒黏土）和生物高分子材料（壳聚糖）复配物辐射改性能"固定"植物根系周围的氮素，由此形成化肥"固定化"概念，并进而提出了"化肥控失"概念。其基本原理是，改性材料自组装形成微纳网络分子网，微纳网络对化肥分子产生团聚作用，可捕"网"住化肥营养元素，抵抗模拟大雨冲淋。通过添加环境友好、成本低廉、无溶剂的天然凹凸棒黏土，利用其高活性表面和纳米孔道结构产生离子交换吸附作用，将氮素固定在土壤中，显著减少氮肥流失，提高氮肥利用效率，由此将"化肥控失"概念进一步转化为新概念产品——"控失化肥"。中国科学院合肥物质科学研究院，委托海丰化工科技发展公司生产总养分38%的复合肥，并另外提供控失剂材料配合化肥施用，创制了以控失助剂为核心技术的"控失化肥"。

"控失化肥"的核心技术是控失助剂，通过材料改性提高助剂与化肥分子的结合力，增强了保肥和保水功能。这种机理研究与技术研发相结合的方法促进了化肥控失技术、功能评价方法和助剂材料快速筛选等技术体系的建立。"控失化肥"具有绿色环保、自然降解、长期施用可改善土壤理化性状、提高土壤保肥和保水能力的特点。"控失化肥"的创制和应用，将通过千万农民的自身行为从源头上遏制化肥的流失和挥发，对于在农业生产中控制农业面源（化肥）污染具有十分重大的意义。

为了验证"控失化肥"对提高化肥利用率、减少营养元素流失的实际作用，在安徽省池州、蚌埠、巢湖等地开展了肥料效应田间试验和示范，以期获得主要农作物施用"控失化肥"的最佳施肥数量、施肥比例、施肥时间等相关信息和数据，进一步为"控失化肥"配方优化、施肥方法改进提供重要依据。2006年，大田应用试验减氮20%，"控失化肥"作为基肥施用和普通氮肥相比，水稻单晚和双晚尿素农学利用率分别提高了19.4%和28.2%，玉米尿素农学利用率提高了21%～32.9%，更重要的是，"控失化肥"一季只作基肥一次施用，大大节约了劳动成本；2007年，安徽省农业技术推广总站组织12个市县进行大规模"控失化肥"与普通化肥（等氮量）对比试验示范，"控失化肥"较普通化肥氮肥利用率高5.4%～12.6%，水稻增产9.3%～14.1%，玉米增产10%以上，早期氮肥挥发减少了79%，水体径流减少了52.6%，土壤淋溶减少了51.9%。实验结果表明，施用"控失化肥"与施用普通化肥相比，可以真正实现"减量施肥不减产，等量施肥可增产；显著减少氮磷流失，节省大量劳力和成本"的预期目标。

实践表明，从化肥团聚现象的发现、化肥控失概念的提出、化肥控失机理的研究、化肥控失技术的发明及控失化肥的创制，完整地构建出一条"氮素固定—化肥控失—控失化肥"从概念创新到技术与产品的自主创新价值链。

水稻油菜素内酯信号转导调控研究

中国科学院植物研究所王志勇、种康研究团队关于水稻油菜素内酯信号转导调控的最新研究成果在《美国国家科学院院刊》（*PNAS——Proc. Natl. Acad. Sci*）上发表。

油菜素内酯是一类重要的植物激素，控制水稻株型等重要农艺性状。研究团队利用反向遗传学手段研究水稻 *OsBZR1* 蛋白的功能，发现了水稻油菜素内酯信号转导途径新的调节因子 14-3-3 蛋白，揭示了一种新的 *OsBZR1* 蛋白活性调控机制，通过对这一机制的了解，可使人们通过基因工程的方法精细调控水稻体内的油菜素内酯响应，为油菜素内酯在水稻中的应用，提高水稻产量和提高植物抗逆性提出了新的思路，为水稻高产育种提供了重要的理论依据和新的操作手段。

研究发现，通过 RNAi 技术抑制水稻体内 *OsBZR1* 的表达会导致水稻植株矮小、叶片直立、育性下降等与水稻油菜素内酯合成及不敏感突变体类似的表型。同时，抑制 *OsBZR1* 的表达还降低了水稻叶枕对油菜素内酯的敏感性和减弱了水稻对油菜素内酯合成基因的反馈调节。利用酵母双杂交发现 14-3-3 蛋白可与 *OsBZR1* 发生相互作用。而去除推定的 14-3-3 蛋白结合位点的 *OsBZR1* 则不能与 14-3-3 蛋白在酵母和植物体内发生相互作用。此外，这种相互作用还受到油菜素内酯的调节，油菜素内酯处理可显著抑制 *OsBZR1* 与 14-3-3 蛋白在植物体内的相互作用。14-3-3 蛋白与 OsBZR1 结合在酵母和植物中都抑制了 *OsBZR1* 的活性。实验证据表明，这种抑制作用是 14-3-3 蛋白与 *OsBZR1* 的结合使得 *OsBZR1* 滞留在细胞质，不能进核行使功能造成的。

资源节约与安全型畜禽饲料配制技术研究

针对我国饲料资源利用率低及环境污染日趋严重等重大问题，中国科学院亚热带农业生态研究所印遇龙研究团队，开展饲料氮磷和矿物质代谢与利用及减排的研究，取得了重要突破性进展。

研究团队围绕猪氮磷营养代谢与调控中的关键技术，从组织、器官层面和细胞、分子水平，在猪内源性氮磷代谢规律等方面开展系统研究，建立了减少氮磷排泄、改善肉品质的低氮磷日粮配制实用配套技术体系。重要研究成果和突破性进展体现在：①创建体外透析管和体外发酵技术，改进肝门静脉插管技术和消化道内源性氮磷排泄量和氮磷真消化率测定技术，开发畜禽氮磷代谢与调控及安全型饲料配制系列关键技术。②畜禽饲料氮磷消化吸收代谢机理研究，发现养分利用主要取决于门静脉回流组织（PDV）吸收，阐明了内源性氮磷对饲料氮磷转化率的制约机理；发现肠黏膜代谢和淀粉来源显著影响 PDV 氮净吸收和氨基酸组成模式，丰富和完善了理想蛋白质体系。按照修正的模式配制日粮，蛋白质消化吸收利用率更高，氮排泄量更少。③成功研制系列氨基酸金属螯合物、功能性碳水化合物、功能性氨基酸三大类产品，显著提高畜禽饲料利用率，调控畜禽氮磷代谢，减少氮磷和矿物元素的过量排放。④创建畜禽环境安全型饲料配制技术体系，开发畜禽低氮磷矿物质排放日粮技术。

研究团队研发的饲料添加剂和安全型日粮配方技术体系，在国内外市场具有极强的竞争力，已在全国 14 个省（市）的 55 家饲料公司和大型养殖场推广应用。经多家企业大规模试验验证，猪饲料利用率比现行国内外同等饲料利用率提高了 5%～8%，饲料蛋白质水平降低了 10%～30%，磷降低了 30%～40%，微量元素（铜、锌、铁、锰等）水平降低了 50%～60%，减少猪粪中氮、磷排放量 12%～19%；降低饲料原料成本近 200 元/吨；采用新技术配合猪日粮可使猪全程料重比达到 2.5∶1～2.8∶1。技术和产品的应用产生重大效益，截至 2007 年，累计新增产值 269.11 亿元，创纯利 25.97 亿元（新增 13.3 亿元），社会效益 70.84 亿元。技术和产品的推广远及东南亚各国。

研究团队的整体研究水平已达国际同领域研究的先进水平，其中氮、磷营养代谢的评定方法体系及其规律研究达到国际领先水平。相关研究进展引起国际上的极大关注，2006 年，美国营养学会在其会刊（*Nutrition Notes of American Society for Nutrition*，42 卷第 3 期）上做了专题评述，认为相关研究进展为畜禽饲料营养物质代谢调控提供了理论依据和新的研究方法，拓宽了动物生理和遗传的研究思路，解决了国际畜禽营养学和饲料科学研究与应用中的多项重大技术难题，填补了这一研究领域的部分空白，对环保型动物性饲料生产具有重要指导作用。同时，显著促进了中国乃至世界畜禽业和饲料工业的发展，推动了国际动物营养和饲料科学研究的进步和创新。

研究团队已获得授权国家发明专利 7 项，实用新型专利 3 项，向 GenBank 递交 7 个基因序列注册；发表论文 343 篇，其中 SCI 刊物 65 篇，国际会议论文 99 篇，出版专著 2 部。"畜禽氮磷代谢调控及其安全型饲料配制关键技术研究与应用"成果获得 2008 年度国家科学技术进步奖二等奖。

2008 年

转基因农作物生产和环境效应的开拓性研究

6 月 20 日，继 2005 年 4 月在 *Science* 期刊上发表世界首篇在农田生产上论证转基因水稻影响的研究报告之后，中国科学院地理科学与资源研究所黄季焜研究员主持的国家自然科学基金重点项目"转基因农作物经济影响和发展策略研究"通过专家验收，验收专家一致认为该研究工作取得突出进展，是转基因农作物生产和环境效应领域的开拓性研究，给予 A 级评价。

农业生物技术，尤其是转基因农作物技术的发展受到了国际学术界、各国政府和社会组织的广泛关注，是当前世界科技发展争论中最为激烈的问题之一，愈演愈烈的争论使众多政府决策者陷入两难境地。黄季焜研究员主持的这一项目，将在相当大的程度上为政府的决策者提供重要和科学的决策依据。

"转基因农作物经济影响和发展策略研究"围绕五个方面开展工作：转基因水稻和棉花发展对我国农业部门和农业收入的影响；转基因水稻和棉花发展对我国非农部门的影响；转基因农作物发展对我国居民食品消费的影响；转基因农作物经济影响和政策分析模型；转基因农作物国家投资优先领域和发展策略。

以转基因水稻和棉花为案例，通过深入研究其发展对我国水稻、棉花及其相关产业产品的生产、需求、贸易、市场价格及农民收入等的影响，为国家制定有关转基因农作物发展策略提供决策依据，确保国家未来制定农业生物技术发展策略能最大限度地符合国家利益；建立全面评价转基因农作物的经济影响和政策分析模型和软件，使我国在生物技术经济影响的研究方法上处于国际学术界的前沿。研究人员创新研究思路和方法，依据实地调查数据，在转基因农作物生产和环境效应等方面开展了深入研究；利用计量经济模型估计转基因农作物的影响，推进了交叉学科生物经济学的发展；将转基因农作物生产和环境影响的评估研究从实验室或小规模环境释放扩展到大规模的农户生产尺度，建立了测定转基因作物生产与环境效应的计量分析模型、分析平台及外部效应的分析方法。

研究结果揭示了当前转基因棉花在大田生产上可以取得的显著的生产、环境和社会经济效果，提高了对转基因农作物生产和环境效应的科学认知；揭示了在我国现行农耕制度的背景下，基本可以避免目标害虫（棉铃虫）的抗性累加，而次要性害虫的影响有所增强。

研究结果表明，转基因棉花和水稻的商业化很可能给国家带来巨额经济福利；揭示了我国消费者现阶段对转基因食品的接受程度和购买转基因食品意愿的主要影响因素，特别是信息和政府管理能力对消费者的影响；分析了多种转基因技术发展战略及《生物安全议定书》等政策法规对我国和其他国家贸易和经济的影响及相应的政策含义。

研究项目先后在 *Science* 等学术期刊上发表 24 篇论文，其中 SCI/SSCI 期刊 8 篇；到 2007 年年初，单篇论文被 SCI/SSCI 源期刊最高他引次数为 45 次。已向中央和国务院递交一系列有关转基因农作物发展的报告，其中 5 份报告得到国家领导人批示。项目实施培养了一批年轻学者，使其成为该领域研究重要的后备力量。

水稻籽粒灌浆和产量的遗传调控与驯化研究

9 月 28 日，水稻籽粒灌浆和产量的遗传调控与驯化研究进展在 *Nature Genetics* 上发表。中国科学院上海生命科学研究院植物生理生态研究所何祖华研究团队在筛选水稻遗传资源的基础上，寻找灌浆与千粒重的突变体。通过构建遗传定位群体，研究人员克隆了灌浆基因 *GIF1*，其编码一个蔗糖转化酶，并证明 *GIF1* 是水稻驯化过程中起重要作用的基因。当把栽培稻 *GIF1* 基因再转化水稻品种，转基因植株能够显著促进籽粒灌浆和千粒重，证明驯化基因通过适当的基因表达调控，仍可以提高作物的经济性状，这为水稻高产分子设计育种提供了新选择。

水稻株型驯化的分子遗传机理研究

9 月 28 日，水稻株型驯化的分子遗传机理研究进展在 *Nature Genetics* 上发表。中国科学院上海生命科学研究院植物生理生态研究所林鸿宣研究团队从普通野生稻中成功分离控制水稻株型驯化的关键基因。研究表明，该基因编码一个功能未知的锌指蛋白，其作为具有转录激活活性的转录因子新基因对水稻株型的发育起重要调控作用；在海南野生稻与栽培稻之间，该基因的编码区有一个碱基的变异引起氨基酸的替换，推测该氨基酸的替换在人工驯化过程中被选择，这是导致野生稻的匍匐生长和分蘖过多的不利株型转变为栽培稻的理想株型（直立生长和分蘖适当）的主要原因，该推测得到了转基因水稻的验证。

"中科 3 号"异育银鲫培育

中国科学院水生生物研究所桂建芳研究团队在揭示银鲫雌核生殖和两性生殖双重生殖方式的基础上，利用银鲫双重生殖方式，从高体型（D 系）异育银鲫（早）与平背型（A 系）异育银鲫交配所产后代中选育出来，再经异精雌核生殖培育出异育银鲫（中科 3 号）。2006～2007 年，异育银鲫"中科 3 号"在多个省份试养超过万亩并取得良好经济效益。3 年重复生长对比和生产性对比养殖试验表明，异育银鲫"中科 3 号"比已推广养殖的高体型异育银鲫（高背鲫）生长快 13.7%～34.4%，出肉率高 6% 以上。

洞庭湖流域生态功能优化与水土资源利用关键技术的研究和应用

中国科学院亚热带农业生态研究所从洞庭湖区、环湖丘陵和全流域三个尺度同时开展生态演变、功能优化和水土资源可持续利用研究，阐明了湖区农业生态景观格局演变对洪涝灾害的影响机理及流域季节性干旱发生规律，揭示了不同类型生态系统的水土资源动态、土地开发潜力及其变化趋势，科学地评估了湿地生态系统的服务功能和生物多样性与生物灾害的演变趋势，提出了流域整体生态功能优化战略与管理保障体制建议，完成了政府咨询报告6份，申请专利11项，其研究成果获2008年度湖南省科学技术进步奖一等奖。

塔里木河中下游荒漠化防治与生态系统管理的研究与示范

中国科学院新疆生态与地理研究所陈亚宁研究团队研发了塔里木河流域绿洲水、肥、热优化配置模式、节水灌溉技术、棉花高产栽培模式及棉花有害生物防治技术等绿洲生态农业建设关键技术，以及绿洲—荒漠过渡带退耕还林、还草与退化土地转化利用等技术，并进行了以荒漠区植被—土壤—地下水变化为主要内容的地下水与植被系统和生态恢复技术的研发、集成与试验示范。为过渡带生态退耕模式及脆弱区生态建设提供了重要的科技支撑，其研究成果获2008年度新疆维吾尔自治区科学技术进步奖一等奖。

中国侵蚀环境演变与调控暨水土保持体系研究

中国科学院西北水土保持研究所与生态环境研究中心编著出版了《中国水土保持》专著，对半个世纪以来已有的成果进行了总结，揭示了黄土高原强烈侵蚀发生在半干旱脆弱生境，提出并定义了长城沿线水蚀风蚀交错区，开创了水风两相侵蚀复合过程研究的新领域，做出了人为加速侵蚀在现代土壤侵蚀过程中占主导地位的科学论断，首次提出了退耕上限坡度定为15°的科学论据和治坡削弱沟蚀及沟坡兼治的理论依据。

绿色农业成果推广

为了加快绿色农业成果的推广，中国科学院与农业部、地方科技和农业主管部门积极沟通，在哈尔滨、无锡、常州、武汉、长沙、陕西杨凌等地与地方政府科技、农业等部门召开农业项目推广座谈会，并将中国科学院 300 余项农业项目推介给相关地方政府和企业，且已在地方开展规模化试验。

2009 年

在可持续发展战略体系中构建生态高值农业和生物产业体系

1 月 16 日，中国科学院完成了《迎接新科技革命挑战，支持科学与持续发展——关于中国面向 2050 年科技发展战略的思考》战略研究总报告并报送中央，在此基础上形成了向社会发布的《科技革命与中国的现代化》报告。报告在系统分析中国现代化进程不同阶段对科技发展不同需求的基础上，提出了以科技创新为支撑的八大经济社会基础和战略体系的整体构想，并从中国国情出发制定了支撑八大体系建设的重要领域科技发展路线图，凝练提出了影响我国现代化进程全局的 22 个战略性科技问题，提出了走中国特色科技创新道路的系统政策建议。在战略体系中，提出构建我国生态高值农业和生物产业体系，促进我国农业结构的升级与战略性调整，发展高产、优质、高效、生态农业和相关生物产业，保证粮食与农产品安全；在战略性科技问题中，提出农业动植物品种分子设计、光合作用机理等相关内容。

进一步深化和拓展农业科技领域院地合作

3 月 4 日，中国科学院与吉林省人民政府在北京签署联合实施"粮食增产技术创新合作"框架协议，双方将在土地资源保护与开发、水资源合理利用、生态环境建设、农业区划与政策战略研究、农业与农村改革、区域科技创新体系构建、人才培养等方面开展全面合作。此后，中国科学院陆续分别与山东省（3 月 6 日）、陕西省（3 月 7 日）、重庆市（3 月 8 日）、甘肃省和青海省（3 月 10 日）、西藏自治区（3 月 13 日）、河南省（5 月 28 日）、海南省（8 月 9 日）、云南省（10 月 18 日）签署了双边合作协议，这些合作协议均包括农业领域的合作内容和重点任务，进一步深化和拓展了农业科技领域的院地合作。

中国超级稻品种控制产量关键基因的分离与克隆

3月22日，中国超级稻品种控制产量关键基因 *DEP1* 的分离与克隆研究成果在 *Nature Genetics* 上发表。中国科学院遗传与发育生物学研究所傅向东研究组和中国农业科学院中国水稻研究所钱前研究组合作，从中国超级稻品种中成功分离出控制水稻产量的关键基因 *DEP1*。*DEP1* 基因会因突变而形成 *dep1* 基因，*dep1* 基因能促进细胞分裂，使稻穗变密、枝梗数增加、每穗籽粒数增多，从而促进水稻增产。研究发现，目前在我国东北和长江中下游地区大面积种植的直立和半直立穗型的高产水稻品种都含有突变的 *dep1* 基因。该研究成果首次阐述了 *DEP1* 基因在中国超级稻增产中的关键作用，揭开了中国超级稻的高产奥秘，通过进一步研究有望培育出更高产的水稻新品种。

水稻重要性状遗传与功能基因（水稻耐盐相关基因）研究

6月21日，水稻重要性状遗传与功能基因（水稻耐盐相关基因 *OsHAL3*）研究成果在 *Nature Cell Biology* 上发表。中国科学院上海生命科学研究院植物生理生态研究所林鸿宣研究组，通过对水稻耐盐相关基因 *OsHAL3* 的功能分析，揭示了光调控植物发育的新机制。研究发现，*HAL3* 编码是一种促进细胞分裂及提高耐盐性的核黄素蛋白，该编码的过量表达可提高植物的耐盐性、加速植物生长。*OsHAL3* 介导了一种不同于普通光受体模式的光控发育机制，该基因编码的蛋白以三聚体的形式行使其功能，而阳光（特别是蓝光）可以促使三聚体解体，从而导致该蛋白功能失活，同时光线还能抑制该基因的表达。光的这种双重抑制使细胞分裂减慢，最终导致水稻生长变缓。*HAL3* 基因广泛存在于生物界，使得这一研究具有广泛意义。

植物考古学新方法在农业起源研究中取得突破

植物考古学新方法在农业起源研究中取得突破，有关研究成果分别在

PLoS ONE 和 *PNAS* 上发表。中国科学院地质与地球物理研究所吕厚远研究组通过对现代农作物和野生草类的植硅体进行分析，在粟、黍植硅体鉴定方法学上取得了突破，厘定了粟、黍植硅体的鉴定标准。通过对河北磁山遗址样品分析和年代测定，发现距今 10 300 年出现黍，距今 8700 年出现粟。该研究取得了植物考古方法上的新突破，在东亚旱作农业起源研究上获得新的进展，对新石器遗址的农业考古研究具有重要意义。

苏打盐碱地羊草移栽恢复技术体系及其应用

重度苏打盐碱地是世界上最难治理的一种盐碱地类型。中国科学院东北地理与农业生态研究所梁正伟研究组，针对松嫩平原西部土地退化和盐碱化日趋严重的状况，在揭示盐碱地植被退化机制的基础上，提出轻、中、重度盐碱地的分类治理模式；以北方优质牧草——羊草顶级植被恢复为目标，提出了人工生态设计和自然修复相结合是促进顶级植被定向演替的快速途径和有效对策；阐明了羊草实生苗最大耐盐碱阈值为 pH 9.1，而根茎大苗则高达 pH 10.5；发明了羊草移栽克隆恢复技术，通过抗盐碱移栽解决了传统直播技术无法将羊草种源成功导入重度盐碱地的技术难题。试验研究显示，应用羊草移栽新技术三年内可使重度盐碱地植被盖度由 0～20% 提高到 80% 以上，草地生产力由 0～0.5 吨/公顷提高到 2～3 吨/公顷；发明了 3 种变温组合促进发芽新技术，使羊草种子发芽率由 10%～20% 提高到 80% 以上；创建了羊草实生苗和根茎苗培植技术，彻底解决了移栽苗源紧缺的问题；建立了以提高羊草成活率和生物产量为核心的高效调控技术体系，建立了顶级羊草植被快速恢复的技术体系，实现了 3～5 年快速恢复重度苏打盐碱地羊草顶级植被的目标（仅靠自然恢复需要 10～20 年）。该项研究成果在长岭、白城等地辐射推广了 141 万亩，获得经济效益 1.28 亿元，在黑龙江省和吉林省等地累计推广面积为 939 万亩，按草地生态系统服务功能价值估算达 55 亿元，效益显著。该项研究成果在吉林省生态建设和松嫩平原退化土地治理中发挥了显著的生态、经济和社会效益，推动了恢复生态学发展和生态治理的科技进步，对利用盐碱地资源培育新的经济增长点、遏制土地荒漠化具有重大意义。

海水高效养殖工程及精准生产技术的产业化

中国科学院海洋研究所等，完善了海水高效养殖工程设计理论，突破了封闭循环水高效养殖的三项关键技术（去除水溶性有害物、增氧、消毒），创制与应用固液分离器、生物过滤器、高效增氧器等具有自主知识产权的高效净化装备，研究应用集散式水质在线监测与控制系统，提出了一种基于计算机视觉量化鱼类行为的新方法，率先开展鱼类工业化精准生产关键技术应用研究。相关研发成果推广使用面积达 13 万平方米，累计实现销售收入 2.22 亿元，获得国家授权发明专利 1 项、实用新型专利 3 项、软件著作权 2 项，建立企业技术标准和规范 4 项。

土壤–植物系统典型污染物迁移转化机制与控制原理

中国科学院生态环境研究中心朱永官、王子健等，研究发现根际的化学和生物学过程深刻影响砷等污染物向植物转移，首次阐述了一种新的影响水稻吸收积累砷的机理，通过植物砷酸还原酶分析测定方法，在国际上首次证实了植物体内存在砷酸还原酶，提出植物根部高效的砷酸还原酶活性是其超积累砷的重要机制，开拓了植物砷代谢研究的新领域，揭示了水稻根表铁膜在控制水稻砷吸收中的作用。这项研究成果为应对东南亚水稻砷污染提供了新希望。*Science* 和 *Trends in Plant Science* 等国际学术刊物对该研究成果予以积极评价。

仔猪肠道健康及功能性饲料研究与应用

我国每年因仔猪肠道健康问题产生的经济损失达 300 亿元，该问题成为制约养猪业健康发展的"瓶颈"。中国科学院亚热带农业生态研究所印遇龙研究组通过系统研究，探明了影响仔猪肠道健康的重要分子生物学机理，发现 N–乙酰谷氨酸合成酶表达下降导致肠内源性精氨酸合成不足，是造成肠黏膜萎缩的主要原因；断奶应激显著改变肠道代谢功能关键基因和蛋白表达；揭示了仔猪肠道健康调控关键作用机制，发现精氨酸家族类物质通过影响 Arg-NO-HSP70、mTOR、肠血管内皮生长因子等信号途径调控肠道抗氧化和黏膜免疫功能，促进肠黏膜蛋白合成和血管生长，缓解肠道损伤；通过理论与方法创新，研发出促进仔猪肠道健康及替代抗生素和激素的功能性系列新产品——精氨酸生素（AAA），建立了仔猪肠道健康调控关键技术，形成了新型饲料添加剂和系列乳仔猪饲料产品，并实现了产业化。据试验统计分析，该项成果可使仔猪日增重提高 12%～20%，饲料利用率提高 10%～15%，腹泻率下降 25%～35%。该研究成果为养猪业发展提供了有力的技术支撑，对促进养殖业健康发展具有重要意义。研发产品已在全国 16 个省（市）49 家企业直接应用，并推广到 30 多个省（市）及 13 个国家和地区；近 3 年，累计新增利润 24.28 亿元，新增税收 8.01 亿元，产生社会效益 367.61 亿元；已获得授权发明专利 8 项、实用新型专利 2 项，在 GeneBank 注册基因序列 13 个；编写专著 5 部，发表论文 181 篇，其中 SCI 论文 40 篇，ISTP 收录 10 篇。

菲律宾蛤仔现代养殖产业技术体系的构建与应用

中国科学院海洋研究所首创规模化菲律宾蛤仔苗种中间培育技术工艺，有效地突破了蛤仔生产的苗种大规模需求瓶颈，使蛤仔产业实现了由广种薄收型向高产稳产型、由单一生产模式向多元化生产模式、由盲目生产向有计划生产方式的转变，使蛤仔养殖发展成为我国单品种养殖量最大的经济贝类养殖之一。该项目系统研究了蛤仔养殖生物学和生态学，创建了工程化、工厂化和生态化健康苗种规模培育技术体系，建立和完善了蛤仔养殖海域环境质量和产品质量监测评价与蛤仔产品食用安全保障技术体系，为我国蛤仔养殖生产方式的转变提供了理论和技术支撑。我国蛤仔养殖产业创建的人工培苗、中间培育、海区养成"三段法"养殖模式，使苗种供应量占全国 20%～30%，示范区生产周期缩短了 50%，单产增加了 77%，疫病得到有效控制，食用安全得到基本保障；在规模化苗种培育、健康化养成、无害化疫病控制和安全化食用保障等技术研发方面，其系统性、完整性和先进性均居国际领先地位，对我国蛤仔养殖这一传统产业向安全、高效和可持续的现代产业模式发展起到了积极的推动作用。该项目自应用以来，每年推广面积达百万亩，新增经济效益 257 亿元，利润 154 亿元，出版专著 1 部，发表论文

40 余篇，获得发明专利 8 项。

2010 年

利用分子遗传学方法克隆决定水稻理想株型关键因子

5 月 23 日，利用分子遗传学方法克隆决定水稻理想株型关键因子 *IPA1* 的研究成果在 *Nature Genetics* 上发表。中国科学院遗传与发育生物学研究所李家洋研究团队，利用分子遗传学方法克隆了决定水稻理想株型的关键因子 *IPA1*，发现 *IPA1* 基因突变导致水稻分蘖数减少、茎秆粗壮、穗粒数和千粒重显著增加，功能研究发现 *IPA1* mRNA 的稳定性与翻译同时受到 microRNA156 的精细调控，从而揭示了调控理想株型形成的一个重要分子机制。通过回交转育方法将突变 *IPA1* 基因导入水稻品种"秀水 11"中，含突变 *IPA1* 基因的株系具有理想株型的典型特征，在田间小区试验中产量增加 10% 以上。该项研究成果为塑造水稻理想株型、培育超级水稻品种奠定了基础，将为突破水稻产量瓶颈提供全新思路，对解决我国粮食安全问题具有重要的战略意义。

水稻地方品种重要农艺性状相关基因的全基因组关联分析

10 月 24 日，水稻地方品种重要农艺性状相关基因的全基因组关联分析研究成果在 *Nature Genetics* 上发表。中国科学院上海生命科学研究院植物生理生态研究所韩斌研究团队及其合作者，结合第二代测序技术和自主开发的基因型分析方法，对 517 份水稻地方品种材料进行测序，构建了高密度的水稻单体型图谱，并对籼稻品种的 14 个重要农艺性状进行全基因组关联分析，确定了水稻株型、产量、籽粒品质和生理特征等农艺性状相关的候选基因位点。通过连锁分析鉴定的位点，可解释约 36% 的表型变异。该项研究为水稻遗传学研究和水稻育种提供了重要基础数据，并且证实了结合第二代高通量基因组测序和全基因组连锁分析的研究方法，是对传统的通过双亲杂交来分析复杂性状的方法的强有力的互为补充的研究策略。

院、军合作新探索与院、地合作新进展

10 月 19 日，中国科学院和沈阳军区在北京签署《现代农业示范工程科技合作框架协议》，中国科学院路甬祥院长、原副院长李振声、邓麦村秘书长和潘教峰副秘书长、沈阳军区司令员张又侠、解放军总后勤部军需物资油料部部长周林和、沈阳军区联勤部部长王爱国等出席签字仪式。根据协议，双方将重点在创建现代农业示范基地、探索现代农业发展新模式、创建农作物分子设计育种工程实验室、研发新品种、集成推广绿色生态农业新技术、合作创建精准农业技术体系和引进研发现代农业新装备等领域开展合作，共创适合东北地区的农业可持续发展典范，为国家现代农业体系建设提供样板和战略性建议。

在现代农业创新基地和绿色农业中心组织下，中国科学院 7 个研究所的相关科技人员，与军方相关人员共同开展了院军合作生态高值农业技术集成示范建设工作。2009 年 8 月至 2010 年 10 月，以沈阳军区高度机械化的农业集体所有生产模式为基础，开展了生态高值农业技术集成和"大马力 + 科学种田"的精准农业研发示范。2010 年，沈阳军区所属的 4 个农副业基地万亩以上示范田单产提高 8.8%，平均效益增长 8.3%，展现了东北现代农业发展的雏形，并对当地邻近的县域产生了积极影响和示范效应。

2011 年 7 月 21 日，中国科学院、沈阳军区、农业部、黑龙江省主要领导共同视察了中国科学院与沈阳军区合作共建的老莱、双山现代农业示范基地，观摩了院军合作成果，并明确中国科学院将进一步加强与沈阳军区的联合与合作，在农业部和黑龙江省的支持下，深化东北粮食主产区现代农业示范区样板建设，推动东北农业形态的转型，为加快我国现代化发展步伐和东北安全稳定做出贡献。

我国农田生态系统重要过程与调控对策研究

973 计划项目"我国农田生态系统重要过程与调控对策研究"顺利完成并取得重要成果。这一项目立项于 2005 年，中国科学院南京土壤研究所张佳宝研究员为项目首席科学家。

面对国家粮食、生态与环境安全的多重需求，促进农田生态系统的产量形成，削弱对生态环境有影响的环境过程是农田生态系统调控的主要目标。

研究项目的总体目标。以提高我国农田生态系统持续生产能力为目标，通过对主要农田生态系统的重要过程进行定点长时间序列和联网研究，阐明影响农田生态系统生产力、资源利用率、环境质量和系统稳定性的关键生态过程及相互作用机制；发展高产、资源高效、环境友好的多目标协调发展的农田生态系统调控理论，提出农田生态系统持续发展调控对策，为国家粮食安全和生态环境安全建设提供新的理论体系，为农业生态学基础理论研究做出重要贡献；巩固和强化国家主要农田生态系统野外研究平台，大幅度提升农田生态系统研究能力和水平；凝聚和造就一支多学科、跨部门、高水平的农田生态学战略研究队伍，从而引领国际高强度利用农田生态系统的研究。

研究项目的关键科学问题：①物质（重要生命元素、水）循环机理及与生物过程和环境过程的耦合互动机制。②土壤生态过程、长期演变规律及与作物的相互作用机制。③农田生态系统与外部环境的物质交换通量的量化方法。④基于重要生态过程的农田生态系统的调控原理。

围绕重要生态过程和关键科学问题，以项目承担单位实验室设施、中国科学院和中国农业科学院野外台站网络研究设施、长期观测和试验中的历史样品和数据及原有工作为基础，对我国最重要的农田生态系统（水稻、小麦、玉米），通过定点、典型地区和水热梯度方向联网的研究方式（即在长江中下游农区、黄淮海农区、东北农区、黄土高原农区选择5个代表试验站进行定点系统研究；以站为中心的典型地区研究；在东西水分梯度和南北热量梯度两条线上的联网对比大尺度研究），开展三个层次的研究工作（第一层次为物质循环或转化传递过程及其资源环境效应研究；第二层次为物质循环作用下的土壤生态过程、生产力形成过程与系统持续生产力研究；第三层次为不同尺度调控理论与对策研究）。

通过系统和深入的研究，使研究项目顺利地完成并取得了重要成果。在碳、氮循环方面，明确了有机物料对当季作物产量和土壤肥力的影响及其环境效应三个方面存在共赢、相互抵消和弊大于利三种情况，摸清了气候、种植制度不同而导致作物产量发生变化的规律；在水分循环利用方面，农田生态系统水氮循环通量和关键过程测定方法及算法取得重要突破，深入阐述了水循环过程，以及构建不同尺度模型对区域水资源和农田生产潜力进行科学评估；基于稳定性同位素和新的测试技术，在土壤–植物系统水分生物物理传输过程及水分高效利用机理研究方面做出了创新性工作；在农田土壤微生物群落及氨氧化细菌对不同外源养分投入响应与调控方面取得重要进展，揭示了长期施用化肥对集约化农田生态系统土壤微生物多样性、群落结构的影响及其机制，指出长期施用化肥导致土壤微生物多样性退化主要发生在酸性土壤上；在国际上首先发现了碱性土壤 AOA（氨氧化古菌）丰度大于 AOB（氨氧化细菌），但其 AOB 对环境变化的响应更敏感，因而对氨氧化起着主导作用。

以上研究项目所取得的重要成果，依据科学原理建立了一系列调控理论和方法，为实现国家在粮食安全、生态环境安全领域的战略需求和发展目标，提出了不同尺度上的调控对策。

中低产田改造与高标准农田建设技术集成示范

中国科学院与河南省人民政府联合实施"高产高效现代农业示范工程"的合作，在河南封丘开展大面积科技增粮核心示范县建设，并选择禹州、西平、潢川和方城 4 个扩展县（市）开展县域规模示范。封丘县第一个任务年完成改造中低产田 2.3 万亩、高标准农田建设 1 万亩，在 6 个乡镇实现吨粮田技术推广，通过中低产田改造，实现了粮食亩产由 300 千克到 505 千克的跨越式发展。2010 年 8 月，河南省在封丘召开中低产田改造和高标准农田建设现场会，将封丘经验向全省推广；2010 年追加建设资金 1 亿多元，重点支持封丘核心示范县建设。中国科学院已集中 23 个相关研究所的绿色生态农业技术和成果，在河南省初步形成了技术集成示范与转化区域。

春小麦新品种"高原 412"通过国家品种审定

中国科学院西北高原生物研究所陈志国研究组及其合作者培育的春小麦新品种"高原 412"通过了国家农作物品种审定委员会审定。2007 年，"高原 412"参加西北春麦旱地组品种区域试验，平均亩产 184.6 千克，比对照品种

"定西35号"增产14%；2008年区域试验，平均亩产271.5千克，比对照品种"定西35号"增产6.23%；2008年生产试验，平均亩产222.5千克，比对照品种"定西35号"增产10.1%。国家农作物品种审定委员会审定认为：该品种符合国家小麦品种审定标准，适宜在青海互助、大通、湟中，甘肃定西、通渭、会宁、榆中、永靖，宁夏西海固的春麦区旱地种植。

耐盐碱水稻新品种"东稻4号"通过省级品种审定

中国科学院东北地理与农业生态研究所梁正伟研究组选育的水稻新品种"东稻4号"于2010年1月通过吉林省农作物品种审定委员会审定。"东稻4号"具有耐肥、抗倒伏、耐盐碱、抗稻瘟病、抗冷、早生快发、秸秆成熟等特点，是综合性状优良的超高产水稻抗逆新品种，尤其适合在吉林西部等松嫩平原地区盐碱地种植。2010年，在吉林省水稻新品种高产竞赛中，经专家实收测产，"东稻4号"亩产达849.37千克，超过吉林省目前大面积推广的超级稻品种"吉粳88"，位列第一，创吉林省水稻超高产品种新纪录。该项成果具有重要推广价值，对于解决吉林省西部盐碱地水稻品种问题，对于实现吉林省粮食增产百亿斤目标具有重要和广阔的应用前景。

我国农田生态系统持续生产力保持机理与增粮对策

中国科学院南京土壤研究所通过系统研究发现，在长期施肥下土壤微生物群落结构具有稳定性和适应性，相同pH值下施肥等现代措施不会引起微生物多样性功能缺失，养分的投入会促进作物产量与土壤有机碳氮协同增进；施用有机肥和秸秆还田是提升地力的关键措施，因温度影响生物转化的程度对南方农田来说更加重要，但稻田土壤有机质的高低与产量没有明显关系；农田基础地力对生产力和水肥利用率有协同效应，化肥能维持北方农田高生产力，但对基础地力提升贡献不大。研究成果修正了国际上长期以来认为施用化肥不能持续、片面强调施用有机物料效果的观点，提出了培育农田基础地力是我国增粮的战略途径。

海水重要养殖动物病害发生机理和免疫防治新途径

中国科学院海洋研究所相建海及其973计划项目研究团队，引领国内外相关领域的前沿研究，围绕病害发生及流行机制、宿主免疫体系结构与特征和防控病害途径等展开研究，基本探明对虾白斑综合征病毒、鱼类虹彩病毒和弧菌的致病机理及流行规律，揭示了鱼虾抗感染的免疫机理，创建了鱼类多价疫苗与应用策略和对虾白斑综合征病毒防制新途径，研究为水产病害防治和水产持续发展提供了理论基础和方法学指导，支撑了我国连年增加的对虾和鱼类产量，成果达国际先进水平；获得国家技术发明奖二等奖 2 项，省部委科学技术进步奖一、二等奖各 2 项，获得国家发明专利授权 25 项。

重金属污染土壤的植物修复技术与产业化示范

中国科学院地理科学与资源研究所陈同斌研究团队，发现了国际上第一种砷超富集植物——蜈蚣草（蜈蚣草具有富集和去除土壤中砷、铅等重金属的特性），形成了具有自主知识产权的重金属污染土壤植物萃取技术和 4 种超富集植物与经济作物（甘蔗、桑树、苎麻）间作的修复模式，实现污染农田的快速修复，避免土壤重金属进入食物链和污染环境。该项研究获得国家发明专利授权 10 项，研究成果已在广西、北京、云南和湖南等地应用。截至 2010 年底，在云南个旧和广西环江实施了两个国家级污染土壤修复技术产业化示范工程，修复污染土地近 2000 亩，成为目前全球最大的污染土壤植物修复工程。

同步辐射技术解析水稻籽粒砷的转运过程

中国科学院城市环境研究所通过同步辐射技术结合电感耦合等离子体质谱，揭示了水稻籽粒发育过程中砷的转运过程，发现籽粒中二甲基砷（DMA）向籽粒的转运发生在水稻灌浆之前，而无机砷向籽粒的转运发生在籽粒灌浆过程中；利用同步辐射技术直观地扫描水稻叶片、秸秆、节等组织中砷信号的分布，认为水稻节在水稻砷的空间分布和转运中发挥着重要的分流作用；揭示了籽粒发育过程中砷的原位分布变化。该项研究弥补了水稻砷污染研究中对不同砷形态从土壤向籽粒运输的动力学和空间分布动态研究的不足，为进一步探索相关调控机制提供了细胞学实验数据。

2011 年

"十二五"发展规划与"一三五"规划中的农业工作重点

经过前期战略研究、编制起草、咨询论证和审批决策等环节，中国科学院于 2011 年年底发布实施《中国科学院"十二五"发展规划纲要》。在研究所"一三五"规划的基础上，凝练提出院层面未来 5 年重大产出和重要方向。其中，重大产出包括"分子模块育种创新体系"与"现代农业示范工程"等涉农研究领域。

"一三五"规划：2011 年，中国科学院围绕"创新 2020"主题主线，抓住关系国家全局与长远发展的关键领域和现代化建设的重大科技问题，把握可能发生革命性变革的重要基础和前沿方向，组织制定"一三五"规划，即按照"一个定位、三个重大突破、五个重点培育方向"（简称"一三五"）的要求，凝练目标、明确重点、优化布局，进一步集中全院力量，抓大育小，突出特色、突出不可替代性、突出核心竞争力，避免重复布局和同质化竞争。原则上以研究所为单元，分别制定可实现、可测度、可检查的研究所"一三五"规划。

拓展涉农科技合作渠道

9 月 22 日，中华全国供销合作总社与中国科学院在北京签署战略合作协议，双方将携手共建农资现代经营服务网络体系，在农资物联网整体技术解决方案、农资商品质量追溯技术标准、科技一体化服务系统及化肥商业淡储监测与管理系统建设等七大领域开展重点合作。

湖泊富营养化过程监测与水华灾害预警技术研究与系统集成

富营养化和蓝藻水华灾害已成为威胁我国湖泊的主要环境问题之一。在目前湖泊富营养化和蓝藻水华问题短期内尚难从根本上得到解决的情况下，构建蓝藻水华预测预警体系是避免水危机事件发生，保障富营养化湖泊饮用水及生态安全的优选方案。中国科学院为此设立了知识创新工程交叉学科领域重大项目"湖泊富营养化过程监测与水华灾害预警技术研究与系统集成"，中国科学院南京地理与湖泊研究所为项目主持单位，中国科学院上海微系统与信息技术研究所、水生生物研究所、遥感应用研究所、南京土壤研究所、大连化学物理研究所、对地观测与数字地球科学中心、生态环境研究中心等单位参加。2011年10月18日，这一重大项目在北京通过验收。

重大项目从蓝藻水华暴发及灾害发生的过程入手，通过系统研究与集成，取得了突出成果：①系统研究了太湖蓝藻水华生消过程的主导因素，提出了蓝藻水华越冬、复苏、早期暴发和引发湖泊生态灾害的敏感性指标，初步构建了表征蓝藻水华从发生到致灾全过程的监测指标体系。②发现太湖西北部河流是污染物入湖的主要通道，证明外源污染物输入及内源营养盐释放是西北部蓝藻水华暴发的主要驱动因素，提出了外源营养盐控制的重点区域与时段，为蓝藻水华的监测预警提供了基础数据与相关参数。③发展了基于谱形匹配的水质参数反演方法，有效地提高了蓝藻水华遥感监测精度；成功研发出蓝藻水华微波遥感监测技术，实现云雨条件下蓝藻水华应急监测；成功研发出水体蓝藻及其污染物原位在线监测技术和设备，建成包括18座自动监测站覆盖北太湖的水质在线监测平台；提出了符合大型内陆湖泊水质监控要求的三层无线传感网络架构，研制了在线监测数据采集、传输的中程传感网系统。④构建了蓝藻水华生长的生态模型，开发出基于三维水动力的蓝藻水华形成与迁移堆积模型；建立了基于卫星遥感影像监测、地面在线监测和人工辅助监测三位一体的蓝藻水华发生预警模型、预报系统及可视化展示平台，并在太湖区域进行了近三年的示范运行，发布预测预警报告140多期，预测精度达80%以上，为太湖蓝藻灾害预警与防治提供了科学支撑。⑤项目共发表论文110篇，其中SCI论文73篇，出版专著2部；申请专利33项（其中发明专利29项），获得软件著作权登记10项。

重大项目系统集成了现代新兴技术，如网络技术、遥感和地对空观测技术、水质参数传感探测技术及大型数据库管理技术等，首次实现了湖泊水体环境的自动、立体监测，发展了蓝藻水华综合预测预警技术，填补了国内空白，其中的蓝藻水华预测预警技术在国际上尚属首例。重大项目极大地提升了我国湖泊水质监测的技术水平和自主创新能力，为保障富营养化湖泊供水安全提供了有力的技术支撑。

科技支撑引领新疆跨越发展战略研究之农业专题通过验收

10月，中国科学院农业项目办公室牵头主持的科技部资助项目"科技支撑引领新疆跨越发展的战略研究"专题二"新疆现代农业科技发展战略与路线图"通过验收。

这项专题是"科技支撑引领新疆跨越发展的战略研究"的11个专题之一，由中国科学院农业项目办公室牵头，组织中国科学院新疆生态与地理研究所、植物研究所、地理科学与资源研究所、遥感应用研究所、动物研究所、新疆分院文献信息中心等单位，与新疆维吾尔自治区科技厅及相关专家共同参与完成。

专题研究针对新疆农业生产、农业经济与农村发展存在的主要问题，从新疆的实际出发，提出了新疆现代农业发展的战略定位：根据现代农业发展趋势，坚持节水、高产、优质、高效、生态、安全农业的发展方向，发挥区域农业自然资源优势，把新疆建成我国最大的优质商品棉生产基地、重要的特色优质林果生产基地、畜产品生产基地和粮食生产后备区，形成高水平农产品加工基地，为保障国家土地安全、粮食安全、食品安全和农业生态安全做出重大贡献。

专题研究提出新疆现代农业发展的总体思路：在科学发展观的指导下统筹区域农业发展，以促进农牧民增收为核心，以农业和农村经济结构战略性调整为重点，以改革开放和科技进步为动力，以农业产业化经营为突破口，全面提升粮、棉、果、畜四大基地建设水平，构建现代农业产业体系，推进社会主义新农村建设，全面提高农村劳动力素质和技能，全面实现新疆农业可持续发展。

专题研究从战略高度提出新疆现代农业发展战略："稳定粮棉、优化林果、高效养殖、强化加工、提升效益、确保增收、全面跨越"的新疆现代农业发展战略，以及"科技支撑、跨越发展"的科技发展战略，对于实施"稳疆兴疆、富民固边"战略和西部大开发战略，不断提高新疆各族人民生活水平、实现全面建设小康社会目标，对于加强民族团结、维护祖国统一、保障边疆安全，不仅具有重大社会经济意义，而且具有重大政治意义。

专题研究从新疆地缘条件和经济发展现状出发，明确提出新疆是国家层面实施粮棉安全、土地安全和生态安全战略的重要区域，新疆棉花生产的比较优势和后备土地资源发展潜力符合国家重大战略需求；明确提出农业作为新疆维吾尔自治区层面经济社会发展的支柱产业，是广大农牧民增加收入和不断提高生活水平的最直接、最有效、最重要的途径；着重提出了建立"以水资源平衡和工农业产业平衡的双平衡及生态环境、社会协调发展的可持续农业发展模式"；重点提出了以水为核心实施农业结构战略调整及相应的目标；具体提出了农业科技创新"八大工程"和"九大技术体系"的建设目标和时空配置；强调提出科技进步对新疆现代农业发展的重要支撑和保障作用。

专题的主要研究领域为农业，同时涉及生态环境、水文地理、生物、化学、政治经济等方面，属典型的交叉研究专题。通过充分和翔实的数据采集、现场调研、专门研讨等方式梳理思路，集思广益，在系统分析和多向反馈的基础上组织编写并完成专题研究报告。主要创新点是：对新疆农业用水问题的深刻分析，在深入分析典型区域特征的基础上提出了面向四大支柱产业科技支撑的"八大工程"和"九大技术体系"。

专题研究正确把握新疆重要的特殊战略地位和区情特征，提出科技支撑和引领新疆农业跨越发展的战略定位、基本内涵和发展阶段；在科学发展观的指导下，围绕转变发展观念、创新发展模式、提高发展质量、推动经济发展方式转变和经济结构调整，提出科技支撑和引领新疆农业跨越发展的总体思路；遵循近期利益与长期发展相结合的原则，系统分析了科技支撑和引领新疆农业跨越发展的进程，提出新疆现代农业发展科技支撑的战略目标。专题研究提出的主要结论和重点措施建议，将为新疆农业跨越发展提供坚实的科学基础，为新疆农业全面现代化，实现以绿色农业（资源节约、生产高效、产品安全、环境友好、加工高值等）为模式的现代农业及农业科技投入提供重要决策依据。

专题研究报告《新疆现代农业科技发展战略与路线图》后收录于《科技支撑引领新疆跨越发展战略研究报告》(科学出版社,2012 年 7 月,第 54～67 页)。

水稻复杂性状全基因组关联分析和栽培稻遗传多样性研究

12 月 4 日,水稻复杂性状全基因组关联分析和栽培稻遗传多样性研究成果在 *Nature Genetics* 上发表。中国科学院上海生命科学研究院植物生理生态研究所韩斌研究团队与国家基因研究中心、北京基因组研究所合作,对 950 份代表性中国水稻地方品种和国际水稻品种材料进行了基因组重测序,并对样本水稻的抽穗期和产量相关性状进行了系统分析;利用构建的水稻高密度基因型图,在粳稻群体、籼稻群体和整个水稻群体中进行了全基因组关联分析,鉴定到多个新关联位点;开发了一种基于单体型分析的局部基因组序列组装算法,并整合水稻基因注释、芯片表达谱信息和序列变异信息直接鉴定部分候选基因。该项研究成果开创了基因组关联分析的新技术和新方法,可用于对候选基因进行更精确的筛选和鉴定。

亚洲水稻基因组学进化研究

12 月 11 日,通过亚洲水稻基因组学进化研究促进分子改良育种的重要成果在 *Nature Biotechnology* 上发表。中国科学院昆明动物研究所王文研究团队,通过对一批代表性的亚洲野生稻和栽培稻的基因组进行深度测序,找到了近 1500 万个单核苷酸多态位点(SNP),其中 650 万个为高可靠度的 SNP,以及一大批基因组结构变异。根据这些变异信息,他们深度分析了亚洲栽培稻的起源历史,研究结果支持粳稻和籼稻有独立的起源,而且粳稻很可能驯化于我国长江中下游的多年生野生稻。他们还在两种栽培稻基因组中分别鉴定出 700 多个可能受到强烈人工选择的区域,各自包含 1000 多个基因。上述研究结果为揭示两种栽培稻的起源驯化历史提供了迄今最大数据量的基因组学证据,发现的大量 SNP 和结构变异为水稻育种提供了高密度的分子标记,鉴定出的人工选择基因为快速挖掘农艺性状基因提供了重要基础数据。

联合实施生态高值现代农业综合技术集成示范工程

为了配合国家区域发展计划，保障粮食安全，推动传统农业向现代农业转型，继续推动院地（院军）合作，中国科学院在黄淮海平原开展以大面积科技增粮为目标的"河南省高产高效现代农业示范工程"，在东北地区组织以重型现代农机设备和土地连片集中为特点的"院军现代农业示范工程"。2011年，河南省高产高效现代农业示范工程完成中低产田改造和高标准农田建设共5万亩，封丘示范区小麦产量达580千克/亩（对照田为521千克/亩）。2011年，院军合作老莱基地采取中国科学院集成技术的高光效玉米种植模式，玉米每亩增产145千克，增收40余万元；种植脱毒种薯比种植普通种薯增产20%，农场年纯收益增加200万元；通过对进口犁铧进行分析，仅用半年时间就研制出高硬度和高柔韧性的替代材料。

干旱荒漠区土地生产力培植与生态安全保障技术

中国科学院新疆生态与地理研究所陈亚宁研究团队与新疆农业大学、新疆农业科学院、新疆畜牧科学院草业研究所等单位合作，开展了干旱荒漠区土地生产力培植与生态安全保障技术研究，基于对干旱荒漠区自然环境和生态条件的认识，提出干旱荒漠区人与自然和谐共存的目标，即天然绿洲与人工绿洲的共存、荒漠植被与人工植被的生态融合、绿洲边缘荒漠林与人工防护林体系的生态整合；结合对地下水位高低与绿洲土壤次生盐渍化发生、绿洲外围荒漠生态系统健康关系的监测研究，提出绿洲内部防止土壤次生盐渍化的合理地下水位为2～4米，维系绿洲外围荒漠生态系统健康的合理地下水位为4～6米；结合新垦荒漠区土地盐碱重、土壤瘠薄的特点，研发提出中低产田改良和盐土脱盐等瘠薄土地改良培肥技术与模式；结合新垦荒漠区土地生产力低下、防风蚀能力弱的特点，对建设初期缺失防护林网的新垦区，提出以高秆作物为生物防风障的农林复合模式，高密度种植条件下间作技术及多熟种植、草田轮作为一体的新垦绿洲土地生产力培植技术；结合对干旱荒漠区生境的分析，研发提出绿洲—荒漠过渡带植被建植、微咸水利用与荒漠植被逆境恢复等为主要内容的荒漠植被营建技术。

该项成果获得 2011 年度国家科学技术进步奖二等奖。

2012 年

张润志获中国科学院杰出科技成就奖个人奖

1 月 11 日，中国科学院动物研究所张润志研究员荣获 2011 年度中国科学院杰出科技成就奖个人奖。

张润志研究员与张广学院士共同提出植物应当并且可以作为生物防治因素加以利用的"相生植保"害虫防治思路，发展和丰富了植物保护理论；主持创制利用棉田边缘苜蓿带作为害虫天敌自然繁殖库控制棉蚜的生态治理模式，大幅度减少了农药污染；研究并参与实施了入侵害虫马铃薯甲虫综合控制技术，为保护全国马铃薯等安全生产提供了重要理论指导和技术支撑。张润志独立或与他人合作发表了萧氏松茎象 *Hylobitelus xiaoi* Zhang 等新物种 120 种；获国家科学技术进步奖二等奖 2 项（均为第一完成人）；建议并参与制定《重大植物疫情阻截带建设》等国家规划；发表学术论文 230 篇（其中 SCI 收录 30 篇），出版专著、译著等 10 部；获得发明和实用新型专利各 1 项。

张润志研究员是"新世纪百千万人才工程"国家级人选之一，国家杰出青年科学基金获得者，享受国务院政府津贴，曾获得全国优秀科技工作者、中国青年科技奖、中国科学院青年科学家奖、茅以升北京青年科技奖等多项奖励。他兼任科技部 863 主题专家、农业部科学技术委员会委员、全国植物检疫性有害生物审定委员会委员、中国昆虫学会常务理事和副秘书长、北京昆虫学会副理事长，《植物保护学报》、《中国生物防治》、《应用昆虫学报》、《生物安全学报》、《环境昆虫学报》、*Journal of Asia-Pacific Entomology* 等杂志编委。

发现水稻高产优质关键基因 *Gw8*

6 月 24 日，水稻高产优质关键基因 *Gw8* 研究成果在 *Nature Genetics* 上发表。中国科学院遗传与发育生物学研究所傅向东研究团队与其合作者，发现了一个可以同时影响水稻品质和产量的重要基因 *Gw8*。该基因是控制水稻种子大小的正调控因子，其表达水平高低与稻米品质和产量密切相关。例如，将其应用于新品种水稻培育，有望获得优质、高产的水稻品种。在优质 Basmati 水稻中，*Gw8* 基因存在自然变异使该基因表达下降，导致稻米籽粒变得细长，影响色泽和淀粉粒结构等方面；我国大面积种植的高产水稻品种含有 *Gw8* 基因的另一变异类型，可促进细胞分裂和增加稻米粒重，显著提高水稻产量；研究团队发现了一个新的等位变异同时兼具优质和高产的功能特性，将其导入优质 Basmati 水稻品种后，在保证优质的基础上可使水稻产量增加 14%；将其导入我国高产水稻品种后，在保证产量不减的基础上可显著提升稻米品质。

深化现代农业科技院地合作

7 月 25 日，中国科学院与黑龙江省人民政府在哈尔滨举行合作座谈会，双方签署了《中国科学院与黑龙江省人民政府深度推动现代农业科技合作框架协议》，将合作开展东北主要农作物分子改良、信息化精准农业、病虫害防治、家猪育种的基础理论和技术研发工作。

水稻全基因组遗传变异图谱构建与栽培稻起源研究

10 月 25 日，水稻全基因组遗传变异图谱的构建暨驯化起源研究成果在 *Nature* 上发表。中国科学院上海生命科学研究院植物生理生态研究所、国家基因研究中心韩斌研究组与中国水稻研究所、日本国立遗传学研究所等单位合作，通过水稻遗传多样性分析、驯化起源探索及驯化位点鉴定，创建了构建变异图谱的方法，对高效利用水稻野生资源中丰富的遗传资源大有裨益，有助于水稻的育种改良。

水稻全基因组遗传变异图谱的构建及驯化起源的研究对阐明早期栽培稻的驯化过程和驯化基因、充分利用野生水稻资源的遗传多样性为现代水稻遗传育种改良服务有重要意义。

水稻、小麦等农作物的驯化、栽培对人类文明进程产生过重大影响。栽培作物的起源研究十分复杂，涉及多门自然和社会学科。作为极其重要的粮食作物，水稻起源、驯化过程的研究及驯化基因的鉴定分析一直是学术界的研究热点。根据已有证据，目前普遍认为亚洲栽培稻是在一万多年前由亚洲野生稻人工驯化而来，广泛分布于中国、东南亚及南亚的普通野生稻是亚洲栽培稻的野生祖先种。但是，亚洲栽培稻最早起源于哪里（中国、东南亚、南亚还是其他地区）？人类最先开始驯化的是同一类野生稻然后逐渐演化出粳稻和籼稻两个亚种，还是野生稻中本来就存在两类水稻然后被分别驯化成粳稻和籼稻？基因组上有哪些位点受到选择从而改变了野生稻的特性而形成适应人类生产作业的栽培稻？

学术界对这些难题开展了大量研究，获得了不少证据和线索。上海生命科学研究院植物生理生态研究所韩斌研究组一直致力于水稻基因组研究，构建了栽培稻单倍体型图谱。在此基础上，研究人员从全球不同生态区域选取400多份普通野生水稻进行基因组重测序和序列变异鉴定，与先前的栽培稻基因组数据一起构建出水稻全基因组遗传变异的精细图谱。通过这张精细图谱，研究人员发现水稻驯化从中国南方地区普通野生稻开始，经过漫长的人工选择形成了粳稻；经过对驯化位点的鉴定和进一步分析发现，分布于中国广西的普通野生稻与栽培稻亲缘关系最近，表明广西很可能是最初的驯化地点。根据栽培稻和各地野生稻的基因比较，研究人员大致推断出人类祖先首先在广西的珠江流域，利用当地野生稻种，经过漫长的人工选择驯化出了粳稻，随后向北逐渐扩散。而往南扩散中的一支进入了东南亚，在当地与野生稻种杂交，经历了第二次驯化，产生了籼稻。

在取得上述研究成果之前，中国科学院国家基因研究中心通过深入分析栽培稻的遗传多样性，构建了精确的水稻高密度基因型图谱，并将其用于水稻复杂性状的全基因组关联分析。研究发现，水稻由中国南方地区的普通野生稻经过漫长的人工选择形成了粳稻，而籼稻则是由处于半驯化中的粳稻与东南亚（与广西接壤）、南亚的普通野生稻杂交，经过不断地自然选择和人工选择而形成的。研究结果表明，栽培稻很可能起源于中国珠江流域[①]。

水稻复杂数量性状的分子遗传调控机理研究

大多数作物的重要农艺性状（包括耐盐性、产量等）是数量性状，由多个基因协同调控。由于数量性状的遗传调控机理复杂，研究难度大，有挑战

---

① 在此应说明，目前也另有研究认为栽培稻或存在各自独立的起源地区——编者注。

性，因此被克隆的数量性状基因座（QTL）数目不多，人们对其遗传调控机理的了解也非常有限，尤其是在有关耐盐 QTL 的分离克隆研究领域几乎是空白。中国科学院上海生命科学研究院植物生理生态研究所林鸿宣研究团队，以我国最主要的粮食作物水稻作为研究对象，结合农业生产领域的迫切需求，开展了水稻耐盐、产量等数量性状的分子遗传调控机理研究。研究团队取得了一系列创新性的成果：成功克隆了植物抗逆领域的第一个数量性状基因 *SKC1*，阐明了通过调控钠离子运输来提高水稻耐盐性的分子机制；首次克隆了控制水稻籽粒粒宽和粒重的主效数量性状基因 *Gw2*，揭示了影响水稻产量性状的遗传基础；成功克隆了决定水稻株型从野生稻的匍匐生长到直立生长的关键基因 *PROG1*，揭示了野生稻人工驯化过程中株型改变这一标志性驯化事件的分子调控机理。研究团队在水稻复杂数量性状的分子遗传调控机理研究领域取得重要成果，该项目的 8 篇代表性论文中有 3 篇先后发表于 *Nature Genetics*，研究成果被 *Nature Genetics*、*Nature Reviews Genetics*、*Annual Review of Plant Biology* 等顶级学术刊物广泛引用和评述，为作物复杂数量性状研究提供了范例，为作物分子育种研究奠定了基础，促进了重要作物（水稻、小麦、玉米）数量性状遗传学研究的深入发展。该项目获得了 4 项国家发明专利，为作物育种改良提供了具有自主知识产权的基因专利。

成功研制青贮饲料复合菌剂

中国科学院微生物研究所应用微生物网络总中心，集成菌种资源、乳酸细菌功能研究、微生物酶研究、发酵工艺研究等相关研究组，与青海省畜牧兽医科学院联合攻关，开展高寒地区青贮微生物研究和菌剂开发，成功研制出适合青海地区的"微青一号"青贮饲料复合菌剂。该项研究通过草料青贮，成功调节和解决了夏秋草料过剩、牛羊冬春草料不足且营养匮乏的问题。"微青一号"具有在低温环境中生长快、产酸多、抑制杂菌能力强的特性，整体功能指标达到或优于当地使用的美国、日本等国生产的同类产品，而生产成本则远低于同类进口产品。该复合菌剂能够显著改善牧草的青贮加工品质，使牧草利用率提高 30% 左右。据测算，采用 0.1 千克"微青一号"菌剂，可生产 80 吨青贮饲料，为 70 头牦牛或 300 只藏羊提供 120 天的合理搭配补饲，保持牲畜体重，可为牧民增加收益 20 万元。"十二五"期间，青海省计划人工种植 650 万亩牧草。"微青一号"的推广应用，将为牧民增加收入，为促进青海省畜牧业的可持续发展做出重要贡献。

2013 年

"渤海粮仓科技示范工程"启动

4 月 9 日，科技部、中国科学院联合河北省、山东省、辽宁省和天津市共同启动"渤海粮仓科技示范工程"，科技部部长万钢、中国科学院副院长张亚平、中国科学院院士李振声等出席活动。中国科学院是"渤海粮仓科技示范工程"的主要倡议者和发起者。

这一科技示范工程，将集成中国科学院"土、肥、水、种"等农业关键技术，突破环渤海低平原区淡水资源匮乏、土地瘠薄盐碱的粮食增产瓶颈，在河北、山东、辽宁、天津等地 25 个县，以核心区、示范区和辐射区三区联动方式推动。目标是在 2011 年产量的基础上，2017 年实现增粮 30 亿千克、2020 年实现增粮 50 亿千克，建成"渤海粮仓"。2013 年，该示范工程在国内第一个异交不亲和玉米新品种培育、耐盐碱高产小麦新品系培育、微咸水灌溉技术示范等方面取得重要进展。在山东，盐碱地当年种植小麦每亩产量 303 千克，玉米每亩产量 313 千克，盐碱地种植"小偃 81"小麦比当地主栽品种增产 22.9%；并在河北、山东、天津、辽宁 27 个县（市）建立 36 个试验示范基地，总面积 4 万多亩，示范面积 28 万亩。

农业（农资）物联网建设取得重要进展

9 月 24 日，天津市人民政府、农业部、中国科学院就共同推进天津市农业物联网建设与发展，在天津签署了《共同推进天津市农业物联网建设合作框架协议》，标志着天津市农业物联网完成初步建设并开始运行，这是全国首个初步建成和运行的省级农业物联网。天津市人民政府作为农业物联网区域试验的实施主体，负责农业物联网区域试验平台的运营管理，农业部负责农业物联网建设指导并提供必要支持，中国科学院负责农业物联网重大技术攻关和全面技术支撑。中国科学院将充分发挥多学科综合优势，重点在农业普适化感知、云计算、大数据处理等方面开展关键技术研发、集成及示范，并配合开展产业应用推广。农业物联网区域试验平台初步建立了开放架构的"全要素、全系统、全过程"资源集成中心、专业支撑平台与行业应用示范平台，为农业生产经营主体、科研机构、管理部门进行农业物联网的开发应用提供了技术支撑，具有较强的实用性和推广价值。

农资物联网在我国农资现代经营服务网络体系建设中具有重要作用。由中国科学院物联网发展中心牵头，全面落实中国科学院与中华全国供销合作总社共建"农资现代经营服务网络体系"战略合作协议（2011 年 9 月），组织中国科学院合肥物质科学研究院、计算机网络信息中心、软件研究所、遥感与数字地球研究所、地理科学与资源研究所、半导体研究所等协同攻关，建立了农资溯源 EPC 编码行业标准、全国农资网络地图、现代农资经营服务大数据中心三大技术支撑体系；突破了低成本、高可靠、防复印隐形二维码，大面积、低成本、快速、实时土壤肥力建模，病、虫、草害图像自动识别等关键技术；开发完成了全国农资全程溯源与防伪平台、农资交易电子商务平台、农资售后技术服务平台、农资智能物流优化调度平台，取得了近百项具有自主知识产权的技术成果，全面服务中华全国供销合作总社的业务管理，全国大型仓储、物流与经营企业、直营与加盟农资经营网点、庄稼医院、农民专业合作社等各层面用户已达 20 多万，取得显著的经济与社会效益。

"分子模块设计育种创新体系"先导专项启动

11 月 13 日，中国科学院"分子模块设计育种创新体系"A 类战略性先导科技专项启动暨第一次工作会议在北京召开，阴和俊、张亚平副院长出席会议并发表讲话。

分子模块设计育种专项面向我国粮食安全和战略性新兴产业发展的重大需求，以水稻为主，小麦、鲤等为辅，解析并获得一批调控复杂农艺性状的分子模块，建立模块耦合组装的理论和应用模型，实现高产、稳产、优质、高效模块的有效组装，培育一批水稻、鲤等初级模块分子设计型新品系（种）。创建新一代超级品种培育的系统解决方案和育种新技术，为保障我国粮食安全提供核心战略支撑。专项依托单位为中国科学院遗传与发育生物学研究所。

背景说明

    战略性先导科技专项，是中国科学院在中国至 2050 年科技发展路线图战略研究基础上，瞄准事关我国全局和长远发展的重大科技问题提出的，集科技攻关、队伍和平台建设于一体，能够形成重大创新突破和集群优势的战略行动计划。2010 年 3 月 31 日，国务院第 105 次常务会议审议通过中国科学院"创新 2020"规划，要求中国科学院"组织实施战略性先导科技专项，形成重大创新突破和集群优势"，"在专项策划、论证和立项的各个环节，建立科学规范的程序，接受国家有关部门的指导并充分听取全国高水平科技专家意见"。2011 年 12 月 26 日，《中国科学院"十二五"发展规划纲要》发布实施，提出院层面未来 5 年重大产出和重要方向，包括"分子模块育种创新体系"与"现代农业示范工程"等 15 项重大科技任务。"分子模块育种"据此被列为中国科学院战略性先导科技专项（A 类）。

全球农情遥感速报首次面向全球发布

    11 月 20 日，中国科学院遥感与数字地球研究所首次面向全球发布《全球农情遥感速报》（中英版）。该报告评估了全球粮食主产区和主要产粮国 2012～2013 年小麦、玉米、大豆与水稻的产量，并对粮食主产区与主产国的环境和生产要素进行了详尽分析。今后，全球农情遥感速报系统将面向全球同步发布中英文季报。

    《全球农情遥感速报》（中英版）的首次发布，为全球粮食贸易提供了重要农情信息，有利于加强国际粮食安全与合作，为国家层面的决策提供了重要支撑，同时标志着中国成为少数几个可以独立开展全球农情遥感监测的国家。

黄土区土壤–植物系统水动力学与调控机制

土壤–植物系统水动力学与调控机制是黄土高原农业与生态的核心科学问题，中国科学院水利部水土保持研究所邵明安研究团队，与香港中文大学、西北农林科技大学等单位合作开展这一领域的研究工作，通过在黄土高原长期的试验研究，提出了测定土壤水文学参数的新方法，获得了土壤水分运动方程的分析解；阐明了干旱逆境下土壤–植物根–冠间信号产生、运输及其对地上部水分的调控机制；建立了土壤–植物–大气连续体（soil-plant-atmosphere continuum，SPAC）水分运动模型，形成了系统的 SPAC 水运转理论；构建了适于旱区土壤–植物系统水分管理的调控理论与技术途径，为旱区农业和生态系统水调控提供了重要理论依据。研究团队的 8 篇代表性论文发表于重要学术刊物，受到国际上的广泛关注和积极评价，研究成果被编入 *Soil Physics*、*The Nature and Properties of Soils*、*Methods of Soil Analysis* 等权威著作。

构建西藏农牧结合技术体系

中国科学院地理科学与资源研究所在构建西藏农牧结合技术体系领域开展了大量研究和探索。针对农牧结合发展模式的关键环节，通过集成农牧结合技术体系、创新农牧民经营组织运作机制，开展了西藏典型村落农牧结合生产模式的产业化经营示范。项目实施以来，农牧民增收效果初显，三个示范村 415 户 2170 人通过土地入股、集体土地规模化经营等多种形式的联合，带动农牧户家庭畜牧业生产水平的提高，实现全年新增经济收益 88.3 万元，户均增收 2128 元，得到了广大农牧民的热情拥护。地方各级党政领导多次到示范村检查指导，对项目运作模式、平台建设、长效机制建设等予以高度评价，西藏主流媒体对项目取得的进展予以了高度关注，扩大了社会影响。

大面积推广高光效种植模式

中国科学院东北地理与农业生态研究所组织科技力量，配套集成了垄的方向垄间距离调整、玉米休耕轮作培肥地力、水稻智能化育秧、全程机械化生产，以及病虫害生物防治、肥料缓释控失技术等增产技术，结合各地生产实际形成了一套全新的作物高光效新型种植模式。2013年，高光效种植模式在吉林、黑龙江、沈阳军区农副业基地及黑龙江农垦系统大面积示范推广，总计示范面积284.6万亩。地方政府、军队基地和广大农民对推广这一种植模式给予了积极响应。作为推动农业发展、保障农民增收的重要措施，推广高光效种植模式已写入2013年吉林省一号文件和政府工作报告中。

昆虫病毒生物杀虫剂突破产业化瓶颈

昆虫病毒生物杀虫剂是环境友好、对非靶标生物安全、无毒无害绿色生物农药。近年来，害虫抗性、农药残留、环境污染、生物多样性等环境、生态安全问题日益突出，农业生产对昆虫病毒生物杀虫剂等环境友好型农药的需求不断上升。从产业化角度考虑，昆虫病毒生物杀虫剂与其他活体微生物农药相比，有诸多独特和复杂的方面，包括杀虫谱较窄、不能用常规发酵方式生产、生产成本相对较高等。这些技术瓶颈限制了昆虫病毒生物杀虫剂的产业规模和市场应用。

中国科学院动物研究所与河南省济源白云实业有限公司合作，突破了昆虫病毒生物杀虫剂生产中的昆虫饲养和病毒提取等关键技术瓶颈，使生物病毒农药这一高科技成果进入大田应用成为现实，开辟了生物杀虫的新领域。

昆虫病毒生物杀虫剂与苏云金芽孢杆菌、白僵菌、绿僵菌等同属活体微生物农药，主要通过微生物对害虫机体侵染导致其患病死亡，其共同特点是环境友好、对非靶标生物安全、无毒无害。在产业化生产中，所有病毒的扩增必须在活体细胞中进行，杆状病毒也不例外。通常有两种途径生产病毒生物杀虫剂。其一，体外培养昆虫细胞和宿主昆虫活体。受到技术和成本的限制，目前用大规模体外培养昆虫细胞生产病毒生物杀虫剂的方式还不现实。其二，几乎所有病毒生物杀虫剂都是通过规模化饲养宿主昆虫，以虫体作为病毒的培养载体进行生产。以甜菜夜蛾净现值（net present value，NPV）为例，病毒的扩增必须在甜菜夜蛾幼虫体内进行，其规模化生产的主体是规模化生产甜菜夜蛾。因此，如何批量生产适龄和健康的宿主昆虫是病毒生物杀虫剂产业化能否成功的关键因素。

2003 年以来，中国科学院动物研究所与河南省济源白云实业有限公司共同开发和生产拥有自主知识产权的昆虫病毒生物农药。双方在济源联合建成了"中国科学院动物研究所生物农药中试基地"；2007 年 6 月，河南省科技厅批准济源白云实业有限公司建立河南省生物农药工程技术研究中心；2012 年，济源白云实业有限公司利用开发生产中国科学院系列生物农药的优势，建设绿色农业技术集成中心，成为济源重要的设施农业生产基地。目前，合作双方已获得工业和信息化部颁发的农药生产批准证 7 个，农业部颁发的农药正式登记证 8 个；申请并获得国家发明专利 2 项；编制完成了包括棉铃虫、甜菜夜蛾、斜纹夜蛾核型多角体病毒和小菜蛾颗粒体病毒产品的企业标准 8 项。

截至 2013 年，动物研究所与企业合作，相继开发了用于蔬菜、大豆、花生、棉花、烟草、花卉等农作物和经济作物防治小菜蛾、甜菜夜蛾、斜纹夜蛾、棉铃虫、烟青虫等重大害虫的生物农药系列产品，包括 8 个昆虫病毒生物农药新产品，2 个新奥苷肽生物杀菌剂新产品，1 个昆虫病原线虫新产品，2 个昆虫天敌新品种，以及性诱剂、诱食剂、昆虫线虫防治剂、捕虫塔等其他配套产品和设备，拥有所有技术产品的自主知识产权并创立了"科云"品牌。已先后建设高标准昆虫病毒生产车间、病毒加工车间、实验分析中心、锅炉房等设施，占地面积 85 亩，总建筑面积 1.4 万平方米；建成年产高含量病毒原药 5 吨和超低用量制剂 100 吨制剂的生产线，年产病毒生物农药可使用于 3000 万亩次农田，已成为我国最大的昆虫病毒生物杀虫剂研发与生产基地。2011～2013 年，在新疆、广东、广西、云南、海南、福建等数十个省份开展示范推广，累计面积 1500 万亩次。

此外，2008 年 11 月，动物研究所研制的"600 亿 PIB/ 克棉铃虫核型多角体病毒水分散粒剂"产品列入国家重点新产品计划，并在巴基斯坦获得登记；2010 年 5 月，"300 亿 PIB/ 克甜菜夜蛾核型多角体病毒水分散粒剂"获国家重点新产品证书。

为促进院地合作，加速科技成果转化，动物研究所提出了"整合社会资源、引入企业机制、发挥地方优势"的工作思路，根据"利益共享、风险共担"的原则与企业签订合作协议，共同开发和生产具有自主知识产权的系列昆虫病毒生物杀虫剂，形成了"白云模式"。农业部全国农业技术推广服务中心、新疆生产建设兵团等对成果推广给予大力支持。昆虫病毒生物杀虫剂项目的成功合作，充分说明将科研力量优势、企业资金优势及政府政策支持紧密结合起来，是促进科技成果转化的有效途径，是促进生物技术成果产业化和建立高效生物技术转化体系的关键。

组织实施农业科技成果转化资金项目取得良好成绩 [①]

农业科技成果转化资金是经国务院批准设立，为加速农业科技成果转化，引导和推动农业科技成果尽快转化为现实生产力，为新阶段我国农业和农村经济发展提供强有力的科技支撑的政府专项资金。经国务院批准，中央财政从 2001 年开始设立"农业科技成果转化资金"专项。专项设立是落实农业科技发展纲要的重要举措，是中央政府增加农业科技成果转化的资源配置，提高农业研究成果创新性开发能力的有力措施。专项的设立体现了中央财政对农业的支持，具有明确的政策目标，即在国家的支持下，加快农业科技成果转化应用，提高农业的科技含量，增加农民收入，提高农村经济整体水平，增强农业的竞争力。农业科技成果转化资金专项于 2001 年 4 月正式启动，科技部为专项主管部门。

2001～2013 年，中国科学院 29 个单位作为项目主持单位执行农业科技成果转化资金项目（简称农转项目）99 项，合计项目经费 6290 万元。执行的农转项目涉及动植物新品种（品系）及良种选育、繁育技术成果转化，农副产品贮藏加工及增值技术成果转化，集约化、规模化种养殖技术成果转化，农业环境保护、防沙治沙、水土保持技术成果转化，农业资源高效利用技术成果转化，现代农业装备技术成果转化等。在农转项目执行过程中，中国科学院的项目主持单位与地方和相关企业紧密结合，与农业生产的实际需求紧密结合，通过成果的转化、熟化，为地方和企业提供可促进实际应用并产生实际效益的示范样板（包括品种、技术规程、生产工艺等），为地方和企业培养掌握一定技能的实用人才，充分体现了"转化一项成果、熟化一项技术，实施一个项目、创立一个品牌，提升一个企业、致富一方农民"的农转项目宗旨。中国科学院农业项目办公室作为项目组织协调和监理单位，认真履行职

---

① 根据中国科学院生命科学与生物技术局农业基地办公室（院农业项目办公室）提供材料编写——编者注。

责，按照规定圆满完成了各项工作。

自 2014 年起，根据农转项目主管部门的政策调整，中国科学院不再作为组织推荐农转项目的部门，中国科学院的相关研究所也不再作为农转项目主持单位申报项目，但可以作为参加单位参与地方和企业牵头申报的农转项目。

2014 年

"水稻高产优质性状的分子基础及其应用"获杰出科技成就奖

1 月 8 日，来自中国科学院遗传与发育生物学研究所、中国科学院国家基因研究中心、中国水稻研究所的合作研究团队"水稻高产优质性状的分子基础及其应用"研究集体荣获中国科学院 2013 年度杰出科技成就奖。

研究集体主要科技贡献：水稻是世界上最重要的粮食作物之一，在我国农业生产中具有举足轻重的地位。面对提高水稻产量和品质的双重挑战，研究集体成员综合运用遗传学、基因组学、分子生物学、生物化学、细胞生物学、作物育种学等方法对水稻产量与品质相关的重要农艺性状的调控机理进行了系统深入研究，并将取得的基础研究成果应用于水稻高产优质的分子育种，育成了一系列优异水稻新品种。近五年来，研究集体在水稻株型建成的分子机理及调控网络解析、重要农艺性状的全基因组关联分析、高产优质品种的分子选育、栽培稻的起源与驯化、水稻资源发掘利用等方面取得了一系列创新性的重大研究成果，形成了完善的理论体系，代表了我国在相关研究领域的国际领先水平，具有重要的国际影响，为解决水稻生产中的瓶颈问题做出了突出的贡献，产生了重大经济效益和社会影响。研究集体的合作及取得的成果是面向国家重大需求和国际前沿科学问题密切合作、集体协同创新的典范。

研究集体突出贡献者：中国科学院遗传与发育生物学研究所李家洋（率先提出水稻品种分子设计的理念，在水稻功能基因组研究中取得一系列开创性成果，并前瞻性地将其应用于水稻育种中）；中国科学院国家基因研究中心韩斌（在水稻基因组精确测序、重要农艺性状的全基因组关联分析及栽培稻起源和驯化等研究上取得系统性原创性成果）；中国水稻研究所钱前（致力于水稻重要种质资源的创新性挖掘及遗传群体的创建和遗传分析，对促进水稻功能基因组学和分子育种研究发挥了重要作用）。研究集体主要完成者：中国水稻研究所朱旭东、中国科学院遗传与发育生物学研究所王永红、中国科学院国家基因研究中心黄学辉。

"果实采后绿色防病保鲜关键技术的创制及应用"项目获奖

1月10日，中国科学院植物研究所等单位完成的"果实采后绿色防病保鲜关键技术的创制及应用"项目获2013年度国家技术发明奖二等奖，植物研究所为第一完成单位，植物研究所田世平和秦国政研究员分别为第一和第三完成人。

项目针对我国果实采后腐烂损失严重和品质劣变快等关键问题，以及使用化学农药防病带来的环境污染和农药残毒超标等问题，在系统研究病原真菌的致病机理、果实采后生理病理学及果实抗性应答机制等理论基础上，创制了生物源绿色防病和果实抗性诱导等核心技术。生物源绿色防病技术在多种水果上应用，病害控制率较传统技术提高了30%～60%，农药使用量减少了40%～60%，提高了病害防控的安全性；果实抗性诱导技术使果实采后病害的发生率降低了30%～40%，增强了病害防控的有效性。

项目集成了适合于甜樱桃、芒果、葡萄、枇杷、桃、梨、砂糖橘和杨梅等果实的采后精准贮藏保鲜配套技术，使果实保鲜期比传统贮藏方法延长了30～90天，果实商品率达到95%以上，确保了果实的品质安全。项目已在我国主要水果产区得到广泛的示范应用，实现了绿色防病保鲜，减少了农药的污染，促进了区域经济的发展，社会效益、经济效益和生态效益显著。

项目获发明专利16项，出版专著7部（含英文5部），在国际学术大会做特邀报告4次。项目开展过程中，2人获得国家杰出青年科学基金的资助，5位博士生获中国科学院院长优秀奖。项目得到了国内外同行专家、应用企业和地方政府部门的高度评价，项目成果的整体水平达到国际先进水平。

盐碱地农业高效利用配套技术模式研究与示范

4月19日，中国科学院南京土壤研究所主持的国家公益性行业（农业）科研专项经费项目"盐碱地农业高效利用配套技术模式研究与示范"在南京通过农业部主持的验收。

这一项目是南京土壤研究所主持的首个公益性行业科研专项经费项目，汇集了中国科学院、中国农业科学院、高等院校、省地级农业科研机构等29家盐碱地治理与农业利用的国内优势技术研发单位，组织了50名业内一线优秀专家，并有一批省、市、县级农业技术推广部门、农业龙头企业、农场积极参与，2009年10月启动。

通过项目实施，取得了一系列重要成果。研发盐碱地农业高效利用实用专项技术53项，盐碱地作物种植专用肥7种，盐碱地改良与调理制剂15种；筛选抗盐碱作物和经济植物品种（品系）57个；建立盐碱地农业高效利用配套技术模式15套，制定盐碱地农业高效利用配套技术规程20项；申请发明专利48项；已获得省级科技奖励4项；发表论文296篇（其中SCI/EI论文73篇），出版专著6部；培养研究生和博士后人员160名，培训基层技术骨干560人，培训农民1.8万人次；在我国五大盐碱区建立了91个试验与示范点；累计示范推广18万亩，试验区和核心示范区平均增产22%，规模示范区平均增产17%；辐射面积累计980万亩，平均增产13%；通过项目成果的示范应用，先后吸引近20项国家和省级自然科学基金、科技支撑计划、产学研等项目参与，并与其开展密切的联合研发与示范。

以这一项目成果为基础，中国科学院组织专家，通过深入调研，形成了全国盐碱地分类治理技术示范的建议，并向国务院报送了《全国盐碱地分类治理技术示范》报告，得到李克强等中央领导的重要批示。国家发改委等10部委联合颁布了《关于加强盐碱地治理的指导意见》的重要文件，对推动我国盐碱地治理和盐碱地农业高效利用具有重要的政策指导和实践意义。

汪洋考察"渤海粮仓科技示范工程"项目基地

5月23日，国务院副总理汪洋来到"渤海粮仓科技示范工程"山东项目区滨州市无棣县万亩盐碱地改造试验基地，现场考察中国科学院的农业科技工作。汪洋听取了"渤海粮仓"山东项目区首席专家、中国科学院地理科学与资源研究所研究员、禹城综合试验站站长欧阳竹的汇报，仔细观看了相关技术产品、农机具和农田关键要素采集系统等，实地察看了耐盐小麦品种"小偃81"和"小偃60"的长势，详细了解了治理改造的过程和效果。汪洋对"渤海粮仓"科技示范工程所取得的成效给予了充分肯定，对一年多来在有关部委和地方政府的支持下，中国科学院组织多个研究团队进行科技攻关，通过选育集成耐盐优质高产小麦玉米品种、采用微生物有机肥降低盐碱含量等技术进行盐碱地改造，在促进粮食增产增效上取得的重要阶段性成果表示赞赏。希望项目进一步完善技术体系和工作机制，在更大范围内推广提升。汪洋鼓励科研人员要长期深入地开展研究和试验，从事农业科研工作要有定力，长期坚持，不怕艰苦，要和生产实际结合，将文章写在祖国大地上。中国科学院院长白春礼、山东省省长郭树清、国务院副秘书长毕井泉及科技部、财政部、农业部等国家部委有关领导、科研单位负责人陪同考察。

"渤海粮仓科技示范工程"是继农业科技"黄淮海战役"之后，由科技部、中国科学院联合环渤海4省（市）、组织中国科学院多个研究团队参与实施的又一次大规模农业科技重大行动（有"黄淮海第二战役"之称），按照地域特点设立山东、河北、天津、辽宁等4个项目区。2011年5月17日，中国科学院与山东省人民政府在山东禹城联合召开现代农业发展与国家粮食安全暨渤海粮仓与资源节约型高效农业战略高峰论坛，中国科学院白春礼院长、李家洋副院长、李振声院士、山东省孙伟副省长等出席。以此次高峰论坛为契机，经过一年多的反复酝酿和论证，这一重大农业科技项目于2013年4月正式启动。

项目启动以来，中国科学院牵头组织的山东项目区工作取得了显著进展，通过理论分析、田间试验和推广示范，初步提出了以耐盐作物品种、微生物有机肥快速改良土壤结构，进行了农机—农艺—信息一体化等关键技术创新，形成了重盐碱地、中轻度盐碱地和中低产粮田改造与产量提升的综合配套技术体系，创建形成了高地下水位条件下滨海盐碱地改造的新途径。目前，项目区已经建立了27个示范区，示范推广面积达16万亩。

《中国科技发展的"火车头"》一文盛赞黄淮海农业科技工作

10 月 31 日，在中国科学院建院 65 周年之际，《中国科学报》以"中国科技发展的'火车头'"为题（记者赵广立），重点回顾了以"中国第一颗原子弹爆炸成功"为首的 16 项中国科学院引领科技发展的重大贡献，其中有关于"黄淮海平原中低产田综合治理开发"（162 项之一）的记述：

1987 年起，中国科学院与河南、山东等省联合向中央提出以大幅度提高黄淮海地区粮棉油产量为目标，开展黄淮海平原农业综合开发的请战报告。从此拉开了以中低产田改造为中心，田、林、路、井、沟、渠综合治理、多种经营、全面发展的农业综合开发技术示范推广的序幕。

跨越全国五省二市的黄淮海平原科技攻关，是中华人民共和国成立以后农业战线上的一场雄伟壮观的科技大会战。从"六五"到"九五"的 20 年间，黄淮海平原中低产地区综合治理，被列为国家第一号重点科技攻关项目。全国数万名农业、林业、水利、气象、生态等不同学科的科技人员会战这块 44 万平方公里的大平原。12 个国家级不同类型试验区，成为黄淮海平原引路的典型示范，产生了巨大的经济、社会和生态效益。"八五"期间，黄淮海平原综合治理荣获国家科学技术进步奖特等奖。

黄淮海科技大会战是几代科学工作者和科技管理工作者长期摸索创造的符合中国国情、农业农村科技发展规律的研究形式，对推动我国农业现代化产生了巨大影响。

附录1 中国科学院院部涉农工作机构
设置及沿革

1949 年 11 月 1 日，中国科学院成立。建院以来，中国科学院对涉农工作的领导，经历了有关管理工作机构非建制化和建制化两个阶段，也经历了一度被设置为咨询委员会办事机构到成为业务局挂靠机构或内设机构的变化；咨询委员会（农业现代化研究委员会、农业研究委员会）在有的阶段，既是中国科学院负责组织研究和试验农业现代化的专门委员会或为有关农业科学研究的学术咨询和评议机构，同时还是中国科学院院部组织机构中同名的涉农管理部门。

一、非建制化阶段（1960 年成立支援农业办公室前）

1955 年学部成立前为非建制化阶段的前半段，其间涉农管理工作的特点是随着科研业务工作在办公厅和计划局间的转移而变化。1950 年，《中国科学院暂行组织条例草案》规定，院机关设办公厅、计划局、联络局、编译局，由计划局负责联系科研业务工作。1951 年，计划局及联络局被撤销，计划局的有关科研业务工作改由办公厅秘书处负责联系。1952 年，院部增设计划局，负责科学研究工作计划的组织与管理。1954 年 6 月，院通告成立物理学数学化学部、生物学地学部、技术科学部和哲学社会科学部四个学部的筹备委员会，以及作为院长和院务会议学术领导助手的秘书处，计划局又被撤销。

非建制化阶段的后半段自 1955 年 6 月 1 日学部成立开始。当时的中国科学院建成了院、学部和研究所的三级学术领导体系，涉农工作由生物学地学部负责联系。1957 年 5 月 27 日，中国科学院成立生物学部和地学部，涉农工作因此分在两个学部，但前者的工作多于后者。

二、建制化阶段（1960 年成立支援农业办公室后）

1960 年，国务院成立了中央代食品五人小组办公室，中国科学院成立了支援农业办公室，设在生物学部内。之后，建制化的情况一直延续到现在，或为挂靠业务局（学部）的单元，或为其内设机构。

三、与相应咨询机构的关系

1980 年 9 月，中国科学院农业现代化研究委员会成立。中国科学院支援农业办公室被变更为农业现代化研究委员会的办事机构。1982 年 9 月，农业现代化研究委员会更名为农业研究委员会。

1985 年 9 月，中国科学院决定中国科学院农业研究委员会内不设办事机构，日常工作由科技合同局农业处负责，农业研究委员会主要负责咨询和评议工作。

以后的 20 多年，有关管理机构在与生物和地学有关的两个专业局轮流挂靠或为内设机构，实现了业务局在业务工作和行政管理方面对涉农管理机构的领导；同时涉农管理机构实际上承担了农业研究委员会在履行咨询和评议工作中的"具体组织和落实"功能。

四、咨询与管理机构的沿革

（一）咨询机构

1. 成立农业现代化研究委员会

1980 年 9 月 15 日，中国科学院印发《关于成立中国科学院农业现代化研究委员会的通知》（〔80〕科发农字 1427 号），将农业现代化研究委员会（简称农研委）定位为中国科学院负责组织研究和试验农业现代化的专门委员会。其任务是组织院内外有关科技力量，发挥中国科学院优势，探讨我国农业现代化的理论和方法，办好中国科学院与各有关省合办的农业现代化基地县的科学实验工作，为我国农业现代化贡献力量。通知指出："院支援农业办公室改为农业现代化研究委员会的办事机构。下设办公室和调研室，负责组织落实农研委确定的工作事项"。农业现代化研究委员会主任委员为秦力生（中国科学院党组副书记、副秘书长），副主任委员为石山（中国科学院副秘书长）、黄秉维（中国科学院地理研究所所长，研究员）、王耕今（中国社会科学院农经所副所长）、方悴农（中国农业科学院科研部主任）、侯学煜（中国科学院植物研究所植物生态研究室主任，研究员）。

2. 农业现代化研究委员会更名为农业研究委员会

1982年9月1日，中国科学院印发《关于中国科学院院部机构设置及启用新印章的通知》（〔82〕科发办字0850号），农业现代化研究委员会更名为农业研究委员会。

3. 第一次充实调整农业研究委员会

1985年9月2日，中国科学院印发《关于充实调整"中国科学院农业研究委员会"的通知》（〔85〕科发合字0935号），明确了农业研究委员会的性质是中国科学院有关农业科学研究的学术咨询和评议机构。其任务是根据国家对农业生产和农业科学技术发展的需求，为中国科学院农业科学的长远规划、年度计划及对全国农业科学的发展和某些农业生产中的科学技术问题提出咨询意见和建议；协助院领导组织中国科学院进行农业重大科研项目的可行性论证评审、检查验收和成果鉴定等工作；调研、分析国内外农业科学动态、发展趋势和市场信息，组织学术交流等；有关农业科学技术研究的其他工作。农业研究委员会不设办事机构，日常工作由科技合同局农业处负责，主任委员为李庆逵（南京土壤研究所，学部委员、研究员），副主任委员为过兴先（生物学部，研究员）、曾昭顺（林业土壤研究所，研究员）、李松华（科技合同局，学术秘书、副研究员）。

4. 第二次充实调整农业研究委员会

1990年6月12日，中国科学院印发《关于调整、充实中国科学院农业研究委员会的通知》（〔90〕科发资字0664号），将农业研究委员会的性质调整为：是中国科学院有关农业科学研究的学术咨询和评议机构。其任务是：根据国家对农业生产和农业科学技术发展的需求，为中国科学院农业科学的发展和某些农业生产中的科学技术问题提出咨询意见和建议；协助和参加中国科学院农业重大科研项目的可行性论证评审、检查验收和成果鉴定等工作；调研、分析国内外农业科学动态、发展趋势和市场信息，组织学术交流等；有关农业科学技术研究的其他工作，如科技扶贫等任务。农业研究委员会的日常工作由院农业项目管理办公室指定专人负责。农业研究委员会主任委员为赵其国（南京土壤研究所，研究员），副主任委员为李松华（资源环境科学局，学术秘书）。

（二）管理部门

1. 成立支援农业办公室

1960年，国务院成立了中央代食品五人小组办公室；中国科学院成立了支援农业办公室。

组建新的支援农业办公室。1962年12月6日，中国科学院决定以生物学部、计划局为主，由自然科学各学部、综合考察委员会、计划局联合组成新的支援农业办公室，办公地点设在生物学部。办公室主任由过兴先兼任，副主任由张兴富兼任。

2. 组建农业现代化调研室

1978年4月20日，中国科学院印发《关于组建农业现代化调研室的通知》（〔78〕科发农字0562号）。明确了调研室为院属的独立机构，由支援农业办公室管理，人员编制暂定43人，下设办公室、国内调研处、国外调研处、农业经济处。其主要任务是：研究国外和国内的农业现代化情况和经验；与院内外有关单位联系和协作，帮助解决农业现代化基地提出的科技问题；编印简报，交流农业增产和农业现代化的经验。

3. 支援农业办公室改为农业现代化研究委员会的办事机构

1980年9月15日，中国科学院印发《关于成立中国科学院农业现代化研究委员会的通知》（〔80〕科发农字1427号），将"院支援农业办公室改为农业现代化研究委员会的办事机构。下设办公室和调研室，负责组织落实农业现代化研究委员会确定的工作事项"。据中国科学院1980年和1981年年报关于院部组织机构记载，1980年中国科学院支援农业办公室主任为石山，副主任为陈林、杨森林；1981年农业现代化研究委员会主任为石山，副主任为陈林、杨森林。

4. 农业研究委员会同时被称作管理部门

1982年9月1日，中国科学院印发《关于中国科学院院部机构设置及启用新印章的通知》（〔82〕科发办字 0850 号），农业研究委员会被设为中国科学院院部机关机构之一。1982 年 9 月 2 日，中国科学院转发中共中央组织部〔82〕干任字 626 号文。中央同意中国科学院调整后的司局级机构领导干部的任职名单，其中王世之被任命为农业研究委员会副主任。1982 年 12 月 27 日，中国科学院印发《关于农业研究委员会机构编制的批复》（〔82〕科发计字 1203 号），同意农业研究委员会下设办公室、业务处、调研处，机关行政编制暂定 15 人。1983 年和 1984 年，农业研究委员会副主任为王世之、李松华。

5. 农业研究委员会不设办事机构，日常工作由科技合同局农业处负责

1985 年 2 月 9 日，中国科学院印发《中国科学院、中共中国科学院党组关于院部机关机构改革的决定》（〔85〕科发办字 0178 号），指出："农业研究委员会、能源研究委员会、生态环境研究委员会作为学术咨询组织保留不动，办事机构撤销。委员会各设一名专职副主任，同时兼任科技合同局学术秘书，编制在科技合同局"。1985 年 9 月 2 日，中国科学院印发《关于充实调整"中国科学院农业研究委员会"的通知》（〔85〕科发合字 0935 号）规定：农业研究委员会不设办事机构，日常工作由科技合同局农业处负责。李松华任农业研究委员会专职副主任并兼任科技合同局学术秘书。

6. 成立科技扶贫领导小组并下设办公室

1987 年 3 月 30 日，中国科学院印发《关于加强"科技扶贫"工作组织领导的通知》（〔87〕科发合字 0352 号），成立"科技扶贫领导小组"，在资源环境科学局下设办公室，办理日常工作。领导小组组长为孙鸿烈，副组长为侯自强、孙枢、李松华，办公室主任为李松华（兼），副主任为陆亚洲。

7. 农业研究委员会的办事机构调整为资源环境科学局的有关处

1987 年 7 月 3 日，中国科学院印发《关于院部机构调整的通知》（〔87〕科发办字 0830 号），撤销数理学部、化学部、生物学部、地学部、技术科学部的办事机构和科学基金局、科技合同局、新技术开发局，在以上原有八个部门的基础上组建数理化局、生物科学与技术局、资源环境科学局、技术科学与开发局。农业研究委员会、能源研究委员会、环境科学委员会、资源研究委员会作为学术咨询评议组织保留不动，各有一名副主任由资源环境科学局的学术秘书兼任，资源环境科学局的有关处同时作为相应委员会的办事机构，学术秘书李松华兼任农业研究委员会副主任。

8. 成立农业项目管理办公室

1988 年 4 月 2 日，中国科学院印发《关于成立院农业项目管理办公室的通知》（〔88〕科发计字 0385 号），决定成立农业项目管理办公室，作为院农业重中之重项目领导小组的办事机构，负责全院农业重中之重项目的组织管理、计划协调及全院的科技扶贫工作。院农业重中之重项目包括：黄淮海平原中低产地区综合开发治理；红壤改良千烟洲、刘家站、桃源示范推广试验区；黄土高原固原、长武、安塞水土保持示范推广试验区；黑龙江海伦示范推广试验区等。农业项目管理办公室设在生物科学与技术局，由计划局、生物科学与技术局、资源环境科学局等部门选调人员组成，农业项目管理办公室主任由刘安国担任（副局级）。1988 年 5 月 27 日，中国科学院印发《关于成立院农业重中之重领导小组的通知》〔（88）科发干字 0629 号），明确了农业重中之重领导小组的职责是负责全院农业重中之重项目的组织领导、工作协调和重大问题的决策。领导小组组长为李振声；副组长为钱迎倩、李松华；领导小组办公室主任为刘安国。

9. 成立农业综合开发领导小组和科技扶贫领导小组

1990 年 6 月 13 日，中国科学院印发《关于统一我院农业综合开发和科技扶贫工作领导的通知》（〔90〕科发人字 0669 号），决定将院农业重中之重项目领导小组更名为院农业综合开发领导小组，同时进行人员调整，与院科技扶贫领导小组一套班子、两块牌子，其职责不变，院农业项目管理办公室为其日常办事机构。领导小组组长为李振声，副组长为钱迎倩、李松华、刘安国。

10. 变更农业项目管理办公室的挂靠部门

1993 年 11 月 1 日，中国科学院下发《中国科学院院部机关机构编制方案》（〔93〕科发计字 0980 号），生物科学与技术局被撤销，院农业项目管理办公室挂靠自然与社会协调发展局。

11. 成立院农业项目办公室

1995 年 4 月 22 日，中国科学院印发《关于成立院农业项目办公室的通知》（科发计字〔1995〕0247 号），规定了农业项目办公室的职责是负责农业区域综合开发项目（含科技扶贫项目）的管理，协调和组织实施工作。与科技扶贫办公室一套班子两块牌子，挂靠在自然与社会协调发展局（1997年5月更名为"资源环境科学与技术局"），由主管副院长直接领导，聘请李振声院士为科学顾问，其业务工作相对独立。

12. 调整农业项目领导小组和中国科学院农业专家组

1995年8月8日，中国科学院印发《关于调整中国科学院农业项目领导小组和中国科学院农业专家组的通知》（科发协调字〔1995〕0372号），决定调整后的领导小组和专家组同时领导和指导院的扶贫工作。领导小组顾问为李振声，组长为陈宜瑜，副组长为刘安国；农业专家组组长为李振声，副组长为赵其国、石玉林、唐登银、盛承发。

13. 农业项目办公室挂靠生命科学与生物技术局

2006年1月11日，中国科学院印发《关于康乐等同志职务任免的通知》（科发人任字〔2006〕3号），农业项目办公室主任（兼）由资源环境科学与技术局局长傅伯杰更换为生命科学与生物技术局局长康乐；院农业项目办公室的挂靠部门从资源环境科学与技术局变更为生命科学与生物技术局。

14. 设立农业科技办公室

2013年8月5日，中国科学院印发《中国科学院机关内设机构调整的通知》（科发人字〔2013〕97号），生命科学与生物技术局等被撤销，设置科技促进发展局等，把原挂靠在生命科学与生物技术局的院农业项目办公室和该局的内设机构农业基地办公室整合为农业科技办公室，并将该办公室作为科技促进发展局的内设机构之一（副局级，由分管副局长兼任主任）。

附录2 中国科学院农业科研工作
重要文件和报告

关于我国农业合作化过程应开展的科学
研究问题的意见 [①]

国务院第二办公室林枫主任：

兹将我们对于农业合作化应进行的科学研究工作的初步意见报上，请审阅。

为了适应农业合作化的要求，我们初步认为进行下列科学研究工作是必要的。

一、农业区划的研究。农业区划是农业计划经济中的基本问题。应结合自然区划与经济区划的研究，根据我国自然条件和国民经济发展的要求，研究农业生产力的合理配置、分区等全面规划。建议由计委、农业部门、高教部及我院组织一个委员会共同进行这一工作。

二、农业机械化及动力问题的研究。除了研究适合于我国不同地区（如水稻区、旱作区、山区）的机械农具的设计和使用技术外，在目前我国石油工业落后的情况下，应研究利用煤或其他经济的燃料作拖拉机的燃料，以解决农村动力的来源。为此，需加强对煤的汽化和燃气轮机等的研究。同时还应开展对小型水电站设备的定型、设计和自动化等的研究。

三、扩大肥料来源及合理施肥的研究。加强对磷肥和钾肥的地质普查，开始盐类相平衡的研究。高效率混合肥料和细菌肥料的研究也应着手进行，并应开始运用同位素的方法进行植物矿物质营养生理、微量元素等的研究。

---

① 中国科学院文件。

347

四、自然资源开发利用的调查研究。继续配合产业部门，以东北、新疆、华南地区为重点进行荒地的勘察和规划，对华南热带资源开发利用问题的研究，并研究盐碱土、红壤的特性及改良利用问题。结合河流的治理和利用进行黄泛区等地灌溉问题的研究。结合发展山区农、林、牧业等生产深入开展水土流失规律、水土保持措施的原则、黄土性质和径流等带有关键性的理论问题的研究。水产资源的调查研究，如渔场变化情况及预报、湖泊放养、鱼病、海涂利用等的研究也应加强。

五、以提高农作物单位面积产量为目的，进行耕作技术的改良及病虫害防治的研究。研究适合于不同地区不同作物的耕作制度、合理密植、复种指数等问题，并结合育种进行遗传及作物阶段发育的研究，有重点地培育适于大面积机械耕种及丰产的新品种。病虫害方面，研究主要病虫的发生规律、分布、生态和防治方法，在新杀虫剂的试制工作中，进行有机磷化合物的研究。对鸟害的研究也应加强。

六、农业气象的研究。对农业天气预告、农业气候区划、农业小气候及防护林的结构、效能等进行研究。同时还应对几种主要作物品种的农业气象检定（适宜播种的温度、生长的极限温度等）和物候进行观测以便掌握农时，指导播种、收割、灌溉、合理地用水等工作。

七、发展农村副业生产的研究。我国农村副业种类繁多，有巨大的生产潜力。为此，在畜牧方面应研究家畜、家禽的生殖、品种改良及饲养等问题；兽医方面应加强研究主要疾病的防治方法。蓖麻蚕的研究成果，今年已在安徽省推广，明年拟在江苏、陕西、山西三省大力推广，并继续研究推广中的科学问题。对于各种经济作物（工业原料、药用植物等）必须加以深入研究。对农产品的贮藏、加工、利用等的研究也亟待开展。

八、社会科学方面，应研究农业合作化运动中的阶级政策和阶级斗争的发展规律；研究我国农业合作化运动的历史和发展规律；社会主义工业化与农业合作化的密切关系和巩固工农联盟问题；充分发挥农业生产合作社的优越性与逐步提高劳动生产率问题；农业生产合作社内部集体与个人的关系问题；合作化与农业技术改革的结合问题；供销、信用、运输、手工业等各种合作社与农业生产合作社相应发展及国有经济各个部门对合作社的支援等政策问题的研究。

以上研究项目仅系初步意见，在有关农业科学研究工作的全面规划和力量的组织、研究的分工等问题上，科学院将结合长远计划的制订，会同农业部及其他有关部门进行详细讨论。

中国科学院

1955 年 11 月 26 日

中国科学院综合考察工作的现状及亟待解决的问题

（1957 年 6 月 18 日竺可桢副院长向院务常务会议的报告）

（一）

中国科学院的综合考察工作，开始于 1951 年的西藏考察，1956 年来，曾结合我国国民经济发展的需要进行了下列各项工作：① 1951 年开始的西藏考察，包括地质、地理、水利、农业科学、社会、历史、语言、文艺、医药等各个方面，1954 年暂告结束。② 1953 年为帮助华南地区推广橡胶及其他热带作物的种植，组成热带生物资源考察队，进行海南岛及雷州半岛等地的考察；1955 年由苏联方面要求组织了云南紫胶虫的考察，1956 年扩大为云南生物资源的考察，1957 年开始了广西贵州边境红水河流域的综合考察。③ 1953 年为配合黄河流域的综合开发，组织黄河中游水土保持考察，1957 年将结束普查，转为定位试验。1956 年组成土壤队，进行黄河流域各灌区的土壤测量，1957 年开始进行长江流域灌区的土壤测量。④ 1956 年应苏方要求，组织黑龙江流域综合开发的科学考察，包括水利水能、地质、自然条件、交通运输及经济等方面，1957 年仍继续进行。⑤ 1956 年开始，为了配合国家粮棉生产的需要，开始了新疆方面的综合考察；同年，开始河西走廊（甘肃）的考察。⑥ 1957 年 9 月，准备开始对柴达木地区盐湖的考察，以探明当地硼盐、钾盐的天然蕴藏。

以上各项考察，①黑龙江流域考察范围最为宽广，包括矿藏、农林牧及水能资源的调查，交通运输的调查，以及综合开发的研究，其他各队均偏重于有关农林牧资源的考察。地质矿藏资源调查，为社会主义建设重要任务，但地质调查人才相对地集中在地质部，本院地质研究所成立未及两年，所以此项调查工作除黑龙江流域外，尚未展开。②各项考察工作，大体上均已订有多年计划，都不是经过短期考察才可结束的。其中如黄河中游水土保持考察工作，经过四年考察工作后普查工作本可于 1957 年结束，但接下来必须继续做的定位试验工作（目的是要提出一套有科学根据的，能广泛推行并且有效的水土保持方案），还须较长期间才能进行下去。③参加各项考察工作的科学工作人员，都是由中国科学院、业务部门的科学技术机构及高等院校三方面结合组成。考察的目的，是解决发展国民经济中特殊的科学技术问题，同时在工作进行过程中，也丰富了各门类科学研究的内容。

1956 年全国科学家集合进行十二年科学技术发展远景规划时，在已经开始的综合考察工作的基础上，研究了发展国民经济中综合考察工作的意义、性质及十二年工作计划。在 57 项最重要科学技术研究任务中，列入第三、第四、第五各项研究任务，均属综合考察范围；第六项研究任务中综合考察工作亦占相当比重。1957 年初，国务院科学规划委员会决定建立 26 个科学研究协调小组，指定以第一、第三、第四、第五、第六项任务合并成立关于综合考察的协调小组，协调有关机关的工作。这个协调小组四月初在会议上提出的建议事项已呈报科学规划委员会。

以上各项综合考察工作，大部分由中、苏两国科学家联合进行，其中黑龙江区域的综合调查、云南紫胶虫考察是由苏联方面提议的，苏方来了大批科学家与中国科学家共同进行工作。例如，新疆地区的综合考察与黄河中游水土保持考察，苏方有各门类著名科学家帮助我们进行工作。以各队情形而论，过去参加工作的苏方科学家也有少数由于我方邀请不得当，发挥作用不大的例子（如云南、海南岛考察）。但在我国科学发展特别薄弱的门类，如水文地质、固沙造林等项,一经我方邀请,苏方即派遣头等科学家,无偿地帮助我方工作、培训干部,发挥作用是极大的。

(二)

根据十二年科学技术发展远景规划,以及过去各考察队工作情形,第二个五年计划期间,我们考虑进行下列各项考察工作:

(1)西藏及康滇横断山区的综合考察。考察内容将以地质、地理、水利、畜牧为重点,结合农林资源的调查,以及地磁、地震、天文观察等项工作。调查工作开始年限预定为 1959 年或 1960 年;

(2)新疆综合考察工作。预计于 1960~1961 年结束全疆普查,考察进行期间,在农林牧综合开发方面,将着重水利资源的利用及盐碱土的改良。考察期间,将结合中国科学院新疆分院,当地其他科学研究机构及高等院校建立一些定点观测及试验工作;

(3)甘肃河西走廊的综合考察工作。考察工作尚未很好地组织起来,目前只靠西北分院的组织力量是不够的,拟明年和新疆工作结合进行,成立中国科学院甘肃河西走廊考察队。考察工作预计亦将在 1960 年左右结束,工作内容亦将以农林牧综合利用为目标,全面了解当地自然条件;

(4)柴达木地区盐湖及农牧资源的考察。目的是探明硼盐及钾盐资源,以及当地农牧资源状况。硼是重要的国防工业原料,苏方对其极感兴趣;钾为重要化学肥料的一种,第二个五年计划预定大量生产,但全国尚无可靠的原料产地。柴达木地区是我国第二个五年计划重点建设地区之一,当地交通条件将迅速被改进,因此进行这项工作是必要的;

(5)黑龙江的综合调查,依照中、苏协定将继续进行至 1960 年。黑龙江重要支流松花江为东北最大河流,与松花江综合开发有关的地下资源与自然条件的考察,结合这个工作继续进行是有利的。如何安排,尚待进一步研究。

(6)黄河中游水土保持工作,在普查基础上继续定位试验工作,结合水利、农业、林业各科学研究机构,进行有关水土保持的综合研究工作,极为必要。因此在第二个五年计划期间,准备保留黄河中游水土保持考察队的部分人员,结合各方面科学家的力量,开始研究不同类型地区水土保持的有效措施。

（7）改组云南生物考察队，以热带生物资源考察为重点，组织有关各门类科学家，进行云南西南地区的考察工作。紫胶虫考察因已完成向苏方引种的任务，1958年以后的工作转为经常性质，应交由中国科学院昆虫研究所继续进行，不列入综合考察范围之内。

（8）在1957年红水河流域考察工作基础上，建立中国科学院华南综合考察队，以热带生物资源考察为重点，分年进行广西贵州地区，以及闽南粤东地区的综合考察工作。这个考察工作在适时条件下，拟交华南植物研究所或广州分院筹备处负责进行。

此外，土壤队现在所进行黄河、长江流域的土壤测量工作仍应结合黄河长江流域规划委员会的工作继续进行，同时亦应对上述各考察队〔除（7）（8）两项外〕中有关土壤调查工作大力支援。

上述各项，除黑龙江考察外，既不包括矿冶调查也不包括考察地区生产力配置的研究。

（三）

中国科学院的综合考察工作，由于国民经济发展的需要，经过十二年科学技术发展远景规划，已经逐步发展起来，但目前工作中仍存在着极大的困难。

首先，目前的综合考察工作，究竟是什么性质，与有关各业务部门关系如何，并不明确。中国科学院苏联顾问拉扎连柯同志认为，了解待开发地区的自然资源，做出这些地区的自然区划，作为研究这些地区综合开发方案（生产力配置）的基础，是综合考察工作的目标。因此，目前的综合考察工作，应适当改组，使之接近苏联科学院生产力研究委员会的性质，受政府的委托，介于科学研究机关与业务部门之间，组织各方面的力量，完成这个对发展国民经济有着重大意义的任务。拉扎连柯同志认为，地质调查（不是地质普查，也不是地质勘探，而是普查以前的大面积调查，或根据各个局部地区普查与勘探的资料进行综合研究，发现不同地区地层构造规律，以指导普查精查的进行）是极其重要的一个工作，综合调查一般局限于农林牧资源的调查是不够的。他同时也认为，这个工作不是国家计划委员会的工作，因为国家计划委员会是根据已知的各地区的自然资源情况来做具体的开发计划，查明自然资源一事，如果由国家计划委员会负责，国家计划委员会仍须与科学院合作。而这个工作在很大程度上是科学研究工作性质，因此以设在科学院为适宜。

考虑到我国情况与苏联是有不同的，因为有关调查自然资源的科学力量很大部分已集中于各业务部门，导致目前总的科学力量不足，为加强综合考察工作而过分削弱各业务部门的力量未必妥善。目前国家关于自然资源的调查，散属各部，调查资源缺乏集中、缺乏积累、缺乏综合研究，因而工作重复，往往甲单位做过的工作乙单位又去做；某件事各单位做过工作，临时需要可靠的科学资源却不能利用已做过的工作成果。这种情形，即便在科学院各单位之间也是存在着的。

科学规划委员会为解决这个问题，决定成立有关综合考察的协调小组，这个协调小组进行工作的时间极短，这种组成形式能否解决上述问题自然还不能判断。但细察全部自然资源的调查及其综合研究，虽然如此复杂错综，但对国民经济发展远景关系又极为重大，如果不从组织上适当解决这个矛盾，仅仅进行一般的协调，效果恐怕不会太大。

因此我们建议采用下列两个方案，请国务院审查指示：

一、成立国务院直属的生产力研究委员会：①组织科学研究机构、业务部门、高等院校的科学家进行自然资源的调查。②综合自然资源调查资料，进行开发利用的综合研究。③组织建立为进行这些工作所必要的直属的研究机构与试验室。由于研究与试验一般应利用现有机构，因此它的规模不用很大。

二、在中国科学院现有的综合考察工作基础上，由有关学部负责人及各队队长组成人数不多的综合考察委员会，补充少数人员，充实其机构，并经现已成立的科学规划委员会的协调小组，与各业务部门进行工作协调。但为了工作能进行地更加方便起见，请国务院：①重新审查现在进行与准备进行的各项综合考察工作，规定它的工作任务、工作范围、工作中应完成的成果与时限。②明确规定各业务部门在综合考察、资料汇总综合研究方面，充分地与中国科学院综合考察委员会进行合作；倘若国务院采纳这个方案，中国科学院综合考察委员会的组织，当另作具体建议。

以上报告及建议，请予讨论，指示。

中国科学院党组向中央《关于大办粮食代用品的建议》的报告①

中央、主席：

根据中央支援农业的指示，为了有助于节约用粮，安排群众生活，最近几个月来，我们着重抓了粮食代用品的研究工作。由于科学院各有关研究所在生物分类和生物化学等方面有一定的基础，研究工作的进展是比较快的。目前已有几种代用品试验成功。这几种代用品，既有营养，又无毒害，原料丰富，做法简便，可以分情况，进行大规模地推广。

橡子仁、玉米根，泡泡磨磨就能吃，要抢时间推广下去。

（一）橡子面粉：橡子品种很多，遍布南北各地山区，全国年产橡子（带壳）粗估约 80 亿斤以上。橡子仁中一般含有 43%～60% 的淀粉。每百斤橡子去壳后，可得橡子仁六七十斤，约可提取淀粉 30～50 斤。如果以全国橡子产量的 20% 来提取淀粉，即可得淀粉六七亿斤。过去在东北地区，敌伪②曾强制群众吃未经处理过的橡子面，因为里面含有单宁，使其味道涩苦，群众难以下咽，若吃下去便会引起便秘有害健康。有些山区群众也有食用橡子面的，办法大多是将带壳的橡子在水中浸泡后，去壳磨粉食用。一般泡半个多月，但单宁仍不能去除干净。现在试验成功一个简易处理的方法。即先将橡子去壳打碎成小块（磨成粉，单宁可以去得更净，但过滤比较麻烦），然后用千分之一浓度的碳酸钠溶液浸泡，只要一两天，即可把单宁浸取出来，得到可供食用的淀粉。如不用碳酸钠溶液，用石灰水、草木灰水、温水甚至河水浸洗也可以，只是浸出单宁的时间长些，一般要两三天。

采集橡子虽然需要一定的劳动力，但老年人、儿童也都可以进行。采集时要注意抓紧时机，最好在成熟初期立即采集，否则其受虫害侵害损失很大。东北地区，还要注意在大雪以前采集完毕。

（二）玉米根粉、小麦根粉：玉米根、小麦根，洗净、磨碎、碾成粉后，

---

① 中共中国科学院党组文件。
② 此处指伪"满洲国"时期的日本和伪满政府——编者注。

也可食用。色香味都有点像炒面。玉米根粉含蛋白质 7.29%、脂肪 0.58%、碳水化合物 51.46%（一般面粉含蛋白质 10.8%、脂肪 2.18%、碳水化合物 70.66%）。每亩地的玉米根可碾粉 50 斤以上。过去连秆带根作柴烧，或废弃在地里任其腐烂，甚为可惜。最近在陕西兴平县的一个公社里，当场试验，将其制成粉，掺 20% 在面粉中做成馒头。群众吃后，非常满意，这种方法很快就在全县推广开了。如能在全国进行普遍推广，以玉米根、小麦根的 20% 做根粉计算，可得几十亿斤粮食代用品。华北平原地区，草木稀少，利用根粉代粮的方法，更值得提倡。

对于直接利用农副产品和野生植物做粮食代用品，群众本来就有丰富的经验。今年各地大搞小秋收运动，又有许多新的发现，可以解决很大的问题。目前重要的是利用营养成分分析、毒性鉴定，去除有害物质，以便既能充分利用资源，又可防止中毒。

叶蛋白，营养好，资源广，采集、加工有所安排，就可以大搞。

（三）叶蛋白：经过选择后可以食用的新鲜草叶、作物叶子和树叶，一般每百斤可以提取叶蛋白干粉 2～10 斤。在叶蛋白干粉中，含有蛋白质 30%～77%、淀粉 1%～4%、粗脂肪 7% 左右及多种维生素（叶子在不同季节，养分的含量不同）。叶蛋白的营养价值很高。例如，青草、大麦叶子、小麦叶子和槐树叶的蛋白质中，都含有 10 多种氨基酸，人体必须从食物中吸收的 8 种氨基酸，它们都有。和其他食物掺在一起食用，既可节约粮食，又能增加营养。特别是在灾区，如和糠菜、稀汤混吃，可以防止由于营养不良所引起的恶疾，帮助群众度荒。叶蛋白掺在主食里吃，目前试验结果，一般以 5%～10% 为最好，不要超过 20%。

过去群众每逢粮食不够时，都有吃野菜、吃树叶的习惯。但绝大部分叶子都不能直接食用，因为：①叶子中含有的大量纤维素，很难消化，营养物质不易被吸收利用。②有不少叶子还含有不同程度的毒害物质。③色、香、味不适合食用。现在找到了简便方法，可以把蛋白提取出来，大体和做豆腐的方法相似。即先把采集的鲜叶切碎，掺水磨成浆，榨出叶汁，加热至 70～80℃，使叶汁中的蛋白质凝固沉淀，然后过滤、弄干即成。剩下来的叶渣，煮熟或发酵后可作饲料，过滤液则可以用来培养酵母，做人造肉精。在城市和农村可以普遍推广。由于叶蛋白干粉可以贮藏和运输，在林区和草原，如叶子采集方便，还可以用简单的机械进行大规模地生产，供应各地特别是受灾区的需要。

推广时，要注意的问题有三个：一是鉴别叶子有无毒性。有毒的叶子，如有可靠的方法，彻底去除叶子上的毒质，也可以利用。但在研究试验还不够成熟的条件下，暂时还不宜利用。为了帮助北京地区群众鉴别毒性，我们已编就出《北京野生食用植物》和《北京习见有毒植物》两本鉴别手册。各地区也可在已有植物分类资料的基础上，按地区编制鉴别手册，供群众使用。二是要随采随做。鲜叶摘下后，最好不要过夜，否则，叶中蛋白质容易被破坏，养分就没有原来的多了。为此，采集工作要有计划地安排，必须和加工相互衔接。掉下来的树叶子，甚至枯黄的叶子也有蛋白质，只是含量比较少。但采集叶子所用的劳动力却比较节省。青草、作物叶子采集较方便，可以优先利用。三是要注意树林保护。采叶子，不要攀枝折条，以免伤了树。春天的新叶子切不可采摘超过 1/3，以免过分影响树木的发育生长。秋季落叶以前，也要保留 1/5 不采。

据国外资料显示，英国科学界也在研究叶蛋白的生产，不过他们是用大型离心机等复杂的机械设备来做的。我们也做了一种机器，正在进一步改进中。

食用微生物、浮游生物，繁殖快，养分高，人工培育时要学会一定的管理技术，并准备必要的简单设备，只要积极而有步骤地推广，就会有很大收益。

（四）人造肉精：这是一种酵母菌菌体做成的食品。所含营养成分极似肉类。德国在世界大战[①]期间，由于缺乏肉食，即用化学方法和微生物方法，大量制造这类食用酵母供军民食用。每人每天吃四钱左右，用以代肉。

现在我们从 400 多种菌种中选出一种叫作"白地霉"的酵母菌。它的菌体干粉含蛋白质 25%～40.9%，比一般鲜肉的蛋白质含量高，蛋白质的质量和猪肉蛋白相近；含脂肪 5%～10%，和鲜瘦猪肉的含量差不多；还含有维生素 B1、维生素 B2 和粮食、肉类食品中少有的维生素 B9。这种酵母菌可以土法培养。淘米水、涮锅水、残菜帮、烂水果、各种无毒的树叶、野草、野菜、农作物的根茎叶、酒糟或造纸、制糖工业废水，煮后都可以制成培养液。把

① 第二次世界大战——编者注。

白地霉菌种放在培养液里，经常保持20～30℃，两三天内即可繁殖成一层白膜。白膜在五六十摄氏度的温度下，即溶解成糊状，便是人造肉精。将其烤干后，可制成"肉干""肉粉"，便于保存。机关、部队、学校、公社的食堂都可以自己做。生产食用酵母的洋法宜于工业化，我们也已初步掌握，并在把农副产品水解糖化做成培养液的技术上有所改进，糖化率比国外科学资料上记载的高，消耗硫酸则比外国少。

培养食用酵母菌关键的问题是，菌种要纯，培养时要控制温度，讲究清洁，防止产生杂菌。某些杂菌，人们吃了容易染病。在冬季，必须有一个小房间，且要保持20～30℃的温度，然后用燃料点炉子。如果温度适宜，也可以在炉台、炕头进行小量的培养制造。

（五）小球藻、栅藻、扁藻：小球藻和栅藻养分很高，干粉中含蛋白质20%～40%、脂肪4%～6%。蛋白质中含8种人体所必需的氨基酸。（栅藻类似小球藻，现在群众中培育的很多是栅藻，但通常也把它叫作小球藻）。我们发现在培育中，有九个关键问题：池子、用水、藻种、管理、肥料、防治虫害、采收与贮藏、利用、越冬。对此，我们已初步总结出一套技术经验。

小球藻和栅藻都是在淡水中繁殖的。最近又培育了一种扁藻，是在海水里养殖的。一亩地大小的海水池，年产扁藻的干粉可达9000斤左右。培养时用的肥料比培养小球藻要少得多。它的单位面积产量和营养成分都与小球藻差不多。含蛋白质25%～35%、脂肪7%、碳水化合物40%。人吃畜用都行，现已在青岛推广。其他沿海地区也可在经过生理试验之后，加以推广。这几种藻类可以在水池里大规模地生产，也可以利用盆、罐进行小量培养。但是它们都需要一定的温度才能生长（小球藻、栅藻为15～30℃；扁藻在25℃时最适宜生长，不能低于10℃）。冬季在南方仍可试验培养，必要时采取简易的保温措施；北方室外不能培养，要在温室里保存藻种越冬，以备来年繁殖。

以上成果都经过毒性鉴定和动物营养试验，取得了数据，制订出了操作规程，并且初步在群众中进行推广试验，证明其确有成效。

此外，我们还正在研究红虫（即水溞）、玉米秆曲等代用食物。它们看起来也是很有研究价值的。小球藻等藻类都是浮游植物，红虫则是一种浮游动物。它含的养分很高，味道鲜美。用玉米秆（稻草、麦秸也可以）发酵制成的曲粉含蛋白质21%、糖分5%，也可以代替一部分粮食。

我们的工作刚刚开始，在很多方面还有许多技术问题，如各种成分分析检验、长时期的营养生理试验、贮存保管条件的研究等，都有待于继续解决。有的研究推广起来还可能发生一些新的问题，因此工作必须进一步深入。但我们已能初步看出，朝这个方向努力是大有可为的。自然界可供食用的资源本来是极其多样、极其丰富的。可以肯定的是：以野生植物、农林副产品和水生生物为对象，利用净化、提取、微生物发酵等方法，一定能够把很多不能吃、不好吃的东西，变成能吃好吃的东西。

有很多种植物的叶子、秆子和根，人们都是不吃的。因为在这些植物体内，除了含有蛋白质、脂肪、糖类以外，占其比重最大的还是纤维素，人们吃了它不能消化吸收。现在用化学方法提纯，把蛋白质等营养物质提取出来，这才算第一步。还可以用微生物发酵方法，把纤维素分解、转化为人体可以吸收的糖分，使植物体的全部或大部能变成可吃的物质。

微生物不但可以起到上述分解、转化的作用，还可以直接用来做食物。人造肉精就是一种可食的微生物。如果再注意一下向江河湖海要食物，前途更是不可限量。单是浮游动物就有好几千种。英国有专门的船只用来捕捞浮游生物，一次可以收好几吨。既可用作饵料，还可加工做成副食品、调味品，供人食用。

更重要的是微生物、浮游生物这些低等的动植物体积小，营养成分高，繁殖又快，宜于进行工厂化生产。据英国一个学者的计算，一个酵母工厂，每天产10吨酵母，即有相当于一万斤猪肉所含的蛋白质。而要有一万斤猪肉，需花一年的时间饲养80头肥猪才行。可以设想，将来城乡每个公社只要有一两个规模并不很大的人造肉精、小球藻工厂，就可以满足全体社员对蛋白质和脂肪的需要。那时，即使人不食用，当作精饲料喂养牲畜也是极有利的。

上述这些设想，不是一下子就能轻易实现的，要经过相当长时间的努力。但是一旦实现，就会出现一次食物生产的新局面。它也可能是实现农业工业化，进一步解放农业劳动力，战胜自然灾害威胁的途径之一。因此，关于粮食代用品的科学研究，不但对于解决眼前粮食问题具有重大意义，而且对于远大的共产主义建设事业也是极有意义的。

科学院各研究所，除了推广和深入巩固已有的成果外，还准备进一步沿着上述的各种途径，为实现农业工业化的理想继续进行研究工作。

鉴于我国农业生产两年歉收，有些地区面临饥荒威胁的紧急情况，在群众中普遍推广粮食的代用品已成为一项十分迫切的任务。就这方面提出如下几点建议仅供中央考虑：

（一）请各级党委很快采取紧急步骤，加强对粮食代用品工作的领导。动员群众，开展一个大办粮食代用品的运动。

为了推进这一运动，各省（市、自治区）、县、人民公社可因地制宜，制订出开展粮食代用品工作的规划。规划内容要确定大体的进度和指标，并着重根据本地自然资源条件，在不同地区抓不同的重点推广项目，有计划地安排技术训练、劳动力和某些必要的物资设备供应等。

为了保障供应大量的纯菌种和纯藻种，建议各省（市、自治区）建立菌种、藻种的繁殖基地。科学院可以供应第一批菌种、藻种。

（二）开办训练班，传授技术经验。在国务院五办[①]的主持下，科学院及其他有关部门协作，将在北京开办一个训练班。全国各省、市、自治区都有人参加。传授现有几项研究成果的操作方法和利用方法及植物分类、毒性鉴定、化学分析和食物营养的基本知识和技术。中央一级机关准备抽调出一万名干部去加强农业战线，给以同样的训练，以便把技术一下子直接带到公社基层中去。全国各省（市、自治区）、县、公社也要尽快开办各种训练班，举行操作表演，讲授技术规程，举办巡回展览。技术传授工作先走一步，可以避免发生中毒等事故或造成资源和劳动力的浪费。

（三）请中央责成有关部门和地方政府，选择靠近森林区、草原区、热带亚热带区的地方，指定到某些业务相近的工厂，用机械方法试验，大量生产叶蛋白。在南方水网地区，大力培养小球藻和扁藻，大量生产小球藻和扁藻。在城市里，结合造纸、酿造等有关工业，迅速发展食用酵母和饲料酵母的生产。把以上几种食品，制成干粉包装起来运到灾区，对于增加当地人民营养、防治当地人民的水肿病将特别有用。

（四）加强内部宣传工作。各省（市、自治区）根据规划要求，采取各种

---

① 指当时的国务院第五办公室——编者注。

不同方式，动员各方面的力量，向群众做好宣传工作，做到家喻户晓。宣传内容着重解释制造粮食代用品工作的重要意义和加工利用的方法。对于如何避免中毒，如何在采集树叶时注意保护树木等具体问题，也要尽量交代清楚。科学院已编印《粮食代用品技术资料简编》《北京野生食用植物》《北京习见有毒植物》等小册子。正在摄制可以推广的重点研究成果纪录片。以上宣传资料准备分送至各地进行翻印或复制或供另行编制宣传材料时参考。

（五）粮食代用品的工作，可能牵涉到一些政策问题，如人民公社劳动力的安排、采集、分配和利用等方面个人和集体之间的关系，非灾区支援灾区，对某些单位所提供的多余产品的收购及价格规定等问题。以上这些问题，请中央责成有关部门和各地方党委予以考虑。

（六）各部门和各地方的有关科学研究机构，在统一规划下，分工协作，应当把粮食代用品作为一项长期的、重要的课题，从各方面进行深入的研究，为群众生产代用品开辟更多更好的途径。目前应以研究土法为主，同时注意总结土法和洋法的长处，逐步发展经济的工业化方法。

以上意见，是否妥当，请予指示。

中国科学院党组

1960 年 11 月 9 日

中国科学院党组关于支援农业的报告 ①

中央、主席：

我们接到中央关于进一步巩固人民公社集体经济、发展农业生产的决定（草案）后，于七月下旬，在有各研究所党内领导干部参加的党组扩大会议上，进行了学习和讨论。其后在八月间，又和有关的专家就支援农业问题进行了磋商。

在党组扩大会议讨论中，发言同志一致表示拥护中央的这一决定，并认

---

① 中共中国科学院党组文件。

为这个决定的实施，对于巩固人民公社、发展农业生产不仅能有直接的推进作用，而且会使主席以农业为基础，按农、轻、重工业次序来安排统一的国民经济计划指示，在实际工作中得到进一步贯彻，从而引来整个国民经济的进一步高涨，给我国社会主义建设带来崭新的局面。

我国农业是走集体化、社会主义道路还是走单干、资本主义道路？在科学研究机构的工作人员中，对这一问题的回答是不一致的。在这次会议上，有个小组，就有个别从基层来的同志，曾宣传包产到户的好处，有人附和，有人反对，引起了一阵争论，但由于大家对这一问题的实际情况不了解，平素关心不够，原则性不高，争论未曾展开。不过，这已经证明，科学研究机构永远不可能和社会各方面脱离联系，单干风社会上有，这里也有。何况科学院本身是知识分子成堆的地方，虽然十多年来知识分子有很大进步，应该肯定，但其中有一些人的资产阶级思想，还未得到根本的改造和转变，会在不同时机、不同问题上暴露出来。因而，正如中央所指示的，重新教育干部问题、对群众的社会主义教育问题、思想战线上的阶级斗争问题，对我们说来，是绝不能忽视的一件大事。这方面的情况，拟另向中央写报告。

中央在决定中指出，各部门均必须制订出支援农业的可靠计划。我们曾趁科学界编制长期规划的机会和有关专家进行了初步酝酿。多数人均表示，支援农业，保证吃、穿、用过关，保证尖端过关，关系国家命运，关系世界人民的命运，是我们义不容辞的责任。科学院的研究工作，带有综合性，包括数学、物理、化学、生物学、地学、技术科学和社会科学的各个方面，和农业有直接关系的比重虽然不大，但可做的事情是很多的。过去我们对于这方面的工作重视不够，今后应当根据中央指示精神，把支援农业的科学研究放在最重要的位置来加以具体安排。

根据国内各部门科学研究机构之间的分工，农业科学院是从农业科学角度，更加密切地结合当前生产的需要进行工作；科学院有关机构，则从基础科学的角度，侧重长远一点的、基础性的工作。在全国一盘棋的部署下，彼此相互配合，为加速农业的技术改造，巩固集体经济，发展农业生产做出了应有的贡献。

这几年有关这方面的工作，变动较多，工作不稳定，科学家意见也不少。

因此要把这方面工作安排得当，还需要经过一番周密的调查研究。现在只将经过和有关专家商量后认为可以定下来的工作，分为四个方面，扼要叙述如下：

第一个方面，应当抓紧进行过去有一定基础，可指望近年内做出结果的工作。

（1）土壤改良和土壤肥力的提高。我国低产田共约四亿余亩，其中盐渍土、西北高原的黄土、南方的红壤土占绝大的比重，我院过去针对改良这三种土壤做过不少工作，今后更要加强研究。

对华北地区次生盐渍土，应着重研究水盐运行规律和改良分区，为根本改良盐渍土提出因地制宜的分区改良方案。对西北黄土高原地区，研究土壤侵蚀规律和提高侵蚀土壤的肥力。

南方红壤地区，不仅要研究土壤肥力的恢复和提高，还要结合绿肥等有机肥料的研究，研究土壤中有机质的积累、分解和转化规律，为种植绿肥或施用有机肥料而提高土壤肥力提出科学依据。

（2）扩大肥料来源和合理施肥。化学肥料主要是研究磷与钾。因为磷、钾是我国最缺乏的两种化肥原料。根据科学考察的材料，发现青海盐湖含钾量很高，是一笔大财富。我们想联系盐湖的资源利用问题来进行含钾及有关复合肥料的水盐体系、分离方法等问题的研究，开辟钾肥来源。

生物有机肥料，如根瘤菌、磷细菌肥料已经有长期的试验，并在东北地区进行了推广，证明有效，拟继续研究。同时应发现新的菌肥类型并研究其生态条件，扩大菌肥种类及改进其使用方法。对固氮蓝藻的研究，已肯定其在水稻田中的肥效，问题是如何找到简易而快速繁殖藻种的方法，以便在近年内推广。在科学理论上，将针对施肥中较为复杂的科学问题，如有机-无机肥料配合机制、作物的根系代谢和矿质营养（包括微量元素）进行一些工作。

（3）农作物主要病虫害的防治。棉花蚜虫等害虫预测预报的研究成果已在生产中推广多年，对害虫的防治发挥了一定作用，需要进一步研究提高预测预报的准确性并改进其方法。

研究高效的农药：研究农药的毒理机制，为试制新农药和解决害虫对农药产生抗性提供科学依据。利用微生物防治害虫是一种巧妙的方法，如苏云金杆菌用来防治松毛虫、蔬菜青虫已初步获得成果，今后拟加强这方面的研究。小麦锈病和马铃薯晚疫病的病理和防治方法也研究出一定结果，拟继续研究。有一种化学合成的乙基大蒜素，用于防止甘薯霉烂，在上海试验中很有效果，已有条件将其进行推广。

（4）激素和菌类在农业上的作用。激素有无机和有机两类，其用量虽微，但若使用得法，可以用以控制动植物的生长发育。例如，激素2,4-D可以促进作物生长或抑制杂草；赤霉素可以刺激蔬菜生长。菌类除在肥料方面的利用外，在促进作物生长和家畜饲养等方面的利用潜力也很大。我院今后要加强以上这些方面的研究工作。

（5）土地资源合理利用问题。我国土地资源还未充分开发利用，山区牧区就存在利用不合理的现象。按照不同的自然条件，对土地进行因地制宜，统筹安排，制订全国农业分区的工作已经开始，近年内可提出初步的分区方法，再结合地区性的综合考察，深入研究土地资源合理利用的途径，提出开发利用方案。

我国草原资源生产潜力极大，在科学研究上是一片处女地，如何实行半人工经营，研究草类生长的条件，为发展畜牧业和农牧合理结合等基本问题提供科学依据，需要做大量的工作。拟和有关部门合作，先进行调查研究和定位试验，积累点材料，为做大规模的研究打下基础。

第二个方面，对于一些长期性的工作，虽不能一时见效，但为将来做准备，意义很大，对此类的工作要配备适当力量，坚持做下去。

（1）人工影响局部天气。对于人工影响局部天气的研究工作美国、苏联都投入很大力量，并运用雷达等新技术进行探索。1958年我国从人工降水工作着手对天气进行了研究，初步摸索并总结了我国暖云降水的催化方法。今后将通过小系统天气与云雾物理的观测，研究云雨形成过程和降水机制，从而提出有效地影响局部天气的方法。

（2）中长期天气预告。系统地探讨天气系统、大气环流等方面的基本理论问题，从而提高中长期天气预告的准确率。

（3）干旱和沙漠地区自然条件的改造。这是一项综合性的课题，关系到我国西北广大地区。为了大规模地进行干旱地区的改造，今后若干年内，将着重进行对太阳辐射热量和水分蒸发的平衡问题、风沙移动规律、旱涝规律等基本问题的研究。

（4）作物生长发育的探制。主要是从植物生理学方面探索作物生长的机理，以指导农学和生产。例如，研究作物的抗旱、抗盐、抗寒性，提高作物在相应的不良环境下的生活能力，从而提高单位面积产量和扩大作物播种地区。研究作物个体和群体的生长发育，为合理密植、间作套种提供理论依据。研究光周期、温周期的规律，为进一步控制作物生长发育提供途径。研究在人工控制环境下的作物生长发育，为农业工厂化积累科学储备。

（5）遗传选种。研究作物起源和变异中心，对扩大选种的原始材料、选择杂交亲本等方面能起到巨大作用，而我国又是多种作物的起源地，拟将遗传选种列为植物学新的研究课题。作物主要经济性状（即适合农业要求的某些性状）传递规律的研究，为定向培育作物提供理论依据和新途径。杂交优势在玉米双杂交等方面早已被广泛应用，只有在理论和方法方面作进一步研究，才能为扩大其应用范围和改进利用方法提供新的可能。

（6）农民丰产经验的总结。前几年组织科学家对陈永康的水稻丰产经验，曲耀离、王满红、张秋香的棉花丰产经验，河南劳模的小麦丰产经验，以及各地老农关于土壤的鉴别和利用、特别是鉴别水稻土肥力的经验，进行了系统的调查和试验研究，不仅取得了较多成果，丰富了学术观点，而且也促使科学家对理论联系实际的方针有了新的体会。今后我们应一方面继续向农民学习，一方面将有关科学问题作深入的试验研究，将农民的经验上升为理论。以上这些都需要长期进行，才能有更好的结果。

（7）寻找新的有用野生植物和代食品。前几年在野生植物扩大利用方面做了不少工作，较有意义的工作是在云南、广东等地发现了油瓜（又名油渣果、猪油果），但问题是油瓜自然繁殖太慢，现在已初步解决了对其进行人工繁殖的方法，此方法有很大的推广潜力，现正研究进一步提高扦插成活率的方法。今后将继续调查研究新的有用野生植物，并进行引种驯化，以扩大粮食、油料和纤维的来源。

寻求人工代食品，是世界各国研究工作中的一个新的课题。例如，叶蛋白、小球藻已被认为是有发展前途的代食品，英国、日本均对其投资来进行研究。我国也将组织一定力量去继续研究。英国和日本着重加工方法和提高质量，我国则着重生长条件的控制。如果研究有良好的结果，可以首先用其来代替牲畜精饲料，减少我国一部分粮食消耗。

现在有一门科学叫生物工程学，在英、美等国已是形成阶段。主要就是研究人工食物和在高度人工控制下的农作物培育工作。我国也将投入一点力量来对其进行探索。

第三个方面，是新技术在农业生产上的应用。

（1）研究射线、超声波、红外线等在农业上的应用，包括刺激作物生长、种子发芽和粮食储存等方面。除对已经肯定的用途提供准确有效的方法外，还探索出了新的用途。

（2）应用物理原理和电子技术，为测量作物生理过程和作物生长环境提供简易的仪器和测量方法。农民中有不少劳动能手，懂得掌握气候变化、土壤温度、植物生长情况，并据此采取相应措施。但其观察方法全靠手摸目测，别人不易学会。今后可以利用新的测量仪器和测量方法，记录作物的生长发育过程，把农民的丰产经验科学化、规律化。又如对利用电子技术进行捕捞、饲养等方法也将开始研究。

第四、其他方面。包括工业方面支援农业科学技术问题的研究，主要是节省农产品在纺织工业、化学工业上的消耗，以及在林业、水产方面的研究工作。

（1）化学方面。人造纤维、合成纤维的发展，可以减少棉、麻的消耗量，在这方面应着重研究若干种适合我国资源条件的人造纤维和合成纤维制造工艺中的关键科学问题。此外，研究从天然气、石油气出发，合成各种化工原料，以减少农副产品在化学工业上的用量。例如，从乙炔出发合成乙醛再制取酒精及高分子原料，可节省制酒精用的食粮。又如用乙炔一步加氢双聚制成丁二烯（是合成橡胶的主要单体之一），可以节省酒精的消耗量。

（2）森林方面。研究红松的生长规律和天然更新，研究杉木生长的环境条件和速生的经营措施。

（3）水产方面。继续调查研究长江鱼的资源和生态习性，进一步研究与家鱼催产有关的生理生态问题，研究重要鱼病的防治方法。

（4）围绕农业四化，与其他部门配合，研究电工、机械、自动化、水利等方面的一些科学技术问题。

上面所列各项工作，是目前可以确定的一部分研究工作。今后还要根据国家提出的要求、生产部门的需要，进一步进行更加全面的安排，并且逐项落实到基层研究机构去。

为了做好院内支援农业的研究工作，我们拟加强以下措施：

第一，加强在支援农业方面做研究工作的人力、物力。在这方面，这几年来是注意不够的。

第二，要适当解决试验场地问题。做好大田试验是推广农业科学研究成果的重要前提。过去科学家虽然做了一些工作，但都缺乏大田试验，有的半途就搁置起来，不了了之了；有的贸然推广，由于不见好结果，就简单对其进行否定。以上这都是不利的，因此要强调一切都要经过试验的程序。科学院除了自己开辟一部分试验场地外，更重要的是要求能指定若干农业试验站、国有农场，与科学院有关研究所建立联系，从而提供试验场地。

第三，加强对外国农业方面试验研究工作和农业措施的调查研究，注意吸收外国在农业技术方面的长处。

以上报告请予指示。

中国科学院党组
1962 年 9 月 5 日

关于开展"综合治理黄淮海平原"工作
初步意见的请示报告 ①

聂副总理并报总理：

夺取无产阶级"文化大革命"全面胜利的伟大一年开始了。在我院已

---

① 中国科学院文件。

经兴起的科学革命运动，正沿着毛主席"五·七"指示的光辉航道深入发展。

科研走什么道路，为谁服务的问题，始终是科技战线上两个阶级、两条道路、两条路线斗争的根本问题。五年来在对待黄淮海任务上，一直进行着尖锐激烈地斗争。

1962年在北戴河会议上，我们最敬爱的伟大领袖毛主席向全国人民提出了以农业为基础的伟大战略方针，并对反革命修正主义分子张劲夫不抓为发展农业服务的工作提出了严厉的批评，毛主席说"科学的研究，没有抓农业"，科学院党组书记说"科学院是搞尖端的"。1963年在全国农业科学技术会议上就提出了综合治理黄淮海平原的伟大战略任务。同年聂副总理向毛主席汇报十年科学规划时，把它作为第一项重大的农业科学技术任务。毛主席指示"这个研究工作，要几万人来搞"。总理在1966年2月的八省市抗旱工作会议上，又着重阐明综合治理黄淮海平原的伟大战略意义，并提出了一系列具体措施和要求。

毛泽东思想的无比威力，是任何反动力量都阻挡不住的。黄淮海地区的广大贫下中农，中央有关部门、中国科学院和地方的农林水利、生产、科研、推广单位的革命干部、革命科技工作者，坚决执行毛主席的最高指示，抵制刘、邓黑司令部的干扰破坏，自觉地、勇敢地投入到改造自然的斗争，做了大量工作，取得了一定的成绩和经验。我院革命群众在封丘、禹城两县的试验，是黄淮海工作的一部分。我们从几年来的试点实践中深深体会到：群众中蕴藏了一种极大的社会主义积极性。

封丘县是一个老灾区，五年来面貌有较大变化，统销粮已从1961年的2992万斤减至1966年的653万斤，降低了78%；救济款从184万元减至81万元，降低了56%（表1）。以封丘县10万亩井灌井排实验区产量为例，1966年产量比1965年增产了90%，1967年又比1966年增产了49%（表2）。

在科学革命的高潮中，我院广大革命群众按照毛主席的"五·七"指示，又把根治黄淮海平原的伟大战略任务提到了科学革命的首位，把它作为科学革命的重要典型试验。

表1　老灾区封丘县的变化

年度	1961	1962	1963	1964	1965	1966
统销粮/万斤	2992	2710	5965	4064	3127	653
救济款/万元	184	148	434	428	304	81
比较	1966年与1961年比统销粮降低了78%，救济款降低了56%					

表2　封丘县十万亩井灌井排实验区粮棉产量统计表

种类	年度	季度	队别	灾情	产量 总产/万斤	产量 单产/斤	比上年增加百分比/% 总产	比上年增加百分比/% 单产	备注
粮	1966	全年			1 686	211	90	97	10万亩
	1967	夏			786	129.5	49	43.4	试验区
	1966	夏	盛水源	次生盐碱	6.626 6	208		200	356亩麦
	1967	夏			6.979 5	218	5	17	320亩麦
	1965	夏	西大村	牛皮碱		44			
	1966	夏			3.935 5	114.8		160	260亩
	1967	夏			13.471 1	168	25	62	799亩
	1966	全年	应举	牛皮碱	86		207		我院未在此设点，六七年派人去应举了
	1967	夏			26.361 5	182	32	58	1434亩
	1966	全年	牙铺	牛皮碱	18.6		160		280亩
	1967	夏			6.001 1	214	70	80	
棉	1966				13.7		4.3倍		

一、高举毛泽东思想伟大红旗，"抓革命、促生产、促工作、促战备"，根治自然灾害，全面发展农业生产

黄淮海平原，是我国最大的一个平原。拥有近2亿人口，2.4亿亩耕地，3.2亿亩土地面积。它是京津两市的所在地，又处在国防第一线，是我国一个重要农业战备的战略地区。但这个地区大部分却经常遭受旱、涝、盐碱、风沙等自然灾害，至今还是我国最大的缺粮区。因此，根治黄淮海平原的自然灾害，不仅是本区2亿人民的强烈愿望和迫切要求，而且对我国社会主义革

命和社会主义建设，对反对帝国主义和反对修正主义都具有特殊重大的意义。

按照毛主席提出的"备战、备荒、为人民"的伟大战略方针，根治黄淮海平原的任务，应立即上马，刻不容缓。要完成这项伟大的战略任务，大抓生产斗争，大搞科学实验。要大干、特干、早干、快干、长期干，一面除灾，一面增产，两者并重。实现毛主席《农业发展纲要四十条》，彻底改变黄淮海平原自然灾害面貌的伟大战略目标，把黄淮海平原变成我国最大的粮仓，为祖国社会主义建设、为世界革命做出贡献。

二、按照毛主席"五·七"指示的精神，建立一支无限忠于毛主席，无限忠于毛泽东思想，无限忠于毛主席的革命路线，亦研、亦农、亦工、亦军，为根治黄淮海平原而奋斗到底的科学技术队伍

毛泽东思想是建立这支队伍的灵魂。用毛泽东思想挂帅，搞好人的思想革命化。这是夺取根治黄淮海平原全面胜利的最根本的保证。

根治黄淮海平原，首先必须要根治自己的主观世界。黄淮海平原既是我们与自然灾害做斗争的战场，又是我们"斗私，批修"的战场，是改造世界观的大熔炉。

生产是科学的源泉。工农群众是科学的主人，贫下中农是改造黄淮海平原的主力军。我们一定牢记毛主席的教导，相信群众，依靠群众，尊重群众的首创精神。放手发动群众，打一场人民战争，树雄心、立壮志、奋发图强、自力更生、走大寨的道路、走大庆的道路。敢于走前人没有走过的道路，敢于攀登前人没有攀登过的高峰，把黄淮海平原办成世界上最大的农业科学实验基地，把我国农业科学推向一个新的革命飞跃。

根据上述精神，我们拟按下列原则组织这支队伍：

（1）科学技术人员必须长期深入工农兵，把实验室搬到农业生产第一线，和贫下中农实行三同，拜他们为师，甘当小学生，虚心学习、认真总结广大劳动人民的丰富斗争经验。同时把科学技术还给劳动人民，使科学大普及、大提高。实现知识分子劳动化，劳动人民知识化，逐步缩小三大差别。

（2）实现两个"三结合"，即贫下中农、人民解放军、科学技术人员三结

合和科研、教育、生产三结合。

（3）学科必须为发展社会主义农业生产服务。坚决打破资产阶级的学科界限，根据任务需要，进行混合编队，并设置必要的专业队。

（4）这支队伍我们建议按军事编制原则组成综合治理黄淮海平原五·七兵团（以下简称"五·七兵团"），最好请中央派人统一领导。兵团下设河北、河南、山东、皖北、苏北五个战团，再下设战斗连队。各级组织都要配备得力的政治干部（最好由人民解放军担任）。由五·七兵团统一指挥、统一领导，同时接受地方革委会（革筹小组）和军管会的领导。并与支农部队密切合作，作好他们的助手，以地方有关科技单位为主，充分发挥我们的参谋作用。

三、初步打算

黄淮海平原面积广，灾情多，危害大，必须从全局出发，合理安排。必须打破过去那种各霸山头，各立门户，互不往来，集体单干的修正主义设点原则。而应以省为单位，根据地域的差异，考虑地方的要求，选择具有代表性的典型地区，建立各种类型的点。以点带面，点面结合。以综合点为主，并根据需要兼设专业点等原则进行设点。

（1）对过去的老点（即封丘、禹城两个点）必须批判性地总结经验教训，肃清修正主义的毒流，发扬成绩，克服缺点，继续搞好并逐步地增设新点。

（2）既要有除灾点，也要有高产点，以除灾点为主，除灾增产并重。

（3）为了迅速彻底地解决京津用粮问题，首先以河北为重点，立即开展调查，选点，定任务，尽快上马。

（4）组织调查队，对全区有计划有步骤地边考察、边规划、边定点，分期分批上马。实行科研、技术推广、生产三结合。逐步进行示范推广工作。

四、几点建议

（1）综合治理黄淮海平原的任务艰巨繁重，涉及中央有关部委和地方各级领导，需要多兵种协同作战，建议中央设立专门机构，进行集中领导，统一指挥。

（2）为了促进这项任务全面上马，建议中央尽快召开一次有关单位的专门会议，共同研究协商，进行统一规划，全面安排。

（3）我院准备大干黄淮海的消息传出后，对京内外大专院校震动很大，它们纷纷要求结合教改与我院共同参加这项工作。我们认为这是一支很大很重要的力量，建议中央通盘考虑。

（4）在中央没有统一组织和安排以前，我们准备先走一步。组织我院生物学、地学等有关力量，分期分批上马。但从综合治理方面考虑，当前我院水利、农学、农机方面的力量非常薄弱，望中央帮助解决。

"雄关漫道真如铁，而今迈步从头越"。综合治理黄淮海平原是一项极其复杂而艰巨的战斗任务，是一项伟大的革命运动，是一个完全崭新的事业。它每前进一步都将遇到阻力，都必须经过斗争。但是新生事物的生命力是无比强大的。我们决心更高地举起毛泽东思想伟大红旗，以毛主席的最高指示为纲，鼓足干劲，力争上游，再接再厉，下定决心，不怕牺牲，排除万难，去争取胜利。在人类进入伟大的毛泽东思想的新时代，闯出一条闪耀着毛泽东思想光辉的科研道路，把五·七兵团办成红彤彤的毛泽东思想大学校。

我们的目的一定要达到。我们的目的一定能够达到。

中国科学院革命委员会

1968 年 1 月 13 日

关于加强我院支援农业科研工作为普及大寨县服务的报告①

党中央：

1977 年 2 月 2～8 日，我们召开了全院支援农业科研工作会议。现将有关情况和意见报告如下：

① 中共中国科学院党的核心领导小组文件。

一、几年来我院支农科研工作的概况

几年来，我院许多科技人员深入农村，实行领导、贫下中农、科技人员相结合，科研、生产、使用相结合的方式，为支援农业做出了一定的贡献。

（一）为农业增产和畜牧、水产的发展提供了一批科研成果。例如，我院遗传研究所和北京植物研究所用单倍体育种的方法，在世界上第一次育成了水稻、小麦、烟草新品种，大大缩短了育种周期。这种方法现已开始为广大群众所掌握，在全国形成了大搞单倍体育种的群众运动。其他如碳铵肥料造粒深施，微量元素应用，土壤和植株营养诊断，果树蔬菜储藏保鲜，培育马铃薯无病毒原种防止退化，农药"辛硫磷""春雷霉素""灭瘟素"，家鱼催产的性激素，水产养殖，移植受精卵加速羊的繁殖等科研成果，都已在生产上得到推广和应用。

（二）开辟了数学、物理学、化学和技术科学在农业上应用的新途径，特别是把一些国防尖端技术用于农业，并且发挥了很大的作用。北京力学研究所和大寨贫下中农相结合，把原在国防上应用的定向爆破技术用于搬山造田，为我国山区、丘陵地的农田基本建设、农业机械化和园田化提供了新方法，也为定向爆破技术闯出了新路，这种新方法已在全国不少地区推广。该所还将这种技术应用于筑坝，去年在云南楚雄胡家山采用定向爆破建筑了一座高达45米、库容640万方的水库，比常规筑坝省工90多万个，省资金50多万元，提前六年受益。我院还研究成功了定向爆破用的廉价炸药、新型农用喷雾器、远红外粮食烘干机、苦水淡化装置、土面增温剂等。

（三）在农业和土地资源的考察和开发利用方面做了一些工作。关于黑龙江的荒地考察，在当地党委领导下，南京土壤研究所、地理研究所、自然资源综合考察组、北京动物研究所和许多院外单位、贫下中农协作，查明了该省可供开垦的荒地有1亿2000万亩，其中一部分已由地方开垦种植。此外，在新疆荒地考察、贵州山地开发利用、河西走廊沙漠治理和冰雪水利用、海洋水产资源调查等方面也取得了一定的成绩。

（四）农村基点为当地普及大寨县运动做出了贡献。我院在农村设立了近40个基点，其中大多数基点取得了很好的成绩。例如，南京土壤研究所在江苏无锡东亭大队的基点，围绕土壤"发僵"（通透性差）问题研究提出了提高土壤肥力的措施，促进了高产再高产。该所在苏北响水的基点，解决了盐碱地种水稻的问题，为改变当地的低产面貌贡献了力量。北京植物研究所和所属植物园在通县师姑庄大队的基点，去年帮助大队提高了小麦产量，比前年增产 1～2 成；还利用沙荒地种植穿心莲、薄荷、油莎豆等经济作物，使群众增加了收入。其他如宁夏南部山区发展农林牧的综合性基点、微生物研究所在大寨的基点、北京植物研究所在陕西绥德的基点、北京动物研究所在北京平谷的基点、兰州冰川冻土沙漠研究所在甘肃和内蒙古的基点等，也都受到当地领导和群众的赞扬。

（五）为农业服务的一些探索性和理论性研究有了新进展。例如，化学模拟生物固氮的研究，我们组织院内外 30 多个化学和生物学单位协作，几年来进展很快，有些方面已达到国际先进水平，再经过一段时间有希望进行中间试验。

二、关于我院支援农业科研工作的部署

中国科学院是基础科学和技术科学比较集中的全国性科学研究部门，承担着为国民经济和国防建设服务及基础理论等多方面的研究任务。我院从事支农科研工作的力量，在全国的农业研究力量中只占很小的一部分。为使我院的支农工作更好地为普及大寨县运动服务，必须发挥我院多学科的特长，避免不必要的重复。

基于以上考虑，我院着重从三个方面开展工作：

第一，研究农业上综合性的重大问题

根据农业生产实践的需要，选择其中若干重要的课题，与院外有关单位和贫下中农协作进行攻坚。

主要项目有：宁夏南部山区农林牧综合发展，红壤和盐碱土改良，长效肥料、颗粒肥料和腐殖酸肥料，黑龙江、新疆、内蒙古荒地考察，河西走廊等地的沙漠治理和冰雪水利用，人工防雹、暴雨预测预报和中长期天气预报等。

第二，研究发展农业的新技术、新方法、新途径

注意引用国外已有的农业科学技术新成就，结合我国的实际情况进行试验，并对此加以推广、改进和提高。同时，更要努力创造和开辟我国自己发

展农业的新技术、新方法、新途径。

主要项目有：用于农作物、畜牧和水产的单倍体、细胞杂交、光呼吸、组织培养无病毒原种、细胞核移植和核酸诱导等育种的新方法；防治病虫害的生物防治、性引诱剂、高效低毒新农药和病毒病的诊断与防治；为发展畜牧业和经济动物养殖，研究发酵饲料、用石油和天然气培养酵母作蛋白质饲料、受精卵移植、动物激素等。数、理、化和技术科学在农业上的应用大有可为。主要研究优选法和正交法的应用，快中子、激光、红外、遥感的应用，人工合成食油、苦水淡化、农用胶粘剂、射流喷灌、廉价炸药等。

第三，开展理论性和探索性的研究

在用大部分力量研究当前农业上急需解决的问题的同时，安排适当力量进行有关农业的理论性和探索性研究。

一方面，结合基点试验和野外考察，认真总结群众的丰富经验和创造，在广泛深入实践的基础上把科学研究往高里提，发展理论，使其更好地指导农业实践。例如，研究腐殖酸的作用机理、远缘杂交的机制、冰雹形成和消长的规律及编纂地理、气候、土壤、植物、动物等图籍。另一方面，研究化学模拟生物固氮、固氮遗传工程等问题，探索发展农业的新途径。

三、1977年我院为普及大寨县做贡献的方案

（一）大力推广已有的支农科研成果

把已有的成果推广出去，或者扩大它的应用范围，是我院为普及大寨县做贡献的一项重要措施。例如，南京土壤研究所和江苏省有关单位协作，成功试验出把碳铵做成粒肥深施的方法，施用1斤粒肥比1斤粉肥可增产稻谷1.5斤。去年全国碳铵产量约1000万吨，如能把其中的1/3制成粒肥，就可为国家增产水稻100亿斤。最近，我们已初步选定了16项已有的成果，准备采用召开现场会、举办训练班、加强与有关生产部门联系和扩大宣传报道等多种形式，促进这些成果的推广与应用。

（二）狠抓今年能出成果的支农科研项目

据初步统计，今年我院有希望研究成功的新支农成果约45项。我们决

定把这些项目和其他一些重大支农研究项目作为重点，要求有关研究所加强领导，努力保证完成和争取超额完成。我们打算选择其中的若干项目，由院组织协作，集中力量打歼灭战，并召开一些比较大型的会议，对其加以促进。

今年取得的新成果，成功一个，就推广一个，使其尽快地发挥作用。同时，对一些近期虽不能在生产上见效的科研项目，也要求完成今年计划规定的任务。

（三）认真办好农村基点

在农村基点的科技人员，要在当地党组织的领导下，积极参加三大革命运动，虚心接受贫下中农再教育，进一步改造世界观，认真学习和总结群众经验；同时，要当好当地党组织的技术参谋，帮助普及科技知识，培训科技人才，推广科技成果，并搞好试验研究工作，为普及大寨县运动积极贡献力量。

对在基点试验成功的科技成果和经验，要及时在市面上推广。

（四）进一步加强农业科技宣传工作

我院所属的科学出版社、科技情报研究所、图书馆和研究所办的有关刊物，要积极普及科学种田的知识，宣传支农的科技成果，介绍国外有关农业研究的动态和成就。为了推动我国广大农村的群众性科学实验活动，要继续组织编写出版科学种田知识类丛书，并增加其发行数量。我院有关科技人员要充分利用报纸、刊物、广播、电影、电视等，加强对支援农业的科技宣传工作。

今年，我们一定要认真学习毛主席的《论十大关系》，加强党对科技工作的领导，调动一切可以调动的积极因素，努力完成今年的科研任务。我们要通过调查研究，进一步加强支农科研工作。

以上报告是否妥当，请批示。

中国科学院党的核心小组

1977 年 2 月 28 日

中国科学院、石化部、农林部关于推广 碳酸氢铵造粒深施的建议 [①]

国务院:

碳酸氢铵(简称碳铵)是我国当前主要的化学氮肥品种。据 1975 年统计,其产量占我国氮肥总产量的 54.2%。由于碳铵性质不稳定,极易分解成二氧化碳和氨气,因此在贮存、运输和施用过程中挥发损失比较严重。作物对碳铵的利用率一般不超过 30%,且碳铵易结块,在施用时易烧苗。为了提高碳铵的利用率,防止其在施用时烧苗,群众用各种办法把碳铵深施到土里去,利用土壤的吸附性能,把肥分吸附在土粒上,减少其挥发和流失。在旱地用打洞深施,在水田先将碳铵与泥土混在一起搓成球,然后塞进土里。这些方法对提高碳铵利用率是有效的,不少地方已加以应用,如稻田采用球肥深施的已有几百万亩。但这些方法要耗费贫下中农大量劳动力,特别是碳铵泥球肥,因制成球肥后碳铵挥发损失加快,只能随制随用,更是费力,这种方法的普遍推广受到了很大的限制,广大贫下中农迫切要求国家能提供一种简便易行的碳铵深施办法。

1972 年以来,中国科学院南京土壤研究所与江苏省南京化工公司、南京化工公司研究院、金坛县第二农具厂、化肥厂和贫下中农协作,就碳铵造粒深施和提高肥效的问题进行试验研究,至 1976 年 8 月,已取得以下主要成果:

(1)将粉状碳铵(含有水分 6.5% 以下)用机械压制成颗粒状肥料,粒肥深施和粉肥撒施相比,一般每斤碳铵可多收稻谷 1.5 斤、小麦 1.2 斤,在水田氮素利用率可提高到 70% 左右,即粒肥可比肥效提高一倍。

(2)金坛县第二农机厂已试制成每小时产量 2 吨的 25 型碳铵造粒机,并由地区组织有关单位作了初步鉴定;该厂还试制出每小时产量 6 吨的 45 型碳铵造粒机。这两种造粒机性能基本良好,已在金坛县化肥厂投入生产。由于

---

① 中国科学院文件。

粒肥的容积比较小，可节省包装费用，其生产成本相当于或略高于粉肥，能够为贫下中农所接受。

为了便于粒肥深施，金坛县等地社队的农具厂已试制出几种典型水田用的碳铵粒肥深施器具。1976 年 8 月，由中国科学院、石化部、农林部在金坛县联合召开了碳酸氢铵粒肥生产、施用经验交流会，全国 28 个省（市、自治区）的到会代表肯定了这项成果，并建议在全国推广。

我们对推广碳铵造粒深施提出如下建议：

（1）由国家安排生产造粒机。重点扶持、充实金坛县第二农机厂，使该厂能批量生产造粒机（现该厂还制造空气锤、空气过滤设备等产品）。同时，由石化部统筹安排，指定若干省的工厂生产造粒机，以利扩大推广。生产造粒机所需钢材和其他重要材料，建议在国家计划中安排落实（所需材料见附件）。

（2）大力宣传，推广碳铵深施，在新开展工作的地区，要搞示范试验，搞好样板田。继续研究改进造粒机、深施器，使之更加完善。我国碳铵年产约 1000 万吨，如果其中 1/3 能制成粒肥深施，以每斤粒肥多收稻谷 1.5 斤计算，可多收水稻 100 亿斤。碳铵造粒深施是科学用肥，全面贯彻农业"八字宪法"的重要措施之一，对节约用肥，提高碳铵利用率，促进农业增产有很大的现实意义。

以上报告，请批示。

中国科学院

1977 年 3 月 23 日

附件：

25 型化肥造粒机原材料明细表

25$^{\#}$ 内生铁	2500 公斤/台
元钢	500 公斤/台
铜	30 公斤/台
217、310 轴承	2 套/台

308、206 轴承	2 套/台
204 轴承	6 套/台
木材	0.1米³/台

（据金坛县第二农机厂提供数据制表）

45 型化肥造粒机原材料明细表

1. 生铁：

HT20—35	4173 公斤/台
QT	600 公斤/台

2. 钢材：

$\varnothing 20045^{\#}$	716 公斤/台
$\varnothing 14045^{\#}$	5 公斤/台
$\varnothing 12045^{\#}$	18 公斤/台
$\varnothing 8045^{\#}$	20 公斤/台
$\varnothing 5645^{\#}$	27 公斤/台
$\varnothing 5045^{\#}$	13 公斤/台
$\varnothing 3545^{\#}$	16 公斤/台
$\varnothing 3245^{\#}$	8 公斤/台
$\varnothing 2245^{\#}$	4 公斤/台
$\varnothing 1645^{\#}$	4 公斤/台
$\varnothing 2235^{\#}$	23 公斤/台
$\varnothing 180 A_3$	21 公斤/台
$\varnothing 80 A_3$	8 公斤/台
$\varnothing 25 A_3$	1 公斤/台
$L40 \times 40 \times 4 A_3$	31 公斤/台
$\sigma 12 A_3$	39 公斤/台
$\sigma 4 A_3$	2 公斤/台
$\sigma 3 A_3$	28 公斤/台
合计	986 公斤/台

3. E83　　　　　　　　　　60 公斤/台

4. 1G18NI$_9$ TI　　　　　　354 公斤/台

　其中 σ20　　　　　　　　345 公斤/台

　σ1　　　　　　　　　　　9 公斤/台

5. QSn$_{1-6-3}$　　　　　　　10 公斤/台

6. TEQ—500 Ⅷ—IZ　　　减速箱 1 台

7. TQ$_2$—72—4 电机　　　　30 千瓦 1 台

8. 不锈钢焊条　　　　　　22 公斤/台

9. 轴承 204　　　　　　　　6 套/台

　轴承 206　　　　　　　　2 套/台

10. 木材　　　　　　　　　0.3 米^3/台

注：生铁外加 30% 作耗损，钢材外加 15% 作耗损。

关于建立农业现代化综合科学实验
基地的请示报告 [①]

国务院：

我国社会主义革命和社会主义建设，都要求农业有一个较快的发展并逐步实现现代化。毛主席曾指示中国科学院要加强农业方面的科学研究工作。党的第十一次代表大会明确提出："科学研究工作，应当走到经济建设的前面"。我们决心为发展农业和实现农业现代化多做一些工作。为此，我们已经与有关省商定，建立几个农业现代化综合科学实验基地，摸索在一个县的范围内，全面应用现代科学技术、发展农业生产和加快农业现代化的经验。

一、过去中国科学院有关研究所曾为发展农业生产做了不少工作，且取得了一定成绩。但是，一般系单项的科研项目，没有进行全面发展农业生产的综合研究，也没有将各项研究成果集中应用于一个较大范围内。1962 年，

① 中国科学院文件。

国家科委主持制订的农业科学技术发展规划中，有十个研究项目，称为"十大样板"，如在河南封丘县建立的黄淮海旱涝盐碱综合治理样板。这些样板虽然都取得了一定的成绩，但是当时由于在执行过程中具体负责单位缺乏经验，没有充分依靠地方科技力量和帮助地方建立起坚持这些研究试验的科技队伍及必要的科研机构，加上林彪、"四人帮"修正主义路线的干扰、破坏和其他原因，导致这些试验研究项目没有能够长期坚持下来。

回顾过去的经验，同时体会到：（一）发展农业生产和实现农业现代化是一项综合性的工作，涉及农学、生物、土壤、气象、农机、化工、水电等直接为农业服务的部门，以及农业经济和其他学科，必须统筹安排；（二）农业科研成果及新技术、新设备的采用和推广，需要有较大范围的中间试验基地；（三）要使现代化科学技术在农业方面更好地应用，及时总结提高群众的生产经验，解决生产中提出的重大科学技术问题，需要有一个适当的组织形式；（四）农业有很强的地区性，农业科研必须与地方合作，并且主要依靠地方的力量进行，才能因地制宜和长期坚持下去。鉴于这种情况，我们认为，在当前条件下，协助地方，建立以县为单位的农业现代化综合科学实验基地，是应用现代科学技术促进农业发展的较好办法。

二、最近召开的全国科学技术发展规划会议，已将建立农业现代化综合科学实验基地列为国家的重点项目之一。为了顺利开展这项工作，拟选择在农业学大寨运动中开展较好的县建立农业综合科学实验基地。在进行综合科学实验过程中，继续持久深入地开展农业学大寨运动，这是搞好农业综合科学实验基地的前提。但是，因为考虑到目前我国对建立综合科学实验基地还没有经验，同时基地的主要任务就是研究和试验，所以在没有充分把握时，试验的项目不能推广，因此，我们没有选择像昔阳这样的样板县作基地。毫无疑问，大寨县提出的重大科学技术问题，科学院应积极研究解决，综合科学实验基地的科研成果，应尽先提供给大寨县应用。

根据全国科学技术发展规划会议的方案，考虑到科学院目前的力量和承担的科研任务，经与有关省委协商，拟先集中力量在黑龙江的海伦县、河北的栾城县和湖南的桃源县，建立具有不同特点的农业现代化综合科学实验基地。

三、农业综合科学实验基地的主要任务，是研究农业增产和实现农业现代化过程中提出的科学技术问题，初步考虑，有以下一些主要研究项目：

1. 进行全县资源的综合考察，制订农田基本建设和综合发展农林牧副渔的规划，研究资源的合理开发和综合利用。

2. 研究本地区发展农业中带有关键性的科技问题。

3. 试验和推广国内外先进的农业科学技术。

4. 研究实现农业机械化中需要解决的问题，如适合当地情况的农业机械、农业机械的配套，以及农业机械与栽培技术的配合等。

5. 研究解决农村能源问题的途径（如小电站、沼气、风能、太阳能等）。

6. 研究县社工业发展中的科技问题。

7. 研究农业现代化过程中的农业经济问题。

具体研究项目由地方党委组织有关部门制订和分别承担任务。科学院给予帮助。

四、农业综合实验基地的试验、研究和推广工作，主要是在地方党委统一领导下，依靠当地科研机构和技术力量进行。科学院根据自己的业务方向、任务和学科专长，给予必要的科学技术帮助，并且帮助建立、健全科研机构。农业综合实验基地工作和相应的科研机构，实行省和科学院双重领导，以省为主的体制。对于实验基地的科研长远规划与年度计划的确定，科研机构的人员分配和组织领导等工作，以地方为主。基地的科研机构和商定的科学试验项目所需的设备及经费的解决，以科学院为主。由于这项工作未被列入1978年的科学研究计划中，所需经费请准予另行批拨。

科学院拟在京组建一个农业现代化调查研究室，人员暂定40人左右，主要从院内抽调，对于科学院没有设置的专业如农机、水利、农经等，拟向有关部门商调一些专业人员。这个调查研究室的任务是：①研究国内外的有关情况和经验；②与院内外有关单位联系和协作，帮助解决基地提出的科技问题；③编印简报，交流农业增产和农业现代化的经验。在中国科学院沈阳林业土壤研究所内建立农业现代化研究室，研究解决综合科学实验基地提出的科技问题。

五、为了在国家科委和国家计委的统一规划下，搞好农业综合科学实验基地建设，不仅需要国务院各有关部门的科研机构和高等院校的协作，同时需要得到有关部门在农业机械、科研器材、物资等方面的支持。我们拟与国务院有关部门和有关高等院校协商解决这些问题。

六、这个报告经国务院批准后，我们即与有关省进行具体协商，组织联合调查，确定规划，并拟在今年四月召开农业综合科学实验基地的工作会议，积极开展工作。

以上报告是否妥当，请批示。

中国科学院

1978 年 2 月 5 日

关于农业现代化综合科学实验基地县会议的报告 ①

国务院：

为了具体落实党中央批准的我院《关于建立农业现代化综合科学实验基地的请示报告》，我院于 1978 年 4 月 28 日至 5 月 7 日在湖南省桃源县召开了农业现代化综合科学实验基地县会议，副院长李昌、副秘书长秦力生、顾问张稼夫和湖南省委书记刘富生参加并主持了会议，参加会议的各方面代表共计 280 多人。会议具体分析了湖南省桃源县、河北省栾城县和黑龙江省海伦县的生产形势，基本同意科学院调查组关于三县农业形势的初步分析，共同认为自从 1970 年北方地区农业会议以来，三个县农业学大寨运动开始蓬勃开展，并且进行了大规模的农田基本建设，使农业生产有了较大的发展，桃源的小水电、林业和公路网的建设及栾城的水利建设，都取得了很大成绩，全县面貌发生显著变化。三个县的领导班子是好的，群众的积极性是高的，在生产条件方面也创造了大发展的基础。但是，在农业生产方面也出现了新的

---

① 中国科学院文件。

问题，归纳起来主要是五个方面的矛盾。

（一）由于耕作制度的改革与当地具体条件结合不够，引起生物因素与环境因素之间的突出矛盾。在土壤肥力不足（桃源土壤有机质含量仅0.5%～0.6%，栾城1%左右）的情况下，片面强调增加粮食复种指数，用地重于养地，不仅肥力下降，病虫害也日趋严重。桃源连年搞"麦、稻、稻"一年三作，因长期泡水，缺乏深耕晒垡，土壤透气不良，影响增产，小麦灌浆期阴雨较多，日照不足，致使小麦产量不高。栾城因搞"三种三收""两茬间作"，造成土地肥力不足，作物抗逆性差。两县均由于三季常青，导致病虫害严重：桃源杂交水稻矮缩病达60%，每年损失稻谷5000万～8000万斤，栾城因小麦矮缩病1977年减产6000万斤，海伦玉米黑穗病亦达到20%。再加上由于种子混杂退化，致使农作物产量近年来一直处于徘徊不前，甚至下降的趋势。桃源1974年粮食单产880斤，1977年降到804斤；栾城1976年单产1018斤，1977年降到812斤；海伦1971年单产302斤，以后一直低于这个水平。

（二）农林牧比例很不协调，没有形成三者有机结合、相互促进的农业结构。牧业是突出的薄弱环节，桃源建了8600个猪场，由于缺饲料，猪养得不好，1977年集体牧业收入仅占总收入的5.2%。栾城1971年就达到一人一猪，但由于多是"连茅圈"，有所谓"三低"（配种率低、成活率低、出栏率低）"三高"（料肉比高、猪囊虫病发病率高、死亡率高）之称。海伦大小牲畜折成猪计算，每亩地仅0.1头，而且只放养不积肥。桃源植树造林较好，但短期内无收益，虽有一些老林区，但现有的采伐业只为完成国家交给的任务，使木材售价低，连维持简单再生产都困难。栾城、海伦林业比重更小。现在三县的情况是：地缺肥料，猪缺饲料，相当一部分地区人缺燃料，三料不足，形成恶性循环。

（三）县办工业和社队企业没有得到相应的发展，农业与工业相结合的公社工业化的农村经济尚未形成。随之带来了购买农机具缺乏资金、变手工操作为机械化作业的要求不迫切、劳动生产率低、社员收入水平提高慢等一系列问题。桃源1977年县办工业总产值仅1091万元，社队企业收入仅3479万元，两项合计，三年内能为机械化提供的资金不到1000万元。海伦也如此，今年国家拨给化肥3万吨，由于资金不足，只能买1万吨。栾城较好一些，但机械化的资金也不足。

（四）农业机械化面临着两大困难。一方面是耕作制度（主要是间套复种花样太多）、劳动组织（手工操作的人力、畜力组织形式加机械两套并存）、资金积累（1980年机械化，桃源需资金1亿5000万，栾城5000万，海伦8000万，与积累能力相差甚远）不适应机械化的要求；另一方面是农机具本身质量不过关，不配套，价格昂贵，零配件奇缺，维修困难，经济效果差，严重地影响农民对机械化的积极性。拖拉机拖带农具很少，实际只有两三件，由于缺乏农用汽车，普遍用拖拉机跑运输，导致伤亡事故较多。栾城因未解决烘干问题，导致麦收遇雨时就要损失小麦1000多万斤。海伦一台拖拉机每年开支7000元。农民又想机械化，又怕机械化，怕的是"黄牛变铁牛，铁牛变死牛"。

（五）现有的管理水平和科学技术水平与我们正在发展着的规模巨大、内容复杂的社会主义大农业极不适应。例如，有的不懂肥料的保管与施用，有的不懂机械的性能，有的不懂农药的作用与剂量，造成其使用不当、加大成本、甚至造成药害等。三县农业科研人员少而弱，仪器设备极为简陋，不能起到在农业生产技术方面充当参谋的作用。桃源现有7个科研单位，仅有科技干部25人，科研仪器设备几乎为零，栾城农科所只有2个技术人员。"四人帮"对农业科技、教育的摧残极为严重，加上我们现有的力量不足，更缺乏后备军，给改变这种状况又增加了困难。

基于上述情况，大家对农业现代化综合实验工作的先进性、综合性及复杂性有了新的认识，进一步明确了农业现代化的规模和速度必须建立在可靠的物质基础上，按经济发展客观规律办事。要完成中央交给我们的这一任务，只能从解决上述矛盾入手，逐步摸索出办好社会主义现代化大农业的经验。这就要求我们既要鼓足干劲，加快速度，力争早日实现农业现代化；又要从各地的现实条件出发，坚持艰苦奋斗、自力更生的方针，在全面发展生产的过程中去逐步实现现代化。必须始终把勇于创新的革命精神和实事求是的科学态度很好地结合起来。会议初步确定要做好三个方面的工作：一是综合运用现代科学技术来发展农业，在农业生产中实现机械化、电气化、水利化和采用各项新技术，大大提高农业的生产力；二是实行农林牧业相结合，工农业相结合，农业生产的专业化与社会化相结合，科研、生产和农业教育相结合等，逐步改进现有的农业生产组织形式；三是贯彻按劳分配的原则和逐步实现所有制的过渡。总之，就是要在基地县进行综合性的科学实验，逐步建成社会主义大农业的生产体系。这个体系要具备：生物因素和环境因素相适应的耕作制度；农林牧业有机结合的农业结构；公社工业化、农业与工业相结合的农村经济；农林牧副渔各业一切可以使用机器操作的地方都实行机械化；与社会主义现代化大农业相适应的生产和科学技术管理水平。为此，三个县已着手制订了长远和当前相结合的统筹安排的全面发展规划，并且切实组织力量有步骤地加以实施。

遵照毛主席关于"一切都要经过试验"的教导，为了实现上述设想，我们和省、市、县领导同志商定先在桃源搞两个公社（丘陵和平原各一个）、栾城和海伦各搞一个公社进行综合试验，待取得经验后逐步推广，力争提前实现基地县的八年规划。

除在几个公社开展综合科学实验外，三个县还同时在全县开展一些单项试验，如：对全县自然资源进行考察，制定合理的利用方案；土壤普查和加速提高土壤肥力途径的研究；培育优良品种，逐步实现良种化；高产、优质、低消耗、高效率及与机械化相适应的耕作制度的试验研究；农林牧副渔各业的主要生产环节使用的各种机械的性能、配套和经济效果的研究；农村能源如对沼气、石煤、太阳能利用等研究。

为了落实综合科学实验任务，在桃源、栾城、海伦三个基地县分别组建了隶属中国科学院的三个农业现代化研究所，编制各 200 人，由科学院和省双重领导，党政工作主要由省委、省革委会负责，业务工作主要由科学院负责。研究所的主要任务是：研究基地县实现农业现代化过程中的科学技术、中间试验和新技术运用；搜集、推广国内外有关先进技术，总结、交流基地县的经验，与国内外有关科研单位进行学术交流；根据条件和可能，帮助基地县培训一些能够从事现代化农业的科技工作和管理工作的人才；协助省、市、县科委做好基地县科研活动的组织协调工作等。为此，研究所大致分设以下一些研究室：新技术应用研究室，农业生态研究室，农业经济研究室，资源综合利用研究室，分析实验室。运用科学院和农科院系统的研究成果，而不重复他们的研究工作。三个所的研究内容可根据条件有所区别，有所侧重。行政管理方面设政治处、业务处、后勤处，人数力求少而精。

会议中，许多省、市、区的同志迫切要求搞农业现代化综合科学实验试点，要我们支持的呼声很高，由于力量不足，我们未能承担。

会后，三个省已给研究所调配了领导力量和技术骨干，科学院也委派了几个专家兼任所长，现已开始工作，并制订了近期和远期规划。边组建边工作，在工作过程中逐步充实机构，开展科研活动。

关于经费问题，三个基地县所需科研三项费用，由基地县制订计划报省科委、科学院复核，再报请国家科委批准后，由科学院转拨给省科委列为基地县专款使用。生产费用全由地方负责。研究所的费用按科学院其他研究所的支付手续办理。

以上报告，是否妥当，请批示。

中国科学院

1978 年 7 月 20 日

关于加速黄土高原水土流失综合治理尽快建成牧业基地和林果基地的报告 ①

党中央、国务院：

国家科委、国家农委、中国科学院于 1980 年 3 月 29 日至 4 月 6 日在西安联合召开了黄土高原水土流失综合治理科学讨论会。参加会议的有国务院有关部委、科研单位和高等院校，陕、甘、宁、晋、青、蒙、豫七省（区）

---

① 中国科学院文件。

代表，部分水土流失重点县的县委书记，共 230 多人。会议提出了大量的科研成果和学术报告，并针对为把黄土高原建设成为牧业基地和林果基地提出了综合治理方案。

一、加速治理黄土高原的迫切性。黄土高原位于黄河中游，西起日月山，东至太行山，北界长城，南抵秦岭，跨青、甘、宁、蒙、陕、晋、豫七省（区），面积 53 万平方千米，包括 277 个县（全部或一部分）。其中，水土流失面积 43 万平方千米；水土流失重点县 138 个。这里曾是林草茂密的千里沃野，是我国古代文明的发祥地，也是现代革命的根据地之一。由于历次战争的破坏，特别是历代统治阶级违背自然规律，推行以农为主的生产方针，至中华人民共和国成立前夕，森林复被率由 50% 多降到 3%，变成了千沟万壑的光山秃岭，并使黄河成为世界著名的害河。

中华人民共和国成立后，党和政府十分重视黄土高原的水土保持工作，投入了大量的人力、物力和财力，取得了一定成绩。但由于在生产方针上片面强调以粮为纲，违背了当地的客观规律，治理方针上没有坚持工程措施与生物措施相结合并以生物措施为主的原则，加上林彪、"四人帮"的干扰破坏，人口膨胀的压力，因而治理赶不上破坏，水土流失日益严重，"越穷越垦，越垦越穷"的恶性循环有所发展。由于每年下泻泥沙达 16 亿吨之多，下游河床年淤高 10 厘米，又造成大堤"越加越险，越险越加"的恶性循环。目前下游河床已高出地面 3～8 米，有的地方高达 12 米，早已高过开封城墙，严重威胁着两岸 200 个县、市的工农业生产和一亿人民生命财产的安全。总之，治理黄土高原已成为刻不容缓的重大问题。

二、出路在于按照客观规律办事，扬长避短，把黄土高原建成牧业基地和林果基地。会议期间，传达了邓副主席关于黄土高原建设方针的指示：把这里搞成牧业基地、林业基地，要用飞机种草种树。大家认为，这是极有远见的战略决策，可一举解决三个重大问题：使黄土高原恢复青春；保障黄河下游广大地区的安全和生产建设；阻止沙漠南侵。

这个地区光能资源十分丰富，昼夜温差较大，但降水量小，年际变率大，年内分布也不均，百分之六七十降在仲夏初秋季节，且多为暴雨，发展灌溉的条件又极差。因此，粮食生产低而不稳。林草由于耐性和抗性较大，产量比较稳定，还能充分利用早春、晚秋的光热资源，把生产季节延长两三个月，生物生产量比农作物要大几倍。牧业还可以进行第二性生产（把光合产物转化为畜产品），使光能产物的利用率提高一倍以上。更重要的是，林草能有效地控制水土流失，逐步改变自然环境，为农业生产创造较有利的条件，可从根本上解决粮食问题。黄土高原是我国落叶果树的发源中心之一，自然条件最适合果树生长，早产、丰产、品质好、着色浓、耐贮藏、树龄长，是我国理想的果树生产基地之一。因此，把黄土高原建成牧业和林果基地，正是扬长避短，充分发挥这个地区自然优势的战略决策。这样做，就有可能使它较快富裕起来，尽早跨入现代农业的行列。

三、综合治理，分区指导，因地制宜，各有侧重。黄土高原，面积很大，自然条件复杂，大致可分为五大类型区（细分 25 区或 14 区，专家们的意见还不统一，拟经综合考察后再提出详细的分区治理方案）。一是丘陵沟壑区。占总面积的 64%，应重点发展畜牧业和果树生产，逐步建成牧业基地和果品基地。但也有些川谷平地可建成小块粮食基地，坡地则应造林种草。二是河谷平原。例如，关中平原，汾河盆地等。三是塬地。例如，陇东的董志塬、陇中的白草塬、陕西的渭北高原、宁南的孟塬等，合占总面积的 20% 以上，应该以农为主，建成商品粮基地。但也要农牧结合，以农养牧，兴牧促农，并大力营造农田防护林体系。四是土石山区。主要包括太行山、五台山、吕梁山、六盘山和秦岭等，约占总面积的 10% 左右。它是黄河各支流的源头，黄土高原的生命线，应大力营造水源林，建成林业基地。山脚缓坡可建成小片果园。五是风沙草原区。约占总面积的 5%，历史上以牧为主，应建成牧业基地，但也要营造防风固沙林。总之，生产建设方针应该是：紧紧围绕两个基地的建设，因地制宜，农林牧并举，在经营好粮食基地、争取粮食基本自给的同时，大力种草植树和经营果园，积极发展畜牧业和林果业。

黄土高原共有土地约 8 亿亩，土地利用粗略规划如下：造林（包括薪炭林、灌木林）2 亿 5000 万亩，使森林复被率达到 30% 以上；种草 2 亿亩，占总面积的 25%；果园 5000 万亩，占总面积的 6%。耕地控制到 1 亿 5000 万亩，占总面积的 20%；非生产用地控制到 1 亿 5000 万亩，占总面积的 20%。人口由目前的 6000 万，力争在 7000 万的水平上稳定下来，其中农业人口 5000 万左右。

种草 2 亿亩，建成畜牧业生产基地。每亩投资 5 元，计 10 亿元；加上种畜场、冷冻精液站、人工饲料基地、牧业机械、饲料工业、畜产品加工工业等建设，共需 15 亿元。播种优良的多年生豆科牧草，普遍施用化肥，变天然草原为人工牧场，建成现代化的畜牧业生产基地。

造林 2 亿 5000 万亩，建成林业基地。每亩投资 10 元，共 25 亿元。以水源林、水土保持林、农牧防护林和薪炭林为主。乔、灌、草结合，草、灌先行。除发挥水源涵养、水土保持、农牧地防护外，还能收入许多林副产品、部分民用建材和解决群众的燃料问题。

营造果园 5000 万亩，建成果品外销基地。每亩平均投资按低标准 20 元计算（包括果品贮藏加工等），共计 10 亿元。除部分用来发展水果外，大量用来发展干果。采用先进科学技术，提高产品质量，主要用于外销。

建设基本农田，力争粮食自给。耕地控制到 1 亿 5000 万亩，按人口平均每人 2 亩，按农业人口平均每人 3 亩。其中，在水土流失严重的 138 个县，新建旱基本农田 3000 万亩，每亩投资 5 元，计 1 亿 5000 万元，新建水、坝地 1000 万亩，每亩投资 200 元，计 20 亿元。新建小流域综合治理骨干工程 9000 个，每个投资 10 万元，计 9 亿元。共计投资 30 亿元。这样，加上原有梯田和水、坝地，人均可达一亩七分旱地基本农田，八分高产稳产田，力争粮食自给。有余不购，用以发展畜牧业。

以上共需投资约 80 亿元（粮食生产基地的农业机械化投资未考虑在内），平均每年 4 亿元左右。与现在每年实际投资数接近。建成后，据专家们估算，每年收入约达 200 亿元左右，按农业人口计，人均收入约在 400 元左右。

同时，上述计划完成后，就能基本控制水土流失，使下泻泥沙大幅度减少，下游河床逐年下切，从而免除河患，并能节省大批劳力和大堤岁修、加高费用。黄河每年的 400 多亿方水，就可以用于发电、灌溉和养鱼，经济效益是很大的。还能北拒沙漠南侵，从而改造毛乌素沙漠，使沙漠变成绿洲。

上述任务何时完成，两个基地何时建成，需由有关省区和地县讨论决定，并制订具体实施计划。

四、两个基地的建设，现在就可以进行。一是飞播林草。先在雨量比较丰富、每平方千米 50 人以下地广人稀的地区进行。初步规划约 1 亿亩，3000万亩油松，7000 万亩沙打旺等多年生豆料优良牧草。人口密度较大的地区，荒地零星，不适合飞播，可进行人工播种。二是实行粮草轮作。轮歇地在撩荒前种上草，这样既不影响粮食产量，又解决了饲料问题，更有利于水土保持。三是营造防护林。可先种柠条等灌木林，它既是水土保持林，又是薪炭林。四是残存老林区的保护、抚育、恢复和发展。一方面采取措施停止老林区继续被破坏；另一方面在迹地上飞播造林。五是现在就着手进行果园建设。

以上各条与基本农田建设完全可以同时进行。除此之外，对于 138 个水土流失重点县，我们设想以县为单位，按小流域分期分批进行综合治理。这次会上定了陕西的米脂、延安、淳化，山西的离石、中阳、方山、柳林，甘肃的定西、秦安、宁县，宁夏的盐池、固原、西吉，内蒙古的准格尔旗 14 个试点县旗，拟作为第一批。从这批县起，严格实行合同制。凡接受国家重点支援的县，需具备三个条件：一是有一个过硬的、有雄心壮志的、能按客观规律办事的县委领导班子；二是有一个科学的治理方案和建设规划；三是有一批技术干部，能从科学技术上保证治理方案和建设规划的执行。凡具备上述三个条件的试点县，就可以与国家签订合同，保证规划的实施，限期改变面貌，国家按合同给予财力、物力和技术力量上的支援。对于目前缺粮的，按过去几年的平均供应水平，继续供应五年左右，给予一个打基础时间。每期究竟搞多少个县，决定于具备条件的县数和国家能集中的财力数、物力数。

五、几项建议

一是政策上要采取更灵活一些的措施。为集中精力从事两个基地建设，除河谷平原和广大塬区的粮食生产基地县外，在对集体经济力量薄弱、群众生活困难地区的政策上可以更放宽一些，除分给每户"烧柴山"外，农业生产责任制可以到人、到户，有些果园也可采取个人经营，国家组织收购的方式，以充分调动群众的积极性，使社队能集中更多力量从事基地建设，发展商品生产和加工工业，进行牧、林、果、工、商综合经营。对于这个地区的缺粮问题，据 123 个水土流失重点县 1977 年和 1978 年两年的粮食情况分析：以农村人口粮食自给为标准，87 个县自给有余，36 个县不足，两者相抵后，余7亿斤；以农村人口粮食自给外，还要满足本县、市非农业人口的商品粮为标准，51个县自给有余，72个县不足，相抵后缺5亿斤。建议除粮食基地县外，免去粮食征购任务，改为收购畜产品和林果产品；缺粮数由国家供应，以五到十年为期，逐步自给。少数县条件实在困难的，则另行规定。这些粮食，国家每年都是供应的，与其一年一定的被动供应，不如主动供应，一定几年。这样，就可以安定民心，集中力量建设两个基地，还能促其早日自给。

二是科学技术上的支援。组织全国有关科技力量，对黄土高原进行第二次综合考察，把综合治理方案建立在科学基础上，并落实到社、队。国务院有关部门和有关省区要积极搞好第一批试点县，取得经验。建议恢复各级水保科研机构，改善水保干部待遇，与石油、地质部门野外考察人员的补助等同；有关高等院校增设水保专业，地县改一批中学为水保、林业、果树、畜牧专科学校，举办各种类型的训练班，大力培养水保、林业、草场管理、畜牧、果树、农业、水利等方面的科技干部。

三是集中使用投资。目前，每年国家花在黄土高原的钱并不少，除支援穷队专款和"老、少、边"专款外，还有水利经费、造林经费、水保经费等，但将它们分散使用，撒了胡椒面，使其不能发挥应有作用。建议从中抽出一部分，责成中央主管部门管理，集中用于分期分批治理的县市。如果平均每县扶植4500万，一年900万左右，五年为期，初步改变面貌，以138个水土流失重点县计算，约需投资62亿。为80亿投资总数的77.5%。以20年为期，每年3亿元左右。从上述投资中集中此数是可能的，国家不用再增加多少，当然能增加一些更好，以便可以加快治理速度。此款应作为专款列入国家计划。

四是发展交通运输事业。两个基地的建设，将打破自给自足的自然经济，转向专业化的商品生产，交通运输事业就需要有一个较大的发展，建议铁路、交通部门对这个地区的交通运输事业的发展及早进行安排。

五是严格控制人口增加。人口的盲目高速增长，已超过黄土高原目前生产能力负担的可能，使其变成了破坏性压力。因此，要一手抓好综合治理，一手抓好计划生育，力争1985年人口增长率控制到千分之五，1995年控制到零数增长，维持稳定的数量。

六是加强领导。建议恢复国务院水土保持委员会，由国家农委代管，各省设立相应机构，统一组织有关部门力量，重点解决黄土高原水土流失的综合治理和两个基地的建设。黄土高原水土流失的综合治理，需要长期不懈的努力，特别是必须按照科学规律办事，必须尊重社、队的自主权。不能急于求成，不能在没有科学的方案，就一哄而上，更不能搞强迫命令和一平二调。这都是有过沉痛的历史教训的，必须引以为戒。

以上报告是否妥当，请批示。

中国科学院

1980 年 8 月 28 日

如何看待粮食增产问题？[①]

中国科学院植物研究所　侯学煜

（1981 年 3 月 6 日）

解决粮食增产问题，首先要树立"大粮食"观点。增产的途径不在于强调扩大水稻、玉米、小麦的面积和复种指数，而在于提高单产，重视集约经营。根本问题是要靠政策，靠科学。

我们是一个十亿人口的国家，解决全国人民的吃饭问题，必须自力更生地增加粮食产量。如何增产粮食呢？这是一个很值得商讨的问题。

增产粮食的主张很多。有人提出必须稳住水稻、小麦、玉米等的种植面积，不宜再减少，还有人主张把南方双季稻面积稳定下来。这些主张对吗？

我看，应该先找出我国粮食增产速度缓慢的原因是什么。根据近几年我到南北各地调查，各地农民吃"大锅饭"是首位原因。自 1956 年起，特别是1958 年以后，农村生产关系改变的速度超过了生产力。那时，我们在野外考

---

① 资料来源于《人民日报》1981 年 3 月 6 日第 2 版，有改动。

察，经常看到一小块田里有几头牛犁田，一二十个人在一起干活，窝工的现象很严重。1980年10月，我到安徽省考察，看到了可喜的变化。凤阳县梨园公社雁头塘生产队，20多年来年年靠吃返销粮，每年秋后大人小孩就外出逃荒要饭。打倒"四人帮"后的1977年，虽然气候正常，但粮食亩产仍然只有66斤，还吃返销粮8000斤。1979年实行大包干到组；亩产粮食200斤。1980年改为包产到户后，粮食亩产400斤以上。当年除留口粮种子外，向国家出售粮食11万多斤，还卖花生一万多斤。这个情况说明，同样的耕地、同样的劳动力和其他生产条件，吃"大锅饭"和不吃"大锅饭"，是大不一样的。农民有了真正的自主权后，才能产生积极性，才能发挥土地的优势和人力的优势。不恰当的生产关系，会打击农民的积极性，必然障碍粮食生产的发展。

广种薄收也是影响粮食生产的一个重要原因。1980年我到创春小麦高产纪录的青海柴达木盆地调查。那里有好几处农场小面积（15亩）耕地的春小麦单产达到2000斤，还有一个1500亩耕地的生产队，平均亩产达到1000斤。但是，大多数农场的平均亩产只有二三百斤。这是因为当时上级每年只要求各农场保证种麦面积，对产量并无明确要求。于是，各农场就搞广种薄收，不去集中水、肥、劳力搞精耕细作。又据河北省南皮县穆庄大队的实践，那里有大面积盐渍化土壤，1974年播种粮食2650亩，单产只有46.8斤；1978年粮田面积缩减为1769亩，集中使用水肥，精耕细作，单产提高到211.8斤；1979年再将粮田缩减为1229亩，单产提高到336.6斤。这两年，这个大队在沙地造林、洼地种苇、盐地种草或草粮轮作，全面发展了农林牧业。这就说明，粮食产量的高低，不单靠种粮面积的大小，我国许多地方粮食低产，是与广种薄收的指导思想分不开的。

破坏森林、开垦山地、围湖造田，是形成水旱灾害、影响粮食生产的另一个重要原因。山地毁林开荒，不仅损害林业、畜牧业和多种经营，对粮食生产本身也造成不利后果。晋西群众说，"开荒到顶，人穷绝种""山上开荒，山下遭殃"。湖南西部雪峰山砍伐森林，全垦山坡，甚至在30℃以上的陡坡上种植玉米，与杉木幼苗间作。1979年一场特大暴雨，就冲毁洞口县山下稻田一万余亩、旱地二万余亩。安徽大别山1958年砍树烧炭炼铁，因水土流失，旱涝灾害频繁发生。围湖造田只是表面上增加了耕地面积，由于减少了储水量，雨季发生涝灾，旱时又缺水灌溉。例如，安徽霍邱县城西湖围垦前可储水 7 亿立方，围后只能储 0.75 亿立方。汛期一到，6 亿多立方的水到处泛滥，不仅被围的湖田发生渍灾，而且湖的周围农田也被淹。当地群众说"围湖是围了锅底，淹了锅边"。1980 年因受涝，失收粮食 1 亿斤以上。此外，由于围湖和建闸，鱼类不能洄游湖中产卵，鱼、蟹、虾等水产大量减少。这些动物性蛋白质粮食损失了，莲子、芡实、菱瓜等植物性粮食也无处生长了。例如，安徽枞阳县一个白荡湖，原有水面 18 万亩，现在已围垦 2/3 的湖面。围湖前年产鱼 200 余万斤，1979 年下降到 20 余万斤；过去野鸭捕获量达到 100 万只以上，现已绝迹。1980 年圩田冲破了 1/3。有人说得好："人要违反天理围湖造田，老天爷把它退垦还湖了。"

此外全国自南到北不合理地乱改耕作制度，也是影响粮食生产的重要原因之一。特别是 1958 年以来，南方"一刀切"地推广双季稻，有的地方粮食总产量反而降低。例如，长江中下游土壤肥沃处，双季稻两季一般共约千斤，如遇秋雨低温晚稻不保收，一年仅能收早稻 700 斤。但稻麦（油菜）两熟，反而可稳拿 1100 斤。1980 年江苏组织七个地区 26 个点进行百亩连片高产试验，证明稻麦两熟的产量可超过双三熟制。以邗江县湾头公社田庄大队为例，稻麦两熟亩产 2014 斤，而双三熟亩产只有 1515 斤。湖南桃源和江西泰和一带双季稻一般也不过六七百斤。上述地区七八月间光照和大气热量较好（光照占全年的 30%），早稻在此期间已进入生育后期，光合效能大减，晚稻又正处于秧苗期，叶面积很小，不能充分利用七八月间的光热条件。这一带冬季较冷，春季温暖，正适合小麦、油菜的春化阶段所要求的温度，能充分发挥"午季"的作用。而且双季稻长期浸水，晚稻茬如套种绿肥，缺乏耕翻和冬季晒垡的机会，容易使土壤次生潜育化；土壤因透气性差，稻根呼吸困难，即使施肥再多，稻根也不能充分吸收养分。田间灌水时间长，一些害虫的天敌（如稻田蜘蛛）被淹，不能生存、繁殖，也加剧了晚稻病虫的危害。尤其是一年种两季同一种作物，需肥量大，用种子多。可见，南方双季稻面积要缩减，不应稳住原来不合理的面积。

东北平原自"大跃进"以后，缩减高粱、谷子和大豆的种植面积，扩大玉米的种植面积,原来的大豆田现有90%以上间种玉米,谷子地里也间种玉米。玉米是喜温作物,尤其中晚熟玉米品种,生育后期如遇早霜就会造成严重减产。另外,玉米为高秆作物,与大豆间种,会把大豆的阳光遮掉,降低局部温度,在东北生长季节短的气候条件下,必然会引起大豆减产。

华北平原历史上盛行以秋粮为主的冬季休闲二年三熟制,一季种秋作物高粱或玉米,一季种晚秋的大豆或谷子,一季种小麦。目前平原的耕作制十分单一化,冬小麦和玉米一般约占80%的面积。1958年以来,一再压缩抗旱、耐碱的谷子和高粱的栽培面积,而适应沙土的花生、耐湿的大豆和耐轻盐土的棉花也多被小麦、玉米挤掉。这样不仅造成棉、油减产,而且小麦、玉米连年重茬连作,既掠夺地力,又使土壤缺乏有机质,没有豆类根瘤固氮细菌活动,加上因无豆饼、花生饼作肥料,使土壤肥力递减,粮食的产量总是提高不起来。

分析了上述原因以后,解决粮食增产问题,就有了努力方向了。

除了按经济规律办事,纠正与生产力不相适应的生产关系外,首先要树立"大粮食"的观点,要打破粮食只限于水稻、小麦、玉米等以淀粉为主的禾本科粮食的狭隘看法。要从人体的健康需要出发,除了发展满足热量的淀粉粮食以外,还需要发展含动物蛋白质的肉、蛋、奶、鱼等,发展植物蛋白质、植物油及蔬菜、水果、食糖等粮食。因此,在东北种大豆和甜菜等,在华北种大豆、花生,在南方种油菜、花生,华南种甘蔗,就不能误认为不种粮食了;更不要把湖泊养鱼、蟹、虾和野鸭,湖边种莲子、菱角、芡实、菱瓜等,算作粮食以外的东西。另外,对油茶、板栗、核桃、柿子等木本油粮,也都要加以重视。有了这个"大粮食"观点,就不会再干围湖造田、毁林开垦山地,破坏生态平衡的蠢事了,也不致违背因土种植的规律了。

提高全国各类低产田的单产,是解决粮食增产的重要途径。南方红黄壤旱作坡地所占面积约有1.8亿亩,粮食亩产不足二三百斤,有的甚至几十斤。这类低产田都呈强酸性反应,除施氮、磷、钾化肥和绿肥外,施用石灰岩粉末以中和土壤酸度,是提高玉米、花生、豆类、甘薯等旱作物单产的关键性措施。如能修建小型水利工程,将部分旱地改种小麦、水稻,增施肥料,亩产800斤是容易达到的。此外,在丘陵山沟中的冷浸田、锈水田、黄泥田等也多是强酸性土，每天日照时间短，水稻亩产不足三四百斤，除施用石灰外，特别要修建环山防洪沟和排水沟，搞好排灌系统，做到干耕晒田以免土壤发生沼泽化和次生潜育化，改为冬种小麦、油菜、蚕豆，夏种中稻，亩产到800斤也不难。南方许多低产的积水田，目前亩产仅二三百斤，主要矛盾也在于解决内涝和排水问题，若解决了上述问题亩产提高到800斤也是可能的。

北方的低产田主要属盐渍化土壤。一类夏季多雨的，在黄淮海平原地区，主要环节在于解决春季抓苗问题，包括洗盐、躲盐、耐盐、抗盐等多种途径措施，由亩产200斤提高到500斤是容易办到的。内陆干旱区的盐渍化低产田，田块不宜过大，土地要平整好，灌排系统要分开，利用那里的光、水、热的优势，春小麦亩产由二三百斤提高到千斤也是有可能的。全国低产田约五亿亩，如能集约经营、科学地投入适量物质和能量后，平均每亩增产二三百斤，全年就可能增产1000亿斤以上的粮食。

增产的另一重要途径，就是要提倡用地养地的耕作制度，即豆科作物要与禾本科粮食作物、旱作与水稻的倒茬轮作。南方要缩小现有的双季稻种植面积，以减少长江流域早稻烂秧及秋雨低温所引起的失收或秕粒。即使在大气热量充足的桂南、粤南地区，一部分种双季稻，一部分也要改为旱、水、旱三作，实行轮作制，以免稻田泡水时间过长，防止土壤次生潜育化。华北要因地制宜地提倡小麦、玉米与大豆、花生的倒茬轮作。东北要发挥大豆、甜菜的优势。西北春小麦要与豌豆、蚕豆、油菜轮作，这些都是增产的重要方向。

此外，我国东半部在适宜生态环境下，推广核桃、板栗、柿、大枣（包括亚热带的油茶）等木本油粮，南方发展柑橘、荔枝、龙眼、菠萝、香蕉等水果，北方发展梨、桃、苹果、葡萄等，也都应看作是粮食的增产。

在增产动物性粮食方面。南方养好菜牛，高原养好牦牛，西北草原和华北海边盐土草地养好牛羊，农村大养家禽和猪，江河、湖泊、池塘养鱼，都是全国重要的增产途径。利用三四亿亩水面养鱼，适当投饵，即使以每亩30斤计算，也可以产蛋白质粮食100亿斤。

总之，解决我国当前十亿人口的吃饭问题，首先要有"大粮食"的观点，而增产的途径不在于强调扩大水稻、玉米、小麦的面积和复种指数，而是在于单产的提高，重视集约经营。根本问题是要落实发展农业的正确方针，靠政策，靠科学，不断提高群众的积极性，保护和发展农业生产力。

黄淮海平原科学考察汇报提纲

中国科学院黄淮海平原考察组

(1982 年 9 月 9 日)

由中国科学院生物学部、地学部组织的黄淮海平原科学考察组，于 1982 年 7 月 12～31 日赴山东省禹城、陵县，河北省南皮、深县、衡水、曲周，河南省新乡、原阳、封丘、开封、民权、商丘等县（市）进行了为期 20 天的综合考察。考察组由地理所、南京土壤所、综考会、水科院水利所、国家地震局地质所、院生物学部、地学部、计划局、办公厅、政策研究室、新华社等单位的 18 人组成。这次考察的主要目的是，实地调查黄淮海平原洪涝、干旱、盐碱、风沙等自然灾害情况，复查我院过去在河南封丘、山东禹城的实验研究工作，学习兄弟单位在不同类型地区进行综合治理、发展生产的典型经验，了解农业生产现状和加速农业发展的主要科学技术问题，为我院黄淮海平原攻关任务的部署和科研选题提供参考意见。下面就有关问题作一初步汇报。

一、黄淮海平原概况

黄淮海平原又称华北平原，是我国最大的平原。平原北接燕山、西邻太行山和伏牛山，东临渤海、黄海，南界淮河。包括冀鲁豫苏皖五省大部分或一部分地区和京津二市，共 311 个县。面积约 32 万平方千米，耕地面积为 2.7 亿亩，占全国总耕地面积的 18%。人口 1.6 亿（不包括大中城市人口），其中农业人口 1.43 亿，每个农业人口占有耕地 1.8 亩，高于全国平均水平。

黄淮海平原是我国最重要的农业区，1980 年粮食总产 952 亿斤，占全国粮食总产量的 15%，小麦和棉花产量分别占全国总产量的 39% 和 41%。玉米、大豆、花生和烤烟的产量都占全国总产量的 1/4 左右。1980 年粮食亩产 498

斤，比全国平均低 19%。

根据 1976～1978 年三年统计资料，黄淮海平原有低产县（粮食亩产低于 400 斤）109 个，中产县（粮食亩产 400～600 斤）111 个。中低产县的耕地面积约 1.8 亿亩，占平原总耕地面积的 2/3。

黄淮海平原热量资源丰富，日平均气温 ≥ 10℃ 的积温为 3800～4600℃。年平均无霜期为 180～220 天，适宜多种暖温带作物和果林生长，大部分地区一年两熟。年日照时数为 2300～3100 小时，年太阳辐射总量为 120～140 千卡/厘米^2，光能利用潜力很大。高温季节和多雨季节同期，作物活跃生长期内的降水量占年降水量的 80% 以上，有利于农作物的生长发育，这是我国东部季风区的气候特点。

黄淮海平原限制农业生产发展的自然因素，主要是洪、旱、涝、盐碱、风沙、土地瘠薄等问题。

降水的季节分配不均，春季降水量小于年降水量的 10%，而夏季达 55%～70%，且多以暴雨形式降落，燕山、太行山等的山前地带就是我国最大的暴雨中心区，这是黄淮海平原春旱夏涝、汛期河水暴涨，洪峰流量大和春秋土壤返盐的主要原因。降水和地表径流量年际变化大，多雨年与少雨年的降水量与河川径流量可以相差几倍，多雨季（月）与少雨季（月）可相差十几倍到几十倍，这是加重黄淮海平原洪、涝、旱灾的又一个气候因素。

由于黄河和其他河流在历史上多次决口改道和泛滥，使平原大平小不平、岗坡洼地形交替，排水不畅，极易成涝，也是盐碱土主要分布区。河流决口处和河流故道遗留着大片沙地，漏水漏肥。据估计，黄淮海平原仍有盐碱地 4000 万亩、沙土 3000 万亩、砂姜黑土 3000 万亩。克服旱涝盐碱风沙的危害，改变多灾低产的面貌，将是加速黄淮海平原农业生产发展的主要任务。

二、近年来黄淮海平原的主要变化

我们这次考察先后到了四个地区：鲁西北地区、河北省黑龙港地区、豫北地区和豫东地区。考察期间，我们亲眼看到了黄淮海平原近年来发生的可喜变化。变化最快的是鲁西北地区和新乡地区，河北省黑龙港地区自然条件较差，变化相对较小。

这次我们考察所到之处，各类田间作物长势很好，只要没有大的洪涝灾害，今年又将是一个丰收年景。正像邓副主席最近所说的，农村形势变化最大，农民的收入普遍增加，农村空前安定，广大农民的积极性调动起来了。我们深深体会到，在党的三中全会[①]精神的指引下，由于认真贯彻落实了党的各项政策，有力地促进了农业生产的发展。此外，30 年来的农田基本建设，特别是井灌井排综合治理措施的推广应用，也发挥了重要作用。学科学和科学种田已成为广大农民群众自觉的行动。

河南封丘县和山东禹城县是"文化大革命"前我院对黄淮海平原旱涝盐碱进行综合治理的实验点。1964 年，院党组根据熊毅等科学家的建议，确定以封丘为重点，采取点、片、面，多兵种长期干的方针。1965 年，我院组织了十多个所，几十个学科的科技人员，在当地领导和各科研单位的配合下进行了调查研究，查清了该县自然资源和旱涝盐碱沙等自然灾害形成的原因，制定了"除灾增产"区划，同时针对不同的情况，因地制宜地进行了试验研究工作。包括：①盛水源大队，以井灌井排措施为主（先在这里打了五口"梅花井"）进行盐碱地的治理；②西大村大队，以绿肥深翻和化学改良措施为主，进行瓦碱的治理；③黄陵大队，以植树和林粮间作为主，进行防风固沙措施的研究；大沙大队，进行淤地的改良等。各基点的工作都取得了显著成绩。例如，盛水源大队本来是一个盐碱地面积大、产量很低的缺粮队，治理后，粮食总产由 1965 年的 6.1 万斤提高到 22 万斤，增长 2.6 倍。目前封丘县井灌面积已发展到 51.8 万亩，对抗旱保丰收起了很大的作用。又如 1981 年降雨量只有 291 毫米，比正常年份少了一半，但农业仍获得了丰收。1981 年粮食总产达 3 亿斤，比 1965 年增长 5.8 倍。全县粮食生产实现了自给有余，盐碱地由 1964 年的 50.4 万亩减少到 27.9 万亩，人民生活较前有了很大改善，全县人均分配收入达 200～500 元的有 79 个生产队。近三年来盖新房 8 万多间，城乡人民储蓄存款 400 多万元。

在科学实验的同时，我院的同志还在基点上举办了各种技术夜校、农技训练班。采取以师带徒，现场教学，理论联系生产实际的办法，为该县培训了一些农业技术骨干队伍。

---

① 十一届三中全会——编者注。

禹城试验区位于鲁北内陆平原，总面积130平方千米，耕地13.9万亩，人口4.7万人。建区前这里是一片涝洼盐碱地，每年春旱夏涝。有不同程度盐碱地11万亩，占耕地面积80%，粮食亩产仅180斤。

1966年国家科委组织中国科学院地理所、地质所、遗传所、植物所等单位及山东省有关单位科技人员和党政干部107人，在禹城创设了这个实验区。当时建区的指导思想是，通过井灌井排和其他水利、农林措施，综合治理旱涝盐碱，为黄淮海平原大面积低产田的改造提供科学依据和技术途径。

建区后16年来，经过创建、维持、发展、提高几个阶段的持续努力，实验区发生了深刻变化。现在旱涝灾害基本消除，可以做到连续降雨200毫米不受涝，200天无雨保丰收。盐碱地面积已由11万亩降至2.17万亩，土壤含盐量由1974年0.19%降至0.12%，耕作层总脱盐量4.3万吨，平均每亩脱盐220千克；2米深土层总脱盐量14万吨，平均每亩脱盐720千克。粮食亩产已由180斤提高到658斤，单产皮棉已达103斤，多种经营从无到有发展到6万多亩。在粮田面积减少到6.8万亩情况下，粮食总产仍不断上升，已由1974年的2160万斤提高到4510万斤。过去每年由国家安排供应300多万斤返销粮。近几年每年向国家贡献300多万斤，1981年粮棉统算共向国家贡献折合粮食1890万斤，社员收入也有成倍增长。

三、旱涝盐碱综合治理的经验

为了学习兄弟单位在不同类型地区综合治理和发展农业生产的典型经验，我们还考察了以下六个实验区（点）：山东省陵县盐碱地综合治理实验区（0.5万亩，1975年建）；河北省南皮县乌马营综合治理旱涝盐碱试验区（2.6万亩，1974年建）；河北省深县后营大队，河北省曲周旱涝盐碱综合治理实验区（0.8万亩，1974年建，后扩大到8万亩和23万亩）；河南省商丘李庄实验区（1.5万亩，1978年建）和宁陵县孔集实验区（0.23万亩，1978年建）。这些实验区（点）通过几年甚至十几年的实验研究，在认识旱涝盐碱等自然灾害发生变化规律的基础上，采取了切实可行的治理措施，取得了较为明显的效果。例如，陵县现有有效灌溉面积已达66万亩，1981年粮食产量达3.8亿斤，比1978年增产7000万斤。皮棉增加11.2倍，农业总收入2亿多元，比1978

年增长 3.5 倍。1981 年粮食单产 625 斤，皮棉 121 斤，社员年分配 220 元，4 万多户盖了新房；原阳县 1981 年粮食总产 4 亿多斤，比 1977 年增加了 1.1 亿斤，单产 700 斤。其他各县的农业生产都有不同程度的发展。我们认为，旱涝盐碱综合治理的基本经验是：

（一）水利工程措施和农业生物措施相结合，实行综合治理

各实验区的治理一般是在与井沟渠相结合的基础上进行排、灌、平、肥、林、改的综合治理。在地下水较好地区采取打井灌溉、压盐、降低地下水位、挖沟排水、排盐、防涝防渍；在地下水条件较差或封闭洼地一般采取机电提灌提排。关于平整土地、消除盐斑、种植绿肥、培肥地力、植树造林、建设林网、改革农业内部结构等措施，则是各实验区的共同经验。

以上几项措施有的属于水利措施或称工程措施，这些工程对涝洼盐碱地的治理是必不可少的先行措施，但其投资较大。有的属农业措施或称生物措施，这些措施投资较少，可以直接增加生物量，但有些措施（如林网建设）往往要在几年后才能见效。工程措施和生物措施结合起来，实行综合治理，有利于做到旱能灌，涝能排，使地下水位得到控制，盐碱土得到有效改良，避免了过去头痛医头、脚痛医脚的片面性，并取得了较好治理效果。

（二）认识自然和改造自然相结合，坚持长期实验研究

在实验区进行旱涝盐碱的综合治理，一般有两方面的内容。一方面是改造自然的科学技术措施的应用，如上所述。这方面工作先是由科学技术部门提出规划设计方案，而大量具体工作是由地方上完成的。另一方面工作是结合黄淮海平原重大科学问题，开展定位实验研究，认识自然变化的规律，研究各项措施的机制和治理后出现的新问题，为技术措施的应用提供理论依据，这方面工作主要是科研单位、工程部门和大专院校承担的。如近几年来，我院地理所等单位在禹城开展的土壤水盐运动研究，南水北调及其对自然环境影响有关问题的实验研究，降水、地表水、土壤水和地下水四水转化的实验研究；我院南京土壤所在封丘进行的黄河背河洼地、打渔张引黄灌区的土壤水盐运动研究；北京农业大学在曲周进行的季风气候条件下土壤水盐运动及其预测预报的研究；河北省水科院等单位在南皮进行的地下咸水改造和利用

的研究等。认识自然和改造自然两方面工作结合起来，既有利于生产的提高，又能促进科学的发展。

在考察的 8 个实验区中，创办最早的是封丘，其次是禹城，这两个由我院参加的实验区分别建于 1965 年和 1966 年。其他 6 个区（点）都是 1974 年后由农业部门和水利部门创建的。这些实验工作的一条重要体会，就是要在当地领导的亲自参与下，持之以恒，由于长期坚持进行实验工作，有些科学上的难题也可以取得重要进展，而实验中断往往会带来重大损失。

（三）在当地政府的领导下，科技人员、群众和领导干部相结合，开展多学科协作攻关

我们所到地区，大都存在多种自然灾害，当地政府和劳动人民有改变这种面貌的强烈愿望，在和自然灾害的斗争中也积累了很多实践经验，一旦用现代科学技术武装起来，就会成为改天换地的强大力量。而科技人员只有参与这样的群众斗争，才能使自己的知识和研究成果转化为直接生产力。因此，在当地政府的领导下，科技人员、群众和领导干部三结合，就成为各实验区取得成功的一条重要经验。我们考察的实验区所在县政府，为了加强这方面工作，都设有专门办公室和指挥部。

由于自然灾害的多样性，自然条件的复杂性和农业生产的综合性，任何单一学科都不能将一个地区工作统包下来，只有多学科相互配合和协作攻关，才能在认识和改造自然中取得优势。封丘县的工作，先后有我院南京土壤所等十个研究所和河南省十几个单位的 200 余人参加。禹城实验区建区时，有我院地理所等六七个单位和山东省有关单位的 107 人参加，现在还有地学、农学、土肥、水利、林业等十几个专业人员进行 20 多项实验。参加南皮县乌马营试验工作的有 10 个单位。商丘实验区则是由河南的三个单位（新乡灌溉所、河南农学院、河南农科院）共同承担的。

四、黄淮海平原现存的主要问题

（一）洪涝、干旱灾害及水资源合理利用问题

通过二三十年来根治海河、治理淮河和黄河的工作，以及拦蓄地表水、

开采地下水等水利工程的兴建，使黄淮海平原抗御洪涝和干旱的能力比过去有了很大提高，但是这些灾害的威胁并未消除。如 1977 年，海河平原受涝面积仍有 3000 万亩。而近年来又出现连续三年的严重干旱，至七月下旬，所到之地，坑塘洼淀干枯，河水断流，地下水位大幅度下降。洪涝和干旱仍是限制这个地区农业发展极为不利的因素。

在水资源有限的情况下，地表水和地下水缺少统一管理，河流上下游之间用水不能合理调度，这就使地表水和地下水丰富的上游地区用水浪费严重，而中下游地下水开采条件不好的地区，也无地表水资源，因此加剧了干旱的危害。例如，河北省衡水地区和沧州地区缺水情况十分严重，迫使他们继续增加深井（300 米以下）数量，深层承压水资源日益枯竭，水位迅速下降，使地下水漏斗区面积越来越大。

（二）南水北调问题

在河北省考察期间，各地对这个问题普遍要求强烈，呼声很高。关于南水北调我们了解的情况是：为了解决华北地区城市供水和补充农田灌溉水源的不足，1976 年水电部曾提出从长江下游江都抽水站引水，沿大运河北送到天津的东线调水计划。后来，又提出从汉江的丹江口水库引水，北送到北京的中线调水设想。两条线路输水干渠全长都在 1100 千米以上，工程实现后，除了给天津等大中城市输水外，还可增加和改善灌溉面积 1.41 亿亩，约占黄淮海平原耕地面积的一半。对于这项 20 世纪世界上少有的最宏伟、最复杂的水利工程，我国的工程技术水平是完全可以胜任的。目前困难的问题在于：一是要投入大量资金，二是要研究调水对自然环境的影响及其防治措施，三是要有现代化管理体制。1982 年 6 月，在济南召开的黄淮海平原农业发展学术讨论会上，水电部又提出东线小调水方案，过黄河水量相当于原方案的 1/3，重点供给天津、沧州等工业用水，少量余水可供农业使用。这个方案即使近期可行，河北省黑龙港地区严重缺水问题仍得不到解决。因此比较现实的办法只有两条。一是从工程措施上解决好水的引、灌、排、蓄的问题，充分利用本地天然水资源。二是从农业措施上，试验研究节水型农业结构尽量用较少的水获得较高的收成。科学研究应当在南水北调、四水转化及节水农业这些重大问题上做出贡献。

（三）黄河和引黄灌溉问题

黄河是黄淮海平原的塑造者，在漫长的历史时期内，曾经给中华民族造过福，也曾给下游地区带来过祸害。历史上黄河决口改道达 1500 多次，其中大改道 26 次。中华人民共和国成立后 30 多年，黄河大堤安全无损，为两岸广大平原地区的生产和安全提供了最重要的条件。20 世纪 70 年代以来，河南、山东两省劳动人民，充分利用黄河水沙资源，淤背改土，引黄灌溉为发展灌区农业生产发挥了积极作用。1972 年、1973 年、1981 年三次为天津紧急供水，使这个城市水源危机有所缓和。现在黄河下游共有引黄涵闸 72 座，虹吸工程 55 处，控制灌溉面积 2790 万亩，实灌面积 1500 万～2400 万亩，年引水量 90 亿立方米左右。这次考察，我们先后到过山东潘庄引黄灌区和河南新乡人民胜利渠灌区，在禹城、陵县、新乡、原阳、封丘等县对黄河和引黄有关问题作了实地调查，并从封丘到开封乘船横渡黄河，对河床作了进一步察看。我们认为，有些问题应引起人们足够重视，并尽早研究出解决办法。这些问题是：①黄河含有大量泥沙。河床年年淤高，现在已比堤外高出 6～8 米，洪汛季节，水位上升，高悬地面以上的河水，对两岸广大地区是严重的威胁，若这样年复一年下去，总有一天会溃堤而出，其后果不堪设想，这个问题应当提到研究日程上来，中游水土保持工作也应抓紧。②引黄灌溉发展很快，但灌区管理不当，会造成严重浪费。③引黄泥沙淤积河床和渠道，严重影响排洪排涝。④原来井灌区，有的地方引黄废井，使地下水位升高，造成部分地区次生盐碱化。

（四）低产土壤改良和土地合理利用问题

黄淮海平原的自然条件和生产面貌虽然发生了很大变化，但仍然存在着大面积的低产田。盐碱土、沙土和砂姜黑土三种类型低产土达一亿亩，约占总耕地面积的 1/3。其中盐碱地比较普遍，五省二市皆有分布，我们考察的各县是盐碱地较为严重地区。沙土主要分布在河南省新乡、开封和商丘几个地区，砂姜黑土主要分布在皖北地区，其次是苏北和豫东地区。这些低产土壤还有一个共同特点，就是土地瘠薄，肥力不足。为了使整个大平原得到均衡发展，尽快改造低产土壤是十分重要的。

黄淮海平原土地资源和光热资源丰富，根据各地具体情况，合理开发和利用这些资源，把改造和利用结合起来，路子才会越走越宽。陵县利用盐碱荒地种向日葵；开封县栽种刺槐固沙，利用沙地发展果园，种植西瓜和花生；民权县在沙地上已发展了 35 000 亩葡萄园，近一二年内计划扩大到 10 万亩，该县葡萄酒已远销祖国各地和出口 14 个国家，这些经验应当大力提倡。要通过调查研究，进行农田生态区划，分出不同土地利用类型，科学规划利用方向。

（五）调整农业生产结构，选育良种，防治作物病虫害问题

近年来，黄淮海平原农业生产结构已开始发生变化，变化趋势大致是：①减少粮田面积，扩大棉田面积，以山东省鲁西北地区最为突出，如禹城和陵县棉田面积已占总耕地面积的 40% 以上。②在引黄灌溉地区，压缩旱作面积，扩大水稻面积，如河南省新乡地区。③恢复和扩大花生、大豆等传统油料作物面积，如河南省商丘地区。今后农业生产结构究竟如何调整，各种作物比例关系如何确立，需结合水土资源及国家计划的情况进行专门研究。

在考察中，农业生产中存在另外两个重要问题。一是良种选育问题，特别是棉花、谷子、大豆等作物品种和速生树种的培育；二是作物和林带病虫害的防治问题。

（六）在改造自然过程中出现的环境变化问题

由于大规模开采地下水，特别是开采深层地下水，使黄淮海平原已出现多处地下水漏斗区，其中沧州和衡水两大片情况极为严重，如果按目前的势头发展下去，再过 10 年，深层水将被疏干，地面下沉、海水倒灌及其他环境变异将随之发生。对这个问题，我们一方面要采取行政措施，限制深井开采数量；另一方面科研工作要跟上，要研究深层水补给规律和预测环境变化趋势。由于连年干旱，海河水系各入海河道长期断流，入海口附近因潮水作用，已引起严重淤积和盐水入侵。

五、关于黄淮海平原科学攻关内容的建议

黄淮海平原科学攻关内容应考虑：生产中的关键性问题、影响大局的综合性问题、带动学科发展的基础性课题。根据以上考虑并结合这次考察中的

体会，初步提出以下选题意见。

（一）黄淮海平原农业自然条件评价和农田生态区划。包括：①这个地区光、热、水、土、气、地貌等自然条件及其对农业生产的影响。②分析旱涝盐碱风沙等自然灾害发生规律及地区分布。③根据各地农田生态特点和农业生产现状的相似性和差异性，提出农田生态区划。④按不同类型区提出控制和治理自然灾害的科学措施，建立合理农田生态结构。

通过以上研究可以查清各种农业自然资源的数量和质量，这是因地制宜改造自然、指挥生产的基础工作。

（二）水分循环水量平衡及"四水"（降水、地表水、地下水、土壤水）转化的实验研究，包括：①黄淮海平原地区水分循环过程（大气降水，降雨入渗、径流，农田蒸发和植物蒸腾等）及其物理机制。②水量平衡各要素动态变化规律及计算方法。③水资源的四种主要存在形式间相互转化关系。④提出有利于农业生产的水分循环人工调控措施。

通过以上研究，可以为黄淮海平原水资源计算及其合理开发利用，农田耗水量，节约用水及水利工程提供理论依据。

（三）土地资源评价、低产土壤成因分析和改良途径及土壤水盐运动规律和预测预报的研究。包括：①内陆和滨海盐碱地、沙地、砂姜黑土地的成因条件及改良方向。②中低产土壤有机肥和无机肥合理施用及微量元素施用比例；石灰性土壤磷肥的固定机制及提高磷的有效性方法。③研究土壤水盐运动规律，提出预报模式。④编制1:50万土壤类型图、土壤肥力图、土壤改良分区图和土地利用现状图。

通过以上研究，为黄淮海平原大面积中低产土壤的合理利用和改造提供科学依据和技术途径。

（四）对土地水资源合理开发利用，跨流域调水的环境后效及水质污染水源保护的研究。包括：①进行水资源分区，研究不同地区地表水、地下水可用量和各流域合理用水的设想。②研究引黄灌溉中的有关问题。③论证南水北调的必要性和可行性，对调水可能引起的环境后效进行预研究并提出防治措施。④调查和研究水体污染现状和水源保护措施。研究地下水大量开采中的水文地质问题。

通过以上研究，为本地水资源的合理利用提供依据，为远距离调水提供科学论证。

（五）节水型农业和旱作农业的研究。包括：①现有作物耗水量的试验。②旱作优良品种的选育。③节水型作物的补充灌溉技术。④耐旱作物的植物生理机制。⑤各农田抑制蒸发的技术。⑥农业合理结构的研究。包括：a.对小麦、玉米、棉花、大豆等主要作物和葡萄、苹果及其他果树高产优良品种的培育和推广。b.粮、棉、果、林主要病虫害的防治技术。c.耐盐作物的培育。d.绿肥。e.棉花免耕法等耕作技术的试验推广。

（六）黄河问题的研究。包括：①历史上黄河泛滥和改道对平原的影响。②黄河水沙资源的合理利用。③黄河人工改道问题。④黄河中游水土流失规律和水土保持技术。

（七）合理的农业生产结构和农业生产潜力的研究。包括：①黄淮海平原不同类型区种植业内部各种作物的合理比例关系。②种植业与林牧副渔等各业的比例关系。③农业的环境因素与生物量的关系。

（八）农村能源研究。包括风能资源、太阳能资源、地热资源、沼气资源的应用条件和利用技术。

（九）遥感技术的研究。利用遥感技术研究水的动态变化，根据作物产量调查各类土壤、古河道带和古海岸带的分布情况。

以上课题，经过3～5年的研究，可以为国家提供一批研究成果和可供农业生产应用的技术成果。我们认为，我院开展黄淮海工作具有以下有利条件：

（一）20多年来，我院在黄淮海平原做了大量工作，这些工作一方面为除灾增产做出了直接贡献；另一方面也带动了土壤盐渍地球化学、水文学、水文地质学等学科的发展，使这些学科在研究方法上有一定积累，在科研管理上也取得了一些经验。

（二）在长期的工作过程中，科研人才已经成长起来。在黄淮海工作的老一辈科学家，如熊毅、黄秉维、侯学煜、席承藩等在学术思想上仍发挥着指导作用。还有一批50多岁的学术带头人，他们身居科研第一线，担负着科研组织领导的责任。20世纪60年代参加黄淮海工作的青年人员，现在已成为中年业务骨干，是科研攻关的中坚力量，全院可以组织十来个研究所的100余人参加这个工作，他们的专业包括气候、水文、水文地质、地貌、地球化学、地图、土壤、植物生理、遗传、微生物、生态、自然地理、经济地理、遥感技术、系统工程等近20个学科。由三个梯队组成的综合性的研究队伍，将充分发挥多学科、多兵种的优势，成为国家攻关任务中一支重要的方面军。

（三）我院在黄淮海平原的主要类型区都有实验点。正在筹建的北京生态实验站可以代表山前冲积平原类型；山东禹城实验区可以代表河流冲积平原类型；河南封丘实验区可以代表黄河背河洼地类型；山东打渔张灌区则可代表滨海平原类型。以上这些实验站和实验区是我们定位实验和专题研究的重要驻地，是实现点片面结合的一个重要方面。另外，有些研究所的实验室可以直接为黄淮海工作服务。例如，地理所河床模拟实验室、径流模拟实验室、土壤所盐分运动模拟实验室等实验室研究的开展，可以实现室内外结合，从而缩短研究周期。

（四）我院技术科学和数理化等方面的研究有很好的基础，组织他们中的一部分力量如系统工程，计算技术和遥感、遥控、遥测技术，参加和支援黄淮海工作，可以为攻关任务的完成提供新方法、新手段和新的技术设备。

（五）我院过去与国家有关部门和黄淮海平原所在省、市有关单位都有很好的协作关系，现在有些单位主动同我们联系，希望能参加协作。今后和他们互相配合、协同作战，可以共同完成攻关任务，争取早日实现黄淮海平原治理和发展的战略目标。

考察组成员：李松华　左大康　罗焕炎　王遵亲　祝寿泉　俞仁培
　　　　　　杨振怀　黄琅堂　黄　勉　赵剑平　吕敬华　王少丁
　　　　　　吴长惠

黄淮海平原综合治理与农业发展的若干问题（汇报提纲）

中国科学院黄淮海平原综合研究组

（1984年10月9日）

一、黄淮海平原农业发展现状和面临的问题

黄淮海平原是黄河、淮河、海河及滦河下游的冲积平原，是我国第二大

的平原，北起燕山，南至淮河，西起太行山及伏牛山，东抵渤海黄海海滨及山东丘陵。行政上包括北京、天津、河北、河南、山东、安徽、江苏五省二市共 316 个县市，总土地面积 35.27 万平方公里，占全国面积的 3.67%，1983 年总人口为 19 791 万人，占全国总人口的 19.3%，耕地面积为 27 398.3 万亩，占全国耕地面积的 18.57%，农业人口为 15 547.7 万人，占全国农业人口总人数的 18.61%。

黄淮海平原是我国重要的农业区，粮棉油生产均占全国重要地位。但长期以来，旱涝盐碱灾害频繁，导致粮棉油产量低而不稳，粮食不足自给。从 20 世纪 50 年代末期以来，为了扭转"南粮北调"实现粮食自给、为了改变棉花低产实现"北方赶南方"，国家曾经采取过许多措施，但低产和缺粮问题一直没有得到解决。三中全会以来，通过贯彻执行党的一系列农村政策，调动了广大农民的积极性，加上 30 余年综合治理的效益，使本区粮棉油生产发展很快，其平均增长速度超过全国平均增长速度。1978 年到 1983 年，全区粮食总产量增长 39%，年平均递增率达 6.84%。1983 年农业人口人均粮食 910 斤，总人口人均粮食 715 斤，说明农业人口人均粮食已经能够自给。棉花总产增长 4.84 倍，平均亩产 118.8 斤，超过全国水平 16.8%，总产量占全国一半以上，成为全国最大的棉产区。油料总产量也增长 148%。当前的情况是：粮食油料自给有余，棉花大量积压滞销。

黄淮海平原农业进一步发展的方向究竟是什么？要回答这个问题，一要充分估计国民经济发展对农业的客观要求；二要正确认识黄淮海平原农业的现有基础、存在的问题和薄弱环节。

黄淮海平原是全国政治经济文化中心区，全区拥有百万人口以上大城市 8 个，50 万～100 万人口中等城市 10 个，以及正在兴起的大批中小城镇和胜利、中原、任丘、大港等大油田。我国对外开放的天津、秦皇岛、青岛、连云港等城市均以本地区为腹地。本区在全国各大农业区中，人口密度最大（每平方千米 561 人），垦殖程度最高（耕地占土地总面积的 51.8%），除滨海地区外，基本上已无荒地可开，1983 年农业人口人均耕地为 1.76 亩，略少于全国平均数（1.77 亩）。随着今后工业交通和城镇的发展（如纵贯全区的京九铁路的兴建），耕地还会减少，人口还会增加，仅按人口自然增长率（按 1983 年全国人口自然增长率 11.54‰）推算，1990 年全区人口将增至 2.14 亿人，2000 年将增至 2.4 亿人，人多地少的矛盾将会更加突出，而对农产品的需要量却会越来越大。以足够的粮食和各种农林牧渔产品，来充分保障本区国民经济发展、人口增长和人民生活提高的需要，是本区农业发展的重要使命。

黄淮海平原近年农业有了大发展，但是农业基础不牢，薄弱环节还很多，特别是存在着不稳定的因素和低产因素，因此必须大力克服，才能保证农业的稳定发展。

1. 必须克服不稳定的因素

本区接近我国夏季风的尾闾地区，夏季风来得迟、退得早，大陆性气候强，降水变率很大，夏雨过分集中，春旱夏涝交替出现。根据本区近 510 年（1470～1979 年）14 个站的旱涝情况统计，平均每 9 年左右（频率为 10.6%）出现一次重涝，每 11 年左右（频率为 9.2%）出现一次大旱，菏泽、德州每 6～7 年出现一次重涝，天津、徐州每 16～17 年出现一次大旱，也就是说重涝比大旱出现的频率稍高。回顾本区以往粮棉生产发展情况，可知所有大范围大幅度的减产年份，除了有时是由于政治因素之外，多数是由于大旱大涝所致。本区近年大力发展水利灌溉，使抗旱能力有较大增强，1982 年和 1983 年的大丰收，除了"政策好、人努力"之外，也由于"天帮忙"，没有大涝，连年偏旱，灌溉设施正好发挥了作用。本区低洼易涝面积占耕地面积的 51%，而淮北低平原、黄泛平原、冀鲁豫低平原、滨海平原等，易涝面积多在 60% 乃至 70% 以上，而这些地区正好是这几年粮棉发展的重点地区。易涝面积大，但除涝标准不高（大部分只有三年一遇标准），土地不平整，有很大面积排涝不配套。连旱几年，人们往往只注意抗旱，忽视了除涝，心存侥幸，甚至排水干渠里也种了庄稼，这就潜藏着很大危机，一遇洪涝灾害，会使农业大面积减产失收，不仅谈不上递增，而且连原来的基数也保不住。因此，发展本区农业，必须注意克服不稳定的因素，大力战胜涝和旱的威胁，在保住已有的丰产基础上，进一步合理利用光热、水土资源，扬长避短，在稳产的基础上继续提高产量。

2. 必须克服低产的因素

本区粮棉油生产都是既有突出的高产区，又有突出的低产区。1983 年虽然是特大丰收年，但高低产差距却很悬殊，如粮食播种面积亩产全区平均为430.8斤，但最高县（赣榆）达818斤，最低县（文安）才127斤。小麦亩产全区平均为453.9斤，最高县（获嘉）达805斤，最低县（东光）才107斤。最高最低县产量相差达7~8倍，至于较小面积亩产差距更大。低产原因有很大程度是由于各种低产土壤（盐碱土、风沙土、砂姜黑土等）未得到改良，以及长期以来的掠夺式经营、用地不养地的做法而引起的土壤肥力减退。因此我们必须想办法去改土培肥，消除农业中的低产因素，力争稳产高产。

3. **要调整农业生产布局和结构，大力加强薄弱部门**

本区近年粮棉油虽有较快发展，但增产很不平衡，还存在大量的低产区，粮棉布局和棉花质量也还存在不少问题，如畜牧业、林业、副业、渔业等还十分薄弱；农业经济结构过分单一化；经济效益和生态效益都不高。因此，必须进一步调整农业生产布局和结构，大力加强薄弱部门，实现农村经济的全面协调发展。

鉴于上述情况，中国科学院还将继续组织力量，对黄淮海平原的综合治理和合理开发进行研究。

二、战胜洪涝干旱灾害，合理利用水资源

黄淮海平原是在与水作长期斗争中发展起来的。自从有历史记载以来，中国的治水重点地区就在黄淮河平原及相邻的平原上，而旱涝灾害与土壤盐碱、瘠薄等问题，无不与治水、用水有关。从传说中的大禹导九川、陂九泽、平水土、开沟洫开始，历代统治者都想把这一平原的水旱灾害治好，以便立国安民；但由于旧中国的封建统治及技术条件的限制，黄河决口改道大小1500余次，平均每隔几年决口改道一次。旱涝、盐碱严重限制着农业生产的发展，使人民生活处于颠沛流离之中。

中华人民共和国成立以来，党和政府十分重视黄、淮、海三河系及平原本身的治理。30余年来黄海未发生过伏汛决口，淮河、海河洪水威胁也大大减轻。过去20年在黄淮海平原地区增加机井140多万眼，有效灌溉面积已占耕地面积的60%，除涝面积占易涝面积的70%，耕地中的盐碱土已有一半得到改良利用，并还向城市与工业供水300多亿立方米。国家在这三条河和平

原的投资总计 250 亿元，所取得的效益达投资的一倍以上。今后国家为建好这一平原还得投入更大的人力与财力。

在肯定成绩的同时，为了进一步推动综合治理，还需对蓄与泄、灌与排、治水与用水及国家投资与群众自筹等关系作深入探讨。农业大发展的新形势和产值翻两番的新任务，对黄淮海平原的治水、用水提出了新要求与新问题。主要是黄河洪水威胁尚未消除；内涝潜在威胁不容忽视，还要进一步防溃；表面上已脱盐的盐碱土仍有反复的可能；华北地区干旱缺水，严重影响工农业生产，而水资源的浪费现象仍普遍存在，建立节水型农业需要迫切。为此提出下列建议：

（一）确保黄河下游防洪安全，继续提高淮河、海河的防洪能力

1. 黄河下游的安危，事关黄淮海平原全局

为了确保黄河下游防洪安全，建议在"七五"期间，首先完成防御 2.2 万米³/秒洪水的各项工程设施；同时，为了防御 2.2 万米³/秒以上的特大洪水，建议早日修建从三门峡至郑州花园口之间干流控制性工程——小浪底水库，并列入"七五"计划中，争取在"八五"期间部分投产生效，"九五"期间全部投产生效。

中游黄土高原水土保持是减少黄河泥沙来源的根本途径，今后我们应更加重视，结合小流域治理及当地农业生产，有计划、有重点地进行防治。在治理中，应强调工程措施与生物措施并重，农林牧副业并举，彻底扭转"以粮为纲"，严禁开垦陡坡，对贫困地区，国家可在财力、物力上予以帮助。

2. 继续提高淮河、海河防洪标准

淮河流域人口密集，工农业生产发展迅速，而淮河干流的防洪标准仅 50 年一遇，与本地区的人口、社会发展很不相称，需要适当提高其标准。建议在"七五"期间，安徽境内除适当安排淮河上游滞洪、蓄洪工程外，应重点加固淮河干流左岸堤防，继续完成茨淮新河、怀洪新河及提高淮北平原骨干河道的防洪除涝能力；江苏境内除继续完成沂、沭、泗东调南下工程外，需要研究沿苏北总干渠北边开辟新的入海水道，使淮河在出现特大洪水时洪泽湖不出问题。"七五"期间可考虑安排第一期工程，即兴建洪泽湖出口闸及总

干渠北边的低标准堤防。

海河流域现有 20 个大型水库存在险情，需要加固，以确保海河下游防洪安全。"七五"期间，建议对黄壁庄、岳城两水库进行重点加固。为确保首都防洪及供水，需要完成对官厅水库大坝加高及库区处理工程，并建议将永定河列为海河流域重点治理区域，进行流域性治理及多目标开发的试点。

（二）整顿与发展引黄灌溉工程，合理利用黄河水沙资源

引黄灌溉及引黄济津工程，已对黄淮海平原工农业生产起了重要的作用，今后仍将起到更大的作用。目前河南、山东两省引黄灌溉工程控制面积约有 2800 万亩，实灌面积约 1600 万～1800 万亩，其中放淤及改造背河洼地约 300 万亩，但配套面积尚不到 1000 万亩。当前突出的问题是泥沙处理。"七五"期间应先对现有灌区加以整顿，根据泥沙处理与排水出路情况，对灌区分别进行改建、配套，以及视情况需要采取限制引水或暂止引水措施，真正做到"一不淤河，二不碱地"，促进农业增产。在这个前提下，积极稳妥地发展新灌区及接济华北缺水地区。初步估计，到"七五"期间两省发展 700 万亩（河南 200 万亩、山东 500 万亩）是有可能的。在江水短期不能过黄河之前，从黄河每年调水 15 亿立方米左右至河北、天津是比较现实的。对于泥沙处理，除了防沙、沉沙（包括洼地沉沙、提水沉沙及放淤背河洼地等）以减少河渠淤积外，应积极研究用沙，如引淤肥田、垫高低地、烧砖及用作其他建材原料等。

引黄灌溉必须加强管理工作，实行计划用水。渠井结合灌溉是合理利用水资源和补充地下水源、防止次生盐碱化的有效措施，应该普遍推广。在水费政策上，应适当提高渠灌水费，鼓励群众多用井水。为给引黄济津、引黄济冀铺平道路，以及为漳卫南运河航运创造条件，建议正式兴建 20 世纪 50 年代提出过的"引黄济卫"工程。

（三）建立节水型农业，合理利用农业水资源

水资源不足已成为华北地区农业生产的限制因素。海河平原连年干旱，缺水严重，但与此不协调的是，在用水方面仍沿袭旧的灌溉制度和落后的灌水方法，浪费水量现象普遍存在。有些地区喊地面水短缺，地下水位下降，

但小麦生长期仍灌水多至六七次；很多灌区，采用大水漫灌，造成沟满壕平；水的利用率很低，平均仅 0.4 左右。因此，迫切需要改变以往的灌溉制度与灌水技术，建立节水型农业，节约用水、经济用水，使有限的水资源发挥更大的作用，以取得可能最大的经济效益。农业用水包括灌溉用水、人畜用水、工副业用水及农村建设各方面用水，其中灌溉用水约占农业用水总量的 90%。所以，节水型农业实质上是节水型灌溉，也可以说是一种新型灌溉农业。

农业水资源比工业、城市水资源范围广，它包括雨水、地面水、土壤水、地下水及经过处理的废水、污水（也是地面水的一种）。雨水是黄淮海平原最主要的农业水资源，年雨量变化于 500～900 毫米；黄河以北雨量偏少，但在冬春小麦生长季节也有 100 毫米左右的有效雨量。土壤水是作物直接利用的水资源，把土壤作为蓄水库，蓄水保墒，一米土层有效水分可达 100～200 毫米，特别是越冬墒对小麦生长及春播作物播种有很大的作用。结合井灌和沟排，利用伏雨，对大秋作物生长、土壤盐化和防涝有决定性作用。玉米生长期有 300 毫米降雨量，基本上不需要灌溉。废水、污水已成为可利用的地面水资源，海河流域每年排放量达 30 亿立方米，北京市即达 9 亿立方米，大部分已用于灌溉抗旱，但作物及土壤遭受污染值得注意，必须强调污水处理后再用。

节水型农业的途径包括：①调整农业结构布局，改进耕作制度，因水种植，适当减少喜水作物，增加耐旱作物，加强保墒保肥措施，建立雨水与灌溉水相结合的灌溉农业。②改变灌溉制度，改进灌水技术，充分利用有效雨量，实行补充性灌溉，使单位水量发挥最大的增产作用，使有限的水资源灌溉可能最大的灌溉面积。节水型农业的主要措施有：①加强灌溉管理，完成渠系配套，提高水的有效利用系数。②普遍采用井灌、沟灌，大力推广喷灌、滴灌及田间输水管道化。③推广小麦播前储水灌溉及白地冬灌，增加"隔年墒"缓和春季用水矛盾。④采取水利与农业技术措施，提高降雨有效程度。⑤改造与利用浅层咸地下水、深层微碱性地下水及废污水。

在无灌溉设施的地区，应充分有效地利用降雨，采取蓄水保墒及减少蒸发（如地膜覆盖）的措施，进行旱农。但要注意防治内涝与土壤盐碱化。

（四）及早从外流域调水，解决华北地区的缺水问题

华北地区工农业缺水已成定局，从外流域调水势在必行，引黄济津及引

滦济津就是成功事例。水、土、气为农业三大资源，也是人类永久资源。由于地区不同，资源亦有差异，问题在于资源能否调剂及如何调剂。然而土地与气候资源是难以调剂的，能调剂的是水。平衡水土资源，改善水土关系，使其得到最大限度的利用，这是黄淮海平原农业发展的基础。因此，要研究从黄河和长江的调水问题。

20世纪70年代以来，华北平原气候持续干旱，水资源开发利用已出现不少问题：①地下水大面积超采，缺少补源措施，已出现地下水大小漏斗30个，总面积达1万～2万平方千米。②地面水源减少，农业用水得不到保障。③工业、城市用水紧张，大城市附近农业用水被挤掉。④水质污染严重，生态环境恶化。初步分析，海河流域目前每年缺水约70亿立方米（按正常年，即50%的保证率），1990年缺水将达69亿立方米，2000年为89亿立方米。引滦工程胜利完成，每年可引水量约10亿立方米，引黄水量估计近期（"七五"期间）可达15亿立方米，远期（小浪底水库建成后）可达30亿立方米，但均不能满足需求。特别是北京、天津等大城市工业及生活缺水问题必须予以足够的重视，并要首先解决。解决了工业及城市用水问题，实际上就解决了部分农业用水问题。在调水规模上，应先小后大、先通后畅，先近后远。但随着农业生产的发展和社会财富的积累，进一步增大调水量，也是合理的。

综上所述，我们的意见：①"七五"期间引黄比较现实，建设结合漳卫南运河整治，从河南、山东分头引黄河水到河北、天津。②把东线南水北调穿黄工程列入"七五"计划中，早日开工，争取"八五"期间江水到达天津。

三、合理利用气候资源，有效防避气象灾害

黄淮海平原的气候，一方面光热水资源都有一定优越性；另一方面旱涝风寒等灾害又相当频繁。因此，农业上如何最大限度地趋利避害，是我们应该经常注意的问题。针对上述问题现提建议如下：

（一）复种指数应适应当地的水热条件

黄淮海平原小麦生长期在八个月以上，剩下给夏播作物的时间只有三个

多月，一年两熟需水 600～1000 毫米，所以两熟不足，一熟有余。长期以来形成以小麦为主的两年三熟制，把喜凉与喜温作物秋、春、夏播分配在两年的不同季节中，这样最能做到趋利避害。虽然某些靠南部和靠城市地区的作物可以一年两熟，采用套种和地膜技术后也可以提高复种指数，但不是所有地块都能如此，也不宜年年如此。就整个黄淮海平原而言，目前的复种指数仍以 150% 左右为好。复种指数过高不利于轮作倒茬，不利于养地，反而容易增多或加重气象和病虫灾害，影响稳产和产品质量。

（二）提倡多种种植

《汉书·食货志》中说："种谷必杂五种，以备灾害"。耐旱、耐涝、耐盐碱作物并种，间作、套种、混种、平播与轮作各种方式交替进行，农林牧业相互配合，构成合理的大农业生态体系，这样也较能做到趋利避害。

（三）选种适生作物，提高产品质量

黄淮海平原适宜小麦、玉米、棉花、花生等庄稼和苹果、梨、枣、泡桐等林果作物的生长，并且它们都有可能获得优质高产的收成。当前不仅要讲求产量，更应讲求质量，使其在国内外市场上有竞争能力。

（四）正确使用农用薄膜

在农用薄膜中地膜效果显著，发展很快，单是北方六省的棉田 1983 年就在 500 万亩以上。地膜的主要作用在于抑制土壤水分蒸发，减少汽化热的消耗，从而相对提高地温，减少盐碱随水上升。在底墒充足时，地膜在干旱地区和季节比较有效；在生长季节中，地膜在温度低的地方使用比温度高的地方有效。江苏省多用地膜于搭架覆盖育棉苗移栽，好处较多。地膜是农用覆盖物的一种，其他覆盖物也应进行研究推广使用。

四、重视旱涝、盐碱伴随规律综合防治盐碱土

黄淮海平原耕地中，本来有五六千万亩的轻、重盐碱斑。目前，盐斑面积已减少一半。盐斑减少的原因有：

（一）30余年的改造，促使土壤盐分减少

（1）自1963年起，由于整治海河平原骨干河道，已使干沟两侧各约500米宽的范围，土壤盐分减少。

（2）自20世纪60年代起，陆续建立了盐碱土改良试点及群众性盐碱土改良利用，已使改良区盐分减少。

（3）近五年来由于连续干旱，地下水位普遍下降，同时大量地抽引浅层地下水用于灌溉，更使水分大量消耗。

这样的结果，使这二三千万亩的本来盐斑，作物生长受抑制或缺苗断垄，现在也获得正常生长，这也是近几年来增产的原因之一。

（二）土壤盐碱是随旱涝而升降的，仍有返盐的可能

要正确认识这几千万亩土壤脱盐，主要原因是旱年脱盐，涝年仍会回升。上述分析500余年来出现的旱涝频率，旱涝交替出现，前几年的连续干旱后，其频率是每隔九年出现一次大涝。沥涝一经发生，地下水位必然回升，盐分又会聚积到地表。

根据对徒骇—马颊河流域盐分平衡的计算，虽然经过了一些上述改良措施，但其仍然处于盐分进入量大于排出量的状态。现场观察土壤也证明：近几年的大旱，随地下水位的下降，使原来盐碱土表层的盐分，只渗入半米深处就聚积起来了。这种暂时的脱盐现象，随着地下水位的回升，聚在底部的盐分又会重新聚积到地表。天津郊区已种稻70年的地块，盐分已压到1.5米深处，回旱后，盐分又重新聚积到地表。因此，土壤盐碱随旱涝而升降的规律是客观存在的，不容忽视的，我们切不可麻痹大意。

在目前平原中的水盐动态下，沥涝一经发生，就会使近几年来集中种植的冀鲁低平原的棉花，后果不堪设想。因此，防洪除涝应和发展灌溉一样同等对待。防洪除涝也是巩固治理盐碱土的重要措施之一。

近期应采取的主要措施是：①继续完成土面上排水网系的配套工程，先通后畅，逐步提高防洪排涝标准。②进行骨干河道的清淤除障工作，加强维护骨干河道。③选择适当的地形与土壤，有计划地洼地蓄水，布设排水出路。④加大土壤入渗，减少土面蒸发。⑤平整土地，对高低不平的耕地加以平整，

也是使土地达到均衡脱盐的措施之一。

（三）关于盐碱土的综合防治

自20世纪60年代起，在黄淮海平原进行的综合改良盐碱土的试点证明，只要治理措施的方法正确可行，平原中的盐碱土是可以治好的。经过三五年的周期，促使土壤脱盐后，农林牧各业会有很大的发展，它们会由亩产一二百斤，增获到六七百斤或更高的产量。盐碱土治理的关键在于要采取工程措施与生物措施相结合，进行综合治理，其中心是调节水盐运动，排蓄结合，以排盐为主，统筹安排，并要依照土壤盐碱特征的差异，分区、分类型地采取相应的措施。

从"七五"起，应把平原中的沟灌、井灌及坑塘蓄水，排水网系，分期分批地建立起来，以达到能灌、能排、能蓄。排水设施可因地制宜地采取沟道排水、暗管排水、鼠道排水等方式，并拟定政策，合理利用与分配仅有的水资源，达到高效、重复、多次地使用。在综合措施下，促使平原中的盐分排出量大于进入量，达到稳定脱盐的作用。以上这些将是华北、豫东等低平原建成棉、麦、牧、果、林业基地的重要保障。与此同时，还应对治理区的沟道、渠系、道路两侧、村庄四周及一切隙地，种植林带、林网，并在林下广种灌木与草类，大力发展枣粮、果粮间作，建立良好的植被，加强生物排水，从而促进生产发展。

盐碱土综合防治的关键在于分类型采取相应的措施：

（1）浅层淡水盐渍类型：地下水矿化度在1～2克/升的淡质水盐斑区，有的可采用井灌沟排为主的方式，即腾空库容加强脱盐；有的也可不必挖排沟，只需井灌，以种植林带、林网，广种果木及紫穗槐、苜蓿、地丁等也可使盐斑减退，使其产量可迅速达五六百斤；果、牧业亦有所增长。

（2）咸水型盐碱土：若地下水矿化度在2～5克/升，就须采用井灌沟排，有的尚须咸淡混合，方可用于灌溉。通过这种井灌腾空库容，容蓄雨水的方法，沟排可随地面径流排走地表盐分。

（3）高矿化（5～15克/升）及滨海区（15～30克/升），土壤盐化也很严重，暗管排水效果良好，做到抽咸换淡，两三年后亦可植林、果、种牧草及粮棉瓜果等。

上述三种类型盐碱土的综合改良，包括工程、生物投资每亩分别为50元、70元和130元，偿还期为3~5年。

五、狠抓瘠薄，培肥土壤

黄淮海平原土地资源特征是：约有占总面积1/3的高产稳产土壤，有灌溉、无盐碱，主要见于山麓平原及平原中高起的缓岗平地，以种植麦棉为主。平均产量已达600~800斤，1983年获嘉县产量为805斤。只要北部防冻，南部防干热风，合理肥水措施，争取"七五"期间出现千斤以上的产量，并逐步推广（同前，国际上有亩产小麦1400斤的纪录）。

黄淮海平原低产土壤中，首推盐碱土，即有2000余万亩（旱年）至五六千万亩（涝年）的盐碱土得到改良，尚待培肥。还有3000余万亩沙土和3000余万亩砂姜黑土产量也有待提高，如措施合适，尚可进一步改变其生产面貌。

沙土的合理利用，应采用林业先行，固沙造林，以林护农，以林促牧，农林牧果相互促进的方针。沙土为落叶干鲜果类的重要产地，鸭梨、砀山梨为黄河南北名产，苹果、葡萄亦为大宗。在林带防护下，发展喷灌、滴灌，并采用少量多次施肥的方法，使粮食、花生均可显著增产。沙土治理收效快，产投比5:1，尚有不少沙土有待综合改良利用。

砂姜黑土在改善内涝的基础上，大抓培肥，增磷补氮，把无机与有机结合起来，并结合种植牧草与发展灌溉，平均每亩需投资40~50元，三五年内，每亩可增产300~500斤，投资回收率为30%左右，是一种投资少、见效快的类型。

黄淮海平原有1/3面积的中产土壤，本身耕性良好，无重大障碍因素，但其养分含量低（磷及锌、铁均缺），有机质只有0.7%以下。可先从合理施肥入手，仅碳铵一项，改面施方式为造粒深施的方式，即可使作物增产15%~30%。由于磷素缺乏，凡农民所购得者，多为低品位磷肥（含磷6%以下），建议农民重视土壤及化肥测定养分含量，它是合理搭配肥料的基础。

培肥土壤的核心是合理轮作，用养结合，特别是配合发展畜牧业的粮食轮作。如能保证人均一亩粮食种植面积，发展牧草种植，可先从苜蓿、地丁入手，不作绿肥压田，而改用过腹还田，结合以饼肥 5000 万担，建立饲料工业。据分析，饼肥中蛋白质含量高出玉米三倍，苜蓿亦在一倍以上，不用压青，而用为饲料，过腹还田，这样既增加了畜产，又增加了肥源，培肥了土壤，做到一举数得。据测试：以 400 斤油饼饲养一头肉猪，所得肥料中的养分高出油饼本身所含的养分量。房山窦店三年来，种植牧草，建立饲料工业，饲养猪、牛、鸡等，仅育肥肉牛一项，就获纯利润 10 万元。在有机肥多的情况下，少施化肥 37%，亩产达 1552 斤，土壤有机质与含氮量明显增长。这种经营方式符合现代农业发展趋势，能减少外部补入物质与能量，从而提高生物自身利用自然界物质与能量的能力。同时，创造了良好的农业环境。这是黄淮海平原农业发展必走的道路。

黄淮海平原综合治理中，尚须重视环境保护。平原中百万以上人口的城市达八个，中、小城镇密集，工矿与生活污水，均未得到处理，大多都直接排入河、湖，污染了环境。仅黄河流域就有一万多个污染源，每天放污 500 万吨。

污水中含有重金属、三氯乙醛、石油、酚等，冶炼厂尚排出镉，来自大气飘尘有苯（a）芘等，用于灌溉，受害面积达污灌的 20%。使不少地区出现小麦死苗，水稻矮化的现象。

平原棉区长期使用六六六，DDT（双对氯苯基三氯乙烷，Dichloro diphenyl trichloroethane，简称"DDT"）等有机农药，使蔬菜、粮食均受到污染，且污染程度超过标准 1/3 以上。目前虽已停止使用，但其残毒仍留。

乡镇工业污染情况也很严重，小化肥厂排出含氰废水，超标 20～40 倍；小磷肥厂氟的溢出，使牲畜受害。乡镇企业中，冶炼、化工、造纸、电镀等由城市移到乡镇的工厂，扩大了对乡镇的污染，使农村水体环境遭到污染，这种将城市污染扩大到广大农村的做法，使农村环境污染形势十分危急，应立即采取措施加以防护。否则，粮食、蔬菜、肉食、水果均将受到污染。

六、合理调整农业生产布局和结构

在本区近年农业发展中，对原有农业生产布局和结构作了一些调整，改变了以往片面突出粮食的局面，适当调减了粮食面积，扩大了棉花、油料、烤烟等经济作物的种植，其中棉花种植面积的扩大尤快，鲁西北、鲁西南、冀中平原、渤海滨海平原等地发展成为新的高度集中的产棉区，农村工副业也有较大发展。但是，总的说来，农业经济结构比较单一的状况改变并不大，1983 年全区农业总产值中，种植业占 68.9%，林业占 1.6%，牧业占 9.4%，副业占 19.5%，渔业占 0.6%，种植业占绝对优势。缺林、缺渔、少牧是多数县普遍存在的情形，同时种植业和工副业本身也存在不合理情况。片面的单一的种植业经济，不能充分合理地利用各种资源和农副产品，导致经济效益和生态效益都很差，因此必须进一步加以调整。调整的方向是：巩固提高粮食生产，提高经济作物产品质量，大力发展畜牧业、林业、渔业和工副业，发展农村商品生产，建立种（植）、养（殖）、加（工）紧密结合，农工商综合经营的稳产、高产、优质、低耗的农村经济体系。具体做法如下：

（一）稳固提高粮食生产

粮食生产不能放松。要因地制宜地采取各种有效措施，一方面要使所有高产地区特别是徐淮平原、淮北平原、山前平原各区做到稳产，在稳产的前提下再继续提高产量，建成可以稳定提供大量商品粮以保证区内城市工矿区需要的稳固的商品粮基地；另一方面，要使所有中产地区和低产地区以较快速度提高产量，做到粮食自给有余。与此同时，要调整和改善粮食品种结构和布局，以改变粮食种类越来越单一，过分侧重少数几种所谓高产作物和片面压缩豆科作物和耐旱、耐涝、耐瘠作物的情况。小麦种植面积已占全区耕地的 52%，不宜再扩大，一些旱薄地的低产麦田还可适当压缩。大豆既能生物固氮，培肥地力，又有很高的营养价值，1983 年大豆种植面积为 3385 万亩，只及 20 世纪 50 年代的一半。建议以黄淮海平原为重点积极恢复和发展大豆生产，争取到 1990 年恢复到 6000 万亩左右。玉米扩大过快，应当适当地对其进行控制和压缩。对于那些违背因地种植原则种在水肥条件差和低洼易涝地、既不能高产又不能稳产的、一般亩产不到 200 斤或 250 斤且还不一定保收的玉米，就不如改种高粱、大豆或其他耐涝耐旱的作物在经济上更为合算，冀中低平原、淮北低平原和豫东一些地区应是重点调整地区。要利用玉米和低产麦田调减下来的面积，逐步恢复高粱、谷子、小杂粮的种植，这些作物适应性强，既能避灾保收，对实现粮食稳产有重要作用，又能满足人民生活多方面的需要。在区内相对人少地多的地区，如冀中低平原、渤海滨海平原等，可利用一部分长期低产的耕地试行粮食与牧草轮作制度，为培养地力和农牧业的结合创造条件。

（二）经济作物要控制生产面积提高产品质量

棉花发展过程中普遍出现片面追求其产量而忽视其质量的倾向。首先，现行棉检只根据纤维长度和色泽分级，而忽视了纤维强度和成熟度，致使大量棉花达不到工业要求的标准。例如，鲁西北由于棉花品种的退化，1982年单纤维强度只有3.27克，低于纺织工业最低要求（3.6克）的10%以上。近两年为了实行棉麦两熟制，大量推广夏播棉，由于播种期晚，霜后花多，使其成熟度很低。据河北省1979～1982年对41个点的测试，夏播棉成熟度达到工业要求标准的只有9.7%，单纤维强度达到工业要求标准的只有34.16%。棉花质量差，工厂加工受限制，国内市场容量有限，又不能出口，这些因素就造成原棉大量积压和国家财政亏损。其次是不少地区棉田比重过高，1983年全区有25个县棉田占耕地面积的40%以上，其棉田面积占全区棉田面积的27%，其中13个县棉田占耕地面积的50%以上，有3个县棉田比重超过60%，已经出现了一批比重达70%～80%以上的公社和大队。棉田比重过高，带来了生态上和经济上的不良后果：一方面，棉花连年重茬（有的连茬8～10年以上）不能合理轮作；棉花黄枯萎病严重蔓延，威胁棉花增产；饲草饲料严重缺乏，养畜困难，有机肥严重不足，有的农村甚至连蔬菜也不能自给。另一方面，全区也有大量分散的棉花种植，棉田比重不到10%的县有116个，占植棉县数的38.4%，由于种植分散零星，产量和商品率均较低。因此，本区今后的棉花生产，必须把提高棉花质量放在第一位，要改进棉检条例和收购办法，要把棉纤维强度和成熟度作为检验棉花等级的重要指标，坚持按质论价。同时选育推广优质棉花品种，改善栽培技术。在大力提高棉花质量的同时，要按照因地制宜、适当集中的原则控制和适当压缩棉田面积，对于占耕地面积50%以上的过分集中和占耕地面积不到10%的过分分散的棉田，都应进行调整，在优质和稳产、高产的前提下，把本区棉田面积压缩到10%～20%（即450万～900万亩），只有这样才可以不减少总产，从而大大改善棉区生态条件。

本区有丰富的植物油料资源，以豫东皖北为主的芝麻生产是全国最大的芝麻产区，花生、油菜籽、向日葵近年恢复发展很快；随着棉花的增产，棉籽产量也急剧增加。当前油料生产的主要问题是单产水平不高，恢复发展较慢，产品供销渠道不畅，出现积压滞销现象。应当着重提高油料单产，重点抓好芝麻生产。同时积极发展花生、油菜和向日葵，改进油料加工技术，打通产品供销渠道，挖掘油脂生产潜力。

本区是全国著名的烤烟产区。近年烤烟发展的主要问题是盲目扩大面积，片面追求增加产量而忽视质量。烤烟种植扩展到区内218个县，以致出现低质烟叶大量过剩和滞销，而优质烟叶却大量不足的现象。因此，我们应该按照国家计划、根据烟叶加工和销售能力来安排烤烟生产，避免盲目性；要压缩分散产区，控制一般产区，稳定集中产区，把许昌附近和益都附近地区建成优质、稳产、高产的烤烟生产基地。同时选育良种，适当增施磷钾肥，控制氮肥的施用，大力提高烤烟质量。

（三）把郊区农业调整到为城市服务的轨道上

本区有一大批大中城市和工业区，非农业人口达4000余万人，日常需要消费大量的粮食和蔬菜等副食品，必须保证其供应。蔬菜和肉、乳、蛋等副食品大多是易损耗、易腐产品，不耐贮存，更不宜长途运输；而粮食则是耐贮存、便于运输的产品。因此，在城市郊区比较集中地生产蔬菜、副食品，就近保证城市供应，而把粮食生产安排在较远的农村这是国内外长久经验验证过的一个农业合理布局原则。但在过去片面推行"以粮为纲"的方针下，许多城市郊区无视城市的迫切需要，仍然搞以粮食为主的生产，以致大多数城市不仅肉、乳、蛋等自给率低，甚至连蔬菜也不能自给，不得不由外地长距离调入。这样不仅造成运输紧张，多花运费，而且使产品损耗严重，供应也不及时。这种情况，在各大中城市中普遍存在。三中全会以后情况虽有好转，但并未从根本上得到解决。例如，1984年春北京市就与山西阳高县签订合同，决定从相距332千米外的阳高县调进5000余万斤新鲜蔬菜[①]，但北京市

[①] 见1984年6月11日《人民日报》第二版。

郊区县却仍然在占农作物总播种面积83%（1983年）的种植粮食，同一般产粮区没有多少差别。因此，拨正郊区农业生产的方向，使之回归到为城市服务的轨道上，是本区今后农业发展的一项重要任务。

（四）把畜牧业发展成为相对独立的生产部门

畜牧业是本区最为薄弱的部门。1982年全区平均每22.4亩耕地才有1头大牲畜，每8.2亩耕地或农业人口每4.6人才有1头猪。鲁西北、冀中一些集中棉区甚至每30亩地才有1头大牲畜，每20亩地才有1头猪。在全国各大农业区中，本区是单位耕地平均牲畜或人均牲畜最少的地区，畜牧业在大部分农村中处于家庭副业、可有可无的地位。这样，一方面导致畜产品和有机肥料严重缺乏，另一方面导致大量可以用作饲料的农副产品严重浪费。例如，全区约有一半以上可以用作饲草的作物秸秆被用做燃料，大量的富含蛋白质和氨基酸的粕饼资源（棉籽饼、豆饼、花生饼、菜籽饼等）不经过牲畜过腹就直接下地做了肥料。据山东聊城县1980年调查，各种粕饼直接下地做肥料的占总产量的69.5%，实在是极大的浪费。为了适应本区国民经济的需要和促进农业经济的全面稳定发展，必须大力发展畜牧业，改变其可有可无的家庭副业地位，使之发展成为与种植业相互促进、同步发展的相对独立的生产部门。发展畜牧业的关键措施，一要保证饲料来源，二要保证畜产品出路。关于饲料，要逐步建立包括饲料种植和饲料加工的饲料生产体系：广泛推广玉米青贮，在种植计划中合理安排饲料种植；要改变直接喂饲粮食的习惯，应大力发展饲料加工工业，采取国家、集体、个人一起上，大中小并举，以中小型为主的办法，建立各种配（混）合饲料工厂，把大量的农副产品、秸秆、饼粕、动物屠宰下脚料、野生植物等充分利用起来，加工成各种规格的配（混）合饲料，从而大大提高饲料的营养价值。关于畜产品的出路，各地方工业和乡镇企业中，要广泛发展屠宰、冷藏、肉类加工、乳品加工、皮革加工等工业，并和城镇挂钩，建立各种规模的畜产品产、运、销体系。实际上，本区人口稠密，工农业发达，市场容量很大。例如，京、津、唐三市1980年按低标准供应牛羊肉自给率只有15%，但只要产运销渠道畅通，畜产品是不愁销路的。

（五）大力发展林业

黄淮海平原的林业十分薄弱，大洼地中，几十平方千米内，几乎看不见树木，全区林木覆盖率甚低，仅为5%。林业产值仅占农业总产值的1.6%，有133个县（占整个平原县数的42%）林业总产值不到1%，这样严重缺林的状况，对环境的防护及薪炭、用材，均极为不利。应从"七五"起，狠抓植树造林，具体措施应从以下几方面入手。

首先，对盐碱土改良、风沙的防治，以及中低产田的改良，均须采用造林措施，即沿治理区的渠系、道路和村庄及一切隙地，密植营造林带、林网；防风固沙尚须垂直于主风带营造防风林网。在树种选择上以当地适生的多种杨树及柳树、榆树、槐树、臭椿树等为主；在盐碱较重处以榆、刺槐及灌木紫穗槐较适合生存；在下湿地以柳及杞柳较好；在过于低产地区亦可成片造林。

其次，林带、林网防护，对盐碱土可起到生物排水的效用；对沙土直接防风固沙，特别是为防止寒害袭击及防干热风，更需林网及桐粮间作。每亩植七八株泡桐，非但粮不减产，反而每亩泡桐年均可积累收入10元；并且能防止干热风，从而提高10%～15%的林业产量。

黄淮海平原树种比较单一，除上述树种外，可试种水杉、枫杨、楸、榉等。试点证明：吴桥杨家寺林木覆盖率由1973年的3%到1978年的19.2%（面积23平方千米，植树110万株）；南皮乌马营1976～1978年，两次造林87万株，覆盖率达10.5%。看来黄淮海平原中林木覆盖率争取达到10%，20世纪达15%是可行的。

黄淮海平原是落叶木本油粮（核桃、柿、板栗）和果类的主要产区。其中，苹果、梨、桃为大宗，葡萄、山楂可以酿酒，100万亩葡萄产值5亿元，酿酒收入32亿元，增税5亿元。枣粮果粮间作大有发展前途。金丝枣被誉为名产，深州蜜桃、封丘石榴等国际信誉度也很高，另外这些产品除供应本地区及国内市场外，尚可出口，来换取外汇。

黄淮海平原的林业、果业大有发展前途。综合治理中，广为植树，既改善了环境，又增加薪炭及用材林的积累，从而增加收益。

（六）把大量坑塘洼淀建成高产的水产基地

黄淮海平原有大量的洼、淀、坑、塘，具有发展渔业的有利条件，但长期以来，渔业不受重视，不仅多数洼淀坑塘湖泊利用很差，而且不少处于荒废状态，许多县渔业几乎空白，甚至像白洋淀这个著名的水产基地，也任其濒于干涸。本区气候温暖，饵料丰富，劳动力充足，若利用坑、塘对其加以改造进行养殖，只要措施得当，完全可以做到精养、高养，如山东聊城县辛屯大队就创造出每亩水面产鲜鱼 2200 斤的成绩。应当普遍提倡改造利用洼、淀、坑、塘发展水产养殖，并同蓄水抗旱、治理洼涝盐碱的水利建设结合起来，把那些长期荒废了的坑塘建成高产的水产基地。

（七）大力发展农村工副业和庭院经济

本区农村工副业近年有了较大发展，尤以大中城市郊区及冀中平原北部地区若干县发展较快，全区已有 27 个县的副业产值超过种植业，但在大多数粮棉产区尤其是黄淮海平原及鲁西北集中棉区，副业还很不发达，全区有 109 个副业产值占农业总产值比重不到 10% 的县。因此，应当充分利用农村在实行生产责任制后约占 1/3 以上的剩余劳力，发掘自然资源和各种农副产品的潜力，广开生产门路，疏通产品供运销渠道，大力促进农村副业的发展。农村工副业的发展重点首先应当是农副产品的加工，特别是食品工业和饲料工业，以及建材、建筑、轻工业、手工业和商业服务业等，这样才能把根子扎在农村，保证有充足而稳定的原料来源和产品销路，把原来以原料形式提供社会的农林牧渔产品，通过多层次加工后，以半成品和成品提供给市场，这不仅可以使农林牧渔产品大大增殖，而且可以加强农林牧渔各业之间的技术经济联系和产品交换，使各种主副产品和自然资源得到充分合理利用，从而促进农村经济全面协调发展。目前有一些农村工业靠引进外地原材料进行加工，如金属加工、机械制造、化学工业等，这类工业大多与当地农村经济脱节，除了与城市建立固定的协作关系外，大多是原材料靠"找米下锅"，产品靠自找销路，像河北蠡县那样，依靠"一支四万五千多农民参加的推销队伍，路遍全国各地推销产品"[①]，这种做法是不可能被普遍推广的。这类原材

---

① 1984 年 6 月 27 日《人民日报》头条新闻。

料和销路都没有稳定保障的工副业，发展到一定程度就必然停滞，因而也是不能持久的。应当通过适当的方式，因势利导，有计划地、因地制宜地引导农民调整农村工副业的发展方向，使农民减少盲目性，走上稳定健康的发展轨道。

庭院经济是农村副业的一种重要形式，以家庭院落为生产基地，利用家庭剩余劳力（包括辅助劳力）和闲散时间，在有限的空间里种植、养殖、加工、制造同时并举，是农村里高效益集约经营的典型，值得普遍提倡。

（八）多途径解决农村能源短缺问题

黄淮海平原农村人口稠密，能源需要量巨大，然而能源资源却严重不足。广大农村的能源主要是秸秆、薪柴、粪便等生物质能，近山少数县有小煤窑，另外就是国家供应的煤油电（主供生产用能）。缺柴农户占全区农户总数的3/4，其中严重缺柴户占农户总数的一半以上。全区316个县市中，有287个占总数90.8%的县属于能源欠缺的一类（农村能源资源拥有量少于400千克标准煤/人·年，据《全国农村能源综合区划》），是全国农村能源最缺地区之一。农村能源严重短缺，导致滥伐林木，破坏植被，烧秸秆，烧粪便，烧掉一切枝叶、杂草等有机物质的现象，豫东、皖北甚至出现烧白薯干的现象。同时这也是本区缺林、缺牧、缺肥、土壤瘠薄、生态环境恶化的重要原因之一。

因此，为了改善本区农村生活和生态环境，促进农村经济健康发展，应当按照因地制宜、多能互补、综合利用、讲求实效的方针，多方式、多角度地解决农村能源问题，解决的主要途径是：大力推广节柴灶，积极稳步地发展沼气，大力营造薪炭林，逐步推广太阳能利用，在滨海平原逐步开发利用风能。近期，应把推广节柴灶和发展沼气作为重点。

大力推广节柴灶，改造用能设备，提高能源利用效率。目前农村能源状况是：短缺严重，浪费惊人。旧式炉灶热效率很低，烧用农作物秸秆热效率只有10%，薪柴为15%。而采用风箱灶和烟囱抽风灶热效率达20%～30%，二次进风灶热效率达30%以上。因此推广使用节柴灶比旧式炉灶可节省燃料一半左右。近三年来全国有上百个试点县及本区的河南郸城、鹿邑，安徽阜阳，山东肥城、汶上，河北献县等地区广泛推行改灶节柴，已经收到节柴、增收、养地、护林等一系列经济效益和生态效益。改灶节柴是一条行之有效的经验，"七五"期间应力争在全区的农村普及。

建设发展沼气是解决农村三料俱缺矛盾、变直接烧用秸秆和畜粪的落后方式为经济利用生物质能的先进措施。据计算，1千克秸秆发生沼气可得有效热能600千卡[①]，利用效率比直接烧秸秆提高76%，还可得到优质肥料。凡是平均温度大于10℃的月份均可产生沼气，本区大部分城市可产生沼气8个月左右（如定县）。20世纪70年代后期，受极左思想的影响，要求过急过快，片面追求建池数量，忽视了其质量和管理，以致出现不少沼气池停用报废，造成很大损失。近几年总结出了经验教训，即坚持质量第一，稳步发展，建管并重，讲究实效。北京市、河北省等沼气建设又出现了上升趋势，应将这些经验教训进一步积极发展。

本区阴雨日数少，日照时数年达2300～2800小时，太阳能资源丰富。目前农村利用太阳能，主要是太阳能蔬菜温室。太阳能热水器和太阳灶，目前还在试用阶段。由于技术还不过关，造价又比较昂贵，因此它们还不能普遍推广。

本区沿海地带风能资源丰富，平均风速3米/秒以上，时间全年达5000小时以上，风能密度超过150瓦/米^2。利用风能可解决农村工副业和渔业生产用能问题，但目前风力机造价过高，还不易推广。

北京市东南地区、天津市郊区、海河平原、河南许昌等地区均发现大量的地热点，为开发利用地热资源提供了良好前景。

七、中国科学院对黄淮海平原自然资源合理开发与调控的设想

为了对黄淮海地区进行综合治理和合理开发，我院在20世纪50年代建立了专门机构，与水利部门和各有关省市协作，对华北平原进行了土壤勘察，编制了各种资源图表及报告。为治理和开发提供了科学依据。20世纪60年代，又在河南封丘和山东禹城分别建立十多万亩井灌井排和旱涝盐碱综合治

---

① 1千卡 ≈ 4.2千焦。

理科学实验区，取得了明显的效果。近几年来，又组织院内的系统科学、计算技术和遥感等新技术部门，与生物、地学有关所及社会、经济等研究单位结合形成了一支多学科、多部门、多层次、软硬件相结合的科技攻关队伍，采取点、片、面相结合的方法，对整个平原进行了多学科的综合研究，提出了综合治理和农业发展的初步设想。今后的打算是，继续探索整个平原的自然条件与农业资源状况。针对洪、涝、旱、盐碱、瘠薄发生演变规律，提出综合治理途径，研究节水、节肥、节能型生态农业和农、林、牧的合理配置问题，选择典型流域如豫北天然文岩渠流域进行合理综合治理和开发的实施模型。同时选择河北黑龙港流域或山东徒骇-马颊河流域作为新的流域治理片，以片带面，加速在整个平原上推广应用。在研究工作中采用最新技术，应用生物工程、遥感、系统工程和数值模拟等技术，建立农业信息决策系统，进行冬小麦、玉米产量预报，根据本区实际情况提出本地区水土资源综合利用的优化模式。

关于建议在黄淮海平原开展科技
攻关给国务院领导同志的信①

紫阳同志：

　　根据您和中央其他领导同志的指示，大半年来，我们一直在对一些重大项目进行调研和组织攻关。1982 年 9 月下旬，科学院召开了"黄淮海平原综合治理和开发"的科研工作会议，为国家科委组织联合攻关做好准备。这次会议有院内外 45 个单位的 100 名科学工作者和省、地（市）、县的领导，科技管理人员参加。经他们反复讨论，初步提出了 12 个研究课题：

　　一、黄淮海平原农业自然资源综合评价（包括水、气、地貌等）；

　　二、黄淮海地区洪、涝、旱分布、形成原因及预测研究；

---

① 中国科学院文件。

三、黄淮海平原不同类型地区合理农业结构及最佳农田生态系统；

四、水资源的合理开发及利用（与水利部等单位协作）；

五、黄淮海平原水分循环、水分平衡和四水（降水、地表水、地下水、土壤水）的转化关系；

六、南水北调对黄淮海地区自然环境的影响（与水利部等单位协作）；

七、土壤肥力的演变及合理施肥；

八、土壤盐渍化的防治；

九、遥感技术的应用研究；

十、优良品种选育和示范（小麦、棉、豆、薯、苹果、葡萄、红花等）；

十一、北方棉花虫害的研究；

十二、农村能源的研究。

同志们在讨论中也提了不少意见，现就以下三个方面，简要汇报，供您参考。

（一）中央批准把"黄淮海平原综合治理和开发"作为攻关项目是十分及时的。但是，治理黄淮海的关键是什么，如何着手治理才是合理的？还有待进行深入考察和全面讨论，对各种方案作经济效果的比较。我们现已组织有关专家，用系统工程的方法对南水北调和引黄灌溉作方案的比较。不少专家认为：治理的中心是水，即根治黄河、淮河、海河，争取基本上解除涝灾，减轻洪旱威胁，防止土壤盐碱化。而治水，首先要解决对水的管理控制与合理使用。例如，南水北调的问题，要不要调，是大调还是小调，是北调还是西调？何时调，如何调等，都与本地区是否合理用水有关。有的专家分析：虽然整个平原缺水，但水的浪费现象依然很严重，水资源并没有得到很好地利用，缺乏统一的规划与管理。黄河两岸农民过量用水，超过其他地区两倍之多，雨季的沥涝水和河道洪水白白流入大海；黄河花园口年均流量为400亿方左右，目前仅仅用了100亿方。海河的水也没有得到充分利用。在这种情况下，如果雨季以后调水，不但经济上得不偿失，甚至还可能出现新的生态问题，国内外都有因无排调水造成盐碱化的教训。对于这些问题，目前我们并无对策。不少科学家认为，近期节水及合理用水要比调水更为急迫。为此，先摸清黄淮海平原的整个情况，找出各种因素相互制约的关系，明确治理的关键和步骤，才能对症下药。

（二）治理黄淮海要对根治黄河有一个长期的战略规划。

黄河流域是我国重要的经济区，是我国文明的发源地。但由于千百年来战乱不息，生态环境受到破坏，黄河之灾连年不断。中华人民共和国成立后，虽然采取了许多应急的防灾措施，但还没有一个根治的总方案，所以很多问题尚未得到解决。

治理黄淮海平原，解决水的问题，归根结底就要根治黄河。治理黄河不能采取"分而治之"的办法。要发动全国各有关部门的科技力量，对上游、中游、下游进行全面考察，从而做出综合分析，提出长期治理的方针和具体实施方案。

根治黄河要比治理黄淮海更难，需要更多的时间和花费巨大的财力，这就需要尽早地着手规划，根据经济条件和科技能力分期实施。我们要在20世纪内，安排好根治黄河的百年大计，以造福于后代。

（三）重大的攻关项目要有统一的、强有力的组织领导。

在黄淮海的科技攻关中，涉及农、林、水、地质，科研机构，高等院校和五省二市等部门的多层次、多学科的联合攻关，需要强有力的统一领导，才能使大家目标一致，发挥各自的优势。并把各自的优势集中起来，形成更大的优势。因此，这种协调的权威性显得越重要。

自1983年以来[①]，科学院在黄淮海平原的治理中，承担过许多资源考察和科研工作。由我国著名的土壤学家熊毅、马溶之等一批科学工作者组成的黄河中游水土保持队和华北平原土壤队，与水利部协作，分别对黄河中游和华北平原进行了综合考察和土壤勘察，编制了各种资源图幅，并提出了考察报告，为治理和开发黄淮海平原提供了科学依据。20世纪60年代，我院与水利部、河南、山东等单位协作在河南封丘和山东禹城分别建立十多万亩井灌井排和旱涝盐碱综合治理的科学实验区，取得了一定的效果。例如，河南封丘县盛水源大队，原来是缺粮队，经过治理后，粮食总产量由1965年的

---

① 原文如此，应为1953年——编者注。

6.1万斤提高到22万斤，增长了2.6倍，目前全县井灌面积已发展到51.8万亩。盐碱地由1964年的50.4万亩减少到27.9万亩，人民生活较以前有了很大改善。山东禹城实验区（14万亩），粮食平均亩产由每亩160斤增加到640斤，增加了4倍，皮棉由每亩平均10斤增到103斤，增加了10倍。现在，实验区已经改变了以前多灾低产的穷面貌。近来，又与院内的系统科学、计算机科学和遥感技术相结合，进一步提高了这方面科研工作的现代化水平，同时也加速培养了一支科技队伍。

我们愿意遵照紫阳同志的指示，在黄淮海和其他重大项目的联合攻关中，承担重任，发挥"一个方面军"的作用，使科学院的力量能够更好地为国家的经济建设服务。

以上意见是否妥当，请指示。

中国科学院

严东生　谷　羽

1982年10月21日

关于我院组织有关农业科技力量
为开创农村发展新局面作贡献的报告 ①

国务院：

1982年11月12日，万里同志主持召开的改革和建立农村教育、科研和技术推广体系座谈会后，我们在院务会议上进行了传达讨论，一致认为这项工作很重要，要进一步把我院有关农业科技力量组织起来，为开创农村发展新局面做出更大贡献。我院生物学、地学、化学、技术科学、数学、物理学等方面和几个专门研究农业的所及从事农业研究工作的科技人员约2500人，只要组织得好，是能够为农业发展做出更大贡献的。现初步提出我院拟在以

---

① 中国科学院文件。

下几个方面积极参加国家有关的统一规划，为国家做出贡献，请予审阅，并请有关领导部门统一考虑纳入规划。

一、在加强农村教育方面，我院可以举办各类训练班，为农村培养一部分高、中级科技人才

中华人民共和国成立以来，我国已培养了高、中级农业科技干部几十万人，在各省、地（市）、县、社从事科研和推广工作。我院拥有不少掌握现代技术的专家，可以在中央的统一组织下，为农业科技干部的提高举办一些训练班。训练班可分两类：一是讲授现代农业基础知识，如生态学、土壤学、农业系统工程、植物生理、遗传育种、生物防治、农村能源等；二是讲授基础技术与新技术，如农业机械、电子计算机应用、植物和土壤分析技术、组织培养技术、新技术在农业中的应用等。重点对象为五个基地县、黄淮海平原的山东禹城、河南封丘、河北黑龙港地区，以及与之有关的黑龙江、河北、湖南、宁夏、山东、河南等省区的高、中级农业科技人员。

二、出版一套现代农业知识科普丛书

目前，在农村除有中、初级科技人员外，还有大量的农民技术员、能工巧匠和高、初中毕业的知识青年，急需学习农业基础知识和应用技术。为满足他们这种需要，可在国家统一分工和安排下，由科学出版社负责，出版一套农业知识科普丛书并将其中部分内容在电视和广播节目中讲解。

三、组织科技成果推广

30年来，我院为农业做了大量工作，取得了几百项科技成果，其中获国家级和院级的奖有近130项。其中包括自然资源考察和区划，全国宜农荒地、草原、海涂、海洋、湖泊、冰雪、地热等资源调查；生态系统和环境保护、灾害性天气预报；黄土高原、沙漠和黄淮海平原的综合治理、固沙造林、高山草原改良；小麦、水稻、大豆、玉米等主要作物育种，因苗管理栽培技术，组织培养技术，水果蔬菜贮藏保鲜技术；调查和编制土壤养分和缺乏元素症

状图谱；人工合成激素，用于家鱼催产和家畜的增殖；胚胎移植、冷冻保存繁殖家畜；果树害虫和棉虫的生物防治；海产人工养殖，海洋水产生产农牧化；农村能源；应用电子计算机预测粮食产量，建立数学模型、遥感技术和系统工程在资源考察和大农业区划中的应用等。有些成果已经被推广，并取得了显著的经济效益，也有许多成果尚未被推广。拟尽快进行清理，凡能用于生产并能取得较大经济效益的，应逐项写出简介，广泛进行宣传，并与生产单位签订合同，加速推广，将其变成现实生产力。

四、组织农业科研项目攻关

根据国家要求，我院已提出一批攻关项目，其中大部分已纳入国家攻关计划。农业方面的攻关项目有：（一）黄淮海平原综合治理及合理开发的研究；（二）三江平原综合治理及合理开发的研究；（三）太湖地区生态系统的研究；（四）农村能源的研究；（五）海洋水产生产农牧化的研究；（六）粮食和主要经济作物的单产预测；（七）棉虫种群动态及其综合防治；（八）遥感技术及其应用；（九）同位素与射线辐照技术的研究；（十）旱地农业和节水型农业的研究；（十一）山区综合开发的研究；（十二）新疆、甘肃、青海开发新农牧业基地的研究等。我们正在组织有关力量落实攻关，将继续商请国家计委、国家科委、国家经委正式列入国家攻关项目。

五、搞好五个综合科学实验基地，探索不同类型地区的农业发展模式

黑龙江海伦县代表松嫩平原，河北栾城代表华北平原，湖南桃源代表南方亚热带山区、丘陵和平原，宁夏固原、盐池分别代表黄土高原和半农半牧区。这五个综合科学实验基地，是我院科研成果进行中间试验和综合运用的场所，虽已有一定基础，但还均需加快综合研究，从而摸索出不同类型地区的农业发展模式。

为实现上述任务，拟采取有力措施，把院内有关力量组织起来，形成一个整体，发挥我院优势，在为农业服务中做出更大贡献。具体做法如下：

（一）通过院工作会议对科技人员进行思想动员，提高对支农工作的认识，制订规划和计划，进行工作部署。

（二）在院党组的领导下，加强我院农业研究委员会的工作，以统一规划、协调和推进我院有关的农业研究工作。

（三）在中国科学院科学技术咨询服务公司之下，分设农业科学技术咨询服务公司，负责组织有关专家开展咨询服务，以及组织成果推广、技术服务等工作。

（四）院拟制订从事野外工作和下厂下乡搞试验、推广的科技人员的提职晋升标准和成果鉴定奖励条例，以鼓励科技人员积极面向农业，为农村服务，适应农村新形势，为我国农业发展做出更大贡献。

中国科学院

1982 年 11 月 25 日

附：

万里同志对我院（82）科发农字 1099 号文件"关于我院组织有关农业科技力量，为开创农村发展新局面作贡献的报告"的批示：

同意，希即抓紧落实。在实践中还会遇到新的问题，不断总结。当前农业要科学的急迫性是群众性的，这是我们发展推广农业科技、为农业发展最好时机和有利条件，并希与科委、农业部门加强协作。

万　里

1982 年 12 月 7 日

严东生同志批：

同意。告笃正、永畅及计划局，我们内部再研究一次落实问题，时间请农研委与各方商定。

严东生

1982 年 12 月 10 日

关于水体农业研究情况的报告 [①]

中央书记处:

耀邦、启立同志在新华通讯社第 2501 期《国内动态清样》上对我院南京地理研究所的"水体农业"研究做了重要批示,给我们很大的鼓舞和鞭策。现将有关情况报告如下:

我院南京地理研究所于 1980 年开始,在东太湖岸边距苏州市东山镇南一千米远的水面,开展了水体农业试验研究,试图通过水上种植业和养殖业的结合,探索把我国大型淡水浅水湖泊建设成为现代化综合性的水体农业生产基地的可能性。

我国淡水湖泊主要分布在长江中下游,有 4000 多个,但利用率很低,单位鱼产量也一直上不去,如太湖平均亩产仅八斤。究其原因,主要是受到自然因素的牵制。据有关资料估算,目前湖泊光能利用率仅为万分之六七,而一般农田的光能利用率可达百分之一二。

提高光能利用率的有效方法是大规模地发展能吸收光能的水生植物。但由于湖面宽,风浪大,湖流、水位变动强烈,不利于水生植物的生长,因此控制风浪就成为发展水生植物的关键。南京地理所开展水体农业研究的基本技术路线就是:利用漂浮的水生植物(水花生)建立起能控制风浪的消浪带,并把消浪带内水面园田化(或框格化)。在此基础上培育水生高等植物,发展种植业和围网养殖业,建立起良性的生态系统,以达到充分利用湖泊水、土及光能等自然资源,多目标开发利用的目的。

经过四年的工作,水体农业试验研究已初见成效:

一、漂浮植物(水花生)消浪带效果显著

1981 年 9 月第 12 号台风过境,湖面最大波高为 56 厘米,而消浪带内湖

[①] 中共中国科学院党组文件。

面波高只有 4.6 厘米，消浪系数达 90% 以上。1982 年夏季，消浪带又经受住了 26 米/秒强风的考验。实践证明，漂浮植物（水花生）消浪带的结构及性能良好。最近所里邀请国内有关专家对该项阶段成果进行了鉴定。

二、水面种植和围网养殖出现很好苗头

自 1980 年以来，尽管气候、水文条件对于水生植物的生长很不利，但 1980 年沿岸试验区栽种的苏芡亩产果实（种子）仍获得 413.7 斤的好收成，1982 年栽种的南湖菱最高亩产达 1040 斤，接近内塘生产水平。现在试验区内，水质新鲜，氧气充足，光能利用率有明显提高。

1982 年秋进行围网养殖试验，经初步检验，围网结构安全，今年已扩大至 40 亩，三月初共投放鱼苗 11 万尾，长势良好，目前鳊鱼有的已长至 1.3 斤，草鱼大的竟达 3 斤多。（投放时鳊鱼苗每斤 30～50 尾，草鱼每斤约 10 尾）。

虽然研究已经取得上述一些成绩，但此项研究涉及自然和社会的因素太多，几年来产量很不稳定。例如，今年水生植物栽培就未获成功，围网养殖也有逃鱼现象发生，因此还有大量的科研工作有待深入进行。为此，我院准备把这项工作列为重点攻关项目，近期的主攻目标是，完善消浪技术，取得围网高产养殖经验，并引进优良植物品种，获得较高的收成，与此同时，总结出保护湖泊良好环境的经验。

我们除努力搞好现有的 100 亩试验外，还和东山公社签订了合同，搞 500 亩水面的扩大试验，争取在围网养鱼方面获得新的经验。

目前，在国内外尚未发现类似试验，我们的试验虽然面临着许多问题和困难，但前景是乐观的，将来有可能探索出一条综合利用大型浅水湖泊资源的途径。

中共中国科学院党组

1983 年 12 月 15 日

关于运用系统工程综合研究海伦县
长远规划的情况报告 ①

国务院：

按照赵总理关于"农业也要用系统工程"的指示，我院农业研究委员会于 1983 年 10 月底至 1984 年 2 月中，组织院内黑龙江农业现代化所、系统科学所等单位，与国防科技大学、东北农学院等单位协作，初步完成了"海伦县社会、经济、生态、技术系统总体设计及模型系列"的研究。这是全面运用农业系统工程的理论、方法和工具（微型计算机），解决县级总体长远规划的第一次尝试，可供全国各县制订农业发展规划参考。

县是个独立的行政单元，其发展涉及社会、经济、生态和技术等方面，是一个复杂的大系统。面对这样一个综合问题，单凭任何一个专业都是无能为力的，必须实行多学科、多专业的协同，同时还需在不同专业之间有一个"共同语言"，这就是农业系统工程这门"横断科学"。为此，首先在海伦举办了全国农业系统工程第四期高、中、初三个培训班（200 人），为当地培养了一支"永久牌"的农业系统工程队伍（这支队伍以后还可以负责总体设计的实施、运行和调控，逐步把规划变成现实）。然后，师生 300 人共同攻关，完成了 100 多个模型，最后写出了综合报告《2000 年的海伦》。

现将其中主要内容报告如下：

一、提出了适合我国国情的"飞鸟型"农村经济发展模式。黑龙江省海伦县，是党中央和国务院批准的全国农业现代化综合科学实验基地县之一，由我院与黑龙江省共同负责，探索中国式农业现代化的路子。经过几年的实践，提出了"飞鸟型"农村经济发展模式。"飞鸟"是一个生动形象的比喻。农村经济的发展，犹如一只飞鸟，必须主体健壮，两翼展开，才能起飞。主体是指种植业，是农村经济发展的基础；第一个翅膀是农林牧副渔全面发展，

---

① 中国科学院文件。

即走大农业（广义农业）发展道路，目的是建设生态农业；第二个翅膀是农工商综合经营，即实现农村工业化（主要指农副产品加工业，如食品工业、饲料工业、建材工业等），目的是发展商品生产；鸟头是指社会主义精神文明，包括思想建设和文化建设两部分，以共产主义思想教育为核心的思想建设，保证农业现代化沿着社会主义道路前进，以科、教、文、卫、体为内容的文化建设是实现农业现代化的关键。

对此模式，黑龙江省决定在全省推广，每地一县，每县一社，学习海伦，进行综合试验。全国其他省、市、自治区，也有很多县，正在按"飞鸟型"模式发展农村经济。

二、找出了单产不高的限制因子是缺肥。海伦县的粮食单产，1949 年只有 162 斤，近几年也只有 300 斤左右。单产不高的原因何在？过去认为土壤肥沃，主要是光、温不足，降水不够。通过系统分析后，结果恰恰相反：光能资源丰富，光合生产潜力单产可达 1843 斤，光、温生产潜力为 1026 斤，只靠天然降水的旱地的气候（光、温、水）生产潜力也可达 888 斤（其中小麦 1071 斤、玉米 1096 斤、大豆 425 斤），单产之所以搞不上去的限制因子是缺肥。过去施肥较少，主要靠掠夺地力。土壤腐殖质含量虽高，但每年每亩只能分解 72 斤，所释放的养分是有限的。在亩产 300 斤情况下，农田养分支出大于收入，亏损的氮磷钾数量恰恰是土壤释放的养分数量。因此，要想把单产搞上去，必须增施肥料。这已被生产实践所证明。在大旱的 1982 年，施肥较多的地方，玉米亩产高达 1041 斤，接近了气候生产潜力（1096 斤）。在目前有机肥不足的情况下，需要增施化肥，"以无机促有机"（伴随着粮食单产的提高，秸秆、根茬等也相应增加），才能走向生态的良性循环。但是，当地群众既不认化肥，也不会用化肥，这种情况不仅海伦县存在，整个黑龙江省也普遍存在。因此，只要抓住了这个限制因子，黑龙江省粮食增产的潜力还是很大的。

三、把能源生产和粮食生产放在同等地位。维持人最基本的生活需要，每人每天所需食物能平均 2400 千卡就够了，而所需燃料能却要高出一倍。在商品能源不足的情况下，农村生活能源必须靠农村自己解决。因此，农业生产肩负双重任务，既要生产粮食，又要生产能源。过去，由于忽视了统筹安排能源生产，把粮食和能源的生产都压在了耕地上，烧掉了秸秆，挤了饲料和肥料，使养分难以归还土壤，从而成为造成农田生态恶性循环的病根。

海伦县的人口，从1949年的38万增加到81万，人均耕地由10亩下降到4.7亩，目前粮食仍吃不完，每年上交几亿斤，但农村生活能源却十分紧张。过去，农村生活能源以薪柴为主，秸秆为辅，燃料丰富而有余；后来，以秸秆为主，薪柴次之，基本够用；现在，缺柴少烧日益加剧，不仅把秸秆烧了，而且有的还烧掉了牛粪，尚缺1/3。农村生活能源的短缺，使秸秆不能还田，限制了畜牧业的进一步发展，使地力逐年下降，还破坏了植被，加速了水土流失。每年流失和烧掉的养分，相当于施用化肥总量的八九倍。解决的办法是，充分利用国土资源，大造薪炭林，把能源的生产从耕地上转移到其他国土上，以固定更多的太阳能，并改为木质气灶，使热效率从10%提高到30%。这样，一斤薪柴就能顶三斤用，从而使秸秆用作饲料，过腹还田。当人畜粪尿每亩施用量超过1200斤时，土壤有机质就会逐步增加，土地就会越种越肥。另外还发现，畜牧业构成合理时（以草食动物为主），每吃一斤饲料粮，其粪便第二年可增产二斤粮食，就会出现良性循环的放大效应。

四、大力发展农副产品加工业。农民要想富裕起来，必须大力发展商品生产。商品生产的重点是发展养殖业和农副产品加工业，两者是互相促进的，前者为后者提供原料，后者为前者提供饲料。

目前农村工业之所以亏损，从宏观上看是因为结构不合理，从微观上看是因为企业素质太低。

农村工业应立足当地资源，以农副产品加工业为主。应尽量做到"拿走碳氢氧，留下氮磷钾"。例如，糖、油、纤维作为商品出售的是原料、空气和水，肥分全部留在农村。如果出售甜菜、大豆、亚麻等就带走了大量氮磷钾，出售未加工的农产品等于同时出卖了地力。因此，从工业布局上，糖厂、油厂、亚麻纺织厂等应放在农村，甜菜渣、豆粕等就地做饲料，用来发展畜牧业，提供畜产品。提高企业素质，涉及两个方面，其一是智力开发。即提高科技、教育、文化水平，为此，海伦县建立了培训、推广、信息三个中心。其二是要进行一系列改革。一是改革干部制度。在海伦现有的182个企业的厂长、经理中，有一半是外行，他们把这个企业搞垮了，就换个地方照样当厂长。因此，必须改革干部的终身制、任命制，搬掉"铁椅子"，变为招贤制、选举制。二是改革劳动制度。打破"铁饭碗"，实行合同工制。三是改革工资制度。在海伦现有的工商系统里有 3.3 万职工，多余一半人，但脏活累活却没人干，因此又雇了 4284 个临时工。针对这种情况，我们必须打破"大锅饭"，实行浮动工资制。总之，改革会有阻力，但维持现状使经济难以起飞。

五、提出了总体优化方案。这次攻关研究的一大突破是，利用"苹果二型"微型计算机，进行农业种、养、加系统的动态仿真。即在计算机上做实验，变动可控变量的参数后，预演出整个系统长期的变化结果。这次总体优化了七个类型的方案，一是"农牧型"；二是"粮主型"；三是"牧主型"；四是"缓飞型"；五是"商品粮型"；六是"突飞型"；七是"速富型"。这七个方案实际上是七个台阶，它们从社会、经济、生态三个方面进行综合评价，总体效益最好的是"速富型"，但其受资金制约，需省里投资，可行性较差。故推荐次好的"突飞型"方案，"突飞型"方案中饲料粮占粮食总产量的比例，由 1984 年的 19% 逐步增加到 2000 年的 36%；化肥亩施用量，1984 年为 50 斤，1985 年为 100 斤，2000 年达 178 斤。这样，到 2000 年时，粮食亩产可达 1059 斤，粮食总产 26 亿斤，上交商品粮 12 亿斤，畜禽折役畜 108.8 万头，畜粪尿 100 亿斤，可增产粮食 10 亿斤；仅种养加系统总产值就可达 9.12 亿元，人均 1020 元。

省、地（市）、县领导决定采用"突飞型"方案，力争今年实现粮食单产 400 斤，总产 12 亿斤，上交商品粮 5 亿斤，上交商品猪 15 万头，人均收入 400 元；工业扭亏为盈，实现利润 200 万元；人口增长控制在 7‰ 以内。现正对 10 万人进行培训，按此方案实施运行。

特此报告。

中国科学院

1984 年 2 月 29 日

全国生态农业学术讨论会纪要

（一）

全国生态农业学术讨论会于 1987 年 3 月 31 日至 4 月 6 日先后在广东省鹤山县、中山市召开。这次会议由中国科学院农业研究委员会、中国生态学会、中国"人与生物圈"国家委员会联合主持。中国"人与生物圈"国家委员会主席、中国科学院副院长孙鸿烈教授，中国生态学会理事长、学部委员马世骏教授，中国科学院农研委副主任曾昭顺教授，广东省有关领导部门负责人，佛山市、江门市、鹤山县、中山市负责人及来自全国科研、生产、高等院校等 59 个单位的 85 位专家、学者出席了会议。

马世骏理事长主持了开幕式，他在开幕词中简要回顾了我国农业生态科学研究的发展及生态农业现状。指出，这次会议是在中共中央、国务院十分重视农业的战略地位，强调必须持续稳定地发展农业，努力增强农业发展后劲等一系列指示下召开的，具有特别重要的意义，希望这次会议能为我国农业的持续发展做出贡献。孙鸿烈副院长在开幕式上对开好这次会议和进一步发展我国生态农业科学研究，表示了殷切期望，提出了当前生态农业研究及实践中若干需要解决的问题，强调了经济效益、生态效益、社会效益要保持一致的重要性。广东省科协副主席王秀柔、佛山市科协副主席何清、中山市副市长韩卓然、鹤山县副书记邓启明等领导同志先后向与会代表介绍了广东省、珠江三角洲、鹤山县和中山市生态农业的发展情况。

会议收到来自各方专家、学者提交的论文、报告 60 多篇；有 17 位老中青专家、教授在大会上作了学术报告；代表们利用会议间隙观看了四川、浙江、广东等省区生态农业的实况录像。

会议代表还参观考察了鹤山县林科所、中国科学院鹤山亚热带丘陵综合试验站、中山市古镇"基塘"模式和中山市张家边乡，并听取了当地农业生产概况介绍。这些地区在党的十一届三中全会以来开放、搞活等一系列方针政策的指导下，通过产业结构的调整，使工农业生产取得了巨大的进展。

代表们还与地方领导进行了座谈，针对地方农业生产中存在的一些问题交换了意见。有的代表还为今后的合作建立了初步联系。

（二）

近十年来，生态农业的研究和发展在国内外日益受到重视。由于运用了生态学的观点和原理，我国的农业生产也有了明显的改善。例如，从过去偏重于种植业，转而重视农林牧渔等各业的综合发展；从只注意经济效益开始重视经济效益和生态效益的结合；从滥用农业自然资源，开始重视自然资源的合理开发和保护；从只重视单项技术，开始重视技术的综合应用和配套组装等。当前从黑龙江边陲到南海之滨，从黄土高原到江南水乡，到处都有生态农业的试点，初步形成一批适合于半干旱地区、低洼水乡、江河湖海、丘陵山地等不同条件下经济效益和生态效益兼备的生态农业模式；同时生态户、生态联合体、生态村、生态乡、生态农场、生态县的建设也有了蓬勃的发展。所有这些，均为我国生态农业的发展奠定了基础，并预示着生态农业在我国发展有良好的前景。在会议上交流的论文、报告，大部分是对上述生态农业研究的结果和经验总结。

纵观本次会议上交流的论文，可以看出，我国生态农业的研究无论是在广度上还是在深度上都有了进一步的发展，可以归纳为以下三个方面。

（1）生态农业的研究与国土整治、区域开发相结合。例如，珠江三角洲的生态区划与农业发展的研究；黄土高原综合治理与发展生态农业的研究；黄淮海平原农业生态系统的研究；沙化地区的整治与生态农业模式的研究；亚热带丘陵地区的治理与生态农业模式的研究；松辽平原、太湖流域和川中丘陵生态农业结构的研究等。这些研究工作都普遍取得了较好的结果，许多研究成果已在生产实践中推广应用，有了明显的经济、生态和社会效益。

（2）生态农业技术体系的研究受到了广泛的重视。例如，沼气技术的发展与改进；复合、立体农业生产体系的设计与建设；农林牧优化结构和栽培模式的提出和应用；农业中废弃物的多级利用技术；生态渔业技术；基塘系统技术等。以上这些技术的研究与发展，不仅在实践中取得良好的效益，而且在阐明其科学原理方面也达到了一定的深度。

（3）生态农业的研究不断拓宽与深入。例如，生态农业建设与资源的合理开发利用、生态农业建设对环境和土壤肥力的影响及降低农业生产风险性等方面的关系已引起注意，并在理论上进行了较深入的探讨，这将促进生态农业的研究与许多相邻学科的密切结合，从而不断地开拓生态农业建设与研究的领域。系统分析和系统工程在生态农业研究中的应用也有了进一步的发展，这对提高研究工作的水平无疑是很重要的。

（三）

与会代表就生态农业的概念、生态农业研究如何更好地为国民经济服务及生态农业的类型、研究方法、网点布局等共同关心的问题展开了热烈的讨论。

多数代表认为，生态农业是以生态学中某些特定的原则为指导的经济、生态和社会效益密切结合的农业，这些生态学的原则包括生物与环境、资源相协调的原则；生态系统结构的多样化原则；强化系统的生物过程，充分发挥系统的自调和自我维持能力的原则，以及生态系统中物质和能量多层次、多途径转化和利用的原则等。

代表们也注意到我国的传统农业虽然有着明显的生态农业特色，但近一二十年来，由于化肥和农药的用量激增、豆科绿肥面积不断缩减，不少地区的农田已不再施用有机肥料，我国的传统农业有向"石油农业"转化之势，在一些经济比较发达的地区，实际上已进入"石油农业"行列。这一趋势应引起中央和地方有关领导部门的高度重视，及时寻求改善的办法。

代表们一致认为，生态农业在我国的发展有着广阔的前景。生态农业的科学研究方兴未艾。应用生态农业的一些原则解决农业发展中的问题还需进一步深入。目前生态农业中存在的问题和困难还很多，希望有关部门加强对生态农业研究的组织领导，制订规划合理布局，并在研究经费和工作条件上给予支持。会议还向中央提出了发展我国生态农业的具体建议。

这次会议得到广东省科协、广东省科学院、广东省土壤研究所、佛山市、江门市、鹤山县林科所、中国科学院广州分院、中国科学院华南植物研究所等单位的大力支持和资助，使会议能够顺利完成，与会代表对此表示衷心的感谢！

1987 年 4 月 6 日于中山市

全国产粮万亿斤的潜力简析[①]

据统计，全国人均耕地为 2 亩左右，人均地表径流量约为 2700 立方米，林地 1.7 亩，草地 4～5 亩，均低于世界人均水平。因此，合理和节约利用现有资源，合理调整农、林、牧、渔业的宏观布局，充分应用科学技术，是发展我国农业生产，从而达到供需平衡的根本出路。

由于农业政策的调整，激发了农民的生产积极性，1982～1984 年期间，粮食增产速度加快，到 1985 年，全国人均占有粮食大约 750 斤，基本做到了自给，但近三年来全国粮食总产量仍徘徊在 1985 年的水平。如果耕地面积不断减少，人口继续增加，现有水资源不能做到合理利用，不能实现地区间水资源的余缺调配，即使农业在作物品种和肥源方面有所改善，要在 2000 年达到人均占有粮食 800 斤的目标，仍有一定的困难，任务仍然相当艰巨。

若从我国主要资源和科学技术应用的分析，粮食增产还是有潜力的。为此，提出几点参考意见：

一、土地资源潜力

我国幅员辽阔，自然环境复杂，农业生产条件地区差异大。我国的东南地区（包括扬子江和珠江流域的中下游地区），由于水热条件好，生物产量高，约占全国生物产量的 50%。但该地区人口稠密，人均耕地多数不到一

---

① 本文是中国科学院农业研究委员会组织有关专家完成的报告，1987 年 9 月上报国家科学技术委员会。

亩，粮田单产水平较高，粮食增产潜力有限；西北地区气候干燥，地广人稀，水源缺乏，生产力低，生物产量仅占全国的15%左右。农耕地较少，草原面积虽大，但质量差，自然灾害多且治理不易在短期内见效，农业生产不稳定，生态系统脆弱，因此，粮食大幅度增产潜力也不大；东北、华北（包括黄淮平原）两大平原，人均耕地较多，中低产田面积大，有较大的生产潜力，可建设成为我国的大粮仓和肉奶基地，为实现粮食万亿斤做出较大贡献。

东北平原区，土地资源丰富，人均耕地约4.45亩，虽然地位偏北，但夏季温度不低，气候湿润，土质肥沃，耕地集中连片，便于机械化耕作。粮食亩产虽低，但种植面积大，总产量多，人均产粮达1100斤以上。奶牛发展很快，以中国科学院黑龙江省海伦试验区为例，在农业结构调整后，增加了玉米的播种面积，在几年内发展近万头奶牛，并已将其商品化。东北地区宜农宜牧荒地还有一定数量，开发利用的潜力大。今后只要加强抗御春旱、秋涝和霜冻的能力，搞好草田轮作，增施化肥，促进农牧产品商品化的经营，东北平原区可成为我国大的农牧业结合基地。

华北平原，包括黄河以南和淮河以北地区，地势平坦，土层深厚，地处暖温带，人均耕地2.5亩左右，低产区可达3亩以上，一年可二熟或两年三熟，浅层地下水与两水关系密切，容易形成调节水资源的地下水库。年降雨量从北向南，由500毫米渐增至900毫米，但是多集中在七月、八月两月，不易得到有效利用。该区长期以来遭受旱涝盐碱灾害的威胁，平均亩产只有300~400斤，人均产量700斤左右。若能加强抗灾能力，恰当配置和管理现有的水资源，因地制宜地调整农业结构，华北平原可成为我国稳定的商品化农牧生产基地。

以中国科学院的河南封丘、山东禹城和河北南皮三个试区为例。1964年前，三县粮食平均亩产只有100~200斤，吃粮全靠国家救济。当时在没有井灌的条件下，大面积引黄灌溉和修建平原水库，结果使地下水位迅速上升，大片农田遭受内涝和盐碱的威胁。针对这种情况，中国科学院先后在1965年和1966年在封丘和禹城两个县开展了10万亩和14万亩井灌井排综合治理试验，起到了降低地下水位，容纳雨水，防碱、抗旱和减涝的作用。20多年来，井灌井排已在华北平原全面推广，这两个县的自然灾害也基本得到控制，特别是近几年来，由于贯彻了正确的政策和配合采取了其他农业措施，使粮食产量增长 5～10 倍，1986 年禹城试区已经达到了平均亩产 1400 斤左右，封丘试区也接近亩产 1000 斤，两县由缺粮变余粮，分别向国家上交 1 亿～2 亿斤粮食，人民生活水平大大提高。河北南皮县地下水源不足，水质和土质较差，中国科学院南皮试验站试验证明，改变种植结构，采用粮、棉、草合理布局方案，不但通过卖草、卖棉增加了农民的收入，而且由于种草后可集中使用肥源和节约用水，使粮食亩产两熟可达 800 斤左右，草食动物也得到了相应的发展。

由以上三个例子可以看出，中、低产田的潜力还是相当大的，只要水资源管理得法，土资源利用合理，经营规模适当，可以收到事半功倍的效果。如果国家能再扩大投资建立更多的大型化肥厂，制定完善的水价政策和合适的农牧产品的收购政策，就能进一步调动农民增加投入的积极性，大面积中低产田变高产田的目的就一定能早日实现。

二、水资源潜力

就华北地区而论，由于降水在时间和空间上的分布不同，从客观上看，有水资源短缺现象，因过去往往只注意远距离从长江调水，而忽视先对本地区水资源的合理调配和充分利用，目前引黄灌溉中有的不注意节约用水，浪费较大。黄河下游每年下泄约 470 亿方水量中，除在枯水期利用 100 亿方和河口需要 200 多亿方以外，如果能解决泥沙淤积问题，则至少还有 100 亿方的潜力。特别在豫东南和淮北地区，往往只注意解决两季排水的纠纷，而忽略了雨水利用的问题。如果豫西和淮北地区推行水稻旱种的经验，则可充分利用秋季雨水，减轻排涝的威胁，一举两得。由此可见，如何用好和管好本区汛期水，是挖掘本区水资源潜力的关键。

1. 引黄和治黄相结合

黄河下游河床淤积区以每年 10 厘米的速率增加，如果不设法将泥沙引出黄河，单靠加高堤防，黄河决口成灾是不可避免的。

关于引黄问题，黄河北侧可多引和远引，作为河北平原和鲁西北平原的主要灌溉水源，以缓和水资源短缺。黄河南侧以少引和近引为原则，只作为井灌的补充性水源，因为黄河以南降雨量大，这样做便于拦蓄雨水，补充地下水，用以减轻排涝负担，消除上下游（河南与安徽）的排水纠纷。

汛期引黄的最大困难是泥沙淤积的处理。清淤费钱、费工，如果利用泥沙来填平低洼地，在淤平地段发展林、果等，有可能解决该平原缺林少果的状况，另外，泥沙本身也有直接利用的经济价值。事实上，近30年来，我国在引黄淤灌和引黄渠灌这两方面，已经积累了丰富的经验，应总结推广。

引黄要建立在井灌的基础上，才不会产生次生盐渍土。渠灌与井灌联合运用，有利于拦蓄雨水和调节水资源。整个平原约有洼淀2000万亩，可以用来蓄水和发展水生生物。这一地区现有140多万眼机井，有控制地下水位的能力，只要管理和运用得法，是不会重复20世纪50年代平原水库的教训的。总的说来，对整个平原蓄、灌、排、调的水资源优化管理，可先用计算机模拟进行论证和宏观控制。

2. 提高灌溉效益，发展节水农业

我国灌溉水的利用率相当低，一般只有35%～45%，农业用水显得非常紧缺，从全局看，农业用水无潜力可挖，但从局部看，潜力还不小。中国科学院几个试区的小麦需水量的研究结果表明，小麦的浇水次数可以减少，但不会影响产量，播前水和拔节水是关键，还可采用田间管道输水并结合软管浇水，以提高用水效率。初步估计，仅在浇水的方式和方法两方面，可望节省水量1/3～1/2。中国农业科学院农田灌溉所最近的研究结果也表明，采用各种节水技术，对经济作物推广滴灌，在整个平原每年可望节约95亿方水量，如果再加上可能增加的引黄水量100亿方，则在开源和节流两方面还有200亿方左右的潜力。当然这不是轻而易举的事，需要国家在人、财、物方面进行很大的投入，但是为了实现万亿斤粮的目标，逐步投资建设，以便充分利用这一巨大的潜在资源也是值得的。

三、生物资源潜力

农业技术在生产中有广阔的应用前景，许多人认为它将导致一次"农业革命"。

生物技术可以通过人工遗传操作，越过植物有性杂交屏障，使有用的基因在种间、属间、科间进行转移，从而定向培育出高产、优质、抗逆性（抗干旱、抗寒、抗盐碱、抗病虫害等）强的作物新品种或新类型。中国科学院西北植物研究所研究用染色体工程把长穗偃麦草抗旱、抗干热风，抗多种病害的基因导入小麦，育成的"小偃 4、小偃 5、小偃 6"号小麦良种，在黄河中下游十省推广，累计推广面积为 3000 万亩，增产小麦 18 亿斤。遗传研究所、植物研究所、北京市农业科学院、中国农业科学院用花粉单倍体育种新技术育成了小麦、水稻新品种或新品系，其中"京花 1 号"冬小麦和"中花 8 号"水稻已大面积推广，一般可增产 15%～20%。

细胞工程在提供无病毒种苗，提高粮食单位面积产量方面也会起积极作用。我国马铃薯种植面积每年达 4000 多万亩，由于种薯退化，平均亩产只有 1000 斤左右，与世界上高产国家平均亩产 5000 斤差距极大。植物研究所、微生物研究所等单位协作，研究马铃薯茎尖组织培养，生产无病毒种薯技术，有效地解决了因病毒引起的马铃薯退化的问题。1984 年推广 100 万亩，平均增产幅度在 50% 以上。

生物激素在粮食作物和畜牧业上的应用前景十分乐观。中国科学院上海植物生理研究所研制的植物激素（如油菜素内酯、三十烷醇等）对促进小麦、水稻增产和防病效果显著，正在扩大试验；动物所利用激素的特性及其作用原理，对治疗母牛不育症，母马、母羊早期流产，以及促使牛、猪、羊在几天内同步发情，缩短家畜人工配种时间等方面都取得了很好的效果。

生物技术在加速家畜良种繁育，在短期内扩大良种畜群上起重要作用。例如，利用胚胎移植技术，借用其他母牛之腹，一头良种奶牛每年可繁殖几十头小牛。遗传研究所在 20 世纪 70 年代起，进行家兔、绵羊、奶牛的受精卵和胚胎移植取得成功。20 世纪 80 年代又开始进行胚胎分割试验，它是用人工操作的方法将母亲体内的胚胎取出分割成两个或几个，再移植回母体子宫内，可得一卵两胎、三胎甚至多胎。1987 年 6 月，一对同卵双胎牛犊在成都市凤凰山奶牛场降生。利用生物技术研制和生产畜用疫苗等生物药品，还可以保证畜牧业的健康发展。例如，仔猪黄痢病是一种严重威胁我国养猪业的一种急性腹泻病，统计资料表明，因患此病的仔猪死亡率达 10%～30%。植物生理所研制出了"K88-K99双联抗原基因工程菌苗",注射于怀孕的母猪,使新生仔猪从初乳中获得对病菌的免疫力,试验效果显著,目前正在扩大试验。

生物技术在农业上的应用有巨大的潜力,应加强生物技术的科研工作,即使有些技术不是近期内所能得到结果的,也要安排一定的力量进行研究,以确保我国农业发展的后劲。

此外,在传统技术方面也还有很大的潜力可挖。例如,我国福建莆田农民大面积种植甘薯,亩产万斤;山东胶县有粮、薯间套种植,大面积亩产千斤粮、万斤马铃薯的高产经验。中国科学院遗传研究所对他们的经验进行了研究和总结,提出"两薯"用"优、健、高"增产法和综合利用的增产增值办法,经过三年大面积(54万亩)的推广试验,有可能使甘薯的全国平均亩产由2000斤提高到6000斤,马铃薯由1500斤提高到4500斤。如果全国两薯的种植面积是1.5亿亩,产量是很可观的。甘薯不仅产量高,既可作猪饲料,也可作工业原料,而且可出口创汇。推广传统增产技术对于在2000年达到万亿斤粮的目标,会有积极作用,也应值得重视。

四、亟待解决的问题

对以上几个方面潜力的分析,是根据我院多年来为农业生产服务工作中的认识,以科学地利用农业资源和科学技术为后盾。我国农业的发展涉及水价、农产品价格政策,农业生产责任制和农业科研体制改革等问题,我们在这方面没有太多经验。现就我们工作中的体会,提出三点建议:

(1)加强综合的宏观指导。建议国家组织跨部门、跨地区的农业发展科学管理体系,使行政区划与区域治理相结合,既可减少河流上下游的矛盾,又可使经济、生态和社会效益一体化,建立以自然单元为主体的优化方案,包括水、土、气、生物等农业资源的开发模型;农林牧副渔和农工商合理配置模型,以及三大效益的平衡模型的农业结构。

(2)在科学技术投入方面,有侧重,有分工。小流域综合试验区的科研工作,由国家投入为主;为了示范提供依据的应用研究,由省、地(市)投入为主;生产应用推广的规划实施,由农民集资经营,政府可组织和提供技术指导。

（3）稳定农业科技人员。科技人员是试验研究、示范和培训农民掌握、运用科学技术的骨干，应提高他们的社会地位，解决他们的困难，调动他们的积极性，以保证我国农业稳定、持续地发展。

李振声、曾昭顺、左大康、罗焕炎、许越先、程维新、赵其国、朱兆良、李松华

1987 年 9 月

附：

国家科委主任批示：

科学院李振声同志参阅。

我拜读了你写的整治黄淮和东北平原的思想，似顿开茅塞，觉得很有道理。

宋　健
1987 年 11 月 5 日

关于加快河南省黄淮海平原中低产地区综合开发治理的报告 ①

国务院及田纪云副总理：

　　粮食是我国经济发展中的一个战略性问题，是国民经济长期稳定发展的基础。为了把河南省黄淮海平原中低产地区建成国家以粮食为主的农产品生产基地，使全省粮食生产跨上一个新台阶，河南省人民政府和中国科学院商定，同中央其他科研部门、大专院校等单位一起对这一地区进行综合开发治

---

① 河南省政府文件。

理。现将有关情况报告如下:

(一)

河南省黄淮海平原中低产地区,是我国黄淮海平原的重要组成部分,是全省农业的主体。包括14个市(地)、69个县,总土地面积81 300平方千米,其中耕地7107万亩,占全省的70%,占整个黄淮海平原地区的27%;总人口5000万,其中农村人口4743万。

这里地处暖温带向北亚热带过渡地区,气候温和,光热充沛,雨量适中,地势平坦,土层深厚,对发展农业生产十分有利,历史上就是河南省重要的粮、棉、油集中产区。近几年来,随着党的各项方针、政策的贯彻落实和农村经济体制改革的不断深化,这一地区的农业有了较大的发展,并建立了一批粮、棉商品生产基地。1987年与1980年相比,全区农业总产值增长了87.3%,粮、棉、油总产量分别增长了46.3%、61%、38.1%,农村人均纯收入增长了1.3倍。1980年以来,平均每年提供商品粮48亿7000万千克,商品棉4亿3600万千克,商品油2亿1900万千克,商品猪350万头。但是,由于种种原因,目前这里的许多资源优势尚未得到充分开发,粮食生产仍然处于中低产水平,以棉、油为主的经济作物也还有很大的发展余地。以泡桐、大枣、葡萄为重点的林果优势急待系列开发、综合利用。饲草资源丰富,发展畜牧业的潜力很大。还有许多具有地方特色的名、特、稀、优产品,如淮阳黄花菜、开封西瓜、沁阳"四大怀药"、鄢陵花卉、黄河鲤鱼、淇河鲫鱼及瘦肉型猪、槐山羊板皮等在国内、国际市场畅销,有着广阔的发展前景。我们认为只要抓住当前的有利时机,深化改革,采取相应的政策、措施,就一定能把这一地区建成以粮食为主的重要的农产品生产基地,为国家做出更大贡献。

(二)

加快河南省黄淮海平原综合开发治理,是一项大的系统工程。我们的设想是,深入贯彻落实十三大精神,动员组织干部群众,发扬自力更生、艰苦奋斗的优良传统,靠政策,靠科学,进行综合开发治理。其重点是:兴修水利,改良土壤,抓好中低产田改造;加速推广农业先进适用技术;继续抓好商品基地建设;因地制宜地调整农村产业结构,建立以种植业为基础的农、林、牧、副、渔业全面发展的生产体系。计划到 1995 年在这一地区改造中低产田 6440 万亩，除涝 461 万亩，旱涝保收农田达到 4500 万亩。使整个开发区低产变中产，中产变高产，到"七五"末粮食总产量达到 227 亿 3000 万千克，年递增率为 3.5%，比 1987 年增长了 10.9%。到"八五"末粮食总产量达到 259 亿千克，年递增率为 2.65%，比 1987 年增长了 26.3%。棉、油、烟和林、牧、副、渔各业都有一个大的发展。

（三）

根据河南省黄淮海平原的自然地理和生态条件，可划分为豫北、豫中和豫南三大片，由中国科学院对豫北地区实行承包，综合开发。同时，欢迎中央和地方有关科研单位、大专院校分片承包开发其他地区，使现代的科研成果和先进技术尽快转化为生产力。

为了切实加强这一工作的领导，河南省政府和中国科学院及中央其他参加开发的科研部门、大专院校等单位联合成立领导小组和专家组，加强对开发治理工作的统一领导和技术指导。市、地、县也建立相应的领导班子，并将其列入重要议事日程，把它作为河南省经济发展中的一个战略任务来抓。

在整个开发治理过程中，坚持深化农村改革，完善双层经营。健全各种承包合同制，发挥家庭分散经营与统一经营两个层次的积极性。在经济比较发达和有条件的地方，有计划地发展适度规模经营，提高经济效益。依靠科技进步，建立健全农村科技服务体系，重点搞好良种繁育、技术推广、技术培训等服务体系建设。在保证粮食生产持续稳定增长的同时，大力发展以农副产品加工业为主的农村工业，重点抓好龙头产品，规模经营，系列开发，实行农工商、产供销一体化，逐步参与国内国际经济大循环，全面振兴农村经济。

（四）

根据上述安排，为了搞好河南省黄淮海平原地区的综合开发治理，需要大量资金投入。初步计算，八年内共需投资 56 亿 4000 万元。这笔经费以群众集资、地方筹措为主，国家支持为辅。由农民集资 20 亿 4000 万元，占总数的 36%；由省、市、地、县筹措 18 亿元，占总数的 32%；其余 18 亿元请求国家投资（其中，前三年投资 9 亿元，后五年投资 9 亿元）。主要用于 3040 万亩低产田和 3400 万亩中产田的改造以及技术培训、示范、推广等方面。经过综合开发治理，到 1995 年，低产田每亩可增产 75 千克，中产田每亩增产 90 千克，八年时间累计增产 249 亿 1000 万千克。其中，到 1990 年，增产 44 亿 3000 万千克，向国家提供商品粮 10 亿千克。到 1995 年增产 204 亿 8000 万千克，提供商品粮 17 亿千克。八年共可提供商品粮 27 亿千克。这将对缓解国家粮食供需矛盾起到积极的作用。同时，还可以提供更多的商品棉、油和肉类等产品。

我们决心在国务院领导下，扎扎实实地做好工作，使这一地区的农业生产跨上新台阶，为黄淮海平原的经济繁荣做出实际贡献。

以上报告，请批示。

河南省人民政府　中国科学院

1988 年 2 月 11 日

河北省人民政府　中国科学院
《关于在沧州地、市开展中低产田
开发治理工作的请示》①

田纪云副总理：

为进一步贯彻落实党的十三大关于加速科技进步、加强农业建设的精神，河北省人民政府和中国科学院研究，拟加速沧州地、市中低产田开发治理工作。开发治理范围包括沧州地区 12 个县（市）、2 个农场和沧州市 2 个县，总面积 14 057 平方千米，耕地 1191 万亩，总人口 521 万人；其中农业人口 478 万人。

党的十一届三中全会以来，该工作地区的农业生产有了较大发展。1987 年粮食总产达 33 亿斤，棉花总产 183 万担，肉类总产 8400 万斤。人民生活逐步改善，对国家的贡献逐年增加。但与先进地区相比，发展仍较缓慢，农

---

① 河北省政府文件。

业生产的潜力还没有充分发挥，还远远不能适应全省农业上一个新台阶的要求。据调查，该工作地区发展农业的潜力是巨大的。在 600 万亩粮田中，绝大部分为中低产田，有 2/3 粮田单产仍低于平均产量水平；还有 200 万亩轻中盐碱荒地，147 万亩旱薄涝洼轮荒地，80 万亩天然草场和沿海滩涂，以及 50 多万亩低产园林，均有待进一步开发利用。

该工作地区旱、涝、碱、咸危害严重。经过中华人民共和国成立以来 30 多年的努力，旱涝盐碱治理工作取得了很大成效。特别是"六五"以来，在国家统一安排下，由省、地组织协调，中国科学院、各有关大专院校及地方许多科研单位与广大农民群众相结合，进行科技攻关，建立了南皮、龙王河等试验区和多处农业基点，在治理旱涝盐碱促进农业增产方面，取得了百余项研究成果，为该工作地区中低产田的开发治理和农业增产提供了成套经验。

最近，沧州地区行政公署提出了《关于在全区推广南皮、龙王河试验区中低产田和盐荒地综合开发治理科技成果的报告》（下简称《报告》）。对《报告》中提出的综合开发治理的任务、范围、目标、指导思想、组织领导、实施步骤、改革措施、经费来源和用途及经济效益分析等，我们组织了论证，认为是可行的。按照其投资效益核算，该工作地区在逐步改善生态环境的基础上，通过 5~8 年的开发治理，逐步实现年增 11 亿~13 亿斤粮食，需要增加农业投资 8 亿 7000 万元。拟通过各种方式帮助农民自筹资金 5 亿 9000 万元，省和地、县安排 1 亿 3500 万元，另请中央支持 1 亿 4500 万元，主要用于实验示范、生产推广、人才引进、技术培训、节水工程及农田水利建设配套等。预计在八年开发治理期内可累计增产粮食 50 亿斤，棉花 640 万担，水果 20 亿斤，肉类 8 亿斤，折款约 44 亿 8000 万元，相当于投资额的五倍。因此，这项投资是值得的，这一工作的成功，会对全省和黄淮海平原地区农业挖潜及进一步深化改革提供丰富的经验，也为全国粮棉产量上新台阶做出积极贡献。

妥否，请批示。

河北省人民政府 中国科学院

1988 年 2 月 11 日

关于报送脱贫致富和振兴农村经济的情况汇报 [①]

国务院贫困地区经济开发领导小组：

1987 年 2 月 10 日田纪云副总理召开的国家机关扶贫工作汇报会后，我院孙鸿烈副院长立即召开会议，传达和部署了今后扶贫工作的内容、方针，以进一步把我院有关农业的科技力量组织起来，从广度和深度两方面开展科技扶贫的工作，尽快为我国贫困地区脱贫致富和农村经济的振兴作出更大贡献。现将情况汇报送上（详见附件）。

妥否，请指示。

中国科学院

1987 年 3 月 19 日

附件：

中国科学院关于脱贫致富和振兴农村经济的情况汇报

我院是一个多学科、多专业的综合研究机构。多年来，在有关农业方面，围绕认识自然、改造自然、促进农业生产发展，做了大量的科学研究工作，取得了不少成果。这支研究农业的队伍，包括生物学、地学、化学、物理数学、技术科学和三个专门研究农业的研究所共 64 个，占全院 123 个研究所的

[①] 中国科学院文件。

52%，与农业有关的研究人员6000余人，其中近1000人长期或短期工作在贫困山区、牧区、林区和低产农区（分布在全国贫困地区15个片和3个边疆民族省区），如秦岭、大巴山、武陵山、横断山、井冈山、沂蒙山、西海固、延安等地区62个县，进行了科技工作。仅以1986年为例，与农业有关的成果有166项，这些成果有自己的特色，对促进脱贫致富和我国农村经济振兴、农业生产起到明显的作用。具体如下：

一、摸清资源家底

对自然资源（水、土、气、生物）的数量、质量、组合、分布及人口、经济、技术等状况进行综合考察和系统分析研究，为中央及有关部门进行国土整治、农业区划、全国山区分区、宜农荒地资源开发、牧业和草场区划及水土资源的合理利用与保护和进一步开发我国自然资源，因地制宜地发展我国农业生产，提供基础材料和基本图件，为宏观决策和战略布局提供科学依据。这些工作主要是在边远贫困地区进行的。

二、开拓和推广农业系统工程

选择全国不同类型地区（南方山区、北方旱作区、东北林区和药区、淮北农牧区等），进行农业资源、社会、经济、技术等系统分析，从整体上研究农业的发展战略，制订综合发展规划、年度计划。从1981年开始，培养了800多名农村骨干队伍，这些"种子选手"又在全国各地分别办了200多期培训班，培训了一万多人，现已有200多县广泛应用了农业系统工程方法，有的县已改变了过去的贫困面貌。例如，吉林靖宇县确定了"林、参、药人工生态系统的发展模式"，并取得了较好的经济、社会、生态效益。吉林省委决定，在全省推广"靖宇经验"，分批进行，三年搞完。1986年7月国家科学技术委员会在靖宇县召开了山区科技工作会议，提出山区脱贫致富，首先要用系统工程搞好全面发展的总体规划。

三、区域综合治理和开发

针对华北地区的旱涝盐碱风沙，黄土高原的水土流失，三江平原的沼泽、冷害等低产因素，中国科学院组织多学科、多部门进行综合研究，采取生物措施和工程措施相结合，进行多途径治理、多方法开发利用，形成不同类型的适用技术配套体系，在同类地区推广应用。

例如，黄淮海平原的科技攻关项目，组织了院内生物、地学、遥感、系统科学等 19 个所的 300 多名科技人员与 30 多个兄弟单位协作，三年共取得成果 56 项，初步摸清了资源，建立了四个层次的农村经济、农业资源开发模型，三个典型试区（河南封丘、山东禹城、河北南皮）增加了抗灾能力，粮、棉和人均收入在二三年内都提高了 1～3 倍，这一成果正推广应用。又如黄土高原水土保持研究，选择宁夏固原等地应用农业科学技术，种树种草，建立了"农林牧镶嵌式的生产结构"模型。仅三年，人均粮食就提高了 1.25 倍，收入从 47.5 元提高到 355 元，增长了 7.4 倍，增加产值 1.7 亿元，纯收入 3.2 亿元，这一经验已大面积推广。1986 年 8 月，中国农业经济学会在这里举行了全国贫困地区现场会。

四、推广单项技术

我院有关研究所从学科特点方面对遗传育种、病虫害防治、土壤改良、施肥技术、果蔬保鲜、农药、水产养殖、农村能源及农副产品加工利用等进行了广泛和深入的研究，每年有大量科技成果推广应用、并能将其直接转化为生产力。

现仅以两薯（甘薯、马铃薯）为例。我国甘薯、马铃薯的种植面积分别占世界首位和第二位，但它们的单位面积产量分别排在第 59 位和第 101 位。经多年研究结果：

（1）已有一整套甘薯的"高、健、优"增产技术，使产量由每亩 2000 斤增加到 6000 斤，个别地区达一万斤。1986 年已在安徽、河南低产区召开现场推广会，并向全国推广。同时还成功研究用甘薯制作糖果、果脯、全粉等食品，总经济效益 1.92 亿元。

（2）采用茎尖组织培养马铃薯，控制病毒病的危害。现全国每年种植无病试管苗 100 万株以上，脱毒种薯面积近 100 万亩，增产幅度在 50% 以上，以每亩增产 500 斤计，全国可增 5 亿斤鲜薯，增收 2500 万元。现已在全国 25 个省（市、区）推广。大部分是贫困地区，不仅解决了那些贫困地区的温饱，还可使其致富。

据我院遗传研究所计算：从 1973 年到 1986 年在生产上推广应用的粮、棉、油新品种 22 个，在全国推广累计面积达 1.37 亿亩，总增产粮、棉达 210.8 亿斤，总效益 22.96 亿元。

五、立足山区资源、发展外贸创汇产品

湘西地区植物资源丰富。有八角茴香、山苍子、腊梅等香料植物 250 多种，但目前这些资源尚未被开发利用。从 1986 年开始，我院与湘西香料所协作，选定 30 种天然香料植物品种，每种提供 50～100 克的精油样品，从中提出香味评价和使用意见方案；组织天然精油开发，以植物根、茎、叶为原料，蒸馏制取。每千克价值几十美元到一二百美元，还组织了天然色素开发，魔芋和薯芋综合加工利用等，争取产品外销创汇。

对沂蒙山区山东临朐县花岗岩等系列产品的开发和水果、蔬菜贮藏保鲜、加工、运销、包装等系列配套技术的推广应用。1984 年起，中国科学院协助县里进行苹果、山楂、梨和蒜苗等产品的贮藏保鲜，经济效益增加 70 多万元，为贫困山区果品资源的增值探索了一条道路。

六、大力培养农村技术人才

目前，影响农村经济发展、山区贫困的根本原因是人才问题。科技人员数量少、文化水平低、素质差，因此，如何尽快培养农村技术骨干，提高农村青年的文化、科技水平和干部的管理水平是当务之急的大事。

我院采取多种形式培训农村技术骨干。例如，黄淮海平原中低产地区结合科技攻关，举办技术讲座 65 次，培训农民 4.6 万人，其中农业技术骨干 118 人；湘西永顺县连洞乡培训农民 1021 人，包括农业技术员、干部、科技

示范户等。又如遗传研究所薯类栽培和加工果品的研究，近两年共办培训班40多期，有来自全国20多个省市的农民、乡镇企业和干部等350多人，解答来信1000余封；在快速养猪技术方面，与中国青年报等联合办函授班，现有26个省、市、县的农民、知青、战士等学员4200多人，函信2000多封，发放函授班教材近2万册，发售猪饲料添加剂3.2万斤，多数学员来信反映"学到了技术，取得了效果，增加了收益"。

派科技人员到贫困地区兼职。仅以沈阳分院为例，1986年决定派25名有一定科技水平和管理工作经验的科技人员到辽西、辽东和辽北等贫困县任副县长，任期二年。首批11名已分赴清源县等11个县上任。通过这种方式对加强县的科技领导工作，更好地组织我院科技力量下乡，帮助经济落后地区"脱贫致富"起到了积极作用。

今后的安排与打算：

一、加强扶贫工作的领导、统筹计划，切实地为贫困地区干几件实事并干出效益。为把我院扶贫工作推向一个新的阶段，现已成立科技扶贫领导小组，由副院长孙鸿烈同志任组长。组织有关专家制订我院扶贫工作计划和相应的措施，有领导、有组织、有步骤地进行扶贫工作。

二、发挥我院多学科的综合优势。组织全院有关专家和管理人员、技术人员，在原有工作的基础上，集中在全国四五片重点贫困地区如：努鲁儿虎山、武陵山、井冈山、西海固、陕北等进行全面考察和系统分析，针对当地资源优势，找出贫困原因，制订脱贫致富的科技规划与年度计划，与当地政府和有关部门密切协作，认真落实扶贫项目。

三、采取多形式、多途径、多层次为贫困地区举办多种培训班、函授班、科技咨询、成果现场会等，帮助广大农民和干部提高文化和科技水平，重点培养一批农技骨干，逐步形成贫困地区科技网络。

中国科学院

1987 年 3 月 13 日

关于申请黄淮海平原农业开发项目贷款的请示 ①

国务院陈俊生秘书长：

1988年2月27日，田纪云副总理主持会议研究了黄淮海平原农业开发问题。会后，我院采取积极措施推动此项工作。到目前为止，我院已有30多个研究所的科技人员深入农业第一线，同地方有关部门认真落实农业开发项目，其中有些项目已开始实施。按照国务院的部署，广大科技人员在省、地、县的大力支持下，工作热情高涨。

为了快速而有效地把科技成果转化为生产力，我院对科技成果的推广采取了较大的改革步骤，即采取科技人员携带贷款下乡，与各地方政府及农民结合，签订合同，共担风险的方式。这将有利于加强合作各方的责任心，使各项工作落到实处。

根据以上设想，我院原来曾与国家计委、中国农业银行商议安排农业开发贷款4000万元，但在具体落实中遇到了一些实际困难，目前只筹集到700万元指标，其他尚不落实。1988年4月15日我院李振声副院长向您汇报后，我院已根据您的指示精神，本着精打细算、就急安排的原则，对已落实的农业开发项目进行了清理，当前急需低息贷款资金1500万元，望国家能帮助并予以解决。同时考虑对已落实项目的继续投入和新上项目，到11月初仍需低息贷款资金2000万元，亦望予以安排。

为减少层次，便于资金投放，建议采取统贷统还的办法直接贷给我院，还款期限为五年。

妥否，请批示。

中国科学院

1988年4月22日

---

① 中国科学院文件。

关于我院农业科技开发工作的设想 [①]

一、前言

赵紫阳同志在十三大报告中指出，农业问题是关系到建设和改革全局的极端重要问题，是整个国民经济长期稳定发展的基础，我们必须十分重视粮食生产，争取在今后十多年内使粮食产量有较大增长，这是实现 20 世纪末战略目标的一个基本条件。

党的十一届三中全会以后，农村的经济体制改革和相应的一系列农业政策，极大地调动了八亿农民的积极性，使我国农村发生了巨大的变化，粮、棉、油等农产品大幅度增长，城乡人民绝大多数过上了温饱生活，部分地区开始向小康迈进，广大农村呈现出一派欣欣向荣的可喜景象。

但是，我们现在仍处在社会主义的初级阶段，我国人口众多，人均农业资源不足，农业生产力水平很低，农业科学技术也较落后，商品经济很不发达，农产品供应将较长时期处于紧缺状态。近几年来，我国粮食生产处于年产 8000 亿斤上下徘徊的局面，伴随而来的是城市肉食供应紧张的情况。农业和粮食面临的形势是严峻的，另外，问题的严重性还在于我国人口数量还在不断增加，人民的生活需求日益增长，这就使得农产品供需矛盾更为突出，它直接关系到我国十多亿人口的吃饭问题，制约着整个国民经济的发展。

党中央、国务院非常重视农业问题，并且指出：离开科技进步和科学管理，就不可能在有限的耕地上生产出足够的粮食和其他农产品，不可能在人口不断增加的情况下保持目前的温饱水平，更谈不上向小康水平甚至更高水平前进。中央不仅关注农业问题，而且又同样重视科学技术在发展我国农业当中的作用，作为我国自然科学综合研究中心的中国科学院，对这件大事更不能置身事外。经过调研和专家的论证，院领导提出了组织我院科技人员投

---

① 中国科学院文件。

入农业主战场的意见，并多次向中央领导进行了汇报，得到中央和部门领导的赞许和支持，同意把科学院农业科研工作列入国家计划中。根据中央的指示要求，院领导决心组织好我院的力量投入到农业方面这个国民经济的主战场，为实现20世纪末年产万亿斤粮食的目标做出贡献。

二、在农业科研、开发、推广上，我院有一定的基础和优势

我院对农业科研工作一直是比较重视的，曾做过大量的工作和较多的贡献。对华北、东北、西北、南方山地、西南四省区、新疆、西藏、青海等几大区域曾多次组织多学科的资源综合调查，近几年开展的新疆水土资源调查和农业生产布局研究，为新疆维吾尔自治区的经济发展战略规划的制订，提供了可靠的依据，自治区认为它很有参考价值。对黄淮海平原，从20世纪50年代开始就进行了多次的资源调查、农业区划和农业战略研究，还针对该区的旱涝、盐碱、风沙等灾害情况，早在20世纪60年代初就分别在河南封丘、山东禹城建立了综合治理开发试验区，取得了很好的效果。对我国水土流失严重、农业生产条件较差的黄土高原地区，在进行全面系统的综合考察规划的同时，分别选定陕西的安塞、长武，宁夏的固原，进行综合治理开发试验，固原上黄村的经验得到中央的充分肯定并建议大力推广。在东北三江平原地区，开展了农业自然资源的遥感复查并进行了商品粮食生产潜力分析与农业发展战略研究，以及多项增产技术体系的试验。在宝清县、富锦县、八五三农场建立了开发试验区，在松嫩平原的海伦县、昌图县[①]及朝阳地区都做了不少工作。针对南方山地和红壤丘陵地的开发利用，我院参加建立了江西千烟洲综合开发治理试验区，已经取得显著的经济效益，总结出较为系统的经验，准备在吉安地区推广。在主要农作物良种选育和推广方面，我院一些研究所采用生物技术与常规技术相结合的办法，先后选育出小麦、大豆、玉米、油菜、薯类等多种优质、高产的新品种，并在农业生产中推广，发挥着重大作用。为了大面积提高单产，还应用农业系统工程理论和方法，研究和推广了作物栽培技术规范化，每亩平均增产100多斤，降低了10%的成本。为促

---

① 原文如此。昌图县在松辽平原——编者注。

进畜牧业和水产业的发展，还开展了大牲畜胚胎移植、淡水鱼类的新品种培育及虾、鱼、贝、藻等的大面积养殖，并都取得了很好的成绩。在病虫害防治方面，进行了蝗虫的大规模防治，蝗灾基本得到控制。棉虫种群动态及综合防治技术，主要农作物和果树病虫害防治技术，农田鼠害和草原鼠害的防治技术，生物防治技术，昆虫性信息素的研究和应用，长效化肥和光解地膜等都取得了很好的效果。我院还通过各种途径和形式开展了科技扶贫工作，取得了较好的成绩。与此同时，在为农业服务的长期过程中，还培养了一大批优秀人才。到目前为止，我院单在地学、生物学、环境科学和化学等学科领域中，直接、间接从事农业科研的科技人员就约有 5000 人，这是一支相当可观的力量。

长期以来，我们在农业科研上积累了不少的应用科研成果，在基础理论和新技术方面，我们有一定的科研储备和应用手段，同时具有学科较多、兵种较全的综合优势。只要我们把微观研究和宏观研究结合起来，把各种手段都用上，并加以很好的综合组织，相信科学院这支力量在我国农业由"传统农业"向"现代化农业"转变、由"资源依存型"向"技术依存型"转变的过程中，将会发挥更大的作用。

三、深化改革、加强我院农业科研工作，投入农业主战场的初步设想

1. 农业主战场的选择

过去，我院农业科研力量主要部署在黄淮海平原的盐碱地、沙荒地及砂姜黑土地，西北黄土高原的水土流失贫困地，南方红壤丘陵地，东北北部和南部低产、中产地等。这些地区恰恰是今后发展农业潜力很大的地区，即将变为农业生产的新战场。考虑到我们过去的工作基础，我们把黄淮海平原地区、东北松辽平原、黄土高原及南方红壤丘陵地区作为我院今后相当长时期的农业主战场，这种选择是符合国家需要和我院实际的，因此这一想法得到了中央的支持。

2. 当前的主要任务是搞好区域性开发

从到各地进行调查的情况来看，最能引起地方政府兴趣的，就是要把我们基点、试区上的成功经验和单项农业技术成果尽快推广到面上，使科研成果变

成巨大的生产力。我们要因势利导，把基点上的经验大规模地推广到面上作为我们当前的主要任务，同时开展一些需要深入研究的课题。现在河南、山东、河北、安徽等省都已与我院就联合进行区域性开发治理商定了方案并在落实之中。

3. 预期目标

在我们参加的开发治理区，希望通过地方、当地农民和科技人员的共同努力，能较快地实现"农民富起来，社会财富和地方财政收入多起来，我们研究所和科技人员活起来"的目标。发挥我院力量，在我们承包的地区，用现代科学技术建设新型农村，把农村发展成因地制宜、资源合理利用、各业充分发展、商品经济发达、环境保持良性生态平衡的新农村典型和农产品基地，并逐步开展大田和设施农业的计划化和最优化研究，在有限的耕地上提高农业产出问题研究，加强分子生物学、生物工程在农业上的应用研究。既为国民经济发展做出重大贡献，又能做出国内外有水平的科学研究成果。

4. 组织形式与工作方式

区域开发治理工作涉及的范围相当广，它包括治理区的自然、经济、社会的方方面面，需要在全面规划的基础上，有计划、有组织、有步骤、有领导地进行，要动员本地区的广大农民积极参加，筹集大量的资金，制定一系列的政策、规定。因此，这项工作必须在地方政府的坚强统一领导下进行，把地方政府、科技人员（包括地方的）和农民群众三个积极性紧密地结合起来，才能顺利完成各项任务。中国科学院作为主要一方还是应从科技方面加以支持，在技术上规划并指导好开发治理工作。

5. 在开发项目上实行有偿合同制

作为我院重中之重的农业项目，明确由一位副院长总负责。每个具体工作地区和每个单项技术都要明确负责单位和负责人，进行课题分解，实行层层落实，做到职责清楚，奖罚分明，要制定责、权、利配套的规定。

6. 在开发治理上强调综合性、科学性和生产性

综合性就是要在对本地区资源调查分析的基础上，实行综合开发利用，既要取得经济效益，又要取得生态效益和社会效益；科学性就是要强调因地制宜全面规划，首先要提出一个总体的开发方案，要以成功的科学试验为依据，要把实践证明是好的东西推广到面上去，要一点带多点，多点带一片，要试验一个成功一个，成功一个推广一个，不能急躁冒进；生产性就是强调

科研与生产紧密结合，但力求科研成果要推广到一定规模，要在生产中发挥实际效益，要让农民群众看得见、摸得着、学得起、用得上。

7. 投资与经费使用办法

一个地区的全面开发治理需要很大的投资，面上的大面积治理投资将主要靠中央拨贷款（包括世界银行贷款）、地方投资和农民自筹贷款共同解决。中国科学院将主要采取低息贷款的方式，支持我院参加农业科研成果推广和局部地区的治理开发工作，这就要求推广开发的项目，必须选择是确有经济效益并能兼顾生态、社会效益的项目，贷款要在 3～5 年之内还清本息。为了支持后续研究工作的开展，实现持续不断有新的科研成果的补充，保持农业稳定增长的后劲，已建议按贷款额 10% 的比例提供拨款，采取贷加拨的办法，供承担任务的科研单位使用。

8. 制定配套的政策，奖励和支持我院科技人员投入农业主战场

要改变晋升职称只重论文、不重实际贡献的倾向，要适当解决深入艰苦农村人员的生活待遇问题，现在已经初步拟定了《关于对参加黄淮海工作的科技人员实行承包津贴的规定》和《专业职务聘任的几点规定》，今后，对这些政策还将进一步完善。

四、几个农业开发治理区与单项技术推广项目分工负责的初步安排

我院农业科研项目作为院内重中之重的项目，成立领导小组，李振声副院长任组长，钱迎倩、李松华任副组长。下设办公室，由刘安国同志任办公室主任，吴长惠、韩承志（兼）、王燕同志任副主任，负责日常工作。

（一）黄淮海平原中低产地区

（1）将山东禹城试区的经验、结果推广到德州地区。由地理所副所长许越先负责，初步组织 13 个研究所的 150 人左右参加。其中盐碱地治理由地理所负责；沙地改造由兰州沙漠研究所负责；洼地改造台基鱼塘由南京地理与湖泊研究所负责；在德州地区取得一定经验后再推广到聊城、菏泽、惠民等专区；东营市将由沈阳应用生态研究所负责。

（2）将河南封丘试区经验、成果推广到新乡市，由南京土壤研究所所长赵其国负责，组织 13 个单位的约 190 人参加，在取得成功经验后向濮阳专区推广，新乡市西四县由生态环境中心负责。

（3）将河北南皮常庄试区经验成果向南皮全县推广，并参加沧州专区的综合开发治理工作。由石家庄农业现代化所负责，已组织 10 个单位的 100 人左右参加。

（4）安徽淮北四县即涡阳、蒙城、怀远、亳县，由南京土壤研究所、南京地理与湖泊研究所负责组织对该区农业生产提出发展战略规划，并选择涡阳、怀远等县进行治水改土的试验研究。

（二）东北、黄土、红壤地区

（1）东北松辽平原。主要抓好两个县的开发治理工作。黑龙江海伦县[①]由黑龙江农业现代化研究所负责；辽宁省昌图县由沈阳应用生态研究所负责。东北三江平原的工作如何开展，还需要联系和争取。

（2）黄土高原地区，主要由西北水保研究所负责。将宁夏固原上黄村的经验推广到 19 个贫困山区去；陕西长武县的开发由西北水土保持研究所与西北植物研究所负责，陕西安塞县由西北水土保持研究所负责。

（3）红壤丘陵地区。由综合考察委员会负责将泰和县千烟洲的经验推广到整个吉泰盆地，由南京土壤研究所负责搞好刘家站红壤试验区和余江县的农业开发。

（三）农业单项技术的应用推广

（1）长效肥料的扩大生产和试验推广。长效尿素的生产推广由沈阳应用生态研究所负责；长效化肥和复合专用肥开发由南京土壤研究所负责；棉花科学施肥由上海植物生理研究所负责。

（2）农作物良种培育与推广由遗传研究所、西北高原生物研究所，西北植物研究所分别承担。

（3）光解地膜的生产推广应用由长春应用化学研究所负责。

（4）病虫害防治。建立三氯杀虫脂农药厂和蚊香厂，由动物研究所负责；

① 海伦县（现海伦市）在松嫩平原——编者注。

昆虫性信息素测报和防治体系的建立由上海昆虫研究所和动物研究所负责。

（5）养殖和饲料开发。以综合饲养为主的农业生态工程实验及低价饵料养殖虹鳟鱼的综合利用技术由动物研究所负责；蛋、肉用鸡良种繁育体系的建立和开发及瘦肉型猪的引种繁育、快速养猪法推广等由遗传研究所负责。

（6）果蔬保鲜。水果蔬菜保鲜及优良品种引进栽培加工由植物研究所和上海植物生理研究所负责；膜气调保鲜果蔬材料的技术开发由兰州化学物理研究所负责。

（7）综合技术。安徽怀远石榴的果粮间作及种苗基地建设由植物研究所负责；农业专家系统的开发由合肥智能研究所负责；废旧地膜回收与新型地膜的再生开发由兰州化学物理研究所负责；表油菜素内酯的应用由上海植物生理研究所负责。

（8）农副产品乡镇企业加工。成都生物研究所负责利用微生物技术提高浓香型酒质量、低度酒生产技术，纤维素酶曲在酱油生产上的应用，提高苕干酒质技术，遗传研究所负责薯类的综合利用和开发；植物研究所负责畜禽副产品的综合利用；武汉植物研究所负责葡萄酒下脚料的综合利用；兰州化学物理研究所负责农机用节油剂的开发。

中国科学院

1988 年 6 月

关于开展黄淮海平原节水农业综合研究的报告 ①

俊生、纪云及李鹏同志：

1988 年 6 月中旬，李鹏总理在河北、山东调查研究时，针对黄淮海平原缺水的实际情况，多次强调节水农业的重要性，在禹城考察期间明确指出：对节水农业这个大课题，要下点功夫，立个项。总理的指示点出了黄淮海平原农业开发的要害，也指出了今后中国科学院在黄淮海地区工作的深入方向。

---

① 中国科学院文件。

1988 年 8 月，中央在北戴河开会期间，田纪云副总理指示，让我院李振声副院长继续努力抓好黄淮海工作。为此我们组织了节水农业的专题调查，起草了研究方案，先后对方案讨论了四次，最后一次召集了 13 个研究所的有关专家 30 多人，进行了论证。现将这个方案报上，请审查。

黄淮海平原现有耕地 2.7 亿亩，其中增产潜力较大的中低产田 2 亿亩，到 2000 年要实现年增粮食 250 亿千克的开发目标，水是最主要的限制因素。由于水源有限，节水成为发展该地区农业生产的战略措施。

黄淮海平原农业水资源的主要特点是时空分配不均匀，经常发生干旱，小麦及其他农作物需要进行补充性灌溉。这个地区的年降水量从北向南由 500 毫米增至 1000 毫米，其中 6、7、8 三个月的降水量占全年的 60% 以上，可利用的灌溉水资源总量不到 800 亿立方米，地表水和地下水各占一半左右。地表水源相对集中分布于江苏北部，河南、山东两省沿黄地区和河北、河南两省的西部山前冲积平原地带，其他地区引水条件较差，可利用地表水资源比较贫乏。浅层地下水分布较广，但河北省和沿海一带有大面积咸水区。目前开发地下水的农用机井已达 140 万眼。全地区水浇地面积占总耕地面积的 55%（其中地表水灌溉面积占 20%，地下水灌溉占 35%）。无水灌溉的雨养农田占总耕地面积的 45%。

黄淮海平原的当地水资源进一步开发潜力不大，例如，河北省浅层地下水年开采量已占允许利用量的 90% 以上，河南省占 70%。有些地区，特别是河北省黑龙港地区，打了不少深井，每年深层水开采量占允许利用量的 192%，超采近一倍，已形成多处漏斗和引起局部地面下沉。

根据黄淮海平原水资源特点和缺水现状，今后农业用水应以节水为中心，以提高区域性水的利用率和增产效益为目标，以合理调控水源、推广节水技术和提倡适水种植制度为主攻方向。农业节水的对策包括：

一、减少灌水损失，扩大灌溉面积

山东、河南部分引黄灌区，农田灌溉水的利用率仅为 0.45，输水损失占一半以上。井灌水的利用率也只有 0.7。河北平原每年每亩毛引水量为 375 立方米，而实际进入农田的引水量仅为 300 立方米，采用渠系衬砌或塑料管输水等节水措施，可使地表水渠系利用率提高到 0.65，地下水提高到 0.95。按此推算，在现有水源条件下，全区灌溉面积可由之前的 55% 提高到 75%。根据试验，小麦地灌溉和不灌溉的产量相差一倍。通过节水措施，如能将现有小麦灌溉面积增加 10%，其增产效益就会十分显著。

二、提高土壤蓄水保墒能力，抑制土壤无效蒸发

本区天然降水渗入以后形成的土壤水，能满足棉花需水量的 70%，夏玉米需水量的 90%，小麦需水量的 20%～30%。根据我院禹城站的研究结果，在农田总蒸发中，大约 50% 的天然降水被作物利用，还有 50% 白白从土面蒸发掉，如果采取耕作、覆盖或其他提高土壤蓄水保墒能力的措施，就可控制住大部分或一部分无效蒸发，从而达到减少农田灌溉水量的目的。

三、调整作物布局，提倡适水丰产种植

不同作物的耗水量不一样，不同作物生长期与天然降水耦合程度也不一样，因此，作物布局要考虑水源条件，尽量做到因地制宜，达到节水与丰产的双重目的。

四、制定节水的调度管理政策

水资源的浪费和调配不合理，与现行的管理政策有关。例如，兴建地表水引水工程的投资由国家负担，而机井建设投资由农民负担，因此，在有引水灌溉条件的地区，即便地下水丰富，农民也不愿发展井灌，从而影响地表水的区间调度；同时，目前各地引水灌溉收费太低，一般是按地亩收费，而不是按实际用水量收费，结果是鼓励浪费。因此，完善节水与调度管理体制，做到地表水与地下水、当地水和外来水的统一合理调度，需要制定相应的用水管理制度。

五、制定缓解缺水的总体节水战略

要在全区水资源调查研究的基础上，分析节水潜力，预测用水变化，提

出远景设想，制定总体节水战略，并按照水资源丰缺情况和供需状况，划分若干类型区，因地制宜地推广节水技术和作物熟制。

六、开发优质实用的节水材料

节水材料研究需要组织跨部门多学科综合研究，开展多点试验和大面积示范，研制出符合我国实际情况的材料。

农业节水对策涉及面较广，它既有技术问题，又有政策管理和宏观战略问题，是一个复杂的系统工程，需要对它进行多层次、多学科的综合研究。

中国科学院在 20 世纪 50 年代进行了华北平原土壤调查，20 世纪 60 年代在黄淮海平原建立了中低产治理试验区，20 世纪 80 年代又组织联合攻关，按照点、片、面相结合的原则，取得了大量科技成果。在水研究方面的主要内容有：水资源的调查、分析和计算，区域水资源供需平衡分析，节水技术试验与示范及保水剂和节水材料的研制等。在节水农业研究方面有一定的科学积累，可以组织生物学、地学、化学等十多个研究所的有关科技力量，进一步开展多学科的综合研究。

针对黄淮海平原节水农业中的主要问题，今后我院将充分利用南皮、禹城、封丘这三个试验区的已有条件，按照点上试验、片上示范和面上推广相结合，科技人员、地方政府和群众相结合，节水管理政策研究和节水技术开发相结合的原则，尽快提出适宜在面上推广的配套节水技术和总体节水战略。

要完成上述研究，五年共需经费 300 万元，其中前三年需经费 200 万元（我院设法安排 50 万元），望国家予以解决。

节水农业的研究，是中国科学院"黄淮海战役"深入发展的重要内容，我们将加强对这项工作的组织和领导，为我国北方地区节水型农业的形成和发展贡献力量。

妥否，请批示。

中国科学院

1988 年 11 月 1 日

关于呈送地学部"关于解决华北地区缺水问题的建议"的报告 [①]

国务院：

　　1989 年 1 月，中国科学院地学部在京召开了部分学部委员和国内水资源方面的专家教授出席的"水资源合理开发利用（以华北地区为主）研讨会"，会议就解决我国华北地区缺水问题进行了认真、广泛的讨论，并提出了"关于解决华北地区缺水问题的建议"。现根据与会全体代表的意见，将此项咨询建议呈报国务院，请审阅。

　　附：关于解决华北地区缺水问题的建议

中国科学院

1989 年 3 月 10 日

附件：

关于解决华北地区缺水问题的建议

　　中国科学院地学部于 1989 年 1 月 18～22 日在北京主持召开了水资源合理开发利用（以华北地区为主）研讨会。参加这次会议的有 19 位学部委员及国家计委、国家科委、中科院、水利部、地矿部、农业部、城乡建设部、国家地震局、高等院校和有关省、市的近百位专家、教授。与会代表以认真、严肃的态度，着重深入地讨论了华北地区水资源开发利用、管理保护中存在的紧迫问题，并提出了以节水挖潜为重点，加强管理与保护，做好调水补源

---

① 中国科学院文件。

工作，建立节水型社会的建议。

华北地区包括河北、山西两省和内蒙古中部，北京、天津两市及山东、河南两省黄河以北部分，面积42.8万平方千米，人口1.26亿，是我国重要的粮棉生产基地和能源基地，工业发达，人口密集。该区人口和耕地分别占全国总量的11%和15%，但是，水资源总量仅为510亿立方米，只占全国水资源总量的1.8%，人均、亩均水资源量不及全国平均数量的1/6和1/10。全区总用水量已达400多亿立方米，河川径流和地下水的开发程度均居全国之首，但仍不能满足日益增长的需求。很多地区工业生产和居民生活受到影响，农业灌溉面积萎缩，河川断流，地下水位大幅度下降，水域污染，水资源供需矛盾日益尖锐，形势严峻，已严重影响并制约了国民经济的发展和人民生活的安定。

目前，工业和城市水资源的供需矛盾主要集中在京津唐地区和山西能源基地的太原与大同盆地，农业的用水矛盾主要集中在河北黑龙港地区。春旱现象在华北地区比较普遍，枯水年份供需矛盾更为突出。在统筹规划基础上，着力解决好重点地区和重点时段的缺水问题，是当前缓解华北地区水资源供需矛盾的关键。

造成水资源供需矛盾的原因，一方面是水资源承载能力弱，连续多年的枯水期给供水造成更大困难；另一方面原因是人为因素导致的供需失调，使矛盾尖锐化，有些决策者往往不把水资源作为发展经济的基本条件，只顾产值翻番，不重视水源建设。另外，工业布局、产业结构的不合理也加剧了水资源供需之间的矛盾。例如，大同二电厂120万千瓦的装机，建厂前未落实水源，建厂后因供水不足只有80万千瓦的装机运行，而且影响了周围30平方千米的地区用水。污染和用水浪费造成的可利用水资源量的减少也相当严重。这些情况反映了华北地区水资源管理仍处于较低水平。

为了缓解华北地区水资源的供需矛盾，提出如下建议：

一、加强节水工作

农业通过衬砌渠道、管带输水、平整土地、农田覆盖、耕作措施、灌溉技术、培育耐旱品种、调整作物结构与布局，以及科学的调整水、土、作物之间相互关系，减少灌溉用水量等综合措施，若在全区一半左右的耕地上得到普遍推广实现，每年可节水大约50亿立方米。

工业通过企业内部加强管理、改进工艺流程和技术改造，提高水的重复利用次数，在现状用水58亿立方米的基础上可减少工业取水量约20亿立方米。

无论哪种节水措施，均需要一定的资金和物资投入。国家应在投资、信贷、物资条件等方面给予支持，并积极开展节水新技术、新方法、新材料的研究和开发工作。有计划、有步骤地加速建立节水设备、材料的产业部门，以保证节水工作的顺利开展。当然，普遍推行节水技术，收到上述成效，最终建立起节水型社会，是艰巨的、长期的，要经历几代人的工作。但这是缓解华北水资源供需矛盾的主要出路所在，必须速下决心，着力进行。

二、加强水资源管理

根据《中华人民共和国水法》，尽快制定具体细则，这是当前确保合理开发利用水资源的关键。在区域水资源规划的基础上，流域或地区间的水资源调配，要通过各自水主管部门签订协议进行补偿。部门间的用水调节，如工业城市占用农业用水也应进行有偿转让。在各种水事纠纷中，要做到有法可依，把水管理工作纳入法制轨道。水资源管理机构应有计划、有步骤地对地表水与地下水、供水与用水、排污与污水处理进行统一规划与管理。

现行水价很不合理，水价偏低，工业用水只占产品成本的0.1%~1%，农业用水在多数地区一立方米水只收几厘钱，造成用水浪费及供水企业无力维持和扩大生产能力。因此改革不合理的水价体系，是合理开发利用和保护水资源的一种势在必行的经济手段，提高水价应纳入到总的物价改革体系中去统筹考虑。

现行水资源工程的投资机制也必须改革，要确认水资源开发、供水工程中水的商品属性，按效益进行投资分摊，并把水资源的开发利用逐步转变为商品经济，以增强水源开发及供水部门的活力。

三、加理水资源保护

全区污废水排放量为 37 亿立方米，有 80% 未经处理，污染了地表水和地下水，减少了可利用水量，危害了人民群众的身体健康。严格控制污水排放标准和排放总量，采取氧化塘生物土壤处理系统，以及污水处理厂等多种措施，把净化后的污水用于工业或农业灌溉，既可在一定程度上缓解用水的供求矛盾，又可减少污染，保护生态环境，这种措施应积极安排实施。

四、适当开源，搞好水源调配

要充分发挥现有的工程效益，进行科学的调度运用，正确处理防洪与兴利的关系，提高供水能力。同时要积极创造条件，兴建一批新的水资源工程，进行水资源的合理调配，以丰补缺。华北地下储水构造富水性能好、调蓄能力大，应充分利用地下库容，建立地表水与地下水联合调控系统，扩大水资源可利用量和治理超采引起的环境恶化问题。

黄河目前仍有一定水量可引，增加一定引水量补给华北地区是可能的。但从长远看，随着黄河中上游能源重化工基地的建立和经济发展，中上游的用水量必将大量增加，下游的可用水量势将减少。有的专家认为，从 20 世纪 60 年代中期开始到 1988 年，华北地区降水量连续多年出现负距平现象，今后可望有所回升，但随着全球性的增暖，蒸发力的增强，干旱化仍有继续发展的可能。因此要从长计议，认真考虑区外调水问题。关于南水北调工程，要给予应有的重视，对不同方案的调水规模、投资规模、经济效益、环境影响及调度管理等方面论证工作要积极进行，做好前期准备工作，对东线引水的实验性、小规模、应急的调水，可相继进行，以取得远距离调水经验。

最后，建议在"八五"期间，开展"华北地区水资源合理开发利用决策系统的优化模型及典型区试验示范"的研究。这一研究，将结合国家社会经济发展的阶段与水平，把水资源合理开发利用的各个支持系统综合起来，统筹考虑，提出近期、中期与远景因地因时制宜的水资源合理配置方案，并建立若干典型试验示范区。这一大型系统问题，涉及自然科学技术、社会经济与生态环境多部门跨学科的研究，希望能列入国家重点攻关项目中。此外，对旱涝灾害的长期预报和气候变化预测研究，对应用不同新技术手段探寻和利用新水源的研究试验，包括充分利用土壤水、微咸水、海水等的工作，也应积极进行。

关于对山东西北、沿海及临沂地区考察的报告 ①

俊生及李鹏、纪云同志：

　　最近，我院周光召、李振声等同志赴山东七个地、市的 23 个县（市）进行了调查研究，目的是了解我院在山东工作的情况，总结经验，探索我院进一步深化改革，面向主战场的道路。现将有关情况和我们的设想汇报如下：

一、关于黄淮海平原农业科技开发工作

　　自从 1988 年 2 月国务院正式决定黄淮海平原作为农业重点开发区以来，我院先后动员和组织了 600 余名科技人员分赴冀、鲁、豫、皖、苏五省开展工作，当时提出的主要任务是把点上的经验扩大到面上去，经过一年的努力，我院在黄淮海地区的试验示范基地已从 3 个增至 21 个，工作面涉及 44 个县（市）。这些新点虽然只用了一年的时间，但都做出了一定成绩，受到当地政府和群众的欢迎。

　　我们考察后所得到的印象与建议主要有以下三点：

　　（1）鲁西北地区虽相对地多人少，发展农牧业生产却有很大潜力。例如，我们在武城县看到北大洼盐碱地约 10 万亩，夏津县风沙化土地 20 万亩，聊城市环城湖水面 4000 亩及齐河、滨州市（惠民）、沾化、广饶、东营等均有大片沙地或盐碱地尚待被开发利用。从山东禹城的经验看，只要有适当的政策、资金与科技指导，进行开发治理后，这种潜力就可以变成为现实的生产力。禹城的实践就是一个很好的例证，该县 1978 年粮食总产为 2.88 亿斤（亩产 630 斤），到 1987 年粮食总产达到 5.22 亿斤（亩产 1138），连续 9 年平均

① 中国科学院文件。

年增粮食 2600 万斤，1988 年该县在气候异常（早期干旱、中期阴雨、后期干旱）的情况下，仍获得了农业丰收，粮食总产比 1987 年增加 1700 多万斤，平均每亩增产 50 斤。该县还通过调整农业结构，实行科学养畜，促进了畜牧业的迅速发展，1988 年全县大牲畜饲养量比 1987 年增长 45%，其中，羊增长 21.3%，兔增长 91%，畜牧业总产值增长了 37.1%；渔业总产值增长 54%。人均收入达到 659 元。该县农业生产连续 10 年稳定增长没有出现徘徊现象，这其中对中低产田治理与荒地开发起到了重要作用。禹城的经验加上我们亲眼看到的鲁西北的情况，使我们深信黄淮海地区的确蕴藏着适合发展农业生产的巨大潜力。

（2）黄淮海地区的开发急需科学技术的指导。我们所到的 10 个县市无一不表示迫切需要科学技术的指导。例如，夏津县有沙荒地 20 万亩，其中包括高度在 5 米以上的沙丘 600 个，过去用老办法治理，主要是通过栽树来固定沙丘，但沙丘上树长不起来，都变成了"老头树"，沙化未被制止，继续漫延。兰州沙漠所去年到该县建站后，17 位同志连续调查 100 多天，绘制了大比例尺沙地现状图与开发治理图，现在已分东西两个战区（各 5000 亩）用新法进行治理，即先推平沙丘，再按规划要求进行包括渠、井、路、树、电的综合治理，原来的沙荒地面貌一新。又如，武城县北大洼一直是个荒滩，中国科学院长春地理研究所去年在那里试种夏播棉亩产超百斤。再如，在东营市的滨海盐土上，过去不能种蔬菜，去年沈阳应用生态研究所的同志在 30 厘米土层下铺一层稻草，切断地下碱水上升的毛细管，然后再用大棚种黄瓜，一季亩产 5000 斤，东营市准备大力推广。通过这些新的试验结果，使地方政府和群众生动地看到了科学技术的作用，对科学技术产生了迫切需求。

（3）要使科技人员在农村长期坚持下去需要政府的支持与建立新的机制。当前科技开发有两类不同性质的工作。一类是属于社会效益显著，但结合实际进行科研的费用缺乏，而且科研人员又很难从中得到收益的工作，如治沙。这类工作很艰苦，科技人员主要是靠奉献精神在那里工作，辛苦一年只能得到一点微薄的生活补助费，发现有意义课题也无法进一步实验。中国科学院在农业方面又没有固定的经费支持渠道，1988 年，夏津等基地只拨给起动费 2 万～3 万元，其余靠地方政府支持，今年的经费尚无着落，看来这类工作如没有国家的固定支持，长此下去恐难以为继。另一类工作是具有经济效益的，如山东武城县与长春地理研究所合办的科武公司，以经营微肥为主，结合当地土壤情况，配制不同成分的微量元素肥料，增产效果显著，深受当地农民的欢迎，他们已办了一个规模很小的多元微肥厂，开始有些收益。我们将鼓励科技人员继续探索有偿服务的方式。

目前为了维持前一类工作，稳定已经下到黄淮海地区的这支 600 人的队伍。我们恳切希望国务院给我们开辟一个相对固定的经费支持渠道。1988 年土地开发基金领导小组给我们拨起动费 170 万元，起到了很好的作用。1989 年人员、项目均有所增加，而且物价上涨，望国家能给我们拨款 250 万元作为 1989 年的支持费用。

二、关于中央讲师团在山东的工作

自 1985 年起，我院已向山东省派出了四期讲师团，共 700 余名科技、管理人员参加讲师团工作。几年来，他们为山东省师资力量的培训做出了较好的成绩。1988 届讲师团应山东省政府的要求，由我院选派了 26 名科技副县长，为山东地方科技开发做出了贡献。具体包括两方面工作：

（1）在东部沿海地区帮助开发技术密集型的产业。例如，莱州市科技副市长、自动化所副研究员顾学真经过调查，发现该市生产的传统硬度计市场销路很好，但档次和价格较低，提出了利用自动化所技术消化引进的"数显自控硬度计"的方案，现在厂所挂钩，已经签订了联合开发的协议，今年即可进行小批量投产，提高档次后可使产品价格从每台 3000 元提高到 14 000 元左右。又如龙口市科技副市长王宁环引进了金属所生产冰箱用铜管的技术以替代进口产品；烟台市引进了长春应用化学研究所与高能物理研究所合作的辐照电缆新技术，其中有一种型号的电缆已畅销全国。以上这些例子说明我院技术口与数理化学口的一些研究所可在沿海地区为发展技术密集的外向型产业做出贡献。此外青岛海洋研究所在帮助地方发展贝、虾、鱼、藻方面也做了大量工作。

（2）在南部沂蒙山区帮助扶贫工作。在临沂地区讲师团的工作是结合扶贫进行的，我们派了六名科技副县长帮助六个山区贫困县搞科技开发工作。

地区领导十分重视，他们创造了两个"捆在一起"使用的好经验：一是把扶贫资金与其他资金捆在一起搞大项目；二是在地区专员的统一领导下，把中国科学院的六名科技副县长与地区的有关部局领导捆在一起，研究全区经济发展战略和组织引进技术项目，到目前为止已经组织落实了 23 个开发项目。例如，沂南县顾问、海洋研究所高工邓家骏利用自己设计的螺旋滤波器救活了濒临倒闭的沂南晶体管厂，年增产值为 780 万元，获利 120 万元。

对于我院中央讲师团的工作，中国科学院及山东省均很满意。经过双方商定，若中央今年不继续选派讲师团，我院将以适当增派科技副县长的方式，继续为山东省的科技开发工作做贡献。并视进展情况选派一些地、市级的科技副专员（副市长），保持我院与山东省的联系渠道，以增加协调和统一领导工作。今后在山东沿海地区的科技引进项目，我院将尽力帮助地方做好消化吸收的工作，望国家安排引进项目时，也能同时考虑我院在山东的工作情况，给我院下达一些相应的消化吸收任务。

我院在山东黄淮海地区、沿海地区和南部山区已经有了一个较好的工作基础，最近经周光召院长、李振声副院长与山东省赵志浩省长、高昌礼副省长的初步商定，拟从 1989 年起加强中国科学院与山东省的全面合作，以促进山东经济的发展。

三、一个严峻的问题——莱州市"海水倒灌"迅速扩大

在调查中我们发现莱州市"海水倒灌"迅速扩大，特向中央作简要报告。由于近十年来降雨量减少，农田与工业用水增加，莱州市（原掖县）有 251 平方千米面积的地下水位低于渤海海平面，最大负值达 14.6 米。1988 年海水向内陆侵染速度达到 404.5 米，即每天前进一米多，海水侵染面积已达 201.96 平方千米。1988 年用海水侵染过的井水浇麦后，小麦死亡。加之 1988 年秋天播种时无雨，据该市估计已有 8 万亩地没有种上庄稼，荒草满地，减产 1.5 亿斤粮食。我们回到北京后邀请有关专家进行了座谈，我国著名大气物理学家叶笃正教授等认为这个问题在北方沿海可能不止一处发生，应引起高度重视，并尽快组织考察与研究防治措施。我们向山东省政府反映此问题后，省长赵志浩同志也十分重视，并愿与中国科学院一起联合组织调查研究向中央写出

报告，建议中央将此问题列入"八五科技攻关计划"，现在可先从山东做起。

以上报告妥否，请批示。

中国科学院

1989 年 4 月 6 日

大力加强农业科学技术为农业的持续、稳定、协调发展贡献力量 ①

中国科学院副院长　孙鸿烈

我国的农业生产，自党的十一届三中全会以来，取得了巨大成绩，农村经济迅速发展，农民生活水平普遍提高，这充分说明了发展农业"一靠政策、二靠科技、三靠投入"这个指导方针的正确性。党的十三届五中全会进一步向我们提出："要迅速在全党全国造成一个重视农业、支援农业和发展农业的热潮，齐心合力把农业搞上去，确保粮食、棉花等主要农产品稳定增长。"

小平同志指出：农业问题最终可能是科技解决问题。这是从客观实际中总结出来的正确论断。要使我国农业持续稳定地增长，不断地满足人民生活和工业消费的需求，依靠科技兴农，是一条必然抉择的道路，也是摆在科技工作者面前艰巨而光荣的任务。

（一）

我国农业科技的发展及农业科技成果的应用推广，在经历了"小范围、长周期、低水平和封闭式"的阶段之后，正逐步过渡到一个以"全面普及、

---

① 本文是孙鸿烈副院长在 1990 年 3 月 2 日国家科学技术委员会在北京召开的全国科技工作会议上代表中国科学院做的大会发言。

综合配套、提高区域整体生产力水平"为标志的新时期。国家组织的重点区域为农业综合开发、一系列农业科技攻关项目、"星火计划"、扶贫工作等，在这种过渡和转变中，起到了重要的导向作用和极大的促进作用。它不仅是结束目前农业徘徊、走出困境的当务之急，也是从根本上促进农业持续、稳定、均衡和协调发展的必由之路，具有重大的现实意义和战略意义。

一个国家农业生产水平的高低，除了政策保证与不断增加投入以外，在相当大的程度上取决于科学技术发展水平及它在生产力转化中的数量、质量和速率。20 世纪 60 年代以来，世界各国的农业科研与科技成果的应用推广，可以概括为三个基本目标：其一，在基础研究、实用技术、生产力转化三个层次上促进农业科技的同步发展；其二，在投入水平有限的条件下，力争获得高效、持续、稳定和大面积均衡的最优产出；其三，促进农业科研的不断深化与农业技术更新周期的缩短。我国农业要实现从传统生产方式向现代化生产方式的转变，也必须在合理利用资源、保护生态环境、优化投入产出的前提下，努力促使这些目标的实现。

根据中国科学院 40 年来围绕农业发展科研工作的体会，我们认为，要实现上述这些目标，必须特别注意处理好以下几个基本关系：

（1）基础研究与应用推广的关系。为了保持农业持续、稳定、协调发展，必须有相应的基础研究作后盾，才能使农业科技的发展有强大后劲。为了使科技成果的转化取得直接的经济效益，还必须有相应的试验、示范和推广作为基础研究向应用、开发的延伸。例如，在 20 世纪 70 年代，我院曾率先开展了烟草花药培育植株的基础研究并取得成果，在此基础上又将这一成果转移到其他作物、苗木和花卉的育种方面，取得了相当显著的经济效益。这一类例子有力地说明了基础研究与应用推广的关系。

（2）综合配套体系研究与单项技术研究的关系。我们认识到，农业科技成果的应用推广工作，既要注意单项农业技术的开发，更要强调综合性配套技术的开发。配套技术是由单项技术合理匹配而构成，只有精心组成适合于特定地区的配套技术才能更好地发挥其作用，促进农业生产的全面发展，真正实现农业持续、稳定、协调和提高总体生产力的目标。我院在黄淮海平原中低产田综合治理与开发工作中，既开展灌溉、施肥、育种、植保等方面单项技术的研究与成果的推广工作，又因地制宜地提出治碱、治涝、治沙等方面的综合治理配套技术，在生产中显示了巨大的作用。

（3）区域宏观决策研究与具体开发治理项目的关系。我们在工作中认识到：一方面，必须加强宏观战略研究，确定区域农业发展的战略目标，提出区域治理的战略措施，并且在注重结构与功能优化的同时，注重动态与过程的风险分析，加强趋势的预测与预警，从整体上把握农业的发展。另一方面，又要在确定农业布局、结构调整、风险决策及把握总体目标的前提下，针对不同区域提出不同的农业发展模式。逐步建立包括农田、森林、草原、水面、滩涂、浅海等各种类型的试验示范网络体系，以长期的和连续的试验站、示范区作为探索客观规律和发展模式的基地，由点到面，不断扩大，实现区域农业科研水平与农业生产水平的整体提高。宏观决策和开发治理措施这两个基本方面，是挖掘潜力、提高区域农业生产力的关键。从区域调查、农业区划到典型地区的开发治理试验示范，把软科学的宏观考虑与现实可行密切结合起来，这是取得农业生产实际效果的有效途径。

（4）近期效益与持续发展的关系。区域农业的整体开发，既应表现出近期效益和明显的经济价值，还必须从长远考虑，实现资源平衡和持续的发展，谋求生态平衡和稳定的良性循环。只有把眼前利益和长远利益、局部利益和全局利益结合起来，才能建立起真正持续、稳定、协调发展的农业开发体系。

上述这些关系，体现出农业发展的科技投入是一个复杂的、涉及各个方面的综合体系，因此，农业科学技术的发展与农业科技成果的应用推广，必须适应这种复杂性和综合性的特征，做到统筹兼顾，全面规划。

（二）

为了实现我国农业持续、稳定、协调、均衡发展，根据我国国情，必须建立具有中国特色的资源节约型高产农业体系。

我国人口、资源、环境之间的突出矛盾，预计在相当长时期内不会有明显的缓和。相对于十多亿人口的需求而言，我国是一个水土资源十分紧缺的国家，按人口平均，耕地面积不足 2 亩，水资源 2580 立方米，草地面积 4.1

亩，木材蓄积量 8.8 立方米，分别是世界平均数的 30%、25%、40% 和 13%。要以十分紧缺的土地资源和水资源养活十多亿人口，这是摆在我们面前一项长期的、艰巨的任务。

根据中国科学院国情分析研究小组的报告，预计到 20 世纪末，我国人口将达到 13 亿，耕地面积将由现在的 20.8 亿亩减少到 19 亿亩，人均耕地面积将减少到 1.5 亩。我国耕地不仅数量有限，质量也较差，优质良田仅占耕地总数的 22%，中低产田占耕地总数的 78%；总耕地中有 59% 缺磷，23% 缺钾，14% 磷钾俱缺；耕层较浅的土地占 26%，土壤板结的占 12%。第二次全国土壤普查表明，我国相当大部分地区的土壤肥力正在下降，1/3 的耕地遭受水土流失的危害。我国水资源不仅人均占有量低，而且地区、季节分布极不平衡，变率很大，水土资源的匹配欠佳，长江以北地区耕地占全国耕地面积的 46%，而水资源仅占全国水资源总数的 18%。全国粮食增产潜力最大的黄淮海地区，耕地面积占全国耕地的 19%，而水资源却不足全国水资源数的 5.7%。

随着人口的增长，人民物质文化生活需求的提高，资源紧缺的矛盾势必日益尖锐。显然，我们只能走一条资源节约型高产农业的发展道路，舍此别无出路。

资源节约型高产农业的研究，就是在我国有限资源的条件下，研究如何充分利用资源的潜力，考虑各类资源的平衡，提高资源综合生产效率，增加单位资源的农业产出，减少资源的破坏和浪费，以促进农业的持续、稳定、协调增长。围绕这样一个中心和目标，开展资源节约型高产农业发展战略和发展模式的研究，探讨各类地区土地合理利用结构与农林牧副渔综合发展的最优化模式；开展高效率光热利用、水分利用、肥料利用研究和高抗逆性作物品种的育种研究，以及病虫害综合防治等方面的研究；针对"水、肥、药、膜"等资源紧缺，浪费严重的现状，研究新理论、新方法、新技术、新产品，提出节水、节肥、节膜等综合适用的农业生产配套技术，促进生态良性循环，以达到农业资源持续利用的目的。

科学技术进步是资源节约型高产农业体系建立和发展的基础和保证，并为之开辟了广阔的发展前景。以节约水资源为例，通过对黄淮海平原、三江平原和松辽平原的大规模试验证实，由目前每毫米大气降水生产粮食 0.46 千克/亩，可以提高到 0.7 千克/亩，水分利用率提高近 50%，这对于处在干旱威胁下的大面积农田来说，其前景是极为诱人的。华北地区连续多年的试验表明，在总产量不减的前提下，每季小麦可以比目前的灌溉次数平均减少 1.5～2 次，整个华北地区 1 亿多亩小麦即使以减少一次计算，每年就可以节省水近 70 亿立方米。由于减少灌溉次数和水量，同时节省了资源，每年可节省石油 10 万～15 万吨。

中国科学院遗传研究所育成的抗旱小麦品种"科红 1 号"，根系发达、叶片抗脱水能力强、灌浆速度快、抗干热风，目前已累计推广 4000 多万亩，增产粮食 7.5 亿公斤以上，特别适宜在华北地区无灌溉条件下推广。沈阳应用生态研究所研制的长效尿素，氮素利用率由 40% 提高到 52%，肥效期由 50 天延长到 110 天，深受广大农民的欢迎。动物研究所青年科学家盛承发提出了棉铃虫生态防治新措施，根据生态学原理，采用"少打药、摘早蕾"的方法，利用棉花的超越补偿作用，节省农药 50%，皮棉增产 10%～30%。上述事例充分说明了资源节约型高产农业的巨大潜力。

在资源节约型高产农业综合开发工作中，一方面，要十分重视"硬件"的配套，重视生物工程技术、化学合成技术、新材料新工艺等方面的创新和突破；另一方面，要十分重视信息开发型农业科技成果的应用推广，在区域农业整体优化、持续发展和宏观决策等方面，采用对资源、环境及农作物的监测、预测、预警等方式，进行综合调控与技术导向。通过这些工作，把资源节约型高产农业科技成果的应用推广提高到一个新的水平。

上述这些工作，既是资源节约型高产农业科技体系的基本内涵，又是创造持续、均衡、稳定发展的"自然-社会-经济"农业复合体系所必需的。资源节约型高产农业研究的深入与完善，将为资源、环境、生态、人口和经济之间和谐、高效的发展奠定可靠的基础，同时也为农业的良性循环提供现实可能性。

为了加强科技进步对农业发展的推动作用，广泛开展资源节约型高产农业的研究与农业科技成果的应用推广工作，我院将继续组织有关研究所，统一认识，加强协作，制订规划，积极实施；在基础研究、试验研究、典型示范、应用推广等方面，形成一个比较完整的体系；加强基点工作和区域工作的有关联系；进一步完善有关政策，疏通渠道；把科学研究、技术服务、信息咨询等方面的工作充分体现于农业生产过程中，为农业科技成果的应用推广走出一条新路，为我国农业的持续、稳定、协调发展做出应有的贡献。

关于减轻我国自然灾害的建议 [①]

（1990 年 3 月 9 日）

中国科学院地学部于 1990 年 3 月 6～9 日在北京召开了中国自然灾害灾情分析与减灾对策研讨会。参加会议的有 41 位学部委员和国家计委、国家科委、国家教委、中国科学院、水利部、建设部、农业部、林业部、地矿部、民政部、地震局、气象局、海洋局及高等院校的 113 位专家、教授和工程技术人员。与会代表科学地分析了我国自然灾害的灾情，对依靠科学技术减灾等若干问题进行了讨论，提出了不少有益的意见和建议，现将其报告如下：

一、我国自然灾害的基本状况和态势

我国人口众多，地质、地理条件复杂，气候条件异常多变，生态环境基础脆弱，各种自然灾害频频发生，危害极大，是世界上受害最严重的少数国家之一。据初步估计，我国每年农作物受灾面积达 3 亿～6 亿亩，因灾减产粮食 200 多亿公斤；倒塌房屋 300 多万间；造成数以千计甚至上万的人员伤亡，受灾害影响的人口可达两亿；每年因各种自然灾害造成直接经济损失高达 500 亿～600 多亿元。其中，暴雨、洪涝、干旱、台风、风暴潮、冰雹、低温冻害、雷电，森林火灾等大气灾害造成的直接经济损失 400 多亿元；由地震、滑坡、泥石流、水土流失、风沙及沙漠化、冰雪冻害、地面沉降、海水入侵

---

① 中国科学院学部咨询报告。

等大地灾害，每年损失约 100 亿元；病、虫、草、鼠、赤潮等生物灾害每年往往也有百亿元的损失。

近数十年来，自然灾害的发生次数增多，频率加快，危害加重。例如，全国年均成灾面积 20 世纪 80 年代是 20 世纪 70 年代的 1.7 倍，是 20 世纪 50 年代的 2.1 倍。自然灾害已严重影响并制约着国民经济的持续稳定发展，也是影响社会安定的重要因素。一方面，随着人口增长及人类活动的扩大，特别是盲目破坏生态平衡，直接诱发或强化了自然灾害。经济发展与社会财富的增加，因灾造成的损失势必越来越大；另一方面，自然灾害的变化存在着加剧的趋势。例如，未来的十年我国大陆将进入新的地震活跃期，病、虫、草、鼠灾害也趋于严重。面对自然灾害的肆虐和威胁，我们必须给予高度的重视，特别是在制订国民经济发展计划与增长指标时，应考虑自然灾害的制约因素。

多年来的研究表明，自然灾害具有群发性和伴生性，一种主导灾害的发生常常引发其他灾害，形成灾害链。例如，登陆台风往往引起风暴潮、特大暴雨、洪水，然后伴生滑坡、泥石流及水土流失等其他次生灾害，甚至引发瘟疫。另外，由于地壳结构和气候带的分布规律，我国不同灾种常多发于一定的地带，具有明显的区域性特点。自然灾害与人类活动存在相互作用，由于生态环境基础脆弱，承灾能力较低，一旦大面积遭受重灾，不仅引起经济破坏，甚至导致社会动乱，历史上不乏先例。因此，减灾工作不仅是当前重要的、紧迫的任务，也是长期的、广泛的社会活动，应当统筹全局，动员社会力量协同进行。

二、依靠科学技术是减轻自然灾害的根本途径

减灾是一项复杂的自然—社会、技术—经济系统工程，它必须以现代科学技术为依托，树立科技减灾的战略观念，把依靠科学技术作为减灾的根本途径。现在科学技术的迅速发展，已使人类在认识各种自然灾害的时空分布规律、成灾方式、灾害发生发展过程等方面有了前所未有的进步。在对某些灾种的预测、预报方面已有了较为成熟的理论和方法，在日常业务工作的应用中，已产生了巨大的经济效益和社会效益。例如，1986 年由于对第 16 号强台风引发的风暴潮做出了准确预报，采取了有效的防范措施，与未能做出风

暴潮预报的、强度和地区规模相当的 1980 年七号台风所造成的损失相比，降低了 95% 的死亡人数，减轻经济损失 50% 以上；1987 年我国南方发生了稻飞虱，由于当时预报准确，防治主动，未酿成大灾，挽回粮食损失 80.4 亿公斤。地震预报虽然还是科学技术上未能攻克的一大难题，但是根据大地构造、地震危险性区划等方面的科学研究成果，开展中长期趋势的预测，建立抗震防灾的重点防御区，制订区域综合防御体系，编制实施抗震防灾规划，对新建工程进行抗震设防和对现有重要的建筑工程进行抗震加固等防灾措施，对增强综合抗震能力，减轻震害损失可以收到明显的效果。例如，1976 年我国唐山大地震和 1985 年智利瓦尔帕来索大地震，其震级均为 7.8 级，都发生在百万人口的城市，前者几乎摧毁了所有的建筑，死亡 24 万余人；而后者因有抗震设防，仅造成中等程度的破坏和 150 人死亡。

现代航天技术、通信技术、遥感技术、信息处理技术等均为自然灾害的监测、预警、灾情的速测、速报和科学评估以及救援指挥提供了先进的科学手段。只要充分、有效地利用现有的科学技术，完全有可能在较大程度上减轻自然灾害所造成的损失。这方面国内外均有相当多的成功经验。诚然，我国科学技术还比较落后，因此，在应用现代科学技术减灾的同时，还必须攻克一系列难关，才能更有效地实现减灾效益。

值得指出的是，我国在充分利用科学技术方面还存在种种不利因素和障碍。例如，缺乏综合协调、灾情数据不一、基本观测资料商品化、部门分割、人力分散、投资强度低、有限的科学技术力量与设备未能充分发挥作用等。如果采取强有力的措施，排除困难，挖掘潜力，便可以使科学技术在减灾工作中发挥巨大的作用。

三、减灾对策与措施

（一）加强科学研究，实施减灾工程

减灾工作的当务之急是统筹力量，发挥多兵种协同作战的综合优势，以较大的投资强度集中于若干关键问题上，在长、中、短不同时段中分别取得效益。建议以下几项减灾工作，应在中长期规划和"八五"科技攻关计划中优先安排：

（1）提高灾害预警和救援能力。利用现代已有的技术手段，在各部门原有的站网基础上提高综合效益和数据准确性，促成遥感系统的实时化、业务化，提高监测数据的快速传递能力，完善和建立自然灾害预警、灾情评估及其减灾辅助决策和紧急救援系统，逐步形成国家级的综合网络，建立中心信息系统。

（2）制订减灾规划，建设重点减灾示范工程。在全国范围内，根据自然灾害区域组合类型及其危害程度，进行综合性区划，确定重点防御区（危险区），制订防灾、抗灾、救灾规划和临灾预案。利用现有的各种减灾技术和科研成果，积极开展减灾工程的建设，并重点建设一批示范工程，以点带面逐步推广。

（3）加强自然灾害的基础研究。从减灾的长期效益出发，根据学科性质和对各种灾害的认识程度，确定有限目标，分层次，分阶段地选择课题，并使之相互补充，协调配套。分析认为，有必要加强对下列课题的研究：提高自然环境基础观测数据的准确性；分析各种灾害的发生发展过程、成灾规律及不同种类自然灾害的相关机理；揭示自然灾害的群发和伴生性及其时空变化规律，努力提高预测预报工作水平；研究灾害经济学；探讨人类与自然环境的相互作用和适应过程等。其中，对我国有重大隐患的黄河悬河等问题应予充分重视。

此外，生态环境的综合治理是抑制自然灾害发生发展的重要途径。因此，要把减灾工作与环境治理紧密结合起来，才能长期长治久安。

（二）进一步加强政府在减灾工作中的领导作用

我国政府一贯重视防灾、抗灾、救灾工作。40年来，初步建立了从国家到地方的防、抗、救灾体系，减灾科学也同时取得了长足的进步，在自然灾害的防治中发挥了重大作用，取得了卓著成就。但是，从我国自然灾害现状和趋势来看，要最大限度地减轻自然灾害，其任务是十分艰巨的。因此，应进一步强化各级政府在减灾工作中的领导作用，经常协调各部门工作，逐步建成中央和地方减灾组织管理和指挥体系，在减轻重大自然灾害方面发挥核心作用。加强减灾的立法工作，制定并实施有关减灾的综合法规和行业的单项法规，以保障减灾效益。同时，可以考虑建立国家级减灾实体，着重对重大突发性灾害的防治，进行跨行业、跨地区、跨学科的组织协调和综合分析、评估并提出对策，为政府高层次的决策提供科学依据，以迅速、有效地组织防灾、抗灾、救灾工作。

（三）把减灾工作切实纳入国民经济计划之中，增加减灾的财政投入

减灾就是增收，按我国近年因灾损失状况估计，如果通过减灾活动，逐步减少20%～30%的损失，就等于每年为国家增加100亿～200亿元收入。我国已经取得的经验表明，对不同灾种的减灾投入与减灾效益比可以达到1:10、1:20甚至更高，而且具有长期的经济、环境和社会效益。因此，要进一步贯彻以防为主，防救结合的战略方针，并建议增加中央和地方对减灾工作的投入。首先，在未来5～10年内对减灾工作的总投入应有较大幅度的增加，以增强减灾设施；其次，应适当调整减灾投资结构，增加防灾投资，逐步变被动救灾为主动减灾；再次，充分发挥科学技术力量在减灾中的作用，国家应进一步增加对科技方面的投资。同时，建议国家设立专项基金，支持一些关键性问题的协同研究。

（四）加强宣传教育，提高全民减灾意识

自然灾害危及千家万户，是一个社会性极强的问题。因此，应开展防、抗、救灾和环境保护及其法制方面的宣传与科普教育，例如电视讲座、定期的减灾宣传周、临灾防救演习，从而迅速提高全民减灾意识，强化全民对保护生态环境的责任感，有效地增强人民的抗灾能力。还应通过各级政府部门、减灾的职能机构，逐步形成全国性和区域性的群防自救系统，一旦有灾，上下配合，以减轻灾害造成的损失。

（五）加强国际合作

国际减灾十年是一项长期的国际合作活动，我国减灾工作应当融入国际减灾活动之中，从中得益又为之贡献。加强国际合作将促使我们获得各国减灾经验、先进科学技术和国际援助。我们应当争取并用好这一渠道。同时，我国的减灾工作也应为各国、特别是为发展中国家的减灾提供经验和技术，

为推动人类的减灾事业做出应有的贡献。

如果上述建议能够得以实施，可以相信，我国的全民减灾意识将大为提高，减灾能力将不断增长，减灾科学技术水平也将跨入国际先进行列；联合国大会提出的十年内减轻自然灾害损失 30% 的目标，在我国也定能实现，为保证我国社会安定，和 20 世纪 90 年代实现国民经济翻两番这个宏伟目标提供一个重要条件。

关于转发"九十年代农业科技发展趋势及对我院农业科研工作的几点建议"的通知 ①

院属各有关研究所：

我院农业研究委员会于 1991 年 8 月 12～16 日在青岛召开了"九十年代中国农业科学技术发展研讨会"。通过讨论，起草了两份报告："九十年代农业科技发展趋势及对我院农业科研工作的几点建议""对太湖和江淮等地区特大洪涝灾害的认识及综合治理的建议"。

经院领导同意，现将"九十年代农业科技发展趋势及对我院农业科研工作的几点建议"（以下简称"几点建议"）转发给你们。"几点建议"对当前和今后我院组织农业科研工作有重要的参考价值，建议中所提到的研究任务有些已在"八五"国家科技攻关计划或院重大及重点项目计划中被采纳，有些可供今后制订计划时考虑。

中国科学院

1991 年 10 月 24 日

---

① 中国科学院文件。

九十年代农业科技发展趋势及对我院
农业科研工作的几点建议

中国科学院农业研究委员会

（1991 年 8 月）

我国是世界农业大国，近十年来，随着科学技术的进步，我国土地产出率比 1950 年提高了三倍，农业劳动生产率提高一倍以上。但由于我国人口多，耕地少，底子薄，人均资源相对不足，因此，按国家"八五"纲要："今后十年，我国粮食要先后登上 4.5 亿吨和 5 亿吨两个台阶，棉、油、糖要同时增产"的要求，今后我们必须进一步依靠科学技术，通过实现农业现代化、不断挖掘农业科技潜力，从而促进农业的发展。

世界农业科技发展趋势

可以预见，21 世纪农业和农业科技发展的总趋势是农业的高科技化和工程化。具体表现在以下四个方面。

第一，改造传统农业，探索农业发展的新途径

为使传统农业向现代化农业方向转化，各国均将对传统农业进行技术改造，并将在农业生产模式上出现变革。例如，针对提高抗自然灾害与病虫害能力，对农作物进行遗传基因改造；针对提高土壤养分吸收与利用率，对土壤营养元素循环转化进行调节。此外，农作物品种的多样化、家禽家畜免疫率的提高、农田病虫害的综合防治及传统耕制与管理制度改革等都将是传统农业技术改造的新内容。最近，国际上提出了"持续农业"的发展方向，即在现代化农业中，在强调产品数量、质量与效率的同时，必须重视资源环境保护与农业的持续发展。这种强调农业与环境协调发展的持续农业的新概念将对今后世界农业的发展产生明显影响。

第二，重视科技投入，加强多学科的联合

据统计，发达国家农业投资占总投资的 3%～4%，其投资与产值比为 1:1，1987 年发达国家人均农业产值为 720 美元，每个农业人口农业产值 1 万～1.5 万美元，而发展中国家相应为 95 美元及 114～200 美元。显然，农业投入（包括农业科技、物质及资金的投入）是农业发展的重要保证。此外，未来的农业问题将与全球范围的重大问题，如人口、资源、能源、环境、粮食相联系，并与生命科学、分子生物学等密切结合。因此，今后农业问题的解决，唯有依靠多学科的综合，并通过宏观与微观两方面的发展，才会出现突破性的进展。

第三，科技目标明确，发展重点方面

世界农业科技发展的主要目标是增加产量，改进品质，合理利用资源，保护生态及环境。在此目标下，其发展重点是充分利用生物的遗传潜力；保持与提高土壤肥力；合理和有效地利用水资源；提高科学种植与养殖水平；改进农产品加工与贮运技术等五个方面。

第四，突出生物工程技术，开创农业发展新领域

20 世纪 90 年代生物工程技术将在农业领域中被广泛运用。据估计，20 世纪末，世界农产品增加将有 5/6 来自生物工程技术及增产措施。这方面的研究内容有：利用生物技术培育作物与畜禽新品种；大力开发生物固氮技术；提高作物光合利用效率；提高作物抗性；快速繁殖和脱病毒复壮；提高作物蛋白质含量；生物农药研制等。所有这些研究，都将为农业发展开创出新的领域。

总之，在面临人口、资源、环境、粮食的严峻形势下，各国都在不断调整自己的农业科技发展战略，探索农业发展的新途径，其中最根本的是依靠科技进步，促进农业发展。

我国农业发展趋势与任务

20 世纪 90 年代我国农业科技发展的战略目标是，以现代化科学技术和工业为强大支柱，大力抓好科技兴农、教育兴农，逐步把农业生产体系转移到先进技术基础上来。把传统农业改造为以现代科学技术为基础的现代持续农

业。目前，世界农业增产依靠科技作用的比例达60%～80%，而我国仅为30%～40%，这说明我国依靠科技发展农业方面尚有很大的潜力。从总的发展趋势看，我国依靠科技，促进农业发展的任务有以下五个方面：

第一，充分挖掘农业潜力。首先，我国尚有可垦荒地5亿亩，在耕地中有2/3的中低产田，今后十年，通过提高农业的抗灾能力，消除土壤障碍因素等方式，对中低产田进行综合治理，可望增加粮食产量500亿千克。其次，从单产潜力看，1989年我国水稻亩产仅为365千克，日本达到428.6千克；小麦我国为201.3千克，法国已达到422.5千克；玉米我国为253.4千克，美国则高达478.8千克。玉米的理论产值可达1486.7千克，这说明依靠科技尚有很大增产潜力。通过农作物新品种培育、耕制改革、科学施肥、节水灌溉、植保及病虫害防治等措施，可进一步提高作物的产量。

第二，加强农业现代化建设。现代化农业是采用现代化科学技术武装，现代工业装备和现代科学管理而建立的农业生产新体系，它包括农业机械化、水利化、化学化、区域化和良种化等。从我国国情出发，今后我国农业应逐步向现代化、知识密集化和高产、优质、低耗的集约化转化，从而提高农业综合生产能力，使农业环境保护与资源利用密切结合，走具有中国特色的现代化农业发展道路。

第三，将科技成果转化为现实生产力。继续选择一批投资少、见效快、效益高与现有技术水平相适应的科技成果和先进适用技术，认真组织推广。"七五"期间，在黄淮海农业综合开发中，通过综合试验区进行科技成果示范推广，累计增产粮食20亿千克，棉花10亿千克，增产效益达34亿元，有力地促进了科技与生产的密切结合。

第四，建立资源节约型持续农业体系。科学技术进步是资源节约型持续农业建立与发展的基础。研究表明，在黄淮海平原和东北平原，通过节水农业研究，由目前每亩每毫米降水生产粮食0.46千克可提高到0.70千克，水分利用率可提高50%。华北地区的1.7亿亩井灌面积中，在总产不减的前提下，每季小麦可较目前少灌溉1.5～2次，即使能够减少1次，华北地区每年也可节水70亿立方米。这些事例说明了资源节约型持续农业存在着巨大的生产潜力。当然，除了节水外，还必须注意节肥、节药、节能、保护耕地及高产农业综合技术的开发。

第五,加强科技体制改革。建立和完善农村社会化服务体系。逐步建立引进、应用、推广、创新相结合的新机制,形成多渠道的科技投入,加强和完善农业开发机制,促进农业科技投入与产出之间的良性循环,保证农业的不断增长。此外,应建立和完善以公办为主体骨干,公办与民办相结合的服务体系,加强乡镇农业技术服务站的建设,发挥科学技术在增加投入,综合办站,加强管理,增强推广服务站等方面的功能,促进农村科技与农业的稳步发展。

对我院农业科研工作的建议

中华人民共和国成立 40 余年来,我院曾进行了全国农业区域综合考察和区划;不同农业区域的综合治理开发;农业增产技术特别是生物新技术的研究、应用与推广;以及有关农业发展战略问题等方面的研究。此外,还建成了一批农业研究基地和台站。

上述工作的特点是:较好地把应用研究与基础研究结合起来,注意新技术在农业中的应用和超前性研究;组织、开展多学科的综合研究。

根据李鹏总理在全国人大会议上的报告中对"八五"及 20 世纪 90 年代全国农业发展提出的主要任务,考虑我国农业面临的以下情况:①对灾害的预见性不高,农业抗灾能力不强。②农业生产环境的污染日益严重。③农业资源的利用不合理等。为建设我国资源节约型的高效持续农业而奋斗,是我院 20 世纪 90 年代农业研究的根本任务。

为此,必须达到:①初步建立资源节约型农业的技术理论体系。②建立主要农业区域资源节约型农业生产模式,并提出相关的理论、方案和实施方法。③一部分高新技术进入试验示范和应用。

根据以上目标,我院 20 世纪 90 年代的农业研究任务是:

(1)开展农业发展战略研究。研究全国若干重大农业发展战略问题和不同区域的农业发展战略目标和战略措施。具体研究:①农业自然资源,特别是水资源的合理调配与利用。②中长期大面积农业自然灾害(洪涝、干旱等)的预测预报及其对策。③黄淮海平原、红壤丘陵、黄土高原等地区的农业发展战略。

(2)探索我国资源节约型持续农业发展体系的新内容和新途径。主要内容有：①研究节水、节肥、节能、节药和提高土地生产潜力的新技术。②建立资源节约型持续农业的技术体系和提高农业废弃物的利用率。③建立不同区域资源节约与持续农业的典型模式。④建立不同区域的农业生态工程和农林牧副渔各业全面协调发展的模式。

（3）加速农业科技成果向现实生产力的转化，进行农业区域综合开发的深层次研究。主要研究与工作内容有：①提高土地资源利用率。②水资源的节约与合理利用。③提高化肥肥效利用率。④发展高效低毒农药和生物防治技术。⑤优良畜禽饲养与饲料开发。⑥品种培育与扩大试种技术。⑦海水入侵机理及其综合防治措施。⑧草地资源退化原因与合理利用。⑨农业生态网络系统的建设。

（4）积极推动高新技术在农业生产中的应用。在已有的良好基础上，努力开展基因工程、分子育种、遥感技术、电子计算机技术和农业专家系统等在农业中的应用。

区域农业持续发展座谈会纪要[①]

中国科学院农业研究委员会于 1993 年 6 月 1～5 日，在北京周口店召开了区域农业持续发展座谈会。出席会议的代表共 19 人，其中农研委委员 11 人，有关专家 8 人。周光召院长、许智宏副院长到会听取了汇报，并做了重要讲话；李振声同志到会听取座谈并发表了重要意见；广西壮族自治区人民政府主席科技助理孙惠南同志应邀出席会议，并介绍了广西红壤开发利用情况。农研委主任赵其国同志主持了这次会议。

与会代表围绕我国区域农业持续发展的问题与对策这一中心议题，农研委主任赵其国等 15 位同志就我国主要区域的农业发展现状、南方热带和亚热带农业发展战略及区域农业持续发展的特点三方面做了大会发言，并进行了激烈的讨论。

---

① 中国科学院文件。

与会代表在高度评价改革开放以来我国农业所取得的巨大成就的同时，还认真地分析了我国农业所面临的新形势及出现的新问题，大家一致认为，农业问题不容忽视，更不能盲目乐观。代表们指出，在由计划经济向社会主义市场经济转轨的过程中，农业将面临新的挑战。为此，到会的农研委委员和专家认为，如何根据我国各区域的特点，因地制宜地发展"高产、优质、高效"农业、降低生产成本、改善生态环境等都是关系到我国区域农业持续发展的重大问题。要解决这些问题，必须依靠科学技术，代表们深感未来的任务光荣而艰巨。

在全面回顾我院南方红壤地区科研与开发工作，认真分析其农业资源优势与生产潜力的基础上，代表们充分肯定了该区域的战略地位，剖析了当前和近期农村经济发展中的问题，同时就该区域沿海、沿江和中部腹地的区间经济发展的互补性、资源利用的合理性及变资源优势为商品优势等一些影响全局的问题提出了建设性见解。由于南方红壤区域科技攻关起步晚，为加速这一区域的开发与保护工作，希望将其列为我院农业主战场之一，并予以经费支持。

与会代表还交流了黄淮海平原、松嫩-三江平原、黄土高原等区域综合治理的科技攻关的进展情况，讨论了今后区域农业科技工作的重点。黄淮海平原农业持续发展研究的重点是，面向市场，大力发展"两高一优"[①]农业，开拓农产品系列化深加工，创汇农业新领域；黄土高原区域要继续在恢复植被、水土保持、农牧结合及商品化等方面进行科技攻关；松嫩-三江平原除继续研究土壤退化外，应加强农业生态环境、沼泽湿地开发深入研究；北方旱地农业科技攻关的重点，应放在提高土壤水分利用率和生态环境保护与建设方面。

周光召院长听取了赵其国同志的汇报后指出，农业是我国经济发展的重要问题，中国科学院在黄淮海平原、三江平原、黄土高原等地区做了大量工作，今后还要继续为我国农业发展做出贡献。我国南方有很大的发展潜力，我们要发挥中国科学院的综合优势，把红壤地区的工作搞好。对全国和南方都要作认真的战略分析，要注意结合地区优势，发展名特优产品，建立商品生产基地。要注意农产品的品质问题，既要在国内市场上参加竞争，也要在

---

① "两高一优"指高产、优质、高效——编者注。

国际市场上参加竞争。在科研工作中，要注意降低能耗、降低农业生产成本、因地制宜地抓好"高产、优质、高效"农业的发展。周院长在会上明确表示，同意农研委委员和专家的建议，并决定给予院长基金支持。

根据周光召院长的指示，经过大会的充分讨论，会议明确指出，首先要立即组织队伍，落实院长基金支持的"我国农业发展战略分析""我国南方红壤丘陵地区（九五）科技攻关预研究"课题，要求在1993年底提交书面报告、图件和录像。自"六五"农业科技攻关以来，我院各研究所已取得了一大批科研成果，其中不少是见效快、有明显开发前景的科研成果，若国家予以经费支持，不仅能加速其转化速度，而且将会取得较大的直接或间接效益。建议成熟一项，支持一项。考虑到"八五"时间已过半，区域农业科技攻关又面临任务重、经费严重不足的困难，为了完成"八五"任务、争取"九五"任务，与会代表迫切希望院的科技攻关匹配经费及早下拨。经反复讨论，认真修改，形成了"关于我国区域农业持续发展研究的几点建议"（见附件）。

中国科学院

1993年8月23日

附件：

关于我国区域农业持续发展研究的几点建议

人类将很快跨入21世纪。新的世纪将是一个突飞猛进、技术革命日新月异的时代，也是一个充满竞争和挑战的时代。研究"九五"乃至21世纪农业发展的重大战略与决策、区域农业持续发展和关键技术及其应用，将对我国农业持续发展，建立高产、优质、高效的新型农业生产体系，产生巨大的影响。

一、我国农业发展现状与问题

众所周知，我国农业已取得了举世公认的成就，基本解决了占世界1/4人口的温饱问题。但是，随着社会主义市场经济的发展，农业的发展既存在着良好的机遇，也面临着严重的挑战。总体而言，当前农业形势不容乐观。

（1）耕地面积逐年减少，粮食生产有滑坡的危险。据有关资料表明，1991 年全国耕地面积减少 1700 万亩，1992 年为 2400 万亩，预计今年可能减少 3000 万亩。另据专家分析，今年全国粮食产量可能减少 150 亿千克。

（2）农业资源超前利用，生态环境不断恶化。据有关资料，我国木材消耗量超过生长量 2000 万立方米，北方草地产草量比 20 世纪 50 年代下降了 1/3～2/3，载畜量超过一倍。全国有 5900 万亩农田、7000 万亩草场和 2000 千米铁路受到不同程度的风沙化、水土流失和退化的威胁。全国水土流失量为 50 亿吨，年损失氮、磷、钾量为 4000 万吨。

（3）农业生产效益逐年下降。1985 年比 1965 年化肥用量增加了 12.3 倍，但粮食总产量只增加了 1.3 倍，单产增加 1.4 倍。

（4）由于市场经济的发展，某些农业行政管理部门和农民农业生产的短期行为有所发展，从而引起某些地区农业基础设施削弱，水利设施失修，地力下降，生态平衡失调的现象。

（5）我国农业人口科学素质较低，将严重制约现代化农业的发展。基于上述原因，我们有责任正确地运用自然与社会协调发展的规律，除从市场经济、技术革新和政策法令诸方面加以引导外，更要适时抓紧开展我国新时期农业发展战略、区域农业持续发展和关键技术及其应用三方面研究工作。

二、研究内容概要

（一）我国新时期农业和农村经济发展战略研究

其主要内容如下：
（1）我国农业自然资源的持续利用及其保护研究；
（2）不同类型区的"高产、优质、高效"农业生产模式研究；
（3）我国农村工业化道路及其模式研究；
（4）我国农村社会化服务结构与功能研究；
（5）市场经济条件下若干农村政策问题研究；
（6）重大农业自然灾害预测及其预防措施研究；
（7）半农半牧区畜牧业持续发展研究。

（二）我国区域农业持续发展研究

自 20 世纪 60 年代起，我院先后在黄淮海平原、黄土高原，松嫩-三江平原、北方旱地和南方红壤地区开展了区域农业综合治理与开发研究工作，并取得了许多重大研究成果，积累了丰富的经验，为"九五"区域农业持续发展研究奠定了坚实的基础。"九五"期间，应根据从计划经济向市场经济变化的新形势，本着突出重点、注重效益的原则，继续深入开展区域农业持续发展研究。不同区域主攻方向和研究的内容是：

1. 我国红壤区域农业持续发展研究

红壤丘陵地区是农业生产潜力较大的地区，"八五"期间已将其列入国家科技攻关计划中，针对该地区水利条件和农业自然资源优势、经济基础优越和生产潜力大的特点，针对农业生产中的主要障碍因素开展了研究，并取得了初步成果。"九五"期间，研究重点应侧重"高产、优质、高效"农业，注意沿海沿江和中部腹地的区间互补性，自然资源的合理利用和变资源优势为商品优势，同时积极开展科技推广工作，抓好广西石灰岩地区的科技开发与科技扶贫工作。

2. 黄淮海平原农业持续发展研究

黄淮海平原是我国重点农业开发区，经过十多年的综合治理和科技攻关，中低产田的产量有了大幅度提高，农村面貌发生了明显的变化，该区已成为我国重要的农业商品生产基地。

今后科技攻关和科技开发的重点是，面对市场经济，大力发展"高产、优质、高效"农业，开拓农畜产品深加工，发展创汇农业，为实现农村小康做出新样板、新贡献。

3. 黄土高原综合治理与农业持续发展研究

黄土高原是我国农业和主要能源生产基地。在"七五"和"八五"期间，我院为该项目第一主持部门，历时八年来，在宏观战略研究及实现攻关试区的粮食自给、治理水土流失和果林基地建设等方面取得重要突破，但在植被恢复、水土流失、农牧结合和畜产品商品化等方面，仍未能得到根本解决。为此，在"九五"期间仍应列入国家攻关计划中。我院应配备相应的学科，在已形成的综合优势上，取得更大的效益和更高水平的科研成果。

4. 松嫩-三江平原农业持续发展研究

松嫩-三江平原是我国粮食和大豆主要商品生产基地。从"六五"开始就被列入了国家区域农业科技攻关计划中，"七五"和"八五"期间，又在不同类型区建立了五个农业高产示范区，在恢复黑土肥力、减轻水土流失、改造低产湿地和沼泽地等方面做了大量研究工作，并取得了明显效果。"九五"期间，除继续研究解决黑土退化问题外，还应在综合治理土地沙化、碱化、草场退化、改善农业生态环境和全面开发利用湿地等方面开展深入的研究，为农业资源优势向商品优势转化建设样板，探索新技术、新理论，提供新经验，取得新效益。

5. 北方旱地农业持续发展研究

在"七五"和"八五"期间，通过增施化肥、改进耕地制度和良种良法等措施，在改善农田生态环境的同时，大大提高了旱地农业生产潜力。"九五"期间，应在增强农田抗灾能力、提高水分利用率、高产和稳产上开展研究。

（三）大力推广农业高新技术

几年来，我院科技人员研制出来一大批适用于"高产、优质、高效"农业的新技术、新材料、新品种和新工艺。例如，"科丰6号"大豆、双低油菜、优质稻麦良种，新型农药和长效铵、专用肥料，饲料及其添加剂，新型大棚膜，优质苗木等。经初步示范，有明显的增产、增收和增值多方面效果。建议选择并扶持一批趋于成熟且可形成十万亩或百万亩推广规模的品种、技术、材料，以便在短期内，将其转化为生产力，创造更大的直接或间接经济效益和社会效益。

我们坚信，通过认真研究新形势，借鉴国内外成功经验，解放思想，转变观念，群策群力，艰苦实干，就一定能为我国20世纪90年代农业上新台阶做出新贡献。

关于组织科技力量投入农业综合开发主战场的建议 ①

1988 年开始的农业综合开发已取得重大成效，为改变中低产田的生产条件，增加粮、棉、油、肉等主要农产品的社会供给总量，提高农村经济发展的综合能力，开拓了新途径。

根据我国社会经济发展的需要，中央和国务院要求 20 世纪末新增 1000 亿斤粮食，财政部提出通过农业综合开发承担 500 亿斤的任务。这个任务虽十分艰巨，但通过努力可以完成。其中一个重要环节是增强农业综合开发的科技投入，普遍提高农业开发区的科技含量。为此，中国科学院愿组织科技力量和适用技术，投入到农业开发主战场，配合财政部实现农业开发的增产目标。

中国科学院现有 123 个研究所，跟农业有关的研究工作涉及 50 多个研究所的 5000 多名科技人员，他们对中低产田治理和农业区域开发方面有长期工作基础和科技积累。另外，他们中有一批水平较高的科技带头人和业务骨干。该建议提出，按全国及重点农业开发区的任务，可从四个方面投入。

一、农业单项适用技术投入

包括新品种（博优水稻、科多号玉米、科丰号大豆等）、新型长效肥料系列（长效碳酸氢铵、涂层尿素、专用复合肥等）、新型生物农药系列、作物生长调节剂系列（小麦生化营养素等）、新型地膜系列（超薄型光解聚乙烯地膜、光转换膜、生物降解膜等）、测土配方施肥方法、作物病虫害防治方法（棉铃虫性诱剂等）、畜牧业和养殖业新方法（畜产技术、白对虾、全雌鲤等）等。

这类技术和方法都经过一定面积的试验示范和初步应用推广，属实用新型。用以武装一批开发区和龙头项目，有直接增产增效的作用。其覆盖面积每年可达几万亩甚至几十万亩和几百万亩。

---

① 中国科学院文件。

二、土地资源、水资源合理开发配套技术和模式化栽培技术投入

土地资源开发配套技术包括风沙地、盐碱地、低湿涝洼地、沼泽地、砂姜黑土地、岗坡旱地及荒地治理开发配套技术；模式化栽培技术包括节水灌溉、立体种植、资源节约型高产高效农业、农区牧业等发展模式。

这类配套技术一般由若干技术要素组装而成，大都通过我院科技攻关试区和农业开发试区示范形成，可在同类型地区移植应用，也可先在开发新区设立示范区，再向外围辐射推广，对大面积中低产田改造和高产高效农业建设有实际意义。

三、农业综合开发宏观决策咨询服务和重点区域开发规划

这些工作多属软科学研究，能对国家和省、市级农业开发的宏观决策和重大问题较快地提供专家咨询意见，系统资料及分析成果，也可承担重点开发区可行性研究和开发规划研究。我院开展这些工作起步较早，在全国有较强优势，已在黄淮海平原及深圳、厦门等沿海开发区应用，且均取得满意成果。在今后的农业综合开发工作服务中，可增强其宏观决策的科学性、宏观管理工作的高效率和现代化水平。这些研究包括原有开发区深化方向研究、新设开发区可行性研究（开发潜力、开发条件、项目重点、效益分析等）、重点开发区总体规划、农业综合开发成效评估和前景预测。全国的、省市的、不同类型区域的农业开发，管理软件的开发、数据库、决策支持系统和信息系统设计应用及相应的技术培训，以及农业综合开发办公室提出的其他重大问题的研究。

四、农业后续技术开发

从各地农业开发中提出来的带有普遍性、关键性的技术难题，在我院定向做安排研究开发。这些后续技术将不断注入开发区，将使农业生产保持后劲。

关于具体实施和操作，我们提出如下原则性建议：

1. 成立联合协调领导小组

由财政部和中国科学院对等派出 3～5 人组成。负责领导科技投入的全面实施，协调双方行动和工作，审批项目计划，制定实施方案和配套政策，协商解决合作中的重大问题。有关省市可设立相应的领导小组。

2. 采取立项实施的办法

国家和省市等各层次农业综合开发办公室提出科技项目的需求指南，中国科学院及有关研究所根据需求提出可应用的项目清单及立项申请报告，专家论证初选后编制项目计划书，经联合协调领导小组审批后立项实施，并分别纳入双方的年度计划中。科技成果双方共享。

3. 设立农业综合开发科技投入专项资金

建议从每年农业综合开发资金中央投入总额中提取 3‰～4‰ 作为该项科技投入专项资金，根据批准的项目（预计每年约 50～60 项，投入科技人员 1000 人左右）经费总数拨给中国科学院管理使用。预计每年 1200 万～1500 万元，6 年总计约 7000 万～8000 万元。

4. 为了争取时间，从 1995 年尽快起步，建议近日内与财政部进行实质性协商，取得共识后再拟定实施细则

中国科学院早在 20 世纪 60 年代，就开始进行农业区域治理开发的试验研究，当时在河南省封丘县和山东省禹城县创建的两个 10 万亩旱涝盐碱综合治理实验区，提出的"井、沟、平、肥、林、改"等治理模式，在华北地区被广泛采用，使科技成果转化为区域宏观效益，为扭转南粮北调、发展华北商品粮基地，做出了应有的贡献。20 世纪 80 年代中期，我国农业生产出现新的徘徊，1988 年我院同山东、河南、河北、安徽等省分别向中央呈报了关于在这些省内推广中国科学院农业技术成果的报告。当年我们就组织了 26 个研究所的 600 多名科技人员，集中投入到这几个省的农业开发主战场中，新建了 20 多个新试区，选派了 30 多位科技副县长，试验推广 30 多项农业新技术，成为当地农业开发的引路样板和农村经济发展的新因素，使这些地区农业增产科技含量迅速提高，地方干部和农民群众科技意识普遍增强，粮油肉等产品增长率大都比其他地区和全国平均水平高 2～3 倍。现在国家提出粮食登上万亿斤大台阶的目标，我们将围绕经济建设的这个大课题，

组织全院的精兵强将；重点投入到农业开发主战场中，密切配合财政部及国家农业综合开发办公室，实现农业综合开发增产 500 亿斤粮食的目标。中国科学院有科技和人才的优势，有参与农业开发的经验和与某些方面合作的基础，今后在这一领域的全面合作，将有利于科技成果的转化，有利于提高开发区的科技含量，有利于促进农业现代化进程，有利于国民经济和科学技术之间"依靠"和"面向"关系新机制的探索，从而为国家改革和发展的大业做出新贡献。

中国科学院

1995 年 2 月 24 日

关于我国水稻基因组物理图在世界上首次构建成功的报告 ①

国家科委并呈报国务院：

根据我国的国情和未来农业发展的需要，国家科委于 1992 年 8 月 21 日向国际宣布在中国实施《水稻基因组计划》。为有效地实行这个计划，相应地成立了国家基因研究中心。在洪国藩研究员的领导之下，按第一阶段计划，全力以赴构建水稻基因组物理图。经过 3 年 10 个月的艰苦奋战，国家基因研究中心于 1996 年 6 月在全世界首次成功构建了高分辨率的水稻基因组物理图。并将论文投寄到英国剑桥 DNA 权威科学期刊 *Mopping PCR & DNA Sequencing*，该期刊主编于 1996 年 10 月 28 日通知洪国藩：审定完毕，整篇论文数据信服可靠，予以发表。

这项研究的成功，受到世界各国的重视。洪国藩原本已应邀 1996 年 10 月 7 日在美国召开的国际基因组会议上作大会报告，后因病未能参加。身体

---

① 中国科学院文件。

略好后，他参加了在台湾召开的国际水稻分子生物学会议，并做了大会报告。这个报告引起了强烈反应，日本水稻基因组计划首席科学家 Sasaki 博士主动找他谈今后合作的问题，希望与他能在染色体 DNA 测序上分工合作；美国农业部有关负责人主动表示将支持中国水稻基因组会议在中国召开。会后，英国著名的分子遗传学家、英国皇家学会会员 M.Galr 博士还专程来上海访问洪国藩，祝贺他们取得这项研究成果。

基因组计划是一项最终在分子水平上解开某种生物体全部遗传信息的研究计划。基因组研究的实现，使人类能够从根本上认识生物，为人类服务。水稻基因组由 12 条染色体组成，总长度为 4.3 亿核苷酸。水稻基因组计划包括三个核心内容：①水稻基因组遗传图的构建。②水稻基因组物理图的构建。③水稻基因组 DNA 全顺序的测定。进行水稻基因组研究的还有美国、日本、印度、菲律宾、韩国、泰国和中国台湾等国家和地区，其中日本进展最快。日本于 1994 年 12 月在 Nature 期刊上发表了水稻基因的遗传图。从而使构建水稻基因组物理图成为当前集中的研究内容和竞争的焦点。

在水稻基因组计划中，物理图处于承上启下的地位。因为根据物理图，不仅能够解开水稻的全部遗传信息之谜，而且可以通过定位克隆等多种现代技术，高效而系统地为农业遗传育种提供所需的重要基因及相关的信息。我国构建的水稻基因组物理图的特点是：①分辨率（基本尺度）为 12 万核苷酸。这样高的分辨率使得 DNA 全顺序测定能够直接进行，同时简化了获得所需基因的步骤。②有 565 个遗传分子标记，许多标记间的物理距离已测出，这加快了获得所需基因的速度。③有近 100 个通用的遗传分子标记。已知这些遗传分子标记在大麦、小麦、燕麦、玉米、高粱、甘蔗六种主要作物的基因组中是通用的，可以根据上述作物的遗传信息，在已建成的水稻基因组物理图上帮助获得相应基因，也可以根据水稻的遗传基因来帮助获得以上六种作物的相应基因。因此，水稻基因物理图的构成对我国农业遗传育种将产生重大作用。

水稻基因组计划在实施中，始终得到国家科委、中国科学院和上海市政府的关心和经费投入，也得到国内外科学家的关心和帮助。这也说明一项重大的科学成就，需要各有关部门和科学家的通力合作及国际科学界的支持。

国家基因研究中心的全体人员，在洪国藩研究员的领导下，在 3 年 10 个月的工作中，牺牲了大部分节假日时间，克服了 38℃的高温及经费和人力不足等种种困难，发掘中国科学家特有的智慧，独立制定出高效的"指纹锚标"战略，夜以继日，同心协力，终于在世界上首次构建成功一张具有重大理论和应用意义的高分辨率水稻基因组物理图。他们的这种勇于拼搏、勇于创新和为国争光的精神值得弘扬，建议国家给予重奖。

我们认为，在之前已有的工作基础上，"九五"期间的研究目标应是：①选择一条染色体进行全面测序。②围绕这条染色体测序，开展寻找功能基因和精化物理图的工作。③同时利用国际上庞大的基因库和物理图，寻找水稻农业遗传育种有关基因，为我国的遗传育种不断地提供有用信息和材料。④完善基因信息计算机网络。建议国家在"九五"期间给予中国科学院更大的经费支持。保持我国在这项重大研究上已经取得的地位，从而为最终揭示水稻遗传奥秘和为我国农业育种做出更大贡献。

中国科学院

1996 年 11 月 11 日

我国化肥面临的突出问题及建议 ①

中国科学院生物学部

（1997 年 9 月 10 日）

化肥和有机肥配合施用是农业中最有效的增产措施之一。我国大量科学试验和生产实践表明，施用 1 千克化肥可增产 5～10 千克粮食。联合国粮农组织对全世界化肥肥效试验的统计与我国的结果一致。化肥是农民生产投资中最大的物质投资，化肥支出约占其全部生产性支出的 50%。1995 年全国施用的化肥约合人民币 1300 亿元，其中包括进口化肥所需的 37.6 亿美元外汇。

---

① 中国科学院学部咨询报告，1997 年 9 月 10 日发表在《科技导报》上。

由于化肥在农业生产及国家和农民的经济中所占的重要地位，如何充分发挥化肥的作用，是我国农业持续发展中面临的最突出的问题之一。[①]

一、现状和问题

1. 化肥数量不足

近年来我国化肥生产和进口增加较快，用量逐年增长，由 1980 年的 1269 万吨增加到 1995 年的 3594 万吨，平均每年增加 155 万吨，增长率为 12%，是中华人民共和国成立以来我国化肥用量增加最快的时期。

化肥的增长促进了农业生产的不断发展，但按农业持续发展的需要，化肥的数量依然不足。按 20 亿亩耕地计算，1995 年我国每亩耕地平均施用化肥 16.6 千克；按播种面积 31.2 亿亩计算，每季作物的每亩化肥施用量仅为 11.5 千克，在世界上属中等水平，低于日本等国的施用水平。此外，还有 1.2 亿亩果园、1700 万亩茶园和 1200 万亩桑等的面积未计入耕地内。加上我国大部分耕地开垦年代久远，利用强度高，土壤肥力一般偏低。因此，从全国看，化肥数量不足的问题依然突出。

化肥的分配不当又加深了由于化肥数量不足引起的矛盾。在沿海各地和城市周围经济发达地区，化肥主要是氮肥超量施用。例如，江苏的太湖地区每季作物上仅氮肥的平均施用量就达到 20 千克左右。而在欠发达地区则施用量甚低。例如，黑龙江和甘肃等省区每季作物上每亩的化肥施用量均不足 10 千克。这是近年来化肥未能充分发挥其应有作用的重要原因之一。按照"国民经济和社会发展九五计划和 2010 远景目标纲要"，到 2000 年粮食总产量要达到 4.9 亿～5 亿吨，到 2010 年农业现代化建设要登上一个新台阶。因此，对化肥的需求必将有进一步的增加。

2. 氮、磷、钾比例和品种结构不合理

近年国产氮、磷肥养分的比例为 1∶0.30，钾肥生产滞后。进口化肥中磷的比例有所增加，从而使所施化肥中的氮、磷比调整到 1∶0.40～1∶0.45，比例

[①] 本建议中的氮肥、磷肥、钾肥的数量皆以纯养分计，即 N、P_2O_5 和 K_2O；化肥数量以 N ＋ P_2O_5 ＋ K_2O 计。全国耕地面积按土地详查结果 20 亿亩计算，播种面积按 31.2 亿亩（耕地面积 20 亿亩乘以复种指数 156%）计算。

渐趋合理。但是氮钾比例仅为1：0.16，钾依然偏低。

从农田中养分的收支平衡状况看，在现有的耕作和产量条件下，氮、磷由亏缺趋于平衡。钾因投入不足，仍严重亏缺，每年亏缺量达450万吨，耕地缺钾面积有逐年扩大的趋势。

国产化肥以单一营养元素和低浓度品种居多，平均养分含量为27%，与国外平均40%左右相差甚远。复合肥仅占总量的10%。1995年尿素占氮肥的43%，而低浓度的碳铵仍占氮肥的48%。磷肥中，低浓度的过磷酸钙和钙镁磷肥占85%，磷铵等高浓度品种的比例甚低。目前复混肥料的养分含量低，以总养分含量25%的为主，品种少，生产工艺和配方有待标准化。我国部分耕地缺乏硫及锌、硼、锰、钼等中、微量元素，微量元素肥料目前多为副产品和下脚料，常含有某些污染物质，加之盲目施用，因此，这种方式急需改进。

3. 化肥利用率低

目前我国化肥的当季利用率，氮约为30%～35%，磷约为10%～20%，钾约为35%～50%。其中氮的损失特别严重，水田损失又高于旱地。我国目前每年施用氮肥约2000万吨，以平均损失为45%计算，则损失的肥料氮量达900万吨，相当于尿素1900多万吨，折合人民币380多亿元。

此外，部分地区施肥不当已引起环境污染，出现了地表水富营养化、地下水和蔬菜中硝态氮含量超标、氧化亚氮排放量增加等问题。

二、建议

1. 增加化肥供应量

目前每亩每季施肥量低于10千克的耕地占一半，经济作物的施肥量有所增加；林、牧、渔业也开始施用化肥。因此，今后的15年内仍应继续增加化肥的供应量。据计算，到2000年和2010年，化肥的年供应量应分别达到4200万吨左右和5000万吨以上。这样，按20亿亩耕地和160%的复种指数计算，每季作物的施肥水平可分别达到每亩13.1千克和15.6千克，在世界上仍属中等水平。

2. 调整养分比例和品种结构

根据上述问题和今后我国农业持续发展的需要，我们建议 2000 年我国化肥的总需求量中氮磷钾的比例为 1:0.40～0.45:0.25，即氮 2470 万～2550 万吨；磷 1020 万～1110 万吨；钾 620 万～640 万吨。到 2010 年氮磷钾的比例应达到 1:0.40～0.45:0.30，如果以化肥总需求量为 5000 万吨计算，则需氮 2860 万～2940 万吨；磷 1180 万～1280 万吨；钾 860 万～880 万吨。

为实现上述目标，在今后的 15 年内，需要解决磷钾肥问题，特别是钾肥的供应问题。为此建议：

（1）在进口化肥中逐年增加钾肥的比重，相应减少氮、磷化肥的比重。至 20 世纪末，进口化肥中钾的比重不低于 60%。

（2）加大开发钾肥资源的投资力度。除大力开发国产钾肥外，可考虑到周边国家开矿办厂，生产钾肥，返销国内。

在化肥品种方面，今后的 15 年内应主要发展高浓度品种。氮肥中尿素所占的比例应由目前的 43% 增加到 60% 左右，并将碳铵的比例降到 25% 左右；适当地发展硝铵；开发适宜的氮肥新品种。

磷肥中主要发展磷铵等高浓度品种。将钙镁磷肥和过磷酸钙保持在 50% 左右较符合国情，并可借以补充中量营养元素。复混肥应大力发展养分含量高于 40% 的品种。开发适合我国生产条件的散装粒状掺合肥料，规范各种专用复混肥的生产。微量元素应定点生产标准化产品。

3. 改进化肥分配和供应

近年来地区之间施肥水平的差距进一步扩大。实践证明，在中低肥力水平的土壤上施肥，肥效比高产土壤高出 50%～100%。在保证高产区有足够化肥供应的条件下，应制定政策，逐步提高中低产地区的施肥水平。

4. 推广科学施肥技术

化肥的效应随作物种类、土壤类型、气候条件、耕作栽培、化肥品种和施用技术等因素而异。应加大农业技术推广力度，提高基层农业技术人员的业务素质，普及土壤肥料知识，推广行之有效的合理施肥技术。

5. 加强肥料科研和肥效监控

针对我国土壤类型复杂、作物种类繁多和化肥利用率低的情况，急需加强高效施肥特别是提高化肥的利用率问题的研究。

为了向国家定期报告不同类型耕地上的肥料效应和土壤肥力的现状及演变趋势，当前迫切需要建立全国性的、长期稳定的试验和监控网络，为宏观上调控肥料的生产、分配和施用提供依据。

为使肥料科研和肥效监控获得稳定的经费支持，建议参照国外经验，由商业部门按年度肥料销售额的 5/10000 提取专项经费，上缴财政，由主管部门下达给有关科研单位专款专用。

为了使肥料的生产、进出口、供销、使用和服务各个环节纳入法制轨道，国家应尽快制定"中国肥料法"。

关于报送《新疆农业与生态环境可持续发展的几个问题》咨询报告的函 ①

新疆维吾尔自治区人民政府：

中国科学院生物学部为寻求解决我国西北地区干旱半干旱区可持续发展的农业问题的有效途径，于 1998 年设立"西北五省区干旱半干旱区可持续发展的农业问题"咨询项目，并在 1998 年 8 月 28 日至 9 月 14 日组成赴新疆地区咨询考察组，在自治区人民政府的协助下，先后对东疆吐鲁番地区，南疆巴音郭勒自治州，塔里木油田，和田地区，喀什地区，北疆新疆生产建设兵团农七师、农八师，昌吉州，乌鲁木齐市郊区等地进行了考察。考察中，咨询组的院士和专家们与当地干部和科技人员进行了深入的研究和讨论。在此基础上，咨询组经多次讨论和反复修改，形成了两份咨询报告：《关于把塔里

---

① 中国科学院文件。

木河列入国家大江大河治理计划的建议》和《新疆农业与生态环境可持续发展的几个问题》，其中《关于把塔里木河列入国家大江大河治理计划的建议》已经专文上报国务院。这两份咨询报告在 1999 年 6 月份召开的中国科学院生物学部第九届常委会第二次会议上讨论修改并审议通过。

咨询组院士和专家们认为，加快新疆生态环境建设，促进其农业的可持续发展，不仅对新疆维吾尔自治区经济与社会的发展与稳定至关重要，而且对整个西北地区的可持续发展都将起着举足轻重的作用。针对新疆农业与生态环境可持续发展的问题，经咨询组反复讨论，提出如下建议：调整棉花种植比例，稳定棉花基地规模；突出畜牧业在农业中的地位，建设西部国家无公害（绿色）畜产品基地；严格控制荒地开发，确保绿洲生态系统的可持续发展；水资源开源潜力不大，节流大有可为，生产与生态用水必须兼顾；尽快制订生态环境建设总体规划，加大政府对生态环境整治的投资力度。

现将咨询组关于"新疆农业与生态环境可持续发展的几个问题"的咨询报告送上，供你们决策时参考。

附件：新疆农业与生态环境可持续发展的几个问题

中国科学院

1999 年 7 月 21 日

附件：

新疆农业与生态环境可持续发展的几个问题

中国科学院生物学部组织和开展了对"西北五省区干旱半干旱区可持续发展的农业问题"的咨询考察，在组长张新时院士、副组长石玉林院士的带领下，先后对南北疆进行了考察。考察组经过多次讨论认为，加快新疆生态环境建设，促进其农业的可持续发展，不仅对新疆维吾尔自治区经济与社会的发展与稳定至关重要，而且对整个西北地区的可持续发展都将起着举足轻重的作用。为此，咨询组经过反复讨论后，提出：调整棉花种植比例，稳定棉花基地规模；突出畜牧业在农业中的地位，建设西部国家无公害（绿色）畜产品基地；严格控制荒地开发，确保绿洲生态系统的可持续发展；水资源开源潜力不大，节流大有可为，生产与生态用水必须兼顾；尽快制订生态环境建设总体规划，加大政府对生态环境整治的投资力度；建议把塔里木河列入国家大江大河治理计划。

一、调整棉花种植比例，稳定棉花基地规模

（一）国家级棉花生产基地已经形成

新疆土地、光热资源丰富，发展棉花得天独厚，被国家列为全国特大商品棉生产基地。新疆维吾尔自治区将种植棉花作为振兴经济的一大战略来抓，计划到 20 世纪末种植面积达到 1600 万亩，总产量 150 万吨，调出商品棉 100 万吨。

棉花生产大大提高了新疆农业在全国的地位，连续 3 年在总产量、调出量和人均占有量方面居全国首位，供应着 20 多个省市区的 300 余家大中型纺织企业；1997 年棉花面积已达 1100 万亩，总产量达到 115 万吨，占全国总量的 27% 以上，占区内农业总产值的近 50%，成为棉区农民收入 65% 的来源，被誉为"白色的辉煌"，成为全国最大的产棉区。

然而，进入 20 世纪 90 年代，棉花占农田比例过大，造成农田生态系统失调，棉质下降，影响了棉花生产基地的可持续发展。现阶段的工作应适应市场运行机制，以推广良种，努力提高品质，巩固棉花基地为主。

（二）适应市场规律，调整宜棉区棉花种植比例

1. 棉花生产首要的挑战来自市场

目前，由于多种原因，国际、国内棉花供过于求的局面一时难以改变。全疆棉花比重过高，形成了单一的专业化生产格局，棉花种植一旦受挫，不单打击棉农的积极性，还会重创全疆的经济发展。

2. 要严格控制宜棉区棉花播种面积的比例

棉花播种面积的比例过高，影响农田生态系统的平衡与稳定发展。目前

棉田面积在宜棉区已占耕地面积的 60% 以上，有的达到 75%。这样长期连作，会造成棉铃虫等病虫害的爆发与耗竭地力，对于用地养地，劳动力的季节平衡也会带来新的矛盾。因此，应把宜棉区棉花种植比例调整到 50% 以下。

（三）提高棉花质量，形成竞争优势

1. 要特别重视"种子杂乱"对新疆棉花质量的影响

据新疆维吾尔自治区农业厅统计，棉花品种最多的一年达 66 个，其中种植面积在 1 万亩以上的就有 19 个；有些棉区一个县的品种就达十几个。棉花品种混杂带来栽培、管理的一系列问题，特别是棉花的质量下降、色泽不纯使新疆棉花在国际市场上的竞争优势逐渐丧失，在 1996 年度外销的 35 万吨棉花中，因棉花品质问题造成的损失高达 2000 多万元。因此，农技部门和种子公司宜尽快筛选出当家品种，并不断进行棉花的育种改良，同时，加强从种到收的全程科学管理。

2. 发展具有伊斯兰特色的棉织品服装加工，提高其在市场中的竞争优势

如果只提供原棉，不进行部分深加工，2000 年后，依托棉花使全区农民收入再上新台阶就十分困难。新疆维吾尔自治区有必要高起点地扩大棉纺织工业，印染和服装工业，使相当一部分原棉加工增值，创造有伊斯兰特色的优良品牌，占领国内外市场。但要注意在加工中可能产生的环境污染问题，因此要尽可能的实施清洁生产。

二、突出畜牧业在农业中的地位，建设西部国家无公害（绿色）畜产品基地

新疆是我国五大牧区之一。畜牧业本是新疆有发展优势的传统产业，并仍具有巨大的发展潜力。然而，全疆畜牧业在农业的框架中仍为一条"短腿"，远低于全国的平均水平，占大农业的份额仅在 20% 左右，120 万牧民的人均收入低于农民 400 元左右。

（一）突出畜牧业在新疆农业生产中的地位

新疆地域辽阔、草场资源类型多样，因此，在新疆发展多样化的无公害畜牧业具有良好的基础，更有着国内外市场的地缘优势。新疆畜牧业包括草原畜牧业和农区畜牧业两大部分。新疆现有天然草地 7.5 亿亩，占土地总面积的 30.99%，在宜农、宜林、宜牧的土地资源中，宜牧地占 85.5%，改良利用的潜力很大。近几年农区粮食生产有较大幅度的增加，人均粮食达到 500 千克，将其中部分通过牲畜进行转化，大量的作物秸秆也可通过青贮、氨化等方式用作饲料，以保障发展畜牧业生产的饲料来源。

传统畜牧业的改造和农区畜牧业的发展，应作为新疆维吾尔自治区农业内部结构调整的重点之一。目前以牧民定居和饲草饲料基地建设为重点的传统畜牧业改造已初见成效。因此，应从战略的角度，加大力度把畜牧业提到与"一黑一白"[①]具有同等的地位，使畜牧业成为新疆维吾尔自治区的支柱产业。

（二）加强农区和牧区的结合，建立畜牧业基地

由于冬春牧场较缺，今后牧区的相当一部分商品可在农区育肥出售，农区内的农牧结合，特别是在大田作物中安排一部分饲料、饲草作物，不仅有利于畜牧业的稳定发展，而且通过草田轮作可增加土壤肥力，改善农田生态系统。

新疆的绿洲外沿常有大片的灌草植被，目前由于缺少改良，利用程度很差，如通过适当的改造培育和灌溉，建立人工草地，可以作为农区畜牧业基地，也可以作为绿洲农区的生态屏障对绿洲农区有重大的保护作用。

（三）大力实施畜牧业的产业化，把精深加工放在主要地位

在扩大规模实现畜牧业产业化的过程中，向区外销售畜产品将带来巨大的经济效益，但仅仅调运出皮毛肉等初级产品进入市场，产值很低，且存在"距离"劣势，应和发展棉产业一样，要将畜产品的精深加工开发放在十分重

---

① 石油和棉花——编者注。

要的地位，畜牧业的再生产过程中可以转化的产业链比较多，除皮毛肉奶加工外，内脏、血等可作为增值极高的生化制品与医药工业原料。皮毛加工要高起点引进最新的技术和设备，争创一流的产品品牌，必要时也可引进新疆维吾尔自治区外的企业集团及必要的人才和技术。但对投资环境和吸引人才、技术的条件则需改进和落实，使畜牧业真正成为新疆维吾尔自治区经济增长点。

三、严格控制荒地开发，确保绿洲生态系统的可持续发展

（一）严格控制荒地开发

新疆荒地开垦可以直接扩大农牧业的规模，收到立竿见影的效果，加上国家有一定的资金支持，使地方积极性较高。而有的地方将开荒扩面作为增加生产脱贫致富的中心任务，出现了开垦荒地过热和过乱的现象。针对这一普遍的现象中科院提出一些建议：

1. 重视现有耕地的利用和保护

新疆统计上报耕地为 4700 万亩，土地资源详查为 5700 万亩，因此，提高单产、增加复种（主要在南疆）、发掘增产潜力应是主要的增值措施。

2. 以水资源的节约与平衡为前提，加强开荒的引导和计划

荒地开发应在仔细计算水账，保证小流域水量平衡和生态用水的原则下，科学地、有计划地、有步骤地进行。必须加强科学论证，制订综合规划，严格审批与监督，严禁盲目和掠夺式开荒。

3. 将北疆伊犁河、额尔齐斯河流域列为当前开发土地资源的重点

结合水资源的开发，北疆伊犁河、额尔齐斯河流域是当前开发土地资源的重点。加强水利工程与水系整治确保开荒与水利设施配套。竭力避免引起沙化、盐碱化和撂荒弃耕现象的发生，并应将其饲草饲料的种植放在荒地开发中的重要地位，以提高畜牧业在农业中的比重。

（二）加强绿洲-荒漠过渡带的土地建设

根据新疆荒漠区盆地景观格局，即绿洲-过渡带-荒漠带依次排列的格局，

除增加绿洲内的防护林网建设与增加人工饲草地的比例外，应特别重视绿洲-荒漠过渡带的作用，该带不仅是绿洲外围的生态屏障，还宜于发展人工饲草基地，实现农牧业结合，作为平原畜牧业基地。

四、水资源开源潜力不大，节流大有可为，生产与生态用水必须兼顾

（一）新疆水资源开发程度已不低

新疆水资源并不丰富，其分布地域差异很大，年际内波动极不稳定。虽然人均占有的水资源在全国处在较高的地位，但考虑到生态安全建设用水，则显示出水资源的总体开发程度已不低的状态。

全疆引水 460 亿立方米，占地表水的 55%。黄河、淮河、海河、滦河已开发 50%～60%，辽河达 60%～70%，都是我国严重缺水的地区，新疆水资源开发程度已不低。目前水资源尚有 400 亿立方米，其中有 230 亿立方米的水流出国外（额尔齐斯河与伊犁河 212 亿立方米，占全疆的 27.7%），剩下的 170 亿立方米，必须考虑保证生态用水。因此仅有额尔齐斯河与伊犁河可以适度引水，其他地区不宜扩大生产用水。

水资源利用浪费严重。渠道水利用系数为 0.45，全疆毛灌定额为 800 米³/亩（实际可能要高），和田为 1100～1200 米³/亩，莎车为 1000 米³/亩，阿克苏为 1200～1500 米³/亩，北疆、农七师、农八师为 500～550 米³/亩，而英吉沙仅为 800 米³/亩，但并不影响产量。

新疆水资源潜力在于：

（1）节水，开发地下水，地表水与地下水联合调度、井渠结合、以井补河；

（2）加快开发额尔齐斯河与伊犁河水资源，以及城镇生活污水与工业污水的资源化；

（3）劣质水利用。

（二）高度重视水资源的高效利用，确保生态用水

1. 高度重视发展节水农业

节水对于新疆来说，显得更为迫切和重要，是当前提高水资源利用效率

的关键，也是缓解生态用水与生产及生活用水矛盾的限制因素。

提高渠道水利用系数，是绿洲农业节水的有效途径，从现在的 0.45 提高到 0.51 是完全有可能的，目前天山北麓已达到 0.7 以上。

降低毛灌定额，从 800 米^3/亩降到 700 米^3/亩，再努力降到 600 米^3/亩是可能的。从 800 米^3/亩降到 700 米^3/亩，能增加灌溉面积 300 万亩；若降低到 600 米^3/亩，还能再增加灌溉面积 300 万亩。

提高水的利用效率，强调用单方产出来衡量用水效率。通过调查，玛纳斯地区小麦生产水当量已达 0.7 千克/米^3，高产地为 1.5 千克/米^3；农八师 145 团喷灌已达 1.6 千克/米^3。玛纳斯地区玉米生产水当量已达 1.6 千克/米^3，高产地为 2 千克/米^3；农八师 143 团已达 2.5 千克/米^3。总体看来，近期目标是达 1 千克/米^3，下一个目标为 1.5 千克/米^3，全面实现喷灌后，争取达到 2 千克/米^3，以色列目前已达 2.3～2.6 千克/米^3。

2. 有计划地建立水源地，开发地下水资源

目前全疆地下水开采量只占地下水总量的 10%，有较大的潜力，但也不能盲目开采。应以地表水与地下水联合调度为主要利用方式，以井补增加水源，克服春水不足。特别要注意两点：一要保持开发量与补给量相对平衡，使地下水能持续利用；二要建立水源地，统一管理。从 101 团看到，统一规划，统一管理，持续利用非常重要。

3. 尽快开发额尔齐斯河与伊犁河的水资源

两河水量占全疆总量的 1/3，而水量利用率仅为 20%，剩下的 80% 流往国外，所以有个水权问题。这一点，国家与新疆维吾尔自治区已有立项，建议加快作好调水工程的前期工作（可行性研究、工程设计等），调查荒地资源、土地开发现状、调水工程环境影响与生态环境保护，务必使两河开发及调水工程建立在可靠的科学基础上；开发土地应以增加植被覆盖、发展畜牧业为主。重视积累资料，以利于国际河流水权的谈判。

4. 山区水库的建设

新疆，特别是南疆，春旱夏洪，在有条件地区建设山区水库是非常重要的。

五、尽快制订生态环境建设总体规划，加大政府对生态环境整治的投资力度

（一）新疆生态环境安全形势严峻，已成为可持续发展的严重障碍

新疆是一个远离海洋、周围高山环绕、生态环境脆弱的内陆地区。国土面积占到全国总面积的 1/6，但年均降水量仅为全国年均降水量的 1/4，径流量所占比例更少，仅为全国径流量的 3%。全疆荒漠化土地面积居全国之首，达 7692.1 万公顷，占全国荒漠化土地总面积的 46%；退化草地面积达 1 亿亩，占全国退化草地面积的近 1/3。森林覆盖率近年虽有所增加，达到 1.68%，但仍然仅为全国森林覆盖率的 1/10，绿洲面积虽然在 1949 年以来的 50 年中，增加了 3.5 倍，但仅为全疆土地面积的 4%。由此可以看出，新疆生态环境在我国处于十分不利的地位，气候干旱多风、波动幅度大，荒漠广布，镶嵌其间的山地和人工绿洲，正处在严重的荒漠化威胁之下，作为农牧业的基础地位还十分脆弱。

近年来，在人口压力增大与土地利用扩展的作用下，新疆沙漠面积增加，风沙危害加剧，草地退化严重，天然胡杨面积减少，灌区次生盐渍化面广且在部分垦区有增无减，湖泊面积缩小，部分河流中下游断流天数和长度增加，病虫害影响范围扩大，生态环境恶化已成为新疆可持续发展的严重障碍。

沙尘暴天气自 20 世纪 90 年代以来明显增多，近年风沙暴灾害造成的损失明显增加。1986 年 5 月风沙暴造成的损失为 1.35 亿元；1993 年 5 月的风沙暴造成的损失为 1.43 亿元；1998 年 4 月风沙暴造成的损失为 3.22 亿元，其影响范围从疆内扩散到周边，甚至远波及首都北京。

流沙面积在新疆绿洲边缘明显增加，20 世纪 70 年代以来，全区每年增加 300 多平方千米；罗布泊、玛纳斯湖、台特马湖相继干涸，博斯腾湖、艾比湖水面锐减。20 世纪 50 年代全疆水面面积为 9700 立方千米，20 世纪 90 年代为近 4800 立方千米，水面减少了近一半；塔里木河末端近 300 千米河道干涸已近 30 年，其水质在下游明显盐化，严重影响到农田灌溉。

全疆次生盐渍化土地面积仍占现有耕地的 1/3，和田绿洲、喀什绿洲垦区、玛纳斯、石河子绿洲盐渍化显示出增加的趋势。

农田和草场病虫害面积在增加，1996 年仅地方（不含兵团），病虫害面积就达到 20 万千米 ^{2}/ 次，阿勒泰及北疆盆地周围部分地区，蝗虫灾害有增加的趋势，高发年达近 50 万公顷，造成草场和农田严重损失。

由上述情况可以看出，新疆生态环境恶化的趋势在总体上没有得到根本控制，是区域可持续发展的严重障碍。摆在我们面前的要抑制生态环境恶化的任务十分艰巨。

（二）尽快制订生态环境建设总体规划，加大各级政府对生态环境投资力度

确定新疆生态环境建设在全国生态环境建设的优先地位，加大各级政府对生态环境建设投资力度，遵循干旱地区生态系统空间分布格局进行生态规划。

1. 加快编制全区生态环境建设总体规划

重点加大对天山与阿尔泰山水源涵养林保育、塔里木河绿色走廊保育、博斯腾湖与艾比湖流域生态环境保育、干枯湖泊生态环境保育、天山北坡绿洲经济带生态安全保障、三大油田基地生态环境保育等生态环境建设工程的投资与建设力度。使其优先纳入全国生态环境建设总体规划，并列入计划，组织实施。

2. 大力推广生物控制病虫害的生防工程

高度重视绿洲内部生物多样性在控制病虫害中的作用，特别是对棉花病虫害的作用；对作物品种引进应加强专业检疫，对农药的使用严加管理，确保农业安全生产；加强对敏感地段或地区的监测，以提高对生态灾难的应急能力和缓解灾情加剧的能力。

六、建议把塔里木河列入国家大江大河治理计划

本项建议已专门报国务院，见专题报告。

附件：

中国科学院生物学部"西北五省区干旱半干旱区可持续发展的农业问题"新疆考察咨询组

姓　名	单　位	职　称
张新时	中国科学院植物研究所	中国科学院院士
石玉林	中国科学院自然资源综合考察委员会	中国工程院院士
刘东生	中国科学院地质研究所	中国科学院院士
张广学	中国科学院动物研究所	中国科学院院士
关君蔚	北京林业大学	中国工程院院士
程国栋	中国科学院兰州冰川冻土研究所	中国科学院院士
山　仑	中国科学院水利部水土保持研究所	中国工程院院士
佘之祥	中国科学院南京分院	研究员
许　鹏	新疆农业大学	教授
王西玉	国务院发展研究中心	研究员
慈龙骏	国家林业局治沙办	研究员
史培军	北京师范大学	教授
李凤民	兰州大学	教授
韩存志	中国科学院学部联合办公室	研究员
潘伯荣	中国科学院新疆生态地理研究所	研究员
董建勤	人民日报社	记者
孙卫国	中国科学院生物学部办公室	工程师
陈仲新	中国科学院植物研究所	博士
屠志方	国家林业局治沙办	助理工程师

关于呈送"关于建立我国钾肥资源稳定
供应体系的建议"的报告 ①

国务院：

我国钾盐资源短缺，这是影响我国农业发展的一个重要问题。为寻求建立我国钾肥资源稳定供应体系的途径，中国科学院学部于 1997 年设立了"中国钾肥资源的出路"咨询项目并组成课题组。课题组围绕我国农业生产对钾肥的需求、我国钾肥资源的现状和前景、我国利用周边国家钾肥资源的可能性及我国西北地区盐湖资源的开发和利用中存在的问题等进行深入研究。同时，对泰国、老挝、约旦、俄罗斯等周边国家的钾肥资源进行调研，并于1998 年专门组织考察团赴俄罗斯伊尔库茨克对涅普钾矿的情况进行考察研究，以确定在周边国家建立我国钾肥稳定供应基地的可行性。在此基础上，经多次讨论和反复修改，形成了"关于建立我国钾肥资源稳定供应体系的建议"的咨询报告。

报告指出：要实现 21 世纪我国现代农业的健康、持续发展，钾肥等肥料的供应将是一个关键的制约因素。目前我国钾肥供应主要依赖进口，国内生产能力低，这种局面不利于保证我国农业对钾肥资源的大量需求。因此，有必要建立具有较强控制和调节能力的钾肥资源稳定供应体系，以保证我国 21 世纪农业持续、稳定的发展。报告建议的钾肥资源稳定供应体系由国内钾肥生产基地、国际钾肥市场和境外的钾肥生产基地三大支柱构成，并逐步形成 1∶2∶1 的供应格局，即国际钾肥市场仍是我国钾肥资源供应的主体。报告研究了加快建设国内钾肥生产基地及在境外迅速建立钾肥生产基地的可能性和主要途径，提出了保障我国钾肥资源可持续利用的主要措施。

---

① 中国科学院文件。

现将"关于建立我国钾肥资源稳定供应体系的建议"的咨询报告呈上，请审示。

附件：关于建立我国钾肥资源稳定供应体系的建议

中国科学院

1999 年 9 月 22 日

附件：

关于建立我国钾肥资源稳定供应体系的建议

农业是我国国民经济和社会发展的重要基础，而要实现 21 世纪现代农业的健康发展，钾肥等肥料的供应无疑是一个关键的制约因素。我国耕地有限，用增施肥料来提高粮食单产，是保证日益增长的人口对粮食需要的一项重要措施。在当前和将来相当长的一段时期内，肥料的增加量主要来自于氮、磷、钾等化肥。但目前我国氮、磷、钾肥比例严重失调，钾肥施用比重过低，施用化肥中氮、磷、钾的比重仅为 1:0.4:0.16，远低于发达国家 1:0.42:0.42 的平均水平，造成我国耕地缺钾状况的日趋严重。因此，要保证未来几十年粮食的稳定增产，必须解决钾肥资源的稳定供给问题。

当前我国钾肥供应主要依赖于进口，国内本身的生产能力很低，这种局面不利于保证我国对钾肥资源的长期大量需求。我国钾肥（氯化钾肥为主，下同）消费量近年来增长迅速，1990～1997 年间增长了 1 倍，1997 年消费量高达 494 万吨，占世界钾肥生产量的近 1/8，但国内钾肥生产量 1997 年只有 28.6 万吨，仅占消费量的 5.8% 左右，其余绝大部分钾肥需要进口。进口钾肥从 1990 年的 242.38 万吨快速增长到 1998 年的 565 万吨，9 年中增长了 1.33 倍。从长远来看，我国钾肥消费的增长趋势在未来几十年将保持下去，预计到 2010 年将达到 1000 万吨以上，约占世界总产量的 1/4，市场金额将超过 14 亿美元。如果届时如此大量的钾肥供应量依然绝大部分来自于国际市场，我国将承担巨大的贸易风险，一旦出现大的价格波动或极端事件，将给我国农业发展带来严重影响。同时如果这样巨大的钾肥市场都让给外国，对我国经济发展本身也是一种损失。

因此从国家战略层次考虑，有必要建立我国具有较强控制和调节能力的钾肥资源稳定供应体系，以保证我国 21 世纪农业持续、稳定地发展。这一钾肥资源供应体系将由国内钾肥生产基地、国际钾肥市场和我国在境外的钾肥生产基地三大支柱构成。在这三大支柱中，国际钾肥市场是目前我国钾肥资源供应的主体，并且预计在未来的 10～20 年中世界钾肥生产能力依然过剩，能够稳定地供应我国 50% 以上的钾肥需求量，关键要注意形成多渠道的进口，防止加拿大为首的钾肥出口大国对我国钾肥市场的垄断。国内钾肥生产基地已有一定规模，需要充分利用我国盐湖钾资源、依靠科技进步大幅度地扩展生产规模，在未来的 10～15 年内形成能供应我国 20%～25% 左右钾肥消费量的生产基地。我国在境外的钾肥生产还未开始，但从世界充足的钾资源分布和已开展的境外钾盐开发可行性研究来看，在未来的 10～15 年内形成能供应我国 20%～25% 左右钾肥消费量的生产基地并参与国际市场的竞争是有可能的。因此，我们认为在未来的 10～15 年内，国家应该加大力度，依靠科技进步建立起我国钾肥资源稳定供应体系，逐步形成由国际钾肥市场、国内钾肥生产基地和我国在境外钾肥生产基地三大支柱构成的 2∶1∶1 供应格局。下面我们对后两大支柱的建立提出进一步的意见和建议。

一、加快建设我国国内钾肥生产基地的可能性和应采用的途径

尽管我国可溶性固体钾盐资源极为贫乏，但盐湖钾资源相当丰富，并且大型矿床相对比较集中。截至 1997 年年底，我国已探明的钾盐保有储量为 4.62 亿吨（氯化钾，KCl），其中可利用的矿区保有储量为 2.32 亿吨，居世界第 8 位，这些储量 95% 以上来自于盐湖卤水矿床，而可溶性固体钾盐矿床储量只有 1199 万吨。在盐湖钾资源方面，柴达木盆地盐湖氯化钾储量为 4.4 亿吨，为世界上第二大含钾盐湖，我国盐湖钾资源扩大潜力很大，像新疆的罗布泊、西藏的扎布耶茶卡等盐湖新近又发现了巨大的钾资源量。因此，根据

我国盐湖钾资源的保障能力，完全有可能在柴达木盆地建立我国的钾肥生产基地，达到年产 150 万～200 万吨、保持 50～100 年时间的生产能力。此外，像罗布泊及藏北盐湖都可作为我国钾肥资源开发的后备基地。云南勐野井可溶性固体钾矿也可重新建设成有万吨级生产能力的矿山。我国在柴达木盆地以察尔汗湖区为主已建立了大小钾肥生产厂近 20 家。总计生产能力已达到约 50 万吨氯化钾。察尔汗湖西部和其他盐湖的大部分钾盐储藏尚未开发。目前在柴达木盐湖开发中存在的主要问题是：①只对单一资源（钾）利用，对于共生的硼、锂、镁等资源没有综合利用起来，造成钾肥生产成本偏高。②经营粗放，采收率低，产品质量不稳定，多数工艺方法落后。③不重视科学采卤，滥挖乱采，废卤就地排放，影响矿床的可持续利用。

从柴达木盐湖开发现状和未来发展目标出发，我们建议：

（1）组织盐湖科研力量，建立盐湖资源综合开发产业化示范基地，形成钾、硼、锂、镁综合开发的工程技术体系与管理模式，成为大厂建设的样本。之后转入高附加值的盐湖深加工产品的开发。

（2）以盐湖资源综合利用为核心加大步伐建立柴达木以钾为龙头的盐湖开发基地。察尔汉湖区可建设年产 100 万吨的以钾为主的综合利用大型企业；马海湖区根据资源保证程度可建成年产 50 万吨氯化钾为基数的综合利用企业。昆特依盐湖、大浪滩盐湖可作为综合开发的后备基地。

（3）对于现有察尔汉湖区的钾盐生产企业，国家应积极引导其走规模生产的道路。要用优惠的政策和必要的行政措施，对现在的过于分散的企业实行兼并、重组和改造，提高其采收率，科学规划采卤和限制废卤排放，稳步扩大现有的生产能力。

二、我国在境外迅速建立钾肥生产基地的可能性和主要途径

利用国内外"两种资源、两个市场"是我国新时期矿产资源勘探开发的全球战略。钾资源，特别是可溶性固体钾盐资源，在全球范围内是十分丰富的。据美国地质调查局估计，世界上现有探明钾盐储量可保证年限高达 120 年。在我国周边国家（俄罗斯、泰国、老挝等国）都分布有丰富的钾资源，

像泰国及老挝境内的呵叻钾盐盆地、沙空那空钾盐盆地、俄罗斯的上卡姆和涅帕钾盐矿等，含有数千亿吨的钾盐资源。我国有关部门、地方和企业近年来都纷纷派人对这些盆地或矿床进行了考察并商谈合作开发的可能，有关国家政府也表示欢迎并可能提供一些优惠条件。从经济上来看，由于国外大部分钾资源品位较高、易于开采，因此只要充分做好可行性分析、选好对象，以我国较强的技术力量和相对廉价的人力资源为基础，以我国稳定、大量的钾肥市场需求做后盾，我国完全可以在未来的10～15年内建立起2～3个百万吨规模、具有一定国际竞争能力的境外钾肥生产基地。

从国际矿业的发展经验来看，建立我国在境外的钾肥生产基地的途径主要有三条：

（1）通过到国外进行钾盐资源风险勘探，建立自主开发的钾盐矿山企业和钾肥生产企业。这条途径容易获得好的开采资源，获利可能性较大，但勘探开发周期较长，一般建成投产需要10～15年。适用于这条途径的最佳选择是在泰国和老挝。这两个邻国拥有丰富的钾盐资源，但两国勘探程度较低，泰、老两国政府均强烈希望跟中国合作，联合勘探开发其钾盐资源。

（2）对国外已找到的钾盐（包括死海盐湖）直接进行联合开发，建立主要供应于我国市场的生产企业。这条途径比较稳当，但获得的利润可能不及前一种方式大，建成投资需要5～10年的时间，像俄罗斯涅帕钾矿储量已经比较清楚，当地政府欢迎外资（包括中国）来投资开采此矿。约旦政府也希望与中国共同开发死海盐湖资源。

（3）买断或部分买断国外已有钾盐矿山的产权，使其产品主要稳定供应于我国市场。这条途径很稳当，而且马上可以供应于国内市场，如俄罗斯的上卡姆钾矿已开采了50多年，俄罗斯和我国有关部门曾有过接触，希望联合投资建设和改造该矿。加拿大也有些钾盐矿山准备出让产权。但这一方案的可行性仍有待论证。

无论是通过哪一条途径去建立我国有控制权的境外钾肥生产基地，都应该按照我国市场经济体制和国际矿业惯例来运作，充分发挥国内有关企业的积极性，同时国家应通过制定优惠的投资政策和给予适当的贸易保护，扶持和帮助国内企业在境外勘探开发钾盐资源，形成我国稳定的钾肥资源供应基地。建议国家有关部门：

（1）加强对境外钾盐资源勘探开发工作的组织领导，尽快开展立项，及时进行论证审批。应组织一支由地质、矿山、化工、交通、经济和外交等多学科的技术专家和管理专家组成的论证小组，对我国利用邻近国家钾盐资源的可能性和企业提出的勘探开发方案进行认真系统的论证。

（2）根据我国国情，结合国际惯例，尽快出台鼓励我国有关企业到国外开展风险勘探和开发矿产资源的政策和经济上的扶持办法。建议把境外钾盐矿产勘察纳入国家银行风险投资的优先支持范围内。

三、保障我国钾 肥资源可持续利用的主要措施

我国钾肥资源除富钾盐卤水以外，还包括富钾地下卤水、古代固体钾盐和含钾岩石等。富钾盐湖卤水是目前开发的主要对象，据估计其资源量为 6.8 亿吨以上，现已探明储量 4.62 亿吨，还有相当一部分资源有待探明。当前盐湖资源开发中存在较严重的滥采乱挖现象，资源利用率需要进一步加强。虽然在以往已开展了大量寻找古代固体钾盐工作，但未取得突破。近年来随着盆地油气勘探工作的大量开展和研究的深入，发现一些新的找钾苗头需要进一步分析和证实。富钾地下卤水在我国有着较丰富的资源，但目前尚未进行系统开发。我国对储量巨大的含钾岩石已进行了初步的开发工作。

因此，在加大开发我国钾肥资源的同时，应进一步扩大我国钾肥资源的储量，保护好现已探明的钾肥资源，提高资源利用率。主要措施包括：

（1）继续支持寻找古代钾盐资源的地质工作，保留一支精干队伍从事古代钾盐资源的调查研究工作。重点研究油盐共存盆地的古代钾盐成矿远景，坚持落实油（钾）盐兼探的方针，制定有关支持政策和技术措施。同时对少数几个含钾盆地（如思茅、柴达木西部等盆地）进行钾盐资源普查评价工作。

（2）加强富钾盐湖的地质勘查工作，为盐湖资源的开发提供后备接替资源基地。建议对新疆罗布泊盐湖开展进一步的普查勘探工作，确定其储量，同时进一步摸清全国其他盐湖的资源情况。

（3）认真贯彻执行国家有关矿产资源的法律和法规，坚决杜绝青海盐湖开发中严重存在的乱采、乱挖现象。要建立权威性管理机构，强化对钾盐生

产企业资源利用和保护的监督。特别是对采卤和排卤等关键环节，要采取集中管理。对于将要开始的新区钾盐资源开发工作，一定要做好科学采卤、合理排卤方案的论证和后续监督工作，防止新的乱采、乱挖事件发生。

此外，非常规钾资源（即通称的富钾岩石）作为我国钾肥来源的一种补充，对于初加工的钾矿肥产品，应加强对其肥效及其长期施用对土壤影响的研究，并开展对含钾岩石综合利用的深加工研究开发工作。

总之，在我国农业发展对钾肥资源需求日益增长的情况下，国家应着眼于长远的战略考虑，充分重视利用国内外"两种资源、两个市场"，建立起我国强有力的钾肥资源保障体系，来保障我国 21 世纪农业的可持续发展。

关于呈送《黄土高原农业可持续发展咨询报告》的报告 [①]

国务院：

为贯彻落实江泽民总书记"再造一个山川秀美的西北地区"的指示精神和朱镕基总理视察陕西时提出的"退田还林（草）、封山绿化、个体承包、以粮代赈"的黄河流域治理方针，由中国科学院生物学部组织的"西北五省（区）干旱半干旱区可持续发展的农业问题"咨询组，继 1998 年对新疆农业可持续发展问题进行咨询考察后，又于 1999 年 9 月 3～17 日对甘肃、宁夏、陕西三省（区）的黄土高原地区及其毗邻相关区域的农业可持续发展问题进行了深入调查研究。咨询组途经甘肃兰州、定西、平凉、庆阳，宁夏固原、吴忠、银川，陕西榆林、延安、铜川、西安等 12 个地市的 37 个县市，参观考察了 30 个示范区，与当地干部群众进行了广泛的座谈与交流。经咨询组认真讨论、研究，对该地区的生态环境建设农业可持续发展提出了建设性的意

---

① 中国科学院文件。

见，形成了《黄土高原农业可持续发展咨询报告》。

报告对黄土高原农业可持续发展提出了六项建议：

一、黄土高原农业可持续发展的战略定位；

二、黄土高原治理的四项基本措施；

三、黄土高原治理的三个关键问题；

四、黄土高原农业可持续发展的生态模式；

五、黄土高原的畜牧业发展问题；

六、黄土高原农业可持续发展的政策建议。

现将《黄土高原农业可持续发展咨询报告》呈上，请审示。

中国科学院

1999 年 11 月 30 日

附件：

黄土高原农业可持续发展咨询报告

中国科学院生物学部

黄河和黄土高原哺育造就了中华民族，历史悠久的中华文明由此发祥。然而，历经数千年沉重的过度土地利用，战乱和灾变的摧残，黄土高原的植被破坏、水土流失、土地破碎与劣化，生产力低下，已成为我国生态环境退化的渊薮和对我国社会、经济和环境可持续发展有重大制约的地区。在 21 世纪来临之际，朱镕基提出"退田还林（草）、封山绿化、个体承包、以粮代赈"的黄土高原及黄河流域治理的战略措施，将大大促进黄土高原战略定位的调整、生态环境的恢复重建和农业的可持续发展；使黄土高原得以休养生息，步入良性循环的轨道，必将在 21 世纪创造出新的辉煌。

一、黄土高原可持续农业的战略定位

1. 基本特点

黄土高原地处太行山以西，日月山-贺兰山以东，秦岭以北，长城以南。在此范围内，连续分布的黄土高原侵蚀地形面积约为 36 万平方千米，海拔在 500～2000 米左右。按自然地理特征，黄土高原处于温带半干旱与半湿润区；按经济地理特点处于农牧林过渡区，高原及其周围有一系列特大、大、中、小城市，铁路与公路骨干交通格局已基本形成。黄土高原地区共有人口 6232.4 万人，分属于 217 个县，地跨山西、陕西、河南、甘肃、宁夏、青海、内蒙古 7 个省（区）。黄土高原水土流失严重，长期处于贫困状态，不仅制约本区的经济发展，而且对黄河中下游的生态与经济发展也有严重的影响。

2. 发展现状

（1）黄土高原的人民为我国革命事业做出过伟大的历史贡献，中华人民共和国成立以来特别是改革开放以来，在十分困难的条件下，黄土高原的人民发扬艰苦创业精神，坚持不懈地治水改土、兴修梯田、植树造林，开发水资源与节水灌溉等，使各地区水土流失在不同程度上有所控制，入黄泥沙有所减少。黄土高原的粮食产量也有了较大幅度的提高，大部分地区已初步解决了温饱问题，为进一步发展打下了重要的物质基础。

（2）黄土高原土地类型多，人均土地资源较多，但土地生产力水平较低，土地利用方式不合理。黄土高原的基本土地类型是塬、梁、峁、沟、涧、坪，还有土石山地、河谷平原、风沙草滩、覆沙地、黄土（包括次生黄土）台地。由于地势起伏大，千沟万壑，土地支离破碎，土地类型空间分布极不均匀。由于历史上经济基础薄弱，迄今黄土高原的产业结构单一，第二、第三产业发展缓慢，农业生产普遍以种植业，尤以粮食为主。商品农产品种类甚多，但规模小而分散。畜牧业仍以传统的粗放经营方式为主，区域的自然、经济优势未能充分发挥，多数地区人民生活贫困。黄土高原人均耕地 3.7 亩，是我国人均耕地数的 2.8 倍，人均土地资源较多，但人口近年增长较快，人均耕地呈不断下降的趋势。由于黄土高原地貌支离破碎、地势高差大、地表侵蚀严重、土壤瘠薄、肥力低下，一般土地生产力水平较低，粮食单产多在 100 千克左右。黄土高原的生态环境仍然十分脆弱，水土流失未得到根治，多数地区尚未脱贫，抗灾能力不强。除少数水利基本设施较好的塬地与平川地区外，粮食生产的年际起伏达到50%以上，水土流失和以干旱、风沙为主的自然灾害频繁，仍然威胁和制约着这一地区的可持续发展。

（3）降水量少，可作为农业利用的水资源量很少，水资源贫乏。黄土高原年降水量在300～600毫米，年际分配不均，年变率大（20%～50%）；降水量在年内各月的分配也极不均匀，70%的降水量分布在7、8、9三个月份，常以暴雨形式出现，造成这一地区十年九旱，可为农业利用的降水量不到30%；由于千沟万壑的黄土地貌，地表水资源的利用仅限于河流谷地的川坝地，水利工程难度大、成本高；地下水埋藏深，补给条件复杂，不宜大量开发。暴雨性降水不仅造成严重的水土流失，且使水资源利用率难以提高。据黄河皇甫川观测资料，1982～1989年共降雨74次，平均每年近10次，但每次降雨持续时间不到2小时，即一年内仅20小时的降雨时间。

（4）黄土高原的广大干部和人民群众的生态意识普遍有所加强，江泽民发出的"再造一个山川秀美的西北地区"的号召和朱镕基提出的"退田还林（草）、封山绿化、个体承包、以粮代赈"的战略措施得到广泛的响应，进一步激发了人民加快黄土高原治理的热情。以黄土高原的生态环境治理作为开发大西北的序幕，黄土高原治理已进入一个崭新的阶段。

3. 黄土高原农业发展的战略定位

（1）黄土高原应以水土保持、防治荒漠化、改善生态环境为21世纪的主要战略任务。通过科学治理，为黄土高原的可持续发展打下基础，为黄河中下游的治理创造有利条件。

（2）在生态环境明显改善的基础上实现粮食自给，区内调剂；西北部实行农牧业结合，重点发展畜牧业；东南部实行农果、特产相结合，重点发展干鲜果及特产。

（3）黄土高原内部自然与经济差异较大，须因地制宜、分区划片、分类指导，形成具有市场开拓能力的拳头项目（包括各类畜产品、种植业中的小杂粮、干鲜果、林特产品）相应发展与产前产后密切结合的第二、第三产业。

二、黄土高原的治理分区

针对农业可持续发展，基于黄土高原水热条件、地貌与地表物质的空间组合、农业生产方式等条件，可把黄土高原划分为覆沙黄土丘陵沟壑区、黄土丘陵沟壑区、黄土塬区、黄河峡谷区共四类生态经济区。

1. 覆沙黄土丘陵沟壑区

覆沙黄土丘陵沟壑区主要分布在晋西北、陕北北部、宁夏中部、甘肃东北部，大致相当于沙黄土分布的地区。年平均温度在 6～12℃ 之间，多年平均降水量在 300～450 毫米；植被覆盖率低，且以农田植被和零星分布的灌草地与疏林草地、河谷人工林植被为主；境内水土流失与风蚀沙化交织，形成典型的风、水两相侵蚀带，是黄土高原水土流失较为严重的地区；种植业和畜牧业有一定比例。区内景观格局呈明显的覆沙低丘陵与宽河谷平原交织分布的特点。

2. 黄土丘陵沟壑区

黄土丘陵沟壑区是黄土高原的主体，主要分布在山西太行山以西、陕西黄龙山以北，宁夏南部、甘肃董志塬周围的大部分黄土分布区，青海湟水谷地以北部分黄土分布区，大致相当于典型黄土分布区，包括土石丘陵；年平均温度在 10～14℃，多年平均降水量在 300～450 毫米；植被覆盖率较高，但以农田植被为主，森林植被多在零星的岛状山地分布，人工灌草地多分布在河谷的陡坡地段；境内水土流失严重，且以构造侵蚀河谷陡坡重力侵蚀（如滑坡）为主；种植业为主，兼有一定的畜牧业。区内景观格局呈明显的梁峁地与沟间地交织分布的特点。

3. 黄土塬区

黄土塬区是黄土高原中的高平原，主要分布在陕北的延安（洛川塬）和甘肃的庆阳（董志塬），以及由分布在渭河谷地以北、汾河谷地两侧的多级阶地形成的台塬所组成，这是镶嵌在黄土高原丘陵区内的"明珠"，多年平均气温在 10～14℃，年降水量在 450～600 毫米。地势平坦，土质肥沃，除受降水不稳定因素的影响时而出现干旱外，一直是黄土丘陵区重要的农业生产基地。近年以优质水果种植为中心，成为我国重要的温带鲜果生产基地。

4. 黄河峡谷区

黄河峡谷区北起内蒙古托克托，南至山西禹门口，长达 400 多千米，涉及山、陕、内蒙古 24 个县旗。由于受黄河的下切作用，黄河峡谷两岸均为基岩裸露的石质山地和丘陵，仅在一些短小河流两侧的阶地上呈现间断分布的平地。这一地带地势起伏不平、坡地较陡，成为重力侵蚀和沟谷侵蚀的主要地区，也是黄河粗沙的主要来源区。这一带是著名的晋陕红枣分布区，也是黄土高原极为贫困的地带，人均地少，土地质量差。地表多为裸岩分布，相对低洼处为黄土覆盖区，水土流失也严重，被视为黄土高原区最难治理、脱贫致富任务最艰巨的地区。

三、黄土高原治理的四项基本措施

黄土高原的治理必须坚持生态效益与经济效益相统一、治理与开发相结合。坚持治坡与治沟相结合，生物措施、工程措施、农业措施相结合，以流域为单位，实行山、水、田、林、路的综合与连续治理。其基本模式是：川地水利化、沟谷坝系化，坡地梯田-林草化。黄土高原有四项最基本和关键的治理技术措施。

1. 集雨节水系统

黄土高原地区降水量约为 300～600 毫米，由于黄土的基质条件与地形特点，水的地表径流和渗流严重，因而表现出比相同降雨量地区更加干旱，且时空分配极不均衡。水成为黄土高原农、林、牧业生产和人民生活的限制性因素，也是黄土高原生态治理的最关键要素。黄土高原的土地很难有灌溉条件，只有在河流谷地、川地等河流附近或有大河引水工程时才有少量的灌溉地区。而大面积的黄土高原典型地区，由于梁峁沟壑的破碎地貌与高亢的地势，很难建设大型水利工程；黄土高原地区地下水一般埋藏深度大，多在 100 米以下，且以降水补给为主，如果过量开采，会导致水源枯竭，所以不能大量用于农业灌溉，因而应多用天然降水为农业生产提供水源。黄土高原的天然降水特点是：少而不稳定，年内分配不均，集中于农作物生长后期，且多以暴雨形式出现，有效性不高，年际变化大，旱灾频繁，十年九旱。因此，以水窖储雨水以备在需要时使用，水窖储雨水几乎成为黄土高原农业补充灌溉的唯一来源。窖灌是黄土高原农业上的一项革命性措施，是使农业免于颗粒无收的关键和救急措施，即使在非常干旱的年份，也会使旱地有一定收成，收成甚至达到中产水平。黄土高原的人民早有修水窖集雨水供人畜饮水的经验和传统。以色列人虽然在 2000 年前曾有用水窖集水灌溉的径流农业，但其规模甚小。由于群众的积极性，加上国家的支持和科研人员的努力，大规模的集雨灌溉已在黄土高原普遍开展。尤其是甘肃，应用与发展各种集雨措施，如路面集水、庭院集水、坡地集水、薄膜集水、专用集水场集水等。因为集流水来之不易，所以需倍加珍惜，故集雨多与节水灌溉相结合，如滴灌、喷灌、微灌、渗灌、袋灌、罐灌，以及薄膜保墒等多有引进与创造，现这种灌溉方式已在农作物（玉米、小麦等）和果树、蔬菜等种植上有不同规模的应用，且发挥了重大作用。

2. 坡沟治理

在千沟万壑的黄土高原破碎地貌基础上治理水土流失与发展可持续农业，关键在于一整套坡沟治理措施，包括系统配置的梯田、水平沟、绕山转（等高种植带）、淤地坝等。梯田既是一项保证农田稳产高产的重要基本农田工程，又是一项可大量减少水土流失的关键性生态措施。在小于 25 度或小于 15 度的缓坡与川坝地修建梯田作为基本农田；在大于 25 度或大于 15 度的陡坡以修水平沟的方式种树、种灌、种草，发展经济果树，提供优质牧草，还可以有效地保持水土。在陡坡上采取沿等高线种植灌木，形成防护带；在侵蚀沟中建淤地坝，坝地可建成高产农田，沟坡上可种灌木。这样一套坡沟治理系统配合以上述的集雨节水措施即构成黄土高原最有效的水土保持体系与可持续农业的基础。

3. 可持续农业

黄土高原农业的经营水平参差不齐，多为连作或撂荒轮作。黄土高原的农业要持续发展，应采取以下可持续农业措施：不同作物和牧草的间作、套作、轮作，可以改善土壤肥力，避免土壤生产力下降，还可以防止与特定作物相关的微生物病害的发生；实行复合农林系统与林草（牧）系统；综合病虫害防治，减少农药的施用量，充分利用害虫天敌以达到病虫害防治的目的；运用免耕或少耕法，避免破坏土壤结构，减少土壤水分蒸发和土壤侵蚀；使用有机农业，减少化肥和农药的施用量，通过种绿肥和发展畜牧业，增加有机肥的施用量等。

4. 舍饲养畜

如果说，集雨节灌是黄土高原农业的保障，那么，梯田与可持续农业措施是黄土高原农业稳定与人民温饱所必需，畜牧业则是使黄土高原农民增收致富的途径。由此可见，畜牧业在黄土高原中具有非常重要的特殊地位，是高原农业可持续发展重大举措的第四步，黄土高原畜牧业必须走与农田种草相结合的舍饲养畜的路子。舍饲养畜不仅不会造成土地因过牧退化而水土流失，而且可因种草而保持水土，并提供大量有机肥来肥沃与改良土壤，从而促进作物、果树与林木生长。

四、黄土高原治理的三个关键问题

1. 粮食自给与退耕还林

黄土高原耕地面积为 25 365.07 万亩（统计数为 13 087.47 万亩），其中，平耕地 14 380.30 万亩，占耕地总面积的 56.7%，坡耕地 10 179.62 万亩，占耕地总面积的 43.3%。坡耕地中大于 25 度以上的面积为 1133.22 万亩，占耕地总面积的 4.5%。1996 年黄土高原人均耕地 3.7 亩，人均粮食 371 千克；如果去除城市人口，则农村人均耕地 4.4 亩，人均粮食 441 千克。如果将占耕地总面积 4.5% 的大于 25 度以上的耕地（其单产按所有耕地单产的一半计算）退耕，则黄土高原人均耕地 3.5 亩、人均粮食 362 千克，农村人均耕地 4.2 亩、人均粮食为 431 千克，基本上可实现区内粮食自给，退耕对粮食生产带来的影响不大。

2. 耕地的水土平衡

黄土高原年均降水 300～450 毫米，相当于每亩地平均有降水 200～400 立方米，按 1/6 的集水率可产水 33～67 立方米，储于水窖足可供 1 亩耕地的节水灌溉，保证中等收成。经过努力，在黄土高原建造节水灌溉的水窖以保证人均 2 亩耕地的用水是完全可能的。

3. 治理速度与投资力度

黄土高原大于 25 度的坡耕地有 1133.22 万亩，荒草地有 15 922.55 万亩，需要保护防止土壤侵蚀的耕地有 3392.85 万亩，合计各类需要治理的土地共 37 586.25 万亩（约 25 万平方千米），占黄土高原总土地面积的 61.5%。粗略估算，按治理每亩土地费用为 400 元计（每平方千米为 60 万元），总投资需要 1520 亿元。黄土高原的侵蚀切割经历了上百万年的自然作用与数千年的人为活动，其治理至少需要几代人持续不断的努力。如果预计 50 年内初步完成，则年均治理面积需为 760 万亩，年均投资需为 30.4 亿元。

五、黄土高原可持续农业的生态模式

（1）黄土高原农业的可持续发展与其景观结构密切相关。因为景观元素：高台塬地、川坝地、梁峁地与冲沟及其在空间上的配置影响着水分的分配、养分循环，及其生态-经济功能。根据黄土高原的景观结构与生态功能特点可划分出四类基本的生态经济带。

①水土保持带：在气候和工程条件允许时，修水平沟植树种草，防止水土流失；或以种草种灌为主，并与集水工程措施相结合，作为其他生态经济带水窖的水源地（集水区），草灌可以作为舍饲畜牧业的饲料来源；这一带一般都位于梁峁的顶部及上部，在陕北深切沟壑区，梁峁地的下部常具陡坡，也作为水土保持带。

②山腰水保经济带：坡度不太陡时，可以种植果树等经济树种，特别是干果种类，在果树带间种植豆科优质牧草（如苜蓿等）和在沟边缘种植灌木来保持水土和综合利用，实行果牧结合。

③基本农田带：在黄土丘陵缓坡部位（一般在下部）建立以梯田为主的基本农田，建立以粮食生产、经济作物和草田轮作等相结合的三元结构经营方式；在深切沟壑区，由于丘陵的下部与冲沟直接相连，坡度极陡，而中上部坡度较缓，可修建有完备灌草防护措施的隔坡梯田的基本农田。

④川坝地高效经济带：建立高标准农田，粮食、经济作物、畜牧业综合发展，高投入，精耕细作，畜牧舍饲肥育基地等。

（2）黄土高原各基本景观元素的组合与各生态经济带的搭配，加上与具体的农业可持续发展的措施相结合，构成了高原景观-经济系统的优化生态模式。

①梁峁-川坝复合系统：梁峁顶部为种草、灌和乔木的水土保持带。黄土高原有众多的灌林种类可供选择，如柠条、沙棘、小檗、华北驼绒藜、酸枣、铁线莲等。在乔木种植上，应该注意因地制宜，合理配置，尤其要重视树种的选择，可选择的树种有油松、侧柏、栎等。上部的草灌具有防止水土流失、集水与畜牧的三重功效。梁峁中部的水保经济带以发展经济果树为主，特别是由于黄土高原所处的区位条件的自然特点，应该以发展干果为主，如大扁杏、扁桃、改良阿月浑子等；梁下部具有较缓的坡度，也具有较好的天然降水的集水条件，应为基本农田带，特别是以高规格梯田，配合集水、节水灌溉等发展粮食及经济作物；沟谷川坝地高效经济带以高投入、集约经营农业为主，兼顾畜牧业加工肥育中心。

②梁峁-冲沟系统：梁峁中上部具有较缓的坡度，可以建立梯田的高标准基本农田带或水保经济带，梯田应以隔坡梯田为主，隔坡以灌木和草来防护；当梁峁下部具有较陡坡脚，应为以防护为主的水土保持带；下部的冲沟在适当的地点建立淤地坝以拦截上游冲积泥沙，建立坝地农田；而在沟坡则应种植乔灌木，因为沟谷内具有较好的水分条件，适合树木生长。

③土石丘陵系统：按照区域条件的不同，丘陵石山分别以封山育林和种灌草等为主，而沟谷则以特产经济作物开发为主。

④高台塬地系统：顶面具有较大面积的平地，塬面平地以农业为主，可兼营牧、工业；边缘有侵蚀沟，沟坡以种植乔灌木为主。

⑤川地系统：边缘具有坡面，中间具有低平宽阔的川地，川地可作为高投入的农牧业的经济中心，可视边缘坡地坡度情况，作梯田或种灌草保护。

六、黄土高原的畜牧业发展问题

黄土高原主体属于半干旱区，以草原或灌丛草原（东南部为森林草原）为其优势自然景观，因而既不是农业区，也不是森林区，而是过渡性的牧农（林）交错带，具有草、农、林镶嵌与复合系统的性质，畜牧业在其中占有重要的地位与发展的优势。在黄土高原基本农田建设大体完成与实行可持续农业体制的基础上，粮食生产基本上达到稳定与自给的条件下，重要的战略性部署是发展畜牧业。草食畜牧业，尤其是舍饲畜牧业是黄土高原可持续农业重要的与较高层次的组成部分（或阶段）。它还是进一步产业化的物质基础与促进生态环境优化的重要保证。畜牧业占农业产值的比重是衡量一个国家或地区农业发展水平的重要指标，发达国家畜牧业占整个农业产值的比重一般在 50%～70%。而黄土高原地区各省区的畜牧业产值在大农业产值中的贡献不足 30%，即使在畜牧业较为发达的地区和县也仅为 40% 左右，这说明黄土高原地区的畜牧业需要大力发展。

舍饲畜牧业是生态环境友好的集约畜牧业，它既可是由政府、企业或农民集资开办的有一定规模的养畜场，更多地则是由农民个体或小集体的家庭舍饲养畜方式。通过这次对陕北横山进行的 2～3 年考察舍饲的农户经验表明，舍饲牛羊可显著提高家畜的生产力与产品质量，因此应增加产羔数，缩短出栏期，增多出栏率，便于管理与防疫，从而减少劳力（主要用半劳力），加强抗灾能力，降低家畜无谓能耗与便于集蓄厩肥等。我们所见到的舍饲绒山羊毛色光润、躯体健硕、产绒量多，产羔数明显增加，无任何不良反应，证明了舍饲山羊是完全可能的。舍饲养畜可防止家畜对植被与黄土表土的破坏，有利于水土保持与山川秀美，并能产生大量有机厩肥，对提高种植业和果树业的生产力与产品质量更具有重大意义。此外，舍饲畜牧业对畜产品与饲料加工产业化的稳定、优质、高产有着极大的潜力和光明的前景。

实行与发展舍饲畜牧业的根本措施有四点：改良畜种、发展种草业、饲料深加工与产业化。

（1）改良畜种：引进优良畜种与采用高新生物技术培育优良畜种是舍饲畜牧业的关键措施。例如，甘肃平凉养牛场以优选秦川牛作为美国良种肉牛胚胎移植的受体以改良畜种；陕北靖边地方企业养羊场引进澳洲著名的毛肉兼用绵羊萨福克、山东产多羔的小尾寒羊与优良的阿尔巴斯绒山羊等均有显著效果，其价值可比地方品种自由放牧的效果提高 5 倍以上。

（2）发展种草业：黄土高原虽有较大面积的天然草地 15 922.55 万亩，但多属干旱的荒漠草原与草原类型，草丛稀疏、盖度小、生产力不高、营养价值也较低，且多零星分散在陡坡，放牧畜群饮水不便，易形成过牧退化，从而加重水土流失。因此，在黄土高原发展产业化、规模化与优质的畜牧业中决不能依靠天然草地放牧，而应建立农业化种草业与舍饲方式养畜。

①实行粮、经、饲料（牧草）作物的草田轮作制，饲料作物或牧草在基本农田（含轮、间作）中的播种面积应逐步达到 1/3，不应少于 1/5，这样不仅可提供大量高产优质饲草，而且能显著提高农田土壤肥力与水土保持能力，减少病虫危害。为促进和保证草田轮作制，在初期可适当增加基本农田的面积。目前，黄土高原可供草田轮作制或轮间作的草种不多，主要是紫花苜蓿与沙打旺，以及一些豆科灌木（柠条、杨柴等）。亟待引进适应当地条件的优良草种，如苕子、红花三叶草、百脉根、羽扇豆、杂交酸模等。在梯田埂边种植柠条不仅具有保持水土的功能，而且定时刈割平茬也可提供部分优质饲料。

②在以水土保持为主的乔灌木行间普遍种植牧草，不仅可作为重要的饲草基地，而且能大大增强水土保持与水源涵养功能，以及提高林地土壤肥力，促进林木生长。

③在经济树木与果园的行间应大力推广种植牧草，不仅在经济林或果树郁闭前可种植，即使在树冠发育后，也可在行间种植耐阴的牧草，如白三叶等，为此可适当加宽果树行距，而不致降低果品产量。实行草田、草林（灌）与草果间作（或轮作）制，这样不仅可改良土壤肥力，促进农、林、果木生长与农产品品质与产量的提高，而且有助于水土保持能力的提高。尤其是舍饲生产的大量有机厩肥将成为促进农、林、草业丰产优质的主要保障。

（3）发展饲料工业：舍饲畜牧业要求并将促进饲料工业的发展。农作物秸秆或其他残余物经加工（含青贮）后可提供大量优质饲料。据实验，一些豆科灌木，如杨柴的绿色枝茎可用作培养食用菌的原料，其残余物（含丰富菌丝）为高营养的优质饲料。这种结构性的养分与能量转化不仅可多层次地高效利用养分与能量，增加了产量，而且大大提高了农林产品的附加值，增加了农民收入。

（4）产业化将是黄土高原舍饲畜牧业发展的必要步骤与保证。在地方政府或企业支持下建立一系列的养牛场与畜产品加工厂，如屠宰场、肉类加工厂、皮革厂、乳品加工厂、绒毛厂、生物制品厂、饲料加工厂等各类高附加值畜产品加工厂，树立名牌意识，形成有地方特色的优质产品，打开国内外市场销路。

黄土高原舍饲畜牧业的普遍建立与发展，加上产业化的促进，使高原的农业总产值有极大增长，其中畜牧业的产值应逐步占到 50%～60% 以上，农民的现金收入可大幅度提高，是农民由小康到致富的重要措施之一。这样不仅可以实现黄土高原以畜牧业为主要支柱产业的战略地位，而且可进一步改善黄土高原的生态环境保育与建设，使黄土高原在社会、经济与生态的可持续发展方面再上一个新的台阶。

七、黄土高原农业可持续发展的政策建议

1. 治理水土流失，改善生态环境，必须有切实的措施保证农民收入增加

治理水土流失，改善生态环境，必须同时考虑农民的增收问题。目前的状况是，黄土高原大部分地区农民的吃粮问题基本解决，但困难在于农民缺钱花，生活质量差。退耕还林还草，国家虽供应粮食，可以维持农民原有的生活水平，但不能解决农民增加收入的问题。有些地方退耕以后，由于各种集体提留、社会负担减不下来，农民的实际收入还可能下降，这将是实施这项生态措施的一个最大阻力。

为此，应把生态治理与农民增收结合起来，除了长远考虑区域经济发展和结构调整外，近期在退耕还林的同时，还应出台一些不使农民减收反而增加农民收入的配套措施。例如，按退耕还林面积减免农业税、农林特产税；减免按耕地摊派的民办教师、民兵训练、军烈属优抚等公益事业的集体提留，这部分经费差额，部分可由国家适当补贴；另外，根据条件和可能，在种植生态林草的同时，有计划地允许农民种植一定比例的经济林木，以增加新的创收来源。同时要大力支持当地特产经济发展，加快产业化步伐，使其成为稳定和增加农民收入的可靠保证。

2. 发挥移民工作在恢复生态平衡中的积极作用

在较大区域开发尺度上，可以考虑与邻近区域的关联与互补。例如，宁夏宁南六盘山区土石丘陵-宁夏黄河灌区的系统整合，通过移民的方式，把山区的居民迁移到黄河灌区，让山区生态得以恢复；又如，陕北的白于山区与

邻近的风沙草滩区建立类似的生态经济联系。在一些缺乏基本生存条件的山区，特别是在一些无水、无电、无路的"三无"山区散居的一些农民，祖祖辈辈"靠山吃山"，没饭吃就开荒，没柴烧、没钱花就砍树，这些传统习惯是造成这些地方生态环境恶化的重要原因，也是贫困的根源之一，加之这些地方往往人口失控，形成了"越穷越生，越生越穷"和"越穷越垦，越垦越荒"的恶性循环。近几年一些贫困山区把移民作为脱贫的一项重要措施，收到了明显的效果。但由于这种移民以脱贫为目标，以零散方式移民为主，影响了保护生态环境功能的发挥。因此，建议强化移民在恢复生态环境中的积极作用，把移民问题纳入退耕还林还草保护生态环境的重大措施之中。具体做法如下：

（1）突出移民在治理水土流失、恢复生态环境中的功能。改移民的脱贫解困单一目标为脱贫解困和恢复生态双重目标。只有治理了水土流失，恢复了生态平衡，才可能从根本上解决贫困问题。

（2）在一些没有生存条件的地方，尽可能实行按村落整体移民（迁入地可以分散安置），以彻底结束人为的破坏，这是实行封山绿化的前提条件。

（3）要慎重选择移民迁入地。集中迁入的新开发区，应经过科学论证，使人口迁入量要与水土承载力相适应，对移民的燃料来源和经济社会发展条件要进行必要的评估和规划，以防止因移民而出现新的生态环境问题。

（4）资金扶持应有所倾斜。移民地区除了把有关专项资金，如农业综合开发、以工代赈、农电项目、希望工程、甘露工程等经费捆绑使用，解决基础设施和公益事业外，扶贫资金、生态建设资金均应拿出一定比例用于移民补贴。

3. 建立有利于农民个人和社会力量参与生态建设的激励机制

种树种草，保护环境，恢复生态平衡，本身几乎是没有直接经济效益的。能否建立有效的激励机制，调动起参与主体，特别是农民的积极性，是这项工作成败的关键。为此，首先要建立起明晰而稳定的产权制度和配套政策，进一步明确"谁造谁有谁受益"的原则，使经营者树立起长期预期观念。其次，要鼓励社会各方面力量参与种树种草，改善生态环境。参与者不论是国有单位、集体组织还是农民个人，在造林经费补贴、提供信贷资金和其他政策优惠方面都要一视同仁，以鼓励更多的个人参与积极性。再次，要进一步完善"四荒"拍卖政策，建立相应的奖励、检查监督制度，重奖像石光银这样一些对治理生态环境做出重大贡献的人，坚决制止一些地方"买而不治"甚至随意毁林毁草造成新的水土流失情况的发生。

4. 进一步严格控制人口，缓解人口对水土资源的压力

人口增长过快，导致人口、资源、环境失衡，是这类地区生态环境恶化的基本原因之一。为改变这种状况，首先要严格控制人口，要有鼓励少数民族实行计划生育的政策措施，把人口自然增长率真正降下来。其次要大力发展各类教育，提高人口素质，提高农民的文化知识和信息吸收能力，发现和培养当地的企业家和各类人才。最后，加快小城镇建设，促进农村人口向城镇转移，缓解农村人口对水土资源的压力。

附件：

中国科学院生物学部"西北五省（区）干旱半干旱区可持续发展的农业问题"黄土高原咨询考察组

姓　名	单　位	职　称
张新时	中国科学院植物研究所	中国科学院院士
石玉林	中国科学院自然资源综考会	中国工程院院士
刘东生	中国科学院地质研究所	中国科学院院士
佘之祥	中国科学院南京分院	研究员
王西玉	国务院发展研究中心	研究员
慈龙骏	国家林业局治沙办	研究员
史培军	北京师范大学	教授
陈仲新	中国农业科学研究院	博士
孙卫国	中国科学院学部联合办公室	工程师
董建勤	人民日报社	记者

"农业黄淮海战役"的成功经验
及对当前商品粮基地建设的建议

李振声 [①]

一、历史回顾

1. 我国粮食生产出现过的三年徘徊

自 1978 年我国实行土地联产承包责任制以后，粮食生产连续 6 年持续快速增长，到 1985 年全国粮食总产从 6095 亿斤增长到 8146 亿斤，人均粮食从 633 斤增长到 781 斤，初步解决了温饱问题。但是，在 1985 年以后连续三年出现了粮食生产徘徊不前的情况，这三年的粮食总产分别为 7582 亿斤、8060 亿斤和 7830 亿斤。以 1984 年为标准计算三年合计减产 965 亿斤；而人口却持续快速增长，这三年的增长数分别为 1500 万、1656 万、1793 万，合计增长 4895 万人（相当于三个澳大利亚的人口）。如何解决三年徘徊时期的问题已成为各级人民政府关注的焦点。

2. 中国科学院组织农业专家向政府提出解决粮食徘徊的建议

针对我国粮食生产的三年徘徊，中国科学院农业专家急国家之所急，向政府就解决该问题提出了具体建议，其要点如下：

第一，黄淮海地区有 80% 的土地为中低产田且都具有很大的增产潜力。以中国科学院在河南省封丘县的盐碱地治理为例，其"万亩试验方"治理前粮食亩产只有几十斤，治理后亩产达到 1000 斤左右，比当时新乡地区的平均亩产（400 斤）高 1 倍以上；从封丘县的粮食总产看，治理前全县每年吃国家返销粮 7000 万斤，治理后给国家贡献粮食 13 000 万斤，正负相加全县每年可增产粮食 2 亿斤。

第二，中低产田投资少、见效快、效益大。以中国科学院在山东省禹城

① 中国科学院院士，原副院长，遗传与发育生物学研究所研究员。本文刊登在《中国科学院院刊》，2004,19（1）：61-63。收稿日期为 2003 年 12 月 28 日。

实验基地的"沙河洼"治理效果为例，治理投资 18 万元，实施一年后回收 20 万元；再如安徽省蒙城县利用世界银行贷款治理中低产田的效果，治理贷款的还款期为 15 年，而实际 3 年就收回了成本，资金还可滚动使用。

第三，黄淮海地区中低产田治理可带动全国粮食增产。中国科学院农业专家组的分析与估算结果是黄淮海地区有 500 个县，按每县增产粮食 1 亿斤计算，合计 500 亿斤；东北地区的增产潜力是 300 亿斤，西部地区为 100 亿斤，南方地区为 100 亿斤，全国总计 1000 亿斤。这样就形成了全国粮食从 8000 亿斤增长到 9000 亿斤的轮廓建议方案。

3. **急国家之所急，组织 400 名科技人员投入到"农业黄淮海战役"**

经过三个月的调查研究，中国科学院领导决定一方面积极向政府提出建议，另一方面积极组织本院 25 个研究所的 400 名科技人员（其中包括百余名高级研究人员）与地方政府联合，与兄弟单位合作，投入到冀鲁豫皖 4 省的农业主战场中，开展了大规模中低产田治理工作。工作地点分布在 5 个专区（德州、聊城、惠民、菏泽、沧州）、3 个市（新乡、濮阳、东营）和 4 个县（淮北地区的涡阳、怀远、亳州、蒙城），其中包括盐碱与沙地约 1000 万亩，涝洼地 590 万亩，砂浆黑土地 560 万亩。为了将工作落到实处，由中国科学院与冀鲁豫皖 4 省政府分别正式签订了合作协议，并上报国务院。

4. **中国科学院在黄淮海的工作受到国务院的重视**

在中国科学院的科技人员下乡前，由周光召院长主持了动员大会，会后《人民日报》于 1988 年 2 月 22 日在头版头条以"中国科学院决定投入精兵强将打翻身仗——农业科技'黄淮海战役'将揭序幕"为题作了专题报道。1998 年 5 月 24 日，当时的国务委员兼国务院秘书长陈俊生同志亲自带领一个考察组赴禹城考察，向国务院写了报告，并给禹城实验基地书写了"科技之乡"的题词，对禹城实验基地给予了肯定的评价。李鹏总理在带领十几位部长对黄淮海地区进行全面考察后，于 1988 年 6 月 17~18 日到达禹城视察并进行总结。他在视察我院兰州沙漠研究所负责的"沙河洼"的治理效果后作了"沙漠变绿洲，科学夺丰收"的题词，到禹城视察整个试验区后又作了"为开发黄淮海平原做出更大的贡献"的题词。当时中国科学院有 5 个研究所（地理研究所、南京地理与湖泊研究所、兰州沙漠研究所、遗传研究所和长沙农业现代化研究所）和中国农科院的土壤研究所在禹城工作。李鹏总理在总结讲话中说，"这次看了禹城县的黄淮海平原综合治理，改造旱涝碱地的试验田，看到中国科学院、农科院和禹城县的广大农民干部进行改造取得的成绩，感到很受鼓舞。这些有普遍的推广价值，对我们发展农业提供了很好的经验。"

5. 黄淮海地区中低产田治理后的实施效果

国务院非常重视黄淮海地区的农业发展，成立了黄淮海农业综合开发领导小组，由当时的田纪云副总理和陈俊生国务委员领导制订了中低产田改造和农业综合开发计划。在国务院的统一领导下，经过两期六年的治理，产生了良好的效果。1993年中国科学院地理研究所对黄淮海地区的339个县的实施效果做了调查，以治理前1987年各县粮食平均亩产为标准，划分为7个等级，到1993年各不同等级县粮食总产与单产增长的情况如下（表1）。

表1　黄淮海平原不同产量等级（县）粮食增产能力

1987年		总产量			单产			
亩产等级/千克	县数/个	1978年产量/亿千克	1993年产量/亿千克	增长率/%	1987年单产/（千克/亩）	1993年单产/（千克/亩）	增量	增长率/%
>150①	33	31.8	49.2	54.8	121	182	61	50.7
150～200	71	128.1	172.8	34.9	180.0	237.3	57.3	31.8
200～250	102	276.0	312.7	13.3	227.2	263.4	36.2	15.9
250～300	77	209.5	251.0	19.8	273.2	317.1	43.9	16.1
300～350	40	148.4	160.4	8.1	318.8	365.2	46.4	14.6
<350②	16	68.4	68.0	-0.6	378.4	393.2	14.5	3.8
合计	339							

上述结果说明，不论从7个等级的平均单产还是从各县平均总产看，中低产田的增产效果都是十分明显的。从黄淮海地区的粮食总产增长情况看，同我们的预期增产500亿斤结果实际增产504.8亿斤也是十分吻合的。

---

① 原表如此，应为"<150"——编者注。
② 原表如此，应为">350"——编者注。

二、黄淮海地区中低产田治理成功的原因

第一，中国科学院老一代领导与科学家的远见卓识。20 世纪 60 年代，他们就在黄淮海地区建立了旱、涝、碱地改良实验基地，如果没有当时的前瞻性部署，就不可能产生 20 年后的黄淮海中低产田治理项目建议。

第二，中国科学院培养了一支能承担国家重大任务的科技队伍，他们长期坚持在第一线进行试验、示范和推广，积累了系统的数据、资料和经验。

第三，在关键时期，中国科学院领导特别是决策人周光召院长，想国家之所想，急国家之所急，及时组织专家向政府提出咨询建议，同时主动组织科技人员率先投入到农业"黄淮海战役"中，对全国起到了带动作用。作为经验来考虑，我想就是"对国民经济有重大影响而自己又能干的事，确实看准了就要先做起来，不要贻误时机；只要做好了，就会得到国家的认可"。

三、对当前商品粮基地建设的建议

从我国当前农业生产中出现的问题来看，与 1987 年出现的情况有些相似之处，我院是否应该组织"第二次农业战役"，这需要请院组织农业专家班子进行调查研究，提出意见或建议，由院领导做出决策。

根据中国科学院系统科学研究所陈锡康研究员提供的资料（表2），从 1998 年后，我国粮食已连续 5 年减产，其中已有 4 年粮食亏损，前 3 年亏损 465.8 亿～689.7 亿斤，2003 年预计亏损 840 亿斤。近来粮价已开始上涨，如不及时扭转这种状况必将影响我国国民经济的持续发展。

表2 1998～2003 年中国粮食供求平衡分析

年份	全国粮食 / 亿斤	进口 / 亿斤	国内总产量 / 亿斤	出口 / 亿斤	年度节余 / 亿斤
1998	10 245.9	77.6	9 601.2	177.8	544.5
1999	10 167.7	67.8	9 654.4	147.6	433.5
2000	9 243.5	271.4	9 700.7	280.0	-465.8
2001	9 052.7	347.6	9 748.7	180.6	-529.0
2002	9 141.2	283.4	9 812.4	302.9	-689.7
2003	9 000.0		9 840.0		-840.0

资料来源：粮食产量、进口、出口均来自各年度中国统计年鉴；国内总消费由中国科学院数学与系统科学研究院根据国家粮食局、国家统计局和农业部有关资料计算。

在 1998 年，按照路甬祥院长的指示，陈宜瑜副院长和我曾带领院各有关业务局同志和农业专家赴东北长春市，与吉林省政府领导和吉林、黑龙江、辽宁、内蒙古农业部门的领导同志和中国科学院长春分院、原长春地理研究所、沈阳应用生态研究所、黑龙江农业现代化研究所及长春应用化学研究所的有关科室的同志一起开会讨论了关于东北地区商品粮基地建设问题并形成了"将东北地区建成稳定的商品粮基地和绿色农业基地建议报告"，报告内容包括：①东北地区农业发展现状。②东北地区农业发展的潜力和优势。③东北地区农业发展的目标和任务。④实现东北地区农业发展目标的措施和建议。但由于种种原因该计划未能启动实施。

现在回头看，当时提出的目标："到 2005 年，东北地区的粮食总产将由 1996 年的 1621 亿斤增至 1981 亿斤，粮食增量可满足全国新增人口 9000 万一半的需求，提供区际商品粮 900 亿斤，可养活 1.12 亿人口，占城镇人口的 1/3 左右。"这是非常符合我国实际需要的，如果当时启动了这项建议计划，东北的商品粮生产，恰好可以弥补我国现在的粮食缺口。

从当前国家的急需和我院过去在东北地区的工作基础看，我院有必要组织有关业务局和农业专家组再一次对 1998 年的建议报告做进一步研究和论证，并与地方政府共同商议，制订出一个新的联合行动计划和新的联合报告，并上报国务院，争取得到国家的支持，为将东北地区建成稳定的商品粮基地和绿色农业基地做出新的贡献。

对我国转基因作物研究和产业化发展策略的建议

中国科学院学部"我国转基因作物研究和产业化发展策略"咨询组 [①]

一、我国在转基因作物研发和产业化方面的成就

我国的转基因作物研发在国家的大力支持下，取得了很大的成绩。目前，我国农业生物技术的整体水平在发展中国家中处于领先地位，一些领域已进

---

① 咨询组成员包括中国科学院院士张启发、李振声、石元春、李家洋，中国工程院院士范云六，研究员贾士荣、陈受宜、朱祯、黄季焜、夏友富、杨晓光、黄大昉、彭于发，处长安道昌、程金根，副教授林拥军。本文刊登在《中国科学院院刊》，2004,19（5）：330-331。

入国际先进行列：我国是继美国之后，第二个拥有自主研制抗虫棉技术的国家；我国转基因水稻的研制处于世界先进水平。转基因作物的种植在我国已经产生了很大的社会经济效益。1999～2001年的三年中，我国种植抗虫棉面积约270万公顷，共少用农药12.3万吨，增产棉花9.6%，每公顷经济效益近2000元。抗虫水稻近两年在湖北、福建等地试种表明，抗虫水稻在整个种植季节可基本不施农药并可使其增产12%，同时也可缓解农村青壮年劳动力不足的矛盾。近年来，国内外在转基因作物研究方面取得了大量新成果，包括：

（1）应用转基因技术培育出抗虫性强的棉花、玉米、水稻等，其推广大幅度降低了农药的用量。

（2）分离出与氮、磷肥料利用效率有关的基因，培育出能高效利用氮、磷肥料的转基因作物，可有效降低肥料用量。

（3）获得了不少植物耐旱基因，正在利用这些基因培育耐旱农作物品种。

（4）培育出耐盐碱、耐铝毒的转基因植物。

（5）培育的耐储藏保鲜番茄，在国内外率先获准进行商品化生产。

（6）培育出蒸煮和食味品质明显改善的水稻；培育出富含维生素A的"金米"，由于其科学意义和政治意义，近年来在国际上引起轰动。

（7）培育出延缓叶片衰老的水稻，产量潜力显著提高。

这些成果表明，转基因技术正在领导一场新的农业科技革命。

二、影响我国转基因作物产业化的因素

（1）我国近年来在转基因作物研发和产业化方面的政策取向不明。一方面，我国政府加大了对转基因作物的研发及植物基因组研究的投入。另一方面，我国自1999年以来基本上没有批准新的转基因作物的商品化生产，而已批准商品化生产的转基因植物中，却没有粮食作物。这种状况影响了转基因技术作为生产力对我国经济建设的贡献，也有违于我国广大农民对新技术的强烈需求。

（2）管理办法需改进。我国现行的农业转基因生物安全管理条例及其相关的管理办法的管理时段太长，管制面偏宽，尺度太严，加之近年审批

操作不够规范，管理成本较高，限制了我国转基因作物研究和产业化的发展。

（3）与转基因作物研发相关的自主知识产权较少，后劲不足。

三、对我国转基因作物研究和产业化的建议

（1）由于转基因作物的研发与产业化牵涉面广，建议国家成立一个领导农业生物技术研发与产业化的权威性班子，负责制订我国农业生物技术的发展规划，确定优先发展领域，协调各方面关系，解决产业化及运行管理机制等重大问题。

（2）在继续扩大抗虫棉种植的同时，重点推进转基因水稻的产业化。原因在于：我国的转基因水稻在国际上有明显优势，转基因水稻的商品化生产可占领我国市场先机；转基因水稻在全国的推广，将会对农民增收和生态环境的改善产生明显效益；我国水稻出口极少，种植转基因水稻不会对外贸带来不良影响；相反，生产成本的降低还有可能增加稻米产品在国际市场上的竞争力，给外贸带来积极的影响；水稻是我国最主要的农作物，转基因作物的产业化将会有力地促进我国农业生物技术企业的形成；转基因水稻已经完成了商品化生产的各种安全评价程序和实验环节，未发现存在安全性风险，具备了区域性商品化生产的条件，应迅速批准商品化生产，争取在4～5年内形成规模。

（3）修订转基因生物的安全评价与管理条例。在管理中应将科学问题和行政策略区别开来，提高安全性评价的科学性，对转基因作物安全性的评价与审批实行分类管理。

（4）继续增加科研投入，保障转基因作物和农业生物技术的持续发展。建议国家设专项资金用于植物功能基因组研究，继续设立专项支持转基因农作物研发和产业化，并将它们形成中央财政支持下的较长期稳定的重大科技项目，以保证我国农业生命科学的长期稳定发展。

新疆现代农业科技发展战略与路线图 ①

一、国内外农业科技发展现状和趋势

（一）发展现状

进入 21 世纪，新的农业科技革命深刻地改变着世界农业的面貌。生物技术不断取得重大突破并迅速产业化，信息技术和新材料等高新技术在农业中的应用越来越广泛；设施农业、农产品加工业的发展，使农业效益大幅度提高；农业高新技术企业不断涌现，带动了农业结构的优化；保护生态环境和农业可持续发展越来越受到重视。在经济全球化背景下，我国已进入世界农业科技大国行列，前沿和关键性技术研究取得重大成果，许多技术已达到世界先进水平；农业科技成果转化能力稳步提升，产品精深加工技术快速发展，农业科技服务机制不断创新，有效地提高了农业综合生产能力，加快了传统农业的改造升级步伐；农业资源利用、农业生态保护、防灾减灾等取得显著成效，为现代农业发展提供了坚实基础。但是，我国农业科技水平与发达国家相比还存在显著差距，高端农业技术和投入品对外依存度仍然较大。在日益激烈的农业国际竞争中，我国新阶段农业发展对科学技术产生了更大需求，农业科技发展在面临良好机遇的同时也面临严峻的挑战。

1. 农业机械化

国外农业机械自动化水平不断提升，农业机械向高速、宽幅、大功率、舒适的方向发展。微处理技术、传感与检测技术、信息处理技术等应用于传统农业机械，极大地促进了农业机械性能的提高。

自动化控制技术在农业上的应用越来越受到重视，在农业机械上的应用已相当普及。一些著名厂商将自动控制、信息处理、全球定位系统及激光、遥感等现代尖端技术和装备应用于农业机械。例如，美国约翰·迪尔公司生

---

① 本报告是科技部资助的项目"科技支撑引领新疆跨越发展的战略研究"专题二，该专题由中国科学院农业项目办公室牵头，组织中国科学院有关研究所和新疆维吾尔自治区科技厅有关专家共同完成。该文收录于《科技支撑引领新疆跨越发展战略研究报告》（科学出版社，2012 年 7 月，第 54～67 页）。

产的水稻联合收割机安装了一套精密作业系统，该系统可提供作物产量或收获量信息，同时提供湿度、待收获作物总质量等信息，通过精确测量粮食"升运器"顶部的谷物流量及实时产量数据，分别实现对分离等装置进行快捷实时监测与控制，通过全球卫星定位系统和差分定位信号，可快速确定机器所处位置。

机器人技术正越来越被世界各国重视，农用机器人已被广泛应用于各个领域，在农业生产上已实现实用化无人驾驶农业机器人。例如，日本已开发和应用蔬菜、果树无人驾驶少量农药喷洒机，利用地磁方位传感器检测和控制喷洒机行走方位；日本已研发出通过棒状传感器检测秧株，利用离合器接通和断开实现转向自动控制的联合收割机。

我国农业机械自动化发展起步较晚。通过引进和消化吸收先进技术，使我国农业机械自动化装置得到了补充和发展，形成了一系列适合我国农业特点的自动化控制技术，显著提高了已有农业机械及装置的作业性能和操作性能。例如，农用拖拉机已广泛使用机械油压式三点联结的位调节和力调节系统装置，开发和采用了性能更完善的电子油压式三点联结装置；施肥播种机采用了行驶速度和种子粒数检测装置、马铃薯种薯切块播种装置等；谷物干燥机采用了自动维持热风温度装置、自动阻断燃料供给装置等。此外，还引进了农业、牧业、渔业生产自动化和农产品电子商务交易技术，四行半喂入联合收割机，精确施肥技术等。

2. 农业信息化

20 世纪 80 年代以来以"3S"（GIS、GPS、RS）技术和网络技术为代表的信息化技术在世界范围全面拓展应用领域。在农业领域，从耕地、林地、草场的监测到水资源、植被覆盖、土地利用的宏观分析；从灾害监测、预报、评估到区域农业规划与决策支持；从区域农业格局、特征及发展趋势到"精准农业"量化技术；从农作物产量预测预报到农产品市场供求关系分析，信息化技术都得到广泛应用。

3. 农业自动化技术

随着电子技术、计算机技术、人工智能技术的发展，农业自动控制技术也不断向专业化、标准化、智能化和网络化的方向发展。我国的农业自动化技术已在农业的许多领域得到广泛应用。在设施农业和精准农业方面，应用全球定位系统、地理信息技术、计算机控制技术、专家与决策知识系统，实施精准播种、精准灌溉、精准施肥、精准施药等，实现了农业生产的定位、定量、定时。精准农业自动控制技术正在向智能化方向发展，重点是节水、节肥、节药的智能化控制，设施农业智能化控制，农作物生长的计算机视觉和图像处理技术，虚拟农业技术等。微灌自动控制技术是发展节水农业、精准农业的重要技术手段，在等流量滴灌、微喷灌、微灌带等方面建立了适合我国国情的微灌参数设计和计算方法，开发出一批微灌自动控制系统，为提高水资源利用效率提供了重要技术支撑。

4. 农业生物安全技术

农业生物安全技术领域的研究体现出强烈的前沿性、前瞻性和战略性，是国家农业生物安全的重要保障。农业生物资源缺乏合理保护与利用，导致农业生物多样性显著下降，部分特有野生植物资源已经或濒临灭绝，重要遗传资源缺损或流失；转基因生物技术在推动农业科技进步并产生巨大效益的同时，对生物多样性、生态环境和人类健康的潜在风险也在加大，并由一系列转基因农产品引起大量的国际贸易争端。面对日趋复杂的反恐形势，发达国家已开展农业恐怖性生物超前研究，日内瓦生物武器谈判已将空气传播、大区域流行、可导致大面积绝收的植物病原菌列为生物武器讨论名单。

我国在农业生物安全技术领域取得了长足的发展和进步，建立了一批先进的农业生物安全研究机构及设施，建立了转基因农作物安全评价和管理体系；育成和应用转基因抗虫棉，并已产生数百亿元的经济效益；转基因抗虫杨树和抗病毒木瓜已在生产中大规模应用。但是，随着经济全球化的发展，我国农业生物安全正面临诸多挑战，形势十分严峻。外来有害物种及人畜（禽）共患重大烈性疫病入侵的压力越来越大，呈现入侵频率加快、蔓延范围扩大、发生危害加剧、经济损失加重的趋势，农林有害生物致害性变异加剧，小麦锈病、稻瘟病菌、赤霉病菌等灾变和流行暴发的风险急剧上升，有害生物趋势预测与防控亟待加强。我国尚缺乏系统性的战略与对策研究，战略性农业生物反恐领域的研究基本上处于空白状态，需要着重加强农业生物安全技术体系建设，为保障国家农业生物安全提供可靠的科技支撑。

5. 农产品加工技术

农产品加工技术是实现农产品增值的重要保障，通常超过70%的农产品产值是通过产后加工环节实现的。农产品加工技术的发展方向是专业化、标准化、规模化和集约化，近年来由于我国加强优势和特色农产品加工产业集群的建设，农产品产后升值有较快进步，但其在加工技术水平和物流成本等方面仍与国际先进水平有明显差距。

（二）发展趋势

目前世界农业科技关注的目标有两个：一是产量，即如何满足全球人类的食物需求；二是质量，即如何保障农业生产安全和获得安全的农产品。围绕上述目标，发挥现代科技的优势，突出以生物技术为主要支撑的农作物品种和畜禽优良品种的研发、以环境友好为前提的农业生产投入品的生产和使用、以信息技术为支撑的精准农业与农业产品的物流系统配置、以生物防治技术为主体的农林病虫害综合防治体系与农田生态系统保障体系建设等成为世界农业科技的主导方向。

美国等发达国家多年来连续投入大量的人力、物力和财力，通过转基因等生物技术，在粮、棉、油等农作物品种的研制上取得一系列成果，并迅速向全球扩散。

1. 经济全球化加剧了农业科技竞争和技术扩散

近20年来，信息科学与生物技术的快速发展，对全球经济社会产生了巨大的影响，经济全球化和技术全球化的格局正在逐步形成。先进技术在农业上的应用，使人类在不断满足目标产品需求的同时，生产经营者也获得了较大的利润。农业科技成为国际竞争的新着力点，科技资源在发达国家聚集，产品向发展中国家扩散，跨国公司利用资本优势和科技优势，形成世界范围内的技术市场垄断，使世界农业的发展更具挑战性和竞争性。例如，美国抗虫棉、转基因大豆、玉米等品种已在我国占据了较大的市场份额。

2. 发展优质高效环境友好型农业日益成为主流方向

农业生态环境体系包括农田、森林、草原和水、气、光、热，以及农业生产投入品（肥料、农药和农业机具）等。建设环境友好型农业，就是要充分运用先进科学技术、先进装备和先进管理理念，促进农产品安全和农产品标准化，实现农业资源安全、农业生态环境安全与全面提高农业综合效益的协调统一。

绿色农业已成为全球现代农业发展的主流方向。绿色农业生产过程要求最大限度地减少有毒、有害投入品的使用量，避免使用"难降解、持久性有毒有害"化学品；实行农田生物多样性合理配置，加强生物防治技术的应用，提高农田的生态免疫能力；畜禽养殖减少抗生素和禁止非法添加物的使用，强化畜禽粪便的无害化处理和综合利用等。

3. 生物技术和高新技术引领现代育种体系建设

现代农业以提高产量、改善质量、提高功能性为目标，在传统生物技术的基础上，通过采用生物技术等高科技手段，不断取得重大突破。筛选和获得各种性状的动植物基因，使人类可以通过分子设计、基因组装育种等现代生物工程技术，获得大量的优质高产高抗（抗病虫，抗低温、干旱）性状的优良动植物品种和高品质农产品，在满足人类需求的同时为社会创造无穷的商业价值。

在农业科技贡献率中，品种的贡献率一直占有较大的比重。近年来生物技术与其他高技术互相融合、交叉，已成为当今世界育种技术的主流。世界各国纷纷建立具有自主知识产权的动植物种质资源库和研发平台，并形成竞争激烈的育种技术与品种贸易市场。

4. 智能化管理和先进装备推动高效农业发展

信息技术的应用，促进了农业生产和流通市场的信息交流，在农业生产技术咨询和农业专家系统、农业技术培训和技术服务、农业灾害预测预报、农业生产资料价格查询、农产品交易、农产品加工、仓储管理和物流配送等方面，越来越体现出信息技术的重要性。

农业装备包括农业种植与收获装备、农产品加工装备、仓储与运输装备等，在现代农业发展中占有重要的地位。使用具有智能化管理的农业机械装备，是发展精准农业、大幅度提高农业生产能力和作业效率的重要途径，也是推动高效农业发展的主要动力。

二、新疆农业发展现状与特征

（一）优势特色农产品地位突出，农业区域化生产格局形成

新疆以其独特的地理区位和气候资源造就了具有鲜明地域特色和优势的农业生产条件。改革开放以来，农业综合生产能力不断提高，已成为全国主要的商品棉、加工番茄、葡萄、啤酒花生产基地，全国重要的畜产品、林果、甜菜生产基地；形成了1000万吨以上粮食、300万吨棉花、近1000万吨果品、200万吨牛奶、200万吨以上肉类的生产能力。主要农作物粮食、棉花、油料及甜菜等作物的生产水平高于全国平均水平，酿酒葡萄、啤酒花、枸杞、红花、制酱番茄、打瓜、红辣椒、甜菜、油葵、亚麻等特色农产品生产在全国都占有重要地位；呈现出南棉北粮、南园北牧、南干（果）北鲜（果）、一县一品的产业格局和地域特征。形成了一批各具特色的农业生产区域，包括天山北坡经济带以棉花、番茄、酿酒葡萄、蔬菜、种子等特色高效种植和农产品加工为重点的综合农业区；吐哈盆地以葡萄、哈密瓜等特色园艺作物为重点，生产、加工、营销一体化的产业集群和以农业观光旅游为特色的农业区；伊犁河流域以粮、油、糖、香料生产为重点的农产品加工产业集群和养殖业相结合的农牧结合区；塔额盆地、阿勒泰以粮为主、农牧结合，以红花、打瓜、豆类、中药材等为重点的特色种植和养殖业相结合的农牧交错区；环塔里木盆地以特色优质林果和棉花为重点的规模化生产区。

（二）农业基础建设水平稳步提高，农业产业化发展相对滞后

以水利为中心的农业基础设施建设取得重大进展，建成水库575座（其中地方450座），总库容135.8亿立方米（其中地方103.1亿立方米），各级灌溉渠道37.2万千米，灌溉面积（地方）达405.27万公顷，农业高效节水灌溉面积（地方）突破66.67万公顷，初步形成了以防洪、灌溉、调水为重点的水利工程体系。种植业综合机械化程度达到78%，位居全国前列，拥有农机总动力1165万千瓦。生态建设与环境保护取得重大进展，绿洲森林覆盖率达到23.5%，治理水土流失面积31.93万公顷，除涝面积3.95万公顷，耕地化肥施用量0.38吨/公顷，低于全国平均水平（0.43吨/公顷）。

新疆农业产业化水平较低，竞争力不强。2009 年，农业产业化经营的覆盖面为 115 万户，占新疆总农户数的 47%。农产品加工转化率为 40%（全国为 45%，发达国家约为 90%），农副产品加工业产值占全区规模以上工业企业产值的比重为 4.4%，就业人员占全区规模以上工业企业就业人数的 4.3%，全区规模以上农产品加工企业 647 家，销售收入平均 7417 万元，亿元以上的企业较少。特色农产品加工深度低、品种少、市场竞争力弱，尚未形成品牌效益。产加销利益链的连接机制不完善，扶持政策不到位。部分企业虽然有市场、有特色、有前景、有订单，但由于实力弱、有效资产抵押能力差，贷款和融资难的问题日趋突出，成为农业产业化发展的瓶颈。

（三）农业生态环境压力增加，水资源瓶颈约束突出

新疆实施了"三北"防护林工程、退牧还草工程、草地生态置换工程等一系列生态建设项目，大力开展植树造林、土壤盐碱化防治、中低产田改造和荒漠化防治，保持了生态环境的稳定。但是，生态环境"总体稳定、部分改善、局部恶化"的局面尚未根本改变。绿洲内部生态环境有所改善，农-牧交错带、绿洲-荒漠过渡带的生态环境质量仍有恶化趋势。全区耕地中，盐渍化土地约 120 万公顷，有 28.7% 的耕地受到不同程度的次生盐碱化危害；每年约有 66.67 万公顷农田受风沙危害，造成直接经济损失约 30 亿元；800 万公顷草场严重退化。随着新疆工业化、城镇化加速，城市和工业污染问题日益显现，不当排放加剧了农村生态环境的恶化。化肥、地膜和农药的不合理使用，使农业面源污染加重，造成土壤污染和理化结构的改变。新疆地膜覆盖面积和使用量居全国各省区之首，据对新疆 16 个县市的调查，废旧地膜平均残留量为 37.8 千克/公顷，严重的达 268.5 千克/公顷，已成为全国最大地膜污染区。

新疆经济总用水量 517.7 亿立方米，生态系统最少需水量应维持在 345 亿立方米以上，合计已占可用水资源总量的 97%，工业、城市用水的增加，只能在提高水资源利用效率上下功夫。目前，农业节水技术虽有较大发展，但农业用水总量不降反增（2011 年全区农业灌溉引水量 309.86 亿立方米，较 2010 年增长 3%）。新疆维吾尔自治区"十二五"规划提出农业用水占国民经济用水的比例降低 1%，为实现这一目标，必须在农业结构调整和发展节水农

业等方面采取有力措施。

（四）农业科技水平显著提高，科技创新能力有待加强

新疆现有涉农研发机构 55 个，各级农技推广机构 3175 个，农业科技研发人员 2580 人，农业专业技术人员 31 799 人；农业科技创新与推广体系的基本框架初步形成，涉农科技队伍初具规模。新疆农业科研机构围绕提高农业综合生产能力，通过实施国家和自治区科技计划项目，在动植物新品种培育引进、高效节水技术、生物防治技术、设施农业技术、农产品加工技术等方面取得了一批重要科技成果。农业科技成果转化和推广应用的力度进一步加大，农作物良种覆盖率达到 94%，新型栽培和饲养技术得到普及，畜禽疫病和农作物病虫害综合防治技术应用取得显著成效，对农牧业增产和农牧民增收发挥了重要作用。

新疆农业科技创新和推广应用体系建设水平与现代农业发展的要求之间还存在明显差距。突出的问题是自主创新能力不强、农业科技创新体系和推广应用体系建设滞后、农业科技成果转化率低；产前、产中、产后等技术集成配套不够，农产品加工领域的技术成果较少；农业科研、教育、推广衔接不够紧密。新疆农技推广人员与乡村人口之比为 1∶455，而发达国家和地区的比例是 1∶100；农业科技队伍中具有高级专业技术职务者仅占科技队伍总人数的 3.7%，县乡级具有高级专业技术职务者只有科技队伍总人数的 1.13%。

三、新疆农业发展战略与战略重点

（一）新疆现代农业发展战略定位

根据现代农业发展趋势，坚持节水、高产、优质、高效、生态、安全农业的发展方向，发挥区域农业自然资源优势，把新疆建成我国最大的优质商品棉生产基地，重要的特色优质林果生产基地、畜产品生产基地和粮食生产后备区，形成高水平农产品加工基地，为保障国家土地安全、粮食安全、食品安全和农业生态安全做出较大的贡献。

（二）新疆现代农业发展的总体思路

在科学发展观的指导下统筹区域农业协调发展，以促进农牧民增收为核心，以农业和农村经济结构战略性调整为重点，以改革开放和科技进步为动力，以农业产业化经营为突破口，全面提升粮、棉、果、畜四大基地建设水平，构建现代农业产业体系，推进社会主义新农村建设，全面提高农村劳动力素质和技能，全面实现新疆农业可持续发展。

（三）新疆现代农业发展战略

根据新疆现代农业发展的战略定位和基本思路，以科技为引领和支撑，以政策和机制为保障，实施"稳定粮棉、优化林果、高效养殖、强化加工、提升效益"的农业跨越发展总体战略。

1. 提高水资源利用效率

水是新疆农业发展乃至经济社会发展中的核心要素和最为敏感的因素。新疆农业用水量占经济总用水量的97.4%，灌溉定额远高于全国及西北地区的平均水平，结构性缺水、季节性缺水的矛盾突出。要实现提升农业总产值和降低农业用水量两个目标，唯一的出路是推进农业结构的战略性调整，提高水资源利用率和发展高效节水技术。今后10年，应着力健全水利设施，控制播种面积，提高复种指数，推广节水品种，应用节水措施，在2010年的基础上把水资源利用效率提高30%以上，农业灌溉用水有效利用系数提高到0.6，农业用水量占经济总用水量比重降低5%以上，以适应加速工业化、城镇化的需要。

2. 做大做强农业支柱产业

巩固和提升优质商品棉生产基地建设水平。稳定棉花种植面积约100万公顷，优化区域布局，重点扶持优质高产的宜棉区，适度控制次宜棉区；重点支持棉花良种繁育、节水技术设施等方面的科技创新和推广应用，进一步提高棉花单产和品质；增强棉产业加工能力，建设优质棉纱、棉布等加工生产基地。理顺流通等社会化服务环节。

稳定发展粮食生产。粮食播种面积稳定在230万公顷，优化商品粮区域布局和品种结构，提高粮食综合生产能力，强化粮食主产区与市场消费的有机联系，建设特色优质食品加工基地。

加强特色农产品基地建设，以市场为导向，大力发展特色林果业、特色种植业的区域化布局、规模化生产和产业化经营，重点发展环塔里木盆地、吐哈盆地、伊犁河谷和天山北坡特色林果产业带，因地制宜地建设酿酒葡萄、加工番茄、啤酒花、红花、西甜瓜、枸杞、打瓜等特色农产品生产和加工基地，积极发展瓜果、蔬菜等设施农业；强化特色农林产品加工能力，着力解决储藏保鲜和加工转化等环节的科技问题，开拓特色农林产品市场，提高投入产出水平和综合效益。

加快建设优质畜产品基地。重点发展牛羊肉、牛奶、细羊毛三大产业，全面推进牲畜品种优良化、生产经营产业化、疫病防治网络化、产品营销市场化；优化畜产品生产和加工基地的区域布局，在天山北坡、伊犁河流域、额尔齐斯河流域、塔额盆地和南疆铁路沿线，加快建设优质牛、羊肉产业带和牛奶产业带；在天山北坡、伊犁河谷、塔额盆地和巴州、阿克苏地区，重点建设细羊毛产业带。到 2020 年，争取使畜牧业产值占农业总产值的比重提高到 30% 以上。

3. 打造特色产业链和产业集群

突出新疆资源优势，立足特色农产品发展生产加工产业链，提高加工深度和综合效益，形成六大特色产业集群。在天山北坡发展以棉花、番茄、酿酒葡萄、种子产业等为重点的产业集群；在吐-哈盆地发展以葡萄、哈密瓜和观光农业为重点的产业集群；在伊犁河谷发展以粮油、甜菜糖、香料为重点的产业集群；在塔额盆地、额尔齐斯河流域发展畜产品为主、种植业和养殖业相结合的产业集群；在巴州、阿克苏地区发展以棉花、香梨为重点的产业集群；在喀什、阿克苏、和田发展以棉花、特色果品为重点的产业集群。因地制宜地建立特色小作物（红花、打瓜、豆类、中药材等）开发区。推进特色农产品生产和加工的专业化、标准化、集约化和规模化，培育和打造一批农业产业化龙头企业，提高龙头企业在产业链中的辐射带动能力；实施品牌战略，提升企业竞争力和产品市场占有率。构建农业产业化服务体系，涵盖农业技术推广、农产品质量检测、农产品营销、农业技术人才培训、农业信息服务等领域发展多种形式的专业合作组织和专业协会，提高农牧民的组织化程度。

4. 提高农业可持续发展能力

加强农业基础设施和农业生态环境建设，增强农业可持续发展的基础。在重点抓好水利工程体系建设、完善灌区水利工程配套的基础上，优化农业生态环境，加强环境污染控制，建立环境友好型农业。加快农田综合治理和中低产田改造，推进农田林网建设，不断巩固和完善绿洲生态屏障；强化实施退耕还林、退牧还草和生态置换工程，加强天然草场保护利用；建立专业化、标准化的农产品质量安全体系，加强农业有害生物预防与控制，加强高变异致灾生物、危险性外来物种、转基因生物安全的监测和预警；建立农业基础设施建设的投入稳定增长机制，加强对农业生态建设和环境保护的新技术研发与应用的支持。

四、科技支撑新疆现代农业发展

（一）主要任务

1. 提高农业科技创新能力

围绕新疆农业发展方式转变和农业结构调整，选择农业发展的全局性、战略性、关键性技术问题，集成科技资源开展科技攻关，实现农业科技创新能力的整体跃升。一是获得一批具有重要应用价值和自主知识产权的种质资源，培育一批抗病虫、抗逆、高产、优质、高效的转基因生物新品种，培植和壮大种子产业。二是适应农业技术集成化、劳动过程机械化、生产经营信息化要求，加强丰产栽培、节水灌溉、疫病防控、储运保鲜、精深加工等环节的科技创新，加强精准农业、设施农业的研究与开发，加快多功能、智能化、经济型农业技术装备与设施的研发。三是加强农业资源节约利用、农业生态环境保护、防灾减灾，以及新型农药、新型肥料等领域的科技创新，打造绿色产业链，促进环境友好型生态农业的发展。四是坚持"引进来"与"走出去"相结合，在更高层次上推进新疆农业科技的合作与交流，主动参与国内外农业科技创新进程，积极分享现代农业科技进步成果。

2. 推进农业科技成果转化应用

着力抓好农业科技成果转化应用，加快建立科研与生产紧密结合、科技成果转化的有效机制，整合科技资源，形成推进农业科技成果转化和应用的合力。一是加强公益性农业科技推广机构特别是基层农技推广机构的建设，健全区域性及乡镇农业技术推广等公共服务机构，逐步建立村级服务站点，提高技术服务效率和水平。二是充分发挥农业科研院所、大专院校在农技推广工作中的作用，鼓励和引导农业科技人员进村入户开展科技服务，增强科技成果转化力度，充分发挥农业科技园区、农业龙头企业、科技示范户在运用先进技术中的示范作用。三是支持农村集体经济组织、供销合作社、农民专业合作社、专业服务公司、专业技术协会提供多种形式的科技服务，加快科技成果转化应用。四是建立健全农业科技示范和培训基地，加快适用技术的组装配套和推广示范。五是实施新疆农业信息化示范工程，发展农业科技信息服务网络，推进远程数字化、可视化技术服务。

3. 加快农业科技创新和成果转化体系建设

以公益性农业科研和推广机构为重点，着力建设具有先进水平和比较优势的区域农业科技创新体系，着力构建充满活力、富有效率的农业科技推广体制机制，促进新疆由农业大区向农业强区转变。一是强化政府主导的农业科技组织领导机制，把推进农业科技创新与推广作为加强三农的重要举措，坚持整体设计、系统推进，统筹考虑重大工程、项目和专项资金，在加快农业科技创新与推广的关键环节上凝聚力量。二是完善投入支持机制，把农业科技投入放在公共财政优先支持的位置，切实加大政府的投入保障力度，尽快启动农业科技创新基金，同时引导和鼓励龙头企业等方面增加投入，形成政府、企业、社会相结合的多元化、多渠道、高效率的农业科技创新与推广投入格局。三是健全产学研结合、农科教结合的机制，加强科研院所、大学和其他部门涉农科研力量的联合与协作，统筹协调农业产前、产中、产后的各环节技术研发与推广。四是完善农业科技社会化服务机制，构建以农业科技公共服务机构为依托、社会多方面力量积极参与、公益性服务与经营性服务相结合、专项服务与综合服务相协调的多元化的农业科技社会化服务体系。

4. 加强农业科技创新与推广人才队伍建设

努力营造良好环境，建立有效的培养和激励机制，加强科技创新与推广人才队伍建设。一是依托重大农业科研项目、科研基地，构建一支结构合理、业务精良、爱岗敬业的农业科技创新人才队伍，造就一批紧跟世界农业科技潮流、锐意进取的科技领军人才。二是大力加强农业科技推广人才队伍建设，加强基层农技人员培训，增强农技人员为农服务本领，形成一支扎根基层、素质较高、数量稳定的农技推广人才队伍。三是适应现代农业发展的需要，调整农业教育的学科方向和改进培养方式，培育急需的专业人才，加大农业急需人才的引进力度。四是重视基层人才的培养，强化科技示范户建设，培养一大批种养能手、农机作业能手、农村经纪人和专业合作组织领办人等实用人才和新型农民，多形式、多渠道、多途径地开展农业科技培训，提高农民对先进适用技术的接受能力和应用水平。

（二）重点领域

1. 农业动植物育种技术

提升新疆种子产业的自主创新能力，应用组织培养、细胞技术、基因技术、分子技术和辐照诱变、太空育种等技术手段，实现作物高产育种、品质育种、抗逆育种的新突破，选育一批具有自主知识产权的新品种。发掘和利用新疆特色动植物种质资源与抗性基因资源，重点是抗旱、抗寒、耐盐碱、高光合转化的植物种质资源，构建新疆种质资源库，为农作物育种提供基础材料。推动新疆种子产业上一个新台阶，在种子繁育现代化、生产专业化、加工自动化、质量标准化等方面取得显著进展。农业动植物育种技术包括：

（1）主要农作物高产、优质、多抗新品种选育；

（2）主要农业动物高产、优质新品种选育；

（3）功能食品专用植物品种选育技术；

（4）动植物分子设计育种技术的基础研究；

（5）动植物遗传规律与杂种优势机理研究；

（6）新疆植物种质资源调查、性状评价和种质资源管理；

（7）农作物种质与基因资源挖掘与功能基因克隆；

（8）农作物细胞工程研究与技术开发（细胞杂交、体细胞突变、诱变技术、脱毒与组培快繁等）；

（9）种子标准化与加工技术研究。

2. 农业有害生物预防与控制技术

研究主要农业动植物重大病虫害的病原、虫原及其致病传播机制和爆发规律，建立重大病虫害监测预警体系。分离鉴定抗病虫基因，揭示其抗病机理，构建防控技术体系。研究气候变化对病虫害发生规律影响、有害入侵物种在不同尺度生态系统中的生物学效应。具体包括：

（1）植物-虫害-天敌的生态链演变和虫害控制技术；

（2）农作物对有害生物的自我防御机理；

（3）植物病虫害免疫调控及生态调控技术；

（4）农、林有害生物分子免疫调控技术；

（5）新型化学药剂防治技术；

（6）外来有害生物预防与控制技术；

（7）农业有害生物快速检测诊断技术。

3. 数字农业与农业信息化技术

以"3S"技术和智能化技术为支撑，开展农业信息获取与解析、农业数学模型与模拟、农业智能决策、农业智能装备、精准农业技术集成等方面的研究开发与示范；推进农业资源管理数字化、农业装备和农业机械智能化、农业信息服务网络化、农业生产过程管理精细化，支撑数字农业的发展。具体包括：

（1）农田数字信息快速获取技术与设备；

（2）农业信息标准化与农情监测预警系统；

（3）农业知识处理平台与农业专家系统；

（4）精确农业关键技术研发与系统集成；

（5）农业信息服务网络化技术系统；

（6）农业装备智能化技术；

（7）农业资源数字化管理技术系统集成。

4. 现代节水农业技术

推进高效节水技术研发与应用，加强节水技术与栽培技术、灌溉技术、信息技术、生物技术、自控技术、遥感技术的交叉融合。以灌区节水为重点，实行农业用水总量控制与定额管理，建立水资源控制工程与管理体系。具体包括：

（1）流域水资源管理技术研发与系统集成；

（2）农田土壤-植物-大气系统（SPAC）水分循环；

（3）灌区输配水系统现代化管理与控制技术；

（4）高效输水系统新材料与设备研发；

（5）作物生理节水调控技术；

（6）节水高效种植结构与模式优化及评价技术；

（7）农田蓄水、保水与水肥精量调控技术；

（8）非常规水安全利用技术；

（9）低能耗多用途喷微灌、渗灌系统设备研发；

（10）新型覆盖材料与节水生化制剂。

5. 农林产品精加工技术

新疆农副产品加工及其物流技术应向工艺与设备现代化、管理科学化、产品多样化、质量标准化、控制自动化的方向发展，形成一批高新技术群。具体包括：

（1）农产品储运保鲜系列技术研发与配套；

（2）农产品精深加工关键技术与工艺研发；

（3）农产品综合利用技术；

（4）农产品物流技术与配送系统。

6. 农业工程技术与智能化装备

应用高新技术，提高农业技术装备的性能和效率。具体包括：

（1）粮食作物生产全过程机械化关键技术；

（2）棉花生产全过程机械化关键技术；

（3）农产品产地智能化处理与加工技术；

（4）温室作物动态环境模拟与智能化控制技术；

（5）基于全球定位系统（GPS）的精准农业技术与装备；

（6）智能化植保技术与装备；

（7）畜禽集约化养殖环境智能控制技术与装备。

7. 农产品安全生产与质量控制技术

保护新疆农业生态环境，加强绿色农产品生产各环节的基础研究，加强食品安全技术研发与集成。具体包括：

（1）土壤有害物质生物降解技术；

（2）土壤污染物处理与农田修复技术；

（3）绿色养殖业关键技术与技术标准；

（4）农产品安全评价与质量检测技术；

（5）农产品加工的品质控制与食品安全技术。

8. 农业资源高效利用技术

围绕农田土壤水分、养分高效利用和提高农田土壤有机质含量，在农业生态系统物质循环、农田秸秆和养殖废弃物循环转化、农田水碳氮耦合增效、土壤肥力信息获取、精准农业作业控制等方面，加强研究与开发工作，实现农业资源高效利用和农业生产力持续提升。具体包括：

（1）绿洲耕地保护与土壤质量改善关键技术；

（2）盐碱地生物治理关键技术；

（3）耕地土壤质量监测与评价体系；

（4）农田生态系统养分循环和高效利用技术；

（5）新型肥料研发；

（6）农业面源污染控制技术。

（三）政策措施

1. 加强区域农业科技创新体系建设

构建由农业科研中心、重点实验室、试验站和企业技术研发中心等组成的新疆区域农业科技创新体系，建立"开放、流动、竞争、协作"的运行机制，形成以政府为主导，充分发挥市场配置资源的基础性作用，各类创新主体紧密联系和有效互动的格局。以产业需求和学科发展为导向，优化农业科研机构和涉农高校的结构、功能和运行机制，形成若干区域性特色农业科研中心。统筹协调与优化整合农业科技优势资源，以政府投入为主，建立一批重点实验室和试验站。重点实验室主要开展新疆农业发展的关键性技术和共性技术，有优势和特色的应用基础与高新技术，重大技术集成与转移等方面的研究与开发工作；应把基地设施、平台条件、人才团队、项目支持和组织方式、运行机制等作为重点实验室建设的核心内容，特别注重选拔和引进农业科技领军人物，培养一批科技创新骨干。试验站在典型农业区域开展科技成果的集成创新、试验示范和技术传播扩散活动；应建设完善的试验示范基地、数据采集系统和技术服务、应用培训等综合基础设施，优选和培养高素质的农业技术人才队伍。在政府引导下以企业投入为主，依托产业化龙头企业建立企业技术研发中心，配套研发装备和中试条件；以市场需求为导向，采取自主研发、产学研结合的方式，开展农业投入品、主要农业加工品等产品研发和工艺研制。

2. 建立农业科技成果转化良性机制

充分发挥政府在农业科技成果转化中的主导作用，加快建立起以农业技术推广机构为主导，农村合作经济组织为基础，农业科研、教育等单位和涉农企业广泛参与、分工协作、服务到位、充满活力的多元化基层农业技术推广体系，加快成果的转化应用。强化公益性农业推广机构的服务功能、放活经营性农业技术服务。鼓励科研院所、高校以农业科技需求为导向，积极参与农业科技成果转化应用和技术服务。建立覆盖全疆、功能完善的县市科技综合服务中心，形成具备成果转化、技术推广、技术培训、信息服务和科技普及等功能的基层科技服务平台，提高基层科技服务能力。鼓励农业产业化龙头企业为专用农产品生产提供有效服务；完善中介机构的服务功能；建设覆盖全区的农业科技信息网络和科技成果信息共享平台，及时发布和推介农业科技成果。

3. 加快农业科技人才的培养和引进

建立适应新疆农业现代化的教育培训体系，创新人才培养机制，努力造就农业科研领军人才、农业技术推广人才、农村生产经营型人才、农村服务型人才、农村管理型人才五支队伍。利用对口援疆机制，依托重大科技项目、重大工程、重点科研基地、区内外农业科技合作与交流，加快农业科技骨干的培养和创新团队建设。积极引进高层次人才和紧缺人才；完善农业科技人才市场，促进农业科技人才合理流动，鼓励和支持农村实用人才创业、兴业和高校毕业生下乡就业、创业；建立健全人才培养引进、选拔任用和激励保障的政策体系，完善农业科技人员的考核评价制度，营造科技人员创新创业和优秀人才脱颖而出的良好环境，激发农业科技人员创新创业的活力。

4. 完善多元化的农业科技投入体系

进一步完善以公共财政支持为主渠道的多元化农业科技投入体系，形成稳定的投入增长机制，推动农业科技投入大幅度增加。一是进一步明确政府科技投入方面的主要方向，合理划分政府与市场、中央与地方在科技投入方面的分工。政府主要投入公益性强、企业经营不能较快获利但对农业长远发展有较大影响的科技领域，同时引导和鼓励企业、民间组织积极投入市场前景好、竞争力强、效益高的农业技术研究与开发领域。统筹协调国家科技项目投入与地方科技项目投入的衔接。二是优化农业科技经费投入结构，探索建立适合农业科研特点的经费支持模式。统筹协调科技投入在应用基础研究、技术创新和成果转化的分配比例，加大技术创新和成果转化投入力度。从科研条件建设、科学研究与技术开发、科研机构基本运行费等方面给予公益性农业科研机构稳定的财政支持，提高其持续创新能力和改善创新条件。三是进一步完善国家、自治区、县市三级财政科技投入考评机制，同时建立社会化的绩效评价机制与监督机制，使财政支持的科研项目接受公正、透明、合理的评价和社会公众的监督。四是建立健全农业科技投入的统筹与管理机制，建立协调高效的管理平台，优化资源配置，解决重复投入、多头管理等问题，使投入效益最大化。

5. 加强对农业科技的财税金融支持

财税金融机构要贯彻落实国家向农业科技领域倾斜的政策，加大对农业科技的支持。一是政府对于重点农业科技创新和成果转化项目提供贷款贴息或融资担保，引导金融机构的资金支持。二是严格落实国家和地方激励自主创新的各项税收政策，加大农业企业研究开发投入的税前抵扣力度，允许企业按当年实际发生的技术开发费用的150%抵扣当年应纳税所得额，实际发生的技术开发费用当年抵扣不足部分可按税法规定在5年内结转抵扣。三是政策性金融机构对国家及新疆农业重大科技专项、科技成果转化项目、高新技术产业化项目、技术引进消化吸收项目、高新技术产品出口项目等给予重点支持，解决好农业技术产业化的规模化融资问题。四是进一步发展和完善农村金融服务体系，适当调整农村信贷结构，增加农业科技贷款规模。把科技含量高的农业综合开发、农产品深加工等作为信贷投入的重点，根据项目实际需要确定贷款期限。以小额贷款支持小微企业启动。五是建立农业科技风险投资机制，增加政府科技风险投资，引导企业科技风险投资，吸引民间的风险投资，鼓励农业技术产权交易。

6. 进一步加强国内外农业科技合作

抓住国家新一轮西部大开发和对口援疆的历史性机遇，依托新疆西向开放的区位优势，加大新疆农业科技"引进来、走出去"的工作力度，利用国内外两种资源、两个市场，开展宽领域、深层次、全方位的科技合作与交流，借助外力加快提升新疆农业科技创新和成果转化能力。一是利用全国科技援疆机制，以乌鲁木齐、昌吉等国家高新区和自治区级农业科技园区为载体，聚集科技资源，加快农业科技合作基地建设，推进与内地省市和中亚邻国的农业科技合作。二是构建一批农业产业技术创新战略联盟，加强与内地农业产业技术创新战略联盟的合作，吸引国内外涉农科研机构、企业联合开展科技攻关和技术转移。三是引进国内外的技术、资金、人才和管理经验，加快农产品加工基地建设，提高出口产品的技术含量和附加值，在乌鲁木齐、喀什、霍尔果斯等地的经开区建立农产品出口加工基地。

附录 3　中国科学院农业科研工作重要获奖成果

国家奖汇总

获奖者： 李振声

获奖时间： 2006 年

奖励类别： 国家最高科学技术奖

工作单位： 中国科学院遗传与发育生物学研究所

获奖者科研成就简介：

李振声，1931 年生，中国科学院院士。中国科学院遗传与发育生物学研究所研究员。1985 年获国家技术发明奖一等奖，1989 年获陈嘉庚农业科学奖，1995 年获何梁何利基金科学与技术进步奖，2006 年获得国家最高科学技术奖。

多年来，李振声围绕国家需求，不断创新，在小麦遗传育种和宏观农业研究方面发挥了引领作用。他的主要科学贡献如下。

1. 小麦遗传育种研究

他长期从事小麦遗传育种研究工作，为中国小麦品种产量的提高和品质的改善做出了突出贡献，具体包括以下三方面成果。

（1）开创了小麦与长穗偃麦草远缘杂交并育成了"小偃麦"系列新类型和新品种。20 世纪 50 年代初，我国黄淮海地区和北方冬麦区条锈病大流行，造成小麦严重减产。为了寻找对小麦病害的新抗源，李振声等利用小麦与长穗偃麦草（$2n=70$）杂交、回交，并通过系统选择、细胞学检测及抗病性鉴定，育成了多种"小偃麦"杂种新类型（异源八倍体、异附加系、异代换系和易位系）和优良小麦新品种"小偃 4 号""小偃 5 号""小偃 6 号"等。其中以"小偃 6 号"表现最为突出，开创了小麦远缘杂交育种在生产上大面积推广的先例。

"小偃6号"含有长穗偃麦草染色体片断，携带长穗偃麦草的有益基因，具有稳产、高产、广谱抗病性和对环境的广泛适应性，1984年与1990年两次被审定为国审品种。作为陕西省骨干小麦品种，"小偃6号"持续种植了16年，到20世纪80年代末累计推广面积为1.2亿亩，增产粮食60亿斤。

"小偃6号"还是小麦育种骨干亲本，是我国北方麦区两个优质源之一，用它作为亲本之一或直接系统选育育成的大面积推广品种50余个，其中获国家级奖品种5个、省部级奖品种10个。

20世纪90年代以来，又育成了优质小麦"小偃54""小偃81"等新品种，显示了远缘杂交在小麦育种中的巨大潜力。

（2）创建了蓝粒单体小麦和染色体工程育种新系统。20世纪80年代，为了进一步实现有计划、有目的地将外源有益基因导入小麦，利用在小麦远缘杂交中获得的蓝粒小麦创建了一套新的蓝粒单体小麦系统。这种小麦在一个麦穗上可以长出四种不同颜色的种子：深蓝、中蓝、浅蓝和白粒。小麦的胚乳细胞是营养细胞，不传代，但其颜色变化可作为遗传标记，用于鉴别其胚细胞中传代的染色体数目，即深蓝种子为二体（$2n=42$），中蓝和浅蓝种子为单体（$2n=41$），白色种子为缺体（$2n=40$）。这样就可以不必通过显微镜检测，只观察种子颜色就可以知道后代的染色体数目，从而解决了过去小麦染色体工程育种必须进行大量染色体鉴定的难题。随后，又通过大量缺体单株自交和连续选择，育成了可自花结实的缺体小麦株系，并利用这些株系建立了快速选育异代换系的新方法——缺体回交法，育成了小麦-黑麦异代换系——"代96"等。

（3）开创了小麦氮、磷营养高效利用和高光效的育种新方向。针对我国资源短缺和生态环境恶化的现状，探索通过品种改良提高农业资源利用效率的问题，开创了小麦育种新方向。首先，通过对数千份资源的鉴定和筛选，发现了"磷高效"和"氮高效"小麦种质资源，研究和揭示了它们的生理机制与增量潜力，同时开展了相关的遗传研究，为以提高氮、磷吸收和利用效率角度选育小麦新品种奠定了理论基础。随后，又通过多学科交叉与合作，开展了提高小麦个体和群体的光合效率及促进光合作用产物的优化分配的研究。

2. 宏观农业研究与论述

在宏观农业研究方面，有三项工作或论述引起了政府部门和社会的重视。

（1）提出黄淮海地区中低产田治理的建议，在中国科学院组织实施"农业黄淮海战役"，为促进我国粮食生产发挥了带头作用。1985～1987年我国粮食生产出现了三年徘徊局面。面对当时的困难，李振声向国家提出在黄淮海地区进行中低产田治理，并带领中国科学院25个研究所的400名科技人员投入到河北、山东、河南、安徽四省的农业主战场中，与地方政府及兄弟单位联合，开展了大规模中低产田改造和治理工作。经过两期六年的治理，产生了良好的效果。1987～1993年，全国粮食产量从8000亿斤增长到9000亿斤，其中黄淮海地区增产504.8亿斤，与原来预计500亿斤的增产潜力十分吻合。

（2）分析我国粮食生产的问题、原因和对策，提出争取三年实现粮食恢复性增长的建议。在分析了我国粮食1998～2003年连续五年减产原因的基础上，提出了争取三年实现粮食恢复性增长的建议，并从农业生产实际出发分析了其可行性，引起了有关部门和社会的关注。2004年和2005年两年，在国家领导和各级部门的重视、领导下，我国粮食生产扭转了连年减产的局面，粮食产量从2003年的4.31亿吨恢复到2004年的4.69亿吨，到2005年恢复到4.84亿吨，恢复程度与他的预期进程基本吻合。

（3）分析中国粮食问题，回答"谁来养活中国"，从农业领域为我国和平崛起提供了科学依据。应中国改革开放论坛的邀请，李振声于2005年4月22日在博鳌亚洲论坛"中国和平崛起与亚洲的新角色"圆桌会议上做了题为"谁来养活中国？——自己养活自己"的报告。他以我国近15年农业发展的事实，回答了美国世界观察研究所所长莱斯特·布朗提出的"谁来养活中国"的问题，得到有关方面人士的好评和认同，从农业领域为我国和平崛起提供了科学依据。

成果名称：甘紫菜生活史的研究

获奖时间：1956年

奖励类别及等级：国家自然科学奖三等奖

主要完成单位：中国科学院海洋生物研究所

主要完成人员：曾呈奎

成果简介：

紫菜属是红藻门中原红藻类的重要代表。长期以来，紫菜的生活史一直是国内外海藻学家们争论的难题。该研究解决了下列问题。

（1）正确地解释了两种孢子不同的萌发现象。

（2）弄清了小紫菜（小型叶状体）在紫菜生活史中的地位。

（3）证实了壳斑藻是甘紫菜生活史中的一个阶段。

（4）弄清了紫菜有性生殖中的几个问题，并证实了果孢子确是有性生殖的产物。

（5）在丝状体阶段（壳斑藻阶段）证实了有孔状联系，为原红藻在红藻门的系统分类提供了重要的资料。

在国际上首次独立证明壳斑藻是紫菜生活史中的一个阶段，它实际上是紫菜果孢子在贝壳中萌发形成的紫菜丝状体，而壳孢子则发育成叶状体。解决了紫菜养殖中的关键问题。

在此基础上，又用人工采集的孢子加以培殖，获得了紫菜人工育苗的成功。为开展紫菜全人工栽培奠定了基础。科研人员根据紫菜生活史各个环节与温度的密切关系和劳动人民总结的经验，设计了促使紫菜孢子放散的"动摇培养法"和"扑击培养法"，使紫菜人工养殖在我国有了一个良好的开端，达到国际先进水平。

紫菜生活史的研究是理论研究服务于生产实践的一个典型范例。该成果多年来在我国浙江、江苏、福建、广东等地推广应用，不但取得了巨大的经济效益，而且解决了我国沿海渔民的就业问题。

成果名称：关于蓖麻蚕的试验研究

获奖时间：1956 年

奖励类别及等级：国家自然科学奖三等奖

主要完成单位：中国科学院上海实验生物研究所

主要完成人员：朱洗

成果简介：

蓖麻蚕属鳞翅目天蚕蛾科绢丝昆虫，原产于印度阿萨姆地区，那里的蓖麻终年常绿不凋；蓖麻蚕的饲料充足，长年连代发育，无休眠期。要把这种亚热带昆虫引养到其他地区，使之适应当地的气候环境，必须经过驯化过程。中华人民共和国成立前，曾有人数度引入我国试养，但都因未掌握其生活习性，以及过冬的难题也没能解决，最后都以失败告终。

该项目自 1951 年把蓖麻蚕引入中国后，先从摸索掌握蓖麻蚕生活习性入手，并在冬季寻找蒲公英等代饲料，首次度过了没有饲料的冬天，留下了种。为了将其在我国绝大部分冬季缺乏饲料的地区普遍推广，朱洗等又进一步研究，找到了利用种间杂交培育越冬品种、低温抑制多化性蚕蛹的发育和冬季南迁保种等三个方法，度过冬季缺乏饲料的难关。在研究过程中，又解决了蚕卵孵化、蚕蛹生殖机能衰退、蚕儿软化病等难题，基本掌握了蓖麻蚕的特性、饲养、孕育、保蛹、保卵和防病等技术，为蓖麻蚕的推广打下了基础。

在生产饲养方面，有广泛的饲养资源；经多年推广，饲养技术成熟；丝绸加工也有较好的条件；蚕蛹、蚕丝综合利用技术水平也不断提高。因此，该成果具有推广应用的价值，尤其对于经济落后、农民收入较低的贫困地区，是其脱贫致富的有效措施。

成果名称：东亚飞蝗生态、生理学等的理论研究
获奖时间：1982 年
奖励类别及等级：国家自然科学奖二等奖
主要完成单位：中国科学院动物研究所
主要完成人员：马世骏、陈永林、尤其儆、钦俊德、郭郛
成果简介：

东亚飞蝗是东亚和东南亚农业重大害虫之一。在我国历史上，平均每隔2～3 年就有一次地区性的大发生，间隔 5～7 年就发生一次大范围的灾情。主要灾情多发生在我国东部黄淮大平原的农业区。中华人民共和国成立后，飞蝗发生为害仍相当严重，发生范围波及 8 个省（市、区），发生面积达 6000多万亩。为根除蝗害，该项目组织了多学科协同配合，先后在江苏、安徽、山东、河北、河南五省的滨湖、沿海、河泛、内涝四种类型蝗区飞蝗发生基地与有关蝗虫防治站协作，进行了系统的研究，开展了东亚飞蝗生态学、生理学等多学科的研究，采取蝗区的类型、结构、形成转化规律及其改造的途

径与措施，种群数量与发生动态及其调节机制与旱涝等自然灾害的关系，飞蝗发生中长期预报方法及飞蝗的聚集、扩散、迁飞、型变等的生态学特性研究。此外，还进行了人类生产活动对飞蝗的发生及蝗害控制的效应、蝗区改造过程中生物群落的演替规律与蝗区改造后稳定性的系统研究。与此同时，进行了飞蝗蝗卵发育特点、胚胎发育及其与吸水、失水、耐干、浸水的关系，飞蝗的食性和食物利用及不同食料植物对其生长和生殖的影响，飞蝗的生殖生理、孤雌生殖、卵巢发育过程中核酸和蛋白质的代谢与激素调节及精细胞超微结构等深入的研究。在组织学与形态学方面进行了东亚飞蝗消化、生殖、循环系统、排泄与感觉器官和附肢的解剖与组织构造研究及东亚飞蝗蝻期各龄外部形态识别、骨骼肌肉系统等形态学研究。在以上研究的基础上提出了改造蝗区和根治蝗害的建议、实施途径与措施及对蝗情侦查和预测预报的方法。

该项目不但阐明了我国东部东亚飞蝗蝗区的形成，自然地理特征及其演变规律，而且针对我国沿海、滨湖、河泛、内涝四种类型蝗区飞蝗发生动态与特点提出了改造蝗区的理论依据及实施途径，为我国的治蝗方针提供了理论依据，解决了我国数千年的蝗患问题。

该项研究共发表论文 73 篇，专著一部，即《中国东亚飞蝗蝗区的研究》。

成果名称：光合磷酸化高能态的发现及其有关机理的研究

获奖时间：1982 年

奖励类别及等级：国家自然科学奖二等奖

主要完成单位：中国科学院上海植物生理研究所

主要完成人员：殷宏章、沈允钢、沈巩懋、李有则

成果简介：

光合磷酸化是光合作用中光能转变为化学能的重要反应。该项目在 1959 年开始光合磷酸化的研究，从各方面探讨光合磷酸化高能态的特性与功能。主要发现如下。

1. 光合磷酸化的量子需要量的测定

用较好的叶绿体制剂，在较合适的条件下测得各种光合磷酸化最低量子需要量为 4 左右，可与光合作用的量子需要量相对应。在 1961 年的第五届国

际生化会议上报告了此结果。

2. 光合磷酸化高能态的发现

在测定光合磷酸化量子需要量的过程中观察到有一种特殊的"光强"效应，即当光强降低时，光合磷酸化的量子需要量会逐渐上升而与之偶联的电子传递的量子需要量不变。在追究磷酸化中间步骤与这光强效应的关系时，发现了叶绿体照光后在暗中可与底物反应形成 ATP（腺嘌呤核苷三磷酸），即从实验中测到了磷酸化高能态的存在。

3. 高能态的性质及其与光合磷酸化的关系

在用去除膜内外氢离子浓度差的解联剂使部分或几乎全部高能态消除时，仍有明显的光合磷酸化活力存在；在有的情况下活力甚至可对比更高。进一步研究表明质子（或高能态）存在非区域化和区域化的不同状态，且两种状态可互相转变。

4. 光合磷酸化高能态的散失与偶联程度

光合磷酸化高能态可通过偶联因子用于形成 ATP，也可通过其他途径散失，这个现象对研究磷酸化机理及了解磷酸化与电子传递的偶联效率都是很重要的；另外，发现用一些药剂处理叶绿体可以提高偶联比例，并证明这些物质是通过偶联因子在催化磷酸化时减少漏能而提高偶联效率的。

成果名称： 固氮基因的结构与调节

获奖时间： 1987 年

奖励类别及等级： 国家自然科学奖二等奖

主要完成单位： 中国科学院上海植物生理研究所

主要完成人员： 沈善炯、朱家璧、薛中天、孔秋桐、金润之、余怡怡、区永祥、江群益、俞冠翘、黄懿德

成果简介：

该项目自 1974 年起开展生物固氮遗传学研究，在自生固氮细菌的 *nif* 基因表达研究，特别是 *nif* 基因表达调节的研究中取得如下成果。

（1）在研究克氏肺炎菌 *nif* 基因的精细结构中，证明 *nif* 基因在染色体上呈一簇存在，不存在分割区，由此纠正了国外的报道。根据 NIF⁻ 突变型的互

补试验，确定至少有 14 个 *nif* 基因存在。

（2）从 DNA 顺序分析发现，在 *nif* 上游有一个未知的阅读框架顺序（ORF），它的启动子区具备 *nif* 启动子的结构特性，同样受调节基因 *nifA* 的激活，但其转录方向除 *nifF* 以外与所有 *nif* 操纵子相反。这个发现引起国际上对 *nifJ* 启动提出不同的解释。

（3）在研究基因调节方面，较早应用和构建 *nif* 启动子 -lac 融合体，在大肠杆菌中建立试验模式，测定调节基因 *nifA* 对启动子的反式（trans）作用。

（4）在 NH_4^+、氧和温度对生物固氮的阻遏效应的分子机理方面，根据引进组成型 *nifA* 可以矫正由 *gln* 突变而引起的 NIF^- 表型及其抵消氧与 NH_4^+ 对 *nif* 基因的阻遏，*nifL* 作为负控制因子主要使 *nifA* 产物失活以及 *nifA* 蛋白对温度的敏感性，提出迄今较完整的以 *nifA* 为中心的固氮基因表达的调节模式。在这个模式的基础上与日本国立遗传研究所合作，对水稻根际固氮细菌进行遗传操作试验，并获得初步成效。

（5）应用定位突变证明 *nifh* 启动子区 DNA 序列的变化影响 *nifA* 蛋白或 *ntrC* 蛋白的激活性，同时指出启动子区保守性顺序的碱基对置换足以使 *nifA* 依赖型改变为 *ntrC* 依赖型。这是一项在理论上和应用上均有重要意义的贡献，项目完成人在 1985 年的第六届国际固氮会议上应邀做专题报告。

成果名称： 光合膜的结构与光能分配及转化效率的研究

获奖时间： 1987 年

奖励类别及等级： 国家自然科学奖二等奖

主要完成单位： 中国科学院植物研究所

主要完成人员： 汤佩松、匡廷云、周佩珍、戴云玲、路荣昭、林世青、李良壁、许春辉、左宝玉、储钟稀、张其德、娄世庆、张正东

成果简介：

该项目围绕光合膜的结构与光能分配及转化效率，系统深入地进行了光合膜的发育结构，膜上色素蛋白复合体和蛋白质分子结构与功能的关系，光系统 Ⅱ 膜与水裂解及阳离子与低温对激发能分配和光合性能的影响等方面进行了研究，取得了一系列成果，并在国内外发表论文 90 余篇，提出了一些新

的观点和假说。在实践上为改善光合器的结构与功能、提高作物光能转化效率，以及叶绿体基因工程、仿生模拟、开辟太阳能利用的新途径等，提供了理论依据。现将成果内容分述如下。

（1）在国内外首次系统地研究了小麦黄化苗在有限闪光条件下类囊体膜的发育规律；系统地证明了小麦叶绿体显微、亚显微及超分子结构与功能随叶位变化而变化的规律。

（2）阐明了不同类型植物（原核与真核、阴生与阳生等）色素蛋白复合体的种类与组成的差异；两个光系统反应中心及内、外周天线色素蛋白复合体的结构与组成的差异；色素蛋白复合体在膜上的排列及色素分子在蛋白内排列的规律；以及天线色素在膜上横向运动来调节激发能分配的规律。另外，在国际上成功地进行了长时间藻胆体解离的重组，提出了藻胆蛋白之间能量传递的新途径。

（3）在国际上首次提出了"膜表面蛋白质的非均一性分布可能是光合器合理利用和高效率转化光能的基础的观点，以及在光系统Ⅱ膜区可能具有类似能量转换器'门'和'沟'功能作用的蛋白质组织结构"的假设。首次证明了光合膜上至少存在两类蛋白质，并且它们以不同的机理调节激发能的分配与传递。

（4）在国际上首次从大豆、蓖麻叶绿体中分离出具有高效放氧活性的光系统Ⅱ制剂；较早提出了"处于光系统Ⅱ膜表面的三个水溶性多肽，其中特别是 $34KD_\alpha$ 多肽与光合放氧有关"的观点。首次提出了"$PS-Ⅱ_\alpha$ 和 $PS-Ⅱ_\beta$ 在膜片层上的分布不像是分区的，Q_β 和 Q_2 及 X_α 是同一物质"的观点。

（5）低温对小麦光合膜光合功能影响的研究填补了国内空白。在国际上首次区分了亚麻酸对膜表面光系统Ⅱ叶绿素 a/b- 蛋白复合体分子的瞬时作用和对光系统Ⅱ反应中心的损伤，证明了 Mg^{2+} 对类囊体膜作用的多途径，为"活化学说"提出了有力的证据。

成果名称：《中国红壤》
获奖时间：1987 年
奖励类别及等级：国家自然科学奖三等奖

主要完成单位：中国科学院南京土壤研究所

主要完成人员：李庆逵、石华、龚子同、赵其国

成果简介：

《中国红壤》一书是经过 30 多年的努力，对我国红壤地区的土壤发生分类、基本性质、土壤肥力特点、开发利用及土壤资源等方面进行系统研究之后的全面总结。《中国红壤》是我国第一部全面论述红壤的专著。全书共 17 章 38 万字，并附土壤和景观彩色照片 48 张。主要内容分为三部分。第一部分是红壤的发生分类；第二部分是红壤的基本性质；第三部分是红壤的利用改良。

（1）在土壤分类方面。所提出的分类，反映了我国土壤的特点；对红壤区土壤进行了全面的数量统计和质量评价；反映了我国具有比其他国家更多的土壤类型和研究内容；对我国红色风化壳进行了比较深入、全面的总结。

（2）在红壤的基本性质方面。红壤的物理性质和红壤区土壤有机含量及特征是根据国外经验结合我国实际情况论述的；揭示了华南热带和亚热带土壤的矿物组成特点；在红壤的吸附特性方面，把重点放在铵离子上，同时也讨论了铝、钙、磷酸离子等的吸附作用；以氧化铁为中心来阐明红壤的可变电荷，这在国际上是一种新的研究方面。

（3）在红壤利用改良方面。总结了红壤区历史上遗留下来的山地土壤开垦后肥力下降、土壤侵蚀及石灰板结田等问题，分析了 1954～1980 年化学肥料在粮食增产上的作用及其存在的问题，全面总结了中华人民共和国成立以来在红壤上合理施肥方面的经验。我国热带地区开发与橡胶树栽培的土宜条件、亚热带红壤山地和丘陵地的利用、红壤地区土壤侵蚀及防治都是对红壤利用改良经验的具体总结。

《中国红壤》是中华人民共和国成立以来我国红壤利用改良方面的经验总结，在社会主义建设中创造了很大的经济效益。例如，它提出了选择北回归线以南种植橡胶树的土壤学依据，成功地把橡胶树推广到北纬 18 度至北纬 24 度，为世界上橡胶树栽培北移提供了样板；红壤是最缺磷的土壤，该项研究从我国磷肥不足的实际情况出发，用国产的磷矿粉代替了进口的过磷酸钙，为国家节约了大量外汇；红壤区的土壤资源和区划为合理开发利用红壤提供

了科学依据。

成果名称：水稻土的物理化学

获奖时间：1987 年

奖励类别及等级：国家自然科学奖三等奖

主要完成单位：中国科学院南京土壤研究所

主要完成人员：于天仁、刘志光、保学明、张效年、丁昌璞

成果简介：

该项目从 20 世纪 50 年代初开始对水稻土的物理化学性质进行了全面、系统的研究。主要成果可以归纳为以下几个方面。

（1）首先建立了一个完整的学术体系，即土壤中带电粒子（电子、质子、离子、胶粒）之间的相互作用及其化学表现。该学术体系具有鲜明的特色，在国内外产生了广泛的影响。

（2）确定了还原性物质的测定方法，从而能够阐明水稻土氧化还原性质的强度因素与数量因素之间的关系。根据还原性物质的数量，可以把土壤的氧化还原状况划分为氧化、还原和强还原三级。

（3）应用电化学方法研究了水稻土中氧的消长平衡的规律。结果表明，土壤渍水后含氧量下降的速度决定于耗氧速度。从土壤本身来说，有机质的状况和影响有机质分解的一些因素起主要作用。

（4）确定了区分各种形态的铁、锰的方法。系统地研究了各种形态的铁、锰之间的物理化学平衡的规律，发现 pH 值和有机质对各种形态的铁、锰之间的物理化学平衡有重要影响。

（5）用电化学方法区分了水稻土中各种形态的硫化物，研究了硫化氢、硫离子和沉淀态硫化物三者之间的平衡规律及水稻土的表面电荷性质和离子吸附。

（6）因为中国南方的酸性土壤不含可溶性盐，所以电导与水稻土肥力水平的相关性表现得特别明显。该项目提出应用电导作为土壤肥力的综合性指标，这为水稻土肥力指标的研究开辟了一个新的途径。

该成果建立了一个完整的学术体系，建立了许多新的土壤电化学研究方

法，并且开辟了一些新的研究领域。整个成果较为系统，为水稻土的合理管理提供了科学依据，具有鲜明的特色，在国内外产生了广泛的影响。根据该成果编写的专著《水稻土的物理化学》（中、英文版），是目前关于水稻土物理化学性质的唯一专著，其英文版也是我国土壤科学工作者发表的第一部英文专著。

成果名称：赤眼蜂人工寄主卵的研究

获奖时间：1987 年

奖励类别及等级：国家自然科学奖四等奖

主要完成单位：中国科学院动物研究所、广东省昆虫研究所

主要完成人员：巫之馨、刘文惠、钦俊德、李丽英、关雪辰、陈巧贤、韩诗畴、谢中能

成果简介：

赤眼蜂是防治农林害虫的一类非常重要的卵生寄生蜂，多年来在国内外都广泛应用。过去繁殖赤眼蜂都采用柞蚕、米蛾等昆虫的卵作为寄主卵，但其在大量繁殖中存在中间寄主卵供应不足和成本较高等问题。该项研究利用松毛虫赤眼蜂、拟澳洲赤眼蜂、玉米螟赤眼蜂等为实验材料，进行以假卵诱导雌蜂产卵，以人工培养液培育赤眼蜂的方式完成生活史，以及制造人工卵，设计制造生产人工卵的机器及将用人工寄主卵培育成的赤眼蜂释放田间，进行害虫防治等多项工作，经过大量的试验研究取得以下成果。

（1）通过用内含物不同的假卵诱导雌蜂产卵实验，明确了不同种的赤眼蜂要求有与之相适应的人工卵内含物以诱其寄主产卵。以昆虫血淋巴制成的假卵对多数蜂种有诱致产卵的效应。

（2）用悬滴法试验不同成分的培养液对幼虫发育、化蛹和成虫羽化的影响。结果表明幼虫所需要的营养成分大体与其他昆虫相似，但发育早期与后期的营养方式不同。早期主要通过渗透作用从培养液获得营养成分，而晚期幼虫摄食的内含物中一定要有颗粒状营养体。当幼虫进入预蛹期需要较为干燥的环境以进行气体呼吸，否则会影响化蛹率、羽化率和成虫展翅。

（3）既不妨碍雌蜂产卵又有一定透气性的聚乙烯、聚丙烯在一定配比下

能形成理想的人工卵膜及制卵工艺。

（4）经用人工寄主卵培育繁殖的赤眼蜂在田间进行释放，可以防治甘蔗螟虫等害虫，使其危害率明显降低，证明它们仍保持与用自然寄主卵繁殖的赤眼蜂类似的生命力和寄主行为，没有退化或改变其种性、种征。

这一系列的工作，为进一步利用生物工程提高赤眼蜂的利用价值及采用先进技术改变赤眼蜂遗传性等方面的研究奠定了基础，在国内外同类研究工作中处于领先地位。

成果名称：《中国土壤》和《中国土壤图集》

获奖时间： 1991 年

奖励类别及等级： 国家自然科学奖二等奖

主要完成单位： 中国科学院南京土壤研究所、中国科学院林业土壤研究所、中国科学院西北水土保持研究所、中国科学院地理研究所、中国科学院自然资源综合考察委员会、中国科学院兰州沙漠研究所、中国科学院长沙农业现代化研究所、南京林业大学

主要完成人员：

《中国土壤》：熊毅、李庆逵、龚子同、丁昌璞、于天仁、陈家坊；《中国土壤图集》：熊毅、李锦、席承藩、赵其国、龚子同

成果简介：

《中国土壤》和《中国土壤图集》全面、系统地介绍了中华人民共和国成立以来我国土壤科学研究和利用改良方面取得的成就。涉及内容广泛，纲目分明，资料丰富，基本反映了我国当时土壤科学研究的成就和水平，对发展我国土壤科学，开发我国土壤资源，促进土壤利用改良和农业持续发展具有重要的理论意义和实用价值。

《中国土壤》共分三篇 46 章，并附有全国彩色土壤图（1∶1000 万）。第一篇为我国土壤的类型和分布；第二篇为土壤的基本性质和肥力特征；第三篇为土壤的利用改良，总结和阐述了农业土壤、森林土壤、草原土壤、漠境土壤、盐碱土和风沙土等改良培肥的经验。《中国土壤图集》将 32 幅地图分为序图、土壤图、土壤性质及成土母质图、土壤分区图四部分，并附有 85 幅主

要土壤类型剖面及景观照片配合土壤图。其主要学术成就如下。

（1）全面系统地论述我国土壤资源和土壤肥力的特征。该书和图集把全国土壤概括为10个土纲、46个土类、128个亚类，分别从其形成、分类、分布到土壤基本性质和肥力特征进行详细论述，同时编制了四个土壤图组，使宏观论述和全国性图幅有充实的内容和应有的深度。该书和图集还充分注意我国土壤的特色，突出展示人为活动影响深刻的耕作土壤等其他国家所罕见的土壤类型。

（2）显示和分析了中国土壤中营养元素空间分异特点，更新了土壤肥力的概念。该书对全国各种土类的有机质、氮、磷、钾、微量元素、土壤微生物的含量分布和转化等进行了全面分析，对各类土壤的合理施肥有指导作用。概括出土壤肥力的概念，认为肥力是土壤营养条件和环境条件供应、协调作物生长的能力，是土壤物理、化学和生物学特性的综合反映，这一概念已被国内外同行广泛接受。

（3）总结和提高我国改土培肥的实践经验，指出因地制宜利用改良土壤的方向和途径。该书系统总结了我国丰富的改土培肥经验，利用土壤学各分支的成就，分别对水稻土、森林、草原、漠境等土壤类型的利弊和效益进行论述，还围绕我国重点开发地区，如红壤丘陵地、黄淮海平原、黄土高原等的综合治理提出对策和措施，使有地区性的经验上升到有普遍意义的高度。

成果名称：主要农作物原生质体再生植株

获奖时间：1991年

奖励类别及等级：国家自然科学奖三等奖

主要完成单位：中国科学院遗传研究所、中国科学院植物研究所、中国科学院上海植物生理研究所

主要完成人员：李向辉、夏镇澳、蔡起贵、卫志明、钱迎倩

成果简介：

该项目解决了重要粮食作物原生质体再生完整植株的问题，相继由水稻、玉米、小麦、大豆等18种植物的原生质体再生了植株；建立了有特色的禾谷

类作物原生质体培养方法和有效再生培养基系列，发现了一些影响再生的重要因素，并在理论上阐明了关于原生质体再生的一系列问题。主要内容如下。

（1）由胚性愈伤组织分离和培养玉米的原生质体，在国际上首次获得了玉米原生质体再生植株。

（2）在国际上首次由栽培大豆的六个品种及野生大豆的未成熟子叶分离的原生质体再生植株并得到可育的种子后代。

（3）由小麦悬浮系胚性细胞来源的原生质体高频率地再生植株，获得可育种子后代。

（4）获得小偃麦原生质体再生植株。小偃麦是硬粒小麦和中间偃麦草的属间杂种，它的原生质体再生植株是属间杂种原生质体再生植株的首次成功报道。

（5）在水稻原生质体再生植株方面，获得了包括籼稻、粳稻两个亚种的七个品系原生质体再生植株，并得到了大量种子后代。已在其再生植株种子后代中选育出矮秆、抗倒伏、早熟、高产的优良品系，并稳定遗传了四代。

（6）由两个高粱品种幼穗胚性细胞来源的原生质体培养再生了植株；由谷子种胚来源的原生质体，经培养也获得了成功。

（7）在中华猕猴桃、哈密瓜等水果及蔬菜作物中，从叶片愈伤组织来源的原生质体已培育成植株，正在大田选育中。

该项研究的学术意义：

（1）表明植物基因型之间的差异对原生质体再生能力有重要影响。

（2）选择再生能力强的幼穗、幼胚、幼嫩子叶等为起始材料是实验成功的关键之一。

（3）表明愈伤组织的继代培养基及悬浮培养基的成分对胚性细胞的发育和原生质体的分化有重要作用。

（4）在对培养基的研究中，证明了 NH_4 及 NO_3 的调节、2,4-D（2,4-二氯苯氧乙酸）的变量交换、氧的通透性、原生质体的密度等对原生质体再生细胞的分裂，以及对进一步分化植株起着重要作用，并在此基础上建立了一系列有特色的培养基。

（5）发展了浅层高密度的培养方法和分步诱导的方法，简化和缩短了原生质体前的培养过程，革新了一批培养技术。

成果名称：银鲫天然雌核发育机理研究
获奖时间：1995 年
奖励类别及等级：国家自然科学奖二等奖
主要完成单位：中国科学院水生生物研究所
主要完成人员：蒋一珪、丁军、朱蓝菲、单仕新、陈本德、葛伟
成果简介：

该项目对银鲫天然雌核发育机理进行了系统的实验研究，从而突破了鱼类雌核发育的传统概念，开拓了鱼类雌核发育机制的调控理论与应用基础研究。研究成果具体体现在以下几个方面。

（1）在银鲫天然雌核发育机理的理论研究方面，阐述了银鲫雌核发育的遗传特性和控制机制；发现了银鲫特有的两性型雌核发育种群结构和种群的遗传异质性；揭示了精子在银鲫雌核发育中的独特作用；建立了银鲫雌核发育控制机制的细胞学模型；提出了银鲫卵抑制精核发育机制只具有相对稳定性的观点，并依据这一观点发现了复合四倍体个体；首次揭示出复合四倍体鱼卵子具有两种不同的发育方式——异精雌核发育和拟两性融合发育。

（2）在银鲫天然雌核发育机理的应用研究方面，根据"银鲫种群的遗传异质性"，提出了明确而实用的遗传标记，成功地选育了优良养殖新品种"高体型异育银鲫"。接着又根据"银鲫卵抑制精核发育机制只具相对稳定性"和"银鲫卵仍具有两性融合发育的潜能"，人工干扰银鲫雌核发育控制机制，诱导异源精核解凝、原核化和两性融合，并获得了具有优良性状的异源超三倍体。

该成果在国内外同类研究中具有独创性，其特色是瞄准银鲫天然雌核发育机制的特点与规律进行了长期研究，对雌核发育机理有了突破性的发现，对雌核发育概念有了新认识，并以此为指导不断有所发现，不断取得应用成效，开拓了鱼类雌核发育理论与实践研究新领域。以"银鲫种内遗传异质性"为依据，选育出比普通异育银鲫生长快20%的高体型异育银鲫，现已在全国

范围内推广，并取得了明显的社会经济效益。

成果名称：《中国水稻土》

获奖时间： 1995 年

奖励类别及等级： 国家自然科学奖二等奖

主要完成单位： 中国科学院南京土壤研究所

主要完成人员： 李庆逵、姚贤良、龚子同、丁昌璞、谢建昌

成果简介：

水稻土是指在种植水稻或以种植水稻为主的耕作制下，土壤经常处于淹水还原、排水氧化、水耕黏闭及大量施用有机肥料等频繁的人为管理措施影响下形成的一种独特的土壤类型。

我国水稻土地域的分布极广。水稻土既是我国重要的粮食基地，又是我国极具重大经济意义的土壤资源。由于所处生物气候带的不同，水热条件和社会经济状况的差异及复种指数、耕作制的不同，形成了不同类型的水稻土。该项目多年来对水稻土进行了系统、深入地研究，取得了大量科学数据。在此基础上出版了专著《中国水稻土》。

该专著系统地总结了我国水稻土的形成、分类、分布、基本特性、合理施肥及耕作、水分管理与改良等方面的综合研究成果。全书分四篇，共30章。第一篇主要介绍中国水稻土的形成过程、分类系统及资源评价。第二篇系统地阐述了水稻土的矿物组成、有机质、吸附性能、酸度、结构状况、氧化还原过程及微生物特性等。第三篇全面剖析了水稻土中氮、磷、钾、硫及微量元素的储量、形态和有效性，水稻根际土壤环境及合理施肥原则等。第四篇详细叙述了水稻土的管理技术、高产水稻土的培肥、低产水稻土的改良及水稻土的污染及其防治等。

该书内容综合、资料新颖、立论明确、论证充实、实用性强。该书出版后受到国内外同行好评。

成果名称： 小麦花粉无性系变异机制与配子类型的重组与表达规律

获奖时间： 1997 年

奖励类别及等级：国家自然科学奖二等奖

主要完成单位：中国科学院遗传研究所

主要完成人员：胡含、张相岐、张文俊、景健康、郗子英

成果简介：

该项研究建立了通过小麦花粉无性系获得单倍体和纯合二倍体的方法，并建立了小麦无性系变异及配子类型的重组和表达的新的实验体系。

1. 小麦花粉无性系的变异

发现小麦花粉植株在形态及染色体数目上都存在变异现象，系统地研究了变异类型、产生变异的时期、变异机制及异源异位系的创制等问题。

研究表明，无论是杂种还是纯小麦来源的花粉植株都有10%～15%的变异，即小麦花粉无性系变异具有普遍性。

花粉植株染色体分析表明，花粉无性系变异类型非常丰富，既有染色体数目变异也有染色体结构变异。由于花粉植株来自单倍体小孢子，加倍后即为纯合二倍体，所以各种变异类型大多数都能够在一个世代中迅速稳定。这是花粉无性系的一个突出特点。

花粉无性系变异既可产生于培养前的异常减数分裂，也可产生于花药培养过程中的异常有丝分裂。

在进行远缘杂种 F_1 中的减数分裂时，异源染色体与小麦染色体之间难以相互配对和交换，但在花药离体培养过程中容易发生染色体错位分裂和断裂－重接，从而直接产生异源易位系。花药培养为创制异源小片段易位系开创了一条新途径。

2. 不同配子类型的表达

分别设计了两种研究配子类型表达的实验系统。实验系统一是用六倍体小黑麦（AABBRR）与普通小麦（AABBDD）杂交；实验系统二是用八倍体小偃麦中3（AABBDDEE）与普通小麦杂交，将杂种 F_1 的花药进行离体培养，对配子类型进行分析和预测。实验结果证明，花药培养使杂种产生的各种染色体组成的配子类型都能够按其理论值在花粉植株水平上得以充分表达。其主要原因是花粉植株的产生未经过受精过程，避免了配子选择，从而使受精竞争能力较弱的重组类型的配子也有同样的再生植株机会。

3.配子重组类型的遗传学分析

由于花粉植株的表现型和基因型一致，不受基因显、隐性的限制，所以单倍体来源的花粉植株是进行配子类型分析的理想材料。

建立了染色体组水平和染色体水平的两种染色体工程体系。据此，有目的、有计划地将异源染色体引入小麦，创制了一批易位系等小麦新种质，充分体现了该体系快速高效的特点，并应用综合鉴定技术对新种质的遗传组成进行了准确鉴定，对抗白粉病等重要性状的基因进行了染色体定位和分子标记。

该项研究共发表论文104篇，出版专著3部，受到国内外同行专家的广泛引用和好评。

成果名称： 中国盐渍土

获奖时间： 1997 年

奖励类别及等级： 国家自然科学奖三等奖

主要完成单位： 中国科学院南京土壤研究所

主要完成人员： 王遵亲、祝寿泉、俞仁培、黎立群、单光宗

成果简介：

该项目是我国出版的首部以大量殷实的实地调查和室内外研究资料为依据，较全面、系统地阐述了我国盐渍土发生及其防治的专著。

全书贯穿了土壤发生学和地球化学观点，内容包括土壤盐渍化的条件、土壤盐渍过程、盐土和碱土分类及特性、土壤盐渍分区及其地球化学特征、盐分与植物生长的关系及土壤盐碱化分级、土壤水盐运动及土壤盐渍化预测预报、土壤盐碱化防治及综合防治土壤盐碱化经验等八章。本书主要反映了我国土壤盐碱化及其防治研究方面取得的进展和成就，在土壤盐碱化发生演变规律及其防治等研究方面有所深化和发展，并提出了有新意的观点和论述。

本书资料翔实、丰富（照片222张、插图211幅、表408个），融理论性、资料性和生产性于一体，提出一些具有新意的论点。

成果名称： 鱼类基因转移育种应用基础研究

获奖时间： 1997 年

获奖种类及等级： 国家自然科学奖三等奖

主要完成单位： 中国科学院水生生物研究所

主要完成人员： 朱作言、谢岳峰、崔宗斌等

成果简介：

该项研究克隆和测序了鲤鱼 β-肌动蛋白基因（*CA*）、草鱼生长激素基因（*gcGH*）及其 cDNA，通过改变拼接方式和 PCR 定点修饰技术，构建了全部由我国鱼类基因原件组成的"全鱼"融合基因。这一结构可实现可靠的导入鱼类种系并获得高效和安全的表达。利用"全鱼"基因生产出转基因鲤鱼和鲫鱼千余尾。小规模生产养殖实验证明，转 *gcGH* 基因鱼 F$_1$ 代具有 20% 以上的快速生长效应。

该项研究首次指出在转基因鱼中表达的外源生长激素有代偿去垂体内源生长激素的功能，并从生物能量学角度指出代谢能耗分配的降低和蛋白合成能量积累的增加是转基因鱼快速生长的主要原因；提出了研制转基因鱼纯系新的技术路线，即以胚胎细胞转移和核移植相结合的方法，培育"纯合"的快速生长转基因个体；研制出了世界上第一批转基因鱼，建立了转基因鱼理论模型，由此拓展为鱼类基因转移研究新领域。

鱼类基因转移育种应用基础研究在理论上探讨了转基因鱼的形成机制，在应用上提出了实例，肯定了鱼类基因工程快速生长育种的可能性，为我国鱼类基因工程产品实用化打下了良好的基础，研究成果达到国际领先水平。该项目最早发表的三篇论文被国际刊物引用了 108 次，它们成为这一领域公认的经典文献。

转 *GH* 基因鱼具有生长速度快、食物转化效率高、鱼体干物质和肌肉蛋白质含量高、脂肪含量低以及饵料蛋白质节省效应的特点。转 *GH* 基因鱼的应用既可以降低生产成本又能改善鱼的品质，若进行大面积推广可产生可观的经济效益。同时，这一技术可应用于鱼类抗病、抗逆品种的培育。

成果名称： 土壤电分析化学的建立与发展

获奖时间： 1999 年

奖励类别及等级： 国家自然科学奖三等奖

主要完成单位： 中国科学院南京土壤研究所

主要完成人员： 于天仁、季国亮、张效年、苏渝生、刘志光

成果简介：

电化学方法可以将电极直接插入土壤，利用土壤-电极界面间的电化学反应来了解土壤的性质，这是目前任何其他化学方法都做不到的。但是，土壤有许多不同于溶液的特点，它是由固、液、气三相组成的复杂体系，通常处于未被水分饱和的状态。土壤胶体带有电荷，它的许多性质是在经常变动之中的。因此，当将对溶液可行的电化学方法应用于土壤研究时，往往会遇到一些需要克服的特殊问题。

该项目根据土壤研究的需要及土壤的特点，应用电分析化学的基本原理和方法，通过系统的研究，解决了一系列理论和技术问题。在理论上，阐明了电极在土壤等非水分饱和的多相体系中建立平衡电位的机理；阐明了土壤胶体对电极的表面性质的影响及其因素；不同于胶体电荷仅影响参比电极的学说，发现胶体电荷对参比电极和指示电极都有影响，而且发现胶体对前者的影响距离比通常认为的长得多，并受一系列土壤因素和电极因素的影响。在技术方面，根据土壤的特点设计了多种离子选择电极及其他电极；提出了消除或减小土壤对电极的表面性质的影响方法；确立了适用于不同土壤条件的测定技术，设计了一系列新的土壤电化学方法。

通过这些研究，开创性地建立了土壤电分析化学这个边缘性的新学科分支，并已在土壤研究中得到了广泛的应用。与本成果相关的已发表的论文和专著被国内外同行学者广泛引用并得到他们的好评。

成果名称： 鱼类能量学机制的研究

获奖时间： 1999 年

奖励类别及等级： 国家自然科学奖三等奖

主要完成单位： 中国科学院水生生物研究所、西南师范大学、北京师范大学、重庆师范学院

主要完成人员： 崔奕波、谢小军、孙儒泳、解绶启、曹振东、朱晓鸣、张耀光

成果简介：

鱼类生长的一个特征是变异范围极大。同种鱼类在不同的环境及发育阶段、不同鱼类在相近的环境及发育阶段，生长率可以产生很大差异。该项研究以多种非鲄科鱼类为对象，以能量收支为框架，对造成鱼类生长变异的环境和内源因子及其能量学机制进行了系统的比较性研究。对摄食率的影响、食物种类的影响、水温的影响、体重的影响、生物能量学模型、种间差异、个体差异、外源基因八个方面进行了研究，在理论上修正了其他研究者提出的部分假说，提出新的假说。该项研究共发表论文30多篇，其中21篇发表在国际核心刊物上，SCI他人引用次数为80次。

该项研究的科学意义主要体现在从理论上阐明了多种鱼类生长变异的能量学机制以及不同鱼类在这些机制上的差异，澄清了鱼类能量学理论中的一些错误观点，提出了一些新的观点，补充了鱼类特别是非鲄科鱼类生长能量学的知识。在应用上，对于探讨鱼类种群在水生态系统中的作用、建立鱼类集约化养殖技术、选育快速生长鱼类品系都有指导意义。

成果名称：中国土壤系统分类研究
获奖时间：2005 年
奖励类别及等级：国家自然科学奖二等奖
主要完成单位：中国科学院南京土壤研究所
主要完成人员：龚子同、雷文进、陈志诚、高以信、曹升赓
成果简介：

土壤分类是土壤资源管理的基础，也是土壤学与其他学科交流的共同语言。该项研究历时20余年，建立了全新的以诊断层和诊断特性为基础、以定量化为特点的中国土壤系统分类。该项成果的主要内容和创新点如下。

1. 实现了我国土壤分类从定性分类向定量分类的跨越

中国土壤系统分类研究以土壤发生学理论为指导，以诊断层和诊断特性为基础，以定量划分为依据，充分体现我国土壤的特色，创建了一系列具有严格限定的诊断层和诊断特性，以此为基础来鉴别我国丰富的土壤类型，建

立了一个全新的从土纲到亚类、具有完整检索系统的谱系式土壤系统分类。该项研究提出了以土系为中心的基层分类原则和方法，并初步实现了计算机自动检索。这是我国土壤分类发展史上从定性分类向定量分类的跨越。

2. 科学界定我国特有的土壤类型

中国土壤系统分类创建了一系列根据我国特点提出的新的诊断层、诊断特性，如界定干旱土的盐磐层、富铁土的低活性富铁层、青藏高原的寒冻雏形土的草毡层及一系列人为土层。这不仅科学地界定了我国特有土壤类型，而且可供各国借鉴，对国际土壤分类也有重要意义。

3. 率先建立了人为土分类体系

从概念到指标剖析了人为土发生过程，凝练出了一系列人为土诊断层，包括水耕层系列、灌溉层、堆垫表层及肥熟表层和磷质耕作淀积层等。在世界上率先系统地建立了人为土纲的诊断体系，使纷乱复杂的人为土得以定量的表达，中国土壤系统分类中的人为土分类已被国际分类组织（WRB）接受，成为其分类的一部分，为国际土壤分类做出了贡献。

该项研究共出版专著 18 部、发表论文 700 多篇，被广泛引用，并已被译成英文、日文，摘要被译成俄文，被数十个国家索取和参考，在国内外产生了重要的影响。

成果名称：水稻第四号染色体测序及功能分析

获奖时间：2007 年

奖励类别及等级：国家自然科学奖二等奖

主要完成单位：中国科学院上海生命科学研究院等

主要完成人员：韩斌、冯旗、张玉军、王升跃、薛勇彪

成果简介：

水稻是最重要的粮食作物之一。精确解析水稻基因组序列蕴藏着的基因信息，对改进水稻品质、提高水稻产量和抗病抗逆性都具有十分重要的意义。该项目主要研究成果如下。

（1）首先确定了利用整合的方法构建水稻 4 号染色体精细物理图，即相信

"整合的物理图需要综合的数据"的原则。在该研究中，创造性地整合了多种数据，同时运用分子、细胞学的研究手段，包括利用籼粳基因组比较分析和染色体荧光原位杂交的方法，快速、准确地构建了粳稻4号染色体的精细物理图。

（2）在国际上率先完成该染色体的精确测序和序列分析，发现了水稻基因组的基因组成和重复序列的一些分布特征。共完成289个大片段BAC克隆的测序。每个克隆都用随机鸟枪法打断并对亚克隆进行两端测序，并达到10倍的测序冗余度，所有的完成序列都超过了99.99%的测序精确度。

（3）完成了水稻粳稻4号染色体着丝粒序列的精确测序和结构分析，这是高等植物中第一个完成的染色体着丝粒完整序列的测定工作。通过在精细物理图构建和高度重复序列的拼装等技术上的突破，成功地鉴定了覆盖着丝粒区域的大片段克隆。

（4）利用水稻基因组4号染色体测序的亚克隆资源，从中选出一些亚克隆以首尾相接重叠的方式覆盖整个BAC克隆，进而覆盖整条染色体，再通过制备覆盖整个4号染色体的DNA片段，研制出了4号染色体特异DNA芯片。

该项研究先后共发表6篇论文，包括2篇发表在 *Nature* 上（一篇是国际合作完成）。在美国 *Science* 评出的2002年十大科技突破的第3项中包含了"水稻4号染色体精确测序的完成"的内容。另外，水稻4号染色体测序的完成还被两院院士评选为2002年中国十大科技进展新闻之一。

成果名称： 显花植物自交不亲和性分子机理
获奖时间： 2007年
奖励类别及等级： 国家自然科学奖二等奖
主要完成单位： 中国科学院遗传与发育生物学研究所
主要完成人员： 薛勇彪、张燕生、赖钊、乔红、周君丽
成果简介：

自交不亲和性是广泛存在于显花植物的一种种内生殖障碍。为了避免近亲繁殖，植物在长期的演化过程中形成了这种区分来自自身还是非自身花粉的能力，母体的花柱能够识别自己的或来自别的植株并具有和母体同样基因型的花粉，从而抑制花粉的萌发和生长，最终不能受精。但来自不同株、具

有和母体不同基因型的花粉则不受影响，可以萌发和受精。显花植物自交不亲和性的遗传控制主要表现为孢子体型和配子体型两种类型。在孢子体型中，花柱和花粉亲和与否取决于母体 S 基因型而不是花粉 S 基因型。该类型的代表主要为十字花科植物。相反，在配子体型中，花柱和花粉是否亲和则决定于雄配子体花粉的 S 基因型。这类自交不亲和植物分布十分广泛，主要以茄科、车前科和蔷薇科等为代表。

该项目首次从车前科植物金鱼草中克隆到了一个与花粉 S 决定因子相关的候选基因 *AhSLF*（*S-locus F-box*）*-S2*，并证明它具备了花粉 S 决定因子的遗传学特征。由于车前科植物和茄科植物都具有类似的 S-核酸酶系统，进而把 *AhSLF-S2* 转到自交不亲和的茄科植物矮牵牛中，发现它可以把自交不亲和的矮牵牛转变成亲和的矮牵牛，并证明了 *AhSLF-S2* 确实是自交不亲和花粉 S 的决定因子，结果发表在 *Plant Cell* 上。

另外，进一步利用免疫共沉淀和酵母双杂交等技术，首次证明 *AhSLF-S2* 能和 S-RNase 及与 SCF(Skp1/Cullin/F-box) 蛋白降解复合体中的 SKP1 和 CULLIN 的类似蛋白相互作用，并通过 26S 蛋白小体特异抑制剂和生化试验，证明了 S-RNase 在亲和组合中被泛素化降解。这些结果不仅首次证明了 *AhSLF-S2* 在自交不亲和中的关键作用，而且证明 S-RNase 的降解是通过 *AhSLF-S2* 介导的泛素 /26S 蛋白小体降解途径来完成的，结果发表在 *Plant Cell* 上。进一步克隆了一个新的 SKP1 类似基因 *SSK1*，是继 *SLF* 后发现的第二个参与自交不亲和反应的花粉特异因子，为该项目提出的自交不亲和反应的模型（即 S- 核酸酶降解模型）提供了重要证据，结果发表在 *Plant Journal* 上。

成果名称：土壤-植物系统典型污染物迁移转化机制与控制原理
获奖时间：2009 年
奖励类别及等级：国家自然科学奖二等奖
主要完成单位：中国科学院生态环境研究中心
主要完成人员：朱永官、王子健、张淑贞、王春霞、陈保冬
成果简介：

该项目紧密结合农业与环境科学的国际前沿和我国农产品安全与土壤保

护的战略需求，重点探讨土壤污染导致健康风险的形成过程和控制原理。为了发展土壤污染控制与污染土壤修复相关技术，以及为土壤环境管理提供决策依据，人们需要在一个合理的学科框架下认识土壤污染的风险、污染物的迁移转化机制及控制修复原理，并且发展能够支撑该框架的方法论和对基本规律的认知。该项目围绕这样一个基本思路，以典型重金属和多环芳烃等为代表性污染物开展基础性和前瞻性研究，取得了一系列得到国际同行广泛好评的研究成果。该项目的代表性重要科学发现主要包括以下几个方面。

（1）系统研究了砷、铀等持久性有毒污染物质（PTS）在土壤-植物系统中的转移、转化规律及关键影响因素。发现了根际的化学和生物学过程深刻影响砷等污染物向植物的转移，尤其是水稻根表铁膜的重要作用。首次阐述了一种新的影响水稻吸收积累砷的机理，纠正了传统研究体系中忽视铁膜所得到的结论，推进了水稻根际过程的研究；发现菌根菌在重金属和有机污染物从土壤向植物转移过程中发挥了根部过滤作用。

（2）通过该项目建立的植物砷酸还原酶分析测定方法，在国际上首次证实了植物体内存在砷酸还原酶。以砷超积累植物为研究对象，研究了植物体内砷酸还原酶的活性，提出砷超积累植物根部高效的砷酸还原酶活性是超积累砷的重要机制。

（3）研究了污染物与土壤相互作用的机理，阐述了污染物在土壤中的作用位点、微观结构，建立了土壤中重金属污染物生物吸收的评价方法和污染土壤修复的方法，发展了利用骨炭等可资源化废弃物作为修复材料，开展了污染土壤修复机理研究。

（4）建立了成组生物毒性测试和化学分析相结合，离体和活体生物测试相结合的遗传毒性评价方法、综合毒性评估和甄别方法，形成了以潜在健康和生态风险为终点的评价框架，为我国开展土壤污染风险评价和风险管理提供了战略性技术储备。

该项目共发表论文 232 篇（其中 SCI 论文 165 篇），被引用 1522 次，SCI 论文被引用 1202 次。8 篇代表性论文平均被引用次数达 19.1 次，是国际同类论文的 2 倍以上。该项目揭示了水稻根表铁膜在控制水稻砷吸收中的作用，研究成果被国际同行评价为是"应对东南亚水稻砷污染的新希望"。

成果名称：多倍体银鲫独特的单性和有性双重生殖方式的遗传基础研究

获奖时间：2011 年

奖励类别及等级：国家自然科学奖二等奖

主要完成单位：中国科学院水生生物研究所

主要完成人员：桂建芳、周莉、杨林、刘静霞、朱华平

成果简介：

　　近 80 年来，已在大约 90 种脊椎动物中报道了可采用单性生殖方式繁衍后代的全雌性种群，但单性动物如何突破有害突变积累的齿轮效应和如何获得遗传多样性以适应多变的环境问题一直是进化生物学的两大难题。该项目在揭示银鲫既可进行单性雌核生殖又存在少量雄性的前提下，通过探究雄性个体对种群有什么贡献和其贡献是否与其克隆多样性有关这两个关键问题，建立了适于区分银鲫克隆系的遗传标记，首次发现多倍体银鲫具有独特的单性生殖和有性生殖双重生殖方式，为解答单性动物面临的进化遗传学难题提供了一个独特的事例；揭示银鲫存在基因组、染色体或染色体片段渗入现象，鉴定出具有不同染色体数、核型和 DNA 含量的克隆系；创建了筛选银鲫生殖相关基因的研究体系。

　　该项目共发表论文 65 篇，其中 SCI 刊源论文 37 篇，论著 1 部。主要发现点被具有国际权威的 10 部专著、16 篇学科年鉴和综述引用及评述，引导出 30 多个国家学者的跟踪研究，解答了单性动物遗传多样性和长期存在的生殖机制，获得了对单性生殖动物进化遗传学研究的新见解；同时还解决了我国银鲫大规模养殖实践中出现的问题，依据发现提出的苗种生产方案，已被国家水产技术主管部门采纳和推广，并取得了重大的社会经济效益。

成果名称：水稻复杂数量性状的分子遗传调控机理

获奖时间：2012 年

奖励类别及等级：国家自然科学奖二等奖

主要完成单位：中国科学院上海生命科学研究院

主要完成人员：林鸿宣、高继平、任仲海、宋献军、金健

成果简介：

　　该项目属于农业领域的基础研究。大多数作物的重要农艺性状（包括耐

盐性、产量）是数量性状，由多个基因协同调控。由于数量性状的遗传调控机理复杂，研究难度大，有挑战性，因此被克隆的数量性状基因座（QTL）的数目不多，人们对其遗传调控机理的了解也非常有限，尤其是在该项目之前有关耐盐 QTL 的分离克隆研究领域还是个空白。该项目以我国最主要的粮食作物水稻作为研究对象，结合农业生产领域的迫切需求，开展了对水稻耐盐、产量等数量性状的分子遗传调控机理的研究，并取得了一系列创新性的成果，为作物分子育种研究奠定了基础。该项目成功克隆了植物抗逆研究领域的第一个数量性状基因 *SKC1*，阐明了通过调控钠离子运输提高水稻耐盐性的分子机制；首次克隆了控制水稻籽粒粒宽和粒重的主效数量性状基因 *GW2*，揭示了影响水稻产量性状的遗传基础；克隆了决定水稻株型从野生稻的匍匐生长到直立生长的关键基因 *PROG1*，揭示了野生稻人工驯化过程中株型改变这一标志性驯化事件的分子调控机理。该项目发表的 8 篇代表性论文中有 3 篇研究论文先后发表于著名顶级期刊 *Nature Genetics*。研究成果被 *Nature Genetics*、*Nature Reviews Genetics*、*Annual Review of PlantBiology* 等顶级刊物广泛引用和评述。

　　该项目的成果为作物复杂数量性状的研究提供了范例，促进了重要作物（如水稻、小麦、玉米）的数量性状遗传学研究的发展。该项目获得 4 项发明专利，为作物育种改良提供了有自主知识产权的基因专利。

成果名称：黄土区土壤-植物系统水动力学与调控机制

获奖时间：2013 年

奖励类别及等级：国家自然科学奖二等奖

主要完成单位：中国科学院水利部水土保持研究所、香港中文大学、西北农林科技大学

主要完成人员：邵明安、张建华、上官周平、黄明斌、康绍忠

成果简介：

　　土壤-植物系统水动力学与调控机制是黄土高原农业与生态的核心科学问题。项目组通过在黄土高原长期的试验研究，提出了测定土壤水文学参数的新方法；获得了土壤水分运动方程的分析解；阐明了干旱逆境下土壤－植物根冠

间信号产生、运输及其对地上部分水分的调控机制；建立了 SPAC 水分运动模型，形成了系统的 SPAC 水运转理论；构建了适于旱区土壤-植物系统水分管理的调控理论与技术途径，为旱区农业和生态系统水调控提供了重要的理论依据。该研究发表的 8 篇代表性论文被 SCI 他引 419 次，单篇最高 SCI 他引 174 次，有关成果被编入美国大学的教科书 *Soil Physics*（6nd edition）、*The Nature and Properties of Soils*（14nd edition）和 *Methods of Soil Analysis* 等。

成果名称： 被子植物有性生殖的分子机理研究

获奖时间： 2013 年

奖励类别及等级： 国家自然科学奖二等奖

主要完成单位： 中国科学院遗传与发育生物学研究所

主要完成人员： 杨维才、石东乔、刘洁、唐祚舜、李红菊

成果简介：

有性生殖是植物生活周期的重要环节，包括配子体发生、识别、受精和胚胎发育等过程，其产物是种子和果实。该项目以拟南芥为模式生物，通过分子遗传学手段，克隆了 *SPL*、*SWAs*、*GFA*、*CCG* 和 *GRP23* 等多个控制植物生殖发育的关键基因，发现 SPL 转录调控是体细胞向生殖细胞分化的关键，而调控 RNA 加工和核糖体发生是胚囊发育的重要机制，首次揭示了胚囊中央细胞在花粉管导向中的重要作用。通过对这些自然规律的认识，有助于了解农作物种子发育和产量形成的机制。

成果名称： 棉红铃虫性诱剂的合成及其用于测报的剂型

获奖时间： 1980 年

奖励种类及等级： 国家发明奖三等奖

主要完成单位： 中国科学院上海有机化学研究所、中国科学院上海昆虫研究所

主要完成人员： 周维善、仲同生、林国强、朱育新

成果简介：

该成果的棉红铃虫性诱剂合成方法合理，各步产率均高，两个异构体的产品的总得率分别为 27.9% 和 22.9%，产品纯度高，对红铃虫雄蛾引诱活性强，

是国内外合成路线中较佳的方法之一。我国棉红铃虫性诱剂原来的成本接近100元/克，生产单位采用该合成路线及方法后，使成本降低到2.5元/克，低于美国Zoecon公司1979年报道的价格0.7美元/克。4%棉红铃虫性诱剂聚乙烯管，是国内外的一种新的较好的剂型，现已作为全国测报用的统一剂型。

棉红铃虫性诱剂作为测报工具，方便简洁、易行、准确。该项目合成的棉红铃虫性诱剂1974～1978年在我国南方棉区七省一市（江苏、浙江、湖北、湖南、江西、安徽、四川、上海）的228个县3236个测报点作为棉红铃虫测报工具，取得了良好效果。它适合用于验证县测报站的常规测报工作及作为公社、大队和生产队的群众性测报工具，以达到合理使用农药、减少环境污染、提高防治效果的目的。

成果名称：梨小食心虫性外激素合成及高效诱芯制法
获奖时间：1982年
奖励类别及等级：国家科技发明奖四等奖
主要完成单位：中国科学院动物研究所
主要完成人员：孟宪佐
成果简介：

梨小食心虫是一种世界性的果树害虫，主要危害梨、桃、李、杏、山楂和苹果，严重影响水果的质量和产量。以往，主要靠化学农药防治梨小食心虫，但长期大量施用农药产生了污染环境、杀伤天敌、害虫抗药性增强、果品中农药残毒超标等问题，因此急待研究开发出无公害防治梨小食心虫的新技术。

梨小食心虫性外激素是梨小食心虫雌蛾分泌到体外，能引诱梨小食心虫雄蛾前去交尾的化学通信物质，其主要成分为顺-8-十二碳烯醋酸酯（简式为Z8-12:Ac)和反-8-十二碳烯醋酸酯（简式为E8-12:Ac)，当两者的比例为9:1时诱蛾活性最高。

梨小食心虫性激素在虫情测报和直接防治上都有重要价值。该项目经过反复实验，研究成功一种梨小食心虫性外激素的简便合成方法。此法系首创，步骤少（4步），收率高（总收率达50.1%)，反应条件温和，操作方法简便，尤其突出的优点是可一次合成梨小食心虫性外激素的两个有效成分，且比例适中 (9:1)，产物纯度高，诱蛾活性好，可在生产上直接应用。

诱芯是性外激素的载体。研制成功的两种诱蛾活性好、持效时间长的高效梨小食心虫诱芯，一种是天然胶小橡皮头诱芯，稳定持效期在 3 个月以上；另一种为硅橡胶片状诱芯，有效期为 1～3 个月。这两种诱芯既可用于虫情测报，又可用于诱捕法和迷向法防治。

成果应用：

（1）虫情测报。用性外激素进行梨小食心虫虫情测报灵敏度高，专一性强，使用简便，费用低廉，比用糖醋水测报省钱 90%。自 1980 年以来，这一测报先进技术已逐渐在全国各地果园推广，并获显著经济效益。1982 年全国用梨小食心虫性外激素进行虫情测报的果园至少有 200 万亩，每年增产节约 7000 万元以上。

（2）直接防治。1980 年以来，用性外激素诱捕法和迷向法防治梨小食心虫的新技术已经在辽宁、山东、河北、河南、安徽、天津等地区的一些果园推广应用。平均每亩增产节约 30 元。目前全国每年用诱捕法或迷向法防治梨小食心虫的果园约 40 万亩，年均增产节约 1200 万元。

以上两项，使全国每年可增产节约 8200 万元。

用梨小食心虫性外激素进行虫情测报和防治，大大减少了农药污染和公害，不但可以减少农药对环境的污染，而且有利于保护天敌等有益生物。

成果名称：诱变 30 号大豆新品种的选育
获奖时间：1988 年
奖励类别及等级：国家技术发明奖三等奖
主要完成单位：中国科学院遗传研究所
主要完成人员：林建兴、张性坦、赵存、柏惠侠
成果简介：

该发明采用有性杂交方法，综合两个亲本 (58-161 和徐豆 1 号) 的优点，应用 1 万伦琴 X 射线照射 F_2 种子。在选育过程中采用了综合抗病育种技术和生态育种技术，通过改良系谱-混合选择方法的育种程序，从诱变后代中选育

出综合性能好的大豆新品种诱变 30 号。该品种具有以下优良性状。

（1）多抗性。高抗三种类型花叶病，即普通型、矮缩型和顶枯型花叶病，高抗灰斑病 8 个生理小种，此外还兼抗紫斑病和霜霉病。

（2）适应地区广和抗灾力强。对光温反应迟钝，适应地区广，能适应 8～10 个纬度（北自北京南至四川，东起山东西至新疆喀什），并具有抗旱涝灾害的特点，因而稳产性好。例如，1978 年安徽北部、河南南部发生百年不遇的大旱灾，绝大多数大豆品种颗粒无收或严重减产，唯独诱变 30 号亩产量仍达 260 斤。

（3）品质优良。籽粒油脂和蛋白质含量可达 66.05%，并且粒大而圆，外观美，为关内最重要的出口创汇品种，每吨大豆比其他黄豆品种多卖 50～60 美元。

（4）丰产性好，增产显著。把节多、每荚粒多、粒大三个丰产性状结合在一起，比对照品种平均增产 20% 左右，亩增产 20 千克。

推广应用情况及社会经济效益：根据安徽、河南、江苏、四川、甘肃和北京 6 个省份提供的数据，1987 年诱变 30 号大豆品种推广 331.6 万亩，年增经济效益为 7090.7 万元。1979～1987 年累计推广面积为 1081.1 万亩，经济效益达 2.2 亿元。

成果名称：禾谷类高效细胞组织培养基

获奖时间：1993 年

获奖种类及等级：国家发明奖二等奖

主要完成单位：中国科学院植物研究所

主要完成人员：朱至清、王敬驹、孙敬三、钱南芬、尹光初

成果简介：

禾谷类细胞组织培养是植物组织培养的难点之一，20 世纪 70 年代延用烟草细胞培养的 MS 和 LS 培养基及豆类细胞培养的 Miller 培养基，胚状体和植株诱导率很低。该成果率先对水稻、小麦等禾谷类离体细胞的营养需求进行了实验分析，找出规律，调整各种有关因子，发现了禾谷类细胞离体生长分化的特殊营养需求，证明了铵离子浓度是禾谷类细胞生长和体细胞胚胎发生的限制因子。低浓度铵离子和硝酸根及有机氮结合，可以显著提高愈伤组织

及再生植株频率。碳源方面，过滤消毒的葡萄糖代替蔗糖，可进一步提高胚状体和再生植株频率。在此基础上研制成功 N_6 和 CHU（1990）培养基，广泛适用于禾谷类植物细胞、花药和原生质体的培养，实现了禾本科植物的花粉、体细胞和原生质体高频率地再生植株。

该项目的先进性表现在以下几个方面。

（1）N_6 培养基中的氮源和大量元素是通过大量实验分析找出规律后选优确定的，是国际上首次提出的禾谷类专用培养基，特别适合于禾谷类细胞组织培养。CHU（1990）培养基是首次采用过滤消毒的葡萄糖作为小麦花药培养的碳源，其效果明显超过蔗糖。

（2）两种培养基都具有高效性，在许多方面效果明显超过国内外著名培养基。例如，N_6 培养基在稻、麦和玉米花药培养和原生质体培养上优于 MS 及 Miller 培养基。在小麦花药培养胚状体和植株诱导率方面，CHU（1990）高于 MS 和 C_{17} 培养基。

（3）N_6 培养基在禾谷类组织培养上具有广谱适用性。国内外文献中多方面频繁采用和 SIGMA 公司多年来作为标准培养基生产充分说明了这一点。

上述规律和培养基得到国内外同行的公认和广泛应用。1988 年起美国 SIGMA 公司开始商品化生产 N_6 培养基。在国内有几十个农业研究单位采用 N_6 培养基进行水稻、小麦和玉米单倍体育种并取得十几个新品种和几十个新品系。

成果名称：棉属种间杂交育种体系的建立

获奖时间：1999 年

奖励类别及等级：国家技术发明奖三等奖

主要完成单位：中国科学院遗传研究所、石家庄市农林科学研究院、山西省农业科学院作物遗传研究所、陕西省棉花研究所、河南省农业科学院经济作物研究所

主要完成人员：梁正兰、姜茹琴、赵国忠、牛永章、钟文南、何鉴星、王家典、梁理民、孙传渭

成果简介：

该项目揭示了棉属种间隔离的机制，克服了种间杂交不结实的难题，建成了棉花种间杂交育种新体系，主要成果如下。

（1）提出了种间隔离机制的新见解并创建了棉属种间杂交新方案。提出了棉花种间杂交不孕性的原因在于母本生殖器官生理活性物质代谢失调的新见解。由于这种代谢失调杂交铃的内源植物激素浓度比正常受精的内源激素浓度低，从而阻断了营养物质从母体组织向胚珠胚囊运送的生理通路，致使胚乳败育幼胚夭亡。人工补施所需植物激素，补偿内源激素代谢的缺陷，能显著改变这种状况，使胚乳保持良好发育的种子数提高了45倍，大胚数提高了42倍。在这一试验基础上，创立了"棉属种间杂交新方案"，即对杂交铃喷（滴）植物激素（GA3、NAA）-离体培养杂种胚-试管内同步进行染色体加倍三者相结合。

（2）14个野生棉种与陆地棉杂交成功，其中12个野生棉种已有8~18代与陆地棉的杂种群体，并从部分组合中培育成高代群体。

（3）已育成各种类型的具有特优性状的新型种质资源，并被提供给育种机构广泛采用，这些材料除具有中上水平的综合农艺性状外，还各具有1~2项突出的优良特性，已通过专家鉴定，成为优异的育种材料。

（4）育成6个丰产优质多抗新品种、10个新品系，其中4个新品种已列入科技部、农业部重点推广计划中。新品种中有3个为陆地棉×中棉、3个为陆地棉×三种野生棉的杂种，这些品种结合了双亲特性，除丰产优质外还具有多抗性和广泛的适应性。

（5）阐明了几项遗传育种的重要规律，如杂交不孕性的机理问题、野生种对栽培种不同品种间具有选择性问题等，这些规律的发现奠定了棉花种间杂交遗传育种的理论基础。

成果名称：卵寄生蜂传递病毒防治害虫新技术

获奖时间：2005年

奖励类别及等级：国家技术发明奖二等奖

主要完成单位：中国科学院武汉病毒研究所

主要完成人员：彭辉银、陈新文、姜芸、徐红革

成果简介：

该项目以卵寄生蜂为媒介传递病毒来防治农业、林业害虫，属于病毒学和害虫生物防治技术领域。

（1）寄生蜂传递病毒防治害虫方法。利用卵寄生蜂所特有的寄生方式将病毒带入目标害虫卵表面，致使初孵幼虫罹病死亡，并诱发靶昆虫形成种群病毒流行病，使害虫的危害得到有效遏制。

（2）绿叶松微型生物制剂。是一种专门为卵寄生蜂携带病毒而设计的高效病毒制剂配方，由病毒保护剂、分散剂、湿润剂、黏着剂和营养剂等组分构成，对卵寄生蜂无毒无害，寄生蜂携带病毒不影响其自身的生物学特性及功能，使用方便。

（3）寄生蜂卵卡盒。是一种能防雨、防晒、遮光和透气的卡盒，是专为寄生蜂携带病毒而设计的必备件。

（4）多功能诱杀器。是专为性引诱剂（诱芯）和"生物导弹"产品所联合使用的一种特殊装置，能延长诱芯的有效期，又能为"生物导弹"产品提供"发射"平台。

该项目集中体现了卵寄生蜂和病毒的双重优点，扬长避短，充分发挥了卵寄生蜂传递病毒和病毒在靶标害虫中形成病毒病的作用，变革了传统的治虫方法。该发明能反映安全、经济和高效特点：①使用安全，对人畜和环境无毒无害；②防治费用低于化学农药，不伤害天敌（生物导弹产品使用成本为5.20～6.00元/亩，化学农药使用成本为8～12元/亩）；③操作简单，劳动强度低，工作效率高（人均防治80～100亩/日）；④能广泛用于农、林、果、蔬、茶主要害虫的防治，有广阔的应用前景，经济、社会和生态效益显著。

该项目从1997年以来分别在湖北、湖南、云南、广西、安徽、四川、辽宁、贵州等省份开展大面积应用示范，平均防效在80%以上，累计应用面积达18万亩。昆虫病毒流行病学理论推测和野外调查显示，按病毒每年向周围区域扩展3000米的速度计算，防治18万亩松毛虫可持续控制的面积将达到486万亩。

成果名称：主要海水养殖动物多倍体育种育苗和性控技术

获奖时间： 2005 年

奖励类别及等级： 国家技术发明奖二等奖

主要完成单位： 中国科学院海洋研究所

主要完成人员： 相建海、王如才、王子臣、姜卫国、张培军、王清印

成果简介：

　　海水养殖业已经成为沿海地区经济发展的重要支柱产业，但我国海水养殖的技术水平总体上还比较落后。养殖产量的提高在很大程度上依赖于养殖规模的扩大和人力、物力的大量投入，海水养殖动物完全依靠野生亲本，几乎无人工培育的品种。养殖品种的种质退化、品质下降、产量降低、病害肆虐等问题严重制约着我国海水养殖业的健康发展。因此，海水养殖业迫切需要培育出生长快、品质优、抗逆能力强的海水养殖新品种，以保证海水养殖业的健康、稳定、持续发展。

　　该项目利用细胞工程技术在细胞和染色体水平上对动物进行遗传改良，具有见效快、效率高、目的性强等特点，已在部分水产养殖动物多倍体诱导和性别控制上取得了长足的进展。在虾贝类三倍体育种育苗和产业化、四倍体育种关键技术及牙鲆性控技术上取得重要突破，对我国整个海水养殖业的持续稳定发展产生了重要的积极推动作用。主要进展包括：①通过深入研究多倍体诱导原理，在细胞减数分裂过程及调控、多倍体诱导机制与效应、多倍体增产、增重机理及性别分化等方面获得重要突破，丰富了海洋动物遗传和生殖操作的方法理论。特别是在海水养殖动物染色体操作及其倍性快速检测技术方面取得重要进展。②率先采用新型、价廉、安全诱导剂，成功实现牡蛎、鲍、扇贝、珠母贝和虾蟹等多倍体人工诱导和养成。③突破了海水鱼虾性控关键技术。雌核牙鲆诱导获得成功，全雌牙鲆平均生长速度提高 20%，对虾雌化率稳定在 75% 以上。④实现了三倍体牡蛎大规模浮筏养殖和鲍鱼、珠母贝、对虾等三倍体批量生产。三倍体牡蛎、鲍鱼和对虾生长分别提高了 40%、30% 和 15%～20%；珠母贝成珠率增加了 25%，扇贝存活率增加了 40%～45%。该成果已在大连、荣成、威海、湛江、南澳、青岛等沿海地区进行了大面积推广，并产生了巨大经济效益，有力地推动了三倍体产业化的开发。

成果名称： 果实采后绿色防病保鲜关键技术的创制及应用

获奖时间： 2013 年

奖励类别及等级： 国家技术发明奖二等奖

主要完成单位： 中国科学院植物研究所、中国科学院华南植物园、浙江省农业科学院

主要完成人员： 田世平、蒋跃明、秦国政、邰海燕、孟祥红、郑小林

成果简介：

该研究成果是针对我国果实采后腐烂损失严重、品质劣变快、防病困难和保鲜期短等关键问题和技术难点，通过十几年系统地研究果实采后病害发生规律、病原菌致病机理、果实抗性应答机制等基础理论，创制了以生物源、天然源防病为核心的果实采后绿色保鲜关键技术，为提高病害防控的有效性和安全性拓展了新思路、开创了新途径。在甜樱桃、芒果、葡萄、枇杷、桃、梨、砂糖橘和杨梅等果实上应用，取得了显著的经济效益和社会效益。

成果名称： 中国综合农业区划

获奖时间： 1985 年

奖励种类及等级： 国家科学技术进步奖一等奖

主要完成单位： 中国科学院南京地理与湖泊研究所、江苏省农业科学院、南京农业大学、西北农业大学、中国科学院地理研究所、中国科学院自然资源综合考察委员会

主要完成人员： 周立三、孙颔、沈煜清、邓静中、石玉林

成果简介：

农业自然资源调查和农业区划是《1978—1985 年全国科学技术发展纲要》中第一项重点科学技术研究项目。中国综合农业区划是该项目中的重要组成部分。

全书共分五章：综论、土地资源合理利用、农业生产布局和结构调整、因地制宜实行农业技术改造、农业分区。它汇集了各部门和研究单位自中华人民共和国成立以来有关农业资源和区划的大量资料，进行系统分析和综合研究。该书在回顾了中华人民共和国成立 30 年来农业经济建设的巨大成就的

同时，深刻阐明了我国农业自然资源的基本特征，并做出了正确评价。它指明了我国农业自然资源利用过程中存在的问题及其开发潜力，如对宜农荒地、草地、南方山丘、沿海滩涂等的合理利用，也提出对黄土高原、盐碱地及沙化土壤的综合防治，尽快使农业转向良性循环。该书深入分析了主要作物及林业、畜牧业、渔业生产现状特征，强调必须制止长期存在的掠夺性经营方式，要逐步实行集约经营，提高单位面积产量，重视生态平衡；提出了合理调整农业结构与布局、选建商品生产基地的依据和建议，进而论述了因地制宜实行农业技术改造的方向、任务和重点；最后系统地解释了我国农业地区分异规律，将全国划分为10个一级农业区和38个二级农业区，并对各农业区的生产条件和特点、农业发展方向和建设途径分别做了阐述。

综上所述科学论据，明确指出了我国农业存在的问题的严重性与迫切性，必须引起充分的重视。全书提出的观点和建议，为我国因地制宜、分区规划、分类指导农业生产，特别是合理利用和保护自然资源、继续抓紧粮食生产、调整农业布局结构、全面发展农林牧副渔各业提供了决策性的重要依据，也为农业科学开拓了宏观研究新领域。

成果名称：保幼激素"738"和蜕皮激素在蚕业生产上的应用
获奖时间：1985年
奖励类别及等级：国家科学技术进步奖二等奖
主要完成单位：中国科学院上海有机化学研究所、中国农业科学院蚕业研究所、浙江省农业科学院蚕桑研究所
主要完成人员：徐锦文、陈毓群、甘立宪、庄大桓、李季艳
成果简介：

昆虫的生长发育是受昆虫体内激素，如保幼激素和蜕皮激素支配的。该成果在国内首次从植物中分离鉴定了蜕皮激素，并应用于蚕业生产。

（1）合成了保幼激素"738"，并用于养蚕，发现其具有明显的增丝效果，一般能增丝10%～15%。"738"是合成方便、原料来源丰富、成本低廉、稳定性好的蚕用保幼激素新品种。

（2）在国内最早从植物中提取分离和鉴定了蜕皮激素，从中筛选出资源

分布广、含量较高的筋骨草（紫背金盘）为原料扩大试制，确定了便于生产的工艺流程。按此工艺生产的蜕皮激素经试验证明，有促蚕老熟、上簇齐一、缩短龄期的作用，可以减少用桑，节约劳动力。

（3）建立了"738"和蜕皮激素产品的质量标准和分析方法，建立了这两种激素的生物活性鉴定技术，并研究了这两种激素的保存极限，可保存活性10年不变。

（4）在国内首次确定了保幼激素类似物"738"和蜕皮激素用于养蚕生产的计量、使用时间、给予方式，并建立了生产使用规程。

（5）首次确定了"738"和蜕皮激素在生产中便于保存和使用的包装和安培剂型。

（6）成功地完成了对不同家蚕品种的实验室和农村中间试验，获得了大量科学数据，提供了"738"和蜕皮激素用于养蚕生产的条件和范围。

（7）应用保幼激素可延长蚕儿的发育过程；应用蜕皮激素可促进蚕儿老熟，缩短龄期。这样，在养蚕生产过程中，由于自然条件的突变而出现桑叶多余或不足，均可以用这两种激素进行人为的调节，获得更大的生产主动性，从而突破生产中难以调节"蚕叶平衡"的技术难关。

这项新技术使我国的蚕叶生产向科学化迈进了一大步，对发展我国国民经济和对外贸易具有重要意义。

成果名称： 异育银鲫

获奖时间： 1985 年

奖励类别及等级： 国家科学技术进步奖二等奖

主要完成单位： 中国科学院水生生物研究所

主要完成人员： 蒋一珪、陈本德、俞豪祥、梁绍昌、单仕新

成果简介：

异育银鲫是由黑龙江省方正县双凤水库的三倍体银鲫为母本，兴国红鲤为父本，经人工授精和异精雌核发育繁殖的子代。异育银鲫研究成功具有重要的理论和实践意义。

（1）实验验证了我国两性型银鲫种群是三倍体雌核发育的种群，从而纠正了长期把两性型银鲫认为是实行两性融合发育的误解。

（2）首次提出和验证了异源精子对银鲫雌核发育子代某些性状具有明显影响，突破了长期认为精子对天然雌核发育子代性状不具影响的传统概念。研究人员把这种表现了异源精子生物学效应的雌核发育称为"异精雌核发育"，把异精雌核发育子代称为"异育银鲫"。

（3）异精雌核发育现象的发现，表明鱼类雌核发育在进化上是一种不稳定的繁殖机制，揭示了鱼类雌核发育能够在人为条件下加以干扰和研究其机理，开辟了服务于生产的应用前景。

（4）异育银鲫培育成功是首次把鱼类天然雌核发育研究应用于渔业生产，这在国际上还无先例。异育银鲫因是银鲫雌核发育的子代，所以保持了银鲫原有的优良品性。又因受到红鲤精子的影响，因此获得了明显生长优势，其平均生长速度为银鲫的 1.35 倍，为鲫的 2～3 倍。在湖北地区养殖，一龄鱼当年一般可达 0.25 千克，最大个体重达 0.5 千克以上。在广东地区饲养 5 个月，体重可达 0.35 千克，饲养 8 个月可达 0.6 千克，饲养 18 个月可达 1.25 千克，经济效益十分显著。此外，异育银鲫以雌核发育繁殖，在天然水体中放养，不会发生后代分离和混杂的现象。异育银鲫的推广养殖推动了我国鲫鱼养殖业的迅速发展，改变了我国鲫鱼养殖长期不受重视的历史现状。

异育银鲫的培育成功，为渔业生产提供了一个生长迅速的鲫鱼养殖品种，符合改革鱼类养殖种类结构的生产需要和人们对优质食用鱼日益增长的消费需求。异育银鲫已推广至全国 23 个省份，按 1984 年 6 省份的不完全统计，推广面积为 42 万亩，成鱼产量为 222 万千克。

成果名称：桃小食心虫性外激素的合成与应用

获奖时间：1985 年

奖励类别及等级：国家科学技术进步奖三等奖

主要完成单位：中国科学院动物研究所

主要完成人员：刘孟英、曾孝农、阎忠诚

成果简介：

桃小食心虫是我国北方水果生产中危害最大、发生最普遍的一种害虫。

由于此虫发生规律复杂、成虫对黑光灯和糖醋水等均无趋性，现行的测报方法烦琐，有一定的局限性，防治困难，损失严重。桃小食心虫性信息素由顺 -7- 二十碳烯酮 -11（成分 A）和顺 -7- 十九碳烯酮 -11（成分 B）两种成分组成。桃小食心虫性外激素是桃小食心虫雌蛾分泌到体外极其微量的化学物质，对雄蛾有强烈的引诱作用。人工合成后可作为害虫预测预报和防治的新手段。

（1）桃小食心虫性外激素的合成。该项目于 1978 年 7 月在国内首次合成桃小食心虫性外激素两种成分 A 和 B。在合成方法上改进设计了以乙炔为起始原料的路线。由乙炔制备辛炔，再由辛炔制备了 2- 癸炔醇 -1，癸炔醇经甲苯磺酸酯化与氰化钠作用生成 3- 炔腈，再与正壬基镁溴化物或正辛基镁溴化物反应分别生成二十炔酮及十九炔酮，再经半氢化而制得桃小食心虫性外激素成分 A 和 B。该路线简便，原料易得，适用于批量生产。

（2）桃小食心虫性外激素剂型的研制。以天然橡胶为载体的 500 微克的诱芯或 1000 微克的诱芯引诱活性高、持效期长、使用简便、成本低廉。

（3）桃小食心虫性外激素的应用。桃小食心虫性外激素主要用于虫情测报和防治。将性外激素诱芯与水盆或黏胶诱捕器相结合挂于田间，每个测报点设 3～5 个诱捕器，逐日检查诱到的雄蛾数量，在发蛾高峰期结合查卵。在卵果率超过 1% 时，就应采取防治措施。该方法准确可靠，简便易行，易于在各个果园推广。由于提高了虫情防治质量，一般可节省喷药 1～2 次。

桃小食心虫性外激素还可用于防治雄蛾。在虫口密度低的条件下，每亩设 3～5 个诱捕器，可大量诱杀雄蛾，减少喷药 1～2 次或不喷药。大量设置性外激素散发器于田间，还可用于抑制交配，达到防治的目的。

（4）推广和经济效益。自 1980 年以来，桃小食心虫性外激素用于测报，已在全国 18 个省份的苹果、桃、梨、枣等产区大量推广。

桃小食心虫性外激素用于测报的经济效益十分显著。由于测报准确、防治及时，可使虫果率由 30%～50% 下降到 5% 以下，减少喷洒农药 1～2 次。每亩的效益为 20～40 元。全国累计指导防治面积数千万亩，经济效益十分可观。由于减少喷药次数，生态效益也很大。

成果名称： 太湖短吻银鱼移殖滇池试验研究

获奖时间：1985 年

奖励类别及等级：国家科学技术进步奖三等奖

主要完成单位：中国科学院南京地理研究所、云南省水产研究所、昆明市水产公司、昆明市水产研究所、昆明市滇池渔管会

主要完成人员：高礼存、陈培康、庄大栋、张开翔、余文荣

成果简介：

银鱼科有 8 个属 18 个种，分布在东亚各国，以中国种类为最多，计有 7 属 15 个种，其中主要优势种是太湖短吻银鱼和大银鱼。太湖短吻银鱼为中国所独有，分布范围北至白洋淀，南至厦门，西至洞庭湖，集中于江淮下游浅水湖泊。银鱼是一种低脂肪、高蛋白的重要经济鱼类，是我国重要出口水产品之一，现已列为国家水产资源重点保护对象。

为了发展银鱼生产，在长江中下游银鱼资源调查的基础上，对太湖短吻银鱼的生长、繁殖、胚胎发育和食性等生物特性和产卵场及其环境条件、银鱼个体生态和种群生态进行了深入研究，取得了全面规律性的认识。基本掌握了银鱼移殖的方法、增殖途径和生长环境条件。1979 年为开拓新的产区，分别向滇池和博斯腾湖进行了移殖试验，滇池的移殖试验取得成功。

1979 年 4 月上旬，从太湖获得太湖短吻银鱼受精卵 1.3 万粒，孵出鱼苗 6825 尾投放滇池海埂和观音山两湖区，当年 11 月即采到 11 尾种鱼，其体长 72～77 毫米，体重 1.9～3.3 克，性腺正处于成熟阶段，表明滇池环境适宜和饵料丰富，可以产卵繁殖。取得一次移殖的成功。经过几个世代的繁殖，1982 年滇池捕捞银鱼 100 多万千克。

银鱼具有出水即死亡的特性，在前人用受精卵作为引种材料的启发下，以太湖短吻银鱼受精卵作为移殖材料，属于国内首创，在国际上也尚未见到类似报道。

成果名称：太湖地区高产土壤的培育和合理施肥研究

获奖时间：1987 年

奖励类别及等级：国家科学技术进步奖二等奖

主要完成单位：中国科学院南京土壤研究所

主要完成人员：徐琪、文启孝、程云生、朱兆良、刘元昌、林心雄、赵诚斋、彭千涛、李良谟

成果简介：

该项目是针对高产地区面临的迫切问题进行的研究试验，取得以下成果。

（1）明确了土壤类型及其肥力水平与双三熟制的关系，提出了调整熟制、免耕少耕、节水灌溉及暗管排水等措施。

（2）明确了氮、磷、钾失调现状，提出了减少氮肥用量，调整磷肥分配，增施钾肥和提高钾素再循环比例的建议，并着重指出了增施钾肥的迫切性。

（3）明确了在有机质平衡中尚有亏缺现状，指出了增施有机肥料对维持地力、补充磷、钾元素的重要意义。

（4）查明了土壤资源的数量和质量，对土壤肥力进行评价，并据此提出该区土壤增产潜力及应当采取的措施。

鉴定专家认为，有关有机质平衡和氮素平衡的研究，水田氮肥损失的定量研究，土壤肥力综合评价及增产潜力的研究等，在国内都居领先地位，像这样在大面积的高产地区多学科的综合研究在国际上尚属少见。从研究的广度和深度及其理论与实践方面来看，在学术上达到了国际先进水平。

该成果已不断得到推广应用，如节氮增磷补钾，合理施肥，调整熟制压缩三熟制比例，增施有机肥以保持土壤有机质平衡，少耕免耕节省人力物力等均已推广应用，推广应用后的社会效益和经济效益均很显著。

成果名称：若干昆虫性信息素结构及其合成和应用

获奖时间：1987 年

奖励类别及等级：国家科学技术进步奖二等奖

主要完成单位：中国科学院上海有机化学研究所、山西农业大学、北京林业大学

主要完成人员：周维善、林国强、郭广忠、李连昌、伍佩珩、张学海、吴碧琪、吴元伟、李镇宇

成果简介：

在昆虫性信息素结构测定方面，用该项目改造和设计的微量化学反应仪

器，不仅操作简便，而且灵敏度高，只用较少量的雌虫腺体即可测定出信息素结构。枣黏虫和白杨透翅蛾性信息素结构、棉红铃虫性信息素比例均为首次测定。这些昆虫性信息素合成路线简便经济，立体选择性高，适合大量制备。

在国内，该项目首先开展光学活性昆虫性信息素的合成。几年来，采用光学活性合成和不对称合成方法，合成了若干光学活性性信息素。

有关合成方法研究，特别是 Sharoless 不对称环氧化方法的改良，已引起国内外同行的重视。不少国内外同行已采用这个改良方法来合成光学活性性信息素。

枣黏虫性信息素用于该虫的测报与防治，并取得较显著的经济效益和社会效益。白杨透翅蛾性信息素在"三北"（东北、西北和华北）防护林的推广面积在百万亩以上。近年黄淮海地区 6 万余亩杨树，用白杨透翅蛾性信息素进行防治，防治效果达 90% 以上，深受林区欢迎。

成果名称：我国主要土壤的供钾潜力与需钾前景和钾肥的推广施用
获奖时间：1987 年
奖励类别及等级：国家科学技术进步奖三等奖
主要完成单位：中国科学院南京土壤研究所
主要完成人员：谢建昌、罗家贤、马茂桐、杜承林、陈际型
成果简介：

对我国主要土壤的含钾矿物进行了系统的研究，除了含钾矿物分布外，特别对缺钾较严重的省份（广东、广西、湖南、江西、江苏等）的土壤含钾矿物的钾素释放与土壤供钾能力和施肥关系做了系统的研究，认为红壤普遍缺钾主要是含钾矿物钾含量低和不同含钾矿物具有不同特性造成的。土壤中云母含量对钾的供应能力起关键作用。上述研究在国内是首创。

对全国土壤钾素的形态、含量和释放进行了系统的研究，基本上掌握了全国土壤的钾素状况。提出了以速效性钾与缓效性钾相结合的方法来评价当季土壤的供钾水平，用缓效性钾素来说明土壤的供钾潜力，目前这一概念和方法已在全国普遍采用。

根据土壤缓效性钾含量将全国土壤的供钾潜力分成 7 个等级（从极低至极高），并绘制了土壤钾素潜力图，为钾肥的分配和合理施用及需钾前景，提供了科学依据。

在生产实践中发现，低、湿、冷、烂的土壤条件下，土壤施用钾肥的效果更好，更需施用钾肥。通过根系微域环境氧化还原状况研究，从理论上阐明其原因，提出了加速发展钾肥生产和合理施用钾肥的建议，受到了领导的重视和采纳，为领导决策提供了依据。

该项目还提出的一些研究方法和新概念，在全国已被广泛接受和采用，在国内产生了很大的作用和影响。例如，采用速效性钾和缓效性钾相结合的方法，来反映当季土壤的供钾状况；用缓效性钾来说明土壤的供钾潜力；各种形态钾素的分级和测定方法；研究供钾能力的生物耗竭试验法及阳离子树脂袋法；水稻根系微域环境因施钾而得到改善及其机理；土壤含钾矿物与供钾能力的关系；测定土壤钾扩散系数的阳离子交换膜法等。已为全国科研教学单位所广泛应用，为各地有关钾素的科研和教学，为合理施肥起了推动和指导作用。

钾肥的试验和示范推广产生了很大的影响。先后在浙江金华、江西刘家站垦殖场、吉安、泰和和广西柳江、来宾等地区示范推广，施用钾肥 185.4 万亩，增产粮食 14 110.3 万斤，为钾肥大面积施用树立了典型。在此影响下，缺钾地区逐渐普遍施用了钾肥。

成果名称：太湖平原地区水土资源与农业发展远景研究

获奖时间：1987 年

奖励类别及等级：国家科学技术进步奖三等奖

主要完成单位：中国科学院南京地理与湖泊研究所

主要完成人员：佘志祥、虞孝感、毛锐、姚培元、周永才

成果简介：

太湖地区是我国农业最发达的地区之一，但其水土资源和农业发展还存在不少亟待解决的问题。例如，由于工业和城市的发展，人均耕地越来越少，人地矛盾日益尖锐，且土地资源的家底及其动态变化尚不清楚，难以对土地资源潜力和合理分配做出正确决策。因此，很有必要对土地资源、水资源和

农业发展远景进行深入研究，从而为该地区经济发展战略和规划决策提供科学依据。该项目成果如下。

1. 太湖地区土地资源及其利用动态预测研究

根据各类用地 20.2% 的典型调查和收集到的 62.3% 的详查、17.5% 的概查资料，基本查清了该区各类土地面积，总结了中华人民共和国成立以来土地利用动态及其规律，提出了合理利用和保护土地资源的建议。

2. 太湖地区大中型湖泊围湖利用研究

全面调查了中华人民共和国成立以来各时期围湖利用的状况及其变化，绘制出全流域围湖利用分布图。首次系统地对现有圩区效益做出了利弊分析和质量评价，为调整、改造和利用圩区提出了战略性对策，为治理太湖地区洪涝灾害、制定经济发展规划提供了科学依据。

3. 河湖水资源、水量调蓄和洪涝治理研究

测量了流域内大中型湖泊的各种形态指标，编制出相应的湖底地形图，查明了湖泊水深和容积等情况，更新了太湖地区湖泊的基本数据。对河湖调蓄容积、排水河道的泄洪能力提供了一系列重要数据。

4. 太湖地区湖泊资源开发利用的研究

在国内首次以生态系统结构和物质流为依据，划分了太湖地区湖泊的营养类型和生态类型，估算了渔产潜力及其利弊条件，提出了因类制宜地合理利用各类湖泊的途径和措施。太湖地区湖泊资源开发利用的研究对该区湖泊水产发展有重要意义。

5. 太湖地区的农业发展远景目标、结构、布局及战略措施的研究

在水土资源的系统分析和对该区农业生产状况全面调查的基础上，提出了到 2000 年的发展远景战略目标和相应的对策，对该区农业的可持续发展具有重要意义。

成果名称："丰鲤"的生产应用

获奖时间：1987 年

奖励类别及等级：国家科学技术进步奖三等奖

主要完成单位：中国科学院水生生物研究所、武汉东西湖养殖场、广东兴宁

鱼苗场、浠水县水产技术推广站、沔阳县水产研究所

主要完成人员：吴清江、陈荣德、叶玉珍、梁文忠、罗春龙

成果简介：

"丰鲤"为兴国红鲤（♀）和散鳞镜鲤（♂）的杂交一代，杂种优势十分显著。在同等的饲养条件下，其生长速度比双亲或普通野鲤快 50% 以上，具有明显的增产效果，可放养于成鱼塘、河道、稻田、小型湖泊中或可混养于家鱼鱼种塘中，也是水库网箱及集约化养殖的理想对象。

由于鲤鱼种间的杂交二代出现性状分离，杂种优势下降，生产上只利用杂交一代。"丰鲤"双亲的外部形态都具有显著的遗传标记，母本红鲤的红色体色由两对隐性纯合基因（$rr\ bb$）控制，父本散鳞镜鲤的分散型鳞由一对隐性纯合基因（aa）控制。一旦杂有体色或鳞被的显性基因，从外部形态上就很容易鉴别。应用外部形态、测交试验及电泳分析不纯亲本，加上严格的饲养管理措施，亲本的保纯有了保证，从而使杂种优势可以保存，长期在生产上发挥效益。

在推广工作中采取示范推广和普遍推广相结合的方针。在普遍推广的基础上，重点扶持武汉东西湖养殖场、兴宁鱼苗场、湖北浠水县水产技术推广站、仙桃水产科学研究所四个示范推广点，再由这些示范点制种向全国各地供应夏花鱼种。

以"丰鲤"作为饲养对象代替普通野鲤可使成鱼产量提高 50% 左右。1978～1985 年的 8 年间，"丰鲤"已推广至全国 23 个省份。"丰鲤"由于高产效果显著，深受广大养殖地区的渔民欢迎。仅根据十个主要推广点的不完全数据统计，推广面积就达 300 万亩以上，成鱼产量达 5000 万千克，价值 1 亿元以上。仅 1985 年一年，上述十个推广点的"丰鲤"成鱼产量就达 1500 万千克，产值 4000 万元。

成果名称：全国农业投入产出表及其在粮食产量预测中的应用

获奖时间：1987 年

奖励类别及等级：国家科学技术进步奖三等奖

主要完成单位：中国科学院系统科学研究所、中共中央书记处农村政策研究室、国家计划委员会农林局

主要完成人员： 陈锡康、郝金良、薛新伟、曹居中、陈良裕

成果简介：

该项成果在某些方面具有独创性，表现在以下几个方面：

（1）研究、设计和实际编制了新型的投入产出表；

（2）提出了新的计算完全消耗系数的方法和计算公式；

（3）编制了全国能量型农业投入产出表，这在国际上还是首创。

利用这个投入产出表，进行了如下工作：

（1）对农业产品的生产成本和价格进行计算，在此基础上对猪的收购价格进行调整；

（2）预测全国粮食产量，获得中央领导和有关部门高度重视。

成果名称： 三江平原区域农业自然资源遥感复查及其综合治理若干建议

获奖时间： 1987 年

奖励类别及等级： 国家科学技术进步奖三等奖

主要完成单位： 中国科学院长春地理研究所、中国科学院沈阳应用生态研究所、中国科学院长春光学精密机械研究所、黑龙江省国营农场总局勘测设计院、黑龙江省水利勘测设计院

主要完成人员： 刘兴土、王本琳、曾昭顺、赵华昌、郭大本

成果简介：

该项目应用遥感技术和地面调查结合，对三江平原农业自然资源（土地利用、土壤、地貌、农业气候、地表水、地下水、植被、森林、草场、沼泽、泥炭、芦苇、野生经济植物、野生动物、水产）的分布类型、面积（储量）、特征（质量）及开发利用条件进行全面复查，并在此基础上，研究农业合理开发与综合治理途径。完成的成果包括：三江平原各类农业自然资源的研究报告 36 份、论文 26 篇；三江平原农业合理开发与综合治理若干建议；三江平原 1：20 万比例尺的各类资源图件 11 套、1：50 万比例尺的资源图件 9 套及典型区大比例尺图百余幅。

资源复查采用遥感技术，方法先进，数据可靠。在室内解释的同时，进行了大量的野外调查和现场判读、钻探、测产、采样等工作。为了评价资源

质量，分析各类样品 2275 个，取得了近 7 万个测试数据。按正规编图程序，编制了最大长度和面积变形误差均小于 2‰ 的统一地理基础底图，测量了三江平原区域和分县、分农场的各类资源面积，误差均小于 5‰。

应用资源复查成果，提出合理开发的若干建议，主要为：①调整农业生产结构，改变单一种植业经济，建立农林牧副渔各业全面发展和农工商综合经营的生产体系。②停止大面积开荒，走集约化经营、提高单产的道路。③继续抓紧商品粮豆生产。④把以旱作农业为主的部分低平原区建设成为以水稻为主的水养农业区。⑤充分利用与改良小叶章草场，发展以草食动物为主的畜牧业。⑥把森林的年采伐量控制在 104 万立方米以内，加强次生林的抚育和营造农田防护林。⑦发展边境对苏贸易，建立以农、林、畜产品加工业为主体的乡镇工业体系。⑧把资源合理利用与保护结合起来。⑨综合利用水资源，平原区建立排、蓄、用结合的治水生产综合体。⑩培肥和改土，合理利用土壤资源。⑪建立统一领导与实施开发治理的专门机构等。

在综合治理建议中，关于调整农业生产结构、继续抓紧商品粮豆生产、发展水稻、改良小叶章草场、加强次生林抚育、发展对苏边境贸易、治水与用水结合、改良低产土壤等方面的建议受到各方面重视，有的建议在当地已经形成规模和明显效益。

成果名称： 内蒙古东部地区风沙干旱综合治理研究

获奖时间： 1987 年

奖励类别及等级： 国家科学技术进步奖三等奖

主要完成单位： 中国科学院沈阳应用生态研究所、内蒙古自治区翁牛特旗人民政府

主要完成人员： 曹新孙、寇振武、王汝墉、南寅镐、朱延曜

成果简介：

该项研究探索了风沙干旱地区退化环境的治理与改造的综合措施，为生产上建立了示范样板，解决了综合治理中一些关键性的理论问题，特别是在恢复我国北方半干旱牧区已经失调的生态平衡，以及资源合理利用方面，提供了科学依据和示范样板。

　　该项研究成果包括两个实体样板，基点总试验面积为 5.15 万亩，其中乌兰敖都基点试验面积为 4.8 万亩，白音他拉基点试验面积为 0.35 万亩。在乌兰敖都基点，通过防风固沙林、防沙林带、草场防护林、饲料林、护路林、果园防护林、村屯防护林等营造技术的研究，已固定流沙 3000 亩，以带、网、片形式造林 2500 亩，在牧区条件下初步建成防护林体系，使森林复被率达到 10% 以上。通过翻耙、补播、施用大量元素与微量元素肥料、施用土壤改良剂、人工种草等措施，改良退化草场 1150 亩，亩产干草由 100 千克提高到 250~300 千克。与此同时，建沙生植物园 270 亩，完成 80 多种饲料用乔灌木树种及 50 多种主要牧场植物营养成分分析，完成了试验区小气候特征的观测及分析。

　　在白音他拉基点，总结应用开沟造林技术，实现了林、渠、路、草四位一体的草场林网化；试用开沟扶育技术，促进了林木旺盛生长。通过引用西拉木伦河水淤改良草场 4000 余亩，使亩产干草从 50 千克提高到 300 千克，建立优质豆科牧草和禾本科牧草的人工草地 3000 亩，使亩产干草由 50 千克提高到 400 千克以上。改良盐碱地 500 亩，同时进行种稻改良盐碱地试验成果推广工作，推广面积为 9000 亩，亩产 400 千克以上，成为牧区吃大米的关键途径。

　　在综合治理试验的基础上，编写了两册《内蒙古东部地区风沙干旱综合治理研究》论文集，共有 63 篇学术论文，丰富和深化了内蒙古东部地区风沙干旱的综合治理理论。

　　在"六五"期间，推广开沟造林面积达 37 万多亩，推广混播牧草改良退化草场的累计面积达 1 万亩，推广用翻耙改良退化草场面积达 45 万亩，推广种稻改良盐碱地的面积为 9000 亩，推广固沙造林的面积为 2.6 万亩。"七五"期间，推广固沙造林及种草技术建立大型固沙护岸绿色带总面积为 30 万亩，植被覆盖率由 10% 提高到 75%。在哈－海公路 57 千米路面两侧进行沙害防治生态工程，总面积为 2 万亩。推广种稻改良盐碱地面积共达 6 万亩。养畜科技示范户 131 户，葡萄栽培科技户 250 户。治理沙丘和改良退化草场的面积为 5 万亩。重点科技示范户人均收入 2000 元以上，超过当地年人均收入的两倍。

成果名称：砂姜黑土小麦合理施肥计算机专家咨询系统

获奖时间：1988 年

奖励类别及等级：国家科学技术进步奖二等奖

主要完成单位：中国科学院合肥智能机械研究所、安徽省农业科学院土壤肥料研究所

主要完成人员：熊范纶、吴文荣、郭霖、张屹、陶学军、李淼、何茂彬、周恩嘉

成果简介：

该成果是以多年多点实验示范的合理施肥经验为基础，运用人工智能专家系统原理，建立的计算机咨询系统，供黄淮海平原砂姜黑土地区（约 4700 多万亩）指导小麦科学施肥。

该系统具有判断肥力、合理施肥估产、以肥估产、以产定肥、施肥方法、咨询推理与提问解释、知识的增删改等功能，具有实用、易推广、人机对话灵活等特点。采用廉价普及的国产微型计算机，汉字显示，操作相当简便，咨询时间两三分钟，最快半分钟。可在农村巡回咨询，也可电话书信咨询。加以变换此系统，可用于其他作物、土壤或其他领域。

该系统采用如下技术：

（1）提出一种包含推理规则与运算规则在内的规则组知识表示技术。知识库分为推理规则库、运算规则库、静动库三个独立的库，较好地解决了具有运算性知识推理功能专家系统的建立问题。

（2）推理规则库采用规则与代码形式，汉字库与规则库分开，使知识库得到较大的压缩。

（3）运用规则组进行反问推理，加快了推理速度。

（4）采用模式识别分层分类方法划分肥力等级，大大简化了分类过程，提高了分类速度。

（5）有效运用链接技术，为扩充程序编制与增加系统功能提供了良好条件。

（6）具有知识获取、解释、说明等手段，使人机对话更加灵活、系统功能更加完善。

这些成果功能齐全，实用性强，准确性较高；通俗易懂，可信性强，操作方便，小学以上知识水平的农民就可学会；能将各地专家的宝贵实践经验、科学施肥方法及数学模型等有机结合起来，推荐合理施肥方案，指导农户科学种田，起到农业专家和农业部门难以起到的作用，受到各地的普遍欢迎与重视。成果已大面积推广应用，能节约化肥、增加小麦产量，效益显著。

成果名称：黄淮海平原中低产地区综合治理和综合发展的研究

获奖时间：1988 年

奖励类别及等级：国家科学技术进步奖二等奖

主要完成单位：中国科学院南京土壤研究所、中国科学院地理研究所、中国科学院遥感应用研究所、中国科学院系统科学研究所、水利电力部水利水电科学研究院水利研究所、中国科学院植物研究所、中国科学院成都生物研究所

主要完成人员：王遵亲、左大康、李松华、童庆喜、王毓云、席承藩、付积平、王重九、俞仁培

成果简介：

该项目采取点片面宏观与微观研究相结合、多学科研究相结合、新技术和常规方法相结合的方法，进行农业发展战略和综合治理攻关研究。在收集 30 多年有关黄淮海平原的自然、社会、经济资料的基础上，进一步调查研究，分析了发展农业生产的有利条件和不利条件，综述了治水和用水，改土和培肥，合理利用气候资源，提出了农业发展规律及合理结构布局和调整粮、油、棉等农产品生产基地建设的建议。

该项目中片的研究工作是选择黄淮海平原具有代表性的豫北天然文岩渠流域进行的，查清了流域范围内的水文、土壤、生物、水文地质、气候等农业自然资源的数量和质量，分析了发展农业生产限制因素和有利条件，提出了农业发展的综合战略目标和综合治理开发的总体方案。

该项目中点的研究工作是分别在河南封丘县、山东禹城县和河北南皮县建立三个不同类型的示范区，提出了该地区的区域治理配套技术，封丘试区开展以井、沟、渠相结合的水利工程和合理施肥、培肥土壤等农业生物措施为中心的旱、涝、盐碱、瘠薄、风沙综合治理研究。

专题研究是：①水土资源综合评价及合理利用，在查清资源数量及质量的基础上，提出合理利用水土资源的若干重要建议；②区域水盐动态和旱、涝、盐碱化预报技术的研究，进一步探明了不同条件下的水盐运动规律，为建立土壤盐碱化预报模型打下了基础。

该项目规模巨大，学科齐全，成果丰硕，科技人员多，完成速度快，在国内尚属首次。像这样采取点片面、多部门、多学科、多层次进行的综合研究，在世界上也是罕见的。以上综合治理开发技术体系区域试验成果，均已分别在每个类似条件下推广30多万亩；豫北天然文岩渠流域农业发展战略和综合治理研究成果，被河南省新乡市该流域中的4个县首先肯定，其中有关水资源合理利用和调节部分，已被水利部海河水利委员会及河南、河北水利厅及国家计划委员会国际工程咨询公司等经过反复论证后接受，纳入国家"引黄入淀济京"调水方案，并被列为第一期工程将予以实施。

成果名称：土壤环境容量研究

获奖时间：1988年

奖励类别及等级：国家科学技术进步奖三等奖

主要完成单位：中国科学院地理研究所、中国科学院沈阳应用生态研究所、中国科学院南京土壤研究所、中国环境科学研究院、北京师范大学

主要完成人员：夏增禄、张学询、孙汉中、穆从如、熊先哲

成果简介：

该项目以土壤生态为中心，结合土壤环境效应，研究既保证农产品生物学质量又不使环境遭受污染的情况下，土壤能容纳污染物的最大量。

选定我国亚热带红黄壤、暖温带半湿润区褐色土带、暖温带湿润区棕壤带的主要污染土壤为对象，通过污染现状调查，主要作物的污染效应，土壤微生物和土壤酶的污染效应，土壤污染物对地表水、地下水的影响所建立的土壤-植物、土壤-微生物、土壤-水等多种指标体系，综合提出重金属汞、镉、砷、铅、铬和矿物油的土壤临界含量。在此基础上，通过田间物质平衡试验、同位素示踪试验与土壤净化功能的研究，建立了土壤重金属物质平衡数学模型、土壤矿物油净化模型和同位素示踪模型，制定出三个研究区、六

种污染物的土壤环境容量。

在重金属和矿物油的效应方面，根据小麦、水稻、大豆的受害和籽实减产程度，以及重金属在籽实中残留累积到食品卫生标准时相应的土壤含量，分别得出各种作物、各种元素的临界指标，然后进行综合归纳，选择敏感性指标，确定五种重金属对于作物的临界含量。根据矿物油在土壤中净化与残留规律及苯并（a）芘含量确定了土壤矿物油的临界含量。通过重金属污染的土壤微生物生态变化、敏感微生物种群和抗性种群、土壤微生物和土壤酶的抑制率的研究，提出了重金属对土壤微生物的临界含量。

根据以上获得的土壤-作物、土壤-微生物、土壤-水体系各单项临界含量，经过综合、对比、分析等系列程序及限制因素的选择，确定综合的各种污染的土壤临界含量。

对矿物油则进行了净化衰减率的研究。通过这些研究，获得充分的参数，建立了新的较为先进的重金属物质平衡模型，矿物油净化模型和同位素示踪模型。这些模型使土壤环境容量的计算更具有准确性和适应性。

用土壤环境容量结果，推导了农田灌溉水质标准和污泥施用标准。根据土壤临界含量还推荐了六种污染物的土壤环境标准。此外，土壤环境容量还可应用于预测土壤污染发展趋势，为土地处理系统的承受能力提供依据，为管理部门充分利用自然净化能力，做好区域性环境区划和规划方面提供依据。

成果名称：用卫星核糖核酸防治黄瓜花叶病毒引起的植物病害

获奖时间：1988 年

奖励类别及等级：国家科学技术进步奖三等奖

主要完成单位：中国科学院微生物研究所、农牧渔业部植物保护总站

主要完成人员：田波、张秀华、邱并生、覃秉益、康良仪

成果简介：

该项目研究出一种新的植物病毒病防治方法，可用于由黄瓜花叶病毒（CMV）引起的植物病害的防治。其原理是根据卫星核糖核酸不能独立侵染复制，完全依赖 CMV 的辅助。因卫星核糖核酸能干扰 CMV 复制、减轻病状并能保持自身的遗传性，它实际上是 CMV 的分子寄生物。1981 年在国际上

首次设计了生物防治 CMV 的新途径，即在田间流行的 CMV 基因组核糖核酸中加入卫星核糖核酸组建成防制剂。测定其防病效果和安全性后，进行制剂生产。制剂已用于青椒和番茄生产，于苗期移植前接种一次即可。每亩制剂和人工费 5 元左右。可使病情指数降低 50%，增产 30%，纯收益百元左右，且无公害。日本吉田幸食品工业株式会社曾引进该技术。

成果名称： 棉虫种群动态及其综合防治研究

获奖时间： 1988 年

奖励类别及等级： 国家科学技术进步奖三等奖

主要完成单位： 中国科学院动物研究所、中国科学院上海昆虫研究所、中国科学院武汉病毒研究所、中国科学院上海有机化学研究所

主要完成人员： 马世骏、盛承发、龚坤元、罗志义、罗绍彬

成果简介：

该项目从棉田生态系统的整体出发，研究棉花－害虫－天敌各组成分的自身规律与环境和农业措施因素之间的相互制约的关系。尤其是利用棉花的生育特性和耐害、补偿规律，探讨在不同发育阶段害虫的危害对棉花产值损失和生理生化指标的动态关系。充分利用棉田内各作用因素间的协同控制原理，进行综合分析，提出了兼顾经济效益、生态效益和社会效益的棉花害虫综合防治体系。在大量的室内外生物学实验基础上组建了棉花生长发育模拟模型和主要害虫种群动态模拟模型。具有实用性强、生物学意义明确与能够偶联的特点。为提高测报水平和做好计算机害虫管理打下了良好的基础。在主要害虫的经济阈值方面，华北棉虫二代棉铃虫经济阈值，从原来的当日百株卵 15 粒最高放宽到百株累计卵量 332 粒，并利用棉株超补偿能力，创造了合理的人工摘蕾，具有增产和治虫效果，被认为是棉花害虫防治的一项改革，受到国内外的高度重视及好评。根据大大放宽的棉蚜经济阈值，在辽宁特早熟棉区，可取消药剂拌种，仅在田间点片上点心挑治；在华北棉区，一般年份，苗期用药一次（不拌种田）即可。在棉蚜抗性及合理使用化学农药方面，增效磷的开发应用居国际领先地位，测定了各地棉蚜抗性产生情况，探讨了抗性产生的机理，提出了延缓抗性产生的防治对策，制定了农药安全使用标

准。在生物防治方面建立了天敌捕食作用模拟模型和以生物防治为主的棉田半自控害虫防治措施，筛选和应用了较高毒力的昆虫病毒和菌制剂，进行了七星瓢虫人工饲养和赤眼蜂人工寄生卵培养的基础研究。在国内首次将棉铃虫性信息素用于测报，效果显著。

　　该项研究的成果已在河北、辽宁、山东、安徽、上海等棉区推广应用。据不完全统计，推广应用产生的经济效益达 1687 万元，同时获得良好的生态和社会效益。

成果名称：黄土丘陵区农林牧合理结构与增产技术综合研究
获奖时间：1988 年
奖励类别及等级：国家科学技术进步奖三等奖
主要完成单位：中国科学院西北水土保持研究所、固原县人民政府、固原县科学技术委员会、固原县农业现代化基地办公室、固原县农业综合试验站
主要完成人员：山仑、陈国良、巨仁、辛业全、吴钦孝
成果简介：

　　该项目旨在寻求黄土丘陵地区快速恢复生态平衡和尽快治穷致富的统一途径。研究中，按照"建成牧业基地，粮食基本自给，发展林业保持水土和开展多种经营，尽快治穷致富"的建设目标，采用了生态学原则，系统工程方法与实用综合农业技术相结合的技术原理。在解决土地合理利用与农林牧综合发展的科学设计问题上，首次应用了系统工程和镶嵌配置的方法，使农林牧优化结构设计和实施达到了生态与经济兼顾，定性、定量、定位、定序相结合；在发展林草和恢复生态问题上，提出了"草灌先行"和建设人工草场促使牧业发展的战略；在解决旱作低产与粮食自给的途径上，提出了"关键在水，出路在肥"及"以增施化肥为突破口"的论点，成功地解决了退耕还牧与粮食增产的矛盾。按照以上办法设计了上黄实验区（15.17 平方千米）农林牧生态经济结构合理方案，实施后取得了显著效益。1985 年该试区农林牧用地比例已由实验前（1982 年）的 33%、2%、65% 调整为 23%、20%、57%（其中人工草地增长 40 倍），坡面水土流失减少 50%，农村生活能源总量提高 16%，三年平均人均粮食 481 千克，油料 43 千克，纯收入 244 元，分

别比实验前六年平均增长了 1.1 倍、2.4 倍和 4.2 倍。

该项成果曾为全国 14 个省份 40 多个单位所引用，32 篇学术论文已公开发表。宁夏回族自治区做出了在宁南山区大力推广该项成果（上黄经验）的决定。到 1986 年，在宁南的经济效益为：新增产值 1.74 亿元，利税 1.2 亿元；所提出的综合治理论点，如"草灌先行""关键在水、出路在肥""退耕改制与提高草产同步"等已为学术界承认，并被政府部门采纳。

成果名称：农作物遗传操纵新技术——授粉后外源 DNA 基因导入植物的生物工程育种

获奖时间：1989 年

奖励类别及等级：国家科学技术进步奖二等奖

主要完成单位：中国科学院上海生物化学研究所、江苏省农业科学院经济作物研究所、中国农业科学院作物育种栽培研究所

主要完成人员：周光宇、黄骏麒、段晓岚、翁坚、龚蓁蓁、陈善葆、钱思颖、杨晚霞、曾以申

成果简介：

授粉后外源 DNA（基因）导入植物的生物工程育种技术又称花粉管通道技术。这项研究是国际首创。该项研究提出了技术设计的理论依据和原理，确定了棉稻的操作细节。

1. **理论依据**

植物基因工程分子育种要解决如何能将外源 DNA（基因）导入植物的问题。1974 年在基因工程概念传入我国，植物基因工程尚未具体研究之前，即开始了探索。通过调查我国广泛实践的农作物远缘杂交，总结了染色体水平以下的杂交现象，提出了"DNA 片段杂交"假设，并由此设计了授粉后外源 DNA（基因）导入植物的技术。

2. **技术设计原理与内容**

以整体植物的种胚细胞为受体。利用授粉后形成的花粉管通道，将外源 DNA 导入胚囊，转化尚未具备正常细胞壁的种胚细胞，可得转 DNA 的种子。原则上任何开花植物均可应用此技术进行遗传操纵。技术操作简单，只需授

粉后一定时间将 DNA 送入子房，DNA 将自行进入胚囊，但必须根据不同植物的花器结构及授粉受精的时间，且与环境条件有关。

3. 分子验证

经过氚标记 DNA 导入棉中和子房切片示踪，验证了外源 DNA 只通过花粉管通道进入胚囊。水稻的初步观察，表明花粉管通道的形成原理相同，但具体细节不同。

应用卡那霉素抗性基因（Kan^r）重组分子导入棉证明整合与表达，以稻同源顺序重组 Kan^r 分子 pRR_{23} 导入水稻证明 Kan^r 基因的整合表达和遗传，并证明同源顺序可提高转化率。在植物上 DNA 同源顺序应用于基因转移的技术是该项目研究者首先提出的。美国吴瑞实验室重复了水稻的工作。

4. 技术的应用

该技术已证明可以导入两种水平的 DNA 分子，即带有目的基因的重组 DNA 和带有目的性状基因（未经识别分离）的供体总 DNA。前者国内已应用于抗除草剂基因和抗虫基因的转移，后者通过棉和水稻的工作已获得一批种质资源和一些新的棉花和水稻新品系，如棉 3049、棉 3072 抗棉枯萎病，棉 3118 抗枯萎病耐黄萎病。水稻 829042 成为旱种早熟品系等均稳定遗传 7～11 代。其中棉 3118 已累计种植 3 万余亩，产量平均提高 15%。

成果名称： 优良胶用田菁品种和田菁胶的研究及应用

获奖时间： 1989 年

奖励类别及等级： 国家科学技术进步奖三等奖

主要完成单位： 中国科学院植物研究所、北京矿冶研究总院、江苏沿海地区农科所、江苏盐城新洋植物胶厂、煤炭设计院爆破技术研究所

主要完成人员： 黄启华、陆炳章、潘英民、吴浩、梁煜祥

成果简介：

该项成果主要目标是提高田菁胶的质量，使其赶上世界王牌胶——瓜尔胶，扩大其利用范围，使田菁胶更广泛、更迅速地转变为生产力，取得更大的经济效益和社会效益。

该项研究首先对全国田菁资源进行全面调查，从 115 个绿肥田菁品种中

选育出适宜在滩涂盐碱土种植的优良胶用田菁品种 3 个（盐菁胶 1 号、盐胶 5 号、江胶 10 号）。经过南北六省份八个地区四年的大面积种植，表明无论正常还是多雨年份，其产籽量、含胶量和胶黏度均大大高于普通品种（产籽量比普通品种提高 15%～20%，含胶量比普通品种提高 4%～5%，胶黏度比普通品种提高 2～3 倍），栽培技术也取得很大成功。1986 年江苏省农作物品种审定委员会正式审定命名为"盐菁胶 1 号"。

用良种田菁籽，采用增黏速溶的新加工工艺和化学处理生产的田菁胶，在冷热水中迅速溶胀，高黏速溶，质量已达到国际上王牌胶——瓜尔胶的水平。该项成果在国内外居领先地位。

良种田菁 1986～1990 年在江苏省盐城和南通岩海滩土扩种面积达 80 多万亩，并建立了良种基地；还在河南和新疆内陆盐碱土示范种植取得成功，产籽量高达 150 千克/亩。这对于改良沿海荒滩盐碱地，增加农民收入和扶贫有重要意义。仅扩大种植和增加薪柴这一项，就创产值 4410 万元。在工业生产方面，分别在江苏盐城和山东东明建立两座年产 500～1000 吨高黏速溶田菁胶厂。仅此两厂 1986～1990 年就生产优质田菁胶粉 2779 吨，印染糊料 96 吨，田菁胶副产品 6113 吨，共创产值 3455 万元，利税 916 万元。

田菁胶的系列产品的 90% 用于石油井水基压裂液，其余用于水胶炸药、造纸、陶瓷、纺织印染、食品、水产饵料等工业，成为瓜尔胶的理想代用品。共创经济效益达 5 亿元以上。

成果名称：二点螟性外激素在预测预报上的推广应用
获奖时间：1989 年
奖励类别及等级：国家科学技术进步奖三等奖
主要完成单位：中国科学院动物研究所、广西农业科学院甘蔗研究所、山西农业科学院植保所、湖南农业厅国营屈原农场、四川甘蔗研究所
主要完成人员：伍德明、刘孟英、崔君荣、王伯辉、杨正庭
成果简介：

甘蔗二点螟（*Chilo infuscatellus*）是东南亚危害甘蔗的主要害虫之一，广泛分布于我国蔗区，目前是我国最主要的甘蔗螟虫，在我国南方一年发生

4～5 代，北方谷子产区一年发生 1～2 代，可使甘蔗和谷子造成枯心和风折茎，严重影响蔗糖产量和质量，造成严重的经济损失。

由于防治甘蔗二点螟长期大量使用化学农药，造成环境污染，破坏生态平衡，影响人民的身体健康，为了探索新的防治途径和寻找简便、准确的预测方法，针对当前甘蔗生产上迫切要求解决的重大问题，在国内外首先鉴定出二点螟性外激素化学结构：顺 -11- 十六碳烯醇（$Z_{11}16:OH$），然后合成此化合物，又首先研制出高效仿生诱芯，组织成立了全国二点螟性外激素应用协作组，开展了大面积的二点螟性外激素用于预测预报指导化学防治的工作，并取得了成功。

应用性外激素诱捕器诱集雄蛾，经过分析、确定，找出诱蛾高峰，进行预测预报指导化学防治，总结出了经验公式：

化学防治适期 = 诱蛾高峰期 + 产卵前期（1～2 天）+ 当地卵历期

因为目前化学农药防治二点螟主要是防治二点螟的初孵幼虫，试验证实，初孵幼虫 2 天即可钻入幼苗内，准时施农药防治十分重要，此种方法由于测报时间准、灵敏度高、操作简便、成本低，比黑光灯成本降低 5～7 倍，比发育进度调查法成本低 2.2～4 倍，是预测预报的一大突破。应用此方法进行测报，平均每年减少打农药 1～2 次，农药用量减少 1/3～2/3，显著减轻了农药对环境和蔗糖的污染，以及对施药人员造成的危害。在 1985～1988 年的四年中，配制了高效二点螟诱芯 42 万多个，每年向全国九个省份及北方谷子产区供应，充分满足了各地用户的需要。该项目举办培训班 4 次，召开现场会 3 次，发表文章 11 篇，同时开展了二点螟性外激素应用技术咨询，传授和普及应用技术和科学知识。

根据全国提供的证明材料统计，至 1986 年累计指导防治面积 1440.63 万亩，1986 年用此方法预测预报指导防治面积占全国可推广面积的 81.4%，节约农药费、挽回经济损失、工业收益、增收利税等共计 4373.48 万元，取得了突出的经济效益。

成果名称：海湾扇贝工厂化育苗及养殖技术
获奖时间：1990 年

奖励类别及等级： 国家科学技术进步奖一等奖

主要完成单位： 中国科学院海洋研究所、山东省水产局、辽宁省水产局、河北省水产局

主要完成人员： 张福绥、何义朝、刘祥生、马江虎、李淑英、亓玲欣、霍广勤、秦裕江、徐应馥、寇宝增、张俊业、庄明光、郑绵雄

成果简介：

海湾扇贝是产于美国东海岸的一种野生贝类，在美国至今尚未形成产业性养殖。我国根据该扇贝生长快、耐温范围广和原产地环境条件与我国沿海近似等条件，提出引种计划，并获得成功。

1. 解决的关键技术

（1）亲贝性腺促熟技术。海湾扇贝在青岛海区若按自然生殖期进行常温育苗，则当年达不到商品规格。在春季生殖季节之前进行人工控温促熟，使海上养殖期增长两个月，确保当年达到商品规格。

（2）分离和筛选出新的地方性优质饵料藻种。筛选出等鞭金藻 311、金藻8701、小球藻及塔胞藻等在体型大小、耐温范围、种间搭配等方面都能适应于不同发育期幼体和不同季节育苗的要求，确保育苗成功和高产。

（3）不同采苗器的研究。采苗器是幼虫附着变态的器材，其材料和结构影响采苗效果。首先研制的细棕绳帘（适应开放性海区）和多丝聚乙烯网片（适应封闭性海区），大幅度提高了幼虫的变态率。

（4）中间培育的保苗技术。该成果中的塑料筒和网袋结合的保苗及细目网袋包苗法，使以商品苗为准的海上中间培育的保苗率达 20% 以上。

2. 成果的应用推广与经济效益

1985 年开始举办多次海湾扇贝养殖培训班。仅山东、辽宁、河北三省1988 年养殖面积就达 2 万亩，产量达 5 万吨以上，年产值近 2 亿元，至 1989年累计产值达 3 亿～4 亿元。现在我国海湾扇贝养殖已经形成外向型产业，大部分产品销往美国和加拿大。

成果名称： 稻田土壤的供氮能力和氮肥施用量的推荐

获奖时间： 1990 年

奖励类别及等级：国家科学技术进步奖二等奖

主要完成单位：中国科学院南京土壤研究所

主要完成人员：朱兆良、蔡贵信、张绍林、徐银华、陈德立

成果简介：

该成果达到了同行研究中的国际先进水平，取得的主要进展如下。

（1）定量地解析了稻田土壤供氮量的构成。创立了用 N-15 标记土壤在盆栽中测定水稻全生长期中的非共生固氮量的方法，并在国内外首次采用此法，结合田间微区试验，对太湖地区稻田土壤的供氮量进行了解析研究。结果表明，稻田土壤供氮量（以无氮区水稻成熟时累计氮量计）中，平均只有58%～72% 来自土壤，而且其中由耕层土壤提供的又只占51%～84%，平均70%。由此可见，当前国内外通用的只采取耕层土样进行预测的方法，只能达到半定量的水平。

（2）澄清了土壤氮素矿化研究中的一些模糊概念，为用平衡法估算氮肥的适宜施用量及选定有关参数提供了理论依据。氮肥和水稻生长对土壤氮素矿化的促进作用是长期以来存在着争论和概念不清的两个问题。研究表明，氮肥大多只是土壤氮和肥料氮之间生物交换作用的结果。而水稻生长对土壤氮矿化的促进，则主要是非共生固氮作用和铵的黏土矿物固定作用综合影响的结果。因此，这两种促进作用大多只是一种表面现象，它们并未真正提高土壤氮的矿化和供应。项目组据此指出，在以平衡法估算氮肥施用量时，应以田间无氮区水稻的吸氮量作为土壤供氮量的量度，这一观点也为国外同行的研究所证实。

（3）明确了"平均适宜施氮量"概念及其在氮肥施用量推荐中的价值。根据大量的田间试验结果，论证了"平均适宜施氮量法"，即以一个地区内某一作物上多点的氮肥用量试验网中得出的各田块的氮肥适宜施用量的平均值。这一方法适应目前我国农村中缺乏测试条件的实际情况，因而易于在大面积上推广应用，并已获得了显著的经济效益。该法的理论依据是，作物产量对氮肥施用量的反应曲线，在氮肥适宜施用量附近处比较平缓，施氮量的少量增减对产量的影响不大。

（4）提出了测定土壤有效氮的氢氧化钠扩散法。该法因简便易行，受到

了国内同行的广泛注意，并对其做了一些改进。目前这一方法已被收入国内一些土壤农化分析法专著中，并得到了广泛的采用。

（5）明确了稻田土壤供氮早发特性的机理。它是土壤氮素矿化过程和矿化形成的铵的生物有效性的综合表现，并指出了这一特性在耕作改制中的意义。在这一方面，国内外的研究只注意到矿化过程，并未与熟制的改革相联系。

成果名称：中国磷矿农业利用研究
获奖时间：1990 年
奖励类别及等级：国家科学技术进步奖三等奖
主要完成单位：中国科学院南京土壤研究所
主要完成人员：李庆逵、鲁如坤、蒋柏藩
成果简介：

根据我国磷矿资源情况，对大量（数十亿吨）的中低品位磷矿（磷肥工业中难以利用的磷矿）进行了全面、系统和深入的研究，在理论上阐明了：①土壤性质对磷矿粉（PR）肥效的影响。②植物对 PR 的吸收特性。③磷灰石结晶性质与 PR 肥效的关系。④PR 的合理施用技术等问题。土壤性质对磷矿粉肥效的研究表明，在土壤的诸多性质中，土壤酸度对磷矿粉肥效的影响最大。用人工处理的放射性磷矿粉施在三种性质不同的土壤中可以发现，在酸性土壤中，植物吸收的磷量来自磷矿粉的占 86%，来自土壤的只占 14%；但在石灰性的土壤中，来自磷矿粉的只占 35%，来自土壤的达 65%；施在微酸性土壤中来自磷矿粉和土壤的比例则大致各半。同一磷矿粉施在 pH 值为5.0 的强酸性土壤上，半年后就有 1/2 的磷素被分解转化成磷酸铁铝化合物；但施在 pH 值为 6.1 的水稻土上，即使两年以后，总的分解量也仍小于 10%。这些结果说明了土壤酸度对磷矿粉肥效的影响。大量生产实践也表明，在 pH值在 5.5 以下的酸性缺磷土壤中，施用磷矿粉的增产效果都是比较明显的。在土壤和磷矿粉相同的条件下，植物对磷矿粉的吸收能力，用平均的相对增产百分数表示时（以过磷酸钙为 100，过磷酸钙与磷矿粉用量为 1∶2.5），大致可划分成三种类型。

（1）吸收能力强的植物：萝卜菜、油菜、荞麦、苕子、豌豆，以及蝴蝶

豆等热带绿肥，第一年的肥效相当于过磷酸钙的 70%～80%；

（2）吸收能力中等的：大豆、饭豆、紫云英、花生、猪尿豆、田菁、玉米、马铃薯、芝麻和胡枝子等，相对值在 40%～70%；

（3）吸收能力弱的植物：小米、小麦、黑麦、燕麦和水稻等，相对值在 15%～30%。上述很多绿肥，尤其是豆科绿肥对磷矿粉的吸收能力较强，不仅当季效果非常显著，而且对后作水稻的增产也有很大益处。对于南方的多年生橡胶林木，在开始的三年间，磷矿粉的增产效益为磷酸钙的 1/2～2/3，但在后来的五年间，前后超过后者一倍以上，说明磷矿粉有相当长的持续后效，在农作物上也有同样的结果。

磷矿粉直接施用的效果与磷灰石矿物的结晶参数（a_0、Da_0 和 Dc_0）和 PO_4^{3-} 的置换均有极显著的相关性。磷矿粉的合理施用，除了掌握磷矿、土壤和作物三个要素以外，施用技术也不容忽视，包括细度、用量、施用方法及和其他肥料的配合等。试验和生产实践都表明，上述各项条件如果都处于最佳状态，则磷矿粉的效果可以与过磷酸钙相当或超过过磷酸钙。

成果名称：《中国国家农业地图集》及其编制研究

获奖时间： 1991 年

奖励种类及等级： 国家科学技术进步奖二等奖

主要完成单位： 中国科学院南京地理与湖泊研究所、中国科学院国家计划委员会地理研究所、农业部、中国农业科学院、国家统计局

主要完成人员： 周立三、吴传钧、张龙生、周世颐、周维功、周伯明、段运怀、信迺铨、侯学焘

成果简介：

《中国国家农业地图集》是中国国家大地图集的组成部分，是我国第一部大型综合性农业科学参考地图集。图集全面、系统地反映了我国农业生产条件、特点、分布规律及中华人民共和国成立以来农业生产成就与最新科学研究成果，为中央及各级领导部门开发利用和保护农业资源、合理安排农业布局、制定农业发展规划等宏观决策提供了科学依据，具有重要的理论和实践意义，对农业科研和教学都有重要参考价值，在国际学术交流中也将发挥重

要作用，是向外国读者介绍中国农业国情的良好基础资料。

《中国国家农业地图集》共有 300 余幅地图，基本比例尺为 1:1000 万至 1:4000 万。全图集的内容共分为序图组、农业自然条件和资源图组、农业社会经济条件和技术水平图组、农业各部门的分布特征和生产水平图组、农业土地利用图组等五个图组。图集中还附有大量我国农业发展变化的图表。

该图集在编制过程中，各类地图已为有关部门所广泛应用，出版后得到国内外重视，具有巨大潜在经济效益。

成果名称： 黄土高原微肥使用的有效条件与施肥技术

获奖时间： 1992 年

奖励种类及等级： 国家科学技术进步奖二等奖

主要完成单位： 中国科学院水利部西北水土保持研究所

主要完成人员： 彭琳、余存祖、彭祥林、戴鸣钧、刘耀宏、杨平、解金瑞、李文林、杨紫薇

成果简介：

该项目针对黄土高原微肥效果不稳问题，应用生态学、生物地球化学及农业化学的原理与方法，对土壤－植物系统中微量养分循环、微肥使用的有效条件与施肥技术进行了广泛深入的研究，证明了对黄土高原施微肥必须因土、因作物、因气候施用，才能获得稳定效果，取得了多项创新性的成果：①查明了黄土高原地区土壤微量元素的含量分布状况及其规律，编制了全区 63 万平方千米土壤锌、锰、铜、铁、硼、钼养分含量分布图，明确该区有 2/3 的农田缺锌、缺硼、缺钼，1/2 的农田缺锰，1/5 的农田缺铁，1/10 的农田缺铜。②确定了土壤微量养分的分级，制定出一整套土壤和作物微量养分诊断指标和临界值。这一套指标已被黄土高原各省份及东北、华北一些单位接受并引用。③明确了北方存在着大面积的缺锰土壤。这一指标得到北方各省份的广泛重视与接受应用。④明确了施锌促进了作物过氮的吸收和向籽实输送，锌和磷也具有互相促进吸收的机制。指出施锌后作物体内氮磷浓度的轻微降低，属于生物量增加后的稀释效应。⑤明确了微肥在土壤中的固定速率和固定量。这一研究结果为指导经济施用微肥和防止过量施用而污染环境提供了

理论依据。⑥系统地研究了土壤锌、铜的各种形态及其有效性。指出松结有机态锌和氧化锰结合态锌易被作物吸收,有机结合态铜有效性较高。⑦对水土流失造成的土壤微量养分损失进行了研究,证明黄河中游严重的水土流失造成土壤微量养分每年流失总量为96万吨,其中有效态养分为1.8万吨,折合微肥7.15万吨。该项研究结果填补了我国土壤养分流失研究中的一个空白。依据上述研究成果,提出了一整套微肥作用的有效条件与施肥技术,使微肥的使用科学化与规范化。

该项成果累计在陕西、山西、甘肃等省份大面积推广应用,增产幅度一般在6%~15%,获得重大的经济效益与社会效益。科学施用微肥还有利于提高产品品质。

成果名称: 黄土高原综合治理定位试验研究

获奖时间: 1993 年

奖励种类及等级: 国家科学技术进步奖一等奖

主要完成单位: 中国科学院水利部西北水土保持研究所、西北林学院、西北农业大学、陕西省农业科学院、内蒙古水利科学研究所、甘肃省农业科学院、山西省水土保持研究所

主要完成人员: 李玉山、卢宗凡、孙保平、苗宗义、王幼民、李佩成、朱象三、韩靖国、陈国良、王福堂、张维邦、汪立直、孙俊杰、孙立达、田珠玉

成果简介:

黄土高原是我国水土流失最严重的地区。该项目在水土流失严重地区设立了11个试验示范区进行联合攻关,取得了一批有影响的科研成果和令人瞩目的成就。11个试验区在"七五"期间,人均占有粮食由1985年的382.2千克提高到514.8千克,增长了34.7%,实现了自给有余,人均纯收入由218元提高到709元,增长了2.25倍;生态环境也得到显著改善,林草覆盖率达到50.3%,泥沙流失量较治理初期减少了50%。

在水土流失规律及防治技术,土地资源评价及优化利用模式,粮食产量潜势及开发技术,林草植被建设理论依据及营造技术,小流域综合治理遥感动态监测与管理信息系统,综合治理的生态、经济和社会效益综合分析评价

六个方面，取得了较系统的研究成果。

（1）试验区以小流域为治理单元，把资源环境、经济与社会发展融为一体，生态经济高度统一，运用生态经济学原理和系统工程的决策分析方法，建立多目标的综合控制体系，实现总体功能最佳；进行优化设计，在时空上进行科学规划与实施，克服了农林牧用地的矛盾，并形成了与之相配套的技术体系，推动了小流域综合治理的深入发展。

（2）以新的思路论证了水肥关系，在黄土高原旱作条件下可知，目前影响粮食生产潜势开发的主导因素是养分投入不足，农田生态系统营养物质循环难以扩大，只有成倍增加养分投入，才可以实现粮食超常速增长。因此，以水肥协调要素为主导，提出以更新作物品种、建设基本农田、强化降水入渗、增施化肥为重点的三大粮食潜势开发技术，其潜势实现率由 36.6% 提高到 61.7%，最高达到 87.3%。

（3）以林地土壤水分状况为重点，定量地进行土壤水分生态分区，为林草建设与布局提供了理论依据。

（4）研究提出最大 30 分钟雨强是土壤侵蚀的重要参数，每分钟大于 0.5 毫米的雨强是决定水土流失量的主导因素，为防治重点和措施配置提供了目标和定量依据。

（5）广泛采用系统工程、航空航天遥感及计算机信息技术，在土地资源清查、监测评价、综合治理动态和效益分析等方面发挥了积极的作用，在应用规模、图像处理及小流域管理信息系统方面均为开创性工作。

"七五"期间，推广各类单项和综合技术 1468 万亩，综合治理实施面积 6018 万平方千米，累计新增效益 11.9 亿元。

成果名称：生产饲料蛋白和核酸的高产核酸酵母技术成果的推广应用
获奖时间：1995 年
奖励种类及等级：国家科学技术进步奖三等奖
主要完成单位：中国科学院上海有机化学研究所
主要完成人员：汪猷、王大琛、李祥鹏、胡立侃、孙冰
成果简介：

该项目通过发酵培养高核酸酵母，再深加工制造出脱核酸酵母和核糖核

酸脱核酸酵母含 55% 以上的蛋白质，是畜产水产养殖业优质的饲料蛋白。核糖核酸则是医药工业生产新兴的核酸类生化药物和食品业制造特鲜味精及促进作物丰产的主要原料。

该成果开创了生产饲料蛋白和核酸的高产核酸酵母技术，其内容包括以基因改造获得高核酸酵母变种 K-79，建立全连续快速培养流程，设计建成高效节能的气升式发酵罐。通过综合此三项基本措施基础上的系统工程研究使核糖核酸生产能力超过国外专利报道，生产成本大幅度下降。1983 年转让给福建莆田糖厂，以糖蜜为原料建立年产 200 吨高核酸酵母及深加工配套装置。1984 年投产，生产指标即达到或超过中试水平，使我国当年的核酸产量翻番，核糖核酸市售价下降 60%。1988 年在莆田糖厂又建成年产 1500 吨高核酸酵母分厂。在海口市海南化工厂氮肥厂转产高核酸酵母的成功，使我国核糖核酸总年产能力达到 250 吨以上，产品打入国际市场，销往日本、意大利、德国等国家。

成果名称：中国东北地区盐渍土的形成与改良

获奖时间：1996 年

奖励类别及等级：国家科学技术进步奖三等奖

主要完成单位：中国科学院沈阳应用生态研究所

主要完成人员：陈恩凤、王汝镛、王春裕、任玉民、赵正谊

成果简介：

东北地区盐渍土的总面积约为 7.657×10^5 平方千米，其中松嫩平原占 39.3%，西辽河沙丘平原占 30.3%，呼伦贝尔高平原占 9.0%，辽河平原占 13.5%，滨海平原占 7.4%，三江平原占 0.4%。在性质上，内陆盐渍土的剖面色泽较暗，上层结构特别缺乏，盐分组成变化剧烈，土壤胶体含量丰富，以及代换性钠含量很高，都极大地增加了改良利用的难度；滨海盐渍土则剖面层次发育较差，土体氯化物积盐严重。归纳来看，其农业障碍因素是地势低洼易涝，土体含盐量大，pH 值及碱化度均高。

该项研究提出在具备必要的排水系统的先决条件下，采用淡水资源灌溉种稻，尽管其地下水位呈季节性抬升的趋势，但在建立有一定厚度的土层

（约 30 厘米以上的根系密集层）及地下水层中，在灌溉淡水的垂直和水平方向的冲洗下，其土壤盐分含量及地下水矿化度有可能趋于降低和淡化，并稳定在一定的限度以内，从而使种稻能得以继续下去，同时用有机质培肥土壤，稳定其水利土壤改良效果，为持续地创造高产而提供条件。

通过设置近 100 公顷的田间试验，开展渠系设置、灌溉、冲洗、耕作、施肥、压沙及化学改良等试验，长期系统考察其作物产量、土壤盐分及地下水状况的持续效果，总结农作物高产栽培的配套技术。此外，在大面积的碱化草场、盐渍土种植旱作及盐渍土造林技术等方面开展广泛的研究。

结果表明，无论是内陆苏打还是滨海氯化物盐渍土的水田灌区，在连续种稻的条件下，土壤盐分均迅速下降到水稻生长的安全范围以内，耕作层含盐量稳定于 0.1% 左右，甚至更低。灌区地下水水位不仅未见抬高，而且随着排水系统的改善而趋于回落，地下水矿化度明显淡化。田间试验的稻谷产量于 20 世纪 50 年代末即达到 7500～11250 千克/公顷，大面积生产田已达到 6000～7500 千克/公顷以上。截至 1993 年，已在东北四省份[①] 推广盐渍土种稻面积约达 8×10^5 公顷，累计种稻面积约达 1.20×10^7 公顷，累计生产稻谷约 5400×10^7 吨。

成果名称： 春小麦新品种高原 602 的选育、研究和推广

获奖时间： 1996 年

奖励类别及等级： 国家科学技术进步奖三等奖

主要完成单位： 中国科学院西北高原生物研究所、甘肃省种子管理总站、青海省种子管理站

主要完成人员： 赵绪兰、陈集贤、白秦安、陈志国、程大志、刘翠珍、黄相国、石生岳、张怀刚、王峰、王生宝、胡禄忠、马晓明、高国强、李毅

成果简介：

高原 602 春小麦新品种于 1987 年 7 月首次经青海省农作物品种审定委员会审定后，在 1992 年和 1994 年又分别通过甘肃省农作物品种审定委员会和

---

① 指辽宁、吉林、黑龙江、内蒙古东部——编者注。

全国农作物品种审定委员会的审定，是青海省第一个通过国家审定的春小麦品种。该品种在青海、甘肃、宁夏等省份种植，表现出抗旱、丰产、广适应性和抗多种病害的特点。

高原602品种主要具有以下特点。

1. 抗旱性强

传统的小麦抗旱品种水分利用率和光合效率不高，产量低。该项目提出了丰产抗旱型品种概念，并育成丰产抗旱型春小麦新品种高原602。

2. 丰产性与适应性好

采用冬春小麦杂交、异地轮换选择和高代材料多点鉴定育成的高原602品种，具有好的丰产性和强的适应性。高原602株型好，前期发育较缓，后期灌浆快，光合速率高，穗大粒重，收获指数高，源、流、库协调。在甘肃、青海、宁夏等十多个省份试种和推广，一般增产10%～30%。在年降水量同为400多毫米的青海省湟源县山旱地和黑龙江省肇东市平旱地分别创造了公顷8835千克（1986年）和7566千克（1990年）的旱地高产纪录。

大面积推广实践表明，高原602从海拔3000多米的高山（青海湟源、四川甘孜）到海拔100余米的黑龙江平原，以及在北纬30度（四川丹巴、小金）至北纬52度（黑龙江漠河）之间的广阔春麦区的高山旱地、平旱地、旱砂田和不保灌水地都能种植并有所增产。

3. 品质性状较优

高原602籽粒粗蛋白质含量平均为13.33%±1.50%，全麦粉湿面筋质26.87%±6.81%，淀粉含量51%，籽粒营养品质中等偏上，具有高分子麦谷蛋白亚基（HMW-GS）1、7+8、2+12次优组合，品质评分为8分，加工品质较好。

高原602自1987年审定后，在甘肃、青海、宁夏南部山区推广，增产显著，1990年被国家科学技术委员会和甘肃省农委、青海省科学技术委员会列入"八五"重点推广品种中。高原602由于广适应性、优良丰产性和强抗旱性，现已在甘肃、青海、宁夏三省份和陕西、新疆、山西、河北、内蒙古、黑龙江、四川、西藏等十多个省份的部分地区大面积种植，一般增产10%～30%，有的则成倍增产。据不完全统计，高原602累计种植面积1500多万亩，最大年种植面积257.14万亩，累计创造经济效益近8亿元。

成果名称：涂层尿素应用技术与开发

获奖时间：1996 年

奖励类别及等级：国家科学技术进步奖三等奖

主要完成单位：中国科学院石家庄农业现代化研究所、原广州氮肥厂、河北省农业厅

主要完成人员：阎宗彪、卢福瑞、马占元、邢竹、陈大昭、陈际辉、白淑霞

成果简介：

尿素是我国农业生产中广泛施用的氮肥品种。但是，氮素利用率低、损失大，严重影响着施肥效果和农业的持续发展。因此，提高氮素的利用率已成为目前急需解决的重大技术问题。提高氮素利用率，减少化肥对环境的污染，发展涂层（包膜）尿素是一条重要途径。

涂层尿素即在普通尿素的颗粒表面喷涂一层特殊的溶液，经干固氧化而成。该项目旨在调整涂液的配方，开发膜技术，使之与北方的农业生态条件相适应，以提高涂层尿素的产品性能，筛选出先进的配套实用技术，为在北方乃至全国大面积应用推广提供理论和技术依据。

1. **国内首创的先进生产工艺**

涂层尿素技术包括涂层尿素的生产、施用技术两大类。涂层尿素生产关键技术是涂层溶液的制备和涂覆工艺。其工业化生产的共同特点是：流程简便，设备简单，改造容易，投资少，产品稳定。

2. **应用技术研究国内领先**

主要创新点：

（1）提高了氮素利用率，利用率比普通尿素平均提高 6%，差异达 5% 显著水平。

（2）调整了载体的类型。增强了涂层溶液的黏着性和展着性，从而使涂层尿素更适合在北方农田中施用。

（3）揭示了涂层尿素在石灰性土壤中的移动、转化规律和作物吸收利用规律，以及在土壤-植物体系中的平衡，氨挥发比普通尿素减少 23.8%，并对脲酶活性有明显的抑制作用，可降低 25% 左右。

（4）探明了涂层尿素有显著的增产效果和改善农产品品质的作用。

3. 减少环境污染

一是涂层尿素的生产是采用在造粒塔内喷涂的新工艺，将涂层溶液雾化喷入尿素造粒塔内，并在此过程中将尿素粉尘黏合，减少造粒塔顶粉尘散布造成的污染。二是施用涂层尿素不仅是氮素利用率提高，增加农作物的产量，而且降低了土壤中的硝化、反硝化作用，减少了肥料的淋失与挥发。

成果名称：猪饲料养分回肠消化率及有效氨基酸需要量的研究

获奖时间：1996 年

奖励类别及等级：国家科学技术进步奖三等奖

主要完成单位：中国科学院长沙农业现代化研究所

主要完成人员：印遇龙、钟华宜、黄瑞林、陈朝明、潘亚非、李铁军、戴华、王四春

成果简介：

畜牧业生产的关键是使饲粮能提供给动物以足够而经济的有效养分，尤其是氨基酸。而氨基酸要达到足够而经济，不仅取决于饲料中氨基酸的总量和平衡，而且取决于氨基酸的可利用性。各种饲料，因品种、加工工艺、产地等诸多因素的影响，其利用率有很大的差异。传统方法设计的饲料配方，在实际生产时往往造成氨基酸的不足或过剩。主要研究如下。

（1）建立了猪饲料营养物质回肠末端消化率测定的新技术体系，其要点包括：①成功地研究了用硅橡胶制作动物瘘管的新工艺，克服了国际上用钢材、硬塑料、尼龙及橡胶制品瘘管对试验动物产生的损伤和异物作用的不良影响；②建立了营养物质回肠末端消化率的回-盲肠桥式瘘管测定新技术，解决了国际上 T 形瘘管测定法不能收集回肠末端全部食糜，导致食糜养分含量失真，测定结果误差大的技术缺陷，使营养物质回肠末端消化率的检测精度和准确度得到提高；③研究发展了回-直肠吻合猪测定营养物质回肠末端消化率的技术体系。

（2）在国际上首次较系统地测定了 60 多种饲料中的粗蛋白、氨基酸、能量、干物质、有机物质和纤维类物质（ADF、NDF、ADL）等的回肠末端

消化率，探明了它们在猪不同消化道的消化吸收规律，建立了我国常用饲料的有效养分数据库，为按有效养分科学配制畜禽饲料提供了准确可靠的基础数据。

（3）在以上工作的基础上，通过饲养试验，研究制定了生长肥育猪有效氨基酸需要量标准和按有效氨基酸需要量配制饲料的方法，把氨基酸营养学和饲料配方技术提高到了一个更高层次。

（4）运用上述理论和技术成果，研制了生长肥育猪浓缩蛋白质饲料和高效预混料产品，与国内主要名牌产品相比，不但效果相当（生长全期料肉比3.1:1，平均日增重700克以上），而且每千克增重饲料成本降低15%~30%，每头猪多盈利50元。

中国科学院长沙农业现代化研究所先后与湖南、湖北、云南、广西等省（区）的十多个饲料生产厂家和养殖场进行了技术合作，并取得了明显的经济效益和社会效益。经多点饲喂对比试验，结果表明，使用有效氨基酸技术配合饲料，与常规方法相比不仅降低了20%的成本，而且饲料效率提高了10%~15%，单位增重饲料成本降低了15%~30%，每吨配合饲料增加经济效益200~400元，每吨浓缩蛋白质饲料增加经济效益1200~1650元。

成果名称：施肥专家系统
获奖时间：1996年
奖励类别及等级：国家科学技术进步奖三等奖
主要完成单位：中国科学院合肥智能机械研究所
主要完成人员：熊范纶
成果简介：

该项目研究成果已在全国15个省份的70多个县2000多万亩土地上推广应用，用来指导科学种田，增产节约，取得了巨大的经济、社会和生态效益，被列为"八五""九五"国家科技成果重点推广项目。

施肥专家系统能够因地制宜、因时而异地给出科学合理及优化决策的施肥方案，指导农民科学种田、培训农技人员、帮助农业部门指挥生产等，对于增加产量、节约成本和提高农业现代化水平、大规模推广农业先进技术具有重要作用。

施肥专家系统是运用知识工程原理与有关农业信息技术，总结各地农业专家知识经验及数学模型，建造各种作物的施肥、栽培管理专家咨询与知识获取系统。成果主要内容和特点如下。

（1）施肥专家系统，具有 Prolog 语言、C 语言、Basic 语言、Lisp 语言四种语言研制的五种施肥专家系统版本，各系统运行可靠，操作方便，具有很好的咨询和解释功能，达到了农业专家指导科学施肥的技术水平。

（2）施肥综合专家系统，汇集了 20 个以上不同地区和不同作物的综合知识库，并采用元规则控制策略控制推理，菜单调用方便灵活，图文并茂，汉语单词输入具有容错、纠错、联想等功能，用户界面友好。

（3）知识获取系统，知识获取功能较强，采用了多种知识获取技术：编辑型和引导型施肥知识获取系统；权系数和神经元网络自动知识获取系统。利用上述功能，用户能很容易并快速地建立所需的专家系统。

（4）知识表示和推理方法，表达能力强，压缩了知识库并能加速推理，简单易懂。

成果推广应用涉及的地区和单位有 23 个省份的 500 多个县，以安徽省为例，推广应用情况如下。

安徽省早在 1993 年率先在全国成立了推广农业专家系统领导小组和办公室，在 22 个县（市）的 82 个乡镇开发应用 21 个农业专家系统，实施面积 1190 万亩，增收节支 11.2 亿元，受益农户 108 万。各类农作物和畜牧水产养殖等普遍达到了增产增收，效果十分显著。

成果名称：重点产粮区主要农作物遥感估产

获奖时间：1997 年

奖励类别及等级：国家科学技术进步奖二等奖

主要完成单位：中国科学院自然资源综合考察委员会、中国科学院地理研究所、中国科学院、中国科学院南京地理与湖泊研究所、北京大学、中国科学院长春地理研究所、中国科学院遥感应用研究所、江苏省农业科学院现代化研究所、中国科学院武汉测量与地球物理研究所

主要完成人员： 孙九林、王乃斌、万恩璞、赵锐、陈沈斌、熊利亚、徐希孺、杨小唤、王延颐、刘海燕、倪建华、王长耀、李世顺、马志鹏、李泽辉

成果简介：

应用遥感技术、地理信息系统技术、全球定位系统、数学模型技术、动态模拟技术、分层采样技术等综合集成的方法建立信息系统，能够及时、准确地监测农作物长势、估算农作物产量，对国家掌握粮食生产状况、管理农业生产、粮食宏观调控、进出口贸易等具有重要的意义。

该项目瞄准作物播种面积的提取、长势监测及其他估产的技术环节的计算机化，应用遥感、地理信息系统等多项技术实现了系统集成，从而能够快速、准确提取作物种植面积、监测作物长势和预报产量。与传统方法比较，该方法具有精度高、时效好、费用低等特点。

遥感估产就是利用遥感器接收地面物体反射和发射的电磁波信息中估产作物在不同生长季有别于其他作物和地物的特征信息，通过计算机图像处理，结合地理信息系统、全球定位系统技术及数学模型、地面分层采样等，达到作物长势监测、种植面积提取、单产和总产预报的目的。

首先选择五个县的三种作物开展遥感估产试验，解决了估产流程中的一系列关键性技术，提出了大面积遥感估产的技术方案，对我国开展大面积遥感估产的理论和实践具有指导意义。

在试验的基础上，建成了黄淮海平原小麦遥感估产系统，完成了三省二市（河北、河南、山东、北京和天津）及安徽北部的大面积冬小麦估产；建成了江汉平原水稻遥感估产系统，完成了湖北省和湖南省洞庭湖地区的水稻估产；建成了太湖平原地区水稻遥感估产系统，完成了江苏省和上海市的水稻估产；建成了松辽平原玉米遥感估产系统，完成了吉林省的玉米估产；建成了小麦、玉米和水稻遥感估产集成系统，实现了系统运行和对上述地区的估产。在"八五"期间进行了连续三年长势监测、播种面积提取和产量预报。同时，取得了良好的经济效益，据河南省商丘市的调查，仅通过对该项目提供的长势信息进行跟踪监测，分析苗情，从而加强田间管理，使弱苗转变为状苗，及时采取抗旱浇水等措施，合计增产小麦10.2亿千克，合人民币8.16亿元。据河南省和上海市的调查，遥感估产的费用仅为农业调查队的

1/11～1/12，由此可见，计算机化的遥感估产系统具有实际的应用价值和良好的应用前景。

成果名称：小型草型湖泊渔业综合高产技术研究

获奖时间：1997 年

奖励类别及等级：国家科学技术进步奖二等奖

主要完成单位：中国科学院水生生物研究所

主要完成人员：梁彦龄、刘伙泉、李钟杰、陈洪达、谢从新、方榕乐、张水元、苏泽古

成果简介：

　　该项目以生态学理论为指导，围绕长江中下游草型湖泊渔业利用与水质保护的鱼—草关系核心问题，探讨实现湖泊资源、环境、渔业协调发展的途径，促使湖泊渔业优质高产高效。

　　该工作的实施，以保安湖（3933.3 公顷）为试验湖，以西凉湖（8267 公顷）为验证湖。在湖泊生态环境、生物资源动态及渔产潜力研究方面，完成保安湖和西凉湖 58 项生物和非生物指标的周年监测及饵料资源量分析，同时重点分析了保安湖大型水生植物和浮游植物的动态变化及其与水深、透明度等若干环境因子的关系，系统深入地研究了草型湖泊资源环境特点，比较全面地测算了保安湖草食性鱼类、滤食性鱼类和杂食性鱼类的生产潜力。

　　在水生经济动植物繁衍、饵料生物之间的关系规律研究方面，以鱼—草关系为核心，结合自然情况，多层次地开展实验生态学工作。一是根据优势种水草的生长模式、草鱼摄食模式、草鱼生长模式等研究结果，建立了以生物量转化为基础，可推算草型湖泊草鱼对水草生长压力动态变化的理论模型；二是用生物能量学模型探讨鱼—草关系，建立了草鱼生物能量学子模型、水草季节生长子模型、草鱼摄食水平子模型，并着手进行草鱼放养与水草关系总模型的组建；三是拓宽鱼—草关系，研究了天然饵料生物与水草的关系、河蟹对水草的影响。这些工作首次用严格定量和能量学方法解析鱼—草关系，使草型湖泊渔业资源利用从过去的经验、定性方法提高到严格的定量解析水准。

在湖泊渔业优化模式研究方面，开展了高效生态型渔业、增养殖型渔业、集约型渔业和湖汊综合型渔业试验，运用生态学管理原则，通过优化食物链结构、大力发展河蟹等质量好、经济效益高的水产品养殖和增殖天然鱼类、保护水草等综合措施，取得了明显的经济、生态和社会效益，建立了有一定创意性的草型湖泊渔业工艺。在名优水产资源增养殖、繁殖保护方面研究，系统地调查了保安湖和西凉湖主要经济鱼类产卵场分布及产卵群体结构，划定保护区，规定禁渔期，同时对保安湖主要天然鱼类持续渔获量进行了全面分析，提出了定量控制捕捞的方法，并重点开展了中华绒螯蟹生物学、鳜鱼增养殖和长吻鮠网箱养殖技术及湖汊人工放养试验，并取得明显成效。

该成果于"八五"期间在湖北省黄石市和咸宁地区推广，累计增加鱼产量 2000 多万千克，合计新增产值 2200 万元，新增利税 306 万元。

成果名称：钾素和微量元素对烤烟香气质量影响的研究
获奖时间：1998 年
奖励类别及等级：国家科学技术进步奖二等奖
主要完成单位：中国科学院南京土壤研究所
主要完成人员：曹志洪
成果简介：

该研究通过对烤烟生产的土壤肥力状况和烟叶营养状况进行综合分析，系统地分析了烟叶的物理性状（叶片大小、长度、颜色、身份、色泽、油分等）、化学组成（氮、烟碱、还原糖、各种矿质元素的含量和比例）和抽吸品质（香气量、香气质、吃味、焦油含量等）与烟叶主要养分元素的关系，为适宜烟区的选择、烟叶生产布局提供了依据；为调节植烟土壤与营养环境提供理论和技术支撑；通过平衡施肥措施，协调烟叶的内在化学组成，提高烟叶的安全性，减少烟草对吸食者的危害；消化吸收国外经验与技术，提出我国植烟土壤和施肥的科学理论。

该成果的主要技术内容和创新点为：①首次定量描述了优质烟叶生产必备的土壤条件，特别是烟叶尼古丁含量与植烟土壤渍水率（土壤水势负压小于 10 千帕的天数占大田生产期的百分比）呈显著的负相关关系，对适宜植烟土壤的酸碱度、肥力特征等方面有新的认识。②在烤烟科学施肥基础理论上有新的突破。测绘了我国主要烟区主要养分吸收和干物质累积图；提出了烟草硝态氮营养的重要作用和首次观察到强酸性土壤上过量铵态氮导致的中毒症状；提出了有机肥料的使用原则。③平衡施肥与烤烟专用肥的推荐，提出了烤烟氮磷钾肥料科学使用的原则和方法，并根据对我国主要烟区土壤肥力状况和烟叶营养状况的研究，推荐了基肥、追肥和苗肥等十余个配方供各地选用。④明确了钾素对烤烟质量的特殊意义；指出了烟叶钾素对烟叶燃烧质量的重要作用，以及提高钾含量可以增强烟草的燃烧速度和持燃时间，烤烟色泽橘黄、灰白色。指出了钾与烟叶香气和内在组分含量之间的关系，即钾含量与还原糖含量、糖/碱比、施木克值呈显著正相关关系，与钙、镁含量呈显著负相关关系。⑤指出了我国大多数烟区烟叶中并不缺乏微量元素，微肥的使用必须谨慎，局部烟区可能有微量元素的缺乏，北方主要为锌、锰，南方为硼、锌；因此这些地区使用适量的硼、锌、锰是必要的。⑥客观地分析了我国烤烟氯素营养问题。该研究第一次记录并发表了烟株氯素中毒症状，同时证明土壤中大量铵态氮的存在是诱发烟株氯中毒的条件，烟叶的最佳含氯量为 0.5～0.8 毫克/千克，钾/氯＞4 毫克/千克，我国南方部分烟区有烤烟氯素营养亏缺的状况，在贵州烟区土壤中氯的含量很低，平均在 15 毫克/千克左右。而且土壤每年的氯自然亏缺量为 3.4 千克/亩；低氯严重影响烟叶的质量，导致烟叶弹性差、易碎、切丝率低。

推广应用情况：关于适宜植烟土壤的观点被中国烟草总公司接受，已在河南、贵州、云南、安徽、山东、辽宁等省采用，并在烟区布局上做了调整。

成果名称：新型氮肥——长效碳酸氢铵的研制与应用

获奖时间：1998 年

奖励类别及等级：国家科学技术进步奖二等奖

主要完成单位：中国科学院沈阳应用生态研究所、原化学工业部经济与技术委员会、中国科学院生态环境研究中心、农业部全国农业技术推广服务中心

主要完成人员：张志明、毕庶春、冯元琦、李继云、邢文英、伍尉民、崔宏波、吴钟珩、孙永溪

成果简介：

1. 目的与意义

碳酸氢铵存在氮素利用率低、肥效期短、分解挥发快等致命弱点，给使用和储存带来不便。根据中国的国情，在相当一段时间内，该产品仍是一个不可能被淘汰的品种，所以碳酸氢铵的生存和发展已成为化肥工业亟待解决的大问题。

2. 技术水平

在碳酸氢铵生产系统中添加铵稳定剂（DCD），生产出碳酸氢铵的改性新品种——长效碳酸氢铵。它保持了碳酸氢铵的优点，克服了它的主要缺点。长效碳酸氢铵的氮素利用率比普通碳酸氢铵高 10%，达到 35% 以上，略高于尿素；肥效期可由原来的 30～45 天延长到 90～110 天，长效碳酸氢铵作基肥一次性施入，基本可以满足作物整个生长期的用肥需要。

3. 成果的创新内容

长效碳酸氢铵的两项关键技术：一是铵稳定剂 DCD 与碳酸氢铵形成共结晶体；二是建立了长效碳酸氢铵生产工艺及控制系统。其创新内容如下。

（1）发现了 DCD 不仅具有硝化抑制剂作用，更具有氨稳定剂作用，可直接抑制 52% 的碳酸氢铵挥发量，增加土壤 64% 的铵离子储存量。

（2）阐明了氢键缔合机理。

（3）成功地运用了纳米技术：在长效碳酸氢铵形成共结晶体中，DCD 呈针状结晶、片状结晶和介入复合体形态。这些 70～100 纳米的 DCD 介入改变了碳酸氢铵的特性，使其热稳定性能、水稳定性能、氨稳定性能发生改变，并不结硬块。

（4）建立了系统生产法新工艺。

（5）改变了传统的施肥制度。由于长效碳酸氢铵肥效期长达 90～110 天，可作基肥一次性施入，免去追肥工序。

4. 经济、社会和生态效益

十多年来全国已改造生产厂家 54 家，长效碳酸氢铵累计推广面积近 1 亿亩，增加粮食 40 亿千克，增加农民收入 40 亿元，在农业上应用起到增产、节肥省工的作用。

成果名称：安塞丘陵沟壑区提高水土保持型生态农业系统总体功能研究
获奖时间：2001 年
奖励类别及等级：国家科学技术进步奖二等奖
主要完成单位：中国科学院水利部水土保持研究所
主要完成人员：卢宗凡、梁一民、刘国彬、侯喜禄、郑剑英、李代琼、苏敏、李锐、江忠善、杨万鹏
成果简介：

该项目针对黄土高原丘陵沟壑区的水土保持与生态农业建设主要问题和实际需求，以优化农、林、牧各子系统结构提高其功能的关键技术，突出农业生产的主要因子——水、肥及水土流失，开展了水土保持型生态农业系统总体功能研究。通过研究，试验区农林牧各业同步协调发展，系统总体功能明显提高，抗逆力增强；本研究的示范、辐射、推广效益明显。其具体表现如下。

（1）根据试验区资源环境及社会经济发展特点，完善和充实了自给性农业、防护性林业、商品性果牧业的发展战略与治理措施。经过水土保持型生态农业建设，使纸坊沟小流域已开始进入生态-经济良性循环阶段，基本实现了农业生产和农村经济的可持续发展。

（2）以提高水土保持型生态农业系统总体功能为目标，实施水土保持型生态农业系统总体功能的优化管理，包括生态系统、土地利用、流域水分、流域养分、流域管理等，提出了子系统优化管理的关键技术。

（3）突出农业生产中主要因子——水、肥高效利用问题。区域养分平衡及高效利用，搞清了农田养分输出项及输入项的各种定量关系，提出了有依据的培肥和提高养分利用率的措施；区域水分平衡及高效利用，进一步摸清了农、林、草地耗水特点，提出了提高水分利用率的主要措施。

（4）试验区建立了较完善的土壤侵蚀定位试验体系，采用稀土元素示踪法首次解决了坡面土壤流失、沉积的定量测定问题；提出了以块为单元沟间地侵蚀和沟谷地侵蚀预报模型和坡面草地侵蚀预报模型。

（5）在水土保持动态监测中，利用遥感与地理信息系统技术建立了试验区纸坊沟小流域及安塞县土地资源利用动态数据库，土地利用及水土保持动态数据库，以及安塞县资源环境数据库，为试验区及全县资源优化管理、持续利用提供了决策依据。

（6）试验区取得的科技成果在重大治理工程中得到应用和推广，通过杏子河流域 WFP 项目、延河流域世行贷款项目的实施，推广面积超过 5000 平方千米。

研究成果提出的发展战略及建立的具有国际领先水平的水土保持型生态农业模式对于黄土高原治理及持续发展具有指导意义，并在实践中取得了显著的经济、社会和生态效益，为黄土高原治理提供了重要科学依据。出版了《中国黄土高原生态农业》专著一部，发表论文 120 多篇，获得国家专利两项。

成果名称： 猕猴桃属植物遗传资源评价、种质基因库建立及育种研究
获奖时间： 2001 年
奖励类别及等级： 国家科学技术进步奖二等奖
主要完成单位： 中国科学院武汉植物研究所
主要完成人员： 黄宏文、黄仁煌、王圣梅、姜正旺、何子灿、张忠慧、黄汉全、刘忠义、武显维、郎萍
成果简介：

该项目收集保存了猕猴桃属植物各类种质资源 400 余份，其中包括 55 个种（变种）及来自 16 个省份 50 个地区的特殊地域基因型；通过多年的种间杂交研究保存了种间杂交后代及优异育种材料 15 000 余份，命名了两个新种，建成了目前世界上保存猕猴桃种质资源涵盖量最大、遗传资源最为丰富的种质基因库。全面整理了猕猴桃属植物的特征性状的遗传变异规律，建立了猕猴桃种质资源管理信息系统，并在此基础上建立了世界上第一个猕猴桃种质资源数据库平台。

种质资源研究与基础性资料数据的积累：系统地进行了猕猴桃属种质资源的经济利用价值的评价，并积累了重要的基础性数据；提出了该属植物的

涵盖核基因组的合理保育策略；提出了核—质基因组综合保育方案，是对雌雄异株多年生植物的迁地保育理论和实践的新贡献。

育种与应用推广：项目立足于我国特有的资源优势，率先在国内开展了系统的种间远缘杂交研究，选育了鲜食、加工、观赏等用途的 9 个新品种（系）并在全国 15 个省份推广，总面积达 8.2 万亩，推动了我国猕猴桃产业步入国际猕猴桃产业大国的行列。

成果转让：将新品种的研发结合产业发展需求，通过与国内外企业联合，将具有全球竞争力新品种推广到生产实践，形成国际的竞争优势。"金桃"品种成功实现了国内首例专利使用权的全球使用权转让。意大利 Consorzio Kiwigold 公司以专利保护 28 年期、首付 94 万欧元外加每公顷栽培面积支付专利使用费 500 欧元，实现"金桃"品种的全球产业化栽培。在国内，与四川中新农业科技有限公司签订了"金桃"猕猴桃的合作开发协议，获得专利转让费 200 万元。

成果名称：农田重大害鼠成灾规律及综合防治技术研究
获奖时间：2002 年
奖励类别及等级：国家科学技术进步奖二等奖
主要完成单位：中国科学院动物研究所
主要完成人员：张知彬、蒋光藻、钟文勤、黄秀清、郭聪、宁振东、冯志勇、叶晓堤、张健旭、宛新荣
成果简介：

针对国内外鼠害化学防治上普遍存在的灭效难以巩固、污染环境、破坏生态平衡、威胁公共安全等问题，该项目以北方旱作区的大仓鼠、黑线仓鼠、长爪沙鼠和中华鼢鼠，南方稻作区的大足鼠、黄毛鼠和褐家鼠为主攻对象，研究害鼠成灾规律及种群预测预报，提出和完善害鼠预测预报技术；灭鼠后害鼠种群数量恢复及群落演替规律研究；研制新型杀鼠剂及其配套使用技术；农田害鼠综合防治技术和对策研究。根据我国农业害鼠的生物学与生态学特性，分区设置了示范区及相关技术研究与示范区。在各类型鼠害综合防治示范区，重点进行鼠情调查，掌握害鼠数量动态、回升动态等。该项目取得的主要成果如下。

掌握了我国典型农业生态区内重要害鼠的成灾规律与主控因子，建立了预测预报模型，显著提高了鼠害中短期测报能力，有关预测预报的标准规范、模型等已被国家和地方植物保护部门所采纳和使用。掌握了大面积灭鼠后种群恢复和群落演替规律，提出了科学合理的灭鼠措施与方案。研制和开发了植物源性杀鼠剂、抗凝血增效、诱杀增效技术；研究和改进了不育剂配方；研制了新型捕鼠器械；研制一种化学杀鼠剂新剂型——0.5%氯鼠酮母液新剂型，解决水溶性问题，提高吸收率，使害鼠死亡时间缩短了1～2天，灭效由67%～75%提高到90%～93%，建立了中试线，实现了规模应用；研制了三种剂型的复方灭鼠剂，使害鼠死亡时间由7天缩短为2～3天，投饵次数由3～5次减少为1～2次，灭效由85%提高到98%；获得三项复方灭鼠剂专利；产品获得国家有关部门颁发的"三证"（产品标准证、农药登记证、生产许可证），并已商品化，投入市场使用。完成了两种剂型——2%特杀鼠可溶性液剂、10%特杀鼠可溶性液剂的研制，并通过了湖南省石油化工厂组织的成果鉴定。解决了鼠类对第一代抗凝血杀鼠剂的耐药性和抗药性国际性难题，显著提高了灭效。提出不育与灭杀相结合的鼠害可持续控制技术新体系，成功地实现了测报、化学灭杀、不育控制、农业防治、生态治理的有机整合，形成新的适合我国农业国情的鼠害综合防治体系，显著提高了大规模农业鼠害综合防治工程的实施和协调能力。

该项目在测报准确率、灭鼠后种群恢复、抗凝血杀鼠剂增效剂、综合防治策略及大规模鼠防工程建设等方面具有显著的创新和进步。该项研究是国际鼠害研究上规模最大、类型最全、系统性最强的一个研究项目，其研究成果不仅丰富和发展了鼠害综合防治理论，而且对于指导今后我国农业鼠害综合防治工作也具有重要的实践意义。

成果名称：科系号大豆种质创新及其应用研究

获奖时间：2002年

奖励类别及等级：国家科学技术进步奖二等奖

主要完成单位：中国科学院遗传研究所

主要完成人员：林建兴、柏惠侠、赵存、张性坦、朱有光、朱保葛、杨万桥、

乔东明、王恢鹏、朱国富

成果简介：

　　优良新品种是发展大豆生产的关键因素，而优异种质材料是培育新品种的重要基础。该项目培育出一系列优异种质材料和新品种，基本上解决了当时我国大豆生产中存在的单产低、病害重、适应地区狭窄和品质差这四个问题。

　　成果主要内容如下。

　　1. 大豆种质创新研究

　　（1）在国内最先应用电镜技术从感染大豆病毒病的植株中分离出线形大豆花叶病毒（SMV）和球形烟草环斑病毒（TRSV）；发现大豆籽粒褐斑病是由 SMV 侵染引起的；把大豆花叶病分为三种表型——普通花叶病、矮缩花叶病和顶枯花叶病。该项研究结果为选育抗病毒病大豆新种质和新品种奠定了基础。以优质大豆 58-161 与抗 SMV 品种徐豆 1 号杂交，从后代中选育出高抗花叶病和灰斑病的优质新种质——科系 4 号、5 号和 8 号。

　　（2）应用 X 射线对科系 4 号进行诱变处理，选育出高产、优质和高抗三种花叶病及全抗八个灰斑病生理小种的优异双抗种质——科系 75-16 和科系 75-30。

　　（3）通过高光效超高产育种技术和生态育种技术筛选出花荚脱落率低和光能利用率高的高产或超高产新种质——科丰 1 号、诱处 4 号、科系 75-34 和科系 7821 及适应性广的种质——科系 7759-6。

　　（4）通过有性杂交把节多、每荚粒多和粒大等丰产性状结合在一起，育成库大的优异高产种质——科系 8210-1 和早 5 粒荚等。

　　2. 大豆种质在新品种选育中的应用

　　上述优异种质已被中国科学院遗传与发育生物学研究所和其他许多育种单位广泛应用，以它们为亲本共育成 41 个优良大豆新品种在黄淮海地区进行大面积推广应用。据不完全统计，截至 2001 年这些品种已累计推广 9376 万亩，新增产值 29 亿元。该项成果对于推动我国黄淮海地区大豆生产的发展起到了重要作用。

成果名称：八倍体小偃麦与普通小麦杂交育种

获奖时间： 2002 年

奖励类别及等级： 国家科学技术进步奖二等奖

主要完成单位： 中国科学院石家庄农业现代化研究所、西北农林科技大学

主要完成人员： 钟冠昌、张荣琦、穆素梅、陈春环、李俊明、安调过、王志国、王彦梅、姚撑民、王新茹

成果简介：

八倍体小偃麦是利用偃麦草与普通小麦杂交创造的新物种，包含有三组普通小麦染色体和一组偃麦草染色体，具有偃麦草的许多优良性状。利用八倍体小偃麦作远缘亲本材料，通过染色体工程技术，创造小麦新种质、选育小麦新品种是小麦育种的一条新途径。该项目研究内容包括八倍体小偃麦与普通小麦杂交遗传规律研究、创造新种质和选育新品种。

1. 八倍体小偃麦与普通小麦杂交遗传规律的研究

（1）确定了 9 个八倍体小偃麦染色体组型；确认长穗偃麦草中不含有与普通小麦同源的染色体组。

（2）确定了八倍体小偃麦与普通小麦杂交育种程序和选育小偃麦异附加系的方法，并创造了一批抗病、优质、矮秆的异附加系、异代换系或易位系新种质。

2. 八倍体小偃麦与普通小麦杂交育种

八倍体小偃麦与普通小麦杂交育种一般分两步：第一步，通过杂交、细胞学观察和标记性状的选择，创造异附加系、异代换系或易位系新种质；第二步，根据育种目标，利用新种质相互间杂交或进一步与小麦杂交，选育新品种。

按照上述育种程序，育成了小麦新品种 3 个（早优 504、高优 503 和小偃 597）。其中，早优 504 具有早熟、矮秆、抗病、抗倒、优质（达到了面包指标）、耐晚播等优良特性，适合间套复种。截至 1998 年，累计推广面积 1020 万亩，增加产值 2.5 亿元。高优 503 是一个面包型小麦新品种，具有产量高、品质好、综合抗病性强、适应性广等优良特性，一般亩产 400～500 千克，于 2001 年通过国家品种审定。为了加快高优 503 的推广，在河北省柏乡县建立了高优 503 优质小麦种植、加工、销售一条龙产业化基地；在河南省新乡市

建立了高优 503 优质小麦原料生产基地。截至 2001 年，高优 503 已推广到全国 14 个省份，仅据河北省、陕西省和河南省新乡市的统计，累计推广面积达 1650 万亩，增加产值 9.9 亿元。

成果名称：紫菜种苗工程

获奖时间：2002 年

奖励类别及等级：国家科学技术进步奖二等奖

主要完成单位：中国科学院海洋研究所

主要完成人员：费修绠、许璞、于义德、连绍兴、汤晓荣、梅俊学、鲍鹰

成果简介：

该项目开展了紫菜种苗工程的系列研究，解决了培育和保存紫菜纯系苗种技术问题，解决了将纯系苗种大规模导入生产的关键技术问题，实现了大规模的成果转化。结果表明，紫菜育苗完全可能实现品种化栽培和应用良种。

1. 苗种技术

收集并保存了来自中国、东南亚和北美洲的 23 个种共 119 个品系的紫菜丝状体细胞种质，建成了国内在紫菜种类多样性上最丰富的紫菜细胞种质库。研究主要围绕紫菜的育种和育苗两个方面进行。育种与遗传性状改良有关，目标是选育良种；育苗和大量培养健康幼苗有关，目标是大规模、高效率、低成本生产优质苗网。

2. 导入生产

选育出来的紫菜纯系良种细胞系可比混杂种增产 20%～70%，通常以子一代形式进行长期保存，历年生产检验表明，多数细胞系均能保持其固有的性状特征。采用纯系紫菜细胞接种贝壳的丝状体细胞用量只有 0.075 克/亩，比使用数百克冰冻种紫菜，效率提高了数千倍，从而解决了良种紫菜导入生产的关键技术问题。研究发展了配套的紫菜高效率、低成本、大规模育苗技术，使紫菜优质苗网的育成率由 30% 提高到 85%，获国家授权发明专利一项。

3. 成果转化

培养出的紫菜纯系良种品系 10 个，覆盖率占我国条斑紫菜主产区（江

苏沿海）栽培面积的 50% 以上。到 2001 年为止，累计创利税 3.4 亿元，创经济效益 10.5 亿元，创外汇 0.92 亿美元；江苏南通兰波公司应用该项成果，于 1998 年开始转产紫菜业，2002 年紫菜生产面积已发展到 6000 亩，建成了 12 000 平方米真正意义上的紫菜良种育苗规模化的生产基地。

该项目共发表论文、报告 32 篇，在国际学术会议上做大会报告 3 次、特邀报告 3 次。

成果名称：中国红壤退化机制与防治

获奖时间：2004 年

奖励类别及等级：国家科学技术进步奖二等奖

主要完成单位：中国科学院南京土壤研究所

主要完成人员：张桃林、赵其国、何园球、王兴祥、李忠佩、孙波、鲁如坤、张斌、史学正、杨艳生

成果简介：

土壤退化已成为当今世界所关注的重大研究课题。我国南方红壤地区面积占全国土地面积的 22.7%，涉及 15 个省份。随着人口的快速增长和市场经济的发展，特别是由于长期对土壤资源的不合理开发利用，我国红壤地区土壤侵蚀、土壤肥力衰减、土壤酸化等土壤退化问题已日趋严重，严重制约了红壤地区的农业可持续发展及生态环境建设。因此，在深入研究红壤丘陵区主要土壤退化类型的发生原因、过程与机理、时空演变规律基础上，提出土壤退化防治技术和优化利用模式，对促进红壤地区农业和农村经济的可持续发展具有重要意义。

该项目应用现代土壤学、农学、生态学原理，通过宏观调研和微观监测相结合、面上采样和长期定位试验相结合、实验室模拟与示范推广相结合，并运用 3S 等高新技术，系统开展红壤退化机制与防治技术研究，并进行了大面积示范。

在理论上，进一步阐明了土壤侵蚀、肥力衰减、土壤酸化等主要红壤退化类型的时空演变规律、过程与机理，特别是在红壤退化评价指标体系、红壤磷素固定与释放、土壤可蚀性 K 值、红壤侵蚀分类分区、土壤酸

化预测等研究方面具有明显创新性。在应用上，研究形成了一整套低丘红壤综合开发利用及退化红壤恢复重建模式和配套技术体系，特别是利用生态位与食物链原理，依据土壤坡位特征形成了轻度侵蚀红黏土缓丘岗（台）地开发利用的"顶林—腰果—谷农—塘渔"立体种养模式、侵蚀劣地的植被快速恢复和生态经济利用技术、红壤区优化施肥专家系统、退化红壤恢复利用过程中磷肥合理施用技术、红壤酸化治理与有机质提升技术等，具有明显的特色和区域实用性。在江西、福建、湖南等地得到大面积的推广应用，取得了显著经济效益，有力地促进了成果应用区水土流失治理、土壤肥力的恢复和森林覆盖面积增加，成果应用还带动了地方农业结构优化调整和特色农业发展。在宏观上，提出了红壤退化的区域防治对策和综合利用战略，这对恢复和治理我国红壤地区土壤退化与农业持续发展有指导意义，对解决世界类似地区土地退化问题也有重要借鉴作用。该项目出版专著1部，论文集6部，发表论文200多篇，有力地推动了我国红壤地区农业综合开发与生态环境建设。

成果名称：松嫩-三江平原中低产田治理和区域农业综合发展技术研究与示范

获奖时间：2004年

奖励类别及等级：国家科学技术进步奖二等奖

主要完成单位：中国科学院东北地理与农业生态研究所、黑龙江省农业科学院、东北农业大学、黑龙江八一农垦大学、黑龙江省农垦科学院、东北林业大学、吉林省农业科学院

主要完成人员：刘兴土、张桂莲、祖伟、翟瑞常、李取生、许连元、祖元刚、刘峰、吴英、王占哲

成果简介：

　　该成果为国家"九五"重点科技攻关"松嫩-三江平原中低产田综合治理与区域农业综合发展技术研究"课题成果，是跨地区、跨部门、多学科合作研究的成果。该成果应用农业生态学、土壤生态学和恢复生态学原理，以及可持续农业的新思维，以研究中低产田治理关键技术和提高粮食生产能力为核心，以创建优势作物区域化、规范化高产优质高效新技术和发展节粮型畜

牧业、优化农业结构为重点，突出了区域性技术的系统性、实用性、先进性、集成性。建立了低湿耕地雨养垄系水肥网络调控、"高垄平台"耕作、全方位深松鼠洞犁改土排涝、白浆土三段式心土混层犁改良、苏打盐碱地改良、大豆宽台窄行密植高产栽培模式、水稻全程机械化优质高产模式、盐碱地水稻钵育大苗抗逆栽培、玉米宽窄行交替休闲与大垄种植制度、退化黑土培肥、人工林天然化等创新技术体系。同时，研发了若干土壤改良剂、肥料和饲料添加剂新产品及新型农机具。在区域农业可持续发展战略研究上，创建了农牧结合生态系统物流模型、典型区地下水资源可持续利用的三维模拟与优化管理模型、湿地的健康评价与可持续管理模式等。各项技术累计试验、示范和推广应用5140万亩，累计获得经济效益67.34亿元。该项目在国内外刊物发表论文774篇，出版著作18部，获国家专利11项。

成果名称： 入侵害虫蔬菜花斑虫的封锁与控制技术

获奖时间： 2005年

奖励类别及等级： 国家科技进步奖二等奖

主要完成单位： 中国科学院动物研究所、全国农业技术推广服务中心、新疆维吾尔自治区植物保护站

主要完成人员： 张润志、王春林、刘晏良、张广学、夏敬源、迪拉娜·艾山、梁红斌、王福祥、任立、赵红山

成果简介：

蔬菜花斑虫的通用名称为马铃薯甲虫。马铃薯甲虫是世界上著名的毁灭性大害虫。1993年5月，发现马铃薯甲虫传入我国新疆，对我国茄科蔬菜特别是马铃薯生产构成了极其严重的威胁。在疫情准确掌握的基础上，借鉴国际上马铃薯甲虫控制的经验和教训，深入了解马铃薯甲虫在我国的发生规律，从而创制了适合我国新疆特点的一套完整的马铃薯甲虫综合控制技术体系。

该项研究证实并提出仅有马铃薯、茄子、番茄和野生植物天仙子为其独立寄主；马铃薯为马铃薯甲虫的最适寄主，其次为天仙子。马铃薯甲虫取食天仙子的繁殖能力为取食马铃薯的1/6；茄子和番茄虽然也可以成为马铃薯

甲虫的独立寄主，但推测其繁殖力仅为取食马铃薯的 1/100～1/30。发现成虫产卵对天仙子趋性强于其他寄主植物的重要习性，首次发现农田杂草可以强烈影响马铃薯甲虫扩散过程中的产卵能力；明确马铃薯甲虫在新疆每年发生 2～3 代，以成虫在 11～20 厘米深的土壤内越冬（90%）。马铃薯甲虫越冬成虫出土后寻找寄主过程中，可以远距离传播扩散，扩散速度和方向与大风方向和风速密切相关。在伊犁盆地遇到 10 米/秒以上的大风，马铃薯甲虫 16 天时间可随风传播到 115 千米以外的地区。越冬成虫寻找寄主植物，就近寻找到寄主植物的可能性最大，且雌虫迁飞扩散的能力更强。首次通过标记—释放—回收的办法证实，越冬成虫 16 天可以扩散到 115 千米以外的区域，这是世界上通过实验证明马铃薯甲虫短时间自然扩散最远距离的记录，为疫区封锁控制提供了重要科学依据。创制了对马铃薯甲虫越冬地实施地膜覆盖技术控制越冬成虫出土技术措施，研制了利用一年生天仙子作为诱集带的成虫消灭技术，筛选并制定了化学药剂封锁控制技术。最大限度地阻止了害虫的扩散蔓延。研制、整合、完善并实施了以"捕、诱、毒、饿、治"为方针的马铃薯甲虫封锁与控制技术，10 年内控制马铃薯甲虫于新疆境内。成果的最大效益在于其对保护全国 8000 万亩马铃薯等作物安全生产发挥了重要作用。

成果名称：长江中下游湖群渔业资源调控及高效优质模式
获奖时间：2005 年
奖励类别及等级：国家科学技术进步奖二等奖
主要完成单位：中国科学院水生生物研究所、华中农业大学、湖北省水产研究所
主要完成人员：李钟杰、解绶启、崔奕波、王洪铸、梁彦龄、谢从新、张汉华、吴清江、张堂林、雷武
成果简介：
　　该成果选择具有代表性的湖北梁子湖湖群、江西鄱阳湖湖群及其附近长江江段等水域为研究基地，以生物资源和水环境保护为目的，通过对长江流域大型通江湖泊资源管理及可持续发展渔业全面而深入的研究，解决了在优质高效渔业开发利用中一系列的科技难题和关键技术，建立了开发与水环境

保护协调发展的成套技术理论和生态管理模式及我国湖泊渔业资源优化调控的理论和技术体系。

1. 技术创新

（1）在湖泊天然渔产潜力估算方面，建立了动态的草鱼、鳜鱼渔产潜力估算模型和河蟹放养与水生生物资源关系模型，为我国湖泊放养渔业和湖泊渔业生态容纳量提供了新的动态评估方法和重要指标；建立了湖泊鱼、蟹放养量预测技术，为湖泊生态系统健康管理提供了新的科学思路。

（2）在湖群无公害渔业方面，提出以鳜鱼、河蟹、团头鲂、长吻鮠为优质养殖对象的渔业模式。在保护水环境的同时，大幅度地提高了渔业产值，实现了湖泊渔业结构由传统的经验型向无公害效益型的转变，实现了渔业的可持续发展。

（3）在江-湖复合水域渔业资源优化配置和利用对策方面，分析了长江与鄱阳湖交界区域的鱼类种群幼苗的互补流通量，阐明了江-湖复合生态系统的统一性，提出了不同类型湖泊渔业发展的对策。

（4）在无公害集约化水产养殖品种的筛选方面，引入了能量收支概念，在育种中引入对环境排污的评价，为鱼类的定向育种提供了新的科学思路。

（5）在无公害人工饲料和投喂技术方面，提出无公害饲料配方技术；建立了动态的投喂管理模型，有效地降低了饲料成本和渔业污染。

2. 良好的经济及社会效益

梁子湖湖群 55 万亩示范区年增加直接渔产值 4000 多万元。湖泊生态环境保护良好，湖区生物资源丰富。2000～2004 年示范期期间，在湖北、安徽、江西、湖南、江苏等省的长江中下游 600 多万亩湖泊中推广，经济效益显著。

成果名称：新疆棉蚜生态治理技术

获奖时间：2007 年

奖励类别及等级：国家科学技术进步奖二等奖

主要完成单位：中国科学院动物研究所、中国科学院新疆生态与地理研究所、全国农业技术推广服务中心、新疆维吾尔自治区植物保护站

主要完成人员：张润志、田长彦、朱恩林、赵红山、梁红斌、李晶、李萍、

杨栋、王林霞、林荣华

成果简介：

该项成果是农业害虫无公害防治技术方向的实用技术成果与创新理论总结。主要技术内容如下。

（1）根据新疆植棉历史与棉花害虫发生规律的研究，揭示了新疆棉蚜成为主要害虫的原因是冬小麦种植面积大量减少，从而导致棉田棉蚜的天敌来源减少，充足的食物和不足的自然天敌造成了新疆棉蚜成灾；新疆棉蚜在20世纪70年代以前没有造成危害是因为有面积更大的冬小麦提供了棉蚜天敌来源保证。20世纪80年代后期新疆棉蚜成为棉花第一大害虫的直接原因，就是冬小麦改种棉花，使得棉蚜自然天敌不足以控制更大面积棉田的棉蚜种群。

（2）阐明了新疆棉蚜及其天敌的生物学规律、相互关系和天敌作用规律。新疆棉蚜6月上中旬开始进入棉田为害，中旬至下旬是控制棉蚜为害的关键时期；棉蚜在中部叶片上的自然感虫率高于上部和下部，这与新疆棉花植株矮小有关。

（3）鉴定新疆棉区棉蚜天敌44种，其中瓢虫类8种，草蛉5种，食虫蝽7种，食蚜蝇3种，蜘蛛类17种，寄生螨2种，隐翅虫和瘿蚊各1种。十一星瓢虫和中华草蛉是新疆控制棉蚜的最重要天敌种类，与棉蚜种群数量均有明显的跟随关系和极为密切的种群数量相关性。

（4）研究发现苜蓿、苦豆子等具有最大食物昆虫涵养量，并且可以作为自然天敌繁殖库；创造了诱导棉田边缘植物带自然天敌进入棉田控制棉蚜的简便途径，从而达到了在人为协助情况下充分利用自然天敌控制棉花蚜虫的高效生态控制目的。

（5）利用农田林网林荫带种植耐阴牧草植物苜蓿，提高了土地利用率，并为农村发展畜牧业提供了条件，探索出适合农业产业结构调整的农、林、牧业有机结合的害虫生态治理新模式。这种模式的具体做法：在棉田边缘林荫下（通常为10米范围）种植苜蓿带，当棉蚜进入棉田开始为害棉花的时候，割除苜蓿带；将割倒的苜蓿在棉田边缘放置24小时使天敌转移到棉田控制棉蚜。

成果名称：皱纹盘鲍杂交育种技术及其养殖工艺体系

获奖时间： 2007 年

奖励类别及等级： 国家科学技术进步奖二等奖

主要完成单位： 中国科学院海洋研究所、大连市水产研究所、大连獐子岛渔业集团股份有限公司、山东西霞口水产科技开发股份有限公司、大连新碧龙海产有限公司、寻山集团有限公司

主要完成人员： 张国范、赵洪恩、刘晓、张金世、周延军、燕敬平、王琦、黄健、张聿钦

成果简介：

皱纹盘鲍是我国黄渤海区的重要资源，20 世纪 80 年代其人工育苗技术取得突破，催生了鲍养殖产业的兴起。但到了 20 世纪 90 年代中期，北方养殖鲍发生大规模死亡现象，产业濒临崩溃。为解决这一重大产业问题，该项目通过研究鲍类不同群体间杂交的杂种优势率与群体间遗传距离的相关性，测评不同地理群体间的杂交配合力，为养殖鲍大量死亡问题的解决、杂交鲍新产业的发展奠定了理论和方法学基础。

在系统研究了皱纹盘鲍种质特性的基础上，以良种培育为核心，以健康苗种和高效养殖技术为主线。通过优化杂交组合，根据"种内远交"理论，创制出基于大连和岩手皱纹盘鲍两群体间亲本杂交组合"大连 1 号"杂交鲍。2005 年"大连 1 号"杂交鲍通过全国水产原种和良种审定委员会审定，成为我国第一个贝类养殖新品种。杂交鲍苗种出苗率比常规苗种稳定提高 4～5 倍，存活率提高 1.9 倍，生长速度提高了 20%，养成周期缩短 1/4～1/3，生物学零度降低 1.4℃，耐温上限提高 2℃。

新品种培育过程中，通过养殖技术的集成和创新，建立了以定向配对杂交和 RHD 为核心的杂交制种技术工艺和以工厂化、潮间带生态系、平台沉箱式和南北跨区养殖为主体的杂交鲍养成模式，有效地控制了养殖鲍大规模死亡，为北鲍南养等养殖新模式发展奠定了种质基础。

构建了国际上首创的皱纹盘鲍杂交育种技术及其养殖工艺体系，开创了杂交育种技术在海水养殖产业的规模化应用并取得重大实效的先例，使杂交鲍养殖业成为我国海水养殖产业中独有的稳定、持续、高效的龙头产业。杂交鲍在皱纹盘鲍养殖中的份额从 1999 年的 47.36% 增加到 2006 年的 90% 以上，

养殖区从黄海北部扩展到东海中南部，非自然分布区的福建目前已成为杂交鲍的主产区之一。

成果名称：畜禽氮磷代谢调控及其安全型饲料配制关键技术研究与应用

获奖时间：2008 年

奖励类别及等级：国家科学技术进步奖二等奖

主要完成单位：中国科学院亚热带农业生态研究所、广东省农业科学院畜牧研究所、南昌大学、湖南省畜牧兽医研究所、湖南农业大学、长沙绿叶生物科技有限公司、广州天科科技有限公司

主要完成人员：印遇龙、黄瑞林、李铁军、李丽立、林映才、方热军、戴求仲、文利新、李爱科、谭支良

成果简介：

该项目针对我国饲料资源利用率低及环境污染日趋严重等重大问题，开展了饲料氮磷和矿物质代谢与利用及减排研究，并取得如下成就。

（1）通过创建体外透析管和体外发酵技术、改进肝门静脉插管技术和建立消化道内源性氮磷排泄量和氮磷真消化率测定技术，开发了畜禽氮磷代谢与调控及安全型饲料配制等研究所必需的系列关键技术。

（2）在畜禽饲料氮磷消化吸收代谢机理方面的研究发现：①养分利用主要取决于门静脉回流组织（PDV）的吸收，阐明了内源性氮磷对饲料氮磷转化率的制约机理。②肠黏膜代谢和淀粉来源显著影响 PDV 氮净吸收和氨基酸组成模式，丰富和完善了理想蛋白质体系。按照修正后的模式配制日粮，蛋白质消化吸收利用率更高，氮排泄量更少。

（3）成功研制了系列功能性碳水化合物、功能性氨基酸和氨基酸金属螯合物等三大类产品，可提高畜禽饲料利用率、调控畜禽氮磷代谢、减少氮磷和矿物元素过量排放且具有部分替代抗生素的功能。

（4）创建了畜禽环境安全型饲料配制技术体系：①补充和更新了世界猪饲料氮磷真消化率及需要量数据库参数 731 个。②开发了畜禽低氮磷排放日粮技术，形成了环境安全型饲料配方技术体系。

该项目已培植三家高新技术企业，开发出省（部）认定名优产品 15 个、

无公害认证产品 3 个；所形成的技术和产品已直接推广应用到全国 14 个省份的 55 家饲料及养殖企业，累计新增产值 271.61 亿元，创纯利 26.20 亿元，同时产生社会效益达 70.84 亿元；获得发明专利授权 7 项。

成果名称：凡纳滨对虾引种、育苗、养殖技术研究与应用
获奖时间：2008 年
奖励类别及等级：国家科学技术进步奖二等奖
主要完成单位：中国科学院海洋研究所、中国科学院南海海洋研究所、海南省水产研究所、广西壮族自治区水产研究所、大连水产学院、广东省水产技术推广总站、山东省渔业技术推广站
主要完成人员：张伟权、张乃禹、李向民、胡超群、陈晓汉、于琳江、王吉桥、姚国成、王春生、沈琪
成果简介：

为促进我国沿海对虾育苗养殖技术和产业的全面发展，该项目分别从美国和厄瓜多尔引进凡纳滨对虾虾苗，进行人工培育获得成功。采用人工植精技术成功繁殖出虾苗，开创了开放式纳精囊类对虾在东半球人工繁育传代成功的先例；通过与国内主要养殖对虾种类进行生物学特性和环境适应性比较研究，发现该虾具有生长快、抗病抗逆性强、出肉率高、饲料蛋白要求低等优良特性，适于在我国养殖生产。通过池塘培育研究，发现池养凡纳滨对虾具有雌、雄性发育不同步，雄虾先成熟、雌虾后成熟的规律，提出并研发成功凡纳滨对虾亲虾强化培育、人工控制条件下自然交配和产卵的繁殖新方法，突破了雌、雄虾交配成功率、授精率和孵化率低的技术瓶颈，建立了规模化全人工繁育技术并在养殖生产中应用，解决了种苗规模化生产技术难题。创建了集约化防病养殖和淡化养殖新型养殖模式及技术体系，研制和应用了多种病原快速检测试剂盒、亲虾颗粒饲料和复合多糖免疫增强剂等新产品，集成创新建立了虾病严重流行地区的无特定病原（SPF）种苗规模化生产新技术。

解决了凡纳滨对虾在我国的大规模全人工繁育和养殖技术难题，实现了养殖所需种虾和虾苗完全国内自给，集约化养殖单产高达每年 25 000～60 000 千克/公顷。已累计生产凡纳滨对虾 400 万吨以上，创造经济效益 1000 多亿

元，养殖产量占全国对虾产量的 80%，占全世界产量的 40%，出口创汇额居全国农产品前列。

该成果开发出适合于我国海水和淡水水域养殖的对虾新种类，丰富了种质资源，调整了养殖品种结构。从无到有，创建和发展了我国凡纳滨对虾全人工养殖新产业，并带动了相关饲料、加工、出口等产业的大规模发展，使我国成为全世界最大的养殖对虾生产国。

成果名称： 农业智能系统技术体系研究与平台研发及其应用

获奖时间： 2008 年

奖励类别及等级： 国家科学技术进步奖二等奖

主要完成单位： 中国科学院合肥物质科学研究院

主要完成人员： 熊范纶、李淼、张建、王儒敬、张俊业、宋良图、李绍稳、胡海瀛、崔文顺、黄兴文

成果简介：

鉴于我国农业区域性强、农村土地分散、耕作习惯不一、专家严重缺乏、基层农业技术推广队伍专业配置不全等，运用智能信息技术服务三农，具有重要科学与实际应用价值。

该项目在理论方法与技术支撑方面取得的重要创新成果如下。

1. 知识表示策略

通过应用领域的逐步拓展，对各类农业知识的复杂性研究不断深化，提出并实现了一个知识表示策略系列：①综合知识体表示。②面向对象的综合知识体表示。③"知识体•对象块•构件"表示。④多级知识单元表示。⑤面向知识发现的广义综合知识体表示等，具有拓展和兼容性，成功地解决了农业领域知识的有效表达和有机融合问题。

2. 推理机制

根据农业领域问题求解的特点，提出多库协同、多知识融合、多级主从管理的综合推理机制，包括多 Agent 合作求解模型、模糊推理、粗集理论、案例推理等机制，显著提高了智能系统的问题求解能力和知识的高效运用能力。

3. 知识获取

提出综合智能引导启发机制的人工知识获取环境和基于机器学习、数据挖掘的自动半自动知识获取方法，有效地解决了智能系统建造中的瓶颈问题。

4. 智能系统技术集成

将智能计算、虚拟仿真、群体智能等与知识系统进行集成，较好地克服了农业中某些无法建模的困难等，拓展了智能系统的功能和效用。

5. 农业专家系统开发平台和知识发现系统开发平台

提出和研发了跨操作系统、构件化、网络化、具有完备的知识表示策略、多种推理机制、自动半自动知识获取、开放性的农业专家系统和信息处理开发平台，共 13 个版本，并形成品牌系列，为规模开发专家智能系统，发挥了重要作用。

该成果在全国 28 个省份的 485 个县推广应用，取得显著效益。

成果名称：塔里木河中下游绿洲农业与生态综合治理技术

获奖时间：2008 年

奖励类别及等级：国家科学技术进步奖二等奖

主要完成单位：中国科学院新疆生态与地理研究所

主要完成人员：张小雷、陈亚宁、田长彦、尹林克、黄子蔚、陈曦、杨德刚、杨兆萍、李卫红、严成

成果简介：

该项成果针对塔里木河流域绿洲农业耗水严重、生产力低下，绿洲—荒漠过渡带萎缩、沙漠化加剧及塔里木河下游荒漠生态系统严重受损等问题，重点开展了包括绿洲水、肥、热优化配置模式、绿洲农业节水灌溉技术、棉花高产栽培模式及棉花有害生物防治等绿洲生态农业建设关键技术，绿洲—荒漠过渡带退耕还林、还草与退化土地转化利用技术，荒漠区以植被—土壤—地下水变化为主要内容的地下水与植被系统和生态恢复技术的研发、集成与试验示范。建立了高效复合型绿洲生态农业示范区 2.8 万亩，建成生态经济型人工植被和养殖业试验示范点 5 个，退耕还林还草示范区 1.5 万亩，推广18 万亩。主要成果如下：

（1）创立绿洲农业节水与棉花高产关键技术。创立棉花高密度种植模式。依据当地土壤特点，提出5种高密度栽培模式，增产20%以上；提出直接利用河水的农户型膜下软管灌溉技术；提出棉田高产水肥耦合管理技术；建成基于互联网的数据采集、传输、处理和数据表达的区域性棉铃虫监测和预警系统；提出种植苜蓿、玉米诱集带实现对棉田有害生物的生态控制；提出天敌的人工诱集、保存与释放技术，实现了对自然天敌的控制。

（2）提出绿洲—荒漠过渡带退耕还林还草与退化土地转化利用技术与模式。构建塔里木河中下游绿洲边缘生态脆弱区退耕还林还草适宜性评价技术体系，建立包括自然和经济共13个参评因子组成的生态脆弱区土地退耕适宜性评价指标系统。

（3）揭示塔里木河下游断流区输水后地表生态响应过程，提出退化生态系统恢复重建技术。

（4）建成了内陆河流域第一个数字三元管理体系框架和水资源调度系统，有效地提升了流域水资源科学管理水平。

（5）构建了绿洲生态经济系统与区域产业化发展模式。提出建立棉花—苜蓿—畜牧模式、饲草饲料—舍饲养殖—产品加工模式和林果—饲草—养殖生态农业模式等绿洲农业生态经济协调发展调控模式。

成果名称： 长效缓释肥料研制与应用
获奖时间： 2008年
奖励类别及等级： 国家科学技术进步奖二等奖
主要完成单位： 中国科学院沈阳应用生态研究所、锦西天然气化工有限责任公司、黑龙江爱农复合肥料有限公司、施可丰化工股份有限公司、沈阳中科新型肥料有限公司
主要完成人员： 石元亮、武志杰、陈利军、张旭东、何兴元、高祥照、李忠、陈卫东、孙运生、张世强
成果简介：

该项目首次探明脲酶和硝化抑制剂在氮素转化调控中的协同增效作用及协同作用的土壤酶学机理，丰富了土壤酶学和肥料学的理论。开发出协同增

效作用技术用于肥料改性，解决了单一抑制剂作用时间短、氮肥转化释放过快的问题，使氮的有效期达到120天，是普通肥料有效期的2～2.5倍，实现了长效复混肥和缓释尿素一次性基施免追肥。首次开发出氮形态比例的控制技术，创造土壤增铵营养条件，解决了施用普通肥料土壤铵态氮比例过低的问题，使土壤NH_4^+-N占有效氮比例始终大于31%，提高了作物对N的同化效率。首次利用络（螯）合作用原理调控高价阳离子活度，研制了化学型磷素活化剂并应用到复混肥改造中，活化土壤中的固定态磷，保持肥料磷的有效性，突破了肥料磷进入土壤后迅速被固定的技术难题，解决磷肥利用率过低、有效期过短的问题。研究并应用了抑制剂与物理包膜结合技术，解决了稳定肥料存在的前期渗透压高的问题，解决了肥料烧种烧苗问题；筛选并应用具有脲酶和硝化双重功效的天然与化学合成抑制剂材料，解决了缓释肥价位高，难以在大田农业生产中应用的问题。

研制了缓释尿素、长效缓释复混肥等系列产品。产品肥效期长，养分利用率高，土壤有效磷提高29%～49%，在减少磷肥用量1/3时仍可获得正常产量；在玉米、水稻、小麦等27种作物上平均增产10%以上；环境友好，抑制剂和活化剂当年降解率达75%～99%，土壤中无累积残留；成本低，为国际同类产品成本增加量的4%～12%；实现了产业化生产，并在农业生产中大面积推广应用，其综合技术指标达到国际领先水平。

该成果已在国内48家肥料企业中推广应用，累计生产长效缓释肥料317万吨。产品在全国21个省份的农业推广面积累计9153万亩，增收节支52.84亿元。该项目共发表论文213篇，出版著作3部，获国家发明专利授权7项。

成果名称：菲律宾蛤仔现代养殖产业技术体系的构建与应用

获奖时间：2009年

奖励类别及等级：国家科学技术进步奖二等奖

主要完成单位：中国科学院海洋研究所、大连水产学院、福建省莆田市海源实业有限公司、国家海洋环境监测中心、中国水产科学研究院黄海水产研究所、庄河市海洋贝类养殖场、福建省水产研究所

主要完成人员：张国范、闫喜武、林秋云、梁玉波、方建光、刘庆连、曾志

南、翁国新、孙茂盛

成果简介:

我国是海水养殖大国,贝类养殖产量占我国海水养殖总产量的82%左右,其中菲律宾蛤仔等滩涂贝类的年产量近200万吨,约占我国海水养殖总产量的20%,且其产量和价格呈逐年递增趋势,已成为我国主要的海水养殖对象。

该项目开发建立了一种以菲律宾蛤仔为代表的节能、高效、无公害、可持续发展的滩涂贝类健康养殖技术模式,构建了蛤仔养殖海域环境和蛤仔产品监测评价和产品食用安全保障技术体系,奠定了蛤仔现代养殖产业技术体系理论基础,使蛤仔的生产转入人工养殖型,实现了资源自然化向人工化的转变,建立了重要新型海水养殖产业。突破了无附着基采苗、苗种高效中间培育和越冬关键技术,共获得发明专利8项,部分关键技术拥有自主知识产权。首次建立北方蛤仔室内全人工规模育苗技术工艺,提高了苗种生产效率,降低了生产成本,种苗的中间育成和越冬成活率达90%以上,生长速度提高50%,为蛤仔养殖产业发展奠定了苗种基础;研发出基于养殖容量的蛤仔养成养殖技术,包括分区养殖、分级收获、原位净化等;通过系统集成首创了"三段法"精养工艺,充分合理利用室内全人工、室外半人工和海上自然条件,提高了滩涂贝类在各发育阶段的存活和生长速度,将整个生产周期由传统的2~3年缩短至10~12个月,既控制了产业风险,又大幅度提升了养殖效率和经济效益。

结合产业需求,通过相关成果的转化,菲律宾蛤仔单产提高4.6倍,生产周期缩短1倍。实现了产业由粗养低产低效到精养高产高效模式转变,养殖区由潮间带向潮下带深水区转移,形成了以庄河为中心辐射黄渤海区的蛤仔养殖产业带,带动了蛤仔养殖发展,使其成为我国总产量最大的单品种贝类养殖产业,产业效益显著提高。

成果名称:仔猪肠道健康调控关键技术及其在饲料产业化中的应用

获奖时间:2010年

奖励类别及等级:国家科学技术进步奖二等奖

主要完成单位:中国科学院亚热带农业生态研究所、北京伟嘉饲料集团、武汉工业学院、广东省农业科学院畜牧研究所、双胞胎(集团)股份有限公司、

武汉新华扬生物股份有限公司、广东温氏食品集团有限公司

主要完成人员：印遇龙、侯永清、林映才、李铁军、黄瑞林、廖峰、邓近平、孔祥峰、卢向阳、谭支良

成果简介：

该项目针对仔猪肠道发育及饲养特点，通过仔猪肠道健康相关机理的研究，构建了调控肠道健康的关键技术体系，开发出促进肠道健康的系列化新产品，并通过集成创新和产业化推广应用，为解决我国养猪业的重大难题——仔猪肠道健康问题，提供了有力的技术支撑。

主要技术成果如下。

（1）探明了影响仔猪肠道健康的重要分子生物学机理。发现 N-乙酰谷氨酸合成酶表达下降导致肠道内源性精氨酸合成不足，是造成肠黏膜萎缩的主要原因；断奶应激显著改变肠道代谢功能关键基因和蛋白的表达；日龄和断奶都是改变仔猪肠道菌群结构的主要诱因。

（2）揭示了仔猪肠道健康调控的关键作用机制。发现精氨酸家族类物质（精氨酸、N-氨甲酰谷氨酸、α-酮戊二酸、谷氨酰胺二肽）具有调控肠道抗氧化和黏膜免疫功能，促进肠黏膜蛋白合成和血管生长，缓解断奶仔猪肠道损伤；植物提取物等活性物质通过改善仔猪肠道微生态，增进仔猪肠道健康；不同碳水化合物通过其消化利用的特异性、非淀粉多糖（NSP）酶通过加速肠道中 NSP 水解影响仔猪肠道健康和生长性能。

（3）开发了仔猪肠道健康调控关键技术。开发了精氨酸家族类物质调控肠道健康技术，添加 0.8% 精氨酸、0.08%N-氨甲酰谷氨酸、0.1%～0.2% 谷氨酰胺二肽、1%α-酮戊二酸等均能改善肠道吸收功能、提高抗氧化能力和黏膜免疫功能；以植物提取物、合生素和甘露聚糖酶等专利技术为主的调控技术，提高了营养物质的消化率；开发了仔猪碳水化合物和脂肪的高效利用技术，提高了生产性能。

（4）开发出调控仔猪肠道健康的关键性产品——新型饲料添加剂和系列化乳仔猪饲料产品，进行了大规模产业化生产。自 2004 年以来，已在全国 16个省份的 49 家企业中直接应用，并推广到 30 多个省份及 13 个国家和地区；

近 3 年，累计推广乳仔猪饲料 300.01 万吨，新增利润 24.28 亿元，新增税收 8.01 亿元，产生社会效益 367.61 亿元。

院奖汇总

获奖人员：陈锡康

获奖时间：2003 年

奖励情况：中国科学院杰出科技成就奖（个人奖）

所在单位：中国科学院数学与系统科学研究院

主要贡献：

　　陈锡康研究员在系统科学与管理工程的理论与应用研究中取得杰出成就：在国际上首先提出和创立"投入占用产出技术"，建立了新的农作物产量预测方法——以"投入占用产出技术"为核心的系统综合因素预测法。他所领导的研究小组自 1980 年起，连续 23 年准确地预测了全国粮食产量（提前期半年以上，预测各年度粮食丰、平、歉方向全部正确，平均误差为 1.9%），在国际同类工作中处于领先水平，为国家有关部门制定农业和粮食政策提供了科学依据。其研究成果具有很高的显示度和经济效益，1998 年以来获得中央领导十余次好评，并得到了一批国际知名学者的很高评价。

获奖集体：中国杂交水稻基因组计划研究集体

获奖时间：2003 年

奖励情况：中国科学院杰出科技成就奖（集体奖）

所在单位：中国科学院北京基因组研究所

研究集体突出贡献者：杨焕明、于军、汪建

研究集体主要完成者：胡松年、王俊、李松岗、刘斌、林伟、张秀清、倪培相、张建国、王敬强、王立顺、周雁、徐昊、陶林、余迎朴、蒋琰

主要贡献：

水稻（籼稻）基因组是目前完成的最大植物基因组，也是在世界上首次利用"霰弹法"对大型植物进行全基因组测序。它标志着我国成为继美国后第二个具有独立进行大规模全基因组测序和组装分析能力的国家，并建立了具有自主知识产权的数据分析体系和水稻综合数据库。通过水稻两亚种基因组间的比较和分析，发现了高密度的多态性位点，为水稻遗传育种实践提供了基本工具。同时，还开发了基因表达分析系统，通过对水稻全基因组基因表达的分析，发现了一大批新的转录单元，从而在世界上率先研发出高密度水稻全基因组生物芯片。基于全基因组序列的比较，在基础科学研究上，提出单—双子叶植物进化新观点，发现了单子叶植物基因转录方向上 GC 含量的梯度效应。

获奖人员：常文瑞
获奖时间：2005 年
奖励情况：中国科学院杰出科技成就奖（个人奖）
所在单位：中国科学院生物物理研究所
主要贡献：

主持完成了"菠菜主要捕光复合物（LHC-Ⅱ）的晶体结构"测定，研究结果于 2004 年作为论文并以封面形式在 *Nature* 上发表。成果的主要内容是：①在 2.72 埃分辨率上测定了重要光合膜蛋白 LHC-Ⅱ 的晶体结构，发现了膜蛋白结晶的第三种类型。②建立了包括膜蛋白、色素分子和脂分子在内的蛋白脂质体的完整的 LHC-Ⅱ 结构模型，提供了近 3 万个独立的精确的原子坐标。③首次基于精确的结构数据对高等植物的光能吸收、传递和光保护等热点问题进行了探讨。*Nature* 评审专家认为"这些研究成果代表了一大突破"，是"光合作用研究的一大跨越"。这是我国科学家独立自主完成的第一个膜蛋白的晶体结构，填补了我国在膜蛋白三维结构研究领域的空白。该成果被两院院士评为 2004 年度中国科技进展十大新闻。

获奖人员：张润志

获奖时间： 2011 年

奖励情况： 中国科学院杰出科技成就奖（个人奖）

所在单位： 中国科学院动物研究所

主要贡献：

张润志研究员与张广学院士共同提出植物应当并且可以作为生物防治因素加以利用的"相生植保"害虫防治思路，发展和丰富了植物保护理论；主持创制了利用棉田边缘苜蓿带作为害虫天敌自然繁殖库控制棉蚜的生态治理模式，大幅度地减少了农药污染；研究并参与实施了入侵害虫马铃薯甲虫综合控制技术，为保护全国马铃薯等的安全生产提供了技术支撑。他独立或与他人合作发表萧氏松茎象（*Hylobitelus xiaoi* Zhang）等新物种120 种；获国家科学技术进步奖二等奖两项（均为第一完成人）；建议并参与制定《重大植物疫情阻截带建设》等国家规划；该项目共发表论文 230 篇（其中 SCI 收录 30 篇），出版专著、译著等 10 部，获得发明和实用新型专利各 1 项。

获奖集体： 水稻高产优质性状的分子基础及其应用研究集体

获奖时间： 2013 年

奖励情况： 中国科学院杰出科技成就奖（集体奖）

研究集体突出贡献者及所在单位：

李家洋（中国科学院遗传与发育生物学研究所）、韩斌（中国科学院上海生命科学研究院）、钱前（中国水稻研究所）

研究集体主要完成者： 朱旭东、王永红、黄学辉

主要贡献：

水稻是世界上最重要的粮食作物之一，在我国农业生产中具有举足轻重的地位。面对提高水稻产量和品质的双重挑战，该研究集体成员综合运用遗传学、基因组学、分子生物学、生物化学、细胞生物学、作物育种学等方法对水稻产量与品质相关的重要农艺性状的调控机理进行了系统深入的研究，并将取得的基础研究成果应用于水稻高产优质分子育种，育成了一系列优异水稻新品种。近五年来，该研究集体在水稻株型建成的分子机理

及调控网络解析、重要农艺性状的全基因组关联分析、高产优质品种的分子选育、栽培稻的起源与驯化、水稻资源发掘利用等方面取得了一系列创新性的重大研究成果，形成了完善的理论体系，代表了我国在相关研究领域的国际领先水平，具有重要的国际影响；为解决水稻生产中的瓶颈问题做出了突出的贡献，产生了重大的经济效益和社会影响。该研究集体的合作及取得的成果是面向国家重大需求和国际前沿科学问题密切合作、集体协同创新的典范。

获奖人员：高福

获奖时间：2014 年

奖励情况：中国科学院杰出科技成就奖（个人奖）

所在单位：中国科学院微生物研究所

主要贡献：

在病毒侵入与释放过程中病毒囊膜蛋白与宿主的相互作用研究中及免疫细胞与感染细胞（靶细胞）的相互识别机制研究方面进行了系统性和创新性研究，共发表 SCI 论文 300 多篇。其中对于 H7N9 禽流感病毒的溯源及 H5N1 流感病毒跨种间传播机制研究获得重大突破，研究成果入选 2013 年度中国十大科技进展新闻。通过结构生物学等手段揭示了 MERS[①] 冠状病毒、麻疹病毒、疱疹病毒等的囊膜蛋白与受体的相互作用模式及膜融合机制，为新型抗病毒药物的研发提供了重要的靶标。高福由于卓越贡献相继荣获第三世界科学院（TWAS）基础医学奖（2012 年），入选 2013 年科技盛典——中央电视台科技创新人物，第 19 届"日经亚洲奖"（2014 年），谈家桢生命科学创新奖（2008 年）和成就奖（2014 年）；2013 年当选中国科学院院士，2014 年当选第三世界科学院院士。

成果名称：棉属种间杂交育种体系的创立

获奖时间：1998 年

奖励情况：中国科学院发明奖特等奖

主要完成单位：中国科学院遗传研究所、河北省石家庄市农业科学院、山西

---

① 中东呼吸综合征——编者注。

省农业科学院作物遗传研究所、陕西省棉花研究所、河南省农业科学院经济作物研究所、山西省农业科学院经济作物研究所、山东省棉花中心

主要完成人员：梁正兰、姜茹琴、钟文南、赵国忠、何鉴星、孙传渭、牛永章、王家典、王远、刘棣良、邱仲锦、张欣雪、梁理民、李爱国、王留明、王志龙

成果简介：

　　该项成果1999年获得国家发明奖三等奖，见国家奖成果简介。

成果名称：小麦核质杂种育种新技术

获奖时间：2000年

奖励情况：中国科学院技术发明奖二等奖

主要完成单位：中国科学院遗传研究所、河北省张家口市坝下农业科学研究所

主要完成人员：吴郁文、刘春光、张炎、张翠兰、侯宁、任树新、汪永祥、张志鹏、王东瑞、霍阿红

成果简介：

　　核质杂种育种法与普遍采用的育种技术只重视核遗传不同，它强调应该同时重视核质互作及细胞质的遗传效应。该项目研究小麦核质杂种育种技术20余年，建立了有效的核质杂种小麦育种技术方案。

　　（1）创制出快速完成核置换培育核质杂种小麦的方法。药剂处理与离体培养相结合，克服了野生种与小麦远缘杂交的不亲和性，大幅度提高了杂种的结实率。根据体细胞染色体数目，在杂种早期世代准确选择回交母本，使核置换周期在2～3年（代）内完成。

　　（2）找出和证实了诱发小麦产生优良遗传变异的异源细胞质供体种，在此基础上育成带有多种类型细胞质的小麦异质系。

　　（3）建立了异源细胞质小麦与细胞筛选手段相结合的抗赤霉病育种新方案；核质杂种具有较强的耐盐性，为耐盐育种增添了一条途径；已育成抗病、耐盐碱、高蛋白（赖氨酸）新种质160余份。

　　（4）以效应优异的异源细胞质为质源，育成了非光敏D2型小麦雄性不育

系，首次报道隐性基因控制 D 型细胞质雄性不育系。

（5）率先育成小麦-山羊草核质杂种春小麦新品种"小山 2134"，该品种在我国北方干旱、半干旱地区表现突出，历年增产 20% 以上，在河北、内蒙古、宁夏、甘肃、新疆等地累计推广 450 余万亩。

（6）该项目共发表论文 30 余篇，其中 4 篇被 SCI 收录。

成果名称：大黄、乌桕叶治疗草鱼粘细菌性鱼病

获奖时间：1979 年

奖励情况：中国科学院重大科技成果奖二等奖

主要完成单位：中国科学院水生生物研究所

主要完成人员：朱心玲、余仪、贾丽珠、熊木林

成果简介：

该项目在分离与确定了病原体之后，从 116 种中草药中确定大黄与乌桕叶有较好的抑菌作用，但用药量大（每亩 90 斤），无法在生产上应用。通过进一步研究证明，用 0.3% 的氨水浸泡大黄，用 10% 石灰乳浸泡乌桕叶可提高药效约 20 倍，大大降低了用药量。在 17 口生产发病鱼池进行了治疗验证，采用 $2.5 \times 10^{-6} \sim 3.7 \times 10^{-6}$ 药液全池遍洒，疗效显著。施药后，轻度发病池 1～2 天即可痊愈，严重发病池 3 天内也可停止死亡。因此，这两种药具有疗效高、药源广、无污染、无副作用、无抗药性、安全可靠、易于推广等优点，颇受生产单位欢迎。该项目为中草药在渔业生产上合理利用开辟了新途径，具有中国特色。同时，也进行一些药理研究，找出这两种重要抑菌药的有效成分及其作用原理，在畜牧兽医方面也有一定参考价值。

成果名称：亚高山草原改良和建立人工草场综合技术的研究

获奖时间：1979 年

奖励情况：中国科学院重大科技成果奖二等奖

主要完成单位：中国科学院新疆生物土壤沙漠研究所

主要完成人员：叶尔·道来提

成果简介：

该项目是在新疆生物土壤沙漠研究所巴音布鲁克草原生态系统研究站完成的。目的是通过草场调查、草种改良及引种新牧草试验，将大小尤尔都斯草原建成人工饲草饲料基地。从资源调查入手，进行牧草改良、引种驯化、人工草场建设等。选用豆科及禾本科草种进行人工驯化试验，取得较好效果，为有关单位进行优良牧草选育提供科学参考。

成果名称： 云南黏虫发生规律及防治研究

获奖时间： 1979 年

奖励情况： 中国科学院重大科技成果奖二等奖

主要完成单位： 中国科学院昆明动物研究所

主要完成人员： 杨余光、何大愚、朱世模

成果简介：

该项目掌握了黏虫在云南为害的代次，得出了云南黏虫发生区划及越冬分布；初步查明了云南黏虫迁飞为害规律；找出了云南省西南部越冬残虫量，作为长期测报第二代黏虫发生趋势的主要指标之一；利用黏虫的活动习性，开展了有效的防治试验。这一研究的结果，为云南省今后黏虫发生危害的预测预报及其防治提供了科学依据。其中迁飞规律研究的结果，为我国研究黏虫迁飞为害规律和涉及的防治策略初步提供了地区性的重要资料。

成果名称： 梨小食心虫性外激素的合成与应用

获奖时间： 1980 年

奖励情况： 中国科学院重大科技成果奖一等奖

主要完成单位： 中国科学院动物研究所

主要完成人员： 孟宪佐、胡菊华、刘孟英、刘纯益、刘洵、梅雪琴、何忠、闫忠诚

成果简介：

该项目 1982 年获国家科技发明奖四等奖，内容见国家奖成果简介。

成果名称：奶牛胚胎移植技术应用研究

获奖时间：1980 年

奖励情况：中国科学院重大科技成果奖二等奖

主要完成单位：中国科学院遗传研究所、成都市农垦工商联合企业总公司、成都市凤凰山乳牛分场、四川省畜禽繁育改良总站、四川省畜牧兽医研究所

主要完成人员：陈秀兰、谭丽玲、廖景亚、廖和模、严中泉

成果简介：

该项目结合四川奶牛生产实际，应用国内外先进胚胎移植技术，利用国产促滤泡激素及器材，在超排、采卵、鲜胚移植、胚胎冷冻和用黄牛作受体移植奶牛胚胎等方面，进行了系统研究。超排、胚胎冷冻、黄牛作受体，胚胎分割获得了成功，并在采卵和鲜胚移植方面取得了显著成效。该项目为四川省进一步开展牛胚胎移植应用和开发研究打下了良好的基础。

成果名称：农用抗生素的研究与应用——多抗霉素的研究

获奖时间：1980 年

奖励情况：中国科学院重大科技成果奖二等奖

主要完成单位：中国科学院微生物研究所

主要完成人员：阎逊初、宋幼新、方佩静

成果简介：

多抗霉素是由金色链霉菌产生的一种农用抗生素提取得到其中两个成分，它们分别同日本报道的 Poiyoxin A Polyoxin 在理化和生物学性状上均无明显差别。田间试验表明，多抗霉素对小麦白粉病、水稻纹枯病、甜菜褐斑病、瓜类枯萎病、人参黑斑病均有明显防治效果，对花生、苹果、梨及蔬菜等的多种真菌病害也有良好的效果，是一种广谱抗生素。该抗生素无药害、无残毒，是一种理想的高效和安全的农药。1974 年同上海农药厂协作进行了试制，生产工艺大体确定，上海农药厂有部分试产品供应。

成果名称：三叶橡胶花粉植株培育

获奖时间：1980 年

奖励情况：中国科学院重大科技成果奖二等奖

主要完成单位：中国科学院遗传研究所

主要完成人员：陈正华、陈发祖、钱长发、王传华

成果简介：

该项目 1977 年首次培养出三叶橡胶花粉植株，1978～1979 年又陆续培养出 60 多株橡胶花粉植株，并已有一些植株移栽成活。已从三个品系获得了花粉植株。经过多次重复的细胞学鉴定，证明小植株确实来源于花粉。已研究出诱导花粉植株的一系列培养程序及适宜的培养基配方。在培养中还研究了各种因子对小孢子发育的影响，观察了染色体倍性变异规律。

三叶橡胶是重要的经济作物，花粉植株的培养成功为在三叶橡胶中利用自交系间杂种优势，选育高产、抗病、抗寒、抗风等的杂种橡胶开辟了新途径。利用这一方法还可提高诱变育种效率和获得纯的遗传学研究材料。此外，三叶橡胶是多年生乔木，其花粉植株的育成，对探索木本植物的花药培养方法有重要的参考意义。

成果名称：《中国太湖地区水稻土》

获奖时间：1980 年

奖励情况：中国科学院重大科技成果奖二等奖

主要完成单位：中国科学院南京土壤研究所

主要完成人员：徐琪、陆彦椿、刘元昌、朱洪官

成果简介：

该书讨论了水稻土的发生、分类与改良利用，并拍摄了水稻土类型剖面与土地利用类型的彩色照片，是我国首次对太湖地区水稻土这一领域的科学论述，对于该地区乃至我国类似地区水稻土资源的合理利用具有重要的指导意义。

成果名称：沈抚灌区污水灌溉的研究——工业废水的毒物对土壤、米质及人畜毒性的研究

获奖时间：1981 年

奖励情况： 中国科学院重大科技成果奖二等奖

主要完成单位： 中国科学院林业土壤研究所

主要完成人员： 吴维中、高拯民等 15 人

成果简介：

　　该项目对致癌物苯并（a）芘污染土壤-植物系统进行系统研究，初步发现水稻籽粒苯并（a）芘主要来自大气飘尘污染，从土壤中吸收很少。在苯并（a）芘的农业污染生态学的基本规律研究方面，取得了重要进展。石油污染物（芳烃与烷烃）污染土壤-植物系统的研究，查明了石油污染物中烷烃与芳烃对水稻污染的安全浓度、为害浓度和致死浓度，以及在土壤和稻米中的分布状况，并对污灌区的稻米污染情况也取得了一定数据。对稻米异味物质中的苯、甲苯、己醛进行了研究，在一般情况下没有发现上述三种物质是沈抚灌区稻米异味的主要原因。在严重污染的条件下，稻米中上述三种物质较对照区有明显的差异。通过流行病学的调查研究和健康普查，发现污灌地区消化系统疾病，特别是肝肿大率比对照区有显著增高。通过用污灌区稻米喂养大白鼠的慢性、致畸等毒理实验，发现污灌比清灌的水稻所育胎鼠骨骼发育迟缓。

成果名称： 水稻缺硫的试验研究

获奖时间： 1982 年

奖励情况： 中国科学院重大科技成果奖二等奖

主要完成单位： 中国科学院昆明植物研究所

主要完成人员： 邓纯章、姚天全、张世玉、李代芳、薛敬意、李生德

成果简介：

　　滇中江川县丘陵山区水稻亩产十年来连续下降和该县盆地亩产上升的趋势相反，经研究发现是该县丘陵山区水稻含硫量比一般的低五倍，成土母质含硫量比同类母质低 80 倍以上，从而引起水稻生理失调。该研究发现石膏、硫黄等硫肥的不同施用方式，对不同土壤、不同水稻品种的效果不一；缺硫对水稻经济性状、临界含硫量、N/S 比率、C/S 比率、氮素转移、叶绿素含量有明显影响；成土母质、成土过程、灌溉水、施肥史、降水、作物产量增加

是该地区缺硫的主要成因。通过三年多的多点试验、示范和推广证明，施硫肥对缺硫土壤上水稻增产有显著效果。

成果名称： 武昌东湖渔业稳产高产试验及水体生物生产力的研究

获奖时间： 1982 年

奖励情况： 中国科学院重大科技成果奖二等奖

主要完成单位： 中国科学院水生生物研究所

主要完成人员： 刘建康、陈洪达、刘伙泉、胡传林、陈敬存

成果简介：

　　该项目在对东湖产鱼潜力动态变化分析的基础上，确定了东湖渔业生态学管理原则，在生产实践上采取了五项技术措施：①根据天然饵料资源的动态变化，不断加大放养量，并确定鲢鱼、鳙鱼为主养对象，提高能量转化效率。②通过各种途径，采取综合措施培育大规格鱼种，从而满足大湖投放所需的鱼种要求，且由于鱼种规格的增大，提高了放湖鱼群的生长率和存活率。③摸清拦鱼规律，根据鱼类的形态特点和存拦系数，确定了拦鱼设施的合理规格，并据此改建了十处拦鱼设施，减少了鱼类外逃。④研究了主要的凶猛鱼类蒙古红鲌和翘嘴红鲌的营养特点，判定了它们对放养鱼种的为害程度。根据其繁殖生态，采用在产卵季节围捕和大捕捞时驱集歼捕的方法，有效地抑制其种群发展。⑤根据湖泊中上层鱼类的行为特点，改革捕捞技术，应用驱集渔法，提高捕捞效率，从而缩短了养殖周期。通过采用上述五项增产技术措施，使东湖渔业产量以 23.5% 的年递增速度持续上升，创造了国内同类湖泊渔业稳产高产的纪录。

成果名称： 焉耆回族自治县北大渠灌区盐碱土改良综合治理中间试验

获奖时间： 1982 年

奖励情况： 中国科学院重大科技成果奖二等奖

主要完成单位： 中国科学院新疆生物土壤沙漠研究所

主要完成人员： 张丙乾、李培清、苏来曼、阿合买提

成果简介：

该项目是在对焉耆回族自治县北大渠灌区的土壤、水文和水文地质条件进行详细调查，认真总结群众治水改土经验的基础上，通过进行土壤改良规划，选择两万亩典型地段，开展的综合治理试验。因地制宜地采取了明排竖井排水、种稻改良、深翻改土、平整土地、植树造林等措施，获得了比较显著的效果。经过八年试验，盐碱、低产面貌得到了改变。地下水水位由 0.78 米（1975 年）降为 1.58 米（1979 年），20 厘米土层含盐量由 2.25%（1978 年）降为 0.81%（1980 年），1 米土层含盐量由 0.81%（1978 年）降为 0.29%（1980 年）；土地保苗率由原来的 68%～77%，提高到 88%～90%；粮食产量由 83 万斤，提高到 154 万斤；农民日收入由 0.9 元增至 1.64 元。与此同时，取得了"焉耆回族自治县北大渠试点区土壤条件及综合治理方案""北大渠灌区竖井排灌土壤改良水文地质条件分析"等九项科研成果。还绘制了 1∶10 万焉耆盆地盐碱土改良利用区划图、1∶25 万北大渠土壤改良规划图、1∶1 万北大渠土壤改良示范区土壤图。

成果名称： 江西红壤

获奖时间： 1989 年

奖励情况： 中国科学院自然科学奖二等奖

主要完成单位： 中国科学院南京土壤研究所、江西省红壤研究所

主要完成人员： 赵其国、谢为民、贺湘逸、王明珠、邓斯麦、刘兴文、曹锦铎、卢升銮、王振权、刘兆礼

成果简介：

该项成果是在对江西省土壤考察、室内分析研究及总结以往红壤利用改良经验基础上写成的专著。该专著系统地论述了江西自然条件特点和主要成土过程，红壤及其他土壤的发生特征与基本属性；土壤资源的数量统计与质量评价；红壤的肥力特征及其改良措施等。全书共分 8 章约 80 万字，其中图 81 幅，表 311 张，另附江西省土壤图、江西省土壤资源图。

在省级土壤专著中，最先以定量化的指标进行红壤分类和资源数量质量评价；针对红壤经营单一，以粮为主的利用现状，提出了综合开发利用的大农业观点。在红壤的肥力概念上，充分估价了人的作用，合理利用可以加速

红壤熟化，使肥力迅速提高。

成果名称：玉米原生质体再生植株

获奖时间：1989 年

奖励情况：中国科学院自然科学奖二等奖

主要完成单位：中国科学院植物研究所

主要完成人员：蔡起贵、郭仲琛、钱迎倩、姜荣锡、周云罗

成果简介：

　　该项目 1987 年在国际上首次报道从玉米原生质体获得了完整植株。原生质体分裂频率为 5%，原生质体再生愈伤组织苗的分化频率为 20.5%。

　　该研究以玉米（小八趟 ×水白）F_1 的花药培养获得的花粉胚性愈伤组织，在 N_6 培养基上进行转代培养。用转代培养一年半后的胚性愈伤组织作为分离原生质体的材料，将约 2 克胚性愈伤组织移进酶混合液（pH 值为 5.4）中分离，收集原生质体，并培养在原生质体培养基 Z_2 中。持续分裂，两星期后统计的分裂频率为 5%，培养三星期后发育成肉眼可见的小愈伤组织。待再生愈伤组织长到直径 2～4 毫米大小时，把它们顺序转经第一及第二（即 Z_3 及 Z_4）分化培养基上诱导器官分化。最后在 Z_4 分化培养基上同时有胚状体及完整植株的分化。并进行了胚状体及植株根尖染色体倍性的细胞学分析，结果表明，再生植株为单倍体，即 $n=10$。

成果名称：大气污染物 SO_2 对植物的伤害和植物的反应和抗性研究

获奖时间：1990 年

奖励情况：中国科学院自然科学奖二等奖

主要完成单位：中国科学院上海植物生理研究所

主要完成人员：余叔文、谭常、俞子文、杨惠东、李振国

成果简介：

　　该项目的主要内容和创新点如下：

　　（1）最早在我国建立动态植物人工熏气装置，并利用该装置测定了 130 余种植物对 SO_2 的抗性和敏感性。观察研究了 SO_2 的急性伤害症状，主持编

写了《大气污染伤害植物症状图谱》，该图谱填补了我国在这一领域的空白。

（2）提出了 SO_2 伤害植物的机理是 SO_2 通过自由基引发的膜脂过氧化作用伤害植物的观点。有些植物接触 SO_2/HSO_3^- 后还发现有丙烷、丙烯产生，这是在植物受逆境伤害后产生三碳的首次报道。

（3）阐明植物 SO_2 抗性细胞液汁 pH 值相关性的机理在于影响 HSO_3^-、SO_4^{2-} 和 H_2SO_3 分子的存在形态，提出多种 SO_2 的伤害—抗性生理指标（透性、组织中阻、TTC 还原、乙烷产生、TBA 作用物质产生、花粉前发和花粉管伸长等），并在实验和实践工作中应用。

（4）发现 SO_2 和乙烯污染的增效作用，此项发现是国际上首次报道，也是首次在我国开展气态复合污染的实验研究。

成果名称：《荒漠碱土》
获奖时间：1990 年
奖励情况：中国科学院自然科学奖二等奖
主要完成单位：中国科学院新疆生物土壤沙漠研究所
主要完成人员：李述刚、王周琼
成果简介：

该书系统地总结了新疆荒漠碱化土壤研究的多年成果，内容新颖，资料丰富，是我国第一本有关地区性碱土研究专著。

全书共 12 章约 30 万字，其中插图和照片 100 多幅，主要内容如下。

（1）介绍了荒漠碱化土壤的特殊自然条件，重点描述了母质-准噶尔盆地的新老黄土及其演化过程，以及应用电镜、差热、X 射线衍射、土壤微结构和多种化学分析手段，对荒漠碱土的性质进行综合研究的结果。

（2）详细论述了荒漠碱化过程和各种碱性盐类的化学平衡，提出了荒漠碱化土壤新概念和碱度分级的新指标，并且运用了综合数值分析法，确定了水解性碱度为荒漠地区划分碱化程度的主要指标。

（3）探讨了次生盐碱化十年动态规律和改良途径，提出了碱化土地区生态环境治理问题，为开垦利用荒漠碱化土壤提供了重要的科学依据和参考资料。

该书是多学科综合研究成果，可供盐碱土、土壤化学、土壤地理、第四纪地质等学科研究和教学人员参考，同时对土壤改良和农业技术人员也有参考价值。该书有关资料已被《中国土壤》和《中国盐碱土》等书多次引用。

成果名称：农田生态系统中硝化、反硝化作用与氮素损失的研究
获奖时间：1990 年
奖励情况：中国科学院自然科学奖二等奖
主要完成单位：中国科学院南京土壤研究所
主要完成人员：李良谟、李振高、潘映华、武期途、周秀如、臧双
成果简介：

该项目开展了土壤中硝化、反硝化作用的研究，对氮循环研究、肥料氮损失研究与对策性、环境污染研究与治理具有重要意义。

（1）探明了水稻土氮素损失的新机理，为防止氮损失提供理论依据。首次提出了无定形铁锰氧化物可作为嫌气下 NH_4^+ 氧化时的电子受体，是导致水稻田土壤中铵态氮肥料损失的原因。

（2）建立一氧化二氮的气相色谱测定法和土壤原位测定一氧化二氮方法，研究了原位条件下不同土壤-水稻体系中和轻壤质水稻土硝化过程中一氧化二氮通量。

（3）研究了土壤中硝化活性和反硝化势、土壤中优势反硝化菌的数量、组成及酶活性，以及 pH 值、氧分压和 NO_3^- 浓度等对优势菌生长量的影响。

（4）为减少氮素损失，提高作物对肥料氮的利用率，从而增加作物产量，对硝化抑制剂的筛选及其作用机理进行了系统研究，取得了完整资料。

（5）应用硝化、反硝化作用原理研究味精废水中氮去除及其动力学。

该成果不仅丰富了硝化、反硝化作用的理论，而且对如何防止土壤氮素损失、生产硝化抑制剂的布局和味精废水治理的生物工程设计等具有指导意义。

成果名称：潜育性和次生潜育化水稻土的形成机理及基本特性的研究
获奖时间：1991 年
奖励情况：中国科学院自然科学奖二等奖

主要完成单位：中国科学院长沙农业现代化研究所、中国科学院南京土壤研究所、湖南省桃源县农业局

主要完成人员：何电源、龚子同、廖先苓、张振南、张效朴、王昌燎、魏国超

成果简介：

该项目对我国南方潜育性水稻土的形成和类型、理化和生物特性、养分含量及其动态变化特点进行了系统研究。

主要内容与创新点：

（1）研究了潜育性水稻土的形成和类型。首先提出了次潜育化的概念，并将潜育性水稻土分成六种类型。提出形成潜育性水稻土所需的三个条件：淹水还原、可分解耗氧物质的存在、厌气性微生物活动。

（2）对潜育性水稻土的物理、化学和生物特性做了较为系统的研究和动态观测。结果表明，潜育化稻田的水温和泥温在3～5月分别比同一地方的正常稻田低3～8℃和2～3℃，青泥层的黏粒含量较高，土体比较致密。土壤有机质的C/N比值明显升高，还原物质总量高于正常水稻土的2～24倍。Fe^{2+}、Mn^{2+}的含量比正常水稻土高，细菌、真菌、放线菌、纤维分解菌和固氮菌数量较正常水稻土少。

（3）对潜育性水稻土的养分含量、状态、分解、积累动态特点进行了系统的分析研究。发现潜育性水稻土中有机物的矿化比较缓慢，适量施用化学氮肥可以弥补其缺陷。杂交水稻对潜育性水稻土中氮的吸收量比常规稻高16%～18%，为选育耐渍害品种提供了线索。

成果名称：土壤-根界面营养环境的研究

获奖时间：1991年

奖励情况：中国科学院自然科学奖二等奖

主要完成单位：中国科学院南京土壤研究所

主要完成人员：刘芷宇、施卫明、李振高、王建林、钦绳武、李良谟、范晓晖、许曼丽、潘映华

成果简介：

该项研究的主要内容与创新点：

（1）应用电子显微镜观察了水稻根-土界面的显微特征，并与旱作物的界面特征进行了比较。明确在淹水条件下水稻根-土界面接触的距离较旱作要短，界面上土壤黏粒矿物碎片比旱作要多，这表明了黏粒矿物的结构性较差。

（2）明确了水稻根际 NH_4-N 的指数亏缺曲线，亏缺率及其与温度、供应水平及根年龄和吸收率的关系，指出了不同氮素形态向根的迁移规律。

（3）研究了禾谷类作物缺铁条件下根系分泌物的特性及其与难溶性铁利用的关系。从根际土壤中分离、鉴定出麦根酸类特定分泌物。

（4）研究了根际的 pH 值状况及其与土壤中磷、铁利用率的关系，阐明了氮素形态对不同作物根介质 pH 值的影响，提出了磷、铁供应不足可促使根系分泌质子，并可不同程度地提高根周围土壤中难溶性磷、铁利用率的机理。

（5）揭示了植稻条件下根际土壤中 Cu^{2+} 等金属离子富集的特点，阐明了根际中铁的形态转化与土壤熟化度的关系。

（6）研究了与氮素转化有关的根际微生物动态和活性，分析了根际反硝化细菌的优势种，并应用 ^{15}N 示踪法观察到灭菌土壤中加入优势菌可促使植株干重增加，对稻、麦的养分吸收有促进作用。

成果名称：新农用抗生素——庆丰霉素的发现

获奖时间：1991 年

奖励情况：中国科学院自然科学奖二等奖

主要完成单位：中国科学院上海植物生理研究所

主要完成人员：郑幼霞、王辅德、魏中获、张振先、赵人俊

成果简介：

该项目为防治水稻稻瘟病（民间俗称火烧瘟），开展了抗生素农药筛选研究。通过长期系统的工作，成功研制了庆丰霉素。这是一种高效、低毒、多用途的农用抗生素，在国内外属首次应用。对庆丰霉素产生菌的分类学地位、生物学特性、菌种改良及发酵工艺等进行研究，结果表明庆丰霉素产生菌是链霉菌金色类群中的一个新种，定名为庆丰链霉菌。此菌种已被编入中国菌种名册。对此菌种产生庆丰霉素的能力进行了遗传改良，同时进行发酵条件的

研究，使其固体发酵产量达到 2 万微克/克，液体发酵效价从野生型大约 1000 微克/毫升，逐步提高到 8000～9000 微克/毫升，具备了工业生产的水平。已在工厂完成中间生产试验，建立了简便易行的生产工艺。在对庆丰霉素的研究中分离纯化抗生素，得到了结晶品，并做了包括光谱分析、分子量测定、化学结构等研究，证明庆丰霉素是一种胞嘧啶核苷类抗生素，分子式为 $C_{16}H_{25}N_7O_8 \cdot H_2O$，分子量为 452，是国内外未见报道的新农用抗生素。

运用庆丰霉素进行了急性（小白鼠）、亚急性（大白鼠）及慢性（狗）等的毒性试验，并对十余种脏器作固定切片检查，结果表明庆丰霉素对大小动物的各种脏器无实质性的病理损害，也没有致癌作用。

成果名称：植物胚乳的组织培养

获奖时间：1991 年

奖励情况：中国科学院自然科学奖二等奖

主要完成单位：中国科学院植物研究所

主要完成人员：桂耀林、母锡金、刘淑琼、顾淑荣、徐廷玉、王伏雄

成果简介：

该项目对葡萄、苹果、桃、猕猴桃、枸杞、土豆、小麦、小黑麦、芦笋 9 种植物的胚乳进行了培养。围绕胚乳细胞全能性、胚乳植株倍性及三倍体植株的诱导和胚乳再生植株后代筛选等问题进行了广泛研究，得到如下结果。

（1）通过植物激素的调节及不同发育时期胚乳材料的筛选，获得 7 种植物胚乳的再生植株，其中猕猴桃和枸杞的胚乳植株已成功移至大田并开花结果，在国际上开创胚乳植株开花结果的先例。在理论上证实了"细胞全能性"在植物上的普遍性，为胚乳培养技术的建立提供了理论根据。

（2）对苹果、枸杞、大麦等胚乳试管植株的染色体数目进行了鉴定，发现染色体数目普遍较为混乱，除有二倍、三倍、四倍之外并有大量非整倍体。肯定了由胚乳培养技术很难得到大量一致的三倍体植株。但由于可以从后代中选出二倍体、三倍体、四倍体及非整倍体的单株，这在育种上对多倍体后代的筛选和获得单体、缺体等的研究有很大价值。

（3）对猕猴桃、枸杞开花结果的胚乳植株进行了比较观察，发现它们在叶子大小、果实大小、形状及种子数目、株型等方面均有很大变化，从这些后代中已选出少量三倍体植株，在猕猴桃内还选出两棵高 VC 含量（112.24、114.41 毫克/100 克鲜果，对照为 78.28 毫克/100 克鲜果）的单株。

成果名称：光合磷酸化偶联程度的调节及其与光合作用的关系

获奖时间：1992 年

奖励情况：中国科学院自然科学奖二等奖

主要完成单位：中国科学院上海植物生理研究所

主要完成人员：沈允钢、黄卓辉、魏家绵、徐宝基、叶济宇

成果简介：

植物光合作用每同化一分子二氧化碳到糖的水平需要消耗三个分子 ATP 和两个分子 NADPH（即 ATP/NADPH=1.5）。所需的 ATP 和 NADPH 主要是通过非循环光合磷酸化形成的，即光能引起类囊体膜上发生一系列电子传递，与磷酸化过程偶联形成 ATP。

对于非循环光合磷酸化在偶联完全时所形成的 ATP 和 NADPH 的比值（即 P/O 值），国际上各实验室意见不一，有 1、1.33 和 2 三种看法。这个问题既牵涉光合作用能量转换机理，又影响光合作用的效率。该项目对这个问题进行了系统的探索，获得了下列结果。

（1）对用氧电极 P/O 值测定的技术做了认真研究，结果表明此方法常会因为溶液中氧气浓度超过饱和而逸出，从而造成 P/O 值偏高的假象。

（2）证明叶绿体的偶联程度常常是不完全的，有时 P/O 值甚至小于 1。发现许多物理、化学和生理因素，如磷酸、多元有机酸、细胞分裂素类物质等，可改善光合磷酸化偶联程度。

（3）对上述多种可改善偶联程度的因素的作用机理做了探讨。

（4）实验证明，偶联程度不完全，常使许多作物光合作用中 ATP 的供应成为限制因子。用一些措施改善偶联程度，增加光合磷酸化活力，常可促进光合作用，为农业上提高光合作用效率展示了应用前景。

成果名称：新疆维吾尔自治区的蝗虫研究

获奖时间：1992 年

奖励情况：中国科学院自然科学奖二等奖

主要完成单位：中国科学院动物研究所

主要完成人员：陈永林、刘举鹏、黄春梅、孙立邦、席瑞华

成果简介：

　　该项目对新疆蝗虫分类学、新疆草原优势种蝗虫的生物学特性及蝗卵、新疆蝗虫的地理分布规律进行了系统研究；出版了《新疆的蝗虫及其防治》一书。全书共五章，首次较全面地介绍了新疆的蝗虫种类识别、分布，优势种蝗虫的生物学特性，蝗虫的天敌，蝗虫的侦查和防治方法。全书 10 万字，其中图 101 幅、彩色图 12 幅、黑白照片 24 幅，为新疆的蝗虫普查、侦查、测报和防治工作提供了科学依据。

成果名称：《土壤发生中的化学过程》

获奖时间：1993 年

奖励情况：中国科学院自然科学奖二等奖

主要完成单位：中国科学院南京土壤研究所

主要完成人员：于天仁、陈志诚、龚子同、陈家坊、徐琪

成果简介：

　　该书反映了国内外有关土壤发生中的化学过程方面的研究现状和最新观点，全书分 15 章。第 1 章概括论述了土壤发生和化学过程的关系，特别阐明了土壤发生实为化学过程的基本观点；第 2～第 6 章深入论述了土壤中溶解-沉淀、络合作用、酸化作用、氧化还原反应、离子吸附和交换等化学过程的基本原理；第 7～第 9 章详细论述了土壤发生过程中原生矿物的分解和黏粒矿物的形成，有机质的形成和分解，物质迁移等普遍现象的机理；第 10～第15章，阐明了盐化、碱化、钙积、黏化、灰化、富铁铝化和潜育化等主要成土过程的本质。全书总共 363 000 字，书中列有 111 个表格和 92 张插图，并引用国内外参考文献 516 篇。

　　该书的创新点在于把土壤化学与土壤发生紧密地相结合，书中不仅论述

了土壤化学过程的基本原理和土壤发生过程中普遍现象的机理，还综合地应用土壤本身所发生的各种化学过程，包括基本化学作用和复合化学作用，进一步阐明各主要成土过程的实质；它不仅使土壤化学在理论与实际相结合方面做了新的迈进，又使土壤发生过程研究趋向更加深化。

该书可供土壤学、地理学、环境科学、农业科学等有关专业的科技和教学工作者参考使用。

成果名称：《微量元素的农业化学》

获奖时间：1993 年

奖励情况：中国科学院自然科学奖二等奖

主要完成单位：中国科学院南京土壤研究所

主要完成人员：刘铮、邹邦基、朱其清、蔡祖聪

成果简介：

该书根据作者多年来的研究工作积累，系统地总结了我国土壤中微量元素的含量分布规律、形态、有效性和影响有效性的因子，我国缺乏微量元素的土壤的特征和分布，植物的微量元素营养，微量元素与动物健康，微量元素肥料在我国农业中的应用和应用微量元素肥料的分区，缺乏微量元素的诊断技术和分析技术等。除了介绍植物必需的微量营养元素硼、钼、锰、锌、铜、铁等以外，还介绍了对植物生长有益的钛和稀土元素，以及与动物营养有关的钴、硒和碘等，并附有中国土壤微量元素的分布图五幅，全书分16章，共55万字，是我国在土壤农业化学和农业领域中研究微量元素的唯一专著。

国外的微量元素专著多为综述性的，该书则是根据我国具体情况和著者数十年的研究工作成果，立足于土壤的微量元素情况，着眼于土壤-植物-肥料体系和我国的农业制度进行论述的。

成果名称：土壤未知态氮的化学性质、来源和有效性

获奖时间：1994 年

奖励情况：中国科学院自然科学奖二等奖

主要完成单位：中国科学院南京土壤研究所

主要完成人员：文启孝、程励励、卓苏能、叶炜

成果简介：

该项目研究了：①土壤酸解性未知态氮和非酸解性未知态氮的化学形态及其相对含量。②不同年龄的新形成土壤有机质中酸解性和非酸解性未知态氮含量和组成的变化。③非酸解性未知态氮的有效性研究中采用了 ^{15}N 均匀标记的和非标记的、经长期培育的土壤有机质样品以及先进的测试技术。

在土壤未知态氮的化学本性方面，首次揭示了新形成腐殖物质中各组分中的氮 80% 以上均以酰胺态存在，芳胺和／或脂肪胺态氮约占 10% 左右，杂环态氮最多不超过 10%；胡敏酸中的非酸解性氮绝大部分是酰胺态氮和脂肪胺态氮。从而否定了长期以来一直认为非酸解性未知态氮主要为杂环态氮的猜想。同时明确了新形成胡敏酸中的酸解性未知态氮主要为非 a- 氨基氮、脲氨酸氮和吡咯氮，它们各约占 1/3。

在非酸解性未知态氮的来源方面，获得了土壤非酸解性未知态氮并非由原始物料中该类形态氮通过选择性保存而来的证据。在未知态氮的有效性方面，首次获得了非酸解性未知态氮能为高等植物利用的直接证据。

成果名称：中国农业区划的理论与实践

获奖时间：1995 年

奖励情况：中国科学院自然科学奖二等奖

主要完成单位：中国科学院南京地理与湖泊研究所

主要完成人员：周立三、吴楚材、陈家其、朱季文、沈小英、陈雯、张为斌、林炳耀、向涛、张肇鑫

成果简介：

该项研究旨在总结我国农业区划的理论和实际经验。全书分为上下两篇，共 12 章，上篇 7 章，下篇 5 章。上篇首先从农业的生物学本质及其多部门、多层次相互关联的特点出发，提出农业是生态系统与经营系统有机结

合的一个大系统。其次，根据农业生产对土地的依存程度远远大于其他产业的特点，结合我国情况重点阐明了土地系统与土地利用，并进行分区。下篇首先对我国农业区划研究历史和进展做回顾和评估，其次根据我国农业多部门和多作物的分布特点，以及多学科协同综合研究，对我国的区划体系和各种类型区划的作用进行了系统的评价。同时对农业区划研究方法做了简明探讨。

该项目属应用基础理论研究，具有广泛应用前景，首先可为各级领导和有关部门在新形势下如何指导农业区划工作的深入开展提供科学依据，其次可作为指导农业区划工作的理论参考书和培训人员的教材。总之，该书对推动我国农业区划工作的深化，改善农业布局，具有重要的理论和实践意义，并将产生较大的经济、社会和生态效益。

成果名称：《中国南方土壤肥力与栽培植物施肥》专著
获奖时间：1996 年
奖励情况：中国科学院自然科学奖二等奖
主要完成单位：中国科学院长沙农业现代化研究所
主要完成人员：何电源、廖先苓、向万胜、李元沅、马国瑞、凌龙生、廖思樟、秦遂初、吴金水、庄伊美、刘武定、陈旭辉、皮美美、许能琨、欧阳洮
成果简介：

该专著系统总结了我国南方 30 多位土壤农化专家长期在热带、亚热带地区从事土壤肥力特性、利用、改良、培肥和栽培植物施肥等方面的科研成果。全书分两篇 34 章，共 87.1 万字。第一篇为土壤肥力特性，分 15 章。首先介绍了我国南方主要土类的形成条件、分布规律及各土类肥力特性的异同。重点阐述了土壤有机质及其周转动力学，土壤氮、磷、钾、钙、镁、硫、硅及微量营养元素的含量、状态、转化规律及其影响因素。根据各土类养分的盈亏对需肥的前景做了预测。应用已有的丰富资料，从理化、生物及养分特性等方面，分章节综合地阐述了红壤、赤红壤、砖红壤、黄壤、黄棕壤、潮土、紫色土、石灰土和水稻土的肥力特性及其与作物施肥效应的关系，为土壤利用、改良、培肥和栽培植物合理施肥提供了理论依据。第二篇为栽培植物施肥，分 19 章，首先阐述了现代施肥的理论基础及技术，植物营养元素的生理

功能、缺乏和过量症状及其诊断技术。扼要介绍了有机肥和化肥的种类、性质、转化及其在土壤培肥和作物营养中的作用。重点讨论了酸性土壤，尤其是水稻田的合理施用石灰问题。

全书内容丰富，资料翔实，观点新颖，既反映了作者们多年科研成果的积累，又广泛吸收了国内外已有的成果和先进经验。

成果名称： 水稻蜡质基因的克隆、结构分析与表达调控规律的研究

获奖时间： 1997 年

奖励情况： 中国科学院自然科学奖一等奖

主要完成单位： 中国科学院上海植物生理研究所

主要完成人员： 洪孟民、王宗阳、张景六、郑霏琴、邢彦彦、蔡秀玲、武志亮、华健、王小全、郦永忠、陈丽、马红梅、高继平、沈革志、李良材

成果简介：

该项目对水稻蜡质基因的分子结构，特别是控制蜡质基因表达的调控元件，以及该基因表达不同时影响稻米中直链淀粉含量的分子机理进行了系统的研究。主要创新点如下。

（1）在国际刊物上最早发表了有关水稻中蜡质基因全顺序的论文。

（2）证明水稻蜡质基因第一内含子有增强基因表达的作用。

（3）鉴定出蜡质基因 5′ 上游调控区中 31bp 顺序是胚乳核蛋白结合的靶序列。

（4）阐明蜡质基因转录后调控决定了不同水稻品种稻米中直链淀粉的含量与稻米的食用品质。*Plant Journal* 期刊编者评论这一工作为"提供了植物中在 RNA 剪接水平上调节基因表达的首批例子之一"，"提供了蜡质基因表达中有价值的第一手资料"。

（5）发现食用品质好的水稻中，蜡质基因第一内含子的剪接利用了隐蔽的供、受体位点，因此调节了蜡质基因的表达水平，使直链淀粉含量不致偏高，因而改善了食用品质，进一步阐明了蜡质基因转录后调控的分子机制。

在 *Nucleic Acids Research*、*Plant Journal*、《中国科学》等中外学术刊物发表论文 11 篇。该项成果有望用于水稻品质育种。

成果名称： ^{15}N 绿肥稻草氮碳磷钾在土壤-作物-家畜系统的转化循环

获奖时间： 1997 年

奖励情况： 中国科学院自然科学奖二等奖

主要完成单位： 中国科学院长沙农业现代化研究所

主要完成人员： 何电源、廖先苓、邢廷铣、周卫军、何烈华、方热军、向万胜、王凯荣

成果简介：

该项研究应用高丰度 ^{15}N 化肥标记盆栽绿肥和稻草，用其分别饲喂猪和山羊。测算出猪和山羊对绿肥中多种氨基酸的消化率，同时测算出猪对绿肥中碳、磷、钾的消化率。

将 ^{15}N 标记的猪羊粪尿还田种稻，并与绿肥、稻草直接还田进行比较。结果证明：猪体和稻谷共回收饲料绿肥 ^{15}N 30.2%，比绿肥直接还田时稻谷对绿肥 ^{15}N 的回收率高 33.04%。羊体和稻谷共回收饲料稻草 ^{15}N 34.35%，比稻草直接还田时稻谷对稻草 ^{15}N 的回收率高 2.46 倍。与此同时，还研究了猪羊粪尿和绿肥、稻草氮的矿化供应和生物固持特性；不同肥料对水稻产量和 N 素累积的效应；猪粪尿和绿肥对稻米品质的影响；水稻吸收肥料 N 和土壤 N 的比例及其分配特点；不同肥料对土壤 N 的激发效应与土壤中净残留 N 量的关系；不同肥料 N 的回收率及 N 素平衡；不同处理中有机磷、无机磷、钾肥对水稻的效应。通过系统的研究，明确了"绿肥-猪-土壤-水稻"和"稻草-山羊-土壤-水稻"两个农牧结合模式中氮素循环的特点，以及其与"绿肥-土壤-水稻"和"稻草-土壤-水稻"两个传统农业模式的差别。从而为绿肥和稻草过腹还田，发展节粮型畜牧业，为发展我国稻作区的可持续农业提供了重要的科学依据。

成果名称： 病毒卫星核糖核酸（sRNA）及其生物防治植物病害的机理

获奖时间： 1997 年

奖励情况： 中国科学院自然科学奖二等奖

主要完成单位： 中国科学院微生物研究所、农业部植物检疫实验所、武汉大

学、中国科学院植物研究所

主要完成人员：田波、叶寅、杨希才、康良仪、朱水芳、毋谷穗、卢文筠、梁德林、施定基、赵淑珍、覃秉益

成果简介：

该研究在 sRNA 分子生物学与病理学结合的研究上处于国际领先地位，并在 sRNA 对各种病原物的作用和研究方法上都有所创新。

（1）根据 sRNA 可成功防治病毒病的结果，首次提出 sRNA 是侵染病毒的病毒，并把它归入亚病毒。

（2）体外合成体系中证实了 sRNA 在体内抑制病毒基因组复制的结果。

（3）这一结果进一步证明病毒外壳蛋白进入叶绿体导致黄瓜花叶症状的产生。sRNA 抑制病毒外壳蛋白进入叶绿体是其致弱花叶症状的原因。

（4）首次系统分析了 sRNA 及其致弱的病毒在抗各种病害中的单独的和协同的作用。

（5）首次报道了 ds-sRNA 的温度梯度电泳，不同 sRNA 株系具有特异的变性曲线和跃变温度，可区分 1～2 核苷酸的突变株，是目前（1997 年）已知的最灵敏的方法之一。

成果名称：《柽柳属植物综合研究及大面积推广应用》

获奖时间：1998 年

奖励情况：中国科学院自然科学奖二等奖

主要完成单位：中国科学院新疆生物土壤沙漠研究所

主要完成人员：刘铭庭、张鹏云、张耀甲、席以珍、金正明、高海峰、翟诗虹、刘渠华、施志铭

成果简介：

该著作是在对我国西北沙漠地区普遍分布的柽柳属植物进行长期综合性研究的基础上完成的专著，不仅从理论上对该属植物进行了探讨，而且从固沙、造林生产实践上也进行了深入研究，并且达到在流沙地、重盐碱地大面积绿化推广应用的目的。

柽柳属植物综合研究过程中的主要创新点：①第一次在塔克拉玛干流沙

地区发现了沙生的塔克拉玛干柽柳，填补了长期以来我国流沙地上无沙生柽柳种类和长期以来流沙区无无叶柽柳的两项空白。②将我国柽柳属种类由中华人民共和国成立前的 3 个种增加到 20 个种。③先后建成吐鲁番沙漠研究站等 3 个柽柳种质资源库。④种子育苗产苗木达 50 万株。⑤在扦插育苗方面，首创"窄行育苗扦插法"，亩产苗量达到 12 万株。⑥插穗长 5 厘米，创柽柳插穗世界最短纪录。⑦在多种生境条件下，利用不同种大面积营造柽柳人工林获得成功。⑧引种在流沙地重碱地大面积恢复和发展柽柳人工林获得成功。

通过对柽柳属的综合研究，在沙漠地区发展大面积荒漠柽柳灌木林，可防风固沙，改善荒漠生态环境。此外，柽柳灌木林还可以起到扩大放牧场，解决广大群众烧柴难问题，增加群众的收入。该项研究的应用前景十分广阔。

成果名称：水稻花粉植株的产生、特性与应用的基础研究

获奖时间：1998 年

奖励情况：中国科学院自然科学奖二等奖

主要完成单位：中国科学院遗传研究所

主要完成人员：陈英、田文忠、李良材、何平、朱立煌

成果简介：

该项目自 1970 年开始水稻花药的培养研究，主要结果如下。

（1）探明了水稻花药与花粉粒培养再生植株的条件和影响诱导花粉去分化与再分化频率的各种因素，从而建立了有效的花药培养技术。研制了适合籼／粳杂种及籼稻花药培养的培养基，建立了有效的花药培养技术，使花粉植株平均产率粳稻在 10% 以上，籼稻 3% 左右，籼粳杂种为 7%，在国内外居于领先水平。

（2）较全面地研究了花粉植株的一些重要特性，论证了花药培养在育种与遗传研究应用中的可行性。解决了单倍体植株人工加倍问题；发现加倍单倍体 F_2 代多数是育性与个别形态特性发生分离，表明培养过程中有变异发生；研究由纯系材料产生的花粉植株，观察到普遍存在无性系变异；通过对一个籼／粳组合的 DH 群体的分析，结果表明，其形态、数量性状的分布均呈正态曲线分布，同工酶与 RFLP 标记分析表明籼、粳基因基本上随机分离与重组，

等位基因总频率未偏离 1∶1 比率。上述结果表明水稻花药培养用于杂交育种与遗传学研究是可靠的。

（3）将花药培养成功地应用于培育水稻新品种、筛选抗性突变体、构建分子连锁图谱与基因定位。应用花药培养在国际上首先培育出水稻新品种"花育一号"，并于 1978 年通过品种鉴定；应用花药培养进行突变体筛选，获得了抗性突变体；在国际上首次应用 DH 群体构建水稻分子图谱，并将一些重要的农艺性状和水稻培养力特性定位在此图谱上。

成果名称：《土壤-植物系统中的重金属污染》

获奖时间：1998 年

奖励情况：中国科学院自然科学奖二等奖

主要完成单位：中国科学院南京土壤研究所

主要完成人员：陈怀满、郑春荣、陈英旭、林玉锁、李勋光、陈能场、朱永官、杨国治、朱月珍、韩凤祥

成果简介：

《土壤-植物系统中的重金属污染》一书于 1996 年 9 月由科学出版社出版。全书共 12 章，51 万字。第 1 章叙述了土壤重金属污染及其生物效应，对土壤污染的定义、特点、危害、土壤-植物系统中重金属污染的研究进展等做了介绍；第 2 章叙述了土壤和植物化学元素背景值及其在土壤-植物系统环境评价中的应用等；第 3～第 9 章分别对砷、镉、铬、铜、汞、铅、锌七个重要的污染元素的基本性质、反应行为、污染治理等方面做了较为系统而深入的论述；第 10 章叙述了重金属的复合污染问题，对复合污染研究的重要性及复合污染指标的研究做了讨论；第 11 章讨论了重金属元素的根际化学，对根际环境的特点与意义、根际环境中重金属的化学过程与植物效应等方面做了阐述；第 12 章是关于重金属土壤负载容量的讨论，并介绍了表观容量与实用容量的概念。

该书对土壤-水-植物系统污染物迁移转化的基础研究、环境评价、环境标准的制定、污水灌溉、废弃物的土地处理，以及污染治理等方面均有参考价值，可供环境、农业、土壤、生态、化学、地球化学、地球环境医学和水文学等领域的科学工作者和工程管理人员及大专院校相关学科师生参考。

成果名称：鱼类生长变异的生物能量学机制

获奖时间：1998 年

奖励情况：中国科学院自然科学奖二等奖

主要完成单位：中国科学院水生生物研究所

主要完成人员：崔奕波、解绥启、朱晓鸣、杨云霞、雷武

成果简介：

　　鱼类生长的一个特征是变异范围极大。同种鱼类在不同的环境及发育阶段，不同鱼类在相近的环境，生长率可产生很大差异。该项目自 1987 年开始，以多种非鲑科鱼类为对象，对造成鱼类生长变异的环境及内源因子及其能量学机制进行了系统的比较性研究。

　　采用自己的直接数据，综合了摄食率、水温、体重对能量收支的影响，建立了真鰶、草鱼及尼罗罗非鱼的生物能量学模型，并采用实验数据对模型进行了严格的验证。此外，还研究了种间差异和个体差异对能量收支的影响及能量学机制；探讨了人的生长激素基因转入鲤鱼后，对能量收支的影响，表明转基因鱼生长率高于对照鱼，其主要原因是转基因鱼蛋白质及能量转化效率高，排泄损失小。

　　该项目共发表论文 33 篇，其中 21 篇发表在国际学术刊物上。在理论上阐明了多种鱼类生长变异的能量学机制，以及不同鱼类在这些机制上的差异，澄清了鱼类能量学理论中的一些错误观点，提出了一些新的观点，补充了鱼类，特别是非鲑科鱼类生长能量学的知识。对于探讨鱼类在水生态系统中的作用，建立鱼类集约化养殖技术，选育快速生长鱼类品系有指导意义。

成果名称：《中国土壤微量元素》

获奖时间：1998 年

奖励情况：中国科学院自然科学奖二等奖

主要完成单位：中国科学院南京土壤研究所

主要完成人员：刘铮、蔡祖聪、朱其清、汪金舫、丁维新

成果简介：

该项研究的主要内容与创新点如下。

该书是作者积 40 余年之研究成果编写而成的一部专著，论述了中国土壤微量元素含量分布规律，缺乏微量元素土壤的类型，土壤微量元素形态、有效性和影响有效性的因子等。该书所论述的土壤微量元素包括植物必需元素硼、锰、锌、钼、铜等，有益元素钒、钛、稀土元素和有害的重金属元素镉、铅、铬、汞、砷等及与动物营养有关的硒和钴等。对于每一元素论述了其在中国土壤中的来源、含量、形态、转化特点、有效性、影响有效性的因素、缺乏该元素的土壤类型、作物和动物的反应特征、研究方法、国内外最新研究进展、该元素在中国农牧业生产和环境保护等方面的意义。全书共 15 章 62 万字，书中附有中国土壤微量元素分布图 5 幅。

该书提出了土壤-植物（动物）-肥料三者有机结合的学术观点，系统地论述了中国土壤的微量元素含量分布规律，阐明了它们的土壤化学行为和对发展我国农牧业生产的意义。阐明了当土壤某一必需元素供应不足时，为了获得作物高产，必须通过施肥补给这一元素，但过量的补给也会造成对环境的污染或对农作物的毒害，为微量元素肥料的施用和必须合理施用提供了理论依据。

成果名称： 鲤鱼人工雌核发育及建立人工多倍体单性克隆鱼的研究
获奖时间： 2000 年
奖励情况： 中国科学院自然科学奖二等奖
主要完成单位： 中国科学院水生生物研究所
主要完成人员： 吴清江、叶玉珍、童金苟、黄文郁、陈荣德
成果简介：

该研究以红鲤为研究材料，通过两次连续人工雌核发育，并以雌核发育二代的人工转性个体与同胞姐妹个体交配获得雌核发育纯系。成功地培育了高度纯化的红鲤 8305 雌核发育系。在国内外首次通过人工雌核发育与人工性别调控相结合的生物工程新技术，开展了大规模生产单性鱼并进行养殖推广。

根据自然界存在若干天然三倍体种群的事实，提出对杂种进行人工诱导，使其成为具有两套母本染色体和一套父本染色体的人工三倍体。这种人工三倍体鱼可能具有天然雌核发育特性，从而可能防止杂种后代分离、退化，达到杂种多代利用的假说。经多年实验，成功地以染色体组叠加方法诱发了鲤鲫杂种人工三倍体，深入研究了杂种三倍体的性细胞发生、发育和受精生物学特点，发现异源人工三倍体鲤鲫杂种的部分雌性个体可育。大部分异源三倍体雌性个体所产卵子的雌核不与外来的雄核融合，但在外源精核的刺激下具有天然雌核发育能力，后代仍保留三倍体，完全母本遗传，代代相传，形成异源三倍体克隆。少数异源人工三倍体雌性个体所产卵子的雌核可与外来的雄核融合形成异源四倍体。异源四倍体的卵子具有天然雌核发育能力，形成异源四倍体克隆。

成果名称：中国淡水鱼类粘孢子虫的研究

获奖时间：2000 年

奖励情况：中国科学院自然科学奖二等奖

主要完成单位：中国科学院水生生物研究所

主要完成人员：陈启鎏、谢杏人、汪建国、马成伦、王桂堂

成果简介：

粘孢子虫隶属于原生动物界粘体门粘孢子纲，是鱼类的特有寄生虫。世界上已报道的粘孢子虫已经超过 1000 种。该项目对中国淡水鱼类粘孢子虫进行了系统研究，取得以下主要成果。

（1）在国内率先开展粘孢子虫的分类和区系研究。共采集标本 1 万余号，采集地区遍及 30 个省份；从 20 世纪 50 年代起，进行了鱼类粘孢子虫的区系分类研究工作。

（2）完成了《中国动物志粘体门粘孢子纲（淡水）》专著，根据著者修订的粘孢子虫纲的分类系统，详细记述了我国 1998 年之前（含 1998 年）所发现的粘孢子虫的所有种类，包括 2 目、3 亚目、15 科、23 属的 575 种粘孢子虫，占全世界所报道种类的近一半。

（3）在粘孢子虫生活史的研究中，首次在国内发现了与粘孢子虫生活史密切相关的 UBO（未明血液生物体）和放射孢子虫，并开展了粘孢子虫孢子

发生的研究，提出了粘孢子虫生活史四阶段发育模式假说。

（4）在粘孢子虫的免疫原性、粘孢子虫病的流行病学和诊断技术研究方面也取得了一系列的成果，为粘孢子虫病的防治打下了良好的基础。

（5）该研究共发表论文 37 篇，专著 1 部，其他著作 4 章。为我国培养了一批从事鱼类粘孢子虫研究的专业人才。

成果名称：《中国土壤氮素》
获奖时间：2000 年
奖励情况：中国科学院自然科学奖二等奖
主要完成单位：中国科学院南京土壤研究所
主要完成人员：朱兆良、文启孝、李良谟、程励励、蔡贵信
成果简介：

土壤氮素的含量及其变化、土壤中氮素的转化及其影响因素、农田生态系统中氮素的循环等是氮素合理管理的理论依据。该书系统地总结了我国在土壤氮素领域的主要研究成果。全书分为 4 篇 14 章，分别就土壤氮素的含量、形态和 ^{15}N 丰度，土壤氮素的内循环及相连过程，固氮作用和氮素损失，以及氮素管理与农业生产及人类健康等 4 个方面进行了论述。具体研究如下。

（1）研究确定了我国农业生态系统中氮素循环的有关参数，进而对我国农业生态系统中氮素循环和平衡进行了定量的估计。

（2）系统地论述了我国土壤氮素的形态分布和 ^{15}N 自然丰度。

（3）提出了土壤固定态铵在我国土壤氮素肥力中的作用。

（4）在系统总结和论述土壤氮素有效性指标的基础上，论证了平均适宜施氮量推荐方法的可靠性及其依据。

（5）指出了我国不同农田生态系统，特别是稻田系统中氮肥的损失程度和途径。

此外，该书还对我国农田生态系统中氮素的损失与环境保护，有机肥和无机氮肥的配合施用等问题进行了系统的论述。

成果名称： 通过花药培养诱导小麦雄核发育形成加倍单倍体

获奖时间： 2001 年

奖励情况： 中国科学院自然科学奖一等奖

主要完成单位： 中国科学院遗传研究所

主要完成人员： 欧阳俊闻、庄家骏、贾旭、贾双娥、梁辉

成果简介：

该项目以小麦为材料，进行花药培养诱导雄核发育研究，取得了如下成果：

（1）在国际上首次通过花药培养诱导小麦雄核发育获得单倍体植株和自然加倍的加倍单倍体植株。

（2）对影响小麦雄核发育形成加倍单倍体的几个基本因素做了系统深入的研究，取得了许多具有创新意义的结果：①对小麦花药发育做了精确的分期，首次从单核晚期划分出一个"有丝分裂前期"，这对于准确确定花药的最佳培养时期具有重要意义。②分析了花药培养基中各成分的作用规律，先后研制了 P-Ⅱ、190-2、W_{14} 等培养基，并在国内外广泛应用。③首次发现小麦花药培养对培养温度的反应不仅有明显的基因型差异，而且也受花药供体植株生长条件的明显影响，确定了最佳的培养温度范围。④首次发现较晚出现的花粉愈伤组织有较高的染色体自然加倍频率，建立了在愈伤组织阶段进行染色体人工加倍的简易方法。

（3）应用花药培养可克服远缘杂种的疯狂分离。该项目建立了适于小麦远缘杂种的花药培养体系，并从远缘杂种的加倍单倍体中选出多个同时具有多种抗性的稳定新种质。

该项目共发表论文 47 篇。经 SCI 检索，其中有 23 篇共被引用 410 次。

成果名称： 土壤-植物系统水动力学及其调控研究

获奖时间： 2001 年

奖励情况： 中国科学院自然科学奖一等奖

主要完成单位： 中国科学院水利部水土保持研究所、西北农林科技大学

主要完成人员： 邵明安、康绍忠、上官周平、梁银丽、黄明斌

成果简介：

该项目是土壤物理学、现代水科学、植物生理学和生态学等交叉学科的前沿性研究项目，取得了如下创新性研究成果。

（1）建立了推求土壤导水参数的积分方法，该方法在理论上首先获得了有关参数的解析表达式，在实验上大大简化了传统方法的测定程序，且有较高的测定精度，并得到同行的认可。

（2）建立了土壤水分运动的广义相似理论和溶质迁移的边界层理论，土壤水分运动的广义相似解具有普遍性，溶质迁移的边界层理论可用于田间测定有关迁移参数。

（3）率先系统地开展了以作物根系吸水为中心的土壤水分有效性动力学研究，建立了我国第一个根系吸水机理模式和土壤水分有效性动力学模式。

（4）对温度和土壤水分亏缺的共同作用对根系水分传导的影响有新认识，发现其变化是水分亏缺和温度变化共同作用引起根系结构和膜透性变化所致。

（5）发现了表征小麦幼苗早发的生物学特性，指出小麦早发变异性的重要作用，提出了选择早发的最佳方法。

（6）创造性地把作物根信号传递与气孔调节机制、根区土壤湿润方式、根系水分传导变化、SPAC 水分关系、节水灌溉技术等有机地结合在一起，提出了"控制性作物根系分区交替灌溉"的新方法。

该项目出版专著 4 部，发表论文 104 篇，其中 SCI 收录论文 32 篇。

成果名称：棉属种间杂交新技术的创立

获奖时间：1986 年

奖励情况：中国科学院科学技术进步奖二等奖

主要完成单位：中国科学院遗传研究所

主要完成人员：梁正兰、孙传渭、姜茹琴、刘隶良、邱仲锦、钟文南

成果简介：

该项目的主要内容 1999 年获得国家发明奖三等奖，见国家奖成果简介。

成果名称：农作物遗传操纵新技术

获奖时间：1986 年

奖励情况：中国科学院科学技术进步奖二等奖

主要完成单位：中国科学院上海生物化学研究所

主要完成人员：周光宇、翁坚、曾以申、龚蓁蓁、杨晚霞

成果简介：

　　该项目 1989 年获国家科学技术进步奖二等奖，见国家奖成果简介。

成果名称：太湖平原地区水土资源及农业发展远景研究

获奖时间：1986 年

奖励情况：中国科学院科学技术进步奖二等奖

主要完成单位：中国科学院南京地理研究所

主要完成人员：佘之祥、虞孝感、毛锐、孙顺才、周永才

成果简介：

　　该项目 1987 年获得国家科学技术进步奖三等奖，见国家奖获奖成果简介。

成果名称：我国主要土壤的供钾潜力与需钾前景和钾肥的推广应用

获奖时间：1986 年

奖励情况：中国科学院科学技术进步奖二等奖

主要完成单位：中国科学院南京土壤研究所

主要完成人员：谢建昌、罗家贤、马茂桐、杜承林、陈际型

成果简介：

　　该项目 1987 年获得国家科学技术进步奖三等奖，见国家奖成果简介。

成果名称：淡水鱼类育种技术及繁育体系的研究——鲤鲫移核鱼的研究

获奖时间：1987 年

奖励情况：中国科学院科学技术进步奖二等奖

主要完成单位：中国科学院发育生物学研究所、中国水产科学研究院长江水

产研究所、广西壮族自治区水产研究所

主要完成人员：严绍颐、张兴忠、杨永铨、杜淼、靳光琴

成果简介：

　　鱼类细胞核移植是我国首先开始并获得成功的一项重要研究。这种方法也是现代生物工程发展内容之一。已故著名生物学家童第周及其研究组于 20 世纪 60 年代建立鱼类细胞核移植技术。在此基础上，该项目自 1973 年起开展了淡水养殖鱼类细胞核移植试验，1976 年起获得鲤鲫移核鱼。在这些移核鱼的基础理论阶段性研究之后即着手准备生产性试验。1979 年鲤鲫移核鱼 F_1 达到性成熟，繁殖了 F_2 并进行了小范围对比饲养试验，结果 F_2 比对照荷包红鲤生长速度快 25%～30%。1983 年鲤鲫移核鱼 F_2 达到性成熟，繁殖得 F_3，1984 年起进行鲤鲫移核鱼 F_3 生产性养殖对比试验。同时，还对鲤鲫移核鱼 F_1、F_2 和 F_3 进行了形态和生化特征等方面的观察分析，配合鲤鲫移核鱼 F_3 的生长性试验还进行了其营养成分分析。

成果名称：棉红铃虫性信息素合成工艺和防治应用研究

获奖时间：1987 年

奖励情况：中国科学院科学技术进步奖二等奖

主要完成单位：中国科学院上海昆虫研究所、中国科学院上海有机化学研究所、江苏省激素研究所

主要完成人员：陈元光、戴小杰、葛旦华、郦一平、黄昌本

成果简介：

　　该项目自 20 世纪 70 年代即开始合成性信息素并应用性信息素测报棉红铃虫的工作，全国已普遍使用该项目研制的夹层塑囊剂型或以前研制的塑管剂型，测报棉红铃虫的发生和估测数量。该方法简便有效，费用低，技术要求低，便于推广，反映虫情及时可靠，具有明显的经济效益、生态效益和社会效益。在浙江和江西两处的试验结果表明，信息素处理区监测诱捕器的诱蛾比杀虫剂处理区减少 95% 以上，对雄蛾的定向抑制效果极佳，交配率下降 90% 多，百株卵量减少 87%，花害率下降 40%，亩含虫量减少 52.9%，铃害率下降 38%～92%，百铃含虫减少 42%～94%；皮棉产量增加 14%～25%，品

级提高 0.5～1 级，1～4 级白花率提高 86%，僵黄花率降低 25%～50%，农药使用量减少 25%～50%。该项成果具有较好的防治和增收效果，可作为棉田害虫综合防治措施之一。

该项目还改进了棉红铃虫性信息素的合成路线和工艺，使性信息素的总得率由原来的 20%～25% 提高到 40% 左右。发展了我国特有的夹层塑囊剂型，其有效期和需要的性信息素用量都达到国际上现普遍使用的剂型相同水平。

成果名称：膜流动性在植物抗冷中的作用机理及其应用
获奖时间：1987 年
奖励情况：中国科学院科学技术进步奖二等奖
主要完成单位：中国科学院上海植物生理研究所
主要完成人员：王洪春、苏维埃、宓容钦、王育启、李锦树
成果简介：

该项目于 1979 年开始，以水稻为材料进行了抗冷性与膜相变（流动性）关系的系统研究，主要研究了膜脂脂肪酸组成与水稻抗冷性的关系。

（1）证明了膜脂脂肪酸不饱和度与水稻抗冷性密切相关。品种间膜脂脂肪酸组成的差异与水稻原产地生育温度直接相关。但在相同温度条件下膜脂脂肪酸组成完全受品种的遗传性所制约。

（2）通过水稻不同抗冷性品种的干胚膜脂的热致相变研究，证明脂肪酸不饱和度高的干胚膜脂，其低温放热峰的终点温度较低，而不饱和度低的干胚膜脂的终点温度较高。这一结果表明膜脂不饱和度直接制约着膜的流动性。

（3）证明了线粒体膜脂脂肪酸组成直接影响着线粒体结合酶对低温的适应力。

（4）证明磷脂酰乙醇胺（PE）和磷脂酰甘油（PG）能增强线粒体 ATP 酶的活力并降低其活化能的折点温度。这一结果在高等植物上首次证明膜脂极性端基也能影响膜结合酶的低温适应性。

（5）首次证明低温条件下膜脂不饱和脂肪酸对低温下的根端呼吸作用和线粒体氧化酶活力具有明显的保护作用，而对原生质膜透性却有破坏作用。

成果名称：植物逆境乙烯的研究

获奖时间：1987 年

奖励情况：中国科学院科学技术进步奖二等奖

主要完成单位：中国科学院上海植物生理研究所

主要完成人员：余叔文、李振国、刘愚、董建国、陈益民

成果简介：

该项目研究了各种逆境条件下乙烯增生规律及调节控制机理，主要结果如下。

（1）胁迫开始后经过一定诱导期，乙烯渐渐增加，一定时间后达到高峰，然后减少。乙烯合成前体 1- 氨基环丙烷 -1- 羧酸（ACC）含量的变化趋势相同。不论胁迫的时间过程长短，这种先升后降的趋势不变。胁迫重复几次，这种升降历程也重复出现几次。

（2）实验证明逆境乙烯的主要合成途径也像基础乙烯一样。但是除此之外，植物体内还存在其他生成途径，为植物体内乙烯生成的多途径假说提供了一个实验证据。

（3）乙烷和乙烯的相互消长。把植物体内乙烯的产生分为三个水平：基础乙烯—应激乙烯或逆境诱导乙烯—伤害乙烯。试验指出在多种逆境条件下产生伤害时还有乙烷产生，而乙烯和乙烷往往呈现出相互消长现象。

（4）胁迫刺激的强度达到一定阈值，才能诱导逆境乙烯的产生。

（5）在土壤渍水过程中，渍水前或渍水初期植物增加体内乙烯，加强了抗渍能力，而渍水后期增加乙烯，则加速了衰老，加重了渍害。这说明逆境条件下植物乙烯先升后降的调控对适应逆境有一定的意义。

成果名称：我国土壤中硼、钼、锰、锌、铜的含量与分布规律性

获奖时间：1988 年

奖励情况：中国科学院科学技术进步奖一等奖

主要完成单位：中国科学院南京土壤研究所

主要完成人员：刘铮、朱其清、唐丽华、徐俊祥、尹楚良

成果简介：

该项目总结了我国土壤中微量元素含量分布规律，区分出微量元素丰缺的土壤，作为应用微量元素肥料来提高作物产量的理论依据，并做出分区应

用微量元素肥料规划，就全国范围来考虑应用微量元素肥料问题。

填制了全国土壤中微量元素含量图五幅（硼、钼、锰、锌、铜各一幅）比例尺为 1:1000 万。

出版了有关的技术书籍《土壤和植物中微量元素分析方法》，该书为国内该领域唯一的专业著作。完成《微量元素的农业化学》专著，全书 35 万字。

1980 年起在江苏南通地区进行了试验研究，证实该地区是一个典型的缺锌地区，通过田间小区试验及大田对比试验，证实了锌肥在该地区对水稻、玉米、棉花等作物有显著的增产作用。同当地农业部门合作，在全地区进行试验、示范和推广，通过举办锌肥施用技术培训班，宣传和普及锌肥实用技术，使锌肥在全地区迅速推广应用。

成果名称：优良胶用田菁品种和田菁胶的研究和应用

获奖时间：1988 年

奖励情况：中国科学院科学技术进步奖一等奖

主要完成单位：中国科学院植物研究所、北京矿冶研究总院、江苏沿海地区农业科学研究所、广东省农业科学院土肥研究所、江苏省农业科学院土肥研究所、江苏省新洋植物胶开发实验厂

主要完成人员：黄启华、陆炳章、高文淑、张登辉、洪汝兴、范明娟、孟绍江、石皖阳、邓华云、刘志连、唐燕祥、吴浩、凌绍金、佟绍华、戴伦凯、吴莉莉

成果简介：

该项目 1989 年获得国家科学技术进步奖三等奖，见国家奖获奖成果简介。

成果名称：大豆种子贮藏蛋白基因的克隆和结构分析

获奖时间：1988 年

奖励情况：中国科学院科学技术进步奖二等奖

主要完成单位：中国科学院上海植物生理研究所

主要完成人员：薛中天、徐美琳、庄乃亮、沈纬、沈善炯

成果简介：

该项目取得以下结果：

（1）大豆两种贮藏蛋白基因的克隆。从上海褐色早熟大豆未成熟种子分离信使核糖核酸（Poly A$^+$RNA），以纯化的 16S-25S Poly A$^+$RNA 为模板，通过反转录合成 ^{32}P 标记 cDNA。以此为探针，从大豆基因文库的 5×10^4 噬菌体重组分子中选择含贮藏蛋白基因的克隆，结果选到两种克隆基因。经多种技术指标鉴定，证明这两种基因分别包含两种贮藏蛋白的完整编码顺序和其 5′、3′ 端与基因表达调控有关的顺序。

（2）发现与证实大豆球蛋白的 *glycinin Gy4* 基因在基因组上的不同组编和两种表达拷贝。分离鉴定了大豆球蛋白 *glycinin* 基因编码 $A_5A_4B_3$ 亚基，为了进一步研究这类基因的表达，构建了栽培大豆和野生大豆子叶 cDNA 库。

（3）比较不同进化阶段的栽培大豆和野生大豆 *glycinin* 基因的结构，在 DNA 顺序水平上揭示了基因的高度保守性结构及突变位置，为基因演化和基因工程研究提供了依据。

成果名称：稻田中化肥氮的损失

获奖时间：1988 年

奖励情况：中国科学院科学技术进步奖二等奖

主要完成单位：中国科学院南京土壤研究所

主要完成人员：朱兆良、徐银华、蔡贵信、陈德立、陈荣业、张绍林、廖先苓

成果简介：

该项目对稻田中化肥氮的损失进行了系统研究。研究的因素有：土壤反应、氮肥品种、施用时期和方法、硝化抑制剂和脲酶抑制剂等。损失一般为 30%～70%，其中石灰性土壤＞非石灰性土壤，碳酸氢铵＞尿素＞硫铵、氯化铵。基肥和分蘖肥表施和混施＞生长中期表施，表施或混施＞粒肥深施。作基肥施用时，施用后约 10 天损失即近完全；作追肥施用时，损失更快，主要为气态损失。其中氨挥发所占的比例主要决定于土壤和灌溉水的 pH 值、氮肥的性质、施肥后田面水中存留的氮量和藻类的生长等，最高可达总损失量的一半。不同损失途径之间有一定的内在联系，例如，硝化抑制剂在延缓铵的硝化作用，减少反硝化损失的同时，却也促进了氨的挥发。脲酶抑制剂虽

能延缓尿素的水解，但并不一定都能表现出减少其氮素损失的作用。力求减少施肥后存留于田面水中的氮量应是稻田中氮肥合理施用的一项原则。其主要作用是减少氨挥发损失，有时还可减少反硝化损失。此外，还明确了三种田间原位测定氨挥发的简化法的优点及其限制因素。

成果名称：鲑点石斑鱼人工繁殖研究

获奖时间：1988 年

奖励情况：中国科学院科学技术进步奖二等奖

主要完成单位：中国科学院南海海洋研究所

主要完成人员：陈兴乾、梁海鸥、肖耀兴、李荣、郑世明、尹芬

成果简介：

石斑鱼系名贵海水食用鱼，在国内外一贯都被视为高档海鲜。近几年，内销和外贸需求量急增，靠海区捕捞不能及时供应市场。因此，大规模人工网箱养殖石斑鱼已在我国南方各省份迅猛发展起来，随之鱼苗需求量也急剧增长。因此，开展石斑鱼人工繁殖研究对发展石斑鱼人工养殖很有意义。

连续三年的实验，内容包括亲鱼人工培育、人工催熟、催产、人工孵化、鱼苗培育及活饵料（扁藻及轮虫）大面积培养等全过程。试验工作中就亲鱼性腺发育、产卵行为、胚胎发育、仔鱼、稚鱼形态发育及行为、食性及生态条件等均进行了观察和实验。

该研究结果：至 1986 年 12 月，仍活存 239 日令的鱼苗 54 尾，所得鱼苗自 45 天（全部鱼苗鳞片都长齐）后一直稳定在这个数目，未出现过死亡。

成果名称：水稻胚胎发育的生理与分子基础

获奖时间：1988 年

奖励情况：中国科学院科学技术进步奖二等奖

主要完成单位：中国科学院上海植物生理研究所

主要完成人员：唐锡华、朱治平、覃章净、张兴海、沈瑞娟

成果简介：

该项目根据籼、粳稻种胚发育过程中胚重、体积和细胞数的变化及蛋白

质、核酸、淀粉与酶活力动态，将稻胚胎发展进程划分为原胚期、分化期、成熟期和休止朝。明确了胚胎发育过程中基因表达和调节的时序性，为研究发育生物学及特定遗传信息在发育过程中的表达和调控打下了基础。揭示了稻胚发育时由于不同原因形成的生长模式；证明了稻胚发育的各个时期均有特异蛋白质出现；证明了稻胚发育中呼吸强度、淀粉酶、细胞色素氧化酶、过氧化物酶活力的变化规律；证明了稻胚分化期游离氨基酸及糖含量增加迅速，核酸、蛋白质、淀粉亦相应增长；发现了成熟稻胚吸胀半小时已有蛋白质合成，7～8 小时 RNA 大量合成，12 小时才合成 DNA，胚中长命 mRNA 指导萌发初期蛋白质合成；籼、粳稻发育时翻译与转录水平以粳稻较高，差异明显，这对高蛋白品种的选育有参考意义；冷藏稻种胚 rRNA 完整度的变化说明，种胚成熟度越高，胚内 rRNA 降解程度越小，因而 rRNA 完整度可作为鉴定种子活力的指标。

成果名称： 四川土地资源遥感调查方法系列化研究

获奖时间： 1988 年

奖励情况： 中国科学院科学技术进步奖二等奖

主要完成单位： 中国科学院成都山地灾害与环境研究所

主要完成人员： 陈昱、陈民沛、高世忠、周万村、朱汉益

成果简介：

　　该项目研究用遥感方法调查土地资源，并逐步在四川省全省推广。这种方法是根据地物的图像和光谱特征，经过遥感图像处理、分析、判读和分类，并把分类结果转绘在地形图上，再进行面积量算，取得定性、定量和定位成果，为土地管理、规划和决策提供科学依据。其特点是速度快、精度高、适用性强，并节约人力、物力。该项目已经取得了明显的社会经济效益和生态环境效益。以夹江县为例，1981 年该县根据遥感调查的土地资源利用成果，因地制宜地调整土地利用结构，1983 年就增收 80 多万元，还减少了水土流失。攀西地区土地资源评价是在 6 万多平方千米范围内，项目研究的进一步深入为攀西地区土地综合开发规划提供可靠资料数据。在研究的基础上，项目还为四川省举

办了四期土地详查培训班，并编写了《土地利用遥感调查与制图》教程。

该项目已经应用和推广到夹江县土地规划，米易县立体农业遥感土地资源调查，攀西地区土地综合开发、土地资源调查和评价，以及四川省部分县土地资源详查。

成果名称： 香蕉组织培养加速繁殖及种苗商品化生产技术的研究

获奖时间： 1988 年

奖励情况： 中国科学院科学技术进步奖二等奖

主要完成单位： 中国科学院华南植物研究所、新会县遗传育种研究所、顺德县园艺研究所

主要完成人员： 曾碧露、冯志平、冯炎庆、苏炳豪、陈观其

成果简介：

该项目采用植物组织培养技术，提供了香蕉组织培养加速繁殖种苗的一整套完备技术，包括加速繁殖技术、种苗工厂化生产工艺流程和试管苗移栽技术。采用这套技术确保香蕉无性繁殖效率（每个不定芽月增殖 4 个以上）大大超过常规繁殖方式（吸芽繁殖方法）；试管苗移栽成活率达到 85% 以上，变异株率低于 3%，所生产的种苗全为无病害同步生长的种苗，能迅速改变品种陈旧、混杂且种苗带病虫的现状，为香蕉系列化生产打下了良好基础。

1986 年进行了香蕉试管苗中试和试管苗工厂化生产。建立了香蕉试管苗生产工厂，总面积 1600 平方米，预计年产 400 万株种苗，人均年产值 10 万元，纯利润为产值的 20%～25%。1986～1987 年在边建厂边生产的情况下，仅从出售的种苗核算（新会 80 万株，顺德 40 万株），已达到此目标。生产的优质香蕉种苗在广东全省各地试种，每株挂果可增产 5 千克左右。每亩增产 500～600 千克。

成果名称： 鱼类基因转移定向育种新技术研究

获奖时间： 1988 年

奖励情况： 中国科学院科学技术进步奖二等奖

主要完成单位： 中国科学院水生生物研究所

主要完成人员：朱作言、李国华、何玲、谢岳峰、许克圣

成果简介：

　　该项目 1997 年获得国家自然科学奖三等奖，见国家奖获奖成果简介。

成果名称：大豆花叶病毒的分离鉴定及抗源的筛选

获奖时间：1989 年

奖励情况：中国科学院科学技术进步奖二等奖

主要完成单位：中国科学院遗传研究所

主要完成人员：林建兴、张性坦、赵存、柏慧侠、张帆、王恢鹏、牛德水

成果简介：

　　（1）病毒的分离与鉴定。利用差速离心的原理和方法从"京黄 3 号"和"铁丰 18 号"等大豆品种中分离出线形的普通花叶病毒和矮缩花叶病毒。标准抗血清鉴定结果表明，它们是典型的大豆花叶病毒（SMV）。以同样的原理，从丹东青豆的后代中分离出球形病毒，与前人报道的烟草环斑病毒（TRSV）类似。

　　（2）筛选抗 SMV 抗源。利用基因重组原理结合抗性鉴定，从抗病重组体中选出"科黄 8 号"等 4 个高抗 SMV 的抗源。利用基因突变原理结合抗性鉴定，从抗病突变体中筛选出 1 个抗 SMV 的抗源——"诱变 31 号"。

　　（3）田间鉴定。对筛选出的 5 个抗 SMV 抗源进行严格的抗性鉴定，证实这 5 个抗源都不感染毁灭性的矮缩花叶病和顶枯花叶病；对于普通花叶病"科黄 3 号"和"科黄 8 号"属于高抗，而"科系 4 号"和"诱变 31 号"为中抗。

成果名称：海河流域低平原牧草发展与早期丰产技术研究

获奖时间：1989 年

奖励情况：中国科学院科学技术进步奖二等奖

主要完成单位：中国科学院石家庄农业现代化研究所、河北省沧州地区饲草饲料工作站、河北省南皮县畜牧局、河北省南皮县科学技术委员会、河北省南皮县常庄乡人民政府

主要完成人员：朱汉、王占升、刘肇清、赵伟、杨殿爱、赵金茂

成果简介：

该项目根据海河流域低平原水土资源条件，提出调整种植业结构，实施"四四二"种植结构模式，即 40% 粮食作物、40% 经济作物、20% 牧草。建立良性循环的农业生态环境，保持生态系统稳定和平衡。

利用牧草生物生态学特性，发展以豆科牧草为主的人工草场，合理利用水土资源，增加绿色覆盖和生物量，提高区域性的生产力。建立草地农业生态系统，发展畜牧业，草肥结合，改良土壤，培肥地力，治碱治薄，改善生态环境，实现农业生态系统良性循环。草粮轮作，提高了作物产量。人工草地苜蓿群落演替与生长规律的研究，针对苜蓿早期及二三茬产草量低的问题，进行早期丰产技术研究，改变播种方式，水肥配合等栽培技术，对苜蓿建群阶段的促苗早发，提高盖度，减少杂草危害，提早三年进入旺盛生长阶段，提高了草地生物量。人工种草充分地合理利用了自然资源，是缺水盐渍区综合治理的一项有效措施，是发展农牧型生态农业、提高生产力、切实可行的有效途径。

成果名称： 罗非鱼矿物元素添加剂最佳配方的筛选试验研究

获奖时间： 1989 年

奖励情况： 中国科学院科学技术进步奖二等奖

主要完成单位： 中国科学院石家庄农业现代化研究所

主要完成人员： 王树森、王剑英

成果简介：

矿物元素在促进鱼类生长方面起主导作用的是微量元素，而且主要是微量元素中的铜、铁、锌、锰、钴等几种，但是不了解其在鱼饲料中的最佳量和它们之间的最佳配比。它们既是一种营养物质，又是一种促生长剂。要充分发挥其促生长功能，必须添加适量微量元素，少了作用不明显，但多了又会引起中毒，而且对个别微量元素来讲，其最适量和中毒剂量非常接近，很难掌握。因此，从定量上研究鱼对上述几种微量元素的最佳需要量和最佳配比是至关重要的。

（1）该项目在从定性的角度确认了某些微量元素具有促生长素的功能之

后，采取了以微量元素尤其是微量元素中具有促生长功能的铜、铁、锌、锰、钴等为配方主体成分的新的技术路线。

（2）在新的技术路线指导下，该项目进一步从定量的深度，首次在国内外研究和试验出了罗非鱼对铜、铁、锌、锰、钴等微量元素的最佳需要量和最佳配比。

成果名称： 亚热带丘岗区最佳农业生产结构和生态平衡

获奖时间： 1989 年

奖励情况： 中国科学院科学技术进步奖二等奖

主要完成单位： 中国科学院长沙农业现代化研究所

主要完成人员： 谭云峰、尹孟杰、梁先彬、谢克和、李建国、袁主中、刘安民、金久连、宁石山

成果简介：

该项目通过单项技术研究和综合组装、小区试验与大面积示范、田间试验与室内分析、技术普及与扶植专业户、科学技术示范等相结合的方式，并用模型化方法进行定性定量分析。围绕农业生产结构优化，从理论和实践上论证了丘岗区农业生产结构走农林牧副渔各业全面发展、农工商综合经营道路的模式是切实可行的。

通过多点定位试验，研究了种植业系统的生态经济效率和土壤理化性状及营养元素平衡状况，从理论和实践上论证了种植业优化结构与新型种植制的科学性；对油茶林不同经营措施的生物产量和生产力及光能利用率、经济效益进行全面研究。此外，该项目对畜禽结构优化、稻田养鱼、沼气的综合利用等方面也进行了系统研究。

成果名称： 中国磷矿农业利用的研究

获奖时间： 1989 年

奖励情况： 中国科学院科学技术进步奖二等奖

主要完成单位： 中国科学院南京土壤研究所

主要完成人员： 李庆逵、鲁如坤、蒋柏藩

成果简介：

该项目系统地研究了我国大、中、小型约 50 余处磷矿的化学、物理性质和肥效，研究了南方的主要土壤类型的性质和肥效的关系，以及主要作物（包括一些经济林木）对磷矿的吸收能力，阐明了磷矿、土壤和作物三者的关系。

（1）根据磷灰石的晶胞参数或用化学方法直接测出磷灰石矿物中的二氧化碳含量，可以很快地判明磷矿粉直接施用时效果的大小，从而可以代替费时费力的生物试验。

（2）对我国南方主要酸性土壤所进行的研究表明，在 pH 值 5.5 以下的酸性缺磷土壤上施用磷矿粉的增产效果是明显的。

（3）发现我国的绿肥作物萝卜菜对磷矿粉具有特别强大的吸收能力，从而为生物转化磷矿粉开辟了新的途径。

（4）大量试验证明，如果磷矿、土壤和作物三个因子都处于最佳状况，则磷矿粉的效果可以相当或略超过过磷酸钙。

成果名称： 紫茎泽兰防除的研究

获奖时间： 1989 年

奖励情况： 中国科学院科学技术进步奖二等奖

主要完成单位： 中国科学院昆明生态研究所、西南林学院、云南省农业科学院植物保护研究所、云南省微生物研究所、宜良县政协科技组、双柏县协作组、思茅县曼中田畜牧场

主要完成人员： 何大愚、谢开立、孙锡志、刘伦辉、郭光远、金骏纯、许华香、魏艺、陈英林

成果简介：

紫茎泽兰是由缅甸、越南边境传入云南的恶性杂草，严重为害农业、林业、畜牧业和茶叶等的生产。因此，控制紫茎泽兰危害是生产上亟待解决的重大问题。

该项目提出了机械防除、化学防除、替代控制及生物防治四种方法。

机械防除：于每年 11 月至次年 3 月紫茎泽兰开花前旱季期间进行机械防

除，才能达到防除目的，主要用于轮歇地耕种。

化学防除：6～10月，主要杀灭紫茎泽兰植株；2～3月初花期可杀死草籽。

替代控制：是利用紫茎泽兰在其他植物郁闭度达0.7时受到控制的现象提出来的方法。

生物防治：提出了多点释放泽兰实蝇，利用泽兰实蝇控制我国紫茎泽兰危害。以虫治草在我国属于首创。

成果名称： 家兔个体表达系统的建立

获奖时间： 1990年

奖励情况： 中国科学院科学技术进步奖一等奖

主要完成单位： 中国科学院上海细胞生物学研究所、中国科学院发育生物学研究所、江苏农学院、中国科学院生物物理研究所、中国科学院动物研究所、中国科学院遗传研究所

主要完成人员： 施履吉、陆德裕、徐少甫、陈受宜、倪祖梅、郭礼和、杜淼、李国忠、沈孝宙、劳为德、李光三、陈秀兰、杜福良、左嘉客、穆宗尧

成果简介：

该项目经过四年研究，构建了含乙肝表面抗原的两种载体（pMT-SA和pHBV3.0），并通过显微注射导入兔受精卵雄性原核，获得了转基因当代兔（F_1代）和F_2代，实验结果经分子杂交证明在转基因兔的基因组中确实有乙肝表面抗原基因整合，而且整合基因是可以遗传的，同时用免疫酶标法和放射免疫测定法也证明了导入基因的表达。此外，还应用生长激素基因开展了类似的研究，并获得了初步的结果。这项研究设计合理，结果可靠，达到了国际先进水平。

随着转基因技术的日臻完善，并找出最佳外源基因表达条件，哺乳类个体将可代替常规生物反应器，以较低成本为人类生产急需的各种生物工程制品。

成果名称： 柽柳属植物综合研究及大面积推广应用

获奖时间： 1990年

奖励情况：中国科学院科学技术进步奖二等奖

主要完成单位：中国科学院新疆生物土壤沙漠研究所、伽师县林业局、策勒县林业局、治沙站、于田林业局、林业站、民丰县林业局

主要完成人员：刘名庭、高海峰、翟诗虹、席以珍、张鹤年、刘万铭、张希明、王昌霖、黄健全、张尽善

成果简介：

柽柳属植物在我国西北荒漠、半荒漠地区普遍分布，具有种类多、范围广、面积大、固沙性能优良、能适应多种不良的自然环境、有广泛的经济用途等特点。

该项目在柽柳种子育苗、扦插育苗方面都取得成功，使产苗量比过去有大幅度提高。在造林技术上，分别在风蚀光板地、荒山、砾石戈壁、盐渍化沙地及重盐碱地不同条件下无灌溉或少灌溉造林获得成功，为我国柽柳大面积造林开创了新局面。

1986～1989年在南疆伽师、策勒、于田、民丰四个贫困县，在沙荒、盐碱地大面积发展柽柳人工林，三年推广27万亩。取得了投资少、成林早、见效快、效益高、方法简单、容易推广等实效，造林成本费一亩地仅1元左右，这项推广技术创下了育林费的最低水平。

在进行柽柳试验研究和大面积推广过程中，其收入比种棉花收入高3～6倍，该项目推广的年总收入在1300万元左右。大片人工柽柳林在防风固沙方面的生态效益和社会效益明显。

成果名称：甘薯优健高增产法

获奖时间：1990年

奖励情况：中国科学院科学技术进步奖二等奖

主要完成单位：中国科学院遗传研究所

主要完成人员：以凡、杜述荣、王文质

成果简介：

该项目针对我国甘薯生产上普遍存在的限制生产水平的三项基本因素，解决了以下三方面问题：①优种化生产以解决品种的病、杂、退化问题，可使单

产从 2000 斤左右提高约 50%，达到亩产 3000 斤。②解决安全贮藏、育苗技术问题，以减少生产上大量烂种和烂床所导致的巨大损失。③高产栽培方法，以解决广种薄收、粗放栽培问题，以使单产在优种化提高 50% 达到亩产 3000 斤的基础上再翻一番，使全国平均亩产从 2000 斤左右提高到 6000 斤水平。把三项技术归纳组合为优种、健薯、高产法，简称为"优健高增产法"。

我国甘薯种植面积约 1 亿亩。按每亩增产 3000 斤鲜薯，折合 1000 斤粮计算，全国普及推广"甘薯优健高增产法"可使我国每年净增产粮食约 1000 亿斤薯干，产值相当于 300 亿元，既可克服粮食紧缺的困难，又可以使广大贫困山区脱贫致富。

该项目累计推广面积 500 万亩，按每亩净增产 1000 千克鲜薯，每千克 0.2 元计，净增产值约 10 亿元。

成果名称： 华北棉区棉花病虫害综合防治体系研究
获奖时间： 1990 年
奖励情况： 中国科学院科学技术进步奖二等奖
主要完成单位： 中国科学院动物研究所
主要完成人员： 谢宝瑜、吴国伟、翟连荣、盛承发、李典谟、丁岩钦、孟祥玲、纪力强
成果简介：

该项目以棉花为主体，以多种虫害的复合体为对象，以生态学为基础，运用系统分析原理，组建一个整体的综合防治技术体系。

（1）确定了苗蚜、伏蚜二三代棉铃虫动态防治指标，该指标充分利用了棉花的超补偿能力，使棉花害虫防治较原有指标减少用药 42% 以上，为控制棉虫的多对象、多目标优化决策打下了基础。

（2）根据棉花生长发育指标、生理生化指标的分析，明确了棉花前期遭受虫害后的补偿和超补偿功能。

（3）在国内首次组建了计算机害虫管理决策支持系统和技术推广系统，为虫情发生的预测预报、防治决策的科学化和精确化奠定了基础。

（4）改进施药方法，在防治苗蚜和二代棉铃虫时，改全株喷药为顶心喷

药，省工省药。

1986～1989年，该项目共推广面积490万亩，技术覆盖面积250万亩。

成果名称：抗烟草花叶病毒的转基因烟草的培育

获奖时间：1990年

奖励情况：中国科学院科学技术进步奖二等奖

主要完成单位：中国科学院微生物研究所

主要完成人员：田颖川、王桂玲、方荣祥、许丙寅、莽克强

成果简介：

该项目利用植物表达中间载体和Ti质粒将合成的烟草花叶病毒（TMV）外壳蛋白基因整合到去除致瘤基因的农杆菌Ti质粒上，进而用此带有外壳蛋白基因的农杆菌转化烟草叶片，经组织培养再生成完整的能表达外壳蛋白的、抗TMV侵染的转基因烟草植株。

抗病毒检测证明TMV的侵染受到明显抑制。对系统寄主的转基因植株攻毒试验结果表明，90%以上的转基因植株可以延期病症表现15天以上。通过对转基因植株子代（F_1）遗传分析表明，可以通过子代选育，选出可稳定遗传的抗TMV的纯合品系。

该项成果是在国内首次利用病毒外壳蛋白基因和植物基因的先例，走通了利用植物基因工程抗病育种的新途径，为我国植物基因工程研究打下了良好的基础。所获得的抗病毒转基因植株在经过子代分析后将以抗性稳定遗传的抗病毒新品系应用于生产，不但可以减轻甚至可以避免TMV一类病毒对植物的危害，也可避免目前利用弱病毒保护所造成的潜在危险，不会造成新的环境污染，有利于环境保护。

成果名称：栾城县城郊型农业发展研究

获奖时间：1990年

奖励情况：中国科学院科学技术进步奖二等奖

主要完成单位：中国科学院石家庄农业现代化研究所、河北省石家庄地区农业区划委员会办公室、河北省栾城县人民政府

主要完成人员：曹振东、由懋正、吕富保、姜群、杨志行、宋树中

成果简介：

该项目以农业现代化综合科学实验基地栾城县为例，开展了城郊型农业发展规划与实施应用的研究。

栾城县城郊农业发展研究，采用了非线性高阶次多重反馈时变系统原理。城郊型农业系统的边界包括农业（农、林、牧）、工业和乡镇企业、第三产业、教育及有关的人口、资源、能源、环境等。系统边界确定之后，即进行规划总体设计和子系统设计，选用了234个系统描述变量，建立非线性高阶次数学模型，在计算上进行战略和策略的模拟实验，通过人机对话和总体与子系统之间的关系协调，筛选出栾城县城郊型农业的总体方案，求得系统的合理结构和最佳功能。

该项研究首次提出并论证了城郊型农业的概念和发展战略。运用系统工程原理、辩证法思想、开放系统理论，制定出了栾城县城郊型农业发展总体规划。

在城郊型农业发展战略指导下，制定出不同层次和部门的具体规划，在实施过程中注意解决好各种反馈信息；不断补充和完善设计，从而取得显著的社会和经济效益。

成果名称：优质烤烟生产的土壤环境与合理施肥

获奖时间：1990 年

奖励情况：中国科学院科学技术进步奖二等奖

主要完成单位：中国科学院南京土壤研究所、中国烟草总公司

主要完成人员：曹志洪、周秀如、李仲林、凌云霄、朱嬿婉、王恩沛、赵振山

成果简介：

该项目系统地研究了土壤环境和施肥对烤烟品质的影响，主要结果如下。

（1）土壤环境对烤烟质量的影响。试验表明烟碱含量与土壤的粗粉砂粒含量呈显著正相关，与细粉粒含量呈负相关，与土体的渍水率呈显著的负相关；土壤化学环境要求土壤 pH 值在微酸性（5.7）至微碱性（8.0）（石灰性土）的范围，以中性土壤为最佳化学环境；土壤营养环境则要求有机质含量低，

便于调节有效氮供给水平。

（2）优质烟的施肥技术。合适的施氮量必须通过田间试验来确定，不能依靠土壤分析；磷、钾肥的用量可根据土壤测试来确定。通常再以田间试验确定的用氮量来计算氮、磷、钾的合适比例；对多种烟草专用肥配方进行多年多点的筛选。

1988 年在遵义地区 30 多万亩烟田上推广，使全区烟叶总产量增加 43 万担，上中等烟比例提高 2%，单价提高 0.03 元/斤。全区烟农收入增加 1862.58 万元，国家税收增加 2728.10 万元，经济效益显著。

成果名称： 黄淮海平原区域综合治理技术和农业发展战略研究

获奖时间： 1991 年

奖励情况： 中国科学院科学技术进步奖一等奖

主要完成单位： 中国科学院南京土壤研究所、中国科学院地理研究所、中国科学院石家庄农业现代化研究所、中国科学院南京地理与湖泊研究所、中国科学院遗传研究所、中国科学院兰州沙漠研究所、中国科学院水生生物研究所、中国科学院系统科学研究所、中国科学院上海植物生理研究所、中国科学院力学研究所、中国科学院植物研究所、中国科学院成都生物研究所、中国科学院武汉植物研究所

主要完成人员： 傅积平、程维新、田魁祥、余之祥、罗焕炎、俞仁培、刘光崧、王遵亲、王毓云、王天铎、陈志雄、张兴权、曹伯男、由懋正、周明枞、朱兆良、庄大栋、黄荣金、姚培元、钦绳武、高安、任治安、杨兴琪、逢春浩、胡文英、陈彩富、姜茹琴、尤文瑞、欧阳竹、李作模

成果简介：

该项目应用相关学科的理论、技术和方法，在试验区（综合治理技术）、专题（超前技术）和宏观战略（区域农业）三个层次上对黄淮海平原区域综合治理技术和农业发展战略进行了全面系统的研究。

该项目的主要创新点如下。

在封丘试验区"土壤水分平衡"研究中用土壤供水和蒸发量之比绘出产量相应曲线是一个新的尝试；禹城试验区"重盐化咸水洼地整治与综合开发

配套技术"具有快速、高效的特点，在整体优化组合上有所突破，有所创新。

在专题研究中"区域水盐运动规律与水盐监测预报技术"和具有国际先进水平的大型土壤水盐动态模拟实验装置与野外大面积监测网相结合，进行土壤次生盐碱化监测预报，这在国内是首创。

在农业发展战略研究中，"黑龙港类型区综合治理与农业资源开发利用研究"提出联合调控水资源，充分利用自产水，开发利用微咸水，在推行节水农业的治水用水战略上有所创新和突破。

该项目为黄淮海平原区域综合治理和农业发展战略研究提供了技术支撑和理论依据。

成果名称： 苹果双相变动气调贮藏技术及理论研究
获奖时间： 1991 年
奖励情况： 中国科学院科学技术进步奖一等奖
主要完成单位： 中国科学院上海植物生理研究所
主要完成人员： 刘愚、吴有梅、华雪增、方建雄
成果简介：

该项目自 20 世纪 70 年代以来对苹果等主要品种采后及贮藏期间果实呼吸、乙烯变化等生理生化状况进行了深入的研究，结果表明果实成熟跃变时乙烯生成和催熟作用是主导因子。通过总结分析十多年的研究结果，以及我国水果产地简易气调贮藏的经验和存在的问题，提出了苹果"双维（相）变动气调贮藏"的新概念，即抑制果实成熟衰老贮藏因子之间可以相互替代，果实不同发育阶段对环境反应不同，因而在贮藏初期以高二氧化碳替代低温，并在贮藏期间温度和二氧化碳浓度双因子（维）相关变动降低，获得好的贮藏效果。

该项目的创新点：

（1）从理论上明确提出和论证了环境因子（温度、气体二氧化碳）变动贮藏的合理性、必需性、各因子可取代性及各因子之间变动的相互依赖的辩证关系。

（2）初步确定了苹果主要品种双变模型技术参数。

（3）该理论指导下的贮藏方法不要求气调库、冷库等昂贵设施，不仅能

在土窑洞、地窖等场所贮藏，而且能解决采后长途运输中衰老变质的问题，因而符合我国国情，对我国苹果贮藏有很大的适用性。

成果名称：长江三峡库区土地承载能力研究

获奖时间：1991 年

奖励情况：中国科学院科学技术进步奖一等奖

主要完成单位：中国科学院南京土壤研究所、中国科学院成都山地灾害环境研究所、水利部南京水文水资源研究所、中国科学院植物研究所、中国科学院成都分院土壤研究室

主要完成人员：陈鸿昭、曾志远、徐琪、曹锦铎、潘贤章、陈斌飞、周万村、赵海瑞、陈伟烈、李德智

成果简介：

该项目在获得三峡库区水、土、植物等自然资源的大量数据、试验资料和图件的支持下，做出多方案、多时段的土地承载能力估算，提出了提高土地承载能力，缓解人地矛盾的措施和建议。

（1）提出并实践了以卫星遥感数据地被监督分类图为主要手段进行土地资源调查的技术方案。

（2）应用卫星遥感数据地被监督分类图，配合实地考察和其他有关资料，编制成 1：10 万的土地资源评价图。

（3）建立并实施了计算机面积量算系统；将长江流域作为一个完整的大系统，库区土地资源作为一个有机的整体，与中下游平原地区作对比，为因地制宜地采取相应对策提供科学依据。

（4）用实地调研的第一手资料，对库区耕地增产潜力进行测算，其结果较接近于客观实际。

（5）引进定量和动态的概念，对目前库区、建坝后、建坝与超过 25° 陡坡耕地退耕后土地承载能力的变化状况做多方案比较。

（6）在典型解剖基础上，提出提高库区土地承载能力的途径、配套技术措施和投资重点。

成果名称：布氏田鼠鼠害综合治理新技术及应用研究

获奖时间：1991 年

奖励情况：中国科学院科学技术进步奖二等奖

主要完成单位：中国科学院动物研究所

主要完成人员：钟文勤、周庆强、马勇、王广和、孙崇潞、李思华、王桂明、张津生、周丕义

成果简介：

布氏田鼠为我国典型草原区牧业的主要害鼠，也是传播鼠疫病原的重要媒介动物。该项目为开辟生态控制为主的综合治理新途径建立了理论基础和实用技术。

通过生态工程设计，着重从优化当地围栏育草和轮牧管理途径组建的关键技术，具有协调育草治鼠的功能。该项技术经 1987 年试验，1988 年开始在太仆寺旗 2.5 万亩鼠害草场中推广应用。

在该项目实施之前，围栏育草区和围栏外放牧区布氏田鼠的秋季平均密度分别高达 535.50 只/公顷和 571.10 只/公顷。经 1988~1989 年实施该项技术之后，1989 年秋季布氏田鼠平均密度分别降至 16.85 只/公顷和 4.99 只/公顷，远低于上述允许为害的密度水平，全面控制了该旗的草场鼠害，并在促进良性循环，加速退化鼠害草场植被更新方面取得了显著的生态经济效益。

绘制了迄今我国最完整的布氏田鼠分布网，首次绘制出反映我国布氏田鼠为害现状的数量与分级分布图。依据划分鼠害类型进行的鼠害区划在国内外动物地理学研究方面尚无先例，在理论方法上提出了一套与一般动物地理区划完全不同的类型区划方法和命名系统。上述工作不仅正确地反映了内蒙古中、东部地区鼠害的发生规律，而且为确定该项新技术可推广的范围、前景和经济效益估算提供了依据。

成果名称：洪湖水体生物生产力的综合开发及湖泊生态环境优化的研究

获奖时间：1991 年

奖励情况：中国科学院科学技术进步奖二等奖

主要完成单位：中国科学院水生生物研究所、湖北省洪湖市水产技术推广站

主要完成人员：曹文宣、蔡述明、许蕴玕、张宪孔、李恒德、王业勤、陈英鸿、

陈宜瑜、王后乐、苗志国

成果简介：

　　该项目旨在探求长江中下游大型浅水湖泊水生生物资源的综合开发途径和提出环境优化的决策和方案，以求在合理利用水生生物资源和发展渔业的同时，解决洪湖鱼类资源小型化和湖泊沼泽化等生态学问题。

　　（1）引进围圈养鱼技术。利用洪湖丰富的水草资源，圈养优质的草食性鱼类，使洪湖鱼产量成倍增长。

　　（2）提出洪湖子湖拦网养鱼新模式。采用半堤半网养鱼新模式，兼顾了调蓄、灌溉及渔业的需要，有利于子湖的渔业开发利用，遏制了湖滨过多的水草，延缓了湖泊沼泽化进程。

　　（3）利用野菰资源作为养鱼饲料，扩大了养鱼饲料来源，节省紧缺的粮食原料，降低了成本，提高了经济效益。

　　（4）设置经济鱼类自然繁殖保护圈，调整经济鱼类的种类组成结构，扩大大中型经济鱼类产量比重，恢复合理的鱼类组成结构。使用繁殖保护圈增殖鲤鱼等经济鱼类的措施，收到良好效果。

　　（5）该项研究提出的"蓄养并重""水利、水产、水运协调发展"，作为洪湖综合开发利用的方针，为洪湖综合治理和环境优化决策提供了可靠依据。

成果名称： 华北旱作区大仓鼠、黑线仓鼠种群生态学及综合防治研究

获奖时间： 1991 年

奖励情况： 中国科学院科学技术进步奖二等奖

主要完成单位： 中国科学院动物研究所、山东大学

主要完成人员： 杨荷芳、卢浩泉、张洁、王淑卿、郝守身、李玉春、邢林、张知彬、杨卫平

成果简介：

　　该项目自 1983 年起分别在河北、山东对大仓鼠和黑线仓鼠两种主要害鼠的种群生态学、种群动态及其内部调节机理进行了连续 8 年的系统研究，获

取了大量完整的科学资料。首次全面、详尽地分析、评估了各项因素在种群数量变动中的作用，揭示了季节、年变动特征，变异类型与栖息地异质性及种群异质性之间的相互关系。以繁殖、死亡为突破口，进一步阐明了种群内部负反馈调节机理，为建立预测预报系统提供了有效指标及参数。根据鼠类死亡因素的强度，运用模糊数学方法制定出重、中、轻三级防治决策，并与其他预测预报及综合防治措施相配合，形成了一套鼠害防治决策系统。

在上述研究基础上，通过分析农业技术措施的生态效应及充分评估天敌对鼠类的控制作用，结合鼠类生物学特性，提出了一套有机协调各项防治措施为内容的综合防治措施。该项措施体现了长期防治措施与局部临时性措施的配合，可控因素与不可控因素的相互协调、共同作用，使得控制因素长期有效地发挥作用。该项综合治理技术的推广应用，自1987年以来，大大降低了害鼠密度（由23.1%降至1%以下），并连续三年维持于极低水平（1%以下），从而达到了持续、有效地控制鼠害的目的。

该项目推广应用面积50多万亩，增加经济效益1000多万元，社会效益及生态效益显著。

成果名称：辽西低山丘陵易旱区农牧结合农林牧综合发展技术体系
获奖时间：1991年
奖励情况：中国科学院科学技术进步奖二等奖
主要完成单位：中国科学院沈阳应用生态研究所
主要完成人员：沈善敏、庄季屏、闻大中、殷秀岩、王义甫、廉鸿志、雷启迪、张璐、刘作新、姜宝国、刘春梅、宇万太、王仕新、何凤亭、张宪平
成果简介：

该项研究根据辽西低山丘陵易旱区的发展战略和喀喇沁左翼蒙古族自治县的具体条件，初步建立起一个综合发展、高产稳产的下河套生态农业优化模式。

（1）在农林（果）牧综合发展的基础上突出优势产业，建立一批集约化管理的优质果园，现已初见成效。

（2）通过农田水分分区管理，充分利用有限的浅层水资源，增补冻层储

水抗旱增产，效果显著。在此基础上大力发展高产值的粮食作物小麦，代替当地原来的主栽作物玉米、高粱，使种植结构有明显改善。

（3）合理施用磷肥，发挥磷的残效并促进磷在系统内循环再利用，解决褐土贫磷问题，从而取得显著的增产效果。

（4）建设人工林综合体系，使森林覆盖率从"六五"期间的20%增至"七五"期间的33%，特别是巩固了西山小流域治理成果，保护了生态环境，使之成为朝阳地区郁闭度很高的小流域典型。

该成果累计推广面积12万余亩，取得经济效益900多万元。

成果名称：三江平原以沼泽地改造利用为主的综合开发试验研究

获奖时间：1991年

奖励情况：中国科学院科学技术进步奖二等奖

主要完成单位：中国科学院长春地理研究所等

主要完成人员：韩顺正、刘兴土、李崇皓、王德斌、邵庆春、周瑞昌、杨培枢、连成才、崔顺吉、蔡葆

成果简介：

该项目在宝清县建立以沼泽地综合开发为主的试验示范区，经多部门、多学科联合攻关，取得了系统的研究成果，效益十分显著，对三江平原区域治理与综合开发具有重大意义。

关键技术及创新点：

（1）在平原沼泽区进行景观生态设计和建设，首先创立了适应沼泽生态位的稻-苇-鱼和稻-鱼-貉复合生态系统，并提出三江平原沼泽地合理开发与保护的建议。

（2）形成了沼泽多途径开发的配套技术。建立了5万亩亩产400～500千克的水稻高产示范区；形成温带微酸性沼泽土壤条件下改造低产苇田和建设人工苇田的配套技术；对池塘生态系统进行了输入扰动分析，为池塘生态系统的管理和经营提供了理论依据；引种茭白等水生经济植物，研制了泥炭－无机复合肥。

（3）进行沼泽、沼泽化湿地和低湿平原内部治理，改单一排水为治水与

用水、排水与蓄水结合，地表水与地下水资源综合利用，形成了"排、蓄、用"结合的工程治理模式。

（4）在已垦的土地上，对优势作物大豆、甜菜、亚麻进行适应本区特点的高产栽培综合技术研究，形成可供大面积推广的技术体系。

（5）对沼泽自然生态系统和复合人工生态系统的结构、功能、生物生产力进行多年的定时观测。

成果名称：我国棉花、水稻、蔬菜和果树主要害虫抗性及其对策研究

获奖时间：1991 年

奖励情况：中国科学院科学技术进步奖二等奖

主要完成单位：中国科学院动物研究所、中国科学院上海昆虫研究所

主要完成人员：孙芸芹、唐振华、袁家珪、冯国蕾、庄佩君、刘宝文、韩启发、张桂林、黎云根、何风琴、周成理、王靖、王延年、陈言群、龚坤元

成果简介：

害虫抗药性的发展已成为化学防治中十分严重的问题，直接威胁到农业生产和农药工业的发展，同时加剧了生态环境的恶化，破坏了种群的动态平衡。该项目自 20 世纪 60 年代开始，在国内率先对我国棉花、水稻、蔬菜和果树的主要害虫抗药性进行了系统研究。

（1）参照 FAO 和 ESA 的抗性测定方法，结合我国的具体情况，制定适合我国的标准和测试方法。

（2）对三化螟等 15 种我国水稻主要害虫进行抗药性及其抗性水平的监测。

（3）经监测发现，我国北方棉区的棉蚜和南方沿海的小菜蛾对有机磷、氨基酸醇和拟除虫菊酯均已产生很高的抗性。

（4）在上述研究的基础上开展抗性对策的研究，根据不同情况提出不同的对策。

（5）建立了害虫抗性的数学模型，进行计算机模拟，并对计算机模拟的结果以室内模拟试验加以验证。在室内模拟成功的基础上，进行田间试验，最后加以推广应用。

（6）研制出了氨基甲酸酯类灭多威杀虫剂和增效磷（SV1）新型增效剂，

已转让给农药厂生产，有很好的开发应用前景。

成果名称：全国粮食产量预测研究

获奖时间：1992 年

奖励情况：中国科学院科学技术进步奖一等奖

主要完成单位：中国科学院系统科学研究所、农业部农村经济研究中心、中国科学院数理化局

主要完成人员：陈锡康、薛新伟、曹居中、史耀远、陈钟

成果简介：

　　该项目根据中国的具体情况经过长期研究提出了新的社会经济技术产量预测法，这种方法在原理上与国际通用的气象产量预测法的主要区别有以下两点。

　　（1）气象产量预测法认为影响粮食亩产的三类因素中，气象因素起主要作用，而社会经济技术产量预测法则认为社会经济技术因素起主要作用，气象因素也很重要，但起第二位作用。

　　（2）气象产量预测法认为，社会经济技术因素的作用是一个长期的、平稳的过程，造成粮食产量上下波动的主要原因是气象因素的变动。该项目提出的社会经济技术产量预测法认为，根据中国大量资料，各年度社会经济技术因素的变动并不平稳，年度间差异性很大，社会经济技术因素的变动也是造成粮食产量上下波动的重要原因。

　　该项目提出的预测技术在预测精度上高于国外先进水平。国际上粮食产量预测的误差为 5%～10%，该项目 1980～1991 年 12 年的应用结果为：平均预测误差小于 3%，平均预测精度在 97% 以上，预测提前期为半年以上。

成果名称：防治鱼虾浮头病害和水质污染技术

获奖时间：1992 年

奖励情况：中国科学院科学技术进步奖二等奖

主要完成单位：中国科学院海洋研究所

主要完成人员：朱校斌、陆家平、李光友

成果简介：

该项目发现，对虾发生病害和浮头主要是由于水质和底质有害化学物质积累和富营养化，导致病菌、病毒和寄生性生物大量滋生。对对虾疾病的防治，不能用注射疫苗的方法，也不能采用注射抗生素的方法；对虾与其他动物不同，其血液细胞含血蓝蛋白，为蓝色血液，而不是含血红蛋白的红色血液。这就决定了常规药物对对虾病无效或效果不显著。

（1）从生态学角度出发，采取控制、改善水环境与药物相结合的技术。研制了高效无残毒的复合药物，消除高毒有害物质（如 H_2S、NH_3-N、NO_2-N 等），从根本上铲除病菌、病毒和寄生性生物，把一些有害物质转化为营养物质，使藻类正常生长，抑制病菌的生长；研制了专用投施装置，使药效提高了 5 倍以上。

（2）从治疗的角度出发，研制对蓝色血液动物疾病有特效的药物，达到治疗和提高机体免疫力，并促进对虾生长的效果。

（3）从营养学角度出发，研制具有强诱食效果和营养作用的诱饵剂，促使因发病拒食的对虾摄食，并使含有上述药物的饵料能被对虾充分利用而发挥其治疗效果。

据不完全统计，1991 年该项目已推广到福建、广东、江苏、上海、山东、河北、辽宁等 8 个省份的 46 个县（市），使用水面 31 万亩，新增社会经济效益 1 亿 5000 万元。

成果名称： 猕猴桃种质资源保存及新品种培育、推广应用

获奖时间： 1992 年

奖励情况： 中国科学院科学技术进步奖二等奖

主要完成单位： 中国科学院武汉植物研究所、中国科学院植物研究所

主要完成人员： 黄仁煌、王圣梅、武显维、洪树荣、熊冶廷、桂耀林、宋元珍、姚维楚

成果简介：

该项目主要内容已在 2001 年获得国家科学技术进步奖二等奖，见国家奖成

果简介。

成果名称： 棉花前期少施药摘早蕾增产新技术推广应用

获奖时间： 1992 年

奖励情况： 中国科学院科学技术进步奖二等奖

主要完成单位： 中国科学院动物研究所、中国科学院生物物理研究所

主要完成人员： 盛承发、孟祥玲、滕德兴、吴国伟、高家祥、王海龙、董灵、熊文、宣维健、苏建伟

成果简介：

传统的植棉理论要求"带桃入伏，伏桃满腰，秋桃盖顶"，治虫上要求重点防治第二代棉铃虫，力保伏前桃。这一理论引起害虫防治费用高，生态代价严重，伏前桃烂铃及地膜棉早衰等严重问题。该项目提出的"提高二代棉铃虫经济阈值辅以人工摘除早蕾"（简称前期少施药摘早蕾）增产新技术，被认为是对传统的"三桃"理论的一大突破，丰富了棉花栽培理论，其所依据的超补偿理论应用于生产实践居世界领先水平。

该项成果的相关技术 1989 年在山东省惠民地区一次性推广 29.31 万亩，平均增产 16.5%，共增直接经济效益 2515 万元。1990 年和 1991 年，除在惠民地区继续推广外，还在安徽省主要产棉地区及河北省邯郸地区进行大面积推广。

该成果连续三年在山东、安徽、河北等省推广，累计 232 万亩，直接经济效益 16 533 万元，其中新增产值 15 327 万元，节支金额 1206 万元，经济效益显著。

成果名称： 棉铃虫 *Heliothis armigera*（Hübner）性外激素的应用研究

获奖时间： 1992 年

奖励情况： 中国科学院科学技术进步奖二等奖

主要完成单位： 中国科学院动物研究所、中国科学院上海有机化学研究所

主要完成人员： 任世珍、陈德明、张善干、林国强、刘玲玉

成果简介：

棉铃虫是为害棉花、玉米、小麦、番茄等重要作物食性很杂的一种著名

经济害虫。棉铃虫性外激素的研究，不仅具有理论意义，在害虫控制、合理施用农药、减少环境污染等方面也有广泛的应用价值。

该项目在国内率先开展棉铃虫性外激素的研究。对以下九个方面进行了长期、系统的研究：①性外激素的分泌腺。②腺体提取物的气谱/质谱分析。③活性组分的行为反应观察。④田间筛选出四组活性配方，其效果达到或超过国外有关配方的报道。⑤合成方法的改进，以三乙胺代替以往合成中使用的毒性大、价格高的亚磷酸三甲酯。⑥诱捕器数目，放置高度、密度的统一使用，使各地诱蛾数据科学化，便于分析、比较、参考。⑦测报规范化，一个测报点规定放三个捕器，从蛾羽化开始观察至蛾羽化结束。⑧性外激素诱蛾量防治指标。⑨合理施药。以上九个方面的研究为棉铃虫综合管理中使用新的科技系统提供了科学依据。

该项目在我国重要棉区九省份 50 个点，近 7000 万亩棉田上合理施药，节约成本，获得了 2952.23 万元的经济效益，生态效益、社会效益明显。

成果名称：农田防护林永续利用与更新方式
获奖时间：1992 年
奖励情况：中国科学院科学技术进步奖二等奖
主要完成单位：中国科学院沈阳应用生态研究所
主要完成人员：姜凤歧、周新华、林鹤鸣、邢力华、毕克臣、章依平、代力民、杨瑞英、李昕
成果简介：

该项目以营造面积大、集中连片、成型快的东北西部、内蒙古东部地区的农田防护林为对象，选择代表性较强的辽宁省昌图县宝力镇和吉林省农安县哈拉海镇为试验基点，历时 5 年，开展了较为深入和系统的研究，成功地解决了农田防护林合理经营的关键问题。

（1）依据林带树木的特殊生长发育规律提出林带生长发育三个阶段的新观点，为对林带进行合理经营建立了总体指导性理论。

（2）在林带结构合理调控方面，应用数字图像处理技术建立了高精度测

定林带疏透度的新方法——数字图像处理法，取代了以往粗放的目测法。

（3）在林网改造方面将小比例尺卫片和大比例尺航片同实地调查相结合，绘制林带（网）分类现状图，并应用于林网体系的经营与改造。

（4）在林带更新方面，确立了农田防护林防护成熟的新理论，提出了界定防护成熟龄并应用于实践的新方法，更新龄的综合确定法及四种更新方式的建模、效益评价、更新时间与空间安排等，为农田防护林更新提出了科学依据和明确措施。

该成果1990年开始在吉林省长春市六县（区）和辽宁省昌图县推广应用，经两年运转，获得纯收益2424.81万元。

成果名称： 农田蒸发测定方法和农田蒸发规律研究

获奖时间： 1992年

奖励情况： 中国科学院科学技术进步奖二等奖

主要完成单位： 中国科学院地理研究所

主要完成人员： 左大康、谢贤群、唐登银、张仁华、洪嘉璇、李宝庆、程维新、逢春浩、朱治林

成果简介：

该项目在中国科学院禹城综合试验站的不同作物（小麦、玉米、大豆、棉花）农田上进行了连续三年的农田蒸发的联合观测试验，取得以下主要成果。

（1）自行设计和制造了一台大型原状土自动称重土壤蒸发渗漏器。

（2）首次定量地指出了国内通用的波文比-能量平衡法的平均相对偏差，定量地分析了产生偏差的物理原因，给出了运用该方法测量农田蒸发量的适用范围及优缺点。

（3）首次提出了"剩余阻抗"的新概念，使以能量平衡-空气动力学阻抗模式计算农田蒸发量有了新的发展。

（4）在水量平衡方法中，首次应用了完整的大田水量平衡模式，突出了包气带含水量分层（层厚10厘米）的详细计算。首次从土壤水分能量的观点出发利用土壤水势得到土壤水分的零通量以求解土壤水分蒸发，该方法拓展

了研究土壤蒸发的领域。

该项目研究所获得的黄淮海平原主要作物（小麦、玉米、棉花、大豆）的蒸发耗水量、需水量分布特征、水分亏缺分布特征以及水分利用率特征，已为黄淮海平原节水农业措施计划灌溉和水资源管理及调控提供了定量依据。

成果名称： 农业非点源（面源）污染及其控制对策研究

获奖时间： 1992 年

奖励情况： 中国科学院科学技术进步奖二等奖

主要完成单位： 中国科学院南京土壤研究所、南京农业大学

主要完成人员： 胡荣海、汪祖强、马立珊、马杏法、张水铭、张桂英、谢再稚、胡霭堂、戈乃分

成果简介：

该项目的关键技术和创新点：

（1）首次提出并将"差额污染负荷量"概念应用于农业面源污染研究工作，严密准确地计算农业面源氮、磷和 COD[①] 污染的"净负荷量"。

（2）首创了平原水网地区大面积集水区网络试验方法，创造性地设计了可以覆盖苏南太湖地区的水田、旱田网络试验区。

（3）首次采用环境化学、土壤化学与农田水文学相结合，以及野外大田、小区试验与室内模拟试验相结合的农业面源污染研究方法。

（4）应用高丰度 ^{15}N 示踪技术，对施用尿素和碳酸氢铵的稻田进行研究，解决了施肥期泡田水和渗漏水中化肥和土壤氮的变化范围及其比例关系问题。

（5）运用模糊集致学的理论和方法建立了农业面源（非点源）污染的模拟模型，对农田污染控制的理论和方法做出了重大的贡献。

（6）应用 Longmuir 吸附等温方程式研究了苏南太湖流域各类土壤对磷素的吸附和解吸的特性。

（7）阐明了苏南太湖地区农业面源污染的基本规律，为制订"太湖水系水质保护"总体方案提供了重要的科学依据。

---

① 化学需氧量，是以化学方法测定水样中需要被氧化的还原性物质的量。它是一个重要的能较快测定的有机污染参数——编者注。

该项目在苏南太湖地区应用的经济效益总计可达 3.9 亿元，其中农业增产增收可达 1.2 亿元，降低 12.8% 的农业生产成本，经济收益可达 2.7 亿元。

成果名称：三江平原岗平地农牧结合治理及开发试验研究

获奖时间：1992 年

奖励情况：中国科学院科学技术进步奖二等奖

主要完成单位：中国科学院沈阳应用生态研究所、黑龙江省农垦科学院

主要完成人员：高子勤、丁庆堂、叶仕生、武志杰、关熙铭、于德清、南寅镐、魏均、张国范

成果简介：

岗平地地貌类型区分布在山前台地及高阶地地带，总面积约 2400 万亩，是三江平原开垦利用时间较久的重要麦、豆产地。白浆土是这个类型区的主要土壤，占全部土壤的 60% 左右，是低产土壤。这类土壤具有极为恶劣的障碍层次——白浆层，严重制约了作物单产的提高。

该项研究以改良白浆土为目的，充分利用农业土地资源，发展畜牧业，通过农牧结合、农林牧结合，水资源的开发利用，充分发挥土地的最大生产效力，使得作物稳产高产，形成农牧良性循环的改土体系和农牧结合综合治理白浆土的模式。

该项研究采取重点实验区与大田示范区相结合，引进新技术与推广应用相结合，田间模拟与试验室基础研究相结合的技术路线。

在三江平原地区建成较大规模（6 万亩）农林牧综合治理岗平地白浆土的优化实体模式及综合配套技术体系；建成寒地商品瘦肉猪繁育及集约化科学饲养体系；以生物改土为中心的秸秆还田、种植牧草，增施有机、无机肥料，实行少耕深松等综合措施改良白浆土，改善了白浆土的土体构型。

示范区 5 年直接经济效益 513.1 万元。农牧结合为主的示范模式推广 80 万亩，其推广效益为 5320.6 万元。单项新技术在示范区推广和扩散五年累计创间接经济效益 632.6 万元。另外，长效尿素肥料等相关技术在三江平原同类地区普遍推广，共创效益 3184.9 万元。

成果名称：优良藻种的选育和培养条件研究

获奖时间：1992 年

奖励情况：中国科学院科学技术进步奖二等奖

主要完成单位：中国科学院武汉植物研究所、中国科学院水生生物研究所、中国科学院南海海洋研究所、南京大学、中国科学院海洋研究所、中国农业科学院土壤肥料研究所

主要完成人员：胡鸿钧、俞敏娟、吴伯堂、曾昭琪、谭桂英、谢应先、曾明涛、胡强、张成武、陈明惠、李夜光、刘惠荣、陈婉华、许常虹、徐晶

成果简介：

该项目从海洋和内陆水体中采集、分离、筛选、驯化培育出生长快、适应性强、蛋白质含量高、适合大量生产的优良藻种 2 个、螺旋藻新品系 5 个。

（1）筛选分离出的螺旋藻'程海一号'新品系适合于在程海湖地区自然条件下快速生长繁殖，该品系成功通过了在当地进行的 3000 平方米工厂化生产中试，成为当地工厂化生产螺旋藻的优良藻种。

（2）培育成功三种适于海水中生长的钝顶螺旋藻新品系，为利用丰富的海水资源和气候适宜的海滩进行工厂化生产提供了优良藻种。

（3）朱氏四爿藻首次从我国海域分离培养成功，是一种对虾育苗的优良微藻，经在对虾育苗场实验，可提高 10% 的虾苗成活率。

（4）土生席藻蛋白质含量可高达 74%，在最适条件下，最大生长 K 值为 3.3，增代时间为 5.3 小时。

（5）螺旋藻中温品系筛选培育成功，为在中温季节较长地区的螺旋藻生产提供了优良藻种。

广东省惠莱县的海水螺旋藻工厂化中试基地采用海水螺旋藻品系为生产藻种，达到了年产 5 吨干藻粉的能力。

成果名称：利用基因工程培育的抗 TMV 和 CMV 的双抗烟草及大田试验

获奖时间：1993 年

奖励情况：中国科学院科学技术进步奖一等奖

主要完成单位：中国科学院微生物研究所、河南省农业科学院植物保护研究所

主要完成人员： 方荣祥、莽克强、周汝鸿、田颖川、王桂玲、许丙寅、张振辰、吴青、董其超、何凤祥、杨静

成果简介：

该项目构建了能同时表达 *TMV CP* 基因和 *CMV CP* 基因的双价表达载体，通过农杆菌转化我国烟区的主栽品种 NC89，获得了能同时抗 TMV 和 CMV 的原代双抗转基因烟草。选出双抗转基因烟草的纯合系。从 1989 年 9 月到 1991 年 9 月的两年时间里在海南岛和河南进行了连续 4 代的双抗转基因烟草的大田试验，为大田生产示范及推广应用提供了充分的依据。

双抗转基因纯合系在田间攻毒试验中表现出良好的抗性，在 TMV 和 CMV 混合攻毒的情况下，双抗纯合系发病率为 20% 以下，而对照烟草发病率在 80% 以上，抗性水平与国内外的单抗烟草相当。

对双抗转基因烟草进行了 4 代的大田抗病毒试验，验证了其抗病性的遗传稳定性。另外，还完成了一系列的烟草农艺性状、烟叶品吸质量等的测定，证实双抗转基因烟草没有改变 NC89 原有的优良性状。在此基础上于 1992 年在河南进行了 10 万亩的大田生产示范，对花叶病的相对防治效果达 64%。亩增效益平均为 180 元，总的经济效益达 1800 万元以上。河南省现种植 NC89 品种 150 万亩，全国范围的面积更大，因此双抗转基因 NC89 在推广以后会有很大的经济效益。

成果名称： 寒区边境口岸农业综合发展技术研究

获奖时间： 1993 年

奖励情况： 中国科学院科学技术进步奖二等奖

主要完成单位： 中国科学院黑龙江农业现代化研究所、中国科学院沈阳应用生态研究所、中国科学院长春地理研究所

主要完成人员： 王立志、孙青杉、刘多颖、王书锦、王德斌、薛德林、柴文森、刘银良、高子勤、刘兴土、叶仕生、李崇皓、杨恕平、刘洪家、李景林

成果简介：

该项目以同江市大农业系统为开发研究的对象，应用了农业综合发展有

关的诸多技术原理，包括：

（1）应用农业生态学原理对地、热、光、水等自然环境及植物、动物、微生物等进行综合分析、协调和优化利用。

（2）应用作物栽培学原理及植物营养学原理，依据作物生长发育及营养规律创造作物高产优质高效模式。

（3）应用系统科学原理，对农业经济、自然环境、生态变化进行多目标、多层次的优化决策。

（4）应用自然规律与经济规律相统一的农业经济学原理。

（5）应用运转反馈、人为调控的控制理论，实验设计、统计分析、模拟寻优的统计学原理和最优化理论。

（6）应用畜牧学、栽培学、草原学、林学、耕作学等基础理论及农业工程、生物技术、立体模式等新的技术理论。

该项目包括蔬菜、大豆、水稻、林业、畜牧五个子项目，在推广应用中均取得明显经济效益，为发展三江平原地域经济和促进边境口岸发展做出重要贡献，共新增产值 6205.62 万元。

成果名称：胡萝卜全果实混悬液及系列制品制备研究

获奖时间：1993 年

奖励情况：中国科学院科学技术进步奖二等奖

主要完成单位：中国科学院石家庄农业现代化研究所

主要完成人员：洪兴华、周秀芬

成果简介：

该研究从天然、全营养成分利用的国际食品发展趋向出发，采取胡萝卜可食用部分全部利用的混悬液工艺为胡萝卜系列制品基本工艺的技术路线，拓展制品的应用范围，使其成为消费者喜于食用而又质高价廉的食品。采用细胞破壁原理，提高胡萝卜素的利用率；采用混悬液理论，提高制品感官品质和稳定性。

该项目的创新点：

（1）胡萝卜细胞破壁工艺条件的确定和工业化生产最佳工艺流程的选择。

（2）胡萝卜细胞破壁前后的抗氧化技术措施。

（3）细胞破壁前后营养作用的快速生物试验法。

（4）不添加水果组分条件下消除胡萝卜异味工艺。

（5）利用斯托克定律研究影响胡萝卜混悬液稳定性多因素内的相关关系。

18个受让厂家将该项成果应用于生产后按设计能力每年生产高档胡萝卜饮品约1.8万吨，总产值1.2亿～1.4亿元，年创利税3000～4000万元。

成果名称：华北地区年产百万株林木组培苗工厂化生产技术的研究

获奖时间：1993年

奖励情况：中国科学院科学技术进步奖二等奖

主要完成单位：中国科学院植物研究所、中国科学院石家庄农业现代化研究所

主要完成人员：吴兆明、陈文龙、孙志华、汪士尚、汤锡珂、王玉珍、冯学赞、王大双、焦根林

成果简介：

该项目完成了将植物组培实验技术向年产100万株组培苗木的规模性生产的转化，同时建成了大面积组培苗木造林试验基地。

该项目首创了试管苗气培生根法，改革了传统组培工艺程序，创建了试管苗生根新途径。新型S培养基、抗盐海棠树种组培苗工厂化生产、立体育苗设备等创新点在国内外同类研究中均未见报道。研究建成的年产百万株苗木组培苗工厂化生产设施属国内先进水平。

组培育苗工厂先后生产了毛白杨、抗盐珠美海棠、脱毒苹果、葡萄和矮化砧木等优质组培苗木百万株以上，其成苗已在山东、河北、天津、内蒙古、陕西等地推广应用。其中用户以组培毛白杨建苗圃地150余亩，造林面积达2000亩以上。在山东省东营市、寿光县、济南市郊，河北省唐海县、沧州市，内蒙古巴彦淖尔盟，以及天津市大港等重盐碱地区，抗盐珠美海棠绿化面积达1400多亩，建抗盐果园40多亩。

近年来引进该项目技术生产的各类苗木，通过培育并出售大苗，已获得近50万元的社会、经济效益。

成果名称：胶州湾对虾人工放流增殖效果和最佳放流量的研究

获奖时间：1993 年

奖励情况：中国科学院科学技术进步奖二等奖

主要完成单位：中国科学院海洋研究所

主要完成人员：刘瑞玉、崔玉珩

成果简介：

该项目创新点如下：

（1）依据幼对虾在生长期饵料的消耗量和胶州湾的面积确定适宜放流量为 7000 万～1 亿尾。

（2）查明了放流虾入海后的移动规律，为放流虾的管理和放流地点的选择提供了依据。

（3）自然补充量和放流虾回捕率估算，依据 1987 年 6 月仔虾相对数量和 8 月份幼虾的比例关系，估算了有关年份仔虾自然补充量，放流增殖年份 8 月份幼虾数量扣除自然补充后估算的回捕量，其结果大体与生产统计相符。

在该项目研究结果的指导下，胶州湾在 1986 年、1988 年、1989 年、1990 年 4 年（1987 年未放流）共放流幼虾 5.3 亿尾，增加了捕捞量 1135 万吨。1989 年和 1990 年减少放流幼虾 2 亿尾，节约放流经费 200 万元，并节约大批人力。

成果名称：仔猪腹泻基因工程 K88K99 双价灭活疫苗的中试工艺研究

获奖时间：1993 年

奖励情况：中国科学院科学技术进步奖二等奖

主要完成单位：中国科学院上海生物工程研究中心

主要完成人员：孙玉昆、巫爱珍、顾大年、徐安清

成果简介：

该项目在洪孟民研究员构建的含有 k88 和 k99 两种伞毛抗原基因及不含肠毒素基因的 k88k99 双价基因工程菌的基础上，进行了工程菌中试发酵条件的研究，解决了产业化问题。

不含肠毒素基因的 k88k99 双价基因工程菌经高密度发酵后，加甲醛于发

酵液中将菌体灭活，制成高效价的灭活疫苗，工艺简单，既能降低生产成本，节约能源，又没有含活菌体的废液排污，防止对环境的污染。

建立了能在常温（25℃）下储存、运输的冻干k88k99双价灭活疫苗的生产工艺，解决了疫苗大面积应用时通常遇到的"冷链"问题，这对热带国家和地区尤为重要。

怀孕母猪临产前21天，注射一次k88k99双价灭活疫苗，分娩后的母猪初乳中能检测出k88k99的抗体，新生仔猪吃足这种母猪的初乳，可以大大降低黄痢腹泻的发病率，保护率达90%以上。

"幼畜腹泻基因工程K88K99双价灭活疫苗中试工艺研究"成果1990年转让给香港盈亚发展有限公司，至1992年底，已试生产疫苗100多万支，实现利税近100万元，取得了良好的经济效益和社会效益。

成果名称：工业用兼食用甘薯新品种"遗306"

获奖时间：1994年

奖励情况：中国科学院科学技术进步奖一等奖

主要完成单位：中国科学院遗传研究所

主要完成人员：杜述荣、王文质、以凡、左秋仙、仇光星、侯宁、王恢鹏、吕宝华、张亮瑞、于春江、仲崇礼、李长亮、苏广林、张善交、魏秀玲

成果简介：

用具有1/8野生薯基因的高淀粉、抗性强的日本主栽品种"南丰"作母本和我国高产、高抗根腐病、适应地区广的主栽品种"徐薯18"杂交选育成甘薯新品种"遗306"，它具有高淀粉、高产、抗病抗逆、适应地区广等特点，是工业用兼食用甘薯新品种。选用亲缘关系较远的品种作杂交亲本进行有性杂交，是"遗306"甘薯新品种选育的关键技术和创新点。

（1）产量高。根据各地区域试验和品种比较试验的平均结果，"遗306"比全国主要推广品种"徐薯18"鲜薯增产7.8%，薯干增产29.9%，淀粉增产32.9%。

（2）品质好。"遗306"品种的薯干、淀粉均白，出干率和淀粉率高，比"徐薯18"出干率高3%～5%，淀粉率高5%～6%。

（3）综合抗病性强。"遗 306"高抗黑斑病，中抗根腐病和茎线虫病。

（4）适应地区广。1986～1990 年生产示范试验结果，"遗 306"南至四川、湖北、湖南、贵州、云南，北至河南、北京、河北，东至安徽、江苏、山东，西至山西、陕西，种植示范试验表现很好，表现出较强抗旱耐瘠薄性，在山坡丘陵旱薄地种植表现尤为突出。

1987～1993 年，"遗 306"甘薯累计推广面积 1352.55 万亩，可增产薯干 21.09 亿千克，以每千克薯干 0.5 元计，共增值 10.55 亿元，其经济效益是十分可观的。

成果名称：大豆化学诱变育种研究及育成"宝诱 17 号"新品种
获奖时间：1994 年
奖励情况：中国科学院科学技术进步奖二等奖
主要完成单位：中国科学院遗传研究所
主要完成人员：谷爱秋、耿玉轩、朱保葛、钟立梓、邓向东、李宗玉、路子显、吕世柱、张文友
成果简介：

该项目对不同化学诱变剂和不同大豆基因型开展诱变研究，探索了大豆化学诱变技术和突变规律，选育了优良突变品种（系）在生产上进行大面积推广。

（1）用 EMS、DES、EI、NEU 和 PYM 处理多种基因型大豆筛选出效果好的诱变剂 DES、EMS 和 EI 及其最适剂量和处理时间。

（2）研究诱变一代（M_1）突变体出现的规律并选择出早熟、大粒、矮秆、多枝等突变类型。

（3）优选单项性状和多项性状同时发生变异的突变体，分析其突变规律，并将综合性状作为突变系筛选的重要标准。以此方法选育出矮秆、多枝、多荚的"宝诱 17 号"大豆品种。

（4）用 DES、EI 诱发大豆品种"合丰 25 号"，在 4 年间选育出 6 个宝诱号优良突变系："宝诱 17 号"、17-19-3、12-16-1、7-5-1、13-22-3 和 4-5-7。

"宝诱 17 号"大豆 1990～1993 年累计推广 305.85 万亩（其中 1993 年推

广 157.01 万亩)，增产大豆 6783.79 万千克，新增产值 10 029.16 万元。

成果名称：农村庭院生态结构功能与开发利用模式研究

获奖时间：1994 年

奖励情况：中国科学院科学技术进步奖二等奖

主要完成单位：中国科学院石家庄农业现代化研究所、中国农学会、河北省农业区划办公室、河北省农业技术推广总站、衡水地区区划办公室

主要完成人员：云正明、王前忠、张裕民、赵志忠、龚维鹏、阎鸿久、赵山庆、郭素芹、戴从法

成果简介：

该项目从 20 世纪 70 年代末开始对长期被人们忽略的领域——农村庭院进行了长期艰难的探索工作。利用遥感技术对农村庭院进行了测绘、量算、调查、计算分析和典型试点，得出了一个初步结论：中国的农村庭院占耕地总面积的 5%～10%，就全国来说占地约一亿亩，具有很大的开发潜力。

该项目提出了"农村庭院生态系统"概念，根据十几年研究积累，集中研究、整理、修订完成并公开出版了我国在该领域的第一本专著《中国农村庭院生态学概论》，全书共 12 章 58 节，初步奠定了农村庭院生态学的基本理论。

庭院经济的研究、普及、推广，取得了巨大经济效益和社会效益。仅河北、山东、河南、甘肃四个省每年庭院经济总产值就超过 500 亿元，大约等于这四个省份农业总产值的 43% 左右。在全国很多地区，庭院经济产值已经占到当地农业总产值的 15%～30%，成了农村经济的"三大支柱产业"之一。

成果名称：农牧区鼠害综合治理技术研究

获奖时间：1994 年

奖励情况：中国科学院科学技术进步奖二等奖

主要完成单位：中国科学院动物研究所、中山大学、陕西师范大学 、中国农业科学院草原研究所、中国科学院西北高原生物研究所、中国科学院长沙农

业现代化研究所

主要完成人员：马勇、辛景禧、钟文勤、王延正、杨荷芳、董维惠、樊乃昌、陈安国、朱靖

成果简介：

鼠害是全人类面临的重大问题之一。该项目确定 6 个典型危害区中的 11 种主要危险害鼠为攻关对象，在鼠害预测预报和综合治理技术研究方面取得重要进展。

（1）突破了以往仅对个别鼠种或局部地区采用单一方法（药物）进行防治研究的格局，在 6 个不同的典型危害区对我国 11 种主要危险鼠种进行同步研究。

（2）掌握了 11 种主要害鼠种群数量及其繁殖的动态规律，首次对 9 种害鼠提出了数量动态的预测模型。

（3）提出了 11 种主要危险害鼠的防治指标。

（4）应用草原生态系统原理，提出协同调整鼠害草场中草-畜-鼠生态经济结构关系的治理策略及相应的生态工程方法。

（5）首次发现布氏田鼠分布的不连续性，绘出我国迄今最完整的布氏田鼠分布地图。

（6）在新技术探索方面也取得多项成果，成功研制了应用于地下害鼠的 LB 型灭鼠管技术等多项技术。

该项目相关成果总计推广应用于农田面积约 1.3 亿亩，草场面积约 2.8 万亩，综合防治取得的社会、生态效益非常显著。由于综合治理，较少使用化学药物，保护了天敌，减少了环境污染。该项目共挽回粮食损失 3.5 亿千克，增收总金额 6.4 亿元。

成果名称：提高柞蚕场生物生产力的研究
获奖时间：1994 年
奖励情况：中国科学院科学技术进步奖二等奖
主要完成单位：中国科学院沈阳应用生态研究所、辽宁省蚕业科学研究所
主要完成人员：杨思河、姜波、文诗韵、王昌杰、温达志、林继惠、黄刚、

尹忠馥、姜国政

成果简介：

　　该项目针对柞蚕场退化受多种因素影响和具有较大可塑性的特征，开始对柞蚕场作为一种受干扰的生态系统开展综合性研究。剖析了柞蚕场初级生产与二级生产过程及其相互关系，研究了人为干扰与不同经营方式对两级生产力的影响。揭示了柞蚕-柞树-土壤系统养分循环、光能利用及物质转化规律。以其光能利用及养分循环规律为基础，从品种选择、树冠造型、林分结构、轮伐更新、蚕虫种群控制及生物施肥等一系列环节和措施上进行优化组合，建立起两级生产力协调的蚕场集约化经营模式和示范样板。该成果不仅从理论上阐明了柞蚕场作为一种受干扰的生态系统的能流与物流及其转换机制，确立了保持该生态系统稳定性的理论基础，而且从实践上使柞蚕场生物生产力稳定提高，产叶量及蚕茧量均提高30%以上；实现了柞蚕-柞林生态系统的经济效益与生态效益的统一；从根本上解决了柞蚕场退化问题，为我国柞蚕资源的保护及柞蚕业的持续发展奠定了理论与技术基础。

　　通过实验研究，在高产出、高稳定性柞蚕场集约化经营理论指导下，形成了一套综合性的恢复退化蚕场，提高生物生产力的关键技术。

　　至1993年底，该项成果推广应用总面积已累计达249万亩，累计获经济效益1081万元。

成果名称： 早熟、高产、稳产、优质、适应性广大豆新品种"科丰6号"

获奖时间： 1994年

奖励情况： 中国科学院科学技术进步奖二等奖

主要完成单位： 中国科学院遗传研究所

主要完成人员： 赵存、林建兴、张性垣、柏惠侠、朱有光、郭朝忠、杨万桥、石金镜、陈起元

成果简介：

　　"科丰6号"大豆是几个亲本复合有性杂交和生态育种的产物。母本7611，父本75-30，杂种后代用改良系谱混合选择法选育而成，于1989年3月被天津市农作物品种审定委员会审定为推广品种，1989年6月又被北京市农作物品种审定委员会审定为推广品种。该品种属早熟夏播大豆，早熟、高

产、稳产、抗病、优质等优点集于一体。

（1）对光温反应迟钝，适应区域广。对光温反应不敏感，适应区域北起河北北部，南至四川自贡，东至渤海湾，西至宁夏银川和甘肃徽县，南北跨越 12 个纬度，而一般大豆适应范围为 3～5 个纬度。

（2）稳产高产。由于具有荚多、粒多和粒大等丰产性状结合在一起的优点，稳产高产。大面积种植，夏播一般亩产 130～200 千克，高产田块可达 250～270 千克，比当地种植的其他品种增产 12%～30%。

（3）品质优良。籽粒外观美，圆球形，浅褐脐，百粒重 20～22 克，蛋白质含量 43.95%，脂肪含量 19.33%，合计 63.28%。

（4）抗病性和抗逆性强。经专家和国家指定的鉴定单位鉴定，"科丰 6 号"不仅抗三种类型的大豆花叶病毒病，即普通型、矮缩型和顶枯型大豆花叶病，而且抗灰斑病的 7 个生理小种。

"科丰 6 号"已在河北、北京、天津等地大面积推广，在河南、山东、甘肃、宁夏、四川等省份有部分地区种植。1993 年推广面积为 306.25 万亩，累计推广 778.73 万亩，经济效益 2.3 亿元。

成果名称：中国作物秸秆营养价值及其利用
获奖时间：1994 年
奖励情况：中国科学院科学技术进步奖二等奖
主要完成单位：中国科学院长沙农业现代化研究所、山东省禹城县畜牧局、河南省延津县畜牧局、湖南省华容县景港镇畜牧站
主要完成人员：邢廷铣、方热军、谭支良、何烈华、陈惠萍、孙德收、苏士坤、郑坤道、陈庆湘
成果简介：

该研究以我国北方主要作物秸秆（麦秸）和南方主要作物秸秆（稻秆）为主要试验材料，以玉米秆和花生藤等为辅助材料，测定各主要作物品种秸秆的农艺学、形态学（茎秆、叶片和叶鞘）和细胞营养学指标，列出我国主要作物秸秆的营养价值表。分析这些指标的特性及其与瘤胃干物质消失率（DMD 值）的关系，研究各类秸秆的饲料营养价值特性，探讨、预测其

营养价值大小的可能性，以便在生产实践中选择最佳营养状态的秸秆。在进行 NPN 等处理的条件下，进行科学的全面营养物质添补，配制优化秸秆日粮饲喂草食畜禽。最后，通过饲养试验的验证，分别在南方（湖南华容县、桃源县和南县）和北方（山东禹城县、河南延津县和封丘县）建立试验基点，大规模开展秸秆氨化和青贮等处理，并全面添补营养物质饲喂牛、羊和鹅的推广应用，以扩大其在生产实践中的应用效果，取得更大的经济效益和社会效益。

利用氨化（或青贮）秸秆添补精料等营养物质饲喂草食畜禽，已在 3 个省的 5 个县进行推广应用，共创经济效益 1.05 亿元，产生了巨大的影响。

成果名称：山羊胚胎细胞经继代核移植后其发育能力的研究

获奖时间：1995 年

奖励情况：中国科学院科学技术进步奖一等奖

主要完成单位：中国科学院发育生物学研究所、扬州大学

主要完成人员：杜森、邹贤刚、徐少甫、穆宗尧、李光三、孙长美、王杏龙、杜福良、王玉阁、成勇、成国祥、李国忠、肖英达、李碧荣、钟元

成果简介：

该项目以山羊为实验材料，因为山羊和牛同属偶蹄目，均系反刍动物。完善细胞核移植和连续细胞核移植的技术体系，并对某些影响核移植成功的元素的基础理论工作进行深入的研究，对牛和其他大家畜的无性繁殖（克隆动物）直接提供了技术和有关基础理论的依据。

整个实验工作流程分为三部分：①精确计算出每种母羊情期的调整时间、激素处理超排的时间及移植受体母羊同步情期的时间。保证在细胞核移植、连续细胞核移植中的材料供应。②在细胞核移植等显微操作方面：受体成熟卵核的去除、供核细胞的分离而后转移、移核卵的激活和电融合。该研究获得了以上每一个过程的合适的处理时间和剂量。③获得第一代或第二代重构卵，再把重构卵移植到和重构卵发育期相应情期的继母羊，最后是妊娠、接生等动物饲养管理工作。

该项目在理论上证实了哺乳动物的胚胎细胞全能性特性也如同两栖类的

细胞一样可以用细胞核移植的方法代代相传，而不改变全能性的特性；同时，在应用上为获得大量克隆动物（无性繁殖）的可能性，提供了更进一步的依据。

成果名称：《中国淡水鱼类养殖学》（第三版）

获奖时间：1995 年

奖励情况：中国科学院科学技术进步奖二等奖

主要完成单位：中国科学院水生生物研究所

主要完成人员：刘建康、何碧梧、倪达书、陈宏溪、陈启鎏、胡传林、梁彦龄、曹文宣、黄根田

成果简介：

中国的淡水养殖历史悠久，技术经验及产量均居世界之首。1985 年农业部水产局（司）和科学出版社委托水生生物研究所负责《中国淡水鱼类养殖学》（第三版）的主编工作，该书于 1992 年出版。

该书对我国渔业生产发展的新历史阶段、新的技术发展现状从生产实践和科学理论上做了深入的、系统全面的分析研究和总结。全书包括：绪论，我国淡水渔业的历史，我国的淡水鱼类资源，饲养鱼类的繁殖，鱼类育种和引种驯化，饵料与施肥，鱼苗的张捕、运输及苗种饲养与渔场建造，池塘养鱼，湖泊河道养鱼，水库养鱼，网箱养鱼及其他养鱼方法，稻田养鱼，鱼病防治，商品鱼捕捞，淡水鱼类的加工利用等 15 章，以及水生生物的定量调查方法，用鱼和溞类进行污水急性毒性试验的方法两个附录，共 111 万余字。

该书第三版作为我国 20 世纪 80 年代淡水养殖新经验、新技术、新理论和新成就的全面总结，一经出版，立即获得了广大读者的普遍欢迎和好评。该书的出版将对促进我国淡水养殖事业的进一步发展发挥重要作用，并将更加有力地推动我国和世界淡水生态学和养鱼学的前进与发展。

成果名称：钙与赤霉素合剂的研制及在旱农生产中的应用

获奖时间：1995 年

奖励情况：中国科学院科学技术进步奖二等奖

主要完成单位：中国科学院西北水土保持研究所

主要完成人员：山仑、郭礼坤、孙纪斌、徐萌、邓西平、张岁岐

成果简介：

该项研究的目的在于寻求一种能在干旱条件下促进成苗、节水与增产，而且成本低、无公害的化学药物，并力求在实际生产中得到验证与应用。

（1）研究证明，作物成苗不同阶段的耐旱力存在明显差异：吸胀＞萌动＞发芽＞胚伸长；萌动、发芽、出土对水分需求的阈值（MPa）分别为2.29、1.03 与 0.80，幼芽出土后对干旱的适应能力又有了增强。

（2）钙与赤霉素合剂（Ca+GA）对萌发无明显影响，但可显著促进幼芽伸长。Ca+GA 则产生了两者在生长与代谢上的互补和叠加效应，使种苗和植株的生物活性和抗旱性得到结合，因而增强了对半干旱地区多变少水环境的适应。

（3）实验证明，中度干旱下，Ca+GA 提高小麦、谷子的成苗率10%～20%，对植株中后期的生长和干物质积累有明显促进，并最终提高冬小麦产量8%～15%，春小麦产量 6%～13%，谷子产量 7%～11%，在气候多变年份，增产比率更大。

（4）提出了钙与赤霉素合剂研制与使用的技术规范，包括药品选择、混合比例与方法、制品保存、最适使用浓度、拌种技术、处理后种子的储存、播种技术及应注意的问题等。

现该成果已在宁夏南部山区累计示范推广面积达 11 万多亩，增产粮食129 万千克。

成果名称：海珍品饲料新技术研究

获奖时间：1995 年

奖励情况：中国科学院科学技术进步奖二等奖

主要完成单位：中国科学院海洋研究所

主要完成人员：周百成、曲维扬、孟昭才、周显铜、李丽云、刘晚昌、于洪洋

成果简介：

该项目根据扇贝性成熟、稚鲍和成鲍的营养要求，不同的摄食特点，研

制了各种含螺旋藻的配合饲料，完成了大规模的中试，进行了示范推广，产生了良好的效益。

（1）首次将螺旋藻干藻粉应用于扇贝饲料，添加扇贝性腺成熟所需要的各种营养成分，制成粉状配合饲料，可以完全代替微藻。采用的工艺能减少饲料营养成分的溶出，防止水质恶化。

（2）首次将螺旋藻应用于稚鲍饲料，制成稚鲍饲料。

（3）首次将螺旋藻应用于成鲍饲料，制成片状配合饲料。能引诱稚鲍摄食，加速其生长，提高稚鲍的成活率，使养成的鲍鱼具有同野生鲍相似的壳色，提高其商品价值。

据不完全统计，仅 1991～1992 年，扇贝育苗新增产值 1333 万元，新增利税 680 万元；扇贝养殖新增产值 4140 万元，新增利税 1215 万元。两者总计新增产值 5473 万元。

成果名称：红壤生态系统综合治理技术及农业持续发展
获奖时间：1995 年
奖励情况：中国科学院科学技术进步奖二等奖
主要完成单位：中国科学院南京土壤研究所
主要完成人员：石华、赵其国、王明珠、张桃林、何园球、鲁如坤、姚贤良、龚子同、杨艳生
成果简介：

该项目在我国首次从生态系统的角度探讨红壤区的环境演变、退化机制、综合治理技术及农业持续发展的关键措施，对提高红壤的综合开发利用整体水平，促进有关学科的发展和相互渗透，都具有重要的科学和实际意义。

该项目采用的技术原理主要为三个方面：

（1）利用生态位、食物链及整体效应的原理，建立充分利用光、热、水资源的立体布局和种养结合的能流物流良性循环系统。

（2）定位观测研究红壤退化过程及机制，从土、水、肥动态平衡与调控着手，提出综合治理技术和农业持续发展的关键措施。

（3）依据生物多样性、生物共生互利原理，从红壤区植被结构组成变化

方面研究生物的逆向演替，为退化生态系统的植被重建与恢复提供依据。

红壤开发优化模式已由试区所在的市、县组织示范，并在同类地区迅速推广，在塘边建养猪场（1500～3000头/年）已达12个，年产瘦肉型猪1万头，鱼8万千克，出口创汇近1000万元。

成果名称： 黄淮海地区县级农业可持续发展决策支持系统

获奖时间： 1995年

奖励情况： 中国科学院科学技术进步奖二等奖

主要完成单位： 中国科学院遥感应用研究所

主要完成人员： 崔伟宏、陶永轶、徐爱义、李良群、吴晓清、刘静航、张磊、王为民、吴晨英

成果简介：

（1）该项目在理论上突破了遥感仅用于资源调查的常规，建立了遥感调查—分析评价—预测预警—规划决策一体化的模型体系，在地学分析理论和计算机实施技术手段方面有明显创新。尤其是其中的可持续发展动态规划模型，首次提出了可持续发展值的新概念，建立了可操作的区域可持续发展指标评价体系。

（2）采用了国际上最新的超图数据结构方法构造和支撑整个系统构架，具有快速和灵活的数据搜索、模型管理能力，使系统成为一个多目标的综合决策支持系统，这是GIS理论方法的新发展。

（3）系统以最小栅格而不是行政单元为空间基础建立了土地定量化评价模型、土地利用动态监测模型、土地承载力分析模型、海水入侵环境评价模型，提高了分析评价的定位精度。

（4）首次将多媒体技术方法应用于地理信息系统中，充分利用了多媒体的动画、伴音、图像、图形技术，为辅助决策支持系统提供了视觉化、形象化和音响化的新手段。

该项目的科研成果，目前在铜山县、蓬莱市和周村区大农业中示范推广应用，成为政府实施农业管理、决策现代化的主要先进工具和手段。

成果名称： 玉米优良新种质"遗糯 303"等 5 个的培育及利用

获奖时间： 1995 年

奖励情况： 中国科学院科学技术进步奖二等奖

主要完成单位： 中国科学院遗传研究所

主要完成人员： 曾孟潜、刘雅楠、杨涛兰、叶松青、王奎生、黄积金

成果简介：

该项目应用植物杂种优势遗传理论，制订培育优良新种质的试验设计方案。采用具有玉米野生性状和突变基因的基本材料和相应的遗传改良先进技术方法，培育有特色的玉米新种质。着重培育适宜于配制出粮饲兼用、青果穗和笋状穗食用的单交种、改良单交种的玉米新种质。

选用的玉米基本材料含有美洲来源矮秆基因（$br2$）、糯质基因（wx）和阿根廷方茎野生性状（叶片辐射状空间配置），在血缘上和地理距离上与我国常用杂交种亲本远缘，这样选材有利于发挥新种质潜在增产能力。

采用自然发病鉴定与病原菌接种鉴定相结合的方法，严格单株选择，提取多抗性单株，形成优良新种质；采用配合力测定的方法，结合综合性状评价方法，选择高配合力的单株，形成优良新种质。选育出"遗糯 303"等 5 个具有多抗性的玉米新种质，高抗大小叶斑病（蓟爆中抗小斑病除外），抗丝黑穗病，抗（耐）青枯病，中抗矮花叶病。

上述 5 个优良新种质，已被 10 个育种单位所应用，从中选出的 5 个优良新种质自交系已配制成 16 个通过省级区试审定的杂交种。推广面积累计共达 1565.1 万亩，增产玉米共 84 140 万千克，共增值 77 495 万元。

成果名称： "博优 210"选育及有关理论研究

获奖时间： 1996 年

奖励情况： 中国科学院科学技术进步奖二等奖

主要完成单位： 中国科学院华南植物研究所、广东省新会市遗传育种研究所、广东省肇庆农校

主要完成人员： 梁敬焜、潘小娟、梁承邺、张艺强、何友、朱志莲、张隆芬、夏华超、林明忠、黎垣庆

成果简介：

　　该项目以特优米质、抗病力强的"210"为恢复系与普通米质多穗型的"博A"配组，以便起到性状互补的作用，育出优质、高产、抗病组合"博优210"。

　　"博优210"1996年5月通过广东省品种审定，米质1级和特2级。两年省区试产量分别名列第二位和第一位，比对照品种增产1%和2%，大田栽培一般亩产450千克，高产的640千克，比主栽组合亩增产38千克；高抗稻瘟病（全群抗性96%），中抗白枯病（抗性3级），耐寒性较强；生育期适中（118天），具有良好综合性状。

　　"博优210"在1993年小面积（3600亩）试种基础上，1994年在广东、广西大面积试种5万亩；在审定同年就推广75.1万亩，其中广东64.9万亩，广西10万亩，海南0.2万亩。累计种植面积80.5万亩。总增产稻谷3095万千克，总值1.8432亿元。

　　"博优210"米质优、抗病性强。在珠江三角洲经济发展地区，因嫌杂交稻米质差，已多年不再种植，只保留常规优质稻。现在杂交稻"博优210"却有一定面积，并有迅速发展趋势，将会逐渐改变该地区优质米依靠进口的局面。

成果名称：多元生物有机复合肥的研究与推广应用

获奖时间：1996年

奖励情况：中国科学院科学技术进步奖二等奖

主要完成单位：中国科学院沈阳应用生态研究所

主要完成人员：何随成、邹邦基、曾建华、于佳庆、栾天明、王路、姜广兴、赵亮、武冠云、张祖安、赵四平、杨斌华

成果简介：

　　多元生物有机复合肥是以多种功能生物活性菌为主体，以肥料型有机质为生物活性菌的载体，再配合适量无机营养元素科学加工配制而成。其中筛选出了活性强的菌种，而且选择的各种生物活性菌之间有协助作用，功能上互相促进，作为载体的有机质以调制过的骨粉和腐殖酸为主，对活性菌有保护作用，并且配以适量无机营养元素。该肥料融合了生物肥、有机肥与化肥

753

的优点，优势互补，使之既有肥效作用又有刺激作物生长作用，还有对作物病原菌的拮抗作用，使其功能多样化。

该项成果已被列入"九五"期间国家科学技术委员会重点项目推广计划中。已在辽宁、黑龙江、吉林、山东、江西、天津、广西、湖北、四川等省份实施。到 1995 年底已在全国各地利用该技术建立了 12 个多元肥生产厂家，现已累计生产和销售多元生物有机复合肥 8 万余吨，推广应用面积达 80 余万亩，增加产值 1 亿 2000 多万元，共创社会效益 4 亿多元。

成果名称：华北平原大仓鼠、黑线仓鼠发生规律、控制对策及防治技术
获奖时间：1996 年
奖励情况：中国科学院科学技术进步奖二等奖
主要完成单位：中国科学院动物研究所、山东大学
主要完成人员：张知彬、卢浩泉、王淑卿、王福生、王玉志、郝守身、王玉山、曹小平、姜运良、杨荷芳、杨卫平、李玉春、赵小凡、张健旭、杨青
成果简介：

大仓鼠、黑线仓鼠是华北平原旱作区重要农田害鼠，它们盗食春播种子，咬苗，大量储存成熟果实，对农作物为害极大。自 20 世纪 80 年代以来，在华北平原连续发生两次，每次持续为害 3～4 年，农作物减产 5%～10%，有些作物如花生、大豆、绿豆减产 15%～20%。因此，该项目旨在寻找有效的防治鼠害的对策和途径。

针对灭鼠后鼠类数量的快速恢复这一国际性难题，重点研究不育控制与灭杀有机结合的防治新技术，既能在短期内压低鼠类数量，又能发挥不育个体的繁殖干扰作用，达到较长期抑制种群数量恢复的效果，为对付灭鼠后周围老鼠的再侵入，开展连续捕鼠器械研究。考虑到农田灭鼠的安全性，该项目还探索研究了一种新的投饵技术——毒饵罐技术，目的在于减少天敌及人畜中毒事件的发生。

1992～1995 年，在河北省、山东省 6.5 万亩示范推广区内，取得了明显的经济效益，新增产值 300 多万元，而且社会生态效益也十分明显。4 年间无一次人畜中毒事故发生，还给地方培养了十多名农村灭鼠技术人员，增强了

群众灭鼠保粮防病的意识。

成果名称： 小麦远缘杂交新品种——"早优504"

获奖时间： 1996年

奖励情况： 中国科学院科学技术进步奖二等奖

主要完成单位： 中国科学院石家庄农业现代化研究所、陕西省西北植物研究所

主要完成人员： 钟冠昌、张荣琦、穆素梅、陈春环、薛文江、王岳、王志国

成果简介：

　　该项研究创造了八倍体小偃麦与普通小麦杂交育种程序，这个程序使小麦与偃麦草远缘杂交技术简化，育种时间缩短了一半；利用上述程序，选育出适合黄淮冬麦区种植的小麦新品种"早优504"。该品种具有特早熟（比对照品种早5~7天）、矮秆（株高80厘米）、抗病虫害（抗条锈、抗吸浆虫）、高产（300~400千克/亩）、优质（面包小麦）、株型紧凑、叶片上挺、耐晚播等优良特性。适合间套复种，在吨粮田应用，可以给玉米两头让时，使夏玉米高产；与棉花、瓜菜等经济作物间套，可充分发挥其优势，缓解粮食与经济作物争地的矛盾。

　　该品种1993年被陕西省鉴评为优质面包小麦，并获得陕西省优质农产品优质奖。1995年推广面积237.3万亩。1991~1995年累计推广面积563.7万亩，增产小麦2.8亿斤，增加产值2.5亿元。

成果名称： 长江中下游浅水湖泊生态渔业的研究

获奖时间： 1996年

奖励情况： 中国科学院科学技术进步奖二等奖

主要完成单位： 中国科学院水生生物研究所、中国科学院南京地理与湖泊研究所、中国科学院武汉植物研究所、中国科学院测量与地球物理研究所

主要完成人员： 陈宜瑜、许蕴玕、朱松泉、邓中粦、孙建贻、王伟俊、常剑波、李伟（武汉植物研究所）、杨汉东、李文朝、倪学明、谭德清、郭晓鸣、李蓉蓉、蔡明艳、陈卓良、张晓阳、李伟（水生生物研究所）、张国华、张道源

成果简介：

该项目遵循生态学原理，结合长江中下游的实际情况，围绕湖泊环境优化同时又持续发展渔业这个主题开展研究。研究工作从生物资源和生态系统结构现状的调查着手，以洪湖（344.4平方千米）为重点对象，比照东太湖、东湖和三湖连江水库等水体，进行历史的纵向和不同类型湖泊的横向综合比较。完成了对长江中下游大、中型浅水湖泊的典型解剖，系统、全面和深入地分析了环境结构和渔业资源变化的原因。基于环境和生物资源持续利用的主题提出生态渔业模式，研究并实践了一系列有针对性的生态调控措施，以优化环境、增加水体生物多样性、促进生态系统的良性循环。不仅为我国大、中型湖泊的环境优化和生物资源的合理开发利用提供了理论依据，而且为其提供了实践的典范。

该项目实施期间，洪湖的鱼产量由过去的亩产11.4千克上升到18.2千克，每亩产值由34.2元上升到54.6元，产量和产值均增长约60%。

成果名称： 淡水养殖鱼类暴发性传染病病原生物学及控制对策
获奖时间： 1997年
奖励情况： 中国科学院科学技术进步奖二等奖
主要完成单位： 中国科学院水生生物研究所
主要完成人员： 徐伯亥、殷战、李伟、吴玉深、蔡桃珍
成果简介：

该项目对淡水养殖鱼类暴发性传染病病原生物学进行了系统研究，取得了包括病原、流行病学、诊断、免疫和综合防治措施等的一系列成果，在生产实践中取得了很好的应用效果。这些成果适用于全国各淡水养殖地区的淡水养殖业，不仅具有广泛的应用价值，而且具有重要的科学意义。

从我国5个省份9种不同病鱼鱼体内所分离到的200多株细菌，经病原性试验和100多项性状的测定，确定了不同时期的病原。病原的确证为防治和流行病学调查研究打下了基础。通过对暴发性流行病的流行病学三间分布的描述和发病鱼池定点研究掌握了发病规律，从而建立起一整套管好传染源（包括带菌鱼体及养殖水体）、切断传播途径和保护易感鱼体的综合防治措施。

该项目应用 BLISA 法和荧光抗体技术，初步建立了对鱼病病原菌的快速检测方法。用病原菌制备疫苗，并对两种免疫方式进行了试验，证实了鱼体免疫力与细胞免疫功能有关。在研究病原菌致病性的过程中，发现了一种吃细菌的细菌，即具有寄生专性的噬菌蛭弧菌。借助其对病原菌的裂解和破坏特性，可减少鱼病感染的发生。

该项目在研究的过程中，边研究边推广。在全国范围的社会、经济效益十分可观。

成果名称：高产抗病优质大豆新品种"科丰 34 号"的选育及应用

获奖时间：1997 年

奖励情况：中国科学院科学技术进步奖二等奖

主要完成单位：中国科学院遗传研究所

主要完成人员：张性坦、柏惠侠、林建兴、赵存、孙振海、陈甫龙、乔东明、孟鸿道、牛凤民

成果简介：

该项目通过有性杂交方法，把母本 58-161 和父本"徐豆 1 号"的优点综合于一体，获得高产优质和抗病性强的杂种后代，组合代号为 6825-3。采用 1 万伦琴的 X 射线对杂种二代（F_2）的优株 6825-3-19 的种子进行诱变处理，从诱变后代中筛选出优异株系，决选号为 75-30-混。从优异株系（75-30-混）中选出具有高光效、高运转和高产理想株型的优良品系——科系 75-34，后定名为"科丰 34 号"。该品种 1993 年通过天津市农作物品种审定委员会审定。

"科丰 34 号"1991～1995 年在天津市累计推广面积 56.30 万亩，1995 年已占天津大豆种植面积的 26.9%。1987 年江苏省引种"科丰 34 号"后，发展较快，1991～1996 年累计推广面积 350.61 万亩，增产 2278.97 万千克。河南省于 1988 年组织试验示范，1988～1996 年累计种植面积 465 万亩，一般比当地种植品种增产 10%～15%。在安徽阜阳地区也已种植 75 万亩。目前"科丰 34 号"在天津、江苏、河南已成为当地主栽大豆品种之一。

"科丰 34 号"在江苏、河南、天津和安徽已累计推广 946.91 万亩，共增产大豆 1.13 亿千克，经济效益 2.55 亿元，出口 9385 吨，创收外汇约 456.75

万美元。

成果名称: 农业生态系统中的生物化感作用与合理开发利用

获奖时间: 1997 年

奖励情况: 中国科学院科学技术进步奖二等奖

主要完成单位: 中国科学院生态环境研究中心

主要完成人员: 孙思恩、马瑞霞、刘秀芬、袁光林

成果简介:

由植物(包括微生物)产生的并影响其他植物(微生物)的化学物质,称为化感物质。植物之间通过化感物质表现出的相互作用,称为化感作用。

该项目是以化学生态学的观点,通过研究农田生态系统中特别是根区的化感作用以及因秸秆还田产生的化感作用,来揭示化感物质产生的生态环境因素、规律性及影响作物对养分的吸收和对下茬作物的危害。通过研究生物之间的相互作用的化学机制与化感作用原理,来提高作物对养分的吸收效率,防止污染,实现农业可持续发展。

在研究方法上,系统分离鉴定三个主要来源(根分泌、作物残体及土壤微生物)的化感物质,特别是与养分转化关系密切的土壤微生物活动产生的化感物质的分离、鉴定,且研究主要化感物质的生物活性及其产生的规律性。鉴定出各类化感物质数十种,其中有些属首次报道,为在国内进一步深入开展这个前沿领域的研究打下了基础。

成果名称: 黄土高原区域水土保持与农业发展综合研究

获奖时间: 1998 年

奖励情况: 中国科学院科学技术进步奖二等奖

主要完成单位: 中国科学院水利部水土保持研究所

主要完成人员: 汪立直、王万忠、吴钦孝、彭琳、刘宝元、郭刚、焦菊英、彭珂珊、侯庆春、汪有科、余存祖、郝小品、王忠林、赵鸿雁、周省善

成果简介:

该项目对黄土高原区域水土保持与农业发展进行了系统研究,从理论和实践上提出黄土高原区域治理的依据及配套技术体系。

（1）确定了黄土高原的降雨侵蚀力指标，建立了降雨侵蚀力 R 值的简易计算公式，绘制了黄土高原降雨侵蚀力等值线图，首次将侵蚀力应用到黄河泥沙凌化的成因分析中。

（2）选用多个降雨特性参数对雨沙关系进行单因子、复合因子、多因子的多种统计分析，建立了具有较高精度的雨沙关系预报模型。

（3）根据黄土高原水土流失区的自然条件，将黄土高原划分为五大区、11 个主要流域（或干流区段）、122 个产沙单元。

（4）建立了粮食、人口、土地分阶段预测模型，确定本地区土地、粮食、人口的最佳发展模式。

（5）建立了土壤养分与人工植被产量之间的数量关系，并将黄土高原划分为 6 个造林土壤水分适应生态类型区。

（6）对黄土高原水土流失区的林草植被进行了分区，根据不同区域的特点，分出不同地类的位置，建立了 6 个代表性植被建造模式。

（7）提出了黄土高原的最佳森林覆盖率及确定最佳覆盖率的主要依据和方法；提出了该地区经济林发展的适宜规模、方向和布局。

该项目有关成果及示范样板的建立，取得了显著的经济效益。

成果名称：鳗鲡细菌性和病毒性疾病的病原生物学、病理学和防治对策研究
获奖时间：1998 年
奖励情况：中国科学院科学技术进步奖二等奖
主要完成单位：中国科学院水生生物研究所
主要完成人员：韩先朴、卢全章、郭琼林、陈燕燊、李伟、李爱华、谢军、陈光辉、苏文钦
成果简介：

该项目对严重为害我国养殖鳗鲡的主要常见传染性的细菌性和病毒性疾病进行了广泛而系统深入的病原生物学、病理学和防治对策等的研究，并取得了丰硕的研究成果。

（1）在对鳗鲡细菌性疾病的病原生物学研究中，先后成功地分离了烂尾病、爱德华氏菌病和弧菌病等细菌性病原。

（2）首次于国内用福建爱德华氏菌人工经口感染成功，肯定了消化道系该菌引起疾病的侵袭传染途径，阐明了该菌引起疾病的发生及发展规律。

（3）发现一种病毒，首次报道与揭示了这种 RNA 病毒为引起鳗鲡出血性开口病的病原，并将其归属为披膜病毒科。

（4）首次报道鳗鲡主要内脏器官组织细胞超微结构特征及其与内脏器官功能的关系。研究表明，鳗鲡烂尾病早期为局部炎症，发展期通过败血症引起肝、肾、脾等器官出现病理变化；爱德华氏菌病的病变性质为化脓性炎症；出血性开口病的病理变化为骨质白细胞浸润，造血细胞有恶变趋势的异型性变化。

（5）通过抑菌实验，寻找对病原菌高度敏感的药物，开发了系列鲮病防治药物。

该项目研究成果的转化和防治措施的推广已取得显著的效果，得到了养殖单位和教学、科研部门的高度评价与充分肯定。

成果名称： 棉铃虫区域性生态调控研究
获奖时间： 1998 年
奖励情况： 中国科学院科学技术进步奖二等奖
主要完成单位： 中国科学院动物研究所、河北省植物保护总站、河南省植物保护植物检疫站
主要完成人员： 李典谟、谢宝瑜、戈峰、葛绍奎、丁岩钦、孟祥玲、乔传令、刘珣、张书敏
成果简介：

该项目自 1991 年起，针对棉铃虫在华北棉区多种作物（小麦、玉米、棉花、花生、蔬菜等）上发生与为害的特点，提出了区域性治理的观点。在一个相当大的农业生态区域（以县为单位）内，从整体上研究棉铃虫及其天敌发生和治理的全过程。

（1）在国内外首次成功地应用棉铃虫性信息素进行大面积诱捕法防治，打破了国际上对于多次交配的害虫（如棉铃虫）使用性信息素诱捕法防治无效的观点。

（2）首次在华北棉田发现棉铃虫天敌——棉铃虫多胚跳小蜂对一代棉铃虫有重要控制作用。

（3）在国内率先提出在麦田不必防治棉铃虫的建议，取得了巨大的经济生态效益。

（4）建立了 1～4 代相互耦合的中长期数值预测模型，该模型的准确率达到 85% 以上。

（5）定量地分析了棉田生态系统中作物—棉铃虫—天敌的相互制约和依存的能量关系，为棉铃虫的区域性生态调控提供了理论依据。

（6）创建了棉铃虫抗性基因频率快速诊断技术，可快速、准确、简便地监测田间棉铃虫抗性动态，科学地指导用药。

成果名称： 水资源开发利用及其在国土整治中的地位与作用

获奖时间： 1998 年

奖励情况： 中国科学院科学技术进步奖二等奖

主要完成单位： 中国科学院地理研究所、中国科学院自然资源综合考察委员会、中国科学院生态环境研究中心、中国科学院石家庄农业现代化研究所

主要完成人员： 刘昌明、何希吾、任鸿遵、程天文、刘卫东、王新元、牟海省、叶常明、陈传友

成果简介：

该项目针对我国水资源面临的严峻形势和存在的问题，全面探讨了进入 21 世纪应采取的策略及合理开发利用水资源的方针、政策。结合中国 21 世纪议程，系统、全面地分析了我国工业用水、农业用水中存在的问题，提出以调整产业结构为中心、以农业节水灌溉为中心等解决工农业用水矛盾的策略，预测了水资源开发利用的潜力。通过需水量长期增长趋势的分析，得出制订我国 21 世纪水资源开发利用方案的重要依据——需水零增长的可能性。全面分析了我国水旱灾害的防治、区域水资源调配、跨流域调水方案的论证等问题。

在我国南水北调工程可行性论证工作中，参与并对于合理调水量论证与环境影响分析提出了咨询建议。对黄河断流成因、环境影响及对策研究方面

起到了参考作用。

成果名称： 高产优质抗病小麦新品种"川育 12"

获奖时间： 1999 年

奖励情况： 中国科学院科学技术进步奖一等奖

主要完成单位： 中国科学院成都生物研究所

主要完成人员： 敖栋辉、陈德芳、王明义、张作仕、吴瑜、李利蓉、曾秀英、李竹林、徐素珍、王会敏、王涛

成果简介：

该项目以品种间杂交为主要途径，采用阶梯式复合杂交法，使各优良目的基因聚合、微效基因累加，以达到培育优质、高产、抗病新品种的目的。

"川育 12"是用"阿二矮"（早熟、耐赤霉病）、"川育 7 号"（多粒、抗条锈病）、80-9418（多粒、耐赤霉病、适应性广、早熟）、"繁六"（矮秆、多粒、抗条锈病、适应性广）、"原 110"（多粒、耐赤霉病）、"阿 170-8"（矮秆、早熟）、"繁 7"（矮秆、多粒、成穗率高）、"高加索"（抗条锈病、白粉病，胚乳谷蛋白含 5+10 优质亚基）、83-4516（矮秆、抗条锈病、抗白粉病、多粒、胚乳谷蛋白含 5+10 优质亚基）9 个亲本进行阶梯式复合杂交，采用系谱选择法，于 1987 年稳定成系，品系代号为 10927。

"川育 12"于 1992 年 3 月通过四川省品种审定委员会审定，1992 年 8 月通过全国南方冬麦区（西南片）区域试验鉴定。该品种聚合了各亲本的优良特性，具有早熟、高产、优质、抗病等显著优点。大面积高产种植亩产 400～450 千克，最高亩产达 630.0 千克，比当地栽培品种显著增产。在四川、重庆、陕西、贵州、甘肃、河南、云南等省份的 40 余县市大面积推广种植。据不完全统计，1991～1998 年累计种植面积达 2586.9 万亩，共增产小麦 5.23 亿千克，新增产值 6.52 亿元，取得了显著的社会、经济效益。

成果名称： 1∶100 万中国草地资源图的编制研究

获奖时间： 1999 年

奖励情况： 中国科学院科学技术进步奖二等奖

主要完成单位： 中国科学院自然资源综合考察委员会、中国农业科学院草原研究所、内蒙古自治区草原勘测设计院、新疆维吾尔自治区草原研究所、青海省草原总站、黑龙江省畜牧局

主要完成人员： 苏大学、谷锦柱、崔恒心、王锦基、鲁征、冯国均、黄金嗣、刘建华、张毅力

成果简介：

该项目1∶100万中国草地资源图的编制研究，旨在查清我国草地资源的数量、质量、空间分布和载畜能力，对草地进行评价和区划，并落实在地图上；为我国草地畜牧业可持续发展的宏观决策、草地改良、飞播种草、草地生态建设、草地权属划界、草地合理利用与监理、草地荒漠化防治、国土整治与环境保护、草地珍稀和濒危植物及种质资源保护等诸多方面，提供可靠的科学依据；为全国草地生产力动态监测、全国草地鼠虫害和草原火灾等自然灾害的监测预报、草地开垦或退耕还草等草地利用演变的监测提供科学支持手段。

该图采用草地遥感与实地调绘、测定成图技术路线。从1979年开始，在全国有草地分布的2000多个县、约800万平方千米范围内，先后开展了以县为单位的大规模草地资源调查。逐级编绘了县级1∶10万（农业县1∶5万，牧区县1∶20万）、地区级1∶20万、省级1∶50万一系列不同比例尺的草地类型图、草地等级图和草地利用现状图。然后利用省级1∶50万草地实测调绘图，参照1988年和1989年两年的1∶50万MSS和TM卫片，缩编成国家级1∶100万中国草地资源图。该图最小图斑面积4平方毫米，图斑轮廓线粗0.12毫米。该图表现了草地植被类型、草地品质与生产力综合等级评价结果、草地利用属性、永久性改良草地、草地自然保护区等。

成果名称： 农业和环境工程中的电化学传感器、测量仪器和监控系统

获奖时间： 1999年

奖励情况： 中国科学院科学技术进步奖二等奖

主要完成单位： 中国科学院南京土壤研究所

主要完成人员：苏渝生、于天仁、方建安、季国亮、宣家祥、李成保、仓东卿、陈怀满、潘淑珍、保学明、钱菊芳

成果简介：

该项目对农业和环境工程中的电化学传感器、相关测量仪器等进行了研究，解决了多种关键技术难题。电化学传感器的原理是将待测体系（土壤、水、气体等）中的化学量转化为电量，并设计出若干连续监测和控制系统。

该项目已研制和开发了用于农业和环境工程的电化学传感器、相关测量仪器和监控系统，已形成系列，并且已在土壤肥力、土壤改良、肥料品质、实施化农业工程、环境水监测、环境水处理等方面获得了成功的应用，并扩大到工业、医学等领域。研制成功的化学传感器（如多种玻璃电极、离子选择性电极）已成为中国电化学传感器主要生产厂的产品，有些已连续投产 30 年以上，并部分向国外输出，产生了重要的经济效益与社会效益。

除用于农业和环境工程的实验室型、携带型仪器外，该项目还成功开发了一系列以微型计算机和微处理器控制的监测系统，如 ECA-1 型土壤化学性质原位检测系统、MIA-1 型微机控制系统、多功能土壤肥力测定仪、多参数水产养殖水质检测仪、工业循环水多参数自动监控系统、海水 H_2S 浓度自动监控仪等。

成果名称：智能化农业软件开发环境

获奖时间：1999 年

奖励情况：中国科学院科学技术进步奖二等奖

主要完成单位：中国科学院合肥智能机械研究所

主要完成人员：李淼、张建、陆杰、汪和生、陈锋、马祖长、刘建明、鲁永禄、王秀华、张翠云、潘征

成果简介：

该项目运用人工智能的原理、地理信息系统、数据仓库等技术，设计研制了供非计算机领域的农业专家用于开发本领域农业专家系统的软件工具，也称为"开发工具"。工具软件具有再创造性，在我国农业生产地域不同、基

础条件差别大的条件下尤为重要。各生产区域的农业专家及农业技术人员在掌握了"开发工具"后，可结合本地的情况进行农业专家系统应用软件的开发，并可随时根据生产条件的变化，对应用软件进行修改、补充、完善。

构造了一种通用于农业领域的一体化集成开发环境。该开发环境由农业专家系统开发平台（DET）、农情资料数据库管理工具（DAT）、土壤养分空间查询系统（SIIS）、AES 应用系统四大部分组成，它们在结构上相互独立，功能上有机结合，可以互通信息，共同完成农业专家系统应用软件的开发。

该项目利用先进的手段，将复杂的农业生产知识通俗化、简单化，使农民易于接受，易于操作，对于推动信息技术在农业领域中的应用起到了非常重要的作用。

成果名称：对虾病害综合防治研究及过滤海水防病养虾系统的建立与应用
获奖时间：2000 年
奖励情况：中国科学院科学技术进步奖二等奖
主要完成单位：中国科学院南海海洋研究所
主要完成人员：胡超群、张吕平、任春华、陶保华、潘金培
成果简介：

该项目系统地进行了海水养殖对虾病毒性白斑病、弧菌病、微型生物污着症等重大流行病的病原病理、致病机理的研究和综合防治技术的开发应用。

该项目首次确定了我国养殖对虾白斑病的主要特征是甲壳白斑，证实在我国所有养殖对虾种类流行的白斑病病原是同一种病毒，即白斑杆状病毒（WSBV）；证实该病毒是经口感染，不能经浸泡感染；首次发现甲壳白斑是由甲壳钙盐不正常沉积而成，其成分是方解石；提出了只要有效地阻止甲壳类媒介生物和黏附 WSBV 的大型有机物颗粒进入养虾系统，便可以有效地预防对虾白斑病的发生；分离和鉴定出对斑节对虾致病力最强的副溶血弧菌；找到治疗微型生物污着症的首选药物（茶粕）；发现了对虾类的微孢子虫新种——颗粒沃拉虫。

首创了过滤海水防病养虾系统。该技术的创新关键在于不用任何化学药

物处理养虾水源，主要采用生态制剂进行虾病预防。

经过一年多的推广应用，发展了 4 个对虾集约化养殖龙头企业，新增产值 2525 万元，新增利税 1880 万元，产生间接经济效益 1 亿多元，对解决长期困扰我国对虾养殖业的病害问题，促进我国对虾养殖业的可持续发展具有重大意义。

成果名称： 优质玉米新品种"湘玉 6 号"和"湘玉 8 号"

获奖时间： 2000 年

奖励情况： 中国科学院科学技术进步奖二等奖

主要完成单位： 中国科学院长沙农业现代化研究所

主要完成人员： 安瑞春、盛良学、贺喜全、刘铣初、罗红兵、滕云安、覃业志、朱秋珍、汪汉林

成果简介：

1.**"湘玉 6 号"**（8112×H504）

"湘玉 6 号"是以自交系 8112/H504 为材料育成的早熟优质玉米杂交种。1995 年 2 月通过湖南省农作物品种审定委员会审定。1993～1994 年参加湖南省区试，平均亩产 465.2 千克，比对照品种 73 单交增产 13.7%。经湖南省分析测试中心测试，籽粒蛋白质含量 10.48%，赖氨酸含量 0.47%，脂肪含最 4.23%，淀粉含量 71.83%。人工接种鉴定，"湘玉 6 号"高抗青枯病，抗大斑病、丝黑穗病、黑粉病，中抗小斑病、病毒病和茎腐病。"湘玉 6 号"属早熟品种类型，湖南区试平均生育期 96.8 天。

2.**"湘玉 8 号"**（齐 205×H152）

"湘玉 8 号"是以自交系齐 205/H152 为材料育成的中熟优质玉米单交种。1997 年 3 月通过湖南省农作物品种审定委员会审定。该品种在湖南区试平均生育期 113 天，比对照品种 73 单交短 5 天。籽粒大，硬粒型，商品价值好。蛋白质含量 9.49%，赖氨酸含量 0.43%，脂肪含量 3.84%，淀粉含量 69.61%。1995～1996 年参加湖南省区试，平均亩产 406.4 千克，比对照品种 73 单交增产 12.1%。人工接种鉴定，"湘玉 8 号"抗小斑病、丝黑穗病、黑粉病，中抗大斑病和茎

腐病。

"湘玉6号"和"湘玉8号"累计推广面积1300多万亩,增产效果和经济效益显著。

成果名称: 海水养殖动物多倍体育种育苗和性控技术研究

获奖时间: 2001年

奖励情况: 中国科学院科学技术进步奖一等奖

主要完成单位: 中国科学院海洋研究所、青岛海洋大学、大连水产学院、中国科学院南海海洋研究所、中国水产科学研究院黄海水产研究所

主要完成人员: 相建海、王如才、王子臣、姜卫国、张培军、王清印、郭希明、李富花、王昭萍、张国范、何毛贤、徐成、杨爱国、杨惠萍、王所安

成果简介:

该项目以我国重要海水养殖生物鱼、虾、贝为研究对象,发展了虾贝的三倍体诱导与养成技术、四倍体制备技术及牙鲆和对虾的性控技术,并实现了产业化。

(1)优化了牡蛎、鲍鱼、珠母贝、扇贝和对虾三倍体诱导条件,使三倍体大批量诱导获得成功。

(2)在世界上首次开展了三倍体太平洋牡蛎规模浮筏养殖和三倍体皱纹盘鲍、对虾等的大批量生产。

(3)突破了贝类直接诱导获得四倍体的技术,在世界上首次通过直接诱导法获得可以存活的四倍体栉孔扇贝稚贝;对虾仔虾四倍体率达18%;三倍体与二倍体杂交生产珠母贝四倍体群体幼苗1000多粒。

(4)突破了牙鲆精子遗传灭活的技术,使全雌牙鲆平均生长速度提高了20%。对虾雌化率稳定在75%以上,达到大规模实用化生产阶段。

(5)成功发展了虾、贝类染色体倍性检测的一系列技术,对于优化实验和生产应用起到重要作用。建立了贝、虾高效、安全、稳定的三倍体育苗和养成技术体系,并已进入产业化中试,建立了已经进入实用化阶段的定向性控技术。

该项目实施累计创直接经济效益3.6亿元。

成果名称： 优质面包小麦新品种——"高优 503"

获奖时间： 2001 年

奖励情况： 中国科学院科学技术进步奖一等奖

主要完成单位： 中国科学院石家庄农业现代化研究所、西北农林科技大学

主要完成人员： 钟冠昌、张荣琦、穆素梅、李俊明、陈春环、安调过、姚撑民、王志国、王彦梅、张文杰

成果简介：

该项目利用八倍体小偃麦通过染色体工程与常规育种技术相结合的方法育成了面包型优质小麦新品种——"高优 503"。1995 年在全国第二届面包用小麦品种品质鉴评会上，"高优 503"被评为优质面包小麦，并获得中国农业博览会铜牌奖。该品种 1997 年、1998 年分别通过陕西省和河北省农作物品种审定委员会的审定。1998 年获国家第二批农作物新品种一级后补助。从 1999 年开始，"高优 503"作为河北省优质小麦区域试验对照品种。

"高优 503"小麦具有以下优良性状：①产量高。产量水平 400～500 千克／亩。②品质好。粗蛋白含量 16.5%，湿面筋含量 34.0%，沉降值 46.4 毫升，稳定时间 13.0 分，面包评分 87.6 分，超过了加拿大小麦（85.2 分）和香港金象粉（78.4 分）的面包评分。③综合抗病性好，抗锈病、白粉病、纹枯病。④根系发达，茎秆坚韧弹性好，耐旱抗倒伏。

在河北省柏乡县创建了"高优 503"种植、加工、销售一条龙产业化基地；在河南省新乡市建立了"高优 503"优质麦原料生产基地。目前"高优 503"已引种推广到全国 14 个省份，累计推广面积 1265 万亩，增加产值 8 亿多元，取得了重大的经济效益和社会效益，为我国农业结构调整及产业化做出了重要贡献。

成果名称： 湖南湘潭持续高效农业技术研究与示范

获奖时间： 2001 年

奖励情况： 中国科学院科学技术进步奖二等奖

主要完成单位： 中国科学院长沙农业现代化研究所、湖南省湘潭市人民政府

主要完成人员： 彭延柏、蒋建国、李丽立、王克林、陈经启、张彬、陈惠萍、

刘强、马美湖

成果简介：

　　该成果以湘潭市 320 国道沿线 15 个乡镇、11 个农业企业与农业科研场所的传统农业发达地区为持续高效农业示范区，研究应用猪肉、稻米、竹木等农产品加工高新技术，进行农业产业化开发，优化农业结构与资源配置，建立农业持续高效发展的技术体系与模式。其主要内容如下。

　　（1）编制了示范区 1998～2010 年农业持续高效建设规划，把示范区的农业与农村经济纳入持续高效发展的轨道。

　　（2）研究猪肉低硝无烟与生物分子鲜化加工、高效无公害鸭饲料开发、高产田土体建设与超高产稻栽培、高效林业与水土协调等高新技术，并取得了重大成果。

　　（3）以农业企业为龙头，以农产品加工为突破口，发展特色产业。

　　（4）应用先进技术，建设高标准格田化农田 1050 亩，推广水稻生产全过程机械化 1.2 万亩，发展"猪沼果粮渔"生态户 4250 户，提高农业综合生产能力。

　　（5）创办了 5 村 3 场（占地 10 平方千米）的持续高效农业综合示范样板和"规模养殖""粮猪鱼""种养加" 3 个村级持续高效农业模式，带动示范区农业与农村经济发展，使农村生态环境明显改善。

　　该成果在示范区得到广泛应用，在湘潭市及省内外全面推广。

成果名称： 科系 75-30、75-16 等大豆种质及其在品种改良中的作用
获奖时间： 2001 年
奖励情况： 中国科学院科学技术进步奖二等奖
主要完成单位： 中国科学院遗传研究所
主要完成人员： 林建兴、柏惠侠、赵存、张性坦、朱有光、朱保葛、张复宁、霍智云、王成兰
成果简介：

　　该项成果已获得 2002 年国家科学技术进步奖二等奖，见国家奖成果简介（名称为"科系号大豆种质创新及其应用研究"）。

中国科学院三等奖成果简表

序号	成果名称	获奖类别	获奖年份	主要完成单位	主要完成人
1	利用孤雌生殖技术诱导玉米远缘杂种选育自交系和品种	院技术发明奖	1999	中国科学院遗传研究所、武汉大学、四川省达川地区农业科学研究所	谷明光、郭乐群、杨太兴、张 忠、何锶洁、宋运淳、颜春洪、魏 刚、蒋洪彬、张 玲、史耀光、王多斌、张雪琴、王 玲、张世海
2	单子叶植物水稻、洋葱和棒头草原生质体培养得到再生植株	院自然科学奖	1989	中国科学院上海植物生理研究所	夏镇澳、王光远、陈东方
3	低温对植物细胞膜系统伤害机理的研究	院自然科学奖	1989	中国科学院华南植物研究所	郭俊彦、刘鸿先、王以柔、曾韶西、李 平、陈贻竹、甄立平、陈德峰
4	黄淮海平原中低产地区农田防护林的效益研究	院自然科学奖	1989	中国科学院自然资源综合考察委员会、中国科学院地理研究所	卫 林、张 翼、江爱良、宋兆民
5	小麦光合午休成因及缓解措施研究	院自然科学奖	1989	中国科学院生态环境研究中心、中国科学院上海植物生理研究所	沈允钢、刘桐华、许大全、唐鸿寿、李德耀、余彦波、江利群
6	风信子外植体雌雄性器官的诱导及控制	院自然科学奖	1990	中国科学院植物研究所、日本学研植物工学研究所	陆文梁、K. Enomoto
7	红黄壤的粘粒矿物组成及其物理化学性质	院自然科学奖	1990	中国科学院南京土壤研究所	马毅杰、邵宗臣、陈家坊、罗家贤
8	苏芸金杆菌的基础理论研究	院自然科学奖	1990	中国科学院动物研究所	沙槎云、王 瑛、白 成、冯喜昌、任改新
9	中国农区蜘蛛研究	院自然科学奖	1990	中国科学院动物研究所	宋大祥、冯钟琪、李敏敏、陈淑敏、尚进文
10	烟草与龙葵细胞杂交和新品系694-L选育的研究	院自然科学奖	1991	中国科学院上海植物生理研究所、河南省农业科学院烟草研究所	夏镇澳、宛新杉、王辅德、刘凤兰、张秀敏

续表

序号	成果名称	获奖类别	获奖年份	主要完成单位	主要完成人
11	非豆科植物共生固氮放线菌的研究	院自然科学奖	1992	中国科学院沈阳应用生态研究所	丁　鉴、张忠泽、苏凤岩、崔玉海、邹　铧、徐卿德、李维光、黄雅丽、张道海
12	呋喃丹农药在水稻土壤系统中的迁移、归宿及其生物效应的研究	院自然科学奖	1992	中国科学院上海昆虫研究所、上海细胞生物学研究所、上海植物生理研究所	周振惠、王　达、李振国、徐　赫、邓启荣
13	核不育多穗高粱（多A）自然突变体的研究	院自然科学奖	1992	中国科学院遗传研究所、河北省乐亭县种子公司	王玉元、周兆民、赵　义、谢建立、丰增民
14	我国植物类菌原体病原的研究	院自然科学奖	1992	中国科学院上海生物化学研究所	龚祖均、陈作义、沈菊英、朱本明、彭宝珍、吴建华
15	植物低温伤害及抗性机理的研究	院自然科学奖	1992	中国科学院华南植物研究所	郭俊彦、刘鸿先、王以柔、曾韶西、李　平、陈贻竹
16	农田生态系统实验研究	院自然科学奖	1993	中国科学院地理研究所	黄秉维、项月琴、张　翼、周允华、于沪宁
17	体细胞遗传学及其在水稻育种中的应用研究	院自然科学奖	1993	中国科学院华南植物研究所	凌定厚、陈梅芳、马镇荣、陈琬瑛、梁承邺
18	晚疫病菌及相关菌营养生理与致病性研究	院自然科学奖	1993	中国科学院微生物研究所	黄　河、徐大雅、林传光、王春平、徐天宇、程汉清、校迎宪、庞　龙
19	红壤与环境间的物质交换及其与植物生长的关系	院自然科学奖	1994	中国科学院南京土壤研究所	石　华、赵其国、王明珠、何圆球、薛世逵
20	稀土对作物的作用机理	院自然科学奖	1994	中国科学院植物研究所	吴兆明、汤锡珂、储钟稀、焦根林、董　倍
21	内蒙古草原鼠类群落结构功能和种群调节机理	院自然科学奖	1995	中国科学院动物研究所	周庆强、钟文勤、孙崇潞、王广和、王桂明
22	水土流失定量遥感方法及其应用的研究	院自然科学奖	1996	中国科学院南京土壤研究所、山东省水利厅水土保持办公室、福建省水土保持试验站	卜兆宏、孙金庄、周伏建、席承藩、唐万龙、董勤瑞、阮伏水、刘绍清、张立文

序号	成果名称	获奖类别	获奖年份	主要完成单位	主要完成人
23	八倍体小偃麦与普通小麦杂交育种及其遗传规律的研究	院自然科学奖	1997	中国科学院石家庄农业现代化研究所、中国科学院西北植物研究所	钟冠昌、张荣琦、穆素梅、陈春环、李宾、王岳、王志国
24	光（温）敏核雄性不育水稻的光周期与温度反应特性及其发育遗传规律	院自然科学奖	1997	中国科学院上海植物生理研究所	唐锡华、邵游、黄庆榴、潘国桢、陶余敏、沈宗民、茅剑蕾、黄玉艳
25	我国土壤中有机质的转化与保持	院自然科学奖	1997	中国科学院南京土壤研究所	林心雄、文启孝、车玉萍、程励励、李忠佩、李忠、孙波
26	中国农林复合经营	院自然科学奖	1997	中国科学院自然资源综合考察委员会、北京林业大学	李文华、赖世登、顾连宏、罗菊春、阎树文
27	植物次生物质在植物害虫及其天敌寻找寄主过程中的动态分布	院自然科学奖	1999	中国科学院动物研究所	严福顺、侯照远、郭炳群、张瑛、陈雄
28	《中国宜农荒地资源》专著	科学技术进步奖	1986	中国科学院自然资源综合考察委员会	石玉林、康庆禹、赵存兴、钟烈元、石竹筠
29	东太湖水体农业—大水面网围养鱼试验	科学技术进步奖	1986	中国科学院南京地理研究所	高礼存、庄大栋、区裕雄、王银珠、胡文英
30	江蓠人工苗室内渡夏和海区养成实验	科学技术进步奖	1986	中国科学院南海海洋研究所	王永川、潘国瑛
31	扩大水库鱼类优良养殖对象的推广试验	科学技术进步奖	1986	中国科学院水生生物研究所	方榕乐、陈敬存、胡贻智
32	体细胞融合技术的建立及体细胞杂种植株再生	科学技术进步奖	1986	中国科学院遗传研究所	李向辉、黄美娟
33	西南国土资源数据库	科学技术进步奖	1986	中国科学院自然资源考察委员会	李文华、孙九林、熊利亚、余月兰、李泽辉

续表

序号	成果名称	获奖类别	获奖年份	主要完成单位	主要完成人
34	县级农业气候分析和区划	科学技术进步奖	1986	中国科学院地理研究所	张福春、丘宝剑
35	牙鲆苗种大规模培育	科学技术进步奖	1986	中国科学院海洋研究所	杨纯武、阮洪超、黄瑞东、尤　锋
36	单食性昆虫——三化螟人工饲料的研究	科学技术进步奖	1987	中国科学院上海昆虫研究所	王延年、郑忠庆、何金林、郭培福、林爱莲、侯能俊、张泰平、董其兰、陈浩贞、周永生、朱爱国
37	梨小食心虫性外激素在虫情测报和直接防治上的推广应用	科学技术进步奖	1987	中国科学院动物研究所	孟宪佐、汪宜蕙
38	栾城农村能源综合试验点的研究	科学技术进步奖	1987	中国科学院石家庄农业现代化研究所、中国科学院成都生物研究所、中国科学技术大学、中国科学院电工研究所	洪兴华、师连生、娄炳刚、刘克鑫、翁培旬、汪士尚
39	三叶橡胶单倍体育种生物技术	科学技术进步奖	1987	中国科学院遗传研究所	陈正华、许绪恩、张世杰、庞任声、何永陶
40	叶绿体 DNA 与细胞质雄性不育性关系	科学技术进步奖	1987	中国科学院遗传研究所	李继耕、李玉湘、孔繁瑞、李家洋、吕应堂、高　洁
41	对虾诱饵剂及其配饵的研制	科学技术进步奖	1988	中国科学院海洋研究所	李光友、毛元兴、朱效斌、于久芬、李红玲
42	几种细菌性鱼病和白鳍豚腐皮病的研究	科学技术进步奖	1988	中国科学院水生生物研究所	徐伯亥、熊木林、韩先朴、葛蕊芳、卢全章
43	九种新花卉引种及繁殖技术	科学技术进步奖	1988	中国科学院植物研究所	龙雅宜、董保华、徐民生、卢思聪、伍正容
44	奶牛胚胎分割获同卵双犊	科学技术进步奖	1988	中国科学院遗传研究所、成都市农垦总公司凤凰山乳牛分场	陈秀兰、谭丽玲、廖和模、严忠全、刘荣怀、贺超美

续表

序号	成果名称	获奖类别	获奖年份	主要完成单位	主要完成人
45	南雄县紫色砂页岩水土流失区银合欢引种栽培	科学技术进步奖	1988	中国科学院华南植物研究所、广东南雄县绿化水保办公室	王宏中、王东华、刘健良、黄历荣
46	蒜苔保鲜技术及应用	科学技术进步奖	1988	中国科学院植物研究所	梁　峥、刘存德、贾志旺、孟小雄、沈全光
47	桃源县丘平区稻田作物与品种优化结构及其功能的研究	科学技术进步奖	1988	中国科学院长沙农业现代化研究所、湖南省桃源县农业局、湖南省桃源县农业科学研究所	李达模、吴福顺、李建国、于新民、青光靛、李道志、周道忠
48	桃蛀螟性信息素的结构、合成和应用研究	科学技术进步奖	1988	中国科学院动物研究所、中国科学院成都有机化学研究所、山东省泰安市郊区林业局、山东省枣庄市农业科学研究所、河南省偃师县园艺工作站	刘孟英、孟宪佐、阎忠诚、田　宇、苏荣辉、滕有为、原晨光、杨振亚、宋其星、孟庆喜、李顺兴、冯留贵
49	土壤碱化及其防治	科学技术进步奖	1988	中国科学院南京土壤研究所	俞仁培、杨道平、石万普、蔡阿兴
50	土壤有机质研究法	科学技术进步奖	1988	中国科学院南京土壤研究所	文启孝、彭福泉、陆长青、林心雄、钮季文、程励励、邵杰传、施书莲、杜丽娟、张晓华、朱燕婉、顾新运
51	湘西武陵山区农业资源综合开发利用研究	科学技术进步奖	1988	中国科学院长沙农业现代化研究所、湖南省湘西土家族苗族自治州农业区划办公室、湖南省永顺县连洞乡人民政府	项国荣、古汉虎、陶云虹、成笃敬、李文祥、启双发、陈昌槐
52	叶绿体突变体分析	科学技术进步奖	1988	中国科学院遗传研究所	李玉湘、李继耕、李家洋、陈湘宁、耿玉轩
53	《中国黄土高原土地资源》(图片集)	科学技术进步奖	1989	中国科学院西北水土保持研究所	朱显谟、彭祥林、唐克丽、蒋定生

续表

序号	成果名称	获奖类别	获奖年份	主要完成单位	主要完成人
54	北京唐菖蒲去病毒快繁种苗新技术的研究	科学技术进步奖	1989	中国科学院遗传研究所、中国科学院微生物研究所	郑万珍、徐绍华、蔡文启、何传启、汪永祥、莽克强
55	地下害鼠—鼢鼠行为学和提高防治水平的研究	科学技术进步奖	1989	中国科学院西北高原生物研究所	樊乃昌、周文扬、景增春、王权业、窦丰满、陶延铎
56	龟裂地径流与荒漠草场开发利用的研究	科学技术进步奖	1989	中国科学院新疆生物土壤沙漠研究所	肖笃志、胡玉昆
57	辽西喀左县下河套高生产力农田生态系统水肥调控途径研究	科学技术进步奖	1989	中国科学院沈阳应用生态研究所	沈善敏、庄季屏、殷秀岩、王义甫、廉鸿志、刘作新、闻大中、张璐
58	水果蔬菜贮藏保鲜技术研究—温州蜜柑贮藏保鲜技术研究	科学技术进步奖	1989	中国科学院长沙农业现代化研究所	钱长发、王 义、赵子铨、饶友清
59	桃源县畜禽饲料资源开发利用的研究	科学技术进步奖	1989	中国科学院长沙农业现代化研究所、湖南省桃源县畜牧局、湖南省桃源县饲料公司	邢廷铣、谢克和、张月红、胡民强、印遇龙、邓兆宏、周富贵
60	用卫星磁带数据制水土流失图的研究—快速准确调查水土流失的遥感新方法	科学技术进步奖	1989	中国科学院南京土壤研究所、中国石油勘探开发科学研究院地质遥感所、水利部南京天文水资源研究所	席承藩、卜兆宏、史德明、史久浩、李士鸿
61	油菜花粉辐射灭菌方法和花粉食用安全性研究	科学技术进步奖	1989	中国科学院昆明动物研究所	刘爱华、刘德胜、吴 刚、陆 源、张力跃、贺维顺、钱 锐
62	朝阳低山丘陵区农田防护林营造技术及效益研究	科学技术进步奖	1990	中国科学院沈阳应用生态研究所、朝阳市气象科学研究所	姜凤岐、林鹤鸣、周国昌、周新华、齐宝儒、刘玉林、杨瑞英、张喜玉、周广学
63	淡水渔业增产新技术	科学技术进步奖	1990	中国科学院水生生物研究所	胡传林、黄根田、汪建国、黄尚务、蒋一珪

序号	成果名称	获奖类别	获奖年份	主要完成单位	主要完成人
64	"辐谷3号"新品种选育和辐射诱变规律	科学技术进步奖	1990	中国科学院西北水土保持研究所	伊虎英、鱼红斌、郝玉怀、李永潮、程宝生、马建中
65	耕层土壤虚实并存效应的研究	科学技术进步奖	1990	中国科学院黑龙江农业现代化研究所	迟仁立、左淑珍、迟仁达、梁德仁、范利人、孙作民、杜延茹、程　颖、郭春生、闫玉贵
66	调节膦、草甘膦和增甘膦对植物能量转换效应研究和应用	科学技术进步奖	1990	中国科学院上海植物生理研究所、化工部沈阳化工研究院	王国强、李淑俊、陈虎保
67	土壤环境条件下与伽师瓜品质产量关系研究	科学技术进步奖	1990	中国科学院新疆生物土壤沙漠研究所、伽师县甜瓜攻关小组、伽师县科学技术委员会、喀什地区科学技术委员会	李培清、赵贵海、张德良、卡德尔、李文森
68	新疆共生固氮资源及其应用前景的研究	科学技术进步奖	1990	中国科学院新疆生物土壤沙漠研究所	关桂兰、李仲元、王卫卫、孔爱琴、沈艳芳
69	中国中亚热带东部丘陵山区农业发展战略	科学技术进步奖	1990	中国科学院自然资源综合考察委员会	那文俊、李杰新、李　飞、齐亚川、刘厚培、李天任、胡梅魁、史修庆
70	对虾病害防治技术—弧菌病病原学和生态防病技术研究	科学技术进步奖	1991	中国科学院海洋研究所	陈　骓、刘秀云、肖　天、王青峡、林　伟、于义德、杨肇惠
71	防治水稻白叶枯病抗菌生物农药—宁南霉素	科学技术进步奖	1991	中国科学院成都生物研究所	胡厚芝、向固西、陈家任、宋勤方、吴林森等
72	黄土丘陵区水土保持与农林牧优化结构试验研究	科学技术进步奖	1991	中国科学院水利部西北水土保持研究所、固原县科学技术委员会、固原县农业现代化基地办公室	陈国良、巨　仁、刘忠民、李　立、费维温等

续表

序号	成果名称	获奖类别	获奖年份	主要完成单位	主要完成人
73	黄土丘陵区水土流失规律与水土保持措施优化配置研究	科学技术进步奖	1991	中国科学院水利部西北水土保持研究所、安塞县人民政府	蒋定生、江忠善、侯喜禄、徐国礼、范兴科
74	抗黄瓜花叶病毒的卫星 RNA 互补 DNA 转基因番茄	科学技术进步奖	1991	中国科学院微生物研究所	叶 寅、赵淑珍、田 波、刘怡之、张秀华
75	昆虫光敏前信息素的研究和应用	科学技术进步奖	1991	中国科学院动物研究所	刘 珣、孔 杰、娄兆祥、陈玉琛、游晓清、张钟宁、梅雪琴
76	木薯良种"南植188"及其组织培养快速繁殖研究	科学技术进步奖	1991	中国科学院华南植物研究所	刘殿勤、胡兰娟、郭俊彦
77	南方中低产田综合增产技术—农用微肥开发应用	科学技术进步奖	1991	中国科学院长沙农业现代化研究所	王秀泉、陈焱国、李达模、金明义、贺德翘、李荣军、陈 欣
78	提高高原稻作生产力的施肥技术及其生理生态基础	科学技术进步奖	1991	中国科学院昆明植物研究所、云南省气象科研所等	李存信、豆映辉、甘 骞、李 全、夏 宁、杨吉鹏、赵秀榆、刀绍仙、林德辉
79	低湖田潜育化土壤改良与利用的研究	科学技术进步奖	1992	中国科学院长沙农业现代化研究所、中国科学院武汉病毒研究所、湖北省监利县土壤肥料工作站	古汉虎、彭佩钦、张满堂、罗清修、钟诗泉、谢松高、刘宇兰
80	农田土壤污染对作物（水稻、柑橘）生长和产品质量的影响研究	科学技术进步奖	1992	中国科学院长沙农业现代化研究所	何电源、王凯荣、廖先苓、胡荣桂、龚慧群、郭 焱
81	三江平原大豆重迎茬减产问题的研究	科学技术进步奖	1992	中国科学院黑龙江农业现代化研究所	于广武、刘晓冰、许艳丽、周玉新、周绍钧等
82	饲料粮发酵转化蛋白饲料—无污染玉米酵母生产新流程	科学技术进步奖	1992	中国科学院上海有机化学研究所	王大琛、方凤山、罗国芳、李寿桐、陈玫等

序号	成果名称	获奖类别	获奖年份	主要完成单位	主要完成人
83	油桐尺蠖核型多角体病毒杀虫剂中试	科学技术进步奖	1992	中国科学院武汉病毒研究所、中国科学院动物研究所	谢天恩、金 峰、彭辉银、张英莲、刘 勇、蔡秀玉
84	对虾育苗增效剂	科学技术进步奖	1993	中国科学院海洋研究所、北京市延庆腐植酸厂	韩丽君、曹文达、袁香荃、张其礼、曹登宫
85	共生固氮、菌根菌接种、林地土壤肥力和薪炭林产量关系的研究	科学技术进步奖	1993	中国科学院沈阳应用生态研究所、福建省林业科学研究所、广西壮族自治区林业科学研究所、中国科学院成都山地灾害与环境研究所	雷启迪、刘发茂、曹季丹、苏凤岩、刘惠昌、黄家彬、刘国凡、李志贞、郑进社
86	热带兰花快速繁殖及工业化生产技术研究	科学技术进步奖	1993	中国科学院华南植物研究所、广州市园林科学研究所、顺德县粤顺花卉实验场、新会县水果试管苗开发基地	叶秀粦、程式君、叶振华、何永根、曾碧霞、邓丙沛
87	三江平原及黑龙江垦区中低产田利用改良规划的研究	科学技术进步奖	1993	中国科学院沈阳应用生态研究所、黑龙江八一农垦大学、黑龙江省水利勘查设计院	曾昭顺、张之一、高子勤、张国枢、冯学民、祖小力
88	生产饲料蛋白和核酸的高核酸酵母技术成果的推广应用	科学技术进步奖	1993	中国科学院上海有机化学研究所	汪 猷、王大琛、李祥鹏、胡立侃、孙 冰、宋荣吉、徐国墚、陆关元
89	我国磷矿磷肥中镉的含量及其对生态环境影响的评价	科学技术进步奖	1993	中国科学院南京土壤研究所	鲁如坤、时正元、熊礼明
90	无公害农药系列产品的开发研制及推广应用	科学技术进步奖	1993	中国科学院武汉植物研究所、武汉工业用油厂、武汉精细化工厂	柯治国、南玉生、卢令娴、潘祥顺、曾宪伟
91	西辐小冠花选育和牧草辐射诱变规律的研究	科学技术进步奖	1993	中国科学院水利部西北水土保持研究所	伊虎英、鱼红斌、陈 凡、马建中、王林江

续表

序号	成果名称	获奖类别	获奖年份	主要完成单位	主要完成人
92	高产抗病优质小麦新品种"川育8号"	科学技术进步奖	1994	中国科学院成都生物研究所	敖栋辉、陈德芳、王明义、曾秀英、张作仕、李莉蓉、许素珍、曹熙德、王会敏
93	辽西易旱区春小麦亩产400公斤模式化栽培技术研究开发	科学技术进步奖	1994	中国科学院沈阳应用研生态究所、北京市朝阳市农业技术推广总站	崔 勇、孙学斌、左敬兰、姜积成、赵 瑞、吕丽丽、李荣华、宋德仁、周艳英
94	葡萄病毒和脱毒新技术的研究及其应用	科学技术进步奖	1994	中国科学院微生物研究所、中国农业科学院蔬菜花卉研究所	蔡文启、贾春兰、王纪方、徐绍华、荞克强、杨建荣、张丽云、连 勇、蔡 林
95	三江平原地区农业开发总体规划方案研究	科学技术进步奖	1994	中国科学院长春地理研究所	王本琳、逯德福、刘兴土、高子勤、韩曰午、陈绍君、赵玉成、于凤林、韩友帮
96	《黄土高原旱地农业的理论与实践》	科学技术进步奖	1995	中国科学院西北水土保持研究所	山 仑、陈国良、黄占斌、邹厚远、巨 仁、彭 琳、韩仕峰、李代琼、陈培元、蒋定生、卢宗凡、辛业全、程宝成、徐 萌
97	改良退化草场、建立人工草地提高草原生产力示范与推广	科学技术进步奖	1995	中国科学院植物研究所、内蒙古大学、内蒙古草原工作站、内蒙古赤峰市草原工作站、内蒙克什克腾旗草原站	陈左忠、陈 敏、吉尔格拉、宝音陶格涛、李玉臣、王 岭、刘志宏、周 林、顾宽和
98	高抗黄瓜花叶病毒转基因烟草新品系的快速纯合和应用	科学技术进步奖	1995	中国科学院微生物研究所	叶 寅、吴中心、王苏燕、赵淑珍、张同庆、姚根怀、田 波、赵 丰、郭芳阳、刘玉乐、赵建勋
99	海湾扇贝引种复壮研究	科学技术进步奖	1995	中国科学院海洋研究所	张福绥、何义朝、杨涛兰、亓玲欣、孙鲁宁、曹金祥、郭新唐、刘祥生、马江虎
100	黄淮海平原以微量元素为中心的节肥配套技术及示范推广	科学技术进步奖	1995	中国科学院南京土壤研究所、中国科学院生态环境研究中心、中国科学院长春地理研究所等	赵其国、李继云、朱其清、刘 铮、欧阳洮、富德义、曾海江、曹承绵、陈超子、蒋柏藩、尹楚良、刘秀娣、袁朝良、张炎成、俞贤达

序号	成果名称	获奖类别	获奖年份	主要完成单位	主要完成人
101	耐潜育性土壤水稻生态育种技术	科学技术进步奖	1995	中国科学院长沙农业现代化研究所	李达模、唐建军、李阳生、周建林、贾凌辉、冯双华、苏以荣、李启瑚、陈　英、刘　刚、郭学兴
102	南皮吴家坊七万亩盐碱涝洼地开发一期工程	科学技术进步奖	1995	中国科学院石家庄农业现代化研究所、中国科学院长沙农业现代化研究所、中国科学院黑龙江农业现代化研究所、南皮县科学技术委员会	赵昌盛、赵宏愿、宋国平、班文奇、孙家灵、陈鸿儒、孙成璧、陈正法、杨文华、杨子华、李秀阁、田魁祥、王占升、毛任钊、张宪臣、鲁双庆
103	湘南农业综合开发战略及技术经济研究	科学技术进步奖	1995	中国科学院长沙农业现代化研究所	项国荣、梁先彬、张义泉、刘志群、陶云虹、王克林、姚季伦
104	植桔土壤微量元素丰缺的评价及营养失调的诊断与防治	科学技术进步奖	1995	中国科学院南京土壤研究所、广西桂林地区农业局	欧阳洮、龚高实、龚子同、周建国、俞立达、徐建文、殷名义、钱承梁、唐国荣、骆国保、崔荣浩
105	南皮试区旱地棉田农机农艺配套技术研究	科学技术进步奖	1996	中国科学院石家庄农业现代化研究所、河北省农业机械研究所、河北省南皮县农业局	王占升、赵四申、王俊民、班文奇、刘小京、叶盛华、张克亭、王春一、顾传明、赵玉芝、刘树坤、张辉辰
106	蔬菜花斑虫（马铃薯甲虫）发生规律、检疫和应急防治技术研究	科学技术进步奖	1996	中国科学院动物研究所、新疆植物保护站、新疆农业大学、新疆农业厅麦类检疫工作站、新疆伊犁地区植物保护站	张润志、刘晏良、迪拉娜·艾山、李清西、张广学、顾江宁、耿守光、高　真、赵永生、王书永、买买提江·麻木提、卫　国、邱　焯、魏争鸣
107	辐谷4号新品种选育	科学技术进步奖	1997	中国科学院西北水土保持研究所	伊虎英、鱼红斌、马建中、苏敏、郝玉怀
108	农区高效节粮型畜牧业生产模式研究	科学技术进步奖	1997	中国科学院长沙农业现代化研究所、山东省禹城市畜牧局、河南省延津县畜牧局	邢廷铣、谭支良、何烈华、胡民强、陈惠萍、孙德收、苏世坤、郑坤道

续表

序号	成果名称	获奖类别	获奖年份	主要完成单位	主要完成人
109	中国农业统计地理信息系统和中国农业状况电子图集	科学技术进步奖	1997	中国科学院遥感应用研究所	阎守邕、肖春生、田　青、周　艺、王世新、催景年
110	大安古河道农业开发综合研究	科学技术进步奖	1998	中国科学院长春地理研究所、大安市人民政府	孙广友、王国石、易富科、张晓平、闫敏华等
111	甘肃平凉防雹减灾试验研究	科学技术进步奖	1998	中国科学院兰州高原大气物理研究所、甘肃省平凉市农林局	王致君、张鸿发、刘黎平、高生新、龚乃虎、朱占成、楚荣忠、宋新民、徐宝祥
112	海水养殖文献资源的开发利用	科学技术进步奖	1998	中国科学院海洋研究所	马慧远、张　蕊、徐鸿儒、肖余生、时桂英、王秀斌
113	减缓大豆重迎茬损失的农艺措施及有效制剂的研究	科学技术进步奖	1998	中国科学院黑龙江农业现代化研究所、黑龙江省农业科学院合江农业科学研究所、黑龙江省农业科学院大豆研究所	许艳丽、连成才、杨香久、韩晓增、陈仁忠、李云辉、贾新民、杨兆英、胡立成
114	四湖地区湿地农业持续发展研究	科学技术进步奖	1998	中国科学院长沙农业现代化研究所、中国科学院武汉植物研究所、中国科学院测量与地球物理研究所等	项国荣、陈卓良、王鸹生、张光裕、古汉虎、董元凯、陈正法、陈世俭、杨明丽
115	玉米自交系 H152 和 H504 选育与应用	科学技术进步奖	1998	中国科学院长沙农业现代化研究所	安瑞春、贺喜全、盛良学、罗红兵、朱秋珍、汪汉林、刘铣初、藤云安、姚季伦
116	中国森林主要害虫昆虫病毒资源与防治新技术	科学技术进步奖	1998	中国科学院武汉病毒研究所、贵州省林业科学院	彭辉银、周显明、陈新文、张　帆、胡志红、金　锋、丁清泉、杨春华、谢天恩
117	"北水南调"工程对资源开发、经济发展和生态环境的影响	科学技术进步奖	1999	中国科学院长春地理研究所、中国科学院沈阳应用生态所、水利电力部松辽水利委员会	王本琳、朱颜明、肖笃宁、张为中、佟连军、俞穆清、尹昭汉、李风华、赵魁义

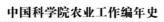

序号	成果名称	获奖类别	获奖年份	主要完成单位	主要完成人
118	典型草原草地畜牧业优化生产模式及其应用	科学技术进步奖	1999	中国科学院植物研究所、内蒙古大学、内蒙古锡林郭勒盟白音锡勒牧场、中国科学院动物研究所	陈佐忠、汪诗平、陈敏、张 晓、李永宏、钟文勤、戚秋慧、吉尔格拉、宝音陶格涛、盛修武
119	四湖地区农村庭院经济开发技术及高效模式研究	科学技术进步奖	1999	中国科学院长沙农业现代化研究所、中共湖北省监利县委农村工作部、湖北省监利县农村能源办公室、湖北省监利县红城乡人民政府、湖北省监利县容城镇蔬菜协会	陈正法、钱长发、莫继荣、梁称福、顾振蕙、刘敦化、罗焱成、王培松、杨清诗、肖润林
120	新疆典型绿洲经济发展与生态环境建设	科学技术进步奖	1999	中国科学院新疆生态与地理研究所	黄文房、闫 顺、李 新、王树基、王永兴、陈 嘻、付晓峰、沈玉凌、赵成义、李 岩、贾宝全、任旺兵、张捷斌、吉力力、阚耀平

附录 4　中国科学院有关研究机构沿革简介 [①]

1950 年

水生生物研究所

水生生物研究所的前身是成立于 1930 年的原中央研究院自然历史博物馆（馆址位于南京）。1934 年 7 月，自然历史博物馆改名为动植物研究所。1944 年 5 月，原中央研究院将动植物研究所分建为动物研究所和植物研究所。抗日战争胜利后，动物研究所由重庆北碚迁至上海。

1950 年，中国科学院以原中央研究院动物研究所水生生物部分、植物研究所藻类学部分、原北平研究院动物研究所软体动物和甲壳动物部分为基础组建水生生物研究所（所址位于上海）。下设太湖淡水生物研究室（江苏无锡蠡园）、青岛海洋生物研究室（山东青岛）。1951 年 2 月，厦门大学中国海洋生物研究所（福建厦门）改为水生生物研究所厦门海洋生物研究室，1953 年 1 月被撤销。

农业部水产总局根据我国渔业和水产养殖业的发展状况，建议将水生生物研究所迁至湖北武汉。1952 年 11 月 1 日，中国科学院第 42 次院长会议同意水生生物研究所及太湖淡水生物研究室迁往武汉。1954 年 1 月，青岛海洋生物研究室独立，改名为中国科学院海洋生物研究室。1954 年 9 月，水生生

① 书中出现频次很少的研究单位未包括在内，如经济研究所、石油研究所、华北地理研究所、机械研究所、综合运输研究所等。
　主要参考资料为：宋振能编著《中国科学院院史拾零》，科学出版社，2011 年；王扬宗、曹效业主编《中国科学院院属单位简史》第一卷（上、下），科学出版社，2010 年；有关研究所主页上关于历史沿革的有关内容等。

物研究所及太湖淡水生物研究室迁往武汉。1970 年水生生物研究所下放湖北省，改称湖北省水生生物研究所；1978 年回归中国科学院直属建制并恢复原名。

植物分类研究所

植物分类研究所由 1928 年建立的静生生物调查所植物学部、1929 年建立的原北平研究院植物学研究所和原中央研究院植物研究所（上海）的高等植物学、森林学部分为基础于 1950 年 5 月 19 日组建（政务院任命所长，5 月 31 日通知。所址位于北京）。1950～1952 年称为植物分类研究所，1952 年 11 月 15 日改名为中国科学院植物研究所（通过，1953 年 1 月 23 日通知）。

1950 年，以原中央研究院植物研究所（上海）的高等植物研究部分组建植物分类研究所南京工作站，即后来的中国科学院南京植物园；中国科学院接收的隶属静生生物调查所的农林植物研究所和原北平研究院植物学研究所云南工作站（均位于昆明）合并改成植物分类研究所昆明工作站；静生生物调查所和江西省农业厅合办的庐山植物园改为植物分类研究所庐山工作站；原北平研究院和西北农学院合办的中国西北植物调查所（位于陕西武功）改为植物分类研究所西北工作站。1961 年，北京植物生理研究室（1956 年成立）并入植物研究所。1962 年，昆明植物研究所（1959 年以植物研究所昆明工作站为基础组建）改为植物研究所昆明分所。

1972 年 7 月 1 日，植物研究所改由北京市和中国科学院双重领导，并改名为北京植物研究所。1977 年 9 月 24 日，改由中国科学院领导（中国科学院呈报同意，10 月 31 日批准，12 月 12 日中国科学院和北京市联合通知，自 1978 年 1 月 1 日起实行），并恢复原名植物研究所。

数学研究所

1950 年 6 月 7 日，数学研究所筹备处成立（呈政务院文化教育委员会备案）。1952 年 7 月 1 日，数学研究所成立（呈政务院文化教育委员会备案，所址位于北京）。1998 年 12 月，数学研究所、应用数学研究所、系统科学研究所、计算数学与科学工程计算研究所整合，成立中国科学院数学与系统科学研究院。其中，应用数学研究所、系统科学研究所均组建于 1979 年。应用数学研究所以 1976 年成立的应用数学研究推广办公室为基础扩建。系统科学研究所以数学研究所的系统科学有关人员为基础组建。计算数学与科学工程计算研究所组建于 1995 年，其前身为成立于 1977 年的中国科学院计算中心。

地理研究所

地理研究所的前身是 1940 年 8 月在重庆北碚成立的由中英庚款董事会创建的中国地理研究所。1947 年夏，中国地理研究所由重庆北碚迁至南京。

1950 年 6 月，地理研究所筹备处成立。1951 年 12 月 22 日，地理研究所成立（通过，1953 年 1 月 23 日通知，5 月 11 日批准。所址位于南京。1958 年 11 月，地理研究所由南京迁至北京）。1972 年自然资源综合考察委员会并入地理研究所，1975 年又从地理研究所分出。1986 年地理研究所改由中国科学院和国家计划委员会双重领导。1997 年 2 月，地理研究所不再实行双重领导体制，完全由中国科学院领导。

1999 年 9 月，地理研究所与自然资源综合考察委员会整合成中国科学院地理科学与资源研究所。

实验生物研究所

1950 年 8 月 1 日，实验生物研究所以原北平研究院生理学研究所、动物学研究所昆虫学部分以及原中央研究院植物研究所植物生理学、细胞遗传学、形态学部分和动物研究所昆虫学部分为基础组建（所呈报成立。所址位于上海）。1970 年划归上海市，改名为上海实验生物研究所。1977 年 10 月 17 日，由中国科学院收回（上海市呈报，10 月 31 日批准，11 月 14 日通知，自 1978 年 1 月 1 日起实行）。1978 年 4 月 5 日，改名为上海细胞生物学研究所（通知）。

2000 年，上海细胞生物学研究所与上海生物化学研究所整合成为中国科学院上海生物化学与细胞生物学研究所。

生理生化研究所

生理生化研究所以原中央研究院医学研究所筹备处为基础于 1950 年 5 月 19 日组建（政务院任命所长；5 月 31 日通知。所址位于上海）。1953 年 1 月，在生理生化研究所植物生理研究室基础上，成立植物生理研究所（上海）；在生理生化研究所昆虫研究室基础上，成立昆虫研究所（北京）。1958 年 1 月，生理研究所（上海）、生物化学研究所（上海）由生理生化研究所分建。1970 年，生物化学研究所由上海市与中国科学院双重领导（以上海市为主），改名为上海生物化学研究所。1977 年 10 月，上海生物化学研究所改由中国科学院与上海市双重领导（以中国科学院为主）。

2000 年，上海生物化学研究所与上海细胞生物学研究所整合成中国科学院上海生物化学与细胞生物学研究所。

有机化学研究所

1950 年 8 月，中国科学院有机化学研究所由原中央研究院化学研究所的有机化学部分和药学筹备处、原北平研究院化学研究所和药物研究所组建成立（所址位于上海）。其中原北平研究院药物研究所作为相对独立的药物化学研究室隶属有机化学研究所，单独设址在上海武康路。

1968 年 1 月，有机化学研究所由国防科学技术委员会接管，1970 年又由国防科学技术委员会交回中国科学院，实行上海市与中国科学院双重领导（以上海为主；现以中国科学院领导为主），改名为中国科学院上海有机化学研究所。

地球物理研究所

1950 年 5 月 19 日，中国科学院地球物理研究所以原中央研究院气象研究所为基础，合并原北平研究院物理学研究所的地磁和物理探矿部分组建而成（政务院任命所长，5 月 31 日通知，6 月 20 日宣布），1951 年又接收原中央地质调查所的地球物理研究室，对外称地球物理和气象研究所（所址位于南京，1954 年迁至北京）。到 1966 年 2 月，地球物理研究所发展成为 5 个研究所（分所），即中国科学院地球物理研究所、大气物理研究所、应用地球物理研究所（西安，后归属原第七机械工业部）、兰州地球物理研究所和昆明地球物理分所。

1972 年，地球物理研究所划归国家地震局。1977 年 3 月 21 日，以国家地震局地球物理研究所四、五、八、九室为基础重新组建了中国科学院地球物理研究所（通过，1978 年 6 月 10 日批准，7 月 1 日通知）。

1999 年 6 月，地球物理研究所与地质研究所整合组成中国科学院地质与地球物理研究所。

地质研究所

1950 年 8 月 24 日，中国科学院地质研究所成立（通过，1951 年 5 月 7 日通知。所址位于南京，1954 年迁至北京），其前身为 1928 年成立的原中央研究院地质研究所和 1913 年成立的原工商部地质调查所（中央地质调查所）。

1972 年，地质研究所划归国家地震局。1977 年 3 月 21 日，以国家地震局地质研究所五、七、八室全部和一、三、四、九室部分人员为基础重新组建中国科学院地质研究所（通过，1978 年 6 月 10 日批准，7 月 1 日通知）。

1999 年 6 月，地质研究所与地球物理研究所整合成立中国科学院地质与地球物理研究所。

动物标本整理委员会

1950 年 7 月 26 日，动物标本整理委员会成立（通过，10 月 10 日宣布）。1951 年 4 月 7 日，动物标本整理委员会改为动物标本工作委员会（通过，5 月 1 日通知）。1952 年 7 月 25 日，以动物标本工作委员会为基础扩建成立动物研究室（1953 年 1 月 23 日通知，5 月 11 日批准），由中国科学院和北京大学共同领导。1957 年 5 月 7 日，动物研究所由动物研究室扩建而成（通过，8 月 20 日通知）。1962 年 1 月 27 日，动物研究所与昆虫研究所合并成立中国科学院动物研究所（所址位于北京）。

1972 年 7 月 1 日，动物研究所改由北京市和中国科学院双重领导，改名为北京动物研究所。1977 年 9 月 24 日（院呈报同意，10 月 31 日批准，12 月 12 日通知，自 1978 年 1 月 1 日起实行），北京动物研究所重新由中国科学院为主领导，恢复原名动物研究所。

1951 年

遗传选种实验馆

1951 年 6 月 13 日，以北京农业大学农业生物学研究室为基础组建中国科学院遗传选种实验馆（批准。地址位于北京）。1952 年 10 月 10 日，政务院文化教育委员会指示，遗传选种实验馆撤销；同年 10 月 19 日，将其改为遗传栽培研究室，隶属植物分类研究所。1953 年 3 月 10 日，在植物分类研究所遗传栽培研究室基础上成立中国科学院遗传栽培研究室。1955 年 12 月，中国科学院遗传栽培研究室被撤销（宣布），其遗传部分改为植物研究所遗传研究室（北京），栽培部分并入西北农业生物研究所（陕西武功）。1959 年 6 月 17 日，由植物研究所遗传研究室和动物研究所遗传研究组合成立遗传研究所（通过，9 月 22 日批准，25 日通知。所址位于北京）。2001 年，遗传研究所和发育生物学研究所整合组建中国科学院遗传与发育生物学研究所。2002 年，石家庄农业现代化研究所整合进入遗传与发育生物学研究所。

植物生理研究所

植物生理研究所的前身是原中央研究院植物研究所的植物生理研究室，1944 年 5 月创建于重庆北碚，1946 年 8 月迁至上海。1950 年 4 月，植物生理研究室隶属中国科学院实验生物研究所。1951 年 12 月 22 日，在实验生物研究所植物生理研究室基础上成立植物生理研究所（通过，1953 年 1 月 23 日通知，5 月 11 日批准）。1962 年 1 月 27 日，上海微生物研究所（以植物生理研究所微生物研究室为基础于 1960 年成立）并入植物生理研究所。1970 年 7 月，划归上海市管理，改名为上海植物生理研究所。1977 年 10 月 17 日，改由中国科学院与上海市双重领导（以中国科学院为主），改名为中国科学院上海植物生理研究所（上海市呈报，10 月 31 日批准，11 月 14 日通知，自 1978 年 1 月 1 日起实行）。

1999 年 8 月 1 日，上海植物生理研究所与上海昆虫研究所整合。2000 年

8 月 1 日，整合而成的中国科学院上海植物生理生态研究所正式挂牌。

昆虫研究所

1951 年 12 月 22 日，昆虫研究所成立（通过；1953 年 1 月 23 日通知。所址位于北京）。昆虫研究所的前身是实验生物研究所昆虫研究室。1949 年 10 月，原北平研究院动物学研究所由中国科学院接收。1950 年，原北平研究院动物学研究所的部分科技人员及动物标本并入动物标本整理委员会（1950 年成立；1951 年改名为动物标本工作委员会），其名下的昆虫研究室则并入中国科学院实验生物研究所昆虫研究室。1962 年 1 月 27 日，昆虫研究所与动物研究所合并成中国科学院动物研究所。

药物研究所

1951 年 12 月 22 日，药物研究所筹备处成立（通过）。其前身是创建于 1932 年 9 月 1 日挂牌的原北平研究院药物研究所。1950 年 3 月 21 日，中国科学院接收药物研究所。1950 年 8 月，成立中国科学院有机化学研究所，药物研究所变更为药物研究室并暂挂靠在有机化学研究所（人员、经费、科研等独立于有机化学研究所）。1953 年 1 月 23 日，药物研究所成立（通知。所址位于上海）。

1970 年 11 月 20 日，药物研究所划归上海市领导，改名为上海药物研究所。1978 年 4 月，药物研究所重归中国科学院，改名为中国科学院上海药物研究所。2003 年 5 月，上海药物研究所整体搬迁至上海市浦东张江。

1952 年

土壤研究所

1952 年 1 月 26 日，土壤研究所筹备处成立（通过）。1952 年 11 月 15 日，在 1930 年成立的原中央地质调查所土壤研究室基础上组建成立中国科学院土壤研究所（通过，1953年1月23日通知。所址位于南京）。1970年，土壤研究所划归江苏省管理，改名为江苏省土壤研究所。1973年，改由江苏省和中国科学院双重领导（以江苏省为主），改名为南京土壤研究所。

1978年10月（批准，11月21日通知），南京土壤研究所改由中国科学院和江苏省双重领导（以中国科学院为主），恢复原名中国科学院南京土壤研究所。

长春综合研究所

1952年4月5日，中国科学院长春综合研究所成立（通过；1953年1月23日通知，5月11日批准，10月1日宣布。所址位于长春）。其前身为1948年12月1日建于长春、隶属东北工业部的东北工业研究所（1949年9月改名为东北科学研究所）。1954年6月3日，其化学研究部分与中国科学院物理化学研究所合并，长春综合研究所因此改名为中国科学院应用化学研究所（通知）。1967年11月，划归国防科学技术委员会，改称国防科学技术委员会第16研究院应用化学研究所。

1970年6月，改属吉林省和中国科学院双重领导（以吉林省为主），改名为吉林应用化学研究所。1978年12月，复归中国科学院，定名为中国科学院长春应用化学研究所。

林业研究所

1952年4月5日，林业研究所筹备处成立（通过，1953年1月23日通知）。1954年6月3日，改名为东北林业研究所筹备处（通知）；同日，东北土壤研究所筹备处成立（通知）。10月9日，林业土壤研究所成立，由上述两个筹备处和长春综合研究所农产化学研究室微生物部分合并组建（通过，10月15日通知。所址位于沈阳）。

1970年7月15日，林业土壤研究所划归辽宁省领导，改名为辽宁省林业土壤研究所[1]。1978年5月6日，辽宁省林业土壤研究所改由中国科学院和辽宁省双重领导（以中国科学院为主。5月23日通知），后恢复原名林业土壤研

---

[1] 1970~1987年，有将林业土壤研究所称为沈阳林业土壤研究所的——编者注。

究所。1987 年 9 月 24 日（通过，10 月 27 日通知），林业土壤研究所改名为中国科学院沈阳应用生态研究所。

1953 年

华南植物研究所

1953 年 12 月 3 日，华南植物研究所成立（通过，1954 年 6 月 3 日通知。所址位于广州），由中国科学院接收的中山大学植物研究所、广西大学经济植物研究所合并组建。经济植物研究所改为华南植物研究所广西分所。1956 年又先后建立了华南植物园与鼎湖山树木园，创建了我国第一个自然保护区——鼎湖山国家级自然保护区。1963 年中国科学院武汉植物园划归华南植物研究所管理，改名为中国科学院华南植物研究所武汉植物园。1964 年 6 月，华南植物研究所在海南岛崖县落笔洞建立了海南热带植物引种驯化站。

1968 年，华南植物研究所由广东省接收并改名为广东省农林水科技服务站经济作物大队，华南植物园改成经济作物场。1970 年 6 月，华南植物研究所划归广东省。同年 12 月，原隶属华南植物所的武汉植物园下放后改名为湖北省植物研究所，广西分所亦改由广西壮族自治区领导。

1972 年，华南植物研究所改名为广东省植物研究所，由广东省科技局领导；1973 年 3 月，恢复华南植物园。1978 年 3 月，华南植物研究所（包括华南植物园）改由中国科学院和广东省双重领导（以中国科学院为主）。同年 9 月，中国科学院通知广东省植物研究所复名为中国科学院华南植物研究所，原华南植物园仍作为华南植物研究所的一个附属机构。

2003 年 10 月，华南植物研究所改名为中国科学院华南植物园。

化学研究所

1953 年 12 月 3 日，化学研究所筹建委员会成立（通过）。1955 年 7 月，中国科学院决定将上海有机化学研究所的高分子化学组迁至北京作为新建化学研究所的组成部分。1957 年 11 月 26 日，中国科学院化学研究所成立（通过，12 月 18 日通知。所址位于北京），以有机化学研究所物理化学组、分析化学组、高分子化合物组和长春综合研究所部分人员为基础组建。化学研究所于 1970 年划归国防科学技术委员会，1971 年回归中国科学院。

1954 年

海洋生物研究室

1954 年 1 月 1 日，海洋生物研究室成立（通知，1 月 16 日通过），其前身是水生生物研究所青岛海洋生物研究室。1957 年 8 月，海洋生物研究室扩编并定名为中国科学院海洋生物研究所（所址位于青岛）。1959 年 1 月 7 日，海洋生物研究所改名为海洋研究所（批准，2 月 2 日通知）。1972 年 1 月，改称为山东海洋研究所。1974 年 1 月恢复中国科学院海洋研究所名称。

煤炭化学研究所

1954 年 10 月 9 日，中国科学院煤炭化学研究室成立（通过，10 月 15 日通知），其前身是中国科学院工业化学研究所煤炭研究室（地址位于大连）。1959 年 6 月，中国科学院决定将煤炭研究室迁往山西省太原市（1961 年下半年完成搬迁）。1961 年 8 月 3 日，煤炭研究室扩建为中国科学院煤炭化学研究所（通过，12 月 28 日通知。所址位于太原）。1962 年 11 月 23 日，煤炭化学研究所移交中国科学院华北办事处领导，保留全国性研究所性质（通过）。1966 年 2 月，改名为中国科学院燃料化学研究所。同年 2 月，中国科学院华北化学研究所（所址位于天津市）撤销后并入燃料化学研究所。

1970 年 7 月，燃料化学研究所移交燃料化学工业部。1971 年 1 月，被燃料化学工业部下放至山西，实行双重领导，以山西省为主，改名为山西省燃料化学研究所。1978 年 5 月，改名为山西省煤炭综合利用研究所。1978 年 9 月，改由中国科学院和山西省双重领导，业务工作以中国科学院领导为主，改名为中国科学院山西煤炭化学研究所。

西北农业生物研究所

1954 年 7 月 26 日，以植物研究所西北工作站和土壤研究所黄土试验站为基础组建成立西北农业生物研究所（通过。所址位于陕西武功）。1955 年 12 月，被撤销的中国科学院遗传栽培研究室的栽培部分并入西北农业生物研究所。1957 年 6 月 18 日，西北农业生物研究所改名为西北生物土壤研究所（通过，1958 年 5 月 19 日通知），并将其园艺、畜牧、水土保持规划 3 部分划归中国农业科学院西北农业科学研究所。

1959 年 12 月 17 日，土壤及水土保持研究所成立（通过；1960 年 2 月 9 日批准，10 日通知），其前身是综合考察委员会土壤队。1962 年 1 月 27 日，土壤及水土保持研究所被撤销。其土壤部分并入土壤研究所，水土保持部分并入西北生物土壤研究所。

1961 年和 1962 年，中国科学院土壤与水土保持研究所和中国科学院生物地学院先后被并入西北生物土壤研究所。1964 年 7 月，西北生物土壤研究所改名为中国科学院西北水土保持生物土壤研究所。同年 12 月，黄河水利科学委员会水利科学研究所水土保持研究室并入西北水土保持生物土壤研究所。1965 年，西北水土保持生物土壤研究所植物分类和远缘杂交部分分出，与该研究所的兰州分所合并成立中国科学院西北植物研究所。1966 年 1 月，又将西北水土保持生物土壤研究所的西安植物园部分划归西北植物研究所领导。

1970 年 3 月，西北水土保持生物土壤研究所划归陕西省领导。1979 年 10 月，改由中国科学院和陕西省双重领导（以中国科学院为主），改名为中国科学院西北水土保持研究所，并将微生物研究室分出另成立陕西省微生物研究所。1988 年 12 月，西北水土保持研究所改由中国科学院与水利部双重领导，改名为中国科学院、水利部西北水土保持研究所。1995 年 5 月，改名为中国科学院、水利部水土保持研究所。1999 年，与杨凌示范区其他 6 个分属不同部委的科研教学单位共同组成西北农林科技大学。

2001 年，由中国科学院与高等教育部协商决定，以中国科学院批准的水土保持研究所知识创新工程试点方案为基础，联合共建中国科学院教育部水土保持与生态环境研究中心。该中心由中国科学院和高等教育部共建共管，作为知识创新工程试点单元继续纳入中国科学院研究机构管理序列。

1955 年

兰州兽医研究室

1955 年 10 月 14 日，兰州兽医研究室开始筹建（通过）。1956 年，由中国科学院与西北畜牧医学院共同组建成立兰州兽医研究室。1957 年 6 月 18 日，兰州兽医研究室划归中国农业科学院（通过）。

化工冶金研究所

1955 年 11 月 3 日，化工冶金研究所筹备处成立（通过）。1958 年 9 月 26 日，中国科学院化工冶金研究所成立（通过并通知，10 月 1 日宣布。所址位于北京）。1972 年 7 月 1 日，化工冶金研究所划归北京市，实行北京市和中国科学院双重领导，改名为北京化工冶金研究所。1978 年 1 月，回归中国科学院领导并恢复原名。

2001 年 4 月 7 日，化工冶金研究所更名为中国科学院过程工程研究所。

1956 年

综合考察工作委员会

1956 年 1 月 1 日，综合考察工作委员会成立（1955 年 12 月 28 日通知）。1957 年 1 月 1 日启用新公章，改名为综合考察委员会，地址位于北京。

1970 年，综合考察委员会被撤销（1 月通过；7 月宣布）。1974 年 12 月 14 日，自然资源综合考察组成立，以原综合考察委员会并入地理研究所、遗传研究所的部分人员为基础组建（通过，1975 年 2 月 13 日通知）。1980 年 8 月，自然资源综合考察组改名为中国科学院自然资源综合考察委员会（报请中国科学院，9 月获国务院批准）。1982 年 11 月，中国科学院、国家计划委员会发出《关于对中国科学院自然资源综合考察委员会实行双重领导的通知》。

1998 年 1 月 1 日起，自然资源综合考察委员会不再实行双重领导体制，完全由中国科学院领导。1999 年 9 月，自然资源综合考察委员会与地理研究所整合成中国科学院地理科学与资源研究所。

力学研究所

1956 年 1 月 5 日，以数学研究所力学研究室为基础与北京大学、清华大学合作组建成立力学研究所（通过；1 月 16 日批准。所址位于北京）。1968 年 1 月，由国防科学技术委员会代管。1970 年，由国防科学技术委员会划归中国科学院。1972 年，改由北京市和中国科学院双重领导，改名为北京力学研究所。1977 年，由北京市和中国科学院双重领导改由中国科学院领导。北京力学研究所恢复原名中国科学院力学研究所。

武汉微生物研究室

1956 年 3 月 1 日，中国科学院与高等教育部联合通知，与武汉大学、华中农学院合作筹建武汉微生物研究室。6 月 5 日，武汉微生物研究室筹备委员会成立（通过，12 月 5 日通知）。1957 年 12 月 17 日，武汉微生物研究室成立（通过，1958 年 3 月 21 日通知。地址位于武汉）。

1961 年，武汉微生物研究室扩建为中国科学院中南微生物研究所。1962 年，改称中国科学院武汉微生物研究所。1970 年，划归湖北省管理，改名为湖北省微生物研究所。1978 年 6 月，回归中国科学院领导，改名为中国科学院武汉病毒研究所。

计算技术研究所

1956 年 7 月 28 日，中国科学院计算技术研究所筹备委员会成立（通过，8 月 25 日批准，12 月 5 日通知）。1959 年 6 月 17 日，中国科学院计算技术研究所成立（通过，8 月 21 日通知。所址位于北京）。1967 年，计算技术研究所划归国防科学技术委员会第十研究院领导，代号为 1013 研究所。1975 年 6 月 20 日，由国防科学技术委员会改隶中国科学院（批准），12 月 11 日恢复原名中国科学院计算技术研究所（通知）。

武汉植物园

1956 年 9 月 13 日，武汉植物园筹备委员会成立。1958 年 11 月 11 日，中国科学院武汉植物园成立（通过。地址位于武汉）。1963 年 7 月 22 日，改名为中国科学院中南分院华南植物研究所武汉植物园。1970 年 7 月，中国科学院华南植物研究所武汉植物园划归湖北省并于同年 12 月改名为湖北省植物园。1972 年 7 月 1 日，改名为湖北省植物研究所。1978 年 5 月 26 日，由中国科学院与湖北省双重领导（以中国科学院为主。中国科学院呈报同意湖北省呈报；6 月中旬批准，22 日通知）。12 月 18 日，改名为中国科学院武汉植物研究所。

2003 年 10 月 16 日，改名为中国科学院武汉植物园。

重庆土壤研究室

1956 年 3 月 1 日，中国科学院与高等教育部联合通知，与西南农学院合作，筹建重庆土壤研究室。8 月 17 日，重庆土壤研究室成立（通过，12 月 5 日通知。地址位于重庆）。1978 年，中国科学院将重庆土壤研究室并入中国科学院成都地理研究所，成为成都地理研究所土壤研究室。1980 年，该研究室被移交中国科学院成都分院。1991 年，成都分院土壤研究室并入中国科学院、水利部成都山地灾害与环境研究所（原成都地理研究所）。

应用真菌研究所

1956 年 10 月 23 日，应用真菌研究所成立（通过，11 月同意，12 月 5 日通知。所址位于北京），其前身是植物研究所真菌植物病理研究室（组建于 1953 年 1 月，是由原中央研究院和原北平研究院的两个植物研究所的真菌部分合并而成，同年 4 月该研究室从植物研究所迁至北京农业大学）。1957 年 5 月 7 日（通过，8 月 20 日通知），以菌种保藏委员会（1951 年 10 月 28 日成立）为基础组建北京微生物研究室（委员会保留）。

1958 年 9 月 26 日，由应用真菌研究所和北京微生物研究室合并组建中国科学院微生物研究所（通过，11 月 27 日批准，12 月 3 日通知）。

北京实验生物研究所

1956 年 10 月 23 日，北京实验生物研究所成立（通过，未定名），以中国科学院实验生物研究所北京工作组为基础扩建。1957 年 6 月 8 日定名（通过；1957 年 9 月 23 日批准，27 日通知。所址位于北京）。1958 年 7 月 29 日（通过；9 月 26 日批准，30 日通知），北京实验生物研究所改名为中国科学院生物物理研究所。1968 年由国防科学技术委员会接管，1970 年划归中国科学院。

1958 年

电工研究所

1958 年 4 月 30 日，电工研究所筹备委员会成立（通过，7 月 26 日批准，8 月 2 日通知）。1962 年 12 月 22 日，电工研究所以原中国科学院机械电机研究所电力研究室的主要部分和机械方面的一部分为基础成立（通过；1963 年 1 月 29 日通知，4 月宣布。所址位于北京）。1968 年划归国防科学技术委员会，改名为国防科学技术委员会第 506 研究所。1970 年重回科学院，恢复研究所原所名。1972 年 7 月 1 日，改由北京市和中国科学院双重领导，改名为北京电工研究所。1978 年重归中国科学院领导，仍称中国科学院电工研究所。

南海海洋研究所

1958 年 11 月 11 日，南海海洋研究所筹备处成立。1959 年 1 月 7 日，以海洋研究所部分人员为基础组建中国科学院南海海洋研究所（通过，2 月 2 日通知。所址位于广州）。1962 年 11 月 23 日，中国科学院决定将南海海洋研究所改为海洋研究所南海分所（通过；1963 年 8 月 14 日通知）。1966 年 2 月 7 日，中国科学院批准海洋研究所南海分所恢复研究所独立建制。1968 年 12 月，南海海洋研究所划归广东省，改名为广东省海洋研究所。1973 年 3 月 5 日，中国科学院收回管理，恢复中国科学院南海海洋研究所名称。

四川分院农业生物研究所

1958年11月13日，中国科学院四川分院农业生物研究所成立（宣布。所址位于成都）。1962年，改名为中国科学院西南分院生物研究所。1970年12月28日，划归四川省领导，改名为四川省生物研究所。1978年，回归中国科学院，改名为中国科学院成都生物研究所，实行以中国科学院和四川省双重领导（以中国科学院为主）体制。

成都有机化学研究所

1958年，成都有机化学研究所成立（所址位于成都）。2001年6月8日，成都有机化学研究所整体转制为由中国科学院控股的中国科学院成都有机化学有限责任公司。

吉林分院地理研究所

1958年10月，中国科学院吉林分院地理研究所成立（所址位于长春）。1960年9月，改名为中国科学院吉林分院地质地理研究所。1961年1月，改名为中国科学院吉林分院地理地质研究所。1962年11月，改名为中国科学院东北地理研究所。1970年7月，划归吉林省，改名为吉林省地理研究所。1978年7月，由中国科学院和吉林省双重领导（以中国科学院为主），改名为中国科学院长春地理研究所。

2002年3月，长春地理研究所与黑龙江农业现代化研究所整合并组建中国科学院东北地理与农业生态研究所。

南京中山植物园

1958年12月9日，南京中山植物园成立（通过；1959年2月3日批准，6日通知。地址位于南京）。其前身是由中国科学院植物研究所华东工作站（1950年建立）改称的植物研究所南京中山植物园。1960年5月24日，南京中山植物园改为南京植物研究所（通过；6月16日批准，22日通知）。1970年7月，中国科学院机构调整，中国科学院南京植物研究所改称江苏省植物研究所（南京中山植物园）。1978 年，在中国科学院第二次植物园工作会议上，南京中山植物园被确定为中国四个重点植物园之一。

1993 年 10 月起，实行江苏省和中国科学院双重领导的体制，改名为江苏省、中国科学院植物研究所，亦称江苏省、中国科学院南京中山植物园。

1959 年

昆明植物研究所

1959 年 1 月 30 日，昆明植物研究所成立（通过；4 月 23 日批准，29 日通知。所址位于昆明）。其前身是由静生生物调查所和云南省教育厅合办成立于 1938 年的云南农林植物研究所（1950 年，原云南农林植物研究所被接收改建为中国科学院植物分类研究所昆明工作站）。1962 年，昆明植物研究所被改为中国科学院植物研究所昆明分所（含西双版纳热带植物园等）。1970 年，划归云南省管理，改为云南植物研究所。1978 年，中国科学院收回云南植物研究所，恢复中国科学院昆明植物研究所名称。

1987 年，中国科学院决定将云南热带植物研究所的群落研究室与昆明分院生态研究室合并组建中国科学院昆明生态研究所，其他部分并入昆明植物研究所，新建民族植物研究室。1996 年，中国科学院决定将西双版纳热带植物园从昆明植物研究所分出，昆明生态研究所并入西双版纳热带植物园。

昆明动物研究所

1959 年 1 月 30 日，以昆虫研究所紫胶工作站、生物物理研究所昆明生物工作站为基础，组建成立中国科学院昆明动物研究所（通过；4 月 23 日批准，29 日通知。所址位于昆明）。1962 年 2 月，改名为中国科学院西南分院动物研究所。1970 年 3 月，划归云南省管理，改名为云南省动物研究所。1978 年 3 月，改由中国科学院和云南省双重领导（以中国科学院为主）管理，恢复中国科学院昆明动物研究所名称。

广州地理研究所

1959 年 1 月 30 日，由广州分院地理组与中山大学合作为基础，组建成立广州地理研究所（通过；4 月 23 日批准，29 日通知。所址位于广州）。1968 年，广州地理研究所被撤销。

南京地理研究所

1959 年 1 月 30 日，以地理研究所部分人员为基础，组建成立南京地理研究所（通过，6 月 20 日批准，7 月 6 日通知。所址位于南京）。1970 年 7 月 15 日，南京地理研究所划归江苏省，改名江苏省地理研究所。从 1980 年 1 月 1 日，回归中国科学院建制，名称恢复为中国科学院南京地理研究所。1987 年 9 月 24 日（通过，10 月 27 日通知），改名为中国科学院南京地理与湖泊研究所。

青海分院生物研究所

1959 年 11 月，组建中国科学院青海分院生物研究所筹备处。1961 年 3 月 25 日，青海分院生物研究所成立（批准，4 月 1 日启用新公章。所址位于青海西宁）。1961 年 11 月 21 日，青海省将青海分院生物研究所、化学研究所合并为青海生物研究所，隶属青海省科委领导。1962 年 1 月 13 日，青海省同意将原属青海省科学分院的青海生物研究所调整为中国科学院西北分院所属。1962 年 9 月 18 日，西北分院颁发中国科学院西北高原生物研究所印章（10 月 1 日启用）。

1970 年 7 月 15 日，西北高原生物研究所划归青海省。1971 年 10 月 25 日，青海省将原西北高原生物研究所改名为青海省革命委员会科学技术委员会生物研究所（12 月 10 日通知机构变更并启用新印章，简称青海省生物研究所）。1979 年 7 月 19 日，青海省生物研究所由中国科学院和青海省双重领导（批准；以中国科学院为主），复名为中国科学院西北高原生物研究所。1980 年 8 月 11 日，西北高原生物研究所划归中国科学院兰州分院。

治沙研究所

1959 年 12 月 17 日，以综合考察委员会治沙队为基础，组建成立治沙研究所筹备委员会（通过；1960年2月8日批准，10日通知。筹建地为呼和浩特、北京）。1963年3月20日，治沙研究所筹备委员会被撤销，改为地理研究所治沙研究室（通过），从呼和浩特迁至北京。

新疆化学研究所

1959年，新疆维吾尔自治区批准成立新疆化学研究所（所址位于乌鲁木齐）。1961年11月1日，中国科学院批准成立中国科学院新疆分院化学研究所，隶属新疆分院。1970年，新疆分院化学研究所划归新疆维吾尔自治区管理。1978年9月29日，经新疆分院与新疆维吾尔自治区协商并报请中国科学院批准，原中国科学院新疆分院化学研究所改名为中国科学院新疆化学研究所。

2001年7月11日，中国科学院下发《关于新疆物理研究所和新疆化学研究所整合的通知》（科发计字〔2001〕258号）。2002年3月28日，召开中国科学院新疆理化技术研究所成立大会。

上海昆虫研究所

上海昆虫研究所成立于1959年（所址位于上海），其组织基础和学术继承可追溯到原中央研究院上海动植物研究所和上海震旦博物院。1978年1月1日起，上海昆虫研究所的隶属关系由上海市领导改为中国科学院与上海市双重领导（以中国科学院为主）。

1999年8月1日，上海昆虫研究所与上海植物生理研究所整合。次年8月1日，整合而成的中国科学院上海植物生理生态研究所正式挂牌。

1960 年

冰川积雪冻土研究所筹备委员会

1960年1月12日，冰川积雪冻土研究所筹备委员会成立（通过，2月8日批准，10日通知。地址位于兰州）。由综合考察委员会高山冰雪利用研究队

（1958年6月成立）、兰州分院兰州地理研究所、地理研究所从事冰川工作的人员合并组建。1961年2月，与中国科学院兰州地球物理研究所合并成立中国科学院地球物理冰川冻土研究所。

1962年2月，地球物理冰川冻土研究所分为中国科学院地球物理研究所和中国科学院地理研究所冰川冻土研究室。1965年4月，将中国科学院地球物理研究所沙漠研究室迁至兰州与地理研究所冰川冻土研究室合并，组建成立中国科学院冰川冻土沙漠研究所。1978年2月，将沙漠研究室与冰川冻土沙漠研究所剥离，分别成立中国科学院兰州沙漠研究所和中国科学院兰州冰川冻土研究所。

1999年7月，兰州冰川冻土研究所、兰州沙漠研究所、兰州高原大气物理研究所3所整合成立中国科学院寒区旱区环境与工程研究所。

1961 年

兰州化学研究所

1961年8月3日，兰州化学研究所成立（通过，12月28日通知，所址位于甘肃兰州）。由兰州技术物理研究所和石油研究所（现中国科学院大连化学物理研究所）的兰州分所（1958年6月筹建）合并组建，所址位于兰州。1962年6月，兰州化学研究所改名为中国科学院兰州化学物理研究所。1968年2月，由国防科学技术委员会接管，划归中国人民解放军第十一研究院，定名为中国人民解放军1116研究所。1970年5月，回归中国科学院管理，复称中国科学院兰州化学物理研究所。1970年7月，兰州化学物理研究所由中国科学院归口、实行以地方为主的双重领导体制，改称为中国科学院甘肃省化学物理研究所。1973年8月，所名再度恢复为中国科学院兰州化学物理研究所。

新疆分院水土生物资源综合研究所

1961年4月，在新疆分院原有生物、土壤、地理等研究室和中国科学院新疆综合考察队等三支考察队的部分人员和设备基础上，合并中国科学院冰雪利用研究队移交的天山观测站及部分人员、中国科学院治沙队移交的莎车和莫索湾两个中心试验站及部分人员，组成中国科学院新疆分院水土生物资源综合研究所。1965 年 7 月 19 日，经中国科学院西北分院同意，新疆分院将水土生物资源综合研究所改名为生物土壤研究所。1970 年，划归新疆维吾尔自治区管理。1974 年，生物土壤研究所改名为生物土壤沙漠研究所。

1998 年 7 月 7 日，新疆生物土壤沙漠研究所与中国科学院新疆地理研究所（1965 年成立）合并成立中国科学院新疆生态与地理研究所。

1965 年

成都地理研究所

1965 年 1 月，地理研究所的有关研究部门一分为二调整到成都，与地理研究所西南地理研究室（1964 年 3 月成立）合并后成立中国科学院西南地理研究所。1966 年 2 月，改名为中国科学院地理研究所西南分所，同年 4 月 15 日启用新印章。1970 年 7 月，地理研究所西南分所划归四川省领导并定名为四川省地理研究所。1978 年 1 月，中国科学院收回四川省地理研究所，改名为中国科学院成都地理研究所。

1987 年 10 月，成都地理研究所改名为中国科学院成都山地灾害与环境研究所。1989 年 8 月，实行中国科学院和水利部双重领导，改名为中国科学院、水利部成都山地灾害与环境研究所。

西北植物研究所

1965 年，由西北水土保持生物土壤研究所分出的植物分类和远缘杂交部分与该研究所的兰州分所合并成立中国科学院西北植物研究所（所址位于陕西武功）。1966 年 1 月，原西北水土保持生物土壤研究所的西安植物园部分划归西北植物研究所领导。"文化大革命"时期，西北植物所交由陕西省宝鸡市管理。1978 年以后，西北植物研究所由陕西省和中国科学院双重领导，改名为陕西省中国科学院西北植物研究所。

1999年，西北植物研究所与杨凌示范区其他6个分属不同部委的科研教学单位共同组成西北农林科技大学。

1966 年

地球化学研究所

1966年2月1日，中国科学院地球化学研究所由中国科学院地质研究所的地球化学部分及昆明工作站、西南分院贵阳化学研究所等单位合并组建，所址位于贵州省贵阳市。1970年6月1日，改由贵州省与中国科学院双重领导（以贵州省为主），改名为贵阳地球化学研究所。后收归中国科学院管理并复名为地球化学研究所。

大气物理研究所

1966年7月，由地球物理研究所气象研究室扩建成立中国科学院大气物理研究所，所址位于北京。其前身是1928年成立的原中央研究院气象研究所。1968年，大气物理研究所由国防部门接管。1970年，大气物理研究所由国防科学技术委员会划归中国科学院。

1977 年

研究生院

1977年9月10日，中国科学院向国务院报送《关于招收研究生的请示报告》，提出委托中国科学技术大学在京区各研究所协作下于北京筹办研究生院。9月底，报告获得批准。同年12月19日，中国科学院批复同意研究生院机构设置和人员编制。1978年3月1日，中国科学技术大学研究生院在北京正式成立。1982 年 5 月 15 日，中国科学院党组批准研究生院在对外交流中同时使用"中国科学院研究生院"和"中国科学技术大学研究生院"的名称。

2000 年 12 月 29 日，国务院学位委员会、教育部正式批准中国科学院研究生院更名成立。2001 年 5 月 22 日，更名成立的揭牌仪式在北京玉泉路院区举行。2012 年 6 月，经高等教育部、中编办批复，中国科学院研究生院正式改名为中国科学院大学。

1978 年

桃源农业现代化研究所

1978 年 4 月 20 日，桃源农业现代化研究所成立（通知），由中国科学院和湖南省双重领导（以中国科学院为主。所址位于湖南省桃源县）。1979 年 6 月，从湖南省桃源县迁至长沙并改名为中国科学院长沙农业现代化研究所。

2003 年 10 月，改名为中国科学院亚热带农业生态研究所。

栾城农业现代化研究所

1978 年 4 月 20 日，中国科学院栾城农业现代化研究所成立（通知），实行中国科学院和河北省双重领导（以中国科学院为主。所址位于河北省栾城县）。1979 年 6 月，从河北省栾城县迁至石家庄并改名为中国科学院石家庄农业现代化研究所。

2002 年，石家庄农业现代化研究所与中国科学院遗传与发育生物学研究所异地整合，成立中国科学院遗传与发育生物学研究所农业资源研究中心。

海伦农业现代化研究所

1978 年 4 月 20 日，中国科学院海伦农业现代化研究所成立（通知），实行中国科学院和黑龙江省双重领导（以中国科学院为主。所址位于黑龙江省海伦县）。1979 年 9 月，从黑龙江省海伦县迁至哈尔滨市并改名为中国科学院黑龙江农业现代化研究所。

2002 年 3 月，黑龙江农业现代化研究所与中国科学院长春地理研究所整合并组建中国科学院东北地理与农业生态研究所，在哈尔滨市所区设置中国科学院东北地理与农业生态研究所农业技术中心。

理论物理研究所

1978 年 4 月，中国科学院理论物理研究所以物理研究所十三室为基础并适当集中有关力量组建（通过，5 月批准，6 月 9 日通知。所址位于北京）。

等离子体物理研究所

1978 年 7 月 21 日，中国科学院等离子体物理研究所成立（合肥分院呈报成立；9 月 20 日通知。所址位于合肥）。其前身为安徽光学精密机械研究所受控热核反应研究实验站。

2004 年 6 月，等离子体物理研究所整体进入中国科学院合肥物质科学研究院。

1979 年

发育生物学研究所

1979 年 7 月 29 日，中国科学院发育生物学研究所成立（批准；1980 年 3 月 20 日通知。所址位于北京），以动物研究所细胞遗传学研究组为基础组建。

2001 年，发育生物学研究所和遗传研究所整合组建中国科学院遗传与发育生物学研究所。

合肥智能机械研究所

1979 年 10 月 8 日，中国科学院合肥智能机械研究所成立（经批准；所址位于合肥）。其前身是 1962 年建立的中国科学院华东自动化元件及仪表研究所。

2004 年 6 月，合肥智能机械研究所整体进入中国科学院合肥物质科学研究院。

遥感应用研究所

1979 年 11 月 5 日，中国科学院遥感应用研究所成立（批准。所址位于北京），其前身是 1978 年以航空像片判读利用研究室和地图研究室制图自动化组为基础成立的地理研究所二部。

2012 年 9 月 7 日，中国科学院遥感与数字地球研究所在遥感应用研究所、对地观测与数字地球科学中心基础上组建成立。

1983 年

水库渔业研究所

1983 年 4 月 25 日，水利电力部、中国科学院水库渔业研究所成立（通过，1987 年 4 月 27 日宣布。所址位于武汉）。该研究所以水生生物研究所水库研究室为基础组建，由水利电力部、中国科学院双重领导（以水利电力部为主）。

1984 年

软件研究所

1984 年 4 月 4 日，集中北京地区有关单位软件力量（如计算技术研究所的软件研究室等）组建中国科学院软件研究所（批准。所址位于北京）。1995年原计算中心计算机应用部分并入软件研究所。

上海生物工程研究中心

1984 年 6 月，上海生物工程实验基地筹备组成立（中国科学院报批。7月 14 日，国家科学技术委员会同意并经国家计划委员会批准，8 月 29 日通知。

地址位于上海）。

1985 年

生态环境研究中心

1985 年 5 月 5 日，生态环境研究中心筹备组成立（通过，10 月 10 日通知）；1986 年 8 月 3 日，中国科学院生态环境研究中心成立（批准，10 月 3 日通知。地址位于北京），以 1975 年 1 月 6 日批准成立的环境化学研究所与 1980 年 2 月 2 日成立的生态学研究中心筹备组（通过）为基础合并组建。

1986 年

中国科学院遥感卫星地面站

1986 年 6 月 24 日，由空间科技中心遥感卫星地面站扩建成立中国遥感卫星地面站（通过；1987 年 7 月 27 日批准，8 月 11 日通知。亦称中国科学院遥感卫星地面站。地址位于北京）。2007 年，中国科学院组建对地观测与数字地球科学中心，中国遥感卫星地面站纳入中国科学院对地观测与数字地球科学中心科技体系。

2012 年 9 月 7 日，中国科学院遥感与数字地球研究所在对地观测与数字地球科学中心、遥感应用研究所基础上组建成立。

1993 年

广州地球化学研究所

1993 年，中国科学院广州地球化学研究所成立。其前身为 1987 年建成的中国科学院地球化学研究所广州分部（1986年地球化学研究所部分学科和研究室整建制搬迁至广州，与1978年开始筹建的广州地质新技术研究所合并而成），所址位于广州。2002年，与中国科学院长沙大地构造研究所实现整合，名称仍为广州地球化学研究所。

1995 年

计算机网络信息中心

1995年3月，中国科学院计算机网络信息中心成立，地址位于北京。

1999 年

地球环境研究所

1999年，中国科学院地球环境研究所成立（所址位于西安）。其前身为1985年3月成立的中国科学院西安黄土与第四纪地质研究室。当时该研究室人员由中国科学院贵阳地球化学研究所抽调的8名科研人员以及外单位科研和行政人员7人共15人组成。

2003 年

北京基因组研究所

2003年11月28日，中国科学院北京基因组研究所成立。该研究所是在1998年8月成立的遗传研究所人类基因组研究中心基础上，整合北京华大基因研究中心（由遗传研究所人类基因组研究中心主要负责人与民营企业家于

1999 年 7 月 14 日合作成立的个人出资股份制企业）部分员工组建而成，所址位于北京。

2006 年

城市环境研究所

2006 年 7 月 4 日，中国科学院城市环境研究所成立，所址位于厦门。

主要参考文献和参考资料

主要参考文献

《竺可桢文集》编辑小组 . 1976. 竺可桢文集 . 北京：科学出版社 .

徐琪 . 1980. 中国太湖地区水稻土 . 上海：上海科学技术出版社 .

张应吾 . 1989. 中华人民共和国科学技术大事记（1949—1988）. 北京：科学技术文献出版社 .

郭建荣 . 1990. 中国科学技术纪事（1949—1989）. 北京：人民出版社 .

《当代中国》丛书编辑委员会 . 1991. 当代中国的科学技术事业 . 北京：当代中国出版社 .

《当代中国》丛书编辑委员会 . 1992. 当代中国的农业 . 北京：当代中国出版社 .

中国科学院科技农业园研究所 . 1992. 科技农业园——中国农业持续发展理论与实践探索 . 北京：农业出版社 .

中国科学院办公厅 . 1993. 中国科学院统计年鉴 . 北京：科学出版社 .

《当代中国》丛书编辑委员会 . 1994. 中国科学院（上、中、下三册）. 北京：当代中国出版社 .

中国科学院办公厅 . 1994. 中国科学院年鉴 . 北京：科学出版社 .

中国科学院计划财务局 . 1997. 中国科学院获得国家自然科学奖、发明奖、科技进步奖项目简介（1991—1995）. 北京：科学出版社 .

路甬祥 . 1999. 邓小平与中国科学院 . 南昌：江西教育出版社 .

樊洪业 . 1999. 中国科学院编年史（1949—1999）. 上海：上海科技教育出版社 .

中国科学院计划局 . 2002. 中国科学院获国家科学技术奖成果汇编（1996—2000）. 北京：科学出版社 .

曹效业 . 2010. 中国科学院院属单位简史 . 北京：科学出版社 .

竺可桢 . 2010. 竺可桢全集 . 上海：上海科技教育出版社 .

石元春 . 2011. 20 世纪中国知名科学家学术成就概览（农学卷）. 北京：科学出版社 .

薛攀皋 . 2011. 科苑前尘往事 . 北京：科学出版社 .

宋振能 . 2011. 中国科学院院史拾零 . 北京：科学出版社 .

努尔·白克力,王伟中,施尔畏.2012.科技支撑引领新疆跨越发展战略研究报告.北京:科学出版社.

樊洪业.2012.农业科技"黄淮海战役".长沙:湖南教育出版社.

张九辰.2013.自然资源综合考察委员会研究.北京:科学出版社.

郭金海.2014.院士制度在中国的创立与重建.上海:上海交通大学出版社.

杨坚.2015.寻找沃土——赵其国传.上海:上海交通大学出版社;北京:中国科学技术出版社.

其他主要参考资料

1. 内部资料

中国科学院办公厅.1955.中国科学院年报(1955—1959;1977—2014).

中国科学院办公厅.1955.中国科学院资料汇编(1949—1954).

中国科学院支援农业办公室.1963.中国科学院支援农业研究成果汇编(1949—1962).

中国科学院办公厅.1991.院史资料与研究(1991—2004).

中国科学院农业研究委员会.1991.中国科学院农业研究委员会会志(1980—1990).

中国科学院院史文物资料征集委员会,院史研究室.1991.中国科学院史事汇要(1949—1958;1960—1965).

中国科学院计划局,中国科学院文献情报中心.1992.中国科学院获国家自然科学奖、国家发明奖、国家科学技术进步奖项目简介(1956—1990).

薛攀皋,季楚卿,宋振能.1993.中国科学院生物学发展史事要览(1949—1956).中国科学院院史专题资料〔1〕.

中国科学院院史文物资料征集委员会.1994.中国科学院史料汇编(1950—1957).

中国科学院地理研究所.2000.中国科学院地理研究所科技录像片文集汇编.

《中国科学院六十年》编辑委员会.2009.中国科学院六十年(1949—2009).

中国科学院档案馆收藏的档案资料

植物研究所所志、动物研究所大事要览、北京植物园50年、遗传与发育生物学研究所50年发展历程、微生物研究所50周年等

2. 成果资料

(1) 有关国家奖成果出处:

《中国科学院获国家科学技术奖成果汇编(1956~1990年)》

《中国科学院获得国家自然科学奖、发明奖、科技进步奖项目简介（1991～1995）》

《中国科学院获国家科学技术奖成果汇编（2001～2005年）》

《中国科学院获国家科学技术奖成果汇编（2006～2010年）》

《中国科学院重大成果年报（2011）》

《中国科学院重大成果年报（2012）》

《中国科学院重大成果年报（2013）》

（2）有关中国科学院奖成果出处（不含同时获得国家奖的成果）：

中国科学院获奖成果简介 2013

中国科学院获奖成果简介 2014

中国科学院档案馆馆藏档案

致　　谢

《中国科学院农业工作编年史》编研工作史实性强、任务要求较高，所涉及的时间跨度大、资料面广，既有编研又有集合史料的特点。我们的工作基础相对薄弱，能力处于锻炼过程，编研工作得到多方热情支持，编研团队十分感谢所有支持本书编撰工作的领导、朋友和同仁。

特别致谢中国科学院原副院长李家洋院士、农业科技办公室（原农业项目办公室）主任段子渊研究员等有关院、局领导在项目立项和经费方面的支持；特别致谢项目牵头单位中国科学院自然科学史研究所和"中国科学院农业史编纂与研究"项目负责人、自然科学史研究所曾雄生研究员的支持；特别致谢自然科学史研究所罗桂环研究员在审稿阶段给予的帮助；特别致谢自然科学史研究所刘亮博士在制定参考资料共享清单及前期参与编撰编年史条目（1949～1969年）、记述大事记（1949～1969年）方面所做的工作；特别致谢中国科学院档案馆工作人员王兰、李丽云、吴春明、陈丹为编研团队提供成果汇编和文献检录服务；特别致谢中国科学院院史研究室、院史资料室有关专家和工作人员在提供文献资料方面的诚恳相助；特别致谢中国科学院档案馆和自然科学史研究所图书馆在查阅资料方面给予的便利；特别致谢所有被引用文献的作者；特别致谢中国科学院自然科学史研究所硕士研究生徐志凌、陈雯协助录入和初校涉农工作重要文件和报告；特别致谢所有未能逐一具名的支持者和帮助者及本书的出版方。

在此，也要感谢编研团队全体成员自身付出的辛勤劳动，特别对主编樊洪业先生抱病承担指导和审阅工作深表敬意。

编　者

2018 年 3 月